Allgemeine

Wechselstromlehre

Allgemeine Wechselstromlehre

Von

H. F. Schwenkhagen
Professor Dr.-Ing.
Technische Akademie Bergisch Land
Wuppertal-Vohwinkel

Erster Band

Grundlagen

Mit 420 Abbildungen

Springer-Verlag
Berlin/Göttingen/Heidelberg
1951

ISBN-13: 978-3-642-92563-4 e-ISBN-13: 978-3-642-92562-7
DOI: 10.1007/978-3-642-92562-7

Softcover reprint of the hardcover 1st edition 1951

Meinem verehrten Lehrer

Geheimrat Professor Dr. Ernst Orlich †

in Dankbarkeit gewidmet

Vorwort.

Der Elektro-Ingenieur hat es auf allen seinen Arbeitsgebieten immer wieder mit Wechselströmen und -spannungen zu tun. Für die Behandlung der mannigfachen Einzelaufgaben haben sich dabei in der Starkstromtechnik ebenso wie in der Tonfrequenz- und Hochfrequenztechnik in gleicher Weise die speziellen Rechenverfahren bewährt, die für die rechnerische Erfassung zeitlich veränderlicher Größen und Vorgänge entwickelt sind. Ihre Anwendung ist zwar grundsätzlich nicht auf elektrotechnische Aufgaben beschränkt, hat sich aber auf diesem Gebiet als notwendiger und fruchtbringender erwiesen als in der Mechanik, so daß ihre Beherrschung zum unentbehrlichen Rüstzeug für den wissenschaftlich arbeitenden Elektrotechniker geworden ist. Sie gelten dabei unverändert für alle Frequenzbereiche von der niederfrequenten Bahnversorgung mit $16^2/_3$ Hertz über den tonfrequenten Bereich von einigen Hundert bis zu einigen Tausend Hz bis zu den eigentlichen Hochfrequenzvorgängen von etwa 20 kHz bis zu einigen 1000 MHz.

Es schien deshalb angemessen, die gemeinsamen Grundlagen für alle Arbeitsgebiete des Elektrotechnikers aus der Energieversorgung wie aus der Nachrichtentechnik zusammenfassend darzustellen und aufzuzeigen, wie aus der gemeinsamen Wurzel solcher mathematischer Behandlungsverfahren die speziellen Lösungen für alle Einzelfälle hervorgehen. Das soll im vorliegenden Buch geschehen. Es beschränkt sich im *ersten* Band auf alle die Vorgänge, bei denen die Ausbreitungsgeschwindigkeit der elektromagnetischen Vorgänge im Raum noch keine merkliche Rolle spielt, also die quasistationären Vorgänge, während der in Vorbereitung befindliche *zweite* Band dieser allgemeinen Wechselstromlehre den Leitungen und den Wellenvorgängen gewidmet sein soll, bei denen diese Ausbreitungsfragen von größter Bedeutung sind.

Das Buch ist in erster Linie als Lehrbuch gedacht. Seine Kapitel folgen so aufeinander, wie sich das im Hochschulunterricht als didaktisch vorteilhaft erwiesen hat. Alle Untersuchungen bauen auf Vorangegangenem auf; Verweisungen auf kommende Abschnitte sind sehr selten. Es scheint dem zu widersprechen, daß in den Anwendungsbeispielen zur Erläuterung der allgemeinen Gesetzmäßigkeiten oft auf spezialisierte Themen der Praxis eingegangen wird, mit denen der Student keinesfalls vertraut sein kann. Das ist aber mit voller Absicht aus doppeltem Grunde geschehen. Einmal glaube ich sicher zu sein, daß dem angehenden Elektrotechniker die Beschäftigung mit diesen Grundlagen der Wechselstromlehre wesentlich besser eingeht, wenn er ihre Anwendbarkeit auf die Probleme seiner späteren praktischen Betätigung unmittelbar vor Augen sieht und an ihnen lernt; zum anderen habe ich die Erfahrung gemacht, daß es nicht nur dem jüngeren Berufskollegen, sondern gerade auch dem erfahrenen Praktiker mehr Schwierigkeiten macht, aus der gegebenen lebendigen, vielgestaltigen, technischen Wirklichkeit in die Symbole der Schaltbilder und Diagramme umzudenken, als die dann aufgestellten rein mathematischen Aufgaben zu lösen. Die vielen spezialisierten Beispiele aus allen Teilgebieten sollen ihm eine Zurüstung für diesen wesentlichen Teil der eigentlichen Aufgabenstellung bilden. Daneben hoffe ich mit diesem Stoff auch den Praktiker anzusprechen, der in diesen Beispielen die Brücke zu seinen betrieblichen Schwierigkeiten und vielleicht manchmal den Wegweiser zu ihrer Überwindung oder Umgehung finden könnte.

Mit einer gewissen Absicht ist für den Titel des Buches nicht die üblichere Bezeichnung „Theorie der Wechselströme", sondern „Allgemeine Wechselstromlehre" gewählt worden. Ich habe mich bemüht, überall durch den notwendig mathematischen Mantel der Verfahren den physikalischen Hintergrund immer so hindurchscheinen zu lassen, daß die Darstellung möglichst anschaulich sein sollte. Das Ziel wäre erreicht, wenn auch dem Leser aus eigener Mitarbeit jede Formel nur zum mathematischen Gewand eines technischen Sachverhalts und jede mathematische Umformung nur zur Übersetzung eines physikalischen Geschehens würde, ohne daß bei solcher anschaulichen Form der mathematischen Beweisführung an der notwendigen Strenge etwas fehlen sollte.

Der Inhalt des vorliegenden *ersten* Bandes setzt die Kenntnis der Grundgesetze der Elektrotechnik voraus, wenn sie auch in der Einleitung noch einmal kurz in der Form zusammengestellt sind, wie sie im Hauptteil benötigt werden. Auch eine gewisse Vertrautheit mit der Höheren Mathematik wird Vorbedingung für den erfolgreichen Gebrauch des Buches sein. Dagegen wird weder die elektromagnetische Theorie der Felder, noch die Vektoranalysis benutzt, so daß nur solche Grundlagen vorausgesetzt sind, wie sie der Student an einer Technischen Hochschule etwa nach Abschluß der ersten zwei oder drei Semester erworben hat.

Ich habe außer dem Springer-Verlag, der trotz der Schwere der Zeit sich entschloß, das schon seit fast einem Jahrzehnt geplante Werk zu verwirklichen, einer großen Zahl von Studenten und Mitarbeitern zu danken, aus deren Fragen und Anregungen die Allgemeine Wechselstromlehre herausgewachsen ist und Gestalt angenommen hat. Nicht zuletzt aber gebührt mein Dank meinem verehrten Lehrer, Geheimrat Professor Dr. Ernst Orlich, dessen Vorlesungen ich meine eigene Ausbildung auf diesem Gebiet verdanke, und dessen Ideengut überall in den Ausführungen des Buches durchscheint.

Wuppertal-Vohwinkel, im Januar 1951.

H. F. Schwenkhagen.

Inhaltsverzeichnis.

Inhaltsübersicht des zweiten Bandes.

Leitungen und Wellen.

I. Die Grundgesetze der elektrischen Stromkreise.

In ihren Anfangszeiten bot die physikalische Forschung auf dem Gebiet der Elektrizitätslehre eine fast unübersehbare Mannigfaltigkeit von experimentellen Ergebnissen, die oft scheinbar ohne inneren Zusammenhang nebeneinander standen. Durch die geniale Konzeption der elektromagnetischen Feldtheorie durch James Clark Maxwell fand die innere Einheitlichkeit dieser unendlichen Fülle einen überraschend einfachen mathematischen Ausdruck. Die klassische Elektrodynamik oder Maxwellsche Theorie bot die Möglichkeit, durch Vorausberechnung der zu erwartenden Erscheinungen auf das physikalische Forschungsgebiet der Elektrizitätslehre ein schnell an Bedeutung zunehmendes neues Gebiet der Technik zu gründen. Diese Elektrotechnik weist trotz der Verschiedenheit ihrer Anwendungen in der Energieversorgung und in der Nachrichtenübermittlung wegen eben dieser gemeinsamen Wurzel in der Grundlage eine weitgehende Einheitlichkeit in den Berechnungsverfahren auf.

Einen breiten Raum in den Methoden der rechnerischen Behandlung nehmen dabei die Verfahren für Wechselstromvorgänge ein, die wir in diesen Ausführungen behandeln wollen. Ein erheblicher Teil dieser Verfahren wäre zwar mit Vorteil auch auf anderen Anwendungsgebieten nützlich, die nichtelektrischer Natur sind, — ihre Nichtanwendung in diesen Fällen ist eine bedauerliche Tatsache, weil sie den dort arbeitenden Ingenieur zur Benutzung aufwändigerer Verfahren zwingt — jedoch wollen wir uns hier auf die elektrischen Anwendungen beschränken und nur dort auf mechanische oder thermische Anwendungen mit eingehen, wo die Natur der Verkopplung elektrischer und nichtelektrischer Vorgänge das besonders vorteilhaft erscheinen läßt. Grundsätzlich sind alle diese Verfahren auf die ursprünglichen Maxwellschen Feldgrößen — Feldstärken und Flußdichten — im differentiellen Sinne genau so anwendbar wie auf die daraus durch Integration hervorgehenden Größen, wie Spannungen, Ströme, Ladungen, Flüsse und Durchflutungen, die der Anschauung einfacher und der Messung unmittelbar zugänglich sind. Wir wollen uns hier im Interesse der Einfachheit deshalb auf diese anschaulicheren Größen im allgemeinen beschränken, da wir ja nur beabsichtigen, eine lehrmäßige Darstellung zu geben ohne Anspruch auf die Vollständigkeit einer umfassenden angewandten Elektrizitätslehre. Eine Übertragung der Ergebnisse auf verwandte Aufgaben sollte jedoch niemandem schwer fallen, der sich die Verfahren an den gegebenen Beispielen zu eigen gemacht hat.

An Stelle einer Einführung in die Maxwellsche Theorie, die sonst erforderlich wäre, geben wir deshalb nur eine Zusammenstellung der wichtigsten Grundgesetze der Elektrotechnik, die man sich auch aus der Maxwellschen Theorie deduktiv ableiten könnte, die aber auch rein phänomenologisch aus der Erfahrung gewonnen werden können. An ihrer Spitze steht das von Georg Simon Ohm gefundene und formulierte, nach ihm benannte, Ohmsche Gesetz.

Sein sachlicher Inhalt besteht darin, daß die mit einem Spannungsmesser zwischen den Klemmen eines einfachen Widerstandes, d. h. eines reinen und dauernden Energieverbrauchers, gemessene Spannung dem Strom proportional ist, der durch diesen Widerstand fließt. Für die mathematische Formulierung dieses Gesetzes und die anschließenden Ausführungen dieses Buches vereinbaren wir:

1. Wir bezeichnen grundsätzlich alle Spannungen mit dem Buchstaben u und meinen damit jeden irgendeinem beliebigen Zeitpunkt zugeordneten Augenblickswert dieser im allgemeinen Fall zeitlich veränderlichen Spannung.

2. Wir bezeichnen ebenso die Augenblickswerte von Strömen mit dem Buchstaben i.

3. Den zwischen Spannung und Strom vermittelnden Proportionalitätsfaktor, den elektrischen Widerstand, eine echte Konstante, die von Spannung und Strom, ebenso aber auch von allen anderen Einflüssen der Umgebung und auch vom Zeitpunkt t völlig unabhängig sein soll, — wenn auch praktisch niemals ist, — bezeichnen wir mit dem Buchstaben R.

4. In allen Gleichungen, die wir formulieren, verstehen wir den Buchstaben stets als Vertreter für eine physikalische Größe, die nicht durch Angabe eines Zahlenwertes allein, sondern nur durch gleichzeitige Angabe einer Maßeinheit hinreichend beschrieben und vollständig ersetzt werden kann. Wir behandeln in diesem Sinne den Buchstaben als ein Symbol, das die physikalische Größe als Produkt aus Zahlenwert und Maßeinheit ersetzt, bzw. bei der Auswertung einer solchen Gleichung durch dieses „Produkt" ersetzt werden kann und muß.

Unsere Gleichungen sind also Größengleichungen im Wallotschen Sinne, die maßsystemunabhängig sind. Eine andere, tiefere Bedeutung in physikalisch-philosophischem Sinne als die dieser reinen Zweckmäßigkeit wollen wir dieser Bezeichnungsweise und Schreibform nicht beimessen.

5. Wir wollen uns dessen bewußt bleiben, daß die formulierten Beziehungen nur dann sinnvoll sind und „richtige" Auswertungsergebnisse liefern, wenn sie in Beziehung zu einem Schaltbild stehen, in das die Richtungen eingetragen sind, in denen wir die betreffenden Größen positiv zählen wollen. Diese „Zählpfeile" sind an sich völlig willkürlich; jede beliebige — ja sogar auch jede unter sich völlig beziehungslose — Wahl dieser Richtungen führt bei konsequenter Anwendung zu richtigen Endergebnissen. Dennoch ist eine gewisse auf Verabredungen beruhende Beziehung zwischen den Zählrichtungen von Vorteil, um eindeutige Formulierungen für die Grundgesetze zu erhalten.

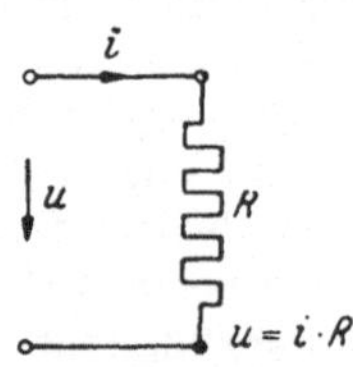

Abb. 1. Übliche Zuordnung der Zählpfeile an einen Widerstand.

Im Falle des Ohmschen Gesetzes würden wir z. B. für eine Wahl der Zählpfeile nach Abb. 1 die Formulierung:

$$u = iR \tag{1}$$

finden, also die gewohnte Form, während die Wahl der Zählrichtungen nach Abb. 2 zu der ungewöhnlichen — und nur aus diesem Grunde unzweckmäßigen — Formulierung des Gesetzes: $u = -iR$ führen würde.

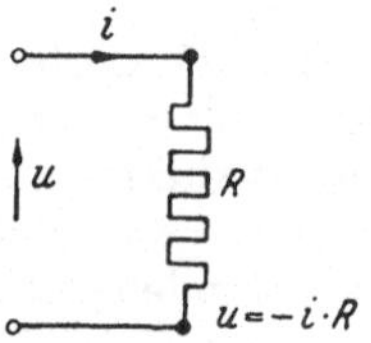

Abb. 2. Ungewöhnliche, aber nicht falsche Zuordnung der Zählpfeile an einem Widerstand.

Wenn wir deshalb im einfachen Falle der Spannung an einem Widerstand nur den Stromzählpfeil oder nur den Spannungszählpfeil eintragen, so meinen wir für die andere Größe jeweils die Zuordnung nach Abb. 1[1].

Sind mehrere Widerstände — oder Schaltelemente — in einer Schaltung vereinigt, so entstehen in dieser Schaltung zweierlei kennzeichnende Gebilde: „Knotenpunkte" und „Maschen". Für beide gelten besondere Gesetze, die von dem deutschen Physiker Kirchhoff formuliert wurden und nach ihm heißen: *Die Kirchhoffschen Sätze.*

Der erste Kirchhoffsche Satz gilt für alle Knotenpunkte einer Schaltung. Wir fassen ihn in Worten so: „In jeder beliebigen Schaltung gilt für jeden Knotenpunkt,

[1] Vgl. hierzu die allgemeinen Richtungsregeln im Anhang.

daß die Summe der diesem Knotenpunkt zufließenden Ströme gleich Null ist. Der elektrische Strom verhält sich also wie eine unzusammendrückbare Flüssigkeit." Wir formulieren ihn als mathematisches Gesetz in der Form:

$$\Sigma i = 0 . \qquad (2)$$

Dabei zählen wir dem Knotenpunkt zufließende Ströme positiv, abfließende negativ und schreiben also z. B. für die Schaltung der Abb. 3 auf Grund dieses ersten KIRCHHOFFschen Satzes folgende Beziehungen an:

Für Punkt A: $+i_6 - i_1 - i_3 = 0$.
Für Punkt B: $+i_2 - i_6 + i_4 = 0$.
Für Punkt C: $+i_1 - i_2 - i_5 = 0$.
Für Punkt D: $+i_3 + i_5 - i_4 = 0$.

Für die praktische Rechnung ist es dabei oft vorteilhaft, den Begriff des Knoten*punktes* nicht zu wörtlich zu fassen. Der mathematischen Möglichkeit, die Gleichungen für die Punkte A und D derart zusammenzufassen, daß der Strom i_3 aus der verbleibenden einen Gleichung verschwindet, entspricht die physikalische Möglichkeit, das Innere des durch die gestrichelte Linie abgegrenzten Bereichs in Abb. 3 als einen Knotenpunkt aufzufassen, in dem der Strom i_3 als innerer Strom verschwindet, wenn man die Strombilanz nun anschreibt als:

$$+ i_6 - i_1 + i_5 - i_4 = 0 .$$

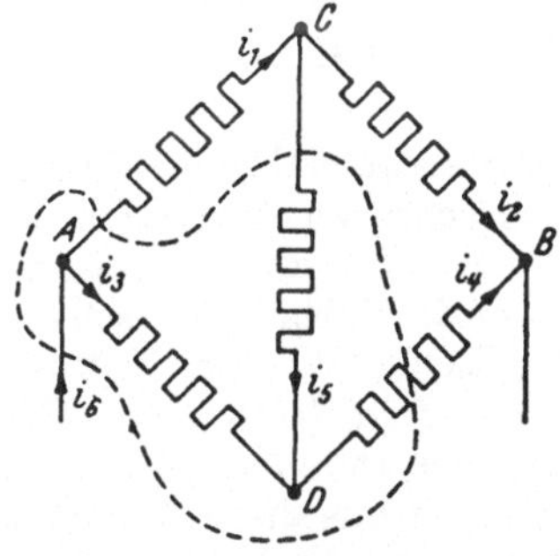

Abb. 3. Brückenschaltung mit Zählpfeilen zum Ansatz des 1. KIRCHHOFFschen Satzes.

Der zweite KIRCHHOFFsche Satz gilt ganz entsprechend für jede beliebige Masche in einer Schaltung. Er macht eine Aussage über die in den Randlinien dieser Masche auftretenden Spannungen u und setzt sie in Beziehung zu den treibenden Kräften, die von außen her in die Schaltung eingeführt werden, den „eingeprägten" elektromotorischen Kräften (E. M. K.) oder, wie wir mit einem sehr treffend geprägten Wort neuerdings sagen, den „*Urspannungen*". Der Satz stellt die Bilanz zwischen Soll und Haben. Alle in der Masche „verbrauchten" Spannungen ergeben in ihrer Gesamtheit den gleichen Wert wie alle eingeprägten Urspannungen zusammen. Bezeichnen wir Urspannungen mit dem Buchstaben e, so können wir den Satz:

„In jeder beliebigen Schaltung ist auf jedem beliebigen in sich geschlossenen Umlaufweg — jeder Masche — die Summe aller Spannungen gleich der Summe aller auf dem gleichen Umlaufweg liegenden — bzw. in ihr induzierten — Urspannungen" in das mathematische Gewand kleiden:

$$\Sigma u = \Sigma e . \qquad (3)$$

Dabei zählen wir alle die Spannungen und Urspannungen jeweils positiv, die wir beim Umlauf durch die Ränder der Masche in beliebiger — aber nach einmal getroffener Wahl einzuhaltender — Richtung mit der Zählrichtung zusammenlaufend durchlaufen; die, deren Zählrichtung dem Umlaufsinn entgegengerichtet ist, setzen wir negativ ein. In dem Spezialfall, daß keine Urspannungen im Umlaufweg liegen, lautet der Satz sinngemäß:

$$\Sigma u = 0 . \qquad (3a)$$

Für das Beispiel der Abb. 4 können wir z. B. folgende Gleichungen als Ergebnis des zweiten KIRCHHOFFschen Satzes anschreiben:

Masche $M_p URSV$: $+u_c = +e_1 - e_2$.
Masche $M_p VSTW$: $+u_a = +e_2 - e_3$.
Masche $M_p WTRU$: $+u_b = +e_3 - e_1$.
Masche RST: $+u_c + u_a + u_b = 0$.

Auch hier dürfen wir wieder den Begriff der Masche nicht zu wörtlich eng fassen. Jeder beliebige Umlaufweg ist eine Masche. Die Masche braucht in einer Schaltung gar nicht körperlich durch Leitungen definiert zu erscheinen. Man denke sich dann den jeweiligen Umlaufweg statt durch den Zählpfeil der Spannung, der zwischen zwei nicht schaltungsmäßig verbundenen Punkten gezogen ist, durch ein an die gleichen Punkte angeschlossenes Voltmeter geschlossen. Auch sonst ist jeder beliebige Umlaufweg eine Masche. Mathematische Operationen zur Zusammenfassung von Gleichungen, etwa zum Zwecke der Eliminierung bestimmter Spannungen entsprechen wiederum anderen physikalischen Umlaufwegen. Z. B. liefert der Weg um die Masche $M_p URSTW$ die Gleichung:

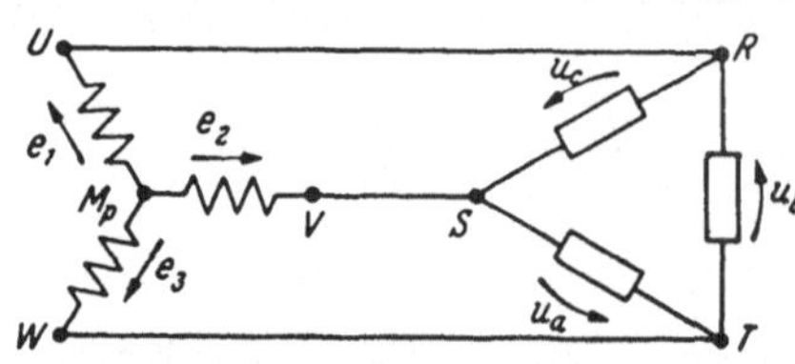

Abb. 4. Belasteter Drehstromgenerator als Beispiel für die Eintragung von Zählpfeilen für den Ansatz des 2. KIRCHHOFFschen Satzes.

$$+u_c + u_a = +e_1 - e_3,$$

die man auch durch Elimination von u_b aus den beiden letzten Gleichungen des oben angeschriebenen Systems gewinnen könnte.

Alle Vorgänge in elektrischen Stromkreisen sind mit Energieumsatz verbunden. Über die dabei elektrisch erzeugten oder verbrauchten Leistungen gibt das von dem englischen Forscher JOULE stammende und nach ihm benannte Gesetz Aufschluß. Nach dem *JOULEschen Gesetz* ist die in einem Schaltelement zwischen zwei beliebigen Punkten jeder elektrischen Schaltung verbrauchte Leistung gleich dem Produkt aus der zwischen diesen beiden Punkten liegenden Spannung und dem in der Strecke zwischen beiden Punkten im Sinne der Spannungszählrichtung fließenden Strom. Bezeichnen wir mit n_v den Augenblickswert der verbrauchten Leistung, so formulieren wir dieses Gesetz mathematisch als:

$$n_v = u i, \tag{4}$$

wobei wir durch den Index v andeuten wollen, daß es sich um einen Leistungsverbrauch, d. h. um Umwandlung in eine nichtelektrische Form der Leistung handelt.

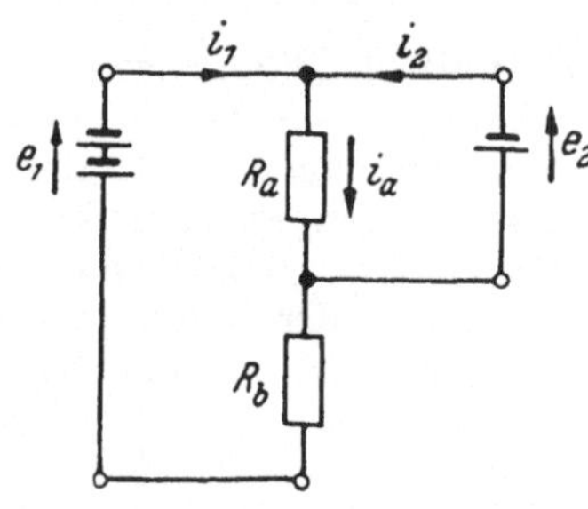

Abb. 5a. Kompensationsschaltung mit Zählpfeilen zur Erläuterung der Anwendung des JOULEschen Gesetzes.

Entsprechend gilt für die in einem Träger einer Urspannung, — einer *Spannungsquelle*, wie man gemeinhin sagt, — erzeugte elektrische Leistung n_g, daß sie gleich dem Produkt aus dieser Urspannung und dem Strom ist, der sie gleichsinnig durchfließt. Mathematisch formuliert, bedeutet das:

$$n_g = e i. \tag{4a}$$

Es ist dabei zu beachten, daß das gleiche Element sowohl Träger einer Urspannung, wie auch ein Verbraucherobjekt sein kann, in dem eine Spannung $u = iR$ einen Leistungsverbrauch verursacht.

Abb. 5a gibt ein einfaches Anwendungsbeispiel als Erläuterung für dieses Gesetz an einer Kompensationsschaltung.

Die im Widerstand R_a verbrauchte Leistung ist:

$$n_a = u_a i_a = i_a^2 R_a = (i_1 + i_2)^2 R_a.$$

Die vom Element 2 erzeugte Leistung ist:

$$n_{g2} = e_2 i_2 .$$

Würde nun die zahlenmäßige Durchrechnung ergeben, daß $i_2 < 0$ ist, so ergibt sich damit auch $n_{g2} < 0$, was bedeutet, daß der Leistungsumsatz hier nicht im Sinne einer Erzeugung elektrischer Leistung geht, sondern in umgekehrter Richtung erfolgt, d. h., daß in diesem Falle das Element 2 geladen würde.

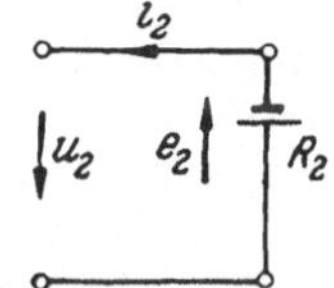

Abb. 5b. Ausschnitt aus der Kompensationsschaltung 5a mit Spannungszählpfeil.

Man könnte aber z. B. auch das rechte Element als einen Verbraucher ansehen und dann nach Abb. 5b im Sinne des Jouleschen Gesetzes anschreiben:

$$n_{v_2} = u_2(-i_2) .$$

Ist nun $i_2 > 0$, so ist $n_v < 0$, d. h. es wird Leistung in diesem Schaltelement erzeugt und nach außen abgegeben: ist aber $i_2 < 0$, so wird insgesamt in dem Element 2 Leistung verbraucht, weil dann $n_{v_2} > 0$ ist.

Mit diesen vier Sätzen sind die wesentlichen Gesetze für unsere Betrachtungen formuliert, soweit sie sich auf das Innere des elektrischen Leiters beziehen. Mit jedem elektrischen Strom in einem Leiter ist nun aber ein magnetisches Feld verknüpft, das sich um diesen Leiter herum ausbildet und in sich einen geschlossenen magnetischen Kreis bildet. Die Grundgesetze dieses magnetischen Kreises stimmen *formal* sehr weitgehend mit denen des elektrischen überein. Wenn auch diese Analogie rein äußerlich ist bei völlig verschiedenartigem physikalischen Geschehen und Sinngehalt, so erleichtert sie doch das anschauliche Verständnis.

Dem elektrischen Strom i entspricht dabei der magnetische Fluß Φ, der elektrischen Spannung u die magnetische Spannung v. Beide sind miteinander verknüpft über eine Konstante, die ebenso von den Eigenschaften und Abmessungen des magnetischen Weges abhängt wie der elektrische Widerstand von denen des elektrischen Stromweges, und die wir deshalb den magnetischen Widerstand R_m nennen. Das Hopkinson*sche Gesetz:*

$$v = \Phi R_m \tag{5}$$

entspricht dem Ohmschen Gesetz. Es heißt deshalb oft das Ohmsche Gesetz des magnetischen Kreises.

Auch den beiden Kirchhoffschen Gesetzen entsprechen zwei formal gleichlautende Gesetze im magnetischen Fall. Auch der magnetische Fluß verhält sich wie der elektrische Strom, nämlich wie eine inkompressible Flüssigkeit. Für jeden beliebigen Knotenpunkt — wobei dieses Wort wieder im weitesten Wortsinn zu verstehen ist — gilt das Gesetz der Verteilung:

$$\Sigma\Phi = 0 . \tag{6}$$

Unter Berücksichtigung der in Abb. 6a eingetragenen Zählpfeile, deren Wahl wiederum willkürlich ist, ergibt sich hieraus, wenn wir das Oberjoch als „Knotenpunkt" auffassen:

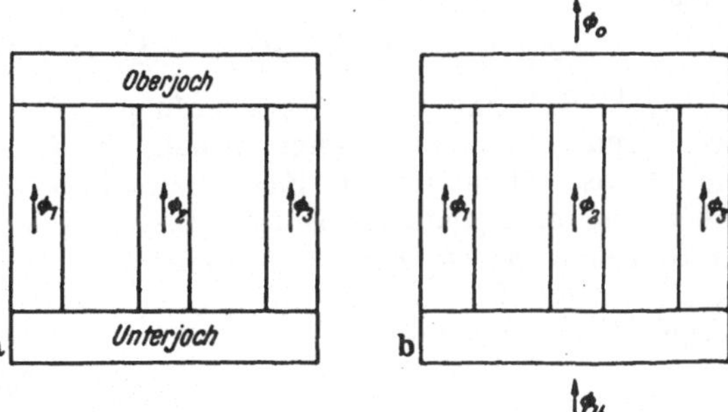

Abb. 6. Eisengestell eines Drehstromumspanners mit Flußzählpfeilen ohne (a) und mit (b) Rückfluß von Oberjoch zu Unterjoch.

$$\Phi_1 + \Phi_2 + \Phi_3 = 0 .$$

Würde dagegen in das Unterjoch ein Fluß Φ_u eintreten, wie Abb. 6b das zeigt, so fordert Gl. (6), daß ein gleicher Fluß an anderer Stelle, etwa aus dem Oberjoch, austritt. Die Anwendung des Gesetzes auf das gesamte Eisengestell als einen Knotenpunkt liefert:

$$+\Phi_u - \Phi_0 = 0\,.$$

Das zweite dieser Gesetze gilt entsprechend dem zweiten KIRCHHOFFschen Satz wieder für jede beliebige Masche, jeden Umlaufweg im magnetischen Kreis, und verknüpft die auf diesem Umlaufweg anzutreffenden magnetischen Spannungen v mit den dem gleichen Weg zugeordneten „magneto-motorischen Kräften" m, den MMK. Wir formulieren es als:

$$\Sigma v = \Sigma m\,. \tag{7}$$

Als magneto-motorische Kräfte, magnetische Urspannungen, sind dabei alle die elektrischen Ströme einzusetzen, die den gerade betrachteten Umlaufweg durchfluten, d. h., die eine Fläche durchstoßen, deren Randkurve der Umlaufweg ist. Dabei sind alle die Ströme als Durchflutungen m positiv einzusetzen, deren Zählpfeile mit der gewählten Umlaufsrichtung im Korkenziehersinne verknüpft sind, alle anderen dagegen negativ. Die Durchflutung ist also die magneto-motorische Kraft des magnetischen Kreises, wobei daran erinnert sei, daß es für die magnetischen Beziehungen gleichgültig ist, ob es sich hierbei um echte Konvektionsströme oder um Verschiebungsströme handelt. Das Durchflutungsgesetz verknüpft also elektrische und magnetische Kreise miteinander. Wir benötigen für die Durchflutung keinen besonderen Buchstaben mehr, da wir ja für elektrische Ströme bereits den Buchstaben i als Bezeichnung eingeführt haben. Es lautet also nunmehr:

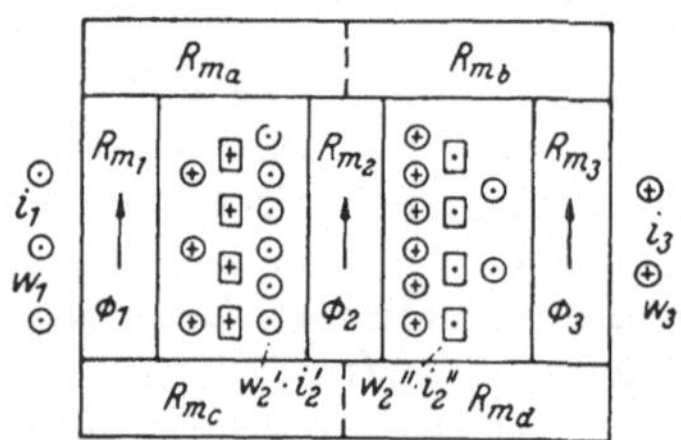

Abb. 7. Drehstromumspanner der Kerntype mit vier stromführenden Wicklungen auf verschiedenen Kernen.

$$\Sigma v = \Sigma i\,. \tag{7a}$$

Die Anwendung auf die Anordnung der Abb. 7 ergibt so z. B. folgende Gleichungen: Umlauf um das linke Fenster:

$$\Phi_1 (R_{m1} + R_{ma} + R_{mc}) - \Phi_2 R_{m2} = w_1 i_1 - w_2' i_2' + w_2'' i_2''.$$

Umlauf um das rechte Fenster:

$$\Phi_2 R_{m2} - \Phi_3 (R_{mb} + R_{m3} + R_{md}) = w_2' i_2' - w_2'' i_2'' - w_3 i_3\,.$$

Umlauf durch die Außenkerne:

$$\Phi_1 (R_{mc} + R_{m1} + R_{ma}) - \Phi_3 (R_{mb} + R_{m3} + R_{md}) = w_1 i_1 - w_3 i_3\,.$$

Die Umkehrung dieser Verknüpfung zwischen elektrischen und magnetischen Vorgängen ist seinerzeit lange gesucht worden. Sie wurde erst von FARADAY im Induktionsgesetz gefunden. Es sagt aus, daß beim zweiten KIRCHHOFFschen Gesetz außer den im Umlaufweg selbst an Grenzschichten liegenden elektromotorischen Kräften eine weitere EMK als Urspannung einzusetzen ist, sobald sich ein durch die Masche durchtretender Fluß zeitlich ändert. Die übliche mathematische Formulierung dieses Gesetzes:

$$e = -\frac{\partial \Phi}{\partial t} \tag{8}$$

ist dabei an die Verabredung gebunden, daß wiederum diejenigen Flüsse positiv einzusetzen sind, die durch eine Fläche durch die Randkurve der Masche in dem Sinne durchtreten, der durch die Korkenzieherregel mit der Umlaufrichtung zusammenhängt.

Wir geben als Beispiel für dies Gesetz die Anordnung nach Abb. 8, den Querschnitt und die perspektivische Darstellung einer Drehstromleitung ohne Sternpunktsleiter. Bei der Betrachtung des Umlaufs um die Schleife c nach dem zweiten KIRCHHOFFschen Satz bezeichnet dabei der Doppelindex an den Flußbezeichnungen jeweils mit dem ersten Buchstaben die Schleife aus der der Fluß stammt, der zweite die, die er durchsetzt. Die vorschriftsmäßige Anwendung des zweiten KIRCHHOFFschen Satzes und des Induktionsgesetzes liefert dann:

$$-u_{c1}+i_1R_1+u_{c2}-i_2R_2=e_c$$
$$=-\frac{\partial}{\partial t}(+\Phi_{bc}-\Phi_{ac}).$$

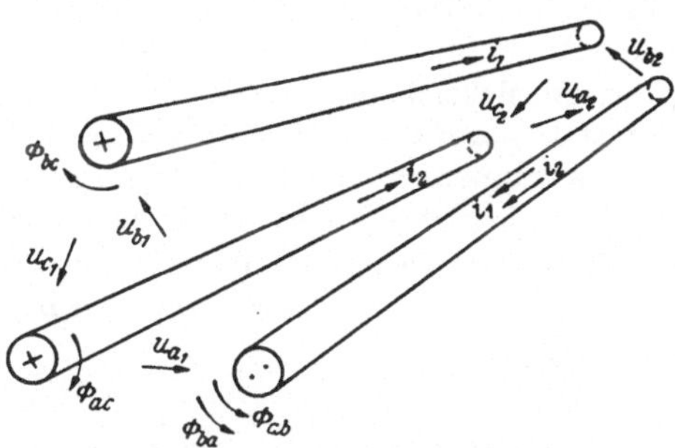

Abb. 8 Drehstromleitung mit Zählpfeilen zum Ansatz des Induktionsgesetzes bei quasistationären Vorgängen.

Das Induktionsgesetz ist eines der fruchtbarsten Gesetze der Elektrizitätslehre. Wir wollen es benutzen, um in Kürze zwei weitere Gesetze der Elektrotechnik abzuleiten, die wir später noch oft nötig haben werden.

In Abb. 9a sei der sonst widerstandslose Stromkreis über den Widerstand R geschlossen. Zwischen dem Fluß Φ mit der Flußdichte = Fluß/Flächeneinheit B und der Leiterschleife erfolge eine Relativbewegung mit der Geschwindigkeit $v = dx/dt$ senkrecht zur Richtung des linken Leiters, der sich auf der Länge l im magnetischen Feld befindet, während der Rest des Stromkreises im feldfreien Raum liegt. Wir fragen nach der Größe und Richtung des entstehenden Stromes i. Der Fluß in irgendeinem Zeitpunkt t in der Schleife, für die wir den Umlaufsinn willkürlich in Richtung von i wählen wollen, sei Φ. Er ist im Sinne der Korkzieherregel im Uhrzeigersinn mit der Flußrichtung, d. h. der Zählrichtung des Flusses, verknüpft und also positiv anzusetzen. Verschiebt sich nun der linke Leiter um Δx in der Zeit Δt, so ändert sich der Fluß dabei um:

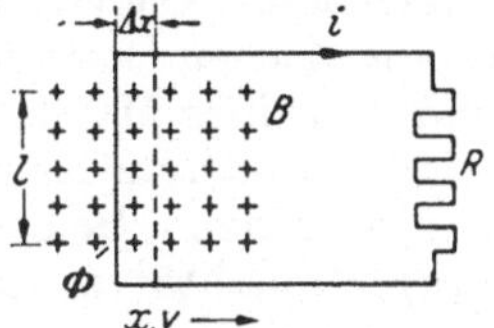

Abb. 9a. Induzierte EMK und Strom in einer bewegten Leiterschleife.

$$\Delta\Phi = -Bl\,\Delta x$$

oder im Grenzfall:

$$d\Phi = -Bl\,dx\,.$$

Das Minuszeichen entspricht dabei der Tatsache, daß der Fluß mit zunehmendem x abnimmt. Damit ergibt sich nun das Induktionsgesetz in folgender Form:

$$+iR = -\frac{\partial}{\partial t}(\Phi) = -\frac{dx}{dt}(-Bl) = Blv\,.$$

Würden wir den Strom i als von einer EMK e getrieben ansetzen, so müßten wir nach Abb. 9b die Zählrichtung für e so wählen, daß sie mit der Zählrichtung von i zusammenfällt. Es ergibt sich damit aus dem Induktionsgesetz die Handregel für die induzierte Urspannung:

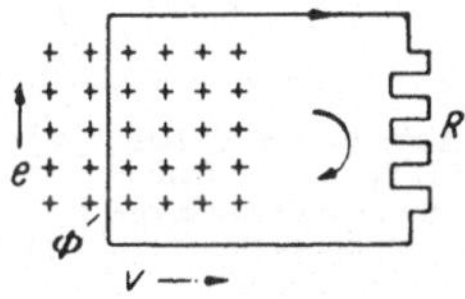

Abb. 9b. Zählpfeil der EMK für die übliche Formulierung des Induktionsgesetzes.

„Hält man die flache rechte Hand so, daß der magnetische Fluß in die Fläche der Hand eintritt, und läßt den abgespreizten Daumen in die Richtung der Bewegung zeigen, so zeigen die übrigen Finger in die Richtung der bei der Bewegung induzierten Urspannung." Ihr Wert ergibt sich aus der oben abgeleiteten Abwandlung des Induktionsgesetzes:

$$e = Blv\,. \tag{9}$$

Durch das Gesetz von der Erhaltung der Energie, das auch für die Erhaltung der Leistung gelten muß, weil es für jeden Augenblick gültig ist, ist mit diesem Induktionsgesetz ein weiteres Gesetz ursächlich verknüpft, das wir nunmehr ebenfalls mathematisch formulieren wollen. Für die Anordnung der Abb. 9 entsteht ja in jedem Augenblick ein Leistungsverbrauch im Widerstand R vom Betrage $i^2 R$, bzw. unter Berücksichtigung von $e = iR$, vom Betrage ei. Dem muß ein Leistungsaufwand gegenüberstehen, der mechanisch durch eine Kraft P im Sinne der Geschwindigkeit v zugeführt wird. Das Feld prägt also dem vom Strom i durchflossenen Leiter eine Kraft P im entgegengesetzten Sinne auf, deren Größe wir aus dem Leistungserhaltungssatz berechnen können:

$$Pv = i^2 R = ei = Blvi\,,$$

woraus folgt:

$$P = Bli\,. \tag{10}$$

Für die Richtung dieser Kraft aus dem elektromagnetischen Kraftgesetz formulieren wir an Hand der Abb. 9 aus der Tatsache, daß die elektromagnetische Kraft nach links gerichtet sein muß, die „Linke Hand"-Regel für die Kraftrichtung:

„Hält man die flache linke Hand so, daß der magnetische Fluß in die Fläche der Hand eintritt und die ausgestreckten Finger in die Richtung des Stromes im Leiter zeigen, so weist der abgespreizte Daumen in die Richtung der Kraft."

Bestehen zwischen leitenden Oberflächen elektrische Potentialdifferenzen, so spannt sich zwischen ihnen ein elektrisches Feld, dessen Feldlinien an den Leiteroberflächen enden. An den Endpunkten dieser Feldlinien liegen auf der Leiteroberfläche elektrische Ladungen, auf denen diese Feldlinien sozusagen entspringen und verschwinden. Die Größe dieser elektrischen Ladungen wird dabei einerseits von der geometrischen Gestalt der Isolationsräume zwischen den Leitern, des Dielektrikums, und von einer Materialkonstanten dieses Stoffes, der Dielektrizitätskonstanten, bestimmt, andererseits aber auch von der Höhe der Potentialdifferenz oder Spannung zwischen den „Belegungen". In großer Annäherung gilt für die meisten Fälle Proportionalität zwischen Spannung und Ladung:

$$q = C u_{ab} = C(v_a - v_b)$$

Die Proportionalitätskonstante C nennen wir die Kapazität und geben der Spannung einen Doppelindex, der andeutet, von wo nach wo (von a nach b) entsprechend Abb. 10 der Zählpfeil der Spannung zeigt. In einem Gebilde, in dem wir zwei definierte Flächen einander gegenüberstellen, um Ladungen auf ihnen zu sammeln, einem Kondensator, befinden sich stets gleichgroße Ladungen verschiedener Polarität auf den beiden Platten. Als Ladung des Kondensators bezeichnen wir dann jeweils die Ladung des Belags, an dem der Zählpfeil der zugehörigen Spannung beginnt (s. Abb. 10)[1]. Es ist also, wenn wir mit q die Ladung schlechthin bezeichnen, dies die Ladung der Platte a unserer Abbildung, und somit:

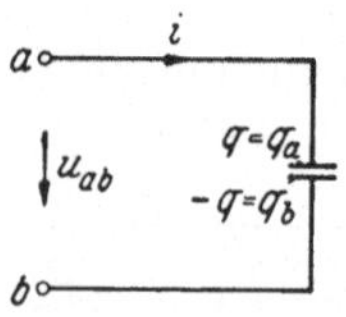

Abb. 10. Zählpfeile für Spannung, Strom und Ladung am Kondensator.

$$q = q_a = C u_{ab}\,, \tag{11}$$

und entsprechend

$$q_b = -q_a = -C u_{ab} = C u_{ba}.$$

Bei Anordnungen mit mehr als zwei Elektroden verfahren wir sinngemäß entsprechend und setzen für das Beispiel eines dreiadrigen Kabels mit einem leitenden Mantel, also einer Anordnung mit 4 Elektroden nach MAXWELL anschaulich unter Benutzung der in Abb. 11 gezeigten Teilkapazitäten mit den zugehörigen Potentialdifferenzen, die das ganze Feldbild schematisch auf leicht zu übersehende

[1]) S. Anhang: Richtungsregeln.

Bereiche zusammenziehen:

$$\left.\begin{aligned} q_1 &= C_{10}(v_1 - v_0) + C_{12}(v_1 - v_2) + C_{13}(v_1 - v_3)\,, \\ q_2 &= C_{20}(v_2 - v_0) + C_{21}(v_2 - v_1) + C_{23}(v_2 - v_3) \quad \text{usw.}, \end{aligned}\right\} \tag{11a}$$

wobei die jeweils physikalisch auf der Oberfläche des Leiters 2 liegende Ladung sich im Schema zusammensetzt aus den Ladungen aller an den Leiter 2 angeschlossen gedachten Belegungen.

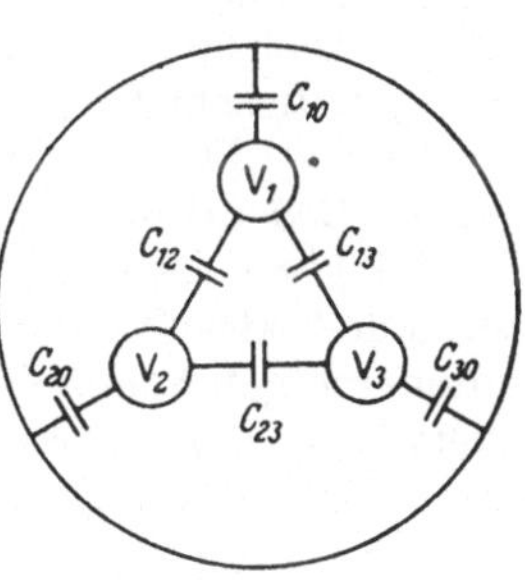

Mit

$$C_{11} = C_{10} + C_{12} + C_{13}\,,$$
$$C_{22} = C_{20} + C_{12} + C_{23} \text{ usw.}$$

und $v_0 = 0$ als Bezugspotential ist diese Schreibweise mathematisch identisch mit:

$$\left.\begin{aligned} q_1 &= C_{11}v_1 - C_{12}v_2 - C_{13}v_3 \\ q_2 &= -C_{12}v_1 + C_{22}v_2 - C_{23}v_3 \quad \text{usw.} \end{aligned}\right\} \tag{11b}$$

Abb. 11. Teilkapazitätsschema eines Drehstromkabels.

II. Allgemeines über Wechselströme und Wechselspannungen.

Wenn wir auch in diesem Kapitel fast ausschließlich von Wechselströmen sprechen, so gelten doch alle unsere Betrachtungen genau so für alle anderen Wechselgrößen wie Wechselspannungen, Wechselflüsse, Wechseldurchflutungen usw.

Alle Gesetze, die wir im vorigen Kapitel formuliert haben, gelten bei beliebigem zeitlichen Ablauf der darin vorkommenden Größen, wenn wir in die Gleichungen ihre Augenblickswerte einsetzen. Mit den speziellen Rechenverfahren und Beziehungen für solche Wechselgrößen mit zeitlicher Abhängigkeit $i = f(t)$ wollen wir uns beschäftigen. Es ist dabei nach Abb. 12 möglich, daß im zeitlichen Ablauf der Strom i seine Richtung, in der Gleichung also sein Vorzeichen wechselt, d. h. zeitweilig im Sinne des unverändert festliegenden und beizubehaltenden Zählpfeiles fließt (für $t < t_1$ und für $t > t_2$ im Beispiel), zeitweilig aber auch entgegengesetzt dieser Richtung ($t_1 < t < t_2$). Es handelt sich aber noch genau so um einen Wechselstrom im allgemeinsten Sinne, wenn ein solcher Richtungs- und Zeichenwechsel nicht erfolgt. Solche Wechselströme im allgemeinsten Sinne kommen zwar in der Technik im weitesten Umfange vor. Wenn wir trotzdem nicht mit ihrer Behandlung beginnen, so liegt darin dennoch keine Beschränkung, weil wir später zeigen werden, daß die Verfahren zur Behandlung einfacherer Wechselstromarten auch für solche allgemeinen Fälle anwendbar sind.

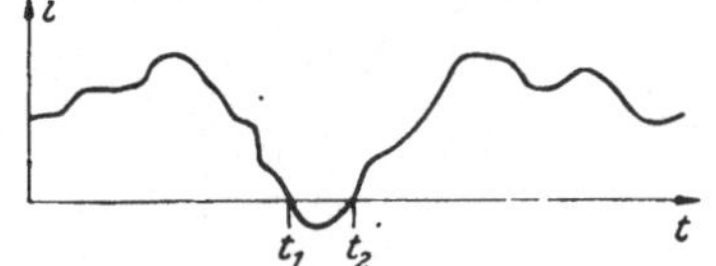

Abb. 12. Wechselstrom im allgemeinsten Sinne.

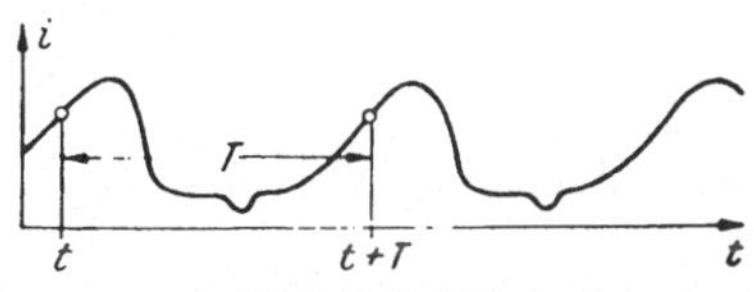

Abb. 13. Periodischer Wechselstrom = Wechselstrom im engeren Sinne.

Wir betrachten dabei zunächst solche Wechselströme, die zeitlich periodisch ablaufen, d. h. deren Augenblickswerte sich im jeweils gleichen Zeitabstand in der gleichen Folge wiederholen (Abb. 13). Mathematisch stehen sie also unter dem Gesetz:

$$i(t) = i(t + T) = i(t + nT);\quad n = 1, 2, 3 \ldots \tag{12}$$

Wir nennen T die Periodendauer dieses Wechselstromes. Sie ist eines der wichtigsten Charakteristika für periodische Wechselströme. Viel häufiger als die Perioden-

dauer wird allerdings technisch an ihrer Statt ihr Kehrwert:

$$f = 1/T, \tag{13}$$

die „Frequenz" des Wechselstromes, benutzt. Sie hat das Wesen — ich gebrauche, um Verwechslungen zu vermeiden, absichtlich dieses deutsche Wort an Stelle des häufig in diesem Zusammenhang gebrauchten, irrtümlich für gleichwertig gehaltenen Ausdrucks „Dimension", der z. B. gerade im MAXWELLschen Sinne eine durchaus andere Bedeutung hat — des Kehrwertes einer Zeit. Ist also $T = 5$ sec, so ist $f = 0{,}2$ 1/sec. An Stelle der langen und schwerfälligen Bezeichnung: „eins pro Sekunde" oder Perioden pro Sekunde ist im deutschen Sprachraum ein neuer Einheitsname gebräuchlich. Es ist 1 Periode/sec = 1 Hertz = 1 Hz zu Ehren des Physikers HERTZ, des experimentellen Entdeckers der elektromagnetischen Wellen. Gebräuchliche Obereinheiten dazu sind:

$$1\ \text{kHz} = 1000\ \text{Hz} \quad \text{und} \quad 1\ \text{MHz} = 1000\ \text{kHz}\,.$$

Das technisch genutzte Gebiet der Wechselströme beginnt dabei mit den tiefsten Frequenzen in der Energiewirtschaft und endet in der drahtlosen Nachrichtentechnik mit den höchsten Werten, die schon dicht an das Frequenzgebiet der infraroten Strahlung heranreichen. Es werden benutzt:

$16^2/_3$ Hz und 25 Hz bei der Bahnstromversorgung.
50 und 60 Hz in der allgemeinen Energieversorgung.
16 Hz bis 16 kHz in der Tonfrequenztechnik.
10 kHz bis etwa 200000 MHz in der Hochfrequenztechnik.

So wie jeder andere Strom transportiert auch ein Wechselstrom in jedem Zeitelement dt eine bestimmte Elektrizitätsmenge dq, die sich nach Abb. 14 leicht errechnet zu: $dq = i\,dt$ entsprechend dem im Augenblick t fließenden Augenblickswert i des Stromes. Diese Ladung kann sowohl zur Ladung eines Kondensators, wie auch für elektrolytische Zwecke wirksam werden. Sie stellt sich im Diagramm der Abb. 14 als ein schmales Rechteck mit der Grundlinie dt und der Höhe i dar. Die in einer endlichen Zeit $\tau = t_2 - t_1$ transportierte Ladung ergibt sich formal durch Integration über diese Zeit:

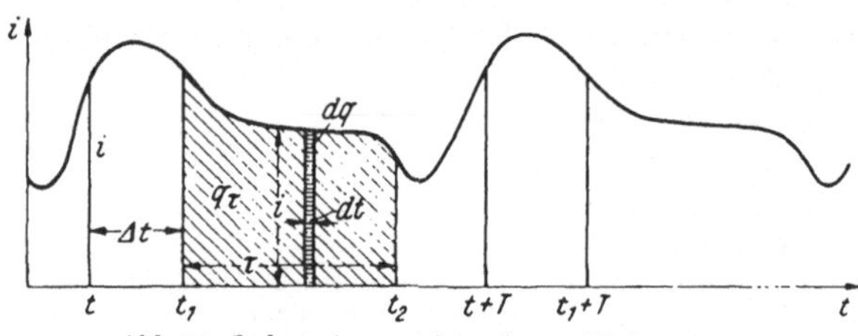

Abb. 14. Ladungstransport in einem Wechselstrom.

$$q_\tau = \int_{t_1}^{t_2} d_q = \int_{t_1}^{t_2} i\,dt\,,$$

anschaulich als Fläche unter der Stromkurve zwischen den Ordinaten im Zeitpunkt t_1 und t_2.

Von besonderem Interesse ist die während der Dauer einer Periode transportierte Ladung:

$$q_T = \int_{t}^{t+T} dq = \int_{t_1}^{t_1+T} dq = \int_{t_2}^{t_2+T} dq\,,$$

die offensichtlich unabhängig vom Anfangspunkt der Integration ist, da ja die Flächen zwischen t und t_1 einerseits, und $t + T$ und $t_1 + T$ andererseits kongruent sind entsprechend unserer Definition (Gl. (12)) eines periodischen Wechselstromes und somit auch gleiche Fläche haben. Wir können das auch mathematisch beweisen, indem wir für ($\Delta t = t_1 - t$) schließen:

$$\int_t^{t+T} i\,dt = \underline{\int_t^{t+\Delta t} i\,dt} + \int_{t+\Delta t}^{t+T} i\,dt = \int_{t+\Delta t}^{t+T} i\,dt + \underline{\int_{t+T}^{t+T+\Delta t} i\,dt}\,.$$

Die beiden unterstrichenen Integrale sind dabei wegen der Periodizität, d. h. wegen $i(t) = i(t+T)$ nach (Gl. (12)) identisch gleich. Die Zusammenfassung der beiden letzten Integrale nach den Regeln der Mathematik liefert dann:

$$q_T = \int_t^{t+T} i\,dt = \int_{t+\Delta t}^{t+T+\Delta t} i\,dt\,, \tag{14}$$

was zu beweisen war.

Unabhängig vom Beginn der Zeitzählung für die Periode ist also die in einer Periode transportierte Elektrizitätsmenge konstant. Wir können also nach dem Gleichstrom fragen, der in der gleichen Zeit die gleiche Ladung transportiert, und finden ihn rechnerisch aus:

$$i_= = \frac{q_T}{T} = \frac{1}{T}\int_t^{t+T} i\,dt \tag{15}$$

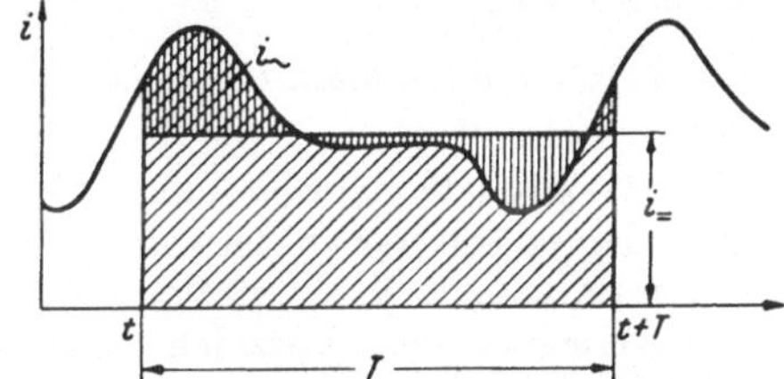

Abb. 15. Überlagerung von Gleichstrom $i_=$ und reinem Wechselstrom $i_\sim$ zu einem Wechselstrom.

und graphisch anschaulich nach Abb. 15 als Höhe des der schraffierten Fläche flächengleichen Rechtecks mit der Grundlinie T. Wir können uns dann den Strom in jedem Augenblick zusammengesetzt denken aus diesem Gleichstrom und einem überlagerten Wechselstrom:

$$i = i_= + i_\sim\,. \tag{16}$$

Dieser Wechselstrom, der in Abb. 15 durch senkrechte Schraffur über der Nullinie $i_=$ dargestellt ist, ist abwechselnd positiv und negativ und hat die besondere Eigenschaft, daß er über die Dauer einer Periode *keine* Ladung transportiert. Es gilt ja:

$$\int_t^{t+T} i\,dt = q_T = \int_t^{t+T} i_=\,dt + \int_t^{t+T} i_\sim\,dt = i_=\,T + \int_t^{t+T} i_\sim\,dt = q_T + \int_t^{t+T} i_\sim\,dt$$

und somit:

$$\int_t^{t+T} i_\sim\,dt = 0\,. \tag{17}$$

Wir nennen einen solchen Wechselstrom einen *reinen* Wechselstrom. Einen beliebigen periodischen Wechselstrom können wir uns also stets zusammengesetzt denken aus einem Gleichstrom und einem reinen Wechselstrom, d. h. einem solchen, für den der mittlere Ladungstransport über die Dauer einer Periode gleich Null ist:

$$\int_0^T i_\sim\,dt = 0\,. \tag{17a}$$

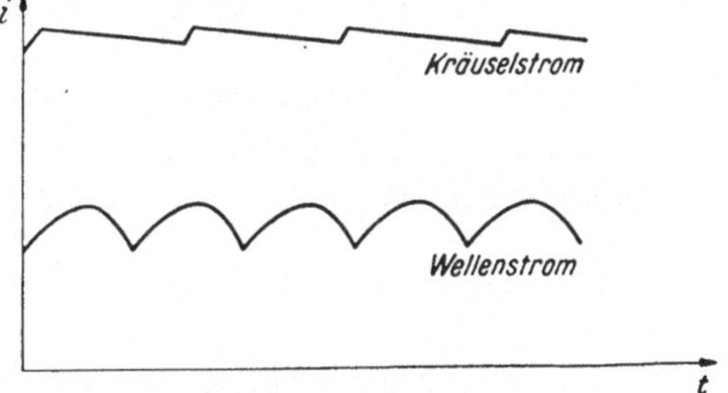

Abb. 16. Formen des Mischstromes.

Es ist üblicher Sprachgebrauch, unter „*Wechselströmen*" im engeren Sinne nur solche reinen periodischen Wechselströme zu verstehen. Den allgemeinen periodischen Wechselstrom der Abb. 13 nennt man dann einen ***Mischstrom***, bzw. wenn die Augenblickswerte des Wechselstromanteils klein sind gegen die Gleichstromkomponente, einen *Wellenstrom*, oder wenn sie schließlich sehr klein sind, einen *Kräuselstrom* (s. Abb. 16).

Da die Grundgesetze der Elektrotechnik sämtlich lineare Verknüpfungen darstellen, so ist es gestattet (s. hierzu auch S. 144), die einzelnen Anteile des Stromes getrennt zu behandeln. Die jetzt folgende Beschränkung unserer Betrachtungen auf „reine" Wechselströme ist also kein Mangel an Allgemeingültigkeit, da wir einen etwa vorhandenen Gleichstromanteil getrennt behandeln und die Lösungen überlagern können. Über die dabei zu beachtenden Vorsichtsmaßnahmen in den Fällen, wo die linearen Gesetze Idealisierungen an sich nichtlinearer Zusammenhänge darstellen, werden wir von Fall zu Fall sprechen.

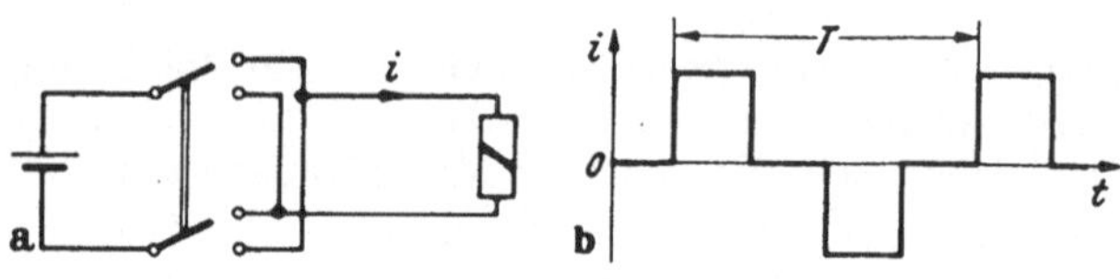

Abb. 17. Polwechsler. *a* Schaltbild. *b* Zeitlicher Verlauf des Stromes.

Auch mit der Einschränkung auf reine Wechselströme bleibt die Erscheinungsform der Wechselströme noch ungeheuer vielfältig, wie wir an einigen Beispielen zeigen wollen.

Im Wechselstromzweig eines Polwechslers nach Abb. 17 fließt ein Wechselstrom, der — wie wir später sehen werden allerdings nur bei rein Ohmschen Widerständen im ganzen Kreis, praktisch also niemals — nach Abb. 17b aus zwei Rechtecken verschiedenen Vorzeichens besteht, die durch die Umschaltpause unterbrochen sind, in der der Strom Null ist.

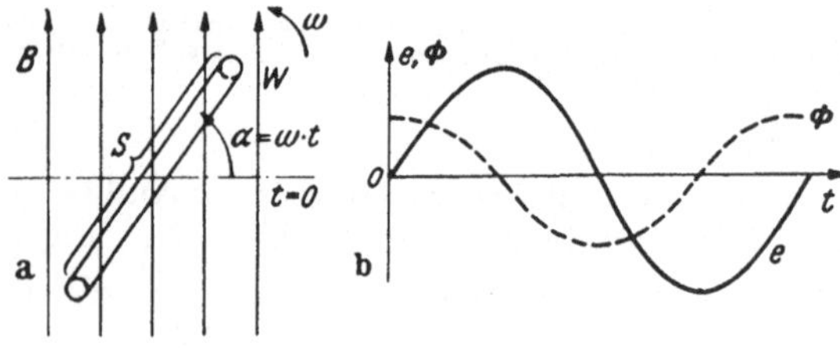

Abb. 18. Im Magnetfeld rotierende Spule. *a* Räumliche Anordnung. *b* Zeitlicher Verlauf von Fluß und EMK.

Die Drehung einer Drahtschleife in einem homogenen Magnetfeld nach Abb. 18a mit konstanter Winkelgeschwindigkeit ω, bzw. Drehzahl n liefert nach dem Induktionsgesetz (Gl. (8)) eine Urspannung, deren zeitlich sinusförmiger Verlauf sich aus einer einfachen Rechnung ergibt:

$$e = -w\frac{d\Phi}{dt} = -w\frac{d}{dt}(B\,S\cos\alpha),$$

wenn B die Induktion des magnetischen Flusses und S die Fläche der rotierenden Spule ist, die die Windungszahl w haben möge. Wegen der Konstanz von B und S und der Proportionalität von α und t folgt weiter:

$$e = -w\,B\,S\frac{d}{dt}(\cos\omega t) = +w\,B\,S\,\omega\sin\omega t$$

$$= e_{max}\sin\omega t \quad \text{mit } e_{max} = w\,B\,S\,\omega\,.$$

Ihr Verlauf ist in Abb. 18b dargestellt. Da die Periode der Kreisfunktion 2π ist, so ist $\omega T = 2\pi$ also:

$$T = \frac{2\pi}{\omega} = \frac{1}{n}, \tag{18}$$

wenn n die Drehzahl der Spule ist. Es ist also: $f = n$.

In einer wirklichen elektrischen Maschine mit einem Magnetgestell und einem eisernen Anker, der in einer Nut eine Wicklung trägt (Abb. 19a), kann man den zeitlichen Verlauf der Urspannung ebenfalls aus dem Induktionsgesetz ermitteln, wenn man sich nach Abb. 19b zunächst den Verlauf des Flusses im zeitlichen Geschehen aufzeichnet, der mit der Spule verkettet ist, und daraus durch Differentiation auf die induzierte Spannung schließt. Die Zeitpunkte, zu denen eine der beiden Spulenseiten die Punkte *A B C D* der Abb. 19a passiert, sind im zeitlichen Diagramm von Fluß und EMK mit entsprechenden Indizes versehen.

In einer Maschine mit unsymmetrischen Polen und einer einseitig angeordneten Wicklung nach Abb. 20a, wie sie für Sonderzwecke (Röntgenröhrenbetrieb) früher benutzt wurde, entsteht bei Drehung des Ankers mit konstanter Winkelgeschwindigkeit wiederum eine andere Wechsel-EMK, die sich unter Benutzung des Induktionsgesetzes in derselben Weise wie im vorigen Beispiel aus Abb. 20b ergibt. Auch sie ist eine reine Wechselspannung, obwohl sich die Formen der positiven und negativen Teile erheblich unterscheiden. Man bezeichnet auch in diesem Falle die beiden Teile der Periode, die durch die Nulldurchgänge getrennt werden, als positive, bzw. negative „Halbwelle“, obwohl sie zeitlich die Periodendauer nicht in zwei gleiche Hälften teilen.

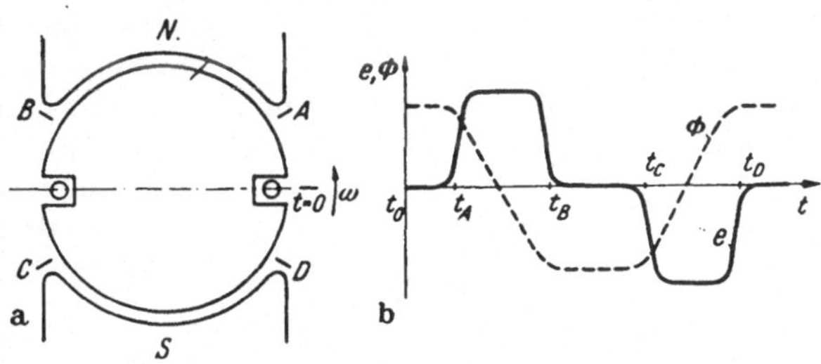

Abb. 19. Einzelwindung eines Trommelankers. a Räumliche Anordnung. b Zeitlicher Verlauf von Fluß und EMK.

Es sind aber auch sehr unregelmäßige Kurvenformen des Wechselstromes möglich, die eine solche Unterscheidung nicht mehr zulassen, die aber doch noch reine Wechselströme oder -spannungen sind. Z. B. entsteht bei plötzlicher primärseitiger Öffnung und Schließung des Schalters für einen Teslatransformator nach Abb. 21a an den Klemmen der Sekundärwicklung, die eine Eigenkapazität besitzt, eine Spannung u_2 nach Abb. 21 b, die das Vorzeichen mehrfach wechselt. Auch sie fällt bei periodischer Wiederholung des Schaltvorganges noch unter den Begriff der reinen periodischen Wechselspannung.

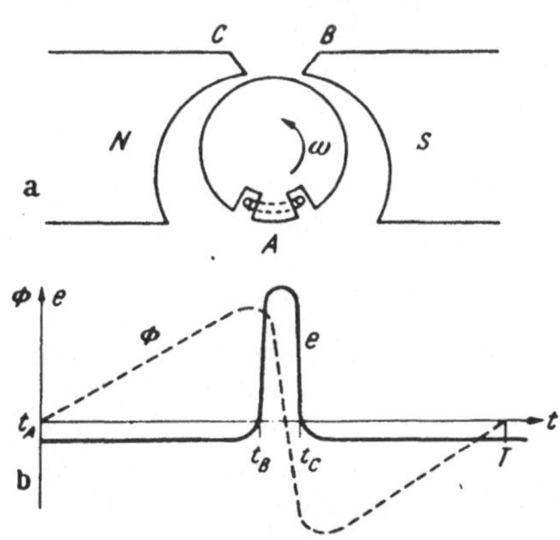

Abb. 20. Röntgenspannungsgenerator. a Räumliche Anordnung. b Zeitlicher Verlauf von Fluß und EMK.

Es erhebt sich bei der ständig wechselnden Größe von Spannung und Strom sofort die Frage, wie man — außer durch die Frequenz oder Periodendauer, die den Vorgang seiner Qualität nach charakterisieren, — eine Maßangabe für die Größe des Stromes machen kann.

Es ist einleuchtend, daß der Höchstwert von Spannung oder Strom ein wichtiges Charakteristikum ist, denn die Höhe des Strommaximums bestimmt ja nach Gl. (10) den Maximalwert der Kraft, die auf einen stromdurchflossenen Leiter ausgeübt wird. Und die Höhe der größten Spannung, die während einer Periode auftritt, ihr „*Scheitelwert*“, bestimmt, ob ein Anlagenteil elektrisch durchschlagen wird oder nicht. Wegen dieser Bedeutung

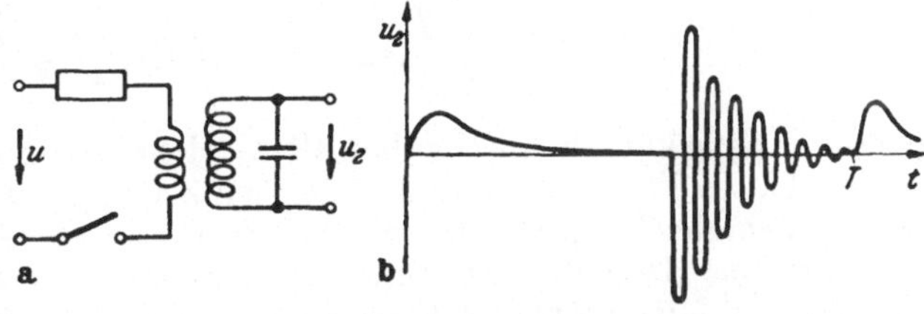

Abb. 21. Teslatransformator. a Schaltbild. b Zeitlicher Verlauf der Sekundärspannung.

wird der Scheitelwert von Strom oder Spannung oft angegeben, obwohl seine Messung nicht immer in einfacher Weise möglich ist. Dazu kommt, daß bei Kurvenformen mit unsymmetrischen Halbwellen unter Umständen zwei Scheitelwerte für die gleiche Wechselgröße anzugeben wären.

Die Mehrzahl unserer gebräuchlichen Meßinstrumente mißt nicht einen ausgezeichneten Augenblickswert, wie es der Scheitelwert ist, sondern einen Mittelwert. Am häufigsten ist dabei die Messung des sogenannten „Effektivwertes", dessen Bedeutung wir uns am einfachsten am Hitzdrahtinstrument klar machen. In einem Hitzdraht vom Widerstand R entwickelt ein Strom vom Augenblickswert i eine Wärmeleistung $i^2 R$, also im Zeitabschnitt dt, in dem wir i als konstant ansehen können, eine Wärmemenge

$$i^2 R\, dt = dW.$$

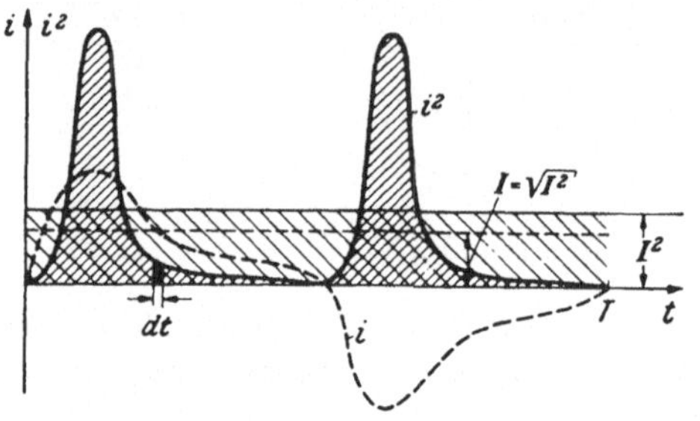

Abb. 22. Zur Ermittlung und Definition des Effektivwertes.

Da i^2 unabhängig vom Vorzeichen von i über die ganze Periode positiv ist, ergibt sich während einer Periode eine dauernde, nur dem Betrage nach schwankende Wärmeentwicklung vom Gesamtbetrage:

$$W = \int_0^T i^2 R\, dt. \tag{19}$$

Wir können sie in Abb. 22 dadurch anschaulich machen, daß wir zu jedem Wert von i den zugehörigen Wert von i^2 auftragen, der bei geeigneter Wahl des Ordinatenmaßstabs und konstantem R auch die Augenblickswerte der Wärmeleistung angibt. Die schraffierte Fläche unter der Kurve der i^2 stellt dann den mathematischen Ausdruck $\int_0^T i^2\, dt$ dar, der der Wärmeentwicklung während einer Periode proportional ist. Die schwankende Wärmezufuhr bedingt dabei bei weniger wärmeträgen Widerständen eine gewisse Temperaturschwankung, die wir bei Lampen für 16,66 Hz noch wahrnehmen können, wenn wir das Auge relativ zur Lichtquelle bewegen. Bei massiveren Widerständen mit großer Wärmeträgheit wird aber diese Temperaturschwankung sehr klein — wo es darauf ankommt, verwenden wir deshalb Lampen mit kurzem dicken Faden, d. h. Niederspannungslampen, lieber als solche mit langen dünnen Fäden —, und wir können eine Mitteltemperatur angeben, auf die sich der Faden der Lampe oder der Hitzdraht entsprechend der mittleren Wärmezufuhr einstellt. Diese ist im Diagramm der Abb. 22 durch das der schraffierten Fläche flächengleiche Rechteck über der gleichen Grundlinie, der Periodendauer T, gegeben. Ihre Höhe ist mathematisch darstellbar durch:

$$I^2 = \frac{1}{T}\int_0^T i^2\, dt \qquad \text{also } I = \sqrt{\frac{1}{T}\int_0^T i^2\, dt}\,, \tag{20}$$

wobei wir physikalisch anschaulich diese Höhe als den Wert desjenigen Gleichstromes deuten können, der in der gleichen Zeit einer Periode die gleiche Wärmewirkung, den gleichen „Effekt", wie man früher sagte, hervorrufen würde wie unser Wechselstrom. Deshalb bezeichnet man diesen — mathematisch gesprochen — quadratischen Mittelwert, die Wurzel aus dem Mittelwert der Quadrate der Augenblickswerte, als „*Effektivwert*" des Wechselstromes. Wir wollen vereinbaren, diesen Effektivwert in Zukunft durch die Verwendung großer lateinischer Buchstaben zu kennzeichnen. Bezeichnen wir also die Mittelwertbildung formal an Stelle des ausgeschriebenen Integrals der Formel (20) mit $M\,(i^2)$ oder durch Überstreichen des zu mittelnden Wertes, so ist für eine Spannung u:

$$U = \sqrt{\frac{1}{T}\int_0^T u^2\,dt} = M(u^2)\ \ldots\ (\text{lies: Mittel aus } u^2),$$
$$= \overline{u^2}\ \ldots\ (\text{lies: } u^2 \text{ quer}),$$

der Effektivwert der Spannung.

Ihn messen nicht nur die thermischen Meßinstrumente, Hitzdrahtmeßgeräte und Thermoumformer, sondern auch dynamometrische Strom- und Spannungsmesser, bei denen Fluß und Strom in der Drehspule von der gleichen zu messenden Größe proportional bestimmt werden, die Kraft also in ihren Augenblickswerten von deren Quadrat abhängt, und ebenso die Weicheisengeräte, bei denen die Kraft auf das Meßwerk ebenfalls vom Quadrat des Flusses bestimmt wird, sowie endlich auch die elektrostatischen Voltmeter.

Neben diesem meist benutzten quadratischen Mittelwert spielt der sogenannte *arithmetische Mittelwert* nur eine untergeordnete Rolle. Da er bei reinen Wechselströmen über eine ganze Periode erstreckt definitionsgemäß Null würde (vgl. Gl. (17)), dürfen wir ihn nur über die Dauer einer Halbwelle erstrecken oder müssen durch eine Gleichrichterschaltung dafür sorgen, daß der mittelnden Meßeinrichtung die negative Halbwelle mit umgekehrtem Vorzeichen zugeführt wird. Das kann z. B. durch die bekannte Grätzschaltung eines „Gleichrichtermeßinstrumentes" erfolgen (Abb. 23a), dessen Ventile als ideale Schalter angesehen werden und dann durch das im Brückenzweig liegende Drehspulinstrument, bei dem die Augenblickswerte des Triebmoments denen des Spulenstromes proportional sind, den im äußeren Kreis der Zuleitung nach Abb. 23b fließenden Wechselstrom als nach Abb. 23c verlaufenden gleichgerichteten Strom schicken. Die Anzeige des trägen Meßinstrumentes wird dann dem arithmetischen Mittelwert der Beträge der Augenblickswerte entsprechen:

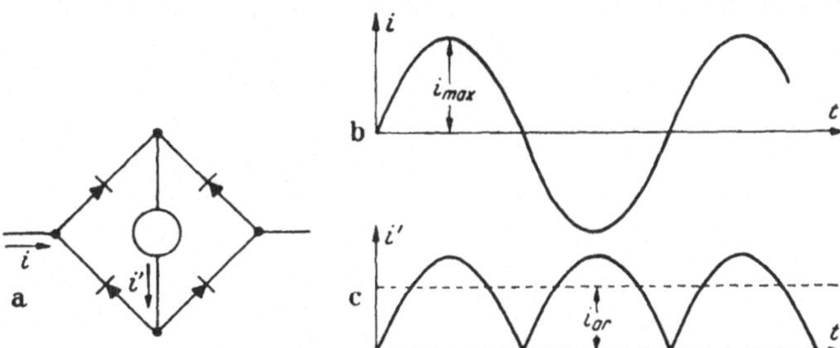

Abb. 23. Messung des arithmetischen Mittelwertes mit einem Gleichrichterinstrument. a Schaltbild. b Wechselstrom. c Gleichgerichteter Strom.

$$i_{ar} = M(|i|) = \overline{|i|} = \frac{1}{T}\int_0^T |i|\,dt\,. \tag{21}$$

Da dieser Wert zugleich für die elektrolytische Wirkung eines durch einen idealen Gleichrichter gleichgerichteten Wechselstromes verantwortlich wäre, bezeichnet man ihn wohl auch als *„elektrolytischen Mittelwert"*.

Die drei zur Charakterisierung der Stärke einer Wechselgröße möglichen Angaben: Scheitelwert, Effektivwert und elektrolytischer Mittelwert stehen nicht in einem festen Verhältnis zueinander. Ihr Quotient hängt vielmehr von der Kurvenform ab. Instrumente, die unter Voraussetzung einer bestimmten Kurvenform geeicht sind, können also bei Reihenschaltung verschiedene Werte anzeigen, wenn sie von einem Strom abweichender Kurvenform durchflossen werden, was oft zu beachten ist. Ja man kann sogar aus ihrem Verhältnis bis zu einem gewissen Grade Rückschlüsse auf die Kurvenform ziehen. Man gibt ihre Quotienten meist so an, daß sie größer werden als 1, und daß der wichtigere Effektivwert in beiden Quotienten vorkommt, und definiert:

als *Scheitelfaktor:* den Quotienten aus Scheitelwert und Effektivwert

$$\sigma = \frac{i_{max}}{I} = \frac{i_{max}}{\sqrt{\frac{1}{T}\int i^2\,dt}}\,, \tag{22}$$

als *Formfaktor:* den Quotienten aus Effektivwert und elektrolytischem Mittelwert

$$k = \frac{I}{M(|i|)} = \frac{\sqrt{M(i^2)}}{M(|i|)} = \frac{\sqrt{\overline{i^2}}}{\overline{|i|}}\,. \tag{23}$$

Wenn sich in einfachen Fällen die Kurvenform analytisch als Funktion der Zeit darstellen läßt, so können die Definitionen als Rechenanweisungen zur Ermittlung von Scheitel- und Formfaktor benutzt werden. Z. B. sei der zeitliche Verlauf der Spannung rein sinusförmig; diese also *einwellig*:

$$i = i_{max} \cdot \sin \omega t\,.$$

Aus der allgemeinen Definition (20) für den Effektivwert ergibt sich durch Einsetzen dieser Funktion für i:

$$I = \sqrt{\frac{1}{T}\cdot\int_0^T i_{max}^2 \sin^2 \omega t\,dt} = \sqrt{\frac{1}{T}\,i_{max}^2\,\frac{1}{2}\int_0^T (1 - \cos 2\,\omega t)\,dt}$$

$$= \sqrt{\frac{1}{2\,T}\,i_{max}^2\cdot\int_0^T dt} = i_{max}\,\frac{1}{\sqrt{2}}$$

und aus der Definition (21) für den arithmetischen Mittelwert:

$$i_{ar} = \frac{1}{T}\cdot 2\cdot\int_0^{T/2} i_{max} \sin \omega t\,dt = -\frac{2}{\omega T}\,i_{max} \cos \omega t\Big/_0^{T/2}$$

$$= -\frac{1}{\pi}\cdot(-1-(+1))\,i_{max} = \frac{2}{\pi}\cdot i_{max}\,.$$

Somit ist für den einwelligen Wechselstrom der Scheitelfaktor:

$$\sigma = \frac{i_{max}}{i_{max}/\sqrt{2}} = \sqrt{2} = 1{,}414 \tag{24}$$

Tabelle 1. *Scheitel- und Formfaktoren geometrisch einfacher Kurvenformen.*

	Rechteck	Parabel	Sinus	Dreieck	Parabelbögen	Parabeln höherer Ordnung 3.	5.	n
Kurvenform (nur positive Halbwelle gezeichnet)	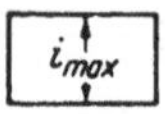 i_{max}	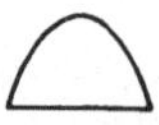		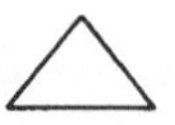	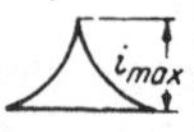 i_{max}	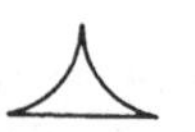	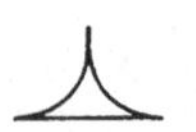	
Effektivwert I	i_{max}	$\sqrt{\frac{8}{15}}\cdot i_{max}$	$\frac{1}{\sqrt{2}}\cdot i_{max}$	$\frac{1}{\sqrt{3}}\cdot i_{max}$	$\frac{1}{\sqrt{5}}\cdot i_{max}$	$\frac{1}{\sqrt{7}}\cdot i_{max}$	$\frac{1}{\sqrt{11}}\cdot i_{max}$	$\frac{i_{max}}{\sqrt{2n+1}}$
Arithmetischer Mittelwert i_{ar}	i_{max}	$\frac{2}{3}\cdot i_{max}$	$\frac{2}{\pi}\cdot i_{max}$	$\frac{1}{2}\cdot i_{max}$	$\frac{1}{3}\cdot i_{max}$	$\frac{1}{4}\cdot i_{max}$	$\frac{1}{6}\cdot i_{max}$	$\frac{1}{n+1}\cdot i_{max}$
Scheitelfaktor σ	1,00	1,37	1,41	1,73	2,24	2,64	3,32	$\sqrt{2n+1}$
Formfaktor k	1,00	1,10	1,11	1,15	1,34	1,52	1,81	$\frac{n+1}{\sqrt{2n+1}}$

und der Formfaktor:
$$k = \frac{i_{max}}{\sqrt{2}} \frac{\pi}{2\, i_{max}} = \frac{\pi}{2 \cdot \sqrt{2}} = 1{,}11\,. \tag{25}$$

Man überzeuge sich durch mathematische Ausrechnung oder Überlegung an Hand der Mittelwertbildung durch Flächendarstellung ähnlich den Abb. 22 und 23 von der Richtigkeit der Angaben in den Tabellen 1 und 2. Aus Tabelle 1 entnimmt man anschaulich, daß Scheitelfaktor und Formfaktor um so höher anwachsen, je spitzer die Kurvenform der Wechselgröße wird. Tabelle 2 lehrt darüber hinaus, daß eine Spitze zwar immer erhöhend auf den Scheitelfaktor wirkt, aber sich im Formfaktor nur dann ausprägt, wenn sie genügend breit ist. Als grobe Merkregel kann man also zusammenfassen:

Breite Spitzen erhöhen Scheitelfaktor und Formfaktor.

Schmale Spitzen erhöhen wesentlich nur den Scheitelfaktor.

Selbstverständlich geben diese beiden Faktoren keine Auskunft über die Kurvenform im einzelnen, ja nicht einmal über die Lage der „Spitzen“ innerhalb der Periodendauer und ihre Form.

Tabelle 2. *Scheitelfaktor und Formfaktor von Treppenkurven.*

Allgemein: $\sigma = \sqrt{\frac{1/\alpha \cdot n^2}{1/\alpha + n^2 - 1}}$; $k = \sqrt{\frac{1/\alpha \cdot (1/\alpha + n^2 - 1)}{(1/\alpha + n - 1)^2}}$

Kurvenform (nur positive Halbwelle)		$\alpha \cdot \frac{T}{2} = \frac{T}{2}$	$\frac{3}{8}T$; i_{max}; $\frac{i_{max}}{n}$	$\frac{T}{4}$	$\frac{T}{8}$	$\frac{T}{16}$	0
n		$\alpha = 1$	$4/3$	2	4	8	∞
2	Scheitel-faktor	1,00	1,23	1,26	1,51	1,71	2,00
4		1,00	1,31	1,37	1,84	2,36	4,00
2	Form-faktor	1,00	1,03	1,05	1,06	1,04	1,00
4		1,00	1,08	1,17	1,24	1,23	1,00

III. Der einwellige Strom.

Im allgemeinen werden schon bei der einfachsten Rechenoperation, die man mit Wechselgrößen vornehmen kann, der Addition, Veränderungen der Kurvenform

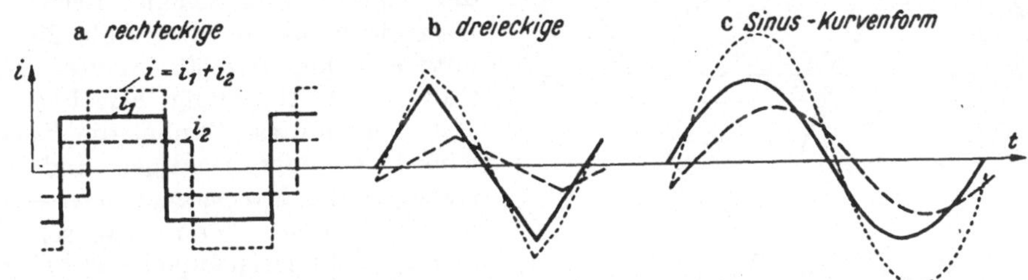

Abb. 24. Änderung der Kurvenform bei Addition zweier gleichverlaufender Ströme.

auch dann schon auftreten, wenn die beiden zu addierenden Größen die gleiche Frequenz und Kurvenform haben. Z. B. ergibt die Addition von 2 Wechselströmen mit der scheinbar sehr einfachen rechteckigen Kurvenform nach Abb. 24a bei punktweiser Addition eine Treppenkurve, die Addition von zwei dreieckigen Kurvenformen nach Abb. 24b einen Polygonzug.

Das ist dagegen nicht der Fall bei sinusförmigem zeitlichen Verlauf der Wechselgröße; wie sich später S. 130 zeigen wird, aber auch *nur* bei dieser Kurvenform. Den mathematischen Beweis für die „Beständigkeit" des zeitlich sinusförmigen Verlaufs können wir natürlich nicht anschaulich aus der Abb. 24c entnehmen, die ihn nur wahrscheinlich macht. Wir führen ihn wie folgt:

A. Die Grundrechenoperationen für einwellige Größen.

Eine zeitlich sinusförmige veränderliche Größe ist in der allgemeinsten Form durch drei Kenngrößen zu bestimmen, von denen wir bisher bereits die Frequenz — bzw. die mit ihr eng verknüpften Größen: Kreisfrequenz oder Periodendauer — und die Amplitude oder den Scheitelwert kennengelernt haben. Zwei Wechselgrößen können sich aber auch noch darin unterscheiden, daß ihre Nulldurchgänge zeitlich nicht zusammenfallen, bzw. bei anderweitig festgelegtem Nullpunkt der Zeitrechnung nicht um gleiche Beträge gegen diesen Nullpunkt verschoben sind. Die „Phasen" der beiden Wechselvorgänge sind also verschieden; die Nullphasen der Wechselvorgänge fallen nicht mit dem Zeitnullpunkt zusammen, sondern sind gegen ihn verschoben um eine Phasenverschiebungszeit t_0:

$$i = i_{max} \sin \big(\omega \, (t - t_0)\big).$$

Bei dieser Schreibweise, die mathematisch einer Verschiebung des Koordinatennullpunktes für die Zeitrechnung um t_0 hinter den Nulldurchgang der Sinuskurve darstellt, bedeuten also positive Werte dieser Zeit, daß die Nullphase des Wechselvorgangs vor dem Nullpunkt der Zeitrechnung erfolgt, ihm also „vorauseilt"; negative Werte bedeuten eine zeitliche „Nacheilung".

Die beiden Wechselströme der Abb. 25 können also allgemein dargestellt werden durch die Gleichungen:

$$i_1 = i_{max_1} \sin \omega \, (t - t_1) = i_{max_1} \sin (\omega t - \varphi_1)$$
$$i_2 = i_{max_2} \sin \omega \, (t - t_2) = i_{max_2} \sin (\omega t - \varphi_2),$$

worin die Winkelwerte φ_1 und φ_2 die Phasenverschiebungen der beiden Ströme gegen den Zeitnullpunkt nicht mehr in Sekunden oder Millisekunden, sondern in Bruchteilen der „natürlichen" Zeiteinheit einer Periodendauer messen. Sie sind Winkelwerte als Bruchteile der Periode 2π der Sinusfunktion, die man mit gleichem Recht als Abszissenmaßstab der Abb. 25 benutzen kann, der als zweiter Maßstab dieser Abbildung beigefügt ist. Wir nennen diese Winkel die *Phasenwinkel* — oder richtiger und vollständiger die *Nullphasenwinkel* — der beiden Ströme. Man beachte, daß gleiche Nullphasenwinkel nur bei gleicher Frequenz gleiche Phasenverschiebungszeiten bedeuten, daß aber z. B. bei doppelter Frequenz der gleiche Winkel eine kleinere Zeit (die Hälfte) für die Verschiebung der Nullphase ergibt (Abb. 26a), und daß umgekehrt die gleiche Phasenverschiebungszeit für die drei-

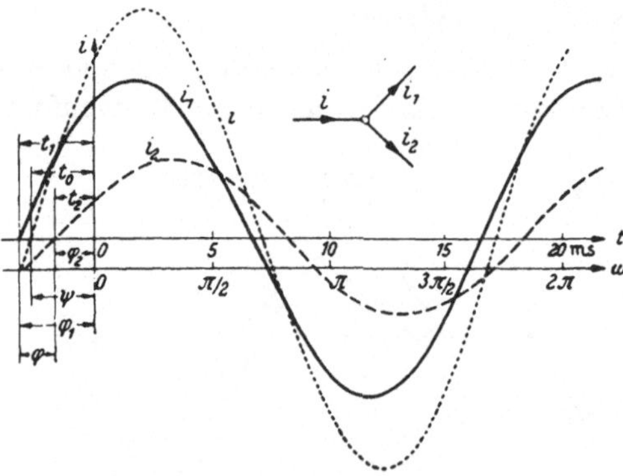

Abb. 25. Zur Definition der Nullphasenzeiten und der Nullphasenwinkel. Addition zweier einwelliger Wechselströme.

fache Frequenz den dreifachen Winkel bedeutet (Abb. 26b). In Abb. 25 entspricht schließlich der Zeitdifferenz $(t_1 - t_2)$ ein Phasenverschiebungswinkel $\varphi = (\varphi_1 - \varphi_2)$, um den in diesem Falle, weil er zahlenmäßig positiv ist, der Strom (1) dem Strome (2) voreilt, der Strom (2) dem Strome (1) nacheilt.

Nach allgemeinen Regeln der Kreisfunktionen ist:

$$i_1 = i_{max_1} \sin(\omega t + \varphi_1) = i_{max_1} \cos\varphi_1 \sin\omega t + i_{max_1} \sin\varphi_1 \cos\omega t$$
$$i_2 = i_{max_2} \sin(\omega t + \varphi_2) = i_{max_2} \cos\varphi_2 \sin\omega t + i_{max_2} \sin\varphi_2 \cos\omega t.$$

Diese rechnerische Umformung bedeutet physikalisch die Zerlegung jedes der beiden Ströme in 2 Komponenten, von denen die erste jeweils den Phasenwinkel 0 hat, also für $t = 0$ durch Null geht, während die andere in diesem Zeitpunkt gerade ihr positives Maximum hat, also einen Phasenwinkel von 90°. Wenn der Summenstrom der beiden Teilströme wieder einwellig ist, so muß er ebenfalls in der gleichen Weise zerlegbar sein:

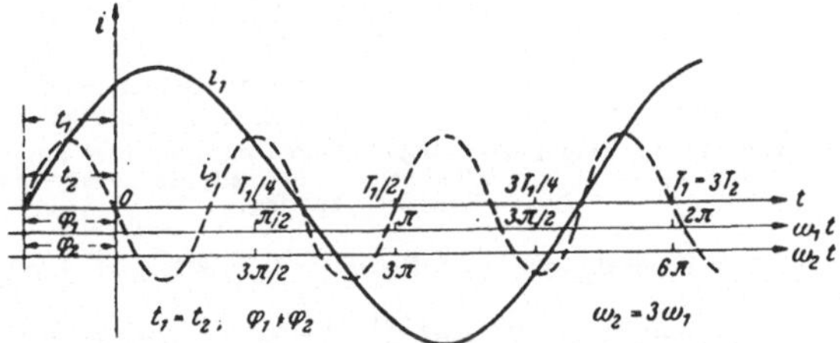

Abb. 26a. Gleiche Phasenwinkel bedeuten bei verschiedener Frequenz verschiedene Nullphasenzeiten.

$$i = i_{max} \cdot \sin(\omega t + \psi) = i_{max} \cos\psi \sin\omega t + i_{max} \sin\psi \cos\omega t,$$

und seine beiden Komponenten müssen sich durch arithmetische Addition der jeweils gleichphasigen Komponenten der Teilströme ergeben:

$$i_{max} \cos\psi = i_{max_1} \cos\varphi_1 + i_{max_2} \cos\varphi_2 = a$$
$$i_{max} \sin\psi = i_{max_1} \sin\varphi_1 + i_{max_2} \sin\varphi_2 = b.$$

Aus diesen beiden Gleichungen für i_{max} und ψ als Unbekannte lassen sich diese stets eindeutig berechnen, welche positiven und negativen Werte a und b auch annehmen mögen:

$$(i_{max}) = +\sqrt{a^2 + b^2} \text{ und } \operatorname{tg} \psi = b/a,$$

wobei zu beachten ist, daß i_{max} laut Definition stets positiv zu nehmen ist, und ψ dadurch eindeutig ist, daß die Vorzeichen von Zähler und Nenner des Bruches, aus denen sein tangens gebildet wird, den Quadranten bestimmen, in dem er liegt. Damit ist bewiesen, daß sich bei beliebiger Größe und beliebiger gegenseitiger Phasenverschiebung zwei einwellige Ströme stets wieder zu einem einwelligen Strom zusammensetzen.

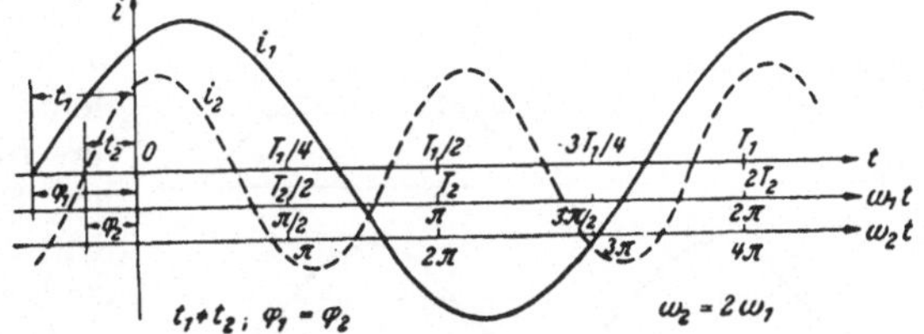

Abb. 26b. Gleiche Nullphasenzeiten bedeuten bei verschiedener Frequenz verschiedene Nullphasenwinkel.

Sinngemäß ergibt sich für mehr als zwei zu addierende Ströme: der Scheitelwert des resultierenden Stromes:

$$i_{max} = \sqrt{\sum_n \left[(i_{max_n} \cos\varphi_n)^2 + (i_{max_n} \sin\varphi_n)^2\right]} \tag{26}$$

und sein Nullphasenwinkel:

$$\operatorname{tg} \psi = \frac{\sum^n i_{max_n} \sin\varphi_n}{\sum^n i_{max_n} \cos\varphi_n}. \tag{27}$$

Es bedarf kaum besonderer Erwähnung, daß damit zugleich auch der Nachweis erbracht ist, daß sich auch bei Subtraktion eines einwelligen Stromes von einem anderen einwelligen Strom stets wieder ein einwelliger Strom ergibt. Bei gemischter Addition und Subtraktion sind nur unter den Summenzeichen der Formeln (26) und (27) die zu subtrahierenden Ströme mit negativen Vorzeichen einzuführen.

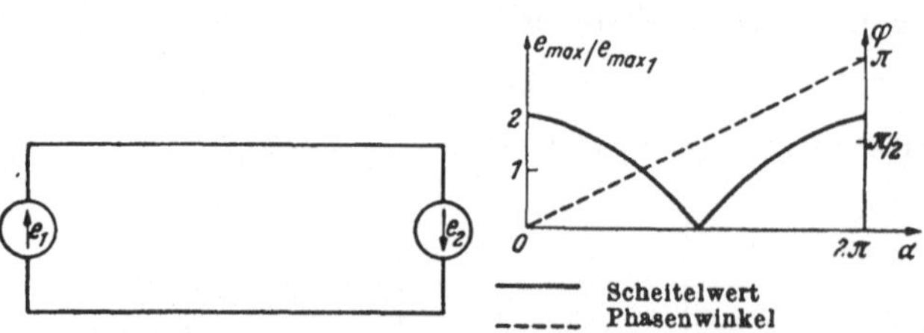

Abb. 27. Addition zweier Urspannungen mit variabler Phasenlage. a Schaltbild. b Scheitelwert und Nullphasenwinkel der Summenspannung.

Addieren wir z. B. zwei gleiche, aber um einen variablen Winkel verschobene Urspannungen zueinander (Abb. 27), so ergibt sich aus:

$$e = e_1 + e_2 = e_{max} \sin \omega t + e_{max} \sin (\omega t + \alpha) = 2\, e_{max} \cos \alpha/2 \sin (\omega t + \alpha/2),$$

daß die resultierende auf die Leitungswiderstände arbeitende Urspannung in dieser Abbildung zwischen den Grenzwerten:

$$0 < 2\, e_{max} \cos \alpha/2 < 2\, e_{max}$$

in ihrem Scheitelwert schwankt, wenn sich durch asynchronen Lauf der beiden Generatoren die Phase der beiden Urspannungen allmählich gegeneinander verschiebt, obwohl beide noch praktisch gleiche Kreisfrequenz behalten. (In mathematischer Strenge ist natürlich in diesem Falle der Verlauf der resultierenden Spannung nicht mehr einwellig sinusförmig.) Im praktischen Betrieb führt diese Amplitudenschwankung der treibenden EMK zu entsprechenden Stromschwankungen und damit zum „Pumpen" der Relais, die jeweils bei Überschreiten eines Grenzwertes ansprechen, aber vor Ablauf ihrer Ansprechzeit bei wieder absinkendem Strom wieder abfallen und so nicht zur Auslösung kommen. Zugleich mit der Amplitudenschwankung verschiebt sich die Phase der resultierenden Spannung um jeweils die Hälfte ($\alpha/2$) des Phasenverschiebungswinkels der beiden Teilspannungen.

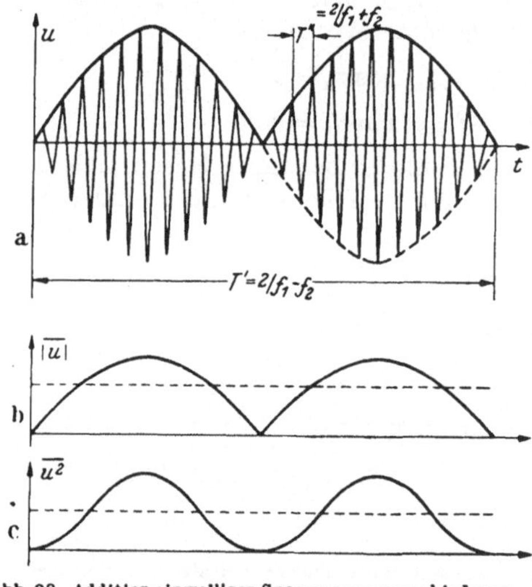

Abb. 28. Addition einwelliger Spannungen verschiedener Frequenz.

a Summe aus zwei Spannungen gleicher Amplitude, aber verschiedener Frequenz. b Geglätteter Mittelwert bei linearer Gleichrichtung. c Geglätteter Mittelwert bei quadratischer Gleichrichtung.

Liegen die beiden Teilspannungen in ihrer Frequenz nicht mehr so nahe zusammen, wie wir soeben annahmen, so können wir den Nullpunkt der Zeitrechnung beliebig so wählen, — wenigstens, wenn f_1 und f_2 inkommensurabel sind — daß in ihm beide gleichzeitig durch Null gehen, also keinen Nullphasenwinkel haben. Bei gleicher Amplitude ergibt sich dann für ihre Summe:

$$u = u_1 + u_2 = u_{max} \sin \omega_1 t + u_{max} \sin \omega_2 t$$
$$= 2\, u_{max} \sin \left(\frac{\omega_1 + \omega_2}{2}\, t\right) \cos \left(\frac{\omega_1 - \omega_2}{2}\, t\right).$$

Die nach Abb. 28 entstehende Schwebung können wir also auffassen als einen Wechselvorgang der Frequenz $\frac{\omega_1 + \omega_2}{2}$, dessen Scheitelwert mit der Frequenz $\frac{\omega_1 - \omega_2}{2}$ pulsiert, was jedoch nicht etwa gleichbedeutend ist mit einem sinusförmigen Verlauf der Hüllkurve der positiven Spitzen. Eine Gleichrichtung der Summenspannung mit einem linearen Gleichrichter würde also keineswegs einen sinusförmigen Verlauf haben, sondern aus einer Gleichkomponente und einer überlagerten nicht-sinusförmigen, hinsichtlich des Verlaufs der positiven und negativen Halbwellen unsymmetrischen, Wechselkomponente bestehen. Dagegen würde die Gleichrichtung an einem quadratischen Gleichrichter (Thermoumformer oder Gleichrichter mit quadratischer Kennlinie) eine rein einwellige Spannung liefern, wenn man von dem überlagerten Anteil mit der doppelten Summenfrequenz absieht. Ihre Frequenz ist nunmehr sauber wieder $f_1 - f_2$, die Differenzfrequenz der beiden Ausgangsfrequenzen. Sie überlagert sich einem Gleichanteil derart, daß sie zwischen Null und dem Doppelten dieses Gleichanteiles schwankt (s. Abb. 28c).

Wählt man dagegen die Amplituden der beiden Teilspannungen sehr stark verschieden, so daß $u_2 \ll u_1$ ist, so wird scheinbar die Hüllkurve der positiven Maxima der Summenspannung wieder sinusförmig mit der Differenzfrequenz $f_1 - f_2$. Die rechnerische Untersuchung ergibt aber: für $u_{2_{max}} = m\, u_{1_{max}}$

$$\begin{aligned} u = u_1 - u_2 &= u_{max}\,(\sin\omega_1 t - m\sin\omega_2 t) \\ &= u_{max}\,(\sin\omega_1 t - m\cdot\sin[\omega_1 - (\omega_1 - \omega_2)]\,t) \\ &= u_{max}\cdot(\sin\omega_1 t - m\cdot\sin\omega_1 t\cdot\cos(\omega_1 - \omega_2)t + m\cdot\cos\omega_1 t\cdot\sin(\omega_1 - \omega_2)t) \\ &= u_{max}\cdot(\sin\omega_1 t\cdot[1 - m\cdot\cos(\omega_1 - \omega_2)t] + m\cdot\cos\omega_1 t\cdot\sin(\omega_1 - \omega_2)t) \end{aligned}$$

Es ergibt sich also eine Spannung der Frequenz f_1, deren Amplitude zeitlich veränderlich ist nach:

$$u_{max}\sqrt{[1 - m\cdot\cos(\omega_1 - \omega_2)t]^2 + m^2\cdot\sin^2(\omega_1 - \omega_2)\,t}\,,$$

und deren Phasenwinkel ebenfalls zeitlich schwankt nach dem Gesetz:

$$\operatorname{tg}\psi = \frac{m\sin(\omega_1 - \omega_2)\,t}{1 - m\cdot\cos(\omega_1 - \omega_2)\,t}\,.$$

Bei linearer Gleichrichtung dieser im exakten Sinne natürlich nicht mehr sinusförmigen Spannung ergibt sich die Hüllkurve der Amplituden:

$$u_{max}\sqrt{1 - 2m\cdot\cos(\omega_1 - \omega_2)t + m^2}$$

mit um so größerer Annäherung rein sinusförmig, je kleiner m ist und je genauer also damit die Reihenentwicklung der Wurzel:

$$u_{max}\cdot\left[1 + \frac{m^2}{2} - \frac{m}{1 + \frac{m^2}{2}}\cdot\cos(\omega_1 - \omega_2)\,t + \cdots\right]$$

den wahren Verlauf widergibt. Die oben berechnete Phasenschwankung ist für einen solchen Gleichrichtungsvorgang natürlich völlig gleichgültig, da uns der überlagerte hochfrequente Vorgang der Frequenz f_1 nicht interessiert. Von diesen Erscheinungen, die uns als unliebsame Begleiterscheinungen bekannt sind, wenn bei zwei überlagerten Hochfrequenzvorgängen die Differenzfrequenz ins Tonfrequenzgebiet fällt (Überlagerungspfeifen) machen wir nützlichen Gebrauch beim Schwebungssummer.

Neben der Addition und Subtraktion von Wechselgrößen, die die beiden Kirchhoffschen Sätze stets erfordern, spielt aber auch die Multiplikation von zwei Wechselgrößen eine wichtige Rolle. Die elektrodynamischen Kräfte zwischen zwei stromdurchflossenen Leitern oder Spulen (dynamometrisches Meßinstrument) oder die elektrostatischen Kräfte zwischen geladenen Körpern (Elektrometer) hängen ja vom Produkt beider Wechselgrößen ab. Am häufigsten aber wird ein solches Produkt bei der Leistung als Produkt aus Strom und Spannung eine Rolle spielen. Wir betrachten es an diesem Musterfall. Sind Spannung u und Strom i in allgemeinster Form darstellbar durch die Gleichungen:

$$u = u_{max} \sin (\omega_1 t + \varphi_1)$$
$$i = i_{max} \sin (\omega_2 t + \varphi_2) ,$$

so läßt sich ihr Produkt nach bekannten Regeln für die Kreisfunktionen umformen. Wir erhalten also für den zeitlichen Verlauf der Leistung:

$$n = u i = u_{max} i_{max} \sin (\omega_1 t + \varphi_1) \sin (\omega_2 t + \varphi_2)$$
$$= \frac{u_{max} i_{max}}{2} [\cos ((\omega_1 - \omega_2) t + \varphi_1 - \varphi_2) - \cos ((\omega_1 + \omega_2) t + \varphi_1 + \varphi_2)] \tag{28}$$

und lesen daraus ab, daß sich der zeitliche Verlauf der Leistung aus zwei je für sich einwelligen Anteilen verschiedener Frequenz — nämlich der Differenzfrequenz $f_1 - f_2$ und der Summenfrequenz $f_1 + f_2$ —, aber gleicher Amplitude zusammensetzt. Der zeitliche Mittelwert dieser Leistung würde also, da ja der Mittelwert jedes ihrer Anteile Null ist, stets Null ergeben:

$$N = \bar{n} = \frac{1}{t_x} \int_0^{t_x} u \cdot i \cdot dt \to 0, \text{ wenn } t_x \to \infty .$$

Jedoch ist dies Ergebnis an die Voraussetzung gebunden, daß $f_1 \neq f_2$ ist. Wird nämlich $f_1 = f_2$, so verschwindet die Zeitabhängigkeit im ersten Term der Leistungsgleichung (28). Dieser Anteil wird zeitlich konstant und liefert einen Mittelwert:

$$n = \frac{u_{max} \cdot i_{max}}{2} \cdot [\cos (\varphi_1 - \varphi_2) - \cos (2 \omega t + \varphi_1 + \varphi_2)]$$

$$N = \bar{n} = \frac{1}{T} \int_0^T u\, i\, dt = \frac{u_{max} i_{max}}{2} \cos (\varphi_1 - \varphi_2) = U I \cos \varphi . \tag{29}$$

Ihm überlagert sich in diesem Fall der Frequenzgleichheit ein mit der doppelten Frequenz $2f$ schwankender Leistungsanteil, dessen Amplitude ebenfalls UI ist, aber nicht vom Phasenwinkel abhängt, der nur die relative Phasenlage dieser Leistungspulsation bestimmt. Wir erhalten somit zwei wichtige Ergebnisse:

Der zeitliche Mittelwert des Produktes zweier Wechselgrößen verschiedener Frequenz ergibt stets Null, wenn wir ihn über eine genügend lange Zeit erstrecken, nämlich über mindestens eine Periode der Differenzfrequenz: $T' = \frac{1}{f_1 - f_2}$, wenn diese Periodendauer T' zugleich ein ganzzahliges Vielfaches der kürzeren Periodendauer der Summenfrequenz $T'' = \frac{1}{f_1 + f_2}$ ist. Wir werden von diesem Satz bei der Behandlung mehrwelliger Ströme auf S. 136 und 157 viel Gebrauch machen.

Die Leistung bei Wechselstrom ist zeitlich nicht konstant, sondern pulsiert mit der doppelten Frequenz von Spannung und Strom, bei Netzfrequenz von 50 Hz also mit 100 Hz, und mit einer Amplitude vom Betrage UI, die wir als Produkt der Effektivwerte von Spannung und Strom als „*Scheinleistung*" bezeichnen können, die wir aber üblicherweise nicht in W oder kW angeben, sondern eben wegen ihres „Schein"-Charakters in VA oder kVA. Diese Leistungsschwankung überlagert sich einem höchstens gleichgroßen, meist aber kleineren Gleichleistungsanteil $UI \cos \varphi$, der eigentlichen *Wirkleistung*, die allein zum zeitlichen Mittelwert beiträgt.

Dabei wechselt die Leistung während einer Periode meist zweimal das Vorzeichen, wie Abb. 29 deutlich zeigt, die man sich punktweise durch Ausmultiplikation entstanden denken kann. Während der Zeiten, in denen u und i entgegengesetztes Vorzeichen haben, sind die Augenblickswerte der Leistung negativ, die Leistung fließt also im Schaltbild der Abb. 29b nicht von links, vom Generator, nach rechts, zum Verbraucher, sondern umgekehrt vom Verbraucher zum Generator. Das setzt natürlich voraus, daß der Verbraucher so beschaffen ist, daß eine Aufspeicherung von Energie in einer Form möglich ist, die sich in elektrische Leistung zurückverwandeln kann. Reine Widerstände, in denen sich elektrische Energie in nicht-rückverwandelbare Wärme umsetzt, können also keine Phasenverschiebung aufweisen. Phasenverschiebungen sind stets an das Vorhandensein von Energiespeichern, d. h. Spulen oder Kondensatoren, gebunden, in deren magnetischem oder dielektrischem Feld zugeführte elektrische Leistung rückverwandelbar als Feldenergie für kurze Zeit gespeichert werden kann. Wattmeter und Zähler der üblichen Bauart reagieren nur auf die zeitlichen Mittelwerte der Leistung, weil ihre trägen Systeme den schnellen Schwankungen mit der Frequenz $2f$ nicht folgen können. Bei genügend trägheitsfreien Meßwerken (Oszillografenschleifen), also bei genügend hoher Eigenfrequenz dieser Systeme, kann aber auch die überlagerte Leistungsschwankung sichtbar gemacht werden.

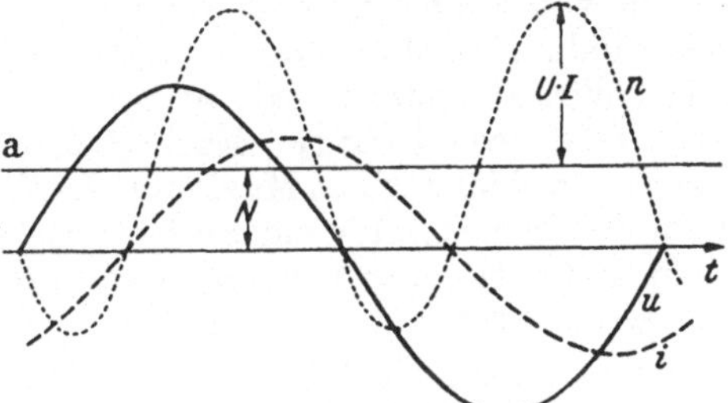

Abb. 29a. Strom, Spannung und Leistung bei einwelligem Verlauf.

Während dem Produkt aus zwei Wechselgrößen auch bei beliebiger Phasenverschiebung eine physikalische Bedeutung zukommt, ist das bei dem Quotienten aus zwei solchen Größen nicht der Fall. Zwar hat der Quotient aus der Spannung: $u = u_{max} \sin \omega t$ und dem gleichfrequenten und phasengleichen Strom $i = i_{max} \sin \omega t$ als zeitunabhängiger Quotient:

$$\frac{u}{i} = \frac{u_{max}}{i_{max}} = R$$

reale Bedeutung. Er stellt ja den Ohmschen Widerstand dar, durch den nach dem Ohmschen Gesetz (1) $u = iR$ die Spannung u den Strom i treibt. Sobald jedoch Phasenverschiebungen zwischen u und i auftreten, wird der Quotient aus Spannung und Strom in schneller zeitlicher Folge alle möglichen Werte zwischen $-\infty$, 0 und $+\infty$ annehmen und hat keinen physikalischen Sinn mehr. Wir werden im nächsten Kapitel sehen, daß wir erst in einem übertragenen Sinne dem Quotienten aus Strom und Spannung — aber nicht aus ihren Augenblickswerten — eine sinnvolle Bedeutung verleihen können.

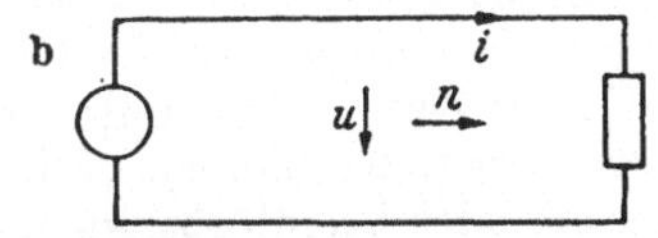

Abb. 29b. Schaltbild zu 29a. Richtung des Leistungsflusses.

Dagegen müssen wir uns noch mit der Differentiation und Integration von zeitlich sinusförmig veränderlichen Größen befassen, da ja z. B. an einer Induktivität die Spannung der zeitlichen Ableitung des Stromes proportional ist oder an einem Kondensator die zeitliche Ableitung der Ladung den Ladestrom angibt. Setzen wir also an, daß durch eine Spule (vgl. hierzu S. 31) mit der Induktivität L ein Strom i fließt, der dem Zeitgesetz $i_{max} \sin \omega t$ gehorcht, so erhalten wir aus:

$$u = L\frac{di}{dt} = L\frac{d\,(i_{max} \sin \omega t)}{dt} \tag{30}$$

durch Ausführung der Differentialoperation:

$$u = \omega L i_{max} \cos \omega t = u_{max} \sin (\omega t + 90°)\,, \tag{31}$$

also wiederum eine einwellige Spannung gleicher Frequenz, deren Scheitelwert dem des Stromes mit dem Faktor ωL proportional ist, die aber gegen den Strom um 90° vorauseilt. Es ist also: $U = I\,\omega L$, worin dem Faktor (ωL) formal die gleiche Bedeutung zukommt wie dem Widerstand R im Ohmschen Gesetz, und wonach dieser ebenso in Ohm anzugeben ist wie jener. Man muß sich aber stets darüber im klaren sein, daß in diesem „Widerstand" nicht in gleicher Weise wie im echten Ohmschen Widerstand elektrische Energie in Wärme verwandelt wird. Wir nennen deshalb diesen Proportionalitätsfaktor zwischen den Scheitelwerten oder Effektivwerten von Spannung und Strom einen „*Blindwiderstand*". Im Schrifttum wird dieser induktive Blindwiderstand oft als „*Reaktanz*" bezeichnet. Wenn also ωL auch kein „Wirkwiderstand" ist, so kommt doch auch dem Produkt: $UI = I^2\,\omega L$ eine technische Bedeutung zu. Nach S. 22 gibt ja dieses Produkt unabhängig von der Phasenverschiebung das Maximum der Leistungsschwankung an, hier also das Maximum der Leistung, die zur Speicherung im magnetischen Feld in die Spule hineinfließt und nach einer Viertel-Periode wieder als Maximum des Leistungsrückflusses abgegeben wird.

Fließt ein sinusförmiger Strom $i = i_{max} \sin \omega t$ in einen Kondensator, so sammeln sich auf dessen Platten zwei gleiche Ladungen entgegengesetzten Vorzeichens. Die Ladung der „Zählplatte" (s. S. 8) wird dann:

$$q = \int i\,dt = i_{max} \int \sin \omega t\,dt$$

und die Spannung am Kondensator mit der Kapazität C somit

$$u = \frac{1}{C}\, i_{max} \int \sin \omega t\,dt\,.$$

Durch Ausführung der Integration folgt hieraus:

$$q = \frac{i_{max}}{\omega}(-\cos \omega t) - q_0$$

$$= q_{max} \sin(\omega t - 90°) - q_0 \qquad (32)$$

und

$$u = \frac{i_{max}}{\omega C} \sin(\omega t - 90°) - u_0$$

$$= u_{max} \sin(\omega t - 90°) - u_0\,. \qquad (33)$$

Den Integrationskonstanten q_0 und u_0 kommt hierin durchaus reale Bedeutung zu. Sie weisen darauf hin, daß wir durch die Wechselstromladung keine Aussage darüber gewinnen können, welche Gleichladungen im und Gleichspannungen am Kondensator zur Zeit $t = 0$ bereits vorhanden waren und unbeschadet des Wechselvorgangs auch vorhanden bleiben. Für den überlagerten Wechselvorgang, der durch sie nicht gestört oder beeinflußt wird, erhalten wir also für beide Größen wieder einwellige Größen gleicher Frequenz, deren Scheitelwerte und Effektivwerte denen des Stromes proportional sind:

$$Q = I/\omega \qquad U = I/\omega C \qquad (34)$$

u und q sind untereinander gleichphasig — wegen $q = Cu$ — und eilen gemeinsam gegen i um 90° nach. Wiederum ist also der Faktor $1/\omega C$ mit dem Charakter eines Widerstandes kein Wirkwiderstand, sondern ein Blindwiderstand, und entsprechend ωC ein *Blindleitwert*, der — allerdings sehr selten — in der Literatur als *Suszeptanz* bezeichnet wird. Analog zum Vorgang in der Spule ist das Produkt:

$$UI = U^2\,\omega C = I^2/\omega C$$

das Maximum der Leistungsschwankung, mit der der Kondensator aufgeladen wird und seine aufgespeicherte Energie wieder abgibt.

Die Strom-, Spannungs- und Leistungsverhältnisse an Widerstand, verlustloser Spule und verlustfreiem Kondensator sind in der Abb. 30 und der zugehörigen Tabelle noch einmal graphisch übersichtlich zusammengestellt.

Insgesamt hat dieser Abschnitt deutlich aufgezeigt, daß die Wahl des einwelligen Stromes, d. h. der rein sinusförmigen Zeitabhängigkeit als „Normalfunktion", sich nachträglich dadurch rechtfertigt, daß bei dieser Wahl alle zeitabhängigen Größen in einer Schaltung dem gleichen einfachen Zeitgesetz gehorchen; sie unterscheiden

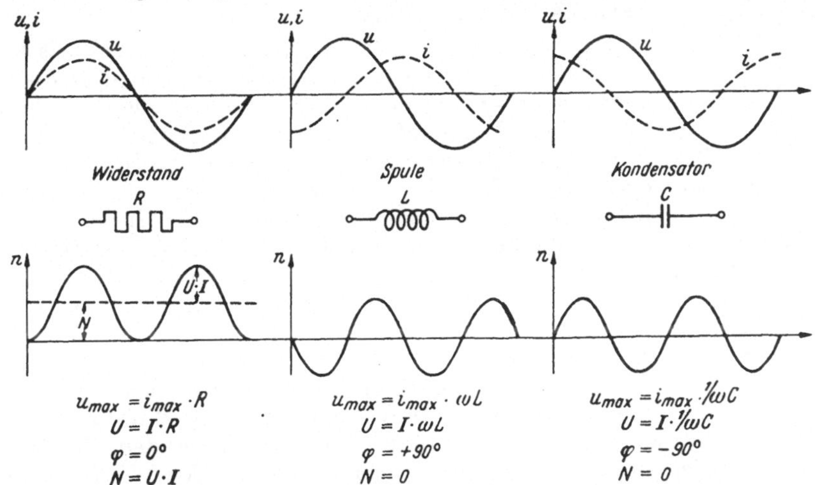

Abb. 30. Strom, Spannung, Leistung und Phasenverschiebung an den drei Grundschaltelementen bei einwelliger Spannung. φ = Voreilwinkel von u gegen i.

sich nur durch ihre Scheitelwerte, die durch zeitunabhängige Konstanten miteinander verknüpft erscheinen (s. Abb. 30), und durch ihre verschiedenen Phasenwinkel. Leider würde die Darstellung verschiedener Wechselgrößen — Flüsse, Spannungen, Ströme und Ladungen — aus einer verwickelteren Schaltung in einem Bild ähnlich der Abb. 30 außerordentlich unübersichtlich werden. Wir wenden uns deshalb im nächsten Kapitel der symbolischen Darstellung von Wechselgrößen zu, ehe wir an die Behandlung von Stromkreisen herangehen.

B. Graphisches Rechnen mit Wechselgrößen.

1. Die Darstellung von Wechselgrößen durch Zeiger.

Auf einer Achse, die im Punkte 0 die Zeichenebene (Abb. 31) senkrecht durchstößt, sei ein Zeiger der Länge l befestigt, der in der Zeichenebene mit der Drehzahl n, bzw. der Winkelgeschwindigkeit $\omega = 2\pi n$, im mathematisch positiven Sinn umläuft. Die in der Zeichnung dargestellte Lage entspreche dem Zeitpunkt Null, der an sich natürlich frei wählbar ist. In ihm bildet der Zeiger einen Winkel φ mit der Senkrechten auf der Zeitlinie (Z.L.), auf die wir uns nunmehr den Zeiger in jedem Augenblick projiziert denken wollen, der sich also im Zeitpunkt t in der gestrichelt dargestellten Lage befindet und mit der Projektionsrichtung den Winkel $\varphi + \omega t$ bildet. Seine Projektion hat also die Länge:

$$s = l \cdot \sin(\omega t + \varphi)$$

und gehorcht somit dem gleichen Zeitgesetz wie ein Wechselstrom, dessen Nullphasenwinkel φ ist, und dessen Frequenz f gleich der Drehzahl ist, so daß die Kreisfrequenz mit der Winkelgeschwindigkeit übereinstimmt. Der Schatten des Zeigers auf der Zeitlinie kann also als ein Symbol den zeitlichen Verlauf der Wechselgröße widerspiegeln. In gewissem Sinne „bedeutet“ der *Zeiger* die Wechselgröße, weil man an seinem Schatten den jeweiligen Betrag der Wechselgröße ablesen kann, wenn man einen Maßstab für die Entsprechung festlegt. Die Länge des Zeigers entspricht dann dem Scheitelwert der Wechselgröße. Die Elektrotechniker haben sich an diese symbolische Entsprechung derart gewöhnt, daß sie sagen: Der Zeiger $\mathfrak{J}$ „ist“ der Wechselstrom i; in Wahrheit symbolisiert er ihn nur durch seine Porjektion auf die Zeitlinie.

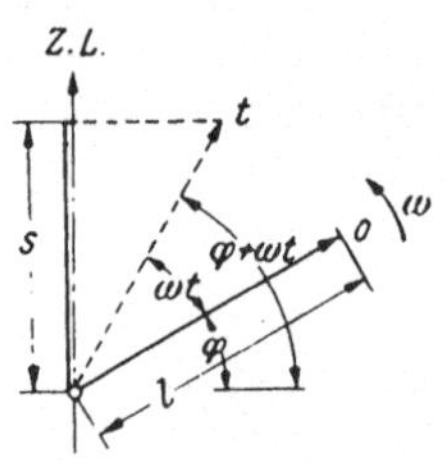

Abb. 31. Symbolisierung von Wechselgrößen durch Zeiger. Umlaufende Zeiger; Z. L. fest.

Da es bei komplizierten Diagrammen unpraktisch wäre, alle Zeiger zu drehen, kann man sich stattdessen auch die Zeitlinie im entgegengesetzten Sinn mit gleicher Winkelgeschwindigkeit umlaufend denken, wie das in Abb. 32 angedeutet ist, dessen beide Zeiger nunmehr also in der Zeichenebene feststehen. Die verschiedene Länge der beiden Zeiger bedeutet verschiedene Scheitelwerte für die beiden dargestellten Wechselströme; der Winkel zwischen ihnen zeigt ihre gegenseitige Phasenverschiebung an. Bei dem benutzten Drehsinn der Zeiger, der jetzt in diesem Sinne international festgelegt ist (in der älteren Literatur schwankt der Brauch), eilt der Strom, der durch den Zeiger $\mathfrak{J}_1$ symbolisiert ist, gegen den Strom $\mathfrak{J}_2$ um den zwischen ihnen eingeschlossenen Winkel vor.

Da alle unsere Meßinstrumente praktisch Effektivwerte messen und wir uns meist nur für diese interessieren, ist es üblich geworden, die Maßstabsangaben in einem Zeigerdiagramm so zu machen, daß die Länge der Zeiger den Effektivwerten entspricht. Werden in Ausnahmefällen Augenblickswerte der Wechselgrößen benötigt, so sind also die abgelesenen Projektionen der Zeiger außer mit dem Maßstab noch mit dem Scheitelfaktor für sinusförmigen Verlauf — also mit $\sqrt{2}$ — zu multiplizieren.

Zeitlich sinusförmige Wechselgrößen — aber auch nur solche — können durch Zeiger anschaulich dargestellt werden. Wir verabreden, daß wir die Zeiger solcher Wechselgrößen mit den entsprechenden großen deutschen (Fraktur-)Buchstaben bezeichnen wollen, der als kleiner lateinischer Buchstabe die Wechselgröße selbst bezeichnet. Den Zeiger des Stromes i bezeichnen wir also mit $\mathfrak{J}$, den der Spannung u mit $\mathfrak{U}$, den der Urspannung e mit $\mathfrak{E}$. Bei mit griechischen Buchstaben bezeichneten Größen wie dem Fluß werden wir die Zeiger durch Einfügung eines Pfeiles in den Großbuchstaben bezeichnen: schreiben also $\vec{\Phi}$ für den Zeiger eines Flusses Φ.

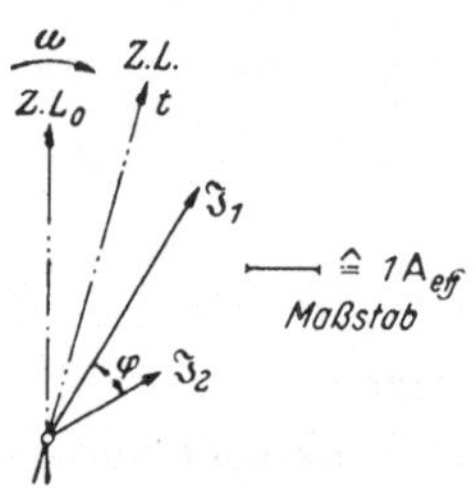

Abb. 32. Praktisches Zeigerdiagramm mit festen Zeigern und umlaufender Z. L.

Obwohl alle Wechselgrößen unabhängig von ihrer wesensmäßigen Verschiedenheit im Zeigerdiagramm einheitlich durch Zeiger, also gerichtete Strecken dargestellt werden, bleiben sie natürlich wesensverschieden. Ihre Größen können nicht durch Vergleich der Zeigerlängen verglichen werden. Es ist deshalb zweckmäßig, beim praktischen Gebrauch der Zeigerdiagramme verschiedenartige Größen durch Zeiger verschiedener Farbe oder verschiedener Strichart zu kennzeichnen.

2. Addition von Wechselgrößen im Zeigerdiagramm.

Da zwei einwellige Wechselströme sich wieder zu einem einwelligen Strom addieren (vgl. S. 19), so muß sich auch der Summenstrom der beiden Ströme $\mathfrak{J}_1$ und $\mathfrak{J}_2$ im Zeigerdiagramm darstellen lassen. Wir finden ihn durch folgende Konstruktion:

Liegt die Zeitlinie in irgend einem Zeitpunkt in der Lage Z.L. 1 (s. Abb. 33), so sind die Augenblickswerte der Ströme i_1 und i_2 maßstäblich gegeben durch die Projektionen s_1 und s_2 der Stromzeiger $\mathfrak{J}_1$ und $\mathfrak{J}_2$. Ihre Summe s muß also dem Augenblickswert des Summenstroms i entsprechen. Die Spitze des Summenzeigers muß also auf der Senkrechten A liegen. Wiederholen wir die gleiche Konstruktion für einen um 90° verschobenen Lagezustand der Zeitlinie (Z.L. 2), der also einem Zeitpunkt entspricht, der eine Viertel-Periode später liegt, so muß die Spitze des Summenzeigers $\mathfrak{J}$ auf der Senkrechten B durch die Summe s' der Augenblickswerte s_1' und s_2' liegen. Damit ist der Summenzeiger gefunden. Wir stellen fest, daß wir ihn einfach dadurch erhalten können, daß wir die Zeiger genau so addieren, als ob sie Vektoren wären. Aus diesem Grunde werden in der Literatur noch vielfach die Zeiger als Vektoren bezeichnet, obwohl sie in Wirklichkeit keine sind. Auch in der angelsächsischen Literatur findet man noch ausschließlich die Bezeichnung Vektor-Diagramm. Erst in neuester Zeit sind auch dort Vorschläge aufgetaucht, für Zeiger einen besonderen Namen einzuführen. Hierfür sind „phasor" und „sinor" vorgeschlagen.

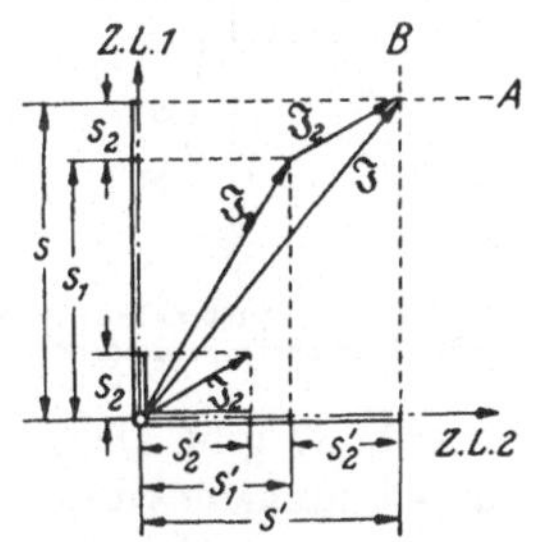

Abb. 33. Addition von Strömen im Zeigerdiagramm.

Der Gleichung:

$$i = i_1 + i_2,$$

die zwischen den Augenblickswerten der beiden Ströme und des Summenstroms besteht, entspricht also eine Beziehung zwischen den Zeigern $\mathfrak{J}$, $\mathfrak{J}_1$ und $\mathfrak{J}_2$, die wir zeichnerisch in Abb. 33 ausgeführt haben, die wir aber auch in einer Gleichung symbolisch darstellen können:

$$\mathfrak{J} = \mathfrak{J}_1 + \mathfrak{J}_2$$

Sie enthält die Konstruktionsvorschrift für das Zeigerdiagramm, sagt aber allein, d. h. ohne das danach gezeichnete Diagramm, nichts aus über die Größe der verknüpften Wechselgrößen, bzw. die Länge der ihnen entsprechenden Zeiger. Es ist, wie man sofort sieht:

$$\mathrm{I} \neq \mathrm{I}_1 + \mathrm{I}_2$$

Der Effektivwert des Summenstromes ist nicht gleich der Summe der Effektivwerte der Teilströme. Einen Ausnahmefall bildet der Fall der Phasengleichheit beider Teilströme, wo die algebraische Addition der Effektivwerte gilt. Sonst ist der Effektivwert des Summenstromes stets kleiner als die Summe der Effektivwerte der Teilströme.

Auch die Komponentenzerlegung, die wir an Vektoren durchführen können, erhält für Zeiger, bzw. die von ihnen symbolisierten Größen, einen Sinn. In Abb. 34 ist eine solche Zerlegung in zwei Komponenten durchgeführt, die parallel und senkrecht zur Lage der Zeitlinie im Zeitnullpunkt liegen. Aus der Gleichung:

$$i = i_{max} \sin(\omega t + \varphi)$$
$$= i_{max} \cos\varphi \sin\omega t + i_{max} \sin\varphi \cos\omega t$$

folgt sofort, daß die Teilzeiger $\mathfrak{J}_{\|}$ und $\mathfrak{J}_{\perp}$ jeweils dem nullphasigen Anteil $i_{max} \cos\varphi$ und dem querphasigen Anteil $i_{max} \sin\varphi$ des Gesamtstromes entsprechen.

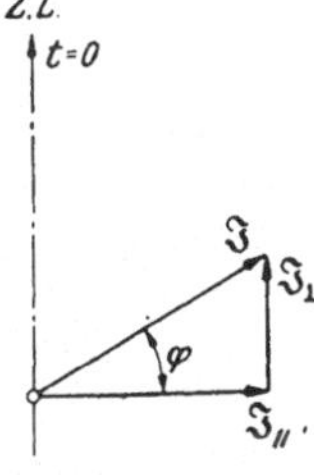

Abb. 34. Komponentenzerlegung.

Als Umkehrung der Addition:

$$i = i_1 + i_2 \text{ entsprechend } \mathfrak{J} = \mathfrak{J}_1 + \mathfrak{J}_2$$

erhalten wir nach Abb. 35 das Zeigerdiagramm für die Subtraktion zweier Ströme:

$$i_2 = i - i_1 \text{ entsprechend } \mathfrak{J}_2 = \mathfrak{J} - \mathfrak{J}_1 .$$

Zur Vervollständigung zeigt schließlich Abb. 36 die gemischte Addition und Subtraktion mehrerer Ströme nach dem Schaltbild 36a im Zeigerdiagramm 36b.

Das Zeigerdiagramm ist also über die sinnbildliche Veranschaulichung der sinusförmigen Wechselgrößen durch gerade Striche hinaus auch ein graphisches Hilfsmittel für die Durchführung von Rechenoperationen an diesen Wechselgrößen.

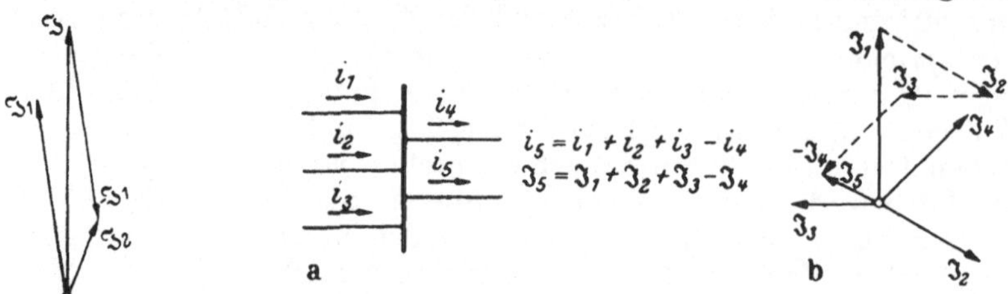

Abb. 35. Subtraktion von Strömen im Zeigerdiagramm.

Abb. 36. Schaltbild und Zeigerdiagramm der Ströme an einer Sammelschiene. a Schaltbild b Zeigerdiagramm.

Abb. 37 gibt als eine mögliche Anwendung des Zeigerdiagramms ein Verfahren zur Leistungsmessung, das unter dem Namen: *Drei-Voltmeterverfahren* bekannt ist. Dem auf seine Leistungsaufnahme zu messenden Objekt Z wird nach Abb. 37a ein bekannter rein OHMscher Widerstand R vorgeschaltet. Die drei Voltmeter, die als verlustlos angenommen werden, messen die Effektivwerte der Teilspannungen an R und Z und der Summenspannung. Aus $\mathfrak{U} = \mathfrak{U}_R + \mathfrak{U}_Z$ folgt das Zeigerdiagramm der Abb. 37b. Da der Strom in Z gleich dem Strom in R ist und somit der Spannung $\mathfrak{U}_R$ parallel liegen muß, ist der Winkel zwischen der Richtung von $\mathfrak{U}_R$ und der von $\mathfrak{U}_Z$ der Phasenwinkel φ zwischen Spannung und Strom in Z. Somit ist die Leistung in Z:

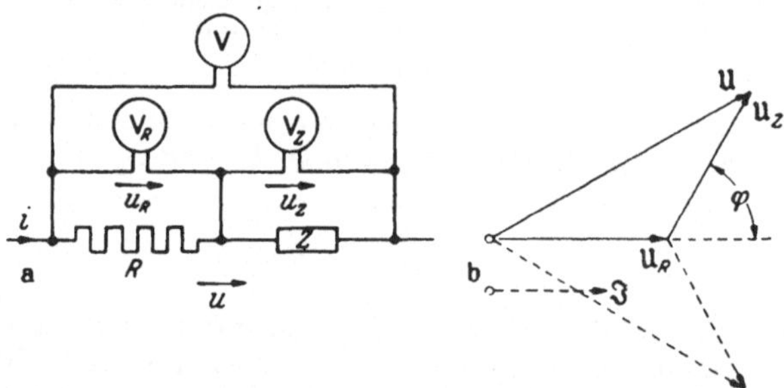

Abb. 37. Schaltbild und Zeigerdiagramm zum Drei-Voltmeter-Verfahren zur Leistungsmessung. a Schaltbild. b Zeigerdiagramm.

$$N = U_Z I \cos\varphi$$

und unter Benutzung des cos-Satzes für das Dreieck der Spannungszeiger:

$$N = \frac{U^2 - U_Z^2 - U_R^2}{2R}. \tag{35}$$

Sind die Verluste der Voltmeter, die man als meist rein OHMsche Widerstände wird ansehen können, nicht vernachlässigbar, so tritt an Stelle des Ausdrucks R im Nenner dieser Formel der resultierende Widerstand als Parallelwiderstand aus R und dem Widerstand R_1 dieses Voltmeters. Die so gemessene Leistung enthält dann den Verlust im zweiten Voltmeter an Z mit, so daß sich schließlich als korrigierte Leistung ergibt:

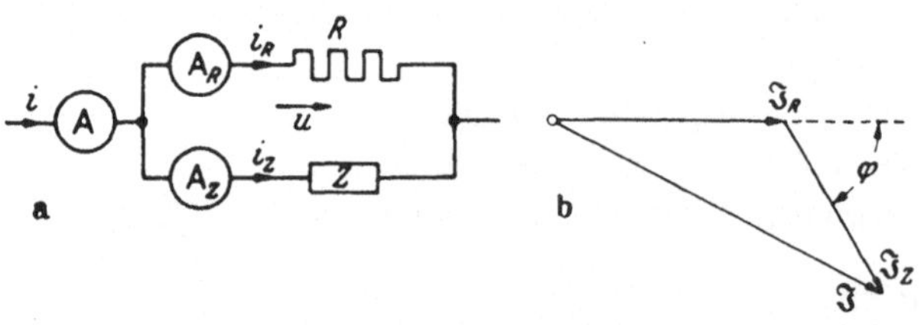

Abb. 38. Schaltbild und Zeigerdiagramm zum Drei-Amperemeter-Verfahren zur Leistungsmessung. a Schaltbild. b Zeigerdiagramm.

$$N = \frac{U^2 - U_Z^2 - U_R^2}{2R}\left(1 + \frac{R}{R_1}\right) - \frac{U_Z^2}{R_2}. \tag{35a}$$

Man beachte, daß die Konstruktion des Zeigerdiagramms in diesem Fall durchaus die Möglichkeit offen läßt, $\mathfrak{U}_Z$ nacheilend, statt voreilend an $\mathfrak{U}_R$ anzutragen, daß also nicht aus der Messung heraus entschieden werden kann, ob φ positiv oder negativ ist, d. h. $\mathfrak{U}_Z$ gegen $\mathfrak{I}$ vor- oder nacheilt. Man überlege sich, daß eine Entscheidung darüber aber leicht getroffen werden kann, wenn man zu Z oder R einen Blindwiderstand parallel schaltet und die Änderung der Anzeigen der Voltmeter beobachtet und deutet.

In der analogen Schaltung der Abb. 38a, in der drei Strommesser benutzt werden, ergibt sich auf gleiche Weise aus dem Zeigerdiagramm der Abb. 38b die Formel

$$N = (I^2 - I_Z^2 - I_R^2)\,\frac{R}{2}\,. \tag{36}$$

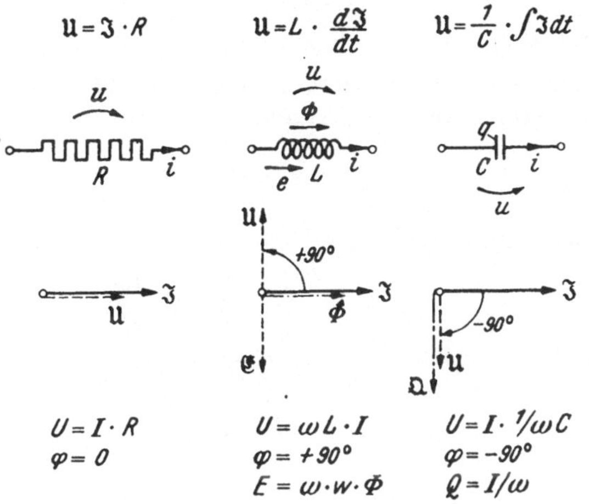

Abb. 39. Beziehungen zwischen den Zeigern an den drei Grundschaltelementen des Wechselstromkreises.

Die Berücksichtigung der Widerstände der beiden Strommesser wäre grundsätzlich in entsprechender Weise möglich wie oben, jedoch ist zu beachten, daß nur sehr selten der Widerstand eines Strommessers rein ohmsch ist, wodurch erhebliche Fälschungen der Messung entstehen können, wenn φ nahe an 90° herankommt.

Im Zeigerdiagramm lassen sich nun auch die Phasenbeziehungen zwischen Spannung und Strom an Induktivität und Kapazität einfach darstellen und merken. Das ist zusammen mit dem Diagramm für einen reinen Widerstand in Abb. 39 geschehen.

Wegen

$$\frac{d}{dt}(\sin\omega t) = \omega\cos\omega t \tag{37}$$

und

$$\int \sin\omega t\,dt = -\frac{1}{\omega}\cos\omega t \tag{38}$$

drückt sich dabei im Zeigerdiagramm jede Differentiation nach der Zeit einfach durch eine Drehung um 90° nach vorwärts bei gleichzeitiger Multiplikation mit dem Faktor ω aus, während umgekehrt eine zeitliche Integration durch eine Rückwärtsdrehung der Phase um 90° und Division durch ω bewirkt wird.

Das ergibt sich auch, wenn wir nach den Regeln der Mathematik nach der Bedeutung des Differentialquotienten eines Zeigers fragen. Da der Zeiger mit der Winkelgeschwindigkeit ω umläuft, so entsteht aus ihm nach der Zeit Δt der neue Zeiger $\mathfrak{I} + \Delta\mathfrak{I}$ (Abb. 40). Auch $\Delta\mathfrak{I}$ ist wiederum ein Zeiger, den wir nach den Konstruktionsanweisungen dieses Kapitels als Verbindungslinie zwischen den Spitzen der Zeiger $\mathfrak{I}$ und $\mathfrak{I} + \Delta\mathfrak{I}$ ermitteln können. Beim Grenzübergang $\Delta t \to 0$ geht die Sehne in den Kreisbogen über. $d\mathfrak{I}$ eilt also um 90° gegen $\mathfrak{I}$ voraus und erhält die Länge $I \cdot \omega\, dt$ in Übereinstimmung mit den Feststellungen, die wir in (30/31) aus den Augenblickswerten der Wechselgrößen für die Phasenlage und Größe der differenzierten Größe abgeleitet hatten. Das berechtigt uns also nunmehr auch Gleichungen der Form:

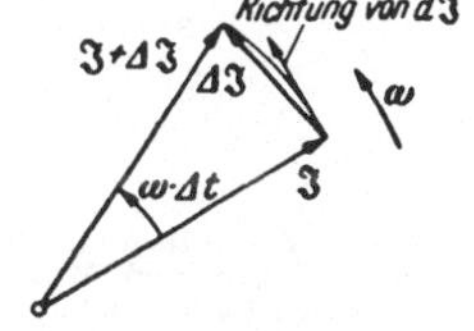

Abb. 40. Zur Frage der Differentiation eines Zeigers nach der Zeit.

$$u = iR + L\frac{di}{dt}$$

als Gleichungen zwischen den Zeigern symbolisch zu schreiben:

$$\mathfrak{U} = \mathfrak{I} \cdot R + L \cdot \frac{d\mathfrak{I}}{dt} \tag{39}$$

und den Differentialoperator $\frac{d}{dt}$ als die Anweisung aufzufassen, die mit ihm — symbolisch — multiplizierten Größen um 90° voreilend zu drehen und mit ω zu multiplizieren. Aus den Grundgleichungen:

$$e = -w\frac{d\Phi}{dt} \qquad \text{oder } i = \frac{dq}{dt}$$

folgen also die Zeigergleichungen:

$$\mathfrak{E} = -w \cdot \frac{d\phi}{dt} \qquad \mathfrak{I} = \frac{d\mathfrak{Q}}{dt}$$

und die Beziehungen zwischen den Längen der Zeiger, bzw. den Effektivwerten der Wechselgrößen:

$$E = w\,\omega \cdot \Phi \quad (40) \qquad I = \omega\,Q \quad (41)$$

oder

$$E = \frac{2\,\pi}{\sqrt{2}}\,wf\Phi_{max} = 4{,}44\,wf\Phi_{max}. \tag{42}$$

Sie sind in Abb. 39 mit dargestellt.

Für die Integration als Umkehrung der Differentiation gilt dann entsprechend, daß der auf einen Zeiger angewandte Integrationsoperator $\int dt$ uns anweist, die Größe, auf die er angewendet wird, um 90° rückwärts — nacheilend — zu drehen und ihren Betrag durch ω zu dividieren.

$q = \int i\,dt$ wird also symbolisch $\mathfrak{Q} = \int \mathfrak{I}\,dt$ mit dem Sinngehalt, daß $Q = \frac{I}{\omega}$ wird und $\mathfrak{Q}$ um 90° gegen $\mathfrak{I}$ nacheilt.

Abb. 41 erläutert das noch einmal an einem Beispiel aus der mechanischen Schwingungslehre, auf die natürlich das Zeigerverfahren mit dem gleichen Vorteil anwendbar ist. Ist der Zeiger $\mathfrak{V}$ der Geschwindigkeit v gegeben, so ergibt sich aus ihm der Zeiger $\mathfrak{B}$ der Beschleunigung b durch Differentiation und der Zeiger $\mathfrak{S}$ des Weges s durch Integration in der Lage, wie sie in der Abbildung eingetragen ist. Da im Falle mechanischer Größen dem Effektivwert keine sinnvolle Bedeutung zukommt, wird man hier die Längen der Zeiger den Scheitelwerten entsprechen lassen und erhält für diese sinngemäß:

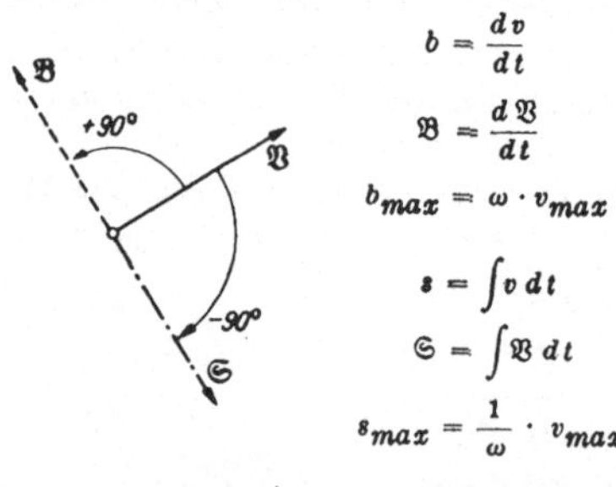

Abb. 41. Zeigerdiagramm für Beschleunigung, Geschwindigkeit und Weg in einer mechanischen harmonischen Schwingung.

$$b_{max} = \omega\,v_{max} \quad \text{und} \quad s_{max} = \frac{1}{\omega}\,v_{max}. \tag{43}$$

Nach diesen Feststellungen können wir nun alle Gleichungen, die für Augenblickswerte gelten und nach den Grundgesetzen aufgestellt sind, einfach auf Zeiger umschreiben oder — einfacher — gleich von vornherein für Zeiger anschreiben, wenn wir uns nur immer vor Augen halten, daß diese Zeigergleichungen im Grunde genommen stets eine Konstruktionsanweisung für die entsprechenden Zeigerdiagramme bedeuten.

Es entsprechen auf diese Weise

den Grundgesetzen:	die Zeigergleichungen:
$u = iR$	$\mathfrak{U} = \mathfrak{J}\cdot R$
$\Sigma u = \Sigma e$	$\Sigma\mathfrak{U} = \Sigma\mathfrak{E}$
$\Sigma\ = 0$	$\Sigma\mathfrak{J} = 0$
$v = \Phi R_m$	$\mathfrak{V} = \phi\cdot R_m$
$\Sigma\Phi = 0$	$\Sigma\phi = 0$
$\Sigma v = \Sigma i$	$\Sigma\mathfrak{V} = \Sigma\mathfrak{J}$
$e = -\frac{d\Phi}{dt}$	$\mathfrak{E} = -\frac{d\phi}{dt}.$

3. Die einfachsten Ersatzschaltbilder für Zweipole.

Unter einem *Zweipol* verstehen wir ein einzelnes Schaltelement oder eine Gruppe von zusammengeschalteten Elementen, die mit nur zwei äußeren Klemmen in einen Stromkreis eingeschaltet sind, für diesen also als ein einheitliches Objekt betrachtet werden können. Widerstände, Spulen, Kondensatoren sind spezielle Beispiele solcher Zweipole, aber auch Kombinationen aus ihnen, z. B. Schwingungskreise, Parallel-, Reihen- und Brückenschaltungen aus ihnen. Alle diese Zweipole sind reine Energieverbraucher. Es findet in ihnen keine Energieerzeugung statt. Wir nennen sie deshalb *passive* Zweipole. *Aktive* Zweipole sind im Gegensatz dazu solche, in denen elektrische Energie erzeugt wird durch Umwandlung aus anderen Energieformen, d. h. also Generatoren. Für unsere Betrachtungen kann oft die Sekundärwicklung eines Umspanners die Rolle eines aktiven Zweipoles spielen, wenn uns die Vorgänge auf der primären Seite nicht interessieren.

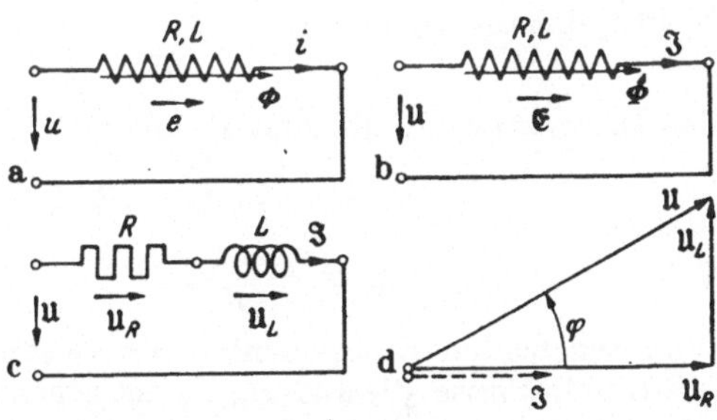

Abb. 42. Ersatzschaltbilder und Zeigerdiagramm für eine widerstandsbehaftete Spule.
a Schaltbild mit Zählpfeilen für die Augenblickswerte. b Schaltbild mit Zählpfeilen für die Zeiger. c Ersatzschaltbild für Abb. 42a und b. — d Zeigerdiagramm für die Schaltbilder 42 a ⋯ c.

Wir beschäftigen uns zunächst mit passiven Zweipolen.

Als erstes Beispiel wählen wir eine Spule mit Widerstand nach dem Schaltbild Abb. 42a, in das wir die Zählpfeile[1] aller Größen eingetragen haben, deren Augenblickswerte durch die Grundgleichungen verknüpft sind:

$$\text{(Umlauf im Uhrzeigersinn)}\quad iR - u = -w\frac{d\Phi}{dt} = e \tag{44}$$

$$\text{(Definitionsgleichung)}\quad w\cdot\Phi = Li \tag{45}$$

Da wir diese Gleichungen sofort auf Zeiger umschreiben können, so steht nichts im Wege, von vornherein auch an das Schaltbild bei den Zählrichtungen Zeiger anzuschreiben, wie das im Schaltbild 42b geschehen ist, obwohl sich natürlich Zählrichtungen stets nur auf Augenblickswerte beziehen können. Dann werden die Gleichungen für Zeiger unmittelbar ablesbar:

$$\text{(Umlauf im Uhrzeigersinn)}\quad \mathfrak{J}R - \mathfrak{U} = -w\frac{d\phi}{dt} = \mathfrak{E} \tag{44a}$$

$$\text{(Definitionsgleichung)}\quad w\cdot\phi = L\mathfrak{J}. \tag{45a}$$

[1] Vgl. Anhang: Richtungsregeln für elektrotechnische Rechnungen.

Auflösung nach der als unbekannt angenommenen Spannung bei bekannt vorausgesetztem Strom liefert:

$$u = i R + L \frac{di}{dt} \qquad \text{oder} \qquad \mathfrak{U} = \mathfrak{J} \cdot R + L \cdot \frac{d\mathfrak{J}}{dt}.$$

Der Übergang zu den Zeigern kann also auf jeder Stufe der Rechnung willkürlich gemacht werden.

Rechnerisch ergibt sich also die Gesamtspannung an dieser widerstandsbehafteten Spule als Summe von zwei im Zeigerdiagramm getrennt darstellbaren Spannungsanteilen genau so, als ob ein reiner Widerstand R und eine reine Induktivität L nach Schaltbild 42c in Reihe geschaltet wären und vom gleichen Strom durchflossen wären. Für den äußeren Stromkreis ist also die „Ersatzschaltung" der Abb. 42c völlig gleichwertig der Originalschaltung nach Abb. 42b. Das gilt jedoch nicht für die inneren Vorgänge. Hier kommt den beiden Teilspannungen $\mathfrak{U}_R$ und $\mathfrak{U}_L$ in der Ersatzschaltung eine echte physikalische Bedeutung als meßbaren Spannungen zu, während es keine Möglichkeit gibt, diese Spannungen an der widerstandsbehafteten Spule selbst getrennt zu messen. Sie sind hier nur Rechenhilfsgrößenals Komponenten der allein der Messung zugänglichen Gesamtspannung $\mathfrak{U}$, die aber in ihrer Größen- und Phasenbeziehung zum Strom ebenso verläuft wie die Gesamtspannung $\mathfrak{U}$ der Ersatzschaltung. Beide haben also das gleiche Zeigerdiagramm der Abb. 42d, das die Gleichung:

$$\mathfrak{U} = \mathfrak{U}_R + \mathfrak{U}_L$$

in das Dreieck aus $\mathfrak{U}$, $\mathfrak{U}_R$ und $\mathfrak{U}_L$ übersetzt, aus dem wir ablesen:

$$U = \sqrt{U_R^2 + U_L^2} = I \cdot \sqrt{R^2 + (\omega L)^2} \tag{46}$$

und

$$\operatorname{tg} \varphi = \frac{\omega L}{R}. \tag{46a}$$

Von den beiden Komponenten der Gesamtspannung $\mathfrak{U}$ liegt die eine, $\mathfrak{U}_R$, mit dem Strom in Phase, die andere, $\mathfrak{U}_L$, ist gegen ihn um 90° nach vorwärts verschoben. Die in der widerstandsbehafteten Spule in Wärme umgewandelte Leistung ergibt sich aus: $N = UI \cos\varphi$ oder, da $U \cos\varphi = U_R$ ist, wie man aus dem Diagramm entnimmt, als ebenso nur von U_R abhängig wie in der Ersatzschaltung, wo natürlich die Verluste nur in dem Widerstand auftreten. Es ist also sinnvoll, diese Komponente der Spannung, die die *Wirkleistung* bestimmt, als *Wirkspannung* zu bezeichnen. Die gegen sie um 90° verschobene Spannungskomponente $\mathfrak{U}_L$ ergibt keine *Wirkleistung*. Wir bezeichnen sie als *Blindspannung* und ihr Produkt mit dem Strom I als *Blindleistung*. Dies Produkt ist wiederum keine echte Leistung und wird deshalb genau so wie die *Scheinleistung* UI nicht in W oder kW angegeben, sondern in VA oder kVA. Gelegentlich findet sich dafür in der Literatur auch die Bezeichnung der Einheit mit BkW als Abkürzung für Blindkilowatt. Da Wirk-, Blind- und Scheinleistung durch Multiplikation der drei Seiten des rechtwinkligen Spannungsdreiecks mit dem gleichen Faktor I hervorgehen, so muß zwischen ihnen eine der Beziehung zwischen den Spannungen analoge Beziehung bestehen. Es ist also:

$$\text{entsprechend: } U^2 = U_R^2 + U_L^2 \quad \text{auch: } N_{sch}^2 = N_w^2 + N_b^2. \tag{47}$$

Dabei muß aber darauf hingewiesen werden, daß diese Analogie rein mathematisch formal ist und erst in einem übertragenem Sinne auch technisch sinnvoll wird, an den man meist nicht denkt. Die Wirkleistung als zeitlicher Mittelwert einer Leistung hat unmittelbar keine Beziehung zu den Scheitelwerten der Leistungspulsation, die durch die Blindleistung und die Scheinleistung angegeben werden. Sie ist als zeitlich konstante Größe auch nicht in einem Zeigerdiagramm darstellbar, sondern addiert sich mit anderen Wirkleistungen algebraisch und nicht zeigermäßig. Ihr entspricht jedoch nach S. 22 eine Leistungspulsation, die ihr überlagert ist, und deren

Scheitelwert zahlenmäßig mit ihr übereinstimmt. Diese Leistungsschwingung mit der Frequenz $2f$ kann zeigermäßig mit der Leistungsschwingung in der Spule L mit dem Scheitelwert $U_L I$ = Blindleistung der Spule addiert werden. Dies Zeigerdiagramm darf aber nicht mit dem der Spannungskomponenten verglichen werden. Es ist in Abb. 43b dem Zeigerdiagramm der Spannungen gegenübergestellt, das noch einmal als Abb. 43a wiederholt ist unter Änderung der Indexbezeichnung der Spannungen auf w für die Wirkspannung und b für die Blindspannung. Da die Leistung mit der doppelten Frequenz schwingt wie die Spannung, läuft das Zeigerdiagramm der Leistungsschwankungen mit der doppelten Drehzahl, nämlich $2f$, um. Wollen wir die Augenblickswerte aus ihm entnehmen, so müssen wir auch die Nullphase der Leistungsschwingungen richtig wiedergeben und in beide Diagramme die Zeitlinie miteintragen, die man ja sonst entbehren kann. Nach Gl. (29) folgt nun die Leistung einem Minus-Cosinus-Gesetz, wenn der Strom einem Sinusgesetz folgt, ihre Nullphase ist also $-90°$ vermehrt um die Summe der Nullphasenwinkel von Spannung und Strom (s. Gleichung (29) auf S. 22). Für den Schwankungsanteil in dem Widerstand der Ersatzschaltung ist diese Summe Null, für den in der Induktivität ist sie $+90°$. Wie man sieht, ist das nun entstehende Diagramm der Leistungszeiger $\mathfrak{N}_w$, $\mathfrak{N}_b$ und $\mathfrak{N}_{sch}$ dem der Spannungszeiger ähnlich, so daß sich auch für die Leistungsschwankung — physikalisch sinnvoll sogar nur für diese — ergibt:

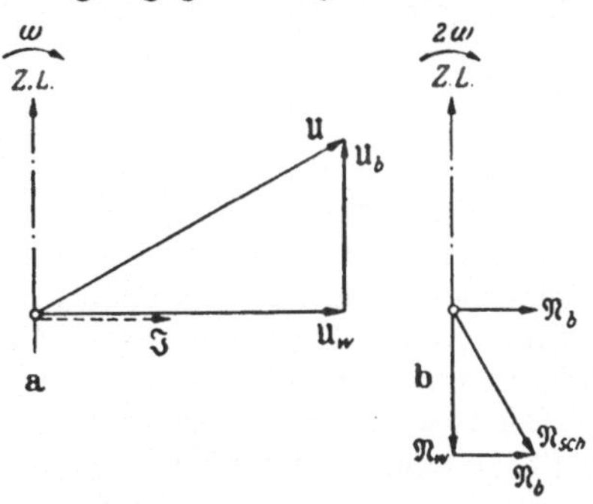

Abb. 43. Zeigerdiagramme der Wirk-, Blind- und Scheingrößen in einer Serienersatzschaltung nach Abb. 42.
a Zeigerdiagramm der Spannungen. b Zeigerdiagramm der Leistungsschwankungen.

$$n_{sch_{max}} = \sqrt{n_{w_{max}}^2 + n_{b_{max}}^2}\,.$$

Bewußt ist auch hier auf die Verwendung von Effektivwerten verzichtet worden, weil diese keine Berechtigung für die Leistungsschwankung haben. Die Formel ist deshalb für die Scheitelwerte angeschrieben, denen reale Bedeutung zukommt.

Wir betrachten als zweites Beispiel eines einfachen Zweipoles einen verlustbehafteten Kondensator. Der Anschaulichkeit halber sehen wir seine Verluste als durch eine Leitfähigkeit des nicht ideal isolierenden Dielektrikums hervorgerufen an, obwohl unsere Überlegungen auch für Verluste aus anderer Ursache gültig bleiben. Abb. 44a zeigt alle für die Berechnungen erforderlichen Zählpfeile[1] am wirklichen Kondensator, die wir aber genau so gut nach Abb. 44b auch unmittelbar für die Zeiger anschreiben können. Außer dem Verschiebungsstrom als Differentialquotienten der Plattenladung nach der Zeit fließt in der Zu-

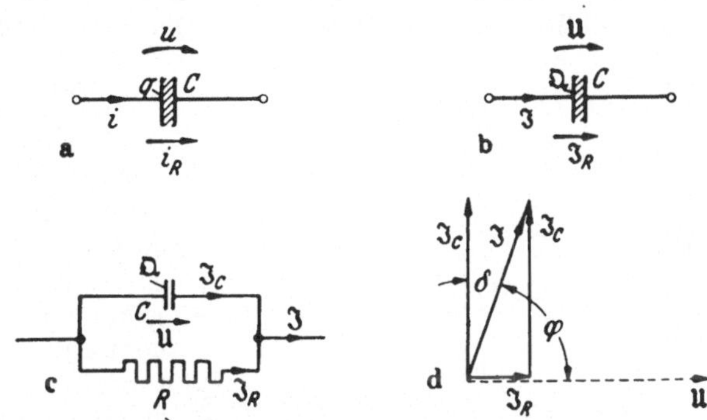

Abb. 44. Ersatzschaltbild und Zeigerdiagramm für einen verlustbehafteten Kondensator.
a Schaltbild mit Zählpfeilen für die Augenblickswerte. b Schaltbild mit Zählpfeilen für die Zeiger. c Parallelersatzschaltbild für Abb. 44 a und b. d Zeigerdiagramm für die Schaltbilder 44a...c.

[1] Vgl. Anhang: Richtungsregeln für elektrotechnische Rechnungen.

leitung noch der durch das Dielektrikum tatsächlich durchtretende Leitungsstrom, der der Spannung proportional ist. Wir bezeichnen ihn mit i_R, seinen Zeiger entsprechend mit $\mathfrak{J}_R$. Der Zuleitungsstrom wird also als Summe von Verschiebungs- und Leitungsstrom zeigermäßig:

$$\mathfrak{J} = \frac{\mathfrak{U}}{R} + \frac{d\mathfrak{Q}}{dt}$$

und also mit $\mathfrak{Q} = C \cdot \mathfrak{U}$

$$\mathfrak{J} = \frac{\mathfrak{U}}{R} + C \cdot \frac{d\mathfrak{U}}{dt} = \mathfrak{J}_R + \mathfrak{J}_C .$$

Dieselbe Gleichung würden wir erhalten, wenn wir an Stelle des verlustbehafteten Kondensators das Ersatzschaltbild der Abb. 44c betrachten, in der ein verlustloser Kondensator und ein Widerstand parallel an der gleichen Spannung liegen wie das wirkliche Objekt der Abb. 44b. Zu beiden Schaltungen gehört also auch das gleiche Zeigerdiagramm 44d, das der graphische Ausdruck für die gemeinsame Gleichung ist.

Der Gesamtstrom setzt sich zusammen aus einem Anteil, der mit der Spannung in Phase liegt — dem Leitungsstrom $\mathfrak{J}_R$ — und einem Anteil, der ihr um 90° vorauseilt, dem eigentlichen Ladestrom $\mathfrak{J}_C$. Aus dem Dreieck mit den Katheten der Länge I_R und I_C lesen wir die Länge der Hypothenuse I ab, die dem Effektivwert des Gesamtstromes entspricht:

$$I = \sqrt{I_R^2 + I_C^2} = U \cdot \sqrt{\frac{1}{R^2} + (\omega C)^2} . \tag{48}$$

Hierin ist der Wurzelausdruck somit der Scheinleitwert der ganzen Anordnung als Quotient von Gesamtstrom und Spannung und sein Kehrwert somit der Scheinwiderstand. Aus dem gleichen Dreieck können wir auch den Phasenwinkel zwischen der Spannung und dem Gesamtstrom ablesen.

$$\operatorname{tg} \varphi = -\omega \cdot R \cdot C = \frac{I_C}{I_R} . \tag{49}$$

Er ist negativ einzusetzen, weil wir aus dem Diagramm ersehen, daß die Spannung dem Strome nacheilt. Es sei bemerkt, daß man in diesem Falle meist nicht den Winkel angibt, um den $\mathfrak{U}$ gegen $\mathfrak{J}$ verschoben ist, sondern den „Fehlwinkel", der an der 90°-Verschiebung fehlt, die sich beim idealen, verlustfreien Kondensator ergeben müßte. Auch er ist aus dem Diagramm ablesbar als:

$$\operatorname{tg} \delta = \frac{1}{\omega R C}; \quad \delta = 90° - \varphi . \tag{50}$$

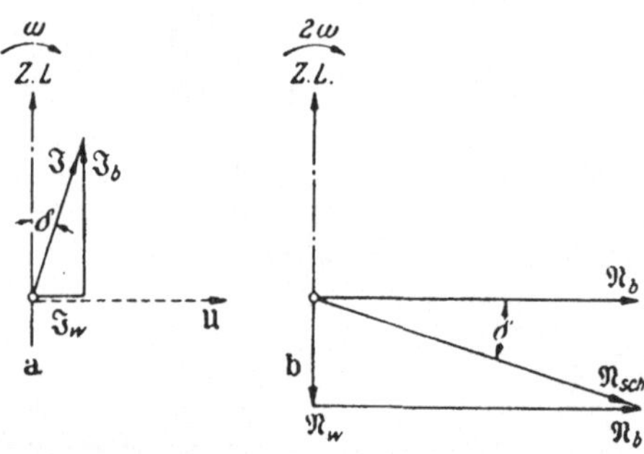

Abb. 45. Zeigerdiagramm der Wirk-, Blind- und Scheingrößen in einer Parallelersatzschaltung nach Abb. 44. a Zeigerdiagramm der Ströme. b Zeigerdiagramm der Leistungsschwankungen.

Der im Gesamtobjekt auftretende Verlust ergibt sich aus der allgemeinen Leistungsformel für Gesamtstrom und Spannung: $N = U I \cos\varphi$, bzw. unter Benutzung der Beziehung aus dem Diagramm: $I \cos\varphi = I_R$ zu $N = U I_R$. Da somit nur I_R an der Verlustleistung beteiligt ist, ist es sinnvoll, diese Komponente des Gesamtstromes als *Wirkstrom*, und entsprechend die andere, nämlich den Ladestromanteil $\mathfrak{J}_C$, als *Blindstrom* zu benennen. In der Ersatzschaltung kommt beiden selbständige Existenz zu; sie können dort getrennt gemessen werden, was beim wirklichen Objekt nicht möglich ist. Hier sind diese beiden Komponenten nur Hilfsvorstellungen, die zwar bei unserer Annahme, daß Leitfähigkeit die Ursache der Verluste sein sollte, noch real unterbaut sind, aber ebenso anwendbar bleiben, wenn sie im Falle von Verlusten durch Dipolschwingungen im Dielektrikum jeden echten physikalischen Sinn verlieren.

Genau wie der Wirk-, Blind- und Gesamtspannung im vorigen Beispiel Wirk-, Blind- und Scheinleistung entsprachen, so können wir auch hier wieder von Wirkleistung als Produkt von U und I_R, Blindleistung als Produkt von U und I_C und Scheinleistung als Produkt von U und I reden. Formal ist wegen der Entstehung dieser Größen aus den Seiten des Stromdiagramms durch Multiplikation wieder die Scheinleistung:

$$N_{sch} = \sqrt{N_w^2 + N_B^2}\,;$$

wiederum ist aber zu bedenken, daß dem eigentlich nicht ein Zeigerdiagramm der Leistungen entspricht, weil die Wirkleistung nicht im Zeigerdiagramm darstellbar ist, daß sich aber in Analogie zum Zeigerdiagramm der Leistungsschwankungen nach Abb. 43b auch hier wieder ein solches Diagramm ergibt, das ohne weiteren Kommentar aus der Abb. 45b verständlich ist, und dem in Abb. 45a noch einmal das Diagramm der Ströme aus Abb. 44d beigefügt ist unter Abänderung der Bezeichnungen der Indizes auf w für den Wirkstromanteil und b für den Blindstromanteil.

In den beiden bisher behandelten Beispielen legte die Kenntnis des inneren Aufbaus des Zweipols jeweils eine Ersatzschaltung nahe, die dann das eine Mal zur Zerlegung der Spannung in zwei Komponenten, das andere Mal zur Zerlegung des Stromes in zwei Komponenten Anlaß gab. Wenn aber ein Zweipol praktisch ohne Angaben über den inneren Aufbau gegeben ist, so kann man unter Benutzung seiner beiden Klemmen an ihm nur nach Abb. 46 mit Hilfe eines Strommessers, eines Spannungsmessers und eines Leistungsmessers die Effektivwerte von Spannung und Strom und ihre gegenseitige Phasenverschiebung messen. Durch Zuhilfenahme von Kunstschaltungen kann man schließlich noch entscheiden, ob die Spannung dem Strom vorauseilt oder nacheilt, und erhält somit ein eindeutiges Diagramm nach Abb. 46b. Es erhebt sich nun die Frage, ob man in diesem Falle die Spannung oder den Strom in zwei Komponenten zerlegen solle, wie das in Abb. 46c und 46d zur Auswahl geschehen ist, ob man also damit sich für ein Ersatzschaltbild für den Zweipol nach Abb. 46e oder nach Abb. 46f entscheiden soll.

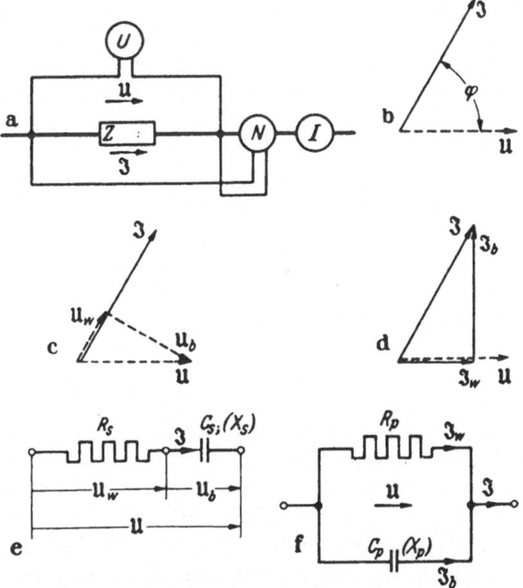

Abb. 46. Zur Äquivalenz von Reihen- und Parallelersatzschaltbild.
a Schaltbild zur Bestimmung von U, I und φ durch Messung. b Zeigerdiagramm als Ergebnis der Messung nach Schaltbild 46 a. c Zerlegung der Spannung in Wirk- und Blindspannung. d Zerlegung des Stromes in Wirk- und Blindstrom. e Reihenersatzschaltbild entsprechend der Zerlegung nach Schaltbild 46c. f Parallelersatzschaltbild entsprechend der Zerlegung nach Schaltbild 46d.

Beide Ersatzschaltungen liefern bei richtiger Wahl der in ihnen enthaltenen Schaltelemente die gleichen Verhältnisse für Spannung und Strom, für Wirkleistung, Blindleistung und Scheinleistung in Übereinstimmung mit dem wirklichen Zweipol. Selbstverständlich sind die Schaltelemente der Ersatzschaltungen voneinander verschieden. Ihre gegenseitige Verknüpfung ergibt sich gerade aus der geforderten Gleichheit der einer äußeren Messung zugänglichen Größen, die folgende zwei Gleichungen für jeweils 2 Unbekannte liefert, wenn man das andere Paar als bekannt annimmt:

$$Z_s = Z_p \qquad\qquad \operatorname{tg}\varphi_s = \operatorname{tg}\varphi_p$$

$$\text{(51)}\qquad \sqrt{R_s^2 + X_s^2} = \frac{1}{\sqrt{1/R_p^2 + 1/X_p^2}} \quad \text{und} \quad \frac{X_s}{R_s} = \frac{R_p}{X_p}. \qquad \text{(52)}$$

Dabei sind in Anlehnung an die Bezeichnungen in der Abb. 46 die Blindwiderstände mit X und dem jeweiligen Index bezeichnet (p für die Parallelschaltung, s für die Reihen-[Serien-]schaltung), um die Gleichungen universell verwendbar zu machen, indem man bei kapazitiver Schaltung nachträglich $X = 1/\omega C$, bei induktiver Ersatzschaltung $X = \omega L$ setzt. Nach elementarer Zwischenrechnung ergibt sich daraus für die Umrechnung aus der:

Parallel- in die Serienschaltung: Serien- in die Parallelschaltung:

$$\left.\begin{aligned} R_s &= R_p \cdot \frac{1}{1 + (R_p/X_p)^2} & \qquad R_p &= R_s \cdot \left(1 + \left(\frac{X_s}{R_s}\right)^2\right) \\ X_s &= X_p \cdot \frac{1}{1 + (X_p/R_p)^2} & \qquad X_p &= X_s \cdot \left(1 + \left(\frac{R_s}{X_s}\right)^2\right). \end{aligned}\right\} \qquad (53)$$

Die Dualität beider Schaltungen kommt noch deutlicher zum Ausdruck, wenn man die Formeln für die Umwandlung der Serienschaltung in die Parallelschaltung auf Leitwerte umschreibt. Benutzt man für die Wirkleitwerte als Kehrwerte der Wirkwiderstände die Buchstaben G, und entsprechend für die Blindleitwerte die Buchstaben Y mit den entsprechenden Indizes, so erhält man:

Parallel auf Serie: Serie auf Parallel:

$$\left.\begin{aligned} R_s &= R_p \cdot \frac{X_p^2}{R_p^2 + X_p^2} & \qquad G_p &= G_s \cdot \frac{Y_s^2}{G_s^2 + Y_s^2} \\ X_s &= X_p \cdot \frac{R_p^2}{R_p^2 + X_p^2} & \qquad Y_p &= Y_s \cdot \frac{G_s^2}{G_s^2 + Y_s^2} \end{aligned}\right\} \qquad (54)$$

und somit die Entsprechung:

$$\begin{matrix} p & s & R & G & X & Y & U & I \\ s & p & G & R & Y & X & I & U. \end{matrix}$$

Allerdings verschleiert die Umschreibung auf Blindwiderstände die Tatsache, daß in Wahrheit diese Äquivalenz von Reihen- und Parallelschaltung jeweils nur für eine einzige Frequenz stimmt, wie sich sofort zeigt, wenn man in irgend eine der Formeln den Blindleitwert oder Blindwiderstand als solchen einsetzt. Z. B. ist der Ersatzwiderstand R_s der Reihenersatzschaltung aus den beiden Schaltelementen R_p und C_p der Parallelersatzschaltung zu errechnen nach:

$$R_s = R_p \frac{1}{1 + (\omega R_p C_p)^2}$$

und somit frequenzabhängig, wie das auch alle anderen Größen entsprechen würde. Stellt man also ein Objekt, das in Wahrheit eine Serienschaltung enthält, durch eine Parallelersatzschaltung dar, so ergeben sich die Größen dieser Ersatzschaltung stark frequenzabhängig, während die der wahren Schaltung natürlich frequenzunabhängig sind. Würde man also in dem Gedanken, daß die Verluste eines Kondensators wie ein Parallelwiderstand wirken, das Parallelersatzschaltbild auf einen Kondensator anwenden, bei dem in der Zuführung ein hoher Widerstand liegt (etwa der Widerstand eines Aquadagbelages bei einem Probestück oder der halbleitende Belag auf den Stäben einer Generatorisolation), so zeigt die durch Messung feststellbare starke Frequenzabhängigkeit des Parallelersatzwiderstandes an, daß das Serienersatzschaltbild physikalisch sinnvoller wäre, weil seine Größen frequenzunabhängig werden. Keines der beiden Ersatzschaltbilder wird frequenzunabhängige Schaltelemente liefern, wenn der wahre Zweipol keinem der beiden Ersatzschaltbilder physikalisch sinnvoll entspricht. Hat also eine Spule mit Eisenkern Verluste im Ohmschen Widerstand und im Eisenkern in annähernd vergleichbarer Größe, so liefern beide Ersatzschaltbilder Ersatzgrößen, die nur in einem engen Frequenzbereich sich mit der Erfahrung bei Messungen decken. Nur ein vollständigeres Ersatzschaltbild mit mehr als zwei Schaltelementen kann dann die Verhältnisse über einen größeren Frequenzbereich richtig wiedergeben. In der Tat kann man durch Aufsuchen der Ersatzschaltungen, die das Verhalten des Zweipols über einen größeren Frequenzbereich richtig darstellen, oft wertvolle Rückschlüsse auf ihren unbekannten physikalischen Mechanismus ziehen, also etwa entscheiden, ob die Verluste in einem Kondensator im Dielektrikum oder in einem Vorwiderstand auftreten usw.

Zum Schluß bliebe nur noch die Feststellung, daß es natürlich sinnwidrig ist, gleichzeitig die Spannung an einem Objekt in Wirkspannung und Blindspannung in bezug auf den Strom in ihm zu zerlegen und diesen Strom wiederum in Wirkstrom und Blindstrom in bezug auf die Spannung. Man halte sich immer vor Augen, daß dieser Zerlegung die Konzeption einer Ersatzschaltung zugrundeliegt, die eben entweder eine Reihen- oder eine Parallelschaltung ist, niemals aber beides zugleich sein kann.

4. Beispiele für die Anwendung des Zeigerdiagramms.

In besonderem Maße zeigen sich die Vorteile der Anschaulichkeit des Zeigerdiagramms in solchen Fällen, wo man die Veränderlichkeit einer Wechselgröße in Abhängigkeit von einer anderen oder von der Veränderung eines Schaltelementes studieren will. Z. B. wird nunmehr die Addition zweier gleichgroßer, aber verschiedenphasiger Spannungen in Abhängigkeit von der gegenseitigen Phasenlage, die wir schon im Abschn. II, S. 20 behandelt haben, sehr einfach durch das Zeigerdiagramm der Abb. 47 darstellbar. Man liest aus dem gleichschenkligen Dreieck mit dem Spitzenwinkel $180°-\alpha$ sofort ab, daß

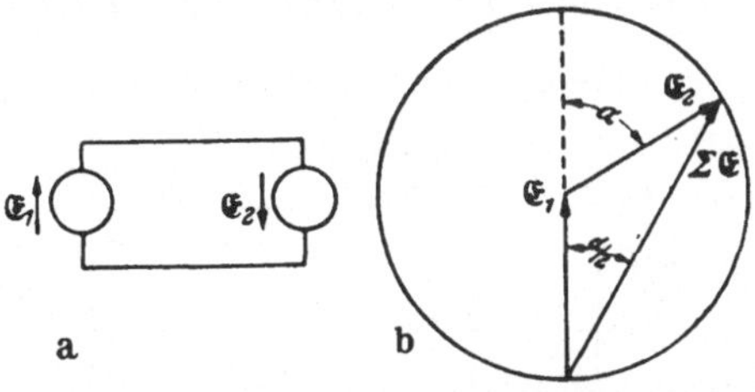

$$|\Sigma\mathfrak{E}| = 2E\cos\alpha/2\,, \qquad (55)$$

Abb. 47. Addition zweier Spannungen mit gleichem Effektivwert bei verschiedenem Phasenwinkel. a Schaltbild. b Zeigerdiagramm.

und sieht, daß der Nacheilungswinkel von $\Sigma\mathfrak{E}$ gegen $\mathfrak{E}_1$ als Peripheriewinkel über dem gleichen Bogen wie der Zentriwinkel α, um den $\mathfrak{E}_2$ gegen $\mathfrak{E}_1$ nacheilt, $\alpha/2$ sein muß.

Auch bei ungleicher Größe der beiden unter verschiedenem Phasenwinkel zu addierenden Spannungen zeigt das Zeigerdiagramm übersichtlich das Ergebnis. In Abb. 48a ist als Beispiel für die praktische Bedeutung dieses Falls das Schaltbild eines Drehtransformators (vgl. Abschn. VIII, S. 487) gegeben. Durch Drehung des Rotors mit den 3 Zusatzwicklungen im Zuge der drei Leitungen gegenüber dem Stator, der die festen Erregerwicklungen trägt, kann man die Phase der Zusatz-EMK beliebig einstellen. Die aus einem Umlauf: — Zusatzwicklung — geregelte Spannung — ungeregelte Spannung — gewonnene Gleichung:

$$\mathfrak{U}' = \mathfrak{U} + \mathfrak{E}$$

ist im Zeigerdiagramm der Abb. 48b dargestellt. Wir entnehmen ihm, daß die Spannung zwischen den Grenzen $U + E$ und $U - E$ geregelt werden kann, daß aber dabei außer der Änderung des Effektivwertes U' der geregelten Spannung, eine, oft unerwünschte, Änderung ihrer Phasenlage gegenüber der ungeregelten Spannung $\mathfrak{U}$ eintritt. Das Maximum dieses Phasenwinkels ε tritt für den gestrichelt eingezeichneten Fall ein, daß der Zeiger der geregelten Spannung $\mathfrak{U}'$ Tangente an

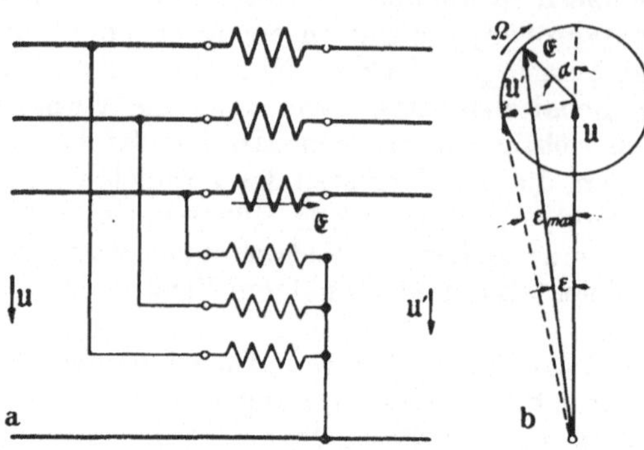

Abb. 48. Spannungsverhältnisse am Drehregler. a Schaltbild. b Zeigerdiagramm.

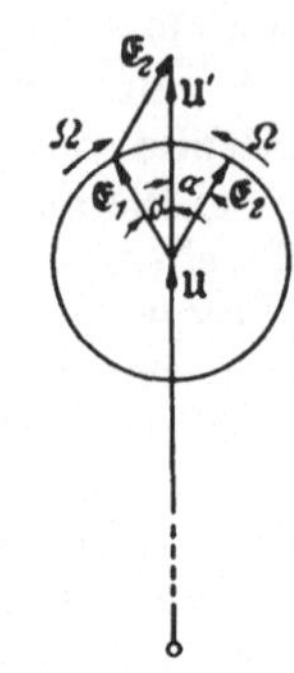

Abb. 49. Zeigerdiagramm der Spannungen am Doppeldrehregler.

den Kreis mit dem Radius E um die Spitze von $\mathfrak{U}$ ist. Er ergibt sich also aus der Beziehung:

$$\sin \varepsilon_{max} = E/U\,, \tag{56}$$

Die unerwünschte Phasendrehung kann vermieden werden, wenn man statt einer Zusatzspannung zwei dem Effektivwert nach gleiche, halb so große Spannungen zusetzt, von denen die eine um jeweils eben so viel voreilt, wie die andere nacheilt, wie das im Zeigerdiagramm Abb. 49 dargestellt ist. Bei einem derartigen Doppeldrehregler heben sich die querphasigen Komponenten der beiden Zusatzspannungen auf, und es bleibt nur eine Änderung des Effektivwertes der geregelten Spannung um die Summe der beiden nullphasigen Komponenten der Zusatzspannungen. Somit wird hier die geregelte Spannung zwar wieder zwischen den gleichen Grenzen $U+E$ und $U-E$ regelbar, aber ohne Phasendrehung und nach: $U' = U + E\cos\alpha$, während beim Einfachregler nach Abb. 48 die Abhängigkeit von α komplizierter wird, da sich aus dem dort gezeichneten Diagramm ergibt:

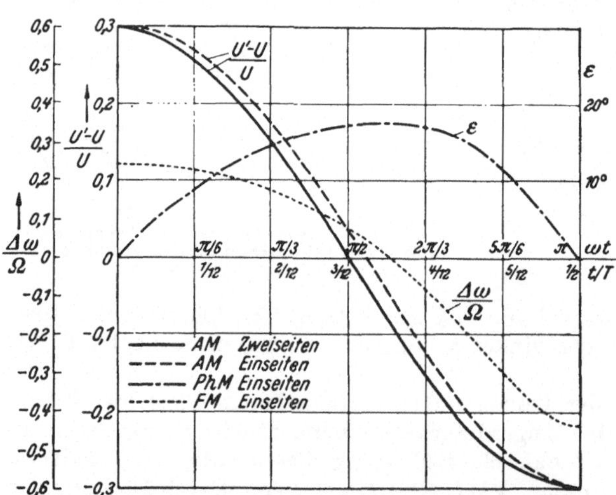

Abb. 50. Spannungs- und Phasenverhältnisse beim Einfach- und Doppeldrehregler bzw. Amplituden-, Phasen und Frequenzmodulation beim Ein- und Zweiseitenbandverfahren.

——— Prozentuale Zusatzspannung beim Doppelregler.
- - - - - Prozentuale Zusatzspannung beim Einfachregler.
·—·—·— Phasendrehung beim Einfachregler

$$U' = \sqrt{(U + E\cos\alpha)^2 + (E\sin\alpha)^2}$$
$$= \sqrt{U^2 + 2\,U E \cos\alpha + E^2}$$

Für das Verhältnis $E/U = 0{,}3$ ist diese Funktion zusammen mit der Abhängigkeit von U' beim Doppeldrehregler in Abb. 50 dargestellt. Auch der Verlauf der Zusatz-Phasendrehung ε in Abhängigkeit von α ist in diese Abbildung mit eingetragen.

Wenn wir uns α kontinuierlich veränderlich vorstellen,

$$\alpha = \Omega t,$$

worin $\Omega = 2\pi F$ eine gegen die „Trägerfrequenz" kleine Frequenz — die Nachrichtenfrequenz — bedeuten möge, so stellen die Zeigerdiagramme der Abb. 48 und 49 zugleich die Verhältnisse bei der Einseitenband- und Zweiseitenbandmodulation dar. Läuft der Zeiger $\mathfrak{E}$ in Abb. 48b mit der Geschwindigkeit Ω relativ zum Zeiger $\mathfrak{U}$ um, so bedeutet das ja, daß er relativ zur Zeitlinie mit der Winkelgeschwindigkeit $\omega - \Omega$ umläuft. Abb. 48b entspricht also der Zufügung einer

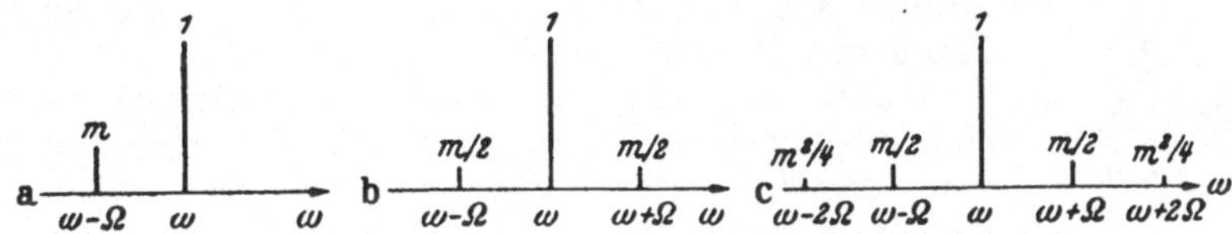

Abb. 51. Frequenzspektren für verschiedene Modulationsverfahren.
a AM Einseitenband. b AM Zweiseitenband. c FM Zweiseitenband.

unteren Seitenbandfrequenz nach dem Frequenzspektrum der Abb. 51a, in der die Höhe des über der Frequenzskala aufgetragenen Striches dem Effektivwert der betreffenden Spannung entspricht. Aus dem unverändert hierfür gültigen Zeigerdiagramm der Abb. 48b entnehmen wir für die Amplitudenmodulation (AM) der entstehenden Summenschwingung: $(\alpha = \Omega t)$

$$\frac{U' - U}{U} = 1 - \sqrt{1 + m^2 + 2m\cos\alpha} \mp m\cos\alpha\,, \tag{57}$$

also nicht-sinusförmigen Verlauf der Modulationshüllkurve, d. h. das Auftreten von Verzerrungen, die aus der Abb. 50 deutlich werden, wo $m = 30\,\%$ gewählt ist. Zusätzlich tritt eine im allgemeinen ebenfalls unerwünschte Phasenmodulation auf, die sich im Winkel ε ausdrückt. Seine Abhängigkeit von t ergibt sich aus Abb. 48b zu:

$$\operatorname{tg}\varepsilon = \frac{m\cdot\sin\Omega t}{1 + m\cos\Omega t}. \tag{58}$$

Ihr Verlauf ist ebenfalls aus Abb. 50 zu ersehen. Auch er ist nicht sinusförmig.

Da Phasenänderungen nur als Folge von Frequenzänderungen auftreten können, so können wir die Schwingung nach Abb. 48b auch als frequenzmoduliert bezeichnen und die Momentanfrequenz bei dieser FM daraus berechnen, daß die zeitliche Änderung der Phase ja die Frequenz ist. Die Gesamtphase der resultierenden Schwingung ist ja

$$\varphi = \omega t + \varepsilon = \omega t + \operatorname{arc\,tg}\frac{m\sin\Omega t}{1 + m\cos\Omega t}.$$

Somit wird die Momentanfrequenz:

$$\omega' = \frac{d}{dt}(\omega t + \varepsilon) = \omega + \frac{d\varepsilon}{dt}.$$

Die Ausführung der Differentiation ergibt:

$$\omega' - \omega = m\cdot\Omega\cdot\frac{\cos\Omega t + m}{1 + m^2 + 2m\cos\Omega t}$$

mit Maximal- und Minimalwerten der Momentanfrequenz bei $\cos\Omega t = \pm 1$:

$$(\Delta\omega)_{max} = +m\cdot\Omega\cdot\frac{1}{1+m}\,; \quad (\Delta\omega)_{min} = -m\cdot\Omega\cdot\frac{1}{1-m}$$

und einem Frequenzhub:

$$(\Delta\omega)_{max} - (\Delta\omega)_{min} = 2\,m\,\Omega \cdot \frac{1}{1-m^2} \tag{59}$$

$$\text{bzw. } (\Delta f)_{max} - (\Delta f)_{min} = 2\,m\,F\,\frac{1}{1-m^2}.$$

Auch die FM (Frequenzmodulation) ist natürlich nicht-sinusförmig; ihr zeitlicher Verlauf ist in der Abb. 50 für $m = 30\,\%$ mit aufgetragen. Die Maxima von $\Delta\omega$ fallen mit den Stellen größter Phasenänderungsgeschwindigkeit zusammen. $\Delta\omega$ ist Null, wo ε sein Maximum hat.

Die Zufügung von zwei Seitenbandfrequenzen in gleichem Abstand von der Trägerfrequenz nach dem Frequenzspektrum der Abb. 51b mit je halber relativer Größe ($m/2$) führt zu den Verhältnissen nach Abb. 49. Nunmehr ist eine rein sinusförmige AM vorhanden. Jegliche Phasen- und somit auch Frequenzmodulation fehlt.

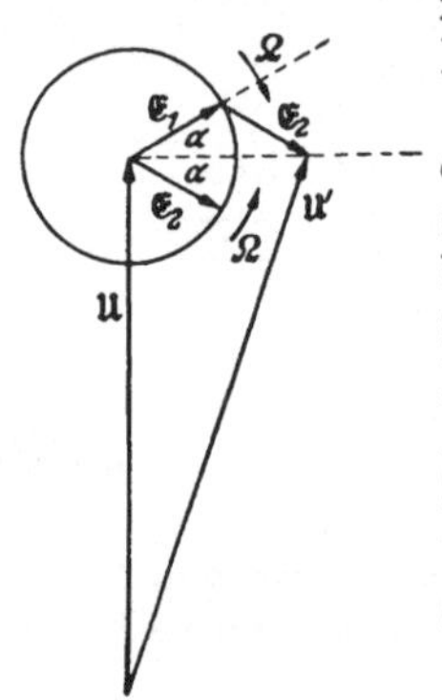

Abb. 52. Zeigerdiagramm der frequenzmodulierten Schwingung.

Wollte man die Amplitudenmodulation vermeiden und eine möglichst reine Frequenzmodulation erreichen, so kann man das in erster Annäherung erreichen, wenn man die beiden Zusatzspannungen mit gegenläufigem Drehsinn im Zeigerdiagramm nicht nullphasig, sondern querphasig zufügt. Die entstehenden Verhältnisse zeigt das Zeigerdiagramm der Abb. 52. Jetzt heben sich die nullphasigen Komponenten der Zusatzspannungen auf, die querphasigen addieren sich. Effektivwert und Phasenwinkel der resultierenden Schwingung ergeben sich also:

$$\frac{U'-U}{U} = 1 - \sqrt{1 + (m\cos\Omega t)^2} \tag{60}$$

$$\operatorname{tg}\varepsilon = m\cos\Omega t \tag{61}$$

Außer der gewünschten FM tritt also eine schwache AM auf. Für kleine Werte von m kann die Wurzel näherungsweise durch das erste Glied der Reihe ersetzt werden, so daß dann wird:

$$\frac{U'-U}{U} \approx \frac{m^2}{4}(1 + \cos 2\,\Omega t). \tag{62}$$

Sie ist also bei $m = 30\,\%$ maximal nur etwas über $\pm 2\,\%$, aber von doppelter Frequenz wie die gewünschte Modulation. Für eine rein frequenzmodulierte Schwingung ist also die Zufügung weiterer Seitenfrequenzen erforderlich, wie das in Abb. 51c im Frequenzspektrum angedeutet ist, indem noch die Seitenfrequenzen zweiter Ordnung mit dem soeben gefundenen Näherungswert eingetragen sind.

Aus der zeitlichen Änderung der Phase schließen wir wiederum durch Differentiation auf die Frequenzmodulation. Sie ergibt sich zu:

$$\Delta\omega = \frac{d\varepsilon}{dt} = -m\cdot\Omega\cdot\frac{\sin\Omega t}{1 + m\cdot\cos\Omega t}, \tag{63}$$

ist also nicht-sinusförmig und hat für $\sin\Omega t = \pm 1$ ausgezeichnete Werte mit:

$$(\Delta\omega)_{max} = +m\,\Omega\,; \quad (\Delta\omega)_{min} = -m\cdot\Omega$$

und somit einen Frequenzhub von:

$$(\Delta f)_{max} - (\Delta f)_{min} = 2\,m\cdot F \tag{64}$$

Beim Aufbau von Zeigerdiagrammen für verwickeltere Schaltungen, z. B. für das Schaltbild einer 90°-Schaltung nach Abb. 53a geht man am zweckmäßigsten so vor, daß man die gemeinsame Größe (Spannung oder Strom) im kompliziertesten Zweig der Schaltung zum Ausgangspunkt nimmt. In einfachen Fällen kommt man dann ohne Zeichnung von Zwischendiagrammen aus, die man sonst in gleicher Weise erst aufzeichnen muß, um ihr Ergebnis mit richtiger Phase und Größe in das Hauptdiagramm einzutragen.

Das Zeigerdiagramm der Abb. 53b entsteht also in der Reihenfolge:

$\mathfrak{I}_3$ als gemeinsame Größe des kompliziertesten Zweiges 3 der Schaltung,

$\mathfrak{U}_{R_3}$ und $\mathfrak{U}_{X_3}$ im Spannungsdiagramm parallel, bzw. senkrecht zu $\mathfrak{I}_3$,

$\mathfrak{U}_3$ als Summenspannung aus den Komponenten der Spannungen im Zweig 3,

$\mathfrak{I}_2$ parallel zu $\mathfrak{I}_3$, weil am Zweig 2, der rein ohmisch ist, die gleiche Spannung liegt wie am Zweig 3,

$\mathfrak{I}_1$ als Summe aus $\mathfrak{I}_2$ und $\mathfrak{I}_3$,

$\mathfrak{U}_{R_1}$ und $\mathfrak{U}_{X_1}$ parallel, bzw. senkrecht zu $\mathfrak{I}_1$,

$\mathfrak{U}_1$ als Summe von $\mathfrak{U}_{R_1}$ und $\mathfrak{U}_{X_1}$ und schließlich als Summe von $\mathfrak{U}_3$ und $\mathfrak{U}_1$ die Gesamtspannung $\mathfrak{U}$.

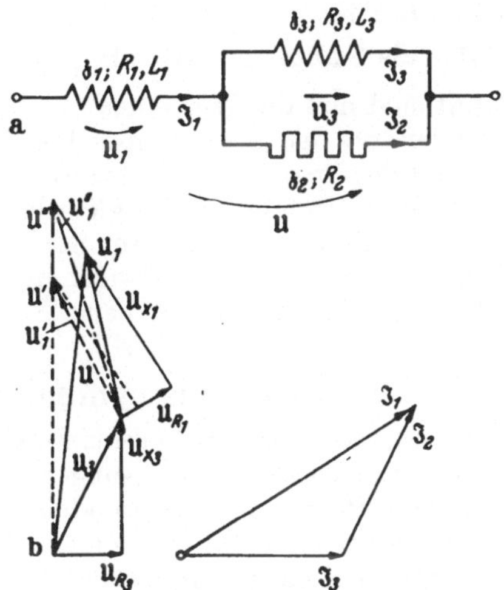

Abb. 53. Schaltbild und Zeigerdiagramme einer 90°-Schaltung nach HUMMEL. a Schaltbild. b Spannungs- und Stromzeigerdiagramm.

Fordern wir, daß diese um 90° phasenverschoben sein soll gegen den Strom im Zweig 3 — das ist der Sinn dieser Schaltung —, so müßte man z. B., wie das strichpunktiert eingetragen ist, X_1 genügend groß, oder wie gestrichelt eingetragen, R_1 genügend klein machen. Die genauere Beziehung zwischen den Schaltelementen zur Erfüllung dieser Bedingung kann aus den geometrischen Beziehungen zwischen den Zeigern errechnet werden. Wir verzichten auf diese nicht ganz einfache Berechnung. Die Lösung Gl. (82) wird im Abschn. III S. 49 auf einfacherem Wege analytisch abgeleitet werden.

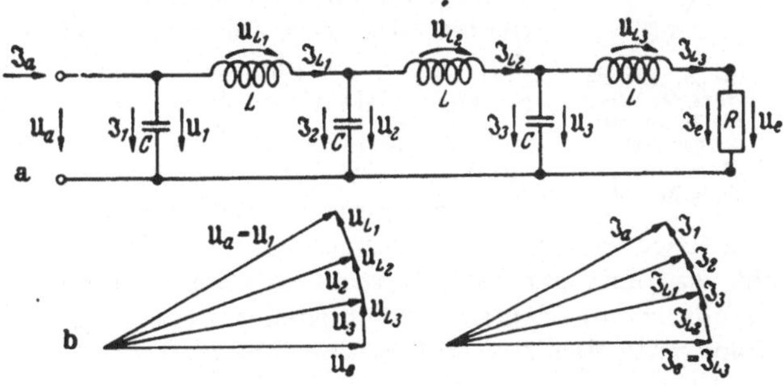

Abb. 54. Ersatzschaltbild einer verlustlosen Leitung und Zeigerdiagramme für Spannung und Strom auf ihr. a Schaltbild. b Zeigerdiagramm der Spannungen (links) und der Ströme (rechts).

Ein weiteres Beispiel für die Darstellung verwickelterer Schaltungen im Zeigerdiagramm gibt Abb. 54. Das Schaltbild (a) zeigt einige Induktivitäten als Längsglieder, einige Kapazitäten als Querglieder mit einem OHMschen Widerstand als Abschluß. Wir können es als Ersatzschaltbild einer verlustlosen Leitung ansehen, deren Induktivität und Kapazität abschnittsweise zusammengefaßt gedacht werden. Wir beginnen mit dem Aufbau des Zeigerdiagrammes nach Abb. 54b, indem wir Spannung und Strom im Endwiderstand, dem Verbraucher, parallel zueinander als Ausgangspunkt für je ein Spannungs- und Stromdiagramm aufzeichnen ($\mathfrak{U}_e$ und $\mathfrak{I}_e$). Dann folgen hintereinander:

$\mathfrak{U}_{L_3}$ senkrecht voreilend gegen $\mathfrak{I}_e = \mathfrak{I}_{L_3}$,

$\mathfrak{U}_3$ als Summe aus $\mathfrak{U}_e$ und $\mathfrak{U}_{L_3}$,

$\mathfrak{I}_3$ um 90° voreilend gegen $\mathfrak{U}_3$,

$\mathfrak{I}_{L_2}$ als Summe aus $\mathfrak{I}_3$ und $\mathfrak{I}_{L_3}$,

und so fort bis

$\mathfrak{I}_a$ als Summe aus $\mathfrak{I}_{L_1}$ und $\mathfrak{I}_1$.

Damit sind nun die Werte des Stromes und der Spannung am Anfang der Leitung gefunden, die den gewünschten Werten am Ende entsprechen. Ist statt dessen der Zustand der Spannung am Anfang gegeben, so beginnt man trotzdem den Aufbau des Zeigerdiagramms in der gleichen Weise, läßt aber den Maßstab zunächst noch frei und fixiert ihn dann zum Schluß so, daß sich *der* Wert für die Spannung U_a ergibt, der vorgeschrieben wird, und dreht das Gesamtdiagramm in die durch die Phasenlage von $\mathfrak{U}_a$ vorgegebene Richtung.

C. Das symbolische Rechenverfahren.

Es wäre offenbar erwünscht, wenn man Gleichungen zwischen den Zeigern nicht nur als Konstruktionsanweisungen für das Zeigerdiagramm, sondern auch für unmittelbare Rechnungen verwenden könnte. Wir müssen zu diesem Zweck ein Verfahren „erfinden“, um die relative Lage von Zeigern durch eine mathematische Operation und ein entsprechendes Operationszeichen zu kennzeichnen.

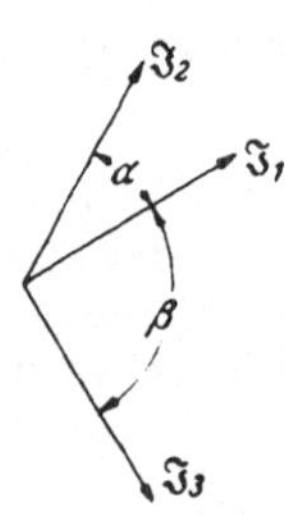

Abb. 55. Die Bedeutung des Versors als Drehungsoperators. $\mathfrak{I}_2 = \mathfrak{I}_1 \cdot \underline{/\alpha}$; $\mathfrak{I}_3 = \mathfrak{I}_1 \cdot \underline{/-\beta}$

Nachdem eine additive Zufügung einer Winkelbeziehung in die Zeigergleichung sich aus dem einfachen Grunde verbietet, weil man wesensverschiedene Größen (Zeiger und Winkel) nicht addieren kann, bleibt als nächst einfache Operation die Multiplikation. Um den symbolischen Charakter dieser Multiplikation zu betonen, bedienen wir uns dafür eines besonderen Operationszeichens, für das Wallot die Bezeichnung „versor“ vorgeschlagen hat. Seine Anwendung auf einen Zeiger bedeutet, daß der Zeiger um den im Winkelraum des Versorzeichens $\underline{/\ \ }$ stehenden Winkelbetrag im Sinne einer Voreilung zu verschieben ist (Abb. 55). Der Versor ist also zwar mathematisch gesehen als Faktor zum Zeiger hinzugefügt, er ist aber in Wahrheit ein Operationszeichen, d. h. eine Anweisung für die Ausführung einer Drehung im Zeigerdiagramm. Da jeder Versor, je nach dem eingesetzten Winkelbetrag um verschiedene Winkel dreht, ist somit eine Vielfalt von Operatoren geschaffen, die zwar die schriftmäßige Darstellung von Zeigern verschiedener Phasenlage sehr erleichtert, aber für den Aufbau eines Rechenverfahrens erschwerend ist.

1. Allgemeine Rechenregeln.

Da es aber offenbar möglich ist, jeden beliebigen Zeiger dadurch auf einen anderen zu beziehen, daß man ihn mit Bezug auf diesen in seine *nullphasige* und *querphasige* Komponente zerlegt, so wird es vorteilhaft sein, sich vorzugsweise des

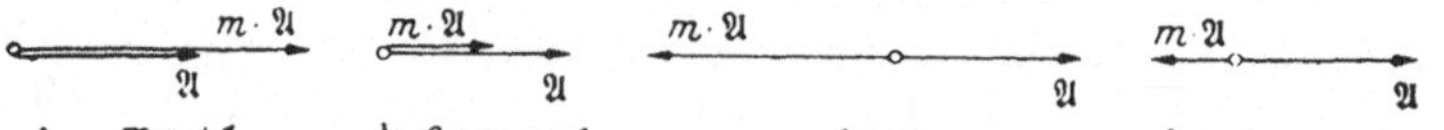

a $m > +1$ b $0 < m < +1$ c $-1 > m$ d $-1 < m < 0$

Abb. 56. Die Veränderung eines Zeigers durch Multiplikation mit einer reellen Zahl.

Versors $\underline{/90^0}$ zu bedienen, den wir nun mit einer allgemein üblichen Abkürzung mit dem Buchstaben j bezeichnen wollen. j ist also ein Operationszeichen, das bedeutet, daß man den Zeiger, auf den es angewendet wird, um 90° voreilend drehen soll. Wir versuchen, ob man dieses Operationszeichen beim Rechnen als einen Faktor behandeln kann, bzw. welche Sonderregeln wir einführen müssen, um es als einen solchen Faktor behandeln zu können.

Während nach Abb. 56a die Multiplikation eines Zeigers mit einer Zahl m diesen auf das m faches einer Länge streckt, wenn $m > 1$, bzw. auf das m fache staucht (Abb. 56b), wenn $0 < m < 1$, bedeutet nach Abb. 56c die Multiplikation mit einer negativen Zahl m eine entsprechende Streckung unter gleichzeitiger Umkehrung der Richtung des Zeigers, d. h. Änderung der durch ihn symbolisierten Größe um 180° in der Phasenlage, oder eine entsprechende Stauchung nach Abb. 56d unter Phasenumkehr, je nachdem, ob $|m| \gtrless 1$ ist.

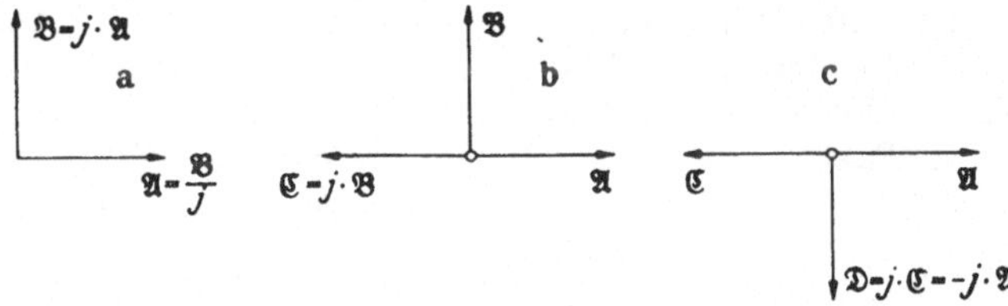

Abb. 57. Die Anwendung des Operators j zur Zeigerdrehung um 90°.

Die Anwendung des Operators j, den wir als einen Faktor behandeln wollen, dagegen dreht den Zeiger, mit dem er in der Gleichung multipliziert erscheint nach Definition um 90° nach vorwärts, ohne dabei seine Länge zu ändern (Abb. 57a). Die dem Zeiger entsprechende Wechselgröße wird also in ihrer Phasenlage um 90° voreilend verschoben, ihr Effektivwert bleibt unverändert. Die Zeigergleichung:

$$\mathfrak{B} = j\,\mathfrak{A}$$

für die Abb. 57a enthält also zwei Aussagen:

1. $A = B$
2. $\mathfrak{B}$ eilt um 90° gegen $\mathfrak{A}$ vor.

Wird j als ein Faktor behandelt, so kann man die obige Zeigergleichung auch umschreiben:

$$\mathfrak{A} = \frac{1}{j} \cdot \mathfrak{B} = \frac{1}{j} \cdot j \cdot \mathfrak{A}$$

und erhält damit eine durchaus sinnvolle Deutung der Division durch den Operator j. Die Aufeinanderfolge der Multiplikation mit j und einer Division durch j stellt durch Vorwärts- und Rückwärtsdrehen des Zeigers den gleichen Zeiger her, von dem wir ausgingen. Eine Drehung um 90° nach rückwärts wird also durch Division durch j bewirkt.

Wenden wir die Operation j auf den Zeiger $\mathfrak{B}$ nach Abb. 57b an, so entsteht der Zeiger: $\mathfrak{C} = j \cdot \mathfrak{B}$, bzw. da ja $\mathfrak{B}$ aus $\mathfrak{A}$ durch $\mathfrak{B} = j\,\mathfrak{A}$ hervorgegangen war:

$$\mathfrak{C} = j \cdot \mathfrak{B} = j \cdot j \cdot \mathfrak{A} = j^2 \cdot \mathfrak{A}\,,$$

worin wir zur Abkürzung der Wiederholung der Operation in üblicher Weise $j \cdot j$ durch j^2 ersetzt haben. Die Anschauung aber lehrt, daß diese zweimalige Drehung um 90°, also um insgesamt 180°, ja auch durch die Multiplikation mit -1 dargestellt werden könnte (vgl. Abb. 56c u. d). Es ist also als Rechenregel zu beachten:

$$j^2 = -1. \tag{65}$$

Nochmalige Anwendung des Operators j auf den Zeiger $\mathfrak{C}$ führt auf den Zeiger

$$\mathfrak{D} = j\,\mathfrak{C} = j^2 \cdot \mathfrak{B} = j^3\,\mathfrak{A}\,,$$

den man aber nach Abb. 57c auch durch die Division durch j aus dem Ausgangszeiger $\mathfrak{A}$ gewinnen könnte. Als weitere Rechenregel ist also zu merken, daß:

$$j^3 = 1/j\,. \tag{66}$$

Schließlich zeigt der Vergleich der Abb. 57a u. c, daß der Zeiger $\mathfrak{D}$ sowohl dadurch aus $\mathfrak{A}$ hervorgehen kann, daß wir $\mathfrak{A}$ um 90° nacheilend drehen (Division durch j), als auch durch Drehung um 90° nach vorwärts (Multiplikation mit j), wodurch $\mathfrak{B}$ entsteht, und anschließende Phasenumkehr, d. h. Multiplikation mit -1. Es ist also auch:

$$1/j = -j. \tag{67}$$

Die Drehung um 90° nach rückwärts kann also nach Belieben durch Multiplikation mit $-j$ oder durch Division durch j erfolgen. Nehmen wir noch die viermalige Drehung um 90°, also Multiplikation mit j^4 hinzu, die auf den Ausgangszeiger selbst zurückführt, also einer Multiplikation mit $+1$ identisch ist, so haben wir alle Rechenregeln für das Rechnen mit dem Operator j beisammen, den wir bei ihrer Beachtung als reinen Faktor behandeln können, obwohl er in Wahrheit ein Operationszeichen ist.

$$j^2 = -1; \quad j^3 = -j = 1/j; \quad j^4 = +1$$

$$1/j = -j: \quad 1/j^2 = -1; \quad 1/j^3 = j.$$

Es ist dabei vorläufig gänzlich unerheblich, daß bei Auflösung der Gleichung $j^2 = -1$ sich ergibt, daß

$$j = \sqrt{-1}, \tag{68}$$

die sogenannte imaginäre Einheit der Mathematik ist. In unserem Sinne ist die Wurzel aus j^2 eben j und somit ein Operator, dem nichts „Imaginäres" anhaftet, sondern der sehr reale Bedeutung als Zeichen für eine am Zeiger vorzunehmende Drehoperation hat.

Abb. 58a. Drehstreckung von Zeigern durch komplexe Operatoren.

Ausgehend von einem Grundzeiger können wir nun aber jeden beliebigen Zeiger, z. B. den Zeiger $\mathfrak{E}$ der Abb. 58a rechnerisch ausdrücken, indem wir ihn in seine nullphasige Komponente (gleichphasige Komponente) $x\,\mathfrak{A}$ und seine querphasige Komponente $jy\mathfrak{A}$ zerlegen und also als Zeigergleichung für das Diagramm schreiben:

$$\mathfrak{E} = +x\mathfrak{A} + jy\mathfrak{A} = (x + jy)\,\mathfrak{A} = \mathfrak{z}\,\mathfrak{A}.$$

Der als Faktor in der letzten Umformung auftretende Buchstabe $\mathfrak{z}$ kann ebenfalls als Operator aufgefaßt werden. Seine Anwendung auf den mit ihm multipliziert erscheinenden Zeiger $\mathfrak{A}$ streckt und dreht diesen soweit, daß aus ihm der neue Zeiger $\mathfrak{E}$ entsteht. Man bezeichnet Operatoren dieser Art deshalb gelegentlich als *Drehstrecker*. Losgelöst aus der Zeigergleichung, in der er aber erst seinen Sinn als Operator erhält, finden wir für diesen Operator:

$$\mathfrak{z} = x + jy.$$

Er ist also durch eine komplexe Zahl und als solche in der komplexen Zahlenebene nach GAUSS durch einen Radiusvektor darstellbar (Abb. 58b). Er ist jedoch kein Zeiger! Dabei haben wir zu beachten, daß x und y in diesem Ausdruck nur dann reine Zahlen sind, wenn es sich bei den Zeigern, die durch $\mathfrak{z}$ verknüpft sind, um solche handelt, die Wechselgrößen gleicher Art darstellen. Ist aber z. B. $\mathfrak{A}$ der Zeiger eines Stromes, $\mathfrak{E}$ der Zeiger einer Spannung, so erteilen wir zweckmäßigerweise diesen Anteilen den Charakter von Widerständen, die in Ohm zu messen sind. Bei der Multiplikation mit einem solchen „*Widerstandsoperator*" wird dann also außer der Drehstreckung auch noch die Umwandlung aus einem Strom- in einen Spannungszeiger bewirkt. Wäre dagegen $\mathfrak{A}$ in unserer Abbildung eine Spannung und $\mathfrak{E}$ ein Strom, so müßte der sie verbindende Faktor ein „*Leitwertoperator*" sein, dessen Anteile in Siemens = 1/Ohm anzugeben wären.

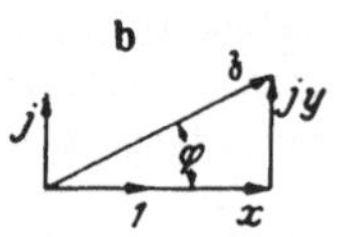

Abb. 58b. Darstellung von Operatoren in der GAUSSschen Zahlenebene.

Aus der Abb. 58b erhalten wir durch geometrische Beziehungen im rechtwinkligen Dreieck getrennt die beiden Funktionen des Operators:

a) die Drehung: $$\operatorname{tg}\varphi = y/x, \tag{69}$$

wobei zur eindeutigen Ermittlung des Quadranten, in dem der Winkel liegt, darauf zu achten ist, wie das Vorzeichen des tg aus den Vorzeichen von Zähler und Nenner hervorgegangen ist. Bei

$$+ = +/+ \qquad - = +/- \qquad + = -/- \qquad - = -/+$$

liegt φ

im 1. Quadranten 2. Quadranten 3. Quadranten 4. Quadranten,

b) die Streckung: $$E = A\sqrt{x^2 + y^2} = A z\,, \tag{70}$$

worin

$$z = \sqrt{x^2 + y^2} \tag{71}$$

den Betrag des Operators $\mathfrak{z}$ bedeutet, der zwar benannt, aber stets positiv ist, ebenso wie seine beiden Anteile unter der Wurzel (x^2 und y^2) natürlich unabhängig von ihrem Vorzeichen stets positiv (als Quadrate) und stets zu addieren sind.

Hatten wir soeben aus den Werten x und y die Werte z und φ errechnet, die Streckung und Drehung durch den Operator getrennt ausweisen, so können wir natürlich umgekehrt aus z und φ die Anteile x und y des Operators errechnen. Berücksichtigen wir also, daß die Hypothenuse des rechtwinkligen Dreiecks in Abb. 58 $E = zA$ ist, so erhalten wir für diese Umkehrung:

$$\left.\begin{aligned} x &= z\cos\varphi \\ y &= z\sin\varphi \end{aligned}\right\} \tag{72}$$

und also für den Operator eine neue Schreibweise:

$$\mathfrak{z} = x + j\,y = z\,(\cos\varphi + j\sin\varphi), \tag{73}$$

in der der erste Faktor die reine Streckung im Maßstab z, der zweite die reine Drehung um den Winkel φ bewirkt und also mit dem Versor $\underline{/\varphi}$ identisch ist. Nach dem Moivreschen Lehrsatz können wir aber wegen Gl. (68) für diesen Ausdruck auch schreiben:

$$\cos\varphi + j\sin\varphi = e^{j\varphi} = \exp(j\,\varphi) \tag{74}$$

und haben so eine neue Schreibweise für den Drehoperator Versor φ gefunden, der für die praktische Rechnung besser geeignet ist.

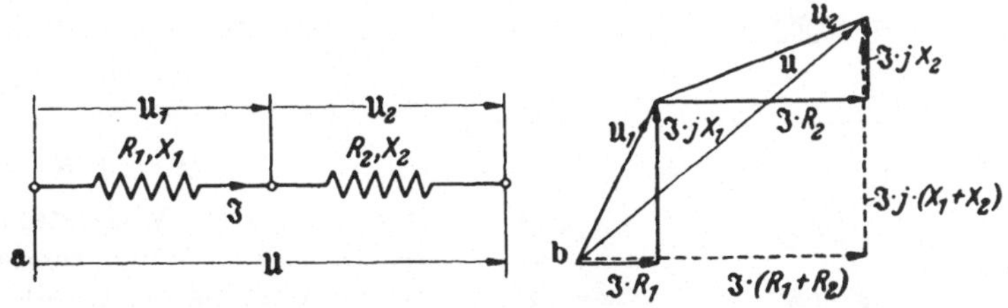

Abb. 59. Addition von Widerstandsoperatoren bei Reihenschaltung. a Schaltbild. b Zeigerdiagramm.

Welche der beiden völlig gleichwertigen Schreibweisen $\mathfrak{z} = x + j\,y$ (Komponentendarstellung) oder $\mathfrak{z} = z\exp(j\varphi)$ (Polardarstellung) wir für den Operator praktisch wählen, hängt von Zweckmäßigkeitsgründen, nämlich von der Art der zu lösenden Aufgabe, ab.

Ist z. B. nach dem Schaltbild und Zeigerdiagramm der Abb. 59a u. b die Spannung als Summe von zwei Teilspannungen zu ermitteln, die an zwei hintereinander geschalteten Teilwiderständen entstehen, so empfiehlt sich die Darstellung der Widerstandsoperatoren in der Komponentendarstellung, weil sich aus der Gleichung:

$$\mathfrak{U} = \mathfrak{U}_1 + \mathfrak{U}_2 = \mathfrak{J}\,(R_1 + j\,X_1) + \mathfrak{J}\,(R_2 + j\,X_2)$$

in einfachster Weise der Operator des resultierenden Wechselstromwiderstandes als Summe der beiden Teiloperatoren ergibt:

$$\mathfrak{z} = \mathfrak{z}_1 + \mathfrak{z}_2 = (R_1 + R_2) + j(X_1 + X_2) \tag{75}$$

wobei sein Wirkwiderstandsanteil $(R_1 + R_2)$ sich als Summe der Teilwirkwiderstände, sein Blindwiderstandsanteil $(X_1 + X_2)$ als Summe der Teilblindwiderstände ergibt.

Haben wir dagegen einen Zeiger nacheinander mit zwei Operatoren zu multiplizieren, z. B. einen Stromzeiger nach Abb. 60a u. b zunächst mit einem Widerstandsoperator $\mathfrak{z}$ und dann mit einem Übersetzungsoperator ü (komplexen Übersetzungsverhältnis), so führen wir die Rechnung:

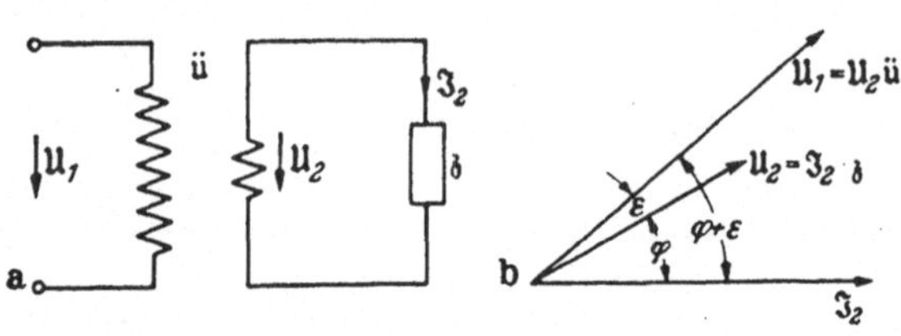

Abb. 60. Multiplikation von Operatoren in Polardarstellung. a Schaltbild. b Zeigerdiagramm.

$$\mathfrak{U}_1 = \text{ü} \cdot \mathfrak{J}_2\,\mathfrak{z} \tag{76}$$
$$= \ddot{u} \exp(j\varepsilon)\, z \exp(j\varphi)\mathfrak{J}_2$$

am einfachsten in der Polardarstellung aus, in der sich die beiden Beträge einfach multiplizieren ($\ddot{u}\,z$) und die Phasendrehungen (ε und φ), die im Exponenten stehen, zueinander addieren, wodurch die resultierende Drehung um $\varphi + \varepsilon$ entsteht.

$$\text{ü} \cdot \mathfrak{z} = \ddot{u} \cdot z \cdot \exp[j(\varphi + \varepsilon)] = \ddot{u} \cdot z \cdot e^{j(\varphi+\varepsilon)}$$

Sind aber ü $= a + jb$ und $\mathfrak{z} = R + jX$ gegeben, so können wir auch anstatt der Umwandlung in die Polarschreibweise die Multiplikation ausführen und erhalten:

$$\text{ü}\,\mathfrak{z} = (a + jb)(R + jX) = (aR - bX) + j(aX + bR) \tag{77}$$

ebenfalls in der Komponentendarstellung, wobei von der Rechenregel (65) $j^2 = -1$ Gebrauch gemacht wurde.

Betrachten wir nun noch einmal die Verhältnisse von Strom und Spannung an Widerstand, Spule und Kondensator unter Heranziehung der Abb. 61a ... c).

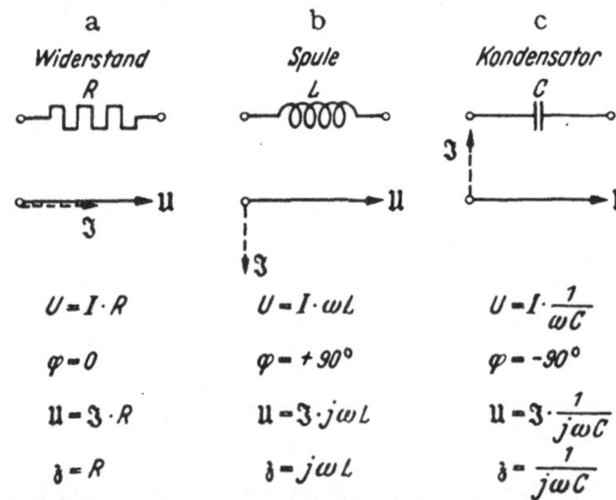

Abb. 61. Die Widerstandsoperatoren der drei Grundschaltelemente. a Widerstand. b Spule. c Kondensator.

Für den Widerstand sind Strom und Spannung gleichphasig, ihre Zeiger also parallel und maßstäblich verknüpft durch den Widerstand R. Die Operatorengleichung zwischen den Zeigern lautet also:

$$\mathfrak{U} = \mathfrak{J} \cdot R \tag{78}$$

mit R als dem Widerstandsoperator des Ohmschen Widerstandes. Er hat keinen imaginären Anteil.

Die Spannung an der Spule eilt dem Strom in ihr um 90° voraus, was wir durch den Operator j in die Zeigergleichung einführen. Das Größenverhältnis der Zeiger unter Berücksichtigung der Maßstäbe regelt der Faktor ωL als Blindwiderstand X der Spule. Wir erhalten also als Grundgleichung der reinen Spule in Zeigerschreibweise:

$$\text{aus } \mathfrak{U} = L\frac{d\mathfrak{J}}{dt} \text{ die Form: } \mathfrak{U} = j\omega L\mathfrak{J} = jX \cdot \mathfrak{J}. \tag{79}$$

Der Widerstandsoperator der Spule ist also: $j\omega L = jX$. Er ist rein imaginär.

Wir entnehmen darüber hinaus dieser Ableitung:

In einer Zeigergleichung wird die Differentiation nach der Zeit durch Multiplikation mit $j\omega$ zum Ausdruck gebracht. Der Differentialoperator $\frac{d}{dt}$ des vorigen Abschnitts ist in Zeigergleichungen identisch mit dem Operator $j\omega$. Das Induktionsgesetz (8) heißt also in Zeigerschreibweise symbolisch: $\mathfrak{E} = -j\omega\Phi$ entsprechend der Schreibweise für die Augenblickswerte: $e = -\frac{d\Phi}{dt}$.

Der Ladestrom eines Kondensators (Abb. 61c) eilt der Spannung am Kondensator um 90° voraus. Sein Effektivwert ist mit dem der Spannung durch den Faktor ωC verknüpft, der einen Leitwert darstellt. Umgekehrt eilt die Spannung dem Strom um 90° nach, was wir durch Division durch j zum Ausdruck bringen, und ihr Effektivwert ergibt sich aus dem des Stromes durch Multiplikation mit dem Wert $1/\omega C$ vom Charakter eines Widerstandes. Die Zeigergleichung für den Kondensator kann also geschrieben werden:

$$\mathfrak{U} = \frac{1}{j\omega C} \cdot \mathfrak{J} \quad \text{oder} \quad \mathfrak{U} = \frac{-j}{\omega C} \cdot \mathfrak{J} \quad \text{oder} \quad \mathfrak{J} = j\omega C\,\mathfrak{U}. \tag{80}$$

Wir finden als Leitwertoperator des Kondensators: $j\omega C$, als seinen Widerstandsoperator: $1/j\omega C$ oder $-j/\omega C$.

Da nach dem vorigen Abschnitt die Zeigergleichung für den Kondensator lautete:

$$\mathfrak{U} = \frac{1}{C}\int \mathfrak{J}\,dt$$

stellen wir fest:

In Zeigergleichungen wird in symbolischer Schreibweise die Integration nach der Zeit durch Division durch $j\omega$ bewirkt. Die Ladung auf dem Kondensator, bzw. seiner Zählplatte ist also:

$$\text{wegen } q = \int i\,dt \text{ in symbolischer Schreibweise: } \mathfrak{Q} = \frac{\mathfrak{J}}{j \cdot \omega}.$$

Mit dieser Einführung der symbolischen Schreibweise sind aus den Gleichungen der Wechselstromkreise alle Differential- und Integralzeichen verschwunden. Aus den Differentialgleichungen, die im allgemeinen Spannungen und Ströme in ihnen verknüpfen, sind lineare Gleichungen zwischen Zeigern geworden, deren Lösung nach einfachen Rechenregeln der Elementarmathematik möglich ist, wenn man die wenigen Sonderregeln beachtet, die das Rechnen mit dem Operator erforderlich macht. An Stelle der in einem Gleichstromkreis maßgebenden Widerstände treten in diesen Zeigergleichungen die Widerstandsoperatoren als Wechselstromwiderstände, mit denen wir im übrigen nun genau so rechnen wie mit den Gleichstromwiderständen im Gleichstromkreis. Wir müssen uns aber dabei darüber klar sein, daß wir mit dieser Vereinfachung der Gleichungen auch auf einen Teil des wirklichen Geschehens verzichten, das diese Gleichungen und ihre Lösungen nicht enthalten können. Wir erfassen nur die rein sinusförmigen Vorgänge, nicht aber die nichtharmonischen Ausgleichsvorgänge bei plötzlichen Zustandsänderungen, besonders bei Schaltvorgängen. Wir erfassen hier mit den Zeigergleichungen nur den stationären Zustand im Kreis. Die Verfahren zur Behandlung der nichtstationären, flüchtigen Ausgleichsvorgänge werden im Abschnitt VII behandelt.

Die im Schaltbild der Abb. 44 dargestellte Parallelschaltung aus Widerstand und Kondensator, läßt sich nun ohne Zeichnung allein an Hand des Schaltbildes mit den eingetragenen Zählpfeilen für die den Zeigern entsprechenden Augenblickswerte vollständig analytisch behandeln.

Aus dem Schaltbild Abb. 62 ergeben sich folgende Gleichungen:

$$\mathfrak{J} = \mathfrak{J}_R + \mathfrak{J}_C \qquad \mathfrak{J}_R = \mathfrak{U}/\mathfrak{z}_1 \qquad \mathfrak{J}_C = \mathfrak{U}/\mathfrak{z}_2,$$

wenn wir die Widerstandsoperatoren der beiden Zweige mit $\mathfrak{z}_1$ und $\mathfrak{z}_2$ bezeichnen. Also wird:

$$\mathfrak{I} = \mathfrak{U}\,(1/\mathfrak{z}_1 + 1/\mathfrak{z}_2) = \mathfrak{U}\,\frac{\mathfrak{z}_1 + \mathfrak{z}_2}{\mathfrak{z}_1 \cdot \mathfrak{z}_2} = \mathfrak{U}/\mathfrak{z}_{res}\,.$$

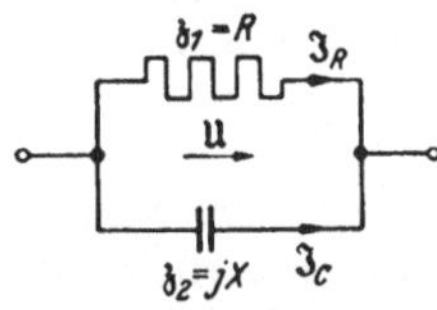

Abb. 62. Parallelschaltung von Wechselstromwiderständen.

Der resultierende Widerstandsoperator ergibt sich aus den Widerstandsoperatoren der Zweige genau so wie der resultierende Widerstand einer Parallelschaltung im Gleichstromkreis aus den Widerständen. Setzen wir $\mathfrak{z}_1 = R$ und $\mathfrak{z}_2 = j\,X$, so wird:

$$\mathfrak{z}_{res} = \frac{R\,j\,X}{R + j\,X}\,. \tag{81}$$

Diese Gleichung gibt sofort Aufschluß über die gegenseitige Phasenverschiebung von Spannung und Strom und über den Scheinwiderstand, wenn wir ohne jede weitere Umformung nur für X den Wert $-\frac{1}{\omega C}$ einsetzen, der einem Kondensator zukommt.

Aus $\qquad \mathfrak{z}_{res} = \frac{R}{1 + j\,\omega R C}$ folgt ja:

$$z_{res} = \frac{R}{\sqrt{1 + (\omega R C)^2}}\,,$$

und aus der Tatsache, daß der im Nenner stehende Operator um den Winkel $\operatorname{tg}\varphi = \omega\,R\,C$ vorwärts dreht, ergibt sich, daß der Gesamtoperator um den entsprechenden Winkel rückwärts dreht, daß also $\mathfrak{U}$ gegen $\mathfrak{I}$ um eben diesen Winkel nacheilt. Wir können also aus dieser Gleichung z. B. entnehmen, daß eine Parallelkapazität von 10 pF einem Widerstand von 100 kOhm bei einer Kreisfrequenz von 5000 1/sec einen Winkelfehler von

$$\operatorname{tg}\delta = \omega\,R\,C \approx \delta = 5\cdot 10^{-3} = 17{,}2'$$

erteilt, aber seinen Betrag noch merklich unverändert läßt, weil sich für kleine Werte von $\omega\,R\,C$ die Wurzel von 1 noch kaum unterscheidet. Näherungsweise wird ja durch Reihenentwicklung:

$$z_{res} = R\,(1 - (\omega\,R\,C)^2/2) = R\,(1 - 12{,}5\;10^{-6}).$$

Der Widerstand also erst um etwas über 1 Ohm verkleinert.

Will man dagegen Wirk- und Blindwiderstand der Reihenersatzschaltung ermitteln, d. h. $\mathfrak{z}_{res} = R_s + j\,X_s$ setzen, so muß man den Operator erst auf diese Normalform bringen. Wir erweitern zu diesem Zweck mit $(R - j\,X)$ und bekommen so:

$$\mathfrak{z}_{res} = \frac{j R X\,(R - j X)}{(R + j X)\,(R - j X)} = \frac{X^2 R + j X R^2}{R^2 + X^2} = R \cdot \frac{X^2}{R^2 + X^2} + j \cdot X \cdot \frac{R^2}{R^2 + X^2}\,.$$

Damit sind Wirk- und Blindanteil des Reihenersatzschaltbildes in einem Arbeitsgang gefunden und stimmen natürlich mit den Ergebnissen der früheren Rechnung überein, vgl. Gl. (54), S. 36.

Es sei bei dieser Gelegenheit ausdrücklich davor gewarnt, beim praktischen Rechnen diesen Übergang zum reellen Nenner zu früh zu machen. Er ist in vielen Fällen völlig entbehrlich.

Die Vorteile des symbolischen Rechenverfahrens zeigen sich an einem zweiten Beispiel, dessen Zeigerdiagramm wir in Abb. 53 bereits ermittelt hatten. Das zugehörige Schaltbild mit den Zählpfeilen für die Augenblickswerte der Spannungen und Ströme, die durch die Zeiger dargestellt werden, ist in Abb. 63 noch einmal wiederholt mit den jetzt zusätzlichen Bezeichnungen für die Widerstandsoperatoren der drei Zweige:

$$\mathfrak{z}_1 = R_1 + j\,\omega\,L_1 \qquad \mathfrak{z}_2 = R_2 \qquad \mathfrak{z}_3 = R_3 + j\,\omega\,L_3\,.$$

Wir fragen nach der Bedingung dafür, daß die Gesamtspannung um 90° voreilt gegen den Strom im Zweige 3. Aus den Gleichungen:

$$\mathfrak{J}_1 = \mathfrak{J}_2 + \mathfrak{J}_3$$
$$\mathfrak{U} = \mathfrak{J}_1\,\mathfrak{z}_1 + \mathfrak{J}_3\,\mathfrak{z}_3$$
$$\mathfrak{J}_2\,\mathfrak{z}_2 = \mathfrak{J}_3\,\mathfrak{z}_3$$

eliminieren wir zunächst die beiden Unbekannten $\mathfrak{J}_1$ und $\mathfrak{J}_2$ und stellen so eine Beziehung zwischen $\mathfrak{U}$ und $\mathfrak{J}_3$ her, die sich unter Weglassung der kurzen Zwischenrechnung ergibt:

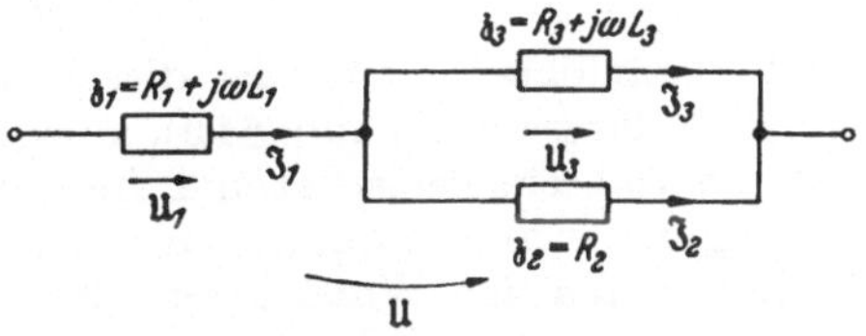

Abb. 63. Schaltbild zur 90°-Schaltung nach HUMMEL (vgl. Abb. 53).

$$\mathfrak{U} = \mathfrak{J}_3\,\frac{\mathfrak{z}_1\mathfrak{z}_2 + \mathfrak{z}_1\mathfrak{z}_3 + \mathfrak{z}_2\mathfrak{z}_3}{\mathfrak{z}_2}\,.$$

Dieser Operator muß nach den Bedingungen um 90° drehen. Da der Nenner als reeller Wert R_2 keine Drehung bewirkt, so muß also der Zähler um 90° drehen, d. h. rein imaginär sein. Sein reeller Anteil muß verschwinden. Damit folgt:

$$\Re e^{*}\,(\mathfrak{z}_1\mathfrak{z}_2 + \mathfrak{z}_1\mathfrak{z}_3 + \mathfrak{z}_2\mathfrak{z}_3) = R_1 R_2 + R_1 R_3 - \omega^2 L_1 L_3 + R_2 R_3 = 0\,,$$

also: z. B. aufgelöst nach R_2:

$$R_2 = \frac{\omega^2 L_1 L_3 - R_1 R_3}{R_1 + R_3} \tag{82}$$

als Bedingung für die gewünschte 90°-Schaltung. Sie ist nur erfüllbar für $R_1 R_3 < X_1 X_3$.

Wir geben als weiteres Beispiel für die Anwendung des symbolischen Rechenverfahrens ein Paradoxon, an dessen Rechnung sich die Bedeutung von Zeiger und Effektivwert der Wechselstromgrößen besonders deutlich zeigt.

Im Schaltbild Abb. 64 soll der Widerstand R_2 so bemessen werden, daß sich die Anzeige des Amperemeters beim Einlegen des Schalters S nicht ändert. Bezeichnen wir wieder die drei Zweige mit den Widerstandsoperatoren $\mathfrak{z}_1$, $\mathfrak{z}_2$ und $\mathfrak{z}_3$:

$$\mathfrak{z}_1 = R_1;\ \mathfrak{z}_2 = R_2;\ \mathfrak{z}_3 = jX_3,$$

so ergeben sich für die beiden Zustände des Kreises folgende Gleichungen:

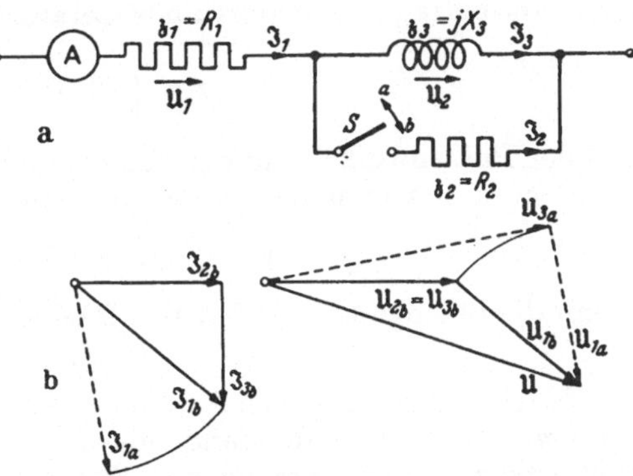

Abb. 64. Wechselstrom-Paradoxon: Stromkonstanz trotz Einschalten eines Parallelzweiges. a Schaltbild. b Zeigerdiagramme für die Ströme (links) und die Spannungen (rechts). ——— Schalter S geschlossen. - - - - Schalter S offen.

a) Schalter offen b) Schalter geschlossen

$$\mathfrak{U} = \mathfrak{J}_{1_a}(\mathfrak{z}_1 + \mathfrak{z}_3) \qquad \mathfrak{U} = \mathfrak{J}_{1_b}\left(\mathfrak{z}_1 + \frac{\mathfrak{z}_2\cdot\mathfrak{z}_3}{\mathfrak{z}_2 + \mathfrak{z}_3}\right).$$

Die Aufgabe verlangt, daß $I_{1_a} = I_{1_b}$ sei, denn ein Amperemeter zeigt nur den Effektivwert, nicht etwa den Zeiger des ihn durchfließenden Stromes an. Es müssen also die Beträge der beiden in Klammern stehenden Widerstandsoperatoren gleich sein, nicht etwa die Operatoren selbst. Der Übergang zu den Beträgen ist nur möglich nach Einsetzen der Operatoren mit ihren Werten:

$$\mathfrak{z}_a = R_1 + j\,X_3 \qquad \mathfrak{z}_b = \frac{R_1 R_2 + j(R_1 + R_2)\,X_3}{R_2 + j\,X_3}$$

$$z_a = \sqrt{R_1^2 + X_3^2} \quad = \quad z_b = \sqrt{\frac{(R_1 R_2)^2 + (R_1 + R_2)^2\cdot X_3^2}{R_2^2 + X_3^2}}\,.$$

* Lies: „reeller Teil von".

Die Gleichsetzung liefert nach elementarer Zwischenrechnung:

$$R_2 = \frac{X_3^2}{2 R_1}.$$

Der Vollständigkeit halber ist dieser Zustand noch einmal im Zeigerdiagramm anschaulich dargestellt (Abb. 64b), obwohl die Aufgabe nach der Durchführung des Rechenverfahrens gelöst ist und die Aufzeichnung eines Zeigerdiagramms und Auswertung der in ihm enthaltenen geometrischen Beziehungen zwischen den Längen der Zeiger und den Winkeln zwischen ihnen gar nicht mehr erforderlich ist. Das Zeigerdiagramm ist beim symbolischen Rechnen nur noch Anschauungsmaterial.

2. Der Reihenresonanzkreis.

Schalten wir nach Abb. 65a einen Widerstand R, eine Spule mit der Induktivität L und einen Kondensator mit der Kapazität C hintereinander an die Spannung $\mathfrak{U}$, so wird der in den drei Schaltelementen gleichgroße Strom $\mathfrak{J}$ in ihnen Spannungsabfälle $\mathfrak{J}R$, $\mathfrak{J}j\omega L$ und $\mathfrak{J}/j\omega C$ zur Folge haben, die sich zeigermäßig zur Gesamtspannung addieren.

Es gilt also: $$\mathfrak{U} = \mathfrak{J}(\mathfrak{z}_1 + \mathfrak{z}_2 + \mathfrak{z}_3) = \mathfrak{J}\left[R + j\left(\omega L - \frac{1}{\omega C}\right)\right]. \tag{83}$$

Aus dieser Zeigergleichung ergeben sich, weil sie als Gleichung im Komplexen zwei Aussagen enthält, die beiden wichtigen Größen des Stromkreises: sein Scheinwiderstand als Betrag des Widerstandsoperators:

$$z = \sqrt{R^2 + \left(\omega L - \frac{1}{\omega C}\right)^2} \tag{84}$$

und der Phasenwinkel, um den die Spannung gegen den Strom vorauseilt, aus dem Quotienten von imaginärem und reellem Anteil des Operators:

$$\operatorname{tg}\varphi = \frac{\omega L - 1/\omega C}{R}. \tag{85}$$

Wenn die Bedingung: $\omega L = 1/\omega C$ oder

$$\omega^2 L C = 1 \tag{86}$$

erfüllt ist, dann ergibt sich der Phasenwinkel als 0. Die ganze Schaltung wirkt also wie ein Ohmscher Widerstand, obwohl doch Energiespeicher in ihr enthalten sind. Wir nennen diesen Zustand den *Resonanzzustand*, oder, wenn wir genauer definieren wollen, den der *Phasenresonanz*. In ihm wird zugleich der Scheinwiderstand des Kreises ein Minimum, da der zweite Term unter der Wurzel verschwindet, der sonst stets positiv ist und z erhöht. Er nimmt den Wert R an; der ganze Kreis wirkt also so, als ob nur sein Ohmscher Widerstand vorhanden wäre. Der Strom nimmt den größten Wert an, den er bei beliebig gegebenen Werten von L, C und ω annehmen kann. Wir wollen im folgenden annehmen, daß L und C gegebene Konstanten des Stromkreises seien, daß wir aber der Kreisfrequenz ω verschiedene Werte zuerteilen wollen. Den ausgezeichneten Wert dieser Frequenz, für den die Resonanzbedingung (86) erfüllt ist, wollen wir mit ω_0 als Resonanzkreisfrequenz bezeichnen.

Die bei der Resonanzkreisfrequenz von der Schaltung aufgenommene Leistung ist:

$$N = U I_0 \cos 0 = U I_0 = I_0^2 R = U^2/R.$$

Blindleistung nimmt der Kreis bei ω_0 nicht auf, da keine Phasenverschiebung zwischen Gesamtspannung und Gesamtstrom vorhanden ist. Zwar ist eine Blindleistung in der Spule vorhanden:

$$N_{b_L} = U_{L_0} I_0 = I_0^2 \omega_0 L = I_0^2 \sqrt{\frac{L}{C}} = I_0^2 Z$$

sowie auch eine Blindleistung im Kondensator:

$$N_{b_C} = U_{C_0} I_0 = I_0^2/\omega_0 C = I_0^2 \sqrt{\frac{L}{C}} = I_0^2 Z .$$

Diese beiden Leistungen aber addieren sich als Schwingleistungen mit der Kreisfrequenz $2\omega_0$ mit entgegengesetzter Phasenlage und gleichem Scheitelwert in jedem Augenblick zu Null. Spule und Kondensator versorgen sich gegenseitig mit der erforderlichen Blindleistung, ohne daß der äußere Stromkreis und die Stromquelle daran beteiligt ist. Diese liefert nur die Wirkleistung, die im Widerstand in Wärme umgesetzt wird.

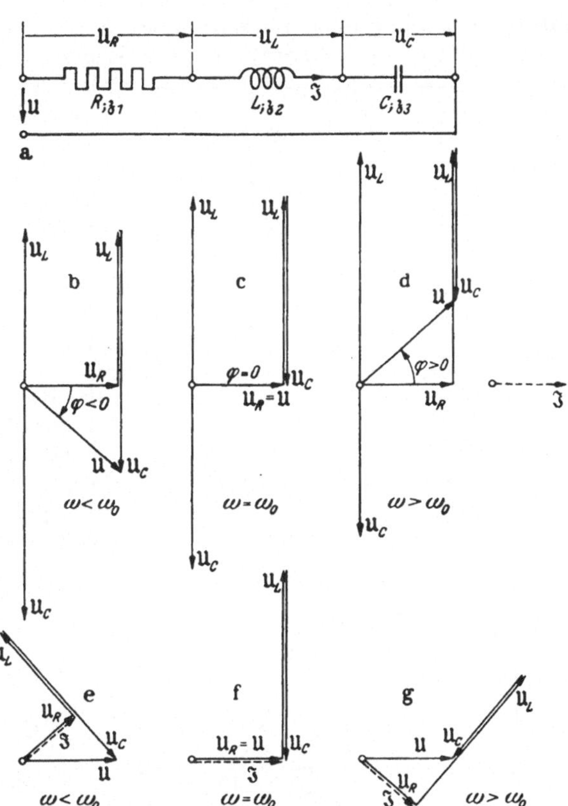

Abb. 65. Schaltbild und Zeigerdiagramme zum Reihenresonanzkreis. a Schaltbild. b...d Zeigerdiagramme für gegebenen Strom. e...g Zeigerdiagramme für gegebene Gesamtspannung (maßstäblich für $Z/R = 2$ und $\omega/\omega = 0{,}8$; 1,00; 1,25).

Ist $\omega < \omega_0$, befinden wir uns also unterhalb der Resonanzfrequenz, so ist $\omega L < 1/\omega C$, der Zähler in dem Ausdruck für $\operatorname{tg}\varphi$ also < 0 und somit auch φ negativ. In diesem Frequenzbereich eilt also $\mathfrak{U}$ gegen $\mathfrak{J}$ nach, der ganze Kreis wirkt wie eine verlustbehaftete Kapazität. Der Hauptwiderstand im Kreis ist in diesem Fall der Kondensator, dessen Scheinwiderstand und Widerstandsoperator sich dem Werte ∞, bzw. $-j\infty$ nähert, wenn ω gegen Null geht.

Ist dagegen $\omega > \omega_0$, befinden wir uns also im Frequenzbereich oberhalb der Resonanz, so wird mit $\omega L > 1/\omega C$ auch $\operatorname{tg}\varphi$ und $\varphi > 0$. Der Kreis wirkt als verlustbehaftete Induktivität. Die Spule stellt den Hauptwiderstand im Kreis; ihr Blindleistungsbedarf kann nur teilweise vom Kondensator gedeckt werden. Bei Annäherung der Frequenz an den Wert ∞ geht der Widerstandsoperator der Spule nach $+j\infty$. Zugleich geht der Wert des Phasenwinkels nach $+90°$. Der Kreis wirkt als eine unendlich große reine Induktivität.

Das Zeigerdiagramm, das wir für alle diese Schlüsse überhaupt nicht benötigen, gibt für alle diese Zustände einen anschaulichen Überblick über die Spannungsverteilung im Kreis und die Phasenlagen der einzelnen Größen zueinander. In Abb. 65b...d sind dabei die Diagramme für je eine Frequenz unter, gleich und über der Resonanzfrequenz so gezeichnet, daß man bei allen vom gleichen Strom ausgegangen ist. Ist in Wahrheit die Spannung am Kreis konstant gegeben, so muß man diese Diagramme so umzeichnen, daß sie ähnlich bleiben, aber in allen die Spannung $\mathfrak{U}$ nach Größe und Phase übereinstimmt. Das ist in den Abb. 65e...g für die gleichen Zustände getan.

Wir ersehen aus den Zeigerdiagrammen, daß besonders im Resonanzzustand die Spannungen an Induktivität und Kapazität die Gesamtspannung weit übersteigen können. Diese anschauliche Feststellung findet ihre rechnerische Bestätigung durch symbolische Auswertung: Es ist ja: $\mathfrak{U}_L = \mathfrak{J} \cdot j\omega L$ und speziell im Resonanzzustand also: $\mathfrak{U}_{L_0} = \mathfrak{J}_0 j\,\omega_0 L = \mathfrak{U}\,\frac{j\omega_0 L}{R} = \mathfrak{U}\,\frac{j\,Z}{R}$. Sie eilt also in diesem Zustand in Übereinstimmung mit der Darstellung der Zeigerdiagramme 65c u. 65f der Gesamtspannung um 90° voraus. Ihr Effektivwert ist Z/R mal so groß. Hier tritt erneut die Größe

$$Z = \sqrt{L/C} \tag{87}$$

auf, die wir schon oben im Zusammenhang mit den Schwingleistungen eingeführt hatten. Sie hat den Charakter eines Widerstandes; ihr Quotient zum OHMschen Widerstand des Kreises R ist eine reine Zahl, das Verhältnis der Spulenspannung bei Resonanz zur Gesamtspannung. Z ist aber kein Widerstand im Sinne der Erzeugung von Wärme aus elektrischer Energie. Er bestimmt nur nach den oben gemachten Feststellungen über die Blindleistungen den Umsatz an Schwingleistung im Kreis. Der für ihn gebräuchliche Name „*Schwingungswiderstand*" rechtfertigt sich damit. Den Quotienten Z/R bezeichnet der Hochfrequenzingenieur als „*Gütezahl*" g des Kreises, weil er die Spannungsüberhöhung über die Eingangsspannung U angibt, die bei Resonanz in gleicher Höhe an Spule und Kondensator auftritt. Ihren Kehrwert nennt man die „*Dämpfung*" d.

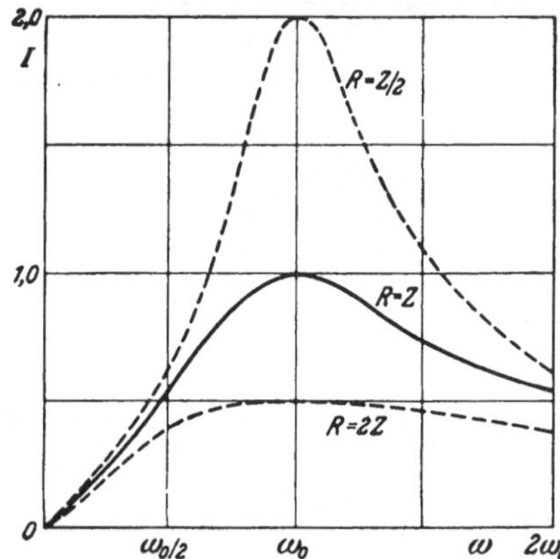

Abb. 66. Resonanzkurven des Stromes in einem Reihenresonanzkreis bei verschiedenem OHMschen Widerstand.

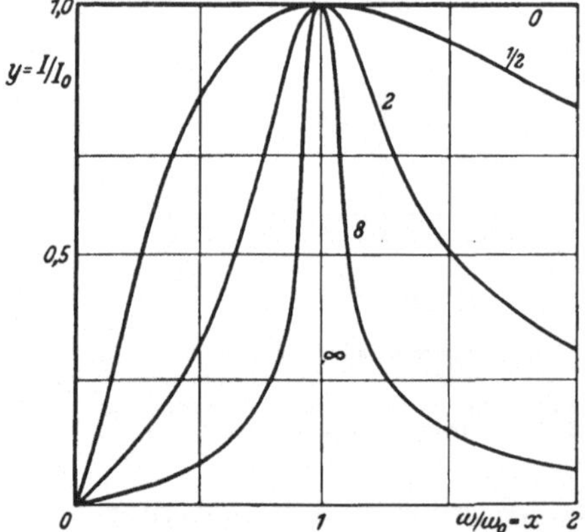

Abb. 67a. Bezogene Resonanzkurven des Stromes in einem Reihenresonanzkreis bei verschiedener Gütezahl (g als Parameter angegeben).

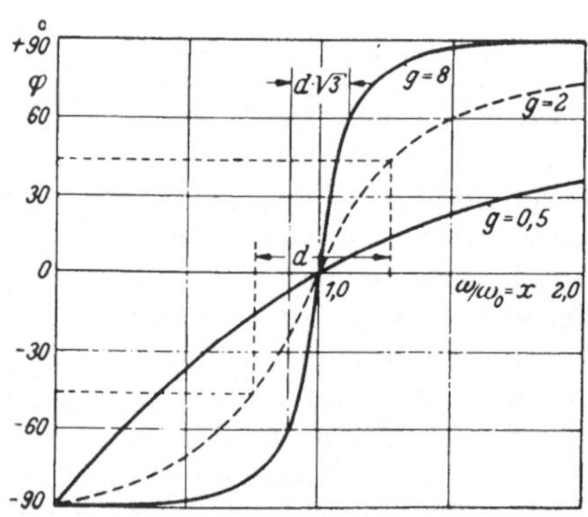

Abb. 67b. Frequenzgang des Phasenwinkels eines Reihenresonanzkreises bei verschiedener Güte als Parameter.

Es ist also:

$$Z/R = g, \qquad R/Z = d, \qquad g = 1/d, \tag{88}$$

worin: $Z = \sqrt{L/C} = \omega_0 L = 1/\omega_0 C$ ist mit $\omega_0 = 1/\sqrt{L\,C}$. (Vgl. 86/87.)

Man überzeugt sich durch Einsetzen von Z und ω_0, daß sich der Scheinwiderstand umformen läßt in:

$$z = \sqrt{R^2 + Z^2\,(\omega/\omega_0 - \omega_0/\omega)^2}. \tag{89}$$

Die durch diese Frequenzabhängigkeit des Scheinwiderstandes gegebene Frequenzabhängigkeit des Stromes durch den Kreis bei fester Spannung U ist in der Abb. 66 in willkürlichen Stromeinheiten für drei verschiedene Werte von R dargestellt, das ja allein den Größtwert I_0 bei der Resonanzfrequenz bestimmt.

Will man sich einen Überblick darüber verschaffen, wie der „*Frequenzgang*" von I aussieht, wenn R und damit g, bzw. d, verschiedene Werte annimmt, so kann man das am besten tun, wenn man nach Abb. 67a statt der Absolutwerte von I das Verhältnis I/I_0 aufträgt als Ordinate y über der Abszisse $x = \omega/\omega_0$, der *bezogenen Kreisfrequenz*. Aus der Formel (89) für z ergibt sich so:

$$\left.\begin{aligned} y = I/I_0 &= \frac{R}{\sqrt{R^2 + Z^2 (x - 1/x)^2}} = \\ &= \frac{1}{\sqrt{1 + g^2 (x - 1/x)^2}}. \end{aligned}\right\} \quad (90)$$

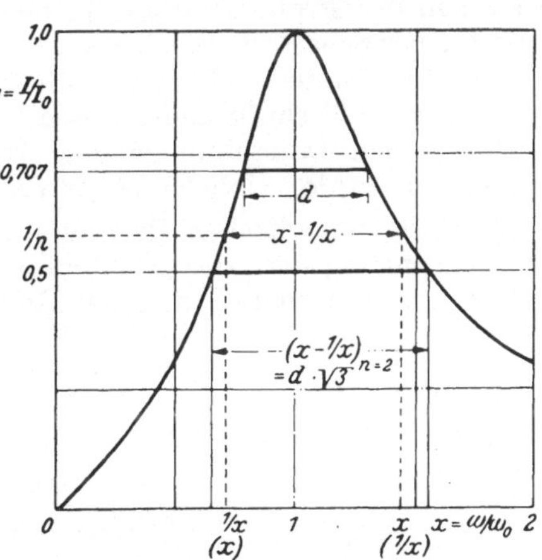

Abb. 68. Die Bestimmung der Dämpfung aus der bezogenen Resonanzkurve.

Abb. 67a zeigt, daß die Breite der entstehenden Glockenkurve offenbar von der Größe von g, bzw. d, derart bestimmt wird, daß kleinen Werten der Dämpfung schmale Resonanzkurven, großen Werten breite Resonanzkurven entsprechen. Diese Kurvenbreite können wir dadurch definieren, daß wir die Breite B_n der Glocke in der Höhe $1/n$ bestimmen, also den Abstand der beiden bezogenen Frequenzen voneinander, bei denen der Strom auf $1/n$ seines Resonanzwertes abgesunken ist. Da dieser Wert nichts anderes ist als der Ausdruck $x - 1/x$ (vgl. Abb. 68), so findet man aus:

$$1/n = \frac{1}{\sqrt{1 + g^2 (B_n)^2}}; \qquad B_n = d \cdot \sqrt{n^2 - 1} \tag{91}$$

direkte Proportionalität zwischen B_n und der Dämpfung d. Die *Halbwertsbreite* (Abb. 68) wird also mit $n = 2$ das $\sqrt{3}$-fache der Dämpfung, die man auch unmittelbar an der Kurve ablesen kann, wenn man die Breite in der Höhe $\sqrt{2}$, also bei $I/I_0 = 0{,}707$ abliest. Wird nicht I/I_0 aufgetragen, sondern $(I/I_0)^2$, was sich leicht ergibt, wenn man den Strom mit Thermoumformern mißt und die Ausschläge des angeschlossenen Gleichstrominstrumentes ohne Umrechnung in Stromwerte aufträgt, so ist in einem solchen Schaubild nach Abb. 69 die Dämpfung zugleich die „*Halbwertsbreite*".

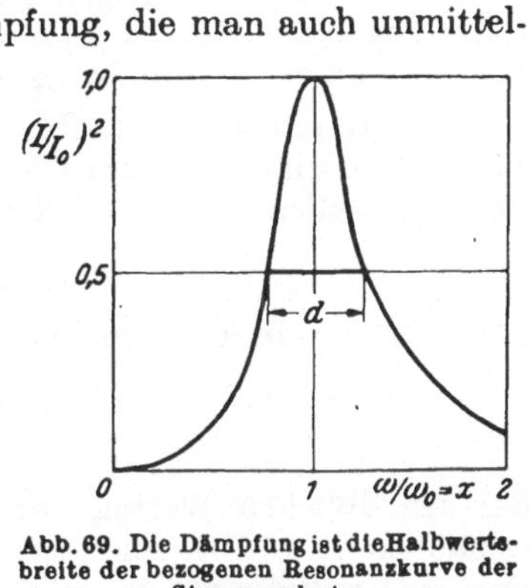

Abb. 69. Die Dämpfung ist die Halbwertsbreite der bezogenen Resonanzkurve der Stromquadrate.

In gleicher Weise, wie die Gütezahl des Kreises den Frequenzgang des Stromes allein bestimmt, bestimmt sie auch den Frequenzgang des Phasenwinkels von $\mathfrak{z}$, also der Phasenverschiebung der Spannung gegen den Strom. Auch die hierfür aufgestellte Gleichung (85) läßt sich leicht umformen in die Form:

$$\operatorname{tg} \varphi = g\,(x - 1/x). \tag{92}$$

Geht also x von 0 bis ∞, d. h. die Frequenz $\omega = x\,\omega_0$ ebenfalls von 0 bis ∞, so durchläuft der Phasenwinkel alle Werte von $-90°$ bis $+90°$, wobei die Geschwindigkeit des Phasenumschlages, der *Phasensprung*, allein von der Größe von g bestimmt wird, wie aus der Abb. 67b hervorgeht. Der Abstand der beiden Punkte. zwischen denen die Phase von $-60°$ auf $+60°$ umgeschlagen ist, also $\operatorname{tg}\varphi$ von $-\sqrt{3}$ auf $+\sqrt{3}$ geht, ist genau so groß wie die Halbwertbreite der bezogenen Resonanzkurve nach Abb. 68, während dem Rückgang des Stromes auf das $1/\sqrt{2}$-fache seines Maximalwertes der Phasenwinkel 45° entspricht. In Anlehnung an den Gebrauch in der Nachrichtentechnik, bei dem man den Abstand der beiden Randfrequenzen, bei denen der Strom auf das $1/\sqrt{2}$-fache seines Größtwertes zurückfällt, als „*Bandbreite*" einer Schaltung bezeichnet, können wir also hier als Bandbreite des Reihenresonanzkreises feststellen, daß sie $d \cdot f_0$ beträgt. Es sei bemerkt, daß Resonanzkreise der HF-Technik meist wesentlich größere Gütezahlen aufweisen, als in den zeichnerischen Darstellungen der Abb. 67...70 der Anschaulichkeit halber angenommen wurde. Übliche Werte für g liegen zwischen etwa 10 und 1000.

Aus der symbolischen Rechnung können wir nun auch den Frequenzgang der Spulenspannung oder der Kondensatorspannung herleiten, nachdem wir oben bereits festgestellt hatten, daß bei Resonanz $U_{L_0} = g\,U$ wird. Es ist ja allgemein:

$$\mathfrak{U}_L = \mathfrak{J} \cdot j\,\omega L = \frac{\mathfrak{U}}{R + j(\omega L - 1/\omega C)}\, j\,\omega L\,.$$

Ihr Effektivwert wird also:

$$U_L = U \frac{\omega L}{\sqrt{R^2 + (\omega L - 1/\omega C)^2}} = U \frac{x}{\sqrt{d^2 + (x - 1/x)^2}}\,.$$

Beziehen wir U_L auf $U_{L_0} = g\,U$, so erhalten wir schließlich

$$y_L = U_L/U_{L_0} = \frac{x}{\sqrt{1 + g^2 (x - 1/x)^2}} = x \cdot I/I_0\,. \tag{93}$$

Das ist also eine der Resonanzkurve des Stromes sehr ähnliche Kurve. Jedoch ersehen wir, daß sie nicht mit ihr identisch ist. Sie beginnt zwar bei $\omega = 0$ ebenfalls mit dem Wert 0 wie die Resonanzkurve des Stromes, strebt aber mit unendlich wachsender Frequenz nicht wie diese gegen Null, sondern gegen den Wert $1/g = d$, im Absolutbetrag also gegen den Wert U. Bei sehr hohen Frequenzen liegt eben die ganze Spannung an der Spule, die in diesem Fall einen sehr hohen Widerstand darstellt, gegen den die Widerstände von R und C vernachlässigbar sind.

Sie unterscheidet sich aber auch in der Nähe des Resonanzpunktes, denn wegen des Faktors x im Zähler der Gleichung kann ihr Maximum nicht mit dem des Stromes zusammenfallen. Durch Differentiation von:

$$1/y_L^2 = 1/x^2 + g^2 (1 - 1/x^2)^2$$

nach $1/x^2$ erhalten wir die Bedingung für maximale Spannung an der Spule

$$x_L = \frac{1}{\sqrt{1 - d^2/2}} \approx 1 + d^2/4\,. \tag{94}$$

Bei den üblichen Werten von $d \ll 1$ gilt dabei die Näherung mit ausreichender Genauigkeit, und es zeigt sich, daß das Maximum von U_L bei so wenig höherer Frequenz auftritt als das von I, daß man davon meist keine Notiz nimmt. Umgekehrt tritt das Maximum von U_C bei einer um praktisch ebensoviel darunter liegenden Frequenz auf. In der Umgebung des Resonanzpunktes sehen also die Resonanz*spitzen* (besser würde man statt dieses praktisch gebrauchten Wortes sagen: Resonanz*scheitel*) etwa so aus, wie das in Abb. 70b dargestellt ist. Das wahre Maximum ist natürlich nun auch ein wenig größer als $g \cdot U$. Praktisch ist jedoch die Korrektur unbeachtlich, weil schon bei $g = 10$ der Korrekturfaktor, der hierfür

$(1+d^2/8)$ beträgt, mit wenig mehr als 1 Promille über 1 bedeutungslos ist. Abb. 70 enthält in den Teilbildern a und c noch das Verhalten der Resonanzkurven für Strom, Spulen- und Kondensatorspannung in der Umgebung von $\omega=0$ und für die Annäherung an unendlich hohe Frequenzen. Dagegen unterscheiden sich die eigentlichen Resonanzkurven in der Umgebung des Resonanzzustandes voneinander praktisch nicht merklich, so daß es üblich ist, sich um ihre geringfügigen Unterschiede

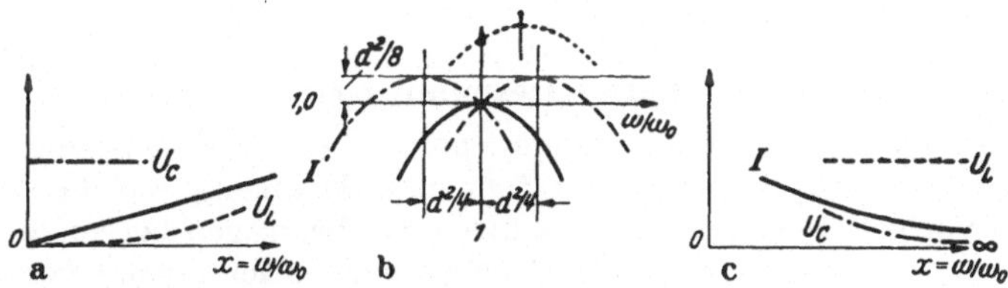

Abb. 70. Das Verhalten des Stromes und der Teilspannungen in verschiedenen Frequenzbereichen beim Reihenresonanzkreis. a Bei kleinen Frequenzen. b Nahe der Resonanz. c Bei sehr hoher Frequenz.

überhaupt nicht zu kümmern, sondern alle Resonanzkurven so zu behandeln, als ob sie den Gesetzen für die Resonanzkurve des Stromes nach Abb. 67/69 gehorchten. Berücksichtigt man übrigens, daß es ja reine widerstandslose Spulen nicht gibt, daß man also nicht die Spannung U_L messen kann, sondern nur die Summenspannung an Spule und Widerstand unseres Schaltbildes (Abb. 65a), weil ja der gezeichnete Widerstand der der Spule ist, wenn nicht noch künstlich Widerstand zugeschaltet wurde, so ändert sich der Verlauf der zugehörigen Kurven noch einmal, wie das in der Teilabb. 70b als oberste punktierte Kurve dargestellt ist. Bei der Frequenz 0

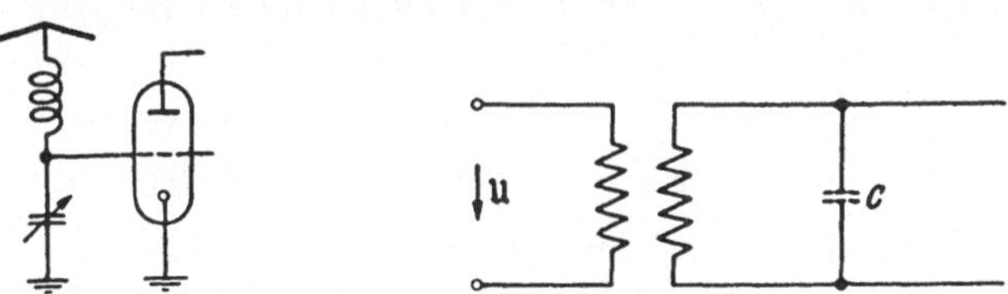

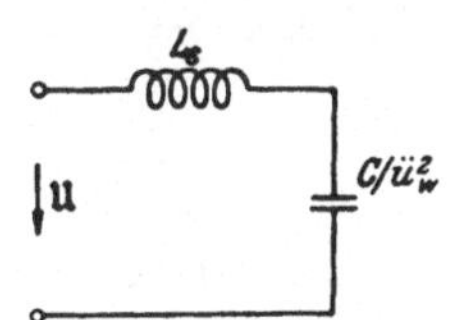

Abb. 71. Schwingkreis im Eingang eines Empfängers.

Abb. 72. Schaltbild und Ersatzschaltbild eines Schwingkreises aus Streuinduktivität eines Umspanners und angeschlossener Netzkapazität.

und im Unendlichen dagegen ändert sich nichts. In der Nähe der Resonanz rückt das Maximum der Spulenspannung dem des Stromes ein wenig näher als bei der reinen Spule und liegt ein wenig höher.

Von der Spannungsüberhöhung an Spule oder Kondensator auf etwa das g-fache macht man z. B. Gebrauch, wenn man nach Abb. 71 in den Eingang eines Rundfunkempfängers einen Schwingungskreis baut und auf die zu empfangende Frequenz abstimmt. Die dem Gitter der ersten Röhre zugeführte Spannung ist dann g mal größer als die in der Antenne induzierte Spannung. In der Starkstromtechnik kann die Spannungsüberhöhung zu unangenehmen Überspannungen führen, wenn z. B. der induktive Blindwiderstand einer Spannungsquelle — etwa der Streublindwiderstand eines Umspanners nach Abb. 72 — mit der Kapazität des angeschlossenen Netzes für eine der Oberwellen des Netzes in Resonanz gerät. Man bezeichnet wegen dieser Spannungsüberhöhungen den Reihenresonanzkreis oft auch als *Spannungsresonanzkreis*.

Andererseits kann man die Tatsache des geringen Widerstandes für die Resonanzfrequenz, aber hoher Scheinwiderstände für alle anderen Frequenzen ausnutzen, um unerwünschte Spannungen einer bestimmten Frequenz kurzzuschließen. Beispiele dafür sind in der Nachrichtentechnik die 9 kHz-Sperre im Ausgang von Empfängern zur Kurzschließung des Überlagerungstones mit der Frequenz 9 kHz, der bei gleichzeitigem Empfang von zwei Sendern mit 9 kHz Frequenzabstand entsteht, und in der Starkstromtechnik die Saugkreise, mit denen man an Gleichrichterschaltungen die Oberwellenspannungen kurzschließt. Man kann im Hinblick auf diese Verwendungszwecke auch den Namen *Saugkreis* für den Reihenresonanzkreis verwenden.

3. Parallelresonanzkreise.

Würde man nach Abb. 73 eine reine Spule L, einen Widerstand R und einen Kondensator C parallelschalten, so entsteht eine Schaltung, auf die sich alle Überlegungen des vorigen Beispieles unterschiedslos übertragen lassen, wenn man nur gewisse Buchstabenbezeichnungen vertauscht. Hier addieren sich ja nicht die Spannungen, sondern die 3 Ströme zu einer Gesamtgröße. An Stelle der Widerstandsoperatoren treten die Leitwertoperatoren. Bei gegebenem Strom werden im Resonanzzustand, d. h. bei gleichen Werten der Blindleitwerte $1/\omega L$ und ωC, der somit bei der gleichen Resonanzfrequenz wie nach Gl. (86) auftritt,

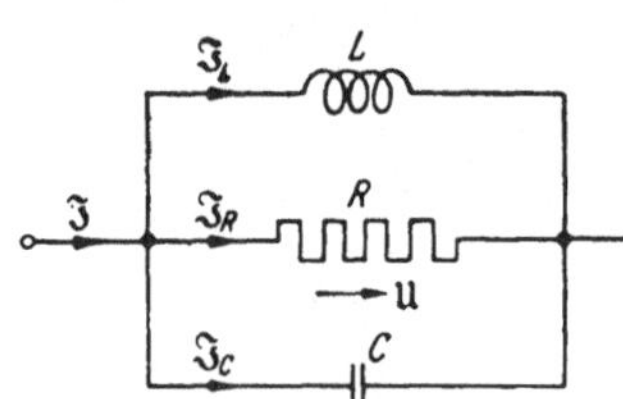

Abb. 73. „Idealer" Parallelresonanzkreis

$$\omega_0 = 1/\sqrt{LC}\,,$$

die Ströme im Kreis $g$mal größer als der zufließende Strom, und für die Spannung am Kreis bei konstantem Gesamtstrom ergibt sich die gleiche bezogene Resonanzkurve wie bei der Reihenresonanzschaltung des vorigen Abschnitts für den Strom.

Diese Parallelresonanzschaltung ist in jeder Beziehung *dual* zur Reihenresonanzschaltung, wenn man sich die Größen entsprechen läßt nach dem Schema:

Spannungen	Ströme	Widerstände	Leitwerte
Ströme	Spannungen	Leitwerte	Widerstände.

Unverändert bleiben als Charakteristika der Schaltung die Resonanzfrequenz und der Schwingungswiderstand, da sich der praktisch nicht gebräuchliche Schwingungsleitwert als sein Kehrwert ergibt. Zu beachten ist jedoch, daß natürlich jetzt die Dämpfung als Quotient von Wirkleitwert und Blindleitwert von Kondensator oder Spule bei Resonanz — bzw. zum Schwingleitwert — im Sinne der dualen Betrachtung in Widerstandswerten ausgedrückt nach einer anderen Formel zu errechnen ist.

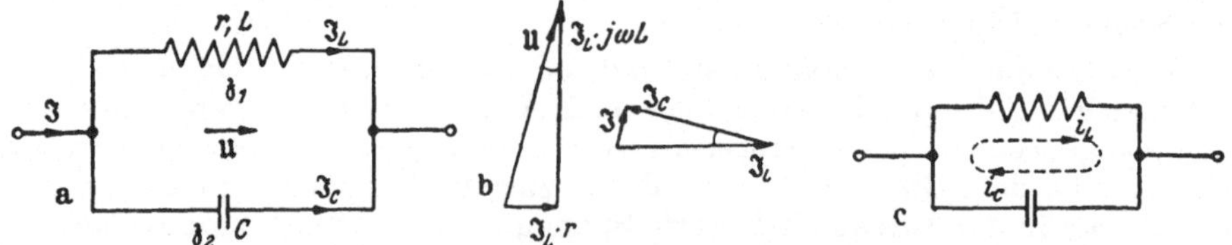

Abb. 74. Der Parallelresonanzkreis. a Schaltbild. b Zeigerdiagramme für Spannung und Strom bei Resonanz. c Kreisstrom der Blindströme im „Schwungradkreis".

Es ist ja:
$$d = 1/g = G/Y_0 = X_0/R = Z/R\,, \tag{95}$$

wenn man den Wirkleitwert mit $G = 1/R$ und den Blindleitwert von Kondensator oder Spule im Resonanzfall mit $Y_0 = 1/X_0$ bezeichnet. Sinnvoll ist also hier die Dämpfung klein, wenn der Parallelwiderstand R groß ist.

In Wahrheit ist aber ein derartiger Kreis nicht zu realisieren, weil es Spulen ohne Widerstand nicht gibt. Wir untersuchen deshalb noch einmal die praktisch mögliche Schaltung, bei der ein verlustloser Kondensator C parallel zu einer Spule L mit dem Widerstand r liegt, und den man üblich als Parallelresonanzkreis bezeichnet. Nach Abb. 74a, in die die Zählpfeile der Spannungen und Ströme eingetragen sind, ergibt sich symbolisch sofort der Widerstandsoperator $\mathfrak{z}$ der Gesamtschaltung aus den Widerstandsoperatoren der beiden Zweige $\mathfrak{z}_1 = (r + j\,\omega\,L)$ und $\mathfrak{z}_2 = 1/j\,\omega\,C$ zu:

$$\mathfrak{z} = \frac{\mathfrak{z}_1 \cdot \mathfrak{z}_2}{\mathfrak{z}_1 + \mathfrak{z}_2} = \frac{(r + j\omega\,L)\,.\,1/j\,\omega\,C}{r + j\omega L + 1/j\,\omega\,C}$$

$$= \frac{r + j\,\omega\,L}{1 - \omega^2\,L\,C + j\omega\,r\,C}. \tag{96}$$

Für den Zustand der Resonanz — genauer gesagt der *Phasenresonanz* — soll dieser Widerstandsoperator keine Phasendrehung zwischen Spannung und Strom hervorrufen. Sein Zähleroperator muß also um den gleichen Betrag nach vorn drehen, um den der Nenner zurückdreht. Hieraus folgt:

$$\operatorname{tg}\varphi_{Z\ddot{a}hler} = \operatorname{tg}\varphi_{Nenner} = \frac{\omega\,L}{r} = \frac{\omega\,r\,C}{1 - \omega^2\,L\,C}.$$

Die Resonanzbedingung lautet also:

$$\omega_{res}^2\,L\,C = 1 - r^2\frac{C}{L} = 1 - \frac{r^2}{Z^2},$$

wenn wir wieder für die Wurzel aus dem Quotienten aus Induktivität und Kapazität den Schwingungswiderstand Z einführen. Da es offenbar sinnvoll ist, den Quotienten aus dem Verlustwiderstand r der Spule und dem Schwingungswiderstand Z wieder mit d als Dämpfung einzuführen, so reduziert sich dieser Ausdruck schließlich auf:

$$\omega_{res} = \frac{1}{\sqrt{LC}}\sqrt{1 - d^2} = \omega_0\,\sqrt{1 - d^2} \tag{97}$$

und stimmt somit bis auf sehr kleine Unterschiede — die Wurzel kann praktisch immer durch den Korrekturfaktor $(1 - d^2/2)$ ersetzt werden — mit der Resonanzfrequenz des Reihenresonanzkreises $\omega_0 = 1/\sqrt{L\,C}$ nach Gl. (86) überein.

Sehr leicht finden wir auch den resultierenden Wirkwiderstand, den die Schaltung bei Resonanz darstellt. Denn der Quotient aus zwei Operatoren gleicher Phasendrehung, d. h. aus zwei komplexen Zahlen gleichen Winkelwertes, ist ja ebenso groß wie der ihrer reellen oder imaginären Anteile. Dividieren wir also zu diesem Zweck die imaginären Teile von Zähler und Nenner aus dem allgemeinen Ausdruck für $\mathfrak{z}$ für den Zustand der Resonanz, so ergibt sich:

$$R_0 = \frac{\mathfrak{Im}^*\,(\text{Zähler})}{\mathfrak{Im}\;(\text{Nenner})} = \frac{\omega_{res}\,L}{r\,\omega_{res}\,C} = \frac{Z^2}{r} \tag{98}$$

als ein sehr hoher Widerstand, der nach Unendlich strebt, wenn r gegen Null geht. Es ist dies der sogenannte Resonanzwiderstand des Parallelresonanzkreises. Wegen der Größe dieses Widerstandes für die Resonanzfrequenz bezeichnet man diese Schaltung gemeinhin als „*Sperrkreis*" und macht von ihr überall dort Gebrauch, wo man für eine bestimmte Frequenz einen hohen Widerstand erstrebt. Z. B. legt man in den Anodenkreis eines abgestimmten Verstärkers einen derartigen Parallelresonanzkreis, dessen hoher Resonanzwiderstand gute Verstärkung ergibt, oder schaltet zur Ausschaltung eines Ortssenders, den man nicht empfangen möchte, einen auf seine Frequenz abgestimmten Sperrkreis in die Antennenzuleitung ein (Abb. 75 u. 76). Der Starkstromtechniker wiederum be-

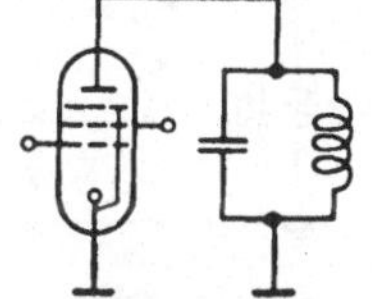

Abb. 75. Parallelresonanzkreis als Anodenwiderstand in einer abgestimmten Verstärkerstufe.

* Lies: Imaginärteil von ...

nutzt die gleiche Eigenschaft, indem er parallel zur Erdkapazität seines Netzes eine Erdschlußspule legt, die so bemessen ist, daß ihre Induktivität mit der Netzkapazität gegen Erde im Störungsfalle die Resonanzbedingung für die Netzfrequenz erfüllt (Abb. 77). Der hohe Resonanzwiderstand des aus Spule und Kondensator bestehenden Kreises setzt den Strom im Lichtbogen so stark herab, daß dieser leicht erlischt, wobei nun auch noch die Phasenbedingung für diesen Strom — er ist gleichphasig mit der treibenden Spannung (Resonanz!) — die Gefahr von Wiederzündungen verringert und somit die endgültige Löschung erleichtert.

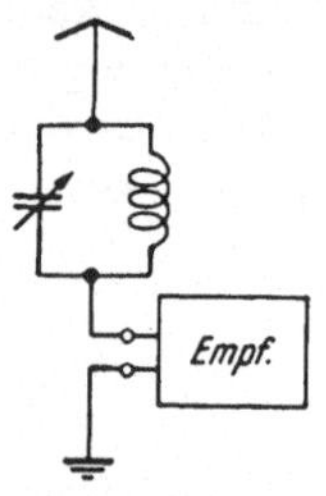

Abb. 76. Parallelresonanzkreis als Sperrkreis vor einem Rundfunkempfänger.

Die Zeigerdiagramme der Abb. 74b zeigen noch einmal anschaulich, was wir aus der symbolischen Rechnung bereits exakt errechnet haben. Dargestellt ist der Zustand der Resonanz, bei der die Gesamtspannung und der Summenstrom in Phase sind, $\mathfrak{U}$ und $\mathfrak{J}$ also parallele Zeiger sind. In diesem Zustand sind bei genügend kleiner Dämpfung d die Ströme I_L in der Spule und I_C im Kondensator erheblich größer als der Summenstrom, weil sie nahezu in Gegenphase liegen, die sie exakt erreichen würden, wenn r verschwindet. Dann bliebe kein „*Reststrom*" im Resonanzzustand. Die Überhöhung der Ströme im Kreis im Vergleich zum zufließenden Strom liefert einfacher als das Zeigerdiagramm wieder die symbolische Rechnung.

Aus:
$$\mathfrak{J}_L : \mathfrak{J}_C = \mathfrak{z}_2 : \mathfrak{z}_1$$
folgt nach der Proportionslehre:
$$\mathfrak{J}_C : (\mathfrak{J} = \mathfrak{J}_L + \mathfrak{J}_C) = \frac{\mathfrak{z}_1}{\mathfrak{z}_1 + \mathfrak{z}_2} = \frac{\mathfrak{z}}{\mathfrak{z}_2}\,.$$
Bei Resonanz ist, wie berechnet, $\mathfrak{z} = Z^2/r$, während $\mathfrak{z}_2 = 1/j\,\omega_{res} C$ ist. Also wird der Zeiger des Kondensatorstroms:
$$\mathfrak{J}_{C_0} = \mathfrak{J}\,j\,\omega_{res}\,C \cdot \frac{\mathfrak{z}_2}{r} \quad \text{und sein Effektivwert:}$$
$$I_{C_0} = \frac{I \cdot Z}{r}\sqrt{1 - d^2} \approx I \cdot g\,. \tag{99}$$
Er ist also in ähnlicher Weise g mal so groß wie der Gesamtstrom, wie wir das beim Reihenresonanzkreis für das Verhältnis von Kondensatorspannung zu Gesamtspannung gesehen haben. Bis auf den als Korrekturfaktor anzusehenden Wurzelausdruck, der sich von 1 nicht merklich unterscheidet, gilt gleiches vom Spulenstrom. Beide sind groß, liegen aber in Gegenphase. Für den Kondensatorstrom lesen wir nämlich aus der obigen Gleichung für $\mathfrak{J}_{C_0}$ an dem Operator j auf der rechten Seite ab, daß er um 90° gegen den Gesamtstrom voreilt. Der Spulenstrom eilt dagegen um nahezu 90° nach. Während des größten Teils einer Periode — nämlich stets mit Ausnahme der unmittelbaren Nachbarschaft des Nulldurchgangs — entsprechen also die „wirklichen" Stromrichtungen den Pfeilen, die in Abb. 74c eingetragen sind. In dem Kreis fließt ein Strom, der in sich — fast — geschlossen ist. In Analogie zu den Bezeichnungen beim Reihenresonanzkreis nennt man diesen Kreis deshalb auch *Stromresonanzkreis* und

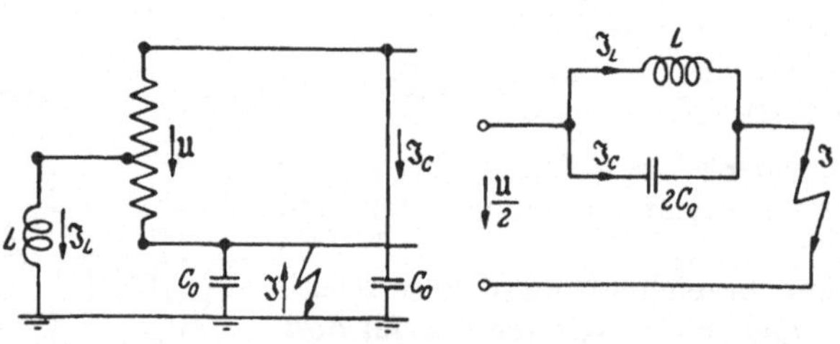

Abb. 77. Schema und Ersatzschaltbild für die Lichtbogenlöschung mit einer Petersenspule durch Parallelresonanz.

bezeichnete ihn früher wegen des soeben erwähnten Ringstromes wohl auch als *Schwungradschaltung*.

Zeichnen wir für eine gegebene konstante Spannung den Verlauf des Stromes über der Frequenz auf, so erhalten wir in Abb. 78 eine Kurve, die im Resonanzpunkt ein Minimum hat, bei der Frequenz Null zum Wert U/r und bei sehr hohen Frequenzen schließlich nach Unendlich strebt. Diese Kurve verwandelt sich aber sofort in eine „vernünftige" Resonanzkurve im üblichen Sinne, wenn man anstatt I den Wert $1/I$ aufträgt oder, was dasselbe bedeutet, z, den Scheinwiderstand der Anordnung. Man kann auch I als konstant ansetzen und dann eine Kurve für die Spannung am Kreis zeichnen. Durch elementare Umformungen zur Einführung der Größen $x = \omega/\omega_0$, $Z = \sqrt{L/C}$ und $g = Z/r$ ergibt sich nämlich:

$$U/U_0 = \sqrt{\frac{1 + 1/g^2 x^2}{1 + g^2 (x - 1/x)^2}}\,. \tag{100}$$

Bis auf den Ausdruck im Zähler unter der Wurzel stimmt das mit dem Ausdruck Gl. (90) überein, den wir für die bezogene Resonanzkurve beim Reihenresonanzkreis gefunden hatten. In der Nähe der Resonanz ist aber hier der Klammerausdruck im Nenner der bestimmende Faktor für die funktionalen Zusammenhänge. Ist x in der Nähe von 1 und liegt g bei technisch üblichen Werten, so wird die Änderung gegenüber einer „normalen" Resonanzkurve nach Abb. 67 in der Umgebung des Scheitels — nicht aber bei $x \ll 1$ oder $x \gg 1$ — belanglos. Die Auswertung kann also hinsichtlich der Zusammenhänge von Breite der Kurve und Dämpfung des Kreises in gleicher Weise erfolgen. Aber auch aus der Resonanzkurve für I kann man die Dämpfung entnehmen. Da $1/I$ einer üblichen Resonanzkurve folgt, ist die Breite der „umgekehrten Resonanzkurve" der Abb. 78 an der Stelle, wo der Strom auf das $\sqrt{2}$fache seines Mindestwertes im Resonanzpunkt angestiegen ist, gleich der Dämpfung des Kreises.

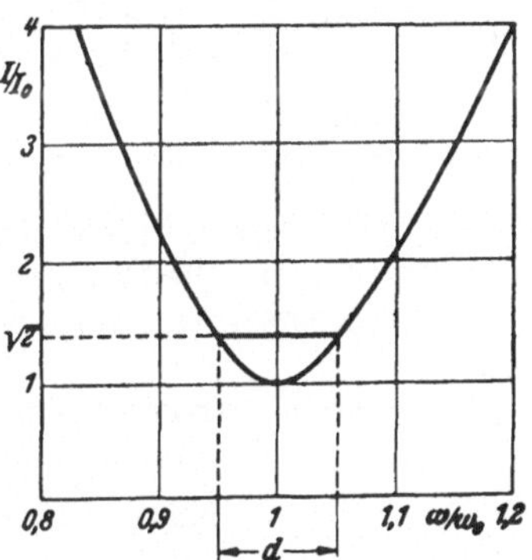

Abb. 78. Bestimmung der Dämpfung aus der Resonanzkurve des Stromes im Parallelresonanzkreis nach Abb. 74a. ($g = 10$, $d = 0{,}1$).

In ähnlicher Weise kann für alle anderen Arten von Verlusten im Kreis und ihre Berücksichtigung gezeigt werden, daß sie wohl den Absolutbetrag der Dämpfung beeinflussen, nicht aber die Form der bezogenen Resonanzkurve in der Umgebung des Resonanzpunktes. Da Verluste als reine Wirkleistungen sich algebraisch addieren, können dabei die einzelnen Dämpfungsanteile — wiederum in Resonanznähe — additiv zur Gesamtdämpfung vereinigt werden, die die Breite der Resonanzkurve bestimmt, und in einem Reihenwiderstand R_v zur Spule des Schwingungskreises vereinigt entstanden gedacht werden, der sich aus den einzelnen Ersatzwiderständen für die Verluste ebenfalls additiv zusammensetzt und meist als *Verlustwiderstand des Kreises* bezeichnet wird. Für ihn gilt dann als Dämpfung des Kreises als Ganzes: $d = R_v/Z$.

Z. B. ist im Schaltbild des idealen Parallelschwingkreises nach Abb. 73 der zu den beiden Blindwiderständen parallel liegende Widerstand (z. B. Isolationswiderstand) Träger der Verluste. Verwandeln wir aber nach den Regeln des Abschn. III S. 36 die Parallelschaltung aus Spule und Widerstand in eine äquivalente Reihenschaltung, so entsteht das Schaltbild des praktischen Parallelschwingkreises mit einer Induktivität, die bei technischen Werten von g fast unverändert bleibt, und einem Verlustwiderstand, der ebenfalls durch eine Näherungsformel ausgedrückt werden kann.

Nach S. 36, Gl. (53) ergeben sich, wenn R und L die Größen der Parallelschaltung, r und L' die der Ersatzreihenschaltung bezeichnen:

$$L' = L\frac{1}{1+(Z/R)} = L\frac{1}{1+d^2} \approx L$$
$$r = R\frac{1}{1+(R/Z)^2} = \frac{Z^2}{R}\cdot\frac{1}{1+d^2} \approx \frac{Z^2}{R}. \tag{101}$$

Die durch den Reihenwiderstand r hervorgerufene Dämpfung $r/Z = Z/R$ ergibt sich also genau so hoch wie die Dämpfung durch den Parallelwiderstand R, die wir oben zu Z/R berechneten. Daß sich nicht genau die gleiche Induktivität ergibt, stimmt durchaus damit überein, daß sich für den *praktischen* Parallelkreis auch eine kleine Abweichung von der Resonanzfrequenz des *idealen* Parallelkreises ergeben hat (s. Gl. 97, S. 57).

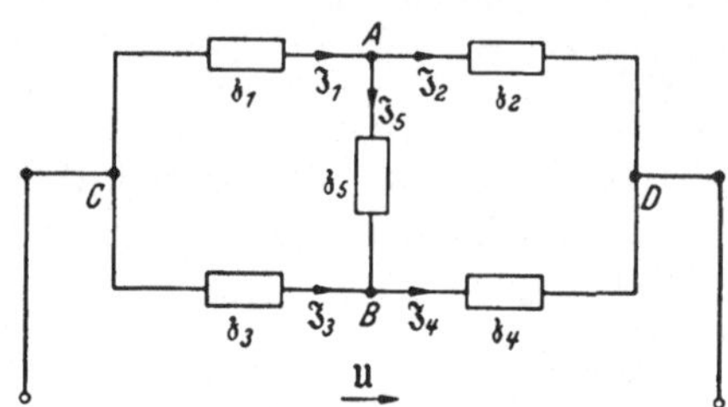

Abb. 79. Schaltbild einer Wechselstrombrücke.

4. Wechselstrombrücken.

Legen wir an eine Brückenschaltung, deren Zweige nach Abb. 79 aus Wechselstromwiderständen bestehen, die wir symbolisch durch die Operatoren $\mathfrak{z}_1 \ldots \mathfrak{z}_5$ kennzeichnen, eine einwellige Wechselspannung, so können wir analog den Gleichungen für eine Gleichstrombrücke durch Betrachtung der Knotenpunkte und der Maschen eine Reihe von Gleichungen aufstellen, die zur Bestimmung der unbekannten 5 Ströme ausreichen, wenn wir die Brückenspannung als bekannt ansetzen. Sie lauten:

$$\begin{aligned}
&\text{Knotenpunkt A:} && \mathfrak{J}_1 - \mathfrak{J}_2 - \mathfrak{J}_5 = 0\\
&\text{Knotenpunkt B:} && \mathfrak{J}_3 - \mathfrak{J}_4 + \mathfrak{J}_5 = 0\\
&\text{Masche CABC:} && \mathfrak{J}_1\mathfrak{z}_1 + \mathfrak{J}_5\mathfrak{z}_5 - \mathfrak{J}_3\mathfrak{z}_3 = 0\\
&\text{Masche ADBA:} && \mathfrak{J}_2\mathfrak{z}_2 - \mathfrak{J}_4\mathfrak{z}_4 - \mathfrak{J}_5\mathfrak{z}_5 = 0\\
&\text{Masche CADC:} && \mathfrak{J}_1\mathfrak{z}_1 + \mathfrak{J}_2\mathfrak{z}_2 = \mathfrak{U}
\end{aligned}$$

und ergeben als Lösung für den Strom im Brückenzweig AB:

$$\mathfrak{J}_5 = \mathfrak{U}\frac{\mathfrak{z}_1\mathfrak{z}_4 - \mathfrak{z}_2\mathfrak{z}_3}{\mathfrak{z}_1\mathfrak{z}_2(\mathfrak{z}_3+\mathfrak{z}_4) + \mathfrak{z}_3\mathfrak{z}_4(\mathfrak{z}_1+\mathfrak{z}_2) + \mathfrak{z}_5(\mathfrak{z}_1+\mathfrak{z}_2)(\mathfrak{z}_3+\mathfrak{z}_4)}. \tag{102}$$

Für den Abgleichzustand soll dieser Strom verschwinden, woraus folgt, daß der Zähler des Bruches verschwinden muß. Die Abgleichbedingung lautet also entsprechend der analogen Beziehung für Gleichstrom:

$$\mathfrak{z}_1\cdot\mathfrak{z}_4 = \mathfrak{z}_2\cdot\mathfrak{z}_3 \quad \text{oder:}\ \frac{\mathfrak{z}_1}{\mathfrak{z}_2} = \frac{\mathfrak{z}_3}{\mathfrak{z}_4} \tag{103}$$

Diesen Wert hätten wir auch unmittelbar erhalten können, wenn wir für den Abgleichzustand $\mathfrak{J}_5$ und $\mathfrak{J}_5\mathfrak{z}_5$ Null gesetzt hätten, womit die Ausgangsgleichungen sich reduzieren auf:

$$\mathfrak{J}_1\mathfrak{z}_1 = \mathfrak{J}_3\mathfrak{z}_3$$
$$\mathfrak{J}_1\mathfrak{z}_2 = \mathfrak{J}_3\mathfrak{z}_4.$$

Durch Division beider Gleichungen erhält man unmittelbar die Abgleichbedingung Gl. (103). Da sie eine Beziehung zwischen Operatoren ist, enthält sie zwei Aussagen, weil die ihr mathematisch entsprechende Gleichung im Komplexen ebenfalls 2 reelle Gleichungen enthält. Allgemein können wir das am besten in der Schreibweise erkennen:

$$\frac{\mathfrak{z}_1}{\mathfrak{z}_2} = \frac{\mathfrak{z}_3}{\mathfrak{z}_4} = \frac{z_1\exp(j\varphi_1)}{z_2\exp(j\varphi_2)} = \frac{z_3\,.\exp(j\varphi_3)}{z_4\exp(j\varphi_4)} = \frac{z_1}{z_2}\cdot\exp j(\varphi_1-\varphi_2) = \frac{z_3}{z_4}\cdot\exp j(\varphi_3-\varphi_4),$$

wenn wir die Operatoren in ihrer Polarschreibweise darstellen. Die beiden Abgleichbedingungen, die stets beide erfüllt sein müssen, damit die Brücke stromlos ist, lauten also:

$$\frac{z_1}{z_2} = \frac{z_3}{z_4} \quad \text{und} \quad \varphi_1 - \varphi_2 = \varphi_3 - \varphi_4 \,. \tag{104}$$

Es genügt also nicht, die Scheinwiderstände nach der ersten dieser Gleichungen richtig abzugleichen; es muß außerdem noch eine Phasenbedingung zwischen den Operatoren erfüllt sein.

Nehmen wir z. B. die in Abb. 80 dargestellte Brückenschaltung aus 3 Widerständen und einem Kondensator. Die Bedingung des Scheinwiderstandsabgleichs ist leicht erfüllbar, es genügt ja $R_1 = 1/\omega C$ zu machen. Unerfüllbar ist aber die Phasenbedingung bei beliebiger Wahl der Widerstände und des Kondensators, denn niemals wird $\varphi_1 - \varphi_2 = -90°$ werden können, wie das die zweite in der Operatorengleichung (103) für den Abgleich enthaltene Forderung Gl. (104) verlangt. In Wahrheit bleibt bei dieser Schaltung sogar die Brückenspannung unabhängig von der Wahl von R_1 ihrem Effektivwert nach konstant, wenn man den Widerstand des Brückenzweiges AB unendlich macht, also die Spannung durch Kompensation mißt oder zu Kompensationszwecken benutzt. Das ergibt sich analytisch aus der symbolischen Durchrechnung unter Benutzung der eingetragenen Zählpfeile und Bezeichnungen, wie folgt:

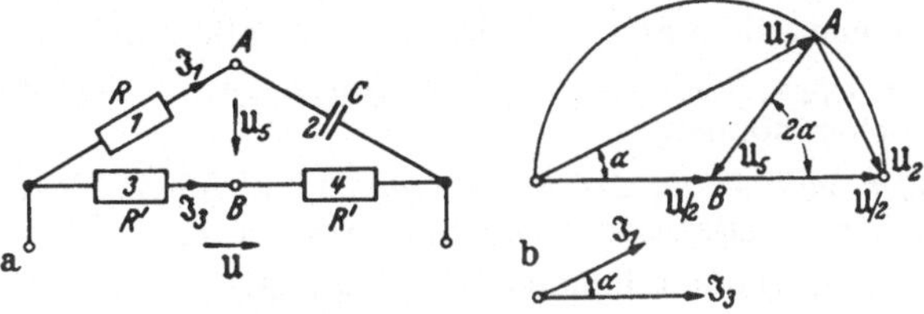

Abb. 80. Phasenschieberbrücke. a Schaltbild. b Zeigerdiagramme.

Strom im unteren Zweig (3,4): $\mathfrak{J}_3 = \dfrac{\mathfrak{U}}{2R'}$,

Strom im oberen Zweig (1,2): $\mathfrak{J}_1 = \dfrac{\mathfrak{U}}{R - jX}$ mit $X = 1/\omega C$,

Spannung zwischen A und B: $\mathfrak{U}_5 = \mathfrak{J}_3 R' - \mathfrak{J}_1 R$.

Einsetzen der gefundenen Stromwerte aus den beiden ersten Gleichungen liefert:

$$\mathfrak{U}_5 = \left(\frac{1}{2} - \frac{R}{R - jX}\right)\mathfrak{U} = \frac{R + jX}{-R + jX} \cdot \mathfrak{U}/2 \,. \tag{105}$$

Diese Spannung ist dem Effektivwert nach von R unabhängig, weil die Beträge der konjugiert komplexen Ausdrücke in Zähler und Nenner gleich sind. Also ist stets: $U_5 = U/2$. Mit R ändert sich nur die Phase von $\mathfrak{U}_5$ gegenüber der Gesamtspannung $\mathfrak{U}$. Für $R = 0$ ergibt sich Phasengleichheit, für $R = \infty$ dagegen ergibt sich Gegenphasigkeit. Dazwischen durchläuft die Phase von $\mathfrak{U}_5$ gegenüber $\mathfrak{U}$ alle Zwischenwerte in der Weise, daß der Zähler um einen Winkel α vordreht, dessen $\operatorname{tg} \alpha = X/R$ ist, während der Nenner um einen Winkel rückdreht, der im dritten Quadranten liegt, dessen tg aber zahlenmäßig ebenso groß ist, also um den Winkel $(180° - \alpha)$. Die *Vor*eilung von $\mathfrak{U}_5$ gegen $\mathfrak{U}$ beträgt also insgesamt: $= -180° + 2\alpha$, was mit einer Phasen*nach*eilung um $180° - 2\alpha$ identisch ist.

Man kann aber das gleiche Ergebnis auch aus dem Zeigerdiagramm dieser Schaltung nach Abb. 80b entnehmen. Wegen des rechten Winkels zwischen den Zeigern der Spannungen an den Zweigen 1 und 2 der Brücke kann ja der Punkt A des Zeigerdiagramms nur auf dem Halbkreis über der Gesamtspannung liegen, womit sich die Konstanz des Effektivwerts U_5 der Spannung $\mathfrak{U}_5$ ergibt. Aus der Beziehung zwischen Zentriwinkel und Peripheriewinkel geht dann auch die Drehung um den doppelten Betrag von $\operatorname{arc\,tg} X/R = \operatorname{arc\,tg} (1/\omega RC)$ hervor.

Man kann aber eine Brücke nach Abb. 81a abgleichen, weil nunmehr auch die Phasenbedingung Gl. (104) erfüllt ist. Es ist ja

$$[\varphi_1 - \varphi_2 = 0 - (-90^\circ)] = [\varphi_3 - \varphi_4 = 90^\circ - 0]$$

und die Abgleichbedingung der Beträge fordert:

$$R_1 \omega C = \omega L/R_4 \quad \text{d. h.} \quad L/C = R_1 R_4\,, \tag{106}$$

was frequenzunabhängig durch Abgleich von R_1 oder R_4 hergestellt werden könnte.

Da aber, wie bereits mehrfach erwähnt, keine verlustlosen Spulen existieren, ist auch diese Schaltung praktisch nicht abgleichbar. Bleibt φ_3 aber kleiner als 90°, so verlangt die Phasenbedingung, daß:

entweder: auch $\varphi_2 < 90^\circ$ werde, daß wir also dem Kondensator im Zweig 2 einen Verlustwiderstand in Reihe oder parallel zufügen,

oder: $\varphi_4 < 0$ werde, was wir durch Parallelschalten eines Kondensators zu R_4 erreichen können,

oder endlich: $\varphi_1 < 0$ werde, was in gleicher Weise durch Beschalten von R_1 mit einem Kondensator erreicht werden kann.

Die so entstehenden Brücken sind in den Abb. 81b...d wiedergegeben.

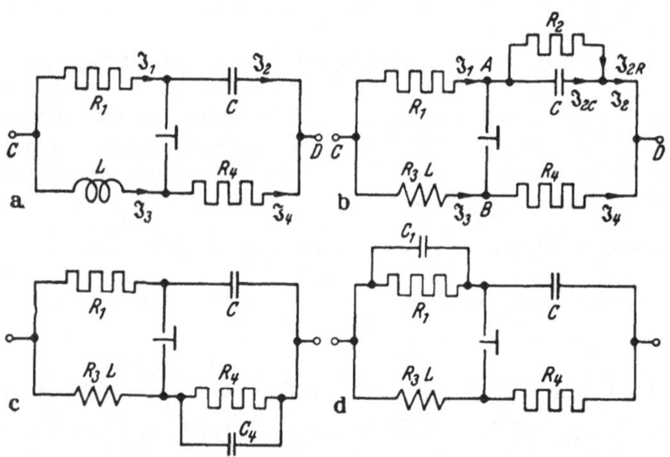

Abb. 81. Brückenschaltung zum Vergleich von Induktivität und Kapazität nach MAXWELL. a Mit widerstandsloser Spule. b Spulenwiderstand abgeglichen durch Widertand R_2. c Spulenwiderstand abgeglichen durch Kondensator C_4. d Spulenwiderstand abgeglichen durch Kondensator C_1.

Am Beispiel der Brücke nach Schaltbild 81b sollen auch hierfür die Abgleichbedingungen so formuliert werden, wie sie sich im praktischen Gebrauch darstellen.

Mit $\mathfrak{z}_1 = R_1$; $\mathfrak{z}_2 = R_2/(1 + j\,\omega\, R_2 C)$; $\mathfrak{z}_3 = R_3 + j\,\omega L$; $\mathfrak{z}_4 = R_4$

heißt die Abgleichbedingung Gl. (103): $\mathfrak{z}_1 \cdot \mathfrak{z}_4 = \mathfrak{z}_2 \cdot \mathfrak{z}_3$

$$R_1 R_4 = (R_3 + j\omega L)\,\frac{R_2}{1 + j\,\omega\, R_2\, C}$$

oder ausmultipliziert:

$$R_1 R_4 + j\,\omega\, C R_1 R_2 R_4 = R_2 R_3 + j\,\omega\, L R_2\,. \tag{107}$$

Hierin müssen die reellen und imaginären Teile je für sich gleich sein, so daß sich zwei Abgleichbedingungen ergeben:

$$R_1 R_4 = R_2 R_3 \quad \text{und} \quad L/C = R_1 R_4\,. \tag{107a}$$

Die zweite ist identisch mit Gl. (106), die schon oben für die nur theoretisch abgleichbare Schaltung 81a gefunden wurde; sie kann durch Veränderung von R_1 oder R_4

erfüllt werden. Unabhängig davon kann die zweite durch entsprechenden Abgleich von R_2 oder R_3 befriedigt werden, sie ist übrigens identisch mit der Bedingung für den Abgleich der 4 Widerstände in der Brücke mit Gleichstrom.

Das zur Schaltung der Abb. 81b gehörige Zeigerdiagramm der Abb. 82 erläutert noch einmal die Notwendigkeit des Brückenabgleichs nach Größe *und* Phase. Nehmen wir an, daß R_3, R_4 und L, sowie C ohne einen Parallelwiderstand gegeben seien, und daß wir einen Abgleich nur mit R_1 suchen. Dann ergibt sich bei Annahme eines unendlich hohen Widerstandes im Brückenzweig eine feste Lage der Spannungsaufteilung von $\mathfrak{U}$ in $\mathfrak{U}_3$ und $\mathfrak{U}_4$. Der im Zeigerdiagramm mit B bezeichnete Punkt entspricht also dem Punkt B des Schaltbildes 81b. Wegen der Notwendigkeit, daß zwischen der Spannung $\mathfrak{U}_1$ am Widerstand R_1, den wir verändern wollen,

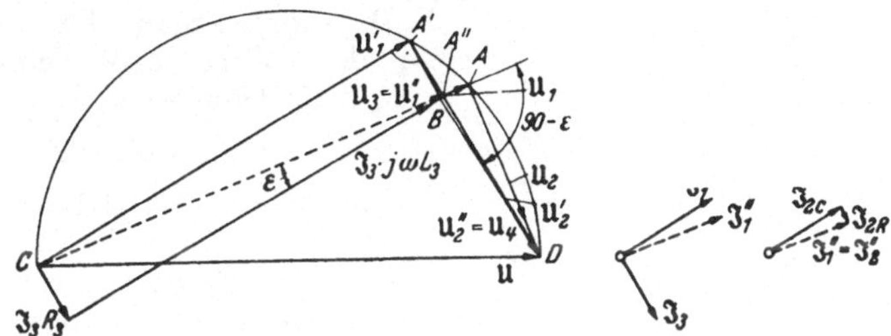

Abb. 82. Zeigerdiagramme zur Brückenschaltung nach Schaltbild 81b.

und der am Kondensator ($\mathfrak{U}_2$) 90° Phasenverschiebung liegen, kann die Spitze des Zeigers $\mathfrak{U}_1$ jedenfalls nur auf dem Halbkreis über der Gesamtspannung, also der Strecke CD, liegen. Wir können diesen Punkt A des Zeigerdiagramms, der dem Punkt A im Schaltbild entspricht, also nur auf dem Halbkreis führen, aber nicht mit B zur Deckung bringen, was ein Abgleich verlangen würde. Zwar können wir z. B. A in die Lage A' führen, wo die Größenbedingung für die Spannung erfüllt ist ($\overline{CB} = \overline{CA'}$), aber wegen der fehlenden Phasengleichheit bleibt noch die Restspannung $A'B$ am Nullzweig. Erst wenn wir uns dazu entschließen, dem Zweig 2 mit dem Kondensator einen kleineren Phasenwinkel als 90° zu geben, gelingt es uns, das Zeigerdiagramm in die gestrichelt dargestellte Form zu überführen, bei der sich nunmehr A'' und B decken, also keine Spannung mehr am Nullzweig liegt. In diesem Zustand teilt sich natürlich der Brückenstrom $\mathfrak{J}_2$ in zwei Teilströme $\mathfrak{J}_{2C}$ und $\mathfrak{J}_{2R}$ auf. Siehe hierzu die Abbildung, in der auch dies gestrichelt miteingetragen ist.

Ein anderes Beispiel für die Abgleichbedingungen bei Wechselstrom bietet die in der Hochspannungstechnik zu Verlustmessungen an Hochspannungsobjekten oft benutzte Meßbrücke nach SCHERING. Abb. 83 gibt ihr Schaltbild. Da uns in dieser Brücke hauptsächlich der Verlustwinkel des Kondensators C_1 interessiert, so begnügen wir uns mit der Feststellung, daß bei verlustfreiem Kondensator C_3 und einem Widerstand R_2 ohne Winkelfehler der Phasenwinkel des Widerstandsoperators im Zweige 4 wegen (104) gerade gleich dem Fehlwinkel des Kondensators C_1 sein muß:

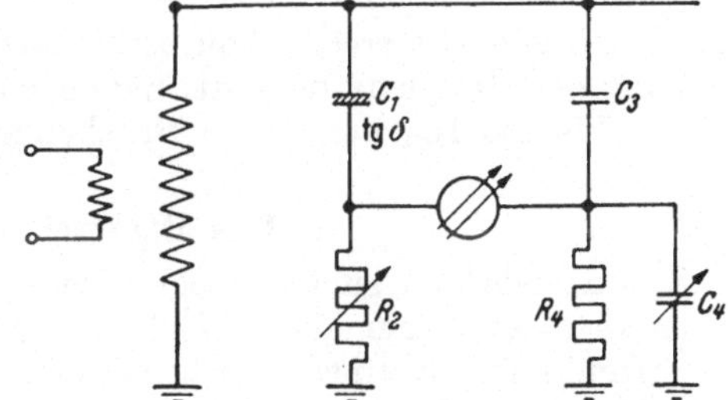

Abb. 83. Verlustwinkelmessung nach SCHERING.

$$\varphi_4 = \varphi_2 + \varphi_3 - \varphi_1 = 0 + (-90°) - (-90° + \delta) = -\delta. \qquad (108)$$

Da der Winkelfehler eines Widerstandes R_4 mit parallel geschaltetem Kondensator sich aus seinem Widerstandsoperator:

$$\mathfrak{z}_4 = \frac{R_4}{1 + j\omega C_4 R_4}$$

zu $\operatorname{tg}\delta = \omega C_4 R_4$ ergibt, ist hiermit die gewünschte Bedingung für den Verlustwinkel gefunden, zu der natürlich noch der Abgleich der Scheinwiderstände mit Hilfe von R_2 praktisch hinzukommt. Wählt man für den Gebrauch R_4 so, daß ωR_4 eine einfache Zehnerpotenz wird, so kann man an C_4 unmittelbar $\operatorname{tg}\delta$ ablesen. Z. B. erteile man für $\omega = 314\ \text{sec}^{-1}$ R_4 den Wert 3160 Ohm, so wird $\omega R_4 = 10^6$ Ohm/sec und also:

$$\operatorname{tg}\delta = C_4/\mu F\,. \tag{109}$$

Als letztes Beispiel einer praktisch bedeutsamen Wechselstrombrücke geben wir schließlich noch die Frequenzmeßbrücke nach WIEN-ROBINSON mit der Schaltung nach Abb. 84. Sind die Widerstandsoperatoren der Zweige hier:

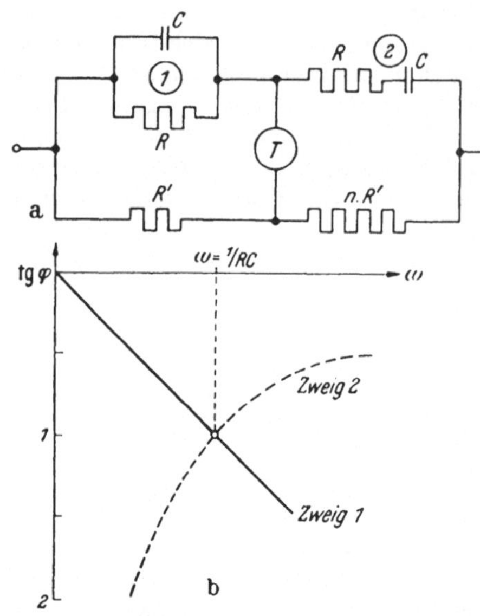

Abb. 84. Frequenzmeßbrücke nach WIEN-ROBINSON. a Brückenschaltung. b Frequenzgang des Phasenwinkels der Zweige 1 und 2.

$$\mathfrak{z}_1 = \frac{R}{1 + j\omega R C}\,;$$

$$\mathfrak{z}_2 = R + 1/j\omega C;$$

$$\mathfrak{z}_3 = R' \quad \text{und} \quad \mathfrak{z}_4 = n \cdot R',$$

so lautet die komplexe Abgleichbedingung (103): $\mathfrak{z}_1 \cdot \mathfrak{z}_4 = \mathfrak{z}_2 \cdot \mathfrak{z}_3$, ausgeschrieben:

$$\frac{R}{1 + j\omega RC}\, n R' = (R + 1/j\omega C)\, R'$$

oder nach kreuzweiser Ausmultiplikation:

$$n R = 2R + 1/j\omega C + j\omega C R^2$$

Trennung in die reellen und imaginären Anteile, die die Gleichung je für sich befriedigen müssen, ergibt die beiden Abgleichbedingungen:

$$n = 2 \quad \text{und} \quad \omega = 1/RC, \tag{110}$$

von denen man die erste schon beim Aufbau der Brücke erfüllt und die zweite zur Messung der Frequenz benutzt, indem man bei festem C die Widerstände R verändert, bis das Instrument im Brückennullzweig stromlos ist.

5. Das allgemeine Kreisdiagramm.

Schon mehrfach sind uns bei unseren Betrachtungen Fälle vorgekommen, bei denen sich der Zeiger einer Wechselgröße bei Veränderung eines Schaltelementes im Stromkreis auf einem Kreis bewegte (vgl. z. B. die Zeigerdiagramme in den Abb. 80 u. 82). Wann treten solche „Kreisdiagramme" auf?

Wegen der linearen Verknüpfung aller Spannungen und Ströme untereinander durch echte Konstanten, die Parameter der Schaltelemente (R, L und C), die wir voraussetzten, ergeben sich für die Abhängigkeit einer durch einen Zeiger darzustellenden Wechselgröße von einem solchen Parameter stets Gleichungen, in denen die veränderliche Größe nur in der ersten Potenz vorkommt. Bezeichnet also

$\mathfrak{K}$ einen Zeiger beliebiger Art aus einem beliebig komplizierten Schaltbild, in dem alle Parameter bis auf einen konstant gehalten werden, und bezeichnen wir diesen mit dem Buchstaben $\mathfrak{z}$, der also seinen Operator angibt, so lautet die allgemeinste Gleichung, die $\mathfrak{K}$ mit $\mathfrak{z}$ verknüpfen kann:

$$\mathfrak{K}(\mathfrak{p}+\mathfrak{q}\,\mathfrak{z})=\mathfrak{A}+\mathfrak{B}\mathfrak{z}\,, \tag{111}$$

worin die Zeiger $\mathfrak{A}$, $\mathfrak{B}$ und die Operatoren $\mathfrak{p}$, $\mathfrak{q}$ in beliebig komplizierter Weise sich aus den unverändert bleibenden Spannungen, Strömen (z. B. eingeprägten Urspannungen oder eingeprägten Strömen) und den in der Schaltung wirksamen Operatoren der Wechselstromwiderstände zusammensetzen, die im Einzelfall durch Rechnung nachzuweisen ist. Nach $\mathfrak{K}$ aufgelöst finden wir also die allgemeinste Form:

$$\mathfrak{K}=\frac{\mathfrak{A}+\mathfrak{B}\mathfrak{z}}{\mathfrak{p}+\mathfrak{q}\mathfrak{z}}\,, \tag{112}$$

in der im Zähler wie im Nenner Glieder vorkommen, die von $\mathfrak{z}$ unabhängig sind, während die jeweils zweiten Terme $\mathfrak{z}$ in der ersten Potenz als Veränderliche enthalten. Wie verändert sich nun $\mathfrak{K}$, wenn $\mathfrak{z}$ als unabhängige Veränderliche alle möglichen Werte durchläuft?

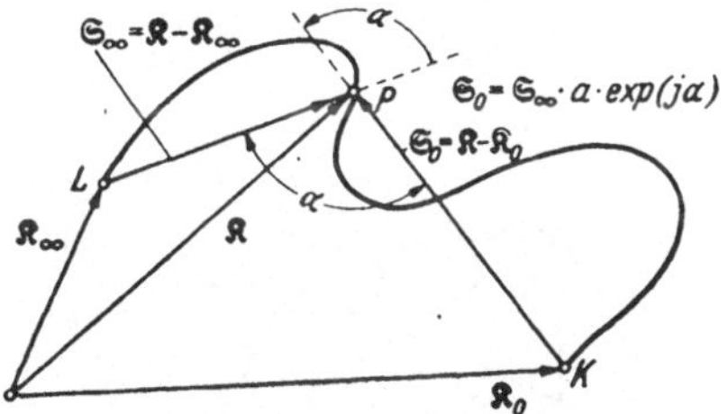

Abb. 85. Zum Beweis des Kreisdiagramms.

Um das festzustellen, untersuchen wir zunächst zwei Spezialfälle, die wir wegen der Ähnlichkeit mit den entsprechenden Betriebsfällen als *Leerlauf- und Kurzschlußfall* bezeichnen wollen und durch die Indizes: $_0$ für den Kurzschlußfall (für diesen Fall ist der veränderliche Operator Null, wenn wir ihn als Widerstandsoperator denken) und $_\infty$ für den Leerlauffall unterscheiden, weil Leerlauf sich begrifflich für uns damit verbindet, daß die veränderliche Größe als Widerstand den Wert Unendlich annimmt.

Dann liefert der *Kurzschluß„versuch"* ($\mathfrak{z}=0$) als Ergebnis:

$$\mathfrak{K}_0=\frac{\mathfrak{A}}{\mathfrak{p}} \tag{113}$$

und der *Leerlauf„versuch"* entsprechend:

$$\mathfrak{K}_\infty=\frac{\mathfrak{B}}{\mathfrak{q}} \tag{114}$$

Die als Ergebnis dieser beiden Versuche ermittelten Zeiger sind in der Abb. 85 dargestellt. Zwischen ihren Endpunkten muß es eine Kurve geben, auf der sich die Spitze des Zeigers $\mathfrak{K}$ bewegt, wenn $\mathfrak{z}$ die Werte von 0 bis ∞ durchläuft. Die Sehne dieser Kurve, vom Kurzschlußpunkt K, dem Endpunkt des Zeigers $\mathfrak{K}_0$, zum Punkt P, dem Endpunkt des Zeigers $\mathfrak{K}$ für einen beliebigen Zwischenwert von $\mathfrak{z}$, ist als Zeiger $\mathfrak{S}_0=\mathfrak{K}-\mathfrak{K}_0$ eingetragen. Ebenso finden wir den Zeiger $\mathfrak{S}_\infty$ vom Leerlaufpunkt L zum Betriebspunkt P als Sehne dieser Kurve. Aus den Zeigergleichungen für $\mathfrak{K}$, $\mathfrak{K}_\infty$ und $\mathfrak{K}_0$ finden wir die Größe und Phasenlage dieser Zeiger als:

$$\mathfrak{S}_0=\mathfrak{K}-\mathfrak{K}_0=\frac{\mathfrak{A}+\mathfrak{B}\mathfrak{z}}{\mathfrak{p}+\mathfrak{q}\mathfrak{z}}-\frac{\mathfrak{A}}{\mathfrak{p}}=\frac{\mathfrak{B}\mathfrak{p}-\mathfrak{A}\mathfrak{q}}{\mathfrak{p}(\mathfrak{p}+\mathfrak{q}\mathfrak{z})}\,\mathfrak{z}\,, \tag{115}$$

$$\mathfrak{S}_\infty=\mathfrak{K}-\mathfrak{K}_\infty=\frac{\mathfrak{A}+\mathfrak{B}\mathfrak{z}}{\mathfrak{p}+\mathfrak{q}\mathfrak{z}}-\frac{\mathfrak{B}}{\mathfrak{q}}=\frac{\mathfrak{A}\mathfrak{q}-\mathfrak{B}\mathfrak{p}}{\mathfrak{q}(\mathfrak{p}+\mathfrak{q}\mathfrak{z})} \tag{116}$$

Wir bilden nun den Quotienten dieser beiden Zeiger, d. h. wir ermitteln den Operator $\mathfrak{a}$, mit dem $\mathfrak{S}_0$ multipliziert werden muß, um in $\mathfrak{S}_\infty$ überführt zu werden. Er ergibt sich aus den beiden letzten Gleichungen als:

$$\frac{\mathfrak{S}_0}{\mathfrak{S}_\infty} = \frac{\mathfrak{K} - \mathfrak{K}_0}{\mathfrak{K} - \mathfrak{K}_\infty} = -\frac{\mathfrak{q}}{\mathfrak{p}} \cdot \mathfrak{z} = \mathfrak{a}\,. \tag{117}$$

Nach den Regeln des symbolischen Verfahrens schreiben wir die Operatoren, die in dieser Gleichung vorkommen, alle in Polarschreibweise:

$$\mathfrak{q} = q \exp(j\varphi_q),\ \mathfrak{p} = p \exp(j\varphi_p),\ \mathfrak{z} = z \exp(j\varphi_z) \text{ und } \mathfrak{a} = a \exp(j\alpha)$$

und erhalten durch Einsetzen in die Zeigergleichung (117) für:

$$\mathfrak{a} = a \cdot \exp(j\alpha) = -\frac{q}{p} \cdot z \cdot \exp j(\varphi_q - \varphi_p + \varphi_z) = +\frac{q}{p} \cdot z \exp j(\pi + \varphi_q - \varphi_p + \varphi_z)$$

mit der doppelten Aussage

$$\text{für die Beträge der Operatoren: } a = \frac{q}{p} \cdot z\,, \tag{118}$$

$$\text{für ihre Phasenwinkel: } \alpha = \pi + \varphi_q - \varphi_p + \varphi_z\,. \tag{119}$$

Da $\mathfrak{p}$ und $\mathfrak{q}$ sich aus Konstanten des Stromkreises zusammensetzen, sind auch ihre Winkelwerte konstant. Halten wir also bei der Veränderung von $\mathfrak{z}$ auch dessen Phasenwinkel φ_z konstant, so ist auch α ein konstanter Winkel. D. h.: unabhängig vom Betrage von $\mathfrak{z}$ muß $\mathfrak{S}_0$ gegen $\mathfrak{S}_\infty$ um den konstanten Winkel α voreilen, der lt. Abbildung aber zugleich der Peripheriewinkel der Kurve ist, auf der P, die Spitze des Betriebszeigers $\mathfrak{K}$, läuft. Diese Eigenschaft des konstanten Peripheriewinkels über dem Bogen hat aber nur der Kreis. Es ergibt sich also, wenn $\mathfrak{z}$ bei konstantem Phasenwinkel φ_z nur seinem Betrage z nach von Null bis Unendlich geht, ein Kreisdiagramm auf dem Bogen über der Sehne KL mit dem Peripheriewinkel α nach der Abb. 86.

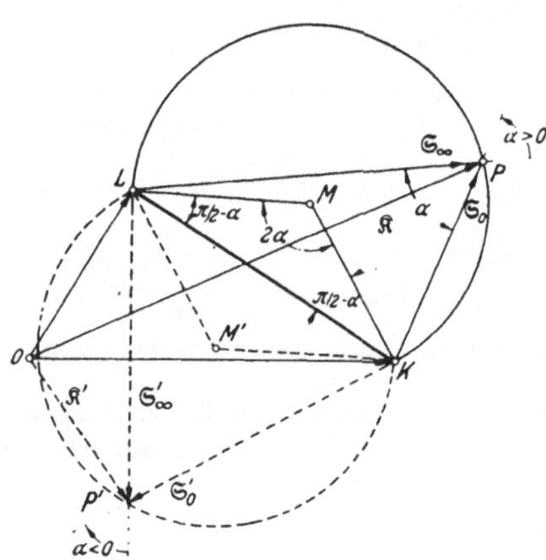

Abb. 86. Konstruktion des Kreisdiagramms für Veränderung von $\mathfrak{z} = z \cdot \exp(j\varphi_z)$ bei konstantem φ_z.

Haben wir also aus der Gleichung für den Zeiger $\mathfrak{K}$, die wir aus dem jeweiligen Schaltbild ableiten, die Werte von $\mathfrak{p}$ und $\mathfrak{q}$ gefunden, so ergeben sich daraus die Winkel φ_p und φ_q und somit α. Zur Konstruktion des Kreisdiagrammes mit dem Mittelpunkt M überlegen wir, daß der Zentriwinkel zwischen den Radien LM und KM 2α, die Basiswinkel MLK und MKL also je $\pi/2 - \alpha$ sein müssen. Somit kann M jeweils gefunden werden. Zur Seitenunterscheidung darüber, ob M oder M' der richtige Kreismittelpunkt ist, prüfe man, für welchen der beiden Bögen $\mathfrak{S}_0$ gegen $\mathfrak{S}_\infty$ um den Winkel α *vor*eilt, d. h. positive Werte von α ergibt. Für positive Werte von α ist also der ausgezogene Kreis die richtige Lösung, für negative der gestrichelte. Bei positiven Werten von α wird also der Bogen von K über P nach L — vom Kurzschlußpunkt zum Leerlaufpunkt — im mathematisch positiven Drehsinn durchlaufen, bei negativem α im mathematisch negativen Drehsinn. (Man kann sich statt dessen auch merken, daß der Basiswinkel $(90° - \alpha)$ von L aus gesehen im mathematisch positiven Sinne an die Sehne LK anzutragen ist. Verschiedenen Werten von α entsprechen verschiedene Kreisbögen, die aber stets über den gleichen Endpunkten K und L zu spannen sind.

Aber auch die zweite Aussage (Gl. (118)) über den Operator $\mathfrak{a}$, die Beziehung zu den Beträgen von $\mathfrak{p}$, $\mathfrak{q}$ und $\mathfrak{z}$ liefert ein Kreisdiagramm. Sein Betrag a gibt ja an, wievielmal so lang der Zeiger $\mathfrak{S}_0$ ist wie der Zeiger $\mathfrak{S}_\infty$: $a = S_0/S_\infty$. Wiederum sind die Beträge p und q konstant, weil sie sich ja nur aus Konstanten der Schaltung zusammensetzen, die ungeändert bleiben. Setzen wir also voraus, daß wir die veränderliche Größe $\mathfrak{z}$

nur der Phase nach ändern — im Gegensatz zu den Betrachtungen der vorigen Absätze —, dabei aber ihren Betrag konstant lassen, so muß die Spitze des Zeigers auf einer Kurve liegen, für die das Verhältnis der Strecken $S_0 = KP$ zu $S_\infty = LP$ konstant ist, eine Bedingung die wiederum nur ein Kreis erfüllt, der die Strecke KL diesmal schneidet und durch die beiden Punkte gehen muß, die sie innerlich und äußerlich im Verhältnis $a = (q/p)z$ teilen. Damit ergibt sich nach Abb. 87 die Konstruktion auch dieses Kreisdiagrammes. Man teile KL innerlich und äußerlich im Verhältnis $a : (1)$, indem man in L das Lot LE der Länge (1) auf KL errichtet und im gleichen Maßstab die Lote KA' und KA'' mit der Länge a in K zieht. Als Schnittpunkt von KL mit den Verbindungsgeraden EA' und EA'' erhält man die Punkte P' und P'', über deren Mittelpunkt M man den Vollkreis mit dem Radius MP' schlägt.

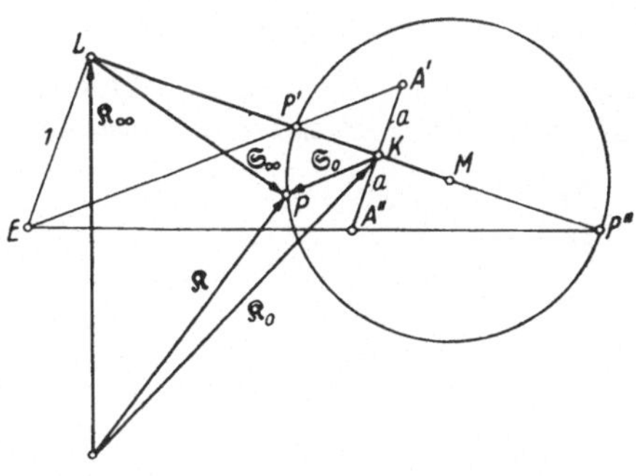

Abb. 87. Konstruktion des Kreisdiagramms für Veränderung von $\mathfrak{z} = z \cdot \exp(j\varphi_z)$ bei konstantem z.

Kreisdiagramme ergeben sich also stets, wenn in einer Schaltung ein Parameter:

bei konstantem Phasenwinkel nur der Größe nach oder
bei konstantem Betrag nur dem Phasenwinkel nach

veränderlich ist.

Ist ein Parameter des Stromkreises sowohl der Phase nach, als auch der Größe nach veränderlich, so läßt sich diese Veränderung durch zwei Kreisscharen nach Abb. 88 darstellen, die sich senkrecht durchschneiden. (Kreise des Apollonius und des Thales.) Jedem Kreis des Strahlenbüschels, das durch die Punkte K und L geht, entspricht dabei als Parameter ein anderer Winkel α, der mit dem Phasenwinkel φ_z der veränderlichen Größe gesetzmäßig eindeutig durch: $\alpha = \pi + \varphi_q - \varphi_p + \varphi_z$ verknüpft ist, d. h. auch φ_z kann im Einzelfalle an diese Kurve als Parameter angeschrieben werden. Jedem Kreis des Hüllbüschels um die Leerlauf- und Kurzschlußpunkte L und K dagegen entspricht ein anderer Wert von $a = (q/p)z$. Jedem dieser Kreise kann also im Einzelfalle ein Wert von z als Parameter zugeordnet werden.

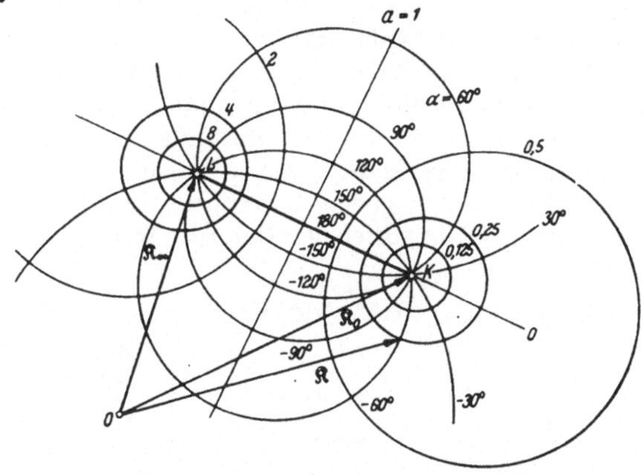

Abb. 88. Kreisscharendiagramm für Veränderung von $\mathfrak{z} = z \cdot \exp(j\varphi_z)$ nach Größe und Phasenwinkel.

Für die praktische Benutzung des Kreisdiagrammes, das eines der wertvollsten Hilfsmittel der Wechselstromlehre darstellt, ist oft noch die Benutzung der Konstruktion nach Abb. 89 wichtig für die quantitative Auswertung mit geeigneten linearen Maßstäben für die Veränderliche. Meist handelt es sich ja um die Veränderung eines Widerstandes, einer Kapazität oder einer Induktivität, bzw. Gegeninduktivität, die dabei natürlich aber ihre Phasenwinkel beibehalten. Man erhält dann also ein Diagramm, das nur aus *einem* Kreisbogen des Kreisstrahlenbüschels besteht, für den man die Zuordnung der Kreispunkte zu den Beträgen z der veränderlichen Größe wissen möchte.

Trägt man in einem Punkt L' auf der Geraden KL den Winkel α an und verlängert die Sehne KP vom Kurzschlußpunkt K zum Betriebspunkt P auf dem Kreisbogen mit dem Peripheriewinkel α bis zum Schnittpunkt Y mit dem freien Schenkel, so sind die Dreiecke KPL und $KL'Y$ ähnlich. Also:

$$PK/PL = KL'/L'Y.$$

Das heißt aber andererseits:

$$S_0 : S_\infty = a = (q/p)z = (q/p) : \frac{1}{z}. \tag{120}$$

Macht man also in einem zu wählenden Maßstab $KL' = q/p$, so schneidet die Verlängerung von KP auf der Geraden $L'Y$ in gleichem Maßstab den zugehörigen Wert von $1/z$ ab. Der in L' angetragene Winkelschenkel kann also mit einer linearen Teilung nach Kehrwerten von z versehen werden, was in der Umgebung des Leerlaufpunktes vernünftig ist, weil man ja besser als mit $z \approx \infty$ hier mit $1/z \approx 0$ rechnet.

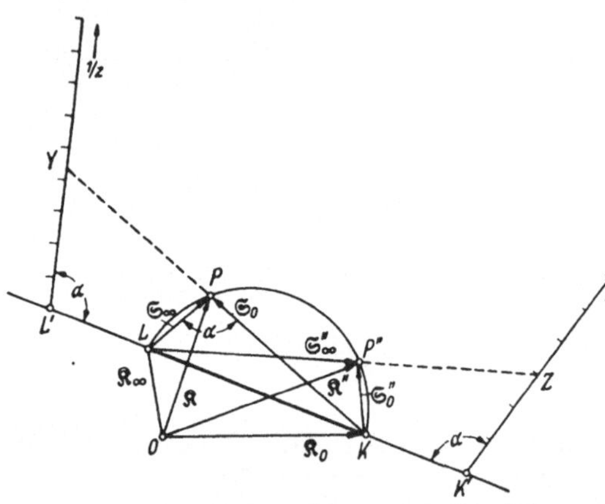

Abb. 89. Maßstäbe für die veränderliche Größe im Kreisdiagramm.

Umgekehrt läßt sich auf die gleiche Weise beweisen, daß sich auf der Geraden $K'Z$, die man unter dem gleichen Winkel α an LK anträgt, eine lineare Teilung für z im gleichen Maßstab ergibt, in dem man die Strecke $LK' = p/q$ gemacht hat. Auf ihr schneidet die Verlängerung des Strahles LP'', also des Zeigers vom Leerlaufpunkt zum Lastpunkt, den Betrag der Größe z ab, der zu diesem anderen Lastpunkt gehört.

Als ein erstes Beispiel für die Anwendung des Kreisdiagrammes behandeln wir noch einmal die 90°-Schaltung nach HUMMEL (vgl. auch Abb. 53 u. 63). Wir erweitern jetzt unsere Fragestellung dahin, daß wir wissen wollen, wie sich der Zeiger des Stromes $\mathfrak{J}_3$ verändert, wie sich also $\mathfrak{J}_3$ seinem Effektivwert nach und hinsichtlich seiner Phasenlage gegen $\mathfrak{U}$ ändert, wenn wir in der Schaltung der Abb. 90a R_2 von Null bis Unendlich verändern. Wir entnehmen aus S. 49, daß:

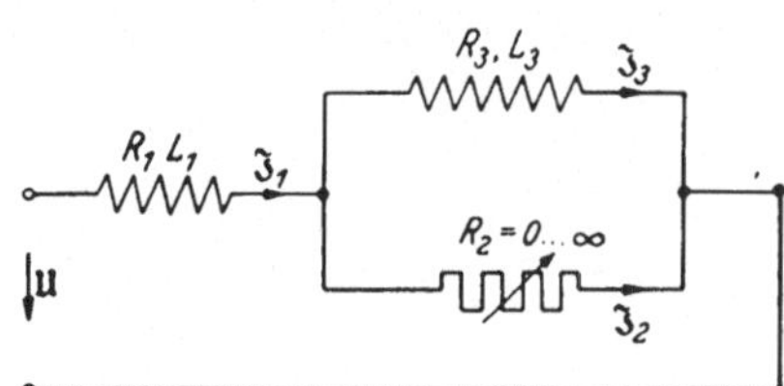

Abb. 90a. 90°-Schaltung nach HUMMEL.

$$\mathfrak{J}_3 = \frac{\mathfrak{U} \cdot \mathfrak{z}_2}{\mathfrak{z}_1 \cdot \mathfrak{z}_3 + (\mathfrak{z}_1 + \mathfrak{z}_3) \cdot \mathfrak{z}_2},$$

wobei wir die Ausdrücke dieser Gleichung schon so umgeordnet haben, daß der Vergleich mit der Normalform nach Gl. (112):

$$\mathfrak{R} = \frac{\mathfrak{A} + \mathfrak{B}\,\mathfrak{z}}{\mathfrak{p} + \mathfrak{q}\,\mathfrak{z}}$$

erleichtert ist. Wir ersehen aus ihr, daß für diesen Spezialfall gilt:

$$\mathfrak{A} = 0;\ \mathfrak{B} = \mathfrak{U};\ \mathfrak{p} = \mathfrak{z}_1 \cdot \mathfrak{z}_3;\ \mathfrak{q} = \mathfrak{z}_1 + \mathfrak{z}_3,$$

während $\mathfrak{z}_2$ diesmal die Variable $\mathfrak{z}$ unseres Normalfalls ist und als reiner Wirkwiderstand R_2 einzuführen ist, und schließlich die Größe, deren Veränderung wir untersuchen, der Zeiger des Stromes $\mathfrak{J}_3$ ist. Zur Verdeutlichung geben wir Zahlenwerte für die einzelnen Größen:

Es sei: $\mathfrak{z}_1 = 1000 \exp(j\,75°)$ Ohm $= (259 + j\,965)$ Ohm
$\mathfrak{z}_3 = 1200 \exp(j\,80°)$ Ohm $= (208 + j\,1180)$ Ohm
und: $U = 220$ Volt.

Die für unser Beispiel wichtigen Größen sind also:

$$\mathfrak{z} = \mathfrak{z}_1 \cdot \mathfrak{z}_3 = 1{,}2 \cdot 10^6 \exp(j\,155°)\ \mathrm{Ohm}^2$$
$$\mathfrak{q} = \mathfrak{z}_1 + \mathfrak{z}_3 = (467 + 2145\,j)\ \mathrm{Ohm} = 2200 \exp(j\,77{,}7°)\ \mathrm{Ohm}\,.$$

Für den Kurzschluß- und Leerlauffall ergeben sich also:

$$\mathfrak{I}_{3_0} = \frac{\mathfrak{U}}{\mathfrak{z}_1 + \mathfrak{z}_3} = \frac{\mathfrak{U}}{U}\,\frac{220\ \mathrm{Volt}}{2200\ \mathrm{Ohm}\exp(j\,77{,}7°)} = 100\ \mathrm{mA}\,\frac{\mathfrak{U}}{U}\,.\exp(-j\,77{,}7°)$$

und

$$\mathfrak{I}_{3_\infty} = 0\,.$$

Sie sind im Zeigerdiagramm der Abb. 90b eingetragen, nachdem geeignete Maßstäbe für U und I festgelegt sind. Damit liegen die Punkte K und L, wie gezeichnet, fest. $\mathfrak{I}_{3_0}$ eilt um 77,7° gegen die Richtung von $\mathfrak{U}$ nach, die in der Zeigergleichung für die Zahlenwerte durch den Faktor $\frac{\mathfrak{U}}{U}$ berücksichtigt ist, der ja dem Betrage nach $= 1$ ist und nur eine Richtungsangabe bedeutet. $\varphi_q = 77{,}7°$ und $\varphi_p = 155°$ legen zusammen mit $\varphi_z = 0°$ den Peripheriewinkel des Kreisdiagramms nach Gl. (119) fest:

$$\alpha = 180° + \varphi_q - \varphi_p + \varphi_z = 102{,}7° > 0\,.$$

Der Kreismittelpunkt liegt also auf dem Schenkel des Winkels (90° — 102,7°) $= -12{,}7°$, der von L aus im Uhrzeigersinn an LK angetragen wird. Auf dem gezeichneten Kreisbogen über KL läuft die Spitze des Zeigers $\mathfrak{I}_3$ von K über P nach L im mathematisch positiven Drehsinn ($\alpha > 0$). Die im Diagramm gezeichnete Lage des Betriebspunktes entspricht der in Gl. (82) geforderten Bedingung, daß $\mathfrak{I}_3$ rein querphasig zu $\mathfrak{U}$ sein solle. Den zugehörigen Wert von R_2 lesen wir am Maßstab für $1/z$ ab, den wir von L' aus linear auftragen (vgl. Gl. (120)). Hier ist:

$$q/p = \frac{2200\ \mathrm{Ohm}}{1{,}2 \cdot 10^6\ \mathrm{Ohm}^2} = 1{,}83\ \mathrm{mS}.$$

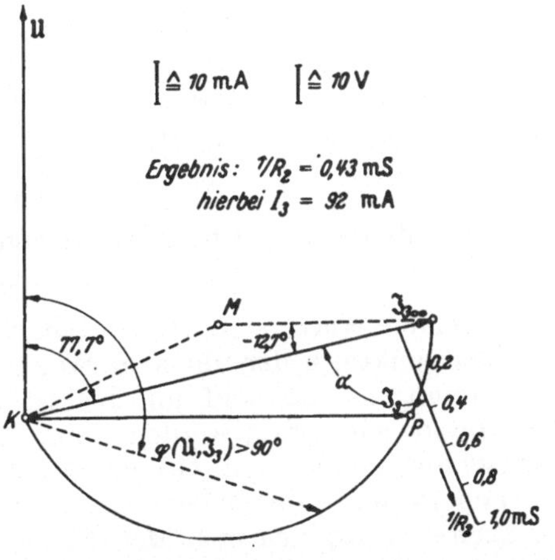

Abb. 90b. Kreisdiagramm zur 90°-Schaltung nach HUMMEL (Schaltbild 90a). Ergebnis: $1/R = 0{,}43\ mS$; hierbei $I_3 = 92\ mA$.

Wir legen einen Maßstab für $1/z$ fest und machen in ihm $KL' = 1{,}83$ mS. Den gleichen Maßstab tragen wir auch auf dem unter $\alpha = 102{,}7°$ angetragenen freien Schenkel von L' aus auf und lesen an ihm auf der Verlängerung von KP ab: $0{,}43\ \mathrm{mS} = 2300$ Ohm in Übereinstimmung mit der Rechnung nach (82):

$$R_2 = \frac{\omega^2 L_1 L_3 - R_1 R_3}{R_1 + R_3} = \frac{965 \cdot 1180 - 259 \cdot 208}{467}\ \mathrm{Ohm} = 2320\ \mathrm{Ohm}\,.$$

Über den reinen Zahlenwert des Ergebnisses hinaus läßt das Kreisdiagramm nun erkennen, daß wir mit Hilfe weiterer Verkleinerung von R_2 die Phase auch noch über 90° hinaus drehen können, allerdings unter Verzicht an Effektivwert von $\mathfrak{I}_3$. Im äußersten erreichbaren Grenzfall mit einer Phasenverschiebung von $180 - \alpha + \varphi_q = 155°$, in dem $\mathfrak{I}_3$ zur Tangente an den Kreis in K wird, wird dieser Effektivwert schließlich sogar Null.

Auf die Durchführung weiterer Beispiele kann an dieser Stelle verzichtet werden, da in den folgenden Kapiteln noch häufig vom Kreisdiagramm Gebrauch gemacht wird. Wir wollen hier nur noch darauf hinweisen, daß Kreisdiagramme auch für die Operatoren selbst gezeichnet werden können, die ja in der komplexen Ebene ebenso durch „Vektoren“ = gerichtete Strecken dargestellt werden können wie die Zeiger (vgl. Abb. 58a/b). Wir benutzen diese Möglichkeit hier beispielsweise für die Demonstration der Veränderung des Widerstandsoperators eines reinen Widerstandes durch Parallelschaltung eines Kondensators. Für den resultierenden Widerstandsoperator gilt nach Abb. 91a:

$$\mathfrak{z}_{res} = \frac{\mathfrak{z}_1 \cdot \mathfrak{z}_2}{\mathfrak{z}_1 + \mathfrak{z}_2} = \frac{R}{1 + j\,\omega R C}\,.$$

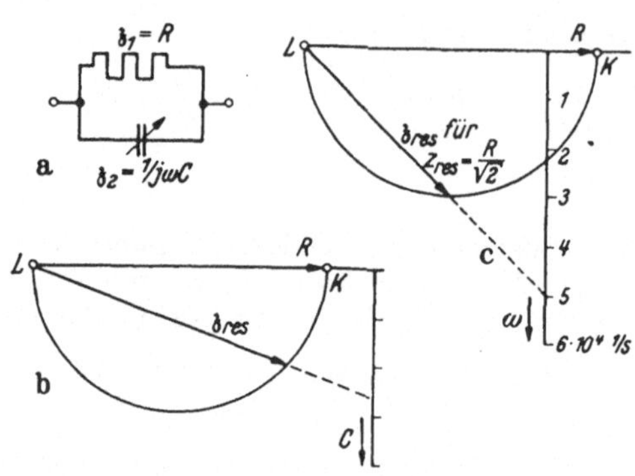

Abb. 91. Ortskurven für den resultierenden Widerstandsoperator einer Parallelschaltung. a Schaltbild. b Ortskurve für $\mathfrak{z}_{res}$ als Funktion von C. c Ortskurve für $\mathfrak{z}_{res}$ als Funktion von ω.

Wir zeigen, daß es selbstverständlich völlig unerheblich ist, ob wir C als reelle Veränderliche betrachten oder $j\,\omega\,C$ als rein imaginäre Veränderliche mit dem konstanten Phasenwinkel $+\,90^\circ$ ansetzen. Für den ersten Fall ist durch Vergleich mit der Normalform Gl. (112):

$$\mathfrak{R} = \frac{\mathfrak{A} + \mathfrak{B}\,\mathfrak{z}}{\mathfrak{p} + \mathfrak{q}\,\mathfrak{z}}$$

$$\mathfrak{A} = R; \quad \mathfrak{B} = 0; \quad \mathfrak{p} = 1; \quad \mathfrak{q} = j\,\omega\,R$$

zu ermitteln. Im zweiten Fall dagegen wird:

$$\mathfrak{A} = R; \quad \mathfrak{B} = 0; \quad \mathfrak{p} = 1; \quad \mathfrak{q} = R\,.$$

In beiden Fällen wird übereinstimmend:

$$\mathfrak{z}_{res_0} = R \text{ und } \mathfrak{z}_{res_\infty} = 0\,.$$

Diese beiden Werte sind in der komplexen Ebene in Abb. 91b aufgetragen und ihre Endpunkte in der üblichen Weise mit K und L bezeichnet, obwohl jetzt die Bezeichnungen: „Leerlauf- und Kurzschlußfall“ nicht nur ihren Sinn verlieren, sondern direkt sinnwidrig werden. Eine Kapazität vom Werte 0 bedeutet ja keinen Kurzschluß, sondern im Gegenteil eine vollständige Unterbrechung, also idealen Leerlauf zwischen den Klemmen, an die sie angeschlossen ist.

Ebenso ergibt sich in beiden Fällen übereinstimmend der Peripheriewinkel des Kreisdiagrammes, denn, während im ersten Fall $\varphi_z = 0$ und $\varphi_q = 90^\circ$ ist, gilt für die zweite Annahme: $\varphi_z = 90^\circ$, dafür aber $\varphi_q = 0$. Da aber nur die Summe beider Winkel in der Formel (119) für α vorkommt, ist diese Vertauschung ohne Belang. Es wird: $\alpha = 180^\circ + 90^\circ - 0^\circ + 0^\circ = 270^\circ$ oder, was dasselbe ist, $\alpha = -90^\circ$. Der Mittelpunkt des Ortskreises liegt also auf der Geraden KL, und die Spitze von $\mathfrak{z}_{res}$ läuft auf dem Halbkreis über KL derart, daß der Bogen KPL gegen den mathematisch positiven Drehsinn durchlaufen wird, weil $\alpha < 0$ ist.

Das gleiche Diagramm könnten wir aber auch erhalten (Abb. 91c), wenn wir ω an Stelle von C als Veränderliche betrachten und R und C als Konstanten. Es ergibt sich dann eine Ortskurve für die Frequenzabhängigkeit des resultierenden Operators. Beachten wir, daß für diesen Fall mit $\mathfrak{p} = 1$ und $\mathfrak{q} = j\,R\,C$:

$$q/p = RC$$

ist, so haben wir auch die Anweisung für die Konstruktion des Maßstabes, der in der Figur mit der Annahme $R = 200$ kOhm und $C = 100$ pF eingezeichnet ist. In der Verstärkertechnik spielt diese Veränderung des Widerstandes im Anodenkreis eines RC-gekoppelten Verstärkers durch die parallelliegenden Kapazitäten eine Rolle. Der Abfall des Widerstandes auf das $1/\sqrt{2}$ fache des Gleichstromwertes, der nach unserer Zeichnung bei einer Phasenverschiebung von 45° eintritt, ergibt dabei die obere Begrenzung der Bandbreite. Dieser Zustand ist im Diagramm hervorgehoben. Die Ablesung an der Frequenzskala ergibt: als „obere Grenzfrequenz": $\omega_{oben} = 50000\ ^1/s$.

6. Der Transformator.

Neben dem Schwingungskreis, den wir bereits im Abschnitt IIIC2 behandelt haben, ist der Transformator eines der wichtigsten Schaltelemente der Wechselstromtechnik. Das gilt sowohl für die Starkstromtechnik, wo er als Umspanner oder Leistungstransformator zur Aufspannung und Abspannung oder als Isoliertransformator, sowie als Meßwandler für Strom und Spannung mannigfache Verwendung findet, als auch für die Nachrichtentechnik, wo er seinen Platz als Netztransformator für die Energieversorgung der Geräte hat, aber besonders als Übertrager oder Sprechspule im Tonfrequenzgebiet und als Koppelelement im *HF*-Gebiet verwendet wird. Er hat in der Mehrzahl der Fälle einen Eisenkern, der einen nicht-linearen Zusammenhang zwischen Strom und Fluß bedingt und also gegen die Grundforderung unserer Wechselstromlehre im engeren Sinne verstößt, die es zunächst nur mit linearen Zusammenhängen zu tun haben soll. Wir werden deshalb im ersten Teil unserer Betrachtungen über den Transformator uns auf den Transformator ohne Eisenkern beschränken und erst im zweiten Teil aufzeigen, unter welchen Vorbehalten und mit welchen Einschränkungen trotz der Nichtberücksichtigung der Anwesenheit des Eisens unsere Ergebnisse allgemeinere Gültigkeit beanspruchen dürfen.

a) Der Transformator ohne Eisenkern.

Ein Transformator besteht aus zwei Wicklungen, die so zueinander angeordnet sind, daß ein Fluß, der vom Strom in einer Spule erzeugt wird, auch die andere ganz oder teilweise durchsetzt und in ihr, weil er ja zeitlich veränderlich ist, Spannungen induziert, die wir nach dem Induktionsgesetz (Gl. (8)) errechnen können. Das Urbild des Transformators ist also die Anordnung der Abb. 92a. Unter der Wirkung einer von außen zugeführten Spannung u_1 fließt in der Wicklung der Spule 1 ein Strom mit den Augenblickswerten i_1 und ruft in der Spule einen Fluß Φ_{11} hervor. Für die von der Änderung dieses Flusses in der Spule 1 induzierte EMK e_1 ist es dabei für unsere Rechnung unerheblich, ob alle Windungen der Spule 1 mit dem gesamten Fluß verkettet sind, was praktisch nie verwirklicht werden kann, oder nicht. Wir definieren die Selbstinduktivität dieser Spule allgemeiner eben nicht durch:

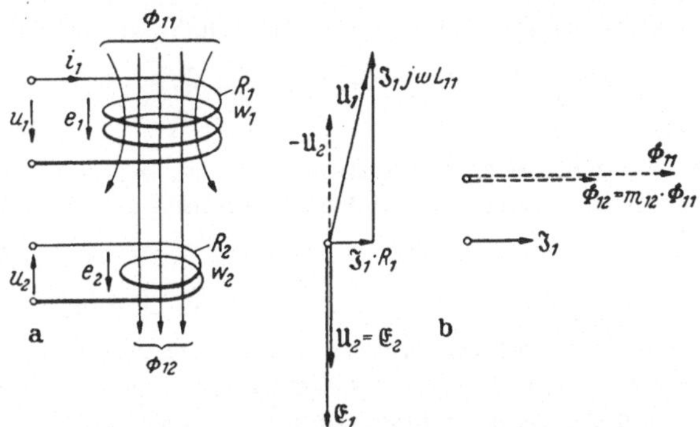

Abb. 92. Transformator bei stromloser Sekundärwicklung (Leerlauf) a Anordnung der Wicklungen und Zählpfeile. b Zeigerdiagramme für Spannungen, Strom und Flüsse.

$$L_{11} = \frac{w_1 \Phi_{11}}{i_1}, \quad \text{sondern durch:} \quad L_{11} = \frac{\Sigma \Phi_{11}}{i_1}, \tag{121}$$

worin der Doppelindex in gewohnter Weise auf Herkunft und Wirkungsort des Flusses, bzw. der Induktivität, hinweist. Ein Teilfluß von Φ_{11}, den wir in der Abbildung mit Φ_{12} bei gleichmäßiger Verkettung mit allen Windungen w_2 der Spule 2 abgegrenzt haben, durchsetzt diese Spule und induziert in ihr eine elektromotorische Kraft e_2, die an den Klemmen der Spule 2, den sekundären Klemmen des Transformators, als eine Klemmenspannung u_2 meßbar wird. Dabei wollen wir allerdings ein etwa angeschlossenes Meßinstrument als verlustlos betrachten, so daß die sekundäre Wicklung, die Spule 2, stromlos bleibt. Ist auch hier die Verkettung nicht mit allen Windungen gleichmäßig, so tragen wir dem wiederum dadurch Rechnung, daß wir die Definition der gegenseitigen Induktivität von Spule 1 auf Spule 2, der Gegeninduktivität L_{12}, so vornehmen, daß:

$$L_{12} = \frac{\Sigma \Phi_{12}}{i_1}$$

ist, was sich für den Fall einer gleichmäßigen Verkettung mit allen Windungen eben auf die Form reduzieren würde:

$$L_{12} = \frac{w_2 \Phi_{12}}{i_1}, \tag{122}$$

die anschaulicher als die physikalisch saubere Schreibweise der ersten Form zum Ausdruck bringt, daß diese Größe einen aus der Spule 1 (Strom i_1) herrührenden Fluß (Doppelindex 12) mit seiner Wirkung in den w_2Windungen der zweiten Spule verkettet. Mit den Zählpfeilen[1] der Abb. 92a ergeben sich dann durch Umläufe durch die primäre und sekundäre Wicklung des Transformators, die jeweils über die Voltmeter geschlossen sind, die beiden Gleichungen für die Augenblickswerte der Spannungen, Ströme und Flüsse:

$$\left.\begin{aligned} u_1 &= i_1 \cdot R_1 - e_1 = i_1 R_1 - \left(-\frac{d}{dt}\Sigma\Phi_{11}\right) = i_1 R_1 + L_{11}\cdot\frac{d\,i_1}{d\,t} \\ -u_2 &= \qquad\;\; -e_2 = \qquad\; -\left(-\frac{d}{dt}\Sigma\Phi_{12}\right) = \qquad\quad L_{12}\cdot\frac{d\,i_1}{d\,t}\,. \end{aligned}\right\} \tag{123}$$

Sind diese zeitlich sinusförmig veränderlich, so können wir uns zu ihrer Darstellung der Verwendung von Zeigern bedienen und für die Rechnung das symbolische Rechenverfahren benutzen. Dann nehmen sie folgende Schreibweise an:

$$\begin{aligned} \mathfrak{U}_1 &= \mathfrak{J}_1 R_1 - \mathfrak{E}_1;\quad \mathfrak{E}_1 = -j\,\omega\,\boldsymbol{\Phi}_{11}\cdot w_1 \\ -\mathfrak{U}_2 &= \qquad\;\; -\mathfrak{E}_2;\quad \mathfrak{E}_2 = -j\,\omega\,\boldsymbol{\Phi}_{12}\cdot w_2 \end{aligned}$$

und können unter Benutzung der oben begründeten Definitionsgleichungen für die Selbstinduktivität L_{11} und die Gegeninduktivität L_{12} auch in der Form:

$$\left.\begin{aligned} \mathfrak{U}_1 &= \mathfrak{J}_1 (R_1 + j\,\omega\,L_{11}) \\ -\mathfrak{U}_2 &= \mathfrak{J}_1 \cdot j\,\omega\,L_{12} \end{aligned}\right| \tag{124}$$

geschrieben werden. Ihr Inhalt ist im Zeigerdiagramm der Abb. 92b dargestellt, für dessen Aufbau wir zweckmäßig von $\mathfrak{J}_1$ ausgehen, zu dem die Zeiger der Flüsse $\boldsymbol{\Phi}_{11}$ und $\boldsymbol{\Phi}_{12}$ parallel liegen müssen, während $\mathfrak{E}_1$ und $\mathfrak{E}_2$ gegen diese Flüsse und also auch gegen den Strom um 90° nacheilen (Multiplikation mit $-j$). $\mathfrak{U}_2$ liegt mit $\mathfrak{E}_2$ in Phase. $\mathfrak{U}_1$ dagegen ist um nicht ganz 90° voreilend gegenüber $\mathfrak{J}_1$ und bleibt damit gegenüber $(-\mathfrak{E}_1)$ um einen kleinen Winkel zurück, der durch den Ohmschen Widerstand der Wicklung bedingt ist.

Da die wesentliche Aufgabe eines Transformators die Umwandlung einer Spannung auf der primären Seite (1) in eine andere auf der sekundären Seite (2) ist, fragen wir zunächst nach dem Übersetzungsverhältnis. Wir dividieren also $\mathfrak{U}_1$ durch $\mathfrak{U}_2$ und erhalten:

$$\frac{\mathfrak{U}_1}{\mathfrak{U}_2} = \frac{R_1 + j\,\omega\,L_{11}}{-j\,\omega\,L_{12}} = -\frac{L_{11}}{L_{12}} + j\,\frac{R_1}{\omega\,L_{12}} \tag{125}$$

[1] Vgl. Anhang: Richtungsregeln für elektrotechnische Rechnungen.

Vernachlässigen wir den OHMschen Widerstand und nehmen ferner an, daß der gesamte Fluß von der Spule 1 auch die Spule 2 erreicht, daß also keine Streulinien auftreten, so wird mit $\Phi_{11}=\Phi_{12}$ das Verhältnis der Selbstinduktivität zur Gegeninduktivität gleich dem Verhältnis der primären zur sekundären Windungszahl:

$$L_{11}/L_{12}=w_1/w_2\,,$$

und wir erhalten, abgesehen vom Vorzeichen, die vereinfachte Beziehung der elementaren Betrachtung des Transformators, wonach sich die Spannungen des Transformators zueinander wie die Windungszahlen der Wicklungen verhalten.

Bei der Betrachtung der Zeiger ist aber das Minuszeichen in unserer Gleichung durchaus von Bedeutung. Es sagt uns, daß bei den gewählten Zählrichtungen die Spannungen von Primär- und Sekundärseite in Gegenphase liegen, wie das auch das Zeigerdiagramm der Abb. 92b zeigt. Die vollständige Gleichung lehrt darüber hinaus, daß an diesem Nennübersetzungsverhältnis der Windungszahlen $\ddot{u}_w=w_1/w_2$ zwei Korrekturen anzubringen sind. Die erste dient zur Berücksichtigung der Streuung. Setzen wir den Fluß Φ_{12} gleich einem Bruchteil m_{12} des Flusses Φ_{11}:

$$\Phi_{12}=m_{12}\Phi_{11}$$

so wird

$$L_{11}/L_{12}=\ddot{u}/m_{12}=w_1/m_{12}\,w_2.$$

Die sekundäre Windungszahl des Transformators erscheint als Folge der Streuung verkleinert, sein „Übersetzungsverhältnis" vergrößert. Obwohl in diesem Sinne der Gebrauch des Ausdruckes „*Übersetzungsverhältnis*" für das Verhältnis der primären zur sekundären Windungszahl irreführend ist, — w_2/w_1 wäre sinnvoller — wollen wir an dieser üblichen Bezeichnungsweise festhalten, uns aber dessen bewußt bleiben, daß eine Vergrößerung des Übersetzungsverhältnisses einer Verkleinerung der Sekundärspannung entspricht.

Die zweite Korrektur ist für den OHMschen Widerstand erforderlich. Er ändert zwar den Betrag des Übersetzungsverhältnisses, wie es durch L_{11}/L_{12} gegeben ist, nicht merklich, weil der ihm entsprechende Anteil der Primärspannung querphasig zu $\mathfrak{U}_2$ liegt und sich also für das Verhältnis der Effektivwerte der Spannungen ergibt:

$$\ddot{u}=\sqrt{(L_{11}/L_{12})^2+(R_1/\omega L_{12})^2}=L_{11}/L_{12}\sqrt{1+\frac{R_1^2}{(\omega L_{11})^2}}\,. \tag{126}$$

Selbst mit $R_1=0{,}1\ L_{11}$, was ungewöhnlich hoch wäre, würde diese Korrektur erst $^1/_2$% betragen. Viel wichtiger ist, daß als Folge von R_1 die Übersetzung komplex wird, Primärspannung und Sekundärspannung also nicht in Phase liegen, sondern die Spannung $(-\mathfrak{U}_2)$ gegen die Primärspannung um den Winkel ε voreilt, der aus dem Phasenwinkel des komplexen Übersetzungsverhältnisses:

$$\dot{\ddot{\mathfrak{u}}}=\frac{\ddot{u}_w}{m_{12}}(-1+jR_1/\omega L_{11})=\ddot{u}\exp j\,(180^\circ-\varepsilon)$$

errechnet werden kann als:

$$\varepsilon=\operatorname{arc\,tg} R_1/\omega L_{11} \tag{127}$$

Bei Annahme des Zahlenwertes von $R_1/\omega L_{11}=0{,}1$ würde also die umgepolte Sekundärspannung bereits um 5,7° gegen die primäre Spannung voreilen. Wir sehen, welche Anstrengungen zur Kleinhaltung von R_1 (Cu-Aufwand) und Vergrößerung von L_{11} (Aufwand an Fe) gemacht werden müssen, um diesen „*Winkelfehler*" auf die Größenordnung von wenigen Minuten herabzudrücken, die wir bei Spannungswandlern für Zwecke der Leistungsmessung fordern.

Stellen wir noch fest, daß der Primärstrom, den der Transformator aufnimmt, um nahezu 90°, nämlich genau um (90° — ε), gegen die Primärspannung nacheilt, und daß man von der Tatsache, daß die sekundäre Spannung gegen den primären Strom um *genau* 90° nacheilt (im Leerlaufzustand!) zu Meßzwecken Gebrauch machen kann, wenn die Spannung durch Kompensation stromlos abgenommen wird, so sind damit die Aussagen erschöpft, die wir aus dem Leerlaufdiagramm des Transformators ableiten können.

Wir erweitern nunmehr unsere Betrachtungen auf den Fall, daß auch die sekundäre Wicklung Strom führe und somit ihrerseits Flüsse erzeuge. Nach Abb. 93 behalten wir dabei für die Zählpfeile der Größen, die schon im Leerlauffall eine Rolle spielten, die dort festgelegten Richtungen bei und legen nur für die neuen Größen Zählpfeile fest. Im Sinne unserer allgemeinen Richtungsregeln wählen wir dabei die Zählrichtung für den Strom in der sekundären Wicklung so, daß von einem positiven Strom in ihr ein Fluß in der gleichen Richtung hervorgerufen wird wie von einem positiven Strom in der primären Wicklung. Bei dieser Wahl ergibt sich dann der Zählpfeil von i_2 so, daß in einem außen an die Klemmen angeschlossenen Verbraucherwiderstand R, wie er in der Abb. 93 gestrichelt angedeutet ist, das OHMsche Gesetz in der üblichen Form $u_2' = i_2 R$ gilt. Mit Rücksicht hierauf wurde schon die Wahl der Zählrichtung für u_2 in Abb. 92a getroffen, die dort etwas unmotiviert erschien und sich somit erst nachträglich rechtfertigt. Aus dem Schaltbild liest man die Gleichungen für die Augenblickswerte der Spannungen, Ströme und Flüsse ab, wobei wir zur Vermeidung von Verwechslungen mit Größen, die bereits im Schaltbild 92 vorkamen, die entsprechenden Größen durch Zufügung eines Indexstrichs kennzeichnen und den Umlauf im sekundären Kreis im Interesse der Allgemeingültigkeit nicht durch den angedeuteten Belastungswiderstand R führen, sondern durch die Klemmenspannung schließen, um später über den angeschlossenen oder anzuschließenden Widerstand der Belastung noch frei verfügen zu können. So ergeben sich die Gleichungen:

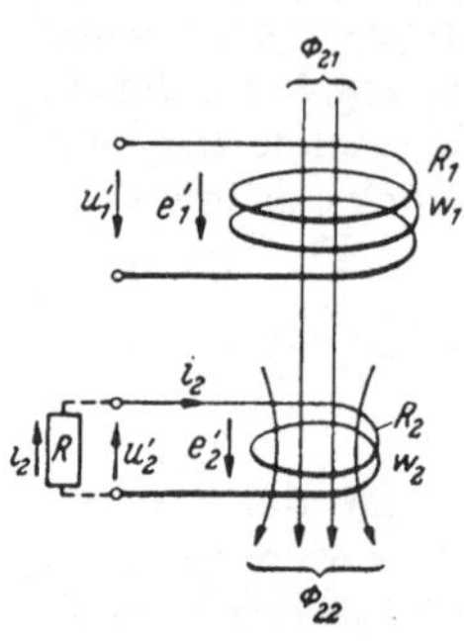

Abb. 93. Rückwirkung des sekundären Stromes beim Transformator.

$$\left.\begin{aligned} u_1' &= -e_1' = -\left(-w_1 \cdot \frac{d\Phi_{21}}{dt}\right) = -\left(-\frac{d}{dt}\Sigma\Phi_{21}\right) = L_{21}\cdot\frac{di_2}{dt} \\ -u_2' &= i_2\cdot R_2 - e_2' = i_2 R_2 - \left(-\frac{d}{dt}\Sigma\Phi_{22}\right) = i_2 R_2 + L_{22}\cdot\frac{di_2}{dt}, \end{aligned}\right| \tag{128}$$

die wir für einwellige Vorgänge wieder auf Zeigergleichungen zur Beseitigung der Differentialquotienten umschreiben können:

$$\left.\begin{aligned} \mathfrak{U}_1' &= -\mathfrak{E}_1'; \qquad & \mathfrak{E}_1' &= -j\omega w_1\cdot\boldsymbol{\Phi}_{21} \\ -\mathfrak{U}_2' &= \mathfrak{J}_2 R_2 - \mathfrak{E}_2'; \qquad & \mathfrak{E}_2' &= -j\omega w_2\cdot\boldsymbol{\Phi}_{22} \end{aligned}\right| \tag{129}$$

und unter Benutzung der Definitionsgleichungen für die Koeffizienten der Eigen- und Gegeninduktivität in einer der obigen Festlegung für die primären Größen entsprechenden Form:

$$L_{22} = \frac{\Sigma\Phi_{22}}{i_2} \quad \text{bzw.} \quad = \frac{w_2\cdot\Phi_{22}}{i_2}, \tag{130}$$

$$L_{21} = \frac{\Sigma\Phi_{21}}{i_2} \quad \text{bzw.} \quad = \frac{w_1\cdot\Phi_{21}}{i_2}, \tag{131}$$

umformen können auf die endgültige Form für unsere weiteren Rechnungen

$$\left.\begin{aligned} \mathfrak{U}_1' &= j\omega L_{21}\cdot\mathfrak{J}_2, \\ -\mathfrak{U}_2' &= \mathfrak{J}_2\cdot(R_2 + j\omega L_{22}). \end{aligned}\right| \tag{132}$$

Dabei müssen wir allerdings noch eine Bemerkung über die Bedeutung der Koeffizienten der Gegeninduktivität einfügen. Während offenbar die beiden Flüsse Φ_{12} und Φ_{21} in keiner Weise formelmäßig miteinander verknüpft sind, was man am deutlichsten daran erkennt, daß wir in Abb. 92 willkürlich darüber verfügen konnten, daß $\Phi_{21} = 0$ sein solle, und umgekehrt in Abb. 93 ebenso willkürlich $\Phi_{12} = 0$ annehmen durften, besteht zwischen den beiden Größen L_{12} und L_{21} die allgemeine Beziehung:

$$L_{12} = L_{21}, \tag{133}$$

wie von der Theorie der Felder bewiesen wird. Wir verzichten hier auf den Beweis dafür, verifizieren aber die Tatsache durch folgende Überlegung: Φ_{12} ist als Bruchteil m_{12} von Φ_{11} mit dem Strom i_1 über die Grundgleichung des magnetischen Kreises der Primärspule verknüpft:

$$\Phi_{12} = m_{12} \cdot \frac{w_1 i_1}{R_{m_1}}$$

worin R_{m_1} dén magnetischen Widerstand dieser Spule bedeutet, der nur von ihren geometrischen Abmessungen und der Permeabilität ihres magnetischen Weges abhängt. Entsprechendes gilt für den Fluß Φ_{21} und seine Beziehung zu i_2. Die Koeffizienten L_{12} und L_{21}:

$$L_{12} = \frac{w_2 w_1}{R_{m_1}} \cdot m_{12} \quad \text{und} \quad L_{21} = \frac{w_1 \cdot w_2}{R_{m_2}} \cdot m_{21},$$

hängen also nicht mehr vom Betriebszustand ab (d. h. von der Tatsache, ob und in welcher Höhe Strom fließt), sondern nur von der Geometrie und der *gegenseitigen* Lage der Spulen und jeweils dem Produkt *beider* Windungszahlen. Wir werden zur Abkürzung der Bezeichnungen für diese den primären und sekundären Spulen gemeinsame Größe oft den Buchstaben M benutzen:

$$M = L_{12} = L_{21}. \tag{134}$$

Ist nun keine der beiden Wicklungen stromlos, sondern führen beide Strom, wie das normalen Betriebszuständen entspricht, so überlagert sich die Rückwirkung des sekundären Stromes auf den primären Teil, die in dem Gleichungspaar (128) zur Abb. 93 zum Ausdruck kommt, den Vorgängen, die wir bereits in dem Gleichungspaar (123) für die Abb. 92 erfaßt haben. Wegen der vorausgesetzten linearen Zusammenhänge an allen Stellen dürfen wir also die gestrichenen Größen der Gleichungen (128) einfach linear denen mit dem entsprechenden Index aus dem Gleichungspaar (123) überlagern, d. h. die beiden Gleichungssysteme addieren und erhalten so für die Augenblickswerte unter Benutzung der Flüsse zur Angabe der induzierten Spannungen:

$$\left.\begin{aligned} u_1 &= i_1 R_1 - e_1 - e_1' = i_1 R_1 + w_1 \cdot \frac{d\Phi_{11}}{dt} + w_1 \cdot \frac{d\Phi_{21}}{dt} \\ -u_2 &= i_2 R_2 - e_2 - e_2' = i_2 R_2 + w_2 \cdot \frac{d\Phi_{12}}{dt} + w_2 \cdot \frac{d\Phi_{22}}{dt} \end{aligned}\right\} \tag{135}$$

oder nach dem Übergang zur symbolischen Rechnung für die Zeiger und Einführung der Koeffizienten der Selbstinduktivitäten und der Gegeninduktivität:

$$\left.\begin{aligned} \mathfrak{U}_1 &= \mathfrak{J}_1 R_1 + \mathfrak{J}_1 j \omega L_{11} + \mathfrak{J}_2 j \omega M \\ -\mathfrak{U}_2 &= \mathfrak{J}_2 R_2 + \mathfrak{J}_2 j \omega L_{22} + \mathfrak{J}_1 j \omega M. \end{aligned}\right| \tag{136}$$

Dies Gleichungspaar stellt die inneren Zusammenhänge des Transformators dar, sagt aber nichts aus über die äußere Belastung. Zu ihm tritt als dritte Gleichung zur Bestimmung der 3 Unbekannten $\mathfrak{J}_1$, $\mathfrak{J}_2$ und $\mathfrak{U}_2$ ($\mathfrak{U}_1$ sei als „Netzspannung" fest gegeben angenommen) noch die äußere Gleichung für die Last nach der Abb. 94:

$$\mathfrak{U}_2 = \mathfrak{J}_2 \mathfrak{z}_2, \tag{136c}$$

worin $\mathfrak{z}_2$ sich nur auf den außen an die Sekundärklemmen angeschlossenen Belastungswiderstand (für Wechselstrom) bezieht.

In Abb. 94 haben wir außerdem den Transformator mit einem vereinfachten Symbol dargestellt, in dem der Wickelsinn der Spulen nicht mehr im gleichen Sinne erkennbar ist wie in den Abb. 92/93, aber vorausgesetzt ist, daß gleichgerichtete Ströme in den Wicklungen auch gleichgerichtete Flüsse hervorrufen, und beide Spulen von diesen Flüssen im gleichen Sinne durchflutet werden. Man stelle sich also die beiden nebeneinander gezeichneten Spulen praktisch übereinander auf den gleichen Spulenkörper gewickelt vor.

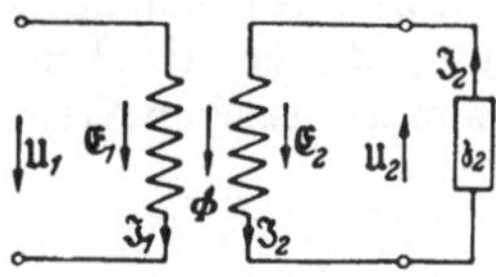
Abb. 94. Abgekürzte Darstellung des Transformators mit Belastung und Zählpfeile für die Zeiger.

Wir stellen nun mit diesem Transformator einen „*Kurzschlußversuch*" an, indem wir seine Sekundärklemmen widerstandslos verbinden, also $\mathfrak{z}_2 = 0$ machen, womit zugleich die sekundäre Spannung $\mathfrak{U}_2 = 0$ wird wegen $\mathfrak{U}_2 = \mathfrak{J}_2\,\mathfrak{z}_2$. Die zweite innere Transformatorgleichung (136b) nimmt dann also die Form an:

$$0 = \mathfrak{J}_{2_k}(R_2 + j\,\omega\,L_{22}) + \mathfrak{J}_{1_k} j\,\omega\,L_{12} \tag{137}$$

wobei wir den Index „*k*" zur Kennzeichnung des Kurzschlußzustandes benutzt haben, dem diese Ströme zugehören. Sie liefert eine Beziehung zwischen den beiden Strömen:

$$\ddot{u}_k = \mathfrak{J}_{1_k}/\mathfrak{J}_{2_k} = -\frac{R_2 + j\,\omega\,L_{22}}{j\,\omega L_{12}} = -\frac{L_{22}}{L_{12}} + j\,\frac{R_2}{\omega L_{12}}, \tag{138}$$

also das *Kurzschlußübersetzungsverhältnis* der Ströme. Vernachlässigen wir wiederum Widerstand R_2 und Streuung, so ergibt sich für diesen Fall mit $L_{22}/L_{12} = w_2/w_1$, daß sich die Ströme umgekehrt wie die Windungszahlen verhalten, also auch umgekehrt wie die Spannungen im Leerlauf. Dies elementare Ergebnis ist aber idealisiert und bedarf ähnlicher Korrekturen wie das oben ermittelte Übersetzungsverhältnis der Spannungen im Leerlauf.

Zunächst ist wegen der Streuung:

$$L_{22}/L_{12} = w_2\Phi_{22}/w_1\Phi_{21} = \frac{w_2}{w_1\cdot m_{21}} = \frac{1}{\ddot{u}_w\,.\,m_{21}}\,.$$

Sie bewirkt also, daß nunmehr hierfür die primäre Windungszahl verkleinert erscheint. Wiederum wird das Übersetzungsverhältnis der Ströme vergrößert. Das Windungsübersetzungsverhältnis erscheint jetzt allerdings verkleinert.

Zum anderen ist auch dies Übersetzungsverhältnis der Ströme wegen des Ohmschen Widerstandes komplex. Die beiden Ströme sind nicht rein in Gegenphase, wie sich das bei verschwindendem Ohmschen Widerstand der Sekundärwicklung wegen des Minuszeichens im reellen Teil des Übersetzungsverhältnisses ergeben würde, sondern zwischen $\mathfrak{J}_{1_k}$ und $(-\mathfrak{J}_{2_k})$ besteht ein Phasenunterschied, den wir als „*Winkelfehler*" δ bezeichnen können (Abb. 95). Aus dem Operator des Übersetzungsverhältnisses nach (138) lesen wir die Bedingung für diesen Winkel ab:

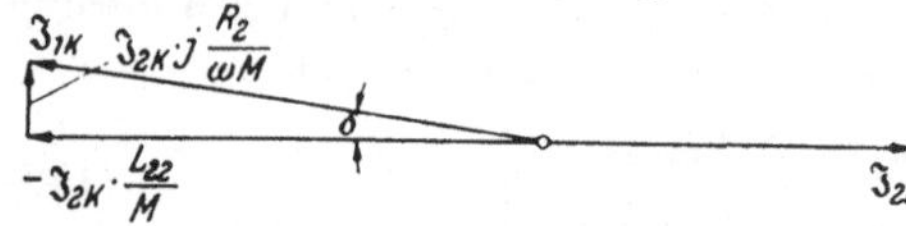
Abb. 95. Zeigerdiagramme der Stromverhältnisse eines Transformators bei sekundärem Kurzschluß.

$$\operatorname{tg}\delta = \frac{R_2}{\omega\,L_{22}} \tag{139}$$

und erkennen, welche Bedeutung kleiner Widerstand und hohe Induktivität, also hoher Aufwand an Kupfer und Eisen auch für den Stromwandler haben, der ja ein sekundär über die sehr kleinen Widerstände von Strommessern und Stromspulen von Leistungsmessern und Zählern kurzgeschlossener Transformator ist, wenn wir phasenechte Wiedergabe des primären Stromes im sekundären Strom für eine richtige Leistungsmessung verlangen.

Die beiden *inneren Transformatorgleichungen:*

$$\left.\begin{aligned} \mathfrak{U}_1 &= \mathfrak{J}_1 (R_1 + j\,\omega\, L_{11}) + \mathfrak{J}_2 \cdot j\,\omega\, M \\ -\mathfrak{U}_2 &= \mathfrak{J}_1 \cdot j\,\omega\, M + \mathfrak{J}_2 (R_2 + j\,\omega\, L_{22}) \end{aligned}\right\}$$

zusammen mit der *äußeren Gleichung* für den Lastwiderstand: (136)

$$\mathfrak{U}_2 = \mathfrak{J}_2\, \mathfrak{z}_2$$

bestimmen aber das Verhalten des Transformators auch bei jeder beliebigen Last. Wir können das Gleichungstripel stets nach drei der darin vorkommenden Zeiger auflösen, wenn wir einen (den vierten) jeweils als konstant und bekannt annehmen. Wir können z. B. fragen nach der Primärspannung $\mathfrak{U}_1$, die eingestellt werden muß, damit ein Verbraucherwiderstand $\mathfrak{z}_2$ an seinen Klemmen die vorgeschriebene Spannung $\mathfrak{U}_2$ bekommt. Im folgenden aber wollen wir zunächst den Fall behandeln, daß die Primärspannung als „Netzspannung" fest gegeben sei, und nach dem Verhalten der Ströme und der Sekundärspannung in Abhängigkeit vom Lastwiderstand fragen. Setzen wir $\mathfrak{U}_2$ aus der Lastgleichung (136c) in die zweite Transformatorgleichung (136b) ein, so ergibt sich:

$$-\mathfrak{J}_2\, \mathfrak{z}_2 = \mathfrak{J}_1\, j\,\omega\, M + \mathfrak{J}_2 (R_2 + j\,\omega\, L_{22}) \tag{140}$$

und damit eine Beziehung zwischen den beiden Strömen — sozusagen das Übersetzungsverhältnis der Ströme bei beliebiger Last, in das außer den inneren Kenngrößen des Transformators nun auch der Lastwiderstandsoperator eingeht —:

$$\mathfrak{J}_2/\mathfrak{J}_1 = -\frac{j\,\omega\, M}{\mathfrak{z}_2 + R_2 + j\,\omega\, L_{22}}\,. \tag{141}$$

Wir können damit $\mathfrak{J}_2$ aus der ersten Gleichung (136a) auch eliminieren und erhalten mit den Abkürzungen:

$$R_1 + j\,\omega\, L_{11} = \mathfrak{z}' \quad \text{und} \quad R_2 + j\,\omega\, L_{22} = \mathfrak{z}'' \tag{142}$$

über:

$$\mathfrak{U}_1 = \mathfrak{J}_1 \cdot \mathfrak{z}' - \mathfrak{J}_1 \cdot \frac{j\,\omega\, M}{\mathfrak{z}_2 + \mathfrak{z}''} \cdot j\,\omega\, M$$

die formale Lösung unserer Aufgabe:

$$\mathfrak{J}_1 = \mathfrak{U}_1 \cdot \frac{\mathfrak{z}'' + \mathfrak{z}_2}{(\mathfrak{z}' \cdot \mathfrak{z}'' + \omega^2 M^2) + \mathfrak{z}' \cdot \mathfrak{z}_2}\,. \tag{143}$$

Sie stellt selbstverständlich eine Abhängigkeit des Stromes $\mathfrak{J}_1$ von dem Belastungsoperator $\mathfrak{z}_2$ nach einem Kreisdiagramm her, denn im Zähler dieses Ausdruckes kommen lineare Kombinationen von $\mathfrak{z}_2$ vor, die in dem Ausdruck schon so geordnet sind, daß er der Normalform (Gl. (112)):

$$\mathfrak{R} = \frac{\mathfrak{A} + \mathfrak{B}\, \mathfrak{z}}{\mathfrak{p} + \mathfrak{q}\, \mathfrak{z}}$$

entspricht. Dies Kreisdiagramm wollen wir nun unter gewissen vereinfachenden Annahmen aufstellen und untersuchen. Technische Transformatoren sind sowohl in der Starkstromtechnik, wie in der Nachrichtentechnik fast immer so bemessen, daß ihre Ohmschen Widerstände sehr klein sind, denn man ist ja nicht an Verlusten interessiert, sondern an einem möglichst hohen Wirkungsgrad oder kleiner Dämpfung. Wir wollen deshalb in der folgenden Betrachtung die beiden Ohmschen Widerstände gänzlich vernachlässigen und setzen also $R_1 = R_2 = 0$.

Der Transformator ohne Widerstand. Unsere allgemeinen Transformatorgleichungen reduzieren sich für diesen Fall auf:

$$\left.\begin{aligned} \mathfrak{U}_1 &= \mathfrak{J}_1 \cdot j\,\omega\, L_1 + \mathfrak{J}_2\, j\,\omega\, M \\ -\mathfrak{U}_2 &= \mathfrak{J}_1 \cdot j\,\omega\, M + \mathfrak{J}_2\, j\,\omega\, L_2 \\ \mathfrak{U}_2 &= \mathfrak{J}_2\, \mathfrak{z}_2\,, \end{aligned}\right\} \tag{144}$$

worin wir zur Vereinfachung der Schreibweise noch $L_{11} = L_1$ und $L_{22} = L_2$ gesetzt haben ohne sachliche Änderung der Bedeutung. Die allgemeine Lösung des vorigen Abschnitts vereinfacht sich damit auf die Form:

$$\mathfrak{J}_1 = \mathfrak{U}_1 \cdot \frac{j\,\omega\,L_2 + \mathfrak{z}_2}{-\,\omega^2\,(L_1\,L_2 - M^2) + j\,\omega\,L_1\,\mathfrak{z}_2}\,. \tag{145}$$

Nun ist es üblich den Quotienten:

$$\frac{M^2}{L_1 \cdot L_2} = k^2 \tag{146}$$

als dimensionslose Größe zu definieren, die nicht mehr von den Windungszahlen der beiden Wicklungen abhängt, sondern nur noch von der gegenseitigen Verkettung — mit den Bezeichnungen des vorigen Abschnitts ist $k^2 = m_{12}\,m_{21}$ das Produkt aus den Verhältniszahlen der verkettenden Flüsse zu den Eigenflüssen jeder Wicklung —, und k den Kopplungsfaktor beider Wicklungen zu nennen. Aus der Definition heraus ist klar, daß $k^2 < 1$ sein muß. Es erscheint also durchaus sinnvoll, die Abweichung von 1 als Streufaktor σ zu bezeichnen, denn die Abweichung von 1 wird ja durch die Streuung bedingt. Es ist also:

$$\sigma = 1 - k^2 = 1 - M^2/(L_1\,L_2)\,. \tag{146a}$$

Unter Einführung dieses Ausdrucks schreiben wir die Lösung (Gl. (145)) noch weiter um und erhalten:

$$\mathfrak{J}_1 = \frac{\mathfrak{U}_1 \cdot j\,\omega\,L_2 + \mathfrak{U}_1\,\mathfrak{z}_2}{-\,\omega^2\,L_1\,L_2 \cdot \sigma + j\,\omega\,L_1\,\mathfrak{z}_2}\,. \tag{147}$$

Aus ihr folgt für den Leerlauffall ($\mathfrak{z}_2 = \infty$) unter Verwendung des Index „l" zur Kennzeichnung dieses Sonderfalles:

$$\mathfrak{J}_{1_l} = \frac{\mathfrak{U}_1}{j\,\omega\,L_1} \tag{148}$$

und entsprechend für den Kurzschlußfall ($\mathfrak{z}_2 = 0$) unter Verwendung des Index „k":

$$\mathfrak{J}_{1_k} = \frac{\mathfrak{U}_1}{j\,\omega\,L_1\,\sigma}\,. \tag{149}$$

Beide Ströme eilen also gegen die Spannung um 90° nach. Ihr Verhältnis zueinander:

$$I_{1_k} : I_{1_l} = 1/\sigma$$

ergibt ein Maß für die Streuung, wobei technisch zu beachten ist, daß man den „Kurzschlußversuch" wegen der thermischen Gefährdung des Transformators nicht mit der vollen Primärspannung auszuführen pflegt, die unser Papierversuch voraussetzt, daß man also sein Ergebnis erst noch im Verhältnis der angewendeten Spannungen umzurechnen hat.

Beide Ströme sind im Zeigerdiagramm der Abb. 96 dargestellt. Nimmt man in ihm die Länge des Kurzschlußstromes als Einheit, so ist die des Leerlaufstromes im gleichen Maßstab der Streufaktor σ. Hinsichtlich des Leerlaufstromes unterscheidet sich dies Diagramm nur dadurch von dem der Abb. 92b, daß nun — wegen der Vernachlässigung des Widerstandes — genau 90° Phasenverschiebung zwischen Strom und Spannung bestehen, während dort an dieser Phasenverschiebung der Winkelfehler ε fehlte. Berücksichtigung des Widerstandes würde auch im Kurzschlußfall den Endpunkt K des Zeigers $\mathfrak{J}_{1_k}$ voreilend vorschieben, ohne das Wesen des Diagramms entscheidend zu beeinflussen. Allerdings würde bei technischen Transformatoren zur Leistungsübertragung und Übertragern der Nachrichtentechnik für den Kurzschlußfall der „Fehlwinkel" gegen die 90°-Verschiebung von Spannung und Strom erheblich größer sein als beim Leerlauffall. Auch wäre σ viel kleiner als bei der Abb. 96 angenommen ist, deren Maßverhältnisse am ehesten den Werten eines Asynchronmotors entsprechen, der nach Abschnitt VIII E, S. 497, auch als

Transformator allgemeinerer Art anzusehen ist und das gleiche Kreisdiagramm hat wie ein Transformator.

Somit bleibt nun nur noch die Bestimmung des Peripheriewinkels des Kreisdiagramms, das sich zwischen den Endpunkten von $\mathfrak{J}_{1_k}$ und $\mathfrak{J}_{1_l}$ spannen muß. Aus der Gl. (147) für $\mathfrak{J}_1$ lesen wir durch Vergleich mit der Normalform (Gl. (112)) ab:

$$\mathfrak{p} = -\omega^2 L_1 L_2 \sigma \qquad \mathfrak{q} = j\,\omega\, L_1$$

also: $$\varphi_p = 180^\circ \quad \text{und} \quad \varphi_q = 90^\circ$$

und $$p = \omega^2 L_1 L_2 \sigma \qquad q = \omega L_1 .$$

Damit wird nach Gl. (119) der Peripheriewinkel des Kreisdiagramms:

$$\alpha = 180^\circ + \varphi_q - \varphi_p + \varphi_z = 180^\circ + 90^\circ - 180^\circ + \varphi_2 = 90^\circ + \varphi_2 .$$

Für rein OHMsche Last ergibt sich also mit $\alpha = 90^\circ$ der Halbkreis über KL, zwischen den Spitzen der Zeiger des Leerlauf- und Kurzschlußstromes, als Ortskurve des Primärstromes bei beliebigem Betrag des Belastungswirkwiderstandes. Daß es sich um den oberen Halbkreis handelt, brauchen wir in diesem Fall nicht erst mit

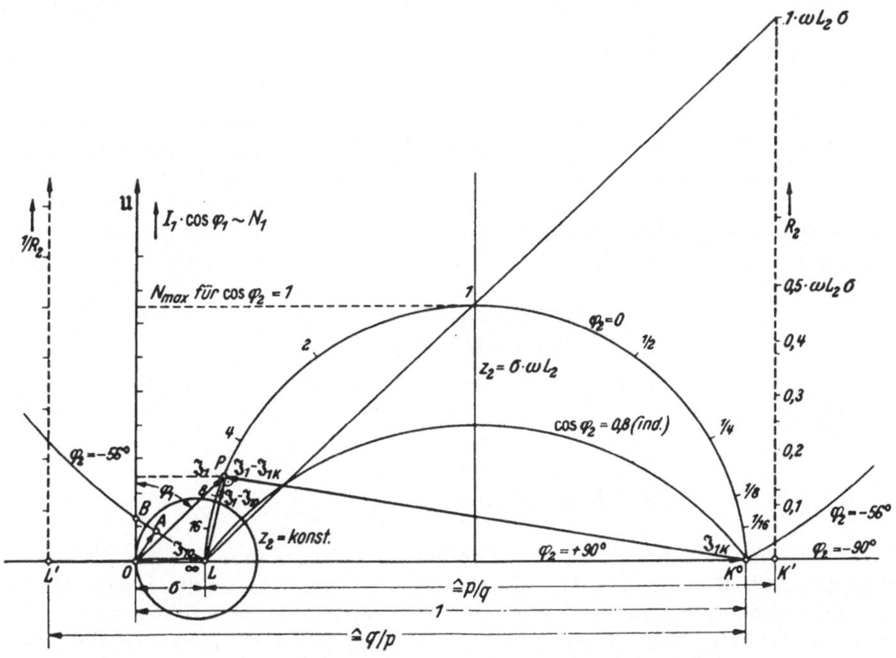

Abb. 96. Kreisdiagramm für den Primärstrom eines Transformators ohne Wicklungswiderstand (HEYLAND-Kreis).

Hilfe unserer Kriterien über das Vorzeichen von α und die Lage des Bogens zu prüfen, sondern können es unmittelbar daraus schließen, daß bei sekundärer Leistungsabgabe auch der primäre Strom natürlich eine Wirkkomponente in Richtung der primären Spannung haben muß. Der Transformator muß also, von den Primärklemmen aus gesehen, einen Eingangswiderstand besitzen, der eine Wirkkomponente hat. In ähnlicher Weise hat ja auch eine reine Induktivität, der wir einen Widerstand parallelschalten, einen Reihenersatzwiderstandsoperator mit einer Wirk- und einer Blindkomponente. Unser Transformator wirkt also bei Belastung mit einem Wirkwiderstand so, als ob man zu seiner Leerlaufinduktivität L_1 einen Widerstand parallel geschaltet hätte. Verkleinert man diesen bis auf Null, so wird bei der reinen Parallelschaltung von Spule und Induktivität allerdings der resultierende Widerstand schließlich Null, während beim wirklichen Transformator immer noch der induktive Widerstand vom Betrage $\omega L_1 \sigma$ verbleibt. Man könnte ihn sinnvoll als Gesamtstreublindwiderstand bezeichnen, weil in ihm ja die Wirkung der im Kurzschlußfall übrigbleibenden Streufelder des Transformators zum Ausdruck kommt.

Ein vereinfachtes Ersatzbild nach Art der Abb. 97b für den Transformator nach Abb. 97a kann also nur in der Umgebung von $R_2 = \infty$, also in der „Nähe des Leerlaufpunktes“ Gültigkeit haben. Es kann trotzdem sehr wertvoll sein, weil viele Transformatoren — insbesondere alle Leistungstransformatoren der Starkstromtechnik — in der Nähe dieses Punktes arbeiten, ein Begriff, den wir gleich noch eingehender definieren wollen. Vorerst stellen wir aber erst einmal fest, ob und unter welchen Voraussetzungen sich das Ersatzschaltbild hinsichtlich des primären Stromes gleichartig verhält wie der Transformator. Mit R' und L' als den Größen des Ersatzschaltbildes in Parallelschaltung ergibt sich sein resultierender Widerstand zu:

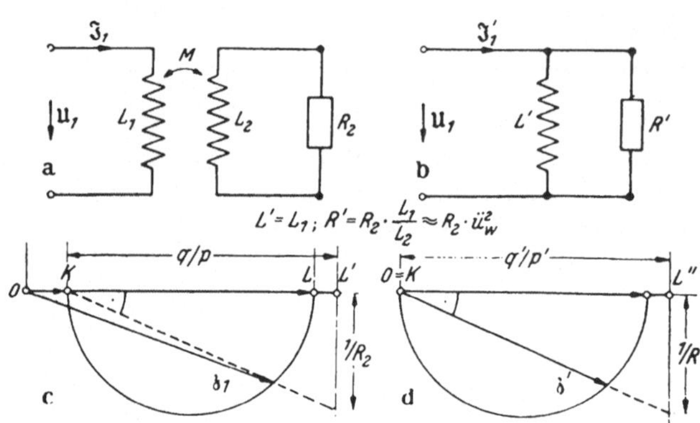

Abb. 97. Transformator und vereinfachtes Leerlaufersatzschaltbild. a Transformator. b Vereinfachtes Leerlaufersatzschaltbild. c Ortskurve des Eingangswiderstandes zu a. d Ortskurve des resultierenden Widerstandes zu b.

$$\mathfrak{z}' = \frac{R' \cdot j\,\omega L'}{R' + j\,\omega L'} = \frac{0 + R'}{1 - j\,R'/\omega L'}, \tag{150}$$

während der Eingangswiderstand des Transformators in Gl. (147) ermittelt wurde als:

$$\mathfrak{z}_1 = \frac{-\omega^2 L_1 L_2 \sigma + j\,\omega L_1 R_2}{j\,\omega L_2 + R_2} = \frac{-j\,\omega L_1 \sigma + R_2 \cdot \dfrac{L_1}{L_2}}{1 - j\dfrac{1}{\omega L_1} \cdot R_2 \cdot \dfrac{L_1}{L_2}} \tag{151}$$

Die den beiden Gleichungen entsprechenden Kreisdiagramme für die Widerstände sind in den Abb. 97c für den Transformator und Abb. 97d für die Ersatzschaltung dargestellt. Sollen sie in der Nähe des Leerlaufpunktes übereinstimmen — im Kurzschlußpunkt können sie es a priori nicht — so müssen wir fordern, daß erstens $L' = L_1$ sei, wie sich aus dem Leerlaufpunkt selbst ergibt. Damit aber auch in der Nähe des Leerlauf-Punktes die Kreisdiagramme noch gleichartig durchlaufen werden, also auch $\mathfrak{z}_1 = \mathfrak{z}'$ wird, wie eingezeichnet, müssen wir uns die Maßstäbe in beide Diagramme eintragen. Dazu errichten wir in L' bzw. L'' die Lote und berücksichtigen, daß in Abb. 97c der Maßstab, in dem $1/R_2$ abgelesen werden kann, dadurch gegeben ist, daß hier $q/p = 1/\omega L_2$ ist, während sich bei Abb. 97d für $q'/p' = 1/L'\omega = 1/L_1 \omega$ als Maßstabsgröße für $1/R'$ ergibt. Es gilt also für die „annähernd“ gleichen Lagen der Operatoren $\mathfrak{z}_1$ und $\mathfrak{z}'$ die Proportion:

$$1/R' : 1/R_2 = O\,L'' : K\,L' = q'/p' : q/p = L_2 : L_1,$$

und somit ist:

$$R' = R_2 \frac{L_1}{L_2} \tag{152}$$

zu wählen, damit Transformator und Ersatzschaltbild sich gleichartig verhalten. Bei gleichen magnetischen Widerständen beider Spulen verhalten sich aber die Selbstinduktivitäten beider Wicklungen wie die Quadrate der Windungszahlen, so daß für technische Transformatoren, für die diese Bedingung meist weitgehend erfüllt ist, der Ersatzwiderstand sich aus dem wirklichen Belastungswiderstand ergibt nach:

$$R' = R_2 \cdot (w_1/w_2)^2 = R_2 \cdot \ddot{u}_w^2 . \tag{153}$$

Man hätte dies Ergebnis übrigens auch gleich aus den Gl. (150/151) für die Kreisdiagramme der Widerstandsoperatoren herauslesen können, weil sie „geschickt" so geschrieben sind, daß ein solcher Vergleich möglich ist. Vernachlässigt man in der Transformatorgleichung für $\mathfrak{z}_1$ (Gl. (151)) im Zähler $j\omega L_1\sigma$ gegen das zweite Glied, so bedeutet das, daß wir uns bei großen Werten von R_2 befinden, in der „Nähe des Leerlaufpunktes". Diese ist also dadurch gekennzeichnet, daß:

$$R_2 \gg \omega L_2 \sigma \tag{154}$$

ist, eine, wie schon gesagt, praktisch meist erfüllte Bedingung. Wählt man dann noch $L' = L_1$ und macht $R' = R_2(L_1/L_2)$, so stimmen beide Gleichungen völlig überein.

Da es dem Nachrichtentechniker selten auf die absoluten Werte von Spannungen oder Strömen ankommt, er sich aber sehr dafür interessiert, mit welchem Wert R' ein sekundär angeschlossener Widerstand R_2 auf der primären Seite eines Übertragers in Erscheinung tritt, bezeichnet er als *das* Übersetzungsverhältnis eines solchen Übertragers den Quotienten aus den Widerständen, nach Gl. (152) also den Quotienten aus primärer und sekundärer Selbstinduktivität, der bei kleiner Streuung identisch ist mit dem Quadrat des Übersetzungsverhältnisses der Windungszahlen.

Wenn wir nach der Möglichkeit suchen, den Transformator auch in der „Nähe des Kurzschlußpunktes" durch ein derartiges vereinfachtes Ersatzschaltbild wiederzugeben, so bietet sich dafür die Reihenschaltung aus einem Widerstand und einer Spule nach Abb. 98 an. Denn das Kreisdiagramm für den von ihr aufgenommenen Strom nach Abb. 98b und der Gleichung

$$\mathfrak{J}'' = \frac{\mathfrak{U}_1 + 0 \cdot \mathfrak{U}_1}{j\,\omega L'' + R''} \tag{155}$$

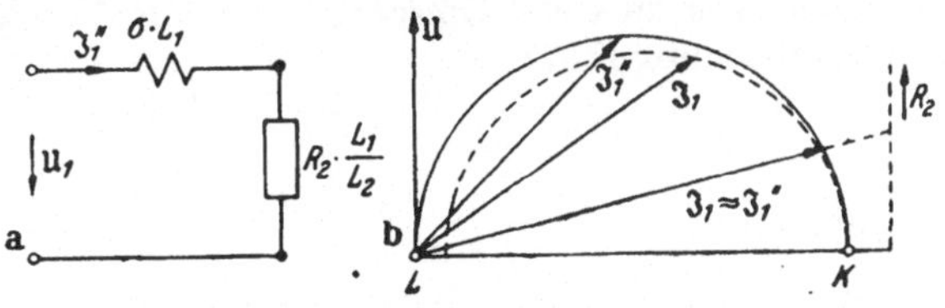

Abb. 98. Vereinfachtes Kurzschlußersatzschaltbild des Transformators. a Kurzschlußersatzschaltbild. b Zeigerdiagramme des Stromes $\mathfrak{J}_1$ für Transformator und Ersatzschaltbild.

verläuft in der Umgebung des Kurzschlußpunktes sehr ähnlich dem Kreisdiagramm des Transformators nach Abb. 96 und entfernt sich von ihm erst in der Nähe des Leerlaufpunktes merklich. Zum besseren Vergleich ist das Kreisdiagramm des Transformators gestrichelt noch einmal in die Abb. 98b miteingetragen. Wir schreiben nun auch die Transformatorgleichung (147) „geschickt" so um, daß sie mit der Gl. (155) für die Ersatzschaltung einfach vergleichbar wird:

$$\mathfrak{J}_1 = \frac{\mathfrak{U}_1 + \mathfrak{U}_1 \cdot \dfrac{R_2}{j\,\omega L_2}}{j\,\omega L_1 \sigma + (L_1/L_2) \cdot R_2} . \tag{156}$$

Es ergibt sich, daß wir zunächst den zweiten Term im Zähler des Ausdrucks (Gl. (156)) für den primären Transformatorenstrom vernachlässigen müssen, um Übereinstimmung mit Gl. (155) zu erzielen. Die „Nähe des Kurzschlußpunktes" ist also dadurch gekennzeichnet, daß $R_2/\omega L_2 \ll 1$ sei, also der sekundäre Belastungswiderstand

$$R_2 \ll \omega L_2 . \tag{157}$$

Auch diese Bedingung ist bei technischen Transformatoren im Betriebsbereich meist weitgehend erfüllt, wobei zu beachten ist, daß die Einhaltung beider Bedingungen (Gl. (154 u. 157)) für das Leerlaufersatzschaltbild der letzten Ausführungen und das jetzt behandelte Kurzschlußersatzschaltbild nebeneinander durch den gleichen Belastungswiderstand R_2 deshalb nicht verwunderlich ist, weil das tertium comparationis in beiden Fällen verschieden ist. War es im ersten Falle der *Streu*blindwiderstand, so ist es jetzt der *Gesamt*blindwiderstand der Sekundärwicklung. Machen wir nun außerdem die Ersatzinduktivität L'' der Ersatzschaltung nach Abb. 98a: $L'' = \sigma L_1$ und wiederum $R'' = R_2 (L_1/L_2) \approx R_2 \ddot{u}^2$, so stimmen beide Gleichungen völlig überein. Das Ersatzschaltbild ist also in dem Bereich nahe dem Kurzschlußpunkt dem Transformator in seinem Verhalten äquivalent.

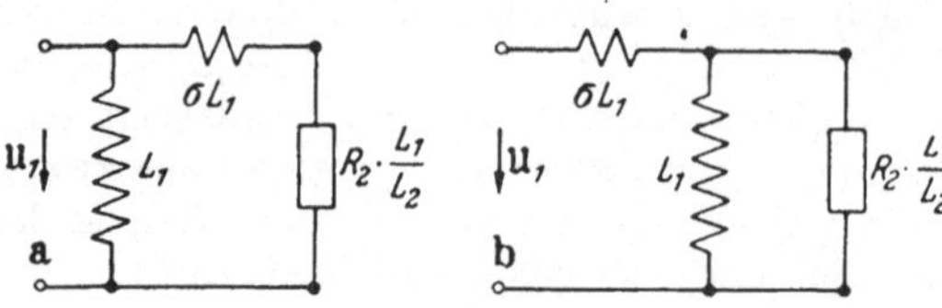

Abb. 99. Betriebsersatzschaltbilder des Transformators und seiner Belastung.

Da beide Ersatzschaltbilder (Abb. 97/98) nebeneinander im gleichen Bereich für den Belastungswiderstand näherungsweise gültig sind, liegt der Gedanke nahe, sie zu kombinieren, um das Verhalten des Transformators möglichst vollständig wiederzugeben. Man käme so zu Schaltbildern, wie sie in den Abb. 99a und 99b dargestellt sind. Für beide stimmen die Gleichungen für die Stromaufnahme untereinander und mit der wahren Transformatorgleichung nicht überein. Sie lauten ja nach elementaren Regeln:

für Abb. 99a: $$\mathfrak{J}_1 = \mathfrak{U}_1 \Big/ \frac{j\omega L_1 \cdot (R_2 L_1/L_2 + j\omega\sigma L_1)}{R_2 \cdot L_1/L_2 + j\omega L_1 + j\omega\sigma L_1} \tag{158}$$

für Abb. 99b: $$\mathfrak{J}_1 = \mathfrak{U}_1 \Big/ \left(j\omega\sigma L_1 + \frac{R_2 \cdot L_1/L_2 \cdot j\omega L_1}{R_2 \cdot L_1/L_2 + j\omega L_1}\right) \tag{159}$$

oder nach „geschickter" Umschreibung zum Vergleich mit der „richtigen" Transformatorgleichung (147):

$$\mathfrak{J}_1 = \frac{\mathfrak{U}_1 \cdot j\omega L_2 + \mathfrak{U}_1 R_2}{-\omega^2 L_1 L_2 \sigma + j\omega L_1 R_2} \tag{147}$$

für Abb. 99a: $$\mathfrak{J}_1 = \frac{\mathfrak{U}_1 \cdot j\omega L_2 (1+\sigma) + \mathfrak{U}_1 R_2}{-\omega^2 L_1 L_2 \cdot \sigma + j\omega L_1 R_2} \tag{160}$$

für Abb. 99b: $$\mathfrak{J}_1 = \frac{\mathfrak{U}_1 j\omega L_2 + \mathfrak{U}_1 R_2}{-\omega^2 L_1 L_2 \sigma + j\omega L_1 (1+\sigma) \cdot R_2}. \tag{161}$$

Sie unterscheiden sich also voneinander und von der wahren Gl. (147) nur durch den einmal in einem Zählerglied, das andere Mal in einem Nennerglied auftretenden Faktor $(1+\sigma)$, der unwesentlich ist, weil für eigentliche Transformatoren der Niederfrequenztechnik und Übertrager im Tonfrequenzgebiet $\sigma < 0{,}01 \ldots 0{,}001$ ist. Es ist also dann nicht mehr sehr wesentlich, ob man die an sich etwas verschieden zu wählenden Werte der Ersatzschaltungen *a* und *b* untereinander gleich und mit den angegebenen Werten wählt oder sie verschieden und von diesen Werten ein wenig abweichend macht. In jedem Fall kann man z. B. aus dem Ersatzschaltbild 99a ersehen, daß der einem Verbraucher vorgeschaltete Übertrager mit seiner Streuinduktivität wie ein induktiver Vorwiderstand wirkt, der damit eine obere Grenzfrequenz festlegt, während aus Abb. 99b sich ergibt, daß der Übertrager auch eine untere Grenzfrequenz bedingt, weil mit abnehmender Frequenz der dabei zunehmende Blindleitwert der parallel zum Lastwiderstand liegenden „Hauptinduktivität" L_1 diesen mehr und mehr kurzschließt.

Ebenso erkennt der Starkstromtechniker aus beiden Abbildungen wesentliche Eigenschaften seiner Leistungstransformatoren. Sie nehmen nach Abb. 99a erstens zusätzlich zum Belastungsstrom durch den Widerstand der sekundären Last noch einen induktiven Blindstrom — ihren Magnetisierungsstrom — auf. Sie rufen zweitens einen Spannungsabfall hervor, denn ihr Streublindwiderstand ist als $\omega\sigma L_1$ ebenfalls nach Abb. 99a dem Lastwiderstand vorgeschaltet und nimmt einen Teil der Primärspannung auf. Diese Näherung wird für ihn fast immer ausreichend sein. Nähere Einzelheiten über die dabei u. U. nötige Berücksichtigung der inneren Widerstände der Wicklungen des Transformators behandeln wir im Abschnitt über den Eisentransformator (Abschn. C 6b, S. 89).

In Zweifelsfällen ist aber immer zu prüfen, ob die mit diesen Ersatzschaltbildern erzielte Annäherung an die Wirklichkeit ausreicht. Ist das nicht der Fall, so muß man mit der wirklichen Transformatorschaltung rechnen oder sich des vollständigen Ersatzschaltbildes bedienen, das wir in einem späteren Abschn. (S. 103) noch behandeln werden. Im Abschnitt über Vierpole (Bd. 2) wird gezeigt werden, daß es überhaupt nicht möglich ist, mit nur 2 Widerständen das Verhalten in allen Bereichen richtig nachzubilden.

Kehren wir noch einmal zum Kreisdiagramm der Abb. 96 zurück. Wie bei allen Kreisdiagrammen können wir auch hier Skalen für die Widerstände, bzw. Leitwerte, der Belastung anbringen. Da $\alpha = 90°$ ist, sind sie auf Strahlen aufzutragen, die senkrecht zur Verbindungslinie des Leerlaufpunktes L und des Kurzschlußpunktes K stehen. Ihre Maßstäbe richten sich jeweils nach den Quotienten von p und q, so daß also in der Abb. 96 LK' im Widerstandsmaßstab gleich

$$LK' \triangleq p/q = \omega L_2 \cdot \sigma$$

zu machen ist und andererseits KL' im Leitwertsmaßstab:

$$KL' \triangleq q/p = \frac{1}{\omega L_2 \sigma} .$$

Aus diesen beiden Skalen können wir dann auch eine — natürlich nicht lineare — Skala auf dem Halbkreis entwickeln, die nach Vielfachen, bzw. Bruchteilen, dieses Widerstandswertes $\omega L_2 \cdot \sigma$ zu beziffern ist und dann unmittelbare Ablesung der primären Stromwerte gestattet, die sich bei einem bestimmten Belastungswiderstand einstellen. Die Striche dieser Skala sind die Schnittpunkte der Hüllbüschel aus Abb. 88 für konstante Größe der Lastwiderstände mit dem Ortskreis.

Wir fragen nun weiter nach den Kreisdiagrammen für nicht-Ohmsche Lasten. Ist die Belastung rein induktiv, so wird nach S. 79 der Peripheriewinkel $\alpha = 90° + \varphi_2 = 180°$. Die vom Leerlauf- und Kurzschlußpunkt zum Betriebspunkt gezogenen Zeiger müssen also gegenphasig sein. Der Kreis entartet zur Verbindungslinie von K und L. Da keine verlustbedingenden Widerstände in der ganzen Schaltung einschließlich der Last jetzt vorhanden sind, ergeben sich auch im primären Kreis stets nur reine Blindströme. Bei zunehmender Verkleinerung der Induktivität der Belastung — dem Leerlauffall entspricht eine unendlich große Induktivität der Lastspule — bewegt sich die Spitze des Zeigers für den Strom $\mathfrak{I}_1$ geradlinig, aber nicht proportional mit der Induktivität, von links nach rechts, von L nach K. Auch hier gelten die Gesetze für das Längenverhältnis der Zeiger vom Kurzschluß- und Leerlaufpunkt zum Betriebspunkt, das durch den Maßstabsfaktor q/p und den Betrag der Last bestimmt wird. Im Mittelpunkt der Strecke LK würde also der induktive Lastwiderstand, der $\mathfrak{I}_1$ auf diesen Wert bringt, gerade gleich dem Wert $p/q = \omega L_2 \cdot \sigma$ sein müssen. Bei Einzeichnung der Hüllbüschel wie in Abb. 88, die wir schon im Zusammenhang mit der Widerstandsteilung auf dem Kreisumfang für Ohmsche Last erwähnten, würden die an diese angeschriebenen Werte für das Widerstandsverhältnis jetzt auch das Verhältnis der Induktivität der Belastung zum Werte σL_2, der auf die sekundäre Seite bezogenen Gesamtstreuinduktivität, sein.

Der Kreis für kapazitive Last schließlich ergibt sich mit $\alpha = 90° + \varphi_2 = 0°$ ebenfalls wieder als zu einer Geraden entartet, die die beiden Punkte K und L diesmal über den unendlich fernen Punkt miteinander verbindet. Auf jedem Punkte dieser Geraden sind ja in der Tat die von Leerlauf- und Kurzschlußpunkt gezogenen Zeiger zum Belastungspunkt gleichgerichtet. Dem Leerlauf entspricht hier der Wert 0 für den angeschlossenen Kondensator. Vergrößert man diesen Kondensator, so bleibt der vom Transformator aufgenommene Strom immer noch reiner Blindstrom, nimmt aber zunächst immer kleinere Werte an, bis er bei einem Kapazitätswert C_0 im Punkte 0 den Wert Null bekommt. Aus der allgemeinen Gleichung (147) für den Strom, die wir für kapazitive Last umschreiben:

$$\mathfrak{J}_1 = \mathfrak{U}_1 \cdot \frac{j\,\omega\,L_2 + \frac{1}{j\,\omega\,C}}{-\,\omega^2\,L_1\,L_2\,\sigma + j\,\omega\,L_1 \cdot \frac{1}{j\,\omega\,C}} \tag{162}$$

errechnen wir den zum Stromwert Null gehörenden Wert C_0 der Lastkapazität durch Nullsetzen des Zählers:

$$\omega\,L_2 = 1/\omega\,C_0 \qquad \text{oder} \qquad \omega^2\,L_2\,C_0 = 1\,, \tag{163}$$

finden also eine Resonanzbedingung. In diesem Zustand bildet die Hauptinduktivität des Transformators mit der angeschlossenen Kapazität der Last einen Parallelresonanzkreis, dessen Scheinwiderstand bei Fehlen dämpfender Einflüsse ja Unendlich wird, wenn wir auf Resonanz gehen. Die Stromaufnahme verschwindet. Der Magnetisierungsstrom — und mit ihm die Blindleistungsschwankung für das magnetische Feld des Transformators — wird aus dem Kondensator heraus gedeckt. So kompensiert die Kapazität des angeschlossenen Netzes bei einer gewissen Leitungslänge gerade den Magnetisierungsstrom, eine dem Anlagentechniker wohl bekannte Erscheinung. Am klarsten erkennt man den Charakter der Schaltung als Parallelschwingkreis, wenn man nach Abb. 100a sich den Transformator durch die Ersatzschaltung der Abb. 99b ersetzt denkt. In dieser Schaltung liegen nun wirklich L_1 und ein der Belastung entsprechender Kondensator in Parallelschaltung, der freilich nicht der Kondensator C_0 selbst ist, sondern aus ihm durch die Reduktion mit dem Quadrat des Übersetzungsverhältnisses hervorgeht, wobei zu beachten ist, daß mit $\ddot{u}^2 = L_1/L_2$ nach Gl. (153) Widerstände umzurechnen sind, Kondensatoren als leitwertbestimmende Größen entsprechend also mit $1/\ddot{u}^2 = L_2/L_1$, womit sich dann die gleiche Formel (163) für den Resonanzzustand ergibt wie oben.

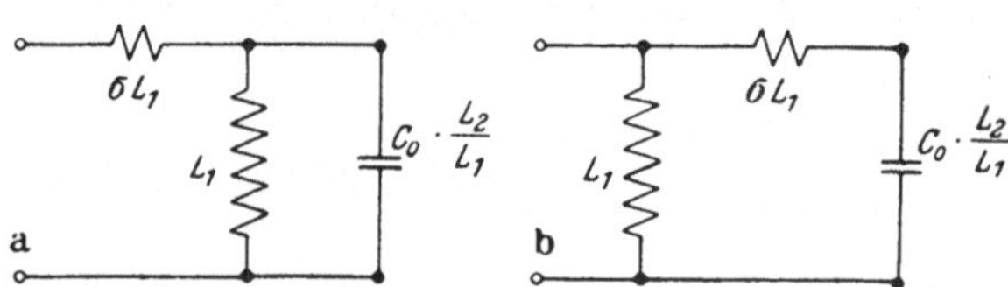

Abb. 100. Die Resonanzzustände des kapazitiv belasteten Transformators im Ersatzschaltbild. a Parallelresonanz. b Reihenresonanz.

Auch den nach Abb. 100b möglichen Resonanzzustand, der zwischen der Streuinduktivität und dem angeschlossenen Kondensator in einem Reihenresonanzkreis auftritt, finden wir im Kreisdiagramm auf dem unendlich fernen Punkt der Geraden für die rein kapazitive Last, in dem der primäre Strom Unendlich, der primär gemessene Scheinwiderstand der ganzen Anordnung also Null wird. Die Bedingung für die Größe C_∞ des zugehörigen Kapazitätswertes finden wir aus der oben aufgestellten Gl. (162) des Primärstromes bei kapazitiver Last durch Nullsetzen des Nenners und erhalten für diesen Kapazitätswert:

$$L_1/C_\infty = \omega^2\,L_1 L_2\,\sigma \qquad \text{oder} \qquad \omega^2\,L_2\,\sigma\,C_\infty = 1 \tag{164}$$

richtig und in Übereinstimmung mit der Anschauung aus dem Ersatzschaltbild der Abb. 100b, in der wiederum der Kondensatorwert mit $1/\ddot{u}^2$ auf die Primärseite zu reduzieren ist. Auch dieser Zustand ist von erheblicher praktischer Bedeutung. Bei der Reihenresonanz treten an den Elementen des Kreises ja erheblich größere

Spannungen auf, als von außen zugeführt werden. Solche Überspannungen können in Hochspannungsnetzen zwar kaum mit der Betriebsfrequenz, aber leicht mit einer Harmonischen (s. Abschn. IV) auftreten, wenn die Kapazität des Netzes und die Streuinduktivität eines Umspanners diese Resonanzbedingung befriedigt. In der *HF*-Technik dagegen wird dieser Zustand beim Resonanztransformator absichtlich herbeigeführt.

Lasten, deren Phasenwinkel nicht rein induktiv oder nicht rein kapazitiv sind, ergeben Kreisdiagramme, deren Kreise zwischen den Geraden der induktiven oder kapazitiven Last einerseits und dem Halbkreis für Ohmsche Last andererseits liegen. So ist z. B. in das Diagramm der Abb. 96 noch ein Kreis für den technisch interessierenden Fall einer Last mit $\cos\varphi_2 = 0{,}8$ induktiv eingetragen, der einen Peripheriewinkel $\alpha = 90° + \varphi_2 = 127°$ hat, und noch ein Kreis angedeutet, der einer fast rein kapazitiven Last entspricht, dessen Scheitelwert aber weit über der oberen Randlinie der Zeichenebene liegen würde. Auch für einen solchen Fall treten noch die beiden Resonanzen auf, die wir vorhin errechneten. Denn der Kreis schneidet ja die senkrechte Achse durch den Nullpunkt des Diagramms zweimal. Der Strom hat also für zwei verschiedene Werte des angeschlossenen Kondensators keine Blindkomponente gegenüber der Spannung. D. h.: Es gibt zwei Fälle, in denen Phasenresonanz herrscht. Der untere, dem Nullpunkt näher gelegene mit sehr kleinem Strom, entspricht der Wirkung der ganzen Anordnung als Sperrkreis; im oberen mit sehr großen Strömen, die den normalen Kurzschlußstrom des Transformators I_{1_k} — entsprechend der Strecke OK des Diagramms — weit übersteigen können, wirkt die Anordnung als Saugkreis.

Man überzeugt sich an Hand des Kreisdiagramms leicht davon, daß die zur Herbeiführung dieser Zustände anzuschließenden Scheinwiderstände nicht mit denen des rein kapazitiven Falls übereinstimmen, denn die senkrechte Achse fällt ja mit keinem der Kreise des Hüllbüschels zusammen, auf denen Konstanz des Scheinwiderstands herrscht; wie wir ja auch schon bei der Untersuchung des Parallelresonanzkreises im Abschnitt III C3 solche Abweichungen fanden, die mit zunehmender Dämpfung wuchsen. Nur bei sehr kleinen Abweichungen von der Verlustfreiheit läuft der Kreis konstanten Scheinwiderstandes noch mit der Ordinatenachse etwa zusammen, so daß wir die einfache Formel des widerstandsfreien Falls benutzen könnten. Man erkennt aber ebenso leicht, daß in einem solchen Schwingkreis der Zustand der Phasenresonanz nicht zugleich der Fall des Stromminimums oder Strommaximums ist. Das Stromminimum der Parallelresonanz tritt bei kleineren Werten des Lastkondensators im Punkte A des Diagrammes auf als die Phasenresonanz des Punktes B. Mit Annäherung des Phasenwinkels der Last an den rein kapazitiven Wert $-90°$ allerdings nähern sich diese beiden Punkte mehr und mehr und fallen bei rein kapazitiver Last zusammen. Auch für den Saugkreis gilt Ähnliches. Strommaximum und Phasenresonanz liegen um so weiter auseinander, je mehr Verlustwinkel im Kreis vorhanden ist.

Das Diagramm für den primären Strom des Transformators nach Abb. 96 gestattet aber noch weitere Aussagen. Die vom Transformator aufgenommene primäre Leistung kann aus ihm ebenfalls entnommen werden, denn die Wirkleistung ist:

$$N_1 = U_1 I_1 \cos\varphi_1 .$$

Die Projektion des Zeigers $\mathfrak{J}_1$ auf die $\mathfrak{U}$-Achse ergibt, da U_1 sowieso konstant ist, ein Maß für die Leistung des Transformators, die natürlich wegen der vorausgesetzten Widerstandslosigkeit der Wicklungen primär und sekundär gleich groß ist. Diese Leistung hat aber in Abhängigkeit von der Größe des sekundär angeschlossenen Scheinwiderstandes ein Maximum, das bei induktiver Phasenverschiebung mit $\cos\varphi < 1$ unter dem Wert liegt, der bei Ohmscher Last möglich ist. Bei rein

OHMscher Last tritt dieses Maximum für den Belastungswiderstand:

$$R_{opt} = \omega L_2 \cdot \sigma \tag{165}$$

ein, der dem Scheitelpunkt des Halbkreises entspricht. Es ist dies also der „Anpassungswiderstand“ des Transformators. Da die Scheitelwerte aller Belastungskreise auf der Senkrechten durch den Scheitel des Ohmschen Kreises liegen, die zugleich der Kreis des Hüllbüschels für den Widerstandswert $\omega L_2 \sigma$ ist, gilt die gleiche Anpassungsbedingung für alle *Schein*widerstände beliebigen Phasenwinkels. Dabei gestatten kapazitive Phasenverschiebungen der Belastung eine wesentliche Steigerung des entnehmbaren Leistungsmaximums, bei Widerstandslosigkeit des Transformators sogar beliebige Steigerungen bis ins Unendliche. Es entspricht das der Abstimmung des Transformators zur Übernahme seines die Leistungsabnahme begrenzenden Blindleistungsbedarfs durch den im Lastkreis zugefügten Kondensator. Von dieser Maßnahme macht die Nachrichtentechnik in weitem Maße Gebrauch, während sie für den Leistungstransformator der Starkstromtechnik uninteressant ist, weil dessen Nutzleistung durch die Rücksicht auf thermische Gesichtspunkte wegen der Verlustwärme, die in seinen Widerständen entsteht, viel eher begrenzt ist, als sich aus dem Scheitel der Kreisdiagramme ergibt. In der Tat wird hier eigentlich nur der allererste Teil des Kreisdiagrammes ausgenutzt, der sich von einer senkrecht vom Leerlaufpunkt L aufsteigenden Geraden — bei rein OHMscher Last — noch nicht merklich unterscheidet. Die Nachrichtentechnik dagegen, bei deren kleinen Leistungen thermische Rücksichten entfallen, aber dafür der Wunsch nach maximaler Leistung wegen der an sich kleinen Werte vorherrscht, stimmt auf den optimalen Wert der erreichbaren Leistung ab. Nur beim Asynchronmotor spielt die maximal erreichbare Leistung auch in der Starkstromtechnik eine Rolle (s. Abschn. VIII E, S. 506).

Beachten wir schließlich noch die ebenfalls aus dem Diagramm sofort ersichtliche Tatsache, daß bei OHMscher Last der Phasenwinkel zwischen Spannung und Strom der Primärseite mit steigender Last vom Leerlaufwert 90° aus bis zu einem Minimum abnimmt, das erreicht wird, wenn der Zeiger des Stromes Tangente an den Kreis wird. Der $\cos \varphi_1$ wird also hier zu einem Maximum. Praktisch liegt der Betriebspunkt von Asynchronmotoren bei Normallast etwa in dieser Gegend, also immerhin nicht sehr weit vom möglichen Leistungsmaximum entfernt, und in einem Gebiet, wo der Charakter der Ortskurve als Kreisbogenstück durchaus schon in Erscheinung tritt.

Auch damit ist aber die Bedeutung des Diagramms noch nicht erschöpft. Wir können aus ihm auch direkte Schlüsse auf die Größe der zu jedem Lastwert gehörenden Sekundärspannung und des Sekundärstromes ziehen. Um das zu erkennen, greifen wir noch einmal auf die Transformatorgleichungen (136) zurück und schreiben sie wieder in ihrer allgemeinen Form unter Verwendung der Bezeichnungen

$$\mathfrak{z}' = R_1 + j\,\omega L_1 \quad \text{und} \quad \mathfrak{z}'' = R_2 + j\,\omega L_2$$

an. Sie lauten für jeden Betriebsfall:

primär sekundär

$$\mathfrak{U}_1 = \mathfrak{J}_1 \cdot \mathfrak{z}' + \mathfrak{J}_2\, j\,\omega M \qquad -\mathfrak{U}_2 = \mathfrak{J}_2 \cdot \mathfrak{z}'' + \mathfrak{J}_1 \cdot j\,\omega M\,. \tag{166}$$

Also im Kurzschlußfall:

$$\mathfrak{U}_1 = \mathfrak{J}_{1k} \cdot \mathfrak{z}' + \mathfrak{J}_{2k} \cdot j\,\omega M \qquad 0 = \mathfrak{J}_{2k} \cdot \mathfrak{z}'' + \mathfrak{J}_{1k} \cdot j\,\omega M\,. \tag{167}$$

Subtrahieren wir die beiden Gleichungspaare voneinander, so erhalten wir:

$$\left.\begin{aligned} 0 &= (\mathfrak{J}_1 - \mathfrak{J}_{1k})\,\mathfrak{z}' + (\mathfrak{J}_2 - \mathfrak{J}_{2k}) \cdot j\omega M\,; \\ -\mathfrak{U}_2 &= (\mathfrak{J}_2 - \mathfrak{J}_{2k})\,\mathfrak{z}'' + (\mathfrak{J}_1 - \mathfrak{J}_{1k})\,j\omega\, M \end{aligned}\right\} \tag{168}$$

und können, indem wir aus der ersten Gleichung eine Beziehung zwischen $(\mathfrak{J}_1 - \mathfrak{J}_{1k})$ und $(\mathfrak{J}_2 - \mathfrak{J}_{2k})$ ableiten und in die zweite einsetzen, eine Beziehung zwischen $\mathfrak{U}_2$

und der in unserem Kreisdiagramm nach Abb. 101, die noch einmal das Diagramm von Abb. 96 zeigt, enthaltenen Größe $(\mathfrak{J}_1 - \mathfrak{J}_{1k})$ herstellen:

$$\mathfrak{U}_2 = (\mathfrak{J}_1 - \mathfrak{J}_{1k}) \cdot \left[\frac{\mathfrak{z}' \cdot \mathfrak{z}''}{j\omega M} - j\omega M\right]. \tag{168}$$

Dabei stellt die Klammer einen Widerstandsoperator dar, der durch seinen Betrag die Länge des Stromzeigers von K nach P auf den Effektivwert der Sekundärspannung umrechnet und durch seinen Phasenwinkel angibt, wie der Zeiger von $\mathfrak{U}_2$ gegen den von $(\mathfrak{J}_1 - \mathfrak{J}_{1k})$ vor- oder nacheilt. Nach der hiermit gegebenen Begründung für die ohne Einschränkung durch Vereinfachungen allgemein gültige Richtigkeit dieses Verfahrens ziehen wir unsere Schlüsse aus ihm durch Einführung der vereinfachenden Annahme der Widerstandslosigkeit der Wicklungen, die der Abb. 96 und nunmehr auch der Abb. 101 zugrunde liegen. Ist also jetzt vereinfachend:

$$\mathfrak{z}' = j\omega L_1 \qquad \mathfrak{z}'' = j\omega L_2, \tag{169}$$

so wird auch die Beziehung Gl. (168) zwischen $\mathfrak{U}_2$ und $(\mathfrak{J}_1 - \mathfrak{J}_{1k})$ besonders einfach. Mit $\mathfrak{z}' \mathfrak{z}'' = -\omega_2 L_1 L_2$ nimmt sie nach einigen Umrechnungen zur Einführung des Koeffizienten σ, des Streufaktors (S. 78), die Form an:

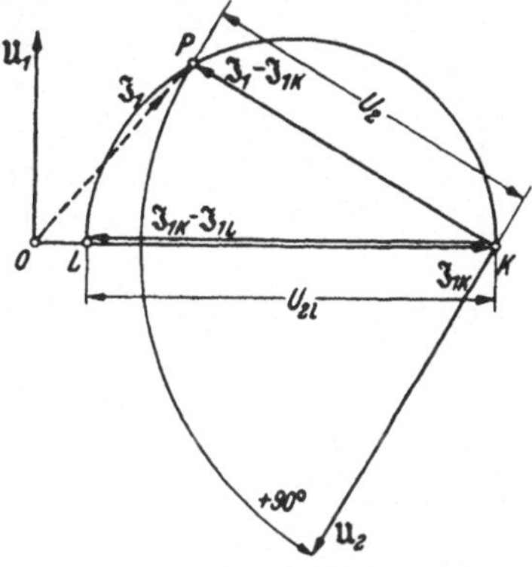

Abb. 101. Die Sekundärspannung im Kreisdiagramm des primären Stromes.

$$\mathfrak{U}_2 = (\mathfrak{J}_1 - \mathfrak{J}_{1k}) \cdot j\omega M \cdot \frac{\sigma}{1-\sigma}. \tag{170}$$

Wegen des Faktors j in dem Operator bei $(\mathfrak{J}_1 - \mathfrak{J}_{1k})$ eilt also $\mathfrak{U}_2$ um 90° gegen den Verbindungszeiger vom Kurzschlußpunkt K zum Betriebspunkt P vor. Der Umrechnungsfaktor für den Maßstab mit dem U_2 an KP abgelesen werden kann, ist $\omega M \frac{\sigma}{1-\sigma}$, also eine ein für allemal für einen gegebenen Transformator zu errechnende Größe. Praktisch brauchen wir sie eigentlich gar nicht zu errechnen, denn da diese Beziehung überall gilt, muß sie auch im Leerlaufpunkt gelten. Wir entnehmen also den Maßstab einfach daraus, daß die Strecke KL gleich der Leerlaufspannung sein muß, die wir einmal messen können. Richtig ergibt sich in Übereinstimmung mit unseren früheren Feststellungen nach Abb. 92b, daß im Leerlauffall die Sekundärspannung zur Primärspannung in Gegenphase liegt. Der Winkelfehler ε der Abb. 92b verschwindet hier, weil ja R_1 gleich Null angenommen wurde. Bei steigender Belastung mit Ohmschem Widerstand nimmt U_2 von diesem Ausgangswert zunächst nur sehr wenig ab. Erst bei sehr starker Belastung macht sich eine stärkere Spannungssenkung bemerkbar. Aber schon bei kleinen Lasten beginnt sich die Phase der Sekundärspannung merklich zu drehen derart, daß nunmehr mit steigender Last die umgepolte Sekundärspannung gegen die primäre Spannung *nach*eilt. Beim wirklichen widerstandsbehafteten Transformator gibt es also eine Last, bei der diese Phasennacheilung die im Leerlauf vorhandene Voreilung gerade aufhebt und der Winkelfehler also zu Null wird. In der Tat gibt es für jeden Spannungswandler meist einen Betriebspunkt bei einer bestimmten sekundären Bürde, bei der der Winkelfehler verschwindet.

Anders liegen die Verhältnisse bei induktiver oder kapazitiver Last. Zwar bleibt die Sekundärspannung hier immer konstant in Gegenphase zu $\mathfrak{U}_1$, weil ja der Betriebspunkt nun auf der inneren oder äußeren Verbindungsgeraden von L nach K läuft, also $(\mathfrak{J}_1 - \mathfrak{J}_{1k})$ stets senkrecht zu $\mathfrak{U}_1$ bleibt. Dafür aber machen sich nun sofort stärkere Spannungsänderungen bei Belastung bemerkbar. Bei induktiver Last beginnt die Spannung sofort zu fallen, bei kapazitiver dagegen steigt sie an und kann schließlich im Fall der Reihenresonanz bei Belastung mit C sogar unendlich groß werden, weil hier der Lastpunkt im Unendlichen liegt.

Das verhindert natürlich der doch stets vorhandene Widerstand, aber auch bei einem Kreis mit nicht rein kapazitiver Last kann ja der Zeiger von K zu einem Punkt P oberhalb des Ohmschen Halbkreises noch erheblich größer werden als die Leerlaufspannung und ein hohes Vielfaches davon betragen. Wir sehen übrigens auch, daß der Punkt maximaler Stromaufnahme des Umspanners, der schon nicht mit dem Punkt für Phasenresonanz übereinstimmte, nun auch nicht mit dem Punkt maximaler Sekundärspannung übereinstimmt, die wir beim Resonanztransformator erstreben. Um sie zu finden, müssen wir ja von 0 — für das Strommaximum — oder von K aus — für das Spannungsmaximum — den Strahl durch den Kreismittelpunkt ziehen und mit dem Kreis zum Schnitt bringen und erhalten so eine Reihe von Punkten, die man je nach Belieben als *Resonanzzustand* bezeichnen kann, wie in Abb. 102 noch einmal schematisch dargestellt ist. P_{ph} ist der Punkt der Phasenresonanz, also der der Resonanz im eigentlichen Sinne. P_u, der Punkt, bei dem die Sekundärspannung zum Maximum wird, liegt stets unterhalb des Punktes P_n, in dem wir maximale Leistung bekommen. Als letzten Punkt bekommen wir noch P_{i_1} dort, wo sich das Maximum des primären Stromes einstellt.

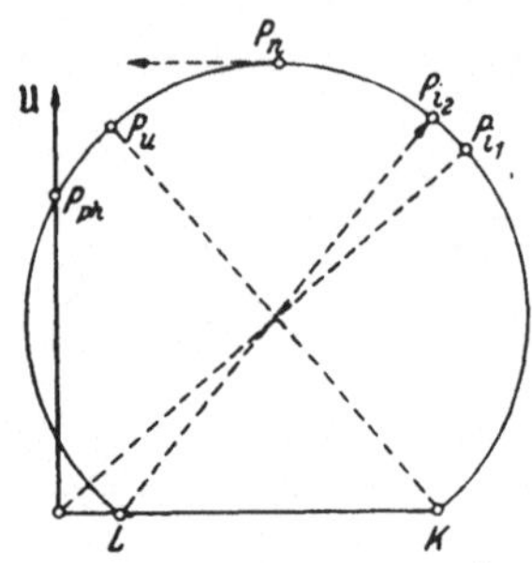

Abb. 102. Verschiedene „Resonanzpunkte" für die Reihenresonanz des kapazitiv belasteten Transformators. P_{ph} Phasenresonanz P_u Maximum der Sekundärspannung. P_n Leistungsmaximum. P_{i_2} Maximum des Sekundärstromes. P_{i_1} Maximum des Primärstromes.

In Abb. 103 sind noch einmal die Schlußfolgerungen zusammengestellt, die sich für die sekundäre Spannungsänderung $\Delta U_2/U_2$ bei verschiedenen Lasten ergeben (gestrichelt), und die Änderungen des Winkelfehlers (ausgezogen) bei denselben Lasten. Diese rein qualitativen Darstellungen entsprechen dem praktischen Verhalten von Spannungswandlern bei verschiedenen sekundären Belastungen.

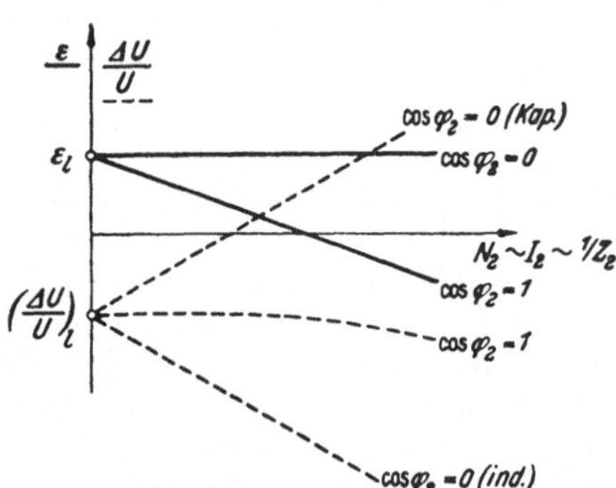

Abb. 103. Änderung der Sekundärspannung (- - -) und des Phasenwinkels zwischen umgepolter Sekundärspannung und Primärspannung (——) an einem Transformator ohne Wicklungswiderstand.

Hatten wir durch Subtraktion der Kurzschlußgleichungen (167) von den Betriebsgleichungen (166) eine Beziehung (Gl. (168)) gefunden, die es gestattete, die Sekundärspannung aus dem Zeigerdiagramm des Primärstromes zu entnehmen, so können wir ein Gleiches für den sekundären Strom erreichen, wenn wir eine entsprechende Rechnung durch Subtraktion der Leerlaufgleichung durchführen.

Für jeden Fall gilt: $\mathfrak{U}_1 = \mathfrak{J}_1 \cdot \mathfrak{z}' + \mathfrak{J}_2 \cdot j\,\omega\, M$ (136a)

Im Leerlauf also: $\mathfrak{U}_1 = \mathfrak{J}_{1_l} \cdot \mathfrak{z}'$ (171)

Subtraktion ergibt: $0 = (\mathfrak{J}_1 - \mathfrak{J}_{1_l}) \cdot \mathfrak{z}' + \mathfrak{J}_2 \cdot j\,\omega\, M$ (172)

und also damit die sehr einfache Beziehung zwischen dem Zeiger des Sekundärstromes und dem vom Leerlaufpunkt zum Betriebspunkt

$$\mathfrak{J}_2 = (\mathfrak{J}_1 - \mathfrak{J}_{1_l}) \left(-\frac{\mathfrak{z}'}{j\,\omega\, M}\right), \qquad (173)$$

die sich mit unseren vereinfachenden Annahmen (Gl. (169)) noch weiter reduziert auf:

$$\mathfrak{J}_2 = (\mathfrak{J}_1 - \mathfrak{J}_{1l}) \cdot \left(-\frac{L_1}{M}\right). \tag{174}$$

Der Strom der sekundären Wicklung liegt also mit dem Zeiger $(\mathfrak{J}_1 - \mathfrak{J}_{1l})$ genau in Gegenphase und ist zahlenmäßig mit ihm durch den Faktor L_1/M verknüpft, der praktisch etwa gleich dem Übersetzungsverhältnis der Windungszahlen $\ddot{u}_w$ ist. Der primäre und der „auf die Windungszahl der primären Wicklung reduzierte" sekundäre Strom ergeben also nach dem Zeigerdiagramm der Abb. 104 stets den Leerlaufstrom. Von dieser Tatsache macht man praktisch oft Gebrauch, auch wenn nicht das ganze Kreisdiagramm benutzt wird. Sie gilt allerdings exakt nur mit den Vereinfachungen: widerstandslose Wicklung und keine merkliche Streuung. Wollen wir diese berücksichtigen, so ist aber nur eine geringe Phasenverschiebung für den Zeiger des reduzierten Stromes einzusetzen, die für alle Lastfälle gleich ist, und statt des Übersetzungsverhältnisses ein anderes, aber auch festes Übersetzungsverhältnis einzuführen, nämlich M/z', wo z' den Scheinwiderstand der Primärwicklung bedeutet.

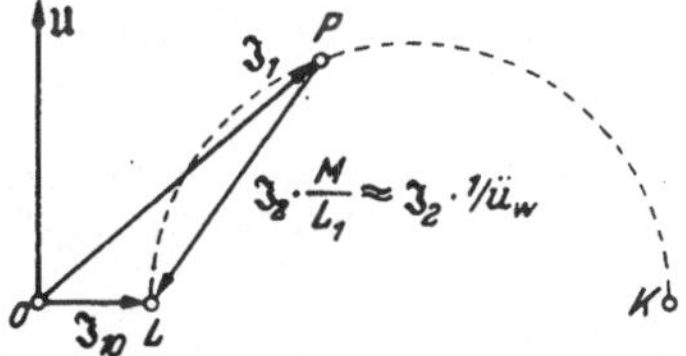

Abb. 104. Primär- und Sekundärstrom im Kreisdiagramm des Transformators.

b) Der Transformator mit Eisenkern.

Unsere bisherigen Rechnungen hatten zur Voraussetzung gehabt, daß der Transformator kein Eisen im magnetischen Weg enthalte, und gelten exakt also auch nur unter dieser Voraussetzung. Wir wollen nun untersuchen, wieweit unsere so gewonnenen Ergebnisse auch für technische Transformatoren richtig bleiben, die fast immer einen Eisenkern haben. Dabei ist die Richtigkeit von vornherein überall dort sichergestellt, wo durch die Einfügung eines erheblichen Luftspaltes in den Eisenweg der lineare Zusammenhang zwischen Fluß und Strom trotz des Eisens sicher gestellt ist (vgl. Abschn. VI S. 290). Unsere Schlußfolgerungen gelten also durchaus für den Asynchronmotor und auch für Hochfrequenzspulen mit Massekernen, deren wirksame Permeabilität im interessierenden Bereich konstant ist. Wir haben aber auch auf Geräte in unseren Diskussionen Bezug genommen, für die diese Voraussetzung keineswegs zutrifft, wie z. B. Spannungswandler und Leistungstransformatoren. Die hier vorliegenden Verhältnisse wollen wir nun noch einmal im einzelnen diskutieren.

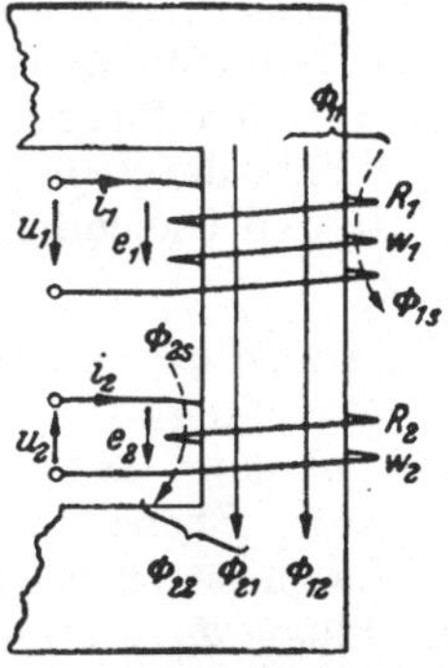

Abb. 105a. Zur Definition von Hauptfluß und Streufluß im Transformator mit Eisenkern.

Der Transformator mit dem Übersetzungsverhältnis 1 : 1.

Abb. 105a ist noch einmal ein Schema der geometrischen Anordnung eines Transformators, wobei wir aber diesmal einen Eisenkern mit angedeutet haben, dessen Rückschluß nicht mitgezeichnet ist. Diesen Eisenkern deuten wir im vereinfachten Symbol eines Transformators nach Abb. 105b durch ein zwischen den Wicklungssymbolen schematisiertes Blechpaket an, wenn je die Notwendigkeit dafür besteht.

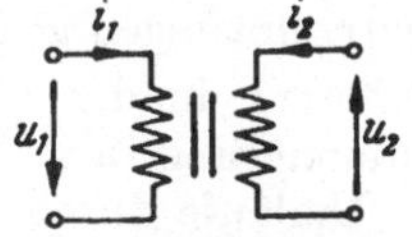

Abb. 105 b. Schematische Darstellung eines Transformators mit Eisenkern.

Die in den älteren Abb. 92a u. 93 noch etwas ausführlicher in ihrem wirklichen Verlauf durch Flußlinien angedeuteten Flüsse, die von den Strömen in beiden Wicklungen hervorgerufen werden, sind in Abb. 105a noch weiter schematisiert und nur durch je eine Linie repräsentiert. So würde der Strom der primären Wicklung einen Fluß Φ_{11} zur Folge haben, dessen Hauptteil sich im Eisenkern als koppelnder Fluß Φ_{12} mit der Spule 2 verkettet, während ein kleinerer Teil sich durch den Luftraum außerhalb des Eisenkerns schließt, ohne die sekundäre Wicklung zu durchsetzen. Wir nennen ihn sinnvoll den Streufluß Φ_{1s} der primären Wicklung und stellen also fest:

$$\Phi_{11} = \Phi_{12} + \Phi_{1s}. \tag{175}$$

Entsprechend wird bei Erregung der sekundären Wicklung sich eine Flußverteilung einstellen, die wir durch die Teilflüsse Φ_{21} und Φ_{2s} kennzeichnen, die sich zum sekundären Gesamtfluß Φ_{22} zusammensetzen, so daß gilt:

$$\Phi_{22} = \Phi_{21} + \Phi_{2s}. \tag{176}$$

Aus der Zeichnung entnehmen wir, daß der gesamte Fluß, der mit der Wicklung 1 verkettet ist, also in ihr induzierend wirkt, ist:

$$\Phi_1 = \Phi_{12} + \Phi_{21} + \Phi_{1s}. \tag{177}$$

Ebenso gilt für den die Wicklung 2 durchsetzenden Fluß:

$$\Phi_2 = \Phi_{12} + \Phi_{21} + \Phi_{2s}. \tag{178}$$

Beiden Wicklungen gemeinsam ist also der Fluß

$$\Phi_h = \Phi_{12} + \Phi_{21}, \tag{179}$$

der sich im Eisenkern schließt, und den wir von jetzt als den „*Hauptfluß*" bezeichnen wollen. Man beachte, daß das Summenzeichen für die Augenblickswerte der *fiktiven* Flüsse praktisch auf ihre Differenz führt, weil nach den Feststellungen des vorigen Abschnitts die Ströme i_1 und i_2 nahezu gegenphasig sind. Als magnetomotorische Kraft für den Hauptfluß wirken die Durchflutungen beider Wicklungen: $w_1 i_1 + w_2 i_2$. Der Zusammenhang zwischen dieser Durchflutung und dem Hauptfluß ist nicht linear, sondern durch eine Magnetisierungskurve gegeben, die von den Eigenschaften und Abmessungen des Eisenkernes abhängt. Dagegen sind für alle oben verwendeten Flüsse die Superpositionsgleichungen voll gültig.

In den Gleichungen für die Wicklungsflüsse:

$$\Phi_1 = \Phi_h + \Phi_{1s} \quad \text{und} \quad \Phi_2 = \Phi_h + \Phi_{2s} \tag{180}$$

hängt also Φ_h von der Gesamtdurchflutung nicht linear ab, während Φ_{1s} nur mit der Wicklung 1 verkettet ist und also nur von ihrem Strom, bzw. ihrer Durchflutung $w_1 i_1$, abhängt und zwar linear, weil er ja zum wesentlichen Teil seines Weges in Luft verläuft. Ebenso bestimmt $w_2 i_2$ linear den Streufluß Φ_{2s} der sekundären Wicklung.

Dabei ist zu beachten, daß es nicht möglich ist, am wirklichen Transformator die Flüsse Φ_{1s} und Φ_{2s} räumlich so zu trennen, wie das schematisch vergröbert in der Abb. 105a geschehen ist. Beide Flüsse erfüllen den gleichen Raum, den „Spalt" zwischen den beiden Wicklungen, und bilden zusammen den *Streufluß* des Transformators:

$$\Phi_s = \Phi_{1s} - \Phi_{2s}, \tag{181}$$

den wir als physikalische Realität allein messen können. Wiederum sei bemerkt, daß diesmal die praktische Gegenphasigkeit der beiden Ströme i_1 und i_2, die als Durchflutungen $w_1 i_1$, bzw. $w_2 i_2$ die Teilflüsse Φ_{1s} und Φ_{2s} getrennt bestimmen, die Differenz in der Gleichung für die Augenblickswerte der Flüsse praktisch eine Summierung ihrer Beträge bedeuten läßt.

Umläufe durch die primären und sekundären Wicklungen ergeben nun wieder die Transformatorgleichungen in neuer Form:

$$\left.\begin{aligned} u_1 &= i_1 R_1 - e_1 = i_1 R_1 + w_1 \cdot \frac{d\Phi_1}{dt} = i_1 R_1 + w_1 \cdot \frac{d\Phi_h}{dt} + w_1 \cdot \frac{d\Phi_{1s}}{dt} \\ -u_2 &= i_2 R_2 - e_2 = i_2 R_2 + w_2 \cdot \frac{d\Phi_2}{dt} = i_2 R_2 + w_2 \cdot \frac{d\Phi_h}{dt} + w_2 \cdot \frac{d\Phi_{2s}}{dt}. \end{aligned}\right\} \tag{182}$$

Die primäre Spannung setzt sich also zusammen aus einem Anteil $i_1 R_1$ zur Überwindung des Ohmschen Widerstandes der Primärwicklung, einem Anteil zur Überwindung der vom Hauptfluß induzierten (Gegen-) EMK $e = -w_1 \frac{d\Phi_h}{dt}$ und einem Anteil zur Überwindung der vom primären Streufluß induzierten EMK $e_{s_1} = -w_1 \frac{d\Phi_{1s}}{dt}$. Wir wollen diesen Anteil der Spannung hinfort mit dem Buchstaben $u_{s1} = -e_{s1}$ bezeichnen und die „*primäre Streuspannung*" nennen.

Ganz analog setzt sich die sekundäre Spannung aus den entsprechenden Anteilen zusammen. Die in ihr vom Hauptfluß induzierte EMK ist eben so groß wie die in der primären Wicklung induzierte EMK, weil ja die Windungszahl beider Wicklungen vorläufig als gleich angesetzt ist. Somit können wir unsere Gl. (182) umschreiben in die Form:

$$\left.\begin{aligned} u_1 &= i_1 R_1 + u_{s1} - e \\ -u_2 &= i_2 R_2 + u_{s2} - e, \end{aligned}\right\} \tag{183}$$

worin $e = -w \frac{d\Phi_h}{dt}$, die vom Hauptfluß des Transformators induzierte EMK, in beiden Wicklungen gleich ist. Wir bezeichnen sie sinnvoll als „*die* EMK" des Transformators. u_{s1} und u_{s2} sind die primäre und sekundäre Streuspannung oder *Streublindspannung* als Anteile der Primärspannung oder Sekundärspannung zur Überwindung der entsprechenden von den Streuflüssen Φ_{1s} und Φ_{2s} induzierten elektromotorischen Kräfte.

$$u_{1s} = -e_{1s} = +w \cdot \frac{d\Phi_{1s}}{dt}; \qquad u_{2s} = -e_{2s} = +w \cdot \frac{d\Phi_{2s}}{dt}. \tag{184}$$

Eine kleine Umordnung der Summanden läßt die beiden Gl. (183) in einer Form erscheinen, die besonders anschaulich ist.

$$\left.\begin{aligned} u_1 - i_1 R_1 - u_{s1} &= -e \\ e - i_2 R_2 - u_{s2} &= u_2. \end{aligned}\right\} \tag{185}$$

Wir interpretieren sie: Von der primären Spannung steht nur der Anteil zur Überwindung der EMK zur Verfügung, der sich aus der Klemmenspannung durch Abzug eines Ohmschen und eines induktiven Spannungsabfalles, der primären Streublindspannung, ergibt. Was von der in der sekundären Wicklung induzierten EMK nach Abzug eines Ohmschen Spannungsabfalles und der sekundären Streuspannung noch verbleibt, tritt als sekundäre Klemmenspannung in Erscheinung. Diese anschauliche Deutungsmöglichkeit verdanken wir der Tatsache, daß die von uns angewendete Wahl der Zählrichtungen auf der Konzeption beruht, daß dem Transformator von den Primärklemmen aus Energie aus einem Netz zugeführt wird, während die Sekundärwicklung Energie nach außen abgibt.

In Strenge können wir nun allerdings nicht mehr die Annahme machen, daß alle in den Gl. (183) vorkommenden Größen zeitlich sinusförmig verlaufen, weil ja der Durchflutungsbedarf für den Hauptfluß nicht sinusförmig ist. Wir wollen uns aber mit der dadurch entstehenden Frage erst im Abschn. VI beschäftigen und begnügen uns hier damit, nur die Anteile der Größen zu betrachten, die zeitlich sinusförmig verlaufen. Für sie gilt dann der Übergang zu den Zeigern mit den Gleichungen:

$$\left.\begin{aligned} \mathfrak{U}_1 &= \mathfrak{I}_1 R_1 + \mathfrak{U}_{s_1} - \mathfrak{E} \\ -\mathfrak{U}_2 &= \mathfrak{I}_2 R_2 + \mathfrak{U}_{s_2} - \mathfrak{E}. \end{aligned}\right\} \tag{186}$$

Um die Brücke zu den Gleichungen des vorigen Abschnitts zu schlagen, müssen wir nun noch die Beziehungen zwischen den von Flüssen herrührenden Anteilen dieser Gleichungen und den jeweils zugehörigen Strömen herstellen. Das ist sehr einfach möglich bei den Streuspannungen. Hier sind ja die maßgebenden Flüsse jeweils nur durch die Durchflutung einer Wicklung bestimmt und dieser proportional, weil der Hauptteil des magnetischen Widerstandes auf ihrem Weg außerhalb des Eisens — im Wicklungsspalt — verläuft. Wir können also definieren:

$$w_1 \cdot \Phi_{1s} = L_{1s} \cdot i_1 \qquad w_2 \cdot \Phi_{2s} = L_{2s} \cdot i_2$$

$$L_{1s} = \frac{w_1 \cdot \Phi_{1s}}{i_1} = \frac{w_1^2}{R_{ms}} \qquad L_{2s} = \frac{w_2 \cdot \Phi_{2s}}{i_2} = \frac{w_2^2}{R_{ms}}, \tag{187}$$

worin die beiden Streuinduktivitäten L_{1s} und L_{2s} echte Konstanten sind, die stromunabhängig nur durch die Abmessungen des Streuspaltes bestimmt sind.

Anders bei Φ_h. Der Hauptfluß verläuft in Eisen und wird von der Summe der Durchflutungen beider Wicklungen bestimmt. Der funktionale Zusammenhang zwischen Fluß und Durchflutung ist durch eine Magnetisierungskurve nach Abb. 106 gegeben, die im Einzelfall experimentell aufgenommen werden muß oder aus den Abmessungen des Eisenkerns und der Magnetisierungskurve seines Materials berechnet werden kann. Der Gleichung für die Augenblickswerte:

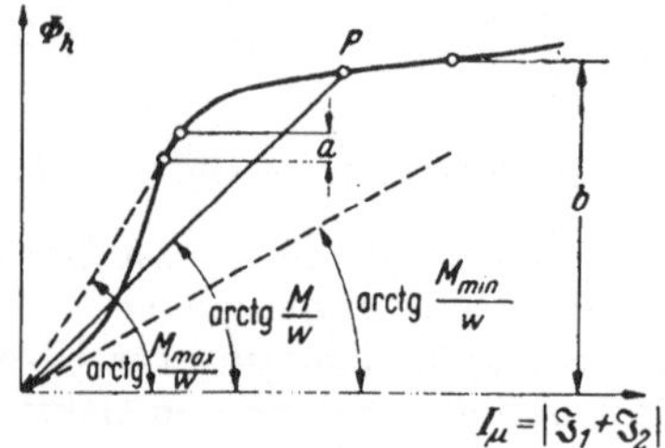

Abb. 106. Technische Magnetisierungskurve für einen Transformator mit Eisenkern (Effektivwert des Flusses!) Nur Grundwellenanteile. Schwankungsbereich des Flusses für einen Spannungswandler (a), für einen Stromwandler (b).

$$\Phi_h = f(w_1 i_1 + w_2 i_2) = w f(i_1 + i_2) \tag{188}$$

entspricht dabei eine Gleichung für die Effektivwerte der Grundwellen von Strom und Fluß — es sei ausdrücklich betont, daß wir hier mit den Effektivwerten des Flusses rechnen im Gegensatz zur Praxis des Berechners, der Maximalwerte des Flusses zu benutzen pflegt (vgl. Abschn. VI) —, in der wir die Summe der Zeiger der beiden Ströme als Zeiger des Magnetisierungsstromes $\mathfrak{I}_\mu$ bezeichnen und den Fluß über dem Effektivwert I_μ dieser Größe auftragen

$$\Phi_h = w \cdot f(|\mathfrak{I}_1 + \mathfrak{I}_2|) = w \cdot f(I_\mu). \tag{189}$$

Bei einer Messung würden wir so vorgehen, daß wir nach Abb. 107 im Leerlauf, d. h. für $I_2 = 0$, mit einem Amperemeter den primären Strom I_1 messen, der in diesem Fall allein als Magnetisierungsstrom dient, und aus der sekundären Spannung, die mit dem Voltmeter gemessen wird und gleich E ist, weil es ja sekundäre Spannungsabfälle in der stromlosen Wicklung nicht gibt, den Effektivwert des Flusses berechnen nach:

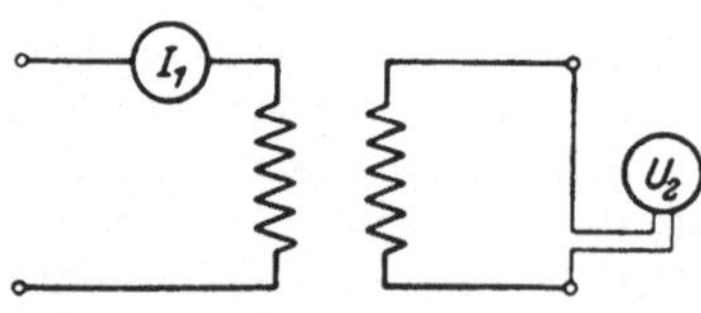

Abb. 107. Schaltbild zur Aufnahme der technischen Magnetisierungskurve nach Abb. 106 oder 109.

$$E = w \cdot \omega \cdot \Phi_h. \tag{190}$$

Würden wir auch hier formal definieren:

$$L_{12} = \frac{w \cdot \Phi_h}{I} = \frac{w \cdot \Phi_h}{(i_1 + i_2)} \tag{191}$$

als eine beiden Wicklungen des Transformators zugeordnete Induktivität, so wäre diese aus der Magnetisierungskurve der Abb. 106 für den jeweiligen Betriebspunkt P als Neigungswinkel der Sehne OP zu bestimmen und also nicht konstant.

Wie groß ihre Änderungen im praktischen Betrieb sind, hängt dabei stark davon ab, welchen Bereich des Flusses man ausnutzt. So wird bei einem Stromwandler, bei dem der Fluß Werte sehr nahe Null bei kleinen Bürden und kleinem Strom und sehr hohe Werte bei großen Werten der Bürde und Kurzschlußströmen annehmen kann, sich Maximal- und Minimalwert der „Hauptinduktivität" sehr stark unterscheiden, wie in der Abbildung angegeben ist. Der Minimalwert von L_{12} kann dabei sowohl durch die sehr kleinen Werte als Anfangstangente an die Magnetisierungskurve, als auch durch sehr hohe Werte gegeben sein. Beim Spannungswandler dagegen mit einem entsprechend der Netzspannung nur um wenige % schwankenden Fluß und Betrieb in der Nähe des Knies der Kurve wird die Schwankung von L_{12} fast unmerklich sein können.

Im Bewußtsein der Nichtkonstanz von L_{12} können wir dann aber doch schreiben:

$$\mathfrak{E} = -w \cdot j\omega\Phi_h = -j\omega L_{12} \cdot (\mathfrak{J}_1 + \mathfrak{J}_2)\,, \tag{192}$$

womit die Transformatorgleichungen (186) unter gleichzeitiger Einführung der Definitionen (187) jetzt die Form annehmen:

$$\left.\begin{aligned} \mathfrak{U}_1 &= \mathfrak{J}_1 R_1 + \mathfrak{J}_1 j\omega L_{1s} + (\mathfrak{J}_1 + \mathfrak{J}_2) j\omega L_{12} \\ -\mathfrak{U}_2 &= \mathfrak{J}_2 R_2 + \mathfrak{J}_2 j\omega L_{2s} + (\mathfrak{J}_1 + \mathfrak{J}_2) j\omega L_{12} \end{aligned}\right\} \tag{193}$$

die wir auch umordnen können zu:

$$\left.\begin{aligned} \mathfrak{U}_1 &= \mathfrak{J}_1 R_1 + \mathfrak{J}_1 j\,\omega\,(L_{1s} + L_{12}) + \mathfrak{J}_2 j\omega L_{12} \\ -\mathfrak{U}_2 &= \mathfrak{J}_2 R_2 + \mathfrak{J}_2 j\,\omega\,(L_{2s} + L_{12}) + \mathfrak{J}_1 j\omega L_{12}\,. \end{aligned}\right\} \tag{194}$$

Vergleichen wir das mit den Gleichungen (136) des vorigen Abschnitts

$$\left.\begin{aligned} \mathfrak{U}_1 &= \mathfrak{J}_1 R_1 + \mathfrak{J}_1 j\omega L_{11} + \mathfrak{J}_2 j\omega M \\ -\mathfrak{U}_2 &= \mathfrak{J}_2 R_2 + \mathfrak{J}_2 j\omega L_{22} + \mathfrak{J}_1 j\omega M \end{aligned}\right\} \tag{195}$$

so stellen wir Identität fest, wenn wir setzen:

$$L_{12} = M; \quad L_{1s} = L_{11} - M; \quad L_{2s} = L_{22} - M\,. \tag{195a}$$

Für alle Transformatoren, deren Betriebsbedingungen so liegen, daß M, die einzige in diesen Gleichungen u. U. nicht konstante Größe, einigermaßen konstant ist, bleiben also alle Ergebnisse des vorigen Abschnitts über den eisenfreien Transformator auch für den Transformator mit Eisenkern gültig, z. B. also für alle Transformatoren der Starkstromtechnik für die Zwecke der Leistungsübertragung, die mit konstanter oder nahezu konstanter Netzspannung arbeiten, also im Bereich (a) der Abb. 106 mit praktisch konstanter Gegeninduktivität betrieben werden.

Wir wollen uns jedoch damit nicht begnügen, sondern aus den nunmehr ein wenig umformulierten Gl. (194) des Transformators, die wir oben fanden, zusammen mit der unverändert fortbestehenden Lastgleichung (144c) noch einmal den Transformator in seinem Betriebsverhalten von einer anderen Seite aus betrachten. Im vorigen Abschnitt gingen wir von der Annahme aus, daß die primäre Klemmenspannung $\mathfrak{U}_1$ als „Netzspannung" fest gegeben sei. Wir wollen jetzt einmal umgekehrt fragen: Welche primäre Spannung müssen wir einem Transformator zuführen, wenn der Verbraucher eine Spannung $\mathfrak{U}_2$ an einem von ihm bestimmten Lastwiderstandsoperator $\mathfrak{z}_2$ haben will, und welchen primären Strom $\mathfrak{J}_1$ nimmt der Transformator dann unter diesen Betriebsbedingungen auf? Ausgehend von den sekundär vorgeschriebenen Größen $\mathfrak{U}_2$ und $\mathfrak{J}_2$, deren gegenseitige Phasenverschiebung φ_2 durch den Operator $\mathfrak{z}_2$ des Lastwiderstandes nach Abb. 108c bedingt ist, und deren Effektivwerte durch $U_2 = I_2 z_2$ verknüpft sind, bauen wir schrittweise die Zeigerdiagramme der Abb. 108 auf.

Wir betrachten zuerst die Gleichung des sekundären Kreises in der Form:

$$\mathfrak{E} = \mathfrak{U}_2 + \mathfrak{J}_2 R_2 + \mathfrak{J}_2 \cdot j\omega L_{2s}\,, \tag{196a}$$

die sich aus Gl. (186b) mit (184) und (187) ergibt. Da alle Daten des Transformators als gegeben anzusehen sind, so können wir aus dieser Gleichung als Zeichenanweisung für das Diagramm $\mathfrak{E}$ ermitteln, indem wir nacheinander an den Zeiger von $\mathfrak{U}_2$ die Zeiger des OHMschen Spannungsabfalls in der Sekundärwicklung $\mathfrak{J}_2 R_2$

parallel zu $\mathfrak{J}_2$ und um 90° voreilend dagegen die sekundäre Streuspannung $\mathfrak{J}_2 \cdot j\omega L_{2s}$ addieren. Als Schlußlinie dieses Zeigerzuges erhalten wir somit die EMK des Transformators, $\mathfrak{E}$. Sie ist andererseits nach unserer Definition (191) $-(\mathfrak{J}_1 + \mathfrak{J}_2) j\omega M$, worin aber jetzt M keine Konstante ist, sondern aus der für diesen Transformator zu zeichnenden Kurve entsprechend Abb. 106 zu entnehmen wäre. Wir können aber praktisch einfacher so vorgehen, daß wir aus dieser Gleichung nur entnehmen, daß der Zeiger des Summenstromes $(\mathfrak{J}_1 + \mathfrak{J}_2)$ gegen die EMK um 90° voreilen muß, und entnehmen die zu der gefundenen Größe von E zugehörige Größe des Effektivwertes von $I_\mu = |(\mathfrak{J}_1 + \mathfrak{J}_2)|$ direkt der nach Abb. 107 gemessenen Kurve der Abb. 109.

Haben wir aber auf diese Weise $\mathfrak{J}_1 + \mathfrak{J}_2$ nach Größe und Phase bestimmt und es in das Zeigerdiagramm der Ströme nach Abb. 108b eingetragen, so können wir durch Addition von $-\mathfrak{J}_2$ auch den primären Strom $\mathfrak{J}_1$ ermitteln. Er ergibt sich, wie zu erwarten, praktisch in Gegenphase mit $\mathfrak{J}_2$, solange der Laststrom nicht gar zu klein ist im Vergleich zum Magnetisierungsstrom. Dies Teildiagramm entspricht der Abb. 104 von S. 89 mit der Maßgabe, daß dort $\mathfrak{J}_{1l}$ eine nur von der Primärspannung linear abhängige Größe war, jetzt aber nichtlinear mit der EMK zusammenhängt.

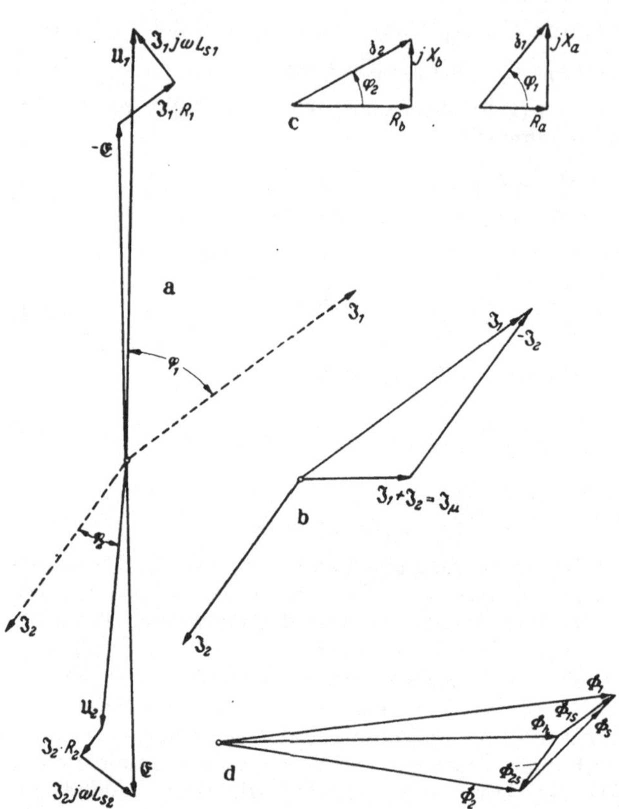

Abb. 108. Zeigerdiagramme des Transformators 1 : 1 mit Eisenkern. a Spannungsdiagramm. b Strom- bzw. Durchflutungsdiagramm. c Widerstandsoperatoren der Last (links) und des Eingangswiderstandes (rechts) d Flußdiagramm.

Nunmehr können wir auch die primäre Gl. (186a) in einem Zeigerdiagramm darstellen:

$$\mathfrak{U}_1 = -\mathfrak{E} + \mathfrak{J}_1 R_1 + \mathfrak{J}_1 j\omega L_{1s}. \tag{196b}$$

Durch Addition der Zeiger für den primären Ohmschen Spannungsabfall $\mathfrak{J}_1 R_1$ — parallel zum Zeiger $\mathfrak{J}_1$ — und der primären Streuspannung $\mathfrak{J}_1 j\omega L_{1s}$ — um 90° voreilend gegen $\mathfrak{J}_1$ — zur umgepolten EMK $(-\mathfrak{E})$ finden wir als Schlußlinie des Zeigerzuges die gesuchte Primärspannung $\mathfrak{U}_1$. Damit sind alle gesuchten Größen bestimmt, und unsere Aufgabe ist gelöst. Zwischen $\mathfrak{U}_1$ und $\mathfrak{J}_1$ ergibt sich eine Phasenverschiebung φ_1, die zusammen mit dem Quotienten aus U_1 und I_1 einen Operator definiert:

$$\mathfrak{z}_1 = z_1 \exp(j\varphi_1),$$

der den Wechselstromwiderstand angibt, den man von den primären Klemmen aus mißt. Er ist in Abb. 108c mit eingezeichnet und unterscheidet sich meist nur wenig von dem Operator der sekundären Last, wenn diese nicht zu gering ist. Je nach den vorliegenden Verhältnissen kann dabei $z_1 \gtrless z_2$ werden, je nachdem, ob der Einfluß der „parallelgeschalteten Hauptinduktivität" (vgl. Abb. 99a) oder der Einfluß der „reihengeschalteten Streuinduktivität" (vgl. Abb. 99b) überwiegt. Auch φ_1 kann $\gtrless \varphi_2$ sein, je nach dem Phasenwinkel der sekundären Last und den Einflüssen der Transformatorenkenngrößen.

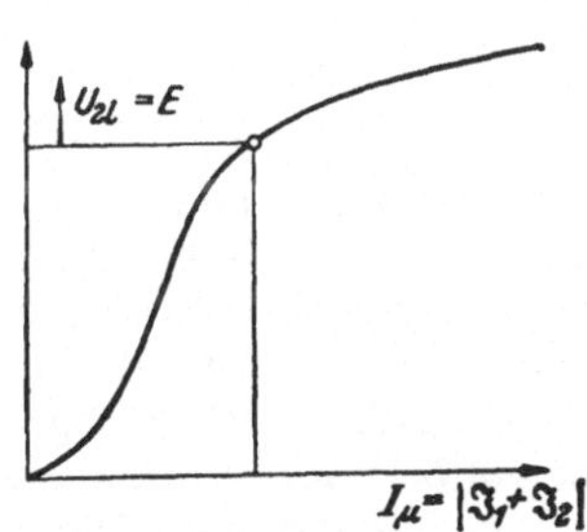

Abb. 109. Zusammenhang von EMK und Magnetisierungsstrombedarf beim Eisentransformator.

Wir vervollständigen unsere Vorstellung von den Vorgängen im Transformator noch dadurch, daß wir nach Abb. 108d auch noch ein Zeigerdiagramm der Flüsse in den Wicklungen entwerfen. Nach den Definitionsgleichungen (187) ist ja:

$$\Phi_{1s} = \frac{L_{1s}}{w} \cdot \mathfrak{J}_1 ; \qquad \Phi_{2s} = \frac{L_{2s}}{w} \cdot \mathfrak{J}_2 \tag{197}$$

während nach Gl. (190):

$$\Phi_h = \frac{M}{w} \cdot (\mathfrak{J}_1 + \mathfrak{J}_2) \tag{198}$$

besser durch die Beziehung:

$$\Phi_h = + \frac{j}{\omega \cdot w} \cdot \mathfrak{E} \tag{199}$$

dargestellt wird, die wir nach Gl. (190) ohne Benutzung einer Definition von M auswerten können.

Dargestellt sind: 1. Die Addition von Hauptfluß und primärem Streufluß zum Gesamtfluß der primären Wicklung nach Gl. (180):

$$\Phi_h + \Phi_{1s} = \Phi_1,$$

gegen den die Summe von $-\mathfrak{E}$ und $\mathfrak{J}_1 \cdot j\omega L_{1s}$ im Spannungsdiagramm um 90° voreilen muß, die dort nicht gesondert eingetragen ist, um das Bild nicht zu verwirren.

2. Die Addition von Hauptfluß und sekundärem Streufluß zum Gesamtfluß der Sekundärwicklung nach (Gl. 180):

$$\Phi_h + \Phi_{2s} = \Phi_2,$$

gegen die die in der Sekundärwicklung insgesamt induzierte EMK $\mathfrak{E}_2 = \mathfrak{E} - \mathfrak{J}_2 j\omega L_{2s}$ um 90° nacheilen muß, die ebenfalls nicht eingetragen ist.

Schließlich ist auch noch die Ermittlung des gesamten Streuflusses aus der Beziehung:

$$\Phi_s = \Phi_{1s} - \Phi_{2s}$$

analog durchgeführt, wobei sich die schon oben ausgesprochene Behauptung als richtig erweist, daß das Minuszeichen praktisch auf eine Summenbildung hinausläuft.

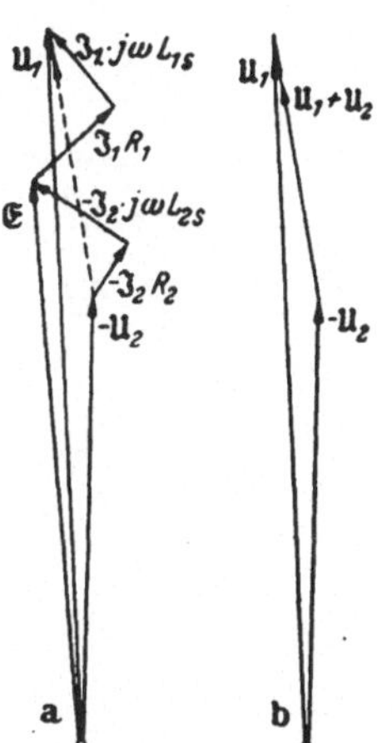

Abb. 110. Spannungsdiagramm des Transformators 1 : 1 mit Eisenkern (entspricht Abb. 108a mit umgeklapptem Sekundärdiagramm). a vollständiges Diagramm. b Teildiagramm aus a.

Einen besseren Überblick zum Vergleich der primären und sekundären Spannung bekommen wir, wenn wir nach Abb. 110 das Teildiagramm des Sekundärkreises aus Abb. 109a nach oben um 180° herumklappen, was einfach eine Vorzeichenumkehr für alle Größen in der zugehörigen Zeigergleichung bedeutet.

Hier interessiert uns am meisten die in Abb. 110b noch einmal getrennt herausgezeichnete Beziehung zwischen den primären und sekundären Klemmenspannungen. Ihr Unterschied wird dabei dargestellt durch den Zeiger, der die Spitze von $-\mathfrak{U}_2$ mit der von $\mathfrak{U}_1$ verbindet. Er ist also $(\mathfrak{U}_1 + \mathfrak{U}_2)$. Wir finden entweder aus dem Zeigerdiagramm von Abb. 108a oder aus der Differenzbildung aus der primären und der sekundären Transformatorgleichung (186), bzw. (193) übereinstimmend:

$$\begin{aligned} \mathfrak{U}_1 &= \mathfrak{J}_1 \cdot (R_1 + j\omega L_{1s}) - \mathfrak{E} \\ -\mathfrak{U}_2 &= \mathfrak{J}_2 \cdot (R_2 + j\omega L_{2s}) - \mathfrak{E} \end{aligned} \qquad (196)$$

$$\mathfrak{U}_1 + \mathfrak{U}_2 = \mathfrak{J}_1 (R_1 + j\omega L_{1s}) + (-\mathfrak{J}_2)(R_2 + j\omega L_{2s}). \qquad (200)$$

Der „*Spannungsabfall*" von primär nach sekundär ist also einfach so groß, als ob hintereinander die beiden Spannungen geschaltet wären, die als Spannungsabfälle des primären Stromes an der primären Wicklung (Wirkspannungsabfall und Streublindspannung) und des umgepolten sekundären Stromes an den Widerständen der sekundären Wicklung (Wirkwiderstand und Streublindwiderstand) entstehen. Für vollbelastete Starkstromtransformatoren ist dabei im allgemeinen das Verhältnis von Laststrom zu Magnetisierungsstrom so groß (> 10), daß wir keinen großen Fehler begehen, wenn wir für sie $\mathfrak{J}_2 = -\mathfrak{J}_1$ setzen. Für sie wird also:

$$\mathfrak{U}_1 + \mathfrak{U}_2 = (-\mathfrak{J}_2) \cdot [(R_1 + R_2) + j\omega (L_{1s} + L_{2s})]. \qquad (201)$$

Der innere Spannungsabfall im Transformator ist genau so groß als ob der umgepolte Sekundärstrom beide Wicklungen mit ihren Widerständen (Wirkwiderstand und Streublindwiderstand) in Reihenschaltung durchflösse. Das stimmt also wieder überein mit den Feststellungen, die wir schon im vorigen Abschnitt trafen und im Kurzschlußersatzschaltbild Abb. 98 niederlegten. (Der umgepolte Sekundärstrom ist gleich dem Primärstrom, der dort allein eingezeichnet ist.)

Somit ergibt sich unter diesen vereinfachenden Bedingungen ausreichend großen Laststromes als Näherung für die Betrachtung der Spannungsverhältnisse das „*Kappsche Diagramm*" des Transformators mit Eisenkern nach der Abb. 111. Ändert sich in ihm die Sekundärspannung in ihrer Phasenlage zum sekundären Strom bei

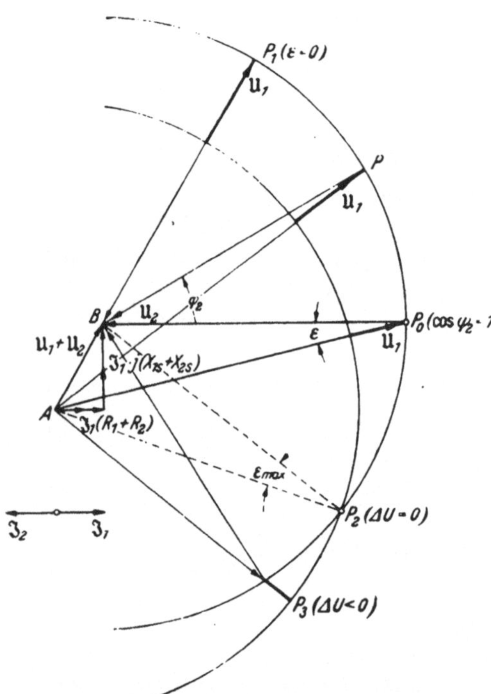

Abb. 111. Kappsches Diagramm zur Ermittlung der Spannungsänderung beim Eisentransformator.

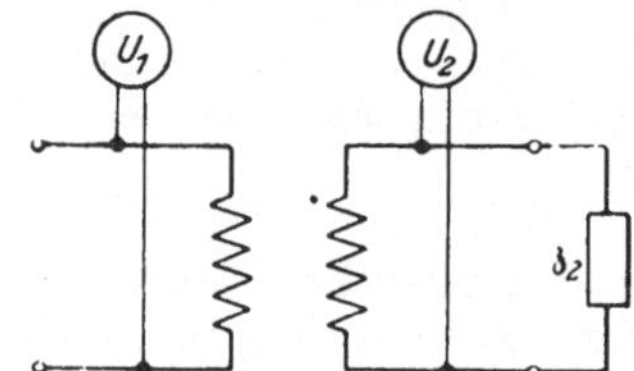

Abb. 112. Messung des Spannungsabfalles.

konstanter Scheinleistung der Sekundärwicklung, so können wir uns einen ausgezeichneten Überblick darüber verschaffen, wie groß der technisch mit Hilfe der Ablesung von zwei Voltmetern nach Abb. 112 und Differenzbildung aus den Effektivwerten zu ermittelnde Spannungsabfall

$$\Delta U = U_1 - U_2$$

ist, indem wir um die Eckpunkte A und B des „Spannungsabfalldreiecks" je einen Kreis mit dem Radius U_2 schlagen. Der in Richtung von $\mathfrak{U}_1$ gemessene Abstand zwischen beiden Kreisen, der für einige Betriebszustände stark hervorgehoben ist, stellt den technischen Spannungsabfall dar. Wie man sieht, wird er für eine gewisse induktive Phasenverschiebung des Lastkreises am größten: (Punkt P_1)

$$(\varDelta U)_{max} = I_2 \cdot \sqrt{(R_1 + R_2)^2 + \omega^2 (L_{1s} + L_{2s})^2} = |\varDelta \mathfrak{U}| \triangleq AB\,.$$

Dagegen gibt es eine bestimmte Phasenverschiebung im kapazitiven Sinne, bei der trotz Belastung des Umspanners mit Vollaststrom kein Unterschied der Effektivwerte von Primär- und Sekundärspannung auftritt (Punkt P_2). Der technische Spannungsabfall ist dann Null. Wird die kapazitive Phasenverschiebung noch größer, so steigt die Sekundärspannung sogar über die Primärspannung. Der Spannungsabfall verwandelt sich in einen Spannungsanstieg (Punkt P_3). Man kann diese Vorgänge zur Spannungsregelung benutzen, indem man je nach der gewünschten Spannung die Belastung des Umspanners mit Blindstrom einregelt.

Das Diagramm ergibt auch einen Überblick über die Phasenunterschiede von $\mathfrak{U}_1$ und $-\mathfrak{U}_2$. Der Winkel ε zwischen ihnen kann unmittelbar abgelesen werden. Er wird ein Maximum für den Punkt P_2 des Diagrammes, bei dem der Spannungsabfall verschwand, und erreicht den Wert Null an der Stelle, wo bei P_1 der Spannungsabfall seinen maximalen Wert hat. Wird die induktive Phasenverschiebung noch größer als diesem Wert ψ entspricht, so kehrt der Winkel ε sein Vorzeichen um. Es eilt dann nicht mehr, wie im Hauptteil des Diagramms $\mathfrak{U}_1$ gegen $-\mathfrak{U}_2$, sondern $-\mathfrak{U}_2$ gegen $\mathfrak{U}_1$ vor. In Übereinstimmung mit den Feststellungen nach Abb. 103 wird ja bei entsprechend hoher Last der Winkel von $\mathfrak{U}_1$ gegen $-\mathfrak{U}_2$, der bei Leerlauf negativ war, positiv.

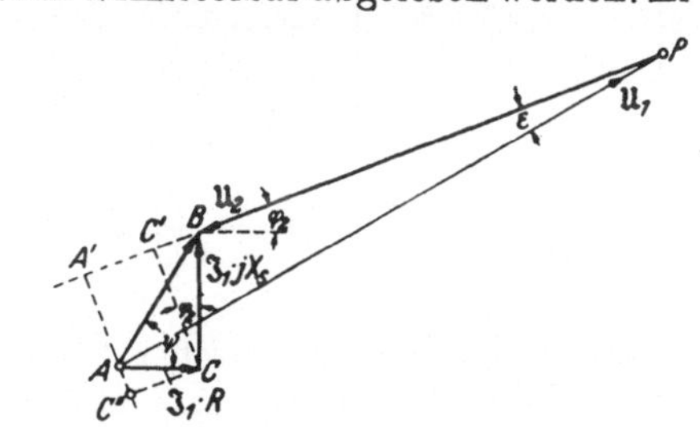

Abb. 113. Diagramm zur rechnerischen Ermittlung der Spannungsänderung beim Eisentransformator.

$\frac{\varDelta U}{U} = \frac{U_1 - U_2}{U_2}$; $\varepsilon = \sphericalangle(\mathfrak{U}_1, -\mathfrak{U}_2)$; $\mathfrak{U}_1 = -\mathfrak{U}_2 \cdot \left(1 + \frac{\varDelta U}{U}\right) \cdot \underline{/\varepsilon}$

Phasenänderung von Primärspannung gegen die Sekundärspannung und Spannungsabfall $\varDelta U$ können aus dem Diagramm der Abb. 113 berechnet werden, das noch einmal das Spannungsdreieck aus der Abb. 111 mit den notwendigen Hilfskonstruktionen zeigt. Wir haben hier die Punkte C und A auf die Richtung von $\mathfrak{U}_2$ projiziert und erhalten so mit der Vereinfachung, daß bei kleinem ε, was praktisch meist erfüllt ist, $\cos\varepsilon \approx 1$, daß also $PA' \approx PA$, also $U_1 \cos\varepsilon \approx U_1$ ist:

$$\begin{aligned} U_1 \approx PA' &= PB + A'C' + BC' \\ &= U_2 + I_2 R_t \cos\varphi_2 + I_2 X_s \sin\varphi_2 \end{aligned} \tag{202}$$

also:

$$\frac{\varDelta U}{U_2} = (R_t/z_2)\cos\varphi_2 + (X_s/z_2)\sin\varphi_2 \tag{203}$$

und andererseits:

$$\operatorname{tg}\varepsilon = \frac{AA'}{PA'} = \frac{A'C'' - AC''}{PA'} = \frac{-(R_t/z_2)\sin\varphi_2 + (X_s/z_2)\cos\varphi_2}{1 + \varDelta U/U_2} \tag{204}$$

mit $R_t = R_1 + R_2$; $X_s = \omega\,(L_{1s} + L_{2s})$.

Die Abhängigkeit von $\varDelta U/U_2$ und $\operatorname{tg}\varepsilon$ von $\cos\varphi_2$ ist in der Abb. 114 graphisch dargestellt mit Werten, die einem technischen Transformator besser entsprechen als die Werte, die zur Verdeutlichung den Diagrammen dieses Abschnitts sonst zugrunde gelegt wurden. Man vergleiche hierzu auch die Ausführungen über den Spannungswandler im Abschnitt III C 6 e, S. 106.

Wenn man den Transformator sekundär kurzschließt und nun $U_1 = U_{1k}$ so einregelt, daß sekundär gerade der Laststrom I_2 fließt — in unseren jetzigen Überlegungen ist ja U_1 nicht mehr die konstante Netzspannung, sondern eine nach Belieben und Notwendigkeit einstellbare Größe —, so ergibt sich für diesen Fall ein Diagramm, bei dem in Abb. 113 der Punkt P auf B rückt. Die gesamte primäre Spannung ist dann gerade nur noch ausreichend zur Deckung der inneren Spannungsabfälle (Abb. 115a). Durch Messung der Klemmenspannung U_{1_k}, die im sekundären Kurzschluß gerade den sekundären Nennstrom I_n fließen läßt, nach Größe und Phase mit Hilfe eines Spannungs- und Leistungsmessers nach Abb. 115b, kann man also das „*Kurzschlußdreieck*" ABC am fertigen Transformator ausmessen. Die Anzeigen der Instrumente ergeben ja $U_{1_k} = AB$ direkt am Voltmeter, und $\psi = \operatorname{arc\,tg} X_s/R_t$ ergibt sich aus der Anzeige von Spannungs-, Strom- und Leistungsmesser nach der Formel:

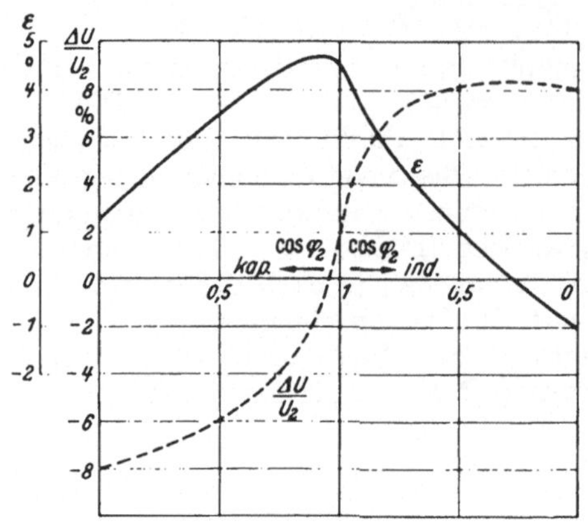

Abb. 114. Spannungsänderung eines Eisentransformators bei konstanter Belastung mit dem Nennstrom bei verschiedenem $\cos\varphi_2$ ($\varepsilon_k = 8{,}2\%$, $\varepsilon_r = 2{,}0\%$).

$$\cos\psi = \frac{N_{1_k}}{U_{1_k} I_n}. \tag{205}$$

Das Leistungsschild technischer Leistungstransformatoren enthält die Angabe der Kurzschlußspannung U_{1_k} als auf die Nennspannung bezogene Kurzschlußspannung $\varepsilon_k = U_{1_k}/U_1$ in %. Ist außerdem der Wirkspannungsanteil in U_{1_k} als $\varepsilon_r = I_2 R_t/U_1$ getrennt angegeben, so läßt sich auch daraus das Dreieck konstruieren. Ist das nicht der Fall, so ermittelt man zweckmäßig den Widerstand R_t aus den gesamten Wicklungsverlusten (Kupferverlusten) nach der Formel:

$$R_t = N_{Cu}/I_n^2 = N_{1_k}/I_n^2. \tag{206}$$

Die praktische Übereinstimmung von N_{cu} mit N_{1_k} resultiert dabei daraus, daß bei diesem Versuch ja der Gesamtfluß im Umspanner sehr klein ist, weil die EMK ja nur noch durch $I_2 R_2$ und $I_2 X_{2s}$ bestimmt ist, also sehr klein ist gegen ihren Betriebswert. Mit ihr gehen aber die Verluste annähernd quadratisch zurück. Bei 10% Kurzschlußspannung, von denen auf die sekundäre Wicklung stets etwa die Hälfte entfallen, ergibt das eine Abnahme der Eisenverluste auf $^1/_4$ %. Sind Cu- und Fe-Verluste bei Nennlast etwa gleich, so liegt diese Korrektur an den im Kurzschluß gemessenen Gesamtverlusten meist innerhalb der Meßunsicherheit.

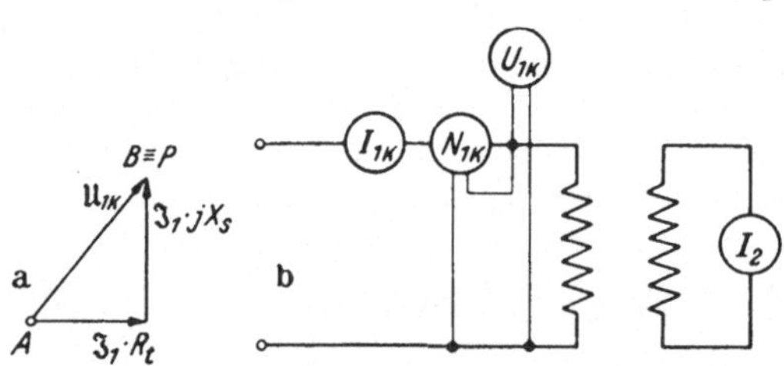

Abb. 115. Kurzschlußdreieck zum KAPPschen Diagramm und seine Messung. a Diagramm. b Schaltbild.

Ist es in Ausnahmefällen nicht zulässig, die Unterschiede zwischen $\mathfrak{J}_1$ und $-\mathfrak{J}_2$ zu vernachlässigen, etwa bei hoch gesättigten Transformatoren oder bei sehr geringer Last, so kann man die Angaben des KAPPschen Diagramms dadurch verbessern, daß man den vom Leerlaufstrom, der zur zugehörigen EMK erforderlich ist, hervorgerufenen Spannungsabfall in der primären Wicklung noch hinzufügt. Man rechnet dann also genau:

$$\begin{aligned} \mathfrak{U}_1 + \mathfrak{U}_2 &= \mathfrak{J}_1 \cdot (R_1 + jX_{s_1}) - \mathfrak{J}_2 (R_2 + jX_{s_2}); \quad \mathfrak{J}_1 = -\mathfrak{J}_2 + \mathfrak{J}_{1_l} \\ &= \mathfrak{J}_{1_l}(R_1 + jX_{s1}) + (-\mathfrak{J}_2)(R_t + jX_s). \end{aligned} \tag{207}$$

Für einen Fall ist ein derartiges Diagramm in Abb. 116 gezeichnet, wobei die Größe von $\mathfrak{J}_{1_l}$ stark übertrieben ist, um den Unterschied deutlich zu machen. Zum KAPPschen Kurzschlußdreieck addiert sich nun noch ein zweites Dreieck für die Spannungsabfälle des Leerlaufstromes in der Primärwicklung:

$$\mathfrak{J}_{1_l}\cdot(R_1+jX_{s_1}),$$

dessen Wirkkomponente $\mathfrak{J}_{1_l}R_1$ in Phase mit $\mathfrak{J}_{1_l}$ also praktisch senkrecht auf $\mathfrak{U}_2$ liegen muß. Die wahre Primärspannung ist dann von A' aus zu messen, anstatt wie nach KAPP von A aus. Praktisch sind die Unterschiede bedeutungslos, weil für Nennlast das Leerspannungsabfalldreieck $A'DA$ nur weniger als 5% der Kantenlänge des Kurzschlußdreiecks ACB hat.

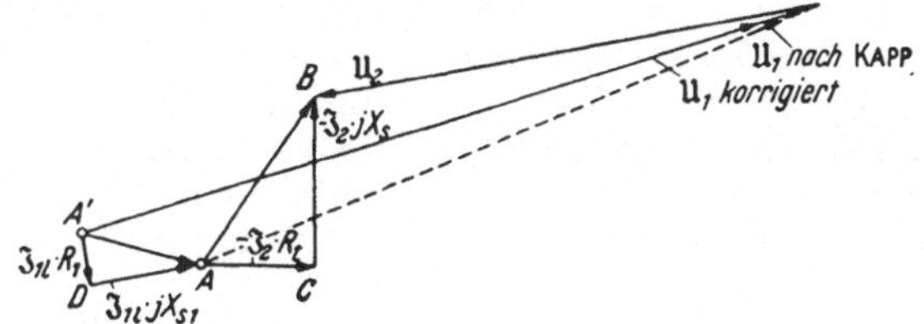

Abb. 116. Korrektur des KAPPschen Diagramms bei hohem Leerlaufstrom.

Alle diese Überlegungen gelten nun aber mit einem kleinen Kunstgriff auch dann, wenn der Transformator ein Übersetzungsverhältnis der Windungen abweichend von 1 : 1 hat, wie wir im nächsten Abschnitt zeigen wollen.

c) Der Transformator mit Eisenkern und beliebigem Übersetzungsverhältnis.

Den auf Grund geometrischer Überlegungen der Feldverteilung in den Flüssen gewonnenen Gl. (175/176):

$$\Phi_{1_s}=\Phi_{11}-\Phi_{12};\quad \Phi_{2_s}=\Phi_{22}-\Phi_{21}$$

hatten wir im vorigen Abschnitt entsprechende Beziehungen Gl. (195a) zwischen den Selbstinduktivitäten der Wicklungen L_{11} und L_{22}, ihren Streuinduktivitäten L_{1s} und L_{2s} und ihrer Gegeninduktivität $L_{12}=M$ zugeordnet.

$$L_{1s}=L_{11}-L_{12};\quad L_{2s}=L_{22}-L_{21}.$$

Das bereitet keine begrifflichen Schwierigkeiten, solange die primäre Windungszahl und die sekundäre Windungszahl gleich groß sind ($w_1=w_2=w$). Das hatten wir im vorigen Abschnitt angenommen. Dann entstehen beide Gleichungen einfach dadurch auseinander, daß man die primäre Flußgleichung mit w/i_1, die sekundäre Flußgleichung mit w/i_2 durchmultipliziert.

$$\frac{w_1\cdot\Phi_{1s}}{i_1}=\frac{w_1\cdot\Phi_{11}}{i_1}-\frac{w_1\cdot\Phi_{12}}{i_1};\qquad \frac{w_2\cdot\Phi_{2s}}{i_2}=\frac{w_2\cdot\Phi_{22}}{i_2}-\frac{w_2\cdot\Phi_{21}}{i_2}.$$

Die so gewonnene Definition der Gegeninduktivität ist sinnvoll. Anders aber, wenn die Windungszahlen verschieden sind. Wir hätten dann doch vernünftigerweise zu definieren:

$$L_{12}=\frac{w_2\cdot\Phi_{12}}{i_1}=L_{21}=\frac{w_1\cdot\Phi_{21}}{i_2}$$

während bei L_{11} und L_{1s} im Zähler der Definitionsgleichung w_1 als Faktor verbleibt, und entsprechend bei L_{22} und L_{2s} der Faktor w_2. Damit entfällt aber die Möglichkeit, die Streuinduktivität als Differenz von Selbstinduktivität und Gegeninduktivität zu definieren, zumindest, wenn wir Wert darauf legen, daß die so definierten Größen physikalisch sinnvoll sind. Das ist nur für die aus

$$\frac{w_1\cdot\Phi_{1s}}{i_1}\quad\text{und}\quad\frac{w_2\cdot\Phi_{2s}}{i_2}$$

definierten Streuinduktivitäten der Fall, nicht aber für die aus $L_{11}-L_{12}$ und $L_{22}-L_{21}$ definierten. Sobald nämlich $w_2>w_1$, wird ja $L_{12}>L_{11}$, wenn das Windungsverhältnis genügend von 1 abweicht, und damit würde die aus der Differenz von Selbst- und Gegeninduktivität definierte Größe negativ. Negative Streuung ist aber physikalisch sinnlos. Es steht zwar mathematisch nichts im Wege, diese Festsetzung rein formal doch zu treffen und damit unsere Gl. (193) für den Transformator auch für beliebige Windungszahlen gültig zu machen, sie zu „retten". Die so entstehenden Diagramme liefern wohl richtige Resultate, entbehren aber jeden Zusammenhangs mit dem physikalischen Geschehen und entziehen sich der anschaulichen Deutung in hohem Maße.

Dazu kommt eine zweite Schwierigkeit, die beim Zeichnen der Diagramme auftritt. Nach Wahl eines „vernünftigen" Maßstabes für die primären Spannungen und ihre Anteile, ergeben sich unvernünftig große oder kleine Längen der Spannungszeiger für die Größen des sekundären Kreises, je nachdem ob $w_2 \gtrless w_1$ ist. Man wird also zu dem Kunstgriff greifen müssen, für den sekundären Teil des Diagramms einen anderen Maßstab festzulegen als für den primären. Es liegt nichts näher, als für diesen Reduktionsfaktor das Windungsverhältnis

$$\ddot{u}_w = w_1/w_2 \tag{208}$$

selbst zu wählen, also ins Diagramm nicht den Zeiger $\mathfrak{U}_2$ selbst, sondern einen Ersatzzeiger $\mathfrak{U}_2'$ einzutragen, der zwar die gleiche Richtung haben soll, aber im Verhältnis w_1/w_2 sich in der Größe unterscheidet.

$$\mathfrak{U}_2' = \mathfrak{U}_2 \cdot \ddot{u}_w = \mathfrak{U}_2 \cdot w_1/w_2 . \tag{209}$$

In gleicher Weise haben wir selbstverständlich alle Spannungszeiger des sekundären Diagrammes umzurechnen, damit auch wirklich alle Phasenwinkel erhalten bleiben. Das gilt auch für die dem sekundären Kreis angehörende Haupt-EMK. Wir hatten sie im vorigen Abschnitt kurzerhand als *die* EMK des Transformators bezeichnet, weil sie bei gleicher Windungszahl beider Wicklungen in beiden Wicklungen vom Hauptfluß in gleicher Höhe induziert wurde. Ist aber die Windungszahl verschieden, so müssen wir auch zwischen *der primären „Haupt"-EMK* $\mathfrak{E}_{h1}$ und der *sekundären „Haupt"-EMK* $\mathfrak{E}_{h2}$ unterscheiden. Letztere müssen wir also auch auf den neuen Maßstab reduzieren als

$$\mathfrak{E}_{h_2}' = \mathfrak{E}_{h_2} \cdot \ddot{u}_w,$$

wobei sich zeigt, daß die reduzierte Größe nun wieder mit der primären Haupt-EMK übereinstimmt, wir also doch in übertragenem Sinne von dieser als *der* „Haupt"-EMK reden können:

$$\mathfrak{E}_{h_1} = \mathfrak{E}_{h_2}' = \mathfrak{E}. \tag{210}$$

In die umgekehrte Verlegenheit kommen wir beim Stromdiagramm. Hier müssen wir ja sogar bedenken, daß die Beziehung zwischen den Strömen, die wir im Diagramm der Abb. 108b benutzten, in Wahrheit eine Beziehung zwischen den Durchflutungen ist:

$$w_1 \mathfrak{J}_1 + w_2 \mathfrak{J}_2 = w_1 \cdot \mathfrak{J}_{1\,l} . \tag{211}$$

Wählen wir also einen vernünftigen Maßstab für den primären Strom, so können wir unser Diagramm auch bei beliebigem Windungsverhältnis beibehalten, wenn wir an Stelle des Durchflutungsdiagramms nach Abb. 117a das aus ihm durch Division aller Seiten durch den Faktor w_1 entstandene ähnliche Diagramm Abb. 117b benutzen, in dem alle primären Ströme „original", der sekundäre aber „reduziert" vorkommen. Alle sekundären Stromgrößen sind also reduziert einzutragen, wobei die Reduktion diesmal mit dem Faktor $1/\ddot{u}_w = w_2/w_1$ vorzunehmen ist, gerade umgekehrt wie bei den Spannungen.

Da alle Phasenwinkel bestehen bleiben, so ist also mit $\varphi_2' = \varphi_2$ auch die aus den reduzierten Größen ermittelte Leistung:

$$N_2' = U_2' I_2' \cos\varphi_2' = U_2 \ddot{u}_w \cdot I_2 \; 1/\ddot{u}_w \cdot \cos\varphi_2 = N_2$$

unverändert gleich der wahren Sekundärleistung. Der durch unseren Kunstgriff hinsichtlich seiner Spannungen und Ströme auf das Übersetzungsverhältnis 1 : 1 reduzierte Transformator hat also seine Leistungsverhältnisse, seinen Wirkungsgrad usw. gegenüber dem wirklichen mit dem Übersetzungsverhältnis $\ddot{u}_w$ nicht verändert.

Das gilt aber nicht, wenn wir die inneren Beziehungen zwischen Spannungen und Strömen der sekundären Seite allein oder beider Seiten zueinander betrachten. Beginnen wir zunächst mit der Lastgleichung (136c):

$$\mathfrak{U}_2 = \mathfrak{J}_2 \cdot \mathfrak{z}_2 \,. \tag{212}$$

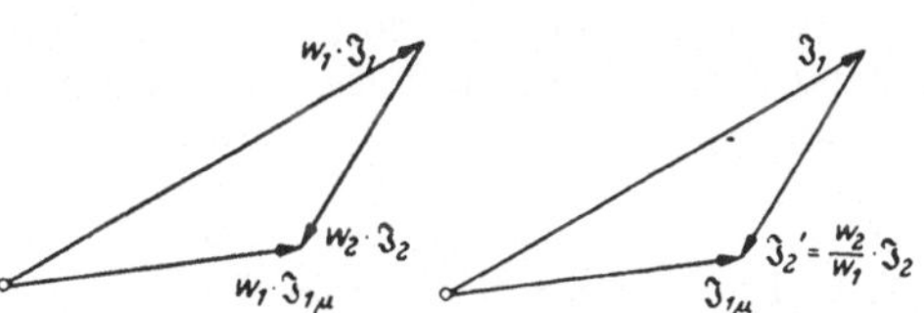

Abb. 117. Durchflutungsdiagramm und Stromdiagramm eines Transformators mit $\ddot{u}_w = w_1/w_2$.

Wir wünschen, daß sie die Form bekommt:

$$\mathfrak{U}_2' = \mathfrak{J}_2' \cdot \mathfrak{z}_2' \,,$$

in der sie die reduzierte Sekundärspannung mit dem reduzierten Sekundärstrom verknüpft. Damit die Bedingung richtig erfüllt ist, müssen wir also:

$$\mathfrak{z}_2' = \frac{\mathfrak{U}_2'}{\mathfrak{J}_2'} = \frac{\mathfrak{U}_2 \cdot \ddot{u}_w}{\mathfrak{J}_2 \cdot 1/\ddot{u}_w} = \mathfrak{z}_2 \cdot \ddot{u}_w^2 = \mathfrak{z}_2 \left(\frac{w_1}{w_2}\right)^2 \tag{213}$$

machen, das heißt, den sekundären Lastwiderstand mit dem Quadrat des Übersetzungsverhältnisses auf die Primärseite reduzieren. Wir erinnern uns, daß im Abschnitt III C 6a bei den Ersatzschaltungen für den Transformator stets die sekundäre Last nach Gl. (153) annähernd mit diesem Übersetzungsverhältnis multipliziert erschien (Abb. 97...99).

Zu den dieserart mit dem Quadrat des Übersetzungsverhältnisses zu reduzierenden „Widerstands“größen des sekundären Kreises gehören natürlich auch der Eigenwiderstand der sekundären Wicklung R_2 und der Streublindwiderstand X_{s2}, also gilt für sie:

$$R_2' = R_2 \cdot \ddot{u}_w^2 \,; \qquad X_{s_2}' = X_{s_2} \cdot \ddot{u}_w^2 \,. \tag{214}$$

Da wir in X_s natürlich nicht die Frequenz als die sowieso beiden Kreisen unbedingt gemeinsame Größe reduzieren wollen, — wir könnten sonst ja gar kein gemeinsames Zeigerdiagramm mehr zeichnen —, so bedeutet das, daß die Streuinduktivität L_{2s}' mit dem Quadrat des Windungsverhältnisses zu reduzieren ist. Auch sonst sind Induktivitäten — seien es solche in der Belastung oder innere — als widerstandsbestimmende Größen mit $\ddot{u}_w^2$ zu reduzieren:

$$L_{2s}' = L_{2s} \cdot \ddot{u}_w^2 \,; \qquad L_{22}' = L_{22} \cdot \ddot{u}_w^2 \,. \tag{215}$$

Dagegen sind natürlich Leitwerte und mit ihnen Kapazitäten als leitwertbestimmende Größen umgekehrt mit dem Quadrat dieses Windungsverhältnisses zu reduzieren:

$$G' = G \cdot \frac{1}{\ddot{u}_w^2} \,; \qquad C' = C \cdot \frac{1}{\ddot{u}_w^2} \tag{216}$$

(vgl. zum Beispiel Abb. 72).

Die einzige Konstante, die primäre und sekundäre Größen gemischt miteinander verbindet, ist die Gegeninduktivität. Dabei ist es nun gleichgültig, ob wir die von einem sekundären Strom in den primären Kreis „rück“-induzierte Spannung

$$\mathfrak{E}_{21} = -j\omega L_{21}' \cdot \mathfrak{J}_2'$$

betrachten, oder die vom primären Strom in den sekundären Kreis hinüberinduzierte Spannung:

$$\mathfrak{E}_{12}' = -j\omega L_{12}' \cdot \mathfrak{J}_1 \,.$$

Stets wird die reduzierte Gegeninduktivität M'

$$M' = L'_{12} = L'_{21} = j\,\frac{\mathfrak{E}_{21}}{\omega\,\mathfrak{J}'_2} = j\,\frac{\mathfrak{E}'_{12}}{\omega\,\mathfrak{J}_1} = L_{12}\cdot \ddot{u}_w = M\cdot\frac{w_1}{w_2} \tag{217}$$

bestimmt durch Reduktion mit dem Windungsverhältnis.

Für den so vollständig auf das Windungsverhältnis 1 : 1 reduzierten Transformator wird nun auch die Beziehung zwischen Selbstinduktivitäten, Streuinduktivitäten und Gegeninduktivitäten wieder sinnvoll und richtig:

$$L_{1s} = L_{11} - M'; \quad L'_{2s} = L'_{22} - M'. \tag{218}$$

Auch die Schwierigkeit, von der wir im Anfang dieses Abschnittes ausgingen, ist also durch die Reduktion behoben.

Der Ersatztransformator mit dem Übersetzungsverhältnis 1 : 1 ist mit all seinen Daten im Vergleich zum wirklichen Transformator mit seinen Daten in den Abb. 118a und b noch einmal dargestellt. Wir stellen hier noch einmal die Regeln zusammen, nach denen die Reduktion vorzunehmen ist:

Alle Größen des primären Kreises	unverändert
Spannungen des Sekundärkreises	$\ddot{u}$
Ströme des Sekundärkreises	$1/\ddot{u}$
Widerstandsgrößen des Sekundärkreises . .	$\ddot{u}^2$
Leitwertgrößen des Sekundärkreises	$1/\ddot{u}^2$
Koppelgrößen mit Widerstandscharakter zwischen Sekundär- und Primärkreis . . .	$\ddot{u}$
Leistungen	unverändert
Phasenwinkel	unverändert.

Es mag nicht unerwähnt bleiben, daß es u. U. sinnvoll sein kann, für bestimmte Aufgaben andere als die hier ausgewählten Reduktionsfaktoren der Umrechnung auf einen Ersatztransformator zugrunde zu legen. Beispielsweise ergab sich ja für Aufgaben, wie sie in Abb. 97...100 behandelt wurden, als Reduktionsfaktor der Wert L_1/L_2 für Widerstandsgrößen des sekundären Kreises, der mit dem hier gewählten Faktor $(w_1/w_2)^2$ nur näherungsweise übereinstimmt; aber für die Mehrzahl aller Fälle ist diese Reduktion mit dem Quadrat des Übersetzungsverhältnisses der Windungszahlen vorteilhaft. Für die technischen Transformatoren stimmen beide Faktoren sowieso meist befriedigend überein.

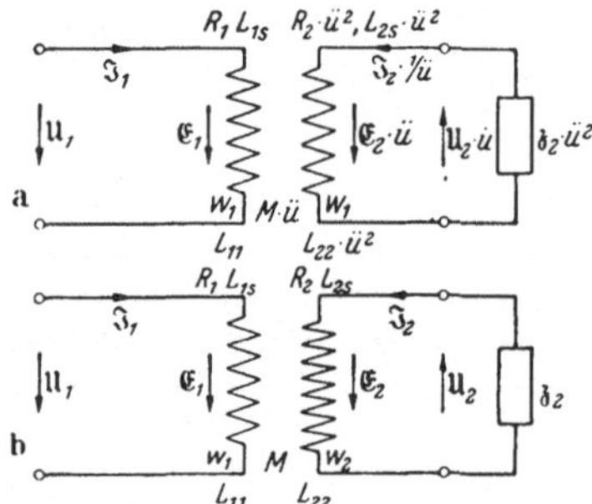

Abb. 118. Reduktion eines Transformators auf 1 : 1. a Auf 1 : 1 reduzierter Transformator. b Transformator mit $\ddot{u}_w = w_1/w_2$.

Es bliebe noch die Feststellung, daß natürlich Größen gleicher Art aus dem primären und sekundären Kreis, die additiv zu behandeln sind, nicht einfach mit einem Faktor umgerechnet werden können, sondern ihre Anteile einzeln entsprechend zu behandeln sind. So ist also der Widerstand, mit dem die Wirkkomponente des inneren Spannungsabfalles im Transformator nach dem KAPPschen Diagramm' (Abb. 111) bestimmt wird, zu ermitteln aus:

$$R'_t = R_1 + R_2\,\ddot{u}^2$$

und die entsprechende Größe für den Streublindwiderstand:

$$X'_s = X_{1s} + X_{2s}\,\ddot{u}^2 .$$

Bei normal ausgeführten technischen Transformatoren ergibt sich dabei meist ungefähre Übereinstimmung zwischen den beiden Anteilen. Die Widerstände der beiden Wicklungen stehen zueinander nämlich im gleichen Verhältnis wie die Quadrate der Windungszahlen. Der Wicklung mit der kleineren Windungszahl mit entsprechend kleinerer Wicklungslänge und dementsprechend kleinerem Widerstand wird man nämlich auch noch einen größeren Querschnitt geben, weil ja in ihr ein entsprechend größerer Strom fließt. Der Widerstand wird also noch einmal mit dem Verhältnis der Windungszahl verändert. Die reduzierten Widerstände beider Wicklungen aber bleiben etwa gleich. Da auch die magnetischen Widerstände der beiden Wicklungen für den Streuweg annähernd gleich sind, so hängen die wirklichen Verhältnisse der Streuinduktivitäten und der Streublindwiderstände X_{s1} und X_{s2} nur vom Quadrat der Windungszahlen ab, die somit in den reduzierten Größen zur annähernden Gleichheit führt.

d) Das vollständige Ersatzschaltbild des Transformators.

Schon in einem früheren Abschnitt hatten wir versucht, Ersatzschaltbilder aufzustellen, die sich wenigstens näherungsweise so verhielten wie der wirkliche Transformator (vgl. Abschn. III C 6a, S. 80 u. Abb. 97...99). Die dort mitgeteilten Schaltbilder stimmten aber immer nur in einem begrenzten Bereich mit dem wahren Transformator überein, wenn diese Übereinstimmung auch oft sehr weitgehend und für viele praktische Zwecke ausreichend war.

Wollen wir zwischen die Primär- und Sekundärklemmen eines Ersatzschaltbildes, also eines Vierpoles, eine Schaltung „komponieren", die bei in gleicher Weise festgelegten Zählpfeilen wie beim Transformator (Abb. 119a) gleiches Betriebsverhalten

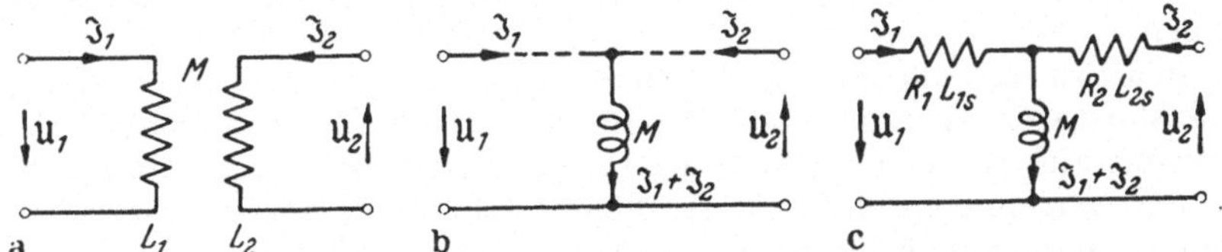

Abb. 119. Ersatzschaltbild eines Transformators.
a Transformator. *b* 1. Stufe zum Ersatzschaltbild. *c* Vollständiges Ersatzschaltbild.

bei *allen* möglichen Belastungszuständen zeigt, so gehen wir dafür von den Transformatorengleichungen (193) in der Form aus, wie wir sie im Abschn. III C 6b, S. 93, aufgestellt hatten.

$$\left.\begin{aligned} \mathfrak{U}_1 &= \mathfrak{J}_1 (R_1 + j X_{s1}) + (\mathfrak{J}_1 + \mathfrak{J}_2) j\omega M \\ -\mathfrak{U}_2 &= \mathfrak{J}_2 (R_2 + j X_{s2}) + (\mathfrak{J}_1 + \mathfrak{J}_2) j\omega M\,. \end{aligned}\right\} \quad (193)$$

In beiden Umläufen kam dabei die gemeinsame Größe

$$(\mathfrak{J}_1 + \mathfrak{J}_2) j\,\omega\, M \quad (= \mathfrak{E})$$

vor. Beiden „Maschen" muß also ein Zweig gemeinsam sein, in dem der Summenstrom beider Zweige durch eine Spule mit der Selbstinduktivität M fließt. Man beachte, daß in der Ersatzschaltung, deren erste Stufe das Schema der Abb. 119b zeigt, M nicht eine *Gegen*induktivität, sondern eine *Selbst*induktivität bedeutet. Soll die Übereinstimmung für Gleichung 1, d. h. Masche 1 vollständig werden, so muß die primäre Masche des Ersatzschaltbildes noch einen Zweig mit dem Widerstandsoperator $(R_1 + j\omega L_{1s})$ enthalten, der vom Strome $\mathfrak{J}_1$ durchflossen wird. Wir können also mit diesem Wechselstromwiderstand den in Abb. 119b noch offenen Zweig füllen, obwohl auch nichts im Wege stehen würde, die Größen des Ersatzkreises in beliebiger Weise auf den oberen und unteren Zweig aufzuteilen, die ja doch von den Klemmen aus gesehen nur hintereinander geschaltet sind. Man könnte also je die Hälfte von R_1 und X_{s1} in den oberen Zweig und den unteren Zweig legen oder aber R_1 ganz in den oberen, X_{s1} ganz in den unteren, — etwa um sie getrennt meßbar zu machen. Die einfachste Schaltung ist aber die Vereinigung auf einen Zweig. In gleicher Weise ist die Lücke im oberen rechten Zweig der Schaltung Abb. 119b, d. h. in der Masche, die dem sekundären Kreis entspricht, mit dem Widerstandsoperator $(R_2 + j X_{s2}) = (R_2 + j\,\omega\, L_{s2})$ zu füllen.

Dann ergeben die Umläufe durch die Maschen des nunmehr vollständigen Ersatzschaltbildes für den Transformator nach Schaltbild 119c:

$$\left.\begin{aligned} \mathfrak{U}_1 &= \mathfrak{I}_1 (R_1 + j\,\omega\, L_{1s}) + (\mathfrak{I}_1 + \mathfrak{I}_2)\, j\,\omega\, M \\ -\,\mathfrak{U}_2 &= \mathfrak{I}_2 (R_2 + j\,\omega\, L_{2s}) + (\mathfrak{I}_1 + \mathfrak{I}_2)\, j\,\omega\, M \end{aligned}\right\} \qquad (207)$$

in völliger Übereinstimmung mit den wahren Transformatorgleichungen (193). Schalten wir eine derartige *Kunstschaltung* zwischen eine Spannung $\mathfrak{U}_1$ zwischen den Primärklemmen und eine beliebige sekundäre Last $\mathfrak{z}_2$, so werden sich primärer Strom, sekundärer Strom und sekundäre Spannung genau so ergeben wie beim wirklichen Transformator. Der Vorteil der Ersatzschaltung besteht dabei darin, daß wir an ihr das Verhalten des Transformators meist anschaulicher ablesen und erkennen können als am Transformator selbst, weil die unanschauliche magnetische Kopplung von primärem und sekundärem Kreis durch eine übersichtliche galvanische Kopplung durch einen gemeinsamen Zweig ersetzt wird. An Stelle von Kopplungen und Streuungen gibt es jetzt Stromverzweigungen und Reihenschaltungen, die mit elementaren Mitteln überschaubar sind. Allerdings darf das nicht darüber hinwegtäuschen, daß die Gl. (207) der Ersatzschaltung genau die gleichen sind wie die Gl. (193) des wirklichen Transformators, daß also an Rechenarbeit nichts gespart wird, wenn man gezwungen ist, über qualitative Betrachtungen hinaus exakt quantitativ zu rechnen.

Sehr deutlich zeigt die größere Anschaulichkeit des Ersatzschaltbildes gegenüber dem Transformator selbst der Fall der rein kapazitiven Belastung nach Abb. 120a/b. Man erkennt auf den ersten Blick die beiden Resonanzmöglichkeiten, die in den Abb. 120c/d getrennt betont herausgezeichnet sind. Im Fall der Parallelresonanz nach Abb. 120c schwingt die Blindleistung zwischen der Kapazität des Lastkondensators und der aus M und L_{2s} bestehenden Gesamtinduktivität des sekundären Kreises. Der Kreis ist, wie wir jetzt auch noch zusätzlich erkennen können, durch den Widerstand R_2 des sekundären Kreises allein gedämpft, denn der Verlust in dem in Reihe zum Sperrkreis liegenden Widerstand R_1, der von einem g mal kleineren Strom durchflossen wird als der Schwungradkreis selbst (vgl. Abschn. III C 3 S. 58), ist, weil R_1 von gleicher Größenordnung ist wie R_2, etwa g^2 mal kleiner und somit bedeutungslos. Bei Resonanz des Kreises selbst besteht aber von den primären Klemmen aus gesehen noch keine echte Phasenresonanz, weil die Blindleistung der primären Streuinduktivität ja noch geliefert werden muß, wenn sich die Blindleistungen im sekundären Kreis gerade ausgleichen.

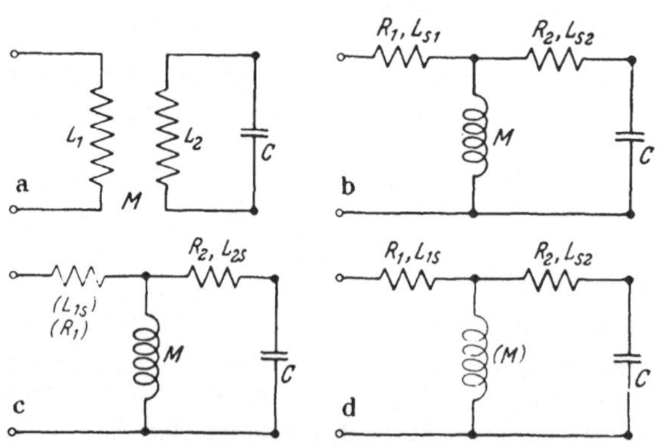

Abb. 120. Kapazitiv belasteter Transformator. a Transformator. b Ersatzschaltbild. c Zustand der Parallelresonanz. d Zustand der Reihenresonanz.

Entsprechend gilt für die Reihenresonanz nach Abb. 120d, daß die Blindleistung zwischen dem Energieinhalt des Kondensators im Lastkreis und dem des Transformatorstreufeldes einen Schwingvorgang vermittelt, denn dieses Streufeld wird ja durch die Streuinduktivitäten repräsentiert. Ein wenig wird aber auch hier die parallel zum Kreis liegende Induktivität M des Querzweiges die einfache Resonanzbedingung zwischen X_s und C stören. Gedämpft ist der Kreis dieses Mal durch die Summe der beiden Widerstände R_1 und R_2.

Hat der Transformator, den wir durch ein Ersatzschaltbild darstellen wollen, nicht das Übersetzungsverhältnis 1 : 1, sondern $w_1 : w_2$, so bauen wir das Ersatzschaltbild aus den reduzierten Größen auf. Nur dann können wir ja einen Zweig finden, der die beiden Ströme in echter Summenschaltung führt, und bei dem auch die Schaltelemente noch jedes für sich einen einfachen Zusammenhang mit Kenngrößen des Transformators haben. Verzichten wir allerdings auf diese Forderung, so bekommt jetzt sogar die Definition einer negativen Streuinduktivität durch den formalen Ansatz:

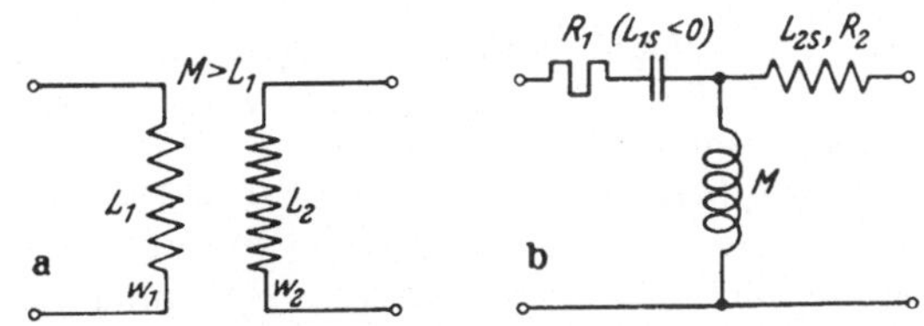

Abb. 121. Ersatzschaltbild eines Transformators mit Übersetzung nach oben ($\ddot{u}_w < 1$).
a Transformator mit $w_2 > w_1$. b Ersatzschaltbild mit negativer primärer Streuinduktivität.

$$L_{1s} = L_{11} - L_{12}$$

bei $w_2 > w_1$, die wir im Abschn. III C 6c, S. 100 als reine Spielerei ohne Sinn ablehnten, eine anschauliche Deutung. Einem negativen Blindwiderstand im oberen linken Zweig des Ersatzschaltbildes nach Abb. 119 würde ja nach Abb. 121 ein Kondensator entsprechen. Damit stellt sich von den Eingangsklemmen aus gesehen die Schaltung als ein Reihenresonanzkreis aus dieser Kapazität und der Querinduktivität M des Ersatzschaltbildes dar. An der Induktivität dieses Kreises greifen wir mit dem oberen rechten Zweig eine höhere Spannung ab, als an den primären Klemmen liegt. In der Tat ist also das Ersatzschaltbild sogar geeignet, eine Spannung nach oben zu transformieren, wie das ja auch der Umspanner mit $w_1/w_2 < 1$ tut.

Ein solches Ersatzschaltbild für einen Transformator mit Übersetzung der Spannung nach oben stimmt aber nur immer für eine einzige Frequenz, denn die Ersatzkapazität des primären Zweiges kann ja nur für *eine* Frequenz auf den Wert gebracht werden, den die Äquivalenz der Schaltung fordert. Der Wert dieses Ersatzschaltbildes liegt aber sonst gerade darin, daß es auch hinsichtlich der Frequenzabhängigkeit aller seiner Schaltelemente genau mit der der entsprechenden Elemente des Transformators übereinstimmt, also für *alle* Frequenzen seine Richtigkeit behält. Es ist deshalb doch sinnvoller, Ersatzschaltbilder nur immer für die auf 1 : 1 reduzierten Transformatoren zu zeichnen und zu verwenden.

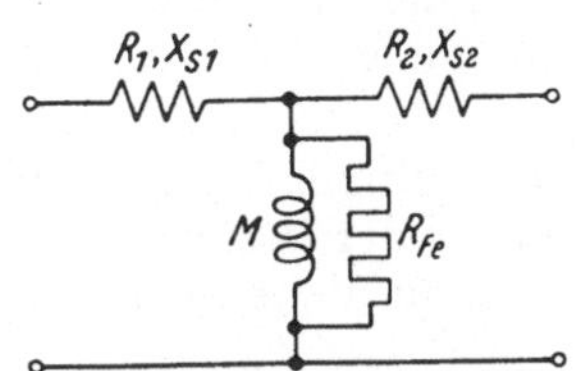

Abb. 122. Berücksichtigung der Eisenverluste im Ersatzschaltbild des Eisentransformators.

Aus dem gleichen Grunde empfiehlt es sich nicht, irgend eines der anderen möglichen Ersatzschaltbilder zu benutzen, mit denen man das Verhalten des Transformators als Vierpol nach den Ausführungen im 2. Bd. darstellen könnte. Bei allen solchen Schaltungen geht sowohl die einfache Zuordnung zu übersehbaren Grundgrößen des Transformators verloren, wie auch die Frequenzkonstanz der Schaltelemente des Ersatzbildes.

Das Ersatzschaltbild kann noch weiter verfeinert werden, um dem wirklichen Verhalten eines Transformators mit Eisenkern noch besser zu entsprechen, bei dem ja im Eisenkern Verluste auftreten, die dem Quadrat der Spannung annähernd proportional sind, die vom Hauptfluß induziert wird. Man kann sie also durch einen Widerstand darstellen, der im Ersatzschaltbild parallel zum Querzweig mit der Hauptinduktivität M zu schalten ist. Die Verluste in einem solchen Widerstand sind dann ebenfalls E^2 proportional, können also die Eisenverluste richtig wiedergeben. Abb. 122 zeigt das so vervollständigte Ersatzschaltbild des Eisenkerntransformators mit verlustbehafteter Querinduktivität. Es hat zur Folge, daß im Diagramm des Transformators nach Abb. 108a/b der Magnetisierungsstrom um ein wenig mehr als 90° voreilend gegen die EMK einzutragen wäre. Wegen der Frage der Eisenverluste vergleiche man den Abschn. VI A 4, S. 301.

e) Meßwandler.

Der Spannungswandler. Der Spannungswandler dient zur hochspannungsfreien Messung großer Spannungen und zur Herunterübersetzung ihrer Werte auf der Messung bequem zugängliche Werte. Als normale Sekundärspannung eines solchen Wandlers gilt heute die Spannung $U_2 = 100$ Volt. Es handelt sich um einen Transformator geringer Leistung, denn die abgenommene Sekundärleistung dient fast ausschließlich zur Speisung von Spannungsmessern und Spannungskreisen von Wattmetern und Zählern oder äußerstenfalls von Relaisspulen. Sein Übersetzungsverhältnis weicht meist erheblich von 1 : 1 ab. Für unsere Betrachtungen reduzieren wir ihn auf das Übersetzungsverhältnis 1 : 1 (entsprechend den Ausführungen in Abschn. III C 6c, S. 100), werden aber abweichend von der dort gewählten Bezeichnung der reduzierten Größen durch einen Beistrich zur Vereinfachung hier auf diesen Index verzichten und also mit $\mathfrak{U}_2$, $\mathfrak{J}_2$, R_2 usw. bereits die reduzierten Größen meinen.

Da wir den Wandler zu Meßzwecken benutzen wollen, stellen wir hohe Anforderungen an die Einhaltung eines festgelegten Übersetzungsverhältnisses der Spannungen im gesamten vorkommenden Belastungsbereich und an geringe Phasenverschiebungen zwischen primärer und sekundärer Spannung (vgl. Abb. 124). Die Aufzeichnung eines Diagramms nach Art der Abb. 110 zur Feststellung der Abweichungen vom Sollwert ergibt also ungewöhnliche Verhältnisse. Sollen die dort gezeichneten Dreiecke für den Spannungsabfall der primären und sekundären Wicklung erkennbar bleiben, so muß die Länge der Zeiger für $\mathfrak{U}_1$ und $-\mathfrak{U}_2$ sehr groß werden. Wir benutzen zur Aufzeichnung eines solchen Diagramms nach der Abb. 123 die allgemeinen Transformatorgleichungen (186) bzw. (193) in der für den Eisentransformator gültigen Form:

$$\left.\begin{aligned} \mathfrak{U}_1 &= \mathfrak{J}_1 \cdot (R_1 + j X_{s1}) - \mathfrak{E} \\ -\mathfrak{U}_2 &= \mathfrak{J}_2 \cdot (R_2 + j X_{s2}) - \mathfrak{E} \end{aligned}\right\} \qquad (208)$$

unter Berücksichtigung der durch das Durchflutungsgleichgewicht (211) geforderten Bedingung:

$$\mathfrak{J}_1 = \mathfrak{J}_{1l} - \mathfrak{J}_2 \,. \qquad (209)$$

Durch Eliminierung von $\mathfrak{E}$ aus den beiden Transformatorgleichungen und Einführung der Beziehung zum Leerlaufstrom oder Magnetisierungsstrom $\mathfrak{J}_{1l}$ erhalten wir dann die Ausgangsgleichung für das Zeigerdiagramm:

$$\left.\begin{aligned} \mathfrak{U}_1 &= -\mathfrak{U}_2 + \mathfrak{J}_{1l} \cdot (R_1 + j X_{s1}) - \mathfrak{J}_2 (R_l + j X_s) \\ \text{mit} \quad R_l &= R_1 + R_2 \,; \; X_s = X_{s1} + X_{s2} \,. \end{aligned}\right\} \qquad (210)$$

Seine Konstruktion beginnen wir in Abb. 123 mit dem Punkte 0, der Spitze des Zeigers $-\mathfrak{U}_2$, den wir uns sehr weit unter der Zeichenebene beginnend denken müssen. Praktisch wählt man etwa den Maßstab: 1 cm = 0,1 Volt. An ihn fügen wir zunächst den Spannungsabfall des Leerlaufstromes in der primären Wicklung. Sein Ohmscher Anteil eilt um etwas mehr als 90° gegen $-\mathfrak{U}_2$ vor, wenn wir die Eisenverluste des Kerns mitberücksichtigen wollen (vgl. S. 99 u. S. 301). Sein induktiver Anteil eilt dagegen um weitere 90° vor. Wir gelangen so zum Punkt L, dem Endpunkt des Zeigers $\mathfrak{U}_{1l}$ bei sekundärem Leerlauf des Wandlers, dessen Anfangspunkt ebenfalls weit unter der unteren Kante des Zeichenblattes — auch seine Länge ist ungefähr 10 m (!) — mit dem von $-\mathfrak{U}_2$ zusammenfällt. Die Differenz der

Effektivwerte $U_2 - U_1$ ist bei der praktisch völligen Parallelität beider Zeiger einfach die „Niveaudifferenz" zwischen O und L. Wir können also auf einer mit $+\mathfrak{U}_2$ zusammenfallenden Achse unmittelbar eine Skala für den Übersetzungsfehler oder „Spannungsfehler" aufzeichnen, der nach VDE 0414 definiert ist als: $f_u = (U_2 - U_1)/U_2$. Bei dem gewählten Maßstab für U_2 entspricht also jeder cm der Skala einem Spannungsfehler von $1^0/_{00}$, wobei positive Werte nach unten rechnen.

Bei Belastung mit einem sekundären Strom $\mathfrak{I}_2$, der gegen die Spannung um den Phasenwinkel β der „Bürde", d. h. des sekundären Lastwiderstandes, gegen $\mathfrak{U}_2$ verschoben ist, sind nun auch noch die zweiten Anteile der Spannungsabfälle aus der Gl. (210) zuzufügen, der Wirkspannungsabfall im gesamten Widerstand $R_t = R_1 + R_2$ und die gesamte Streuspannung in der Summe der Streublindwiderstände $X_s = X_{s1} + X_{s2}$. Wir kommen so zum Belastungspunkt B des Diagramms, der nunmehr für *diesen* Zustand des Wandlers den Spannungsfehler durch seine Höhenlage über O abzulesen gestattet. Er ist — in negativem Sinne — größer geworden. Wegen der geringfügigen Änderungen von E bei der Belastung können wir dabei davon absehen, daß genau genommen sich auch der Leerlaufpunkt ein wenig verschieben würde.

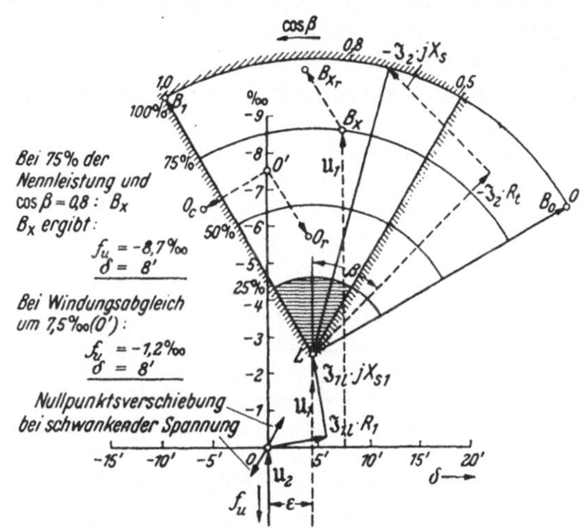

Abb. 123. Diagramm zur Ermittlung der Fehler des Spannungswandlers.

Haben wir diese Konstruktion für einen Bürdenwinkel $\beta = 0$ und den der Nennleistung entsprechenden Sekundärstrom ausgeführt, womit wir zum Punkt B_1 des Diagrammes kommen, so können wir nun leicht übersehen, wie sich der Lastpunkt im Diagramm und damit der Spannungsfehler ändert, wenn wir:

a) den Bürdenwinkel von 0° bis 90° induktiv ändern,

b) den sekundären Strom — und damit auch die bei fester Sekundärspannung ihm proportionale abgegebene Leistung — auf einen bestimmten Prozentsatz vermindern.

Im Falle a) läuft der Lastpunkt B auf einem Kreisbogen von B_1 nach B_0; im Falle b) bewegt er sich von B_1 nach L auf der Verbindungsstrecke. Wir können also auf dem Bogen $B_1 B_0$ eine Teilung für $\cos\beta$ und auf der Geraden LB_1 eine Teilung für N/N_{nenn} anbringen und nun durch Eintragung der Radien und Viertelkreise die Festlegung jedes Lastpunktes für beliebigen Wert von Leistung (Scheinleistung) und Bürdenwinkel vornehmen. Durch Projektion eines solchen Punktes B_x auf die Ordinatenachse mit der f_u-Teilung lesen wir dann dort den zugehörigen Spannungsfehler ab.

Das Diagramm gibt aber auch Aufschluß über den „Fehlwinkel" δ, um den $-\mathfrak{U}_2$ gegen $\mathfrak{U}_1$ voreilt. Zwar *erscheinen* die Zeiger im Diagramm parallel, aber der Winkel zwischen ihnen ergibt sich doch aus dem Quotienten des Abszissenabstandes von B_x von der $\mathfrak{U}_2$-Achse und U_2 selbst. Bei der Kleinheit des Winkels δ können wir ohne Fehler den Winkel gleich seinem tg setzen und also auf der Abszissenachse einen δ-Maßstab anbringen, wenn wir berücksichtigen, daß $10' = 0{,}0028$ sind. Lage des Punktes B_x rechts von der Ordinatenachse bedeutet dabei positive Werte von ε und umgekehrt.

Kommt für den praktischen Belastungsbereich nur ein Teil des Sektors in Frage, etwa der in Abb. 123 schraffiert umrandete Teil mit einem $\cos\beta$ der Bürde zwischen 0,5 und 1,0 (kapazitive Belastungen gibt es kaum und auch stärker induktive fallen praktisch aus), so kann man den Spannungsfehlerbereich auf positive und negative Werte aufteilen und damit enger gestalten, indem man den Punkt, von dem aus der Spannungsfehler zu rechnen ist, nach O' etwa in Höhe des Schwerpunktes des Belastungssektors hebt. Das kann entweder durch eine entsprechende Verkleinerung der primären Windungszahl um soviel % geschehen, wie O' gegen O gehoben werden soll, oder durch eine entsprechende Vergrößerung der sekundären Windungszahl. Die erste Maßnahme ist üblicher.

Liegen die Winkelfehler unsymmetrisch um die Achse verteilt und wünscht man sie zu symmetrieren, so kann man auch das erreichen, indem man den Bezugspunkt

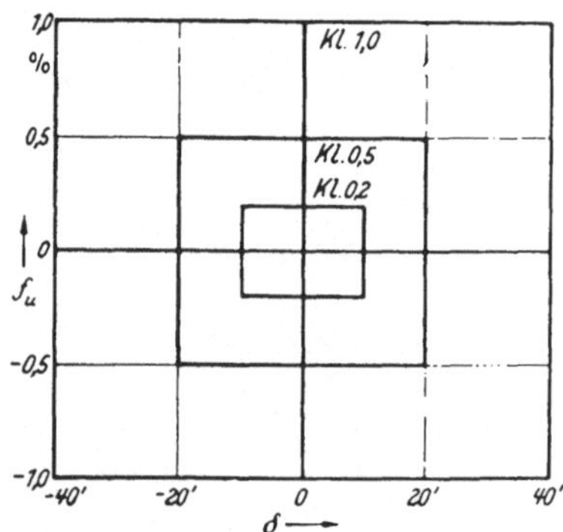

Abb. 124. Zulässige Fehlergrenze der Spannungswandler für Meßzwecke.

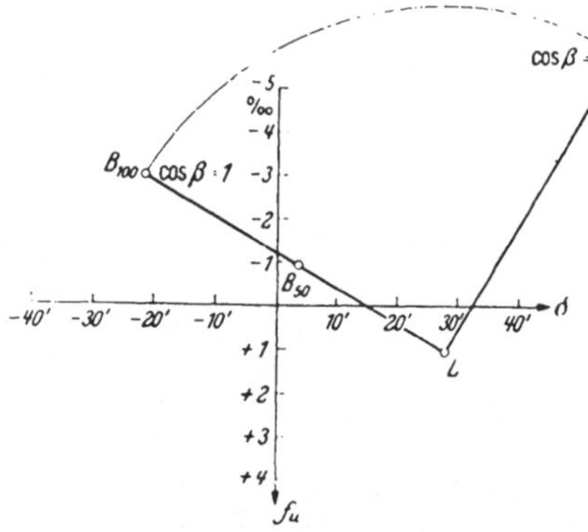

Abb. 125. Ermittlung des Spannungs-Wandler-Diagramms aus 2 Messungen.

nach Bedarf nach links oder rechts verschiebt. Das kann durch eine feste Zusatzlast parallel zur Bürde geschehen, denn der in eine solche Last fließende Teilstrom aus der sekundären Wicklung ruft in ihr weitere Spannungsabfälle hervor. Eine Ohmsche Zusatzlast würde also den Punkt B_x bei sonst ungeänderten Bedingungen nach B_{x_r} rücken, was gleichbedeutend damit ist, daß der durch einen Windungsabgleich nach O' gehobene Nullpunkt des Koordinatenkreuzes nach O_r verschoben ist, wobei dann das Diagramm fest bleibt. Man kann also durch Ohmsche Zusatzlast die Winkel stärker ins Negative schieben. Eine kapazitive Zusatzlast im sekundären Kreis parallel zur Bürde würde dagegen eine Nullpunktsverschiebung von O' nach O_c ergeben, also Winkelverschiebung ins Positive. Überdeckt man das Diagramm mit einem durchsichtigen Deckblatt nach Abb. 124, auf dem die Fehlergrenzen markiert sind, die nach den Regeln VDE 0414 zulässig sind, so kann man durch Verschiebung des Deckblattes feststellen, wo der Nullpunkt zweckmäßig hinzulegen ist, damit der Wandler eine bestimmte Fehlerklasse einhält. Man sieht auch, daß die Grenzen für einen Wandler mit kleinerer Nennleistung bei gleichem Kern und gleicher Wicklungsausführung enger gezogen werden können. Denn bezog sich das ausgezogene Sektorgebiet in Abb. 123 etwa auf eine Nennleistung von 120 VA, so entsprechen 30 VA dem schraffierten Gebiet. Bei durch Windungsabgleich entsprechend veränderter Lage des Nullpunktes kann man also den gleichen Wandler bei veränderter Nennleistung für verschiedene Klassen verwenden.

Änderungen der primären Spannung würden wegen der nichtlinearen Zusammenhänge zwischen Fluß und Strom nur die relative Lage des Punktes L etwas verschieben. Bei richtiger Wahl des Arbeitspunktes in *dem* Gebiet der Magnetisierungskurve, das in Abb. 106 als das Gebiet (a) des Spannungswandlers bezeichnet wurde, hält sich das aber meist in sehr engen Grenzen. Alle anderen Punkte laufen proportional der Spannungsänderung mit. Die Relativwerte der Maßstäbe für f_u und δ ändern sich also nicht. Man kann den Einfluß der Sättigungsänderung somit dadurch berücksichtigen, daß man dem Nullpunkt des Bezugssystems noch einmal eine Verschiebung in Richtung parallel zu OL erteilt.

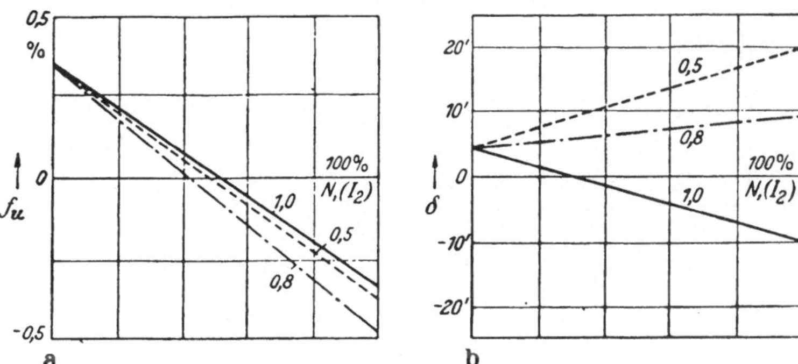

Abb. 126. Spannungsfehler und Winkelfehler eines Spannungswandlers in Abhängigkeit von der Leistung. a Spannungsfehler. b Winkelfehler. (cos β als Parameter)

Ein wesentlicher Vorteil dieses Diagramms besteht nicht nur in dem allgemeinen Überblick, den es uns über das Betriebsverhalten vermittelt, sondern auch darin, daß es mit wenigen Messungen vollständig festzulegen ist. Hat man z. B. die Lage des Betriebspunktes (f_u und δ) für Ohmsche Vollast und Halblast bestimmt (Abb. 125), so kann man auf alle weiteren Messungen verzichten und doch das Verhalten bei allen anderen Bürden ermitteln. Man verlängert $B_{100}B_{50}$ um seine eigene Länge nach der Richtung über B_{50} hinaus und bekommt so den Punkt L und damit in $B_{100}L$ die Basis für den Quadranten der Last.

In der Abb. 126 sind f_u und δ in ihrem prinzipiellen Verlauf in Abhängigkeit von der Belastung und dem Bürdenwinkel (cos β) so dargestellt, wie sie sich aus dem Diagramm ergeben. Der Verlauf stimmt mit dem Ergebnis praktischer Messungen ausgezeichnet überein.

Der Stromwandler. Der Stromwandler dient zur hochspannungsfreien Messung von Strömen und Übersetzung von Betriebsstromwerten auf einen einheitlichen Wert von meist 5 A — heute kommt daneben in steigendem Maße auch der Wert 1 A vor — für die anzuschließenden Meßinstrumente wie: Strommesser, Strompfade von Leistungsmessern und Zählern und Relais, über deren niederohmige Widerstände er annähernd kurzgeschlossen ist. Nach Abb. 95 verhalten sich in diesem Zustand sein primärer und sekundärer Strom zueinander nur näherungsweise umgekehrt wie die Windungszahlen der Wicklungen. Die Abweichungen bedingen wieder einen „Stromfehler" und einen „Winkelfehler", f_i und δ, die nach den Vorschriften in VDE 0414 definiert sind durch:

$$\mathfrak{J}_1 = -\mathfrak{J}_2 \cdot (1 - f_i) \cdot \exp(j\,\delta)\,. \tag{211}$$

Um die Abweichungen vom Sollwert zu untersuchen, die wiederum sehr klein sein müssen, weil ja der Wandler zu Meßzwecken und zur Verrechnung der elektrischen Energie dienen soll, untersuchen wir sein Diagramm als annähernd kurzgeschlossener Transformator. Dabei interessiert uns sein primäres Spannungsdiagramm überhaupt nicht. Der Spannungsabfall an seiner Primärwicklung, die ja praktisch von einem eingeprägten Strom durchflossen wird, spielt gegenüber sonstigen Spannungsabfällen in einer Anlage keine Rolle.

Wir benötigen also nur die sekundäre Transformatorgleichung (186/193) nach Abschn. IIIC 6 b/c:

$$\begin{aligned} \mathfrak{E} &= \mathfrak{U}_2 + \mathfrak{J}_2 \cdot (R_2 + j X_{\varkappa 2}) \\ &= \mathfrak{J}_2 \cdot [(R_B + j X_B) + (R_2 + j X_{s2})], \end{aligned} \tag{212}$$

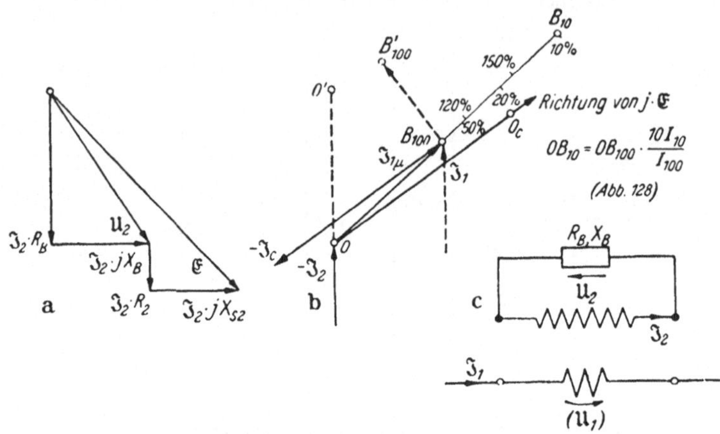

Abb. 127. Diagramm des Stromwandlers.
a Diagramm der sekundären Spannungen. b Stromdiagramm. c Schaltbild.

worin R_2 und $X_{\varkappa 2}$ Widerstand und Streublindwiderstand der sekundären Wandlerwicklung und R_B und X_B Wirk- und Blindwiderstand des sekundär angeschlossenen Widerstandes, der „Bürde“, bedeuten. Aus (212) ergibt sich für eine bestimmte Bürde und beispielsweise Nennstrom das Spannungsdiagramm der Abb. 127a, aus dem wir den Zeiger der EMK des Wandlers entnehmen, für den der Hauptfluß aufkommen muß. Nach ihm richtet sich nach der Magnetisierungskurve Abb. 128 der erforderliche Magnetisierungsstrom, dessen Zeiger gegen den zugehörigen Fluß ein wenig voreilt, wenn wir die Eisenverluste im Kern mitberücksichtigen (vgl. S. 99 u. S. 301).

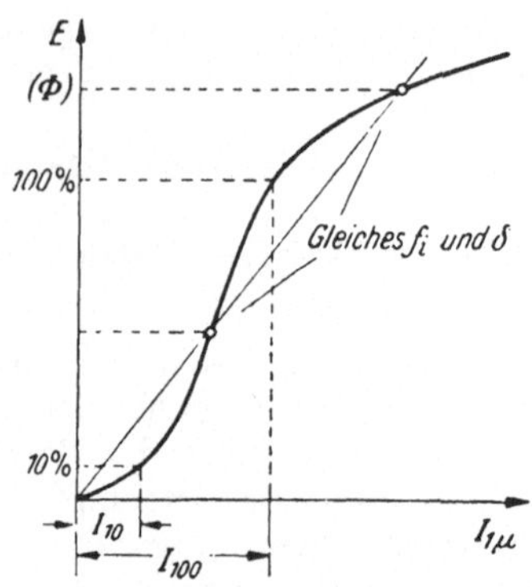

Abb. 128. Magnetisierungskurve des Stromwandlerkerns.

Unter Benutzung der so ermittelten Größe und Phasenlage des Magnetisierungsstromes können wir nun das Durchflutungsdiagramm des Transformators aufzeichnen (Abb. 127b). Ähnlich wie beim Spannungswandler sind wir dabei genötigt, den Anfangspunkt des Diagramms, den Anfangspunkt des Zeigers $-\mathfrak{J}_2$, weit unter die untere Papierkante zu legen. Bei Wahl eines Maßstabes von 1 cm = 1 mA, der vernünftige Diagrammwerte ergibt, würde er 5 m tief liegen. Zu ihm haben wir nach der Durchflutungsgleichung:

$$\mathfrak{J}_1 = -\mathfrak{J}_2 + \mathfrak{J}_{1\mu} \tag{213}$$

den Magnetisierungsstrom zu addieren, wobei wir genau wie beim Spannungswandlerdiagramm uns den Transformator auf das Übersetzungsverhältnis 1 : 1 reduziert vorzustellen haben, aber zur Vereinfachung den Strich zur Kennzeichnung der Reduktion einsparen. Wir kommen so zum Punkte B_{100}, der der Endpunkt des Zeigers $\mathfrak{J}_1$ sein muß, der zusammen mit $-\mathfrak{J}_2$ im Ursprungspunkt des ganzen Diagramms beginnt, der außerhalb des Blattes liegt. Genau wie beim Spannungswandler bestimmt die Lage des Punktes B_{100} relativ zu O Stromfehler und Winkelfehler, die wiederum an relativen Skalen mit entsprechendem Maßstab in Richtung von $\mathfrak{J}_2$ und senkrecht dazu aufzutragen sind.

Ändert sich nun der Strom im Wandler, so treten folgende Änderungen im Diagramm ein: Alle Werte im Spannungsdiagramm der Abb. 127a ändern sich proportional mit, werden also bei Abnahme des Stromes auf 0,1 I_N ebenfalls 10 mal kleiner. Mit verändertem Maßstab können wir also das Diagramm auch jetzt noch gelten lassen. Aber zu einer 10 mal so kleinen EMK gehört nach Abb. 128 nicht ein 10 mal so kleiner Magnetisierungsstrom, sondern nur etwa ein Drittel des vorigen Wertes. Verändern wir den Maßstab des Stromdiagramms im selben Sinne wie den des Spannungsdiagramms, so müssen wir also diesen Strom jetzt erheblich größer ins Diagramm eintragen wie den für Vollaststrom. Wir erhalten den Punkt B_{10} mit größerem Stromfehler und Winkelfehler. Für jeden Wert einer Teillast können wir so unter Benutzung der Magnetisierungskennlinie einen Punkt auf der Geraden $B_{100} B_{10}$ finden, wie im Diagramm durch Beisetzen der %-Zahlen vom Nennstrom angedeutet. Liegt der Nennstrombetriebspunkt in der Abb. 128 gerade beim *Knie*, d. h. der maximalen Induktivität des Kerns, so liegt der Punkt B_{100} dem „fehlerfreien" Punkt O am nächsten. Auf der von dort aufsteigenden Geraden gibt es dann für jeden Punkt zwei Zuordnungen, von denen die eine jeweils einem Überstrom, die andere einem Teillastwert entspricht. Die beiden zusammengehörenden Werte sind in Abb. 128 als Schnittpunkte der Neigungsgeraden (zur M-Bestimmung nach Abb. 106) mit der Magnetisierungskurve gekennzeichnet. Strom- und Winkelfehler sind also jeweils gleich für einen Strom größer und kleiner als der Nennwert.

Auch hier ist ein Abgleich zur Verkleinerung der Fehler in ähnlicher Weise wie beim Spannungswandler möglich. So kann durch Windungsabgleich die Höhenlage der Bezugsachse für den Stromfehler verschoben werden, so daß sie etwa durch O' läuft. Hierzu ist eine Verkleinerung der sekundären oder Steigerung der primären Windungszahl erforderlich.

Auch den Winkelfehler kann man noch korrigieren, wie aus dem Diagramm entnommen werden kann. Belastet man nämlich den Wandler zusätzlich kapazitiv, indem man an eine dritte Wicklung einen Kondensator anschließt, dessen Ladestrom sich dann um 90° voreilend gegen die EMK zu den übrigen Strömen des Durchflutungsdiagrammes addiert, so rückt damit der Betriebspunkt B nach unten näher an den Nullpunkt. Man kann, weil dieser Strom wieder proportional I_2 ist, ihn am einfachsten dadurch berücksichtigen, daß man den Bezugspunkt für das Koordinatenkreuz in entgegengesetzter Richtung nach O_c verschiebt. Die Annahme, daß er voreilend gegen $\mathfrak{E}$ einzutragen ist, stimmt natürlich nicht ganz genau, weil ja auch diese Wicklung einen Spannungsabfall hat, der die Phasenverschiebung nicht ganz 90° werden läßt. Bei Anschluß an die Sekundärwicklung anstatt an eine Tertiärwicklung würde also dieser Strom etwa um 90° verschoben gegen $\mathfrak{U}_2$ einzutragen sein. Da es sich aber nur um kleine Korrekturen handelt, sind diese Feinheiten belanglos.

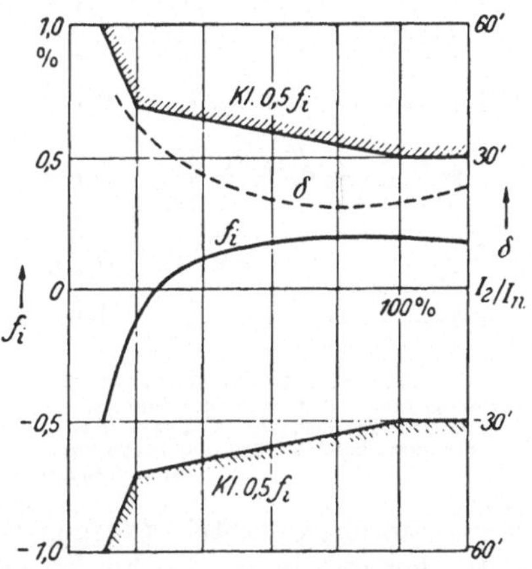

Abb. 129. Stromfehler und Winkelfehler bei verschiedenem Sekundärstrom eines Stromwandlers

Man sieht aus dem Diagramm auch, daß eine Verringerung des Winkelfehlers erreicht werden könnte, wenn man den Magnetisierungsstrom stärker gegen den Fluß voreilen läßt, d. h. die Eisenverluste erhöht. B_{100} rückt dann im Sinne des

Verluststromanteils des Magnetisierungsstromes nach B'_{100} und δ sinkt. In der Tat hat man davon gelegentlich durch Verwendung dickerer Bleche für den Kern und entsprechende Erhöhung der Wirbelstromverluste Gebrauch gemacht.

Die Abhängigkeit von Stromfehler und Winkelfehler vom Strom, die sich aus diesem Diagramm ergibt, ist in der Abb. 129 schematisch dargestellt, in das zugleich für eine angenommene Klassenzugehörigkeit des Wandlers die nach den VDE-Vorschriften 0414 zulässigen Fehlerwerte miteingetragen sind, die offenkundig den Gegebenheiten des Problems in ihrer Gestalt Rechnung tragen. Man findet diesen Verlauf auch bei einfachen Wandlern ohne zusätzliche Maßnahmen zur Streckung des Verlaufs der Magnetisierungskurve stets so wie hier angegeben.

f) Transformatoren in der Nachrichtentechnik.

Auch in der Nachrichtentechnik finden Transformatoren — meist unter dem Namen Übertrager — häufig Verwendung. Ihre Aufgabe liegt hier nicht so sehr in der Hinauf- oder Hinabsetzung von Spannungen oder Strömen, als vielmehr in der Trennung von Stromwegen für Gleich- und Wechselströme in der Schaltung und in der Anpassung. Auch hier aber können die Transformatoren stets mit den gleichen Verfahren behandelt werden, die wir in den voraufgegangenen Kapiteln betrachtet haben.

Wir erwähnten bereits bei der Behandlung der vereinfachten Ersatzschaltungen Abb. 99a/b, daß in einem Verstärker ein Ausgangsübertrager, den man zur Trennung der Widerstände für den Anodengleichstrom in der letzten Röhre und den Anodenwechselstrom, der die Nutzleistung abgeben soll, benutzt, eine obere und eine untere Grenzfrequenz für die Schaltung bedingt. Nach Abb. 130a stellt sich das Problem so dar, daß hinsichtlich des Gleichstromanteiles des Stromes, der in der Primärwicklung des Übertragers fließt, nur deren OHMscher Widerstand eingeht. Es liegt also praktisch die volle im Punkte A anstehende Gleichspannung der Anodenbatterie oder des Netzteiles an der Anode der Röhre. Für

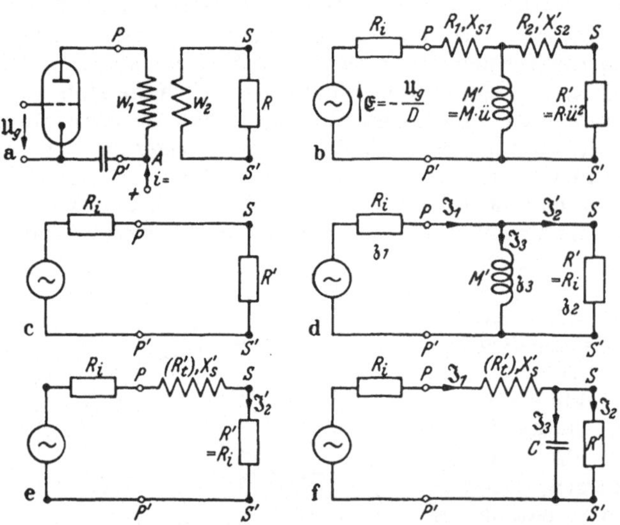

Abb. 130. Übertrager im Ausgang eines Verstärkers. a Schaltbild. b Allgemeines Ersatzschaltbild. c Ersatzschaltbild für mittlere Frequenzen. d Ersatzschaltbild für niedrige Frequenzen. e Ersatzschaltbild für hohe Frequenzen. f Anhebung der oberen Grenzfrequenz.

den Wechselstromanteil dagegen haben wir die über den Transformator eingekoppelte Last mit in die Rechnung einzubeziehen. Er schließt sich über den großen Blockkondensator, der praktisch einen Kurzschluß zwischen A und der Kathode unter Überbrückung der Anodenspannungsquelle bedeutet. Für die Last ergibt sich also von der Röhre aus gesehen ein völlig anderer Widerstand im äußeren Kreis als etwa der innere Widerstand der Primärwicklung, wie wir aus der rechten Seite des Ersatzschaltbildes Abb. 130b erkennen, in dem wir den Übertrager und seine Last durch das allgemeine Transformatorenersatzschaltbild nach S. 103 dargestellt haben unter Berücksichtigung der Tatsache, daß es sich um einen Transformator handeln wird, der erst auf das Übersetzungsverhältnis 1 : 1 zu reduzieren ist (S. 102).

Wollen wir nicht nur feststellen, daß der Widerstand durch den Übertrager auf den Wert $R\ddot{u}^2$ transformiert erscheint, wobei man also $\ddot{u}$ so bemessen kann, daß die Anpassungsbedingung für diesen Widerstand an den inneren Widerstand R_i der Röhre erfüllt ist, so müssen wir uns auch ein Bild davon machen, wie die Röhre mit ihrem durch die Ersatzschaltung hergestellten Außenwiderstand zusammenarbeitet. Wir ersetzen dafür auch die Röhre durch ihr von der Verstärkertechnik gelehrtes Ersatzschaltbild, das wir hier ohne Beweis übernehmen und in Abb. 130b im linken Teil als einen Generator mit einer EMK und einem inneren Widerstand R_i gezeichnet haben. Die EMK ist gleich dem Quotienten aus Gitterwechselspannung und dem Durchgriff der Röhre, der innere Widerstand ist der so definierte Widerstand der Röhre für Wechselvorgänge.

Das gesamte Schaltbild können wir nun nach den Regeln der Wechselstromlehre behandeln. Bei mittleren Frequenzen ist dabei bei einem richtig dimensionierten Übertrager sowohl der Querwiderstand durch die Hauptinduktivität so groß gegen den parallel liegenden Nutzwiderstand, als auch der Längswiderstand der Streuinduktivitäten so klein gegen ihn, daß wir beide ohne merklichen Fehler vernachlässigen können und also in diesem Frequenzgebiet den Übertrager als reinen Widerstandsumsetzer ansehen können. Er ist ein „Anpassungsübertrager", mit dessen Hilfe wir etwa die Bedingung erfüllen können, daß an R maximale Leistung von der Röhre bei einer gegebenen Gitterwechselspannung abgegeben wird. Das würde, wie aus den Grundlagen bekannt ist, dann erfolgen, wenn $R\ddot{u}^2 = R' = R_i$, der Nutzwiderstand gleich dem Innenwiderstand der Spannungsquelle, ist. Das Leistungsmaximum ist dann

$$N_{max} = \frac{E^2}{4\,R'}. \tag{214}$$

Diesen Wert $R' = R_i$ wollen wir unserer weiteren Rechnung zugrunde legen, also immer nach abgegebener Leistung fragen. Die Nachrichtentechnik kennt daneben noch die Bedingung minimaler Verzerrung, die auf andere Anpassungsbedingungen führt, die mit dem „Anpassungsübertrager" durch Wahl eines anderen Übersetzungsverhältnisses ebenso erfüllt werden können. Unsere weiteren Überlegungen gelten aber in gleicher Weise grundsätzlich für jede derartige Aufgabe, auch wenn wir sie hier für den Spezialfall der maximalen Leistungsabgabe untersuchen wollen.

Das für die mittleren Frequenzen einfachste Ersatzschaltbild der Abb. 130c — in ihm fehlt der Übertrager völlig, nur der Widerstand erscheint transformiert —, muß nämlich bei tiefen Frequenzen durch die Zufügung der Querinduktivität ergänzt werden zum Ersatzschaltbild 130d. Mit abnehmender Frequenz schließt ja der immer mehr abnehmende Blindwiderstand dieses Zweiges den Nutzwiderstand mehr und mehr kurz und verhindert so eine Leistungsabgabe an ihn. Wir berechnen diese Wirkung an Hand des Schaltbildes unter Benutzung der eingetragenen Abkürzungen:

$$\mathfrak{I}_1 = \frac{\mathfrak{E}}{\mathfrak{z}_1 + \dfrac{\mathfrak{z}_2 \cdot \mathfrak{z}_3}{\mathfrak{z}_2 + \mathfrak{z}_3}} \qquad \mathfrak{I}_2' = \mathfrak{I}_1 \cdot \frac{\mathfrak{z}_3}{\mathfrak{z}_2 + \mathfrak{z}_3}$$

also:

$$\mathfrak{I}_2' = \frac{\mathfrak{E}}{\mathfrak{z}_1 + \mathfrak{z}_2 + \dfrac{\mathfrak{z}_1 \cdot \mathfrak{z}_2}{\mathfrak{z}_3}} \tag{215}$$

Setzen wir nun für die $\mathfrak{z}$ die wirklichen Werte ein:

$$\mathfrak{z}_1 = R_i = R'\,; \quad \mathfrak{z}_2 = R'; \quad \mathfrak{z}_3 = j\,\omega\,M'$$

so folgt:

$$\mathfrak{I}_2' = \frac{\mathfrak{E}}{R'} \cdot \frac{1}{2 - j\,R'/\omega\,M'}$$

und also:

$$I_2'^2\,R' = \frac{E^2}{R'} \cdot \frac{1}{4 + (R'/\omega\,M')^2} \tag{216}$$

oder, wenn wir sie auf die oben berechnete maximal mögliche Leistung nach Gl. (214) im mittleren Frequenzbereich beziehen:

$$N/N_{max} = \frac{1}{1 + (R'/2\,\omega\,M')^2}\,. \tag{217}$$

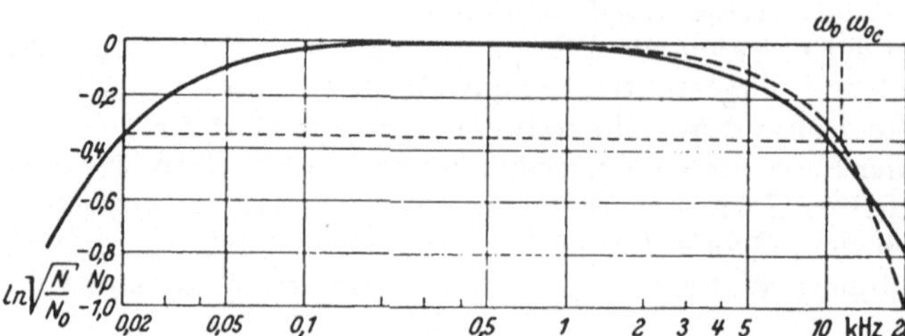

Abb. 131. Frequenzgang der Leistung eines Ausgangsübertragers nach Abb. 130. ——— ohne Anhebung der Grenzfrequenz. - - - - - mit Anhebung der Grenzfrequenz nach Abb. 130f.

Bezeichnen wir nach dem üblichen Brauch der Nachrichtentechnik die Frequenz, bei der die Leistung auf die Hälfte ihres Sollwertes zurückgeht, als die *untere Grenzfrequenz* ω_u, so ergibt sich daraus:

$$\omega_u = \frac{R'}{2\,M'}\,, \tag{218}$$

und wir können den Frequenzgang der Leistung unter Benutzung der Abkürzung $\omega/\omega_u = y$ schreiben:

$$N/N_{max} = \frac{1}{1 + 1/y^2}\,. \tag{219}$$

Er ist in Abb. 131 graphisch dargestellt, wobei in Anlehnung an den Brauch der Nachrichtentechnik als Ordinate die *Dämpfung b*:

$$b = \ln \sqrt{N/N_{max}}\,. \tag{220}$$

über der nach Logarithmen der Frequenz geteilten Abszisse aufgetragen ist. Unsere Berechnung ergab den linken Ast dieser Kurve. Der Schnittpunkt bei der unteren Grenzfrequenz ist bei 0,345 Np * gekennzeichnet.

Ähnliches gilt nun aber auch für die hohen Frequenzen. Hier dürfen wir wohl die Querinduktivität vernachlässigen, nicht aber die Längsinduktivitäten und kommen so zum Ersatzschaltbild 130e. Aus ihm lesen wir sofort ab:

$$\mathfrak{J}_2' = \frac{\mathfrak{E}}{R'} \cdot \frac{1}{2 + j\,\frac{\omega\,L_s'}{R'}} \tag{221}$$

also:

$$N = I_2'^2 R' = \frac{E^2}{R'} \cdot \frac{1}{4 + \left(\frac{\omega\,L_s'}{R'}\right)^2} \tag{222}$$

oder auf die maximale Leistung nach Gl. (214) bezogen:

$$N/N_{max} = \frac{1}{1 + \left(\frac{\omega\,L_s'}{2\,R'}\right)^2}\,. \tag{223}$$

Der Rückgang des Leistungsverhältnisses auf 0,5 ergibt die Bedingung für die „*obere Grenzfrequenz*":

$$\omega_0 = \frac{2\,R'}{L_s'} \tag{224}$$

Mit der Abkürzung $\omega/\omega_0 = x$ kann der Frequenzgang der Leistung bei hohen Frequenzen also geschrieben werden:

$$N/N_{max} = \frac{1}{1 + x^2}\,. \tag{225}$$

---

* Die Bezeichnung Np als „Einheit" wird dem an sich dimensionslosen Zahlenwert der Dämpfung zugefügt, um damit zu kennzeichnen, daß es sich um den natürlichen Logarithmus des Spannungsverhältnisses handelt. Np = Neper ist verbalhornt aus dem Namen „Napier". Dem Zehnerlogarithmus eines Leistungsverhältnisses legt man als „Dimension" oder richtiger „Einheit" dann die Bezeichnung bel (verbalhornt aus Bell) bei.

Er ist in Abb. 131 in der gleichen Weise wie der für die tiefen Frequenzen aufgetragen, wobei angenommen ist, daß das Verhältnis der oberen zur unteren Grenzfrequenz 500 ist.

Es liegt nahe, sich zu überlegen, ob man nicht den Bereich der oberen Grenzfrequenz nach oben schieben kann, wenn man die Induktivität der Streuung „wegstimmt". Das kann zwar nicht mit einem Reihenkondensator geschehen, weil dieser wieder die Verhältnisse bei den tiefen Frequenzen beeinträchtigen würde, aber mit einem Parallelkondensator C' zum Nutzwiderstand nach Abb. 130f (oder auch durch einen Kondensator zwischen den Primärklemmen des Übertragers PP').

Da nun der Nutzwiderstand wieder in einem Parallelzweig liegt und ein Reihenwiderstand zur Parallelschaltung vorhanden ist, können wir uns wieder der Formel (215) bedienen, wie sie S. 113 für eine gleiche Konfiguration für den Strom im Nutzwiderstand bereits abgeleitet wurde:

$$\mathfrak{J}_2' = \frac{\mathfrak{E}}{\mathfrak{z}_1 + \mathfrak{z}_2 + \frac{\mathfrak{z}_1 \cdot \mathfrak{z}_2}{\mathfrak{z}_3}},$$

wenn wir nur die jetzt gültigen Werte für die $\mathfrak{z}$ einsetzen:

$$\mathfrak{z}_1 = R' + j\omega L_s'; \quad \mathfrak{z}_2 = R'; \quad \mathfrak{z}_3 = 1/j\omega C'.$$

Das Einsetzen ergibt nach entsprechender Zusammenfassung:

$$\mathfrak{J}_2' = \frac{\mathfrak{E}}{R'} \cdot \frac{1}{(2 - \omega^2 L_s' \cdot C') + j\left(\frac{\omega L_s'}{R'} + \omega C' R'\right)} \tag{226}$$

und somit die Leistung im Nutzwiderstand:

$$N = I_2'^2 \cdot R' = \frac{E^2}{R'} \cdot \frac{1}{(2 - \omega^2 L_s' \cdot C')^2 + \left(\frac{\omega L_s'}{R'} + \omega C' R'\right)^2}. \tag{227}$$

Da wir uns in der Nähe der oberen Grenzfrequenz für die Größe des Leistungsverhältnisses:

$$N/N_{max} = \frac{1}{(1 - \frac{1}{2} \cdot \omega^2 L_s' C')^2 + \frac{1}{4}\left(\frac{\omega L_s'}{R'} + \omega C' R'\right)^2} \tag{228}$$

interessieren, dort aber die Güte des entstehenden Reihenresonanzkreises schon wegen der Bedingung (224) für die Grenzfrequenz: $\frac{\omega_0 L_s'}{R'} = 2$ höchstens $g = 2$ sein kann und durch den Parallelwiderstand R' zum Kondensator noch weiter vermindert wird, dieser auch nicht voll wirksam wird wegen der Parallelschaltung von R', so richten wir unsere Fragestellung so ein: Welchen Wert müssen wir der Größe C' erteilen, damit bei der oberen Grenzfrequenz die größte Erhöhung des Leistungsverhältnisses herauskommt? Wir setzen also allgemein:

$$\omega^2 L_s' C' = a$$

und erhalten durch Einsetzen dieses C'-Wertes in die Gl. (228) für das Leistungsverhältnis und mit $\omega/\omega_0 = x$:

$$N/N_{max} = \frac{1}{(1 - x^2 a/2)^2 + (a/4 + 1)^2 x^2}, \tag{229}$$

was sich für $x = 1$, also die obere Grenzfrequenz ohne Kondensator reduziert auf:

$$(N/N_{max})_{x=1} = \frac{1}{(1 - a/2)^2 + (1 + a/4)^2}$$

und ein Maximum bei $a = 0{,}8$ ergibt. Führt man diesen Wert für a in die Gleichung (229) für das Leistungsverhältnis ein und errechnet daraus den Wert bei der früheren

Grenzfrequenz ($x = 1$), so erhält man tatsächlich mit 0,55 ein um rund 10 % über dem Wert (0,5) ohne Kondensatorbeschaltung liegendes Leistungsverhältnis und somit die gewünschte Verbesserung.

Die Dämpfungskurve mit dieser Anhebung der Grenzfrequenz ist in die Abb. 131 ebenfalls gestrichelt mit eingetragen. Man erkennt, daß durch die Anhebung bei der alten Grenzfrequenz nunmehr auch die tatsächliche Grenzfrequenz mit Leistungsabfall auf die Hälfte ($b = 0{,}345$ Np) um rd. 10 % in die Höhe geschoben ist ($\omega_{0\,C}$). Es läßt sich übrigens leicht zeigen, daß die Bedingung für C' sich in gleicher Weise ergibt, wenn man den Kondensator parallel zu den Primärklemmen legt. Selbstverständlich ist der Kondensator, der zum wahren Lastwiderstand R parallel zu schalten ist, „rückzureduzieren" entsprechend $C' = C/\ddot{u}^2$, während ein Kondensator von der ermittelten Größe auf der Primärseite natürlich mit dem errechneten Wert ohne Rückreduzierung einzubauen ist, weil ja bei der Reduktion auf das Übersetzungsverhältnis 1 : 1 primäre Größen nicht geändert werden.

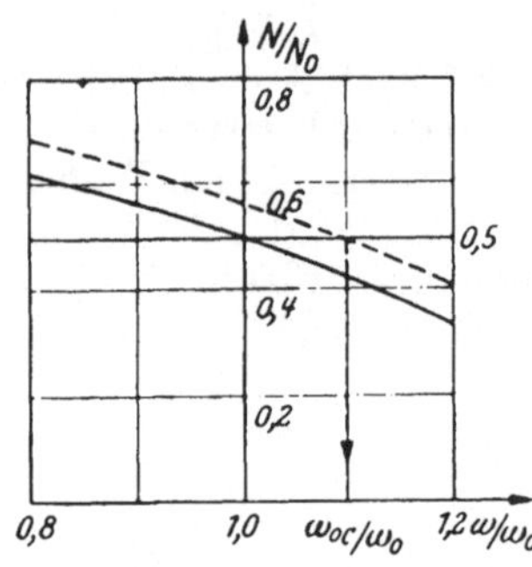

Abb. 132. Leistungsverhältnis eines Ausgangsübertragers nach Abb. 130 in der Nähe der oberen Grenzfrequenz. ——— ohne Anhebung der Grenzfrequenz. - - - - - mit Anhebung der Grenzfrequenz nach Abb. 130f.

Man kann auch zeigen, daß es auf die Wahl von a in der obigen Gleichung nicht sehr entscheidend ankommt. Alle Werte von $a = 0{,}5 \ldots 0{,}8$ erfüllen die Bedingung einer Anhebung der Grenzfrequenz um rd. 10% in fast gleicher Weise. Größere Anhebungen lassen sich — eben wegen der großen Dämpfung des entstehenden Kreises — nicht erreichen. Diese hohe Dämpfung kommt auch zum Ausdruck, wenn man, wie das in Abb. 132 geschehen ist, noch einmal das erzielte Verhältnis der Leistung im Nutzwiderstand zum Optimalwert ohne Streuung im natürlichen Maßstab (nicht logarithmisch) über einer ebenfalls linearen Frequenzskala aufträgt. Die Resonanzkurve verläuft so flach, daß sie in diesem Bereich noch kaum als solche zu erkennen ist.

Eine große Rolle spielen Transformatoren auch als Koppelglieder in der eigentlichen Hochfrequenztechnik. So entsteht aus dem Transformator das „*Bandfilter*", wenn man in den primären und sekundären Kreis des Transformators je einen Kondensator einbaut (Abb. 133a). Das zugehörige Ersatzschaltbild zeigt Abb. 133b. Dabei wollen wir annehmen, daß eventuelle Nutzwiderstände oder Dämpfungs- oder Verlustwiderstände für die Rechnung in die Widerstände der Transformatorenwicklungen eingeschlossen sein sollen. Je ein Umlauf durch den primären und sekundären Kreis liefert die beiden Ausgangsgleichungen, wobei zu beachten ist, daß $\mathfrak{U}$ nicht die Primärspannung des Transformators ist, sondern sich von ihr durch die Spannung am Kondensator C_1 unterscheidet.

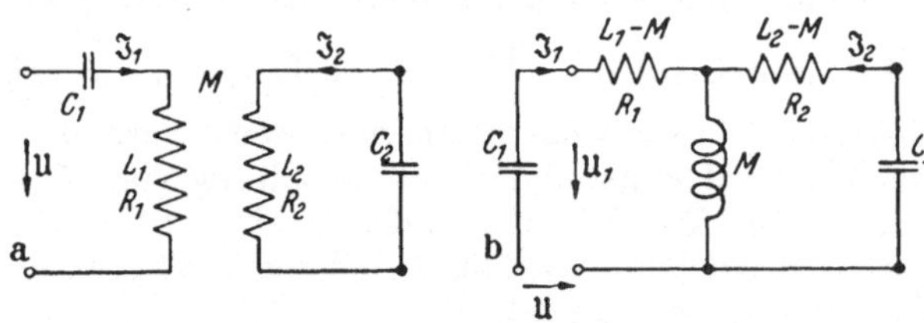

Abb. 133. Bandfilter. a Schaltbild. b Ersatzschaltbild.

$$\left.\begin{aligned} \mathfrak{U} &= \mathfrak{J}_1 \cdot \frac{1}{j\omega C_1} + \mathfrak{J}_1 R_1 + \mathfrak{J}_1 j\omega L_1 + \mathfrak{J}_2 j\,\omega M \\ 0 &= \mathfrak{J}_2 \cdot \frac{1}{j\omega C_2} + \mathfrak{J}_2 R_2 + \mathfrak{J}_2 j\omega L_2 + \mathfrak{J}_1 j\,\omega M\,. \end{aligned}\right| \qquad (230)$$

Fassen wir in diesen Gleichungen die Blindkomponenten der Kreiswiderstände:

$$j X_1 = j\,\omega L_1 + \frac{1}{j\omega C_1} \qquad j X_2 = j\,\omega L_2 + \frac{1}{j\omega C_2} \tag{231}$$

zur Vereinfachung in je einen — nun natürlich stark frequenzabhängigen — Blindwiderstand X zusammen. setzen wir weiter voraus, daß beide Kreise auf eine einheitliche Resonanzfrequenz:

$$\omega_0 = \frac{1}{\sqrt{L_1 C_1}} = \frac{1}{\sqrt{L_2 C_2}} \tag{232}$$

abgestimmt seien, und bezeichnen analog zu den Ausführungen im Abschn. III C 2, S. 53, die bezogene Frequenz ω/ω_0 mit x und den Schwingungswiderstand jeweils mit $\sqrt{L/C} = Z$, so läßt sich dieser Blindanteil des Widerstandes darstellen als:

$$j X_1 = j Z_1 \cdot (x - 1/x)\,; \quad j X_2 = j \cdot Z_2 \cdot (x - 1/x) \tag{233}$$

oder, wenn wir noch für $(x - 1/x)$ als Abkürzung B, die „*Breite der Resonanzkurve*" einführen, — es ist das ja die Breite der Resonanzkurve eines einfachen Reihenresonanzkreises nach Abschn. III C 2 — schließlich:

$$j X_1 = j Z_1 \cdot B\,; \quad j X_2 = j Z_2 \cdot B\,, \tag{234}$$

so daß die Ausgangsgleichungen (230) nunmehr lauten:

$$\left.\begin{aligned} \mathfrak{U} &= \mathfrak{J}_1 \cdot (R_1 + j Z_1 B) + \mathfrak{J}_2 j\,\omega M \\ 0 &= \mathfrak{J}_2\ (R_2 + j Z_2 B) + \mathfrak{J}_1 j\,\omega M\,. \end{aligned}\right\} \tag{235}$$

Fragen wir nun z. B. nach dem sekundären Strom bei fest gegebener Eingangsspannung, so liefert die Auflösung der beiden Gleichungen nach ihm:

$$\mathfrak{J}_2 = -\,\mathfrak{U} \cdot \frac{j\,\omega M}{\omega^2 M^2 + (R_1 + j Z_1 B)(R_2 + j Z_2 B)}\,. \tag{236}$$

Für den Resonanzfall mit $\omega/\omega_0 = x = 1$ und also $B = 0$ ergibt das:

$$\mathfrak{J}_{20} = -\,\mathfrak{U} \cdot \frac{j\,\omega_0 M}{\omega_0^2 M^2 + R_1 R_2}\,. \tag{237}$$

Um eine bezogene Resonanzkurve für den Strom I_2 zu bekommen, setzen wir ihn zu diesem Stromwert bei der Resonanzfrequenz in Beziehung und erhalten so:

$$\mathfrak{J}_2/\mathfrak{J}_{20} = \frac{\omega}{\omega_0} \cdot \frac{\omega_0^2 M^2 + R_1 R_2}{\omega^2 M^2 + (R_1 + j Z_1 B)(R_2 + j Z_2 B)}\,. \tag{238}$$

Dividieren wir im Zähler und Nenner durch $\omega_0^2 L_1 L_2$ und berücksichtigen, daß wir für die Quotienten aus Wirkwiderstand und induktiver Komponente des Blindwiderstandes den Begriff der Dämpfung eingeführt haben (s. Gl. (87/88), S. 52):

$$\frac{R_1}{\omega_0 L_1} = d_1\,; \quad \frac{R_2}{\omega_0 L_2} = d_2\,, \tag{239}$$

und daß $Z_1 = \omega_0 L_1$ und $Z_2 = \omega_0 L_2$ ist, so ergibt sich:

$$\mathfrak{J}_2/\mathfrak{J}_{2_0} = x \cdot \frac{k^2 + d_1 d_2}{k^2 x^2 + (d_1 + j B)(d_2 + j B)}\,. \tag{240}$$

Für eine Untersuchung des Frequenzganges bei schwach gedämpften Kreisen spielt dabei die Änderung von x gegen die von B über den betrachteten Bereich keine Rolle, so daß sich mit sehr großer Annäherung die entstehende Resonanzkurve durch den Ausdruck:

$$I_2/I_{20} = \frac{k^2 + d_1 d_2}{\sqrt{(k^2 + d_1 d_2 - B^2)^2 + (d_1 + d_2)^2 B^2}} \tag{241}$$

darstellen läßt, in dem wir zu dem Betrag des Operators $\mathfrak{J}_2/\mathfrak{J}_{20}$ übergegangen sind.

Sie unterscheidet sich offenbar sehr wesentlich von der des einfachen Resonanzkreises nach Gl. (90), die wir aus dem Abschnitt III C 2, S. 53, hier in einer vergleichbaren Schreibweise (Ersatz von $(x - 1/x)$ durch B) noch einmal übernehmen:

$$I/I_0 = \frac{d^2}{\sqrt{d^2 + B^2}}. \qquad (242)$$

Ehe wir Gl. (241) in vollständiger Form analysieren, stellen wir die Frage, ob und wo sie Extremwerte aufweist. Da nur der Radikand im Nenner die Veränderliche B aufweist, muß *er* an solchen Stellen Extremwerte haben. Wir differenzieren ihn nach B^2 als der einfachsten Form von B, die er enthält, und erhalten als Bedingungsgleichung:

$$-2(k^2 + d_1 d_2 - B^2) + (d_1 + d_2)^2 = 0$$

und somit durch Auflösung nach B^2:

$$B^2 = k^2 - \frac{d_1^2 + d_2^2}{2}. \qquad (243)$$

Dabei ist uns allerdings wegen der Differentiation nach B^2 anstatt nach B der bei $B = 0$, also Abstimmung, ebenfalls noch vorliegende Extremwert verloren gegangen. Mit diesem zusammen ergeben sich also drei ausgezeichnete Werte:

$$B_1 = 0 \quad \text{und} \quad B_{2,3} = \pm\sqrt{k^2 - \frac{d_1^2 + d_2^2}{2}}.$$

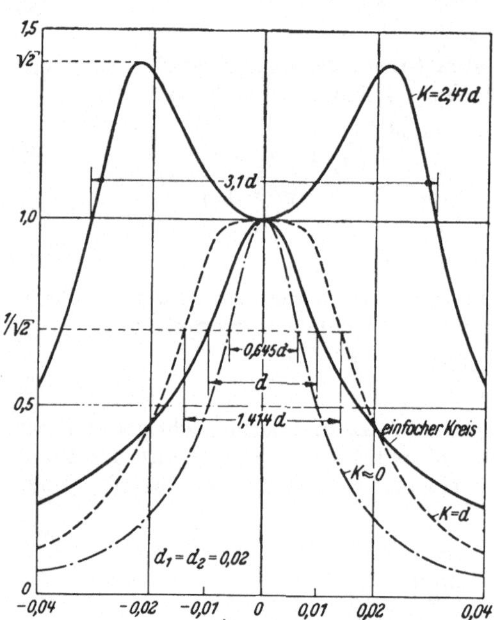

Abb. 134. Bezogene Resonanzkurven des Bandfilters nach Abb. 133 für den sekundären Strom bei verschiedener Kopplung im Vergleich zu der eines Reihenresonanzkreises gleicher Dämpfung.

Dabei existieren allerdings die beiden Werte B_2 und B_3 nur dann, wenn

$$k^2 > \frac{d_1^2 + d_2^2}{2} \quad \text{ist.}$$

Betrachten wir zuerst den einfacheren Fall, daß mit

$$k < \sqrt{\frac{d_1^2 + d_2^2}{2}} = k_g$$

die Kopplung unterhalb der „*Grenzkopplung*" k_g liegt. Man bezeichnet ihn wohl auch in der Praxis als den der „*unterkritischen Kopplung*", weil die Grenzkopplung bei nicht gar zu unterschiedlichen Werten der Dämpfung beider Kreise sehr nahe zusammenfällt mit der *kritischen Kopplung* $k_{krit} = \sqrt{d_1 d_2}$, bei der bei fester Primärspannung maximale Energieübertragung in den sekundären Kreis erfolgt. Unterhalb der Grenzkopplung existiert also nur ein Maximum für den sekundären Strom bei der Resonanzfrequenz. Die Form der Resonanzkurve wird besonders einfach übersehbar, wenn wir einmal annehmen, daß $k \ll k_g$ sei, so daß wir k^2 gegen $d_1 d_2$ unter der Wurzel vernachlässigen können. Dann wird:

$$I_2/I_{20} \approx \frac{d_1 d_2}{\sqrt{(d_1 d_2 - B^2)^2 + (d_1 + d_2)^2 B^2}} = \frac{d_1 d_2}{\sqrt{(d_1^2 + B^2)(d_2^2 + B^2)}}. \qquad (244)$$

Hier kommt B in höherer Potenz im Nenner vor als bei der einfachen Resonanzkurve nach Gl. (242). Die hier vorliegende Kurve wird also vom Maximum 1 bei der Resonanzfrequenz ($B=0$) steiler abfallen, spitzer sein, als die einfache. Die Kaskadenschaltung zweier Resonanzkreise erhöht also die „*Selektivität*", wenn man recht lose koppelt.

In der Abb. 134 ist die Form einer solchen verschärften Resonanzkurve (strichpunktiert) in der Nähe des Scheitelpunktes der einer gewöhnlichen Resonanzkurve (ausgezogen) gegenübergestellt. Sie ist unter der Annahme errechnet, daß $d_1 = d_2$ ist, womit sich ihre Gleichung weiter vereinfacht auf:

$$I_2/I_{20} = \frac{d^2}{d^2 + B^2}. \tag{245}$$

Ihre Breite in der Höhe $1/n$ des Scheitelwertes ergibt sich also aus:

$$B_n = d\sqrt{n-1}, \tag{246}$$

während sie beim einfachen Kreis war (Gl. (91), S. 53):

$$B_n = d \cdot \sqrt{n^2 - 1}.$$

Ist somit bei sehr loser Kopplung die *Trennschärfe* gegen die eines einzelnen Kreises gestiegen, so finden wir bei der Grenzkopplung

$$k_g = \frac{d_1^2 + d_2^2}{2}$$

völlig andere Bedingungen. Durch Einsetzen in die allgemeine Form Gl. (241) für die Resonanzkurve der gekoppelten Kreise, ergibt sich:

$$I_2/I_{20} = \frac{\frac{d_1^2 + d_2^2}{2} + d_1 d_2}{\sqrt{\left(\frac{1}{2}(d_1^2 + d_2^2) + d_1 d_2 - B^2\right)^2 + (d_1 + d_2)^2 B^2}}, \tag{247}$$

was sich elementar umformen läßt in:

$$I_2/I_{20} = \frac{\frac{1}{2}(d_1 + d_2)^2}{\sqrt{\frac{1}{4}(d_1 + d_2)^4 + B^4}}. \tag{248}$$

Hieraus erhalten wir die Breite B_n der Resonanzkurve in der Höhe $1/n$ als:

$$B_n = \frac{d_1 + d_2}{\sqrt{2}} \cdot \sqrt[4]{n^2 - 1}. \tag{249}$$

Diese Form der Resonanzkurve ist in der Abb. 134 ebenfalls (gestrichelt) aufgetragen unter der Voraussetzung, daß zur einfacheren Darstellung $d_1 = d_2 = d$ ist. Es zeigt sich, daß sie im Resonanzpunkt ein Maximum höherer Ordnung hat, ihr Scheitel also flacher verläuft. Dagegen fallen die Flanken ebenso steil ab wie die der Resonanzkurve bei sehr loser Kopplung, also steiler als die für den einfachen Kreis. So kommt es in einigem Abstand vom Resonanzmaximum dazu, daß sich die Kurve des einfachen Kreises mit der des kritisch gekoppelten Bandfilters überschneidet. Das Bandfilter spricht auf einen größeren Frequenzbereich als der einfache Kreis gleichmäßig an, hat aber eine größere „*Weitab-Selektion*". Sehr wesentlich ist der Unterschied der Bandbreite im technischen Sinne mit Abfall auf $1/\sqrt{2}$ des Maximums. Sie beträgt:

beim sehr lose gekoppelten Bandfilter: 0,645 d,
beim einfachen Kreis: d,
beim Bandfilter mit Grenzkopplung: 1,414 d.

Sie wird noch breiter im Gebiet oberhalb der Grenzkopplung. An Stelle des Maximums bei der Resonanzfrequenz erscheint nun hier ein Minimum vom Werte 1, neben dem symmetrisch zwei neue Maxima auftauchen, die höher liegen. Ihr Scheitelwert errechnet sich durch Einsetzen der Bedingung (243) für das Maximum, die wir oben berechnet hatten:

$$B_{2,3} = \pm\sqrt{k^2 - \frac{d_1^2 + d_2^2}{2}}$$

nach einigen Umformungen schließlich zu:

$$I_{2max}/I_{20} = \frac{k^2 + d_1 d_2}{(d_1 + d_2)\cdot\sqrt{k^2 - \frac{(d_1 - d_2)^2}{4}}} \tag{250}$$

mit der vereinfachenden Form für $d_1 = d_2 = d$:

$$I_{2\,max}/I_{20} = \frac{k^2 + d^2}{2\,k\,d}\,. \tag{251}$$

Lassen wir nun wiederum zu, daß das Maximum den Minimalwert im Resonanzpunkt um nicht mehr als $\sqrt{2}$fache übersteigt, so ergibt sich daraus eine Bedingung für die Kopplung, die nicht überschritten werden sollte:

$$k^2 - 2\sqrt{2}\cdot kd + d^2 = 0$$

mit der Lösung:

$$k_{max} = d\,(1 + \sqrt{2})\,. \tag{252}$$

Bei noch größerem Abstand von der Mittelfrequenz fallen dann die Kurven wieder steil ab und durchschreiten den Wert 1, also das Resonanzminimum, bei dem Wert $3{,}1\,d$, den man sinngemäß als die Halbwertsbreite des *überkritisch*-optimal-gekoppelten Bandfilters ansprechen muß, weil außerhalb dieses Bereichs sich ja der Wert auf weniger als den $\sqrt{2}$ten Teil des echten Maximums senken würde. Auch diese optimale Bandfilterkurve ist in die Abb. 134 miteingetragen, um sie mit den anderen Kurven vergleichen zu können. Es ist natürlich zu beachten, daß alle Kurven „bezogene" Resonanzkurven sind, bei denen auf den Wert bei der Resonanzfrequenz bezogen wurde, der sich selbst mit veränderter Kopplung absolut stark ändert.

Es sind aber auch Werte von technischem Interesse, wo die Kopplung wesentlich enger ist, als diesen „optimalen Werten" — nämlich optimal für Übertragung einer großen Bandbreite ohne höhere Schwankungen der Amplitude — entspricht. Setzen wir also einmal $k \gg k_g$, so daß wir in der Bestimmungsgleichung (243) für die Lage der beiden Gipfel der Bandfilterkurve die von der Dämpfung herrührenden Anteile gegen k^2 vernachlässigen können. Es ergibt sich dann der Ort dieser beiden Gipfel bei $B = \pm k$. Wenn wir uns an die Bedeutung der Abkürzung $B = (x - 1/x)$ erinnern, so folgt daraus also für die beiden Gipfelfrequenzen ($B \ll 1$):

$$f_{max} \approx f_0\cdot\left(1 \pm \frac{k}{2}\right). \tag{253}$$

Eine genauere Formel unter Berücksichtigung der Dämpfung würde lauten:

$$f_{max} \approx f_0\cdot\left(1 \pm \frac{1}{2}\sqrt{k^2 - \frac{d_1^2 + d_2^2}{2}}\right) = f_0\cdot\left(1 \pm \frac{1}{2}\sqrt{k^2 - k_g^2}\right). \tag{253a}$$

Bei enger Kopplung zweier auf die gleiche Frequenz abgestimmten Kreise tritt also Zweigipfligkeit auf. Messen wir also eine Frequenz mit einem Resonanzwellenmesser, so tritt bei zu enger Kopplung statt der gesuchten *einen* Frequenz ein Doppelmaximum auf, zwischen dem die richtige Frequenz liegt. Bei absolut kleinen — wenn auch relativ zur Grenzkopplung großen — Werten der Kopplung ist der gesuchte Wert der Mittelwert der beiden so gemessenen Frequenzen, wenn man es nicht vorzieht, auf die tiefste Einsattelung zwischen den beiden Gipfeln einzustellen.

Andererseits gründet sich hierauf ein Verfahren zur Messung der Kopplung aus dem Abstand der beiden Resonanzmaxima auf der bezogenen Frequenzskala. Sie liefert aus:

$$k = \frac{f_{1\,max} - f_{2\,max}}{f_0}$$

aber nur richtige Werte, wenn k genügend groß gegen k_g ist. Andernfalls sind die so gemessenen Werte der Kopplung durch Anwendung der genaueren Formeln (243) für $B_{2,3}$ zu korrigieren. Man mißt sonst die Kopplung zu klein.

Schließlich sei nur erwähnt, daß man derartige zweigipflige Resonanzkurven gut benutzen kann, wenn man 2 Frequenzen durch ein Schaltelement durchlassen — oder in etwas anderer Anordnung sperren — will. Diese Aufgabe kommt bei der Hochfrequenztelefonie auf Hochspannungsleitungen vor, wo Gegensprechverkehr auf zwei getrennten Frequenzkanälen herrscht. Man kann durch geeignete Bemessung solcher Bandfilter mit überkritischer Kopplung diese Aufgabe lösen.

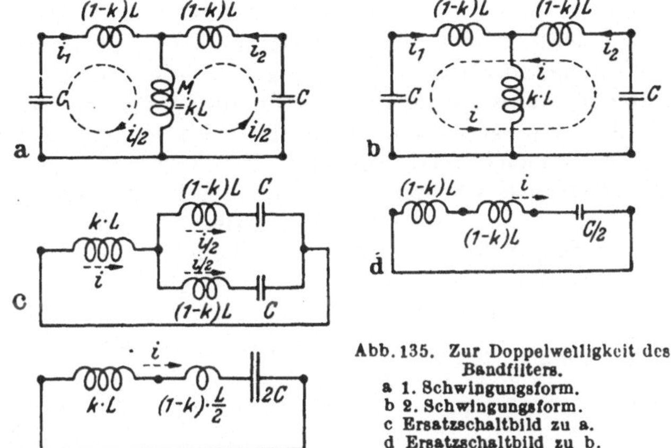

Abb. 135. Zur Doppelwelligkeit des Bandfilters.
a 1. Schwingungsform.
b 2. Schwingungsform.
c Ersatzschaltbild zu a.
d Ersatzschaltbild zu b.

Wenn wir uns übrigens das Ersatzschaltbild des beiderseits mit einem Kondensator beschalteten Transformators einmal ohne die Anschlüsse der speisenden Spannung geschlossen denken, so erhalten wir aus dem Ersatzschaltbild nach Abb. 135 nicht nur eine anschauliche Deutung der Zweiwelligkeit der Schaltung, sondern auch die Möglichkeit, die beiden Resonanzfrequenzen — lies: Gipfelfrequenzen — ohne besondere Rechnung näherungsweise abzulesen.

Nach der Schaltung Abb. 135a schwingen die beiden Kreise *gegen*einander derart, daß ihre Ströme den eingetragenen Zählrichtungen entsprechend gleichphasig schwingen. Ihre „wirkliche" Stromrichtung in irgendeinem Augenblick ist also so, wie das durch die gestrichelten Stromlaufpfeile angegeben ist. Das Schaltbild kann also für diesen Schwingzustand auch so umgezeichnet werden, wie das in 2 Stufen in der Abb. 135c getan ist. Für den schließlich entstehenden Reihenresonanzkreis ergibt sich die Resonanzfrequenz mit einer Gesamtinduktivität: $L/2 \cdot (1 + k)$ und einer Gesamtkapazität von $2C$ zu:

$$\omega_2 = \frac{1}{\sqrt{LC}} \cdot \frac{1}{\sqrt{1+k}} \approx \omega_0 \left(1 - \frac{k}{2}\right). \tag{254}$$

Schwingen dagegen nach Abb. 135b die beiden Kreise *mit*einander, so daß also der Stromlauf in irgendeinem Augenblick durch den gestrichelten Pfeil gegeben ist, wobei M unbeteiligt ist, so sind die beteiligten Energiespeicher die Induktivität $2L(1-k)$ und der Kondensator $C/2$ mit der Resonanzfrequenz:

$$\omega_3 = \frac{1}{\sqrt{LC}} \cdot \frac{1}{\sqrt{1-k}} = \omega_0 \cdot \frac{1}{\sqrt{1-k}} \approx \omega_0 \cdot \left(1 + \frac{k}{2}\right). \tag{255}$$

Es ergeben sich richtig die beiden oben bereits als Näherung unter Vernachlässigung der Dämpfung als Gipfelfrequenzen in Gl. (253) angegebenen Werte.

7. Abgleichbarkeit von Wechselstrombrücken.

Wir hatten bereits auf S. 60 bei der Herleitung der *Abgleichbedingung* (Gl. (103)) für eine Wechselstrombrücke nach Abb. 136:

$$\mathfrak{z}_1 \cdot \mathfrak{z}_4 = \mathfrak{z}_2 \cdot \mathfrak{z}_3 \tag{256}$$

auch die Gl. (102) mitgeteilt, nach der der Strom in dem Brückenzweig 5 bei Nichterfüllung der Nullbedingung errechnet werden kann. Sie hieß:

$$\mathfrak{J}_5 = \mathfrak{U} \cdot \frac{\mathfrak{z}_1\mathfrak{z}_4 - \mathfrak{z}_2\mathfrak{z}_3}{\mathfrak{z}_1\mathfrak{z}_2(\mathfrak{z}_3 + \mathfrak{z}_4) + \mathfrak{z}_3\mathfrak{z}_4(\mathfrak{z}_1 + \mathfrak{z}_2) + \mathfrak{z}_5(\mathfrak{z}_1 + \mathfrak{z}_2)(\mathfrak{z}_3 + \mathfrak{z}_4)} \tag{257}$$

und enthält in linearer Kombination die im Netzwerk der Schaltung vorkommenden 5 Widerstandsoperatoren, von denen jedoch der des Nullzweiges nur im Nenner auftritt, während die der 4 anderen Zweige sowohl die „*Abgleichbedingung*" des Zählers festlegen, als auch in den Nenner eingehen und so auch hier noch einmal mitbestimmend sind für den Brückenstrom im nichtabgeglichenen Zustand. Wir hatten S. 61 bereits erkannt, daß die Abgleichung bei Wechselstrom stets die Veränderung zweier Schaltelemente in der Brücke fordert, um nämlich die Beziehungen zwischen den Beträgen einerseits und die zwischen den Phasen der Widerstandsoperatoren der Zweige andererseits erfüllen zu können. Es ist dafür nicht erforderlich, daß die zu ändernden Schaltelemente selbständige Brückenzweige bilden. Sie können Teile von solchen Zweigen sein. Aber auch dann wird die Gleichung für den Brückenstrom $\mathfrak{J}_5$ grundsätzlich den gleichen Aufbau haben. Sie enthält im Zähler und Nenner stets lineare Kombinationen aller in der Brücke vorkommenden Elemente, ist also, wenn wir die veränderlichen Operatoren mit den Buchstaben $\mathfrak{z}'$ und $\mathfrak{z}''$ bezeichnen, von der allgemeinsten Form:

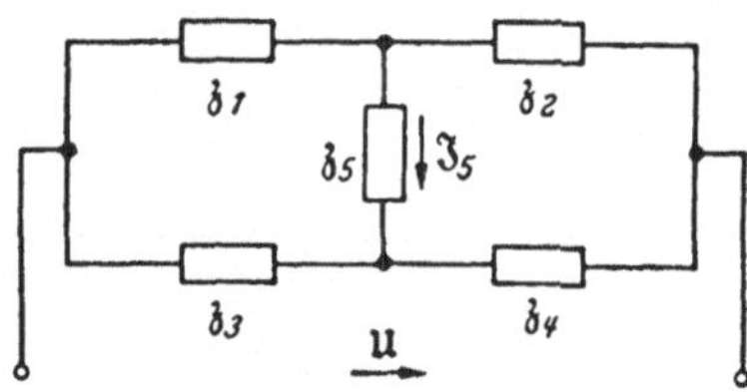

Abb. 136. Wechselstrombrückenschaltung.

$$\mathfrak{J}_5 = \frac{\mathfrak{P} + \mathfrak{P}_1 \cdot \mathfrak{z}' + \mathfrak{P}_2 \cdot \mathfrak{z}'' + \mathfrak{P}_{12} \cdot \mathfrak{z}'\mathfrak{z}''}{\mathfrak{Q} + \mathfrak{Q}_1\mathfrak{z}' + \mathfrak{Q}_2 \cdot \mathfrak{z}'' + \mathfrak{Q}_{12} \cdot \mathfrak{z}'\mathfrak{z}''}, \tag{258}$$

in der im Zähler und Nenner außer — u. U. sehr komplizierten — Kombinationen der in der Schaltung festen Größen die beiden veränderlichen linear vorkommen.

Betrachten wir hierbei zunächst die eine der beiden Veränderlichen $\mathfrak{z}''$ einmal als konstant, so ergibt sich für die Abhängigkeit des Brückenstromes von der anderen $\mathfrak{z}'$ durch Umordnung der Ausdrücke aus der allgemeinen Form (Gl. (258)):

$$\mathfrak{J}_5 = \frac{(\mathfrak{P} + \mathfrak{P}_2 \cdot \mathfrak{z}'') + (\mathfrak{P}_1 + \mathfrak{P}_{12}\mathfrak{z}'')\mathfrak{z}'}{(\mathfrak{Q} + \mathfrak{Q}_2 \cdot \mathfrak{z}'') + (\mathfrak{Q}_1 + \mathfrak{Q}_{12}\mathfrak{z}'')\mathfrak{z}'} \tag{259}$$

und damit in Abhängigkeit von $\mathfrak{z}'$ ein Kreisdiagramm, wie es in der Abb. 137 dargestellt ist. Die Lage des zugehörigen Leerlauf- und Kurzschlußpunktes L' und K' hängt dabei natürlich ebenso von dem gerade betrachteten Betrag von $\mathfrak{z}''$ ab, wie auch der Peripheriewinkel des durch sie gehenden Kreises. Bezeichnet $\mathfrak{z}_0''$ den Wert der zweiten Abgleichgröße, der das Brückengleichgewicht herstellt, so geht der Kreis für diesen Wert von $\mathfrak{z}_0''$ durch die entsprechenden Leerlauf- und Kurzschlußpunkte und durch den Abgleichpunkt O, in dem der Brückenstrom gerade Null ist. Weicht dagegen die Größe von $\mathfrak{z}''$ vom Abgleichwert ab, so laufen die durch Nachbarpunkte für den Leerlauf- und Kurzschlußzustand gehenden Kreise am Abgleichpunkt O vorbei, wie in der Abb. 137 für je einen zu großen und zu kleinen Wert von $\mathfrak{z}''$ dargestellt ist.

Entsprechendes gilt für die Abhängigkeit des Brückenstromes von der anderen Abgleichgröße $\mathfrak{z}''$. Ändern wir sie von Null bis Unendlich, so durchläuft der Zeiger des Brückenstromes Kreise durch die dem jeweiligen Festwert $\mathfrak{z}'$ zugeordneten Leerlauf- und Kurzschlußpunkte L'' und K''. Von der Fülle dieser Kreise ist in der Abbildung nur der eingetragen, der dem Abgleichwert $\mathfrak{z}_0'$ der ersten Größe entspricht, also durch den Abgleichpunkt O läuft. Die Nachbarkreise sind hier nur noch in der Nähe des Abgleichpunktes angedeutet.

Greifen wir aus dieser Abbildung die Umgebung des Abgleichpunktes vergrößert heraus — etwa den durch den Kreis angedeuteten Ausschnitt —, so kommen wir zur Abb. 138. In ihr ist jeder „*Geraden*" der einen Schar — die Kreisschar erscheint ja hier als Schar von Geraden, wenn wir genügend vergrößert haben —, ein anderer Festwert von $\mathfrak{z}'$ zugeordnet, während den Geraden der anderen Schar entsprechende Festwerte von $\mathfrak{z}''$ zugehören. Weichen die eingestellten Werte beider Größen vom Abgleichwert $\mathfrak{z}_0'$ und $\mathfrak{z}_0''$ ab, so ergibt sich ein Brückenstrom, der durch den Zeiger von O nach einem den eingestellten „falschen" Werten zugeordneten Punkt P_x weist.

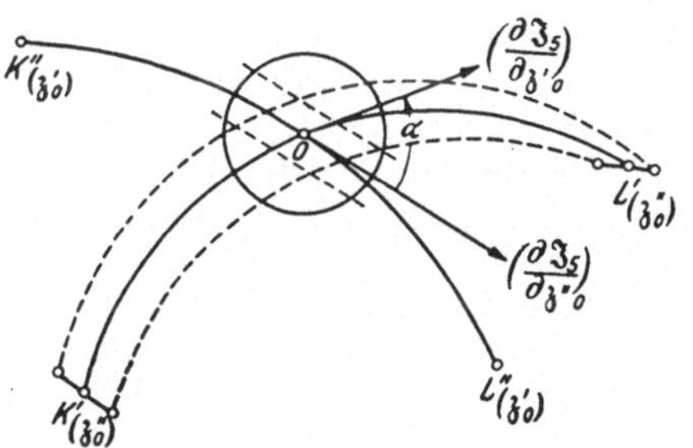

Abb. 137. Doppelkreisscharendiagramm für den Nullstrom einer Wechselstrombrücke.

Von diesem Ausgangsstrom $\mathfrak{J}_{5x}$ aus vollzieht sich der Abgleichvorgang nun folgendermaßen: Wir stellen an einem amplitudenabhängigen Nullinstrument, z. B. einem Telefon oder einem Vibrationsgalvanometer, fest, daß $I_5 \neq 0$ ist. Um es auf Null zu bringen, verändern wir eine der beiden Veränderlichen, z. B. nach der Abbildung z', solange, bis wir das Minimum des Brückenstromes erhalten, d. h. bis der Punkt P_0 erreicht ist. Daß wir uns damit von der richtigen Abgleichbedingung von z'' weiter entfernt haben, es also zweckmäßiger gewesen wäre, sofort z'' zu verändern, ersehen wir zwar auf dem Papier, man kann es aber bei der Messung nicht wissen. Jedenfalls haben wir I_5, den Effektivwert des Brückenstromes, verkleinert. Läßt sich das Minimum nicht mehr weiter verkleinern, so greifen wir nun zur Veränderung von z'' und führen den neuen Wert des Brückenstromes auf P_1, wo ein tieferes Minimum OP_1 erzielt wird. Dann müssen wir wieder z' ändern, um nach P_2 zu kommen und so fort längs der „Zickzacklinie" $P_0 P_1 P_2 P_3 P_4 \ldots$ Das Minimum wird jedesmal kleiner, nach dem Gesetz:

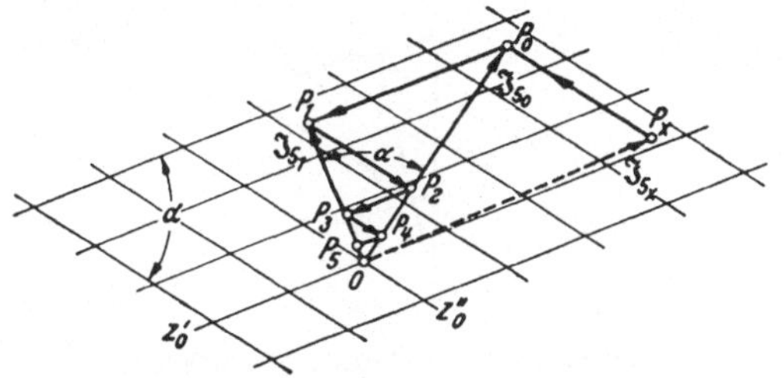

Abb. 138. Abgleichvorgang einer Wechselstrombrücke mit amplitudenempfindlichem Nullinstrument.

$$\frac{O P_n}{O P_{n+1}} = \cos\alpha\,, \qquad \text{also } O P_n = O P_0 \cos^n \alpha\,. \tag{260}$$

Die Zahl n der Schritte, die nötig ist, um den Brückenstrom vom Werte I_{5x} auf den m-ten Teil zurückzuführen — exakt zu Null können wir ihn ja nach diesem Verfahren einer schrittweisen Annäherung nicht machen —, beträgt somit:

$$n = \frac{\lg m}{\lg \dfrac{1}{\cos\alpha}} \tag{261}$$

Da wir noch einen Schritt nötig haben, um von P_x erst einmal auf P_0 als den Ausgangspunkt des systematischen Abgleichs zu kommen, so ist die zum Abgleich erforderliche Schrittzahl N noch um 1 größer und allein eine Funktion des „*Brücken-*

winkels α'', unter dem sich die beiden Kreisscharen der Abb. 137 in der Nähe des Abgleichpunktes O schneiden. Selbstverständlich ist N dabei die nächst größere ganze Zahl. Sie steigt mit abnehmendem Brückenwinkel stark an, wie folgende Tabelle zeigt:

Brückenwinkel α:	90°	80°	70°	60°	45°	30°	10°	0°
Schrittzahl N:	2	4	6	8	15	33	330	∞

Für diese Tabelle ist willkürlich $m = 100$ gesetzt, da es nur auf einen Vergleich der Abhängigkeit vom Brückenwinkel ankommt. Brücken mit einem Winkel in der Nähe von 90° sind gut abgleichbar, solche mit einem Winkel in der Nähe von 0° sind überhaupt nicht, solche mit Winkeln unter 45° schon schlecht abgleichbar.

In Wahrheit sind die Abgleichbedingungen noch ungünstiger. Wir setzten voraus, daß man jedes Mal auf das wahre Minimum einstellen könne. Das ist aber gar nicht der Fall. Das Telefon, wie auch das Vibrationsgalvanometer lassen nur eine begrenzte Unterschiedsempfindlichkeit zu. In einer gewissen Spanne $P_0'\ldots P_0''$, empfindet beim Telephon das Ohr, beim Galvanometer das Auge keinen Unterschied der Lautstärke oder des Ausschlags mehr. Beim Telephon ist das durch die physiologischen Eigenschaften genau angebbar. Ein Lautstärkeunterschied von 1 Phon, den das Ohr gerade noch wahrnehmen kann, entspricht einem Schalldruckverhältnis, damit also auch einem Brückenstromverhältnis, von:

$$I_5'/I_5 = p'/p = 10^{0,05} = 1{,}12.$$

Der Kehrwert dieser Größe ist offenbar der cos eines Winkels ε, den man als „*Unempfindlichkeitswinkel*" bezeichnen könnte. Er beträgt für das Telephon als Nullinstrument also $27° \approx 30°$ und dürfte sich auch beim Galvanometer nicht sehr weit davon unterscheiden, obwohl er hier in gewissen Grenzen amplitudenabhängig ist.

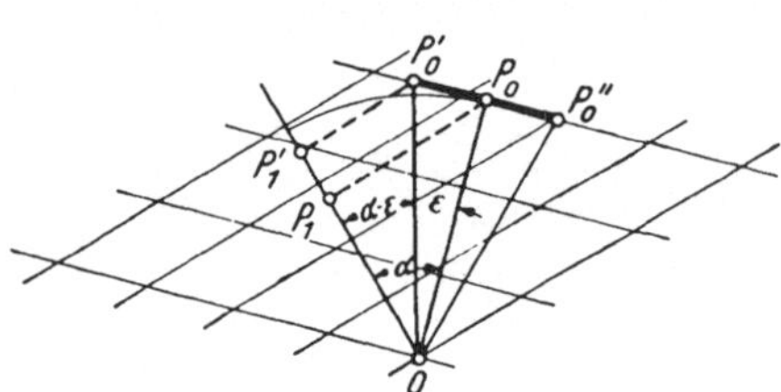

Abb. 139. Einfluß der Unterschiedsempfindlichkeit des Nullinstrumentes.

Man muß nun offenbar mit der ungünstigsten Möglichkeit rechnen, daß man nicht auf P_0, sondern auf P_0' einstellt. Man kommt somit in der Abb. 139 statt auf P_1 auf P_1'. Nur wenn $OP_1' < OP_0$ ist, ist überhaupt ein Abgleich möglich. Da nun geometrisch ablesbar:

$$OP_1' = OP_0' \cos(\alpha - \varepsilon) = OP_0 \frac{\cos(\alpha - \varepsilon)}{\cos \varepsilon}$$

ist, so wird eine Brücke nur dann abgleichbar, wenn:

$$\alpha > 2\varepsilon = 55° \ldots 60°.$$

Die Zahl der notwendigen Abgleichschritte folgt nunmehr aus dem Logarithmus des cos-Verhältnisses aus der letzten Gleichung und wird im interessierenden Bereich von 60°...90° für den Brückenwinkel durch die nachstehende Tabelle gegeben:

Brückenwinkel α:	90°	85°	80°	75°	70°	65°	60°
Schrittzahl N:	8	10	13	17	27	39	75

Dabei ist wieder $m = 100$ angenommen und $\varepsilon = 27°$ gesetzt. In der Praxis hat sich das durchaus bestätigt. Brücken mit einem Winkel kleiner als 75°...80° sind nur noch sehr mühsam abgleichbar, solche mit Winkeln unter 70° kann man getrost als nichtabgleichbar bezeichnen.

Wie ermitteln wir nun aber den interessierenden Brückenwinkel? Nach Abb. 137 ist er der Winkel, unter dem sich die beiden Kreisscharen in Nullpunktsnähe schneiden. Er kann als Winkel zwischen den Tangenten an die Kreise berechnet werden, indem wir nach den Zeigern fragen, die sich bei Änderung von z' und z'' im Nullpunkt ergeben, und die wir erhalten, indem wir die allgemeine Gl. (258) für $\mathfrak{J}_5$ nach $\mathfrak{z}'$ bzw. $\mathfrak{z}''$ differenzieren:

$$\left.\begin{aligned}\frac{\partial \mathfrak{J}_5}{\partial \mathfrak{z}'} &= \frac{(\mathfrak{P}_1 + \mathfrak{P}_{12}\,\mathfrak{z}'')\,(\text{Nenner}) - (\mathfrak{Q}_1 + \mathfrak{Q}_{12}\cdot\mathfrak{z}'')\,(\text{Zähler})}{(\text{Nenner})^2}\\ \frac{\partial \mathfrak{J}_5}{\partial \mathfrak{z}''} &= \frac{(\mathfrak{P}_2 + \mathfrak{P}_{12}\,\mathfrak{z}')\,(\text{Nenner}) - (\mathfrak{Q}_2 + \mathfrak{Q}_{12}\,\mathfrak{z}')\,(\text{Zähler})}{(\text{Nenner})^2}\end{aligned}\right\} \tag{262}$$

Der Quotient zwischen diesen beiden Zeigern, die in die Abb. 137 eingetragen sind, ist ein Operator, der durch seinen Betrag angibt, wie lang der eine Zeiger im Vergleich zum anderen ist, was uns nicht interessiert, durch seinen Phasenwinkel α aber, um welchen Winkel $\frac{\partial \mathfrak{J}_5}{\partial \mathfrak{z}'}$ gegenüber $\frac{\partial \mathfrak{J}_5}{\partial \mathfrak{z}''}$ voreilt. Durch Division der Differentialzeiger erhalten wir für diesen Operator:

$$\mathfrak{v} = v\cdot e^{j\alpha} = \frac{(\mathfrak{P}_1 + \mathfrak{P}_{12}\,\mathfrak{z}'')\,(\text{Nenner}) - (\mathfrak{Q}_1 + \mathfrak{Q}_{12}\,\mathfrak{z}'')\,(\text{Zähler})}{(\mathfrak{P}_2 + \mathfrak{P}_{12}\,\mathfrak{z}')\,(\text{Nenner}) - (\mathfrak{Q}_2 + \mathfrak{Q}_{12}\,\mathfrak{z}')\,(\text{Zähler})}. \tag{263}$$

In der Nähe des Nullpunktes, wo uns das allein interessiert, vereinfacht sich das mit der Abgleichbedingung (Gl. (256)):

$$\text{Zähler} = 0$$

auf:

$$\mathfrak{v} = \frac{\mathfrak{P}_1 + \mathfrak{P}_{12}\cdot\mathfrak{z}_0''}{\mathfrak{P}_2 + \mathfrak{P}_{12}\cdot\mathfrak{z}_0'}, \tag{264}$$

worin wieder für die Größen im Abgleichzustand der Index „o" verwendet ist. Für die Bestimmung des Abgleichwinkels sind also ausschließlich Ausdrücke maßgebend, die dem Zähler der allgemeinen Form angehören, d. h. der Abgleichbedingung, in die der Widerstand des Nullzweiges überhaupt nicht eingeht. Die Abgleichbarkeit einer Wechselstrombrücke ist also in keiner Weise vom Widerstand des Nullinstrumentes abhängig. Es genügt zur Feststellung des Abgleichwinkels überhaupt die Abgleichbedingung, der Zähler des Ausdrucks (257) für $\mathfrak{J}_5$, die wir für jede Brücke ja sowieso aufstellen müssen. Aus ihr müssen wir durch Vergleich mit der Normalform (258) die drei Größen $\mathfrak{P}_1$, $\mathfrak{P}_2$ und $\mathfrak{P}_{12}$ herausnehmen und den Operator, der aus ihrer Kombination nach Gleichung (264) entsteht, auf seinen Phasenwinkel untersuchen. Er ist der gesuchte Brückenwinkel α.

Wir geben als Beispiel die Schaltung der MAXWELLbrücke nach Abb. 81b, für die wir im Abschn. III C 4 S. 62, mit:

$$\mathfrak{z}_1 = R_1\,;\quad \mathfrak{z}_2 = \frac{R_2}{1 + j\,\omega\,C R_2};\quad \mathfrak{z}_3 = R_3 + j\omega L\,;\quad \mathfrak{z}_4 = R_4$$

die Abgleichbedingung (Gl. (107)) errechnet hatten als:

$$R_1 R_4 + j\,\omega\,C R_1 R_2 R_4 - R_2 R_3 - j\,\omega\,L\,R_2 = 0\,. \tag{265}$$

Wir wählen als veränderliche Parameter die beiden Widerstände R_1 und R_2 als Abgleichelemente $\mathfrak{z}'$ und $\mathfrak{z}''$ und sortieren nach ihnen die Ausdrücke der Abgleichbedingung (Gl. (265)) zum Vergleich mit der Normalform (Gl. (258)):

$$\begin{matrix} 0 & + R_4\cdot R_1 & + (-R_3 - j\,\omega\,L)\cdot R_2 & + j\,\omega\,C\,R_4\cdot R_1\cdot R_2\\ \mathfrak{P} & + \mathfrak{P}_1\cdot\mathfrak{z}' & + \mathfrak{P}_2\cdot\mathfrak{z}'' & + \mathfrak{P}_{12}\cdot\mathfrak{z}'\cdot\mathfrak{z}''.\end{matrix}$$

Wir erhalten also:

$$\mathfrak{P}_1 = R_4\,;\quad \mathfrak{P}_2 = -(R_3 + j\,\omega\,L);\quad \mathfrak{P}_{12} = j\,\omega\,C\,R_4$$

und somit für den Abgleichoperator (Gl. (264)):

$$\mathfrak{v} = \frac{R_4 + j\,\omega\,C\cdot R_4\cdot R_{20}}{-R_3 - j\,\omega L + j\,\omega C R_4\cdot R_{10}}. \tag{266}$$

Hierin sind für R_{10} und R_{20} die Werte aus der Abgleichbedingung (Gl. 107a)):

$$R_{10} R_4 = R_{20} R_3 \,; \qquad \frac{L}{C} = R_{10} \cdot R_4$$

einzusetzen, womit sich der Ausdruck (266) vereinfacht auf:

$$\mathfrak{v} = \frac{R_4 (1 + j\omega R_{20} C)}{-R_3 - j\omega L + j\omega L} = \frac{-R_4 (1 + j\omega R_2 C)}{R_3}\,. \tag{267}$$

Da uns nur Winkel kleiner 90° interessieren, so ist das Vorzeichen belanglos. Die Winkeldrehung, die dieser Operator bewirkt, ist zwar größer als 90°, aber der maßgebende Brückenwinkel α ist gegeben durch den Winkel des Ausdrucks im Zähler:

$$\operatorname{tg} \alpha = \omega R_2 C = \omega L / R_3 = \operatorname{tg} (90° - \delta)\,. \tag{268}$$

Bei kleinem Wert von R_3 oder großem Wert von R_2, was übereinstimmend gleichbedeutend ist mit kleinem Winkelfehler der Spule (hoher Gütezahl bei der Meßfrequenz, s. S. 52), ist also die Brücke gut abgleichbar. Nicht aber, wenn es sich um eine Brücke mit wesentlich OHMschem Charakter handelt, bei der L sozusagen als Korrektur auftritt.

Eine solche Brücke würde aber bei Wahl der Veränderlichen $\mathfrak{z}'$ und $\mathfrak{z}''$ als R_1 und C gut abgleichbar werden, wie man sieht, wenn man die Abgleichbedingung (Gl. (265)) nach diesen beiden ordnet. Es genügt, sie noch einmal hinzuschreiben und darin die beiden Veränderlichen in jedem Glied durch Unterstreichung — einfach für $\mathfrak{z}'$, doppelt für $\mathfrak{z}''$ — zu kennzeichnen:

$$\underline{R_1} R_4 + j\omega \underline{\underline{C}} \underline{R_1} R_2 R_4 - R_2 R_3 - j\omega L R_2 = 0\,.$$

Man liest unmittelbar ab:

$$\mathfrak{P}_1 = R_4\,; \quad \mathfrak{P}_2 = 0\,; \quad \mathfrak{P}_{12} = j\omega R_2 R_4\,.$$

Der Abgleichoperator (Gl. (264)) wird nun:

$$\mathfrak{v} = \frac{R_4 + j\omega R_2 R_4 C_0}{0 + j\omega R_2 R_4 R_{10}} \tag{269}$$

oder nach Kürzung durch R_4 und Erweitern mit $(-j)$:

$$\mathfrak{v} = \frac{\omega R_2 C - j}{\omega R_2 R_{10}}\,, \tag{270}$$

woraus sich der Abgleichwinkel α ergibt nach:

$$\operatorname{tg} \alpha = \frac{1}{\omega R_2 C} = R_3 / \omega L\,. \tag{271}$$

Ist also $R_3 \gg \omega L$, so ist die Brücke bei dieser Wahl der Abgleichgrößen gut abgleichbar.

Dagegen würde die Brücke sowohl bei der einen, wie bei der anderen Wahl der Abgleichgrößen für $R_3 \approx \omega L$ stets einen Brückenwinkel von etwa 45° bekommen und also ungeeignet sein. Man muß dafür andere Schaltungen verwenden.

Macht man dagegen R_1 und R_4 zu Abgleichelementen, so wird mit $\mathfrak{P}_1 = 0$ und $\mathfrak{P}_2 = 0$, der Phasenwinkel von Zähler und Nenner des Abgleichoperators stets gleich groß, der Brückenwinkel also Null und damit die Brücke niemals abgleichbar, wie groß ihre Elemente auch sein mögen.

Ein wenig anders liegen die Verhältnisse, wenn der Abgleich durch einen phasengesteuerten Nullindikator erfolgt, z. B. durch ein Gleichstrominstrument, das über einen Schwinggleichrichter im Brückenzweig liegt. Die Erregerphase dieses Gleichrichters sei um 90° schwenkbar, damit man auch kontrollieren kann, daß *beide*

Komponenten des Brückenstromes Null sind. Andernfalls würde man nur auf den Nullwert der einen Komponente einstellen, aber nicht auf Brückennull. Auch hier ist aber der Brückenwinkel von Bedeutung, wenn er auch nicht mehr allein ausschlaggebend ist, wie sich zeigen wird.

Abb. 140 veranschaulicht an einem Beispiel den Abgleichvorgang bei einem solchen Nullverfahren. In ihr sind die beiden Scharen für die Parameter unter dem Winkel α sich schneidend angegeben und mit z' und z'' bezeichnet. Die Phase des Nullinstrumentes wird durch die beiden Achsen A und B gekennzeichnet, auf die man das Instrument nacheinander schalten kann. Die Indikatorphase A sei gegen die durch z' festgelegte Richtung um den Winkel β so verschoben, daß sie in den Winkel α zu liegen kommt. Also ist $\beta < \alpha$. Der Abgleichvorgang kann nun verschieden verlaufen, wobei wir in einem beliebigen Punkt P_0 unseres Diagramms beginnen, der auf der Achse A liegt, und auf den wir durch einen ersten Schritt gelangt sind, indem wir bei der Indikatorphase A durch Änderung von z' von P_x beginnend auf die Querkomponente 0 des Brückenstromes in bezug auf die Achse A einstellten. Dieser erste Schritt ist stets möglich. Wir ordnen nun systematisch zu: Mit z'' stellen wir auf Achse B, mit z' auf Achse A ein. Dabei durchlaufen wir den stark ausgezeichneten Zug, mit dem wir uns mehr und mehr dem gewünschten Abgleichpunkt für Brückennull nähern. Würden wir aber umgekehrt zuordnen, d. h. mit z' auf Achse B, mit z'' auf Achse A abgleichen, so erhalten wir einen zweiten (gestrichelt dargestellten) Zug von P_x aus, von dem nur die ersten Schritte darstellbar sind, weil der Zug sich vom Abgleichpunkt immer weiter entfernt. Beim Versuch ist das leicht feststellbar, wenn man nach 2 oder 4 Schritten statt kleinerer Meßströme größere bekommt. Man muß dann die Zuordnung wechseln, um auf den konvergenten Zug zu kommen, den wir vorher besprachen.

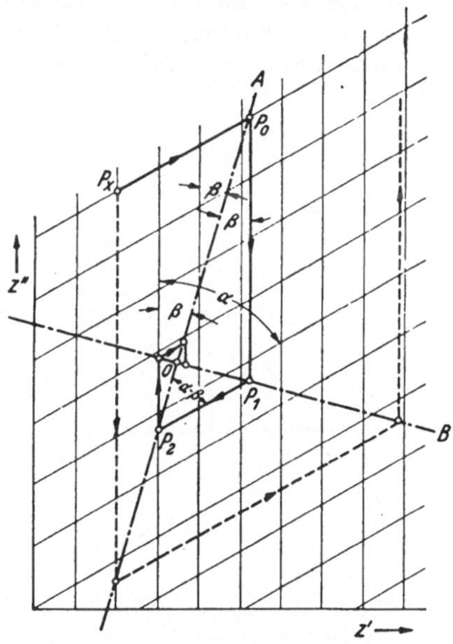

Abb. 140. Abgleichvorgang einer Wechselstrombrücke mit phasenempfindlichem Nullindikator bei großem Brückenwinkel und kleiner Indikatorphase.

Auf ihm gelten nun mit den Bezeichnungen der Abbildung folgende Beziehungen:

$$O P_1 = O P_0 \operatorname{tg} \beta \qquad O P_2 = O P_1/\operatorname{tg}(\alpha - \beta)$$

$$O P_2/O P_0 = \frac{\operatorname{tg} \beta}{\operatorname{tg}(\alpha - \beta)}. \tag{272}$$

Dieser Fortschrittsfaktor bestimmt genau so wie der Faktor $\cos\alpha$ beim Abgleichverfahren mit amplitudenabhängigem Indikator den Fortschritt zu kleineren Nullströmen, also die Geschwindigkeit der Annäherung an den Abgleichpunkt, die nunmehr also von Brückenwinkel α und Indikatorwinkel β abhängt. Für $\alpha = 90°$ wird der Fortschrittsfaktor $= \operatorname{tg}^2\beta$. Ganz allgemein können wir aber feststellen, daß kein Abgleich mehr möglich ist, wenn Zähler und Nenner des Fortschrittsfaktors gleich sind, wenn also mit $\beta = \alpha/2$ die Indikatorphase gerade den Winkel α halbiert. Auch bei Annäherung an diesen Wert wird aber der Abgleich schon schwierig, wie die nachstehende Tabelle zeigt, die in Analogie zu der für den amplitudenabhängigen Indikator (S. 124) die Schrittzahl für Abgleich auf $1/m = 1$ % des Anfangswertes angibt.

Indikatorphase:	0°	10°	20°	30°	40°
Schrittzahl bei Brückenwinkel 90° . .	2	4	6	10	28
Schrittzahl bei Brückenwinkel 80° . .	2	5	7	14	∞
Schrittzahl bei Brückenwinkel 60° . .	2	6	13	∞	diverg.

Wenn auch jetzt der Indikatorwinkel eine entscheidende Rolle spielt — wenn er richtig, nämlich gleich Null, gewählt wird, ist der Abgleich immer in zwei Schritten möglich —, so spricht der Brückenwinkel bei Abweichungen von diesem günstigsten Winkel erheblich mit, ist also auch hier von Bedeutung, wenn man die Indikatorphase nicht auf den günstigsten Wert einstellen kann. Wird der Indikatorwinkel größer als der halbe Brückenwinkel, so wird mit $\beta < \alpha - \beta$ der Fortschrittsfaktor < 1, d. h. das konvergierende Diagramm verwandelt sich in das divergierende; man muß durch andere Wahl der Zuordnung die Konvergenz wiederherstellen.

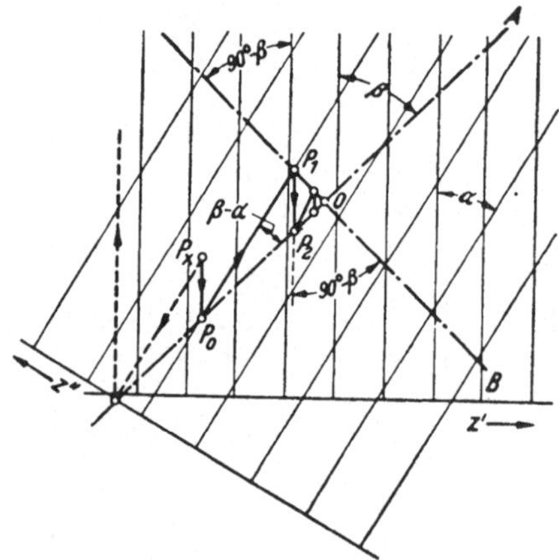

Abb. 141. Abgleichvorgang einer Wechselstrombrücke mit phasenempfindlichem Nullindikator bei kleinem Brückenwinkel und großer Indikatorphase.

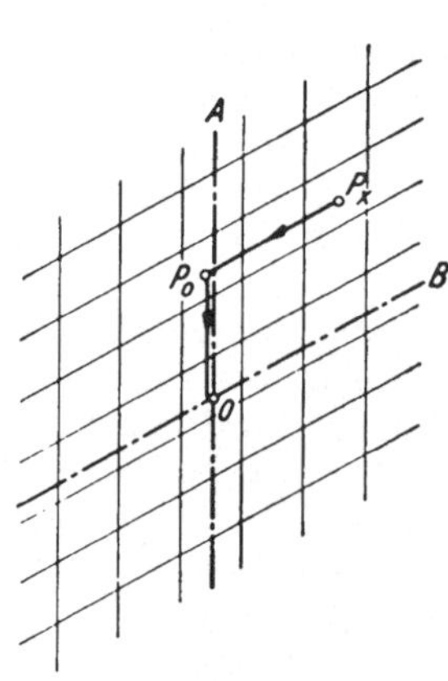

Abb. 142. Schnellster Abgleich einer Wechselstrombrücke bei richtiger Wahl der Indikatorphasen.

Ist der Indikatorwinkel gegen die z'-Schar größer als der Brückenwinkel, so ändert sich zwar das Aussehen des Linienzuges für die Annäherung an den Nullpunkt erheblich (Abb. 141), aber auch hier gibt es wieder eine Zuordnung mit konvergentem Verlauf und eine mit divergentem. Für den konvergenten Zug kann man mit den Bezeichnungen der Abbildung die Beziehung aufstellen:

$$O P_1 = O P_0 \operatorname{tg} (90^0 - \beta) \qquad O P_2 = O P_1 \operatorname{tg} (\beta - \alpha)$$

$$O P_2 / O P_0 = \frac{\operatorname{tg} (\beta - \alpha)}{\operatorname{tg} \beta} .$$

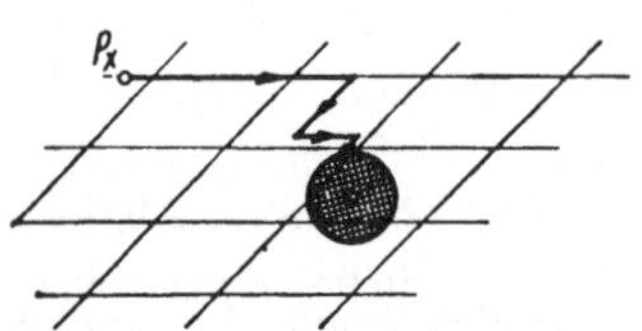

Abb. 143. Unempfindlichkeitskreis bei amplitudenabhängigem Nullindikator.

Der Fortschrittsfaktor ergibt sich also, abgesehen vom Vorzeichen unter dem Tangens, genau so wie vorher (Gl. (272)). Er wird 1, d. h. der Zug nicht mehr konvergent, wenn $\alpha = 0$ wird, aber natürlich auch dann, wenn β soweit wächst, daß die Achse A die Winkelhalbierende des Winkels $(180° - \alpha)$ wird. Liegt der divergente Zug vor, so kann man das durch Änderung der Zuordnung der Phase des Indikators zu den Abgleichelementen beheben. Die Beachtung dieser Betrachtungen ist besonders dort wichtig, wo es sich um Brücken handelt, die sich mit Hilfe von Nullmotoren usw. selbst phasengesteuert abgleichen, weil sie nicht denken können, um die Phasenzuordnung im konvergierenden Sinne vorzunehmen. Es ist in solchen Fällen immer wichtig, nach Möglichkeit von vornherein die Anordnung so zu treffen, daß mindestens eine der Achsen für die Indikatorphase parallel zu der einen Schar der Abgleichkreise in Nullpunktsnähe verläuft. Besonders günstig ist es dann aber, die Indikatorachsen nicht senkrecht zueinander einzustellen, sondern unter dem gleichen Winkel zueinander anzuordnen, unter dem sich die Abgleichkreisscharen schneiden. Dann kann man nämlich mit je einem dieser Abgleichelemente die Abgleichbedingung für eine Komponente des Brückenstromes erfüllen ohne Rücksicht darauf, wie groß die Abweichung in der anderen noch ist. In solchem Falle fährt man von jedem Punkt der Abgleichebene mit 2 Abgleichschritten (Abb. 142) $P_x - P_0 - O$ direkt in die Nullbedingung, braucht aber, wenn nur die eine der Abgleichbedingungen für die Auswertung interessiert, die andere u. U. überhaupt nicht zu erfüllen.

„Direkt in den Nullpunkt" heißt hier aber nicht etwa, daß man nun auf diese Weise die Brückenbedingung exakt mit voller Genauigkeit erfüllen könnte, während die sonstigen Geradenzüge ja immer nur gegen den Nullpunkt konvergieren, ohne ihn jemals ganz zu erreichen. Wenn aber auch der Nullpunkt hier mathematisch nicht erreichbar ist, so ist er es doch praktisch. Denn die Empfindlichkeit des Nullinstrumentes begrenzt ja die feststellbare Größe des Brückenstromes nach unten hin. Beim amplitudenabhängigen Indikator (Telephon, Vibrationsgalvanometer, Diodenvoltmeter) endet also nach Abb. 143 der Abgleichvorgang immer in dem Unempfindlichkeitskreis, dessen Radius der kleinste noch festzustellende Strom ist. Beim phasengesteuerten Indikator (Schwinggleichrichter) aber gelangt man im Endeffekt immer nur in das Feld, das in Abb. 144 parallel zu den beiden Indikatorachsen als Raute abgegrenzt ist, und dessen halbe Breite dieser kleinste Stromwert ist. Es wird bei senkrecht zueinander stehenden Indikatorachsen ein Quadrat.

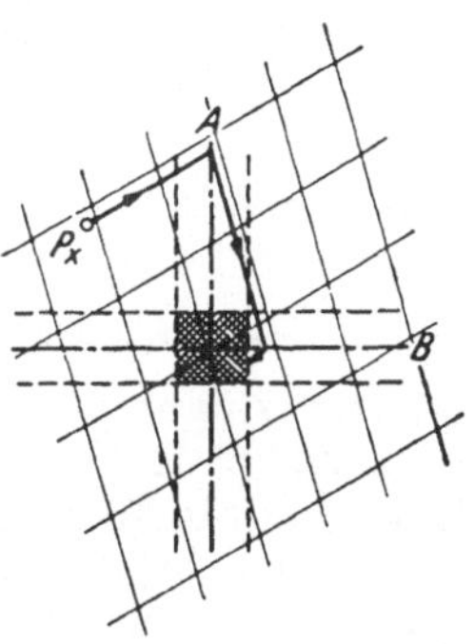

Abb. 144. Unempfindlichkeitsviereck bei phasengesteuertem Nullindikator.

Will man bei gegebener Brücke den Radius dieses Kreises oder die Breite des Unsicherheitsvierecks möglichst klein machen, so muß man also dafür sorgen, daß zu einer durch den Zähler der Gl. (257) für $\mathfrak{J}_5$ gegebenen Abweichung von der Abgleichbedingung (Gl. (256)) ein möglichst kleiner Nenner gehört. Hier erst geht $\mathfrak{z}_5$, der Widerstand des Brückenzweiges, in die *Abgleichunsicherheit* ein, die nichts mit der bisher besprochenen *Abgleichbarkeit* zu tun hat. Es ist nun eine Frage der Anpassung des Nullinstrumentes an die Brücke nach Größe und Phase, wie weit man die Abgleichunsicherheit herunterdrücken kann. Es sei jedenfalls nur erwähnt, daß hier Anpassungsübertrager oft eine wertvolle Hilfe sind, wobei man allerdings beachten muß, daß sie auch zusätzliche Belastungen der Brücke durch ihre eigenen Aufbaudaten mitbringen (S. 112). Es muß im Einzelfall geprüft werden, ob die Einfügung eines solchen Übertragers mehr Vorteil durch die Umtransformierung des Instrumentenwiderstandes oder mehr Nachteil durch seinen eigenen Längswiderstand und seinen eigenen Querleitwert bringt.

Es möge nicht unerwähnt bleiben, daß die phasengesteuerten Nullindikatoren in Wechselstrombrücken nicht an der einschränkenden Bedingung der amplitudenabhängigen Indikatoren leiden, die der Unempfindlichkeitswinkel bedingte. Er geht also bei ihnen nicht in gleicher Weise in seiner Beziehung zum Brückenwinkel begrenzend ein, wie das dort der Fall war.

IV. Mehrwellige Ströme.

Addieren wir zwei Wechselströme verschiedener Frequenz

$$i_1 + i_2 = i$$

z. B. dadurch, daß wir nach Abb. 145 die Stromkreise zweier Generatoren verschiedener Frequenz über eine gemeinsame Rückleitung schließen, so entsteht in der Rückleitung zwar wieder ein Wechselstrom, der *rein* ist, wenn es die beiden Teilströme waren, die wir als einwellig voraussetzen wollen, aber nicht mehr immer *periodisch*.

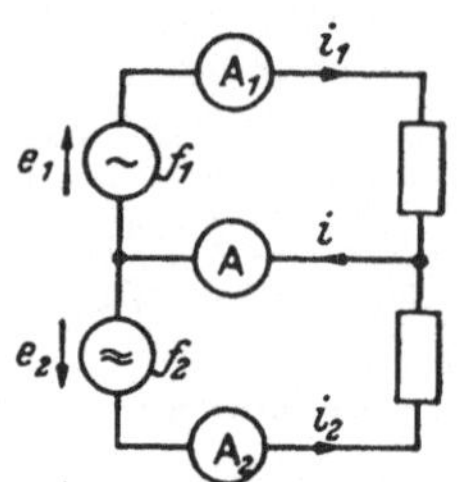

Abb. 145. Synthese von zwei Wechselströmen verschiedener Frequenz.

Sind nämlich die Gleichungen der beiden Teilströme

$$\left.\begin{aligned} i_1 &= i_{1max} \sin(\omega_1 t + \varphi_1) \\ \text{und} \qquad i_2 &= i_{2max} \sin(\omega_2 t + \varphi_2), \end{aligned}\right\} \tag{273}$$

so ist für den Summenstrom:

$$i = i_{1max} \sin(\omega_1 t + \varphi_1) + i_{2max} \sin(\omega_2 t + \varphi_2) \tag{274}$$

die Periodizitätsbedingung Gl. (12), S. 9, (vgl. Abschn. II):

$$i(t) = i(t + T) \tag{275}$$

für jeden beliebigen Zeitpunkt nur unter ganz bestimmten Bedingungen erfüllt. Setzen wir $(t + T)$ in die allgemeine Gl. (274) ein, so erhalten wir:

$$i = i_{1max} \sin(\omega_1 t + \omega_1 T + \varphi_1) + i_{2max} \sin(\omega_2 t + \omega_2 T + \varphi_2), \tag{276}$$

was *immer* dann, aber auch *nur* dann gleich dem Wert $i(t)$ der Gleichung (274) ist, wenn unabhängig von den Scheitelwerten und Nullphasenwinkeln der beiden Teilströme für ihre Frequenzen der Zusammenhang mit der Periodendauer des Summenstromes besteht, daß die Mehrglieder in den Argumenten ganzzahlige Vielfache der Periode der Sinusfunktion sind.

$$\omega_1 T = m\,2\pi \quad \text{und} \quad \omega_2 T = n\,2\pi. \tag{277}$$

Daraus folgt zunächst schon einmal, daß die beiden Frequenzen zueinander in einem ganzzahligen Verhältnis stehen müssen, sich zueinander verhalten müssen wie 2 ganze Zahlen m und n:

$$\omega_1/\omega_2 = f_1/f_2 = m/n. \tag{278}$$

Die Periodendauer des Summenstromes ist dann ein ganzzahliges Vielfaches der Periodendauer der beiden Teilströme:

$$T = m T_1 = n T_2, \tag{279}$$

seine „*Frequenz*" ein ganzzahliger Bruchteil der Frequenzen der beiden Teilströme, wenn man von Frequenz als Kehrwert der Periodendauer hier überhaupt noch reden sollte, denn in Wahrheit gibt es eben nur die beiden Frequenzen f_1 und f_2:

$$f = f_1/m = f_2/n.$$

Nur wenn $m = 1$ und $n = 1$ ist, wiederholt sich das Bild des Stromes i mit der gleichen Periode wie die beiden Einzelströme, die dann gleichfrequent sind. Wir haben den trivialen Fall des einwelligen Wechselstromes, dessen Additionsregeln und Stromkreisgesetzmäßigkeiten uns im Kapitel III ausführlich beschäftigt haben.

Machen wir nun $m = 1$ und $n = n$, so ist der Strom i periodisch mit der Periodendauer des Stromes i_1, seine Periodendauer ist also $T = T_1$, seine Frequenz $f = f_1$. Die des zweiten Stromes muß nun mit der ersten zusammenhängen nach $T_2 = T_1/n = T/n$; die Frequenz des zweiten Stromes muß ein ganzzahliges Vielfaches der Frequenz des ersten sein: $f_2 = n f_1$, wobei jedoch n jeden beliebigen Wert annehmen darf, solange er nur ganzzahlig ist. Wir nennen in einem solchen Falle den zweiten Strom eine *Harmonische* oder *Oberwelle* des ersten.

Aber auch wenn wir nun mehrere solcher Oberwellen oder Harmonischer mit verschiedener Ordnungszahl zum gleichen „*Grundwellenstrom*" addieren, entstehen noch immer periodische Ströme, deren Periodendauer immer die des Grundwellenstromes ist. Einen solchen Strom nennen wir dann *mehrwellig* und können ihn mathematisch darstellen durch:

$$i = \sum_{n=1}^{\infty} i_n \sin(n\omega t + \varphi_n); \quad n = 1, 2, 3, \ldots \tag{280}$$

worin n bis zu unendlichen Werten gehen könnte. Hierin bedeuten die Vorzahlen dieser trigonometrischen Reihe i_n jeweils den Scheitelwert der betreffenden n-ten Oberwelle; die Winkel φ_n geben ihre Nullphasenwinkel an, definieren also die Zeit zwischen dem Nulldurchgang im positiven Sinne der betreffenden Oberwelle und dem gewählten Nullpunkt der Zeitrechnung. Verschieben wir den Zeitnullpunkt, so ist diese Nullzeitänderung t_0 zwar in alle Sinusfunktionen im Argument im gleichen Betrage einzuführen, das bedeutet aber für jede einzelne Oberwelle eine andere Änderung der Nullphase, nämlich jeweils um $n\,\omega\,t_0$.

Der vorhin erwähnte allgemeine Fall (Gl. (273/274)), von dem wir ausgingen, wird jetzt sozusagen zu einem Spezialfall dieser allgemeineren Formulierung. Er ist der Sonderzustand, bei dem gerade der Betrag des Scheitelwertes der Grundwelle — d. h. desjenigen Anteils des Gesamtstromes mit der Ordnungszahl 1, d. h. der kleinsten Frequenz f — den Wert Null hat und von allen Oberwellen dieser Grundwelle nur die mit der Ordnungszahl m und n vorhanden sind. Wir werden uns hier dem leider nicht sehr glücklichen Brauch der Praxis anschließen und von der Oberwelle mit der Ordnung n als von der n-ten Oberwelle sprechen. (In Wahrheit ist ja z. B. die Oberwelle mit der Ordnungszahl 2 die „erste" *Ober*welle, denn die *Grund*welle kann man ja wohl nicht gut als *Ober*welle bezeichnen. Trotzdem sagt man allgemein in der Technik: „die ‚zweite' Oberwelle", wenn man die mit der Ordnungszahl 2 meint.)

A. Harmonische Synthese.

Die Zusammensetzung einer Grundwelle und ihrer Harmonischen oder Oberwellen ergibt also bei beliebiger Amplitude und beliebigem Nullphasenwinkel der einzelnen Komponenten stets wieder einen mit der Periode der Grundwelle periodischen reinen Wechselstrom.

Die Mathematik, in der solche trigonometrischen Reihen, wie wir sie soeben zur Synthese eines periodischen, mehrwelligen — nicht-sinusförmigen — Wechselstromes anschrieben, FOURIER-Reihen heißen, lehrt, daß dieser Satz umkehrbar ist. Man kann jede beliebige periodische Zeitfunktion in dieser Weise durch eine Folge von Grundwelle und Oberwellen darstellen. Die Ausnahmen, auf die die Mathematik aus Gründen der Gewissenhaftigkeit aufmerksam machen muß — die Funktion darf nicht unendlich viele Unstetigkeiten innerhalb einer Periode haben —, interessieren uns dabei technisch nicht, weil es so „unvernünftige" Kurvenformen bei Wechselströmen und -spannungen nicht gibt. Für uns sind also wirklich alle Wechselgrößen unserer Schaltungen durch FOURIER-Reihen darstellbar. Setzen wir zur Vereinfachung der Schreibweise die Amplitude der einzelnen Oberwellen als c_n an Stelle der bisher gewählten Schreibweise $i_{n\,max}$, so ist jeweils der Effektivwert I_n der einzelnen Oberwelle, wie wir ihn im Beispiel der Abb. 145 getrennt mit den Amperemetern A_1 und A_2 messen könnten:

$$I_n = c_n/\sqrt{2}\,. \tag{281}$$

Jede einzelne Oberwelle ist ja für sich einwellig und nach den Rechenregeln für einwellige Ströme (Kapitel II/III) zu behandeln.

So können wir denn auch jede Oberwelle aus der Summe:

$$i = \sum_n c_n \sin(n\omega t + \varphi_n) \qquad n = 1, 2, 3, \ldots$$

in ihre nullphasigen und querphasigen Anteile zerlegen:

$$\begin{aligned} i_n &= c_n \sin(n\omega t + \varphi_n) \\ &= c_n \cos\varphi_n \sin n\omega t + c_n \sin\varphi_n \cos n\omega t \\ &= a_n \cdot \sin n\omega t + b_n \cdot \cos n\omega t \end{aligned} \tag{282}$$

mit: $$a_n = c_n \cdot \cos\varphi_n \quad \text{und} \quad b_n = c_n \cdot \sin\varphi_n\,, \tag{283}$$

worin jeweils die a-Koeffizienten den nullphasigen Anteil, die b-Koeffizienten den querphasigen Anteil der betreffenden Oberwelle bedeuten. Man nennt sie meist einfach die *sin-Glieder* und die *cos-Glieder*. In der Mathematik heißen sie die

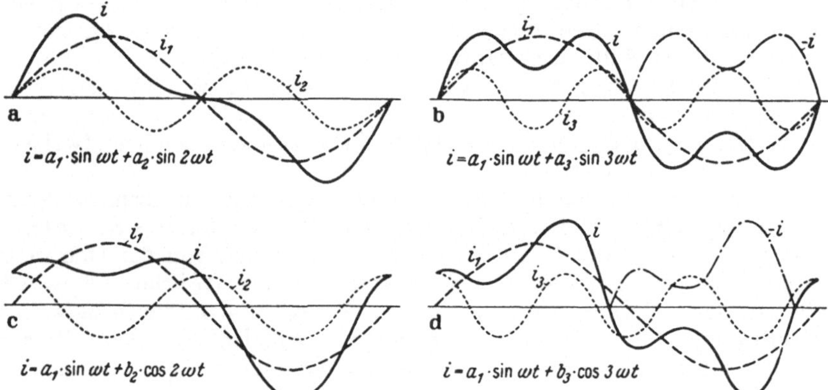

Abb. 146. Synthese von mehrwelligen Strömen.

Vorzahlen der FOURIER-Reihe, die wir nun also auch in der Form anschreiben können:

$$i = \sum_n a_n \sin(n\omega t) + \sum_n b_n \cos(n\omega t) \qquad n = 1, 2, 3, \ldots \tag{284}$$

In dieser Schreibweise ist jede Oberwelle anstatt durch Amplitude c_n und Nullphasenwinkel φ_n durch ihren nullphasigen Anteil a_n und ihren querphasigen Anteil b_n charakterisiert, aus denen sich c_n und φ_n wieder berechnen lassen nach:

$$c_n = \sqrt{a_n^2 + b_n^2} \quad \text{und} \quad \operatorname{tg}\varphi_n = b_n/a_n\,. \tag{285}$$

Fügen wir nun noch ein Gleichstromglied b_0 hinzu, so können wir einen periodischen Wechselstrom allgemeinster Form schreiben:

$$i = \sum_n a_n \cdot \sin n\omega t + b_0 + \sum_n b_n \cdot \cos n\omega t\,, \quad n = 1, 2, 3, \ldots \tag{286}$$

worin b_0 den Gleichstromanteil, das Gleichstromglied, bedeutet, a_1 und b_1 die Grundwellenanteile und a_n und b_n das Sinusglied und Cosinusglied der $n$ten Oberwelle sind.

Schon durch die Zufügung einer einzigen Oberwelle zu einer Grundwelle entstehen dabei die mannigfachsten Kurvenformen des resultierenden Stromes. Das zeigt anschaulich die Abb. 146, in deren vier Teilbildern jeweils nur eine Oberwelle mit einem Sinus- oder Cosinusglied zur Grundwelle addiert ist, um einen mehrwelligen Strom zu synthetisieren.

Anschaulich können wir daraus schon gewisse Gesetzmäßigkeiten der entstehenden Kurvenformen ablesen, wenn wir die verwendete 2. Welle als Repräsentanten einer geradzahligen Welle, die 3. Oberwelle als den einer ungeradzahligen Oberwelle ansehen. Offenbar haben die nebeneinander in der gleichen Zeile angeordneten Bilder a und b, an deren Zustandekommen nur Sinusglieder beteiligt sind, die gemeinsame Eigenschaft, daß sie in bezug auf den Nulldurchgang symmetrisch verlaufen, derart, daß gleich großen positiven und negativen Werten der Phase gleichgroße, aber entgegengesetzte Stromwerte entsprechen. Sie sind anti-symmetrisch zum Nulldurchgang. Die untereinander stehenden Bilder b und d weisen die gemeinsame Eigenschaft auf, daß ihre positiven und negativen Halbwellen, so verschieden sie auch sind, doch in jedem Teilbild so verlaufen, daß sie nach Gleichrichtung, die in der Abbildung strichpunktiert angedeutet ist, zeitlich gleich verlaufen. Sie sind bei Beteiligung von nur ungeradzahligen Oberwellen „spiegelbildlich zur Nullinie". Bei Mitbeteiligung geradzahliger Oberwellen, wie in den Bildern a und c, verlaufen dagegen die positive und negative Halbwelle verschieden, am stärksten ausgeprägt beim Teilbild c. Dieses weist mit dem Bild b die gemeinsame Eigenschaft auf, daß seine Kurvenform in bezug auf eine um 90° gegen den den Nullpunkt der Zeitrechnung verschobenen Zeitpunkt symmetrisch verlaufen, ohne daß wir hier schon das verbindende Kennzeichen angeben können. Der höchste Grad von Symmetrie kommt der Kurvenform nach Abb. 146b zu, an deren Zustandekommen nur ungeradzahlige Sinusglieder beteiligt sind Antisymmetrie zu den Nulldurchgängen, Symmetrie zum Scheitelpunkt und spiegelbildlich zur Nullinie verlaufende positive und negative Halbwellen.

Wir begründen diese Gesetzmäßigkeiten der Wellen nachstehend mathematisch:

Antisymmetrie zum Nulldurchgang.

Die mathematische Formulierung hierfür ist offenbar:

$$i(-t) = -i(t). \tag{287}$$

Sie kann natürlich nur erfüllt werden, wenn wir kein Gleichstromglied zulassen, das wir bei allen unseren folgenden Betrachtungen herauslassen wollen. Führen wir die Bedingung (Gl. 287)) für die Antisymmetrie in die allgemeine Form der FOURIER-Reihe des verbleibenden reinen Wechselstromes ein, so muß die Gleichheit bestehen:

$$\left.\begin{aligned} i(-t) &= \sum a_n \cdot \sin\big(n\omega \cdot (-t)\big) + \sum b_n \cdot \cos\big(n\omega \cdot (-t)\big) \\ &= \sum (-a_n) \cdot \sin n\omega t + \sum (+b_n) \cdot \cos n\omega t \\ = -i(t) &= \sum (-a_n) \cdot \sin n\omega t + \sum (-b_n) \cdot \cos n\omega t\,. \end{aligned}\right\} \tag{287a}$$

Das ist zwar bei beliebigen Werten der a_n erfüllt — wegen der Antisymmetrie der Sinusfunktion zum Nullpunkt — aber nur, wenn man zugleich alle $b_n = 0$ macht. Antisymmetrie zum Nulldurchgang ist also ein Zeichen dafür, daß die Kurve nur Sinusglieder enthält (vgl. Abb. 146a u. b).

Spiegelbildlich zur Nullinie liegende positive und negative Halbwellen.

Die mathematische Bedingung hierfür ist zu formulieren als:

$$i(t + T/2) = -i(t). \tag{288}$$

Durch Einsetzen von Gl. (288) in die FOURIER-Reihe der allgemeinsten Form (Gl. (283)) erhalten wir die Forderung:

$$\left.\begin{aligned} i(t + T/2) &= \sum a_n \cdot \sin(n\omega t + n\pi) + \sum b_n \cdot \cos(n\omega t + n\pi) \\ &= \sum (-1)^n a_n \cdot \sin n\omega t + \sum (-1)^n b_n \cdot \cos n\omega t \\ = -i(t) &= \sum (-a_n) \cdot \sin n\omega t + \sum (-b_n) \cdot \cos n\omega t\,. \end{aligned}\right\} \tag{288a}$$

Da sowohl die Sinusfunktion, wie auch die Cosinusfunktion jedesmal bei Steigerung ihres Argumentes um π ihr Vorzeichen wechseln, was den Faktor $(-1)^n$ in der zweiten Zeile von Gl. (288a) bedingt, so ist die geforderte Gleichheit nur erfüllt für ungeradzahlige Oberwellen, aber hier auch für beliebige Werte von a_n und b_n. Nur muß eben sein:

$$n = 2z - 1; \quad z = 1, 2, 3, \ldots \tag{288b}$$

(Vgl. zu diesem Ergebnis die Abb. 146b und d, die das gemeinsame Merkmal der spiegelbildlich verlaufenden Halbwellen hatten und ja auch diese Bedingung gemeinsam erfüllten.)

Sind beide Bedingungen gleichzeitig erfüllt: Antisymmetrie zum Nulldurchgang bei gleichzeitig spiegelbildlich verlaufenden Halbwellen, so erhalten wir das Bild höchster Symmetrie nach Abb. 146b, an dessen Entstehung nur ungeradzahlige Sinuswellen beteiligt sind.

Symmetrie zu einem um 90° verschobenen Nullzeitpunkt, d. h. meist zum Kurvenscheitel erhalten wir unter der folgenden Bedingung. Es muß sein:

$$i(-t) = i(t). \tag{289}$$

Eingesetzt heißt das:

$$\left.\begin{aligned} i(-t) &= \sum a_n \cdot \sin(-n\omega t) + \sum b_n \cdot \cos(-n\omega t) \\ &= \sum (-a_n) \cdot \sin n\omega t + \sum b_n \cdot \cos n\omega t \\ = +i(t) &= \sum a_n \cdot \sin n\omega t + \sum b_n \cdot \cos n\omega t . \end{aligned}\right\} \tag{289a}$$

Bei beliebigen Werten der b_n ist nun diese Bedingung nur erfüllbar, wenn alle a_n verschwinden. Solche Kurvenformen enthalten also in bezug auf einen mit dem Kurvenscheitel zusammenfallenden Zeitnullpunkt — besser würde man sagen, mit dem Symmetriepunkt zusammenfallenden Zeitpunkt, denn dieser muß ja nicht ein Scheitel sein (Abb. 146c), — nur Cosinusglieder. In der Tat ist das das gemeinsame Merkmal der Abb. 146b und c. Die dort verwendeten Sinusglieder in bezug auf den Anfangspunkt der Abszissenachse sind ja alle tatsächlich Cosinusglieder in bezug auf einen um 90° der Grundwelle verschobenen Zeitpunkt, den Symmetriepunkt, und auch b_2 bleibt für diesen neuen Zeitnullpunkt wieder ein Cosinusglied, das nur sein Vorzeichen gewechselt hat. Wir schließen also mit der Feststellung, daß Kurvenformen in bezug auf einen Symmetriepunkt des Kurvenverlaufs nur Cosinusglieder haben. Höchste Symmetrie nach Abb. 146b erhalten wir auch hier wieder beim Zusammenfallen zweier Bedingungen: Nur ungeradzahlige Cosinuswellen geben gleichverlaufende positive und negative Halbwellen und zugleich einen Symmetriepunkt des Kurvenverlaufs im Nullzeitpunkt.

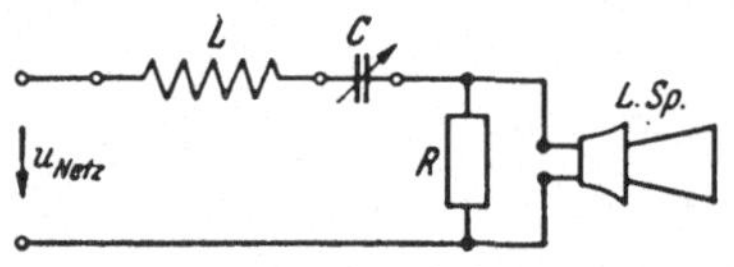

Abb. 147. Nachweis der Oberwellen in der Netzspannung mit einem Reihenresonanzkreis und Lautsprecher.

Wegen des gleichen Feldbildes der anlaufenden und ablaufenden Polkante in den Generatoren mit symmetrischer Ausbildung des Polschuhs gegen die Polmittellinie enthalten die Spannungskurven — und damit als Folge auch die Stromkurven — in unseren Netzen im allgemeinen nur ungeradzahlige Oberwellen mit spiegelbildlichen Halbwellen der resultierenden Kurvenform, wenigstens solange wir nur lineare Schaltelemente in den Schaltungen zulassen. Wir können die Existenz solcher Oberwellen in der Netzspannungskurve deutlich zeigen, wenn wir nach Abb. 147 an die Steckdose einen Reihenresonanzkreis anlegen und seine Stromaufnahme mit einem Lautsprecher wahrnehmbar machen, den wir zu einem kleinen Widerstand parallel legen. Er gibt den Oberwellen entsprechend harmonische Töne ab bei Werten des Kondensators im Resonanzkreis, die sich wie 9 : 25 : 49 : 81 usw. verhalten. (Abstimmung auf die Grundwelle empfiehlt sich nicht, weil der Grundwellenanteil natürlich zu hoch ist. Das entspricht der Resonanzbedingung für Frequenzen im Verhältnis 3 : 5 : 7 : 9 ... [s. S. 50]). Das Fehlen von Tönen bei den Kapazitätswerten mit den Verhältniszahlen 4, 16, 36 zeigt das Fehlen der entsprechenden geradzahligen Oberwellen mit den Ordnungszahlen 2, 4, 6, ... und ist also ein Beweis für den spiegelbildlichen Verlauf von positiver und negativer Halbwelle der Netzspannungskurven.

B. Eigenschaften mehrwelliger Ströme.

Die Leistung mehrwelliger Ströme und Spannungen.

Verlaufen in einem Stromkreis nach Abb. 148 Strom und Spannung nicht-sinusförmig, so können wir jede Größe für sich durch eine FOURIER-Reihe darstellen, deren Koeffizienten wir vorläufig als bekannt voraussetzen. Wie man sie ermittelt, zeigen wir S. 157.

Bezeichnen wir die Oberwellenanteile der Stromkurve mit a_n und b_n (entsprechend einer Gesamtamplitude c_n bei einem Nullphasenwinkel φ_n) nach Gl. (286) und die der Spannung u mit a_k' und b_k' (bzw. c_k' und φ_k'), so ergibt sich aus:

$$i = \sum_n (a_n \cdot \sin n\omega t + b_n \cdot \cos n\,\omega t) + b_0 \qquad n = 1, 2, 3, \ldots$$

und

$$u = \sum_k (a_k' \cdot \sin k\,\omega t + b_k' \cdot \cos k\,\omega t) + b_0' \qquad k = 1, 2, 3, \ldots$$

durch Multiplikation der Augenblickswert der Leistung:

$$\left.\begin{aligned} n = &\left[\sum_n (a_n \cdot \sin n\,\omega t + b_n \cdot \cos n\,\omega t) + b_0\right] \\ &\cdot \left[\sum_k (a_k' \cdot \sin k\,\omega t + b_k' \cdot \cos k\,\omega t) + b_0'\right]. \end{aligned}\right\} \tag{290}$$

Beim gliedweisen Ausmultiplizieren der Reihen entsteht:

$$\begin{aligned} n = b_0\, b_0' &+ b_0 \cdot \sum (a_k' \cdot \sin k\,\omega t + b_k' \cdot \cos k\,\omega t) \\ &+ b_0' \cdot \sum (a_n \cdot \sin n\omega t + b_n \cdot \cos n\omega t) \\ + \sum_n \sum_k (a_n \cdot \sin n\,\omega t \cdot a_k' \cdot \sin k\omega t) &+ \sum_n \sum_k (b_n \cdot \cos n\,\omega t \cdot b_k' \cdot \cos k\omega t) \\ + \sum_n \sum_k (a_n \cdot \sin n\,\omega t \cdot b_k' \cdot \cos k\,\omega t) &+ \sum_n \sum_k (b_n \cdot \cos n\,\omega t \cdot a_k' \cdot \sin k\,\omega t)\,. \end{aligned}$$

Über die Mittelwerte der hierin vorkommenden Produkte von Kreisfunktionen der Zeit können wir aber an Hand der allgemeinen Feststellungen im Abschn. III S. 22 sofort Aussagen machen. Wir stellten dort fest, daß der zeitliche Mittelwert der Leistung über eine genügend lange Zeit stets Null ist, wenn die beiden Größen verschiedene Frequenz haben. Die genügend lange Zeit ist dabei die Zeit, die sich als gemeinsames ganzzahliges Vielfaches der beiden verschiedenen Periodendauern ergibt: $T = n\,T_1 = k\,T_2$. Das ist aber hier wegen der Ganzzahligkeit der Oberwellen zur Grundwelle gerade eine Periode der Grundwelle, also *die* Periodendauer der beiden mehrwelligen Größen. Es verschwinden also im Mittel über eine Periode nicht nur die Produkte der Sinusfunktionen mit den Gleichstromgliedern b_0 und b_0', sondern auch alle diejenigen Produkte von Kreisfunktionen für die $n \neq k$ ist. Spannung und Strom verschiedener Oberwellenordnungszahl tragen nichts zur Wirkleistung bei. Die große Vielzahl der Produktglieder reduziert sich auf die mit gleicher Ordnungszahl, wenn wir nicht den Augenblickswert der Leistung erfragen, sondern den vom Wattmeter der Schaltung Abb. 148 angezeigten zeitlichen Mittel-

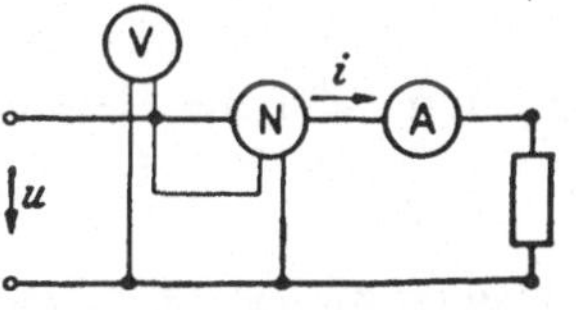

Abb. 148. Zur Leistungsmessung bei mehrwelligen Strömen.

wert:

$$N = \overline{n} = M(u\,i) = 1/T \int_0^T u\,i\,d\,t =$$

$$= b_0 \cdot b_0' + \sum_n a_n \cdot \sin n\,\omega\,t \cdot a_n' \cdot \sin n\,\omega\,t + \sum_n b_n \cdot \cos n\,\omega\,t \cdot b_n' \cdot \cos n\,\omega\,t$$

$$+ \sum_n a_n \cdot \sin n\,\omega\,t \cdot b_n' \cdot \cos n\,\omega\,t + \sum_n b_n \cdot \sin n\omega\,t \cdot a_n' \cdot \cos n\,\omega\,t\,. \tag{290a}$$

Auch hiervon verschwinden aber noch die Anteile der zweiten Zeile, weil die darin jeweils zusammenstehenden Spannungen und Ströme zwar gleiche Frequenz haben, sich aber um 90° in der Phase unterscheiden und somit keinen Mittelwert der Leistung ergeben. Es bleiben somit nur noch die beiden Reihen der ersten Zeile, von denen jede aus Gliedern besteht, bei denen Spannung und Strom gleichfrequent sind und phasengleich liegen. Ihr Mittelwert ist aber jeweils $\frac{1}{2} a_n\,a_n'$, bzw. $\frac{1}{2}\,b_n\,b_n'$, so daß unser Resultat lautet:

$$N = \sum_n \frac{a_n \cdot a_n' + b_n \cdot b_n'}{2} + b_0 \cdot b_0'\,. \tag{290b}$$

Wir hätten unsere Rechnung aber auch ausgehend von der Darstellung (Gl. (280)) der Spannung und des Stromes nach:

$$i = \sum_n c_n \cdot \sin(n\,\omega\,t + \varphi_n) + b_0$$

$$u = \sum_k c_k' \cdot \sin(k\,\omega\,t + \varphi_k') + b_0'$$

ausführen können. Bei der Ausmultiplikation der Reihen entstehen Glieder der Form:

$$n = b_0 \cdot b_0' + \sum_n b_0' \cdot c_n \sin(n\omega\,t + \varphi_n) + \sum_k b_0 \cdot c_k' \sin(k\omega\,t + \varphi_k')$$

$$+ \sum_n \sum_k c_n \cdot \sin(n\omega\,t + \varphi_n) \cdot c_k' \cdot (\sin k\omega\,t + \varphi_k')\,.$$

Wieder verschwinden sofort alle Glieder, die aus Produkten einer Gleichkomponente und einer Wechselkomponente und aus dem Produkt von Wechselgrößen verschiedener Frequenz entstehen bei der Mittelwertsbildung über eine Periode. Es bleibt also nur übrig:

$$N = \overline{n} = b_0 \cdot b_0' + \sum_n c_n \cdot \sin(n\omega\,t + \varphi_n) \cdot c_n' \cdot \sin(n\,\omega\,t + \varphi_n')\,. \tag{291}$$

Jedes dieser Produkte ist aber das Produkt einer Spannung und eines Stromes gleicher Frequenz, aber mit der gegenseitigen Phasenverschiebung:

$$\varphi_n - \varphi_n' = \psi_n\,,$$

so daß sich nach der allgemeinen Regel (Gl. (29)) für den Mittelwert über eine Periode jeweils ergibt:

$$\frac{c_n \cdot c_n'}{2} \cdot \cos(\varphi_n - \varphi_n') = \frac{c_n \cdot c_n'}{2} \cdot \cos\psi_n$$

und damit für die Gesamtleistung:

$$N = b_0 \cdot b_0' + \sum_n \frac{c_n \cdot c_n'}{2} \cdot \cos\psi_n\,. \tag{291a}$$

Dabei ist zu beachten, daß sich die a_n, b_n, c_n immer als Scheitelwerte der betreffenden Oberwellen verstehen, weshalb in diesen Formeln überall der Faktor 1/2 bei den Leistungsgliedern der Wechselstromanteile erscheint. Er würde verschwinden, wenn wir statt mit den Scheitelwerten der Oberwellen mit ihren jeweiligen Effektivwerten A_n, B_n, C_n rechnen würden, die immer durch Division durch $\sqrt{2}$ aus den Scheitelwerten hervorgehen.

Die Leistung setzt sich einfach additiv aus der Leistung des Gleichstromanteils und den einzelnen Leistungen der Oberwellen je für sich genommen zusammen entsprechend:

$$\left.\begin{aligned} N &= \sum_n (A_n \cdot A'_n + B_n \cdot B'_n) + b_0 \cdot b'_0 \\ \text{oder:} \quad &= \sum_n C_n \cdot C'_n \cdot \cos \psi_n + b_0 \cdot b'_0 . \end{aligned}\right\} \tag{292}$$

Ist also eine der beiden Größen — Spannung oder Strom rein sinusförmig, einwellig, so darf die andere beliebig verzerrt sein. Zur Leistung trägt dann nur die Grundwelle bei. Das gilt z. B. für den verzerrten Magnetisierungsstrom einer Eisendrossel an einer rein sinusförmigen Spannung (vgl. S. 299).

Der Effektivwert mehrwelliger Größen.

Es ist nach dieser Vorbereitung nun auch ein Leichtes anzugeben, wie groß der Effektivwert eines mehrwelligen Stromes oder einer mehrwelligen Spannung ist. Es ist das ja der quadratische Mittelwert der Augenblickswerte über eine Periode. Zu seiner Ermittlung haben wir also nicht die Spannung mit dem Strom zu multiplizieren und zu mitteln wie bei der Ermittlung der Wirkleistung, sondern jede Größe mit sich selbst. Daraus ergibt sich mühelos für den Effektivwert des Stromes:

$$\left.\begin{aligned} I &= \sqrt{M(i^2)} = \sqrt{1/T \int_0^T i^2 \cdot dt} = \sqrt{\frac{\sum^n (a_n^2 + b_n^2)}{2}} \\ \text{bzw.} \quad &= \sqrt{\frac{\sum^n c_n^2}{2}} \end{aligned}\right\} \tag{293a}$$

und genau so für die Spannung:

$$U = \sqrt{M(u^2)} = \sqrt{\frac{\sum (a'^2_n + b'^2_n)}{2}} \quad \text{oder} = \sqrt{\frac{\sum^n c'^2_n}{2}} . \tag{293b}$$

Enthalten Spannung oder Strom noch ein Gleichstromglied b_0, bzw. b_0', so ist auch dies noch quadratisch zu addieren, so daß endgültig wird, wenn wir statt der Scheitelwerte der Oberwellen wieder ihre Effektivwerte schreiben:

$$\left.\begin{aligned} I &= \sqrt{\sum_n (A_n^2 + B_n^2) + b_0^2} \\ U &= \sqrt{\sum_n (A'^2_n + B'^2_n) + b'^2_0} . \end{aligned}\right\} \tag{294}$$

Wegen der quadratischen Addition der Komponenten macht auch ein beträchlicher Anteil an Oberwellen im Effektivwert nicht allzu viel aus. Eine Oberwelle von 10 % der Grundwelle, die als Verzerrung der Kurvenform schon sehr stark in Erscheinung tritt, besonders, wenn es sich um eine Oberwelle höherer Ordnungszahl, eine „höhere Harmonische", handelt, etwa den Nutenoberton einer Generatorspannung, erhöht den Effektivwert der mehrwelligen Spannung erst um $^1/_2$ %, also für die meisten praktischen Fälle in nicht wahrnehmbarem Maße. Selbst eine Oberwelle, die 50 % der Grundwelle ausmacht (vgl. Abb. 146, die mit diesem Oberwellengehalt gezeichnet ist), erhöht den Effektivwert des mehrwelligen Stromes um nur 12 % über den der Grundwelle. Deshalb stimmen auch die in der Praxis gezeichneten Zeigerdiagramme unter Benutzung der an Amperemetern abgelesenen Effektivwerte für die Bemessung der Zeigerlänge meist doch befriedigend mit der Wirklichkeit überein, obwohl das Zeigerdiagramm eigentlich doch nur für einwellige Größen zu benutzen ist.

Der Klirrfaktor.

Um die Verzerrung eines Stromes oder einer Spannung gegenüber der Kurvenform eines einwelligen Vorgangs zu kennzeichnen, ohne sämtliche Oberwellen angeben zu müssen, hat sich in der Praxis der Brauch eingebürgert — von der Nachrichtentechnik her kommend —, einen *Klirrfaktor* zu definieren, der das Verhältnis des Effektivwertes der Oberwellen — sämtlicher Oberwellen — zur Grundwelle der Wechselgröße angibt. Er ist also:

$$k = \frac{\sqrt{\sum_{n=2}^{\infty} c_n^2}}{c_1} \, 100\,\% \tag{295}$$

und wird meist in % angegeben. Nimmt man die Prozentangabe und den Grundwelleneffektivwert unter die Wurzel, so kann man ihn auch als:

$$k = \sqrt{\sum_{n=2}^{\infty} p_n^2} \tag{296}$$

schreiben, wenn p_n den Prozentsatz des Gehaltes an $n$ter Oberwelle in bezug auf den Grundwellenanteil bedeutet. Wieder bewirkt die quadratische Addition der einzelnen Oberwellen — diesmal untereinander —, daß auch hierin praktisch nur die größte Oberwelle den Ausschlag gibt und damit den Klirrfaktor bestimmt. Aus der Definition (Gl. (295)) des Klirrfaktors heraus ergibt sich, daß das Verhältnis des Effektivwertes eines mehrwelligen Stromes vom Klirrfaktor k zu dem Effektivwert seiner Grundwelle ist:

$$I/C_1 = \sqrt{1 + k^2}\,. \tag{297}$$

Es ist interessant festzustellen, daß die so unterschiedlichen Festsetzungen über die Zulässigkeit von Verzerrungen der Kurvenform nach den Regeln für elektrische Maschinen und in der Verstärker- und HF-Technik fast auf den gleichen Oberwellengehalt hinauslaufen. Eine Kurve, die nach den REM (VDE 0530) an keiner Stelle mehr als 5 % von der Grundwelle abweicht, kann ja beim Vorhandensein einer einzigen Oberwelle nicht mehr als 5 % Gehalt an dieser Oberwelle haben, also auch nur einen Klirrfaktor von 5 %. Sind zwei Oberwellen da, die zeitlich so liegen, daß ihre Maxima irgendwo zusammenfallen, so kann jede etwa 2,5 % betragen, aber auch die eine 4 %, die andere 1 %. Im ersten Falle würde der Klirrfaktor: $\sqrt{2} \cdot 2{,}5\,\% = 3{,}5\,\%$, im zweiten Fall $\sqrt{16+1}\,\% = 4{,}15\,\%$ betragen. Nie kann er über 5 % kommen. Sind noch mehr Oberwellen vorhanden, etwa m, so kann bei günstigster Addition ihrer Amplituden im gleichen Zeitpunkt jede den Wert $1/m$ haben, woraus sich als Minimalwert für den Klirrfaktor $5\,\%/\sqrt{m}$ ergibt, während der Maximalwert nie über 5 % hinausgehen kann. Die Nachrichtentechnik dagegen verlangt im allgemeinen eine Begrenzung des Klirrfaktors auf maximal 4 %, um unangenehme Beeinträchtigung des Klangcharakters einer Darbietung zu vermeiden. Beide Maßbestimmungen sind zahlenmäßig also gut im Einklang.

Selbstverständlich kann der Klirrfaktor ebensowenig über die Kurvenform im einzelnen aussagen wie der Scheitelfaktor (Gl. (22)) oder der Formfaktor (Gl. (23)), die wir im Abschn. II kennen lernten. Haben doch alle die so verschiedenen Kurvenformen der Abb. 146 den gleichen Klirrfaktor von 50 %. Ihre Scheitel- und Formfaktoren sind aber alle verschieden. Es besteht also auch kein systematischer Zusammenhang zwischen diesen ...faktoren, von denen Scheitel- und Formfaktor auch nicht in einfacher Weise aus den Oberwellen errechnet werden können wie der Klirrfaktor. Sie alle haben also nur qualitative Bedeutung für den Allgemeinfall und quantitativen Sinn für bestimmte Sonderaufgaben: Der Scheitelfaktor für das Durchschlagsproblem, der Formfaktor bei der Eisenmagnetisierung (vgl. S. 295) und der Klirrfaktor bei Wiedergabefragen der Nachrichtentechnik.

Dagegen stellt die Mannigfaltigkeit der Sinus- und Cosinusglieder der Oberwellen eine noch so komplizierte Kurvenform ebenso vollständig dar, wie der tatsächliche Kurvenverlauf als Funktion der Zeit das tut. Für die ganze Kurvenform der Abb. 146a genügt also die Angabe, daß sie 50 % 2. Oberwelle besitzt, die gegen den Nullpunkt der Zeitrechnung ebenso nullphasig ist wie die Grundwelle. Das drückt sich bildlich einfacher aus, als man es mit Worten sagen kann. Die Zeigerdiagramme der Abb. 149a ... d sind ebenso repräsentativ für die in Abb. 146a ... d wiedergegebenen zeitlichen Abläufe des Stromes wie die dort gezeichneten Kurvenformen selbst. Sie sind aber einfacher. Deshalb werden wir auf sie vielfach zurückgreifen.

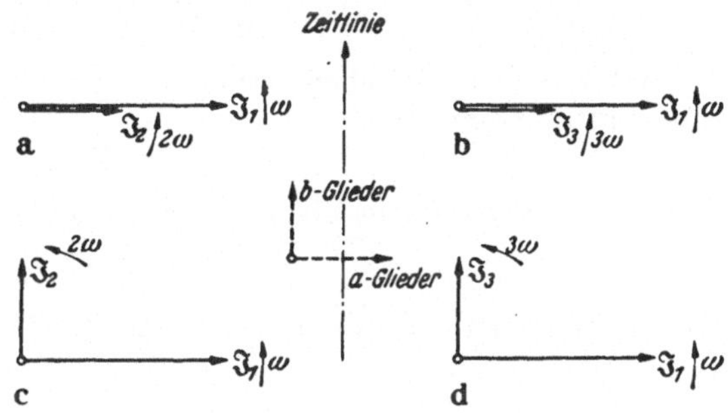

Abb. 149. Zeigerverteilungsdiagramme für verzerrte Kurvenformen nach Abb. 146 a ... d.

Man muß sich aber immer vor Augen halten, daß sie keine Zeigerdiagramme im früheren Sinn mehr sind. Zu jedem der dargestellten Zeiger gehört ja eine andere Frequenz, also eine andere Umlaufzahl. Jedes derartige Bild kann also die relative Lage der Zeiger sozusagen nur in einer Momentphotographie wiedergeben, die je nach dem Zeitpunkt der Aufnahme verschieden ausfällt. Die Darstellung der Zeigerverteilung in einem solchen „*Zeigerverteilungsdiagramm*" eines mehrwelligen Stromes ändert sich also mit Verschiebung des Nullpunktes der Zeitrechnung. So werden aus den Bildern Abb. 149a ... d die Bilder 150a ... d, wenn man den Nullpunkt der Zeitrechnung mit dem positiven Scheitel der Grundwelle zusammenfallen läßt statt mit dem ansteigenden Nulldurchgang. Da gleiche Phasenverschiebungszeiten bei $n$facher Frequenz $n$fache Phasenverschiebungswinkel bedeuten, haben sich alle Zeiger der 2. Oberwelle um 180°, die der dritten um 270° gedreht, während die der Grundwelle nur um 90° vorverschoben sind. Die Lage hat sich also so geändert, daß bei der zweiten Oberwelle nur die Vorzeichen der Koeffizienten gewechselt haben, während bei der ersten und dritten aus Sinusgliedern Cosinusglieder geworden sind und umgekehrt, wobei die Vorzeichen teilweise gewechselt haben, teilweise erhalten geblieben sind. Diese Koeffizientenumwandlung kann man an folgendem Schema ablesen, in dem die auf den neuen Zeitpunkt bezogenen Koeffizienten durch Zufügung eines Indexstriches von denen des Ausgangspunktes unterschieden sind.

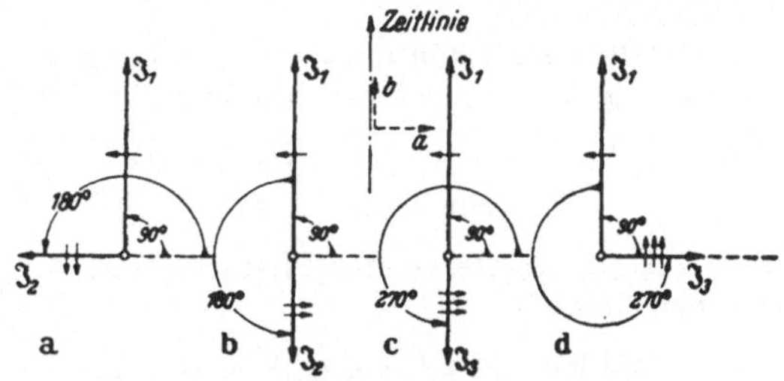

Abb. 150. Zeigerverteilungsdiagramme für einen um $T/4$ nacheilend verschobenen Nullpunkt der Zeitrechnung nach den Abb. 149a ... d. (Die Zahl der Pfeile an den Zeigern gibt ihre Winkelgeschwindigkeit in Vielfachen von ω.)

Aus dem Sinusglied a_n für den Bezugspunkt $t = 0$

Tabelle 3a.

wird bei der Ordnungszahl $n =$	$4z$	$4z-1$	$4z-2$	$4z-3$
für den Bezugspunkt $t = T/4$ ...	$a_n' = a_n$	$b_n' = -a_n$	$a_n' = -a_n$	$b_n' = a_n$
für den Bezugspunkt $t = -T/4$.	$a_n' = a_n$	$b_n' = a_n$	$a_n' = -a_n$	$b_n' = -a_n$

Aus dem Cosinusglied für den Bezugspunkt $t = 0$

Tabelle 3b.

wird bei der Ordnungszahl $n =$	$4z$	$4z-1$	$4z-2$	$4z-3$
für den Bezugspunkt $t = T/4$...	$b'_n = b_n$	$a'_n = b_n$	$b'_n = -b_n$	$a'_n = -b_n$
für den Bezugspunkt $t = -T/4$	$b'_n = b_n$	$a'_n = -b_n$	$b'_n = -b_n$	$a'_n = b_n$

Die Verzerrungsleistung.

An Stelle der einfachen Beziehung (Gl. (29)), S. 22, für die Wirkleistung beim einwelligen Strom:

$$N = U I \cos\varphi$$

tritt beim mehrwelligen Strom die Summenform (Gl. (292)):

$$N = \sum_n U_n I_n \cos\varphi_n .$$

Beim einwelligen Strom ergab sich aus der Leistungsformel der „*Leistungsfaktor*":

$$\cos\varphi = \frac{N}{U I}$$

als Quotient von Wirkleistung N und Scheinleistung UI. Beim mehrwelligen Strom können wir formal ebenso einen Quotienten aus Wirkleistung und Scheinleistung definieren und ihn ebenfalls als „Leistungsfaktor" bezeichnen; wie müssen uns aber davor hüten, ihn von vornherein etwa auch als den Cosinus eines Winkels anzusehen. Nennen wir ihn also zunächst einmal mit dem Buchstaben λ. Er errechnet sich aus der Leistungsformel (Gl. (292)) für den mehrwelligen reinen Wechselstrom und den oben angegebenen Formeln (Gl. (293)) für die Effektivwerte von Strom und Spannung:

$$\lambda = \frac{\sum_n (U_n I_n \cos\varphi_n)}{\sqrt{\sum_n (U_n^2) \cdot \sum_n (I_n^2)}} . \tag{298}$$

Über diesen Faktor können wir eine allgemeine Aussage machen: Er ist kleiner als 1. Um das zu beweisen, stellen wir nachstehend Zähler und Nenner von λ^2 zum Vergleich:

$$\begin{aligned} &\text{Zähler:} \quad (\ldots U_k I_k \cos\varphi_k \ldots U_m I_m \cos\varphi_m \ldots)^2 , \\ &\text{Nenner:} \quad (\ldots U_k^2 \ldots U_m^2 \ldots)(\ldots I_k^2 \ldots I_m^2 \ldots) . \end{aligned}$$

Beim Ausmultiplizieren des Nenners und Ausquadrieren des Zählers ergeben sich die Ausdrücke:

$$\begin{aligned} &\text{Zähler:} \quad (U_k I_k \cos\varphi_k)^2 + (U_m I_m \cos\varphi_m)^2 \quad + 2 U_k I_k U_m I_m \cos\varphi_k \cos\varphi_m , \\ &\text{Nenner:} \quad U_k^2 I_k^2 \qquad\qquad + U_m^2 I_m^2 \qquad\qquad + U_k^2 I_m^2 \quad + U_m^2 I_k^2 . \end{aligned}$$

Alle anderen Frequenzanteile sind gleichartig gebaut. Da nun der $\cos\varphi$ stets kleiner oder höchstens gleich 1 ist, so sind die untereinander stehenden ersten beiden Glieder von Zähler und Nenner höchstens gleich. Wenn φ_k oder φ_m von Null abweicht, so ist hinsichtlich dieser Glieder jedenfalls der Zähler kleiner als der Nenner. Das gilt aber auch für den dritten Teil. Auch er ist im Zähler sicher kleiner als $2 U_k I_k U_m I_m$ oder höchstens gleich diesem Ausdruck, wenn beide Phasenverschiebungen gleich Null sind. Die Ungleichung:

$$2 U_k I_k U_m I_m < U_k^2 I_m^2 + U_m^2 I_k^2$$

besteht aber zurecht, wie man sieht, wenn man die linke Seite nach rechts bringt:

$$0 < U_k^2 I_m^2 - 2 U_k U_m I_k I_m + U_m^2 I_k^2 = (U_k I_m - U_m I_k)^2 ,$$

da ja das Quadrat auf der rechten Seite stets positiv ist. Da alle Teilausdrücke in Zähler und Nenner auf die gleiche Weise vergleichbar sind, so ist damit bewiesen, daß der Leistungsfaktor auch bei mehrwelligen Strömen stets kleiner als 1 ist. Er kann als Grenzwert 1 nur erreichen, wenn 1. keine Phasenverschiebung zwischen der Spannung irgend einer Oberwelle und ihrem zugehörigen Strom vorhanden ist und 2. die Bedingung erfüllt ist, daß für beliebige Ordnungszahl k und m $(U_k I_m - U_m I_k) = 0$ ist, wenn also mit $U_k/U_m = I_k/I_m$ der relative Oberwellengehalt der Kurven von Spannung und Strom gleich ist. Beide Bedingungen zusammen ergeben aber, daß in diesem Falle Spannung und Strom gleiche Kurvenform haben müssen. Das ist, wie wir bald zeigen werden, nur bei einem OHMschen Widerstand der Fall. Nur für ihn wird also der Leistungsfaktor als Quotient von Wirk- und Scheinleistung auch bei mehrwelligen Strömen gleich 1.

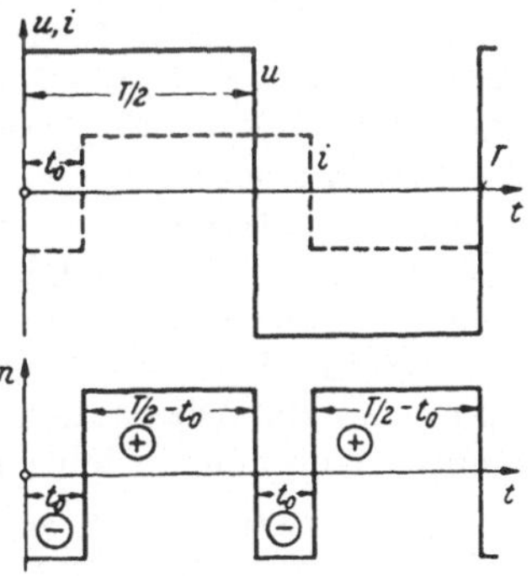

Abb. 151. Strom, Spannung und Leistung bei rechteckiger Kurvenform.

Wenn nun auch der Leistungsfaktor kleiner als 1 ist, und wir also formal schreiben dürften:

$$\lambda = \cos \Phi \leq 1 \,, \tag{299}$$

so hat der damit definierte Winkel Φ nichts mit irgendeinem an der Kurve gemessenen Winkel — oder einer entsprechenden Phasenverschiebungszeit — zu tun. Das sieht man sofort anschaulich, wenn man als einfache mehrwellige Spannung eine Rechteckspannung nach Abb. 151 und einen ebenfalls rechteckförmig verlaufenden Strom betrachtet, die gegeneinander um eine Zeit t_0 entsprechend einem Phasenwinkel $\varphi = 2\,\pi\,t_0/T$ bezogen auf die Periodendauer in ihren Nulldurchgängen verschoben sind. Aus der Leistungskurve für die Augenblickswerte folgt:

$$N = \frac{u_m\, i_m\,(2\,(T/2 - t_0) - 2\,t_0)}{T}$$

$$= u_m\, i_m \left(1 - \frac{4\,\omega\, t_0}{\omega\, T}\right) = u_m\, i_m\,(1 - 2\,\varphi/\pi)\,. \tag{300}$$

Da für das Rechteck der Maximalwert gleich dem Effektivwert ist (vgl. Tabelle 1 S. 16), so ist also der Leistungsfaktor für diesen Sonderfall:

$$\cos \Phi = \left(1 - \frac{2\,\varphi}{\pi}\right) \neq \cos \varphi\,.$$

In der Abb. 152 ist der Verlauf des Leistungsfaktors für diesen Fall dargestellt und dem Verlauf bei der Phasenverschiebung zweier einwelliger Größen gegenübergestellt. Beide sind nur bei 0 und 90° Verschiebung gleich. Sonst ist stets der Leistungsfaktor beim einwelligen Strom größer.

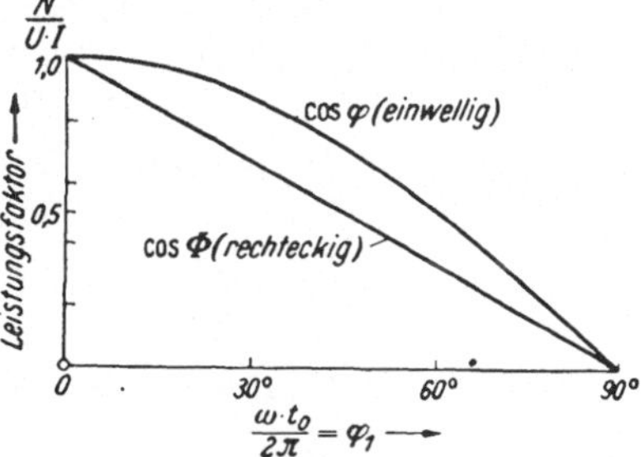

Abb. 152. Leistungsfaktor in Funktion der Phasenverschiebung der Nulldurchgänge für verschiedene Kurvenformen.

Die Festlegung *einer* Phasenverschiebung stößt überhaupt auf Schwierigkeiten, wenn es sich um mehrwellige Ströme handelt. Bei ihnen kann der Phasenwinkel für die Grundwelle völlig verschieden von denen für die Oberwellen sein, die auch alle untereinander verschieden sein können. Auch die Festlegung einer Phasenverschiebungszeit zwischen Spannung und Strom als der Zeit zwischen den Nulldurchgängen von Spannung und Strom ist wenig sinnvoll, denn sie wird schon durch kleine Änderungen im Oberwellengehalt erheblich beeinflußt. Auch wäre zum mindesten fraglich, was man denn z. B. in der Abb. 146c als *den* entscheidenden

Nulldurchgang ansehen sollte. Nur für den Fall, daß Spannung und Strom bei gleicher Kurvenform gegeneinander verschoben sind, ist es sinnvoll, von einer solchen Zeit zu reden und aus ihrer Beziehung zur Periodendauer dann auch einen Phasenwinkel zwischen ihnen zu definieren, der sich nun zugleich auch als Phasenwinkel zwischen ihren Grundwellen darstellt. (Die der Oberwellen sind dann aber nicht mehr untereinander gleich und nicht gleich dem der Grundwelle, sondern jeweils n mal so groß für die einzelne $n$te Oberwelle!) Hinsichtlich dieses Phasenwinkels zwischen gleichgeformten mehrwelligen Spannungen und Strömen gilt dann allerdings, daß $\cos\Phi < \cos\varphi$ ist, wie sich aus dem obigen Beweis für die Größe von λ ergibt. Es ist in diesem Fall ja wohl die eine der beiden Bedingungen erfüllt — gleiche relative Größe der Oberwellen —, nicht aber die andere der verschwindenden Phasenwinkel aller Oberwellen.

Faßt man dagegen als Phasenverschiebung zweier mehrwelliger Größen die zwischen ihren Grundwellen auf, eine Annahme, die noch gewisse Berechtigung hat, wenn man die Oberwellen als „kleine Korrekturen" am eigentlich einwellig erstrebten Vorgang ansieht, so gilt dieser Satz schon nicht mehr. Es kann dann durchaus: $\cos\Phi \gtreqless \cos\varphi_1$ sein. Man sieht das sofort am Beispiel, daß die Grundwellen eine Verschiebung von 90° haben ($\varphi_1 = 90°$). Dann ist $\cos\varphi_1 = 0$. Wenn aber auch nur eine der anderen Oberwellen einen kleineren Phasenwinkel zwischen ihrem Strom und ihrer Spannung hat, so bringt die Leistung dieser Oberwelle den Wert des „Leistungsfaktors" auf Werte über Null. Es ist dann also $\cos\Phi > \cos\varphi_1 = 0$.

Beim einwelligen Vorgang war zwar die Wirkleistung und die Blindleistung nicht eigentlich vergleichbar, weil die eine als zeitlicher Mittelwert, die andere als Scheitelwert einer Leistungsschwingung, einer Wechselleistung, auftritt, aber trotzdem hatte die zwischen ihren Zahlenwerten bestehende mathematische Beziehung Gl. (47), S. 32:

$$N_b^2 + N^2 = N_{sch}^2$$

auch einen physikalischen Sinn, weil sich in ihr das Zeigerdiagramm Abb. 43 b der Wechselleistungen widerspiegelt, denn auch die Wirkleistung enthielt ja einen Wechselanteil der Augenblickswerte. Beim mehrwelligen Strom aber verliert nun jede derartige Kombination ihren Sinn. Wohl kann man eine Wirkleistung als Summe der einzelnen Oberwellenleistungen angeben, wie oben berechnet. Auch kann man das Produkt aus den Effektivwerten von Spannung und Strom als Scheinleistung bezeichnen. Der Differenz ihrer Quadrate ist aber keine eindeutige physikalische Größe zugeordnet. Man kann ja die Schwingleistungen der verschiedenen Oberwellen, die mit je doppelter Frequenz der betreffenden Oberwelle schwingen, nicht in irgendeiner Weise addieren, ohne der Wirklichkeit Gewalt anzutun. Rein formal kann man allerdings folgende Zerlegung vornehmen:

$$\begin{aligned}
\text{Es ist:}\quad N_{sch}^2 &= U^2 I^2 = \sum_n (U_n^2) \cdot \sum_n (I_n^2) \\
&= \sum_n U_n^2 I_n^2 + \sum_{\substack{m,k \\ (m \neq k)}} U_m^2 \cdot I_k^2 \\
&= \sum_n U_n^2 \cdot I_n^2 \cos^2\varphi_n + \sum_n U_n^2 I_n^2 \sin^2\varphi_n + \sum_{m,k} U_m^2 I_k^2 \\
&= [\sum_n (U_n \cdot I_n \cdot \cos\varphi_n)]^2 - \sum_{m,k}^{m \neq k} 2\, U_m I_m U_k I_k \cos\varphi_m \cdot \cos\varphi_k \\
&\quad + \sum_n U_n^2 I_n^2 \sin^2\varphi_n \qquad + \sum_{m,k}^{m \neq k} U_m^2 I_k^2 . \qquad (301)
\end{aligned}$$

Der erste Ausdruck dieser Formel stellt das Quadrat der gesamten Wirkleistung dar (N^2). Der unter ihm stehende zweite ist die quadratische Addition aller Blindleistungen der einzelnen Oberwellen und der Grundwelle zum Quadrat einer gesamten Blindleistung (N_b^2). Und es steht uns nun natürlich frei, die beiden untereinanderstehenden restlichen Glieder, die verschwinden, wenn keine Oberwellen vorhanden sind, die Kurvenform also unverzerrt einwellig ist, als Quadrat einer „*Verzerrungsleistung*" $N_{verz.}$ zu bezeichnen. Damit wird dann dem Formalismus zuliebe:

$$N_{sch} = \sqrt{N^2 + N_b^2 + N^2_{verz}}\,, \tag{302}$$

worin die verschiedenen Anteile definiert sind als:

$$\left.\begin{aligned} N &= \sum_n N_n = \sum_n U_n I_n \cos\varphi_n \quad \text{(sinnvoll)} \\ N_b &= \sqrt{\sum N_b^2} = \sqrt{\sum^n U_n^2 I_n^2 \sin^2\varphi_n} \quad \text{(naheliegend)} \\ N_{verz.} &= \sqrt{\sum_{\substack{m,k \\ (m \neq k)}} (U_k^2 I_m^2 - 2\,U_m I_m U_k I_k \cos\varphi_m \cos\varphi_k)} \quad \text{(zwangsweise)} \end{aligned}\right\} \tag{303}$$

Man kann diese drei Anteile der Scheinleistung dann nach Löbl anschaulich in einem Diagramm im Raume zur gesamten Scheinleistung zusammensetzen als Kanten eines Quaders. Die Abb. 153 zeigt diese Zusammensetzung in perspektivischer Darstellung. Die so definierte Verzerrungsleistung hat aber keinen physikalischen Sinngehalt mehr.

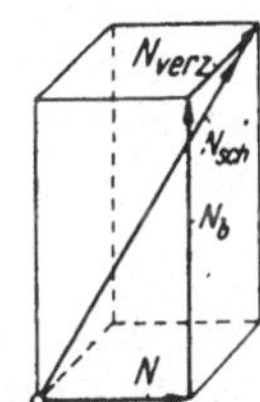

Abb. 153. Zusammensetzung von Wirkleistung, Blindleistung und Verzerrungsleistung zur Scheinleistung bei mehrwelligen Vorgängen (perspektivisch).

In Wahrheit ist eben auch die Leistung bei Mehrwelligkeit von Spannung und Strom eine mehrwellige Größe, die sich als eine Fourier-Reihe in Grundwelle und Oberwellen zerlegen läßt. Aus der gliedweisen Ausmultiplikation der beiden Reihen für Spannung und Strom nach Gl. (291) ergibt sich ja die Leistung in der Form:

$$\begin{aligned} n &= \sum_{m,k} c_m c_k' \cdot \sin(m\omega t + \varphi_m) \cdot \sin(k\omega t + \varphi_k') \\ &= \sum_{m,k} \frac{c_m \cdot c_k'}{2} \cdot \left[\cos[(m-k)\omega t + \varphi_m - \varphi_k'] - \cos[(m+k)\omega t + \varphi_m + \varphi_k']\right]. \end{aligned} \tag{304}$$

Hieraus wird ersichtlich, daß die Leistung als Fourier-Reihe sowohl ein Gleichstromglied enthält, das sich aus *den* Gliedern dieser Reihe zusammensetzt, bei denen $k = m$ ist, und für die das Minuszeichen unter dem cos gilt, als auch Wechselanteile von der Mindestfrequenz f aus angefangen, der Grundwelle, die sich aus den Gliedern ergibt, für die $m - k = \pm 1$ ist, bis zu der höchsten Frequenz $(m + k)$, die aus der Kombination der höchsten Ordnungszahl m des Stromes und der höchsten Ordnungszahl k der Spannungsoberwellen hervorgeht. Es ist das Gleichstromglied die Wirkleistung als Summe der Wirkleistungen aller Oberwellen. Alles übrige sind Schwingleistungen, deren Frequenzspektrum breiter ist als das von Spannung und Strom allein. Es ist interessant, daß dabei in der Wechselleistung auch ein Glied mit der Grundfrequenz f vorkommt, das beim einwelligen Vorgang fehlte. Dieser war also hinsichtlich der Leistung bereits periodisch mit der Periodendauer $T/2$. Bei mehrwelligen Vorgängen ist das nicht mehr der Fall, es sei denn, daß es keine Oberwellen gäbe, die sich um 1 in der Ordnungszahl unterscheiden. Das ist der Fall, wenn Spannung und Strom nur ungeradzahlige Oberwellen enthalten, also gerade im technisch interessantesten Fall für spiegelbildlich verlaufende Halbwellen.

C. Mehrwellige Vorgänge in linearen Netzwerken.

Wir hatten oben, S. 141, einmal von der gegenseitigen Phasenverschiebung zweier gleichverlaufender Kurven von Spannung und Strom gesprochen. Es wird sich in diesem Kapitel zeigen, daß solch gleiche Kurvenform gar nicht möglich ist, daß unsere dort gegebene Definition einer Phasenverschiebung zwischen mehrwelligen Größen als

Verschiebung ihrer Nulldurchgänge oder der Phasen ihrer Grundwellen nur für unter sich gleichartige Spannungen *oder* Ströme sinnvoll ist, wie wir sie im Kapitel V kennenlernen werden, aber nicht für Spannung *und* Strom gegeneinander. Wir wollen nämlich jetzt untersuchen, wie eine mehrwellige Spannung oder ein mehrwelliger Strom sich in einem Netzwerk auswirkt, das aus Schaltelementen besteht, von denen wir wie früher annehmen wollen, daß sie reine Konstanten sind, zwischen den Spannungen und Strömen, Ladungen und Flüssen, bzw. zwischen diesen und ihren Ableitungen nach der Zeit oder ihren Zeitintegralen, also rein lineare Beziehungen schaffen.

1. Das allgemeine Superpositionsprinzip.

In einem beliebigen Netzwerk dieser Art, das in Abb. 154 schematisch dadurch dargestellt ist, daß jeder Zweig nur als Strich dargestellt ist, an den die in ihm liegenden Werte von R, L und C vertreten durch ihre Indizes angeschrieben sind, können wir dann die KIRCHHOFFschen Gesetze (Gl. (2) u. (3)) anwenden. Die Erfüllung des ersten KIRCHHOFFschen Satzes (Gl. (2)) schaffen wir uns dabei dadurch, daß wir nicht für jeden „Zweig" der Schaltung einen Strom ansetzen, sondern gleich für jede „Masche" einen Ringstrom, wie er in den Zählpfeilen angenommen ist. Dabei gilt dann für jeden Knotenpunkt so wie für den herausgegriffenen Punkt A:

$$i = (i_1 - i_3) + (i_3 + i_4) + (-i_1 - i_4) \equiv 0\,.$$

Der erste KIRCHHOFFsche Satz ist also überall erfüllt. Den zweiten schreiben wir für jede Masche einzeln an, wobei wir sinngemäß die R, L und C jeweils mit einem Doppelindex versehen, wenn sie einem zwei Maschen gemeinsamen Zweig angehören. Durch induktive Kopplungen (Transformatoren) kann dabei ein „gemeinsamer Zweig" auch zwischen Maschen geschaffen werden, die räumlich im Schaltbild getrennt liegen. In der Schaltung verteilt mögen in den Maschen beliebige Urspannungen liegen.

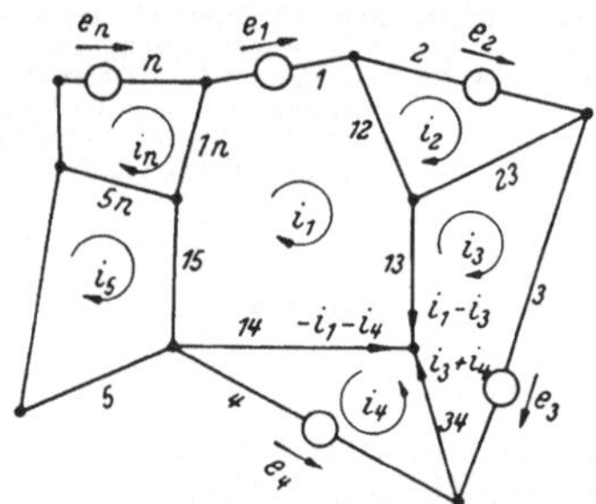

Abb. 154. Lineares Netzwerk mit Maschenströmen.

Die Anwendung des zweiten KIRCHHOFFschen Satzes liefert dann stets ein Gleichungssystem für die Verknüpfung der Augenblickswerte von Spannungen und Strömen. Wir schreiben die Gleichungen beispielsweise für die erste und die $n$te Masche auf, d. h. für den Umlauf um sie im Sinne der eingezeichneten Zählpfeile, die man zweckmäßig (aber nicht notwendig) übereinstimmend mit der der EMK-Zählpfeile annimmt:

$$\left.\begin{aligned}
e_1 &= i_1 \cdot R_1 + L_1 \cdot \frac{d i_1}{d t} + \frac{1}{C_1} \cdot \int i_1\, dt + i_2\, R_{12} + L_{12} \cdot \frac{d i_2}{d t} + \frac{1}{C_{12}} \cdot \int i_2\, d t \\
&\qquad + \dots + i_n \cdot R_{1n} + L_{1n} \cdot \frac{d i_n}{dt} + \frac{1}{C_{1n}} \cdot \int i_n\, dt + \dots \\
e_2 &= \dots \\
e_3 &= \dots \\
&\;\;\vdots \\
e_n &= i_1 \cdot R_{n1} + L_{n1} \cdot \frac{d i_1}{dt} + \frac{1}{C_{n1}} \cdot \int i_1\, dt + i_2 \cdot R_{n2} + L_{n2} \cdot \frac{d i_2}{d t} + \frac{1}{C_{n2}} \cdot \int i_2 dt \\
&\qquad + \dots + i_n \cdot R_n + L_n \cdot \frac{d i_n}{dt} + \frac{1}{C_n} \cdot \int i_n\, dt + \dots \\
&\;\;\vdots
\end{aligned}\right\} \quad (305)$$

Wir erhalten auf diese Weise ebensoviel Gleichungen wie Maschen, also auch wie Maschenströme, und somit ein System, das ausreicht, um alle unbekannten Ströme auszurechnen. Es ist dabei unerheblich, ob im Einzelfall vielleicht nach den Spannungen als Unbekannten gefragt ist und stattdessen eine entsprechende Zahl von Strömen als bekannt vorgegeben ist. Wir würden dann nur die entsprechenden Anteile der gegebenen Größen nach links schreiben und die „unbekannten" Spannungen nach rechts.

Nehmen wir nun an, wir hätten ein Lösungssystem für diese Gleichungen gefunden, daß die Gleichungen so befriedigt, daß auf der linken Seite der ersten Gleichung e_1 steht, aber auf der linken Seite aller anderen Null. Es soll also dem System genügen:

$$\left.\begin{aligned}
e_1 &= i_{11} R_1 + L_1 \cdot \frac{d i_{11}}{d t} + \frac{1}{C_1} \cdot \int i_{11}\, dt + i_{21} \cdot R_{12} + L_{12} \cdot \frac{d i_{21}}{d t} + \frac{1}{C_{12}} \cdot \int i_{21}\, dt \\
&\quad + \ldots + i_{n1} R_{1n} + L_{1n} \cdot \frac{d i_{n1}}{d t} + \frac{1}{C_{1n}} \cdot \int i_{n1}\, dt + \ldots \\
o &= \\
o &= \\
&\;\;\vdots \\
o &= i_{11} R_{n1} + L_{n1} \cdot \frac{d i_{11}}{d t} + \frac{1}{C_{n1}} \cdot \int i_{11}\, dt + i_{21} \cdot R_{n2} + L_{n12} \cdot \frac{d i_{21}}{d t} + \frac{1}{C_{n2}} \cdot \int i_{21}\, dt \\
&\quad + \ldots + i_{n1} \cdot R_n + L_n \cdot \frac{d i_{n1}}{d t} + \frac{1}{C_n} \cdot \int i_{n1}\, d t + \ldots \\
&\;\;\vdots
\end{aligned}\right\} \quad (306)$$

Dabei bedeutet der an jeden Strom jetzt angehängte zweite Index, daß er zu dem Satz von Strömen gehört, der das System der Netzwerksgleichungen für die allein vorhanden gedachte eingeprägte Spannung e_1 löst. Ebenso wie diesen Satz von Lösungsströmen:

$$i_{11} \quad i_{21} \quad i_{31} \quad i_{41} \quad i_{51} \ldots \quad i_{n1} \ldots$$

gibt es nun Sätze von Strömen, die die Gleichungen jeweils so befriedigen, daß immer alle linken Seiten der Gleichungen Null sind, bis auf die eine —$m$te—, die wir gerade betrachten. Dann haben wir schließlich soviel Sätze von Lösungsströmen für die Gleichungen, wie wir Maschen und Gleichungen haben:

für allein vorhandenes e_1	i_{11}	i_{21}'	...	i_{n1}	...
für allein vorhandenes e_2	i_{12}	i_{22}	...	i_{n2}	...
...	...	...	...	...	...
für allein vorhandenes e_m	i_{1m}	i_{2m}	...	i_{nm}	...
...	...	...	...	...	...

Man beachte, daß nicht wie bei den $L_{12} = L_{21}$ und $C_{12} = C_{21}$, die sich aus geometrischen Beziehungen fest ableiten lassen (vgl. z. B. Abschn. III C 6 a) Vertauschbarkeit der Indizes in diesem Schema vorliegt, sondern daß $i_{12} \neq i_{21}$ ist, weil es ja nicht allein von den Größen des Stromkreises, sondern auch von den „Betriebsbedingungen" jeweils abhängt; während sich z. B. mit $e_3 = 0$ alle Ströme mit dem zweiten Index 3 zu Null ergeben, ändern sich alle Ströme mit dem ersten Index 3 proportional zu den Spannungen, die ihr zweiter Index angibt. Unsere Betrachtungen sind übrigens nicht an die Voraussetzung umkehrbarer Beziehungen zwischen den Koppelinduktivitäten, Koppelkapazitäten und Koppelwiderständen gebunden, schließen also auch den Verstärker noch ein, soweit er linear arbeitet, obwohl für die Beziehungen der Spannungen und Ströme in ihm diese Umkehrbarkeit nicht besteht.

Wegen der Möglichkeit, eine Summe dadurch zu differenzieren, daß man ihre Glieder differenziert, und die Integration einer Summe durch Summation der Integrale der Summanden auszuführen, folgt, daß ein Satz von Strömen, den wir durch Aufaddition der Spalten des obigen Schemas erhalten, eine Lösung des vollständigen Systems von Gleichungen darstellt mit allen eingeprägten Kräften, wie wir es zu Anfang anschrieben, weil ja dies System links und rechts durch Addition der n Einzelsysteme entsteht, bei denen jeweils alle eingeprägten Kräfte bis auf eine verschwinden.

$$\left.\begin{array}{l} i_1 = i_{11} + i_{12} + \cdots + i_{1n} + \cdots \\ i_2 = i_{21} + i_{22} + \cdots + i_{2n} + \cdots \\ \cdot \\ \cdot \\ \cdot \\ i_m = i_{m1} + i_{m2} + \cdots + i_{mn} + \cdots \\ \cdot \\ \cdot \\ \cdot \end{array}\right\} \tag{307}$$

Es ist dies das Superpositionsprinzip der Wechselstromlehre in der allgemeinsten und sehr fruchtbaren Form. Man kann es z. B. benutzen, um in einer Schaltung mit mehr als einer Spannungsquelle die wahren Stromverteilungen dadurch auszurechnen, daß man jeweils alle Spannungsquellen bis auf eine als kurzgeschlossen — nämlich Null — ansetzt und nur eine als vorhanden rechnet, was sich meist sehr einfach bewerkstelligen läßt. Das tut man der Reihe nach mit allen und erhält soviel Ströme und Spannungen für jeden einzelnen Zweig, wie es Spannungsquellen gab, wie man also Einzelrechnungen durchgeführt hat. Die lineare Superposition der gewonnenen Einzellösungen an jeder Stelle gibt dann die gewünschte Gesamtlösung.

Man macht davon z. B. vorteilhaft Gebrauch bei Kurzschlußberechnungen mit mehreren Speisepunkten, die man als einzeln speisend annimmt, oder auch bei der Frage, was geschieht, wenn man eine zwischen zwei Punkten anstehende Spannung durch einen Kurzschluß überbrückt. Man kann dann an dieser Stelle in die Schaltung eine widerstandslose EMK eingefügt denken, die gerade ebenso groß, aber entgegengesetzt gerichtet ist, wie die vorher anstehende Spannung. Summiert man die von dieser EMK in der Schaltung unter Kurzschluß aller sonst vorhandenen Spannungsquellen — ihren inneren Widerstand muß man natürlich beibehalten — hervorgerufenen Spannungen und Ströme zu dem vorher bestehenden Zustand, so bekommt man den Kurzschlußzustand.

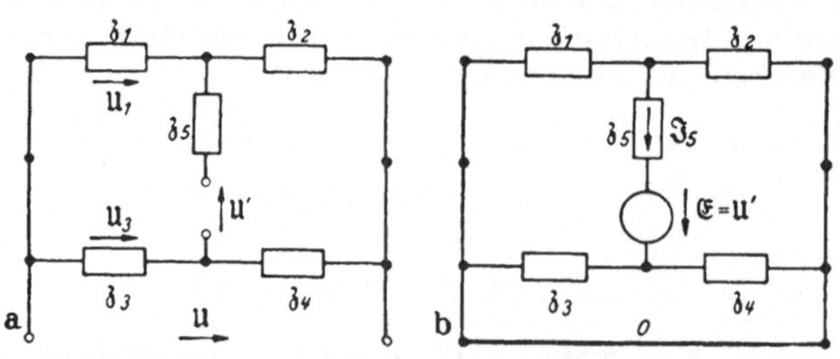

Abb. 155. Anwendung des Satzes von der Ersatzstromquelle auf die Schaltung einer Wechselstrombrücke.
a Ermittlung der Ersatz-EMK. b Ermittlung des Brückenstroms.

Wir zeigen die Fruchtbarkeit dieses Satzes und die durch ihn zu erzielende Abkürzung der Rechenarbeit, indem wir noch einmal auf die Schaltung einer Wechselstrombrücke zurückkommen. Wollen wir z. B. den Brückenstrom berechnen, wie das in Abschn. III C 4, S. 60, mit einigem Rechenaufwand geschah, so können wir das auch so machen, daß wir zunächst den Brückenzweig 5 als offen ansehen (Abb. 155a) und die dort anstehende Spannung $\mathfrak{U}'$ ausrechnen. Sie ergibt sich sehr einfach fast ohne jede Rechnung als Differenz der an den aus Zweig 1 und 2 einerseits und Zweig 3 und 4 andererseits gebildeten Spannungsteilern abgegriffenen Teilspannungen:

$$\mathfrak{U}' = \mathfrak{U}_1 - \mathfrak{U}_3 = \mathfrak{U} \cdot \left(\frac{\mathfrak{z}_1}{\mathfrak{z}_1 + \mathfrak{z}_2} - \frac{\mathfrak{z}_3}{\mathfrak{z}_3 + \mathfrak{z}_4}\right) = \mathfrak{U} \cdot \frac{\mathfrak{z}_1 \mathfrak{z}_4 - \mathfrak{z}_2 \mathfrak{z}_3}{(\mathfrak{z}_1 + \mathfrak{z}_2)(\mathfrak{z}_3 + \mathfrak{z}_4)}. \tag{308}$$

Diese fügen wir nun im Sinne unserer soeben gewonnenen Erkenntnisse mit umgekehrtem Vorzeichen — oder mit entgegengesetztem Zählpfeil und gleichem Vorzeichen, was dasselbe ist — an die vorher offen gelassene Stelle ein (Abb. 155b), schließen aber dafür jetzt die Spannungsquelle kurz, die wir ja als starr, also ohne inneren Widerstand betrachtet haben. Mühelos ergibt sich dann der Strom $\mathfrak{I}_5$ als Quotient der „Ersatz-EMK" und der in Reihe liegenden Widerstände in ihrem Kreis: nämlich $\mathfrak{z}_5 +$ ($\mathfrak{z}_1$ parallel mit $\mathfrak{z}_2$) + ($\mathfrak{z}_3$ parallel mit $\mathfrak{z}_4$). Das Resultat für den Strom im Brückenzweig 5, der vorher ja stromlos war, lautet also fix und fertig:

$$\begin{aligned}\mathfrak{I}_5 &= \frac{\mathfrak{U}'}{\mathfrak{z}_5 + \frac{\mathfrak{z}_1 \cdot \mathfrak{z}_2}{\mathfrak{z}_1 + \mathfrak{z}_2} + \frac{\mathfrak{z}_3 \cdot \mathfrak{z}_4}{\mathfrak{z}_3 + \mathfrak{z}_4}} \\ &= \mathfrak{U} \cdot \frac{\mathfrak{z}_1 \mathfrak{z}_4 - \mathfrak{z}_2 \mathfrak{z}_3}{\mathfrak{z}_1 \mathfrak{z}_2 (\mathfrak{z}_3 + \mathfrak{z}_4) + \mathfrak{z}_3 \mathfrak{z}_4 (\mathfrak{z}_1 + \mathfrak{z}_2) + \mathfrak{z}_5 (\mathfrak{z}_1 + \mathfrak{z}_2)(\mathfrak{z}_3 + \mathfrak{z}_4)}\end{aligned} \tag{309}$$

in Übereinstimmung mit unserer früheren Lösung (Gl. (102), S. 60.).

Man pflegt das als den „*Satz von der Ersatzstromquelle*" zu bezeichnen, den man so formulieren kann:

Der Strom in einem Zweig einer linearen Schaltung ergibt sich, indem man in diesen Zweig eine EMK mit umgekehrter Zählrichtung von solcher Größe (und Phasenlage bei Wechselstrom) eingebaut denkt, wie sie bei Unterbrechung dieses Zweiges an der Unterbrechungsstelle entstehen würde, und alle anderen äußeren Spannungsquellen durch ihre inneren Widerstände ersetzt.

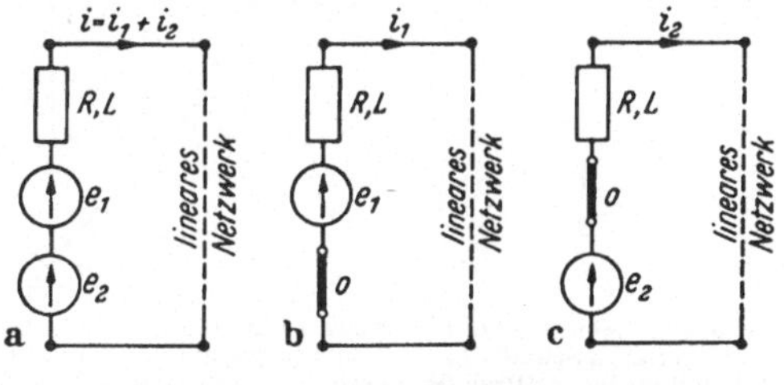

Abb. 156. Netzwerk mit mehrwelliger EMK. a Schaltbild. b Nur Spannungsquelle 1. c Nur Spannungsquelle 2.

Nach dieser Abschweifung inallgemein nützliche Rechenhilfsm ttil kehren wir zur Anwendung des allgemeinen Superpositionsgesetzes auf unseren Spezialfall der mehrwelligen Spannung zurück Wirkt eine mehrwellige EMK in einem Stromkreis, so können wir uns das ja nach Schaltbild Abb. 156a als die Reihenschaltung von zwei getrennten Generatoren vorstellen. Bei jedem Umlauf durch die beiden Spannungsquellen ergibt sich für den äußeren Stromkreis ihre Summe. Nach dem Superpositionsprinzip können wir nun aber nacheinander so rechnen, als ob nach Abb. 156b nur die Spannung e_1 bei kurzgeschlossenem Generator 2 und dann nach Abb. 156c nur die EMK e_2 bei kurzgeschlossenem Generator 1 auf den Kreis wirken würde. Jede dieser beiden Spannungen ist nun aber einwellig und kann für sich nach den Regeln des Abschn. III behandelt werden mit Anwendung des Zeigerdiagramms und der symbolischen Rechenregeln. Die Ergebnisse addieren wir dann linear zur Endlösung. Sind mehr als die Grundwelle und eine Oberwelle vorhanden, so wiederholen wir die Rechnung so oft, wie Oberwellen vorhanden sind, und superponieren alls Lösungen. Grundsätzlich ist damit die Behandlung aller periodischen Ströme auf die Behandlung einwelliger Vorgänge zurückgeführt.

Praktisch haben wir bereits stillschweigend von diesem Prinzip Gebrauch gemacht, als wir den Versuch zum Nachweis der Oberwellen in der Netzspannung nach Abb. 147 anstellten. Jetzt wollen wir es auf ein Beispiel noch einmal anwenden.

An der Reihenschaltung eines Widerstandes mit einer Spule nach Abb. 157a liege eine mehrwellige Spannung:

$$u = u_1 \sin \omega t + u_3 \cos 3\,\omega t\,, \tag{310}$$

z. B. also die Spannung der Kurvenform, die in Abb. 146d gezeigt war, wo $u_3/u_1 = 0{,}5$ war. Wir errechnen zuerst für die Grundwelle:

$$I_1 = \frac{U_1}{\sqrt{R^2 + \omega^2 L^2}} \quad \text{und} \quad \operatorname{tg} \varphi_1 = \frac{\omega L}{R} \tag{311}$$

mit dem zugehörigen Zeigerdiagramm für die Grundwellenvorgänge nach Abb. 157b. Die Grundwelle im Strom ist nun bekannt:

$$i_1 = \frac{u_1}{\sqrt{R^2 + \omega^2 L^2}} \cdot \sin\left(\omega t - \operatorname{arc\,tg} \frac{\omega L}{R}\right) \tag{312}$$

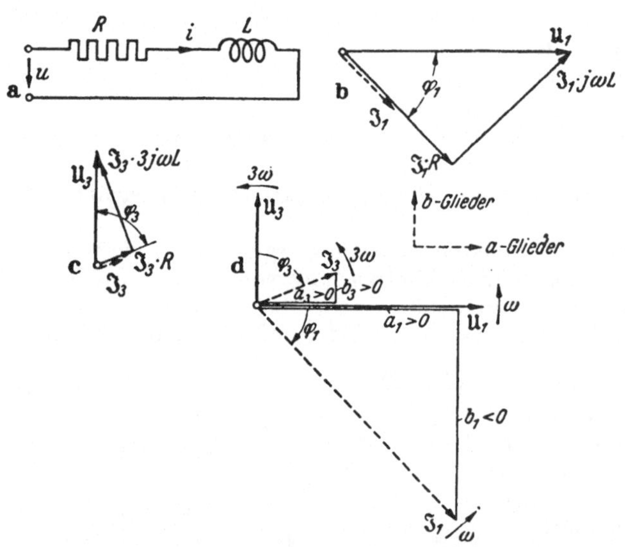

Abb. 157. Mehrwellige Spannung an Reihenschaltung von Widerstand und Spule. a Schaltbild. b Zeigerdiagramm der Grundwelle. c Zeigerdiagramm der dritten Oberwelle. d Zeigerverteilungsdiagramm zur Schaltung a.

und kann bei gegebenen Zahlenwerten leicht ausgerechnet und in ihre Sinus- und Cosinusglieder zerlegt werden, die hier nicht mit hingeschrieben werden sollen, weil sie unnötig kompliziert aussehen, ohne es im praktischen Fall zu sein. Sodann wiederholen wir die Rechnung für die dritte Oberwelle:

$$\left.\begin{aligned} \mathfrak{J}_3 &= \frac{\mathfrak{U}_3}{R + 3j\omega L} \\ I_3 &= \frac{U_3}{\sqrt{R^2 + 9\,\omega^2 L^2}} \\ \text{und} & \\ \operatorname{tg} \varphi_3 &= \frac{3\,\omega L}{R}\,, \end{aligned}\right\} \tag{313}$$

wozu das Zeigerdiagramm der Abb. 157c gehört. Somit kennen wir nun auch die dritte Oberwelle des Stromes und können sie anschreiben, (was wieder in der praktischen Rechnung einfacher ist, als es bei der Buchstabenrechnung aussieht):

$$i_3 = \frac{u_3}{\sqrt{R^2 + 9\omega^2 L^2}} \cdot \sin\left(3\omega t - \operatorname{arc\,tg} \frac{3\,\omega L}{R}\right). \tag{314}$$

Es erübrigt sich die Summe von Gl. (312) u. (314) in extenso noch einmal hinzuschreiben. Der Gesamtstrom in der Schaltung ist

$$i = i_1 + i_3. \tag{315}$$

Wem als Unterlage für die Beurteilung des Verhaltens der Schaltung gegen eine solche mehrwellige Spannung das Zeigerverteilungsdiagramm der Abb. 157d nicht genügt, das in einem Diagramm vereinigt als „Momentaufnahme" im Zeitpunkt des Nulldurchgangs der Sinuswelle der Grundfrequenz der Spannung die Zeiger der beiden beteiligten Frequenzen zeigt, — jeder Zeiger läuft mit dem so vielfachen der Winkelgeschwindigkeit ω um, wie sein Index angibt — der muß hieraus punktweise den zeitlichen Verlauf der Stromkurve synthetisieren. Das ist in Abb. 158 geschehen, wo zum Vergleich auch noch einmal der Kurvenverlauf der Spannung (vgl. Abb. 146d) miteingetragen ist.

Man sieht aus dieser Abbildung, daß die Kurvenform des Stromes um ein Weniges weniger verzerrt ist als die der Spannung. Das hätte man aber auch schon aus einer Berechnung des Klirrfaktors des Stromes ersehen können, den man ja aus den Effektivwerten von Grundwelle und Oberwelle — weil es hier nur eine gibt — sofort hinschreiben kann. Es ist:

$$\left.\begin{aligned} k_i &= I_3/I_1 = U_3/U_1 \cdot \frac{\sqrt{R^2 + \omega^2 L^2}}{\sqrt{R^2 + 9\,\omega^2 L^2}} \\ &= k_u \sqrt{\frac{1 + (\omega L/R)^2}{1 + (3\,\omega L/R)^2}} < k_u\,. \end{aligned}\right\} \tag{316}$$

Ist z. B. $R = \omega L$ und $k_u = 0{,}5$, wie bei der Zeichnung der Abb. 158 angenommen wurde, so wird $k_i = k_u \cdot \sqrt{0{,}2} = 22{,}4\,\%$, also weniger als halb so groß als der der Spannung. Anders in der Spulenspannung. Sie errechnet sich ja dem Effektivwert nach für die $n$te Oberwelle als: $U_{Ln} = n\,\omega L \cdot I_n$. Ihr Klirrfaktor wird also:

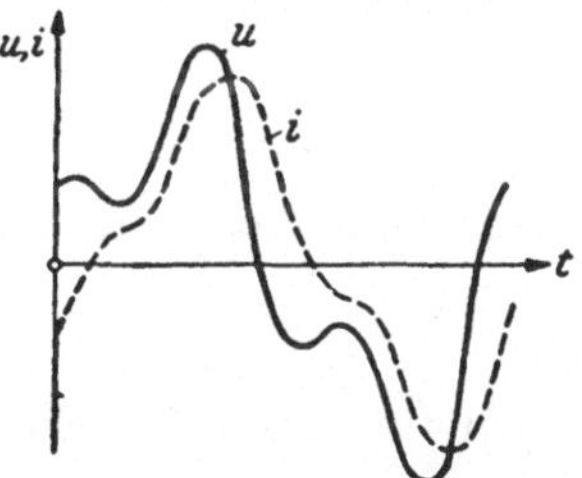

Abb. 158. Zeitlicher Verlauf von Spannung und Strom nach der Abb. 157.

$$k_{u_L} = \frac{3\,\omega L \cdot I_3}{\omega L \cdot I_1} = 3\,k_i = 67\,\%\,.$$

Die Drosselspannung ist stärker verzerrt als die zugeführte Spannung.

Dem Zeigerverteilungsdiagramm, das in Abb. 157d dargestellt war, kann man die relativen Phasenlagen der Spannungen und Ströme der einzelnen Oberwellen entnehmen, aber auch aus ihm durch Projektion der Zeiger auf die Grundrichtungen der Sinusfunktion und der Cosinusfunktion die Amplituden der Sinusglieder und der Cosinusglieder der Fourierreihe für den Strom ablesen, wie das in der Abbildung dargestellt ist. Hiernach hat die Grundwelle des Stromes ein positives Sinusglied a_1 und negatives b_1. Die dritte Oberwelle hat sowohl $a_3 > 0$, als auch $b_3 > 0$. Bei maßstäblicher Zeichnung können die a_n und b_n hieraus abgelesen werden.

Wären mehr als 2 Oberwellen vorhanden, so wird man natürlich die ganze Rechnung als Tabellenrechnung durchführen, wenn man es nicht gar vorzieht, durch Verwendung eines Kreisdiagramms in Abhängigkeit von n, das man nach Abschn. III C 5 zeichnen kann, sich die Arbeit weiter zu vereinfachen. Das Diagramm für den Leitwertoperator $\mathfrak{y}_n$ ist in Abb. 159 gegeben entsprechend der Grundgleichung:

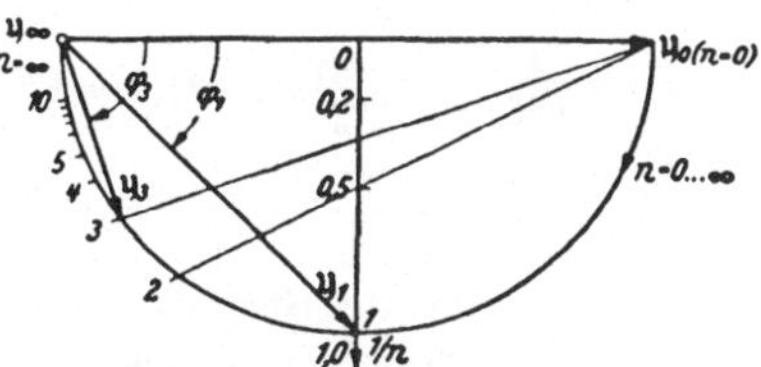
Abb. 159. Kreisdiagramm des Leitwertes der Schaltung nach Abb. 157 als Funktion der Oberwellenordnungszahl.

$$\mathfrak{y}_n = \mathfrak{J}_n/\mathfrak{U}_n = \frac{1}{R + j\,\omega L \cdot n} \tag{317}$$

mit n als Variabler.

Wir haben soeben bei der Behandlung einer speziellen Aufgabe schon erfahren, daß die Kurvenform von Spannung und Strom, aber auch die Kurvenformen der Teilspannungen innerhalb einer Schaltung nicht übereinstimmen. Wir wollen uns jetzt mit den Grundprinzipien befassen, nach denen sich diese Veränderungen der Kurvenform — Verzerrungen oder Glättungen — vollziehen. Dazu betrachten wir den Einfluß der drei Grundschaltelemente R, L und C auf die Kurvenform des

Stromes, wenn an ihnen eine mehrwellige Spannung der Form:

$$\left.\begin{aligned} u &= u_1 \sin(\omega t + \varphi_1) + u_2 \sin(2\,\omega t + \varphi_2) + \dots \\ &\quad \dots + u_n \sin(n\,\omega t + \varphi_n) \dots \\ &= \sum_n u_n \sin(n\,\omega t + \varphi_n) \end{aligned}\right\} \tag{318}$$

liegt.

2. Ohmscher Widerstand.

Da für ihn die Grundgleichung (1) gilt:

$$u = i R\,,$$

so ist die Kurvenform des Stromes durch ihn gegeben durch:

$$i = u/R = \sum_n (u_n/R) \cdot \sin(n\,\omega t + \varphi_n)\,. \tag{319}$$

Die Kurvenform des Stromes stimmt also mit der der Spannung genau überein. Sein Klirrfaktor ist gleich dem der Spannung, und es gilt auch für mehrwellige Ströme die Beziehung zwischen den Effektivwerten:

$$U = I\,R. \tag{320}$$

3. Die Drosselspule.

Für sie gilt die Grundgleichung (30):

$$u = L\frac{d\,i}{d\,t}\,,$$

die wir für unsere Zwecke — u gegeben, i gesucht — umformen in:

$$i = \frac{1}{L}\int u\,d\,t\,. \tag{321}$$

Die Ausführung der Integration liefert:

$$i = \frac{1}{L}\int \sum_n u_n \sin(n\,\omega t + \varphi_n)\,dt = \frac{1}{L}\cdot \sum_n \int u_n \sin(n\,\omega t + \varphi_n)\,dt$$

$$= \frac{1}{L}\sum_n \frac{1}{n\,\omega}\,u_n \cdot (-\cos(n\,\omega t + \varphi_n))$$

$$\left.\begin{aligned} &= \frac{1}{\omega L}\cdot\Big(-\sum_n (u_n/n)\,\cos(n\,\omega t + \varphi_n)\Big) \\ &= \frac{1}{\omega L}\cdot \sum_n \frac{u_n}{n}\cdot \sin(n\,\omega t + \varphi_n - 90^\circ)\,. \end{aligned}\right\} \tag{322}$$

Jede Oberwelle des Stromes eilt also gegen die entsprechende Oberwelle der Spannung um 90° nach und ist in ihrer relativen Amplitude jeweils im Faktor $1/n$ verkleinert. Die Oberwellen des Stromes sind also um so kleiner im Verhältnis zur Grundwelle, je höher ihre Ordnungszahl ist. Der Klirrfaktor des Stromes wird kleiner sein als der der Spannung. Wir errechnen ihn nach Gl. (295) aus:

$$k_i = \sqrt{\frac{\sum_2^\infty {}_n\, i_n^2}{i_1^2}} = \sqrt{\frac{\sum_2^\infty {}_n \left(\frac{u_n}{n}\right)^2}{u_1^2}}\,, \tag{323}$$

während der der Spannung gegeben ist durch:

$$k_u = \sqrt{\frac{\sum_2^\infty {}_n\,(u_n^2)}{u_1^2}}\,. \tag{324}$$

Es folgt also mit

$$k_i : k_u = \sqrt{\frac{\sum_2^\infty n \left(\frac{u_n}{n}\right)^2}{\sum_2^\infty n \; (u_n^2)}} < 1 , \tag{325}$$

daß der Klirrfaktor im Strom mindestens um den Faktor 2 kleiner ist. Wenn nämlich nur die 2. Oberwelle da ist, ist er um diesen Faktor kleiner. Sind noch weitere Oberwellen vorhanden, so ist die Verkleinerung noch stärker. Fehlen bei gleichverlaufenden positiven und negativen Halbwellen die geradzahligen Oberwellen, so ist er sogar kleiner als $k_u/3$.

Für das Verhältnis der Effektivwerte von Spannung und Strom, den Scheinwiderstand für den mehrwelligen Strom, erhalten wir:

$$Z_{sch} = U/I = \omega L \cdot \sqrt{\frac{\sum_1^\infty n \; (u_n^2)}{\sum_1^\infty n \left(\frac{u_n}{n}\right)^2}} > (\omega L = U_1/I_1) . \tag{326}$$

Die Induktivität erscheint also größer als ihr Nennwert. Berechnet man also aus einer Messung mit mehrwelliger Spannung die Induktivität aus $U/I\omega$, so ist dieser Wert um so mehr gegen den wahren Wert erhöht, je mehr und je höhere Oberwellen vorhanden sind. Der Fehlerfaktor, den wir auch in Relativwerten des Oberwellengehaltes p_n anschreiben können:

$$\sqrt{\frac{1 + \sum_2^\infty (p_n)^2}{1 + \sum_2^\infty (p_n/n)^2}} = \sqrt{\frac{1 + k_i^2}{1 + k_u^2}} \tag{327}$$

beträgt z. B. bei einer Kurvenform mit 50 % dritter Oberwelle (vgl. Abb. 146b oder d), die hierfür gleichwertig sind, ungefähr 1,1. Um soviel würde also bei einer solchen Kurvenform die Induktivität zu hoch gemessen, wenn man der Mehrwelligkeit keine Rechnung trägt. Dieser Faktor ist aber keine Konstante, sondern hängt von der Kurvenform der verwendeten Spannungskurve ab. Es gibt keinen einheitlichen Scheinwiderstand für beliebige mehrwellige Spannungen. Jedoch ist er bei fester Kurvenform von der absoluten Größe von L unabhängig. Solange der Widerstand der Spule nicht merklich ist, ist die Messung der Effektivwerte zur Bestimmung der Relativwerte von Spuleninduktivitäten bei Verwendung gleicher Kurvenform stets richtig.

4. Der Kondensator.

Seine Grundgleichung folgt aus Gl. (11):

$$i = C \frac{d u}{d t}$$

Wir können sie ohne Umformung durch Differentiation der Spannungsgleichung auswerten und erhalten:

$$\begin{aligned} i &= C \frac{d}{d t} \Big(\sum_n u_n \sin (n \omega t + \varphi_n)\Big) \\ &= \omega C \sum_n n \cdot u_n \cdot \cos (n \omega t + \varphi_n) \\ &= \omega C \sum_n n \cdot u_n \cdot \sin (n \omega t + \varphi_n + 90^\circ) . \end{aligned} \tag{328}$$

Jede Oberwelle im Strom ist gegenüber der zugehörigen Spannungsoberwelle um 90° voreilend verschoben und ihr Effektivwert erscheint relativ um den Faktor n vergrößert, d. h. um so stärker, je höher die Ordnungszahl der betreffenden Oberwelle ist. Also ist der Klirrfaktor des Stromes größer als der der Spannung:

$$k_i = \sqrt{\frac{\sum\limits_{n=2}^{\infty} i_n^2}{i_1^2}} = \sqrt{\frac{\sum\limits_{2}^{\infty}(n \cdot u_n)^2}{u_1^2}} \tag{329}$$

und sein Verhältnis zu dem der Spannung ergibt sich zu:

$$k_i : k_u = \sqrt{\frac{\sum\limits_{2}^{\infty}{}^{n}\,(n \cdot u_n)^2}{\sum\limits_{2}^{\infty}{}^{n}\,(u_n^2)}}\,. \tag{330}$$

Der Vergrößerungsfaktor ergibt sich bei allein vorhandener 2. Oberwelle zu 2 und wird beim Vorhandensein noch weiterer Oberwellen noch höher. Fehlen die geradzahligen Oberwellen, wie in den meisten technischen Fällen, so wird der Klirrfaktor des Stromes sogar mindestens 3mal so groß wie der der Spannung.

Errechnen wir den Scheinwiderstand des Kondensators gegen die mehrwellige Spannung als Quotienten der Effektivwerte von Spannung und Strom, so ergibt sich:

$$Z_{sch} = U/I = \frac{1}{\omega C} \cdot \sqrt{\frac{\sum\limits_{n} u_n^2}{\sum\limits_{n} (n \cdot u_n)^2}} < \left(\frac{1}{\omega C} = U_1/I_1\right). \tag{331}$$

Die Kapazität erscheint also vergrößert, wobei der Vergrößerungsfaktor um so höher liegt, je stärker die Verzerrung der Kurvenform ist, je größer die Oberwellen und ihre Ordnungszahl sind. Den Vergrößerungsfaktor können wir wiederum durch die Relativwerte der Oberwellen ausdrücken als:

$$\sqrt{\frac{1 + \sum\limits_{2}^{\infty}{}^{n}\,(p_n)^2}{1 + \sum\limits_{2}^{\infty}{}^{n}\,(n \cdot p_n)^2}} = \sqrt{\frac{1 + k_u^2}{1 + k_i^2}} \tag{332}$$

und erhalten z. B. für die Spannungskurve der Abb. 146b oder d den Zahlenwert: 1,62. Bei dieser Kurvenform würde also die Kapazität aus der Anzeige von Strom- und Spannungsmesser um 62 % zu groß (!) errechnet. Bei der Messung von Kapazitäten nach einem solchen Verfahren ist also größte Vorsicht anzuraten, wenn man sich nicht wieder auf ein Vergleichsverfahren einstellt, das den Fehler unwirksam macht, weil der Faktor zwar kurvenformabhängig ist, aber nicht vom Absolutwert der gemessenen Kapazität abhängt. Die Kurvenformabhängigkeit ersieht man am besten, wenn man ausrechnet, daß für die Kurvenformen der Abb. 146a und c mit gleich großem Oberwellengehalt wie bei Abb. 146b und d, aber zweiter Oberwelle statt dritter, der Fehler nur knapp 27 % beträgt statt 62 % bei der dritten. Schon eine nach den REM (VDE 0530) noch zulässige Verzerrung der Kurvenform der Spannung durch eine 11. Harmonische von 5 % würde noch immer eine Verfälschung um den Faktor:

$$\sqrt{\frac{1 + (11 \cdot 0{,}05)^2}{1 + 0{,}05^2}} = 1{,}14\,,$$

d. h. eine Fehlmessung um 14 % ergeben, also selbst für eine Grobmessung absolut unerträglich sein.

Die großen Unterschiede im Verhalten von Drosselspule und Kondensator bei Anschluß an eine nichtsinusförmige Spannung erkennt man am besten, wenn man den von beiden aus der gleichen Spannungsquelle aufgenommenen Strom oszillographiert. Man erhält Bilder, wie sie die Abb. 160 als Beispiel für eine Spannungskurve zeigt, die eine nicht übermäßig hohe 5. Oberwelle enthält. Während die Kurvenform des Stromes in der Induktivität fast rein sinusförmig ist, da ja in ihr die Oberwellen unterdrückt werden, ist die Stromaufnahme des Kondensators so stark verzerrt, daß der Strom sogar zwischen den eigentlichen Nulldurchgängen der Grundwelle sein Vorzeichen noch einmal wechselt.

Von diesen Eigenschaften von Drossel und Kondensator macht man in der Technik überall Gebrauch. Erstrebt man z. B. bessere Sinusform eines Stromes aus einer an sich nichtsinusförmigen Spannung, so schaltet man dem Netzteil, für den diese bessere Sinusform gewünscht wird, eine Drosselspule vor. Wünscht man dagegen die Oberwellen stärker zu betonen, so verwendet man als Vorschaltelement einen Kondensator. So gelingt der Versuch nach der Abb. 147 zum Nachweis der Oberwellen in der Netzspannung besser, wenn man ihn nicht unmittelbar aus der Steckdose macht, sondern die der dort gezeigten Schaltung zugeführte Spannung als Teilspannung abgreift an einem Widerstand, dem ein Kondensator vorgeschaltet ist. Ist der Scheinwiderstand des Kondensators groß gegen den des Abgriffwiderstandes, so bestimmt wesentlich der Kondensator das Hervortreten der Oberwellen im Strom, die dann wegen der Proportionalität von Strom und Spannung im Widerstand auch an diesem entsprechend stärker auftreten als in der Eingangsspannung.

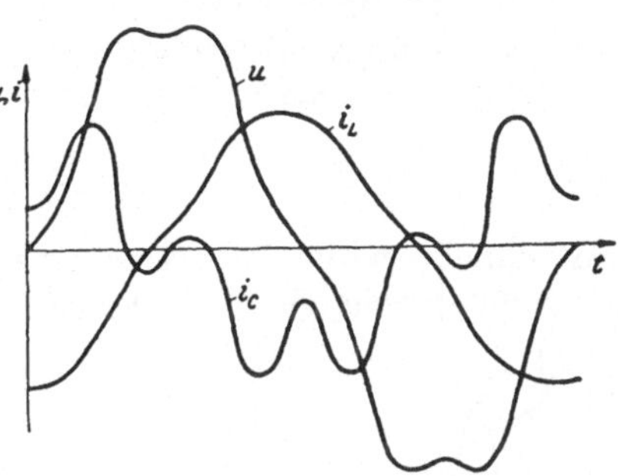

Abb. 160. Strom durch eine Luftdrossel und Ladestrom in einem Kondensator bei nichtsinusförmiger Spannung.

Auch für die Zwecke der Feststellung des Oberwellengehaltes einer Spannungskurve kann man die Verzerrung einer Kurvenform durch einen Kondensator gut ausnutzen. Kleine Oberwellenanteile lassen sich durch harmonische Analyse (s. Abschn. IV E, S. 166) nur schwer oder ungenau ermitteln, obwohl sie erhebliche Bedeutung haben können. Oszillographiert man nun statt der Spannung den Ladestrom eines Kondensators, so tritt die n-te Oberwelle im Ladestrom n-mal so stark hervor wie in der Spannung. Hatte diese also etwa 2 % 7. Oberwelle, so sind es im Ladestrom 14 % = 7 · 2 %. Diese sind sofort erkennbar und leichter auswertbar.

Weitere Beispiele für die verzerrende oder glättende Wirkung solcher frequenzabhängigen Widerstände wie Drosselspule und Kondensator sind die Tatsachen, daß mit steigender Annäherung an den Leerlaufzustand des Netzes der Oberwellengehalt des Stromes steigt, weil dann der stärker verzerrte Ladestrom der Leitungskapazität im Gesamtstrom eine stärkere Rolle spielt, und daß der Kurzschlußstrom in Hochspannungsnetzen — im Dauerkurzschluß — viel besser sinusförmig ist als die Generatorspannung, weil der Wechselstromwiderstand für die Kurzschlußwege wesentlich durch die induktiven Blindwiderstände der Leitungen und Transformatoren bestimmt wird.

5. Der Schwingungskreis.

Legt man an einen Reihenresonanzkreis eine mehrwellige Spannung, so können wegen der noch stärkeren Änderung des Betrages des Wechselstromwiderstandes mit der Frequenz, als sie Spule oder Kondensator allein zeigten, die Erscheinungen der Verzerrung oder Glättung noch viel stärker bemerkbar werden als bei den einfachen Schaltelementen. Kommt es uns für unsere Betrachtungen, wie oft in der Praxis, nur auf Effektivwerte, Klirrfaktoren, Scheinwiderstände und so weiter an, ohne daß die Phasenlage der Oberwellen zueinander und zur Grundwelle von Interesse ist, so können wir mit Vorteil von folgendem Verfahren Gebrauch machen.

Wir zeichnen einerseits eine Kurve für den Frequenzgang des Widerstandes, des Leitwertes oder des Übersetzungsverhältnisses — bzw. Teilerverhältnisses — hinsichtlich der Beträge dieser Größen ohne Rücksicht auf die Phasenlage. Abb. 161a zeigt als Beispiele einige solche Kurven des Frequenzganges. Aufgetragen ist z. B. der Leitwert eines Kondensators, der mit der Frequenz linear ansteigt ($\omega \cdot C$), das Übersetzungsverhältnis zwischen der Widerstandsspannung und der Gesamtspannung eines OHMsch-induktiven Spannungsteilers:

$$\ddot{u} = \frac{\mathfrak{U}_R}{\mathfrak{U}} = \frac{R}{R + j\omega L}; \qquad \ddot{u} = \sqrt{\frac{1}{1 + (\omega L/R)^2}}$$

und schließlich die Leitwerte eines Reihenresonanzkreises aus R, L und C, der durch entsprechende Wahl von C einmal auf die Frequenz der Grundwelle f, das andere Mal auf die der dritten Oberwelle $3f$ abgestimmt ist. Absichtlich ist dabei für die Zeichnung die Gütezahl nicht so hoch angenommen worden, wie das praktisch meist der Fall wäre.

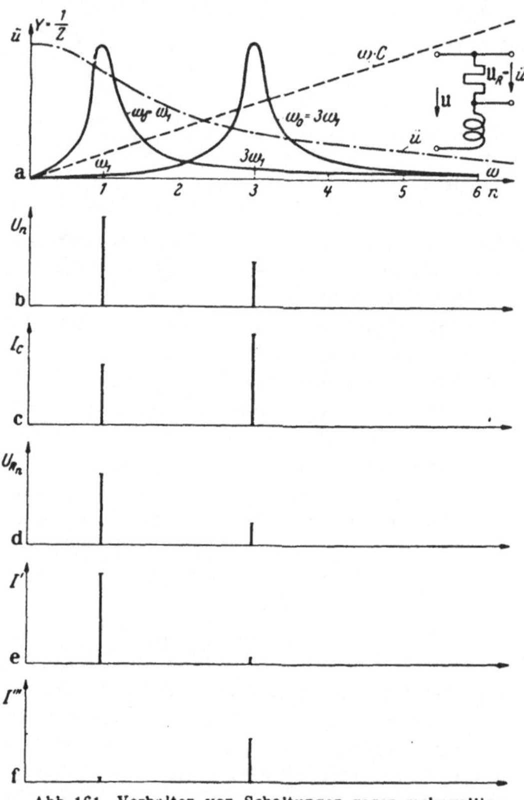

Abb. 161. Verhalten von Schaltungen gegen mehrwellige Spannungen.
a Frequenzgang der Bestimmungsgröße. *b* Frequenzspektrum der angelegten Spannung. *c* Frequenzspektrum des Kondensatorladestromes. *d* Frequenzspektrum der Teilspannung am Widerstand eines aus Widerstand und Spule bestehenden Spannungsteilers. *e* Frequenzspektrum der Stromaufnahme eines auf die Grundfrequenz abgestimmten Schwingkreises. *f* Frequenzspektrum der Stromaufnahme eines auf die dritte Oberwelle abgestimmten Schwingkreises.

Unter diese Kurve zeichnet man nun das „Frequenzspektrum“ (vgl. S. 39, Abb. 51) der mehrwelligen Spannung, trägt also über jeder Frequenz als senkrechten Balken die Größe — den Effektivwert — der Teilspannung der betreffenden Oberwelle mit der Ordnungszahl n auf. Die Ordinaten dieser „Kurve“ sind also die Längen der Zeiger aus dem Zeigerverteilungsdiagramm etwa nach Abb. 149/150 oder 157d.

Durch Multiplikation beider „Frequenzgänge“ erhalten wir dann den Frequenzgang der gewünschten Größe, wie das darunter für die einzelnen Fälle geschehen ist, die oben erwähnt wurden. Dabei ist die allen so gewonnenen Frequenzspektren gemeinsame Ausgangsgröße eine mehrwellige Spannung mit dem Spektrum nach dem Teilbild b mit dem Effektivwert:

$$U = \sqrt{\sum_n U_n^2}$$

$$\text{hier: } \sqrt{U_1^2 + U_3^2}$$

und dem Klirrfaktor:

$$k_u = \frac{\sqrt{\sum_2^\infty {}^n\, U_n^2}}{U_1} \qquad \text{hier: } = U_3/U_1\,.$$

Für die Ermittlung der Effektivwerte der Endgrößen ist natürlich maßstäbliche Auftragung nötig. Für einen Überblick genügt schon relative Betrachtung. Sie lehrt: daß der Oberwellenstrom im Kondensator betont wird (vgl. Abschn. IV C 4 S. 152); daß in der Widerstandsspannung des Spannungsteilers mit induktivem Vorwiderstand der Klirrfaktor kleiner ist als in der Gesamtspannung; daß der auf die Grundwelle abgestimmte Schwingungskreis die in der Spannung recht starke Oberwelle fast ganz unterdrückt, also den Strom praktisch sinusförmig werden läßt, während der auf die 3. Oberwelle abgestimmte Kreis fast nur diese Oberwelle durchläßt und die Grundwelle soweit unterdrückt, daß man eher von einem Strom reden könnte, der die Frequenz $3f$ hat mit einer kleinen Komponente einer „*Unterwelle*" mit der Frequenz $3f/3 = f$, als von einem Strom der Frequenz f mit einer dritten Oberwelle von $3f$. Für den letzteren Fall kann der „Klirrfaktor" ungeheure Werte annehmen.

Das erhellt nachstehende Rechnung: Definitionsgemäß (Gl. (295)) ist der Klirrfaktor:

$$k_i = \frac{\sqrt{\sum_2^\infty {}_n I_n^2}}{I_1}.$$

Für einen Reihenresonanzkreis mit Abstimmung auf mf ist nach (Abschn. III C 2)

$$I_n^2 = \frac{U_n^2}{R^2} \cdot \frac{1}{1 + g^2\left(\frac{m}{n} - \frac{n}{m}\right)^2} \tag{333}$$

somit:

$$k_i = \sqrt{\frac{\sum_2^\infty {}_n \left(\frac{U_n^2}{R^2} \cdot \frac{1}{1 + g^2\left(\frac{m}{n} - \frac{n}{m}\right)^2}\right)}{\frac{U_1^2}{R^2} \cdot \frac{1}{1 + g^2 (m - 1/m)^2}}}$$

$$= \sqrt{[1 + g^2 \cdot (m - 1/m)^2] \cdot \sum_2^\infty {}_n \left(p_n^2 \cdot \frac{1}{1 + g^2\left(\frac{n}{m} - \frac{m}{n}\right)^2}\right)}, \tag{334}$$

wenn wir wieder für die prozentualen Oberwellenanteile der Spannung p_n schreiben. Bei genügend großem g sind dann aber bei der Summenbildung alle Oberwellen mit $n \neq m$ mit so kleinen Beträgen beteiligt, weil in ihnen ja das Glied mit g^2 im Nenner nicht verschwindet, daß praktisch nur der Anteil eine Rolle spielt, der von der Oberwelle mit der Ordnungszahl m herstammt, auf die abgestimmt ist, und für die der Nenner 1 ist. Ebenso kann man bei großem g den Summanden 1 in der ersten Klammer unter der Wurzel vernachlässigen und erhält so als brauchbare Näherung:

$$k_i \approx g \cdot (m - 1/m) \cdot p_m. \tag{335}$$

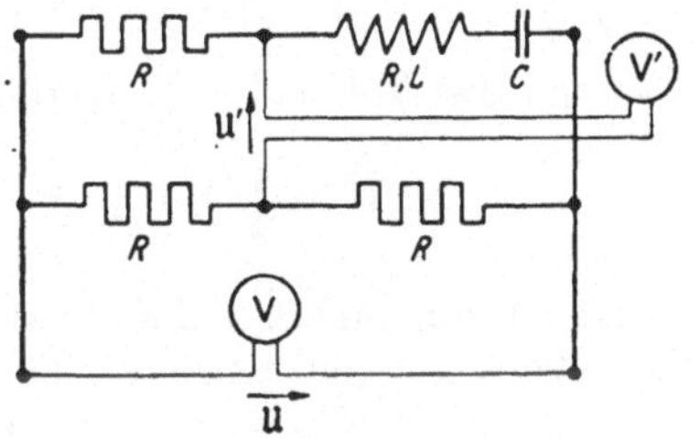

Abb. 162. Klirrfaktormeßbrücke.

Ist wie in unserem Beispiel $p_3 = 50\,\%$ und auf diese dritte Oberwelle mit $m = 3$ abgestimmt, so wird $k_i = 67 = 6700\,\%$ (!), wenn $g = 50$ ist.

Auf dieser Frequenzabhängigkeit des Schwingungskreises und seinem Einfluß auf die Verzerrung von Spannungskurven beruht auch die sogenannte Klirrfaktormeßbrücke nach Abb. 162. Wir wollen bei ihrer Durchrechnung annehmen, daß die Spannungsmessung mit einem Voltmeter erfolgt, dessen Widerstand so hoch ist gegen den der Brückenzweige, daß man die Leerlaufspannung zwischen den Punkten A und B mit ihm mißt. Ähnlich wie in Abb. 155 finden wir diese Spannung symbolisch für jede einzelne Oberwelle $\mathfrak{U}_n$ der an die Brücke angelegten nichtsinusförmigen Spannung u als:

$$\mathfrak{U}_n' = \mathfrak{U}_n \cdot \left[\frac{R}{R+\mathfrak{z}_{2n}} - \frac{1}{2}\right] = \frac{R-\mathfrak{z}_{2n}}{R+\mathfrak{z}_{2n}} \cdot \frac{\mathfrak{U}_n}{2} \tag{336}$$

Wenn wir für den Zweig 2 den Widerstandsoperator:

$$\mathfrak{z}_{2n} = R + j\left(n\omega L - \frac{1}{n\omega C}\right) = R + j\,Z\cdot(n - 1/n) \tag{337}$$

einsetzen, wobei nach Gl. (87) $Z = \sqrt{L/C}$ abgekürzt ist und angenommen ist, daß die Schaltelemente dieses Zweiges auf die Grundfrequenz abgestimmt sind, so ergibt sich mit $R/Z = d$, s. Gl. (88):

$$2\,\mathfrak{U}_n' : \mathfrak{U}_n = \frac{-j\,Z\,(n-1/n)}{2R + j\,Z\,(n-1/n)} = \frac{1}{-1 + 2j\cdot d\cdot\dfrac{1}{n-1/n}} \tag{338}$$

und nach Übergang zu den Effektivwerten, die wir ja allein mit dem Voltmeter V' messen:

$$2\,U_n' : U_n = \frac{1}{\sqrt{1 + 4\cdot\left(\dfrac{d}{n-1/n}\right)^2}}\,. \tag{339}$$

Ist d genügend klein, so können wir die Wurzel für $n \neq 1$ durch das erste Glied ihrer Reihenentwicklung abkürzen und erhalten so:

$$2\,U_n' : U_n \approx 1 - 2\left(\frac{d}{n-1/n}\right)^2. \tag{340}$$

Aus der genauen Formel ohne die Näherung ergibt sich, daß in der Brückenspannung U' die Grundwellenspannung überhaupt nicht enthalten ist. Die Näherungsformel für die Oberwellen aber lehrt, daß diese im vollen Betrage an dem Voltmeter für die Brückenspannung V' erscheinen, denn schon für die niedrigste Oberwelle mit der Ordnungszahl 2 und eine Dämpfung von 0,1, die leicht erreichbar ist, weicht U_n' von $U_n/2$ nur um $9^0/_{00}$ ab. Die vom Voltmeter V' angezeigte Spannung ist also:

$$U' = \frac{1}{2}\sqrt{\sum_2^\infty{}^n\, U_n^2} = \frac{1}{2}\,k_u\,U_1\,,$$

während das Voltmeter V für die Gesamtspannung U anzeigt:

$$U = \sqrt{U_1^2 + \sum_2^\infty{}^n\, U_n^2} = \sqrt{1+k_u^2}\,U_1 = \sqrt{U_1^2 + 4\,U'^2}$$

Somit ist mit einem Fehler von maximal 1% — wegen der bei der 2. Oberwelle noch nicht ganz erreichten vollen Höhe von U_2 in der Brückenspannung —

$$k_u = \frac{1}{\sqrt{\left(\dfrac{U}{2U'}\right)^2 - 1}} \approx \frac{2U'}{U}\ \text{(für kleine } k_u)\,. \tag{341}$$

Eine Anwendung dieser Hervorhebung bestimmter Oberwellenanteile durch den Schwingkreis war die Demonstration der Oberwellen aus der Steckdose (Abb. 147). Man macht aber von diesem Mittel mannigfaltig Gebrauch, wenn man technisch Oberwellen benutzen will (Abschn. VI C) oder aber Oberwellen zu unterdrücken wünscht. Ein auf die Frequenz einer Oberwelle abgestimmter Reihenresonanzkreis mit genügend niedrigem Resonanzwiderstand — genügend großer Güte — schließt ja zwischen seinen Anschlußpunkten die betreffende Oberwelle kurz, beseitigt also diese Oberwelle in der Spannung des dahinter liegenden Netzteiles, wenn vor ihm noch irgendwelche Schaltelemente liegen, in denen die Oberwellenspannung entsprechend abfallen kann. Schärfste Aussiebung einer solchen unerwünschten Oberwelle ohne merkliche Einbuße an Grundwellenspannung und ohne merklichen Stromverbrauch für die Grundwelle erhält man also in der Schaltung der Abb. 163, die die Spannungskurve des Generators nach der beigefügten Skizze (entspr. Abb. 146a) in die reine Sinuskurvenform am Verbraucher verwandelt.

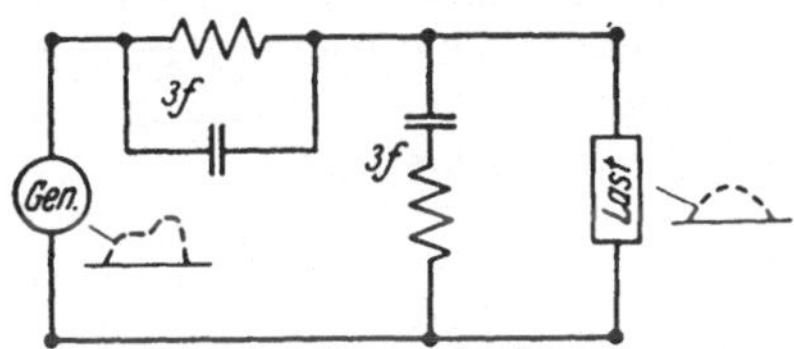

Abb. 163. Oberwellenbefreiung der Spannung durch Einbau von Saug- und Sperrkreisen.

D. Harmonische Analyse.

Bisher haben wir uns damit zufrieden gegeben, die Koeffizienten der FOURIER-Reihen unserer Wechselgrößen als bekannt vorauszusetzen und aus ihnen die Größen selbst zusammenzusetzen. Es ist nun aber von größter praktischer Bedeutung festzustellen, welche Oberwellenanteile in einer etwa durch eine oszillographische Aufnahme gewonnenen Spannungskurve enthalten sind, d. h. zu einer vorgelegten Kurvenform die Koeffizienten a_n und b_n der null- und querphasigen Komponenten der einzelnen Oberwellen (und der Grundwelle) oder ihre Amplituden und Phasenwinkel c_n und φ_n zu ermitteln. Es ist dies die Aufgabe der harmonischen Analyse.

1. Die analytische Lösung.

Die Mathematik lehrt uns, daß man diese Koeffizienten ermitteln kann durch Auswertung der nachstehenden Integrale:

$$\left.\begin{aligned} a_k &= \frac{2}{T}\cdot\int_0^T i\cdot\sin k\omega t\,dt\,,\\ b_k &= \frac{2}{T}\cdot\int_0^T i\cdot\cos k\omega t\,dt\,,\end{aligned}\right\}\qquad(342)$$

worin i den jeweils zur Zeit t herrschenden Augenblickswert des Stromes oder allgemein der Wechselgröße bedeutet und T wie üblich die Periodendauer des Wechselstromes. Wir wollen zunächst die Richtigkeit dieser Formeln beweisen. Anschaulich elektrotechnisch ist das sehr einfach. Die Multiplikation der Augenblickswerte des Stromes i mit der Funktion $\sin(k\omega t)$ können wir ja auffassen als seine Multiplikation mit einer Spannung der Amplitude 1 und der Frequenz $k\cdot f$. Unter dem Integral steht somit als zu integrierende Größe der Augenblickswert der Leistung aus dieser Hilfsspannung und dem Strom, und das ganze Integral ist nach Division durch T der zeitliche Mittelwert der Leistung, also die Wirkleistung. Diese ist aber, wie wir aus Abschn. IV B, S. 135, wissen, für alle diejenigen Wellen Null, deren Ordnungszahl nicht mit der der einwelligen Hilfsspannung übereinstimmt, und für diese ergibt sie sich als:

$$N = \frac{c_k}{2}\cdot 1\cdot\cos\varphi_k = a_k/2\,. \qquad (343)$$

Von allen in i enthaltenen Oberwellen trägt also nur die eine mit der Ordnungszahl k zum Wert des in unserer Formel vorkommenden Integrals bei und auch diese nur mit ihrem nullphasigen Anteil, ihrem Sinusglied oder a-Koeffizienten. Da für das Integral in der Formel für b_k die gleiche Form der Beweisführung ergibt, daß hier nur die Cosinusglieder, die b-Koeffizienten, beitragen, so ist damit der gewünschte Beweis für Gl. (342) geführt. Nehmen wir noch hinzu, daß das in einem allgemeinen Wechselstrom eventuell noch enthaltene Gleichstromglied nach Abschn. II, S. 11, ebenfalls durch ein Integral über die Periodendauer ermittelt werden kann, so erhalten wir als Ausgangspunkt für die Betrachtungen dieses Abschnittes die drei Grundformeln:

$$\left.\begin{aligned} b_0 &= \frac{1}{T}\cdot\int_0^T i\,dt \\ a_k &= \frac{2}{T}\cdot\int_0^T i\cdot\sin k\omega t\,dt \\ b_k &= \frac{2}{T}\cdot\int_0^T i\cdot\cos k\omega t\,dt \end{aligned}\right\}\quad k = 1, 2, 3\,\ldots \tag{344}$$

Weist unsere Kurve irgendwelche Symmetrieeigenschaften auf, so können wir uns die Arbeit erheblich erleichtern. Verlaufen z. B. positive und negative Halbwellen gleich, so sind die Beiträge von Kurvenpunkten, die um $T/2$ auseinander liegen, zum Integral gleich groß; es ist nämlich:

$$\begin{aligned} &i\,(t+T/2)\sin(k\omega t+k\omega T/2) \\ &= -i\,(t)\sin(k\omega t+k\pi) = -i\,(t)\cdot(-1)^k\sin k\omega t\,. \end{aligned} \tag{345}$$

Für ungeradzahlige k — und nur solche gibt es ja bei spiegelbildlich verlaufenden Halbwellen (nach IV A, S. 134) — ist das aber:

$$i\,(t+T/2)\sin\big(k\omega(t+T/2)\big) = i\,(t)\sin(k\omega t)\,. \tag{346}$$

Beide Halbwellen ergeben also den gleichen Anteil am Integral (Gl. (342)). Es genügt das Integral über eine Halbwelle zu erstrecken und den doppelten Wert zu nehmen.

Für gleich verlaufende positive und negative Halbwellen gelten unsere Formeln (Gl. (342)), also auch in der Form:

$$\left.\begin{aligned} a_k &= \frac{4}{T}\cdot\int_0^{T/2} i\sin k\omega t\,dt \\ b_k &= \frac{4}{T}\cdot\int_0^{T/2} i\cos k\omega t\,dt \end{aligned}\right\}\quad k = (2m+1) = 1, 3, 5, \ldots \tag{347}$$

Der Beweis für die b_k-Formel wird in der gleichen Weise geführt wie für die a_k ausführlich angeschrieben. Auch hier kehren in der Formel die cos-Terme ihr Vorzeichen um, wenn die Argumente um ungeradzahlige Vielfache von π fortschreiten, heben also die Vorzeichenumkehr des Stromes beim Übergang auf die andere Halbwelle gerade auf.

Auf diese Weise könnten wir natürlich auch den Beweis für das Fehlen der geradzahligen Wellen in einer solchen spiegelbildlichen Kurve wiederholen. Da sich für geradzahlige k das Vorzeichen des sin und cos beim Fortschreiten des Arguments um $k\pi$ nicht umkehrt, so heben sich die Anteile beider Halbwellen am Integral über die ganze Periodendauer auf. Die geradzahligen Koeffizienten verschwinden.

Herrscht Anti-Symmetrie der Kurve in bezug auf den Nullpunkt der Zeitrechnung — keine Cosinusglieder (S. 133) —, so können wir ebenfalls vereinfachen. Hier tragen alle Punkte die gleich weit vom Anfang und Ende der Periode entfernt liegen, gleich viel zum Integral bei, weil ja:

$$\begin{aligned} &i\,(T-t)\sin\big(k\omega\,(T-t)\big) = -i\,(t)\sin(k\omega T-k\omega t) \\ &= -i\,(t)\sin(2\pi k-k\omega t) = -i\,(t)\sin(-k\omega t) \\ &= i\,(t)\sin(k\omega t) \end{aligned} \tag{348}$$

ist. Es genügt also wiederum, das Integral nur über die Halbwelle zu erstrecken. Für diesen Fall ergibt sich also nur die eine Formel zur Ermittlung der Sinusglieder:

$$a_k = \frac{4}{T} \cdot \int_0^{T/2} i \cdot \sin k\omega t\, dt; \qquad b_k = 0; \qquad k = 1, 2, 3, \ldots \tag{349}$$

Alle b_k sind in diesem Falle Null, wie wir natürlich auch durch Einsetzen der Antisymmetriebedingung in die Formel für b_k wiederum beweisen könnten.

Ist dagegen die Kurve symmetrisch zum Nullpunkt der Zeitrechnung $i(-t) = i(t)$, so enthält sie nur Cosinusglieder (vgl. S. 134, Abb. 146c u. 150c) und man kann diese durch Erstreckung des Integrals über eine halbe Periodendauer ermitteln:

$$a_k = 0; \qquad b_k = \frac{4}{T} \cdot \int_0^{T/2} i \cdot \cos k\omega t\, dt \qquad k = 1, 2, 3, \ldots \tag{350}$$

Sind zwei Symmetrieeigenschaften kombiniert vorhanden — spiegelbildlicher Verlauf der Halbwellen und Antisymmetrie des Verlaufs zum Nullpunkt der Zeitrechnung —, so genügt es das Integral nur über eine Viertelperiode zu erstrecken, weil dann ja beide Hälften einer Halbwelle noch einmal gleiche Beträge liefern, nnd die Koeffizienten zu ermitteln aus:

$$a_k = \frac{8}{T} \cdot \int_0^{T/4} i \cdot \sin k\omega t\, dt \qquad k = (2m+1) = 1, 3, 5, \ldots \tag{351}$$

Fallen die anderen Symmetrieeigenschaften zusammen — spiegelbildlicher Verlauf der Halbwellen und Symmetrie zum Nullpunkt der Zeitrechnung —, so gibt es nur ungeradzahlige Cosinusglieder, die man wieder durch Integration über eine Viertelperiode findet:

$$b_k = \frac{8}{T} \cdot \int_0^{T/4} i \cdot \cos k\omega t\, dt \qquad k = (2m+1) = 1, 3, 5, \ldots \tag{352}$$

Nur in den seltensten Fällen gestatten die Kurvenformen eine analytische Auswertung der Integrale. Diese würde ja voraussetzen, daß die Kurvenform analytisch — oder wenigstens absatzweise analytisch — formuliert werden kann. Trotzdem ist es lehrreich, an einigen Beispielen diese Lösung allgemein durchzuführen.

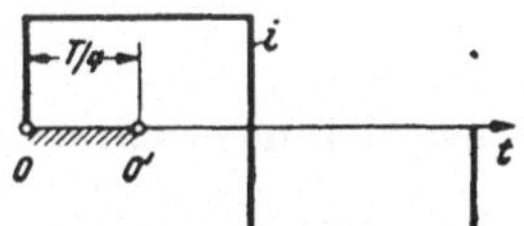

Abb. 164. Rechteckige Kurvenform eines Stromes.

Es sei z. B. die rechteckigförmige Stromkurve nach Abb. 164 gegeben. Wir wählen einen Nullpunkt der Zeitrechnung nach Belieben, aber natürlich so, daß die Kurve möglichst viel Symmetrieeigenschaften in bezug auf ihn aufweist. Gegen O ist die Kurve antisymmetrisch, hat also nur sin-Glieder, gegen O' hätte sie nur Cosinusglieder, weil sie in bezug auf diesen Punkt symmetrisch verläuft. Wir wählen O als Bezugspunkt. Die Kurve ist außerdem spiegelbildlich in ihren Halbwellen; es genügt also die Integration über eine Viertelperiode, also den schraffiert gekennzeichneten Abschnitt der Zeitachse.

Ist das Maximum des Stromes h, so ist also das Integral

$$a_k = 8/T \int_0^{T/4} h \sin k\omega t\, dt \qquad k = (2m-1) = 1, 3, 5, \ldots$$

auszuwerten. Die Integration liefert sofort:

$$\begin{aligned} a_k &= 8/T \left(\frac{-h}{k\omega}\right) \cdot \cos k\omega t \Big/_0^{T/4} \\ &= \frac{8}{\omega T}\left(-\frac{h}{k}\right)[\cos(m\pi - \pi/2) - 1] \\ &= \frac{4h}{\pi} \cdot \frac{1}{k}. \end{aligned} \tag{353}$$

Die FOURIER-Reihe der Rechteckkurve lautet also:

$$i = \frac{4h}{\pi}\left(\sin \omega t + \frac{1}{3}\sin 3\omega t + \frac{1}{5}\sin 5\,\omega t + \frac{1}{7}\sin 7\,\omega t \ldots\right. \tag{354}$$

Natürlich muß die Addition der Augenblickswerte von Grundwelle und Oberwellen in *jedem* Augenblick den Wert des Stromes ergeben, hier also h. Es muß also auch für $t = T/4$ sein:

$$h = \frac{4h}{\pi}\left(1 - \frac{1}{3} + \frac{1}{5} - \frac{1}{7} + \frac{1}{9} \ldots,\right.$$

was eine allerdings sehr schlecht konvergierende Reihe für den Wert von $\pi/4$ ergibt:

$$0{,}7856 = \pi/4 = 1 - \frac{1}{3} + \frac{1}{5} - \frac{1}{7} + \frac{1}{9} \ldots \tag{355}$$

Andererseits können wir nun exakt den Klirrfaktor einer solchen Rechteckkurve angeben.

Aus
$$k_i = \sqrt{\frac{\sum_2^\infty {}^n\, a_n^2}{a_1^2}} = \sqrt{\sum_2^\infty {}^n\, p_n^2}$$

erhalten wir durch Einsetzen der a_k-Werte:

$$k_i = \sqrt{\sum_2^\infty {}^k \left(\frac{1}{k}\right)^2} = \sqrt{1/9 + 1/25 + 1/49 + \ldots}$$

$$\approx \sqrt{0{,}215} = 46\,\% \text{ (Abbruch nach der 25. Oberwelle).}$$

Wir kontrollieren auch dies Ergebnis durch die Überlegung, daß der Effektivwert der Rechteckkurve nach Tab. 1, S. 16 $I = h$ war und ihr Grundwellenanteil nach unserer Rechnung sich zu $I_1 = a_1/\sqrt{2} = (2\sqrt{2}/\pi)\, I$ ergeben hat. Dann muß der Effektivwert des Klirrstroms $\sqrt{\sum^n I_n^2}$ sich ergeben aus:

$$I_{kl}^2 = I^2 - I_1^2 = h^2\left(1 - \frac{8}{\pi^2}\right).$$

Auch hieraus erhalten wir eine nunmehr genaue Formel für den Klirrfaktor:

$$k_i = \sqrt{\frac{\pi^2}{8} - 1} = \sqrt{0{,}235} = 55\,\%\,.$$

Bei dieser Kurvenform tragen also auch die höheren Oberwellen jenseits der 25. noch merklich zum Klirrfaktor bei, den wir unter Abbruch der Reihe oben fast 10 % kleiner fanden.

Das zweite Beispiel sei die Dreieckkurve nach Abb. 165a, wo wir wiederum als Bezugszeitpunkt den Nulldurchgang des Stromes nehmen und wegen der Symmetriebedingungen uns wieder mit der Integration über eine Viertelperiode zufrieden geben können. Mit dem Ansatz:

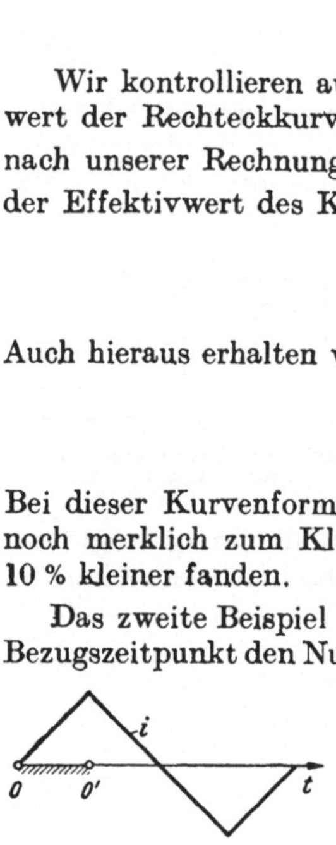

$$i = h \cdot 4\,\frac{t}{T} \tag{356}$$

Abb. 165a. Dreieckige Kurvenform eines Stromes.

für die Zeitabhängigkeit im betrachteten Zeitabschnitt ergibt sich das zu lösende Integral:

$$a_k = 8/T \cdot \frac{4h}{T} \cdot \int_0^{T/4} t \sin(k\omega t) \cdot dt \qquad k = 2m + 1 = 1, 3, 5, \ldots \tag{357}$$

Der Rest ist Mathematik. Nach den Regeln der partiellen Integration wird aufgelöst:

$$\int_0^{T/4} t \sin(k\omega t)\,dt = -\frac{1}{k\omega}\int_0^{T/4} t\,d(\cos k\omega t)$$

$$= -\frac{1}{k\omega}\left[t\cos k\omega t - \int_0^{T/4}\cos k\omega t\cdot dt\right]$$

$$= -\frac{1}{k\omega}\cdot\left[t\cos k\omega t - \frac{1}{k\omega}\sin k\omega t\right]_0^{T/4}$$

$$= -\frac{1}{k\omega}\Big[T/4\,\big(\cos(m\pi+\pi/2) - 0\cos 0\big)$$

$$- \frac{1}{k\omega}\big(\sin(m\pi+\pi/2) - \sin 0\big)\Big]$$

$$= (-1)^m \frac{1}{k^2\omega^2}$$

und damit schließlich:

$$a_k = \frac{32\,h}{T^2}\,\frac{1}{k^2\omega^2}\cdot(-1)^m = (-1)^m\cdot\frac{8}{\pi^2}\cdot h\cdot\frac{1}{k^2}\,, \tag{358}$$

so daß die FOURIER-Reihe der Dreieckskurve auf den Nulldurchgang als Anfangszeitpunkt bezogen lautet:

$$i = \frac{8}{\pi^2}\cdot h\cdot\left(\sin\omega t - \frac{1}{9}\cdot\sin 3\,\omega t + \frac{1}{25}\cdot\sin 5\,\omega t - + \ldots\right. \tag{359}$$

Sie ist wesentlich weniger verzerrt als die Rechteckkurve. Ihr Klirrfaktor ist entsprechend beträchtlich kleiner. Wir können ihn berechnen nach:

$$k_i = \sqrt{\sum_2^{\infty}{}^n\, p_n^2} = \sqrt{\sum_3^{\infty}{}^k\,(1/k)^4}$$

$$= \sqrt{(1/3)^4 + (1/5)^4 + (1/7)^4 + \ldots}$$

$$\approx \sqrt{0{,}114} = 33{,}8\,\%\,.$$

Allerdings hätten wir bei elektrotechnischer Überlegung die Ausführung dieser Rechnung sparen können. Denn die gleiche Kurve hätten wir ja auch erhalten, wenn wir eine rechteckige Kurvenform an eine reine Spule angelegt hätten. Es muß sich also die gleiche Koeffizientenreihe ergeben, wenn wir die Integration der FOURIER-Reihe der Rechtecksspannung durchführen, die ja nach Abschn. IV, C3 S. 150 zur Stromkurve führt. (Wir überlassen der Mathematik den Beweis für die zulässige gliedweise Integration und Differentiation von FOURIER-Reihen.) Mit dem gleichen Recht hätten wir uns vorstellen können, daß wir den rechteckigen Strom des ersten Beispiels dieses Abschnitts zur Ladung eines Kondensators benutzen, dessen Ladung sich dann dreieckförmig ändern wird. Diese Ladung errechnen wir nun durch Integration des Stromes:

$$q = \int i\,dt = \int\sum_k \frac{4h}{\pi}\,\frac{1}{k}\sin k\omega t\,dt$$

$$= -\frac{4h}{\pi\omega}\cdot\sum_k\left(\frac{1}{k^2}\cdot\cos k\omega t\right). \tag{360}$$

Wollen wir das Ergebnis mit dem der vorigen Rechnung vergleichen, so haben wir noch zweierlei zu berücksichtigen. Ist nach Abb. 165b i der Ladestrom eines Kondensators, so verläuft die Ladung q zwar dreieckig, ihr Nulldurchgang liegt aber um

$T/4$ später als der des Stromes. Wollen wir also ihre Koeffizienten bezogen auf ihren Nulldurchgang haben, so müssen wir den Nullpunkt der Zeitrechnung verschieben um $T/4$, was alle die cos-Funktionen in Sinus-Funktionen verwandelt, zugleich aber auch, je nach dem die Phasen*winkelver*schiebung für die Grundwelle 90°, für die dritte 270°, für die fünfte 450° = 90° beträgt, die alternierenden Vorzeichen liefert, die wir bei unserer Rechnung für den anderen Nullzeitpunkt ja wirklich fanden. Schließlich müssen wir noch daran erinnern, daß die Größe h in der Formel für die Dreieckskurve deren Höhe bedeutet, jetzt aber bei der Bestimmung der Ladung den Scheitelwert des Stromes, der sie transportiert. Da die Ladung in dem Augenblick durch Null geht, wo wir uns in der Mitte der positiven Halbwelle des Stromes befinden, so wird die maximale Ladung gegeben durch $q_{max} = h\,T/4$. Führen wir auch das noch in unsere Formel (Gl. (360)) für den Ladungsverlauf ein, so erhalten wir mit:

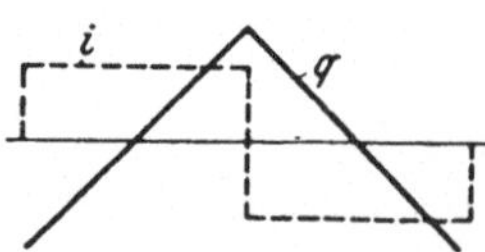

Abb. 165 b. Rechteckige Form des Ladestromes ergibt dreieckige Kurvenform der Ladung auf einem Kondensator.

$$q = q_{max} \cdot \frac{8}{\pi^2} \cdot (-1)^m \sum_k \left(\frac{1}{k^2} \cdot \sin k\,\omega\,t\right) \qquad k = 2m + 1 \tag{361}$$

völlige Übereinstimmung mit der mathematischen Berechnung und Gl. (359).

Setzen wir das Verfahren fort, nehmen also eine dreieckförmige Stromkurve nach Gl. (360/361) als Ladestrom eines Kondensators an:

$$i = -i_{max} \cdot \frac{8}{\pi^2} \cdot \sum_k \left(\frac{1}{k^2} \cdot \cos k\,\omega\,t\right),$$

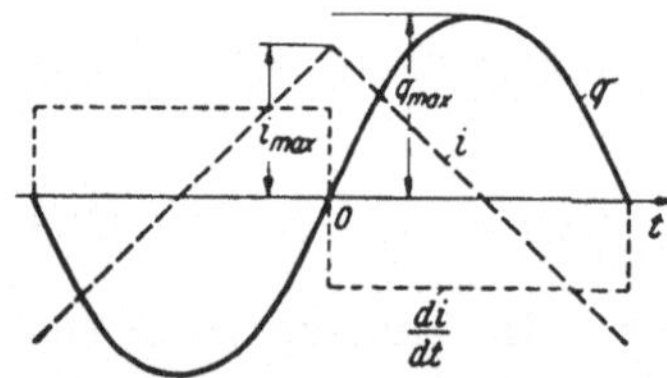

Abb. 166. Integration einer dreieckigen Kurvenform zu „fast-sinusförmigen" Parabelbögen.

so erhalten wir als zeitlichen Verlauf der Ladung nach Abb. 166 einen aus zwei Parabelbögen bestehenden Kurvenzug, dessen Nulldurchgang nun um 180° gegen den des Rechtecks verschoben ist, für den wir also negativen Sinusanteil der Grundwelle und natürlich nur sin-Glieder zu erwarten haben. Die Integration ergibt:

$$q = -i_{max} \cdot \frac{8}{\pi^2} \cdot \int \sum_k \left(\frac{1}{k^2} \cdot \cos k\omega\,t\right) dt$$

$$= -i_{max} \cdot \frac{8}{\pi^2} \cdot \frac{1}{\omega} \cdot \sum_k \left(\frac{1}{k^3} \cdot \sin k\omega\,t\right)$$

und mit $q_{max} = i_{max} \cdot \frac{T}{8}$ eingesetzt:

$$q = -q_{max} \cdot \frac{32}{\pi^3} \cdot \sum_k \left(\frac{1}{k^3} \cdot \sin k\omega\,t\right),$$

was sich bei Verschiebung des Anfangspunktes der Zeitrechnung auf den positiven Nulldurchgang, also um 180° für die Grundwelle, und damit verbundener Vorzeichenumkehr für alle Koeffizienten verwandelt in:

$$q = \frac{32}{\pi^3} \cdot h \cdot \sum_k \left(\frac{1}{k^3} \cdot \sin k\omega\,t\right), \tag{362}$$

worin wir zugleich für q_{max} wieder h als Scheitelwert geschrieben haben. Ausgeschrieben lautet die Reihe einer solchen aus zwei „stumpfen Parabelbögen" zusammengesetzten Zeitfunktion also:

$$q = \frac{32}{\pi^3} h \left(\sin\omega\,t + \frac{1}{27} \sin 3\,\omega\,t + \frac{1}{125} \sin 5\,\omega\,t + \frac{1}{343} \sin 7\,\omega\,t + \ldots\right. \tag{363}$$

Der optische Eindruck, daß sich eine solche Kurve sehr stark einer Sinuskurve annähert, wird also durch den mathematischen Ausdruck bestätigt und unterstrichen. Der Scheitelwert der Grundwelle ist mit $32/\pi^3$ nur noch um 3 % von dem Scheitel der Kurve verschieden und die größte Oberwelle, die dritte, hat nur noch 1/27 der Grundwelle; p_3 ist also nur 3,7 %. Da alle anderen Oberwellen nun hiergegen sehr klein sind, tragen sie zum Klirrstrom nicht mehr merklich bei. Auch der Klirrfaktor ist nun also mit rd. 4 % sehr gering.

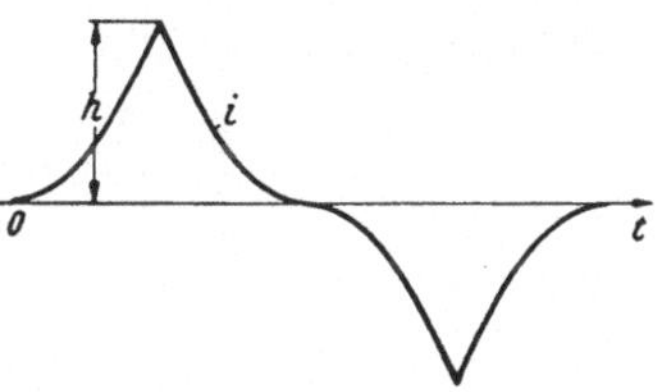

Abb. 167. Aus zwei spitzen Parabelbögen zusammengesetzte Stromkurve.

Dagegen sind die Oberwellen einer aus zwei „spitzen" Parabelbögen zusammengesetzten Kurve natürlich viel stärker ausgeprägt als die der Dreieckskurve. Wir geben ihre Gesetzmäßigkeit hier ohne Beweis unter Bezugnahme auf Abb. 167:

$$a_k = \frac{16}{\pi^3} \cdot h \cdot \frac{-2 + (-1)^m \cdot k \cdot \pi}{k^3} \qquad k = 2m + 1\,. \tag{364}$$

Wertet man den nun sehr viel komplizierten Aufbau für die Koeffizienten zahlenmäßig aus, so erhält man für die

$$\text{Grundwelle:} \quad a_1 = \frac{16}{\pi^3} \cdot (\pi - 2) \cdot h = 0{,}585\,h\,,$$

$$\text{3. Oberwelle:} \quad a_3 = -\frac{16}{\pi^3} \cdot \frac{(3\pi + 2)}{27}\,h = -0{,}218\,h = -0{,}37\ a_1\,,$$

$$\text{5. Oberwelle:} \quad a_5 = +\frac{16}{\pi^3} \cdot \frac{(5\pi - 2)}{125}\,h = +0{,}057\,h = 0{,}10\ a_1\,,$$

$$\text{7. Oberwelle:} \quad a_7 = -\frac{16}{\pi^3} \cdot \frac{(7\pi + 2)}{343}\,h = -0{,}036\,h = -0{,}066\,a_1\,,$$

also mit einer auf die Grundwelle bezogenen 3. Oberwelle von über 37 % eine sehr oberwellenreiche Kurvenform mit entsprechend hohem Klirrfaktor.

Da für die höheren Oberwellen schließlich der Summand ± 2 im Klammerausdruck vernachlässigbar wird gegen $k\pi$, geht das Gesetz für die Koeffizientenbildung mit steigender Ordnungszahl allmählich in eine quadratische Abnahme der Oberwellen mit der Ordnungszahl über.

Da wir andere einfache Kurvenformen mit technischer Bedeutung (Trapez, Sägezahn und Block) später nach einfacheren Verfahren behandeln wollen (vgl. S. 188), so wollen wir die Reihe unserer Beispiele hier abschließen mit der kommutierten Sinuskurve nach Abb. 168. Qualitativ stellen wir fest, daß sie ein Gleichstromglied enthält, und daß sie zum Nullpunkt der Zeitrechnung symmetrisch liegt. Sie enthält also nur cos-Glieder. Da sie, wie ebenfalls beim Betrachten ersichtlich, bereits mit der Periode $T/2$ periodisch ist, so kann sie auch nur geradzahlige Oberwellen der Grundfrequenz f enthalten. Dagegen verlaufen positive und negative Halbwelle nicht gleich. Die Symmetrie zum Nullpunkt erlaubt, die Integration auf eine Halbwelle zu beschränken. Das bedeutet, daß wir von vornherein $k = 2m$ geradzahlig ansetzen.

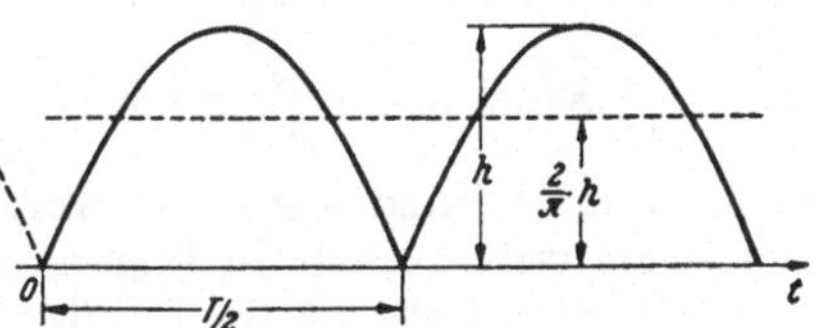

Abb. 168. Die gleichgerichtete Sinuskurve.

Es ergeben sich also die b_k aus:

$$b_k = \frac{4}{T} \cdot \int_0^{T/2} h \cdot \sin \omega t \cos k\omega t\, dt\,. \tag{365}$$

Umgeschrieben mit $\omega t = x$ und $\omega T/2 = \pi$:

$$b_k = \frac{4h}{2\pi} \cdot \int_0^\pi \sin x \cos kx \, dx .$$

Wir formen das Produkt der Kreisfunktionen in eine Summe um:

$$b_k = \frac{h}{\pi} \cdot \int_0^\pi \left(\sin (k+1) x - \sin (k-1) x\right) dx$$

und integrieren:

$$b_k = -\frac{h}{\pi} \cdot \left[\frac{\cos (k+1) x}{k+1} - \frac{\cos (k-1) x}{k-1}\right]_0^\pi .$$

Zusammenfassung der Kreisfunktionen liefert:

$$b_k = \frac{h}{\pi} \cdot \frac{2}{(k+1)(k-1)} \cdot \left[k \cdot \sin kx \sin x + \cos kx \cdot \cos x\right]_0^\pi$$

und nach Einführung der Grenzen:

$$= \frac{2h}{\pi (k-1)(k+1)} \cdot [+0 - 0 - \cos k\pi - 1] .$$

Für $k = 2m$ (nach Voraussetzung) ist aber $\cos k\pi$ stets $= 1$, also schließlich:

$$b_k = -\frac{4h}{\pi} \cdot \frac{1}{(k+1)(k-1)} ; \qquad k = 2m = 2, 4, 6, \ldots \tag{366}$$

Nehmen wir nun noch die Größe des Gleichstromgliedes hinzu, das nach Gl. (344) aus

$$b_0 = \frac{1}{T} \int_0^T i\,dt = \frac{2}{\pi} \cdot h$$

(vgl. Abschn. II, S. 11) bekannt ist, so ergibt sich die FOURIER-Reihe der kommutierten Sinuskurve:

$$\frac{2h}{\pi} \cdot \left[1 - \frac{2}{1 \cdot 3} \cdot \cos 2\omega t - \frac{2}{3 \cdot 5} \cdot \cos 4\,\omega t - \frac{2}{5 \cdot 7} \cdot \cos 6\,\omega t - \ldots\right] . \tag{367}$$

Die niedrigste in ihr enthaltene Wechselkomponente mit der Frequenz $2f$ des Originalstromes vor der Gleichrichtung ist 2/3 der Gleichstromkomponente. Betrachten wir nur die Wechselstromanteile in ihr und bezeichnen ihre Grundfrequenz $2\omega = \omega'$, so wird für diese:

$$i = -\frac{4}{3\pi} h \left(\cos \omega' t + \frac{3}{3 \cdot 5} \cos 2\,\omega' t + \frac{3}{5 \cdot 7} \cos 3\,\omega' t + \frac{3}{7 \cdot 9} \cos 4\,\omega' t \ldots\right) . \tag{368}$$

Sie enthält als niedrigste und amplitudengrößte Oberwelle die zweite mit 20% ihrer Grundwelle. Auch die folgenden Oberwellen sind noch beträchtlich: die dritte hat 8,5%, die vierte 4,8%. Bei der Ähnlichkeit der einen Halbwelle mit der stark verzerrten Kurvenform aus den beiden „spitzen" Parabelästen (vgl. Abb. 167 und Formel Gl. (364)) ist die absolute Höhe der Oberwellen so wenig verwunderlich wie die Tatsache, daß mit zunehmender Ordnungszahl sich das Gesetz, nach dem die Oberwellen abnehmen, schließlich der gleichen quadratischen Form nähert wie dort, weil dann $(k^2 - 1) \approx k^2$ wird.

2. Die graphische Lösung.

Man könnte nun für den Fall einer praktisch vorgelegten Kurve die Formeln Gl. (342) zur analytischen Berechnung der Koeffizienten in ähnlicher Weise als Anweisungen zur zeichnerischen Ermittlung auffassen, wie wir das bei den Ermittlungen der Mittelwerte im Abschn. II getan haben. Wir kommen so zu einem Verfahren, das wir am Beispiel einer Rechteckkurve hier erläutern wollen, daß aber grundsätzlich auf jede vorgelegte Form anwendbar ist, wenn auch mit mehr Rechen- und Zeichenaufwand. Wir geben als Beispiel die Ermittlung eines a-Koeffizienten nach Abb. 169. Nach der Formel Gl. (342b):

$$a_k = \frac{2}{T} \int_0^T i \sin k\omega t \, dt .$$

sollen wir zunächst jeden Augenblickswert der Kurve mit dem Funktionswert $\sin k\omega t$ multiplizieren. In der Abbildung ist das für die Ordnungszahl 2 (Teilbild a) und für die Ordnungszahl 3 (Teilbild b) ausgeführt. Die Funktionen sind mitgezeichnet —gestrichelt —; das Produkt ist dick ausgezogen. Sodann soll man die so gewonnene Produktfunktion integrieren, d. h. die Fläche unter ihr ermitteln. Das kann man allgemein durch Auszählen der Quadrate auf Millimeterpapier oder durch Ausplanimetrieren tun. Wir können sie hier auch errechnen, weil die entstandenen Flächen einfach sind. Für den Fall der Ordnungszahl 2 sind die positiven Flächen gleich den negativen; beim Rechteck ist das leicht ersichtlich bei allen geradzahligen k ebenso. Hier sind also alle geradzahligen Oberwellen nicht vorhanden. Sie würden nur erscheinen, wenn positive und negative Halbwelle verschieden verliefen. Für die ungeradzahlige dritte Ordnung dagegen ergibt sich bei vier positiven und zwei negativen Flächen ein Überschuß. Jede der Flächen ist eine Sinushalbwelle — natürlich nur im Spezialfall des Rechtecks — mit der Grundlinie $T/6$ und der Höhe h. Die Gesamtfläche nach Anweisung ist also:

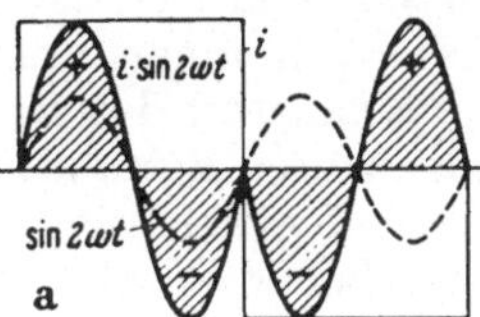

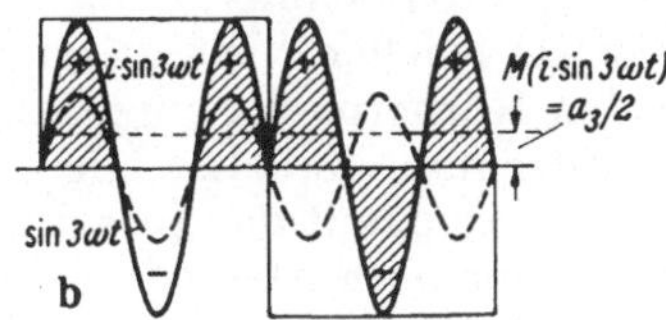

Abb. 169. Auswertung der Integrale für die FOURIER-Koeffizienten einer Stromkurve auf graphischem Wege. a für die zweite Oberwelle. b für die dritte Oberwelle.

$$F_{res} = (4 - 2)\,(T/6)\,(2h/\pi) .$$

Die Division durch T bedeutet, daß wir die Höhe eines flächengleichen Rechtecks über der Periodendauer suchen sollen F_{res}/T, hier also $\frac{2}{3}\,(h/\pi)$. Verdoppeln wir diese dann schließlich noch, so erhalten wir damit a_3. Das Ergebnis für unseren Spezialfall stimmt mit dem der analytischen Lösung (Gl. (353)) überein. Auch kann man hier sofort aussagen, daß bei der —ungeraden —k-ten Oberwelle immer zwei Sinusflächen übrigbleiben, deren Grundlinie jeweils T/k ist, daß also die Oberwellen mit $1/k$ abnehmen; wir erhalten also auch die Gesetzmäßigkeit der analytischen Lösung (Gl. (353)) aus der anschaulichen zeichnerischen Lösung.

Wie man sieht, eignet sich das Verfahren gut, wenn es sich um die Ermittlung eines Koeffizienten niedriger Ordnungszahl handelt, wo die Flächen „völlig" werden. Für die Ermittlung einer höheren Harmonischen aber ist es nicht recht geeignet, weil dann die Feststellung der resultierenden Fläche als Differenz von vielen positiven und negativen Flächen annähernd gleicher Größe sehr unsicher und die Ausmultiplikation mit genügender Sorgfalt zur Erzielung genauerer Resultate sehr mühsam wird. Richtig geeignet ist es eigentlich nur zur Ermittlung der Grundwelle, höchstens noch für die dritte Oberwelle. Natürlich muß man es für den cos-Anteil mit der cos-Funktion als Multiplikator wiederholen, wenn man nicht von vornherein aus Symmetriegründen weiß, daß es keine cos-Wellen gibt.

3. Harmonische Analysatoren.

Auf diesem Grundprinzip sind nun aber auch alle die Apparate, sogenannte „*harmonische Analysatoren*", aufgebaut, die zur „mechanischen" Bestimmung der Oberwellenanteile dienen. Die in der Praxis bekanntesten unter ihnen sind wohl der Analysator nach MADER und der nach CONRADI. Immer wird durch eine entsprechend sinnreiche Mechanik die über einen Fahrstift in den Mechanismus eingegebene Funktion der Augenblickswerte des zu analysierenden Stromes, d. h. der Ordinaten seines Oszillogramms, mit den Funktionswerten $\sin k\,\omega\,t$, bzw. $\cos k\,\omega\,t$, multipliziert. Man erkennt das am deutlichsten daran, daß z. B. beim MADERschen Analysator für jede neue Oberwelle ein Zahnrädchen mit einer höheren Übersetzung einzusetzen ist, das sich während des Durchfahrens einer Periode des Oszillogramms entsprechend oft dreht und um 90° gegeneinander versetzt zwei Körnermarken trägt, die die Produktfunktionen für den sin- und den cos-Koeffizienten als Bewegung sichtbar machen. Integriert man die von ihnen umlaufenen Flächen mit einem in den Körnerpunkt eingehängten Planimeter, das zu jedem Analysator entweder als getrenntes Zubehör oder als eingebauter Bestandteil der Apparatur gehört, so erhält man damit das Integral und den Koeffizienten, wenn man vorher noch durch einen Storchschnabel oder die entsprechende Wahl eines Hebelarmes dafür gesorgt hat, daß das Ergebnis sich auf eine „Einheitsgrundlinie" als Periodendauer bezieht. Für die nähere Theorie der Wirkungsweise dieser Analysatoren sei auf die einschlägige Literatur verwiesen, bzw. auf die zugehörigen Benutzungsanweisungen.

Dabei muß man sich aber darüber im klaren sein, daß die Ermittlung von Koeffizienten höherer Ordnungszahl mit solchen Analysatoren den gleichen Einschränkungen hinsichtlich der zu erwartenden Unsicherheit ihrer Größe unterworfen ist, wie wir das oben vom zeichnerischen Verfahren sagten. War dort die Ausmultiplikation langwierig, so müssen wir hier entsprechend hohe Anforderungen an den spielfreien Gang des Mechanismus stellen. Auch dann bleibt noch die Schwierigkeit, daß auch der Analysator mit seinem Planimeterteil stets die kleine Differenz von vielen größeren Flächen bilden muß, die den Koeffizienten bestimmt. Jeder Fehler im Planimeter wirkt sich auf die Ermittlung der Koeffizienten höherer Ordnungszahl um so stärker aus, je höher diese ist. Toter Gang im Planimeter, Gleitvorgänge auf dem Papier usw. können leicht einen Oberwellengehalt vortäuschen, der gar nicht da ist, oder gar eine vorhandene kleine Oberwelle scheinbar im Vorzeichen umkehren. Besonders ist es dabei natürlich nachteilig, daß die Koeffizienten höherer Ordnung meist die größenmäßig geringsten sind. Um so bedeutungsvoller kann deshalb das im Abschn. IV C 3, S. 153 erwähnte Verfahren sein, die Oberwelle in einer Spannung durch Oszillographieren eines Ladestromes hervorzuheben. Man muß dann nur bedenken, daß die Verschiebung der Stromkomponenten für die einzelnen Oberwellen um je 90° bezogen auf ihre Frequenz nicht einfache Umschreibung der im Ladestrom ermittelten cos-Koeffizienten in sin-Koeffizienten bedeutet, sondern dafür die Tabelle 3 auf S. 139 zu beachten ist. Auch die Analysatoren sind also im wesentlichen nur für die Ermittlung der Grundwelle und von Oberwellen niedrigerer Ordnungszahl geeignet. Man wird praktisch ihre Verwendungsfähigkeit für die Ermittlung kleiner Oberwellenanteile für höhere als die 7. Ordnung sehr in Frage ziehen müssen.

4. Rechnerische Näherungsverfahren.

Für eine rechnerische — arithmetische — Lösung der Aufgabe einer harmonischen Analyse wird man sich von vornherein darüber klar sein müssen, daß es sich nur um Näherungslösungen handeln kann, da die Bestimmung einer unendlich großen Zahl von unbekannten Koeffizienten a_k und b_k eine arithmetisch nicht zu bewältigende Arbeit darstellt. Wir haben uns also auf eine endliche Anzahl von zu bestimmenden Beizahlen zu beschränken und können natürlich dann nicht mehr die Forderung stellen, daß die aus den so ermittelten Oberwellen wieder synthetisierte Kurvenform genau mit der übereinstimmt, von der wir ausgingen. Sie kann nur die Ursprungskurve annähern und wird das um so besser tun, je mehr Oberwellen wir rechnerisch bestimmt hatten, je mehr Rechenaufwand wir demnach getrieben hatten.

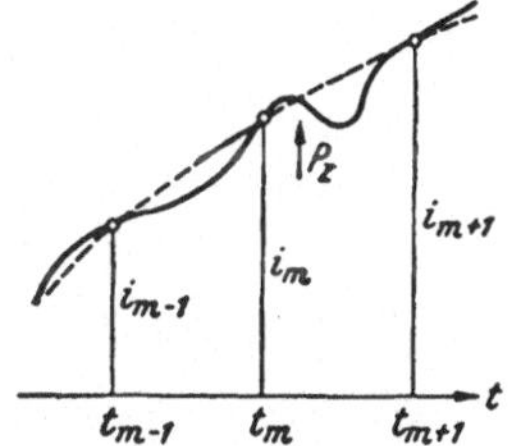

Abb. 170. Approximation einer Stromkurve durch eine abgebrochene FOURIERreihe

Grundsätzlich ist dabei folgender Lösungsweg möglich. Wir verschaffen uns zur Ermittlung von $2n$ unbekannten Koeffizienten nämlich $(a_1 \ldots a_k \ldots a_n)$ und $(b_1 \ldots b_k \ldots b_n)$ $2n$ Gleichungen, in denen sie vorkommen, indem wir an $2n$ Kurvenpunkten die Augenblickswerte zu fest gegebenen Zeiten $t_1 \ldots t_m \ldots t_{2n}$ messen. Wir können dann fordern, daß eine aus den ersten $2n$ Gliedern einer FOURIER-Reihe:

$$i' = \sum_1^n {}^k (a_k \sin k\omega t + b_k \cos k\omega t) \tag{369}$$

zusammengesetzte Kurvenform mit der der zu analysierenden Stromkurve i an den $2n$ Meßpunkten übereinstimmt. Sie kann wohl — zufällig — noch mehr Punkte mit ihr gemeinsam haben, die Übereinstimmung an den Meßpunkten dagegen ist gesetzmäßig bestimmt. Abb. 170 zeigt einen Ausschnitt aus der zu analysierenden vorgegebenen Kurve als ausgezogene Linie. An den in diesen Zeitabschnitt fallenden 3 Zeitpunkten t_{m-1}, t_m und t_{m+1} werden die Ordinaten, lies Augenblickswerte, i_{m-1}, i_m und i_{m+1} gemessen und aus allen $2n$ Ordinaten die a_k, b_k einer bei $k = n$ abgebrochenen FOURIER-Reihe unter Benutzung der Gleichungen:

$$\left.\begin{aligned}
i_{m-1} &= a_1 \sin \omega t_{m-1} + a_2 \sin 2\omega t_{m-1} + a_3 \sin 3\omega t_{m-1} + \cdots \\
&\quad + a_k \sin k\omega t_{m-1} \ldots + a_n \sin n\omega t_{m-1} \\
&\quad + b_1 \cos \omega t_{m-1} + b_2 \cos 2\omega t_{m-1} + b_3 \cos 3\omega t_{m-1} + \cdots \\
&\quad + b_k \cos k\omega t_{m-1} \ldots + b_n \cos n\omega t_{m-1} \\
i_m &= a_1 \sin \omega t_m + a_2 \sin 2\omega t_m + a_3 \sin 3\omega t_m + \cdots \\
&\quad + a_k \sin k\omega t_m \ldots + a_n \sin n\omega t_m \\
&\quad + b_1 \cos \omega t_m + b_2 \cos 2\omega t_m + b_3 \cos 3\omega t_m + \cdots \\
&\quad + b_k \cos k\omega t_m \ldots + b_n \cos n\omega t_m
\end{aligned}\right\} \tag{370}$$

$$i_{m+1} = \ldots,$$

errechnet, von denen es für die gesamte Periode mit $2n$ Meßpunkten also insgesamt $2n$ gibt. Hierin sind also sowohl die i_m, als auch die sämtlichen Werte der Kreisfunktionen bekannte Zahlenwerte, und die Koeffizientenbestimmung läuft nur darauf hinaus, diese $2n$ linearen Gleichungen in den Unbekannten a_k, b_k nach ihnen aufzulösen. Haben wir das getan und setzen nun — zur Probe — aus den so gewonnenen Grundwellenanteilen (a_1, b_1) und Oberwellenanteilen $(a_2 \ldots a_n$, $b_2 \ldots b_n)$ eine Kurve zusammen, so erhalten wir die Näherungskurve, die in der Abb. 170 gestrichelt eingetragen ist. Sie stimmt in den Meßpunkten mit der wahren Kurve überein, zeigt dazwischen aber Abweichungen, die nur durch Verfeinerung des Verfahrens, d. h. durch Hinzunahme weiterer Meßpunkte und damit von Koeffizienten höherer Ordnungszahl beseitigt werden könnten. Sie kann außerdem noch zufällige Schnittpunkte mit der wahren Kurve haben, wie z. B. in P_z angedeutet.

Am deutlichsten wird das Verfahren in praktischer Anwendung. Wir geben eine Kurve vor, deren Koeffizienten uns schon bekannt sind, um unsere Näherungslösungen mit der vollständig richtigen Lösung aus der analytischen Bestimmung aller

Koeffizienten vergleichen zu können. Für die Rechteckkurve, von der wir in Abb. 171a nur die erste Viertelperiode gezeichnet haben, verlangen wir als erste gröbste Näherung Übereinstimmung der Ersatzkurve mit ihr in einem Zeitpunkt t_1 mit dem Augenblickswert i_1. Aus *einer* Messung können wir nur *einen* Koeffizienten bestimmen, den der Grundwelle a_1. Unsere Bestimmungsgleichung lautet:

$$h = a_1 \sin \omega t_1 = a_1 \cdot 1 ,$$

also:

$$a_1 = h . \tag{371}$$

Die damit gezeichnete Näherungskurve erster Ordnung ist die Sinuswelle der Abb. 171b, die zwar im Meßpunkt mit dem Rechteck übereinstimmt, aber sonst doch nur eine „sehr grobe Näherung" darstellt. Wir können sie verfeinern, indem wir verlangen, daß auch noch in einem zweiten Kurvenpunkt Übereinstimmung bestehen sollte, bei t_2 (Abb. 171c.) Wir erhalten also nunmehr zwei Gleichungen für a_1 und die nächste in Betracht kommende Oberwelle, hier also wegen der Symmetrieeigenschaften die Sinuswelle a_3. Unsere Gleichungen (370) lauten:

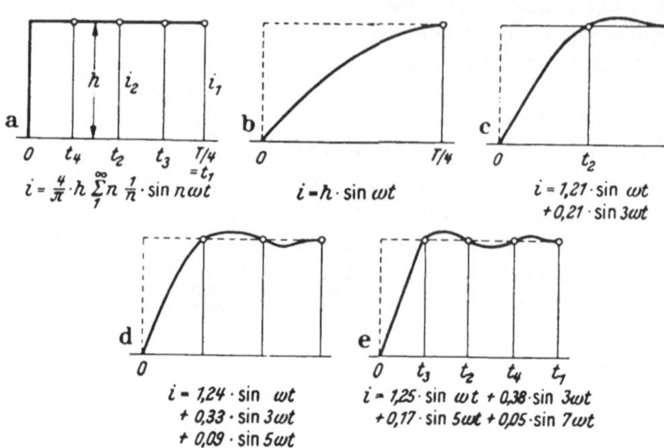

Abb. 171. Approximation einer Rechteckkurve durch abgebrochene FOURIER-reihe. Mit zunehmender Zahl der mitgenommenen Glieder steigt die Annäherung an die Kurve.

$$\left.\begin{aligned} i_1 &= h = a_1 \sin \omega t_1 + a_3 \sin 3\,\omega t_1 , \\ i_2 &= h = a_1 \sin \omega t_2 + a_3 \sin 3\,\omega t_2 . \end{aligned}\right\} \tag{372}$$

Da $\omega t_1 = 90°$, $\omega t_2 = 45°$ ist, sind die Sinusfunktionen hierin bekannte Zahlenwerte, und die Gleichungen für die Bestimmung von a_1 und a_3 lauten:

$$h = a_1 - a_3 ,$$

$$h = \frac{1}{2}\sqrt{2}\,a_1 + \frac{1}{2}\sqrt{2}\,a_3$$

mit den Lösungen:

$$a_1 = 1{,}207\,h, \qquad a_3 = 0{,}207\,h. \tag{373}$$

Die daraus ermittelte Ersatzkurve stimmt in den beiden gewünschten Kurvenpunkten überein, *approximiert* also das Rechteck schon besser, ist aber natürlich noch kein Rechteck.

Die Übereinstimmung wird um so besser, je mehr Kurvenpunkte wir für die Ermittlung immer höherer Oberwellen-Koeffizienten benutzen. Die Annäherung dritter Ordnung — Übereinstimmung in drei äquidistanten Punkten — zeigt Abb. 171d. Für die vierte Ordnung der Näherung sei hier nur noch das Gleichungssystem (370) nach Einsetzung der Kreisfunktionen hingeschrieben, wie es sich unter Benutzung der Meßpunkte zu den Zeitpunkten $t_1 \ldots t_4$ der Abb. 171a ergibt mit $\omega t_1 = 90°$, $\omega t_2 = 45°$, $\omega t_3 = 22{,}5°$ und $\omega t_4 = 67{,}5°$:

$$\left.\begin{aligned} h &= a_1 && - a_3 && + a_5 && - a_7 \\ h &= 0{,}71 a_1 && + 0{,}71 a_3 && - 0{,}71 a_5 && - 0{,}71 a_7 \\ h &= 0{,}38 a_1 && + 0{,}92 a_3 && + 0{,}92 a_5 && + 0{,}38 a_7 \\ h &= 0{,}92 a_1 && - 0{,}38 a_3 && - 0{,}38 a_5 && + 0{,}92 a_7 \end{aligned}\right\} . \tag{374}$$

Die Lösung lautet auf zwei Stellen gerechnet:

$$a_1 = 1{,}25\,h, \quad a_3 = 0{,}38\,h, \quad a_5 = 0{,}17\,h \quad \text{und } a_7 = 0{,}05\,h \;.$$

Die aus ihr entstehende Näherungskurve 4. Ordnung ist in Abb. 171e dargestellt. Die Annäherung an ein Rechteck ist trotz der Beschränkung auf nur 4 Koeffizienten schon recht gut, wenn auch die Koeffizienten mit denen der analytischen Lösung noch nicht sehr genau übereinstimmen. Immerhin zeigt die nachstehende Gegenüberstellung die immer weiter fortschreitende Annäherung an die wahren Koeffizienten, je weiter die Ordnung der Näherung getrieben wird.

Tabelle 4.

Koeffizient	a_1	a_3	a_5	a_7	a_9
In erster Näherung . . .	1,00	—	—	—	—
In zweiter Näherung . .	1,21	0,21	—	—	—
In dritter Näherung . .	1,24	0,33	0,09	—	—
In vierter Näherung . .	1,25	0,38	0,17	0,05	—
Analytisch bestimmt . .	1,27	0,42	0,25	0,18	0,14

Mit steigender Ordnungszahl der Näherung, also dem Wunsch, mehr Oberwellen zu bestimmen, steigt der Rechenaufwand erheblich, selbst wenn man berücksichtigt, daß bei zweckmäßiger Wahl der Meßpunkte sich die Funktionswerte auf wenige immer wiederkehrende Zahlenwerte beschränken. Es ist nicht bekannt, ob nach diesem Verfahren praktisch gearbeitet wird. Es wurde hier nur aufgeführt, um an ihm auf durchsichtige Weise zu zeigen, wie sich bei den rechnerischen Verfahren mit jeder Weiterführung neue Koeffizienten ergeben, aber auch die Koeffizienten niederer Ordnungszahl der Oberwellen für jeden anderen Näherungsgrad andere Zahlenwerte erhalten, die den wahren Werten um so näher kommen, je höher der Grad der Näherung und damit auch der Rechenaufwand ist. Diese Tatsache ist allen rein arithmetischen Verfahren gemeinsam.

a) Das RUNGEsche Verfahren.

Nach einem in der Praxis sehr häufig angewandten Verfahren, daß von RUNGE herrührt, ersetzt man zur arithmetischen Bestimmung einer begrenzten Zahl von Koeffizienten für eine vorgegebene Kurvenform die Integrale unserer Grundgleichungen (342):

$$a_k = 2/T \int_0^T i \sin k\omega t \, dt \,.$$

$$b_k = 2/T \int_0^T i \cos k\omega t \, dt \,,$$

durch arithmetische Summen, arithmetisiert sie also, indem man zu endlichen Zeitabschnitten Δt übergeht und den unter dem Integral stehenden Funktionswerten für diese Zeitabschnitte konstante Werte zuordnet, obwohl in Wahrheit natürlich weder i, noch $\sin k\omega t$ oder $\cos k\omega t$ konstant sind. Es läuft das also darauf hinaus, daß man die der Konstruktion nach Abb. 169 entsprechenden Kurvenzüge für i und $\sin k\omega t$ durch Treppenkurven ersetzt, so daß auch für die Produktfunktion, über die zu integrieren wäre, eine Treppenkurve entsteht, deren Rechteckblöcke man addieren kann. Wählt man dafür die Treppenbreiten gleich groß: $\Delta T = T/2n$, wenn $2n$ die Zahl der „Meßpunkte" ist, für die man dies Verfahren anwendet, also auch die Gesamtzahl von Koeffizienten, die man bestimmen kann, so kann man bei der Summenbildung Δt vor die Summe ziehen und erhält als Rechenanweisung für die RUNGEsche Methode:

$$\begin{aligned} a_k &= 1/n \sum^m i_m \sin k\omega t_m\,, \\ b_k &= 1/n \sum^m i_m \cos k\omega t_m\,. \end{aligned} \tag{375}$$

Die t_m sind dabei die von $t_1 \ldots t_m \ldots t_{2n}$ gleichmäßig über die Dauer einer Periode verteilten Meßzeitpunkte, die i_m die zugehörigen Augenblickswerte der Stromkurve. Es ist einleuchtend, daß das Verfahren nur solange einwandfreie Werte liefern kann, wie seine Annahmen erfüllt sind, d. h. solange man sowohl die Funktion selbst über die Zeitabschnitte Δt als konstant ansehen kann, wie insbesondere aber die $\sin k\omega t$ und $\cos k\omega t$. Das heißt, daß das Verfahren große Fehler ergeben muß, wenn man sich mit $k\omega t$ dem Wert 2π nähert, also mit k dem Werte $2n$. Dann ist ja die Kreisfunktion keineswegs mehr über den Summationsabstand Δt als konstant anzusehen; sie wechselt in ihm ja zweimal das Vorzeichen und schwankt zwischen -1 und $+1$. Welchen Einfluß das auf das Ergebnis einer solchen Rechnung hat, werden wir weiter unten mathematisch diskutieren, hier begnügen wir uns mit der anschaulich gewonnenen Feststellung, daß das Verfahren am zuverlässigsten bei der Ermittlung von Oberwellen niedriger Ordnungszahl ($k \ll 2n$), besonders für die Grundwelle, ist, aber bei steigender Ordnungszahl ($k \rightarrow 2n$) schließlich notwendig versagen muß.

Zur praktischen Anwendung kann man in den meisten Fällen der Praxis mit gleichverlaufenden positiven und negativen Halbwellen, also bei Fehlen der geradzahligen Oberwellen, die Auswertung auf die positive Halbwelle beschränken. n auf ihr gleichabständig verteilte Meßpunkte entsprechen also $2n$ Punkten über die Vollwelle und reichen so für die Bestimmung aller ungeradzahligen Oberwellenkoeffizienten von der Grundwelle (1. Ordnung) bis zur $(n-1)$.ten Oberwelle aus, soweit man bei der Annäherung von $k = (n-1)$ an den Wert $2n$ angesichts der Unsicherheit der ermittelten Koeffizienten noch von ausreichend sprechen kann.

In den Elementen der Summen Gl. (375), die an Stelle der Integrale Gl. (342) treten, treten nun die sin- und cos-Werte von Vielfachen des gleichen Grundteilungswinkels $k\omega\Delta t = \pi/n$ immer wieder auf, so daß man am besten tut, sich eine Tabelle anzulegen, in der die mit den gleichen Funktionswerten zu multiplizierenden Augenblickswerte ihren Multiplikatoren automatisch richtig zugeordnet werden. Solche Tabellen sind in mannigfacher Form im Buchhandel erhältlich. Man kann sie sich aber auch leicht selbst anlegen, wenn man bedenkt, daß die Zahlenfaktoren nichts anderes sind als die durch $n/2$ dividierten Kreisfunktionswerte der ganzzahligen Vielfachen von π/n. Um sofort die richtigen Koeffizienten zu erhalten, ohne noch einmal durch $n/2$ dividieren zu müssen (der Faktor vor der Summe ist $2/n$ bei der Summation über eine Halbwelle, weil deren Ergebnis verdoppelt werden muß), stellt man nämlich in die erste Tabellenspalte, die „Faktorenspalte", sofort die Werte $2/n \cdot \sin m\,\pi/n$ ein. Dort findet man also in den meisten Tabellen etwa:

für eine 6-er Teilung	für eine 12-er Teilung der Halbwelle	
1/3 sin 30° = 0,167	1/6 sin 15° = 0,0431	
1/3 sin 60° = 0,289	1/6 sin 30° = 0,0833	
1/3 sin 90° = 0,333	1/6 sin 45° = 0,1178	(376)
	1/6 sin 60° = 0,1443	
	1/6 sin 75° = 0,1610	
	1/6 sin 90° = 0,1667	

Dabei ist der Winkel 0° fortgelassen und alle Winkel größer als 90° ebenfalls, weil ihre sin- (und cos-)Werte sich ja nur durch das Vorzeichen von diesen Werten unterscheiden. Man kann sich nach diesem Schema eine Tabelle für beliebige Zahl von Meßpunkten selbst herstellen.

Wir überlegen dabei noch vorab, daß gewisse Ordinatenwerte stets mit den gleichen Faktoren multipliziert erscheinen, also zweckmäßigerweise vor dem

Ausmultiplizieren zusammengefaßt werden. So ist ja für die Ermittlung des k.-Koeffizienten der $m$te benutzte Ordinatenwert zu multiplizieren mit: sin $(mk\pi/n)$. Für den gleichen Koeffizienten ist der $(n\text{-}m)$.te Ordinatenwert zu multiplizieren mit $(\sin k \cdot (n\text{-}m) \cdot \pi/n) = -\sin(m \cdot k \cdot \pi/n - k\pi) = \sin(mk \cdot \pi/n)$. Wir können also jeweils die beiden Ordinatenwerte, deren Indizes m und n-m sich zu n aufaddieren, als gleichwertig zusammenfassen, d. h. die Halbwelle „*falten*". Das nachstehende Faltungsschema gilt für eine 12er Teilung der Halbwelle. Für andere Teilungen ist es entsprechend abzuändern.

$$\begin{array}{c|cccccccc} & & i_1 & i_2 & i_3 & i_4 & i_5 & i_6 \\ & i_{12} & i_{11} & i_{10} & i_9 & i_8 & i_7 & \leftarrow \\ \hline \Sigma & & s_1 & s_2 & s_3 & s_4 & s_5 & s_6 \\ \hline \Delta & d_6 & d_5 & d_4 & d_3 & d_2 & d_1 & \end{array} \tag{377}$$

Hier sind zugleich mit den Summen die Differenzen gebildet, weil diese entsprechend bei den cos-Rechnungen auftreten, da sich die cos-Werte zweier um 180° symmetrisch liegender Winkel (Supplementwinkel) nur im Vorzeichen unterscheiden. Bei der Summenreihe fällt der Wert i_{12} aus, weil er mit $\sin\pi = 0$ zu multiplizieren wäre, bei der Differenzbildung der Wert i_6, weil auch $\cos 90° = 0$ ist.

Die Eintragung in die Tabelle 5 erfolgt nun so, daß man für die Ermittlung der Grundwellen-a-Komponente jeweils um π/n fortschreitend, also um einen Schritt nach unten in der Tafel Gl. (378) die Ordinatensummen $s_1, s_2 \ldots s_6$ neben die in Gl. (376) gewonnenen Faktoren einträgt. Für die 3. Oberwelle, also für a_3, muß man wegen $k = 3$ jeweils um 3 Schritte fortschreiten, geht also erst von oben nach unten, dann nach Überschreiten von 90° wieder weiter von unten nach oben. Der Wert s_4 fällt dabei in die Nullzeile, die in gedruckten Tabellen fehlt, aber in Tab. 5 der Vollständigkeit halber mitangedeutet ist, um das Verfahren der Einordnung zu zeigen. Dann fährt man wieder von oben nach unten fort, muß aber jetzt das Vorzeichen wechseln, weil bei 180° der Sinus das Vorzeichen wechselt, und beendet schließlich die Eintragung mit dem letzten Weg nach oben, bei dem $- s_5$ in die gleiche Zeile kommt, in der schon s_1 und s_3 stehen. In gleicher Weise verfährt man auch für jede andere Oberwelle, stets um soviel Schritte fortschreitend, wie ihre Ordnungszahl k angibt, und bei jeder Umkehr am oberen Tabellenrand das Vorzeichen wechselnd.

Entsprechend verfährt man bei der Eintragung der d-Werte, der Ordinatendifferenzen, für die Bestimmung der cos-Koeffizienten b_k. Es ist einzig zu beachten, daß die aus der Tafel ermittelte Summe wohl die Koeffizienten b_1, b_5, b_9 mit richtigem Vorzeichen liefert, die von b_3, b_7, b_{11} aber mit umgekehrtem Vorzeichen, weil ja die Ermittlung aus der Tabelle der d-Werte einfach auf eine Analyse mit um $T/4$ verschobenem Nullpunkt hinausläuft, diese Verschiebung aber wegen der verschie-

Tabelle 5.

0,000		s_4			s_4	
0,0431	s_1	—	s_5	s_5	—	s_1
0,0833	s_2	—	s_2	$-s_2$	—	$-s_2$
0,1178	s_3	$s_1 + s_3 - s_5$	$-s_3$	$-s_3$	$s_1 + s_3 - s_5$	s_3
0,1443	s_4	—	$-s_4$	s_4	—	$-s_4$
0,1610	s_5	—	s_1	s_1	—	s_5
0,1667	s_6	$s_2 - s_6$	s_6	$-s_6$	$-s_2 + s_6$	$-s_6$
Summe	a_1	a_3	a_5	a_7	a_9	a_{11}
Während sich aus der gleichen Tabelle bei Einsetzen der d-Werte (Ordinatendifferenzen) ergibt:						
Summe	b_1	$-b_3$	b_5	$-b_7$	b_9	$-b_{11}$

(378)

denen Winkelverschiebung, die sie für jede einzelne Oberwelle bedeutet, bei der 3., 7. und 11. Oberwelle eine Vorzeichenumkehr des Koeffizienten bedeutet (vgl. S. 139). Die vollständige Tabelle eines 12er Schemas für die rechnerische Ermittlung der Koeffizienten gibt das Schema (378) auf S. 171.

Ermittelt man nun z. B. auf diese Weise durch arithmetische Analyse die Koeffizienten einer Rechteckkurve, so erhält man zunächst durch Messung an den Punkten $T/24$, $2T/24$, $3T/24$ und so fort die zu „faltenden" Augenblickswerte bis zum Wert bei $12T/24 = T/2$. Hier am Umschlagspunkt von $+h$ auf $-h$ setzen wir — dem allgemeinen Brauch folgend (vgl. aber S. 175) — $i_{12} = 0$, um keine cos-Glieder zu erhalten, die das Rechteck offenbar nicht hat. Die Faltung nach (377) ergibt also:

	h	h	h	h	h	h	
0	h	h	h	h	h		+
0	$2h$	$2h$	$2h$	$2h$	$2h$	h	Ordinatensummen s

Setzt man diese Werte nacheinander mit den Faktoren der ersten Spalte multipliziert in das Rechenschema ein, so ergeben sich nach einfachen Additionen die Koeffizienten:

	a_1/h	a_3/h	a_5/h	a_7/h	a_9/h	a_{11}/h
Nach RUNGE .	1,27	0,40	0,22	0,13	0,07	0,02
Analytisch ist .	1,27	0,42	0,25	0,18	0,14	0,12

Wir finden unsere Vermutung bestätigt, daß das Verfahren wohl die Wellen niedriger Ordnungszahl mit guter Annäherung wiedergibt, aber mit steigender Ordnungszahl immer schlechtere Ergebnisse liefert, was sich hier sogar darin äußert, daß der rechnerisch ermittelte Koeffizient a_{11} mit der höchsten Ordnungszahl als fast Null herauskommt, also um fast 100 % seines Wertes falsch wird. Ist es also schon meist im Hinblick auf die begrenzte Ableseunsicherheit im Oszillogramm nicht erforderlich, die Rechnung mit Zahlenfaktoren auf mehrere Stellen genau durchzuführen, wozu die vorgedruckten Rechenschemata meist durch Angabe unnötig vieler Stellen in der Faktorenspalte verleiten, so erweist diese Erkenntnis doppelt die Richtigkeit einer Warnung davor, daß man durch genaues Rechnen die Koeffizienten „*genau*" ermitteln könnte.

Führt man die Rechnung mit anderen Zahlen von Meßpunkten durch, so ergeben sich jedesmal andere Koeffizienten. Nachstehend sind die Ergebnisse einer solchen Rechnung für das Rechteck mit einem 4er, einem 6er und dem oben schon gegebenen 12er Schema zusammengestellt.

Koeffizient	a_1	a_3	a_5	a_7	a_9	a_{11}
Viererschema	1,20	0,20	—	—	—	—
Sechserschema	1,24	0,33	0,09	—	—	—
Zwölferschema	1,27	0,40	0,22	0,13	0,07	0,02

Erhöhung der Zahl der Meßpunkte erhöht auch also hier nicht nur die Zahl der bestimmbaren Koeffizienten, sondern auch die Güte der Annäherung der Koeffizienten an die wahren Werte.

Die quantitative Abweichung der nach dem RUNGEschen Verfahren gewonnenen Koeffizienten mit einer Teilung der Halbwelle in n gleiche Teile ($n$er Schema) von den wahren Werten der Kurve können wir auf folgende Weise ermitteln. Sei die wahre Kurvenform durch die Koeffizienten a'_r und b'_r gegeben, so daß mit r als einer von 0 bis Unendlich veränderlichen ganzzahligen Laufzahl die Gleichung der Kurve also wirklich lautet:

$$i = \sum_1^\infty{}^r (a'_r \sin r\omega t + b'_r \cos r\omega t)\,, \tag{379}$$

so sind die einzelnen Ordinaten i_m, die wir messen, also genau:

$$i_m = \sum_1^\infty{}^r (a'_r \cdot \sin r\omega t_m + b'_r \cdot \cos r\omega t_m) = \sum_1^\infty{}^r (a'_r \cdot \sin m r\alpha + b'_r \cdot \cos m r\alpha) \tag{380}$$

$$\text{mit } \omega t_m = m \cdot \omega t_1 = m \cdot \alpha = m \cdot \frac{2\pi}{2n}\,.$$

Aus ihnen bilden wir nach dem RUNGEschen Verfahren die „angenäherten" Koeffizienten a_k und b_k nach den Formeln (375):

$$n \cdot a_k = \sum_1^{2n}{}^m i_m \cdot \sin(k \cdot m\alpha)\,; \qquad n \cdot b_k = \sum_1^{2n}{}^m i_m \cdot \cos(k \cdot m\alpha)\,, \tag{381}$$

worin k die Ordnungszahl des gewünschten Koeffizienten und m eine Laufzahl ist, die von $o \ldots m \ldots 2n$ geht, nämlich über die gemessenen Ordinaten. Setzen wir diese nun in die Bestimmungsgleichung (375) für a_k ein — auf den gleich verlaufenden Beweis für die b_k verzichten wir —, so erhalten wir als Bestimmungsgleichung für den Koeffizienten a_k:

$$n \cdot a_k = \sum_1^{2n}{}^m \left(\sum_1^\infty{}^r (a'_r \cdot \sin m r\alpha + b'_r \cdot \cos m r\alpha) \cdot \sin m k\alpha \right). \tag{382}$$

Bei der Ausführung der Multiplikationen entstehen dabei als Faktoren der jeweiligen a'_r und b'_r Ausdrücke der Form:

$$\sin m r\alpha \cdot \sin m k\alpha \text{ für die } a'_r\,,$$
$$\cos m r\alpha \cdot \sin m k\alpha \text{ für die } b'_r\,.$$

Wir formen diese Ausdrücke unter Anwendung der Regeln der Trigonometrie um in:

$$1/2 \cos\big(m \cdot (k - r)\,\alpha\big) - 1/2 \cos\big(m \cdot (k + r)\,\alpha\big) \quad \text{für die } a'_r\,,$$
$$1/2 \sin\big(m \cdot (k - r)\,\alpha\big) + 1/2 \sin\big(m \cdot (k + r)\,\alpha\big) \quad \text{für die } b'_r\,.$$

Anstatt nun die Produkte zuerst über die Laufwerte r zu addieren — wenn man sie sich als Schema angeschrieben denkt, also sozusagen über die Zeilen des Schemas, deren jede ∞ viele Glieder enthält ($r = 1 \ldots \infty$) — kann man auch die Addition zuerst in der Laufzahl $m = 1 \ldots 2n$ durchführen — im Schema also über die Spalten, deren jede nur $2n$ Glieder enthält, was mathematisch der Vertauschbarkeit der Summenzeichen entspricht, und erhält dann — immer noch unendlich viele — Teilsummen von der Form:

$$\left.\begin{aligned} &\sum_1^{2n}{}^m \left(\cos m \cdot \frac{k-r}{2n} \cdot 2\pi\right) \qquad &&\sum_1^{2n}{}^m \cos m \cdot \frac{k+r}{2n} \cdot 2\pi\,, \\ &\sum_1^{2n}{}^m \left(\sin m \cdot \frac{k-r}{2n} \cdot 2\pi\right) \qquad &&\sum_1^{2n}{}^m \sin m \cdot \frac{k+r}{2n} \cdot 2\pi\,, \end{aligned}\right\} \tag{383}$$

worin wir für α nun den wirklichen Wert $2\pi/2n$ eingeführt haben. Die in den einzelnen Summen vorkommenden Winkel bilden also einen Stern nach Abb. 172, in der wir uns auf dem Schenkel jedes dieser Winkel einen Strahl von der Länge 1 angebracht denken. Der erste dieser Strahlen fällt in die Richtung des Winkels $\frac{k-r}{2n} 2\pi$, der letzte in die Richtung $2n\left(\frac{k-r}{2n}\right) 2\pi = (k - r)\,2\pi$, also, weil ja $k - r$ eine ganze Zahl ist, in die waagerechte Ausgangslage. Dabei wird bei dieser Auftragung der Winkel als Strahlen in der Reihenfolge ihrer Numerierung der Nullpunkt sovielmal umlaufen, wie die Zahl $k - r$ angibt, bzw. für die anderen Summen, wie die Zahl $k + r$ angibt. Als Beispiel sind zwei Sterne dargestellt für die Werte $k = 2$, $r = 3$ und $2n = 6$. Ebenso wie hier ergeben sich offenbar *stets* symmetrische Sterne, bei denen alle Strahlen gleichmäßig über den Vollwinkel 2π verteilt sind. Nur in dem Sonderfall, daß

$$k \pm r = x \cdot 2n \tag{384}$$

ist, wo x eine ganze Zahl ist, fallen alle Strahlen auf die waagerechte Achse zusammen.

Die Bildung der Summen aus den Kreisfunktionen dieser Argumente ist nun einfach. Setzen wir die Strahlen wie Zeiger zusammen, so ist ja ihre Projektion auf die senkrechte Achse der Wert ihres sinus, die auf die waagerechte Achse ihr cos-Wert. Die Summe der sin-Werte ergibt sich also als die Projektion des Summenstrahls auf die senkrechte Achse, die der cos-Glieder als die Projektion des Summenstrahls auf die waagerechte Achse. Aus einem symmetrischen Stern entsteht aber bei der Addition der entsprechenden Strahlen stets ein gleichseitiges regelmäßiges Polygon, das sich in sich schließt, für das also auch die Summen alle verschwinden. Nur für die wenigen Glieder, bei denen die Sonderbedingung (Gl. (384)) (mit ganzzahligem $x = 1, 2, \ldots$) erfüllt ist, addieren sich alle Strahlen in gleicher „Phasenlage" zu einem Strahl von der Länge $2n$, dessen cos-Komponente dann $2n$ ist, während die sin-Komponente auch hier verschwindet. Von allen den unendlich vielen Gliedern unseres Schemas bleiben also nur wenige übrig, die cos-Glieder mit $k \pm r = x \cdot 2n$, und für sie ist die Summe stets $2n$. Damit ist aber unsere Aufgabe beendet, denn nun ergibt sich als Lösung der Gleichung (382) für a_k, von der wir ausgingen:

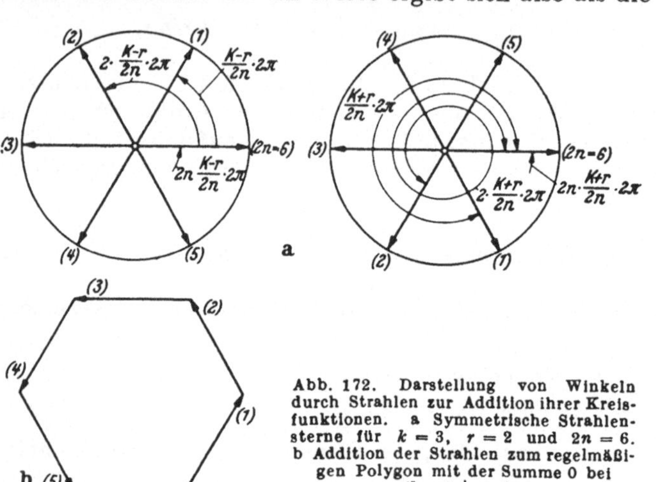

Abb. 172. Darstellung von Winkeln durch Strahlen zur Addition ihrer Kreisfunktionen. a Symmetrische Strahlensterne für $k = 3$, $r = 2$ und $2n = 6$. b Addition der Strahlen zum regelmäßigen Polygon mit der Summe 0 bei $(k - r) \neq x \cdot 2n$.

$$n\,a_k = \begin{cases} +n \sum^r (a'_r) \text{ für alle Werte von } r = 2nx - k\,, \\ -n \sum^r (a'_r) \text{ für alle Werte von } r = 2nx + k\,. \end{cases} \tag{385}$$

Nach Wegkürzen von n und Ausschreiben der Summen ergibt sich also:

$$a_k = a'_k - a'_{2n-k} + a'_{2n+k} - a'_{4n-k} + a'_{4n+k} - a'_{6n-k} + a'_{6n+k} \\ \ldots - a'_{2xn-k} + a'_{2xn+k} \ldots \tag{386}$$

Und gleicherweise:

$$b_k = b'_k + b'_{2n-k} + b'_{2n+k} + b'_{4n-k}\,b + {}'_{4n+k} + \ldots b'_{2xn-k} + b'_{2xn+k} + \ldots \tag{387}$$

Die Abweichung des nach RUNGE gefundenen Koeffizienten a_k vom wahren Wert a'_k wird also bestimmt durch den wahren Oberwellengehalt der Kurve. Analysiert man nach RUNGE eine reine Sinuskurve mit 12 Punkten auf der Halbwelle, so ergibt sich a_1 genau $= i_{max}$ und ebenso genau alle anderen Koeffizienten richtig Null. Überhaupt sind alle auf diese Weise ermittelten Koeffizienten richtig, wenn keine Oberwellen in der Kurve enthalten sind, deren Ordnungszahl höher ist als die Differenz zwischen der Ordnungszahl der höchsten ermittelten Oberwelle und der Ordinatenzahl für die Gesamtwelle. Beim 12-er Schema, das wir oben benutzten, ist also in der Grundwelle noch mitenthalten der Beitrag, der von den Oberwellen der 23. und 25. Ordnung, der 47. und 49. Ordnung usw. herrührt ($2nx \pm 1$). Sie wird damit recht genau gefunden werden, weil der Anteil solch hochordniger Oberwellen in den elektrotechnisch wichtigen Kurvenformen meist sehr gering ist. Selbst bei der ausgesprochen oberwellenreichen rechteckigen Kurvenform, die wir als Muster behandelten, beträgt ja der Anteil der ersten als Korrektur in Frage kommenden Oberwelle erst 1/23 der Grundwelle, die also dadurch um 4 % falsch werden könnte, wenn sich nicht der Anteil der 25. Oberwelle sogar noch im entgegengesetzten Sinne auswirken würde, weil sie selbst positiv ist, aber mit entgegengesetztem Vorzeichen in dem soeben aufgedeckten Zusammenhang an der Bildung des Fehlers beteiligt ist. So ist also praktisch die Grundwelle richtig, aber die Oberwellen werden mit steigender Ordnungszahl mit immer größeren Fehlern behaftet. Bei der letzten überhaupt noch bestimmbaren Oberwelle, der 11., tritt als nächste fehlerbildende Welle ja die (24.—11.) = 13. auf, die beinahe ebenso groß wie die 11. ist und somit das Ergebnis im stärksten Maße fälscht, zumal hier die nächste Oberwelle schon so viel höher liegt ($(24+11) = 35$), daß sie den Fehler nur in bescheidenem Maße vermindern kann. Tatsächlich tritt sogar nur die Differenz der beinahe gleich großen 35. und 37. Oberwelle als fehlermindernd auf.

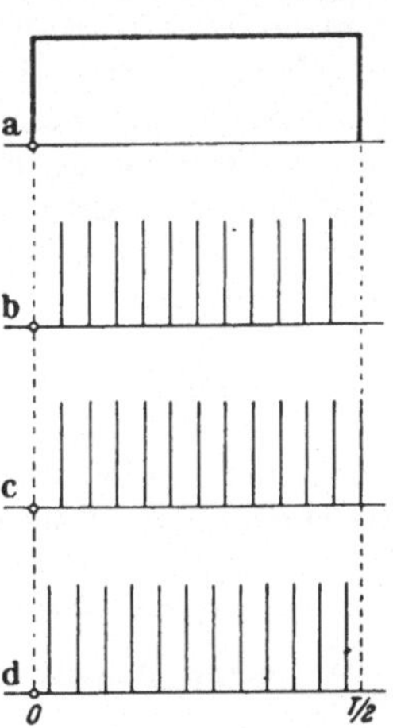

Abb. 173. Zur Frage der Koordinatenwahl bei der rechnerischen Analyse nach RUNGE. a Die Rechteckkurve. b Unsymmetrische Koordinatenwahl nach RUNGE mit künstlicher Symmetrierung durch Weglassung einer Ordinate ergibt falschen Mittelwert der Halbwelle. c Unsymmetrische Koordinatenwahl nach RUNGE ohne künstliche Symmetrierung ergibt Phasenverschiebung. d Symmetrische Koordinatenwahl vermeidet beide Fehler.

Wir können aber dies Kapitel nicht abschließen, ohne zuvor noch auf eine Ungenauigkeit aufmerksam zu machen, die wir — allgemeinem Brauch folgend — auf S. 172 beim Beispiel der Rechteckkurve begangen haben. Wir „unterschlugen" dort die 12. Ordinate, um keine cos-Glieder aus dem Faltungsschema zu erhalten. Sachlich ist das aber nicht richtig, denn damit haben wir ja, wenn wir jeder Ordinate das Zeitintervall Δt zuordnen, eine Ersatzkurve mit weit kleinerem Mittelwert der Halbwelle analysiert als dem der echten Rechteckkurve. Man wird aber verlangen müssen, daß die gleiche Ordinatenauswahl, die für die Analyse benutzt wird, auch den arithmetischen Mittelwert, Gl. (21), richtig wiedergibt.

Man muß also 12 Ordinaten der Höhe h benutzen, um nicht anstatt des Rechtecks der Abb. 173a den „Stakétenzaun" der Abb. 173b zu analysieren, dessen Halbwellenmittelwert um 1/12 zu klein ist. Nimmt man nun die 12. Ordinate am Ende der Halbwelle mit dem Werte h hinzu, analysiert also nun den „Staketenzaun" der Abb. 173c, so ergibt das Faltungsschema (377):

	h	h	h	h	h	h	
h	h	h	h	h	h		
	$2h$	$2h$	$2h$	$2h$	$2h$	h	Summen
$-h$	0	0	0	0	0	0	Differenzen

Damit verändern sich gegenüber der üblichen Rechnungsweise die sin-Glieder nicht, es treten aber nun cos-Glieder auf, die für alle Ordnungen gleich groß sind, nämlich 0,167 h.

Zusammengestellt ergeben sich:

Ordnung	1	3	5	7	9	11
a-Koeffizient .	1,266	0,402	0,217	0,128	0,069	0,022
b-Koeffizient .	0,167	0,167	0,167	0,167	0,167	0,167
c-Koeffizient .	1,277	0,435	0,273	0,210	0,180	0,168
Analytisch . .	1,273	0,424	0,255	0,182	0,142	0,116

in sehr viel besserer Übereinstimmung mit den analytischen Werten für die Gesamtamplitude c der aus sin- und cos-Gliedern quadratisch zusammengesetzten Einzelwellen. Auch hier ist noch immer der Fehler bei den höheren Oberwellen größer, die Übereinstimmung mit den echten Werten ist aber doch merklich besser als bei dem üblichen Verfahren. Daß dabei cos-Glieder auftreten, ist freilich ein Schönheitsfehler, aber es kann auch nicht geleugnet werden, daß der das Rechteck ersetzende Staketenzaun (Abb. 173c) in der Tat um einen gewissen Betrag gegen den Nulldurchgang nacheilt, seine Analyse also cos-Wellen notwendig enthalten muß. Es erscheint somit allerdings fraglich, ob es überhaupt sinnvoll ist, die Ordinatenauswahl so schematisch zu treffen, daß sich für die Analyse eine Ersatzkurve ergibt, die sich in wesentlichen Punkten von der vorgelegten Kurve unterscheidet. Beim Verfahren nach S. 172 war das der arithmetische Mittelwert einer Halbwelle, beim soeben behandelten Fall die Phasenlage.

In der Tat lassen sich aber beide Fehler ohne Mehraufwand an Rechenarbeit vermeiden, wenn man das Originalverfahren von Runge ein wenig abwandelt und die Ordinatenmeßpunkte um eine halbe Ordinatenteilung nach vorwärts verschiebt. Man mißt dann also die Ordinaten in anderen Zeitpunkten und hat naturgemäß nun auch mit anderen Winkelfunktionen zu multiplizieren. An Stelle der Faktoren $\frac{2}{n}\sin(m\pi/n)$ des alten Runge-Schemas nach Gl. (376) treten nunmehr beim „symmetrischen“ Runge-Schema die Faktoren: $\frac{2}{n}\sin\left((m-1/2)\,\frac{\pi}{n}\right)$, so daß sich folgende Vorzahlen für das 12er Schema ergeben:

$$\begin{aligned}
1/6 \sin 7{,}5^\circ &= 0{,}0219\\
1/6 \sin 22{,}5^\circ &= 0{,}0638\\
1/6 \sin 37{,}5^\circ &= 0{,}1015\\
1/6 \sin 52{,}5^\circ &= 0{,}1322\\
1/6 \sin 67{,}5^\circ &= 0{,}1539\\
1/6 \sin 82{,}5^\circ &= 0{,}1652
\end{aligned} \qquad \text{Für Schemen mit anderen Ordinatenzahlen entsprechend.} \tag{388}$$

Auch die Eintragung ins Rechenschema Tabelle 6 erfolgt ganz analog wie beim normalen Runge-Schema Tabelle 5 nach dem schrittweisen Verfahren, das auf S. 171 beschrieben ist.

Wegen des höheren Grades an Symmetrie ist es sogar noch einfacher als das übliche Schema:

Tabelle 6.

Faktor \ Ordnung	1	3	5	7	9	11
0,0219	s_1	—	$-s_3$	$+s_4$	—	$-s_6$
0,0638	s_2	$s_1+s_4-s_5$	$-s_5$	$+s_2$	$-s_2-s_3+s_6$	$+s_5$
0,1015	s_3	—	$+s_1$	$-s_6$	—	$-s_4$
0,1322	s_4	—	$+s_6$	$+s_1$	—	$+s_3$
0,1539	s_5	$s_2+s_3-s_6$	$+s_2$	$+s_5$	$+s_1+s_4-s_5$	$-s_2$
0,1652	s_6	—	$-s_4$	$-s_3$	—	$+s_1$

(389)

Abweichend vom normalen Runge-Schema ist auch das Faltungsschema, das ebenfalls einen höheren Grad von Symmetrie aufweist: Die Summen und Differenzen werden nach dem Schema gebildet:

$$\begin{array}{cccccc} i_1 & i_2 & i_3 & i_4 & i_5 & i_6 \\ i_{12} & i_{11} & i_{10} & i_9 & i_8 & i_7 \\ \hline s_1 & s_2 & s_3 & s_4 & s_5 & s_6 \\ d_6 & d_5 & d_4 & d_3 & d_2 & d_1 \end{array} \qquad (390)$$

Analysiert man nun nach diesem Schema die Rechteckkurve, ersetzt sie also durch den „Staketenzaun" der Abb. 173d, so ergeben sich alle Summen $(s_1 \ldots s_6) = 2h$ und alle Differenzen $(d_1 \ldots d_6) = 0$. Wir erhalten also ordnungsmäßig keine cos-Glieder und bekommen nunmehr in einem Zuge als a-Koeffizienten die vollen Amplituden aller Oberwellen, die wir nach Abb. 173c erst durch Effektivwertbildung aus den a- und b-Koeffizienten ermitteln mußten, mit dem gleichen Betrage, den wir nachstehend noch einmal den Werten nach dem unsauberen Verfahren der Abb. 173b und den genauen analytischen Werten gegenüberstellen:

Tabelle 7.

Ordnung	1	3	5	7	9	11
Unsymmetrisches RUNGE-Verfahren, künstlich symmetriert	1,266	0,402	0,217	0,128	0,069	0,022
Symmetrisches RUNGE-Verfahren	1,277	0,435	0,273	0,210	0,180	0,168
Analytisch	1,273	0,424	0,255	0,182	0,142	0,116
Abweichung vom wahren Wert in 0,001						
symmetrisch	+ 4	+ 11	+ 18	+ 28	+ 38	+ 52
unsymmetrisch	− 7	− 22	− 38	− 54	− 73	− 94

Bei jeder einzelnen Welle ist die Abweichung geringer, die mittlere Abweichung beträgt im symmetrischen Fall 0,025, im unsymmetrischen Fall ist sie mit 0,048 fast doppelt so groß. Unterschiede zwischen beiden Fällen werden nicht immer so kraß in Erscheinung treten, wie bei dieser oberwellenreichen Kurve, sind aber immer vorhanden. Sie verschwinden, wie in den folgenden Ausführungen gezeigt wird, nur dann, wenn die Kurve keine höheren Oberwellen enthält, als nach RUNGE berechnet werden können. Je kleiner also die höheren Oberwellen in einer Kurvenform sind, um so besser stimmen die Ergebnisse nach den beiden RUNGEschemen unter sich und mit den wahren Werten überein. Eine Errechnung der Koeffizienten nach beiden Verfahren ergibt in gewissem Sinne bereits Aufschluß darüber, in welchem Betrage höhere Oberwellen mitspielen.

Eine andere Betrachtungsweise des mit dem alten RUNGE-Verfahren beim Rechteck beispielsweise begangenen Fehlers führt uns in der Erkenntnis vom Wesen der Fehlerbildung bei den RUNGE-Verfahren noch einen Schritt weiter. Untersucht man zunächst mit Hilfe des auf S. 173 angewandten Verfahrens, durch welche Oberwellen der wahren Kurve die nach RUNGE ermittelten Koeffizienten beim symmetrischen Verfahren verfälscht werden, so findet man, daß die gleichen Oberwellen-Koeffizienten in beiden Fällen eingehen. Für den symmetrischen Fall wird der ermittelte Koeffizient:

$$a_k = \sum^z (a'_{2zn+k} - a'_{2zn-k}) \cdot (-1)^z \qquad (391)$$

gegen

$$a_k = \sum^z (a'_{2zn+k} - a'_{2zn-k}) \qquad \text{nach (386)}$$

für den unsymmetrischen Fall, worin die gestrichenen Koeffizienten wieder wie früher die „wahren" Koeffizienten der Kurve, die ungestrichenen die aus der Analyse gefundenen bedeuten. Aus diesem Ergebnis folgt, daß sich durchaus Kurven finden lassen, bei deren Analyse die symmetrische Form des RUNGE-Verfahrens größere Fehler liefert als die unsymmetrische, daß also die obige Feststellung kleinerer Fehler beim Rechteck rein zufällig ist. Je nach Vorzeichen und Größe der Koeffizienten wird das eine oder andere Verfahren „richtigere" Koeffizienten liefern. In jedem Falle aber wird das Ergebnis dem wahren Wert um so näher kommen, je weniger und kleinere Oberwellen die Kurve über die $(n-1)$. Ordnung hinaus enthält.

Sogar über den Fehler, der bei der „unsauberen" Methode entsteht, wenn man die unsymmetrische Verteilung nach Abb. 173c benutzt, gibt eine gleichartige Untersuchung Auskunft. Man kann sich ja vorstellen, daß in diesem Fall die für jeden Abschnitt der Abszissenachse repräsentativen Ordinaten, die eigentlich der Abschnittsmitte zuzuordnen wären, fälschlich mit den Kreisfunktionswerten für einen am Ende des jeweiligen Abschnitts liegenden Zeitpunkt multipliziert werden. Was damit geschieht, wird deutlicher, wenn man nicht ein Rechteck, sondern eine andere Kurve diesem Verfahren unterwirft. Man analysiert dann statt der wahren Kurve *a* nach Abb. 174 die nacheilend verschobene Kurve, die als *c* in diese Abbildung eingetragen ist. Umgekehrt könnte man natürlich auch mit dem Anfangszeitpunkt für die Kreisfunktionswerte arbeiten und würde dann sozusagen die voreilende Kurve *b* analysieren.

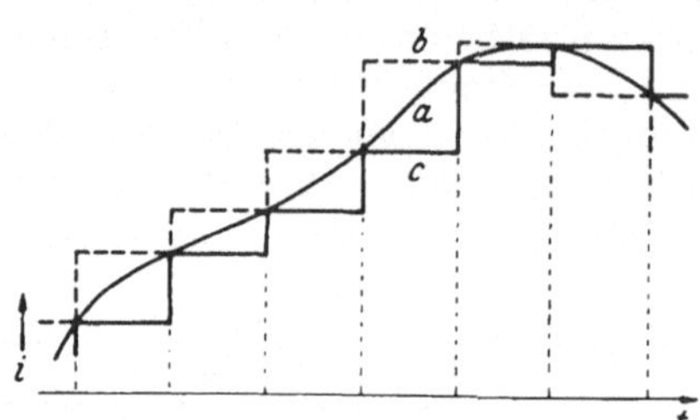

Abb. 174. Ersatz einer Kurve (*a*) durch ein voreilendes (*b*) oder ein nacheilendes (*c*) Blockschema.

Die Durchrechnung der fehlerbringenden Koeffizienten ergibt nunmehr eine etwas kompliziertere Formel für die Bildung der ermittelten Ordinaten:

$$a_k = \sum_z (-1)^z \left\{(-a'_{2nz-k} + a'_{2nz+k}) \cos\frac{k\pi}{2n} \pm (b'_{2nz-k} + b'_{2nz+k}) \sin\frac{k\pi}{2n}\right\}.$$

Je nachdem man die voreilende oder nacheilende Kurve analysiert, tragen die b'-Koeffizienten der wahren Kurve nun auch positiv oder negativ zu den a-Koeffizienten bei, die man aus der Rechnung erhält. Außerdem erscheinen aber auch die Werte der Koeffizienten selbst mit den Faktoren $\cos\frac{k\pi}{2n}$ verfälscht wiedergegeben, was die steigende Abweichung der mit Hilfe des unsymmetrischen Runge-Verfahrens ermittelten Koeffizienten der Rechteckkurve erklärt.

Alles in allem genommen, ist das Runge-Verfahren in all seinen Abwandlungen den gleichen fehlerbildenden Einflüssen unterworfen, die vom Gehalt der Kurve an Oberwellen höherer Ordnung herrühren. Je nach dem Verfahren wechseln nur die Vorzeichen der Beteiligung höherer Koeffizienten an der Bildung und gegebenenfalls auch die Anteile, die sin-Koeffizienten zu cos-Gliedern liefern und umgekehrt.

Somit können wir zusammenfassend feststellen, daß das Rungesche Verfahren ein ausgesprochenes „Grundwellenverfahren" ist. Es liefert von allen Koeffizienten die der Grundwelle am genauesten, wenn, wie das meistens der Fall ist, die Oberwellen mit steigender Ordnungszahl abnehmen. Es ist insofern auch ein brauchbares Verfahren für „glatte" Kurven, wenn wir darunter solche Kurven verstehen, die überhaupt nur eine begrenzte Zahl von Oberwellen enthalten. Es werden nach ihm ja alle Oberwellen mit dem völlig richtigen Betrag ermittelt, wenn zwischen ihrer Ordnungszahl k und der Ordnungszahl der höchsten vorhandenen Oberwelle k_{max} die Beziehung besteht: $k_{max} < 2n - k$.

b) Das Verfahren von Fischer-Hinnen.

Dagegen ist das Verfahren nach Fischer-Hinnen typisch zur Ermittlung einzelner Oberwellen geeignet. Bei ihm wird der Rechenaufwand bei mittleren Ordnungszahlen der zu ermittelnden Oberwelle am kleinsten. Aber auch Oberwellen relativ hoher Ordnungszahl lassen sich mit ihm unmittelbar ohne gleichzeitige Ermittlung anderer Oberwellen finden, die oft uninteressant sind.

Man teilt nach ihm die Periode der vorgelegten Kurve von einem gewählten Anfangspunkt der Zeitrechnung aus in eine Anzahl von k gleichen Abschnitten, wenn k die Ordnungszahl der Oberwelle ist, die man bestimmen will, mißt die den so gefundenen Zeitpunkten zugeordneten Augenblickswerte und summiert sie. Was ergibt sich dabei?

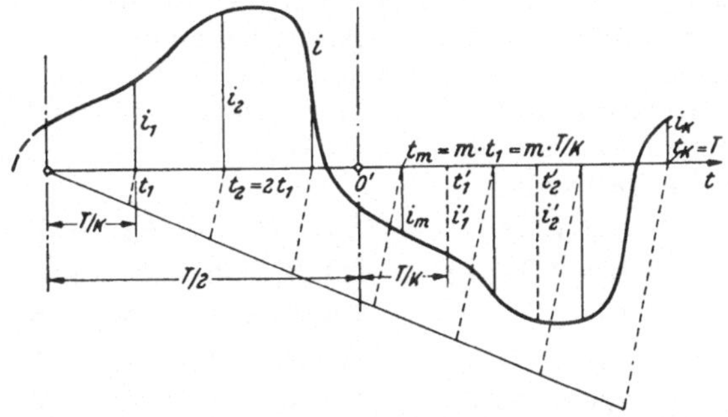

Abb. 175. Ermittlung der FOURIER-Koeffizienten durch Ordinatensummen nach FISCHER-HINNEN.

Setzt sich die Kurve aus wahren Oberwellen mit den Koeffizienten a_r' und b_r' zusammen nach dem allgemeinen Zeitgesetz der FOURIER-Reihe, in die sie in bezug auf diesen Zeitnullpunkt zerlegt gedacht werden kann:

$$i = \sum_{1}^{\infty} {}^{r} \, (a_r' \cdot \sin r\,\omega\, t + b_r' \cdot \cos r\,\omega\, t)\,, \tag{392}$$

so ergibt die Messung einer Ordinate an der Stelle $t_m = m\, T/k$ den Ordinatenwert:

$$i_m = \sum_{1}^{\infty} {}^{r} \left(a_r' \cdot \sin r\,\frac{m}{k} \cdot 2\pi + b_r' \cdot \cos r\,\frac{m}{k} \cdot 2\pi\right). \tag{393}$$

Hierin ist r wieder die Laufzahl der Oberwellenordnung von $1\ldots\infty$, und m eine ebenfalls ganzzahlige Laufzahl, die dem Ordinatenpunkt zugeordnet ist und von $1\ldots k$ geht entsprechend der Abszissenteilung (s. Abb. 175, die zugleich das übliche Verfahren zur Abszissenteilung enthält, das ohne Text verständlich sein dürfte). Die Ordinatensumme finden wir also als:

$$B_k = \sum_{1}^{k} {}^{m}\, i_m = \sum_{1}^{k} {}^{m} \sum_{1}^{\infty} {}^{r} \left(a_r' \cdot \sin m \cdot \frac{r}{k} \cdot 2\pi + b_r' \cdot \cos m \cdot \frac{r}{k} \cdot 2\pi\right). \tag{394}$$

Kehren wir wieder wie bei der Besprechung der Fehler des RUNGE-Verfahrens die Reihenfolge der Addition um — addieren also, wenn wir uns die Reihen in einem Schema ausgeschrieben denken, dessen Zeilen unendlich lang ($r = 1\ldots\infty$) sind, und dessen Spaltenlänge endlich ist ($m = 1\ldots k$), zuerst die Spalten auf, so haben wir Summen der Form:

$$\sum_{1}^{k} {}^{m} \sin m \cdot \frac{r}{k} \cdot 2\pi \quad \text{und} \quad \sum_{1}^{k} {}^{m} \cos m \cdot \frac{r}{k} \cdot 2\pi \tag{395}$$

zu bilden. Die Argumente dieser Kreisfunktionen, in denen m als Laufzahl enthalten ist, bilden aber wieder einen ebensolchen symmetrischen Strahlenstern wie in der Abb. 172, solange nicht $r = x \cdot k$, wo x eine beliebige ganze Zahl ist. Ist das der Fall, so sind alle Winkel gleich Vielfachen von 2π und ihre Strahlen liegen aufeinander in der Nullachse. Bei der Addition der „Einheitsstrahlen" für die Winkel addieren sich diese wieder für alle Fälle zu Null mit Ausnahme der Sonderfälle, wo die cos-Summe k, die sin-Summe aber auch noch Null beträgt. Von allen Gliedern unseres gedachten großen Schemas bleiben also nur die übrig, für die $r = x\,k$ ist und die Ordinatensumme läßt sich also einfach schreiben:

$$B_k = k \sum_{1}^{\infty} {}^{x}\, b_{xk}' \qquad x = 1, 2, 3, \ldots \tag{396}$$

Haben wir also beispielsweise die Periodendauer in 7 gleiche Teile eingeteilt, so ist die Ordinatensumme der 7 Augenblickswerte:

$$B_7 = 7\,(b'_7 + b'_{14} + b'_{21} + b'_{28} + \ldots)\,. \tag{397}$$

Zu ihr tragen nur *die* Oberwellen bei, die ganzzahlige Vielfache der Teilungszahl 7 sind, und auch von diesen nur die cos-Glieder in bezug auf den gewählten Anfangszeitpunkt der Teilung. Nur sie haben immer zusammenfallend mit den Teilpunkten ihr Maximum; die Sinuswellen dieser Ordnungen gehen dagegen alle gerade in diesen Zeitpunkten durch Null. Bezeichnen wir die Ordinatensummen, die so mit verschiedenen Abszissenteilungen gewonnen werden können mit B_k, so ist für spiegelbildliche Halbwellen:

$$\left.\begin{array}{lll}
\text{für 1 Teil:} & B_1 = b'_1 + b'_3 + b'_5 + b'_7 + b'_9 + b'_{11} + [\ldots, \\
\text{für 3 Teile:} & 1/3\,B_3 = b'_3 + b'_9 + [b'_{15} + b'_{21} + b'_{27} + \ldots, \\
\text{für 5 Teile:} & 1/5\,B_5 = b'_5 + [b'_{15} + b'_{25} + b'_{35} + \ldots, \\
\text{für 7 Teile:} & 1/7\,B_7 = b'_7 + [b'_{21} + b'_{35} + \ldots, \\
\text{für 9 Teile:} & 1/9\,B_9 = b'_9 + [b'_{27} + b'_{45} + \ldots, \\
\text{für 11 Teile:} & 1/11\,B_{11} = b'_{11} + [b'_{33} + \ldots.
\end{array}\right\} \tag{398}$$

Man kann also, wenn man jeweils für technische Zwecke alle Oberwellen mit höherer Ordnung als der 11. und also die jeweils hinter der einseitig offenen Klammer stehenden Ausdrücke vernachlässigt, die Koeffizienten der cos-Glieder der 5. bis 11. Ordnung jeweils in einem Arbeitsgang ohne Rücksicht auf alle anderen bestimmen. Wir haben also ein Direktverfahren für die einzelne Oberwelle. Zur Bestimmung der dritten Oberwelle allerdings müssen wir zunächst die 9. bestimmen, um dann zu berechnen:

$$b'_3 \approx \frac{1}{3} B_3 - \frac{1}{9}\,B_9\,. \tag{399}$$

Die Bestimmung der Grundwelle nach diesem Verfahren setzt sogar voraus, daß man zuvor alle Oberwellen für sich bestimmt habe, oder was dasselbe bedeutet, ihre Ordinatensummen ermittelt habe. Erst dann ergibt sich die Amplitude des cos-Gliedes der Grundwelle:

$$b'_1 \approx B_1 - \frac{1}{3} B_3 - \frac{1}{5} B_5 - \frac{1}{7} B_7 - \frac{1}{11}\,B_{11}\,. \tag{400}$$

Das Glied mit B_9 fehlt in dieser Reihe, weil es als Korrektur an b'_3 in gleicher Höhe eingeht. Es ist also zusammengestellt:

$$\left.\begin{array}{l}
b'_1 \approx B_1 - 1/3\,B_3 - 1/5\,B_5 - 1/7\,B_7 - 1/11\,B_{11}\,, \\
b'_3 \approx 1/3\,B_3 - 1/9\,B_9\,, \\
b'_5 \approx 1/5\,B_5\,, \\
b'_7 \approx 1/7\,B_7\,, \\
b'_9 \approx 1/9\,B_9\,, \\
b'_{11} \approx 1/11\,B_{11}\,.
\end{array}\right\} \tag{401}$$

Die Ermittlung der sin-Glieder ist in der gleichen Weise durchführbar. Man beginnt die Teilung der Periode von einem um 90° verschobenen Teilpunkt aus. Er ist in Abb. 175 mit O' gekennzeichnet. Die Ordinatensummen der Augenblickswerte, die den von diesen Teilpunkten bestimmten Zeitpunkten entsprechen, enthalten nur den k-fachen Betrag aller der Wellen mit der Ordnungszahl xk, die in bezug auf diesen Zeitpunkt cos-Wellen sind. Solche Wellen sind dann mit Bezug auf den alten Anfangspunkt O aber sin-Wellen, wobei wir nur zu berücksichtigen haben, daß mit der Nullpunktverschiebung auch die Vorzeichen der sin-Wellen sich mitändern. Mit Berücksichtigung dieser alternierenden Vorzeichen erhält man also:

$$\left.\begin{aligned} A_1 &= a_1' - a_3' + a_5' - a_7' + a_9' - a_{11}' + [- \dots . \\ A_3 &= 3\,(-a_3' + a_9' - [a_{15}' + a_{21}' - + \dots) . \\ A_5 &= 5\,(a_5' - [a_{15}' + a_{25}' - a_{35}' + - \dots) . \\ A_7 &= 7\,(-a_7' + [a_{21}' - a_{35}' + a_{49}' - + \dots) . \\ A_9 &= 9\,(a_9' - [a_{27}' + a_{45}' - a_{63}' + - \dots) . \\ A_{11} &= 11 \cdot (-a_{11}' + [a_{33}' - a_{55}' + - \dots) . \end{aligned}\right\} \quad (402)$$

Hieraus kann man entsprechend Gl. (401) durch Umkehrung die Gleichungen für die a'-Werte erhalten:

$$\left.\begin{aligned} a_1' &\approx A_1 \quad - 1/3\,A_3 \quad - 1/5\,A_5 \quad - 1/7\,A_7 \quad - 1/11\,A_{11} , \\ a_3' &\approx - 1/3\,A_3 + 1/9\,A_9 , \\ a_5' &\approx 1/5\,A_5 , \\ a_7' &\approx - 1/7\,A_7 , \\ a_9' &\approx 1/9\,A_9 . \\ a_{11}' &\approx - 1/11\,A_{11} . \end{aligned}\right\} \quad (403)$$

Für die technischen Fälle ist damit die Aufgabe gelöst. Etwas schwieriger werden die Lösungen, wenn die Kurvenform auch geradzahlige Anteile enthält. Zwar erhält man natürlich unabhängig vom Vorhandensein solcher geradzahligen Oberwellen die ungeradzahligen nach dem obigen Schema richtig, muß aber auch die geradzahligen Glieder in den Reihen berücksichtigen. Das macht bei den cos-Gliedern keine Schwierigkeiten. Bei den sin-Gliedern, die man mit der um 90° versetzten Teilung ermittelt, bleiben aber die geradzahligen cos-Anteile wieder cos-Anteile und wechseln nur das Vorzeichen. Man muß also hier in die Berechnung der a'-Werte auch für die ungeraden Wellen mit cos-Gliedern der geradzahligen eingehen. Und die Bestimmung der geradzahligen sin-Glieder gelingt mit einer Teilung vom Nullpunkt O' mit 90° Verschiebung überhaupt nicht. Man muß dann verschiedene Nullpunkte wählen, um Ergebnisse zu erhalten. So kann man die vierzähligen Oberwellen nur von einem um 45° verschobenen Nullpunkt aus bestimmen, die achtzähligen nur von einem, der um 22,5° verschoben ist, und so weiter. An Hand des Verschiebungsschemas Tab. 3 (s. S. 139) wird man im Einzelfall leicht bestimmen können, welcher Nullpunkt das gewünschte Ergebnis zeitigt.

c) Das Verfahren nach SCHÖNBACHER-JORDAN.

Auf einem ganz anderen Prinzip ist ein von SCHÖNBACHER und JORDAN angegebenes Verfahren aufgebaut. Wir betrachten als Ausgangspunkt für dieses Verfahren die Aufgabe, die Oberwellenkoeffizienten zu bestimmen, die in einem mit der Periode T wiederholten Stromstoß von außerordentlich kleiner Dauer enthalten sind, der aber in dieser gegen Null gehenden Zeit eine Ladung vom Betrage $q = q_1$ transportiert. Ein solcher Kurzzeitimpuls ist in Abb. 176 dargestellt. Er trete im Zeitpunkt t_1 der Periode auf. Nach Gl. (342) erhalten wir seine Koeffizienten aus den Formeln:

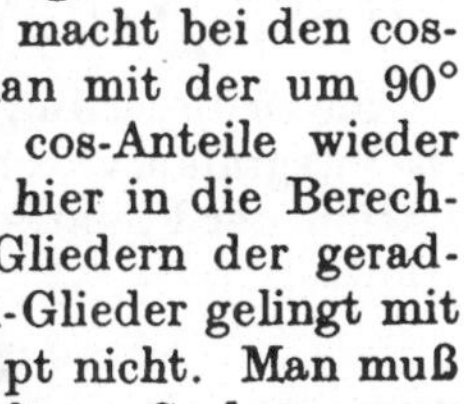

$$a_k = \frac{2}{T} \int_0^T i \cdot \sin k\,\omega\,t\,dt ,$$

$$b_k = \frac{2}{T} \int_0^T i \cdot \cos k\,\omega\,t\,dt .$$

Abb. 176. Harmonische Analyse eines Ladungsstoßes (Impuls).

Außer während des sehr kleinen Zeitabschnitts Δt ist nun $i = 0$; nur das Zeitelement Δt liefert also einen Beitrag zu den a_k und b_k. Wenn es gegen Null geht, können wir während seiner Dauer die Kreisfunktionen als konstant betrachten und vor die Integrale ziehen:

$$a_k = \frac{2}{T} \sin k\,\omega\,t_1 \int\limits_{\Delta t} i\,dt\,, \qquad b_k = \frac{2}{T} \cos k\,\omega\,t_1 \int\limits_{\Delta t} i\,dt$$

$$= \frac{2}{T}\,q_1 \sin k\,\omega\,t_1 \qquad\qquad = \frac{2}{T}\,q_1 \cos k\,\omega\,t_1\,.$$

Die FOURIER-Reihe eines solchen Stromstoßes lautet also:

$$i = \sum{}^k \left[\frac{2}{T}\cdot q_1 \sin k\,\omega\,t_1 \sin k\,\omega\,t + \frac{2}{T}\,q_1 \cos k\,\omega\,t_1 \cos k\,\omega\,t\right] \tag{404}$$

wobei die Vorzahlen nur von der Phasenlage des Impulses in der Periode abhängen, somit auch bei sehr hoher Ordnungszahl noch hohe Werte annehmen können. Ein solcher Kurvenverlauf hat also nicht wie die bisher besprochenen Kurvenformen monoton abnehmende Koeffizienten.

Treten nach Abb. 177a mehrere solcher Stromstöße in einer Periode T auf, so ergeben sich natürlich die FOURIER-Vorzahlen durch Summation über alle diese Stöße, die wir fortlaufend mit der Laufzahl r numerieren.

$$a_k = \frac{2}{T} \sum{}^r q_r \sin k\,\omega\,t_r; \qquad b_k = \frac{2}{T} \sum{}^r q_r \cos k\,\omega\,t_r\,. \tag{405}$$

Die FOURIER-Reihe der Stromkurve lautet dann:

$$i = \frac{2}{T}\cdot \sum{}^k \left[\left(\sum{}^r q_r \sin k\,\omega\,t_r\right)\cdot \sin k\,\omega\,t + \left(\sum{}^r q_r \cos k\,\omega\,t_r\right)\cdot \cos k\,\omega\,t\right]. \tag{406}$$

Die zu dieser Impulsfolge gehörende Kurve des Ladungsverlaufes zeigt Abb. 177b als Integralkurve zu Abb. 177a. Ihre FOURIER-Zerlegung müssen wir aus der Integration der FOURIER-Reihe der zugehörigen Stromkurve erhalten, die wir soeben ermittelten:

$$q = \int i\,dt = \int \sum{}^k \left[a_k \cdot \sin k\,\omega\,t + b_k \cdot \cos k\,\omega\,t\right]. \tag{407}$$

Wir dürfen gliedweise integrieren, wobei sich jeweils die sin-Funktion der Laufzeit t in eine (— cos)-Funktion, die cos-Funktion in eine sin-Funktion verwandelt und jedes Glied durch $k\omega$ zu dividieren ist. Wir erhalten also:

$$q = \frac{2}{T}\cdot \sum{}^k \left[\sum{}^r \left(-\frac{q_r}{k\,\omega} \sin k\,\omega\,t_r\right) \cos k\,\omega\,t + \sum{}^r \left(\frac{q_r}{k\,\omega} \cos k\,\omega\,t_r\right) \sin k\,\omega\,t\right] \tag{408}$$

und lesen daraus ab, daß die FOURIER-Koeffizienten einer Blockkurve mit Sprüngen um jeweils den Betrag q_r im Zeitpunkt t_r sich aus der Größe dieser Sprünge und ihrer Phasenlage einfach ermitteln lassen nach den Formeln:

$$a_{k_q} = \sum{}^r \left(\frac{2}{T}\cdot \frac{q_r}{k\,\omega} \cos k\,\omega\,t_r\right), \qquad b_{k_q} = \sum{}^r \left(-\frac{2}{T}\cdot \frac{q_r}{k\,\omega} \sin k\,\omega\,t_r\right). \tag{409}$$

Wir können diese Integration fortsetzen. Aus der Kurve der Abb. 177b entsteht durch eine zweite Integration die Kurve Abb. 177c, deren Ordinaten wir mit p bezeichnen wollen: $p = \int q\,dt$. Ihre FOURIER-Reihe erhalten wir durch eine neue Integration der FOURIER-Reihe (Gl. (408)) für q, also

$$p = \int q\,dt = \int \sum{}^k \left(a_{k_q} \sin k\,\omega\,t + b_{k_q} \cos k\,\omega\,t\right). \tag{410}$$

Ihre Koeffizienten sind also:

$$a_{k_p} = \sum{}^r \left(-\frac{q_r}{k^2\omega^2} \sin k\,\omega\,t_r\right), \qquad b_{k_p} = \sum{}^r \left(-\frac{q_r}{k^2\omega^2} \cos k\,\omega\,t_r\right). \tag{411}$$

Auch eine Kurve, die nach Abb. 177c aus Geraden verschiedener Neigung aufgebaut ist, kann also in einfacher Weise analysiert werden, wenn man die an den Knickstellen im Zeitpunkt t_r auftretenden Steilheitssprünge kennt. Denn das sind ja nun die q_r. In Abb. 177a sind sie die Flächen unter den Impulsen, in Abb. 177b sind sie die Ordinatensprünge und in Abb. 177c schließlich werden sie zu Steilheitssprüngen. Wir können also die Oberwellenanalyse einer Kurve auch so durchführen, daß wir ihre Unstetigkeitsstellen aufsuchen und nach den obigen Regeln feststellen, wieviel jede dieser Unstetigkeitsstellen zu den einzelnen Koeffizienten beiträgt. Wir beschränken uns dabei bewußt auf die oben behandelten drei ersten Stufen von Unstetigkeiten. Auch solche höherer Ordnung — Krümmungsunstetigkeiten wären die nächsten — tragen noch zu Oberwellen bei. Aus dem Aufbaugesetz ergibt sich aber, daß der Beitrag dieser schwächeren Unstetigkeiten zu den Oberwellen immer weniger ausmacht, weil ja mit jeder neuen Ordnung die Potenz von k im Nenner des Oberwellenanteiles ansteigt. Hier sehen wir auch den Grund dafür, daß die Vernachlässigung von Oberwellen höherer Ordnung in den technisch interessanten Fällen meist möglich ist. Solche Kurven weisen nur Unstetigkeiten höherer Ordnung auf, als wir sie oben behandelten. Im Nenner ihrer Oberwellenkoeffizienten kommt also mindestens der Faktor k^3 vor.

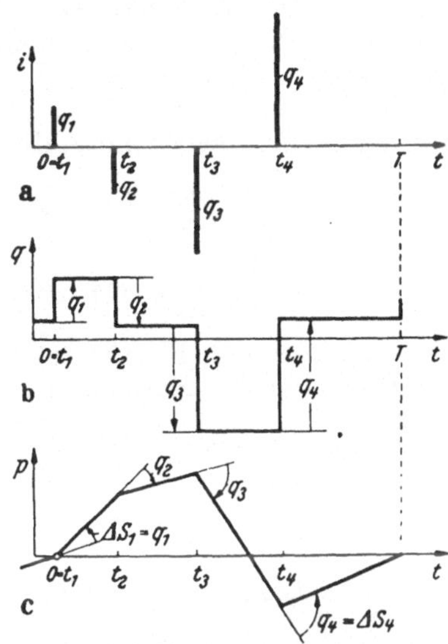

Abb. 177. Unstetigkeiten als Oberwellenerzeuger beim Analysenverfahren nach SCHÖNBACHER-JORDAN. a Harmonische Analyse einer Impulsfolge (Ladungssprünge). b Harmonische Analyse eines Blockschemas (Stromsprünge). c Harmonische Analyse eines Geradenzuges (Steilheitssprünge).

Das Verfahren von SCHÖNBACHER-JORDAN ist nun in zwei Richtungen von praktischem Interesse:

Einmal kommen technisch zeitliche oder räumliche Abläufe häufig vor, die den Kurvenformen der Abb. 177 entsprechen oder ihnen mindestens sehr nahe kommen. Eine Impulsfolge kann nach Abb. 177a behandelt werden. Das Blockschema der Abb. 177b entspricht weitgehend dem Stromverlauf bei Kommutierungsvorgängen an Maschinen und Umrichtern und dem Durchflutungsverlauf längs des Umfangs eines Induktors mit schmalen Nuten. Der letzte Fall kann aber auch genauer durch einen Geradenzug nach Abb. 177c wiedergegeben werden.

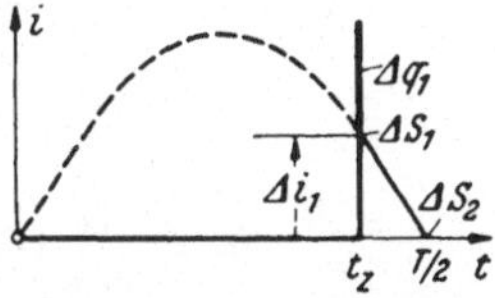

Abb. 178. Ladungssprünge (q), Stromsprünge (i) und Steilheitssprünge (S) an einer praktischen Stromkurve. (Stoßgesteuerte Entladungsstrecke.)

Zum anderen kann man aber auch beliebige Wechselstromkurven durch Ersatzkurven approximieren, die sich aus Unstetigkeiten der drei niedrigsten Stufen zusammensetzen. In Abb. 178 ist das an einem Beispiel gezeigt. Es ist hier angenommen, daß durch einen Stoß sehr kurzer Dauer, aber mit endlichem Ladungsinhalt — verglichen mit der sonst transportierten Ladung — ein Stromfluß eingeleitet wird, der im abklingenden Teil einer Sinushalbwelle liegt und beim Nulldurchgang selbsttätig erlischt. Hier gibt es nur zwei Unstetigkeitszeitpunkte, den Zündpunkt t_z und die Löschung bei $T/2$. Die Summierung geht also nur über 2 Werte von r. Im ersten Zeitpunkt $t_1 = t_z$ treten drei Arten von Unstetigkeiten auf, die wir nach dem Unstetigkeitsgrad geordnet bezeichnen wollen als:

Ladungsprung . . . Δq_1 (entsprechend Abb. 177a),
Stromsprung . . . Δi_1 (entsprechend Abb. 177b),
Steilheitssprung . . ΔS_1 (entsprechend Abb. 177c).

Im Zeitpunkt $t_2 = T/2$ treten keine Sprünge ersten und zweiten Grades auf, sondern nur einer dritten Grades, ein Steilheitssprung ΔS_2.

Jede solche Kurve können wir nun nach den Unstetigkeiten analysieren, indem wir mit sinngemäßer Bezeichnung der Sprünge mit den oben gewählten Namen: Ladungssprung, Stromsprung, Steilheitssprung Δq, Δi, ΔS, die man nach SCHÖNBACHER auch allgemeiner als „Flächensprung", „Höhensprung" und „Tangentensprung" bezeichnen könnte, die folgenden Summen auswerten:

$$\left.\begin{aligned} a_k &= \frac{2}{T}\cdot\sum_r\left(\Delta q_r\cdot\sin k\,\omega\,t_r + \frac{\Delta i_r}{k\,\omega}\cdot\cos k\,\omega\,t_r - \frac{\Delta S_r}{k^2\omega^2}\cdot\sin k\,\omega\,t_r\right),\\ b_k &= \frac{2}{T}\cdot\sum_r\left(\Delta q_r\cdot\cos k\,\omega\,t_r - \frac{\Delta i_r}{k\,\omega}\cdot\sin k\,\omega\,t_r - \frac{\Delta S_r}{k^2\omega^2}\cdot\cos k\,\omega\,t_r\right). \end{aligned}\right\}\quad(412)$$

Die so erhaltenen Koeffizienten sind bis zu beliebiger Ordnungszahl die wahren Koeffizienten der mathematischen Ersatzkurven, approximieren also auch bis zu beliebig hohen Ordnungszahlen der Oberwellen die wahren Werte um so besser, je genauer sich die Ersatzkurven den wahren Kurven anschmiegen. Wir werden diese Frage später noch genauer diskutieren (S. 190), wollen aber nun zunächst auf das Gebiet eingehen, wo sich das Verfahren besonders eignet, weil es sich um elektrotechnisch wichtige Kurven mit sehr wenigen Unstetigkeitsstellen handelt.

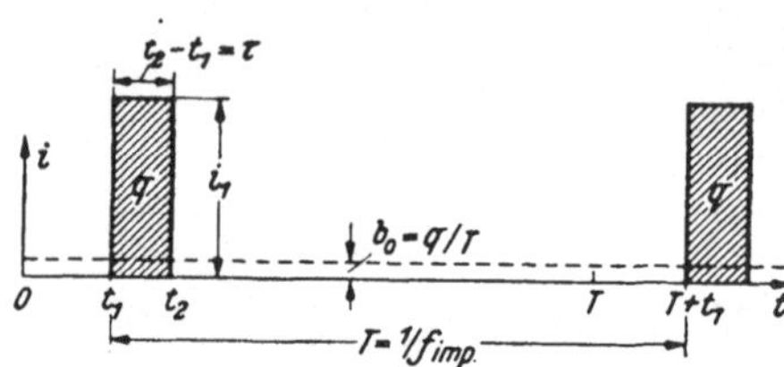

Abb. 179. Rechteckimpuls in periodischer Wiederholung.

Sowohl in der Telegraphentechnik, wie auch beim Fernsehen und Funkmessen spielt der Rechteckimpuls kurzer Dauer mit periodischer Wiederholung mit der Impulsfolgefrequenz $f_{imp} = 1/T$ nach Abb. 179 eine bedeutende Rolle. Während der kurzen Zeitspanne $\tau = t_2 - t_1$ fließt ein Strom mit der konstanten Stromstärke i_1. Sonst fließt kein Strom. Selbstverständlich enthält ein solcher Stromverlauf ein Gleichstromglied:

$$b_0 = \frac{1}{T}\int i\,d t = i_1\frac{t_2 - t_1}{T} = i_1\cdot\frac{\tau}{T}\,. \quad (413)$$

Wir fragen nach den Oberwellen und ihren Komponenten. Nach der allgemeinen Formel (Gl. (412)) erhalten wir — alle Δq_r und alle ΔS_r sind Null — sofort:

$$\left.\begin{aligned} a_k &= \frac{i_1}{\pi k}(\cos k\,\omega\,t_1 - \cos k\,\omega\,t_2) = \frac{2\,i_1}{\pi k}\sin k\,\omega\,t_m \sin\frac{k\,\omega\,\tau}{2}\,,\\ b_k &= \frac{i_1}{\pi k}(-\sin k\,\omega\,t_1 + \sin k\,\omega\,t_2) = \frac{2\,i_1}{\pi k}\cos k\,\omega\,t_m \sin\frac{k\,\omega\,\tau}{2}\,, \end{aligned}\right\}\quad(414)$$

worin wir zur Vereinfachung an Stelle von $\frac{t_1 + t_2}{2}$ den Wert t_m gesetzt haben, den Zeitpunkt der Impulsmitte, und an Stelle von $t_2 - t_1$ die Impulsdauer oder *Impulsbreite* τ. Die Amplitude der aus der sinus- und cosinus-Teilwelle zusammengesetzten Oberwelle erhalten wir durch Quadrieren, Addieren und Wurzelziehen:

$$c_k = \frac{2\,i_1}{\pi k}\sin(k\,\omega\,\tau/2)\,. \quad (415)$$

Wir erhalten diesen Wert als reinen cos-Anteil, wenn wir die Impulsmitte auf den Zeitpunkt $t = 0$ schieben, bzw. als reinen Sinus-Anteil, wenn wir ihn auf die Periodenmitte schieben. Führen wir als Maß für den Impuls an Stelle des Scheitelwertes für den Strom die vom Impuls transportierte Ladung nach Gl. (413) ein:

$$q = i_1\cdot\tau = b_0\cdot T\,,$$

so können wir das Ergebnis auch schreiben:

$$c_k = \frac{2q}{k\pi\tau} \cdot \sin(k\omega\tau/2) = 2b_0 \cdot \frac{\sin x}{x} \tag{416}$$

mit der Abkürzung: $x = k\omega\tau/2$. Nun gilt für kleine Werte von x die Beziehung: $\sin x \approx x$. Für kleine Werte von $k\omega\tau$ ist also der Bruch 1, d. h. für kurzdauernde Impulse ist die Amplitude der Grundwelle und aller Oberwellen niedriger Ordnungszahl gleich groß und doppelt so groß wie das Gleichstromglied, das wir in Gl. (413) berechneten. Bei höheren Ordnungszahlen fällt die Amplitude dann nach der Funktion $(\sin x)/x$ ab. Bei $x = \pi$, d. h. bei der Ordnungszahl $k_0 = T/\tau$ wird ihre Amplitude Null, um danach wieder zuzunehmen, aber doch vergleichsweise klein zu bleiben gegen die Wellen niedriger Ordnungszahl. Die Abb. 180 zeigt das Frequenzspektrum eines solchen Rechteckimpulses. Es reicht um so höher hinauf, je kürzer der Stoß im Vergleich zur Periodendauer der Impulswiederholung T dauert. Bezeichnen wir mit $\gamma = \frac{T-\tau}{\tau}$ das sogenannte *Impulsverhältnis*, d. h. den Quotienten aus Impulsdauer und Pausendauer, so liegt also die erste Nullstelle für die Oberwellenamplituden bei der Frequenz:

$$f_0 = f_{imp}(\gamma + 1)\,.$$

Verzichten wir auf die Oberwellen höherer Ordnungszahl, die wegen ihrer Amplitude wahrscheinlich nur wenig zur Bildung der Kurvenform beitragen, so stellt dieser Wert also den Bandbreitenbedarf dar für eine einigermaßen formgetreue Wiedergabe eines solchen Impulses. Allerdings wird, auch wenn man dieses Frequenzband ohne merklichen Frequenzgang der Amplituden und Phasen überträgt, der ankommende Impuls noch kein Rechteck sein, weil eben der Fortfall der höheren Harmonischen, d. h. Abbruch der FOURIER-Reihe, stets Abweichungen von der wahren Kurvenform bedingt, die sich natürlich im Fortfall der gröbsten Unstetigkeiten zeigen müssen. Die Ecken des Rechtecks werden also verschliffen und zwar sowohl oben, wie auch am Fuß. Man vergleiche hierzu die Approximation einer Rechteckwelle durch abgebrochene FOURIER-Reihen in Abb. 171.

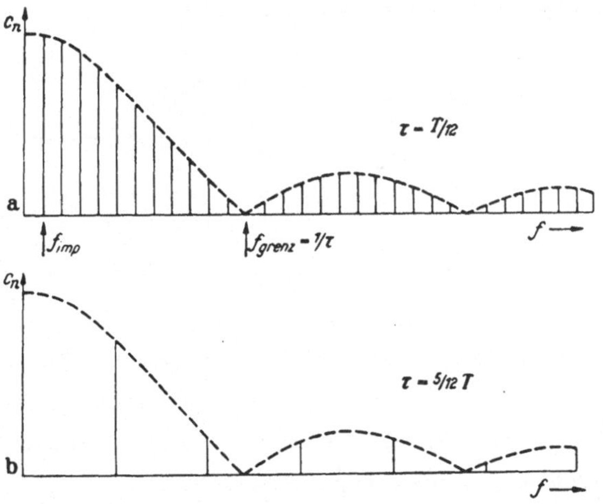

Abb. 180. Frequenzspektrum des Rechteckimpulses bei a niedriger und b hoher Impulsfrequenz.

Ist das Verhältnis der Nullstellenfrequenz zur Impulsfolgefrequenz nicht ganz so hoch, so entstehen für die Amplituden der Oberwellen eigenartige Schwankungen, die man erst sachlich übersieht, wenn man sich die Hüllkurve miteinträgt, wie das in Abb. 180 geschehen ist. Die einzelnen Linien des Frequenzspektrums liegen innerhalb der gleichen Hüllkurve weniger dicht.

Hat man diese Erkenntnis, so ist es nun ein Leichtes, die Frage zu beantworten, wie man die Zeitdauer eines Rechteckimpulses wählen muß, damit er keine Oberwelle bestimmter Ordnungszahl enthält. Soll z. B. die dritte Oberwelle nicht vorkommen, so fordert das, daß $3f_{imp}$ auf eine der Nullstellen der Funktion $(\sin x)/x$ fällt, die bei $x = z\pi$ liegen $(z = 1, 2, 3, \ldots)$. Die dritte Oberwelle verschwindet also wenn $\tau = T \cdot \frac{z}{3}$ ist. Das gilt natürlich sinngemäß, wenn wir auf einen positiven Impuls einen negativen Impuls in der zweiten Halbwelle folgen lassen. Hat keiner eine dritte Oberwelle, so haben sie auch zusammen keine. Eine Kurvenform nach Abb. 181 kommt also insofern einer Sinuskurve am nächsten, weil sie als erste Oberwelle die 5. enthält.

Ähnlich einfach kann man auch die Dreieckskurve analysieren (s. Abb. 182). Sie hat nur zwei Steilheitssprünge bei $t = T/4$ und $t = 3\,T/4$. Im ersten ändert

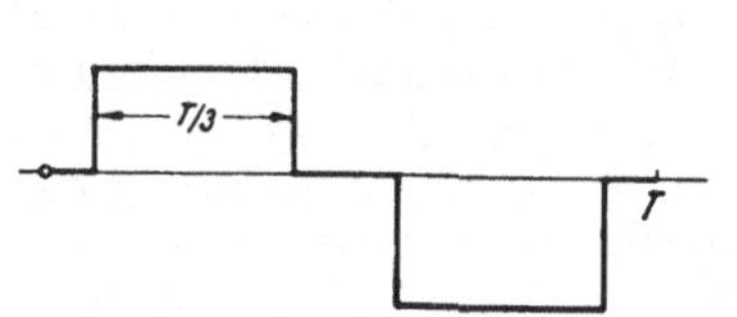

Abb. 181. Rechteckige Kurvenform ohne dritte Oberwelle.

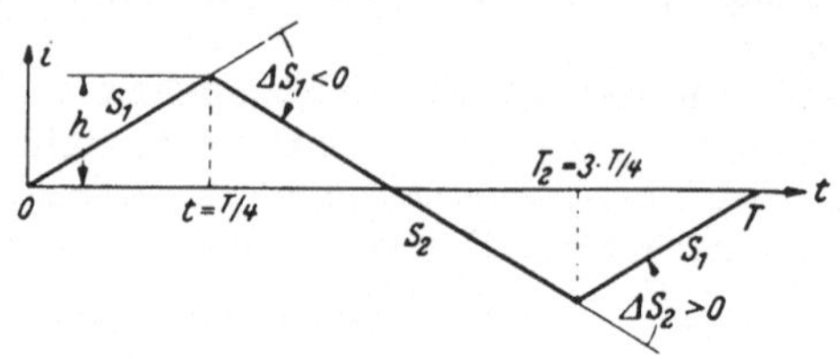

Abb. 182. Zur Analyse der Dreieckskurve nach SCHÖNBACHER-JORDAN.

sich die Steilheit von $h/(T/4) = 4\,h/T$ vor dem Scheitel auf $-4\,h/T$ nach dem Scheitel. ΔS_1 ist also negativ, wie in der Abbildung durch einen Pfeil angedeutet. Es beträgt: $\Delta S_1 = -\frac{8\,h}{T}$. Umgekehrt ist $\Delta S_2 = +\frac{8\,h}{T}$ an der Stelle t_2. Mit $\omega t_1 = \pi/2$ und $\omega t_2 = \frac{3\pi}{2}$ erhalten wir also unter Fortfall aller Ladungssprünge und Stromsprünge nach der Formel Gl. (412):

$$\begin{aligned} a_k &= -\frac{2}{T} \cdot \frac{8\,h}{k^2 \omega^2 T} \cdot \left(-\sin \frac{k\pi}{2} + \sin \frac{3\,k\,\pi}{2}\right) \\ &= -\frac{4\,h}{\pi^2 k^2} \cdot 2 \cdot \cos k\pi \cdot \sin \frac{k\pi}{2}, \qquad (417) \\ b_k &= -\frac{2}{T} \cdot \frac{8\,h}{k^2 \omega^2 T} \cdot \left(-\cos \frac{k\pi}{2} + \cos \frac{3\,k\,\pi}{2}\right) \\ &= \frac{4\,h}{\pi^2 k^2} \cdot 2 \cdot \sin k\,\pi \cdot \sin \frac{k\,\pi}{2} = 0\,. \end{aligned}$$

Alle b_k sind natürlich Null wegen der Symmetrieeigenschaft. Die a_k erhalten je nach der Ordnungszahl verschiedene Werte. Für geradzahlige Werte von $k = 2\,m$ ist $\sin k\,\frac{\pi}{2} = 0$; selbstverständlich enthält die symmetrische Kurve keine geradzahligen Oberwellen. Für ungeradzahlige $k = 2\,m + 1$ wird $\cos k\,\pi$ immer gleich -1 und $\sin k\,\frac{\pi}{2} = (-1)^m$, somit also:

$$a_{2\,m+1} = a_k = (-1)^m \frac{8\,h}{\pi^2 k^2} \qquad (418)$$

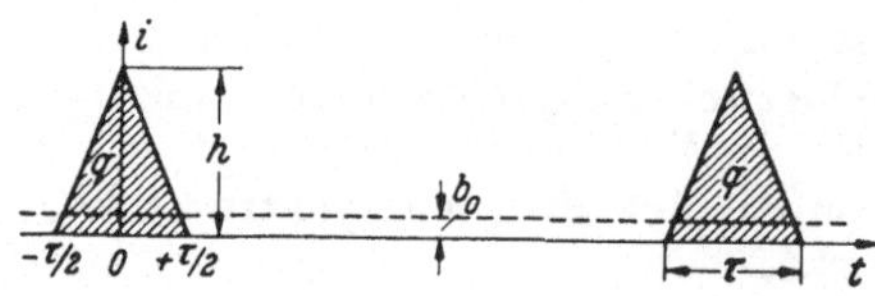

Abb. 183. Periodisch wiederholter Dreieckimpuls.

in Übereinstimmung mit Gl. (358) aus der rein analytischen Berechnung im Abschnitt IV D 1, S. 161.

Wir können aber auch das Frequenzspektrum eines symmetrischen Dreiecksimpulses mit periodischer Wiederholung ermitteln, wie er analog zum Rechteckimpuls der Abb. 179 in Abb. 183 dargestellt ist. Um an Rechenarbeit zu sparen, haben wir ihn zeitlich so orientiert, daß sein Scheitelwert mit dem Nullpunkt der Zeitrechnung zusammenfällt. Alle a_k verschwinden also; die b_k-Koeffizienten geben sofort die Gesamtamplitude der betreffenden Oberwelle an. Drei Unstetigkeitsstellen, sämtlich Steilheitssprünge, liefern einen Beitrag zu den Oberwellenamplituden:

bei $t_1 = -\tau/2$: Steilheitssprung $\Delta S_1 = 2h/\tau - 0 \quad = 2h/\tau$,

bei $t_2 = \quad 0$: Steilheitssprung $\Delta S_2 = -2h/\tau - 2h/\tau = -4h/\tau$,

bei $t_3 = +\tau/2$: Steilheitssprung $\Delta S_3 = 0 - (-2h/\tau) \quad = 2h/\tau$.

Die Addition nach der Anweisung der allgemeinen Formel Gl. (412) ergibt:

$$
\begin{aligned}
c_k = b_k &= \frac{2}{T} \cdot \frac{1}{k^2\omega^2} \cdot \frac{2h}{\tau} \cdot \left(-\cos k\omega\frac{\tau}{2} + 2\cdot\cos 0 - \cos\frac{k\omega\tau}{2}\right) \\
&= \frac{8h}{k^2\omega^2\tau^2} \cdot \frac{\tau}{T} \cdot \left(1 - \cos k\omega\frac{\tau}{2}\right) \\
&= \frac{2h}{x^2} \cdot \frac{\tau}{T} \cdot (1 - \cos x) = 2b_0 \cdot \left(\frac{\sin\frac{x}{2}}{\frac{x}{2}}\right)^2, \qquad (419)
\end{aligned}
$$

wobei in der letzten Zeile wiederum $x = k\omega\tau/2$ als Abkürzung eingeführt ist und b_0 das Gleichstromglied mit dem Betrag $h \cdot \tau/2T$ bedeutet.

Das Frequenzspektrum und seine Einhüllende sind in Abb. 184 dargestellt, in die vergleichsweise wieder die des Rechteckimpulses eingetragen ist. Man sieht, daß anfangs die Oberwellenamplituden des Dreiecks langsamer abnehmen als die des Rechtecks; die erste Nullstelle liegt sogar erst bei der doppelten Ordnungszahl, dann aber verschwinden wegen des k^2 im Nenner die Oberwellen viel rascher als beim Rechteck. Die beiden Kurven sind unmittelbar vergleichbar, wenn beide Impulse gleiche Ladung und gleiche Fußbreite haben, was bedeutet, daß der Scheitelwert des Dreieckimpulses doppelt so hoch ist wie der des im Fuß gleichbreiten Rechteckimpulses.

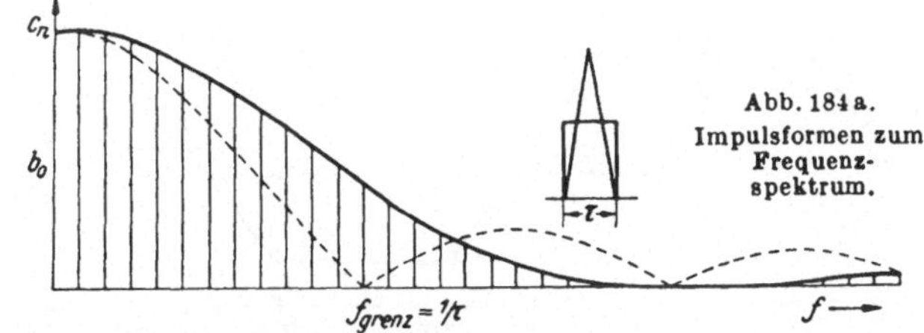

Abb. 184. Frequenzspektrum des Dreieckimpulses (gestrichelt: Frequenzspektrum des Rechteckimpulses), bei gleicher Fußbreite und gleichem Gleichstromglied beider Impulse.

Geben wir dagegen dem Rechteck- und dem Dreieckimpuls gleiche Scheitelwerte bei gleicher Ladung, so daß sie nach Abb. 185a gleiche „Halbwertsbreite" haben, so liegen die Nullstellen ihres Frequenzspektrums zusammen und wir bekommen einen besseren Überblick über das Frequenzspektrum aus der Abb. 185.

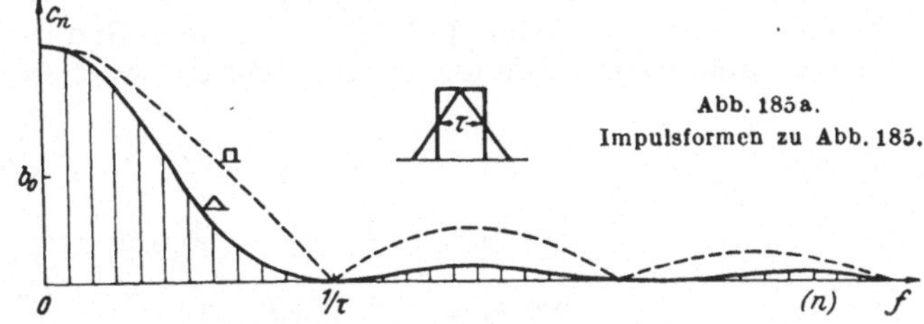

Abb. 185. Vergleich der Frequenzspektren von Rechteck- und Dreieckimpuls bei gleicher Halbwertbreite und gleichem Gleichstromglied.

Beschneiden wir also die Bandbreite der Übertragung oder benachteiligen die Übertragung hoher Frequenzen, so müssen wir erwarten, daß die Kurvenform eines Rechteckimpulses „dreieckförmiger" wird. Allerdings ist diese Aussage nur rein qualitativ, denn für die wahre Kurvenform eines solchen verformten Impulses kommt es nicht allein auf die Oberwellenamplituden an, sondern auch auf ihre Phasenbeziehungen. Prinzipiell ist aber unsere Feststellung insofern richtig, als bei der Bandbeschneidung die unendlich steilen Flanken des Rechtecks verschwinden und sich wie Dreieckseiten gegeneinander neigen unter Verbreiterung des Impulsfußes. Eine Spitze entsteht selbstverständlich nicht, denn der Verlust der hohen Frequenzen verschleift ja gerade auch diese. So müßten wir erwarten, daß ein Dreieckimpuls selbst bei Wegschneiden der hohen Frequenzen zuerst die stärkste Unstetigkeit, die Spitze, aber auch die scharfen unteren Ecken einbüßt.

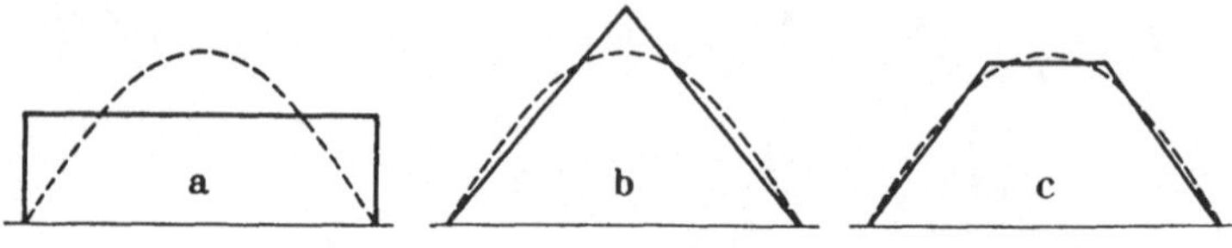

Abb. 186. Approximation einer Sinushalbwelle durch ein Rechteck (a), ein Dreieck (b) und ein Trapez (c).

Wir erkennen, daß die Form des Frequenzspektrums genau so kennzeichnend für den zeitlichen Verlauf eines periodischen Vorgangs ist wie die Darstellung im zeitlichen Ablauf der Augenblickswerte selbst. Das Frequenzspektrum stellt sozusagen eine Umtransformation dar, die wir durch die harmonische Analyse vollziehen, während umgekehrt die harmonische Synthese aus den Oberwellen und der Grundwelle die Rücktransformation auf die Zeitachse bedeutet. Näheres über diese Zusammenhänge wird uns noch im Abschnitt über die Schaltvorgänge beschäftigen (s. S. 450).

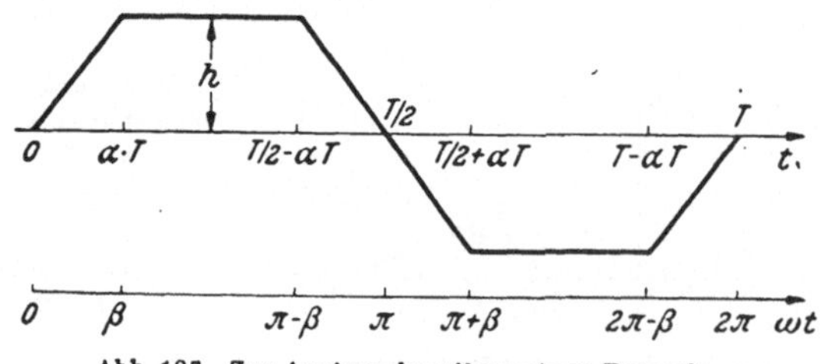

Abb. 187. Zur Analyse der allgemeinen Trapezkurve nach SCHÖNBACHER-JORDAN.

Als eine technisch interessante Kurvenform kommt endlich noch das Trapez in Frage, weil es sich besonders eignet, die Sinuskurve anzunähern, wenn man eine aus möglichst wenig Geraden zusammengesetzte Ersatzkurve sucht. Das zeigt deutlich die Abb. 186, in der je ein eine Sinushalbwelle ersetzendes Rechteck, Dreieck und Trapez dargestellt ist.

Auch das Trapez (Abb. 187) ist nach dem SCHÖNBACHER-JORDAN-Verfahren einfach zu analysieren. Es hat in einer Periode 4 Steilheitssprünge:

$$\begin{aligned}
&\text{bei } t_1 = \alpha T &&: \Delta S_1 = -\frac{h}{\alpha T},\\
&\text{bei } t_2 = T/2 - \alpha T &&: \Delta S_2 = -\frac{h}{\alpha T},\\
&\text{bei } t_3 = T/2 + \alpha T &&: \Delta S_3 = +\frac{h}{\alpha T},\\
&\text{bei } t_4 = T - \alpha T &&: \Delta S_4 = +\frac{h}{\alpha T}.
\end{aligned}$$

Nach der allgemeinen Formelanweisung (Gl (412)) folgt somit:

$$a_k = \frac{2}{T} \cdot \frac{1}{k^2 \cdot \omega^2} \cdot \frac{h}{\alpha T} \cdot [+\sin k\,\omega\, t_1 + \sin k\,\omega\, t_2 - \sin k\,\omega\, t_3 - \sin k\,\omega\, t_4] \quad (420)$$

$$= \frac{2h}{(\omega T)^2 k^2} \cdot \frac{1}{\alpha} \cdot \left[\begin{aligned}&\sin k\, 2\pi\alpha + \sin k(\pi - 2\pi\alpha)\\ &\qquad - \sin k(\pi + 2\pi\alpha) - \sin k \cdot 2\pi(1-\alpha)\end{aligned}\right],$$

was sich mit der Abkürzung: $2\pi\alpha = \beta$ umschreiben läßt in:

$$a_k = \frac{h}{2\pi^2 k^2} \cdot \frac{1}{\alpha} \cdot [2 \cdot \sin k\beta + \sin k(\pi - \beta) - \sin k(\pi + \beta)]$$

$$= \frac{2h}{\pi k^2} \cdot \frac{1}{\beta} \cdot [\sin k\beta - \cos k\pi \cdot \sin k\beta]$$

$$= \frac{2h}{\pi \cdot k} \cdot \frac{\sin k\beta}{k\beta} \cdot [1 - \cos k\pi]. \tag{421}$$

Für gerade $k = 2m$ verschwindet die letzte Klammer und somit a_k; es gibt keine geradzahligen Oberwellen. Für alle ungeradzahligen $k = 2m + 1$ dagegen wird diese Klammer den Wert 2 annehmen, so daß:

$$a_k = a_{2m+1} = \frac{4h}{\pi \cdot k} \cdot \frac{\sin k\beta}{k\beta}. \tag{422}$$

Wir prüfen unsere Formel zuerst an den bereits bekannten Sonderfällen, dem Rechteck ($\beta = 0$) und dem Dreieck $\left(\beta = 90° = \frac{\pi}{2}\right)$.

Im ersten Falle wird wegen $\sin k\beta \approx k\beta$ für $\beta \to 0$: $a_k = \frac{4h}{\pi k}$,

im zweiten wegen $\sin\left[(2m+1) \cdot \frac{\pi}{2}\right] = (-1)^m$: $a_k = (-1)^m \cdot \frac{8h}{\pi^2 k^2}$,

in beiden Fällen also in Übereinstimmung mit unseren früheren Feststellungen nach Gl. (353), bzw. (358). Wichtiger ist nun die Frage, wie man β bemessen soll, damit das Trapez möglichst wenig Oberwellen enthält. Da die Oberwellen wegen des k^2 im Nenner mit steigender Ordnung schnell abnehmen, ist es dabei offenbar besonders wichtig, die niedrigste, dritte, Oberwelle zum Verschwinden zu bringen. Es muß also $\sin(3\beta)$ verschwinden, d. h. $\beta = \pi/3$ gemacht werden. Mit der dritten Oberwelle zusammen verschwinden dann auch alle anderen durch 3 teilbaren Oberwellen, so daß nur die 5. und 7., 11. und 13. usw. übrig bleiben. Für diese Oberwellen wird das Argument des sin im Zähler abgesehen vom Vorzeichen stets 60°, der zugehörige Funktionswert also $\frac{1}{2}\sqrt{3}$, so daß ein solches Trapez ohne dritte Oberwelle durch die Koeffizientenfolge:

$$a_{6r \pm 1} = \pm \frac{6 \cdot \sqrt{3}}{\pi^2 k^2} h = \pm 1{,}052 \frac{h}{k^2} \tag{423}$$

bestimmt ist (Abb. 188). Der Scheitelwert der Grundwelle überragt also den des Trapezes nur um wenig mehr als 5%; die größte vorkommende Oberwelle — das ist nun die 5. — hat nur $1/25 = 4\%$ der Amplitude der Grundwelle, die nächste, die 7., sogar nur noch $1/49 = 2\%$. Alle anderen liegen unter 1%. Aus diesem Grunde versucht man in der Praxis durch Bewicklung von nur 2/3 der Nuten einer Maschine eine Verteilung herzustellen, die dem soeben untersuchten optimalen Trapez entspricht. Sein Klirrfaktor liegt mit unter 5% bemerkenswert niedrig.

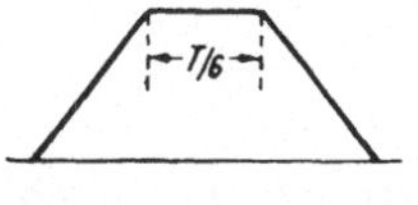

Abb. 188. Positive Halbwelle einer Trapezkurve ohne dritte Oberwelle. Beste Annäherung an die Sinuskurve.

Die Einfachheit der Ermittlung von Oberwellen beliebig hoher Ordnungszahl mit absoluter Genauigkeit legt den Gedanken nahe, ob man nicht auf dem Umweg über dieses Verfahren auch irgendwelche vorgelegten Kurvenformen genauer analysieren könne als z. B. nach dem RUNGEschen Verfahren. Für alle Kurven, die sich aus Ladungssprüngen, Höhensprüngen und Steilheitssprüngen exakt zusammensetzen lassen, trifft das zweifellos zu. Allerdings steigt auch hier der Rechenaufwand, je größer die Zahl der Unstetigkeitsstellen wird, die in einer Periode des zu untersuchenden Vorgangs vorkommen. Man kann ja nun aber auch eine beliebige Stromkurve (Abb. 189a) durch eine Folge von Ladungssprüngen (Abb. 189b), durch ein Blockschema (Abb. 189c) oder einen Zug von geknickten Geraden (Abb. 189d) ersetzen und diese dann analysieren. Offenbar werden die so gewonnenen Koeffizienten um so besser mit der FOURIER-Reihe der wahren Kurve übereinstimmen, je genauer sich die Ersatzkurve mit der wahren Kurve deckt. Man ist also leicht geneigt, dem Sehnenzug — oder einem ihm ähnlichen Zug — den Vorzug vor allen anderen zu geben. Wir untersuchen im folgenden die Bedeutung dieser Analyse von Ersatzkurven und die darin enthaltenen Fehlermöglichkeiten.

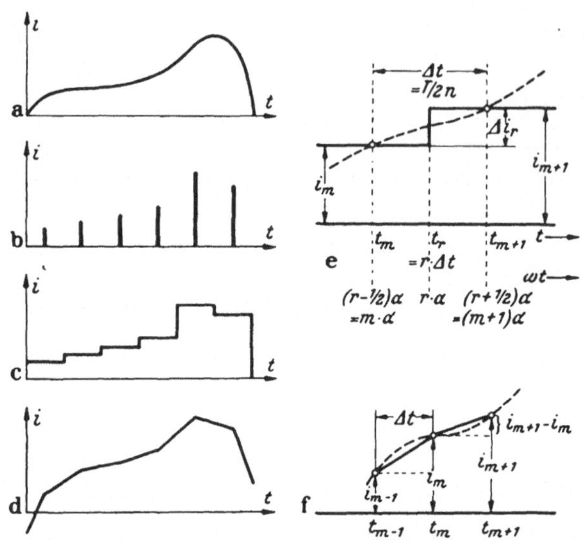

Abb. 189. Verfahren nach RUNGE-SCHÖNBACHER. Approximierung einer vorgegebenen Kurve (a) durch eine Folge von Ladungssprüngen (Staketenzaun) (b), eine Folge von Stromsprüngen (Blockschema) (c) und eine Folge von Steilheitssprüngen (Knickgerade) (d). e Detail aus c mit Maßangaben für die Analyse. f Detail zu (d) mit Maßangaben.

d) Die Verfahren nach RUNGE-SCHÖNBACHER.

Betrachten wir zunächst den Ersatz der wahren Kurve durch gleichabständige Ladungssprünge, den „Staketenzaun" nach Abb. 189b. Der Einfachheit halber sind dabei die „Zaunpfähle" in einem abgeänderten Maßstab derart in die Abbildung eingetragen, daß ihre Spitzen sich mit den Augenblickswerten der eigentlichen Kurve ungefähr decken. Sie tun das nur ungefähr, aber um so besser, je weniger unstetig die Kurve ist. Wäre sie zwischen den einzelnen Bereichgrenzen nicht gekrümmt, so könnte man sie genau mit der vorgelegten Kurve zur Deckung bringen, die Ordinaten der Kurve also als Maß für den jeweiligen Ladungssprung ansehen.

Nach dem im vorigen Abschnitt gefundenen allgemeinen Regeln (Gl. (412)) hat man dann die Oberwellen dieses Staketenzaunes zu ermitteln aus:

$$a_k = \frac{2}{T} \sum^r \Delta q_r \sin k \omega t_r ,$$

$$b_k = \frac{2}{T} \sum^r \Delta q_r \cos k \omega t_r .$$

Nun ist aber nach Voraussetzung $\Delta q_r = i_r \cdot \Delta t = i_r \cdot T/2n$, also wird:

$$a_k = \frac{1}{n} \sum^r i_r \sin k \omega t_r ,$$

$$b_k = \frac{1}{n} \sum^r i_r \cos k \omega t_r .$$

Das ist aber absolut identisch mit der Rechenanweisung für die Analyse nach RUNGE (Gl. (375)). Es zeigt sich also, daß diese Art der Einführung einer Ersatzkurve gar nichts Neues bringt. Obwohl sie zweifellos die schlechteste Ersatzkurve ist, die wir uns ausdenken können, sind die erzielten Ergebnisse hinsichtlich der

Übereinstimmung der so gewonnenen Koeffizienten gar nicht so schlecht, solange wir das Verfahren auf die Ordnungszahlen unter n beschränken, wie wir im Abschnitt über die RUNGE-Analyse (s. S. 169) nachgewiesen haben. Würden wir es auf höhere Ordnungszahlen ausdehnen, wozu uns das neue Verfahren grundsätzlich berechtigt, so würden wir mit steigender Ordnungszahl steigende, oft exorbitante Abweichungen der ermittelten Koeffizienten bekommen, die für den Staketenzaun gelten, der nach unseren Ermittlungen im vorigen Abschnitt hohe Oberwellen hoher Ordnungszahl hat, während die wahre Kurve solche vielleicht überhaupt nicht aufweist. Wäre aber die Kurve, die wir durch das Stoßschema approximieren nicht so stetig, wie wir das in der Abb. 189a voraussetzten, sondern bestände vielleicht wirklich aus einzelnen Impulsen — Zackenfolge im Empfänger eines Funkmeßgerätes —, so gilt die Fortsetzung des RUNGE-Schemas für höhere Oberwellen bedenkenlos und liefert dann bessere Ergebnisse als ein schematisch angewendetes RUNGE-Schema mit begrenzter Ordnungszahl.

Bessere Ergebnisse werden wir uns vom Blockschema der Abb. 189c erwarten. Nach den Erläuterungen, die wir schon einmal im Zusammenhang mit der Abb. 174 gemacht haben, werden wir uns dabei bemühen, weder die voreilende, noch die nacheilende Ersatzkurve zu wählen, sondern eine solche, die möglichst wenig phasenverschoben ist, also die nach Abb. 189e, bei der die Höhe der einzelnen Blockstufe mit dem Ordinatenwert in der Blockmitte übereinstimmt. Wir bilden dann nach Vorschrift (Gl. (412)) die Oberwellenkoeffizienten:

$$a_k = \frac{2}{T} \cdot \sum^r \frac{\Delta i_r}{k\,\omega} \cdot \cos k\,\omega\,t_r .$$

Nach der Abb. 189e, die einen Ausschnitt aus der Abb. 189c in vergrößertem Maßstab enthält, ist nun der Stromsprung im Zeitpunkt t_r gegeben durch die Differenz der beiden Augenblickswerte i_{m+1} und i_m zu den gleichweit vor- und nacheilenden Zeitpunkten t_{m+1} und t_m, zwischen denen ein Intervall der gleichabständigen Abszissenteilung liegt, das im Zeitmaßstab $\Delta t = T/2\,n$ und im Winkelmaß $\alpha = \pi/n$ ist. Dem Zeitpunkt t_r gehört also der Abstand $r\,\alpha$ vom Nullpunkt der Winkelrechnung zu, dem Zeitpunkt t_{m+1} der Winkelwert $(r + 1/2)\,\alpha$ und dem Zeitpunkt t_m der Winkelwert $(r - 1/2)\,\alpha$. Die Indizes m und $m+1$ sind sozusagen nur Abkürzungen für die umständlichen Ausdrücke $(r - 1/2)$ und $(r + 1/2)$. Mit diesen Bezeichnungen schreibt sich die allgemeine Anweisung (Gl. (412)) um in:

$$a_k = \frac{2}{k\,\omega\,T} \sum^r (i_{m+1} - i_m) \cos (k\,r\,\alpha) .$$

In dieser Summe kommt jede Ordinate zweimal vor, so daß wir statt über r zu summieren auch über m summieren können und dabei jeweils zwei Glieder der Summe zusammen fassen können:

$$\begin{aligned} a_k &= \frac{i}{k\,\pi} \sum^m i_m (\cos k\,(r-1)\,\alpha - \cos k\,r\,\alpha) \\ &= \frac{i}{k\,\pi} \sum^m i_m\, 2 \sin k\,\frac{\alpha}{2} \cdot \sin (r - 1/2)\,k\,\alpha \\ &= \frac{2}{k\,\pi}\,\frac{\alpha}{\alpha} \sin \frac{k\,\alpha}{2} \sum^m i_m \sin (r - 1/2)\,k\,\alpha \\ &= \frac{1}{n}\,\frac{\sin k\,\alpha/2}{k \cdot \alpha/2} \sum^m i_m \sin k\,\omega\,t_m && (424) \\ &= R_k \cdot a_{k_{Runge}} \quad \text{mit} \quad R_k = \frac{\sin k\,\alpha/2}{k\,\alpha/2} . && (425) \end{aligned}$$

Auch hier zeigt sich wieder, daß die Durchführung des Verfahrens auf nichts anderes hinausläuft als die Durchführung einer rechnerischen Analyse nach RUNGE.

Nur ergibt sich zusätzlich ein Korrekturfaktor R_k, mit dem die RUNGEschen Koeffizienten erst noch multipliziert werden müssen, um die wahren Koeffizienten des Blockschemas zu erhalten. Dabei gelten die so ermittelten Koeffizienten analog wie beim Staketenzaun nun wieder nicht nur innerhalb des normalen Geltungsbereichs des RUNGE-Verfahrens, sondern bis zu beliebig hohen Frequenzen. Sie geben dann die Oberwellen des Blockschemas exakt, die der dadurch approximierten Kurve nur angenähert wieder. So erhalten wir z. B. aus den nach RUNGE ermittelten Koeffizienten eines Rechtecks, die ja von den wahren Koeffizienten noch erheblich abweichen, durch Multiplikation mit dem für jede Oberwelle verschiedenen Korrekturfaktor die völlig genauen Koeffizienten, weil eben die Rechteckkurve exakt in das Blockschema paßt (s. Tabelle 8). Darüber hinaus aber ergeben sich jetzt

Tabelle 8.

Ordnung	1	3	5	7	9	11
Koeffizienten nach RUNGE	1,277	0,435	0,273	0,210	0,180	0,168
Korrekturfaktor	0,997	0,975	0,930	0,866	0,784	0,689
Koeffizienten nach RUNGE-SCHÖNBACHER	1,273	0,424	0,255	0,182	0,142	0,116
Analytisch	1,273	0,424	0,255	0,182	0,142	0,116

auch alle anderen höheren Oberwellen richtig, wenn man das RUNGE-Schema sinngemäß für diese fortsetzt. So ergibt sich z. B. für die 25. Oberwelle wieder das Schema der ersten Spalte des RUNGE-Schemas mit umgekehrtem Vorzeichen. Der Korrekturfaktor wird: $R_{25} = \sin(25 \cdot 7{,}5°)/25 \cdot 0{,}131 = -R_1/25$. Es ergibt sich also richtig für diese Oberwelle

$$a_{25} = a_1'/25 = 0{,}051\, h\,.$$

Selbstverständlich muß man dafür das RUNGE-Schema in der Form nehmen, die eine Ordinatenauswahl hat, für die sich als Blockschema auch wirklich das volle Rechteck ohne Phasenverschiebung ergibt. Das ist das symmetrische RUNGE-Verfahren nach Abb. 173d mit dem Schema (Gl. (389)) von S. 176. Nach ihm sind die in der Tabelle 8 gegebenen unkorrigierten Koeffizienten errechnet (vgl. S. 177).

Aber auch die Approximierung einer vorgegebenen Kurve durch einen Geradenzug (Abb. 189d), erweist sich als nur korrigiertes RUNGE-Schema, wie wir nachstehend an Hand der Abb. 189f zeigen. Um zunächst von jeder Willkür frei zu werden, haben wir den Ersatzzug von geknickten Geraden als Sehnenzug in die Kurve selbst hineingelegt. Gezeigt sind drei aufeinander folgende Kurvenpunkte, die sich zeitlich um $\Delta t = T/2n$ unterscheiden entsprechend einer Einteilung der ganzen Periode in $2n$ Teilpunkte. Der Teilpunkt t_m ist also im Winkelmaß um den Betrag $m\alpha$ ($\alpha = 2\pi/2n$) gegen den Nullpunkt verschoben. Die Ordinaten der drei Punkte können benutzt werden, um daraus die im Teilpunkt t_m am Sehnenzug auftretende Steilheitsänderung auszurechnen. Für die Zeit $t_{m-1} \ldots t_m$ beträgt die Steilheit $S_m = (i_m - i_{m-1})/\Delta t$, für den folgenden Zeitabschnitt $t_m \ldots t_{m+1}$ ist sie entsprechend $S_{m+1} = (i_{m+1} - i_m)/\Delta t$. Die Steilheitsänderung im Punkt t_m ist als Differenz dieser Werte:

$$\Delta S_m = S_{m+1} - S_m = \frac{i_{m+1} - 2\,i_m + i_{m-1}}{\Delta t}\,.$$

Setzen wir diesen Betrag in die allgemeine Anweisung (Gl. (412)) ein, so erhalten wir die Oberwellen des Sehnenzuges aus:

$$a_k = \frac{2}{T} \sum^m \left(-\frac{\Delta S_m}{k^2 \omega^2} \cdot \sin k\,\omega\, t_m \right).$$

Bei der Ausführung dieser Summe kommt jede Ordinate i_m dreimal vor: einmal mit negativem Vorzeichen und dem doppelten Wert der Kreisfunktion für den eigenen Zeitpunkt multipliziert und je einmal mit positivem Vorzeichen multipliziert mit der Kreisfunktion für den vorausgegangenen und den nachfolgenden Zeitpunkt. Wir können also die Summe umschreiben in:

$$a_k = -\frac{2}{T\,k^2\,\omega^2\,\Delta t}\cdot \sum\nolimits^m i_m\,(\sin k\,\omega\,t_{m-1} - 2\sin k\,\omega\,t_m + \sin k\,\omega\,t_{m+1})$$

$$= -\frac{1}{n\,k^2\,\alpha^2}\cdot \sum\nolimits^m i_m\,\big(\sin(m-1)\,k\,\alpha - 2\sin m\,k\,\alpha + \sin(m+1)\,k\,\alpha\big)$$

$$= -\frac{1}{n\,k^2\,\alpha^2}\cdot \sum\nolimits^m i_m\cdot 2\cdot \sin(k\,m\,\alpha)\,(\cos k\,\alpha - 1)$$

$$= +\frac{4}{n\,k^2\,\alpha^2}\cdot \sin^2(k\alpha/2)\sum\nolimits^m i_m\,\sin(k\,m\,\alpha) \tag{426}$$

$$= R_k^2\cdot a_{k_{Runge}}, \tag{427}$$

worin wieder R_k den gleichen Korrekturfaktor nach Gl. (425) wie beim Blockschema bedeutet, der aber diesmal im Quadrat eingeht.

Die so aus dem RUNGE-Verfahren durch Multiplikation mit dem SCHÖNBACHERschen Korrekturfaktor ermittelten Koeffizienten sind die genauen Oberwellen des Sehnenzuges; wieweit sie auch die der Kurve sind, die er ersetzen soll, hängt davon ab, wie weit diese sich mit ihm deckt. So ist es z. B. offenkundig, daß die Reduktion der RUNGE-Koeffizienten für das Rechteck mit R_k^2 falsche Werte ergeben muß; die Multiplikation mit R_k (Tab. 8) ergab ja die wahren Werte.

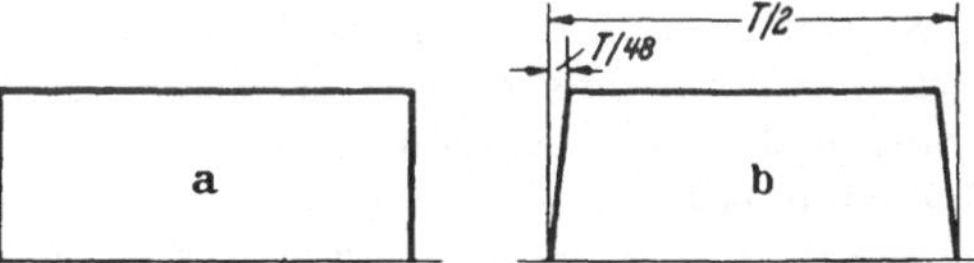

Abb. 190. Rechteckhalbwelle (a) und „echt analysiertes" Trapez (b) bei Anwendung des Sehnenschemas nach SCHÖNBACHER-RUNGE.

Trotzdem haben die so ermittelten Werte einen Sinn. Sie sind die echten Oberwellen des Trapezes der Abb. 190b, das sich anstatt des Rechteckes Abb. 190a ergibt, wenn man die Meßpunkte durch einen Sehnenzug miteinander verbindet.

Dagegen leistet der Korrekturfaktor R_k^2 ganze Arbeit, wenn man die nach RUNGE ermittelten Koeffizienten eines Dreiecks auf die wahren Werte umrechnen will, wieder allerdings nur unter der Voraussetzung, daß sich Dreieck und Ersatzkurve (Sehnenzug) decken, d. h. daß die Ersatzkurve die Dreieckspitze mit enthält. Man muß also in diesem Fall beim gleichschenkligen Dreieck die traditionelle Form (378) des RUNGE-Schemas benutzen. Das symmetrische RUNGE-Schema (389) läßt unter den Meßpunkten die Spitze selbst aus. Die Umrechnung der nach ihm ermittelten Koeffizienten mit R_k^2 gibt also die wahren Koeffizienten eines Dreiecks mit abgeschnittener Spitze. Die zugehörigen Zahlenwerte sind in der nachfolgenden Tabelle 9 zusammengestellt; sie enthält zugleich die Werte für R_k^2 für das meist benutzte RUNGE-Schema mit 12 Meßpunkten in einer Halbwelle.

Tabelle 9. *Analysenergebnisse für ein gleichschenkliges Dreieck.*

Ordnung	1	3	5	7	9	11
Koeffizient nach:						
RUNGE tradionell (378)	0,815	0,095	0,038	0,022	0,016	0,014
RUNGE symmetrisch (389)	0,808	0,088	0,030	0,014	0,006	0,002
R_k^2 (425)	0,994	0,950	0,865	0,750	0,615	0,474
RUNGE trad. korr. mit R_k^2	0,811	0,090	0,032	0,017	0,010	0,007
analytisch (658)	0,811	0,090	0,032	0,017	0,010	0,007

Man kann nun selbstverständlich wiederum diese Korrekturfaktoren bis zu beliebig hohen Oberwellen anwenden. Das RUNGE-Schema in seiner sinnvollen Erweiterung auf höhere Oberwellen liefert nach der Korrektur mit R_k^2 die exakten Oberwellen beliebig hoher Ordnung für alle Sehnenzüge, wenn die Knickpunkte auf die Teilpunkte des RUNGE-Schemas fallen. Die richtige Anwendung des Verfahrens erfordert also in jedem Fall ein wenig Überlegung. Die aufgewendete Mehrarbeit lohnt sich dann aber auch durch die Lieferung wahrer Koeffizienten.

Solche echten Koeffizienten kann man natürlich niemals erhalten, wenn es sich um die Analyse einer willkürlichen Kurve handelt, die durch jede der drei Approximationstypen nur angenähert werden kann, sich aber mit keiner deckt. Man kann dann zwar versuchen, „bessere" Ergebnisse dadurch zu erhalten, daß man der aufgenommenen Kurve ein Blockschema oder einen Geradenzug zuordnet, der nicht schematisch an den Teilpunkten mit ihr zusammenfällt; wesentliche Verbesserungen wird man davon nicht erwarten können. Zu den systematischen Fehlern treten dann sozusagen noch persönliche hinzu. Man darf dabei eben nie vergessen, daß die Amplituden der Oberwellen mittlerer Ordnungszahl schon sehr stark von kleinen Unstetigkeiten in der Kurve abhängen. Am deutlichsten wird das sowohl am Beispiel der Tabelle 7 auf S. 177 wo sich zeigt, daß die Absehnung der Rechteckflanken nach Abb. 190b die an sich starke 11. Oberwelle des Rechtecks von 0,116 auf 0,078 senkt, also um rund ein Drittel, wie auch an der Tabelle 9, S. 193, wo sich zeigt, daß beim Dreieck das Wegschneiden der obersten Spitze ohne weitere Änderungen die 11. Oberwelle von 0,007 auf 0,001 senkt, also sozusagen ganz verschwinden läßt.

Man darf auch nicht vergessen, daß man einen groben Fehler begehen würde, wenn man eine „glatte" Kurve, nämlich eine solche, die keine höheren Oberwellen als die 11. überhaupt enthält, nach RUNGE analysieren und nun „Korrekturen" nach SCHÖNBACHER am Ergebnis anbringen würde. Die unkorrigierten RUNGE-Koeffizienten sind ja in diesem Sonderfall, — der aber praktisch häufig vorliegt, — die wahren Oberwellenwerte, wie wir im Abschn. IVD4a, S. 175, nachgewiesen haben. Ihre Umrechnung mit den R_k oder R_k^2-Faktoren würde erhebliche Fehler bei den höheren Oberwellen entstehen lassen. Ist aber die vorgelegte Kurve einem Blockschema ähnlicher als einer „glatten" Kurve, etwa bei der Stromkurve eines Hüllkurvenumrichters, oder ist sie gar im wesentlichen ein echtes Blockschema, wie bei der Feldverteilung an einem mehrnutigen Induktor, so wird man bessere Übereinstimmung mit der Wirklichkeit erhalten, wenn man die nach RUNGE berechneten Koeffizienten nach SCHÖNBACHER mit R_k reduziert. Handelt es sich dagegen um eine Kurve, die sich besser in ein Sehnenschema einfügt und ausgesprochene Knickpunkte aufweist — auch das kommt bei Flußverteilungen im Luftspalt der Maschinen vor (vgl. S. 462, Abb. 390c) — oder handelt es sich um eine Kurve mit einer ausgesprochenen Spitze, z. B. die kommutierte Sinuskurve, so reduziert man besser

Tabelle 10.
Reduktionsfaktoren nach SCHÖNBACHER.

Ordnungszahl	Reduktionsfaktor für	
	Blockschema R_k	Sehnenzug R_k^2
1	0,99722	0,00445
3	0,97452	0,94958
5	0,93012	0,86516
7	0,86582	0,74965
9	0,78422	0,61500
11	0,68856	0,47411
13	0,583	0,340
15	0,465	0,215
17	0,358	0,128
19	0,244	0,060
21	0,138	0,019
23	0,043	0,002
25	0,040	0,002
27	0,108	0,012
29	0,160	0,026
31	0,196	0,038
33	0,214	0,046
35	0,216	0,047

usw.

mit R_k^2, nachdem man die Koeffizienten nach *dem* RUNGE-Schema (378) od. (389) bestimmt hat, bei dem die Spitze selbst zu den Teilpunkten gehört. Das gilt genau so auch für einspringende Ecken (!). Mit diesen Kautelen bilden die Verfahren nach RUNGE-SCHÖNBACHER eine wertvolle Bereicherung der Verfahren der harmonischen Analyse, wobei es von besonderem Vorteil ist, daß sie abgesehen von der Kenntnis der Korrekturfaktoren keiner besonderen Hilfsmittel über das RUNGE-Schema hinaus bedürfen.

Um ihre Anwendung über den normalen Geltungsbereich des RUNGE-Schemas hinaus zu erweitern, genügt es die nach dem normalen RUNGE-Schema ermittelten Koeffizienten mit den Korrekturfaktoren für höhere Ordnungszahlen zu multiplizieren, weil die unkorrigierten Koeffizienten der Ordnung $(24z \pm k)$; $(z = 1, 2, 3, \ldots)$ mit den Koeffizienten der Ordnung k, die das RUNGE-Schema unmittelbar ergibt zahlenmäßig übereinstimmen. Die Korrekturfaktoren sind für einige Oberwellen in Tab. 10 nochmals angegeben; dabei ist das übliche Schema für 12 Ordinaten auf der Halbwelle zugrunde gelegt. Die Korrekturfaktoren sind für das traditionelle unsymmetrische RUNGE-Schema (378) und das symmetrische Verfahren (389) gleich. Weitere Werte können jeder Tafel für $\sin x/x$ entnommen werden.

e) Das ROTHEsche Verfahren.

Wir haben im Abschn. IV C gesehen, daß bei der Behandlung praktischer Aufgaben über das Verhalten mehrwelliger Spannungen und Ströme in Netzwerken die Benutzung von „Zeigerverteilungsdiagrammen" zweckmäßig ist, wie sie z. B. in den Abb. 149, 150 und 157 gezeichnet sind. Sie stellen sozusagen Momentphotographien von gekoppelten Zeigerdiagrammen dar, deren verschiedene Zeigergruppen über Übersetzungsräder starr gekoppelt sind, die ihnen Winkelgeschwindigkeiten verleihen, die im Verhältnis der Ordnungszahlen der Oberwellen stehen, die sie symbolisieren. Sie sind charakteristischer für die Kurvenform einer oberwellenhaltigen Wechselstromkurve als die Frequenzspektren, insofern diese nur die Aussagen über die Amplituden der einzelnen Oberwellen machen, aber die Phasenbeziehungen gänzlich außer acht lassen. Das ist überall dort bedeutungslos, wo es sich um physiologische Vorgänge handelt, weil erfahrungsgemäß das Ohr z. B. kein Unterscheidungsvermögen für Phasenbeziehungen hat. Es ist aber unzulässig, wenn es sich wirklich um die Frage der Erkennung einer Kurvenform handelt. Das ist z. B. bei der Übertragung eines Impulses beim Fernsehen, beim Funkmessen oder beim telegraphischen Übertragen von Zeichen der Fall. Abb. 191 zeigt anschaulich, wie drei Kurvenformen (Abb. 191 e...g) gänzlich verschiedenen Typs entstehen, wenn man nur zwei Harmonische zusammensetzt, die das gleiche Frequenzspektrum (Abb. 191a), aber drei verschiedene Zeigerverteilungsdiagramme haben (Abb. 191 b...d).

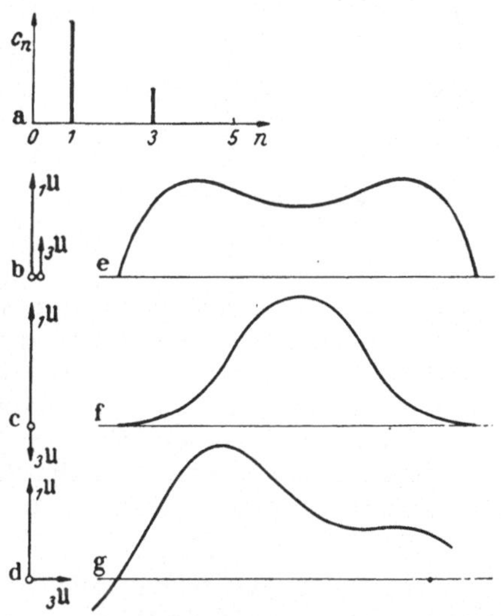

Abb. 191. Zeigerverteilungsdiagramme (b...d) und Kurvenformen (e...g) verschiedener Wechselgrößen mit gleichem Frequenzspektrum (a). a Frequenzspektrum. e Kurvenform zu b. f Kurvenform zu c. g Kurvenform zu d.

Es ist also sinnvoll, diese Zeigerverteilungsdiagramme von vornherein die Stelle von Frequenzspektren einnehmen zu lassen, wo die Rechnung das verlangt. Jede einzelne Oberwelle wird dabei nun durch einen Zeiger dargestellt, der sich symbolisch aus ihren sin- und cos-Koeffizienten a_k und b_k zusammensetzt und als Zeiger der betreffenden Ordnung geschrieben werden kann:

$$_k\mathfrak{U} = {}_k(a_k + j\,b_k)\,. \tag{428}$$

Wir haben dabei den Index k als vorgesetzten Index bei dem Zeiger und bei der Klammer mit seinem symbolischen Ausdruck zugefügt, um zu verhindern, daß bei einer Schreibweise, die möglich, wenn auch kaum jemals nötig ist:

$$\mathfrak{U} = {}_1\mathfrak{U} + {}_3\mathfrak{U}_1 + {}_7\mathfrak{U} = {}_1(100 + j\,30)\;V + {}_3(20 + j\,50)\;\mathrm{V}. \\ + {}_7(-10 - 70\,j)\;\mathrm{V}.$$

aus Versehen jemand die reellen Anteile der Zeiger verschiedener Frequenz, d. h. verschiedener Umlaufzahl addiert, was natürlich unzulässig ist. Das angeschriebene Beispiel für eine Spannung ist in der Abb. 192 als Zeigerverteilungsdiagramm dargestellt.

Man kann nun diese Zeiger für die verschiedenen Oberwellenanteile einer Spannung oder eines Stromes auch unmittelbar aus der harmonischen Analyse einer vorgegebenen Kurve erhalten, wie das beim ROTHEschen Verfahren zur harmonischen Analyse geschieht, das dort, wo man sich mit der Frage der formgetreuen Wiedergabe von Zeichen stärker befaßt, viel mehr Beachtung verdient, als man ihm oft entgegengebracht hat. Ausgehend von der allgemeinen Anweisung zur harmonischen Analyse (Gl. (342)), (S. 157), in der die Grundformeln für die Koeffizientenbestimmung gefunden wurden:

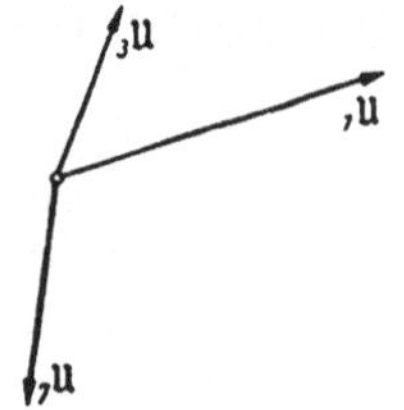

Abb. 192. Zeigerverteilungsdiagramm für eine mehrwellige Spannung.
$u = ([100 \cdot \sin \omega t + 30 \cdot \cos \omega t] + [20 \cdot \sin 3\omega t + 50 \cdot \cos 3\omega t] + [-10 \cdot \sin 7\,\omega t - 70 \cdot \cos 7\,\omega t])$ Volt. $= [{}_1(100 + j\,30) + {}_3(20 + j\,50) + {}_7(-10 - j\,70)]$ Volt.

$$a_k = \frac{2}{T} \cdot \int_0^T i \cdot \sin k\,\omega\,t\,d\,t\,,$$

$$b_k = \frac{2}{T} \cdot \int_0^T i \cdot \cos k\,\omega\,t\,d\,t\,,$$

stellen wir nun fest, daß wir die Komponenten der k.ten Oberwelle für das Zeigerverteilungsdiagramm aus der Formel:

$$b_k + j\,a_k = \frac{2}{T} \cdot \int_0^T i \cdot (\cos k\,\omega\,t + j \sin k\,\omega t)\,d\,t$$

$$= \frac{2}{T} \cdot \int_0^T i \cdot e^{j\,k\,\omega\,t} dt \tag{429}$$

finden, die nun die beiden früheren in einfacherer Form zusammenfaßt.

Wir wollen von dieser Form zunächst einmal Gebrauch machen, um einen Spezialfall für das Zeigerverteilungsdiagramm zu untersuchen, die Verteilung der Geräuschspannungen für eine bestimmte Art von atmosphärischen Störungen. Beim Überschreiten eines Schwellwertes der luftelektrischen Feldstärke beginnen die Antennen zu sprühen. Der Sprühstrom ist nicht stetig, sondern setzt sich aus Impulsen zusammen, die etwa dem Gesetz:

$$i = a\,t^2\,e^{-bt} \tag{430}$$

(vgl. Abb. 193a) gehorchen. Die Impulsfolgefrequenz wird durch die Höhe der Überschreitung der Einsatzfeldstärke bestimmt und reicht von wenigen Hz bis zu Ultraschallfrequenzen. Führen wir dies Gesetz (Gl. (430)) in die obige Formel (Gl. (429)) ein, so finden wir:

$$b_k + j\,a_k = \frac{2}{T} \cdot \int_0^T a \cdot t^2 \cdot e^{(-b + j\,\omega k)t}\,d\,t\,. \tag{431}$$

Nach zweimaliger schrittweiser Integration über die jedesmalige Einführung von:

$$e^{(-b + j\,\omega\,k)\,t} dt = \frac{1}{-b + j\,\omega\,k} \cdot d\left(e^{(-b + j\,\omega\,k)\,t}\right) \tag{432}$$

ergibt das schließlich:

$$b_k + j a_k = \frac{2}{T} \cdot \frac{a}{-b + j\omega k} \cdot \left[t^2 - \frac{2t}{-b + j\omega k} + \frac{2}{(-b + j\omega k)^2}\right] \cdot e^{(-b + j\omega k)t} \Big|_0^T$$

und nach Einsetzen der Grenzen:

$$= \frac{2}{T} \cdot \frac{a}{-b + j\omega k} \cdot \left\{\left(T^2 - \frac{2T}{-b + j\omega k} + \right.\right.$$

$$\left.\left. + \frac{2}{(-b + j\omega k)^2}\right) e^{(-b + j\omega k)T} - \frac{2}{(-b + j\omega k)^2}\right\}. \tag{433}$$

Nun ist es aber in der Tat nicht notwendig, diesen komplizierten Ausdruck in voller Allgemeinheit auszuwerten. Wir überlegen, daß die Aufspaltung:

$$e^{(-b + j\omega k)T} = e^{-bT} \cdot (\cos k\omega T + j \sin k\omega T), \tag{434}$$

zeigt, daß dieses Glied mit e^{-bT} abnimmt, wogegen die periodischen Verschiebungen der Oberwellenamplitude auf a- und b-Koeffizienten, die durch das Glied in der Klammer dargestellt werden, keinen Einfluß auf diese Abnahme haben. So können wir bei einigermaßen großen Werten von bT, die besonders dann vorliegen, wenn wir sehr niedrige Impulsfolgen untersuchen, also sozusagen zum Einzelimpuls übergehen, für den T nach Unendlich strebt, den ganzen ersten Term in der geschweiften Klammer gleich Null setzen und gegen den zweiten Teil vernachlässigen. Es bleibt dann als Ergebnis:

$$b_k + j a_k = -\frac{4a}{T} \cdot \frac{1}{(-b + j\omega k)^3} \tag{435}$$

als einfacher komplexer Ausdruck, den wir nach seinen Komponenten auflösen müßten, wenn wir nach dem Zeigerverteilungsdiagramm im einzelnen fragen würden. Kommt es uns aber nur auf die Amplituden der einzelnen Oberwellen an, so können wir unmittelbar den *Effektivwert* bilden und schreiben also:

$$c_k = |b_k + j a_k| = \frac{4a}{T} \cdot \frac{1}{(\sqrt{b^2 + \omega^2 k^2})^3} \tag{436}$$

Empfangen wir eine solche Störung in einem schmalbandigen Empfangsgerät, so wird wegen der quadratischen Zusammensetzung der Geräuscheindrücke zum Effektivwert die Störung der für die Umgebung der Frequenz $k\omega$ nahezu konstanten Amplitude der Oberwellen und der Wurzel aus der Bandbreite des Empfängers proportional werden. Das Störspektrum ist also in Abhängigkeit von k oder auch von der Oberwellenfrequenz $k\omega$ selbst durch die Formel (Gl. (436)) wiedergegeben. Es ist in Abb. 193b unter Benutzung eines logarithmischen Maßstabes für die Amplituden und die Frequenzskala aufgezeichnet. Für kleine Frequenzen, nämlich für solche, für die $k \ll \omega b$ ist, ist das Störspektrum

$$C_{k_0} = \frac{4a}{T \cdot b^3} \cdot \frac{1}{\sqrt{2}} \tag{437}$$

konstant, eine Eigenschaft, die diese Impulsform mit allen anderen Impulsformen teilt. Vgl. die Abb. 180 und 184. Bei hohen Frequenzen fällt sie mit $1/k^3$ ab, wobei diese Eigenschaft nur durch die Form der ansteigenden Vorderflanke des Impulses bedingt ist. In der Tat ließ erst die experimentell sicher gestellte Abnahme der Störspannung mit diesem Potenzgesetz einen Schluß auf die Kurvenform des Impulses zu, die oben zugrunde gelegt ist (und die sich später dann auch sachlich erklären ließ):

$$C_{k_{groß}} = \frac{4a}{T(\omega k)^3} \cdot \frac{1}{\sqrt{2}} \tag{438}$$

Der Abfall auf den Halbwertsbetrag der Störleistung, also auf den Faktor $1/\sqrt{2}$ in der Amplitude gestattet einen Rückschluß auf den der Sprühentladung zuzuordnenden Wert b. Für diese Frequenz ist ja gerade:

$$k\omega = 0{,}51\, b; \qquad \left|\frac{\omega k}{b} = \sqrt{\sqrt[3]{2}-1}\right|.$$

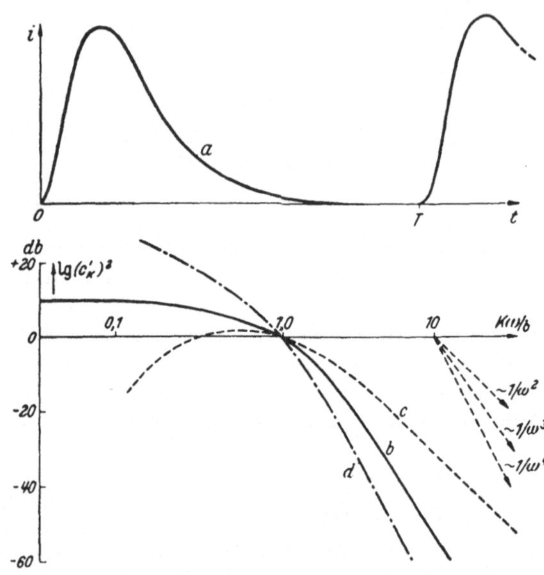

Abb. 193. Sprühentladungsimpuls und sein Frequenzspektrum. Frequenzspektra der Störspannungen bei b OHMscher, c induktiver, d kapazitiver Ankopplung. a Impulsform: $i = a\,t^2 e^{-bt}$.

An einigen Beispielen soll noch gezeigt werden, wieviel Details man aus der Kenntnis solcher Frequenzspektren gerade in Verbindung mit dem Zeigerverteilungsdiagramm herausholen kann, wenn man sich der symbolischen Rechnung auch für oberwellenbehaftete Kurven sinnvoll bedient. Ist nämlich der oben angegebene Strom an den Empfänger galvanisch — rein OHMsch — angekoppelt, so müssen wir wegen der Konstanz des Kopplungsoperators für alle Frequenzen den gleichen Verlauf des Frequenzspektrums für die Störspannung finden wie für den Störstrom. Erfolgt aber die Ankopplung induktiv, so ergibt die Abhängigkeit des Kopplungswiderstandes $(j\,k\omega L)$ von k einen anderen Charakter des Frequenzspektrums. Es ist in der Abb. 193c in gleicher Art dargestellt, wie das des Störstroms. Auch gemischte OHMsche und induktive Kopplung würde einfach durch Multiplikation des Frequenzspektrums der eingeprägten Störgröße mit dem Frequenzgang des Kopplungsoperators $\sqrt{R^2+(\omega k L)^2}$ gefunden werden. Bei einer kapazitiven Ankopplung dagegen würde der Frequenzgang der gemessenen Störgröße nach dem Gesetz der Abb. 193d abgewandelt werden. Für alle vier Fälle sind nachstehend noch einmal die Spezialformeln zusammengestellt, nach denen die Abb. 193b...d gezeichnet sind.

Dabei ist als Einheit für die Frequenz $k\omega$ der Wert b benutzt worden und als Abszisse eine logarithmische Teilung für $k\omega$ gegeben. Auf den Amplitudenwert C_{k_b} bei dieser Frequenz b als Vergleichsfrequenz sind die Amplituden für alle anderen Frequenzen bezogen und ebenfalls logarithmisch aufgetragen. Beim Wert $\omega k = b$ für die Frequenz gehen also alle Kurven durch den Wert 0 Dezibel, wenn wir den log des Stromverhältnisquadrates in der Einheit Dezibel angeben (vgl. S. 114). Bezeichnen wir also die bezogenen Amplituden mit c'_k, so ist:

$$\text{wegen } c_{k_b} = (4a/T)\cdot\frac{1}{b}\cdot\frac{1}{(\sqrt{2})^3}$$

für den Strom:

$$c'_k = c_k/c_{k_b} = (\sqrt{2})^3\Big/\left(\sqrt{1+\left(\frac{\omega k}{b}\right)^2}\right)^3. \tag{439}$$

Ebenso für die OHMsch angekoppelte Spannung (Abb. 193b).

Für die induktiv angekoppelte Spannung:

$$c_k = k\omega L \cdot \frac{4a}{T} \frac{1}{(\sqrt{b^2 + \omega^2 k^2})^3}$$

und also:

$$c'_k = \frac{\omega k}{b} \cdot (\sqrt{2})^3 \Big/ \left(\sqrt{1 + \left(\frac{\omega k}{b}\right)^2}\right)^3 \quad \text{(Abb. 193c)} \tag{440}$$

Für die kapazitiv angekoppelte Spannung:

$$c_k = \frac{1}{k\omega C} \cdot \frac{4a}{T} \cdot \left(\frac{1}{\sqrt{b^2 + \omega^2 k^2}}\right)^3$$

und also

$$c'_k = \frac{b}{\omega k} (\sqrt{2})^3 \Big/ \left(\sqrt{1 + \left(\frac{\omega k}{b}\right)^2}\right)^3 \quad \text{(Abb. 193d)}. \tag{441}$$

Auf diese allgemeinste Form der Benutzung von Frequenzspektren und Zeigerverteilungsdiagrammen werden wir noch einmal im Zusammenhang mit dem Abschn. VI zurückkommen.

Wir wenden uns nun dem eigentlichen ROTHEschen Verfahren zu. Es basiert auf der RUNGEschen Vereinfachung des Ersatzes der Integrale zur Bestimmung der Oberwellenkoeffizienten durch arithmetische Summen über eine begrenzte Zahl von Ordinaten, die gleichabständig über die Periode verteilt werden (s. S. 170). Sind diese $2n$ Ordinaten $i_1 \ldots i_{2n}$ in den Zeiten $t_1 \ldots t_{2n} = T/2n \ldots T$ oder $= T/4n \ldots T - T/4n$ gemessen, so ergeben sich die RUNGEschen Näherungswerte für die Koeffizienten (vgl. Gl. (375)):

$$a_k = \frac{1}{n} \cdot \sum^m i_m \cdot \sin k\omega t_m$$

$$b_k = \frac{1}{n} \cdot \sum^m i_m \cdot \cos k\omega t_m .$$

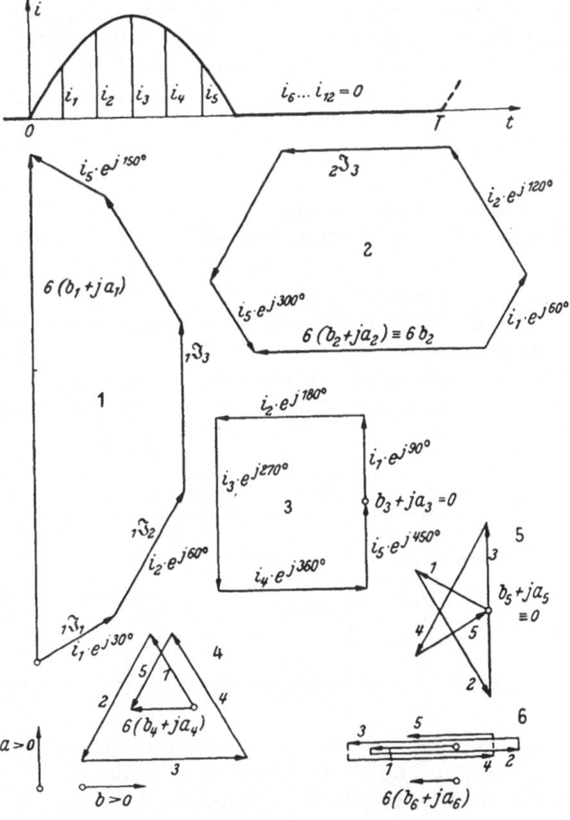

Abb. 194. Harmonische Analyse nach ROTHE für die halbwellengleichgerichtete Sinuskurve. Oben: Kurvenform. Unten: Analysenpolygone 1. ... 6, für die 1. ... 6. Ordnung.

Die Komponenten der k. Oberwelle ergeben sich dann aber aus:

$$b_k + j\,a_k = \frac{1}{n} \cdot \sum^m i_m \cdot (\cos k\omega t_m + j \sin k\omega t_m)$$

$$= \frac{1}{n} \cdot \sum^m i_m \cdot e^{j k \omega t_m}$$

Oder:

$$b_k + j\,a_k = \frac{1}{n} \cdot \sum^m i_m\, e^{j k \omega t_m} = \frac{1}{n} \cdot \sum^m {}_k\mathfrak{J}_m . \tag{442}$$

Diese Gleichung enthält die Zeichenanweisung des ROTHEschen Verfahrens. Man behandle die Ordinaten der Teilpunkte als Strahlen J_m, die gegen die reelle Achse um jeweils $k\,\omega\,t_m = k\,m\,\alpha$ gedreht sind, wenn α den Abstand zwischen den Ordinaten im Winkelmaß bedeutet. Das gilt natürlich nur, wenn man die Ordinaten nach dem traditionellen RUNGE-Schema „unsymmetrisch" verteilt. Sonst muß an Stelle der Werte $m\,\alpha$ der jeweilige Winkel $(m - 1/2)\alpha$ treten. Diese Strahlen werden wie Zeiger addiert und ergeben als Summe den Oberwellenstrahl. Zeigt der Summenstrahl also senkrecht nach oben, so bedeutet das, daß der Oberwellenkoeffizient, dem er zugeordnet ist, ein positiver a-Koeffizient ist, während ein nach rechts zeigender Strahl einen positiven b-Koeffizienten bedeutet.

In Abb. 194 ist dieses Verfahren praktisch auf die Halbwellengleichrichtung einer Sinuskurve angewendet. Im oberen Teil ist die Kurve des Stromverlaufs gezeigt, in den die gemessenen $2n$ Ordinaten eingetragen sind. Zur Vereinfachung der Darstellung ist dabei die Ordinatenzahl $2n$ nur 12 gewählt worden, so daß wir nach RUNGE —letzten Endes handelt es sich ja um ein graphisches RUNGE-Schema — nur 6 Ordnungen bestimmen können. Die entsprechenden Strahlenzüge sind darunter aufgezeichnet und nach der Ordnungszahl numeriert. In die Diagramme der ersten Ordnungen sind noch einmal die Bezeichnungen der Strahlen nach der Formel (Gl. (442)) angeschrieben. Bei den höheren sind sie nur noch numeriert. Bei der 6. Ordnung sind der Übersicht halber die eigentlich alle in einer Geraden liegenden Strahlen nebeneinander gezeichnet. Jedes Teildiagramm, das unabhängig von allen anderen gezeichnet werden kann, ergibt in einem Zuge den a- und den b-Koeffizienten der betreffenden Oberwelle. Man kann also nach ROTHE ohne Berechnung aller Oberwellen eine einzelne sofort nach Messung der Ordinaten durch Zeichnung des Analysenpolygons ermitteln.

Das Ergebnis lehrt: Außer einem starken Grundwellenkoeffizienten, der ein reines Sinusglied (a_1) darstellt, hat die Kurve nur die geradzahligen Oberwellen. Diese sind alle negative cos-Glieder ($b_2, b_4, b_6 \ldots$). Die zahlenmäßigen Ergebnisse sind in der folgenden Tabelle 11 mit den theoretischen Werten zusammengestellt.

Tabelle 11.
Analyse der Halbwellengleichrichtung einer Sinuskurve.
(Scheitelwert 100 mm.)

Koeffizient	$6c_n$	c_n/h	analytisch	c_n/h korrigiert mit R_k^2
a_1	300	0,500	0,500	0,483
b_2	137	0,228	0,212	0,207
b_4	36,5	0,061	0,043	0,042
b_6	27	0,042	0,018	0,017
b_0	373	0,311	0,318	—

Es zeigt sich genaue Übereinstimmung im Koeffizienten der Grundwelle. Da keine anderen ungeraden Oberwellen in der Kurve enthalten sind, die beim RUNGE-Verfahren dies Ergebnis verfälschen könnten, wenn sie die Ordnung $(2\,nz + 1)$ $(z = 1, 2, 3, \ldots)$ haben — vgl. Abschn. IV D 4 a —, so kann das auch gar nicht anders sein. Dagegen erscheinen die höheren Oberwellen mit steigender Ordnungszahl immer stärker vom wahren Wert abweichend. Bei der 6. Ordnung ist das Ergebnis bereits rd. 2,5 mal so groß wie der theoretische Wert und unterscheidet sich von ihm um fast 5 % des Grundwellenbetrages. Die Ursache liegt in der hohen Zahl von großen Oberwellen, die nach RUNGE fälschend eingehen können.

Offenbar könnte man diese Kurve durch einen Sehnenzug durch die Meßpunkte einschließlich der einspringenden Ecken sehr gut wiedergeben. Wir korrigieren also das Ergebnis unserer graphischen Bestimmung mit den für den Sehnenzug gültigen Korrekturfaktoren nach SCHÖNBACHER (vgl. S. 194) und erhalten die in der letzten

Spalte eingetragenen Werte. Der vorher richtige Grundwellenbetrag ist nun ein wenig falsch geworden (um etwa 2,5 % zu klein); auffallend ist nun aber die Übereinstimmung in den Oberwellen, die sämtlich innerhalb weniger Prozent ihres theoretischen Wertes mit den analytischen Werten übereinstimmen. Jedenfalls ist die Genauigkeit der so korrigierten Werte völlig befriedigend, wenn man sich überlegt, daß auch die Ermittlung des Gleichstromgliedes aus der gleichen Anzahl von Ordinaten keine höhere Genauigkeit erreichen läßt. Das zeigen die Zahlen in der letzten Zeile der Tabelle. Man erhält die Größe des Gleichstromgliedes, indem man die Längen der gemessenen Ordinaten algebraisch aneinanderreiht und das Ergebnis dann durch die Gesamtzahl der Ordinaten (hier 12), nicht wie bei den Analysenpolygonen durch die halbe Ordinatenzahl, dividiert.

Bei praktischen Kurven unregelmäßiger Form fällt zwar die schöne Symmetrie der Analysenpolygone fort, die bei einfachen Kurvenformen eine Kontrolle der Richtigkeit der Aneinanderreihung der Ordinatenstrahlen ist. Man kann sich hier durch Sternschablonen helfen, die für jede Oberwelle entsprechende Bezifferung tragen. Besonders bei Benutzung moderner Zeichenmaschinen, deren Zeichenkopf bei den meist gebrauchten Winkeln für diese Polygone (15°, 30°, 45° ...) fest einrastet, und an deren Maßstäben dann in jeder Lage die Ordinatenwerte auf den Strahlen sofort angetragen werden können, ist das Verfahren sehr geeignet. Wendet man zusätzlich die Möglichkeit der Verbesserung der erhaltenen Werte nach SCHÖNBACHER an, so liefert es auch bei Kurven mit großen Unstetigkeiten gute Ergebnisse.

Eine Zusammenstellung der Koeffizienten der FOURIER-Reihen für die technisch wichtigsten Kurvenformen befindet sich im Anhang B auf S. 514.

V. Mehrphasige Systeme.

Läßt man in einem homogenen Feld eine Spule 1 nach Abb. 195 mit gleichförmiger Winkelgeschwindigkeit ω rotieren, so wird in ihr eine einwellige Wechselspannung induziert (vgl. Abschn. II, Abb. 18). Bei geeigneter Wahl des Nullpunktes der Zeitrechnung lautet ihre Gleichung:

$$e_1 = e_{max} \sin \omega t \,. \qquad (443)$$

Ist das Erregerfeld nicht homogen, sondern so beschaffen, wie das praktischen Fällen meist entspricht (vgl. Abb. 19, Abschn. II), so wird die induzierte EMK mehrwellig und kann dargestellt werden durch eine Oberwellenfolge:

$$e_1 = \sum^n {}_n e_1 \sin (n \omega t + {}_n\varphi_1) \,. \qquad (444)$$

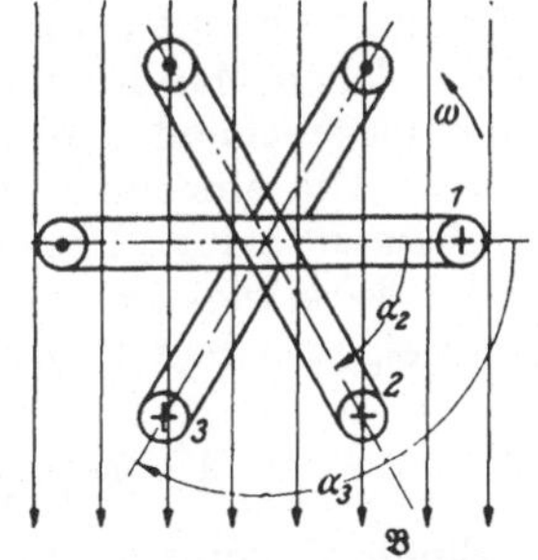

Abb. 195. Prinzip der Induktion mehrerer zeitlich gleichverlaufender elektromotorischer Kräfte in einer Mehrphasenmaschine.

Hierbei haben wir in Anlehnung an das, was wir bereits im letzten Abschnitt über die harmonische Analyse gemacht haben, die Ordnungszahl der Oberwelle an die jeweilige Oberwellenamplitude als vorderen Index vorgehängt, um Verwechslungen mit dem Index 1 zu vermeiden, der als Kennzeichnung der Zugehörigkeit aller Glieder dieser Reihe zur Spule 1 hinten angehängt ist.

Sind mit der ersten Spule weitere Spulen 2, 3, ...m... $p-1$, p mechanisch fest verbunden und rotieren also mit ihr zusammen im gleichen Feld mit der gleichen Winkelgeschwindigkeit ω, so werden in ihnen zeitlich gleichverlaufende elektromotorische Kräfte induziert. Je nach der Winkellage der Spulen gegeneinander sind die Spannungen in ihnen zeitlich gegeneinander verschoben um jeweils $t_m = \alpha_m/\omega$. Ihr allgemeines Zeitgesetz lautet also:

$$e_m = \sum^n {}_n e_m \sin (n \omega t + {}_n \varphi_m) \qquad (445)$$

oder

$$= \sum^n {}_n e_1 \sin (n \omega (t - t_m) + {}_n \varphi_1) = \sum^n {}_n e_1 \sin (n \omega t - n \omega t_m + {}_n \varphi_1) \,. \qquad (446)$$

Der räumliche Verdrehungswinkel der Spulen gegeneinander ist also zugleich der zeitliche Phasenverschiebungswinkel der einzelnen Spannungen gegeneinander in der Grundwelle. Die Phasenwinkelverschiebungen der Oberwellen gegeneinander sind dagegen jeweils soviel mal so groß wie der räumliche Verdrehungswinkel, wie die Ordnungszahl angibt.

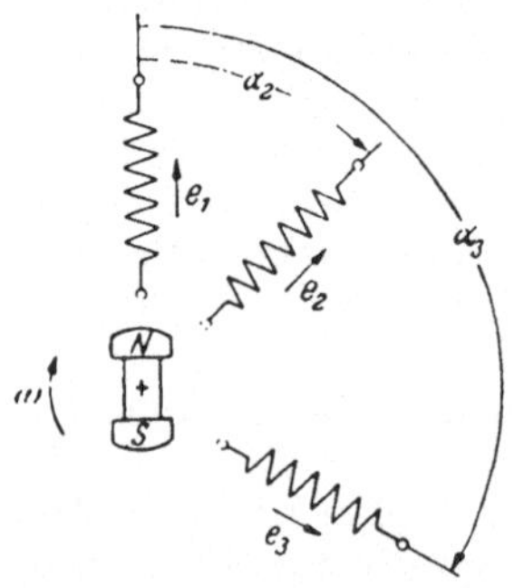

Abb. 196. Schematische Darstellung einer Mehrphasenmaschine im Schaltbild.

Diese Verhältnisse ändern sich natürlich in keiner Weise, wenn wir die Spulen feststehen lassen und das Feld umlaufen lassen, wie das praktisch bei den meist als Innenpolmaschinen gebauten Wechselstrommaschinen geschieht. Wir stellen dann die Maschine im Schaltbild schematisch nach Abb. 196 dar, indem wir unter Beibehaltung ihrer Achsrichtung jede Spule radial nach außen verschoben zeichnen und den in Abb. 196 ausnahmsweise noch einmal eingetragenen Induktor gänzlich weglassen. Dies Schema stellt also sozusagen eine vereinfachte Ansicht der Maschine von der Antriebsseite gesehen bei Rechtslauf des Rotors dar. Ist der Induktor mehrpolig, so stimmen Frequenz und Winkelgeschwindigkeit nicht mehr überein. Bei einer Gesamtzahl von x Polpaaren entsprechend $2x$ Polen, ist

$$\omega = x \cdot \omega_{mech} \tag{447}$$

und entsprechend werden auch die zeitlichen Phasenwinkel zwischen den Grundwellenanteilen der Spulenspannungen:

$$\varphi_m = x\alpha_m \,. \tag{448}$$

Wir stellen auch mehrpolige Maschinen durch das Schema der Abb. 196 dar; in ihm bedeuten also die Spulenwinkel nicht konstruktive, sondern elektrische Daten.

Eine Maschine mit mehreren derartigen — unter sich gleichen — Spulen oder Wicklungen nennen wir eine *Mehrphasen-Maschine*. Eine Schaltung bestehend aus einer solchen Maschine, einem Leitungssystem und einer Belastungsschaltung mit einer entsprechenden Zahl von Belastungswiderständen nennen wir ein *Mehrphasensystem*. Die einzelnen Wicklungen des Generators nannte man früher ,,Phasenwicklungen" oder ,,Phasen". Heute hat man sich auf den Namen ,,*Strangwicklungen*", ,,*Wicklungsstränge*" oder ,,*Stränge*" geeinigt und behält den Begriff ,,*Phase*" seiner eigentlichen Bedeutung vor.

A. Symmetrische Mehrphasengeneratoren.

Einen Generator mit mehreren Wicklungssträngen gleicher Abmessung und Windungszahl nennt man ,,*symmetrisch*", wenn seine Stränge im schematischen Ersatzschaltbild der Abb. 196 einen symmetrischen Stern bilden, wenn also bei insgesamt p Strängen, der Winkel zwischen 2 aufeinanderfolgenden Strängen und damit auch der Winkel zwischen den Zeigern der Grundwellen zweier aufeinanderfolgender Strangspannungen den Wert $2\pi/p$ hat.

Bei einwelligen Spannungen lauten ihre Gleichungen also:

$$\left.\begin{aligned} e_1 &= e_{max} \sin \omega t \\ e_2 &= e_{max} \sin (\omega t - 2\pi/p) \\ e_3 &= e_{max} \sin (\omega t - 2 \cdot 2\pi/p) \\ e_m &= e_{max} \sin (\omega t - (m-1) \cdot 2\pi/p) \\ &\;\;\vdots \\ e_p &= e_{max} \sin (\omega t - (p-1) \cdot 2\pi/p)\,. \end{aligned}\right\} \tag{449}$$

In der Zeigerdarstellung ergeben die Zeiger einen symmetrischen Stern. Ihre Gleichungen in Zeigerschreibweise lauten:

$$\left.\begin{aligned}
\mathfrak{E}_1 &= \mathfrak{E}\cdot e^{j\,o}\\
\mathfrak{E}_2 &= \mathfrak{E}\cdot e^{-j\,2\,\pi/p}\\
\mathfrak{E}_3 &= \mathfrak{E}\cdot e^{-j2\cdot 2\,\pi/p}\\
&\;\vdots\\
\mathfrak{E}_m &= \mathfrak{E}\cdot e^{-j(m-1)\cdot 2\,\pi/p}\\
&\;\vdots\\
\mathfrak{E}_p &= \mathfrak{E}\cdot e^{-j(p-1)\cdot 2\,\pi/p}
\end{aligned}\right\}\quad(450)$$

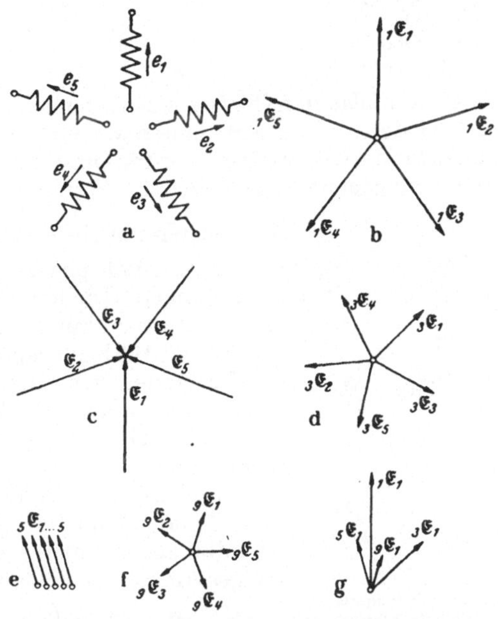

Abb. 197. Schaltbild (a), 2 gleichwertige Zeigerdiagramme (b und c) der Strangspannungen der Grundwelle, je ein Zeigerdiagramm für die Strangspannungen der dritten (d), fünften (e) und neunten (f) Oberwellen und ein Zeigerverteilungsdiagramm (g) für die Strangspannung 1 für eine fünfsträngige Maschine.

Die Abb. 197 zeigt im Teilbild a) das Schaltbild für $p=5$, also einen Fünfphasengenerator, in den Teilbildern b) und c) zwei mögliche und gleichwertige Darstellungen der Zeiger der Strangspannungen. Es ist im Grunde unerheblich, ob die Zeigerspitzen nach außen oder innen weisen; wir werden auch von beiden Möglichkeiten gelegentlich Gebrauch machen. Die Darstellung nach Abb. 197b ist aber anschaulicher, weil in ihr die Lage der Zeiger mit der Lage der Strangsymbole im Schaltschema zusammenpaßt.

Sind die Strangspannungen nicht einwellig, so müssen sie durch Angabe ihrer Oberwellen charakterisiert werden. Die Gleichungen lauten dann also:

$$\left.\begin{aligned}
&= \sum^n {}_n e\cdot\sin(n\,\omega\,t + {}_n\varphi_1) = {}_1e\cdot\sin\omega\,t + {}_3e\cdot\sin(3\,\omega\,t + {}_3\varphi) + \cdots,\\
&= \sum^n {}_n e\cdot\sin(n\,\omega\,t + {}_n\varphi_2) = {}_1e\cdot\sin\left(\omega\,t - \frac{2\pi}{p}\right) + {}_3e\cdot\sin\left(3\,\omega\,t + {}_3\varphi - \frac{3\cdot 2\,\pi}{p}\right) + \cdots\\
&= \sum^n {}_n e\cdot\sin(n\,\omega\,t + {}_n\varphi_3) = {}_1e\cdot\sin\left(\omega t - \frac{2\cdot 2\,\pi}{p}\right) + {}_3e\cdot\sin\left(3\,\omega t + {}_3\varphi - \frac{3\cdot 2\cdot 2\,\pi}{p}\right) + \cdots\\
&\qquad\vdots\\
&= \sum^n {}_n e\cdot\sin(n\,\omega\,t + {}_n\varphi_m) = {}_1e\cdot\sin\left(\omega\,t - \frac{(m-1)\,2\,\pi}{p}\right) +\\
&\qquad + {}_3e\,\sin\left(3\,\omega t + {}_3\varphi - \frac{3\,(m-1)\cdot 2\,\pi}{p}\right) + \cdots\\
&= \sum^n {}_n e\cdot\sin(n\,\omega\,t + {}_n\varphi_p) = {}_1e\cdot\sin\left(\omega\,t - \frac{(p-1)\cdot 2\,\pi}{p}\right) +\\
&\qquad + {}_3e\cdot\sin\left(3\,\omega\,t + {}_3\varphi - \frac{3\,(p-1)\cdot 2\pi}{p}\right) + \cdots
\end{aligned}\right\}\quad(451)$$

Wird jede Oberwelle jeder Strangspannung durch ein Zeigerdiagramm der ihr zukommenden Drehzahl dargestellt, so erhalten wir das gesamte Zeigerverteilungsdiagramm für die Mehrphasenmaschine mit mehrwelliger Strangspannung. Es ist in Abb. 197d für die beliebig angenommene Form der Strangspannung gezeichnet, die durch das Zeigerverteilungsdiagramm des Teilbildes g) für die erste Strangspannung gegeben ist. Wie man sieht, bleibt die Phasenfolge der Oberwellen nicht die der Grundwelle. Im Falle der Abb. 197 z. B. ist die Phasenfolge:

							ebenso für alle Ordnungen	
für die Grundwelle . .	1	2	3	4	5		$5z+1$	
die 3. Oberwelle	1	4	2	5	3		$5z+3$	
die 5. Oberwelle	sämtlich gleichphasig						$5z$	$z = 1, 2, 3 \ldots$
die 7. Oberwelle	1	3	5	2	4		$5z-3$	
die 9. Oberwelle	1	5	4	3	2		$5z-1$	

Die Phasenfolge der Oberwellenspannungen wechselt also in periodischer Folge mit der Periode p. Allgemein können wir hier schon feststellen, daß bei einem p-phasigen Generator die Oberwellen der p-ten Ordnung und aller Vielfachen davon unter sich in allen Strangspannungen gleichphasig sind, so wie das hier für die fünfte der Fall ist.

1. Das symmetrische Zweiphasensystem.

Für $p=2$ ergibt sich das Mehrphasensystem mit der niedrigsten Zahl von Strängen und Strangspannungen. Die beiden Wicklungen sind nach Abb. 198a um $180° = 2\pi/p$ versetzt, die beiden Strangspannungen um 180° nach Abb. 198b phasenverschoben, also gegenphasig.

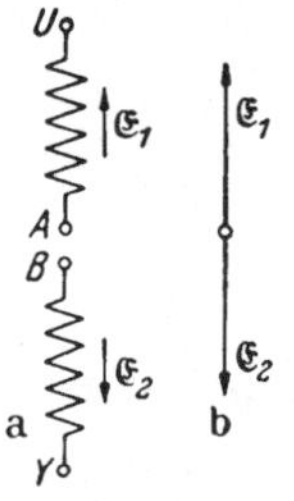

Abb. 198. Symmetrisches Zweiphasensystem (unverkettet). a Schaltschema b Zeigerdiagramm.

Verbinden wir die beiden — an sich unabhängigen — Stränge an einem Punkt miteinander — man nennt diesen Vorgang: „*Verkettung*" — so gibt es dafür mehrere Möglichkeiten:

a) Wenn der Anfangspunkt A der einen Wicklung mit dem Anfangspunkt B der zweiten Wicklung verbunden wird, so mißt ein Voltmeter nach Abb. 199a den Effektivwert der Zeigersumme der beiden Strangspannungen:

$$\mathfrak{U} = \mathfrak{E}_1 - \mathfrak{E}_2 = 2\,\mathfrak{E}_1 \qquad \text{Zeigerdiagramm Abb. 199b.}$$

In den abgehenden Leitungen haben wir ein *Dreileitersystem*, bei dem zwischen den beiden *Außenleitern* die doppelte Strangspannung, zwischen jedem Außenleiter und dem zum Mittelpunkt führenden *Mittelleiter* die einfache Strangspannung besteht.

Belasten wir nach Abb. 199a den Generator in dieser Schaltung mit Widerständen zwischen den drei Leitern, so fließt in der Zuleitung zum Verkettungspunkt

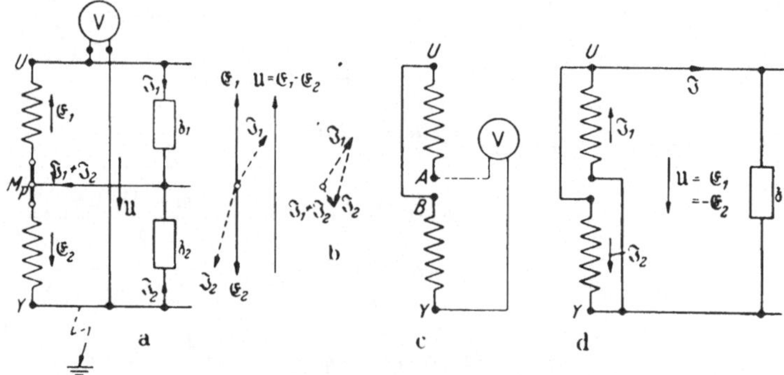

Abb. 199. Verkettete symmetrische Zweiphasenanordnungen. a Wechselstrom-Dreileitersystem mit Belastung und Messung der Außenleiterspannung. b Zeigerdiagramme für Spannungen und Ströme im Dreileitersystem. c Spannungsmessung bei Parallelverkettung. d Belastung bei Parallelverkettung.

die Zeigersumme der beiden Außenleiterströme zurück. Wegen der Gegenphasigkeit der beiden Strangspannungen läuft das auf die algebraische Differenz der beiden Außenleiterströme hinaus, wenn die beiden Lastwiderstände phasengleich sind. Ist nicht nur der Generator symmetrisch, sondern auch die Belastung, so fließt in der Rückleitung zum Verkettungspunkt kein Strom. Daher rührt die Bezeichnung: „*Nulleiter*", die man allerdings wohl besser durch *Mittelleiter* ersetzen sollte, weil der strömlose Zustand ja nur der Ausnahmezustand für völlige Symmetrie ist und normalerweise auch der Nulleiter Strom führen wird. Auch ist das Potential dieses Leiters gegen Erde durchaus nicht als Null festgelegt, wie die Bezeichnung als Nulleiter nahelegt. Erst wenn durch die Schaltung eine Festlegung über die Erdverbindungen geschaffen ist, können Aussagen über die Spannungen gegen Erde gemacht werden. Tritt etwa am unteren Außenleiter ein Fehler ein, der diesen Leiter widerstandslos mit der Erde verbindet, so nimmt dieser Leiter das Potential Null an — auf seiner ganzen Länge freilich nur, wenn er widerstandslos ist. Der „Nulleiter" bekommt Strangspannung (!) gegen Erde und der zweite Außenleiter die doppelte Strangspannung.

Im Grunde handelt es sich hier noch nicht um ein Mehrphasensystem im eigentlichen Sinne, sondern eher um ein Einphasensystem mit einer in der Strangmitte angezapften Wicklung.

b) Verketten wir dagegen den Endpunkt U des ersten Stranges mit dem Anfangspunkt B des zweiten (Abb. 199c), so bleibt zwischen den beiden noch freien Klemmen keine Spannung, wenn der Generator völlig symmetrisch ist. Auch Oberwellenspannungen können hier nicht auftreten, weil die Kurve einer EMK niemals geradzahlige Oberwellen enthalten kann, solange die Polschuhe symmetrisch ausgebildet sind. Nur geradzahlige Oberwellenspannungen aber würden an beiden Wicklungen gleichphasig sein.

Es steht also nichts dagegen, auch die beiden anderen Wicklungspunkte A und Y miteinander zu verketten (Abb. 199d), womit die Stränge einen in sich geschlossenen Stromkreis bilden, in dem jedoch wegen der Symmetrie keine resultierende Spannung wirksam wird, also auch keine Ströme fließen. Die beiden äußeren Ableitungen — eine dritte kann es jetzt nicht geben — führen gegeneinander die Strangspannung. Höhere Spannungen als diese können an keiner Stelle auftreten.

Der in einen Belastungswiderstand mit dem Operator $\mathfrak{z}$ hineinfließende Strom wird von beiden Wicklungssträngen gemeinsam geliefert. Er verteilt sich auf die beiden Teilströme $\mathfrak{J}_1$ und $\mathfrak{J}_2$, deren Differenz dabei den Gesamtstrom ergibt, weil wir die Zählpfeile sinnvoll für ein normales Mehrphasensystem, für den vorliegenden einfachen Fall aber unnötig kompliziert, so gewählt haben. Wie die Verteilung erfolgt, hängt von den inneren Widerständen der Wicklung ab; bei völliger Symmetrie der Wicklungsstränge werden sich also beide je zur Hälfte an der Stromlieferung beteiligen.

2. Das dreiphasige symmetrische System. Drehstrom.

Wählen wir $p = 3$, ordnen also die Wicklungsstränge nach Abb. 200a an, so entsteht mit den drei um je 120° gegeneinander verschobenen Strangspannungen $\mathfrak{E}_1$, $\mathfrak{E}_2$ und $\mathfrak{E}_3$ das gemeinhin als *Drehstromsystem* bezeichnete, praktisch bedeutungsvollste System.

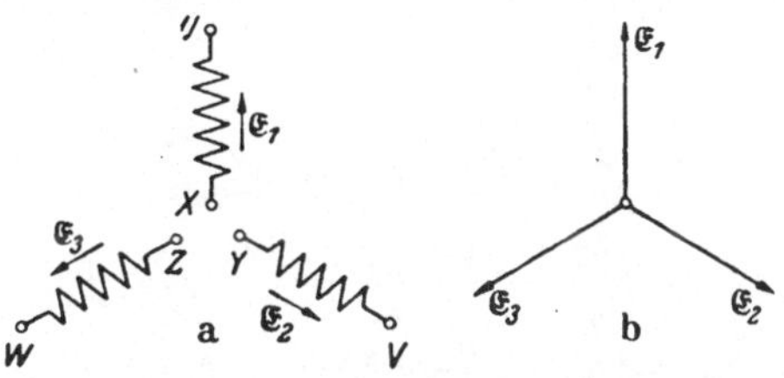

Die Gleichungen der Grundwellen seiner drei Strangspannungen lauten:

$$\left.\begin{aligned} e_1 &= e_{max} \sin \omega t \\ e_2 &= e_{max} \sin (\omega t - 120°) \\ e_3 &= e_{max} \sin (\omega t + 120°) \end{aligned}\right\} \quad (452)$$

Abb. 200. Symmetrisches Dreiphasensystem. Drehstromsystem. a Schaltbild (unverkettet). b Zeigerdiagramm der Spannungen.

oder als Zeigergleichungen:

$$\left.\begin{aligned} \mathfrak{E}_1 &= \mathfrak{E} &&= E &&= E \\ \mathfrak{E}_2 &= \mathfrak{E} \cdot e^{j(-120°)} &&= E (\cos 120° - j \sin 120°) &&= E (-0.5 - 0.866 j) \\ \mathfrak{E}_3 &= \mathfrak{E} \cdot e^{j 120°} &&= E (\cos 120° + j \sin 120°) &&= E (-0,5 + 0,866 j). \end{aligned}\right\} \quad (453)$$

Mit den Verkettungsmöglichkeiten dieses Systems beschäftigt sich der Abschn. VB, S. 208 ausführlicher, so daß hier nichts weiter darüber zu sagen ist.

3. Symmetrische Systeme mit mehr als 3 Strängen.

Die Phasenzahl 4 führt zu einem symmetrischen System mit dem Schaltbild Abb. 201a, dessen Strangspannungen um je 90° gegeneinander verschoben sind (Abb. 201b). Ihre Gleichungen lauten für die Augenblickswerte der Grundwelle, bzw. ihre Zeiger:

$$\left.\begin{aligned} e_1 &= e \cdot \sin \omega t \\ e_2 &= -e \cdot \cos \omega t \\ e_3 &= -e \cdot \sin \omega t \\ e_4 &= e \cdot \cos \omega t \end{aligned}\right| \quad (454) \qquad \left.\begin{aligned} \mathfrak{E}_1 &= \mathfrak{E} &&= \,\mathfrak{E} \\ \mathfrak{E}_2 &= \mathfrak{E} \cdot e^{-j\,90^\circ} &&= -j\,\mathfrak{E} \\ \mathfrak{E}_3 &= \mathfrak{E} \cdot e^{-j\,180^\circ} &&= -\,\mathfrak{E} \\ \mathfrak{E}_4 &= \mathfrak{E} \cdot e^{+j\,90^\circ} &&= +j\,\mathfrak{E} \end{aligned}\right| \quad (455)$$

Praktisch hat dies System keine Bedeutung. Dagegen ist das aus ihm durch Weglassung von 2 Strängen (3 und 4) nach Abb. 202 entstehende unsymmetrische

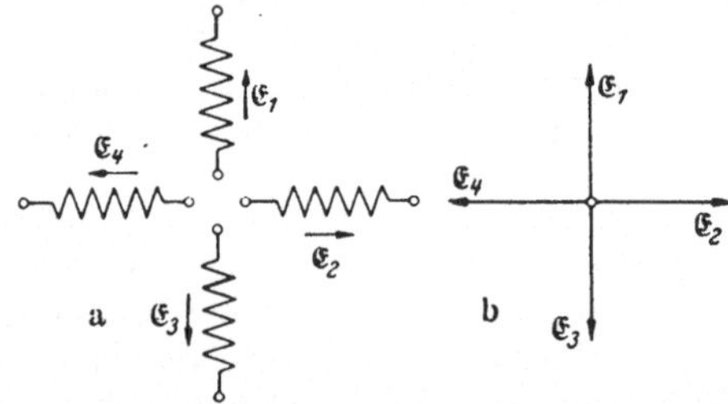

Abb. 201. Schaltbild (a) und Zeigerdiagramm der Strangspannungen b für ein symmetrisches Vierphasensystem.

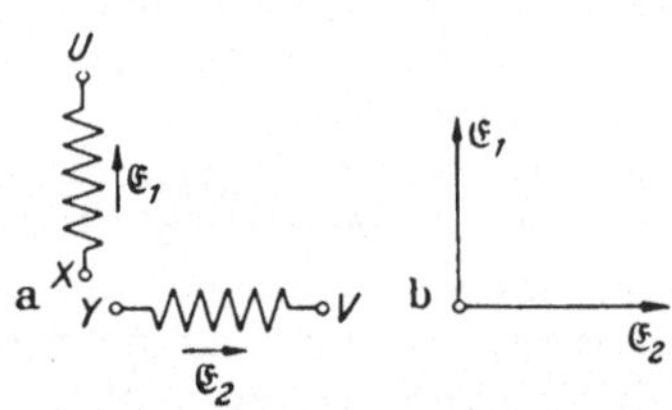

Abb. 202. Schaltbild (a) und Zeigerdiagramm der Strangspannungen (b) des (unsymmetrischen) Zweiphasensystems.

Zweiphasensystem auch heute noch von großer Bedeutung für die Meß-, Regel- und Steuertechnik, wenn es auch als System für die Kraftübertragung kaum noch vorkommt. Es ist das System, das früher die Bezeichnung: „*Zweiphasensystem*“ schlechthin führte, die wir oben dem symmetrischen Zweiphasensystem zubilligten. Seine beiden Teilspannungen sind gleich groß und gegeneinander um 90° verschoben. Mit zwei solchen Strangspannungen lassen sich unter Verwendung von Spannungsteilern und Umschaltern alle beliebigen Spannungen beliebiger Phasenlage aus den Wirkkomponenten und Blindkomponenten zusammensetzen. Bei Hinzunahme von Umspannern ist diese Möglichkeit nicht auf die an den Wicklungssträngen selbst anstehende Spannungshöhe beschränkt.

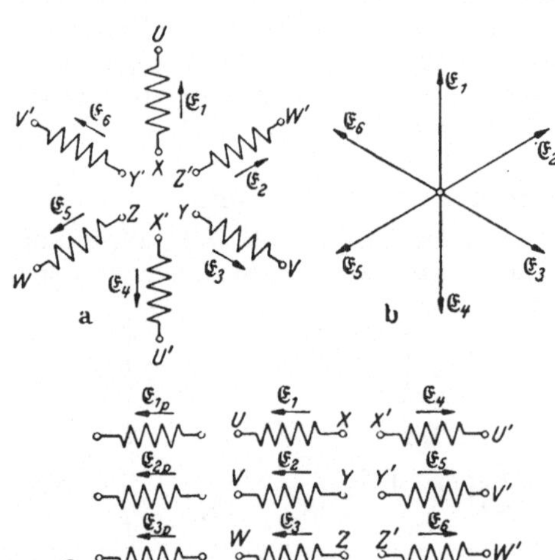

Abb. 203. Schaltbild (a) und Zeigerdiagramm der Strangspannungen (b) für ein symmetrisches Sechsphasensystem. c Schaltbild zur Herstellung eines symmetrischen Sechsphasensystems aus einem Drehstromsystem.

Systeme mit 6 Strängen und 6 symmetrischen Strangspannungen werden zwar normalerweise nicht in Generatoren erzeugt, bilden aber ein wichtiges Schaltelement der Starkstromtechnik in der Gleichrichtertechnik. Abb. 203a zeigt schematisch das Schaltbild eines Generators für ein solches System, Abb. 203b die zugehörigen 6 Strangspannungen, bzw.

ihre Grundwellen. Da das Diagramm zeigt, daß die Spannungen paarweise in Gegenphase liegen, und daß die verbleibenden Spannungen anderer Phasenlage um je 120° gegeneinander verschoben sind, so kann man unter Verwendung eines Umspanners mit drei Kernen, —oder auch dreier getrennter Umspanner — deren Primärwicklungen man die drei Strangspannungen eines Drehstromsystems zuführt, aus den unterteilten Sekundärspannungen mit entsprechender Polung der Anschlüsse die für eine Sechsphasengleichrichtung nötigen 6 Strangspannungen herstellen. Abb. 203c zeigt die entsprechende Schaltung, wobei allerdings darauf hingewiesen sei, daß in praxi sowohl die sekundären Wicklungen, wie auch die primären je unter sich verkettet zu sein pflegen.

In der Gleichrichtertechnik geht man mit der Zahl der Strangspannungen aber noch weiter über die Zahl 6 hinaus. 12-, 24-, 36- und 48-phasige Systeme werden in Großgleichrichteranlagen verwendet. Wenn auch in der Tat schon einmal für einen Spezialfall ein Generator mit einer ähnlich hohen Strangzahl unmittelbar ausgeführt wurde, so geht man hierfür doch meist den Umweg über Kunstschaltungen mit Umspannern, die die gewünschten Strangspannungen aus den Teilspannungen eines Drehstromsystems herstellen. Das wäre zwar auch aus einem unsymmetrischen Zweiphasensystem möglich, ist aber untunlich, weil man ja das Drehstromnetz meist sowieso zur Verfügung hat und daraus schon eine ganze Anzahl der gewünschten Strangspannungen unmittelbar mit der richtigen Phasenlage bekommt.

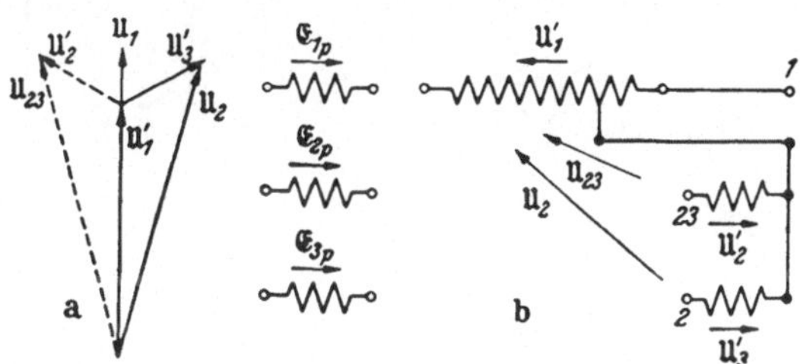

Abb. 204. Erzeugung der Strangspannungen eines symmetrischen 24strängigen Systems aus Spannungen eines Drehstromsystems. a Zeigerdiagramm. b Schaltbild.

Das Beispiel der Abb. 204 zeigt die Herstellung einer Strangspannung für ein 24-phasiges System, die gegen die 1. Spannung um 15° nacheilend verschoben, aber gleich groß sein soll. Einer Teilspannung $\mathfrak{U}_1'$ der Wicklung für die Strangspannung $\mathfrak{U}_1$ wird eine Teilspannung $\mathfrak{U}_3'$ aus einer Zusatzwicklung auf dem zur Sekundärwicklung des Stranges 3 gehörenden Kern zugeschaltet unter Umkehrung der Phasenlage. Bei geeigneter Wahl der Windungszahlen ergibt sich dann die Summenspannung $(\mathfrak{U}_1' + \mathfrak{U}_3')$ um 15° gegen $\mathfrak{U}_1$ verschoben, aber mit gleichem Effektivwert. Aus dem Dreieck der Spannungszeiger errechnet man aus geometrischen Beziehungen leicht, daß die Anzapfung im Strang 1 bei $\left(1 - \frac{\sin 45^\circ}{\sin 60^\circ}\right)$ der Windungszahl der Stammwicklung liegen muß und die Windungszahl der Zusatzwicklung aus der der Stammwicklung 1 durch Multiplikation mit sin 15°/sin 60° hervorgeht. Die Zusatzwicklung muß also 30,1 % der Windungszahl der Hauptwicklung haben, die Anzapfung 18,5 % vom Ende der Wicklung 1 entfernt sein. Fügt man, wie das gestrichelt angedeutet ist, noch eine zweite Zusatzwicklung auf dem zur primären Strangspannung 2 gehörenden Kern ein und schaltet sie ebenfalls der Anzapfung an der sekundären Strangspannung 1 zu, so entsteht auch noch die Strangspannung $\mathfrak{U}_{23}$ der sekundären Anordnung, die um 15° gegen die erste Strangspannung sekundär voreilt. Auch sie ist im Zeigerdiagramm gestrichelt eingetragen.

B. Stern- und Polygonschaltung.

Je höher die Strangzahl eines mehrphasigen Systems wird, um so größer wird die Zahl der möglichen Kombinationen für eine Verkettung der Stränge miteinander. Symmetrische Anordnungen ergeben aber nur zwei davon, die wir nun an Hand der Verhältnisse beim Dreiphasensystem, dem Drehstromsystem, durchsprechen.

Bei der Maschine in offener Schaltung, wie sie die Abb. 205a unter Eintragung der vom VDE genormten Klemmenbezeichnungen zeigt, wollen wir die drei Strangspannungen als elektromotorische Kräfte in der eingezeichneten Richtung einheitlich positiv zählen. Damit die Klemmenspannungen bei Vernachlässigung der inneren Spannungsabfälle gleich den elektromotorischen Kräften werden — ohne Vorzeichenumkehr, wollen wir dann auch die Zählrichtungen für diese Klemmenspannungen so festlegen, wie das in der Abbildung eingetragen ist, d. h. also vom jeweiligen äußeren Endpunkt der Wicklung zum innen gelegenen Anfangspunkt. Anfang und Ende verstehen wir also im Richtungssinne der Zählrichtung der EMK. Die Klemmen UVW sind somit die Strangendpunkte, XYZ ihre Anfangspunkte.

Eine einfache symmetrische Verkettung erhalten wir nun, wenn wir die drei Anfangspunkte der Stränge UX, VY und WZ widerstandslos miteinander verbinden und so die Schaltung der Abb. 205b herstellen. In ihr bezeichnen wir nun den allen drei Strängen gemeinsamen Punkt sinnvoll als „*Sternpunkt*“ oder auch als *Mittelpunkt* M_p. Die früher übliche Bezeichnung „*Nullpunkt*“ vermeidet man als irreführend besser (vgl. S. 205).

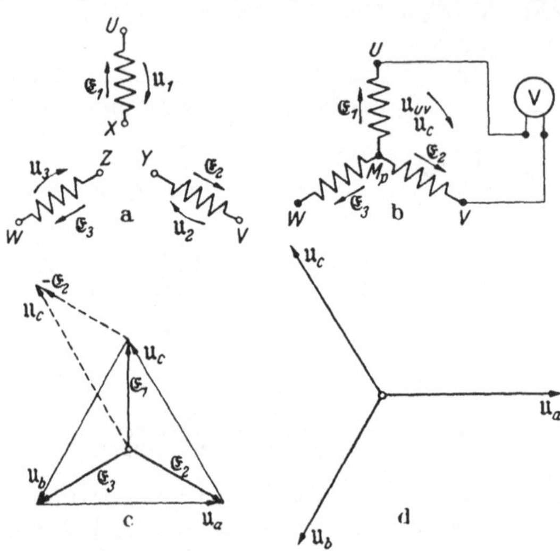

Abb. 205. Drehstrommaschine in offener Schaltung (a), ihre Verkettung in Stern (b), Strangspannungen und Leiterspannungen im Zeigerdiagramm (c) und symmetrischer Stern der Leiterspannungen (d).

Während vor Einführung der Verkettung natürlich keine Spannungen zwischen beliebigen Punkten der drei Stränge gemessen werden konnten, sind nun auch Potentialdifferenzen zwischen Punkten verschiedener Stränge meßbar, z. B. zwischen den Endklemmen U und V. Das in der Abb. 205b eingetragene Voltmeter würde die Spannung $\mathfrak{U}_{UV}$ anzeigen (Doppelindex bedeutet: von U nach V). Wir bezeichnen sie zur Abkürzung mit $\mathfrak{U}_c$. Aus einem Umlauf über: Strang 1, Voltmeter, Strang 2 erhalten wir nach KIRCHHOFF (Gl. (3)):

$$\mathfrak{U}_{UV} = \mathfrak{U}_c = +\mathfrak{E}_1 - \mathfrak{E}_2$$

und analog für die beiden anderen Spannungen zwischen den Außenklemmen der Maschine:

$$\left.\begin{aligned} \mathfrak{U}_{VW} &= \mathfrak{U}_a = +\mathfrak{E}_2 - \mathfrak{E}_3 \,, \\ \mathfrak{U}_{WU} &= \mathfrak{U}_b = +\mathfrak{E}_3 - \mathfrak{E}_1 \,. \end{aligned}\right\} \quad (456)$$

Jede der drei Spannungen zwischen den Außenleitern, die an die Außenklemmen angeschlossen sind, jede der „*Leiterspannungen*“ also, ergibt sich als *Differenz* der beiden benachbarten *Strangspannungen*. Man bezeichnet sie als „*verkettete Spannungen*“, weil sie ja ihre Entstehung erst der Verkettung im Sternpunkt verdanken. Ihre Größe ergibt sich einfach aus dem Zeigerdiagramm der Abb. 205c. Für eine der Spannungen ($\mathfrak{U}_c$) ist die Differenzbildung ausführlich gestrichelt eingetragen. Sie ist aber natürlich einfacher durch Zeichnung der Dreieckseiten mit entsprechender Wahl der Zeigerrichtung möglich. Der Umlauf im Zeigerdiagramm muß dieselben Gleichungen zwischen den Zeigern liefern wie der Umlauf im Schaltbild zwischen den Spannungen und elektromotorischen Kräften selbst.

Für die bisher als einwellig angenommenen Spannungen liefert die geometrische Auswertung des Zeigerdiagramms die Beziehung zwischen den Effektivwerten der Strangspannung E und der Leiterspannung U:

$$U_a = U_b = U_c = E_1 \cdot \sqrt{3} = E_2 \cdot \sqrt{3} = E_3 \cdot \sqrt{3}\,. \tag{457}$$

Die drei Zeiger der Leiterspannungen schließen sich zu einem Dreieck; ihre Summe ist also *stets* Null — auch dann, wenn die Strangspannungen nicht streng symmetrisch sind. Sogar bei einem so stark unsymmetrischen System, wie es aus dem Drehstromgenerator herausgeholt werden kann, wenn man die Anschlüsse des einen Stranges vertauscht (Abb. 206a), ergibt sich immer wieder ein in sich geschlossenes Dreieck der Leiterspannungen (Abb. 206b), wenn nun auch nicht mehr die oben angeschriebenen Beziehungen zwischen den Effektivwerten bestehen, sondern jetzt gilt:

$$U_a = E\sqrt{3}\,;\; U_b = U_c = E\,. \tag{458}$$

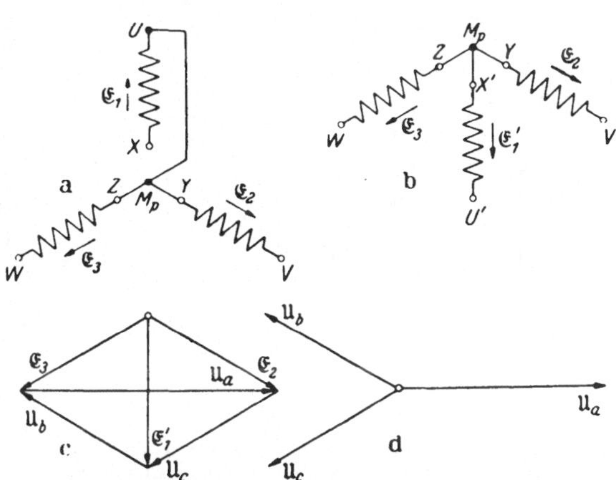

Abb. 206. Unsymmetrisches Drehstromsystem (b) entstanden durch Verschaltung (a) des symmetrischen. Zeigerdiagramme dazu (c und d).

Außer dieser Verschiedenheit im Effektivwert haben sich die Phasen von zwei Leiterspannungen stark geändert. Während die Phasenfolge der drei Leiterspannungen (Abb. 205d) $a\,b\,c$ war, ist sie jetzt (Abb. 206d) $a\,c\,b$ bei außerdem ungleich großen Phasenwinkeln zwischen ihnen.

Die Beziehung, daß die Summe der drei Leiterspannungen stets Null ist, gilt selbstverständlich auch für die Augenblickswerte der drei Spannungen, auch wenn sie beliebig mehrwellig sind. Das zeigt sofort die Summation der drei Grundgleichungen für die Augenblickswerte der Leiterspannungen.

$$\begin{aligned} u_c &= e_1 - e_2 \\ u_a &= e_2 - e_3 \\ u_b &= e_3 - e_1 \\ \hline u_a + u_b + u_c &= 0 \end{aligned} \tag{459}$$

Sind die drei Strangspannungen nicht einwellig, so werden natürlich auch die Leiterspannungen mehrwellig. Jedoch sind die Kurvenformen von Leiterspannung und Strangspannung nicht übereinstimmend, auch wenn die Strangspannnugen streng symmetrisch sind. Wir ersehen das am leichtesten aus dem Zeigerverteilungsdiagramm für die Strangspannungen und die Leiterspannungen. Nach den Ausführungen im Abschn. VA sind die gegenseitigen Phasenlagen der Oberwellen nicht identisch mit denen der Grundwelle. Nach der Abb. 207a sind ja die gegenseitigen Phasenlagen der drei Strangspannungen von der Ordnungszahl mit dreizähliger Periodizität abhängig. Die drei Zeigerdiagramme für die als Beispiel dafür angenommenen drei Harmonischen (Grundwelle: Vorindex 1, 3. Oberwelle: Vorindex 3 und 5. Oberwelle: Vorindex 5) zeigen:

Grundwelle . . . . Phasenfolge 1 2 3,
3. Oberwelle . . . . Gleichphasigkeit,
5. Oberwelle . . . . Phasenfolge 1 3 2.

Da die dritten Oberwellen in allen drei Strangspannungen gleichphasig sind, verschwinden sie bei der Differenzbildung zwischen den Strangspannungen aus den Leiterspannungen, die also bei einer symmetrischen Maschine niemals eine dritte Oberwelle oder eine andere dreizählige Oberwelle (Ordnungszahl $3z$; $z = 1, 2, 3, \ldots$ enthalten können. Das Zeigerverteilungsdiagramm für die Strangspannung 1, das in Abb. 207b als erstes gezeichnet ist, enthält also mehr Zeiger als das der Leiterspannung c, das daraus abgeleitet ist (Abb. 207e). Das der Strangspannung 2, das in Abb. 207c auch noch gezeichnet ist, sieht zwar prima facie anders aus, kann aber leicht in die gleiche Form umtransformiert werden, wenn man sich überlegt, daß die einzelnen Zeiger des Zeigerverteilungsdiagramms mit verschiedener Drehzahl laufen. Dreht man also ${}_1\mathfrak{E}_2$ um 120° vor, um es in die gleiche Lage zu bringen wie ${}_1\mathfrak{E}_1$, so dreht sich zugleich ${}_3\mathfrak{E}_2$ um $3 \cdot 120°$ vor. Das ist im Zeigerverteilungsdiagramm (Abb. 207d) gezeigt. Dort ist ${}_5\mathfrak{E}_2$ um $1 \cdot 120°$ zurückgedreht, was ja einer Vordrehung um $5 \cdot 120°$ entspricht. Dann ist das Diagramm für $\mathfrak{E}_2$ identisch mit dem für $\mathfrak{E}_1$. Im Falle der Leiterspannung nach Abb. 207e ist aber eine solche Umtransformation auf keine Weise möglich. Erstens kann man die fehlende Spannung der 3. Oberwelle nicht ergänzen, zweitens aber rückt auch der Zeiger der 5. Oberwelle nicht in die gleiche relative Lage zu dem der Grundwelle wie bei der Strangspannung, wenn man ihn um $5 \cdot 30°$ zurückdreht entsprechend der Rückdrehung um $1 \cdot 30°$ die nötig ist, um die Grundwellen in die gleiche Phasenlage zu bringen. Die Kurvenform der Strangspannung und der Leiterspannung sind also bei mehrwelliger Spannung grundsätzlich verschieden, sogar dann, wenn die Strangspannung keine 3. Oberwelle enthält. Enthält sie sie aber, so macht sich diese Tatsache sogar im Verhältnis der Effektivwerte bemerkbar. Der Effektivwert der Strangspannung ist ja:

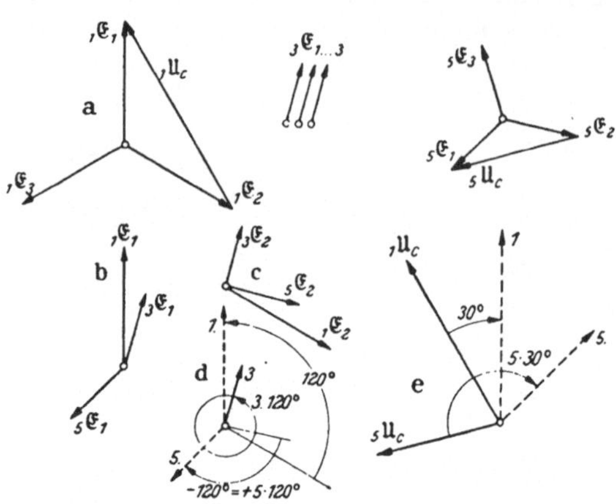

Abb. 207. a Zeigerdiagramme der 1., 3. und 5. Oberwelle für eine symmetrische Drehstrommaschine. b Zeigerverteilungsdiagramm für die Strangspannung 1. c Zeigerverteilungsdiagramm für die Strangspannung 2. d Rücktransformation von (c) auf gleichen Zeitpunkt wie (b). e Zeigerverteilungsdiagramm für die Leiterspannung (c) und Rücktransformation.

$$E = \sqrt{{}_1E^2 + {}_3E^2 + {}_5E^2 + \ldots}\,, \tag{460}$$

der der Leiterspannung aber:

$$U = \sqrt{3\,{}_1E^2 + 0 + 3\,{}_5E^2 + \ldots} \tag{461}$$

Das Verhältnis beider wird also:

$$U/E < \sqrt{3}\,, \tag{462}$$

weil in der Leiterspannung alle dreizähligen Oberwellen fehlen, die zum Effektivwert der Strangspannungen mit beitragen.

Verkettung in Stern ist ebenso wie bei der Drehstrommaschine auch bei Systemen mit anderer Strangzahl möglich. So werden die im vorigen Abschnitt erwähnten Schaltungen mit 6, 12 und noch mehr Strängen für Gleichrichterschaltungen stets in Stern verkettet, wobei dann der Sternpunkt den einen Anschlußpunkt für die zu entnehmende gleichgerichtete Spannung bildet.

Nach Abb. 208, die das Schaltbild dieser Sternschaltung für den 6-phasigen Gleichrichter und das zugehörige Zeigerdiagramm der Spannungen gibt, sind die Spannungen zwischen den Außenleitungen nun nicht mehr alle untereinander gleich. Es gibt jetzt drei Arten von „Leiterspannungen". Die zwischen dem Leiter und dem Nachbarleiter (U—W') ist nun ebensogroß wie die Strangspannung, die zwischen dem Leiter und dem übernächsten (U—V) ist gleich dem $\sqrt{3}$-fachen der Strangspannung, und die zwischen gegenüberliegenden Außenleitern (U—U') ist als Durchmesserspannung doppelt so hoch wie jede Strangspannung.

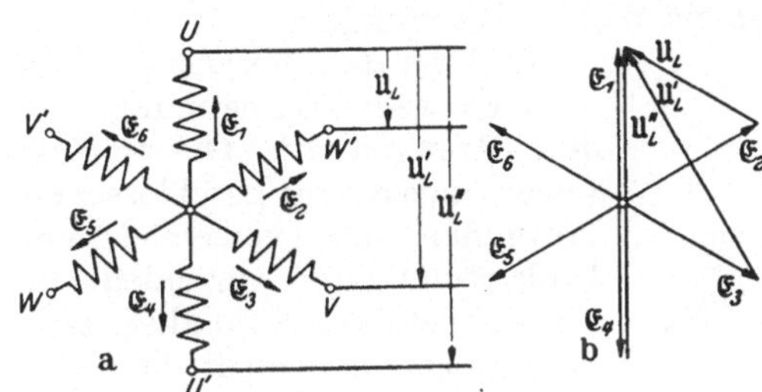

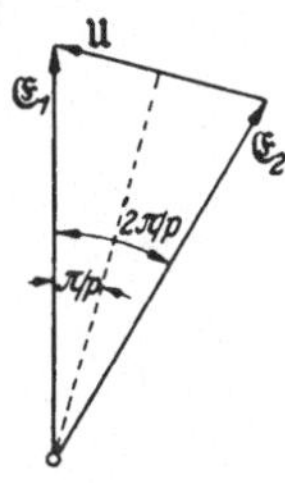

Abb. 208. In Stern verkettetes Sechsphasensystem (a) und Zeigerdiagramm (b) der Strangspannungen und Leiterspannungen.

Abb. 209. Beziehung zwischen Strangspannung und Leiterspannung für ein p-strängiges System.

Bezeichnen wir als Leiterspannung allgemein die zwischen *benachbarten* Leitern eines in Stern verketteten Systems, so bekommen wir als allgemeine Formel für die Leiterspannung U im Verhältnis zur Strangspannung E nach Abb. 209:

$$U = 2\,E \cdot \sin \pi/p\,. \tag{463}$$

Dieser allgemeinen Formel gehorcht auch die Leiterspannung des unsymmetrischen Zweiphasensystems, das ja eine Hälfte eines symmetrischen Vierphasensystems bildet. Nach Abb. 210 ist seine Leiterspannung in Übereinstimmung mit der soeben angegebenen Formel für $p = 4$:

$$U = 2E \sin \pi/4 = 2E \cdot \frac{1}{2}\sqrt{2} = E\sqrt{2}\,. \tag{464}$$

Die zweite symmetrische Schaltung zur Verkettung mehrerer Stränge einer mehrphasigen Maschine besteht darin, daß man nach Abb. 211 jeweils das Ende des einen Stranges mit dem Anfang des nächsten verbindet. U mit Y, V mit Z.

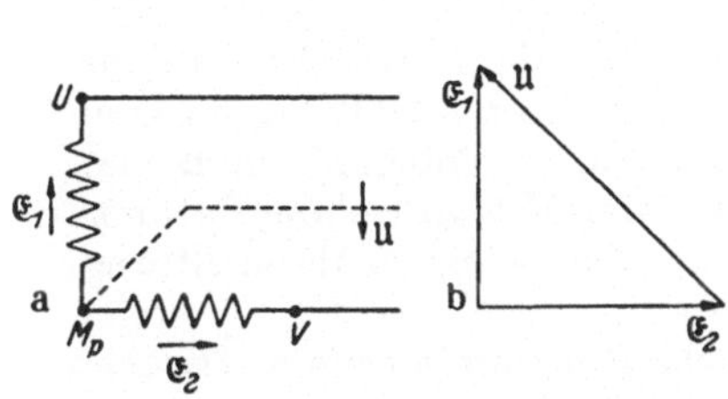

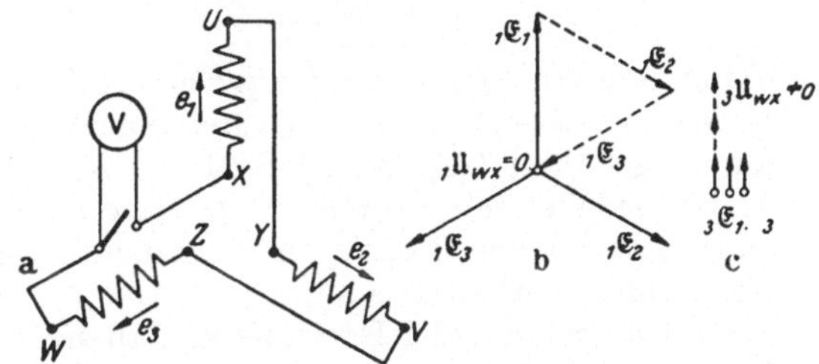

Abb. 210. In Stern verkettetes unsymmetrisches Zweiphasensystem (a) und Zeigerdiagramm (b) der Strang- und Leiterspannungen.

Abb. 211. Dreieckschaltung einer Drehstrommaschine (a). Zeigerdiagramme der Grundwelle (b) und der dritten Oberwelle (c).

Ehe wir aber die letzte Verbindung zwischen W und X herstellen, die den Ring der drei Wicklungsstränge schließen würde, wollen wir uns davon überzeugen, ob das ohne Stromfluß in dem so geschaffenen Kreise möglich ist. Wir messen also die Spannung mit einem zwischen W und X geschalteten Voltmeter nach dem Teilbild a.

Aus dem Schaltbild erhalten wir durch einen Umlauf durch die drei Stränge und den Spannungsmesser:

$$u = e_1 + e_2 + e_3 . \tag{465}$$

Diesmal ist also die entstehende resultierende Spannung die *Summe* aller Strangspannungen. Da aber die Grundwellenzeiger der Strangspannungen genau wie bei diesem Beispiel einen symmetrischen Stern bilden, setzen sie sich in der Summe zu einem regelmäßigen Vieleck entsprechender Seitenzahl — hier zu einem Dreieck — zusammen, das in sich geschlossen die Resultierende $U = 0$ liefert. Gegen die Schließung des Schalters ist also anscheinend nichts einzuwenden.

In der Tat addieren sich auch bei mehrwelligen Spannungen in den Strängen die Oberwellenzeiger meist zu geschlossenen Polygonen mit verschiedenem Umlaufsinn oder verschiedener Folge; aber das gilt für alle p-zähligen Oberwellen nicht, hier also nicht für alle die, deren Ordnungszahl durch 3 teilbar ist. Die in Abb. 211c dargestellten Zeiger der dritten Oberwellen in den drei Strängen addieren sich am Schalter zwischen W und X zum dreifachen Betrag auf. Beim Schließen dieses Schalters würde ein von dieser Summenspannung $_3\mathfrak{U}_{WX}$ getriebener Strom fließen, dessen Höhe nur durch die inneren Widerstände der Wicklung begrenzt ist, die wir naturgemäß klein zu halten bestrebt sind, um Spannungsabfälle in ihnen im Normalbetrieb klein zu halten. Die gesamte am Schalter zu messende Spannung setzt sich natürlich aus allen dreizähligen Spannungen zusammen. Ihr Effektivwert wird also ausgedrückt durch die Beträge der Oberwellenanteile in den Strangspannungen:

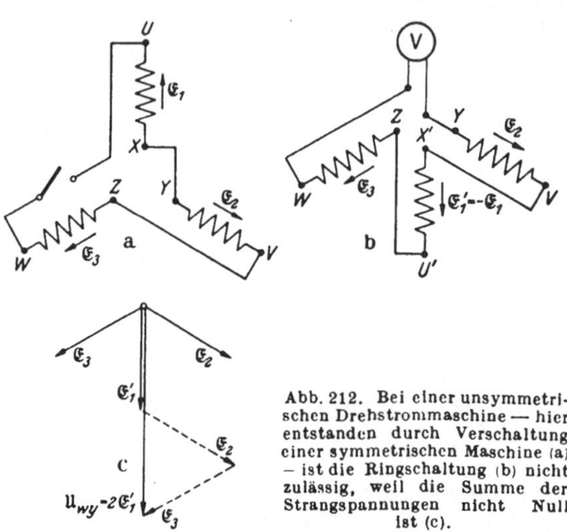

Abb. 212. Bei einer unsymmetrischen Drehstrommaschine — hier entstanden durch Verschaltung einer symmetrischen Maschine (a) — ist die Ringschaltung (b) nicht zulässig, weil die Summe der Strangspannungen nicht Null ist (c).

$$U_{WX} = 3\sqrt{{}_3E^2 + {}_9E^2 + {}_{15}E^2 = \ldots + {}_{3z}E^2 \ldots} \tag{466}$$
mit $z = 1, 2, 3, \ldots$

Für andere Strangzahlen gilt das Entsprechende unter Ersatz der Indizes $3z$ durch pz.

Wo man aus besonderen Gründen gezwungen ist, Generatoren trotzdem in Dreieck zu schalten (allgemein: Systeme höherer Strangzahl in Polygon), muß man darauf bedacht sein, durch entsprechende Ausbildung der Feldverteilung dafür zu sorgen, daß keine 3-zähligen (allgemein: p-zähligen) Oberwellen in ihren Strangspannungen enthalten sind.

Es bedarf kaum der Erwähnung, daß die Vieleckschaltung nur bei symmetrischen Systemen möglich ist. Beim unsymmetrischen System, das aus der symmetrischen Drehstromanordnung durch Umkehrung eines Stranges entsteht, addieren sich ja die Strangspannungen nicht mehr zu Null, sondern (Abb. 212) zum doppelten Wert einer Strangspannung. In gleicher Weise würde auch eine „Zweieckschaltung“ der unsymmetrischen Zweiphasenanordnung (Abb. 210) als Summe der beiden Strangspannungen nicht Null, sondern das $\sqrt{2}$fache einer Strangspannung ergeben und also unzulässig sein.

Je nach der Art der Verkettung hat ein p-strängiges System eine verschiedene Zahl von zugänglichen Klemmen und entsprechend auch von Zuleitungen oder Ableitungen.

Bei der Verkettung in Stern bleibt von den $2p$ Strangklemmen nur die eine Hälfte übrig, alle anderen fallen in den einen Punkt M_p, den Mittelpunkt oder Sternpunkt, zusammen. Sie ergibt also $(p+1)$ Leitungen, während ein p-strängiges System in „offener" Schaltung, also ohne Verkettung der Stränge $(2p)$ Leitungen nötig hat. Bei Verkettung in Polygon fallen je zwei Klemmen zusammen, so daß insgesamt nur p Leitungen als Außenleiter übrig bleiben, zwischen denen dann als Leiterspannung übrigens jeweils die Strangspannung des zugehörigen Stranges liegt. Beim Drehstromsystem mit der Strangzahl 3 benötigen wir also:

in offener Schaltung . . . 6 Leitungen,
in Sternschaltung . . . . 4 Leitungen,
in Dreieckschaltung . . . 3 Leitungen.

Das ist in der Abb. 213 dargestellt, die uns außerdem dazu dienen soll, auch einen ersten Überblick über die Vorgänge bei der Stromverteilung zu gewinnen, nachdem wir uns bisher ausschließlich mit den Spannungsverhältnissen befaßt haben.

Ganz unabhängig davon, wie die Belastung im einzelnen aussieht, die wir in der Abbildung nur durch die schematische Einführung in ein Verbrauchergebiet dargestellt haben, sind bei der offenen Schaltung und bei der Sternschaltung die in den Außenleitern fließenden Ströme zugleich die Strangströme des Generators.

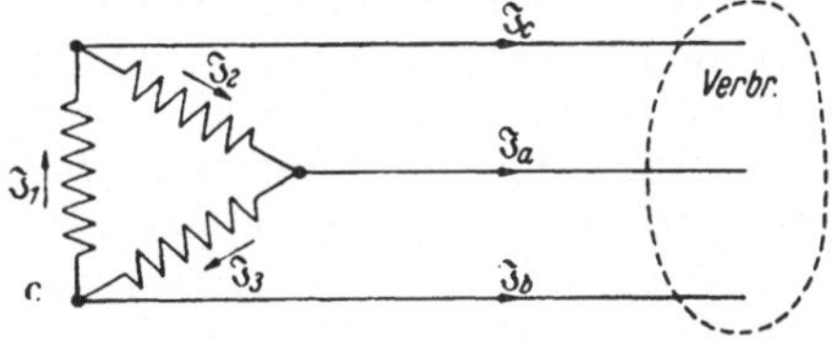

Abb. 213. Stromverhältnisse bei Belastung eines Drehstromgenerators. a Belastung in offener Schaltung. b Belastung bei Sternverkettung des Generators. c Belastung bei Verkettung des Generators in Dreieck.

Während sie sich in der offenen Schaltung (Abb. 213a) in gleicher Höhe in der jeweiligen Hin- und Rückleitung finden müssen, addieren sie sich — zeigermäßig, nicht nach dem Effektivwert — bei der Sternschaltung in dem zum Sternpunkt zurückführenden gemeinsamen Leiter (Abb. 213b). Er führt also den Strom:

$$i_{mp} = i_1 + i_2 + i_3 \ ; \quad \text{bzw.} \ \mathfrak{J}_1 + \mathfrak{J}_2 + \mathfrak{J}_3 = \mathfrak{J}_{mp} \,. \tag{467}$$

Bei Symmetrie der Belastung wird dieser Strom, weil der Stromzeigerstern ebenso symmetrisch ist wie der der Strangspannungen, zu Null, weshalb früher dieser Leiter die Bezeichnung *Nulleiter* trug, die man allerdings auch heute noch in gewissen Zusammensetzungen nicht entbehren kann. Wir wollen ihn als *Sternpunktsleiter* oder *Mittelleiter* bezeichnen. Die Summation zu Null gilt dagegen wiederum nicht für die p-zähligen Oberwellen. Sie sind unter sich gleichphasig und addieren sich also algebraisch zum p-fachen ihres Einzelwertes in den Außenleitern.

Anders liegen die Verhältnisse bei der Dreieck- oder allgemein der Polygonschaltung. Hier ist an jeder Klemme der Maschine der Außenleiter an je zwei Stränge der Wicklung herangeführt; der in ihm fließende Strom setzt sich also aus je zwei Strangströmen zusammen. Behalten wir die Zählrichtungen für die Ströme ebenso bei wie die der Strangspannungen — im Sinne unserer allgemeinen Richtungsregeln[1]) — und zeichnen der Bequemlichkeit halber das Schaltbild der Maschine so um, daß die verbundenen Strangenden zusammenliegen (Abb. 214a), so können wir aus diesem Schaltbild die Gleichungen für den Zusammenhang der Strangströme mit den Leiterströmen ablesen:

$$\left.\begin{aligned} i_c &= i_1 - i_2 \\ i_a &= i_2 - i_3 \\ i_b &= i_3 - i_1 \end{aligned}\right\} \text{ für die Augenblickswerte} \tag{468}$$

$$\left.\begin{aligned} \mathfrak{J}_c &= \mathfrak{J}_1 - \mathfrak{J}_2 \\ \mathfrak{J}_a &= \mathfrak{J}_2 - \mathfrak{J}_3 \\ \mathfrak{J}_b &= \mathfrak{J}_3 - \mathfrak{J}_1 \end{aligned}\right\} \text{ für die Zeiger.} \tag{469}$$

In der Darstellung des Zeigerdiagrammes (Abb. 214b) ist angenommen, daß es sich dabei um eine unsymmetrische Belastung handele. Dann ist der Stern der Strangströme nicht symmetrisch; stets aber bilden die 3 Leiterströme ein in sich geschlossenes Dreieck, weil ja auch die Summe ihrer Augenblickswerte in jedem Augenblick identisch Null ist. Auch hier könnten wir wieder feststellen, daß sich die Kurvenform der Leiterströme nicht mit der der Strangströme deckt. Die Überlegungen sind die gleichen, wie wir sie schon bei der Diskussion der Abb. 207 auf S. 210 gemacht haben.

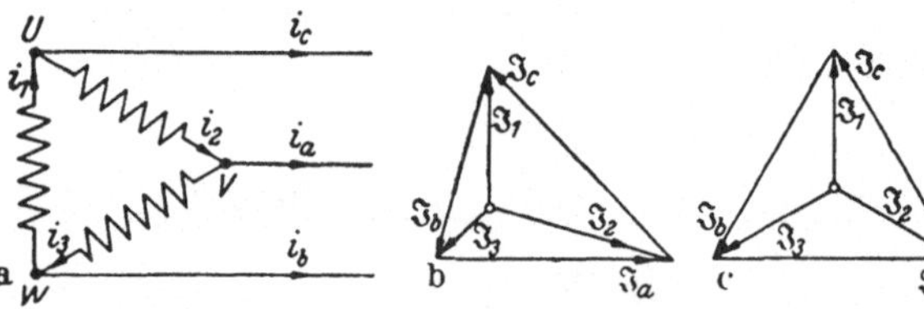

Abb. 214. Strangströme und Leiterströme beim dreieckgeschalteten Generator. a Schaltbild. Zeigerdiagramm der Ströme bei (b) unsymmetrischem, (c) symmetrischem Betrieb.

Sind die drei Strangströme symmetrisch, so wird das Dreieck der Leiterströme gleichseitig (Abb. 214c), und wir erhalten für das symmetrische Drehstromsystem in Dreieckschaltung die Beziehung zwischen Strangstrom und Leiterstrom:

$$I_a = I_b = I_c = I_1\sqrt{3} = I_2\sqrt{3} = I_3\sqrt{3}, \tag{470}$$

analog zu der Beziehung (Gl. (457)) zwischen Strangspannung und Leiterspannung bei der Sternschaltung.

Wir stellen abschließend noch einmal für die symmetrische Maschine mit symmetrischer Belastung fest:

Es ist	der Leiterstrom	die Leiterspannung
bei Sternschaltung	= dem Strangstrom	$\sqrt{3}\cdot$ Strangspannung
bei Dreieckschaltung	$\sqrt{3}\cdot$ Strangstrom	= der Strangspannung.

Es zeigt sich hier zum erstenmal die Dualität von Stern- und Dreieckschaltung, die uns später noch ausführlich beschäftigen wird (S. 233 u. 237).

C. Die Belastung eines Mehrphasensystems.

Nachdem wir im vorigen Abschnitt die Verhältnisse in einem Mehrphasensystem im wesentlichen von der Seite der Maschine aus gesehen haben, in deren Strängen die verschiedenen Spannungen erzeugt werden, wollen wir uns nun der Frage der Belastung eines mehrphasigen Systems zuwenden.

Die Belastung eines mehrsträngigen Generators kann in Schaltungen erfolgen, die ihrerseits ebenfalls mehrere Stränge haben, und die ebenso verschiedenartig ge-

[1]) s. Anhang: Richtungsregeln für elektrotechnische Rechnungen.

schaltet werden können, wie wir das beim Generator gesehen haben. Wir können also bei einem Drehstromsystem den dreisträngigen Generator unabhängig von seiner eigenen inneren Schaltung mit einer in Dreieck oder in Stern verketteten Anordnung von 3 Belastungswiderständen — natürlich Wechselstromwiderständen — belasten. Wir können die folgenden vier Grundfälle unterscheiden:

Belastung des	mit
sterngeschalteten Generators	sterngeschalteter Last
sterngeschalteten Generators	dreieckgeschalteter Last
dreieckgeschalteten Generators	sterngeschalteter Last
dreieckgeschalteten Generators	dreieckgeschalteter Last.

Sie sind in den Schaltbildern der Abb. 215a...d dargestellt.

1. Der sterngeschaltete Generator mit sterngeschalteter Belastung.

Um unnötige und verwirrende Überschneidungen der Leitungsverbindungen zu vermeiden, zeichnen wir uns diese Anordnung nach Abb. 215a noch einmal in das Schema um, das in Abb. 216a dünn unterlegt ist, von dem wir aber zunächst nur den Teil betrachten wollen, der stark ausgezogen ist. D. h. wir betrachten zuerst nur die Belastung eines Stranges des Generators mit einem Belastungswiderstand $\mathfrak{z}_1$, der einen Strang der Belastung bildet. Unter Vernachlässigung der Leitungswiderstände und des inneren Widerstandes des Maschinenstranges 1 — sollen sie berücksichtigt werden, so geschieht das leicht, indem man sie zu $\mathfrak{z}_1$ addiert — finden wir den Strom $\mathfrak{J}_1$, der zugleich der Strangstrom 1 des Generators und des Stranges 1 der Last ist:

$\mathfrak{J}_1 = \mathfrak{E}_1/\mathfrak{z}_1$ (471) (Zeigerdiagramm 216d.)

Den gleichen Strom führt der Sternpunktsleiter als Strom $\mathfrak{J}_0$ zurück vom Sternpunkt der Belastung zum Sternpunkt der Maschine. Er ist also keineswegs stromlos.

Schalten wir nun nach Abb. 216b noch einen zweiten Strang der Belastung $\mathfrak{z}_2$ ein, so wird auch der Strang 2 des Generators einen Strom $\mathfrak{J}_2$ führen, den wir analog errechnen aus:

$$\mathfrak{J}_2 = \mathfrak{E}_2/\mathfrak{z}_2 \,. \qquad (472)$$

Wenn allerdings der Widerstand der Leitungen mit berücksichtigt werden soll, so ist das jetzt nicht mehr so einfach möglich, weil ja der Sternpunktleiter nunmehr von der Summe beider Ströme durchflossen ist, wie das Zeigerdiagramm Abb. 216e zeigt. Wir wollen seinen Widerstand hier aber vernachlässigen, weil wir diesen Fall im Abschn. V E noch sehr ausführlich behandeln werden.

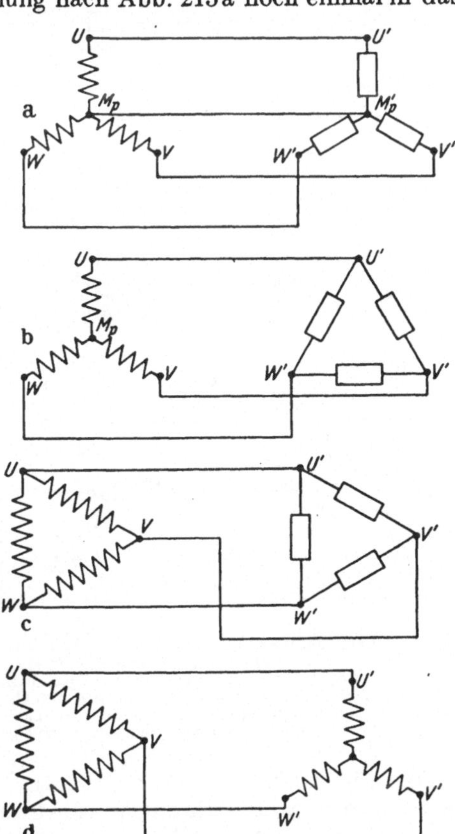

Abb. 215. Schaltungsmöglichkeiten für Generator und Last im Drehstromsystem. a Sterngeschalteter Generator mit sterngeschalteter Last. b Sterngeschalteter Generator mit dreieckgeschalteter Last. c Dreieckgeschalteter Generator mit dreieckgeschalteter Last. d Dreieckgeschalteter Generator mit sterngeschalteter Last.

Selbstverständlich ist der Strom im Sternpunktsleiter zwar die algebraische Summe der Augenblickswerte der beiden Strangströme, sein Effektivwert aber nicht etwa die Summe der Effektivwerte. Sein Wert kann nur aus dem Zeigerdiagramm abgelesen werden, das notfalls, wenn es sich um mehrwellige Vorgänge handelt, so oft gezeichnet werden muß, wie Oberwellenordnungen vorhanden sind. Wegen der Phasenverschiebung der Generatorspannungen $\mathfrak{E}_1$ und $\mathfrak{E}_2$ ist der Strom im Sternpunktleiter fast stets kleiner als die algebraische Summe der Strangströme. Diese könnte nur in Sonderfällen auftreten, wenn die voreilende Strangspannung gemischt induktiv, die nacheilende gemischt kapazitiv belastet würde, so daß sich die beiden Phasenwinkel der Belastungen gerade zu 120° ergänzen:

$$(\varphi_1 - \varphi_2) = 120°.$$

Sind dagegen die beiden Stränge der Belastung in Größe und Phasenwinkel ihrer Belastungsoperatoren gleich, so bilden die beiden Zeiger $\mathfrak{J}_1$ und $\mathfrak{J}_2$ zwei Seiten eines gleichseitigen Dreiecks, dessen dritte Seite dann der Strom $\mathfrak{J}_0$ ist. Sein Effektivwert würde also bei teilsymmetrischer Belastung für diesen Fall der zweisträngigen Belastung gleich dem eines einzelnen Strangstromes sein.

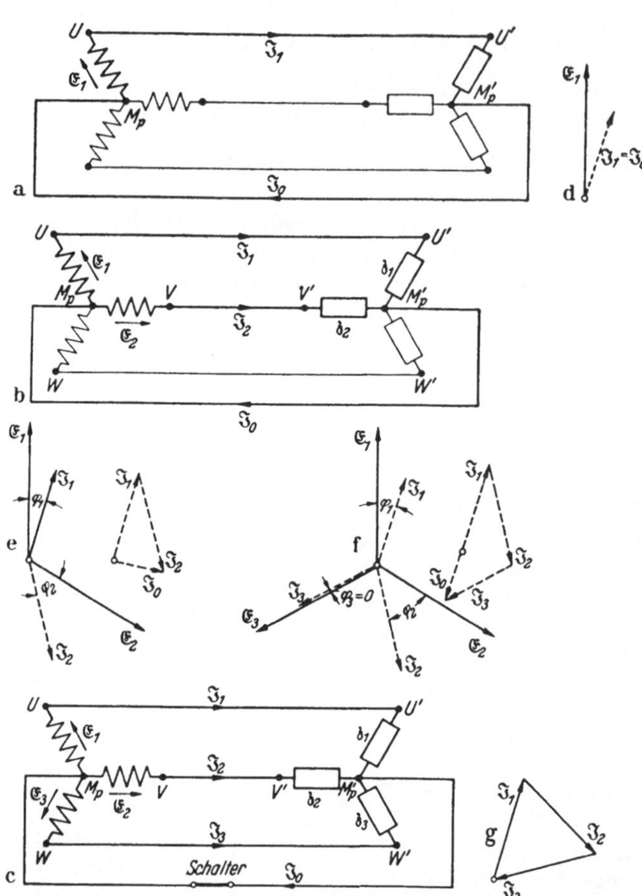

Abb. 216. Belastungsverhältnisse bei Belastung eines sterngeschalteten Generators in Stern. a Schaltbild für einsträngige Belastung. b Zweisträngige Belastung. c Dreisträngige unsymmetrische Last. d Zeigerdiagramm zur einsträngigen Last. e Zeigerdiagramme zur zweisträngigen Belastung. f Zeigerdiagramme zur dreisträngigen unsymmetrischen Last. g Zeigerdiagramm der Ströme bei symmetrischer dreisträngiger Last.

Wir fügen nun nach Abb. 216c auch noch den dritten Strang der Belastung mit dem Operator $\mathfrak{z}_3$ ein. Nunmehr führt auch der dritte Generatorstrang einen Strom

$$\mathfrak{J}_3 = \mathfrak{E}_3/\mathfrak{z}_3 \,. \tag{473}$$

Die Anwendung des Kirchhoffschen Satzes (Gl. (2)) auf den Sternpunkt von Generator oder Last ergibt als Beziehung für den Strom im Sternpunktleiter:

$$\mathfrak{J}_0 = \mathfrak{J}_1 + \mathfrak{J}_2 + \mathfrak{J}_3 \qquad (474) \quad (\text{Abb. 216 f.})$$

Auch unter ungünstigsten Annahmen über die Phasenwinkel der Last kann sich dieser Strom höchstens noch unter einem Winkel von 60° zu dem größten Strom $\mathfrak{J}_0$ addieren, den wir oben als ungünstigsten Zustand für die zweisträngige Belastung ermittelt hatten. Arithmetische Addition aller drei Ströme im Sternpunktleiter kann also nicht vorkommen, wenn auch bei — dem Effektivwert nach — gleichen Strangströmen das 2,8fache erreicht werden kann.

Praktisch aber wird die Belastung meist weitgehend symmetrisch sein — entweder dadurch, daß man die einzelnen Verbraucher gleich so dimensioniert, daß sie dreisträngig symmetrisch sind, oder dadurch, daß man unsymmetrische Lasten auf die einzelnen Stränge eines Generators gleichmäßig verteilt (Ortsnetzlichtanschlüsse). — Dann wird die Summe der drei Strangströme gleich Null, weil sie sich jetzt zum gleichseitigen Dreieck schließen *(Nulleiter!)*.

Öffnet man in diesem Zustand der symmetrischen Belastung an einem symmetrischen Generator den in das Schaltbild 216c eingezeichneten Schalter im Leiter, der die Sternpunkte verbindet, so ändert sich offenbar gar nichts. Die drei Ströme, die sich nun am Sternpunkt des Generators zu Null addieren müssen, sind die gleichen, die sich bereits vorher freiwillig im Sternpunkt des Lastsystems zu Null ergänzten. Bei symmetrischer Last und symmetrischer Maschine kann man also auf den Sternpunktleiter überhaupt verzichten, weil er ja sowieso keinen Strom führt.

Bei geringer Unsymmetrie der Last oder der Maschine dagegen führt auch der Sternpunktleiter Strom, dessen Effektivwert allerdings normalerweise klein gegen den in den Außenleitern ist. Man kann also den Sternpunktleiter aus Gründen der Belastbarkeit mit schwächerem Querschnitt ausführen als die Außenleiter. Tatsächlich geschieht das auch meist, wenn es auch gelegentlich Gründe gibt, die gegen einen schwächeren Querschnitt sprechen (Nullung).

Die Behauptung, daß der Sternpunktleiter stromlos sei, wenn die Belastung symmetrisch ist, trifft auch dann nicht zu, wenn es sich um einen Generator mit mehrwelliger elektromotorischer Kraft handelt. Wir wissen ja, daß die Strangspannung der dritten Oberwelle und aller anderen dreizähligen Oberwellen gleichphasig sind. Somit sind bei symmetrischer Last auch die dritten Oberwellen der Strangströme gleichphasig und addieren sich am Nullpunkt der Last nicht zu Null, sondern zum dreifachen Betrag des Gehaltes eines Strangstromes an dreizähligen Oberwellen. Die Oberwellen aller anderen nicht durch drei teilbaren Ordnungen dagegen bilden Drehstromsysteme mit symmetrischen Strangspannungen, wenn auch teilweise mit gegenläufiger Phasenfolge. Ihre Ströme addieren sich alle zu Null. Im Sternpunktleiter muß aber stets noch der Strom

$$I_0 = 3\sqrt{\sum^z {}_{3z}I^2} = 3\cdot\sqrt{{}_3I^2 + {}_9I^2 + {}_{15}I^2 + \dots} \;; \quad z = 1, 3, 5 \dots \tag{475}$$

fließen.

Unterbrechen wir diesen Reststrom, indem wir den Schalter trotz nichtverschwindenden Stromes öffnen, so müssen die Ströme der dritten Oberwelle auch in den Strängen fortfallen. In einem sterngeschalteten Drehstromsystem *ohne* Sternpunktleiter fließen bei Symmetrie von Last und Maschine keine Ströme der dritten Oberwelle, auch wenn die Strangspannungen dritte Oberwellenanteile enthalten. Der Kreis der dritten Oberwelle, für den alle Stränge zueinander parallel geschaltet sind, ist am Schalter unterbrochen (Abb. 217) und die Generatorspannung der dreizähligen Oberwellen eines Stranges steht am offenen Schalter an. Sternpunkt der Last und Maschinensternpunkt haben Spannung gegeneinander.

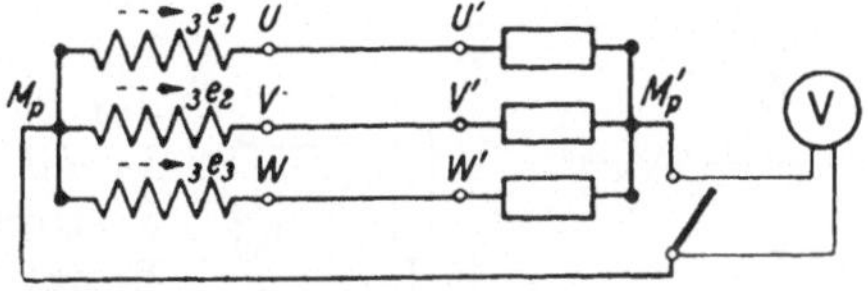

Abb. 217. Ersatzschaltung für die dritte Oberwellenspannung im symmetrischen Drehstromsystem. Entstehung des Stromes der dritten Oberwelle im Sternpunktleiter.

In ähnlicher Weise treten auch Spannungen zwischen den beiden Sternpunkten auf, wenn man bei unsymmetrischer Belastung oder unsymmetrischer Maschine durch Öffnen des Schalters zwangsweise die Summe der 3 Leiterströme zu Null macht. Über das Verhalten dieser Spannung werden wir im Zusammenhang mit der Behandlung des allgemeinen Falls mit Widerstand zwischen den Sternpunkten noch ausführlich sprechen. Wir geben hier nur ein einfaches anschauliches Beispiel.

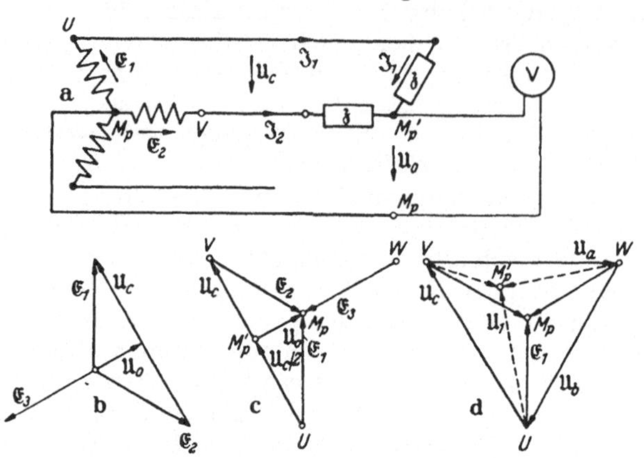

Abb. 218. Entstehung einer Sternpunktspannung bei Unterbrechung des Sternpunktsleiters bei unsymmetrischer Last. a Schaltbild. b und c Gleichwertige Zeigerdiagramme. d Verschiedene Strangspannungen am Generator und der Last bei gleichen Leiterspannungen.

Sind nur die beiden Laststränge 1 und 2 mit gleichgroßen und gleichphasigen Widerständen $\mathfrak{z}$ angeschlossen, und ist der Sternpunktleiter nicht an den Sternpunkt der Last angeschlossen, so liegen diese beiden Widerstände offenbar in Reihe — sozusagen wie ein Spannungsteiler 1:1 — an der Leiterspannung $\mathfrak{U}_c$ (Abb. 218). Der im Strang 1 fließende Strom muß im Leiter 2 zurückkehren: $\mathfrak{J}_2 = -\mathfrak{J}_1$. Der Spannungsabfall in jedem der beiden Laststränge beträgt also $\mathfrak{U}_c/2$ und somit liegt das Potential des Punktes M_p' (Sternpunkt der Belastung) im Zeigerdiagramm fest auf der Mitte der Leiterspannung $\mathfrak{U}_c$. Mit $\mathfrak{J}_1 \cdot \mathfrak{z} = \mathfrak{U}_c/2$ liefert nun der Umlauf:

$U' - M_p' -$ Voltmeter $- M_p - U - U'$ eine Beziehung für $\mathfrak{U}_0$:

$$\mathfrak{E}_1 = \mathfrak{J}_1 \cdot \mathfrak{z} + \mathfrak{U}_0 = \mathfrak{U}_c/2 + \mathfrak{U}_0 \,. \tag{476}$$

Das ist im Zeigerdiagramm (Abb. 218b) dargestellt. Wir finden, daß für diesen Fall die Spannung $\mathfrak{U}_0$ zwischen den Sternpunkten gleich der halben Strangspannung ist. Teilt der Spannungsteiler, den $\mathfrak{z}_1$ und $\mathfrak{z}_2$ bilden, anders, so verschiebt sich entsprechend der Endpunkt des Zeigers für $\mathfrak{U}_0$ auf dem Zeiger $\mathfrak{U}_c$, solange $\mathfrak{z}_1$ und $\mathfrak{z}_2$ gleiche Phasenwinkel haben. Die in der Abb. 219 gezeigte Schaltung zur Phasendrehung einer Spannung ist also nur ein Sonderfall eines in Stern geschalteten unsymmetrisch belasteten Drehstromsystems ohne Sternpunktleiter. Die Phasenlage der abgenommenen Spannung kann um 120° gedreht werden, wobei allerdings der Effektivwert der Spannung U_0 im Verhältnis 1:2 schwankt.

Würde man eine unsymmetrische Last in Sternschaltung unter Weglassung des Sternpunktleiters anschließen, so hinge somit die Größe der Sternpunktspannung von der Verteilung der Lastwiderstände ab. Schon bei rein Ohmschen Lasten kann der Sternpunkt der Last sich gegen den Sternpunkt der Maschine soweit spannungsmäßig verschieben, daß die Sternpunktspannung $\mathfrak{U}_0$ zu einem beliebigen Punkt innerhalb des Dreiecks der Leiterspannungen zeigt. Daß dieser Endpunkt sogar noch außerhalb der Dreiecksfläche liegen kann, zeigen wir im Abschn. V E genauer. Hier stellen wir nur allgemein fest, daß beim Auftreten einer Sternpunktspannung die Strangspannungen von Generator und Last nicht mehr identisch sind, obwohl beide Sätze von Strangspannungen die gleichen Leiterspannungen ergeben (Abb. 218d).

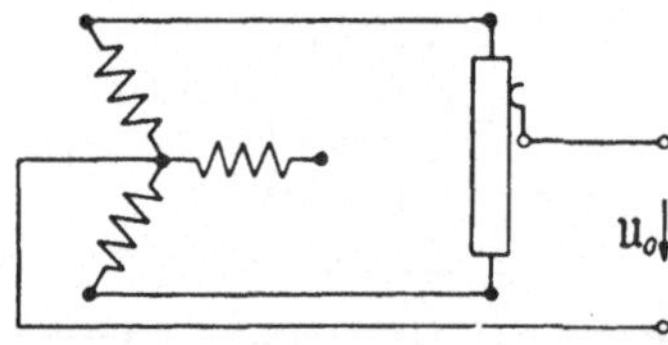

Abb. 219. Phasenschieber für Meßzwecke als Sonderfall einer Sternpunktsspannung bei unsymmetrischer Last.

Es ist für diese Zusammenhänge besser, die Spannungszeiger anders anzuordnen, als wir das bisher taten. Lassen wir nämlich die Spannungszeigerspitzen im Sternpunkt (des Diagramms (!)) zusammenlaufen, anstatt sie wie bisher dort beginnen zu lassen, so kann man jedem Punkt des Zeigerdiagramms unmittelbar einen Punkt des Schaltbildes zuordnen. Das ist im Diagramm der Abb. 218c getan, das bis auf diesen formalen Unterschied eine einfache Widerholung des Diagramms 218b ist. Jede Spannung zwischen zwei beliebigen Punkten kann nun hier einfach dadurch ermittelt werden, daß man die entsprechend bezeichneten Punkte im Zeigerdiagramm durch einen Zeiger miteinander verbindet. So beträgt also z. B. die Spannung zwischen W und M_p' das 1,5fache der Strangspannung. Jede kleine Last, die man an den in diesem Zustand als unbelastet angenommenen Strang W anschließen würde, würde nicht, wie erwartet, an die Strangspannung, sondern an eine um 50 % erhöhte Spannung kommen, während die großen Lasten in den Strängen 1 und 2 (hohe Last heißt kleiner Widerstand) nur die Spannung 0,866 · Strangspannung bekommen.

Sternschaltung unsymmetrischer Last ohne Sternpunktleiter ist also unzulässig. Das gilt besonders für Lampenlast. In Ortsnetzen kann dieser Zustand ungewollt eintreten, wenn der Sternpunktleiter reißt. Er tritt begrenzt auch auf, wenn er zu hohen Widerstand hat.

2. Der sterngeschaltete Generator mit dreieckgeschalteter Belastung.

Das Schaltbild einer dreieckgeschalteten Last an einem sterngeschalteten Generator ist in Abb. 220a dargestellt. Die drei Strangströme der Maschine ($\mathfrak{J}_1$, $\mathfrak{J}_2$ und $\mathfrak{J}_3$) sind zugleich die Leiterströme und setzen sich aus den drei Strangströmen der Last ($\mathfrak{J}_a$, $\mathfrak{J}_b$ und $\mathfrak{J}_c$) nach den Gleichungen:

$$\left.\begin{aligned} \mathfrak{J}_1 &= \mathfrak{J}_c - \mathfrak{J}_b \\ \mathfrak{J}_2 &= \mathfrak{J}_a - \mathfrak{J}_c \\ \mathfrak{J}_3 &= \mathfrak{J}_b - \mathfrak{J}_a \end{aligned}\right\} \quad (477)$$

zusammen. Die Strangspannungen ($\mathfrak{U}_a$, $\mathfrak{U}_b$ und $\mathfrak{U}_c$) der Last sind zugleich die Leiterspannungen und setzen sich in der bekannten Weise nach Gl. (456) analog aus den Differenzen je der benachbarten Strangspannungen des Generators zusammen:

$$\left.\begin{aligned} \mathfrak{U}_a &= \mathfrak{E}_2 - \mathfrak{E}_3 \\ \mathfrak{U}_b &= \mathfrak{E}_3 - \mathfrak{E}_1 \\ \mathfrak{U}_c &= \mathfrak{E}_1 - \mathfrak{E}_2 . \end{aligned}\right\} \quad (478)$$

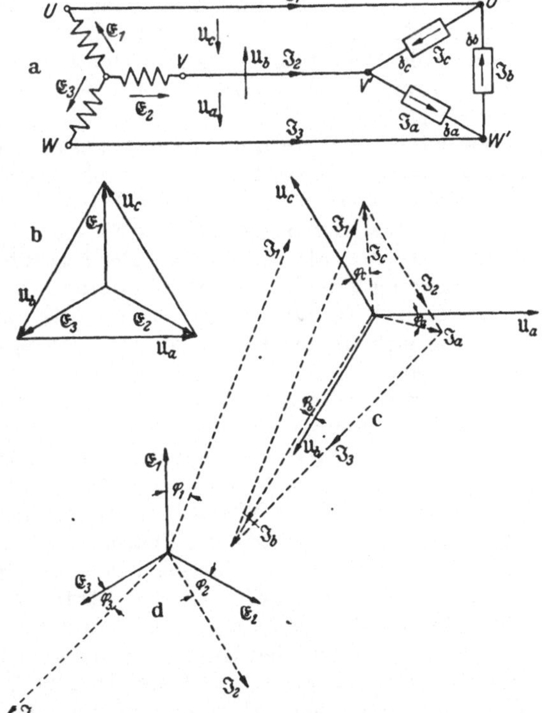

Abb. 220. Belastung einer sterngeschalteten Maschine mit einer dreieckgeschalteten Last. a Schaltbild. b Zeigerdiagramm der Strangspannungen des Generators und der Leiterspannungen. c Zeigerdiagramm der Strangspannungen und Strangströme der Last. d Zeigerdiagramm der Strangströme der Maschine.

Es mag hier bemerkt werden, daß es zweckmäßig ist, die Wahl der Zählpfeile in den Strängen stets in gleichem Sinne zu wählen (s. Vorzeichenregeln)[1] und die Indizes zyklisch folgend zu wählen, wobei man Kombinationen aus zwei Indizes, wie sie bei den durch Verkettung entstehenden Größen vorkommen, so wählt,

[1] Anhang: Richtungsregeln für elektrotechnische Rechnungen.

daß zu 12 der Index c, zu bc der Index 1, usw. gehört. Dann werden alle Gleichungen zyklisch vertauschbar.

Die Diagrammdarstellung der Strom- und Spannungsverhältnisse ist nun sehr einfach. (Abb. 220b, c und d). Nachdem man nach Teilbild b aus den Strangspannungen $\mathfrak{E}_1$, $\mathfrak{E}_2$ und $\mathfrak{E}_3$ die Leiterspannungen $\mathfrak{U}_a$, $\mathfrak{U}_b$ und $\mathfrak{U}_c$ nach Gl. (478) ermittelt hat, die man als neuen Spannungsstern in das Diagramm c überträgt, ergeben sich die Strangströme der Belastung aus:

$$\mathfrak{J}_a = \mathfrak{U}_a/\mathfrak{z}_a; \quad \mathfrak{J}_b = \mathfrak{U}_b/\mathfrak{z}_b; \quad \mathfrak{J}_c = \mathfrak{U}_c/\mathfrak{z}_c. \tag{479}$$

Sie sind mit den entsprechenden Phasenverschiebungen gegen die Spannungen und in den Größen, die die Scheinwiderstände der Lastoperatoren bestimmen, ins Diagramm c miteingetragen. Ihre Differenzen sind die Leiterströme und damit auch die Strangströme der Maschine. Sie sind hier in einem gesonderten Diagramm noch einmal herausgezeichnet, könnten aber praktisch auch rückwärts in das Diagramm 220b übertragen werden, mit dessen Spannungen zusammen sie hier gezeigt sind. Wie man sieht, ist entsprechend den Unterschieden der Belastungen auch in der Maschine unterschiedliche Belastung der Stränge vorhanden, ohne daß sich aber etwa die Belastungsverhältnisse eines Laststranges allein in den Zuständen *eines* Generatorstranges widerspiegeln. Jeder Strangstrom der Last beteiligt sich ja an zwei Strangströmen des Generators. So sind denn also auch die Phasenwinkel der Strangströme gegen ihre Spannungen im Generator in keiner Weise identisch mit denen in der Last.

Wir haben z. B. in den Daten für die Zeichnung angenommen, daß alle drei Phasenwinkel der Last fast gleich und schwach induktiv sind. Die Strangströme unterscheiden sich also nur in ihren Effektivwerten. Beim Generator aber sind die Phasenverschiebungen in allen drei Strängen verschieden, ja sie sind sogar in dem Strang 3 negativ, also kapazitiv. Der scheinbare kapazitive Blindleistungsbedarf, den der Strang 3 deckt, erklärt sich daraus, daß dieser Strang sich an der Lieferung von induktiver Blindleistung beteiligt, die ein Strang der Last benötigt, dessen Spannung sich in der Phase von der Strangspannung im entsprechenden Sinne unterscheidet.

Das Beispiel lehrt also über die prinzipielle Wiedergabe des Lösungswegs hinaus, daß man in einem unsymmetrisch belasteten Netz aus der Messung des Phasenwinkels in *einem* Generatorstrang keinen Rückschluß auf den Charakter der Netzlast ziehen darf.

Unbeschadet dieser Warnung aber können wir uns leicht davon überzeugen, daß bei völliger Symmetrie die Phasenwinkel der Last und die in den Strängen der Maschine gleich werden. Nur bei Unsymmetrie wird durch das Wechselspiel eines Leistungsaustausches zwischen den Strängen sogar bei rein OHMscher Last das Auftreten von Blindleistungen „vorgetäuscht".

Unabhängig von allen Unsymmetrien aber behält nunmehr bei dieser Schaltung jeder Belastungsstrang stets feste Spannung, die Leiterspannung, als Differenz der benachbarten Generatorstrangspannungen. Unterschiede treten hier nur durch die Wirkungen der inneren Spannungsabfälle und der Abfälle auf den Leitungen auf, die wir im Abschn. VF mitbehandeln. Jedenfalls läßt die Dreieckschaltung der Last den Anschluß beliebig unsymmetrischer Lastwiderstände ohne Rückwirkung nennenswerten Ausmaßes zu.

3. Der dreieckgeschaltete Generator mit dreieckgeschalteter Belastung.

In diesem Fall (Abb. 221) sind die Strangspannungen des Generators zugleich die Leiterspannungen und die Strangspannungen der Last. Aus den Strangspannungen der Maschine $\mathfrak{E}_1$, $\mathfrak{E}_2$ und $\mathfrak{E}_3$ ergeben sich also nach dem Zeigerdiagramm 221b sofort die Strangströme der Last und aus ihnen durch Differenzbildung die Leiterströme nach den Gleichungstripeln:

$$\left.\begin{array}{lcl} \mathfrak{J}_1 = \mathfrak{E}_1/\mathfrak{z}_1 & & \mathfrak{J}_c = \mathfrak{J}_1 - \mathfrak{J}_2 \\ \mathfrak{J}_2 = \mathfrak{E}_2/\mathfrak{z}_2 & \text{und} & \mathfrak{J}_a = \mathfrak{J}_2 - \mathfrak{J}_3 \\ \mathfrak{J}_3 = \mathfrak{E}_3/\mathfrak{z}_3 & & \mathfrak{J}_b = \mathfrak{J}_3 - \mathfrak{J}_1 \,. \end{array}\right\} \qquad (480)$$

Nun entsteht aber die Aufgabe, am Generator diese Leiterströme wieder auf Strangströme aufzuteilen, wobei wir natürlich nicht erwarten dürfen, daß diese Aufteilung etwa in gleicher Weise erfolgt, wie sie in der Last vorlag. Bestimmend sind hier nämlich die inneren Widerstände der Stränge, von denen wir bisher ja immer abgesehen haben. Es gilt hier das gleiche, was wir schon einmal im Abschn. V A, S. 205, bei den Ausführungen zu Abb. 199d gesagt haben. Dort waren die Widerstände der parallel liegenden Zweige gleich, die Aufteilung erfolgte also 1:1. Das ist hier nicht so einfach, weil ja jeweils zwei Stränge an der Differenzbildung beteiligt sind.

Die Untersuchung eines Sonderfalls einer unsymmetrischen Last schafft aber sofort Klärung. Ist nämlich nur ein Strang der Last angeschlossen, z. B. wie im Zeigerdiagramm 221c angenommen der Strang 1, so sind die Leiterströme $\mathfrak{J}_b$

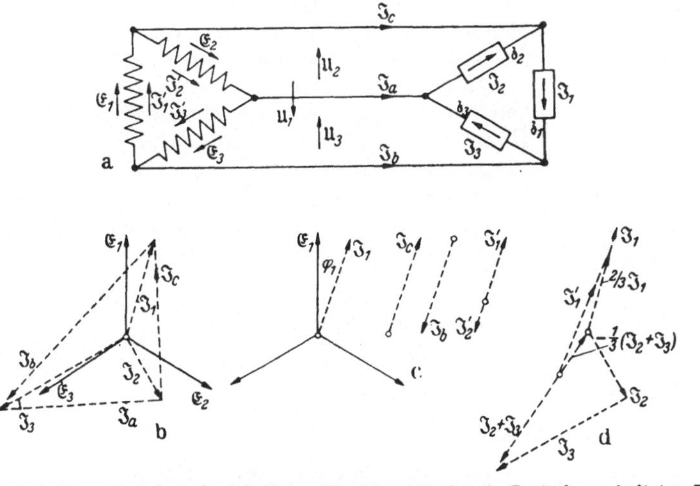

Abb. 221. Belastung einer dreieckgeschalteten Maschine mit einer in Dreieck geschalteten Belastung. a Schaltbild. b Zeigerdiagramme der Strangspannungen und Strangströme der Last und der Leiterströme. c Einsträngige Belastung. d Zeigerdiagramme der Aufteilung der Strangströme der Last auf die Stränge des symmetrischen Generators.

und $\mathfrak{J}_c$ gleich groß und entgegengesetzt gerichtet. Für ihre Lieferung aus dem Generator stehen zwei Wege zur Verfügung: 1. Unmittelbar aus dem Strang 1 mit seinem inneren Widerstand $\mathfrak{z}_{i_1}$; 2. parallel dazu aus der Reihenschaltung der beiden Stränge 2 und 3 mit den inneren Widerständen $\mathfrak{z}_{i_2}$ und $\mathfrak{z}_{i_3}$, die zusammen eine Spannung liefern, die mit der des Stranges 1 identisch ist. Sind die inneren Widerstände gleich groß, was bei einer symmetrischen Maschine anzunehmen ist, so teilt sich also der Strom im umgekehrten Verhältnis der Widerstände $\mathfrak{z}_i$ und $2\mathfrak{z}_i$ auf die Stränge 1 und 2 + 3 auf. Strang 1 übernimmt also $^2/_3$ des Strangstromes der Last, die beiden Stränge 2 und 3 in Reihenschaltung $^1/_3$, wobei dieser Strom aber entgegengesetzt der Zählrichtung der Ströme in diesen Wicklungen fließt. Nennen wir also die Generatorstrangströme $\mathfrak{J}_1'$, $\mathfrak{J}_2'$ und $\mathfrak{J}_3'$, so hängen sie für den Fall der einsträngigen Last mit denen der Last zusammen nach:

$$\mathfrak{J}_1' = \frac{2}{3}\mathfrak{J}_1\,; \quad \mathfrak{J}_2' = \mathfrak{J}_3' = -\frac{1}{3}\mathfrak{J}_1 \qquad (481) \qquad (\text{Abb. } 221\text{c}).$$

Ist die Belastung in allen drei Strängen vorhanden, so superponieren sich die von den drei Laststrangströmen herrührenden Anteile der Strangströme auf der Maschinenseite und wir erhalten also schließlich:

$$\left.\begin{aligned} \mathfrak{J}_1' &= \frac{2}{3}\mathfrak{J}_1 - \frac{1}{3}(\mathfrak{J}_2 + \mathfrak{J}_3) \\ \mathfrak{J}_2' &= \frac{2}{3}\mathfrak{J}_2 - \frac{1}{3}(\mathfrak{J}_3 + \mathfrak{J}_1) \\ \mathfrak{J}_3' &= \frac{2}{3}\mathfrak{J}_3 - \frac{1}{3}(\mathfrak{J}_1 + \mathfrak{J}_2)\,. \end{aligned}\right\} \tag{482}$$

In der Tat sind also die Laststrangströme nicht identisch mit den Strangströmen der Maschine. Die Konstruktion des einen Strangstromes ($\mathfrak{J}_1'$) der Maschine ist im Zeigerdiagramm (Abb. 221d) für den allgemeinen Fall der Belastung nach Abb. 221 (a, b) ausgeführt.

Sind die inneren Widerstandsoperatoren der Maschine nicht gleich, so ändern sich zwar die Zahlenverhältnisse der Aufteilung, wobei es sogar vorkommen kann, daß das Aufteilungsverhältnis komplex wird, wenn sich die Operatoren in der Phase unterscheiden (Kontaktwiderstände in einem Strang durch lose Verbindung im Wickelkopf). Sie sind aber grundsätzlich gleichartig.

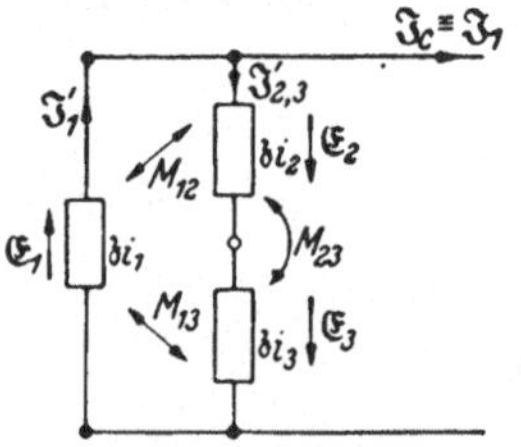

Abb. 222. Zur Aufteilung der Strangströme der Last auf die des Generators.

Man kann auch ohne Schwierigkeit noch die gegenseitigen Kopplungen berücksichtigen, die durch Streuflüsse zwischen den Wickelköpfen von Strang zu Strang hergestellt werden. An Hand des Schaltbildes Abb. 222 lesen wir für diesen Fall die Gleichungen durch Umlauf durch die beiden parallel liegenden Zweige und Betrachtung des Knotenpunktes an der Maschinenklemme U ab.

$$\begin{aligned} \text{Umlauf:}\quad & \mathfrak{J}_1' \cdot \mathfrak{z}_{i1} + \mathfrak{J}_{2,3}' \cdot (j\omega M_{12} + j\omega M_{31}) + \mathfrak{J}_{2,3}' \cdot (\mathfrak{z}_{i2} + \mathfrak{z}_{i3}) \\ & + \mathfrak{J}_1' (j\omega M_{12} + j\omega M_{31}) + \mathfrak{J}_{2,3}' \cdot 2 j\omega M_{23} = \mathfrak{E}_1 + \mathfrak{E}_2 + \mathfrak{E}_3 = 0\,. \\ \text{Knotenpunkt:}\quad & \mathfrak{J}_1 = \mathfrak{J}_1' - \mathfrak{J}_{2,3}'\,. \end{aligned}$$

Die Auflösung ist elementar:

$$\mathfrak{J}_1' = \mathfrak{J}_1 \cdot \frac{\mathfrak{z}_{i2} + \mathfrak{z}_{i3} + j\omega(M_{12} + M_{31} + 2\,M_{23})}{\mathfrak{z}_{i1} + \mathfrak{z}_{i2} + \mathfrak{z}_{i3} + 2\,j\omega(M_{12} + M_{31} + M_{23})}\,, \tag{483}$$

ihre zahlenmäßige Auswertung allerdings langwierig, wenn die Konstanten in der Tat alle verschieden sind, zumal man ja die gleiche Rechnung zahlenmäßig für alle drei Ströme durchführen muß, um alle Anteile zu ermitteln. Für Symmetrie gehen die Gleichungen natürlich in die Lösung (Gl. (481)): $\mathfrak{J}_1' = \frac{2}{3}\,\mathfrak{J}_1$ über.

4. Der dreieckgeschaltete Generator mit sterngeschalteter Belastung.

Bei diesem Belastungsfall gibt es wohl einen Sternpunkt der Last, aber keinen Sternpunkt der Maschine, mit dem man ihn durch einen Sternpunktleiter verbinden könnte. Die Belastungsverhältnisse entsprechen also vollständig denen bei der Belastung einer sterngeschalteten Maschine mit sterngeschalteter Last, die wir als ersten Fall behandelten, wenn wir nur die Teile betrachten, die sich auf den Zustand mit abgeschaltetem Sternpunktleiter bezogen.

Bei dieser Schaltungsart (Abb. 215d) sind die Strangströme der Last zugleich die Leiterströme. Eine Bestimmung der Strangströme der Laststränge kann aber erst durchgeführt werden, wenn man die Lage des Sternpunkts der Last im Dreieck der Leiterspannungen bestimmt hat. Das ist die Aufgabe des Kapitels V E, auf das wir hier also wieder verweisen müssen.

Jedenfalls ist in gleicher Weise, wie wir das schon beim fehlenden Sternpunktleiter oben erwähnt haben, die Verteilung der Leiterspannungen auf die Laststrangspannungen veränderlich mit der Größe der Lastwiderstandsoperatoren. Die Schaltung ist also nur in den Fällen zulässig, wo ein Nachteil aus der Unsymmetrie der Spannungen beim Eintritt von Unsymmetrien der Last nicht zu befürchten ist, keinesfalls also bei Lampenlast. Sie kann aber unbedenklich überall angewendet werden, wo die Last unter allen Umständen symmetrisch ist.

Hinsichtlich der Verteilung der Ströme auf die einzelnen Stränge der Generatorwicklung sind wieder die Überlegungen maßgebend, die wir im vorigen Abschnitt für die dreieckgeschaltete Maschine mit dreieckgeschalteter Last angestellt haben. Unterschiedlich sind die Verhältnisse nur insofern, als wir dort auf die Strangströme der dreieckgeschalteten Last zurückgreifen konnten, um ihre Aufteilung zu ermitteln, während wir jetzt nur die Leiterströme vorliegen haben. Wir werden aber im Abschn. V E erfahren, daß es stets möglich ist, eine sterngeschaltete Last in eine dreieckgeschaltete umzutransfigurieren. Damit ist dann auch diese Aufgabe in allen Einzelheiten ebenso zu erledigen wie im vorigen Abschnitt.

D. Die Leistung im Mehrphasensystem.

Wir haben schon im Abschn V C 2, S. 220 kurz das Problem der Leistung im Drehstromsystem gestreift, als wir uns mit der merkwürdigen Tatsache vertraut machten, daß in einem solchen System induktive Energiespeicher in einem Strang sich so auswirken können, als ob kapazitive Blindleistung gebraucht würde. Wir wollen nun diese Verhältnisse allgemeiner untersuchen.

Gehen wir zunächst auf die Wirkleistungen ein. Im Grunde genommen besteht die mehrsträngige Maschine unabhängig von allen Verkettungen nur aus mehreren Einzelgeneratoren, die in einem Gehäuse vereinigt sind. Ihre Gesamtleistung in irgend einem Augenblick muß also gleich der Summe der Augenblickswerte der Leistungen aller Stränge sein, die sich einzeln aus den jeweiligen Augenblickswerten von Spannung und Strom der betreffenden Stränge errechnen. Das gilt für die Stränge der Last genau so wie für die Stränge der Maschine. Vielleicht leuchtet es hier sogar noch unmittelbarer ein, weil man die Stränge der Last als getrennte Objekte aus der Schaltung sofort herauslösen kann. Der einzige Unterschied ist aber der, daß auf der Generatorseite das Produkt aus der elektromotorischen Kraft eines Stranges und dem in ihm fließenden Strom eine *erzeugte*, nach außen abgegebene Leistung bedeutet, beim Lastsystem aber das Produkt aus der Klemmenspannung des Laststranges und seinem Strom eine in ihm *verbrauchte* Leistung bedeutet. Hat der Generator innere Widerstände, so ändert auch das nichts Wesentliches. Ein Teil der generatorisch erzeugten Leistung bleibt dann zwar schon im Generator als Verlustleistung. Man kann dann sozusagen die Grenze zwischen Erzeugung und Verbrauch in den Generator hinein verlegen, der in üblicher Weise aus einer reinen EMK und einem vorgeschalteten inneren Widerstand aufgebaut gedacht werden kann. Dieser innere Widerstand gehört dann sozusagen schon zum Lastsystem. Man kann das aber auch dadurch vermeiden, daß man an Stelle der elektromotorischen Kräfte für die Ermittlung der abgegebenen Leistung die Klemmenspannungen des Generators einsetzt, die man jedem Strang getrennt zuordnen kann. Beziehen wir uns beim Generator, wie wir das nachstehend tun wollen, immer auf die elektromotorischen Kräfte, so sparen wir uns einen Index zur Unterscheidung von Generator- und Verbrauchergrößen. Im übrigen wollen wir die Verbrauchergrößen durch den Index v kennzeichnen.

Ganz allgemein gilt also für ein Mehrphasensystem:
auf der Generatorseite:

$$\left.\begin{aligned} n &= \sum_1^p n_r = n_1 + n_2 + n_3 + \dots n_r + \dots + n_p \\ &= e_1 i_1 + e_2 i_2 + e_3 i_3 + \dots + e_p i_p \end{aligned}\right| \tag{484}$$

und auf der Verbraucherseite:

$$\left.\begin{aligned} n_v &= \sum_1^p n_{v_r} = n_{v1} + n_{v2} + n_{v3} + \dots + n_{vp} \\ &= u_1 i_{v_1} + u_2 i_{v_2} + u_3 i_{v_3} + \dots + u_p i_{v_p}\,. \end{aligned}\right| \tag{485}$$

Diese unabhängig von Kurvenform und Symmetriezustand stets gültigen Beziehungen wollen wir nun einmal für den Fall näher untersuchen, daß die Spannungen und Ströme rein einwellig und die Stränge symmetrisch und symmetrisch belastet sind, wobei wir jedem Strang eine gleichgroße Phasenverschiebung φ zwischen Spannung und Strom zubilligen.

Es ist dann:

$$\left.\begin{aligned} e_1 &= e \sin \omega t & i_1 &= i \sin (\omega t - \varphi) \\ e_2 &= e \sin (\omega t - 2\pi/p) & i_2 &= i \sin (\omega t - \varphi - 2\pi/p) \\ e_3 &= e \sin (\omega t - 4\pi/p) & i_3 &= i \sin (\omega t - \varphi - 4\pi/p) \\ &\vdots & &\vdots \\ e_p &= e \sin (\omega t - (p-1)\, 2\pi/p) & i_p &= i \sin (\omega t - \varphi - (p-1)\, 2\pi/p)\,. \end{aligned}\right| \tag{486}$$

Bezeichnen wir den Phasenwinkel, um den die Strangspannung des Stranges r gegen die des Stranges 1 nacheilt, mit α_r, so erhalten wir für die zur Leistungsermittlung erforderlichen Produkte aus Spannung und Strom folgende allgemeine Form:

$$e_r\, i_r = e\, i \sin (\omega t - \alpha_r) \sin (\omega t - \varphi - \alpha_r) = \frac{1}{2} e\, i\, [\cos \varphi - \cos (2\,\omega t - 2\,\alpha_r - \varphi)]\,. \tag{487}$$

Die Leistung jedes Stranges setzt sich also in üblicher Weise aus einem zeitlich konstanten Mittelwert und einer überlagerten Leistungsschwankung doppelter Frequenz $2f$, der Blindleistungsschwankung, zusammen. Addieren wir nun über alle Stränge, so erhalten wir:

$$n = \sum e_r\, i_r = \frac{p}{2}\, e i \cdot \cos \varphi - \frac{e\, i}{2} \sum^r \cos (2\,\omega t - \varphi - 2\,(r-1)\, 2\pi/p)\,. \tag{488}$$

Ebenso wie der zeitliche Mittelwert jeder einzelnen Blindleistungsschwankung Null ist, ist natürlich auch der Mittelwert ihrer Summe Null, so daß für den zeitlichen Mittelwert der Leistung, die Wirkleistung, übrig bleibt:

$$N = n = \frac{p}{2} \cdot e\, i \cos \varphi = p \cdot E\, I \cos \varphi\,, \tag{489}$$

wie zu erwarten stand.

1. Balancierte und unbalancierte Systeme.

Betrachten wir nun die resultierende Blindleistungsschwankung. Da jede einzelne Strangleistung mit der Frequenz $2f$ schwingt, können wir diese Blindleistungen als Zeiger der Frequenz $2f$ darstellen und haben also an Stelle der Summe über die Kreisfunktionen die über die zugehörigen Zeiger auszuführen.

$$\mathfrak{N}_B = \sum \mathfrak{N}_r = \sum \frac{e \cdot i}{2} \cdot e^{-j\left(\varphi + \frac{r-1}{p} \cdot 4\pi\right)} \tag{490}$$

Nun bilden aber die Zeiger dieser Summe, die unter sich alle gleich groß sind, einen symmetrischen p-strahligen Stern, wenn p ungerade ist, und einen ebenso symmetrischen $p/2$-strahligen Stern mit doppelter Besetzung eines jeden Strahls bei geradem p. Das zeigt die Abb. 223 am Beispiel eines Systems mit $p=3$ Strängen (Drehstrom) und $p=6$ (Sechsphasensystem). Beim ersten Fall beträgt dabei die Nacheilung jedes Zeigers gegen den vorangehenden 240°, im zweiten Fall 120°. Das äußere Bild ist zwar dasselbe, die Phasenfolge in beiden Bildern aber umgekehrt, wie man bei näherem Zusehen feststellt.

In jedem Falle aber addieren sich die gleichlangen Zeiger eines solchen Sterns zu Null, weil sie zusammen ein in sich geschlossenes regelmäßiges Polygon ergeben. Das symmetrische Mehrphasensystem beliebiger Strangzahl hat also keine Schwankung der Augenblickswerte der Leistung um den zeitlichen Mittelwert der Wirkleistung aufzuweisen. Man nennt ein solches System „*balanciert*". Das ist von großer Bedeutung für die Technik. Eine Wechselstrommaschine gibt ihre Leistung nicht konstant ab, sondern überlagert von Leistungsschwankungen mit der Amplitude $ei/2 = EI$. Bei konstanter Antriebsleistung, wie wir sie bei einem Turbinenantrieb weitgehend realisiert haben, bekommen wir also zweimal während einer Periode, bei einer zweipoligen Maschine also zweimal während einer Umdrehung, einen Überschuß der Antriebsleistung über die abgegebene Leistung und zweimal einen Fehlbetrag. Der Läufer einer solchen Maschine wird also zweimal während einer Umdrehung über seine mittlere Drehzahl hinaus beschleunigt und zweimal verzögert. Die dadurch z. B. mögliche Anregung von Schwingungen und ähnlich unangenehme Erscheinungen fallen aber bei einer Drehstrommaschine weg, weil sich hier die Leistungsschwankungen unabhängig von der Phasenverschiebung und dem Blindleistungsbedarf der Last zu Null addieren. Nur Unsymmetrien werden noch solche Leistungsschwankungen zur Folge haben. Ihre Amplitude wird dann aber auch noch meist kleiner sein als die der einsträngigen Maschine, wenn nicht die Unsymmetrie soweit geht, daß sich die mehrsträngige Maschine in eine einsträngige verwandelt.

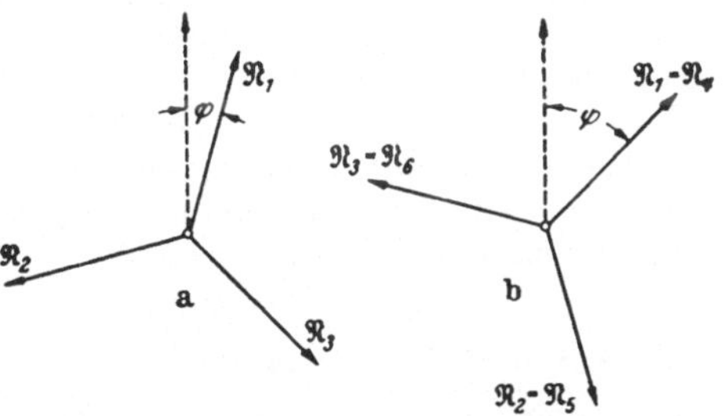

Abb. 223. Zeigerdiagramme der Leistungsschwankungen in balancierten symmetrischen Systemen. a Drehstrom. b Sechsphasenschaltung.

Alle symmetrischen Systeme sind also balanciert. Sie teilen diese Eigenschaft aber mit einer Reihe anderer Systeme. So sind sowohl das unsymmetrische Zweiphasensystem, das durch Halbierung des symmetrischen Vierphasensystems entstand, als auch das unsymmetrische Dreiphasensystem, das sich nach Abb. 206 durch Umpolung eines Stranges des symmetrischen Drehstromsystems ergibt, balanciert. Im ersten Falle sind ja die beiden Strangspannungen um 90° gegeneinander versetzt; die Zeiger der Leistungsschwankung sind um den doppelten Betrag verschoben, also in Gegenphase. Ihre Summe ist Null. Ähnlich bei dem erwähnten unsymmetrischen Dreiphasensystem. Die Strangspannungen sind um je 60° phasenverschoben, die Leistungsschwankungen also um 120°. Ihre Zeigersumme bildet ein gleichseitiges Dreieck mit der Summe Null. In Sonderfällen können aber auch Systeme mit noch viel höherer Unsymmetrie balanciert sein. Es genügt hierfür ja, bei gegebener Leistungsbelastung von $(p-1)$ Strängen die dadurch gegebene Leistungsschwankung zu ermitteln und die Leistungsschwankung des letzten p.ten Stranges dann so zu wählen, daß sie die Summe der übrigen zu Null ergänzt.

Kehren wir zur Betrachtung der Wirkleistung zurück. Sie ergab sich für ein p-strängiges System als:

$$N = p E I \cos\varphi \quad \text{bzw.} \quad N_v = p U I_v \cos\varphi$$

am Verbraucher. Hierin sind E und I Strangspannung und Strangstrom des Generators, U und I_v Strangspannung und Strangstrom des Verbrauchers. Im Drehstromnetz mit $p = 3$, erhalten wir also:

$$N = 3\,E I \cos\varphi \quad \text{bzw.} \quad N_v = 3\,U I_v \cos\varphi\,. \tag{491}$$

Das gilt unabhängig von der Verkettungsart der Maschine oder des Verbrauchers, aber natürlich nur bei Symmetrie. Ist die Maschine oder der Verbraucher sterngeschaltet, so sind seine Strangströme mit den Leiterströmen identisch: $I = I_L$, bzw. $I_v = I_L$; die Leiterspannungen ergeben sich aber aus den Strangspannungen jeweils als $U_L = E\sqrt{3}$ oder $U_L = U\sqrt{3}$, so daß für die Sternschaltung jeweils gilt:

$$N_L = U_L I_L \sqrt{3}\cos\varphi\,. \tag{492}$$

Die gleiche Formel gilt aber auch für die dreieckgeschaltete Maschine oder eine Last in Dreieckschaltung. Hier sind nun die Leiterspannungen identisch mit den Strangspannungen, aber die Leiterströme jeweils das $\sqrt{3}$-fache der Strangströme. Auch hier gilt also:

$$N_L = U_L I_L \sqrt{3}\cos\varphi\,. \tag{492}$$

Für den Leistungsfluß auf der Leitung vom Generator zur Belastung ist es belanglos, ob der Generator oder die Last in Stern oder Dreieck geschaltet ist.

Fehlt die Symmetrie, so sind die Strangleistungen nicht mehr gleichgroß. Ihre Summe wird also nicht mehr dem p-fachen der einzelnen Leistung gleich, sondern ergibt sich aus:

$$N = M\,(\Sigma e_r \cdot i_r) = \Sigma\,(M\,(e_r \cdot i_r)) = \Sigma N_r \tag{493}$$

also bei einwelligen Spannungen und Strömen:

$$N = \Sigma E_r I_r \cos\varphi_r\,, \tag{494}$$

d. h. für das Drehstromsystem ausgeschrieben:

$$N = E_1 I_1 \cos\varphi_1 + E_2 I_2 \cos\varphi_2 + E_3 I_3 \cos\varphi_3\,. \tag{495}$$

Sind die Spannungen und Ströme mehrwellig, so sind für jeden Strang auch die Oberwellenleistungen aus ihren Effektivwerten und den Leistungsfaktoren zu bestimmen und zu addieren. Unabhängig davon ist aber natürlich immer richtig die Summe aus den Mittelwerten der Produkte aus den Augenblickswerten von Spannung und Strom der einzelnen Stränge nach der Formel (Gl. (493)), die für das praktisch bedeutsamste Drehstromsystem lautet:

$$N = M\,(e_1 i_1) + M\,(e_2 i_2) + M\,(e_3 i_3)\,. \tag{496}$$

2. Leistungsmessung.

Mißt man diese drei Mittelwerte mit dafür geeigneten Instrumenten, Leistungsmessern, so ist die Summe der drei Anzeigen stets die richtige Wirkleistung. In der Schaltung nach Abb. 224a ist die hierzu gehörige Schaltung der 3 Leistungsmesser für eine sterngeschaltete Maschine gezeigt. Die Spannungspfade der Leistungsmesser liegen einpolig jeweils an der ihrem Strompfad zugehörigen Leitung, mit dem anderen Pol über den Sternpunktleiter oder eine eigens für diesen Zweck gezogene Sternpunktverbindung am Sternpunkt des Generators.

Ist der Sternpunktleiter oder der Generatorsternpunkt nicht zugänglich, so ist es praktisch üblich, die drei Spannungspfade der Leistungsmesser nach Abb. 224b in Stern zu schalten und so einen „*künstlichen Sternpunkt*" zu bilden (M_{pW}). Auch wenn man aber die Vorsichtsmaßnahme beachtet, daß die Widerstände der drei Spannungspfade gleich groß sein sollen, so ist damit noch nicht sichergestellt, daß diese Leistungsmessung ein richtiges Ergebnis liefert. Bezeichnet u_0

die Spannung zwischen den beiden Sternpunkten, die auch bei völliger Symmetrie nicht verschwindet, wenn die Generatorspannung p-zählige — hier dreizählige — Oberwellen enthält, so ist ja die Spannung an den Leistungsmesserpfaden:

$$u_{w_1} = u_1 - u_0\,; \quad u_{w_2} = u_2 - u_0\,; \quad u_{w_3} = u_3 - u_0\,.$$

Die Leistungsmesser messen also die Mittelwertsumme:

$$\begin{aligned} N_w &= M\,(u_{w_1} i_1 + u_{w_2} i_2 + u_{w_3} i_3) \\ &= M\big(u_1 i_1 + u_2 i_2 + u_3 i_3 - u_0\,(i_1 + i_2 + i_3)\big) \end{aligned} \tag{497}$$

anstatt der nach Gl. (496) gewünschten Mittelwertssumme:

$$N = M\,(u_1 i_1 + u_2 i_2 + u_3 i_3)\,.$$

Ist allerdings die Summe der drei Strangströme Null, so verschwindet das den Fehler dieser Messung darstellende Glied:

$$N_{Fehler} = M\big(u_0\,(i_1 + i_2 + i_3)\big)\,, \tag{498}$$

und die Messung nach Abb. 224b ist richtig, nunmehr sogar unabhängig davon, ob die Spannungspfade symmetrische Widerstände haben oder nicht. Solange die Summe der Strangströme Null ist, kann eben u_0 jeden beliebigen Wert haben, ohne daß eine Fehlmessung zustande kommt. Die Addition der Augenblickswerte der Strangströme zu Null ist aber garantiert, wenn kein Sternpunktleiter vorhanden ist. Bei fehlendem Sternpunktleiter ist also die Messung mit künstlichem Sternpunkt unabhängig von der Symmetrie der Spannungspfade richtig, obwohl die Anzeige des einzelnen Wattmeters jetzt nichts mehr mit der Leistung des zugeordneten Stranges zu tun hat, sondern eine reine Rechengröße ist. Wir kommen hierauf noch bei der Besprechung der Zwei-Wattmeter-Methode zurück.

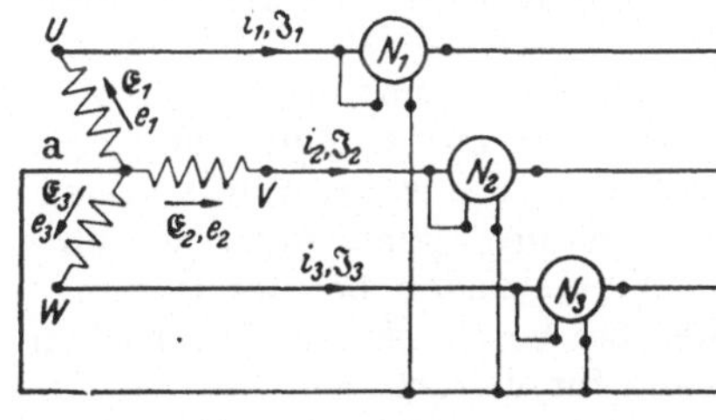

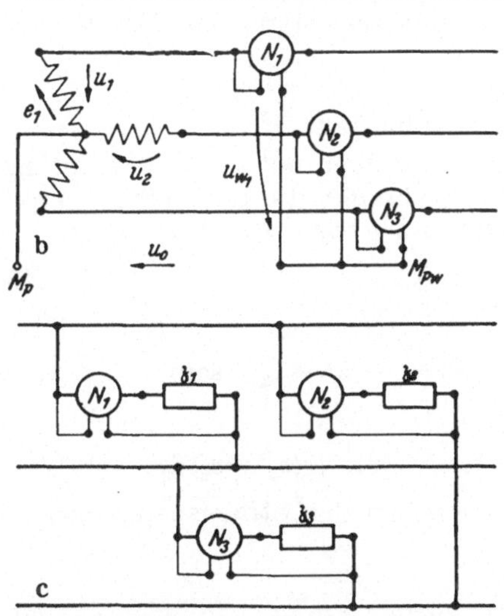

Abb. 224. Leistungsmessung mit drei Leistungsmessern im Drehstromsystem. a Am sterngeschalteten Generator mit Sternpunktleiter. b Am sterngeschalteten Generator mit künstlichem Sternpunkt bei fehlendem Sternpunktleiter. c Am dreieckgeschalteten Lastsystem.

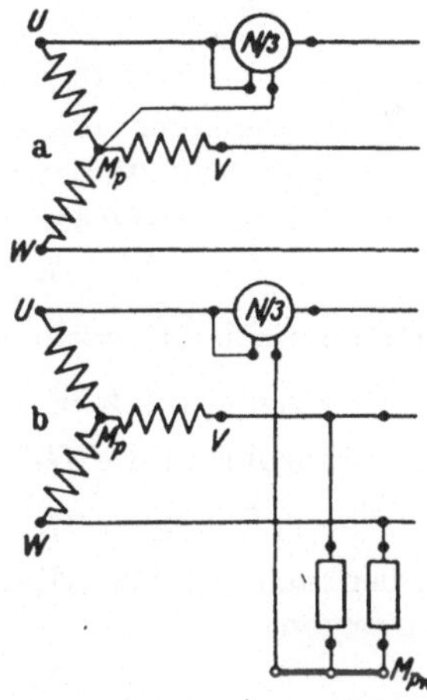

Abb. 225. Schaltungen zur Leistungsmessung im symmetrischen Drehstromsystem mit einem Wattmeter. a Bei zugänglichem Sternpunkt oder Anschlußmöglichkeit an den Sternpunktleiter b Mit künstlichem Sternpunkt bei unzugänglichem Sternpunkt.

Die Anwendung der Drei-Wattmeter-Schaltung bei einem dreieckgeschalteten Objekt zeigen wir an der Abb. 224c in der Form, wie sie in Drehstromnetzen zur Messung des Energieverbrauches üblich ist. Man hat sich dann nur die Wattmeter durch Zähler ersetzt zu denken, was keine Änderung des Meßprinzips bedeutet. Die einzelnen Verbraucherstränge liegen an den Leitungen des Netzes, also an der Leiterspannung; parallel zu ihnen sind die Spannungspfade der Meßeinrichtungen an die gleichen Spannungen angeschlossen. Die Strompfade werden jeweils von den zugeordneten Strangströmen der Last durchflossen. Da es bei der Dreieckschaltung keinen Sternpunkt gibt, ist die Existenz eines solchen Leiters — etwa für andere Verbrauchergruppen — für die Richtigkeit dieser Messung bedeutungslos.

Bei symmetrischer Last würden die drei Wattmeter des Dreiwattmeter-Verfahrens alle gleich anzeigen. Man könnte dann also auf 2 Instrumente verzichten und sich damit begnügen, nach Abb. 225a das Ergebnis der Messung eines Stranges mit 3 zu multiplizieren, wie das praktisch häufig gemacht wird. Es bedarf jedoch keiner Erwähnung, daß dies Verfahren nicht sehr genau sein kann, wenn Unsymmetrien möglich sind. Besonders, wenn man nach Abb. 225b bei unzugänglichem Sternpunkt wieder einen künstlichen Sternpunkt für die Messung einführt, indem man den Spannungspfad des Wattmeters mit zwei gleichartigen Widerständen zusammenschließt, ist äußerste Vorsicht geboten. In diesem Falle ist ja nach dem oben Gesagten die angezeigte Leistung keine physikalisch sinnvolle Leistung mehr, sondern eine reine Rechengröße. Sie kann von der wahren Strangleistung beliebig abweichen — u. U. sogar anderes Vorzeichen haben als die wahre Wirkleistung —, so daß ihr dreifacher Wert mit der wirklichen Leistung nichts mehr zu tun hat. Bei kleiner Unsymmetrie und symmetrischen Widerständen bei der Bildung des künstlichen Sternpunkts ist jedoch der Fehler bei bescheidenen Ansprüchen an Meßunsicherheit, z. B. bei reinen Anzeigezwecken für motorischen Antrieb, dessen Symmetrie an sich weitgehend gewährleistet ist, durchaus erträglich. Für genauere Messungen scheidet das Verfahren völlig aus.

3. Die Zwei-Wattmeter-Schaltung.

Dagegen ist es möglich, ein genau messendes Verfahren mit nur zwei Leistungsmessern anzugeben, wenn man sich auf Objekte beschränkt, die keinen Sternpunktsleiter haben. Wie wir oben (Gl. (484)) ausführten, ist stets richtig:

$$n = e_1 i_1 + e_2 i_2 + e_3 i_3 . \tag{484}$$

Ist kein Sternpunktleiter vorhanden, so muß

$$\text{wegen } i_1 + i_2 + i_3 = 0 \quad \text{z. B.} \quad i_2 = -i_1 - i_3 \quad \text{sein,} \tag{499}$$

was nach Einführung in die Gl. (484) ergibt:

$$N = e_1 i_1 + e_2 (-i_1 - i_3) + e_3 i_3 = (e_1 - e_2)\, i_1 + (e_3 - e_2)\, i_3 .$$

Nun sind aber nach Gl. (459) die Differenzen zwischen den Strangspannungen die Leiterspannungen

$$e_1 - e_2 = u_c \quad \text{und} \quad e_3 - e_2 = -u_a .$$

Also:

$$n = u_c i_1 + (-u_a)\, i_3 . \tag{501}$$

Jedes dieser Teilprodukte kann mit einem Wattmeter gemessen werden, wobei es wichtig ist zu betonen, daß bei der Ableitung dieser Beziehung keine Voraussetzung über Symmetrie oder Oberwellenfreiheit gemacht ist, sondern nur das Fehlen einer Sternpunktsverbindung gefordert wird. Die Schaltung nach Abb. 226 ergibt also immer bei Fehlen der Sternpunktsverbindung eine richtige Messung der Gesamtleistung, wenn man die Anzeigen der beiden Wattmeter addiert:

$$n = n_I + n_{II} ; \quad N = N_I + N_{II} . \tag{502}$$

Selbstverständlich kann man diese Rechnung mit zyklischer Vertauschung der Indizes genau so durchführen und kommt dann zu weiteren genau so richtigen Schaltungen, bei denen die Strompfade jeweils an je zwei anderen Außenleitern liegen und ihre Spannungspfade jeweils gegen den dritten Außenleiter geschaltet sind, in dem kein Strompfad liegt.

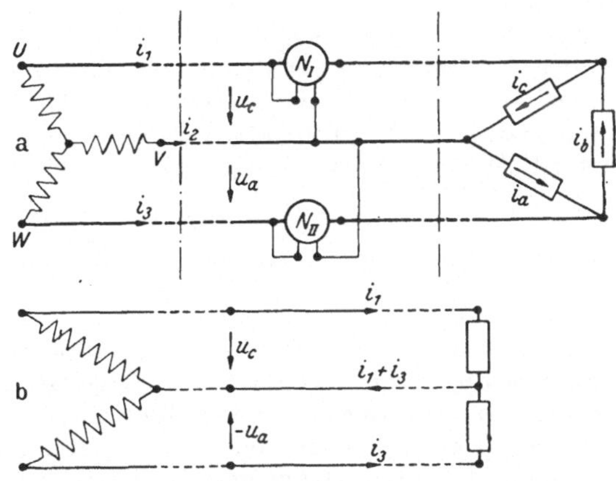

Abb. 226. Zur Zwei-Wattmeter- oder ARON-Schaltung. a Allgemeines Schaltbild. b Leistungsmäßiger Ersatz des Drehstromsystems ohne Sternpunktleiter durch ein unsymmetrisches zweisträngiges System.

Der Beweis läßt sich nach Abb. 226 genau so führen, wenn man die Rechnung unter der Voraussetzung durchführt, daß an einem Objekt eine Dreieckschaltung vorliegt, wie das im rechten Teil des Schaltbildes für eine Lastschaltung angenommen ist, in deren Strängen mit den Spannungen u_a, u_b und u_c die Strangströme i_a, i_b und i_c fließen. Hier ist automatisch stets

$$u_a + u_b + u_c = 0$$

also z. B. $u_b = -u_a - u_c$. Setzen wir das in die allgemeine Leistungsformel (485) für ein Mehrphasensystem ein, das für die drei Stränge a, b und c lautet:

$$n = u_a i_a + u_b i_b + u_c i_c\,, \tag{503}$$

so erhalten wir unter Berücksichtigung der Tatsache, daß die Leiterströme jeweils die Differenz der Strangströme sind, schließlich ebenso wie vorher:

$$N = u_c i_1 + (-u_a)\, i_3 = N_I + N_{II}\,. \tag{502}$$

Es ist offenbar für die Wirkungsweise belanglos, ob Generator oder Last stern- oder dreieckgeschaltet sind. Man kann sie längs der strichpunktierten Linien einfach wegtrennen und durch andersartig geschaltete Objekte ersetzen, ohne daß die Messung nach der Zwei-Wattmeter- oder ARON-Schaltung falsch wird.

Anschaulich kann man sich nach Abb. 226b das Zustandekommen einer Messung nach diesem Verfahren so vorstellen, als ob das Drehstromsystem in zwei Stromschleifen aufgelöst ist, von denen eine unter der treibenden Spannung u_c vom Strom i_1, die andere mit der Spannung $(-u_a)$ vom Strom i_3 durchflossen wird. Die Summe fließt in einem gemeinsamen Leiter zurück. Die gemessenen Leistungen wären also die Strangleistungen eines links dargestellten „Ersatzgenerators" mit nur zwei Strängen, der natürlich stark unsymmetrisch ist, auch wenn der wirkliche, den er ersetzt, symmetrisch sein sollte.

Aus dieser Darstellung ersehen wir zugleich, daß es immer möglich sein muß, die Leistung in einem System mit n Leitern durch $n-1$ Wattmeter richtig zu messen, wenn wir jeweils eine Leitung als Rückleitung für alle anderen auffassen. In einem Drehstromsystem ohne Sternpunktleiter — einem Dreileiternetz — genügen also zwei Wattmeter (ARONschaltung), während wir in einem Drehstromsystem mit Sternpunktleiter — Vierleiternetz — für eine richtige Messung mindestens drei Wattmeter benötigen.

Wir hätten diese Reduktion der Zahl der Wattmeter aber auch schon aus den Betrachtungen herleiten können, die wir zu Abb. 224b anstellten. Wenn es, wie dort bewiesen wurde, bei fehlendem Sternpunktleiter gleichgültig ist, wie hoch die Spannung zwischen dem „künstlichen Sternpunkt" und dem Maschinensternpunkt ist, so steht auch nichts im Wege, diese Spannung so zu wählen, daß sie gleich einer Strangspannung wird, d. h. die Spannungspfade nicht an einen besonderen, künstlich geschaffenen Sternpunkt anzuschließen, sondern an einen der Außenleiter als künstlichen Sternpunkt. Damit wird dann die dem einen Wattmeter zugeführte Spannung identisch Null; seine beiden Spannungspfadklemmen liegen am gleichen Punkt. Es kann also weggelassen werden, weil es ohnehin nichts anzeigt. Die Drei-Wattmeter-Schaltung hat sich damit in die Zwei-Wattmeter-Schaltung verwandelt.

Diese Betrachtung zeigt aber auch sofort den Fehler, den man begehen kann, wenn man trotz Existenz eines stromführenden Sternpunktleiters die Zwei-Wattmeter-Schaltung zur Messung anwendet. Er wurde in Gl. (498) berechnet zu:

$$N_{Fehler} = u_0\,(i_1 + i_2 + i_3)\,;$$

ist also hier mit $u_0 = -u_2$ und $(i_1 + i_2 + i_3) = i_0$:

$$N_{Fehler} = -u_2\, i_0\,. \qquad (498)$$

Er hängt also von der Größe des Sternpunktstromes und der Höhe *der* Strangspannung ab, deren zugehöriger Außenleiter keinen Strompfad enthält. Da diese groß ist, so kann der Fehler nur dann klein sein, wenn der Sternpunktleiterstrom klein ist. Da er je nach der vorliegenden Unsymmetrie der Leiterströme in den Außenleitern jede Phasenlage einnehmen kann, kann dabei das Fehlerglied positive und negative Werte annehmen. Nach

$$\begin{aligned} N &= N_I + N_{II} + N_{Fehler} \\ &= N_I + N_{II} + M\,(-u_2 \cdot i_0) = N_I + N_{II} + N_0 \end{aligned} \qquad (504)$$

kann man also diesen Fehler durch Messung der Fehlerleistung mit einem dritten Wattmeter korrigieren, das nach Abb. 227 mit seinem Strompfad im Sternpunktleiter, mit seinem Spannungspfad an der Strangspannung u_2 liegt, die dem Strang zugehört, in dessen Außenleiter kein Hauptstrompfad der Zweiwattmeterschaltung liegt. Allerdings hat man damit wieder drei Wattmeter. Der einzige Vorteil, den man damit vielleicht gegen die Schaltung der Abb. 224a gewonnen hat, ist der, daß man an das Gerät zur Messung der Fehlerleistung, solange sie eine Korrektur ist, die Unsymmetrie also klein bleibt, nicht die gleichen Ansprüche an geringe Meßfehler zu stellen braucht wie an die Hauptsysteme I und II.

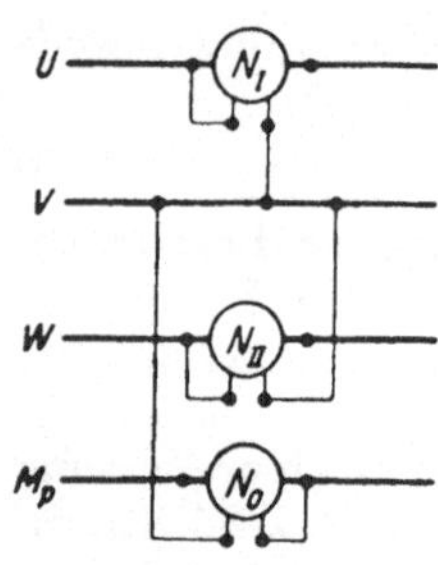

Abb. 227. Korrektur des Fehlers der ARONschaltung beim Vorhandensein eines Sternpunktleiters durch ein Nullleistungswattmeter

Wir haben schon oben darauf hingewiesen, daß die Anzeige der beiden Wattmeter der ARONschaltung keinen physikalischen Einzelsinn besitzt; nur ihre Summe hat den Wert der gesamten Leistung; die Einzelanzeigen sind reine Rechengrößen. Man sieht das besonders deutlich, wenn man einmal die Anzeigen der beiden Wattmeter für den Fall eines symmetrischen Systems mit gleichgroßer Phasenverschiebung in allen Strängen betrachtet. Die Abb. 228 zeigt die zugehörigen Zeigerdiagramme. In Abb. 228a sind alle Spannungen und Ströme dargestellt, während in Abb. 228b getrennt nur die Größen herausgezeichnet sind, die zur Leistungsbildung in den beiden Wattmetern herangezogen werden. Hiernach ist also:

$$\begin{aligned} N_I &= U_c\, I_1 \cos(30° + \varphi) = U I \cos(30° + \varphi) \\ N_{II} &= U_a\, I_3 \cos(30° - \varphi) = U I \cos(30° - \varphi)\,, \end{aligned}$$

wobei wir in der zweiten Form wegen der Symmetrie die Indizes weggelassen haben, sodaß U und I Leiterspannung und Leiterstrom bedeuten. φ ist positiv, wenn es sich um induktive Phasenverschiebung handelt. Abb. 229 zeigt die Abhängigkeit der Wattmeteranzeigen vom Phasenwinkel in v. H. der Gesamtleistung. Bei rein OHMscher Last zeigen beide Wattmeter gleich viel an, je die Hälfte der Gesamtleistung. Bei wachsender Phasenverschiebung verteilt sich die Leistung unsymmetrisch derart, daß bei 60° Phasenverschiebung jeweils das eine Wattmeter die Gesamtleistung, das andere nichts anzeigt. Welches Null zeigt, hängt von der Richtung der Phasenverschiebung und der Phasenfolge des Systems ab. Bei induktiver Phasenverschiebung zeigt jeweils *das* Wattmeter mehr an, dessen Strompfad im Strang mit der voreilenden Spannung liegt. Bei 90° Phasenverschiebung, also der Gesamtleistung Null, zeigen beide Wattmeter wieder gleich viel, aber mit entgegengesetztem Vorzeichen. Der Quotient aus beiden Anzeigen ist offenbar ein Maß für die Phasenverschiebung, wie das anschaulich die nachstehende Tabelle 12 zeigt:

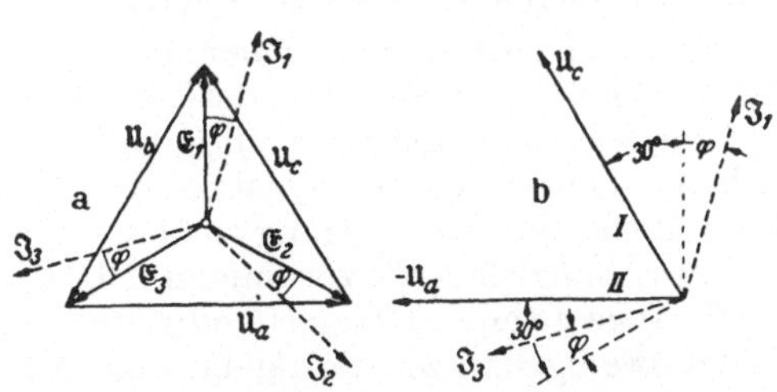

Abb. 228. Zeigerdiagramme zur Zwei-Wattmeterschaltung. a Allgemeines Zeiger-Diagramm. b Die leistungbildenden Spannungen und Ströme.

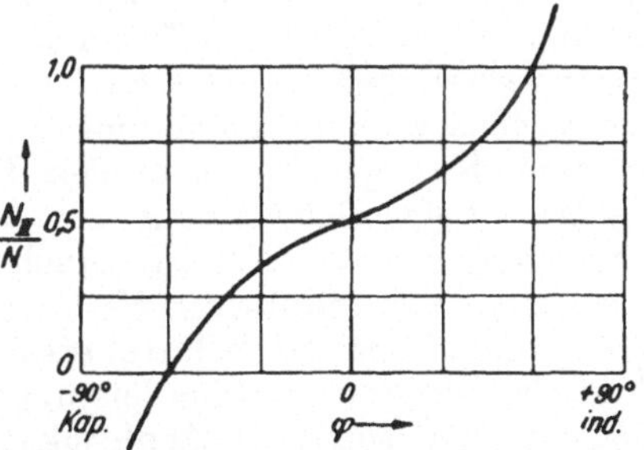

Abb. 229. Verhältnis der Anzeige des einen Wattmeters der Zwei-Wattmeterschaltung zur Gesamtleistung in Funktion von der Phasenverschiebung im symmetrischen System.

Tabelle 12.

Phasenwinkel	Wattmeteranzeigen $/U \cdot I$ N_I/UI	N_{II}/UI	$N/UI \doteq \sqrt{3} \cdot \cos\varphi$	Quotient der Anzeigen N_I/N_{II}
$-90°$	$+1/2$	$-1/2$	0	-1
$-60°$	$+\frac{1}{2} \cdot \sqrt{3}$	0	$\frac{1}{2} \cdot \sqrt{3}$	∞
$-30°$	$+1$	$+1/2$	$3/2$	$+2$
$0°$	$+\frac{1}{2} \cdot \sqrt{3}$	$+\frac{1}{2} \cdot \sqrt{3}$	$\sqrt{3}$	$+1$
$+30°$	$+1/2$	$+1$	$3/2$	$+1/2$
$+60°$	0	$+\frac{1}{2} \cdot \sqrt{3}$	$\frac{1}{2} \cdot \sqrt{3}$	0
$+90°$	$-1/2$	$+1/2$	0	-1

Diese Abhängigkeit des Quotienten vom Phasenwinkel können wir benutzen, um daraus die Phasenverschiebung zu bestimmen; es ist:

$$N_I + N_{II} = UI\left(\cos(\varphi + 30°) + \cos(30° - \varphi)\right) = UI\sqrt{3}\cos\varphi$$
$$N_{II} - N_I = UI\left(\cos(30° - \varphi) - \cos(30° + \varphi)\right) = UI\sin\varphi\,.$$

Somit:

$$\frac{N_{II} - N_I}{N_{II} + N_I} = \operatorname{tg}\varphi/\sqrt{3}$$

und schließlich

$$\operatorname{tg}\varphi = \sqrt{3}\,\frac{\gamma - 1}{\gamma + 1} \quad \text{mit } \gamma = N_{II}/N_I\,. \tag{505}$$

Selbstverständlich gilt diese Formel nur unter der Voraussetzung symmetrischer Belastung. Dann hat sie aber den Vorteil, daß es einer besonderen Messung von U und I nicht bedarf.

Wir werden auf die Frage der Berechnung von Blind- und Scheinleistung im mehrsträngigen System noch im Abschn. V G, S. 274, bei der Untersuchung über die symmetrischen Komponenten eingehen. Hier genügt deshalb der Hinweis darauf daß das Problem dadurch erschwert wird, daß die Blindleistungsschwankungen, die auf die Energiespeicher im äußeren Kreis zurückzuführen sind (Abschn. III A, S. 23, in ihrem zeitlichen Zusammenhang nicht allein durch den Charakter der Last bestimmt werden, sondern auch durch die Phasenlage der Spannung, von der aus sie gespeist werden. So kommt es ja, daß auch bei Vorliegen einer beliebigen, aber in allen Strängen gleich großen Phasenverschiebung in der Gesamtleistung des Systems keine Schwankung der Augenblickswerte der Leistung übrigbleibt, das System eben balanciert ist. Auch die oben schon erwähnte Tatsache, daß beim Vorliegen nur induktiver Verbraucher dennoch die eine Strangwicklung eines Generators kapazitiv belastet erscheinen kann, hängt hiermit zusammen. Die algebraische Addition der Blindleistungen der Stränge zu einer Gesamtblindleistung der Maschine hat somit primär physikalisch ebensowenig Sinn wie die algebraische Addition der Scheinleistungsschwankungen aller Stränge zu einer Gesamtscheinleistung. Sinnvoll wird die letztere Größe nur dadurch, daß sie als Konstruktionsdatum die Abmessungen der Maschine bestimmt, weil sich die Bemessung der Kupfer- und Eisenquerschnitte nach I und U, nicht aber nach der Wirkleistung richtet, $U \cdot I$ also die Abmessungen jeder Maschine bestimmt. Sie ist bei Symmetrie einer p-strängigen Maschine: pEI, wenn E und I Strangspannung und Strangstrom sind, beim Drehstromsystem also: $3\,E\,I$ für den Generator oder bezogen auf die Leitergrößen (U und I): $\sqrt{3}\,UI$. Sie hieße wegen ihrer Bedeutung vielleicht besser „*Konstruktionsleistung*" als Scheinleistung.

In jedem einzelnen Strang hat dann natürlich auch die formale quadratische Differenzbildung zwischen Scheinleistung $E_r I_r$ und Wirkleistung $E_r I_r \cos\varphi_r$ eine Berechtigung und liefert uns die Blindleistung dieses Stranges, deren Summation über alle Stränge aber keine Bedeutung hat. Führt man sie doch aus, so ist sie beim symmetrischen p-phasigen System:

$$N_b = pEI \cdot \sin\varphi \tag{506}$$

und beim dreisträngigen System mit Benutzung der Leiterspannungen

$$N_b = \sqrt{3} \cdot U \cdot I \cdot \sin\varphi\,. \tag{507}$$

Beim Drehstromsystem liefert die Leistungsmessung nach dem Zweiwattmeter-Verfahren auch diesen Wert, wie unsere oben durchgeführte Rechnung zeigt. Bis auf den Faktor $\sqrt{3}$ ergibt ja die Differenz aus den beiden Wattmeteranzeigen den soeben ermittelten Wert für die Gesamtblindleistung. Sie ist also:

$$N_b = \sqrt{3}\,(N_{II} - N_I)\,. \tag{508}$$

Es ist vielleicht noch angebracht darauf hinzuweisen, daß auch in den Formeln Gl. (492) und Gl. (507), in denen die Leiterströme und Leiterspannungen benutzt werden:

$$N = UI\sqrt{3}\cos\varphi$$
$$N_b = UI\sqrt{3}\sin\varphi\,,$$

der Phasenwinkel φ der Winkel zwischen Strangstrom und Strangspannung ist, nicht irgend ein Winkel zwischen einer Leiterspannung und einem Leiterstrom. Trotzdem aber bleibt die Tatsache bestehen, daß es für die Leistungsmessung, die ja auf der Leitung vom Generator zum Verbraucher erfolgen kann, nur auf die dort vorhandenen Spannungen und Ströme und ihre Phasenwinkel ankommt. Es ist dabei unerheblich, ob diese Größen aus einem sterngeschalteten oder einem dreieckgeschalteten Generator kommen und in eine stern- oder dreieckgeschaltete Last abgegeben werden. Ja, man kann sogar auf der Leitung nicht einmal entscheiden, wie in Generator und Last die einzelnen Stränge miteinander verkettet sind. Wir können wohl aus Messungen auf der Leitung schließen, wie eine Sternschaltung aussehen müßte, wenn sie da ist, oder welche Elemente zu einem Dreieck zusammengeschaltet sein müßten, wenn es sich um eine Dreieckschaltung handeln sollte, wir können aber keineswegs entscheiden, welche der beiden Verkettungsarten nun tatsächlich vorliegt. Die Äquivalenz von Stern- und Dreieckschaltung soll uns deshalb im nächsten Abschnitt beschäftigen.

E. Die Transfiguration Dreieck-Stern und Stern-Dreieck.

1. Allgemeine Problemstellung und Grundformeln.

Die Bedeutung der Äquivalenz von Stern- und Dreieckschaltung ist in den voraufgegangenen Abschnitten evident geworden. Sie ist jedoch darüber hinaus ein wichtiges Arbeitshilfsmittel in der Schaltungslehre, besonders in der Lehre von den Wechselströmen, so daß wir das Problem hier allgemeiner formulieren, obwohl wir dabei immer wieder auf die Aufgaben beim Drehstromsystem als Beispiel Bezug nehmen werden.

Aus einer beliebigen Schaltung greifen wir 3 Knotenpunkte heraus, die wir nach Abb. 230a mit RST bezeichnen. Alle Zuspeisungen zu diesen Punkten fassen wir in je eine Leitung 123 zusammen. In ihnen werden im allgemeinen Ströme fließen, die wir mit $\mathfrak{J}_1$, $\mathfrak{J}_2$ und $\mathfrak{J}_3$ bezeichnen und zufließend positiv zählen wollen.

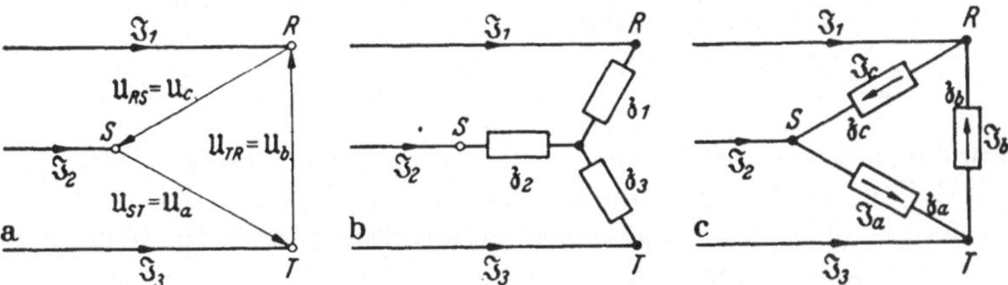

Abb. 230. Zur Äquivalenz von Stern- und Dreieckschaltung. a Spannungen und Ströme, die bei der Transfiguration Stern-Dreieck verknüpft werden. b Sternschaltung der Transfiguration. c Dreieckschaltung der Transfiguration.

Zwischen den drei Punkten bestehen Spannungen $\mathfrak{U}_{RS}$, $\mathfrak{U}_{ST}$ und $\mathfrak{U}_{TR}$ die wir der Kürze halber als $\mathfrak{U}_c$, $\mathfrak{U}_a$ und $\mathfrak{U}_b$ bezeichnen wollen, wobei wir bei der Verteilung der Indizes wieder auf die zyklische Zuordnung geachtet haben (vgl. S. 219). Unter der Wirkung dieser Spannungen können Ströme natürlich nur zufließen, wenn zwischen die Punkte R, S und T Widerstände — bei Wechselstrom durch Widerstandsoperatoren dargestellt — geschaltet sind. Fordern wir, daß unabhängig von der Verteilung der Spannungen sich in äquivalenten Schaltungen gleiche Ströme einstellen sollen, so müssen wir wegen der Zahl der Ströme und Spannungen mindestens drei voneinander unabhängig einstellbare Widerstände vorsehen. Sollen diese wirklich voneinander unabhängig sein, so dürfen sie weder untereinander einfach in Reihe, noch parallel geschaltet werden, sondern müssen nicht durch einfache Operationen zusammenfaßbar sein. Es gibt nur zwei denkbare Kombinationen dieser Art: die Anordnung in einer sternförmigen Schaltung nach Abb. 230b oder in einer dreieckartigen nach Abb. 230c.

Über die Ströme und Spannungen können wir hinsichtlich Größe und Phasenlage nicht völlig frei verfügen. Zwischen ihnen müssen nach den allgemeinen KIRCHHOFFschen Sätzen Gl. (2) u. (3) die Beziehungen bestehen:

$$\mathfrak{J}_1 + \mathfrak{J}_2 + \mathfrak{J}_3 = 0$$
$$\mathfrak{U}_a + \mathfrak{U}_b + \mathfrak{U}_c = 0\,.$$

Durch zwei der Ströme ist also der dritte, durch zwei der Spannungen die dritte mitgegeben. Das Netzwerk, das wir durch einen Stern oder ein Dreieck ersetzen wollen, verknüpft also zwei Ströme mit zwei Spannungen. Im Zeigerdiagramm müssen die drei Spannungen ein geschlossenes Dreieck bilden wie die Leiterspannungen eines Drehstromsystems. Auch die drei Ströme bilden ein solches Dreieck wie beim Drehstromnetz ohne Sternpunktleiter.

Wir nennen endlich die Widerstandsoperatoren, aus denen die Sternschaltung aufgebaut wird, $\mathfrak{z}_1$, $\mathfrak{z}_2$ und $\mathfrak{z}_3$ und die der Dreiecksanordnung $\mathfrak{z}_a$, $\mathfrak{z}_b$ und $\mathfrak{z}_c$ und erhalten dann aus den Schaltbildern 230b und c die beiden nachstehenden Sätze von Bestimmungsgleichungen für die 3 Ströme, wenn die Spannungen gegeben sind.

$$\begin{array}{lll} \text{Sternschaltung:} & \text{Dreieckschaltung:} & \\ \mathfrak{U}_a = \mathfrak{J}_2 \mathfrak{z}_2 - \mathfrak{J}_3 \mathfrak{z}_3 & \mathfrak{J}_1 = \mathfrak{J}_c - \mathfrak{J}_b & \mathfrak{J}_c = \mathfrak{U}_c/\mathfrak{z}_c \\ \mathfrak{U}_b = \mathfrak{J}_3 \mathfrak{z}_3 - \mathfrak{J}_1 \mathfrak{z}_1 & \mathfrak{J}_2 = \mathfrak{J}_a - \mathfrak{J}_c \quad \text{mit} & \mathfrak{J}_b = \mathfrak{U}_b/\mathfrak{z}_b \\ \mathfrak{J}_1 + \mathfrak{J}_2 + \mathfrak{J}_3 = 0 & \mathfrak{J}_3 = \mathfrak{J}_b - \mathfrak{J}_a & \mathfrak{J}_a = \mathfrak{U}_a/\mathfrak{z}_a, \end{array} \tag{509}$$

deren Lösung sich für das dreieckgeschaltete System sofort, für das sterngeschaltete nach einer kleinen Zwischenrechnung zur Eliminierung von je zwei unbekannten Strömen aus den drei Gleichungen, ergibt als:

$$\begin{array}{lll} \mathfrak{J}_1 = \dfrac{\mathfrak{U}_c \cdot \mathfrak{z}_3 - \mathfrak{U}_b \cdot \mathfrak{z}_2}{\mathfrak{z}_1\mathfrak{z}_2 + \mathfrak{z}_1\mathfrak{z}_3 + \mathfrak{z}_2\mathfrak{z}_3} & & \mathfrak{J}_1 = \mathfrak{U}_c/\mathfrak{z}_c - \mathfrak{U}_b/\mathfrak{z}_b \\ \mathfrak{J}_2 = \dfrac{\mathfrak{U}_a \cdot \mathfrak{z}_1 - \mathfrak{U}_c \cdot \mathfrak{z}_3}{\mathfrak{z}_1\mathfrak{z}_2 + \mathfrak{z}_1\mathfrak{z}_3 + \mathfrak{z}_2\mathfrak{z}_3} & \text{bzw.} & \mathfrak{J}_2 = \mathfrak{U}_a/\mathfrak{z}_a - \mathfrak{U}_c/\mathfrak{z}_c \\ \mathfrak{J}_3 = \dfrac{\mathfrak{U}_b \cdot \mathfrak{z}_2 - \mathfrak{U}_a \cdot \mathfrak{z}_1}{\mathfrak{z}_1\mathfrak{z}_2 + \mathfrak{z}_1\mathfrak{z}_3 + \mathfrak{z}_2\mathfrak{z}_3} & & \mathfrak{J}_3 = \mathfrak{U}_b/\mathfrak{z}_b - \mathfrak{U}_a/\mathfrak{z}_a \end{array} \tag{510}$$

Die Gleichungen sind in sich natürlich wieder zyklisch vertauschbar hinsichtlich der Indizes. Sollen die Ströme ohne Rücksicht auf die Wahl von zwei Spannungen übereinstimmen, so müssen die Faktoren bei den Spannungen für beide Schaltungen übereinstimmen. Es muß also sein:

$$\mathfrak{z}_a = \mathfrak{z}_2 + \mathfrak{z}_3 + \frac{\mathfrak{z}_2\mathfrak{z}_3}{\mathfrak{z}_1}; \quad \mathfrak{z}_b = \mathfrak{z}_3 + \mathfrak{z}_1 + \frac{\mathfrak{z}_3\mathfrak{z}_1}{\mathfrak{z}_2}; \quad \mathfrak{z}_c = \mathfrak{z}_1 + \mathfrak{z}_2 + \frac{\mathfrak{z}_1\mathfrak{z}_2}{\mathfrak{z}_3} \tag{511}$$

Man kann diesen Satz von Umwandlungsformeln auch umschreiben unter Benutzung der Leitwertoperatoren an Stelle der Widerstandsoperatoren:

$$\mathfrak{y}_1 = 1/\mathfrak{z}_1 \ldots; \quad \mathfrak{y}_a = 1/\mathfrak{z}_a \ldots$$

$$\mathfrak{y}_a = \frac{\mathfrak{y}_2\mathfrak{y}_3}{\mathfrak{y}_1 + \mathfrak{y}_2 + \mathfrak{y}_3}; \quad \mathfrak{y}_b = \frac{\mathfrak{y}_3\mathfrak{y}_1}{\mathfrak{y}_1 + \mathfrak{y}_2 + \mathfrak{y}_3}; \quad \mathfrak{y}_c = \frac{\mathfrak{y}_1\mathfrak{y}_2}{\mathfrak{y}_1 + \mathfrak{y}_2 + \mathfrak{y}_3} \tag{512}$$

Ist also eine Sternschaltung beliebiger Art gegeben, so können wir nach Gl. (511) oder (512) diejenigen Widerstände angeben, die in Dreieckschaltung bei Zuführung der gleichen Spannungen die gleichen Ströme in den Zuleitungen fließen lassen, die also in ihrer Gesamtheit die Sternschaltung äquivalent ersetzen. Von den Klemmen aus gesehen, aus denen die Ströme zufließen, kann durch eine Messung beliebiger Art nicht entschieden werden, ob die eine oder die andere Schaltung vorliegt, oder ob gar eine kompliziertere Schaltung aus mehr als drei Widerständen durch sie ersetzt wird. Die Umwandlung der einen in die andere ist also ein ähnlicher Vorgang, wie die im Abschn. III B, S. 35, gezeigte Umformung einer Reihen- in eine Parallelschaltung für *eine* Spannung und *einen* Strom.

Selbstverständlich kann man auch den Vorgang umkehren und nach den Elementen einer Sternschaltung fragen, die eine Dreieckschaltung gleichwertig ersetzt. Es genügt dafür, die obenstehenden Umwandlungsformeln nach den darin als bekannt vorausgesetzten Widerstandsoperatoren mit den Zahlenindizes aufzulösen.

Statt dessen kann man aber auch so vorgehen, daß man als willkürliche Spannungsverteilung eine solche annimmt, bei der jeweils nur eine der Spannungen von außen angelegt wird und der der gegenüberliegenden Ecke zufließende Strom willkürlich zu Null gemacht wird. Auch bei solchen Verteilungen müssen natürlich die Widerstandsoperatoren für die Ersatzschaltung übereinstimmen. Wird nur $\mathfrak{U}_c$ angelegt und die Leitung 3 stromlos angenommen, so sind die von den Klemmen RS aus gesehenen Widerstände der beiden Schaltungen leicht zu berechnen. Bei der Sternschaltung sind nur $\mathfrak{z}_1$ und $\mathfrak{z}_2$ in Reihe geschaltet, während bei der Dreieckschaltung parallel zu dem Widerstand $\mathfrak{z}_a$ die Reihenschaltung aus $\mathfrak{z}_b$ und $\mathfrak{z}_c$ liegt. Es ist also die Gleichheit herzustellen zwischen:

Stern Dreieck

$$\mathfrak{z}_1 + \mathfrak{z}_2 = \frac{\mathfrak{z}_a \cdot (\mathfrak{z}_b + \mathfrak{z}_c)}{\mathfrak{z}_a + \mathfrak{z}_b + \mathfrak{z}_c}.$$

Entsprechend zyklisch vertauscht für die Anlegung je einer anderen Seitenspannung und Ausfall des jeweils der gegenüberliegenden Ecke zufließenden Stromes: (513)

$$\mathfrak{z}_2 + \mathfrak{z}_3 = \frac{\mathfrak{z}_b (\mathfrak{z}_c + \mathfrak{z}_a)}{\mathfrak{z}_a + \mathfrak{z}_b + \mathfrak{z}_c}$$

$$\mathfrak{z}_3 + \mathfrak{z}_1 = \frac{\mathfrak{z}_c (\mathfrak{z}_a + \mathfrak{z}_b)}{\mathfrak{z}_a + \mathfrak{z}_b + \mathfrak{z}_c}.$$

Addieren wir diese Gleichungen paarweise und ziehen jeweils die dritte ab, so erhalten wir daraus jeden Widerstandswert der Sternschaltung einzeln:

$$\mathfrak{z}_1 = \frac{\mathfrak{z}_b \cdot \mathfrak{z}_c}{\mathfrak{z}_a + \mathfrak{z}_b + \mathfrak{z}_c}; \qquad \mathfrak{z}_2 = \frac{\mathfrak{z}_c \cdot \mathfrak{z}_a}{\mathfrak{z}_a + \mathfrak{z}_b + \mathfrak{z}_c}; \qquad \mathfrak{z}_3 = \frac{\mathfrak{z}_a \cdot \mathfrak{z}_b}{\mathfrak{z}_a + \mathfrak{z}_b + \mathfrak{z}_c}. \tag{514}$$

Wiederum können wir auch dieses Gleichungstripel auf Leitwertsoperatoren umschreiben und erhalten als gleichwertiges Umrechnungsgesetz:

$$\mathfrak{y}_1 = \mathfrak{y}_b + \mathfrak{y}_c + \frac{\mathfrak{y}_b \cdot \mathfrak{y}_c}{\mathfrak{y}_a}; \qquad \mathfrak{y}_2 = \mathfrak{y}_c + \mathfrak{y}_a + \frac{\mathfrak{y}_c \cdot \mathfrak{y}_a}{\mathfrak{y}_b}; \qquad \mathfrak{y}_3 = \mathfrak{y}_a + \mathfrak{y}_b + \frac{\mathfrak{y}_a \cdot \mathfrak{y}_b}{\mathfrak{y}_c}. \tag{515}$$

Ehe wir an die praktische Auswertung herangehen, stellen wir eine weitere Analogie zu der bereits erwähnten Umwandlung einer Reihenschaltung in eine Parallelschaltung nach S. 36 fest. Die beiden Schaltungen Stern und Dreieck sind in gleicher Weise für zwei *Spannungen* und zwei *Ströme* dual zueinander wie die Schaltungen Reihe und Parallel für *eine* Spannung und *einen* Strom. Die Formeln, (Gl. (511)), die die Widerstandsoperatoren der Dreieckschaltung aus denen der Sternschaltung errechnen lassen, werden durch Vertauschung der Widerstände mit Leitwerten und Auswechslung der Buchstabenindizes gegen Zahlenindizes und umgekehrt zu den Formeln (Gl. (515)) für die Umwandlung der Leitwertoperatoren einer Dreieckschaltung in eine Sternschaltung. Dasselbe gilt natürlich auch umgekehrt.

Besonders einfach wird das Ergebnis, wenn wir symmetrische Widerstände vorsehen. Ist $\mathfrak{z}_1 = \mathfrak{z}_2 = \mathfrak{z}_3$, so wird auch das zugehörige Widerstandsdreieck symmetrisch: $\mathfrak{z}_a = \mathfrak{z}_b = \mathfrak{z}_c$. Und für die Umrechnung gilt:

$$\mathfrak{z}_a = 3\,\mathfrak{z}_1\,. \tag{516}$$

Die Phasenwinkel bleiben erhalten, die Scheinwiderstände der Dreieckschaltung müssen dreimal so groß werden wie die des Sterns. Umgekehrt gilt natürlich auch:

$$\mathfrak{z}_1 = \frac{1}{3}\,\mathfrak{z}_a \tag{517}$$

für die Umwandlung eines symmetrischen Dreiecks in einen symmetrischen Stern.

Diese Umrechnungen gelten ganz allgemein unabhängig davon, ob es sich um Gleichstrom oder um Wechselstrom einer bestimmten Frequenz handelt. Sie gelten aber selbstverständlich immer nur für *eine* Frequenz. Da die Umrechnungsformeln immer rationale Formen in $(j\omega)$ ergeben, so ist die Transfigurierung frequenzabhängig variabel. Auch die Feststellung: „Man kann nicht bemerken, welche Schaltung hinter den Klemmen liegt", ist nur in diesem Sinne zu verstehen. Wir können darüber schon Feststellungen treffen, wenn wir bei verschiedenen Frequenzen messen.

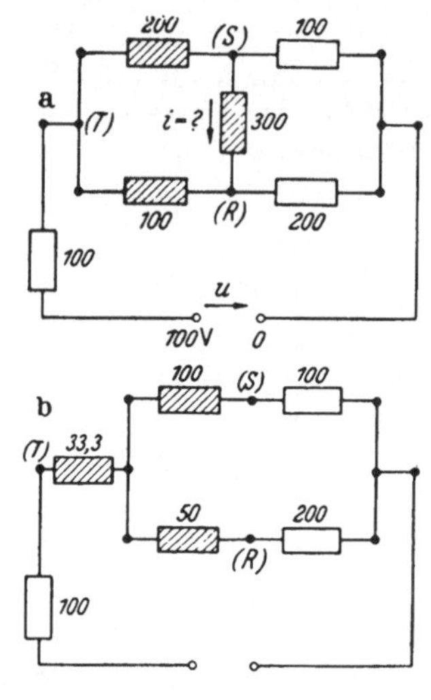

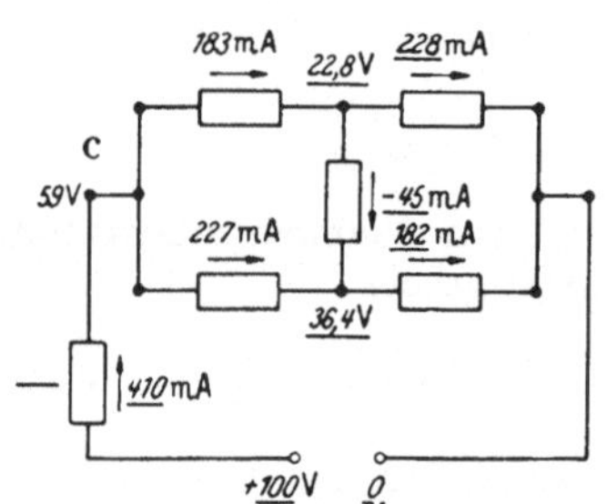

Abb. 231. Die Stern-Dreieck-Transfiguration als Hilfsmittel zur Durchrechnung von vermaschten Schaltungen. a Gleichstromschaltung mit nichtabgeglichener Brücke als Anwendungsbeispiel für die Transfiguration eines Dreiecks in einen Stern. Umgewandelte Größen schraffiert. b Brückenschaltung nach der Umwandlung. c Zusammenstellung der Ergebnisse. Im Text bereits errechnete Spannungen und Ströme unterstrichen.

Ihre Gültigkeit bei Gleichstrom macht sie zu einem nützlichen Instrument auch bei Gleichstromschaltungen. Wir geben ein Beispiel: In der Brückenschaltung mit Widerstand im Brückenzweig nach Abb. 231a sei für die angegebenen Widerstände der Strom im Nullzweig zu errechnen. Unter Weglassung der eigentlich zu jedem Widerstand gehörigen Einheit Ohm errechnen wir für die Umwandlung des durch Schraffur hervorgehobenen „Dreiecks" in einen Stern die Daten des Ersatzschaltbildes nach Abb. 231b.

$$R_a + R_b + R_c = 600\,.$$

$$R_1 = \frac{300 \cdot 100}{600} = 50; \quad R_2 = \frac{200 \cdot 300}{600} = 100\,;$$

$$R_3 = \frac{100 \cdot 200}{600} = 33{,}3\,.$$

Aus dem Widerstand des oberen Zweiges: 200 und dem des unteren: 250 ergibt sich der Widerstand der Kombination: 111,1. Der Widerstand des ganzen Kreises ist also: 33,3 + 111,1 + 100 = 244,4. Für eine gegebene Spannung von 100 Volt ergibt sich also ein Gesamtstrom von 410 mA, der sich auf den oberen und unteren Zweig im Verhältnis der Leitwerte, also umgekehrt wie die Widerstände aufteilen muß. Es fließen also im oberen Zweig: $\frac{250}{450} \cdot 410$ mA = 228 mA, im unteren der Rest von 182 mA. Die Differenz der Spannungen an den beiden rechten Brückenzweigwiderstände aus dem ersten Schaltbild: 100 Ohm · 228 mA = 22,8 V und 200 · 0,182 V = 36,4 V ergibt eine Spannung am Widerstand des Nullzweiges der ursprünglichen Schaltung von unten nach oben —13,6 V und somit schließlich den Strom in ihm mit: 45 mA. Damit ist praktisch nicht nur der Nullzweigstrom berechnet, sondern tatsächlich die gesamte Spannungs- und Stromverteilung in dieser Schaltung. Sie ist zusammenfassend noch einmal in die Abb. 231c so eingetragen, wie sie sich aus unserer Rechnung ergeben hat. Nur wenige Werte der Potentialverteilung — gegen den negativen Pol der Spannungsquelle gerechnet — brauchen noch errechnet zu werden. Die bereits bekannten Werte sind unterstrichen und zeigen, wieviel bereits gegeben ist. Der kleine Unterschied in den Strömen der gegenüberliegenden Brückenzweige ist durch die Abkürzung der Rechnung auf Rechenschiebergenauigkeit entstanden. Sie müßten natürlich gleich groß sein.

Man ist aber durchaus nicht an die Transformation eines Dreiecks in einen Stern gebunden. Man könnte die Aufgabe ebenso einfach dadurch lösen, daß man den Stern am oberen Brückeneckpunkt — oder den am unteren — in ein Dreieck umtransformiert. Die Rechnung ist ähnlich einfach.

2. Anwendung auf Drehstromaufgaben.

Etwas komplizierter werden die Rechnungen natürlich, wenn es sich um Wechselstrom handelt und die Rechnung mit den Operatoren durchzuführen ist. Unter Verwendung der Regeln für das symbolische Rechnen (vgl. S. 42 ... 49) verläuft sie aber prinzipiell genau so.

Wir geben als Beispiel die Aufgabe, den in Abb. 232a als Belastung eines Drehstromsystems gegebenen Operatorenstern in ein äquivalentes Dreieck umzurechnen. Ist das nämlich geschehen, so können wir aus den Leiterspannungen die Strangströme der Dreiecklast sofort ausrechnen und daraus dann als Differenzen der Dreieckstrangströme die Leiterströme, die zugleich die Sternstrangströme sind. Zur Kontrolle kann dann dienen, daß sie sich zu Null ergänzen müssen.

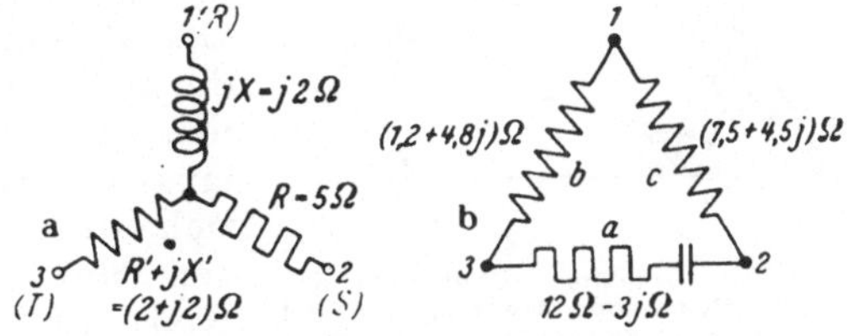

Abb. 232. Umwandlung eines Sterns von Belastungswiderständen eines Drehstromsystems in ein äquivalentes Dreieck. *a* Gegebene Sternschaltung. *b* Nach symbolischem Rechenverfahren ermitteltes Netzwerk in Dreieckschaltung.

Die Operatoren seien, wie in der Abbildung angegeben:

Sternstrang 1: rein induktiv mit 2 Ohm Scheinwiderstand: $\mathfrak{z}_1 = (j\,2)\ \Omega$

Sternstrang 2: rein OHMsch mit 5 Ohm Scheinwiderstand: $\mathfrak{z}_2 = 5\ \Omega$

Sternstrang 3: gemischt induktiv mit je 2 Ohm Wirk- und Blindwiderstand: $\mathfrak{z}_3 = (2 + j\,2)\ \Omega$.

Damit ergibt sich für den Dreieckstrang *a* nach Gl. (511):

$$\mathfrak{z}_a = \mathfrak{z}_2 + \mathfrak{z}_3 + \frac{\mathfrak{z}_2 \cdot \mathfrak{z}_3}{\mathfrak{z}_1} = \left[5 + 2 + j\,2 + \frac{5\,(2+2\,j)}{2j}\right]\Omega = (12 - 3j)\ \Omega\,.$$

Wir begegnen hier wieder der uns nun schon vertrauten Tatsache, daß diesem Netzwerk mit Operatoren mit induktiven Komponenten ein Ersatzschaltbild — mit anderen Phasenlagen der speisenden Spannungen (!) — zugeordnet ist, in dem kapazitive Blindkomponenten auftreten.

Entsprechend ergibt sich unter Weglassen der Buchstabenformeln:

$$\mathfrak{z}_b = \left(2j + 2 + 2j + \frac{2j\cdot(2+2j)}{5}\right)\text{Ohm} = (1{,}2 + 4{,}8\,j)\ \text{Ohm}$$

$$\mathfrak{z}_c = \left(2j + 5 + \frac{2j\cdot 5}{2\,j+2}\right)\text{Ohm} = \left(2\,j + 5 + \frac{10\,j\,(2-2\,j)}{4+4}\right)\text{Ohm}$$
$$= (7{,}5 + 4{,}5j)\ \text{Ohm}.$$

Damit ist das Ersatzschaltbild im Dreieck gefunden, wie es in Abb. 232b noch einmal aufgezeichnet ist.

Man ist aber durchaus nicht auf die Durchführung der symbolischen Rechnung allein angewiesen. Man kann die Ermittlung der einzelnen Elemente auch graphisch ausführen. Wir benutzen dabei ein Verfahren, das sich mit Vorteil auch für die Ermittlung des Ersatzwiderstandes einer Parallelschaltung aus 2 Operatoren verwenden läßt. Es ist in Abb. 233 dargestellt und basiert auf der Umformung von:

$$\mathfrak{z}_{res} = \frac{\mathfrak{z}_1 \cdot \mathfrak{z}_2}{\mathfrak{z}_1 + \mathfrak{z}_2}$$

in:

$$\frac{\mathfrak{z}_{res}}{\mathfrak{z}_1} = \frac{\mathfrak{z}_2}{\mathfrak{z}_1 + \mathfrak{z}_2}. \tag{518}$$

Bei der Darstellung der Operatoren in der komplexen Ebene nach S. 44 bedeutet das, daß $\mathfrak{z}_{res}$ um den gleichen Winkel gegen $\mathfrak{z}_1$ verschoben sein muß wie $\mathfrak{z}_2$ gegen den leicht durch Aneinanderreihung der Operatoren zu ermittelnden Summenoperator $(\mathfrak{z}_1 + \mathfrak{z}_2)$. Es muß also die Phasenlage von $\mathfrak{z}_{res}$ dadurch gefunden werden, daß man den Winkel *COA* mit gleichem Vorzeichen an *OB* anträgt: Richtung *OD'*. Außerdem sagt aber die Operatorenproportion aus, daß sich die Seiten der aus ihnen gebildeten Dreiecke gleich verhalten müssen, daß die Dreiecke also ähnlich sein müssen. Man schlage also den Kreis *BC'* um *O*, ziehe durch *C'* eine Parallele zu *CA*, die auf *OA* den Punkt *A'* festlegt, der durch einen zweiten Kreis um *O* wieder auf *OD* übertragen wird und dort den Betrag und die Phasenlage des resultierenden Operatorstrahls bestimmt. Die Dreiecke *COA* und *BOD* sind ähnlich.

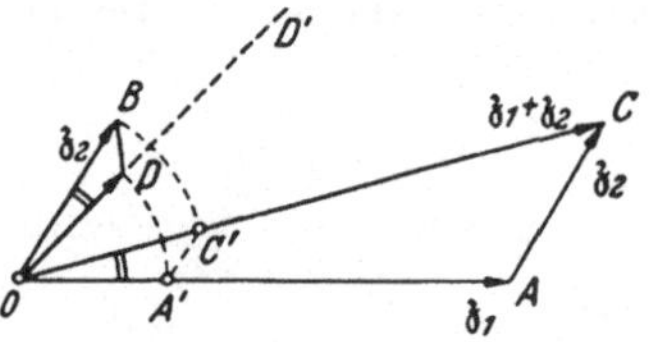

Abb. 233. Graphische Ermittlung des resultierenden Widerstandsoperators bei zwei parallel geschalteten Operatoren.

Für die graphische Ermittlung der Elemente der Dreieckersatzschaltung verfahren wir analog. Nach Abb. 234 stellen wir zunächst die Operatoren der Sternschaltung in der komplexen Ebene dar. Das Bild ist mit den Daten der Abb. 232a gezeichnet. Zur Ermittlung von $\mathfrak{z}_a$ muß man nach Gl. (511) bilden:

$$\mathfrak{z}_a = \mathfrak{z}_2 + \mathfrak{z}_3 + \frac{\mathfrak{z}_2 \cdot \mathfrak{z}_3}{\mathfrak{z}_1} = \mathfrak{z}_2 + \mathfrak{z}_3 + \mathfrak{z}_x$$

mit:

$$\mathfrak{z}_x / \mathfrak{z}_3 = \mathfrak{z}_2 / \mathfrak{z}_1. \tag{519}$$

Die Summation von $\mathfrak{z}_2$ und $\mathfrak{z}_3$ ist einfach. $\mathfrak{z}_x$ wird nach dem eben vorgeführten Verfahren aus ähnlichen Dreiecken gewonnen. Diese sind *AOB* und *COD*; *OD* ist dann der benötigte Zeiger $\mathfrak{z}_x$, der noch an die Operatorensumme von $\mathfrak{z}_2$ und $\mathfrak{z}_3$ angefügt wird, so daß wir in *F* den Endpunkt des Operatorstrahles für den Dreieckszweig *a* finden. In der Abb. 234b ist die gleiche Methode noch einmal angewendet, um den Operator für den Dreieckszweig *b* zu finden. Man überzeugt sich durch den Augenschein, daß die gefundenen Ergebnisse mit denen der symbolischen Rechnung übereinstimmen. Es ist von der Gewöhnung des Einzelnen abhängig, welches Verfahren man anwenden will.

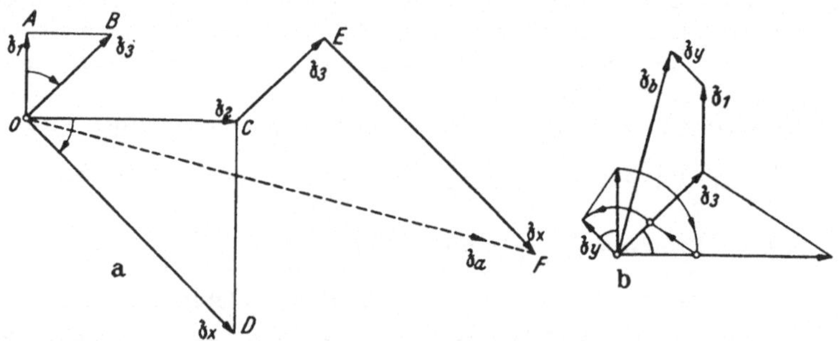

Abb. 234. Ermittlung der Elemente der Dreieckschaltung für Abb. 232 nach einem graphischen Verfahren. a Für den Operator $\mathfrak{z}_a$. b Für den Operator $\mathfrak{z}_b$.

Wir können nun gleich fortfahren mit der Ermittlung der Strangströme des Dreiecks. Auch das kann man wieder symbolisch machen oder graphisch, bzw.

halbgraphisch. Falls man symbolisch zu rechnen wünscht, muß man sich die Gleichungen der drei Spannungen aufstellen, die als Leiterspannungen und Strangspannungen des Dreiecks auftreten. Nehmen wir ein symmetrisches System der Strangspannungen am Generator an, den wir willkürlich als in Stern oder Dreieck verkettet ansetzen können, so könnte man beispielsweise willkürlich die Strangspannung 1 am sternverketteten Generator als auf der reellen Achse der Zeiger liegend annehmen. Sei ihr Betrag der Einfachheit halber 100 V, so wären also die Strangspannungen zu schreiben (nach Gl. (453), S. 205):

$$\mathfrak{E}_1 = 100\,\text{V};\quad \mathfrak{E}_2 = (-50 - 86{,}6j)\,\text{V};\quad \mathfrak{E}_3 = (-50 + 86{,}6j)\,\text{V},$$

somit also die benötigten Leiterspannungen als Differenzen:

$$\mathfrak{U}_c = (150 + 86{,}6j)\,\text{V};\qquad \mathfrak{U}_a = -173{,}2j\,\text{V};\qquad \mathfrak{U}_b = (-150 + 86{,}6j)\,\text{V}.$$

Aus diesen Spannungen und den Widerstandsoperatoren der Dreieckstränge errechnen wir die Strangströme des Dreiecks. Das geschieht am einfachsten, wenn wir nicht die Widerstandsoperatoren, sondern die Leitwertoperatoren benutzen. Sie werden: $\mathfrak{y}_p = \dfrac{1}{\mathfrak{z}_p}$

$$\mathfrak{y}_a = (0{,}079 + 0{,}020j)\,S;\quad \mathfrak{y}_b = (0{,}049 - 0{,}196j)\,S;\quad \mathfrak{y}_c = (0{,}098 - 0{,}059j)\,S.$$

Multiplikation mit den Zeigern der Strangspannungen des Dreiecks, also den Leiterspannungen, ergibt die Strangströme des Dreiecks:

$$\mathfrak{J}_a = \mathfrak{U}_a \cdot \mathfrak{y}_a = -173j\,\text{V} \cdot (0{,}079 + 0{,}020j)\,S = (3{,}4 - 13{,}7j)\,\text{A}.$$

und entsprechend für die beiden anderen Stränge:

$$\mathfrak{J}_b = (9{,}7 + 33{,}7j)\,\text{A};\quad \mathfrak{J}_c = (19{,}8 - 0{,}3j)\,\text{A}.$$

Da die Leiterströme die Differenzen der Strangströme sind, ergeben sie sich nach Größe und Phase sofort:

$$\mathfrak{J}_1 = \mathfrak{J}_c - \mathfrak{J}_b = (10{,}1 - 34{,}0j)\,\text{A} \quad \text{und entsprechend:}$$

$$\mathfrak{J}_2 = (-16{,}4 - 13{,}4j)\,\text{A};\quad \mathfrak{J}_3 = (6{,}3 + 47{,}4j)\,\text{A}.$$

Wir könnten hieraus die Phasenwinkel in den einzelnen Strängen des sternverketteten Generators berechnen, begnügen uns aber damit, das hier für den Strang 1 der Maschine zu tun. Dividieren wir die Strangspannung $\mathfrak{E}_1$ des Generators durch den Strangstrom $\mathfrak{J}_1$, so erhalten wir einen Widerstandsoperator $\mathfrak{z}_{1_g}$ der uns angibt, mit welchem Widerstand der Generatorstrang 1 belastet *erscheint*. Es ist:

$$\mathfrak{z}_{1g} = \frac{\mathfrak{E}_1}{\mathfrak{J}_1} = \frac{100\,\text{V}}{(10{,}1 - 34j)\,\text{A}} = 2{,}8\,\text{Ohm} \cdot e^{j(+71{,}5^\circ)},$$

während im Strang 1 der Last tatsächlich ein Widerstand von $2j$ Ohm liegt.

Nachdem die Ströme in den Strängen der sterngeschalteten Last, die ja mit den Leiterströmen identisch sind, bekannt sind, erhalten wir durch Multiplikation mit den Sternstrangwiderständen auch die Strangspannungen des Belastungssternes:

$$\mathfrak{U}_1 = \mathfrak{J}_1 \cdot \mathfrak{z}_1 = (10{,}1 - 34j)\,A \cdot 2j\,\text{Ohm} = (68 + 20j)\,\text{V}$$

und $$\mathfrak{U}_2 = (-82 - 67j)\,\text{V};\qquad \mathfrak{U}_3 = (-82 + 107j)\,\text{V}.$$

Es kann zur Kontrolle dienen, daß ihre Differenzen wieder die Leiterspannungen sein müssen, z. B.: $\mathfrak{U}_a = \mathfrak{U}_2 - \mathfrak{U}_3 = -174j\,\text{V}$. Die geringe Differenz gegenüber dem Ausgangswert von 173 V erklärt sich durch die Benutzung des Rechenschiebers bei der Ausrechnung.

Während die Strangspannungen des Generators symmetrisch angenommen waren, sind die des Laststerns unsymmetrisch. Ihre Effektivwerte betragen:

$$U_1 = 71\ \text{V};\quad U_2 = 106\ \text{V};\quad U_3 = 134\ \text{V}$$

gegen je 100 V am Generator. Zwischen den Sternpunkten des Generators und des Laststerns tritt eine Spannung $\mathfrak{U}_0$ auf, die wir auf 3 Weisen errechnen können:

$$\begin{aligned} \mathfrak{U}_0 &= \mathfrak{U}_1 - \mathfrak{E}_1 = (20j + 68 - 100)\ \text{V} = (-32 + 20j)\ \text{V} \\ &= \mathfrak{U}_2 - \mathfrak{E}_2 = (-82 - 67j + 50 + 87j)\ \text{V} = (-32 + 20j)\ \text{V} \\ &= \mathfrak{U}_3 - \mathfrak{E}_3 = (-82 + 107j + 50 - 87j)\ \text{V} = (-32 + 20j)\ \text{V}\,. \end{aligned}$$

Alle drei Wege müssen natürlich innerhalb der Rechengenauigkeit das gleiche Resultat haben. Der Effektivwert der Sternpunktspannung beträgt:

$$U_0 = \sqrt{32^2 + 20^2}\ \text{V} = 38\ \text{V}\,.$$

Denselben Lösungsweg können wir auch rein graphisch im Zeigerdiagramm gehen. Aus den graphischen Konstruktionen nach Abb. 234 entnehmen wir für jeden Zweig der Dreieckersatzschaltung den Betrag des Scheinwiderstandes:

$$z_a = 12{,}4\ \text{Ohm}\qquad z_b = 4{,}95\ \text{Ohm}\qquad z_c = 8{,}75\ \text{Ohm}.$$

Die Phasenwinkel werden aus den Diagrammen nicht abgelesen, sondern unmittelbar in das neue Diagramm der Abb. 235 übertragen.

Aus dem Dreieck RST der Leiterspannungen zeichnen wir zuerst einen Zeigerstern für diese Strangspannungen der Dreieckslast. Verschoben um den Winkel φ_a (hier kapazitiv (!)) gegen die Richtung von $\mathfrak{U}_a$ tragen wir den Strom $\mathfrak{J}_a$ mit einer seinem Effektivwert entsprechenden Länge auf. $I_a = U_a/z_a = 173\ \text{V}/12{,}4\ \text{Ohm} = 14$ Amp. Genau so verfahren wir für die Stränge b und c und erhalten den Stern ABC der Stromzeiger $\mathfrak{J}_a$, $\mathfrak{J}_b$ und $\mathfrak{J}_c$. Ihre Differenzen sind die Leiterströme, die somit hier als das Dreieck auftreten, das zwischen den Zeigerspitzen des Stromsterns ABC liegt. Nunmehr tragen wir von R aus Richtung und Größe von $\mathfrak{U}_1$ auf. Die Richtung ist durch den Phasenwinkel φ_1 des Sternstranges 1 der Last gegeben, der hier 90° beträgt. $\mathfrak{U}_1$ muß also 90° voreilen gegen $\mathfrak{J}_1$, d. h. die Dreiecksseite BC des Diagramms. Seine Zeigerlänge ergibt sich aus dem Betrag des Scheinwiderstandes z_1 und der aus dem Diagramm zu entnehmenden Stromstärke $I_1 = 35{,}5$ A zu 2 Ohm · 35,5 A = 71 V (übereinstimmend mit der vorhin durchgeführten symbolischen Lösung). Zur Kontrolle führt man die gleiche Konstruktion auch noch für die anderen beiden Strangspannungen der Sternlast durch. Die Anfangspunkte der drei Zeiger müssen zusammenfallen im Punkte M_p', der das Potential des Laststernpunktes im Dreieck der Leiterspannungen bestimmt.

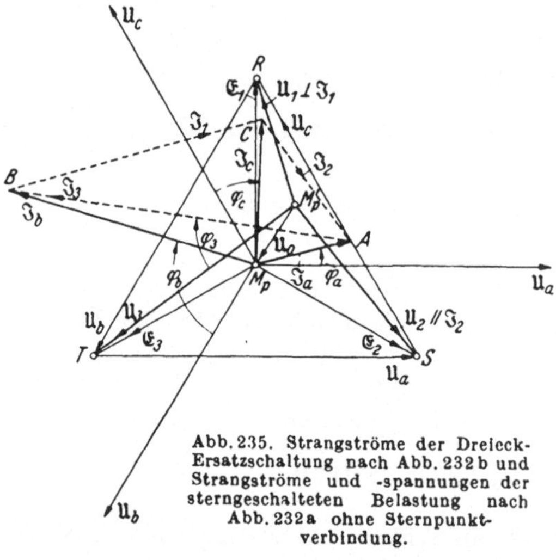

Abb. 235. Strangströme der Dreieck-Ersatzschaltung nach Abb. 232b und Strangströme und -spannungen der sterngeschalteten Belastung nach Abb. 232a ohne Sternpunktverbindung.

Bisher haben wir überhaupt nur von den Leiterspannungen Gebrauch gemacht. Ist nun der Generator in Stern geschaltet, so ergibt sich zwischen seinem Sternpunkt M_p, der im Bild so gezeichnet ist, als ob der Generator symmetrisch wäre, und dem der Last M_p' die Sternpunktspannung $\mathfrak{U}_0$ nach Größe und Phase aus:

$$\mathfrak{U}_0 = \mathfrak{U}_1 - \mathfrak{E}_1 = (\mathfrak{U}_2 - \mathfrak{E}_2 = \mathfrak{U}_3 - \mathfrak{E}_3)\,,$$

d. h. als Verbindungslinie von M_p' nach M_p. Aus dem Diagramm lesen wir ab, daß ihr Effektivwert $U_0 = 38$ V beträgt, wiederum in Übereinstimmung mit der symbolischen Lösung.

Die Transfiguration Dreieck/Stern und Stern/Dreieck löst also das Problem der Bestimmung der Leiterströme im Drehstromsystem bei Sternschaltung der Last, wenn keine Sternpunktverbindung vorhanden ist. Sie ist somit die allgemeine Lösung für Aufgaben der Art, wie wir sie im Abschn. V C 1, S. 217 andeuteten.

Sie löst jedoch zunächst noch nicht das Problem, wie die Verteilung der Spannungen und Ströme aussieht, wenn ein Sternpunktleiter vorhanden ist, dessen Widerstand nicht vernachlässigbar ist. Auch diese Frage ist aber nun leicht zu lösen, wenn wir uns des Satzes von der Ersatzstromquelle bedienen, den wir im Abschn. IV, S. 147, allgemein abgeleitet haben. Nach dem Schaltbild der Abb. 236 ist ja die soeben berechnete Sternpunktspannung nichts weiter als die zwischen den Klemmen des — zunächst abgeschaltet gedachten — Widerstandes der Sternpunktverbindung anstehende Leerlaufspannung. Der Strom durch ihn wird also erhalten, indem man diese Leerlaufspannung dividiert durch die Summe aus seinem Widerstandswert und dem inneren Widerstand der Ersatzstromquelle. Das ist der Widerstand, den man von den leerlaufenden Klemmen aus gesehen mißt, wenn man alle übrigen Spannungsquellen aus der Schaltung herausnimmt. Nach Entfernung der Strangspannungen des Generators verbleiben dann aber hier nur noch die drei parallel geschalteten Stränge der Last. Addiert man also ihre Leitwerte, so erhält man als Kehrwert zu dieser Summe den gewünschten inneren Widerstand. Unter Verzicht auf die natürlich auch hier wieder mögliche zeichnerische Lösung unter Benutzung der Darstellung der Operatoren in der komplexen Ebene und der Zeigerdiagramme führen wir das hier rechnerisch mit den Zahlenwerten der Abb. 232 durch, für die wir gefunden hatten: $\mathfrak{U}_0 = (-32 + j20)$ V. Das ist die Urspannung der Ersatzstromquelle. Ihr innerer Widerstand ist:

$$\mathfrak{z}_i = \frac{1}{\mathfrak{y}_a + \mathfrak{y}_b + \mathfrak{y}_c} = \frac{1\,\Omega}{0{,}45 + 0{,}75\,j} = (0{,}59 + 0{,}98j)\ \Omega$$

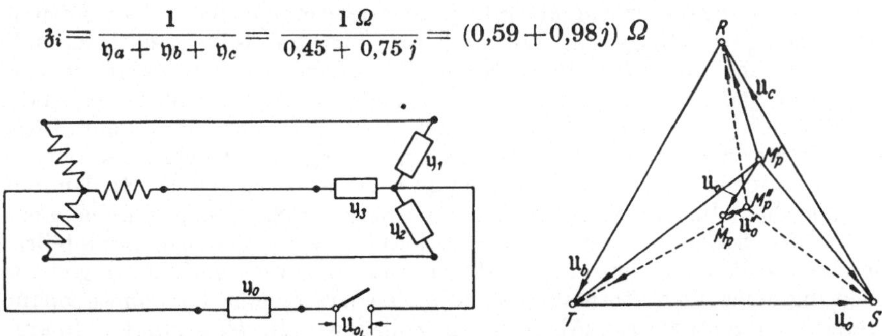

Abb. 236. Anwendung des Satzes von der Ersatzstromquelle auf die Sternpunktverbindung eines Drehstrom-Vierleiternetzes.

Abb. 237. Strangspannungen und Sternpunktspannung bei sterngeschalteter Belastung nach Abb. 232a. Ausgezogen: ohne Sternpunktverbindung. Gestrichelt: mit widerstandsbehafteter Sternpunktleitung.

Der Strom im Sternpunktleiter berechnet sich nun aus der Leerlaufspannung und der Summe von Belastungswiderstand $\mathfrak{z}_0$ und innerem Widerstand $\mathfrak{z}_i$ der Ersatzstromquelle.

$$\mathfrak{J}_0 = \frac{\mathfrak{U}_0}{\mathfrak{z}_0 + \mathfrak{z}_i} = \frac{-32 + j20}{1{,}09 + 0{,}98\,j}\,\mathrm{A} = (-7{,}1 + 24{,}8\,j)\ \mathrm{A}\,.$$

Dabei haben wir den Widerstand des Sternpunktleiters willkürlich zu $\mathfrak{z}_0$ 0,5 Ω angenommen.

Aus Strom und Widerstand im Sternpunktleiter können wir nun aber auch die Potentialdifferenz zwischen den beiden Sternpunkten für diesen Fall ermitteln:

$$\mathfrak{U}_o'' = \mathfrak{I}_o \cdot \mathfrak{z}_o = (-7{,}1 + 24{,}8\,j) \cdot 0{,}5\,\mathrm{V} = (-3{,}6 + 12{,}4\,j)\,\mathrm{V}\,.$$

Im Diagramm der Abb. 237 ist der neu gefundene Sternpunkt der Last bei widerstandsbehafteter Leitungsverbindung der Sternpunkte zusammen mit dem bei unterbrochenem Sternpunktleiter eingetragen. Die Zeiger von diesem Punkt M_p'' zu den Ecken des Dreiecks der Leiterspannungen sind die für diesen Fall an den Strängen der Sternlast liegenden Strangspannungen; aus ihnen gehen die Ströme in diesen einfach durch Multiplikation mit den Leitwerten hervor. Ist der Sternpunktleiter widerstandslos, so fallen natürlich die Sternpunkte von Generator und Last im Diagramm zusammen, und wir kommen auf die bereits auf S. 216 behandelte Aufgabe zurück, die mit den vorliegenden Zahlenwerten als Summe der drei Leiterströme den Sternpunktstrom zu $(0{,}9 + j\,32)$ A ergeben würde.

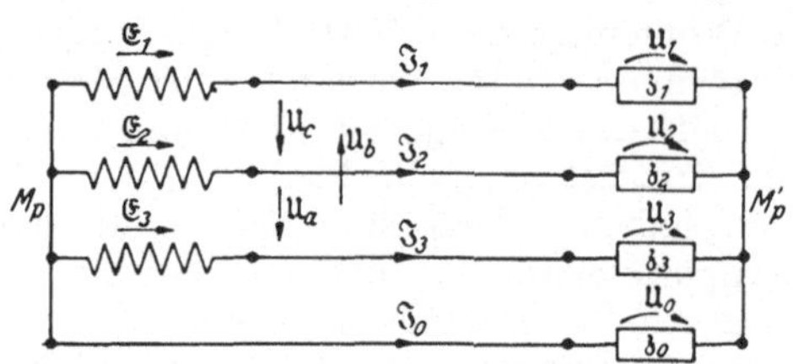

Abb. 238. Zählpfeile im Schaltbild für die allgemeine Untersuchung von sterngeschalteten Belastungen mit und ohne Sternpunktverbindungen mit Widerstand.

Wir können aber auch diesen Fall mit Hilfe des Satzes von der Ersatzstromquelle mit erledigen, indem wir in der obigen Rechnung $\mathfrak{z}_o = 0$ setzen. Dann folgt als Quotient aus der Spannung der Ersatzstromquelle und ihrem inneren Widerstand:

$$\mathfrak{I}_{o_k} = \mathfrak{U}_o/\mathfrak{z}_i = \frac{-32 + j\,20}{0{,}59 + 0{,}98\,j}\,\mathrm{A} = (0{,}6 + j\,33)\,\mathrm{A}$$

innerhalb der Rechengenauigkeit ebenso wie oben.

Für die Lösung dieser Aufgabe gibt es aber noch eine Reihe anderer Lösungswege als den oben eingeschlagenen. Wir wollen sie hier der Reihe nach behandeln.

Die Aufgabe mit allen dazugehörigen Festlegungen von Zählrichtungen der Spannungen und Ströme, wie wir sie im folgenden benutzen wollen — sie sind durchaus willkürlich —, ist in der Abb. 238 dargestellt. Abweichend von dem Bisherigen haben wir hierin zur besseren Übersicht die Stränge des Generators und der Last nicht als Sterne gezeichnet, sondern in einer Achse. Die Lage der Spulen in diesem Schaltbild hat also zur Phasenlage der induzierten Spannungen keine Beziehung mehr. Auch haben wir den Sternpunktleiter mit der gleichen Zählpfeilrichtung angesetzt wie die Außenleiter, behandeln ihn also in gewissem Sinne als gleichwertige Hinleitung eines Vierleiternetzes, dem am Generator eine bestimmte Spannungsverteilung aufgeprägt ist. Als gegeben wollen wir die eingeprägten Spannungen $\mathfrak{E}_1$, $\mathfrak{E}_2$ und $\mathfrak{E}_3$ am Generator und die Widerstände $\mathfrak{z}_1$, $\mathfrak{z}_2$ und $\mathfrak{z}_3$ in der Last, sowie den des Sternpunktleiters $\mathfrak{z}_0$ betrachten. Die Ströme in den Strängen und die Strangspannungen an der Last, sowie die Potentialdifferenz zwischen Generatorsternpunkt und Sternpunkt der Last sollen berechnet werden. Diese Aufgabe enthält auch die Lösung für den Fall der Mitberücksichtigung aller inneren Widerstände des Generators und der Leitungen. Nur gegenseitige Verkettungen sind noch nicht berücksichtigt. Sie werden im Abschnitt über die Drehstromleitung (2. Band) behandelt. Die Widerstände der Generatorstränge können als in die Widerstände $\mathfrak{z}_1 \ldots \mathfrak{z}_3$ der Last eingeschlossen gerechnet werden, ebenso die der Leitungen 1, 2 und 3. Der des Sternpunktleiters ist mit in einen etwa vorgesehenen Widerstand $\mathfrak{z}_0$ zwischen den Sternpunkten eingeschlossen.

Durch drei Umläufe — jeweils einen Strang des Generators und der Last und den Sternpunktleiter — und eine Knotenpunktsbetrachtung an einem der beiden

Sternpunkte erhalten wir die nötige Anzahl von Gleichungen zur Ermittlung der vier unbekannten Ströme.

$$\left.\begin{aligned} \mathfrak{E}_1 &= \mathfrak{J}_1 \mathfrak{z}_1 - \mathfrak{J}_0 \mathfrak{z}_0 \\ \mathfrak{E}_2 &= \mathfrak{J}_2 \mathfrak{z}_2 - \mathfrak{J}_0 \mathfrak{z}_0 \\ \mathfrak{E}_3 &= \mathfrak{J}_3 \mathfrak{z}_3 - \mathfrak{J}_0 \mathfrak{z}_0 \\ \mathfrak{J}_1 &+ \mathfrak{J}_2 + \mathfrak{J}_3 + \mathfrak{J}_0 = 0\,. \end{aligned}\right\} \tag{520}$$

Hierzu tritt für die 5. Unbekannte, die Spannung zwischen den Sternpunkten, das OHMsche Gesetz für den Sternpunktwiderstand:

$$\mathfrak{U}_0 = \mathfrak{J}_0 \cdot \mathfrak{z}_0\,. \tag{521}$$

Eliminiert man aus den drei ersten Gleichungen (520) $\mathfrak{J}_0$, indem man es durch $\mathfrak{U}_0$ aus (521) ersetzt, und schreibt an Stelle der Kehrwerte der Widerstands- die Leitwert-Operatoren, so erhält man für die 4 Ströme folgende Gleichungen:

$$\left.\begin{aligned} \mathfrak{J}_1 &= \mathfrak{E}_1 \mathfrak{y}_1 + \mathfrak{U}_0 \mathfrak{y}_1 = \mathfrak{U}_1 \mathfrak{y}_1 \\ \mathfrak{J}_2 &= \mathfrak{E}_2 \mathfrak{y}_2 + \mathfrak{U}_0 \mathfrak{y}_2 = \mathfrak{U}_2 \mathfrak{y}_2 \\ \mathfrak{J}_3 &= \mathfrak{E}_3 \mathfrak{y}_3 + \mathfrak{U}_0 \mathfrak{y}_3 = \mathfrak{U}_3 \mathfrak{y}_3 \\ \mathfrak{J}_0 &= \qquad\quad \mathfrak{U}_0 \mathfrak{y}_0 = \mathfrak{U}_0 \mathfrak{y}_0\,. \end{aligned}\right\} \tag{522}$$

Ihre Summe muß Null ergeben, wie die Knotenpunktsgleichung in (520) aussagt. Somit folgt:

$$0 = \mathfrak{E}_1 \mathfrak{y}_1 + \mathfrak{E}_2 \mathfrak{y}_2 + \mathfrak{E}_3 \mathfrak{y}_3 + \mathfrak{U}_0 \cdot (\mathfrak{y}_1 + \mathfrak{y}_2 + \mathfrak{y}_3 + \mathfrak{y}_0)$$

und daraus schließlich die Spannung zwischen den Sternpunkten:

$$\mathfrak{U}_0 = -\frac{\mathfrak{E}_1 \mathfrak{y}_1 + \mathfrak{E}_2 \mathfrak{y}_2 + \mathfrak{E}_3 \mathfrak{y}_3}{\mathfrak{y}_1 + \mathfrak{y}_2 + \mathfrak{y}_3 + \mathfrak{y}_0} = \frac{-\mathfrak{J}_{0k}}{\mathfrak{y}_1 + \mathfrak{y}_2 + \mathfrak{y}_3 + \mathfrak{y}_0}\,. \tag{523}$$

Für eine unmittelbare Auswertung ist der erste Ausdruck geeignet. Sie ist in Abb. 239 erfolgt. Zu dem Stern der Strangspannungen des Generators (*a*) ist im Nebenbild (*b*) die komplexe Darstellung der Leitwerte gegeben. Durch Übernahme

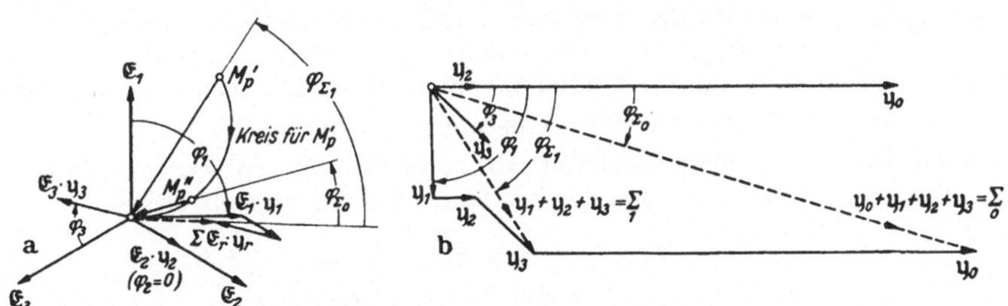

Abb. 239. Graphische Bestimmung der Sternpunktspannung. a Zeigerdiagramm und Kreisdiagramm für das Sternpunktpotential. b Leitwertdiagramm.

der Winkel aus diesem Diagramm und Errechnung der Effektivwerte der Ströme $\mathfrak{E}_1 \cdot \mathfrak{y}_1$, $\mathfrak{E}_2 \cdot \mathfrak{y}_2$ und $\mathfrak{E}_3 \cdot \mathfrak{y}_3$ erhält man den Stern der drei Ströme im Zähler des Ausdrucks (Gl. (523)) und aus ihm durch Addition seiner Zeiger den Summenstrom, den wir im zweiten Ausdruck dieser Formel als $\mathfrak{J}_{0_k}$ abgekürzt haben. Nunmehr bekommen wir die Sternpunktspannung, indem wir um den Winkel zurückdrehen, der der Leitwertsumme zukommt, und die Länge mit dem Scheinleitwert der Summe aus Diagramm *b* auf den Effektivwert der Sternpunktspannung umrechnen unter Beachtung des Maßstabes.

Damit ist die Aufgabe praktisch beendet. Es bleibt nur übrig, durch umgekehrte Eintragung des Zeigerpfeiles das Minuszeichen unserer Gleichung zu berücksichtigen und dann aus den nunmehr bekannten Strangspannungen der Last und ihren Leitwerten die Strangströme und den Sternpunktstrom zu bestimmen, was elementar ist.

Sehr viel interessanter ist die Diskussion der zweiten Schreibweise unserer Gl. (523) mit dem Buchstaben $\mathfrak{J}_{0_k}$, den wir gewählt haben, weil ja die im Zähler stehende Summe in der Tat *der* Sternpunktstrom ist, der bei widerstandsloser Verbindung, also Kurzschluß, der Sternpunkte fließen würde. In dieser Schreibweise erkennen wir den Ausdruck, der sich ergeben würde, wenn wir den Satz von der Ersatzstromquelle einmal in seiner dualen Form verwenden, also Urspannung mit Urstrom, Widerstand mit Leitwert vertauschen. Er heißt dann:

Man findet die Spannung an einem Leitwert zwischen zwei beliebigen Punkten eines Netzwerkes, wenn man sich das Netzwerk ersetzt denkt durch eine Urstromquelle, deren Urstrom gleich dem Strom ist, der bei Kurzschluß des Leitwertes zwischen den Klemmen fließen würde, und deren innerer Leitwert (parallel zum Urstrom natürlich) so groß ist wie der Leitwert des Netzwerkes unter Weglassung aller Stromquellen von den Bezugsklemmen aus gesehen.

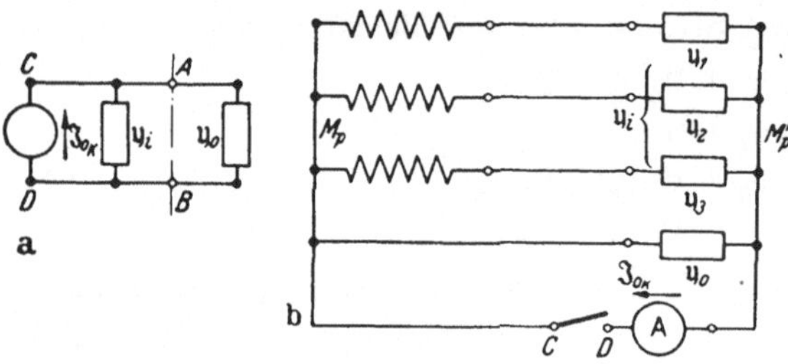

Abb. 240. Anwendung des Satzes von der Ersatzstromquelle mit eingeprägtem Urstrom auf die Behandlung von Drehstrom-Sternschaltungen. a Ersatzstromquelle mit Urstrom und innerem Querleitwert. b Anwendung auf den Drehstromfall.

Das Schaltbild dazu zeigt Abb. 240a. Links ist die Urstromquelle mit einem eingeprägten festen Strom und einem inneren Querleitwert — hier die Summe der Strangleitwerte —, rechts die äußere Last, in unserem Fall der Leitwert des Sternpunktleiters. Teilbild b zeigt das Bild unserer Schaltung in dieser Betrachtung. Wir denken uns unter Beibehaltung der Spannungsquellen des Netzwerkes den Leitwert des Sternpunktsleiters überbrückt durch einen Kurzschluß. Der in ihm dann gemessene Strom ist der Urstrom der Ersatzstromquelle nach a. Sodann nehmen wir alle äußeren Spannungsquellen weg, behalten aber die Kurzschlußverbindung mit dem in ihr fließenden Strom $\mathfrak{J}_{0_k}$ bei. Die sich dann einstellende Stromverteilung ist die des gesuchten Zustandes für den betrachteten Leitwert $\mathfrak{y}_0$.

Trennen wir den Sternpunktleiter vollkommen auf, so wird als Spezialfall $\mathfrak{y}_0 = 0$. Dann ergibt sich für das Drehstromnetz ohne vierten Leiter:

$$\mathfrak{U}_{0_L} = \frac{\mathfrak{E}_1 \mathfrak{y}_1 + \mathfrak{E}_2 \mathfrak{y}_2 + \mathfrak{E}_3 \mathfrak{y}_3}{\mathfrak{y}_1 + \mathfrak{y}_2 + \mathfrak{y}_3} = \frac{\mathfrak{J}_{0k}}{\sum\limits_1^3 \mathfrak{y}_n}\,. \tag{524}$$

Die jetzt auftretende Sternpunktspannung ist im allgemeinen die größtmögliche. Sie ist im Diagramm Abb. 239a mit eingetragen. Außer größerem Effektivwert hat sie auch andere Phasenlage, weil ja die Division durch $\mathfrak{y}_1 + \mathfrak{y}_2 + \mathfrak{y}_3$ einen anderen Drehwinkel gegen das festliegende $\mathfrak{J}_{0_k}$ gibt, als zuvor der Wert $\mathfrak{y}_0 + \mathfrak{y}_1 + \mathfrak{y}_2 + \mathfrak{y}_3$. (S. hierzu das Diagramm b.)

Verändern wir $\mathfrak{y}_0$ von Null bis Unendlich, vermindern also den Widerstand in der Sternpunktverbindung stetig von Unendlich bis Null, so wird sich die Lage des Punktes M_p' im Diagramm stetig ändern und zwar selbstverständlich nach einem Kreisdiagramm. Die Formel für $\mathfrak{U}_0$ bietet sich für diese Untersuchung unmittelbar an. Mit den Hilfsbezeichnungen (Gl. (112)) (S. 65) zum Kreisdiagramm ist abzulesen:

$$\mathfrak{p} = \mathfrak{y}_1 + \mathfrak{y}_2 + \mathfrak{y}_3\,; \qquad \mathfrak{q} = 1 \qquad \mathfrak{z} = \mathfrak{y}_0\,.$$

Somit wird nach Gl. (119) der Peripheriewinkel des Kreises, auf dem M_p' läuft:

$$\alpha = 180° + \varphi_q - \varphi_p + \varphi_z = 180° - \varphi_p\,,$$

wenn wir den Widerstand des Sternpunktsleiters als OHMsch annehmen. Für die Zahlenwerte unseres Beispiels ist der Phasenwinkel des Summenleitwertes —59°, der Peripheriewinkel also +239° oder —121°. Der Kreis ist in das Diagramm miteingetragen (Abb. 239a).

Die Fruchtbarkeit des Satzes von der Ersatzstromquelle für die Behandlung von Aufgaben aus dem Gebiete der Mehrphasensysteme wollen wir noch an einem anderen Beispiel aufzeigen, weil man bei sinnvoller Anwendung dieses Prinzips mit überraschend wenig Rechenarbeit auskommt. Wir untersuchen ein Netzwerk nach Abb. 241a. Einer Sternschaltung werden über ein Dreileiternetz die Leiterspannungen $\mathfrak{U}_a$, $\mathfrak{U}_b$ und $\mathfrak{U}_c$ zugeführt. Ob sie aus einem stern- oder dreieckgeschalteten Generator kommen, ist unerheblich. Wir wollen annehmen, daß die in die Stränge 1 und 3 der Belastung eingeschalteten Widerstände OHMsch und gleich sind. Im Zweig 2 wollen wir einen beliebigen Widerstand $\mathfrak{z}_2$ annehmen, der in der Abbildung durch Punktierung gekennzeichnet ist. Wo liegt der Sternpunkt der Last im Dreieck der Leiterspannungen, und welche Spannungen bekommen wir also an den Strängen der Last?

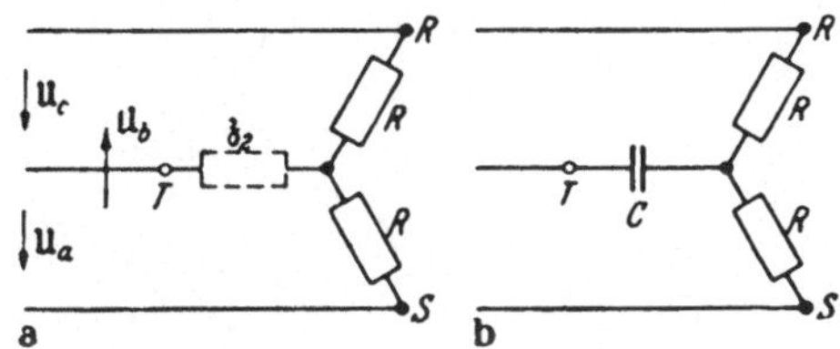

Abb. 241. Drehfeldanzeiger mit „halbsymmetrischer" Sternschaltung. a Allgemeines Schaltbild. b Schaltung des praktischen Gerätes. (Die Klemmenbezeichnungen S und T sind zu vertauschen.)

Wir denken uns zunächst den Widerstand $\mathfrak{z}_2 = \infty$, unterbrechen also den Strang 2. Dann ist die Reihenschaltung der beiden Widerstände R in den anderen Strängen einfach ein Spannungsteiler 1:1 an der Dreieckspannung $\mathfrak{U}_b$. Am offenen Strang 2 steht also eine Spannung als Leerlaufspannung an, die wir aus dem Diagramm Abb. 241c als Zeiger $\mathfrak{U}_{2_L}$ vom Mittelpunkt (M_{p_L}) der Seite RT zum Eckpunkt S einzeichnen können. Von den Klemmen des offenen Stranges aus hat aber das übrige Netzwerk den inneren Widerstand $R/2$ als Parallelschaltung der beiden anderen Strangwiderstände. Also wird nach dem Satz von der Ersatzstromquelle, S. 147:

$$\mathfrak{J}_2 = \frac{\mathfrak{U}_{2L}}{R/2 + \mathfrak{z}_2} \text{ und seine Strangspannung ist: } \mathfrak{U}_2 = \mathfrak{J}_2\,\mathfrak{z}_2 = \frac{\mathfrak{U}_{2L}\cdot\mathfrak{z}_2}{R/2 + \mathfrak{z}_2}\,. \tag{525}$$

In Abhängigkeit von z_2 beschreibt also $\mathfrak{U}_2$ ein Kreisdiagramm, dessen Leerlaufpunkt wir in L bereits kennen, und dessen Kurzschlußpunkt in $K = S$ ebenfalls unmittelbar einleuchtet, wenn man ihn nicht aus der Gleichung errechnen will. Mit den allgemeinen Bezeichnungen (Gl. (112)) des Kreisdiagramms (s. S. 65ff.) wird dann:

$$\mathfrak{p} = R/2\,; \qquad \mathfrak{q} = 1\,; \qquad \mathfrak{z} = \mathfrak{z}_2$$

und also der Peripheriewinkel α des Kreises nach Gl. (119):

$$\alpha = 180° + \varphi_q - \varphi_p + \varphi_z = 180° + \varphi_2\,. \tag{526}$$

Ist also der Zweig 2 ebenfalls rein OHMsch, so entartet der Kreis einfach in die Gerade von L nach K. Die Lage des Punktes M_p auf ihm bestimmt sich aus dem Verhältnis der Entfernungen von K und L nach M_p an Hand der allgemeinen Formeln für das Kreisdiagramm nach Gl. (118):

$$a = \left|\frac{\mathfrak{U} - \mathfrak{U}_K}{\mathfrak{U} - \mathfrak{U}_0}\right| = \frac{q}{p}\,z = \frac{2}{R}\,z_2\,. \tag{527}$$

Machen wir also $\mathfrak{z}_2$ ebenfalls zu R, so teilt der zugehörige Punkt für M_p die Entfernung LK im Verhältnis 1:2 (von L aus gesehen), fällt also in den Schwerpunkt des Dreiecks. Der Stern der Strangspannungen wird selbstverständlich symmetrisch.

Interessanter ist die Untersuchung einer Blindlast im Zweig 2. Wir nehmen eine kapazitive Last an, weil sich diese eher phasenrein einstellen läßt als die induktive. Nunmehr wird für das Schaltbild Abb. 241*b* der Peripheriewinkel nach Gl. (526) mit $\varphi_2 = -90°$: $\alpha = 90°$. M_p läuft also auf dem Halbkreis über LK. Wie man sich durch Kontrolle der Tatsache, daß $\mathfrak{U}_2 - \mathfrak{U}_{2_k}$ um 90° voreilen muß gegen $\mathfrak{U}_2 - \mathfrak{U}_{2_L}$, leicht überzeugt, ist das der obere Halbkreis. Die Lage auf diesem Kreis wird wieder nach Gl. (527) durch das Verhältnis der Scheinwiderstände bestimmt:

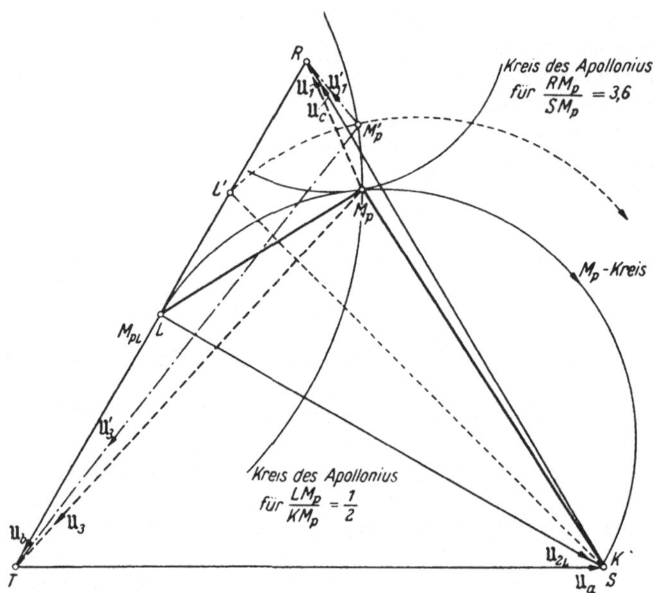

Abb. 241*c*. Kreisdiagramme zum Drehfeldanzeiger.

$$a = \frac{2}{R\,\omega\,C};$$

d. h. $\frac{L\,M_p}{K\,M_p} = \frac{\omega\,C}{2/R}$.

Wählen wir als Beispiel den Scheinwiderstand des Kondensators wieder gleich dem der beiden anderen Zweige, so liegt der Punkt M_p für diesen Betriebszustand auf dem gleichen Apolloniuskreis wie der Symmetriepunkt, also im Punkt M_p unseres Diagramms ($a = 1/2$).

Wir finden also, daß trotz der scheinbaren Symmetrie der beiden Zweige 1 und 3 die beiden Strangspannungen $\mathfrak{U}_1$ und $\mathfrak{U}_3$ sich in den Effektivwerten erheblich unterscheiden. Das Verhältnis: $\frac{R\,M_p}{T\,M_p} = \frac{U_1}{U_3}$ ist für diesen Fall = rd. 3,6, praktisch gleich dem überhaupt erreichbaren Maximum dieses Verhältnisses, das wir dort erreichen, wo der kleinste Kreis des Apollonius über RT den Halbkreis berührt, auf dem M_p läuft. Wie die Abbildung zeigt, tritt das für ein wenig kleinere Werte von C ein, ohne daß sich das Verhältnis dadurch allerdings noch wesentlich ändert.

Benutzt man als Ohmsche Widerstände in den Zweigen 1 und 3 Lampen, deren Widerstand stark spannungsabhängig ist, so vertieft sich dieser Unterschied im Spannungsverhältnis noch, weil die Lampe mit der kleineren Spannung auch den tieferen Widerstand hat. Somit rückt der Ausgangspunkt L unseres Diagramms nach oben etwa nach L' und das tiefst erreichbare Spannungsverhältnis für M_p' kann 1:6 bis 1:7 betragen. Bei Bemessung der Lampen derart, daß sie gerade für die Leiterspannung ausgelegt sind, brennt also die eine Lampe (3) mit fast voller Betriebsspannung (weniger als 10 % Unterspannung), während die andere mit wenig mehr als 10 % Brennspannung überhaupt dunkel bleibt. Man benutzt diese Anordnung zur Phasenfolgeanzeige in Drehstromnetzen. Mit Umtausch der Phasenfolge kehren sich ja die Spannungsverhältnisse um. Bei Phasenfolge RST brennt die Lampe 3, bei RTS die Lampe 1. Es leuchtet immer die Lampe, die an die voreilende Spannung angeschlossen ist.

Allgemein sei bemerkt, daß wir nunmehr nach Kenntnis der Lage des Sternpunktes für die unsymmetrische Belastung bei fehlender Sternpunktverbindung, wie oben aufgezeigt, wiederum mit dem Satz von der Ersatzstromquelle weiter untersuchen können, wie sich der Sternpunkt M_p der Last auf einem anderen Kreisdiagramm nach dem Symmetriepunkt des Spannungsdreiecks bewegt, der bei symmetrischem Generator dessen Sternpunkt potentialmäßig repräsentiert, wenn man den Widerstand der Sternpunktleitung beliebige Werte durchlaufen läßt.

Jedoch wollen wir das an einem anderen praktischen Beispiel tun, das der Technik der Energieübertragung entnommen ist. Nach Abb. 242a speise ein in Stern verketteter Drehstromgenerator — oder ein entsprechender Transformator — eine Leitung, deren Kapazitäten neben den Widerständen eines Verbrauchers berücksichtigt werden sollen. Sind die Leiterströme des Verbrauchers ermittelt, so läuft die Aufgabe also darauf hinaus, die Leiterströme zu ermitteln, die sich als die Folge der Kapazitäten zwischen den Leitern und zwischen Leitung und Erde ergeben. Die Erde bildet sozusagen den Sternpunkt der Erdkapazitäten C der Leitung, die in Stern verkettet sind, während die Teilkapazitäten K zwischen den Leitern eine in Dreieck geschaltete Last bedeuten. Als erste Teilaufgabe behandeln wir die Frage nach den Strömen, die sich einstellen, wenn die Kapazitäten symmetrisch sind.

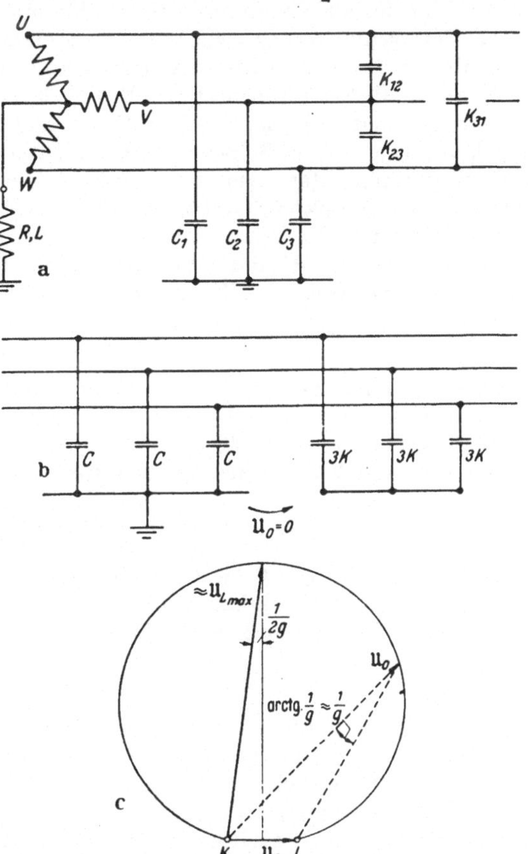

Abb. 242. Ladeströme einer Hochspannungsleitung als Drehstromproblem. Induktive Sternpunktserdung. a Allgemeines Schaltbild. b Sternersatzschaltbild der Teilkapazitäten K zwischen den Leitern. c Kreisdiagramm der Sternpunktsspannung bei induktiver Sternpunktserdung.

Dann kann man einfach das Dreieck der Leiterkapazitäten in einen ebenso symmetrischen Stern umtransfigurieren (s. Abschn. V E 1). Nach den dort gegebenen Transfigurationsformeln Gl. (514/517) werden dabei die Scheinwiderstände symmetrischer Dreiecke in symmetrische Scheinwiderstände entsprechender Sternschaltungen mit ein Drittel des Scheinwiderstandes umgewandelt. Die Kapazitäten der Dreieckschaltung erscheinen als ein Stern mit den Kapazitätswerten $3K$ (Abb. 242b), dessen Sternpunkt wegen der vollständigen Symmetrie, die wir voraussetzen, das gleiche Potential bekommt wie der der Erdkapazitäten. Wir können also auch beide Sternpunkte als verbunden ansehen und die beiden Belastungssterne zusammenfassen. Jede Kapazität des resultierenden Sterns hat dann also den Wert

$(3\,K + C)$. Der zugehörige Strangstrom = dem Leiterstrom, der gesucht wird, errechnet sich aus der Strangspannung E des Generators und diesem Kapazitätswert:

$$I_{Lade} = E\,\omega\,(3\,K + C) = \omega\,C_b \cdot E\,. \tag{528}$$

Die Ersatzkapazität $(3K + C)$ nennen wir sinnvoll die *Betriebskapazität* C_b der Leitung.

Bei der bisher angenommenen vollkommenen Symmetrie der Leitung besteht keine Potentialdifferenz zwischen den Sternpunkten der Maschine und der sterngeschalteten Erdkapazitäten. Der Maschinensternpunkt bekommt also, auch wenn er nicht geerdet ist, automatisch Erdpotential. Sind aber die Kapazitäten gegen Erde unsymmetrisch, so verschiebt sich der Sternpunkt der drei Erdkapazitäten C_1, C_2 und C_3 aus dem Schwerpunkt des Dreiecks der Leiterspannungen. Zwischen dem Sternpunkt der drei Kapazitäten, der auf Erdpotential liegt, und dem Maschinensternpunkt entsteht eine Sternpunktspannung $\mathfrak{U}_0$. Der Maschinensternpunkt bekommt also Spannung gegen Erde.

Stellen wir die Kapazitätswerte durch Bezugnahme auf ihre bezogene Abweichung vom Wert der Kapazität des Leiters 1 gegen Erde dar, so können wir schreiben:

$$C_1 = C\,; \qquad C_2 = C\,(1 + \varepsilon_2)\,; \qquad C_3 = C\,(1 + \varepsilon_3)\,.$$

Nunmehr können wir die Sternpunktspannung aus der Beziehung (Gl. (523)) ausrechnen, wobei wir zunächst eine Sternpunktverbindung als nicht vorhanden annehmen wollen ($\mathfrak{y}_0 = 0$). Mit $y_1 = \omega\,C$; $y_2 = \omega C\,(1 + \varepsilon_2)$ und $y_3 = \omega C\,(1 + \varepsilon_3)$ erhalten wir nach Kürzen des Faktors $j\omega$ im Zähler und Nenner:

$$\mathfrak{U}_0 = -\,\frac{\mathfrak{E}_1 \cdot C + \mathfrak{E}_2\,C \cdot (1 + \varepsilon_2) + \mathfrak{E}_3\,C \cdot (1 + \varepsilon_3)}{C + C\,(1 + \varepsilon_2) + C\,(1 + \varepsilon_3)} \tag{529}$$

Wegen $\mathfrak{E}_1 + \mathfrak{E}_2 + \mathfrak{E}_3 = 0$, was wir für einen normalen Betrieb mit Symmetrie der Maschine voraussetzen können, bleibt dann, wenn wir noch im Nenner die kleinen Anteile ε_2 und ε_3 gegen 3 vernachlässigen, als Näherungsformel:

$$\mathfrak{U}_0 = -\,\frac{1}{3}\,(\mathfrak{E}_2\,\varepsilon_2 + \mathfrak{E}_3\,\varepsilon_3)\,. \tag{530}$$

Zahlenmäßig wird dieser Wert gleich groß, wenn nur eine Kapazität von der des Leiters 1 abweicht, und wenn beide um den gleichen Wert abweichen, was plausibel ist, weil man dann einfach die Kapazität dieser beiden Leiter als normal zugrunde legen könnte. Jedenfalls ist er stets kleiner — wegen der Addition unter 120° gegenseitiger Phasenlage — als die größere der beiden Abweichungen, wobei seine Phasenlage alle möglichen Werte annehmen kann je nach der Verteilung der kapazitiven Unsymmetrien. Sie kann sich also ungünstigstenfalls algebraisch zu einer Unsymmetriespannung der Maschine, bedingt durch:

$$|\mathfrak{E}_1 + \mathfrak{E}_2 + \mathfrak{E}_3| = \delta \cdot E \tag{531}$$

addieren, so daß wir als Formel für die Spannung des Maschinensternpunktes gegen Erde finden:

$$U_0 = \frac{1}{3}\,(\delta + \varepsilon_{max})\,. \tag{532}$$

Nehmen wir nun an, daß der Sternpunkt der Stromquelle induktiv geerdet ist (PETERSENspule), so ändern sich diese Verhältnisse erheblich. Im Nennerausdruck der Formel (Gl (529)) für $\mathfrak{U}_0$ tritt zu den übrigen Leitwerten noch der Leitwert der Spule hinzu, der als induktiver Blindleitwert den kapazitiven Blindleitwert der drei ersten Glieder im Nenner vollständig wegkompensieren kann. Dann würde also die Sternpunktspannung unendlich (!). Praktisch wird das nur dadurch verhindert, daß der induktive Blindleitwert eine erhebliche OHMsche Komponente hat und eine Gütezahl von $\omega L/R = 10$ wohl niemals überschreitet. Ändern wir nun diesen induktiven Blindwiderstand X durch Einstellung der Spulenwindungszahl, so können wir den Verlauf der Unsymmetriespannung am Maschinensternpunkt durch ein Kreisdiagramm darstellen, das in Abb. 242c gezeigt ist. Sein Peripheriewinkel ergibt sich mit den allgemeinen Kreisdiagrammbezeichnungen (Gl. (112)) (s. S. 65):

$$\mathfrak{p} = j\omega C\,(3 + \varepsilon_2 + \varepsilon_3);\ \mathfrak{q} = e^{-j(\operatorname{arc\,tg} g)} = e^{-j(90° - \beta)};\ \mathfrak{z} = \frac{1}{X} \quad \text{mit } \operatorname{tg}\beta = \frac{1}{g} = R/\omega L$$

$$\text{zu}: \alpha = 180° + \varphi_q - \varphi_p + \varphi_z = 180° - 90° + \beta - (+90°) + 0 = \beta$$

als sehr spitzer Winkel. Das Kreisdiagramm holt also weit aus, und die maximal mögliche Spannung kann praktisch aus dem in der Abbildung dargestellten Zustand entnommen werden, wo mit:

$$\omega C\,(3 + \varepsilon_2 + \varepsilon_3) \cdot X = 1 \tag{533}$$

die Spule auf die gesamte Erdkapazität abgestimmt ist. Aus geometrischen Beziehungen der Figur ergibt sich:

$$U_{max} \approx \frac{1}{2}\,U_0\,\frac{1}{\operatorname{tg}\beta/2} \approx g\,U_0\,. \tag{534}$$

Im Abstimmzustand der Spule erreicht also die Spulenspannung, denn das ist ja die Spannung zwischen den beiden Sternpunkten nun ein um so höheres Vielfaches von U_0, je verlustfreier die Spule ist. Im gleichen Sinne wie der Spulenwiderstand würden zwar auch Verluste in den Kapazitäten wirken (Ableitungsverluste und Korona auf Freileitungen und dielektrische Verluste in Kabeln), denn der Fehlwinkel dieser Kondensatoren würde sich einfach zum Fehlwinkel der Spule addieren. Sie sind jedoch, außer bei Höchstspannung, so klein, daß das nicht wesentlich spannungsmindernd wirken kann.

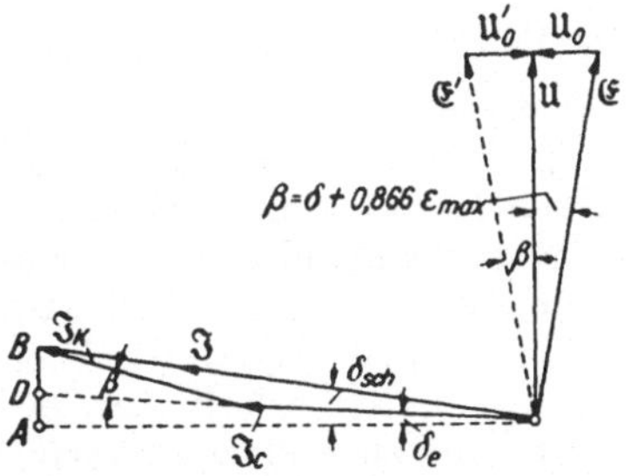

Abb. 243. Phasenlage des Gesamtladestromes bei Drehstrom mit unsymmetrischen Erdkapazitäten.

Auch ohne diese Überhöhung der Spannung des Maschinensternpunktes gegen Erde durch induktive Erdung kann aber das Vorhandensein einer solchen Spannung wesentliche Folgen haben. Die Strangspannungen der Last, d. h. die Spannungen der Leiter gegen Erde liegen nunmehr nicht mehr in Phase mit den Strangspannungen in der Maschine. Die wesentlich symmetrischeren Kapazitätswerte K der Leitungen untereinander aber ergeben einen symmetrischen Ersatzstern, dessen Ladeströme also um 90° gegen die zugehörigen Maschinenstrangspannungen voreilen. Es ergeben sich also die im Diagramm der Abb. 243 der Deutlichkeit halber mit stark übertriebenen Winkeln dargestellten Verhältnisse. Der Ladestrom $\mathfrak{J}_c$ der Kapazität C gegen Erde eilt gegen seine zugeordnete Spannung $\mathfrak{U}$ (Leiterspannung gegen Erde) um etwas weniger als 90° vor. Der Fehlwinkel ist der Winkel δ_e des dielektrischen Verlustfaktors. Der Ladestrom $\mathfrak{J}_k$ der Kapazitäten zwischen den Leitern eilt gegen die etwas phasenverschobene Strangspannung des Generators $\mathfrak{E}$ um den gleich groß angenommenen Winkel $(90 - \delta_e)$ vor. Die Phasenverschiebung zwischen den Spannungen liegt also auch zwischen den Ladeströmen. Liegt im ungünstigsten Fall die Sternpunktsspannung $\mathfrak{U}_0$ um 90° gegen die Spannung der betrachteten Strangspannung $\mathfrak{U}$ verschoben, so kann allerdings der von ihr herrührende Teil des Winkels als Höhe im gleichseitigen Dreieck der Teilspannungen nach Gl. (530) nur $(E \cdot \varepsilon)$ betragen, also $0{,}866\,\varepsilon_{max}$ sein. Damit wird nun aber die Phasenverschiebung des resultierenden Ladestromes gegen eine um genau 90° voreilende Ladestromkomponente aus der Division AB/OA errechenbar, wobei wir wegen der Kleinheit der Winkel deren tg durch das Argument ersetzen können.

Aus der Figur folgt:

$$\frac{AB}{OA} = \frac{AD \pm DB}{OA} = \frac{(I_c + I_K) \cdot \delta_e \pm I_K \cdot \frac{\delta + 0{,}866\,\varepsilon_m}{3}}{I_c + I_K}\,.$$

Dabei rührt das doppelte Vorzeichen bei dem Glied mit dem Gesamtladestrom im Zähler davon her, daß die willkürliche Lage von $\mathfrak{U}_0$ zu den beiden Grenzzuständen führen kann, die nur bei den Spannungen eingetragen sind. Mit:

$$I_K = 3\,\omega K E \quad \text{und} \quad I_C = \omega C E \qquad \text{(s. Gl. (528))}$$

erhalten wir nach Wegkürzung von E und Division durch $3K$ die Endformel für den scheinbaren Fehlwinkel, der an diesem Strang gemessen wird:

$$\delta_{sch} = \delta_e \pm \frac{1}{1 + \frac{C}{3K}} (\delta + 0{,}866\,\varepsilon_{max})\,. \tag{535}$$

Bei der Kleinheit der Verlustwinkel kann es dabei sehr leicht vorkommen, daß negative Verlustwinkel δ_{sch} gemessen werden, weil die Unsymmetrien der Generatorspannungen (δ) und der Kapazitäten (ε) auch ohne eine Überhöhung durch eine induktive Erdung um bis zu einer Größenordnung höher liegen können als die Werte des dielektrischen Verlustfaktors (δ_e), die meist bei wenigen Promille bis zu höchstens einigen Prozent liegen. Bestimmend für den Fehler der Messung ist natürlich der Wert des Faktors $\frac{1}{1 + C/3K}$; er liegt zwischen den Werten 0,6 (für Freileitungen) ... 0,4 (für Kabel mit Gürtelisolation) ... 0 (für H-Kabel und Dreimantelkabel, die keine Teilkapazität zwischen den Leitern haben). Nur bei den letzteren tritt also durch diesen Effekt keine Fehlmessung durch die Sternpunktspannung auf.

Natürlich sind die Fehler in den drei Strängen verschieden und können nur an einem Strang diesen Höchstbetrag erreichen. Jedenfalls ist es aber unzulässig, an einem solchen Objekt die Verlustmessung nur an einem Leiter auszuführen. Richtige Ergebnisse erhält man nur, wenn man die Messung in allen drei Leitern ausführt, die zugehörigen Verluste addiert und daraus den wahren Verlustfaktor errechnet, was praktisch auf eine Mittelung der drei gemessenen Verlustfaktoren hinauskommt.

Nachdem wir bisher den fehlerfreien Zustand des Drehstromsystems betrachtet haben, wollen wir als letztes Beispiel für die Anwendung der Theorie der Mehrphasensysteme mit Sternpunktverschiebung noch den Zustand betrachten, daß ein Leiter der Anordnung nach Abb. 242a über einen Widerstand, z. B. den eines Lichtbogens, an Erde gelegt wird. Wir untersuchen also einen Erdschluß über einen Widerstand. Da die dreieckgeschalteten Kapazitäten (K) zwischen den Leitern für die Sternpunktverlagerung ohne Bedeutung sind, lassen wir sie im Ersatzschaltbild (Abb. 244a) weg und sehen auch von den kleinen Unterschieden zwischen den Erdkapazitäten C_1, C_2 und C_3 ab, die das Bild nur unwesentlich verändern. C sei der Mittelwert der drei Kapazitäten gegen Erde.

Als ersten Fall fragen wir nach den Strom- und Spannungsverhältnissen, wenn keine Sternpunktverbindung besteht, die induktive Erdung des Maschinensternpunktes also aufgehoben ist. (Schalter S offen). Wir gehen ähnlich vor wie beim Beispiel des Phasenfolgezeigers, s. S. 245, und denken uns zuerst den Erdschlußwiderstand R unterbrochen. Da die Belastungszweige dann symmetrisch sind, liegt der Sternpunkt M_p' — das Erdpotential — im Zeigerdiagramm Abb. 244b im Schwerpunkt des Spannungsdreiecks bei L. Die an dem Widerstandszweig anstehende Spannung $\mathfrak{E}_3$ mit dem Zeiger LW ist die Urspannung der Ersatzstromquelle, deren innerer Widerstand $1/(3\,j\omega C)$ ist. (Addition der Leitwerte der für die Ersatzstromquelle parallel geschalteten Stränge.) Belasten wir nun diese Spannungsquelle mit dem Erdschlußwiderstand, so ergibt sich als Erdschlußstrom:

$$\mathfrak{J}_e = \frac{\mathfrak{E}_3}{R + \frac{1}{3 j\omega C}} \qquad (536)$$

und als Spannung am erdgeschlossenen Leiter gegen M_p', d. h. gegen Erde:

$$\mathfrak{U}_3 = \frac{\mathfrak{E}_3 \cdot R}{R + \frac{1}{3 j \omega C}} = \frac{\mathfrak{E}_3}{1 + \frac{1}{3 j \omega C R}} . \qquad (537)$$

Das zugehörige Kreisdiagramm hat einen Peripheriewinkel von 90° und ist in der Abb. 244b gezeigt als Halbkreis über der Strangspannung 3 des Generators. Auf ihm läuft also der Potentialpunkt für M_p' im Diagramm, vom Leerlaufpunkt L zum Kurzschlußpunkt K, bei dem wegen der widerstandslosen Verbindung zwischen dem Leiter W und Erde dieser Erdpotential bekommt. In diesem Fall des „satten" Erdschlusses ergibt sich der meist als *Erdschlußstrom* schlechthin bezeichnete Wert:

$$\mathfrak{J}_{e_{max}} = 3 j \omega C E . \qquad (538)$$

Für $3 \omega C R = 1$ besteht für die Ersatzstromquelle Anpassung an den Erdschlußwiderstand und wir bekommen dann in ihm den größten Energieumsatz. Der Strom in ihm ist in diesem Zustand $1/\sqrt{2}$ des maximalen; die im Erdschlußfehler umgesetzte Leistung also:

$$I_{anp}^2 \cdot R_{anp} = \frac{9 \omega^2 C^2 E^2}{2} \cdot \frac{1}{3 \omega C} = \frac{3 \omega C E^2}{2} = \frac{I_{e_{max}} E}{2} \qquad (539)$$

Das Kreisdiagramm gestattet aber noch eine weitere interessante Feststellung. Der Abstand des Punktes M_p' von den drei Eckpunkten gibt ja jeweils die Leiterspannung gegen Erde an. Ist nun auf dem Leiter 3 ein hochohmiger Erdschluß vorhanden, so befinden wir uns auf dem Halbkreis in der Nähe des Punktes L. Dort ist aber die Spannung am Leiter 1 kleiner als am Leiter 3. Ein Erdschlußasymmeter würde also vermuten lassen, daß ein Erdschluß in 1 vorläge und nicht in 3, wie es doch tatsächlich ist.

Nun wollen wir auch noch die induktive Erdung des Generatorsternpunktes einführen. Die Spule sei charakterisiert durch ihren Widerstandsoperator $X e^{j(90° - \beta)}$, worin $\beta = \operatorname{arc\,tg} 1/g$ der Verlustwinkel der Spule ist. Im Diagramm der Abb. 244b stellt nun die Entfernung des Punktes M_p' von M_p die Leerlaufspannung der Ersatzstromquelle dar, deren innerer Widerstand aus der Parallelschaltung der drei Stränge besteht, also $\frac{1}{1/R + 3 j \omega C}$ beträgt. Somit ergibt sich der Spulenstrom aus dem Quotienten:

$$\mathfrak{J}_0 = \mathfrak{J}_L = \frac{\mathfrak{U}_{0L}}{- j X_c \cdot \cos\gamma \cdot e^{j\gamma} + j X \cdot e^{-j\beta}} \qquad (540)$$

und die Spulenspannung, d. h. die Spannung des Generatorsternpunktes gegen Erde zu:

$$\mathfrak{U}_0 = \frac{\mathfrak{U}_{0L} \cdot j X \cdot e^{-j\beta}}{- j X_c \cdot \cos\gamma \cdot e^{j\gamma} + j X \cdot e^{-j\beta}} = \mathfrak{J}_0 \cdot \mathfrak{z}_0 . \qquad (541)$$

Dabei haben wir zur bequemeren Auswertung auch den inneren Widerstand in ähnlicher Schreibweise dargestellt wie den Spulenwiderstand, nämlich nach:

$$\frac{1}{3 j\omega C + 1/R} = \frac{1}{3 j \omega C} \cdot \frac{1}{1 - j \frac{1}{3 \omega R C}} = - j \cdot X_c \cdot e^{j\gamma} \cdot \frac{1}{\sqrt{1 + \operatorname{tg}^2 \gamma}} = - j \cdot X_c \cdot \cos\gamma \cdot e^{j\gamma}$$

mit $\operatorname{tg}\gamma = \frac{1}{3\,\omega C R}$. Der Winkel γ ist im Diagramm der Abb. 244b gekennzeichnet. Er hängt von R ab, das aber für unsere jetzige Betrachtung ein Festwert ist. Der Peripheriewinkel des Kreisdiagramms für die Sternpunktspannung $\mathfrak{U}_0$ ist damit wieder nach den allgemeinen Regeln Gl. (119) für das Kreisdiagramm gegeben durch:

$$180° + (90° - \beta) - (-90° + \gamma) = -(\beta + \gamma)\,.$$

Seine Endpunkte sind einmal der Mittelpunkt des Zeigerdiagramms, wohin die Spitze der Sternpunktspannung fällt, wenn die Spule kurzgeschlossen ist, und zum anderen als Anfangspunkt des Leerlaufzeigers für $\mathfrak{U}_0$ der dem jeweiligen Festwert von R, dem Erdschlußwiderstand, zugeordnete Kreispunkt des Diagramms aus Abb. 244b. Mit diesen Daten sind die beiden Kreisdiagramme der Abb. 244c und 244d gezeichnet, die sich unter Übertreibung des Verlustwinkels der Spule auf zwei verschiedene Fälle beziehen.

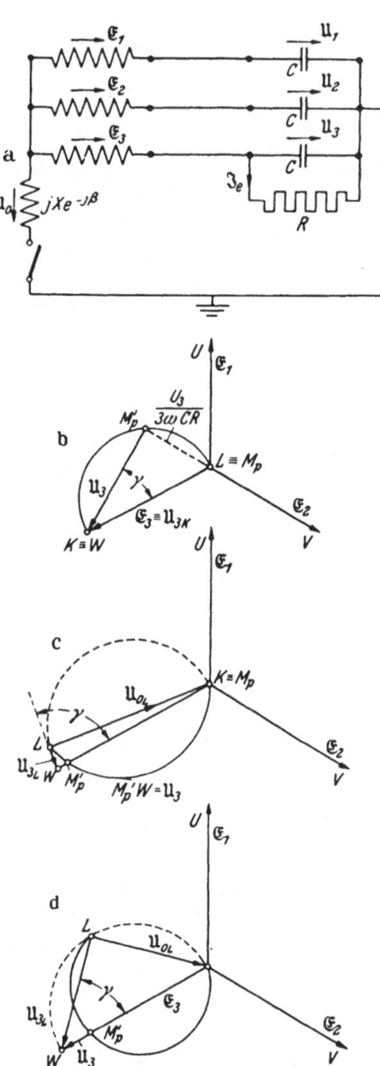

Abb. 244. Erdschluß eines Leiters über einen Widerstand in einer Hochspannungsanlage. Induktive Erdung des Maschinensternpunktes. a Grundschaltbild. b Ohne induktive Erdschlußlöschung. Lage des Sternpunktes (Erdpotentiales) im Zeigerdiagramm der Spannungen als Funktion des Fehlerwiderstandes. c Mit induktiver Sternpunkterdung. Lage des Erdpotentials im Zeigerdiagramm der Spannungen in Funktion des induktiven Widerstandes der Erdung. Sehr kleiner Fehlerwiderstand. d Wie (c) aber mit großem Fehlerwiderstand.

In c) ist der Übergangswiderstand an der Fehlerstelle als klein angenommen. Der kennzeichnende Winkel ist also groß, nahezu 90°. Das Kreisdiagramm für die Abstimmung der Spule wird nun beinahe ein Halbkreis. Wir stellen fest, daß auf diesem Kreis Punkte liegen, für die die Spannung des erdschlußbehafteten Leiters gegen Erde, dargestellt durch den Zeiger von einem Kreispunkt zum Eckpunkt W des Spannungsdreiecks, sehr klein ist, wo also auch der Strom durch den Fehler entsprechend klein wird. Da der Winkel, unter dem sich die beiden Kreise in L schneiden, sehr klein ist, sein cos also praktisch 1 ist, begehen wir keinen großen Fehler, wenn wir $WL = LM_p'$ setzen und den Schnittpunkt M_p' des Sternpunktkreises mit der Strangspannung $\mathfrak{E}_3$, für den die Spannung am Fehler sehr klein ist, aus der Beziehung errechnen:

$$\operatorname{tg}\gamma \approx \frac{M_p L}{W L} = \frac{M_p M_p'}{L M_p'}$$

Setzen wir nach den allgemeinen Kreisgleichungen (120) die Werte für q und p (Nennergrößen) aus der Gl. (541) für $\mathfrak{U}_0$ ein, so erhalten wir als Bedingung für die Einstellung dieses Punktes

$$\operatorname{tg}\gamma \approx \frac{M_p M_p'}{L M_p'} = \frac{X}{X_c \cos\gamma}\,; \qquad \frac{X}{X_c} \approx \sin\gamma \tag{542}$$

was bei großem γ, wie es unserer Punktwahl entspricht, wegen $\sin\gamma \approx 1$ auf $X \approx X_c$ oder

$$3\,\omega^2 LC \approx 1 \tag{543}$$

hinausläuft, eine Bedingung entsprechend der, die wir nach den Überlegungen zu Abb. 77, S. 58, für das Einphasensystem mit $2\,\omega^2 LC = 1$ erhielten.

Da diese Bedingung um so besser gilt, je näher γ an 90° kommt, so ist sie auch die Bedingung für die optimale Erdschlußlöschung im widerstandslosen, satten Erdschluß.

Sehr wesentlich ist auch die aus dem Diagramm klar zu entnehmende Tatsache, daß in diesem Zustand die Erdschlußspannung an dem kranken Leiter ihre Phase um etwa 90° gegen die natürliche Lage gedreht hat, die sich ohne induktive Erdung des Sternpunktes einstellt, und die im Diagramm durch die Richtung LW gegeben ist. Da der Strom im Erdschlußwiderstand mit dieser Spannung in Phase liegt, so verwandelt er sich also aus einem kapazitiv gegen $\mathfrak{E}_3$ um 90° verschobenen Strom in einen reinen Wirkstrom, dessen Löschung viel leichter möglich ist, weil ja die Strangspannung die „*wiederkehrende Spannung*“ ist, die bei einer Löschung des Lichtbogens sich an der Erdschlußstelle wieder einzustellen sucht. Die unangenehmen Ausgleichsvorgänge, die mit der Löschung solcher phasenverschobener Ströme verbunden sind, entfallen also (vgl. S. 448).

Das Diagramm Abb. 244d zeigt das Kreisdiagramm der Spulenabstimmung noch einmal für den Fall des stark mit Widerstand behafteten Fehlers. Der Ausgangspunkt liegt nun weit oben auf dem Kreis der Abb. 244b. Hier ist angenommen, daß gerade $R = X_c$, also $3\,\omega\,CR = 1$ ist. Auch in diesem Fall ergeben sich bei Einhaltung der Bedingung $X_c = X$ Betriebspunkte in der Nähe des Schnittpunktes des neuen Kreisdiagramms mit der Strangspannung $\mathfrak{E}_3$. Auch in diesem Fall dreht sich die Phase der Spannung und des Stromes im Fehler gegen die wiederkehrende Spannung um einen solchen Betrag, daß der jetzt schon im Normalzustand nicht mehr rein kapazitive Erdschlußstrom in Phase mit $\mathfrak{E}_3$ liegt. Allerdings ist die Spannung an ihm bei weitem nicht mehr so klein wie zuvor. Der Strom, der im satten Erdschluß durch E und X_c bestimmt wurde, wird nun durch die Restspannung $M_p'W$ und den Widerstand R bestimmt, der hier in unserem Falle gerade auch gleich X_c ist. Das Verhältnis der Längen von WM_p zu WM_p' gibt also unmittelbar an, wie groß der Erdschlußreststrom im Vergleich zum satten Erdschlußstrom ist. Beim widerstandsbehaftetem Erdschluß ergibt sich also ohne Löschung eine Verminderung auf 70% des Höchstwertes, wenn der Widerstand gerade dem kapazitiven Scheinwiderstand des Netzes gleich ist; der Reststrom bei Löschung ist aber in diesem Zustand erheblich größer als bei sattem Erdschluß. Man kann an Hand des Diagramms und der Formeln auch leicht übersehen, daß auch Verluste in den Erdkapazitäten (dielektrische Verluste im Kabel oder Koronaverluste auf der Freileitung) in gleichem Sinne ungünstig auf den Reststrom wirken. Sie bewirken eine gleichartige Verkleinerung des Winkels φ_q in der Gleichung für den Peripheriewinkel wie der Fehlerwiderstand und schieben also auch in gleicher Weise den Schnittpunkt weiter von W fort mit entsprechender Vergrößerung der Restspannung an der Fehlerstelle.

Diese Möglichkeit der Löschung eines Stromes durch Einlegen eines weiteren Stromzweiges veranlaßt uns zu der Fragestellung, ob ähnliche Stromlosigkeit eines Zweiges nicht auch bei einer gewöhnlichen Sternschaltung für einen Strang erreichbar ist. Das kann man in der Tat erreichen, wie uns wieder der Satz von der Ersatzstromquelle zeigt. Es genügt ja, wenn man im Schaltbild der Abb. 245a den Strang 1 stromlos machen will, die an ihm bei Ausschaltung auftretende Leerlaufspannung der Ersatzstromquelle zu Null zu machen. Dann wird unabhängig von dem Wert, den $\mathfrak{z}_1$ hat, in ihm nie Strom zustande kommen. Dimensionieren wir also $\mathfrak{z}_2$ und $\mathfrak{z}_3$ so, daß der aus ihnen gebildete Spannungsteiler die Dreiecksspannung $\mathfrak{U}_a$ so teilt

(Abb. 245b), daß der Abgriff auf die obere Spitze des Spannungsdreiecks fällt, so ist die Bedingung erfüllt. Setzen wir z. B. in Zweig 3 einen Widerstand R mit Induktivität L, bzw. Blindwiderstand X ein, und in Zweig 2 einen Kondensator C, so lautet die Bedingung, da ja bei Abschaltung oder Stromlosigkeit von $\mathfrak{z}_1$ in beiden Strängen der gleiche Strom fließen muß:

$$\text{mit } \left(X_c = \frac{1}{\omega C}\right); \quad \frac{\mathfrak{J}\cdot(R+jX)}{\mathfrak{J}\cdot(-jX_c)} = \frac{-\mathfrak{U}_b}{-\mathfrak{U}_c} = e^{j120^\circ} = -\frac{1}{2} + \frac{1}{2}\sqrt{3}j\,.$$

Durch Ausmultiplizieren folgt:

$$R + jX = +\frac{1}{2}\,j\,X_c + \frac{\sqrt{3}}{2}\,X_c\,.$$

Der Komponentenvergleich auf beiden Seiten liefert die Beziehungen, die zwischen den Elementen der Schaltung bestehen müssen, als:

$$R = 0{,}866\,X_c \qquad X = 0{,}5\,X_c \qquad (544) \text{ (s. Abb. 245c).}$$

Da das Verhältnis von X/R noch unter 1 liegt, ist eine solche Schaltung leicht realisierbar. Sie wirkt besonders eindrucksvoll, wenn man zunächst die Stränge 1 und 3 anschließt, wobei dann eine als Strang 1 verwendete Lampe aufleuchtet. Schaltet man dann auch noch den dritten Strang (2) ein, so erlischt die Lampe. Man hat solche Schaltungen für Sondersysteme bei Eisenbahnsignalanlagen vorgeschlagen.

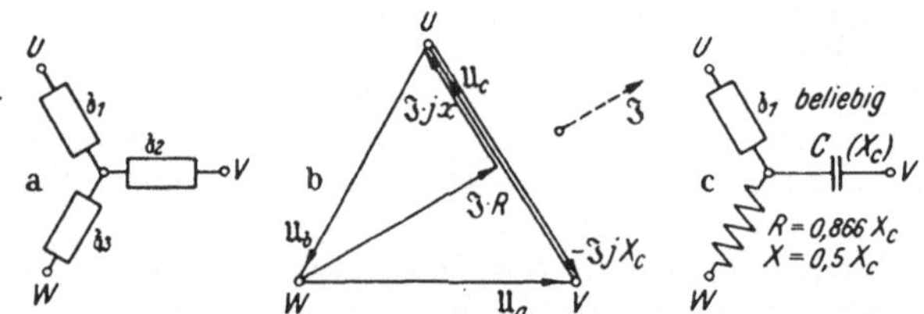

Abb. 245. Drehstrombelastung in Stern mit stromlosem Strang. Signalschaltung. a Grundschaltbild. b Zeigerdiagramm. c auszuführendes Schaltungsbeispiel.

Neben den oben behandelten Verfahren zur Lösung der Strom- und Spannungsverteilung in Sternschaltungen mit und ohne Sternpunktverbindung gibt es nun noch ein weiteres, sehr leicht zu handhabendes Verfahren. Wir gehen zu seinem Beweis noch einmal von der Bedingung der Stromgleichung am Sternpunkt nach Gl. (2) aus, die besagte, daß:

$$\mathfrak{J}_1 + \mathfrak{J}_2 + \mathfrak{J}_3 + \mathfrak{J}_0 = 0 \qquad (545)$$

sein muß, und schreiben sie unter Benutzung der Leitwerte $\mathfrak{y}_1$, $\mathfrak{y}_2$, $\mathfrak{y}_3$ und $\mathfrak{y}_0$, der unbekannten Strangspannungen der Last und der ebenso unbekannten Sternpunktspannung um in (vgl. auch Abb. 238 und Text S. 243):

$$\mathfrak{U}_1\,\mathfrak{y}_1 + \mathfrak{U}_2\,\mathfrak{y}_2 + \mathfrak{U}_3\,\mathfrak{y}_3 + \mathfrak{U}_0\,\mathfrak{y}_0 = 0\,. \qquad (546)$$

Beschränken wir uns einen Augenblick lang einmal auf reine Wirkleitwerte als Belastung und bezeichnen diese als m_1, m_2, m_3 und entsprechend den des Sternpunktleiters als m_0, so ist die Gleichung:

$$\mathfrak{U}_1 m_1 + \mathfrak{U}_2 m_2 + \mathfrak{U}_3 m_3 + \mathfrak{U}_0 m_0 = 0 \qquad (547)$$

nichts anderes als die Bedingung für den Schwerpunkt S_m der Massen m, wenn die zugehörigen $\mathfrak{U}$ jeweils aufgefaßt werden als die Vektoren, die den Schwerpunkt mit den Massen verbinden, wie das ja unsere Zeiger tatsächlich tun, die vom Sternpunkt des Laststerns aus nach den Ecken des Spannungsdreiecks und zum Sternpunkt des Generators gezogen werden. Wir finden also den Sternpunkt der Last, wenn wir nach den Regeln der Mechanik den Schwerpunkt der Massen m bestimmen, die wir leitwertsproportional in den Ecken des Spannungsdreiecks und im Generatorsternpunkt anbringen. Fehlt die Sternverbindung, so ist natürlich mit $\mathfrak{y}_0 = 0$ auch die Sternpunktmasse $m_0 = 0$ wegzulassen. Das trifft auch für den evtl. dreieckgeschalteten Generator zu.

Die praktische Ausführung des Verfahrens ist an der Abb. 246 gezeigt. Ihr liegt die Annahme zugrunde, daß $R_1 = 120$ Ohm, $R_2 = 60\ \Omega$, $R_3 = 40$ Ohm sei. Eine Sternpunktverbindung bestehe zunächst nicht. Dann sind $m_1 : m_2 : m_3 = 1 : 2 : 3$. Diese sind auf den Ecken des Spannungsdreiecks angebracht, das beliebig unsymmetrisch sein kann, ohne daß das Verfahren darunter leidet. Wir bestimmen zuerst den Schwerpunkt der beiden Massen m_1 und m_2 auf ihrer Verbindungslinie, derart daß S_{12} diese Verbindungslinie im umgekehrten Verhältnis der Massen teilt. Das geschieht am einfachsten, indem man massenproportionale Lote in den beiden Eckpunkten U und V auf der Dreieckseite UV nach entgegengesetzten Richtungen errichtet und ihre Endpunkte verbindet. Nunmehr nimmt man m_3 hinzu und bestimmt den gemeinsamen Schwerpunkt der Summenmasse $m_1 + m_2$ in S_{12} und m_3 im Eckpunkt W auf der Verbindungslinie von S_{12} nach der Ecke W. Da hier die Massen $m_1 + m_2$ gerade der Masse m_3 gleich sind, teilt dieser neue Schwerpunkt aller Massen (S_m) die erwähnte Verbindungslinie $S_{12}\,W$ in der Mitte. Er ist der Sternpunkt der Belastung. Man kann nunmehr die Strangspannungen der Belastung unmittelbar nach Größe und Phase aus dem Diagramm sämtlich ablesen und auch die Sternpunktspannung feststellen. Für die Strangspannung 120 Volt des in Stern verkettet gedachten Generators ergibt das Diagramm maßstäblich:

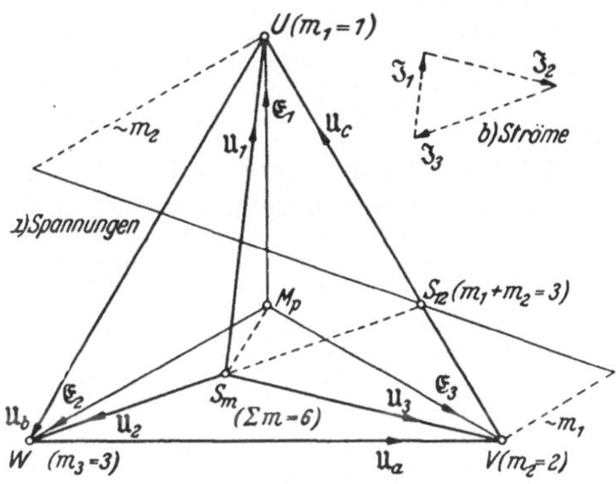

Abb. 246. Bestimmung des Sternpunktes einer rein OHMschen Belastung als Massenschwerpunkt der Leitwerte der drei Stränge.

$$U_1 = 153\text{ V}; \quad U_2 = 126\text{ V}; \quad U_3 = 93\text{ V}; \quad U_0 = 36\text{ V},$$

hieraus errechnen sich die Ströme in den Strängen dem Effektivwert nach:

$$I_1 = 1{,}28\text{ A}; \quad I_2 = 2{,}10\text{ A}; \quad I_3 = 2{,}33\text{ A}.$$

Ihre Phasenlagen ergibt das Diagramm. Daß sie sich ordnungsmäßig zu Null addieren, kann man an dem Zeigerdreieck (Abb. 246b) kontrollieren.

Kommt nun eine Sternpunktverbindung hinzu, so ist ihr Leitwert als ein im Generatorsternpunkt anzuordnender Massenpunkt mit zu berücksichtigen. Je höher der Leitwert dieser Sternpunktverbindung also gemacht wird, um so näher rückt in dem Diagramm Abb. 246a der resultierende Sternpunkt der Belastung an den des Generators längs der Geraden $S_m\,M_p$ heran, bis er bei unendlich gut leitender Verbindung — entsprechend der Masse Unendlich in M_p — auf M_p fällt. Hat in unsrem Fall die Sternpunktverbindung etwa den Widerstand 20 Ohm, so ist die ihr zuzuordnende Masse im oben gewählten Maßstab 6. Die resultierende Masse der drei anderen Stränge ergibt zusammen auch 6, so daß der neue Schwerpunkt = Sternpunkt nun in der Mitte zwischen S_m und M_p liegt und sich die Sternpunktspannung auf 18 Volt ermäßigt.

Das gleiche Verfahren kann man natürlich auch anwenden, wenn die Belastung sich nur aus Blindwiderständen ohne Wirkkomponente zusammensetzt. Dann bringt man die Blindleitwerte n als Massen an und bestimmt ihren Schwerpunkt in gleicher Weise. Zum Unterschied von der Mechanik können nun aber negative Massen vorkommen, weil es ja positive und negative Blindleitwerte gibt. Dann fallen also die Schwerpunkte zweier solchen Massen auf den äußeren Teil ihrer

Verbindungslinie und teilen sie äußerlich im umgekehrten Verhältnis der den Endpunkten zugeordneten Massen.

Abb. 227 zeigt das am Beispiel mit den Zahlenwerten:

$$\mathfrak{z}_1 = -j\,120\ \text{Ohm (kap.)}\,; \quad \mathfrak{z}_2 = j\,60\ \text{Ohm (ind.)}\,; \quad \mathfrak{z}_3 = -j\,40\ \text{Ohm (kap.)}$$

und den zugeordneten Massen $n_1 : n_2 : n_3 = +1 : -2 : +3$. Die Konstruktion führt über den „Zwischenschwerpunkt“ S_{13} auf der inneren Verbindung von U nach W mit der zugeordneten Masse 4 zu dem auf der Geraden VS_{13} außen liegenden Gesamtschwerpunkt S_n, von dem als Sternpunkt gemessen sich die eingetragenen Spannungen an den Strängen der Last und die Sternpunktspannung ergeben:

$$U_1 = 278\ \text{V}\,; \quad U_2 = 379\ \text{V}\,; \quad U_3 = 184\ \text{V}\,; \quad U_0 = 264\ \text{V}\,.$$

Sie sind sämtlich sehr groß; schon die Sternpunktspannung ist höher als die Leiterspannung des Systems mit 208 V. Das liegt eben an dem weiten Heraustreten des Sternpunktes aus dem Dreieck, das verursacht wird durch das Wechselspiel zwischen den als Energiespeichern wirkenden Blindwiderständen, also durch eine Resonanz, an deren Zustandekommen hier aber mehr als ein Speicher und mehr als eine Spannung beteiligt sind. Trotzdem kann man sofort nun eine Bedingung formulieren, die alle Spannungen an den Strängen zu Unendlich macht: Wenn die Summe der positiven und negativen Leitwerte in den Strängen gleich ist, so liegt der resultierende Schwerpunkt stets im Unendlichen. Resonanz herrscht also für:

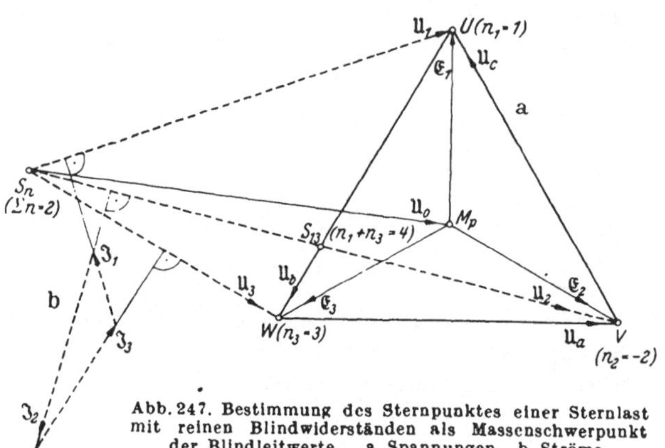

Abb. 247. Bestimmung des Sternpunktes einer Sternlast mit reinen Blindwiderständen als Massenschwerpunkt der Blindleitwerte. a Spannungen. b Ströme.

$$\omega\,(C_1 + C_2) = 1/\omega L\,, \tag{548}$$

wenn zwei Kondensatoren und eine Spule da sind, oder

$$\omega \cdot \frac{L_1 L_2}{L_1 + L_2} = 1/\omega C\,, \tag{549}$$

wenn wir zwei Spulen und einen Kondensator haben; allgemein formulierbar als:

$$\sum y_L = \sum y_c\,.$$

Sind nun die Leitwerte der Zweige komplex, so erhalten wir mit

$$\mathfrak{y}_1 = m_1 + n_1 j\,; \quad \mathfrak{y}_2 = m_2 + n_2 j \quad \text{und} \quad \mathfrak{y}_3 = m_3 + n_3 j\,,$$

sowie evtl. $\mathfrak{y}_0 = m_0 + n_0 j$, die Forderung:

$$\mathfrak{U}_1\,(m_1 + n_1 j) + \mathfrak{U}_2\,(m_2 + n_2 j) + \mathfrak{U}_3\,(m_3 + n_3 j) + \mathfrak{U}_0\,(m_0 + n_0 j) = 0\,, \tag{550}$$

die wir ausmultiplizieren und ordnen können zu:

$$(\mathfrak{U}_1 m_1 + \mathfrak{U}_2 m_2 + \mathfrak{U}_3 m_3 + \mathfrak{U}_0 m_0) + j\,[\mathfrak{U}_1 n_1 + \mathfrak{U}_2 n_2 + \mathfrak{U}_3 n_3 + \mathfrak{U}_0 n_0] = 0$$

$$\mathfrak{U}_m \cdot \sum m + j\,\mathfrak{U}_n \sum n = 0\,. \tag{551}$$

Darin bedeuten nun $\mathfrak{U}_m$ und $\mathfrak{U}_n$ Zeiger, die vom gesuchten Sternpunkt aus zu den Schwerpunkten gehen, die für die reellen und imaginären Komponenten der Leitwerte allein je für sich ermittelt wurden. Diese beiden Schwerpunkte sind nun zusammenfaßbar zu einem *„Gesamtschwerpunkt“*, der aber wegen des Faktors j

bei den Blindleitwerten nicht auf der Verbindungsgeraden liegen kann, sondern so, daß die beiden Zeiger vom Gesamtschwerpunkt zu den Teilschwerpunkten um 90° gegeneinander verschoben sind, ihre Längen sich aber umgekehrt wie die zugeordneten Massen verhalten:

$$\frac{\mathfrak{U}_m}{\mathfrak{U}_n} = -j \cdot \frac{\Sigma n}{\Sigma m}\,; \quad \frac{U_m}{U_n} = \frac{\Sigma n}{\Sigma m}\,. \tag{552}$$

Der Gesamtschwerpunkt der Wirk- und Blindleitwerte liegt also auf dem Halbkreis über $S_m S_n$. Seine Lage auf ihm kann nach dem Kreis des Apollonius für das Teilungsverhältnis bestimmt werden. Welcher der beiden möglichen Halbkreise dabei in Frage kommt, hängt davon ab, ob die Summe der Blindleitwerte positives oder negatives Vorzeichen hat, also resultierend kapazitiv oder induktiv ist. Im ersten Fall geht der Halbkreis von S_m über S nach S_n mit dem Uhrzeigersinn, im zweiten Fall gegen den Uhrzeigersinn.

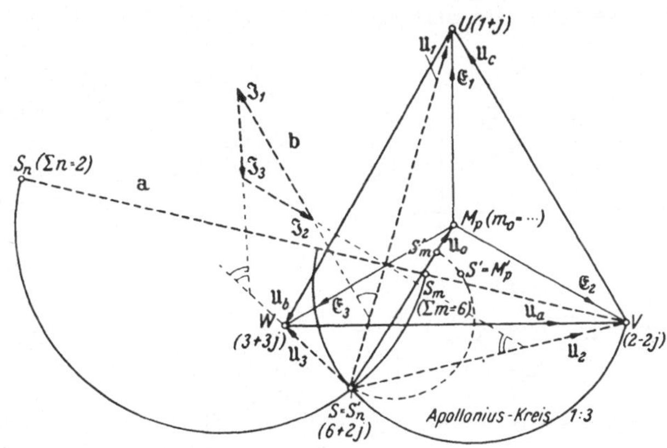

Abb. 248. Bestimmung des Sternpunktes einer Sternlast bei komplexer Last. Berücksichtigung einer widerstandsbehafteten Sternpunktverbindung. a Spannungen. b Ströme.

Abb. 248 zeigt die Ausführung des Verfahrens an einer Überlagerung der Ergebnisse von Abb. 246 und Abb. 247. D. h. es wird nunmehr angenommen, daß beide Belastungsarten gleichzeitig da sind derart, daß im Zweige 1 ein Widerstand von 120 Ohm parallel mit einem Kondensator von 120 Ohm liegt, im Zweige 2 eine Spule mit 60 Ohm Blindwiderstand parallel zu einem Wirkwiderstand von 60 Ohm u. s. f. Die beiden Teilschwerpunkte S_m und S_n mit den zugeordneten Massen 6, bzw. +2, im Relativmaßstab, der auch zuvor schon benutzt wurde, sind oben ermittelt. Da $\Sigma n > 0$ ist, muß der untere Halbkreis gewählt werden. Auf ihm liegt der wahre Sternpunkt dort, wo der Kreis durch den inneren und äußeren Teilungspunkt von S_m S_n im Verhältnis $\Sigma n/\Sigma m$ den Halbkreis in S schneidet. Das als Teilbild *b* beigegebene Zeigerdiagramm der Ströme schließt sich als Kontrolle für die Richtigkeit der Konstruktion. Besonders wenn die Strangbelastungen schon als Leitwerte gegeben sind, liefert das Verfahren schnelle Ergebnisse; es ist aber nicht so einfach zu entscheiden, welche Veränderungen im Diagramm eintreten, wenn man irgendeine Größe ändert, weil sich damit zugleich die Lage der „Zwischenschwerpunkte" und die ihnen zugehörigen Massen ändern.

So ist es auch nicht ganz so einfach wie vorhin beim rein Ohmschen Fall, nachträglich einen Sternpunktleiter zu berücksichtigen. Man muß dazu dem Sternpunkt des Generators Massen zuordnen, die dem Wirk- und Blindleitwert des Sternpunktleiterzweiges entsprechen. Dann kann man zwischen dem Gesamtsternpunkt ohne Sternpunktverbindung mit den ihm zugeordneten Gesamtmassen nach den Leitwertsummen und dem Generatorsternpunkt mit den Sternpunktleitwerten als Massen zwei neue Zwischenschwerpunkte für die reellen und imaginären Massen getrennt bestimmen. Sie liegen auf der Verbindungslinie von S_{mn} nach M_p. Der endgültige Sternpunkt liegt dann aber nicht auf der Geraden zwischen ihnen, sondern ist wieder nach der gleichen Konstruktion zu finden, nach der wir schon vorher S_{mn} selbst fanden, und liegt auf einem der Halbkreise über den beiden Zwischenschwerpunkten. Die Konstruktion ist gestrichelt im Diagramm Abb. 248 angedeutet, wobei angenommen ist, daß der Leitwert des Sternpunktleiters rein OHMsch ist. Der alte Sternpunkt ohne Verbindung der Sternpunkte ist nun, da in M_p keine Blind„massen" liegen, zu einem neuen Zwischenschwerpunkt S_m geworden; der neue reelle Zwischenschwerpunkt S_m' liegt zwischen ihm und M_p um so näher an M_p, je größer der Leitwert y_0 ist. Der resultierende neue Sternpunkt liegt auf dem Halbkreis über S_m' und S_n'.

3. Anwendung auf Vierpole.

Abb. 249 zeigt in den Teilbildern a) und b) die beiden Grundschaltungen von Netzwerken, die man in der Nachrichtentechnik als *Vierpole* zu bezeichnen pflegt, weil sie je 2 primäre und sekundäre Klemmen enthalten. Beide sind aber in der dargestellten Form, in die man jede Vierpolschaltung beliebiger Komplikation verwandeln kann, wie wir später im zweiten Band ausführlich zeigen werden, im Grunde nur *Dreipole*, weil nämlich die durchgehende Verbindung zweier Klemmen die zusätzliche Bedingung schafft, daß die Summe der beiden äußeren Klemmenspannungen und die innere Längsspannung sich zu Null ergänzen, ebenso wie die drei Leiterspannungen eines Drehstromsystems. Da auch die Summe der zufließenden Ströme gleich Null sein muß analog zu den zufließenden Strömen eines Drehstromsystems ohne Sternpunktleiter, so müssen wir unsere beiden Vierpolschaltungen durchaus als in gleicher Weise äquivalent zueinander ansehen können wie die Stern- und Dreieckschaltung einer Drehstrombelastung (Abb. 249c, d).

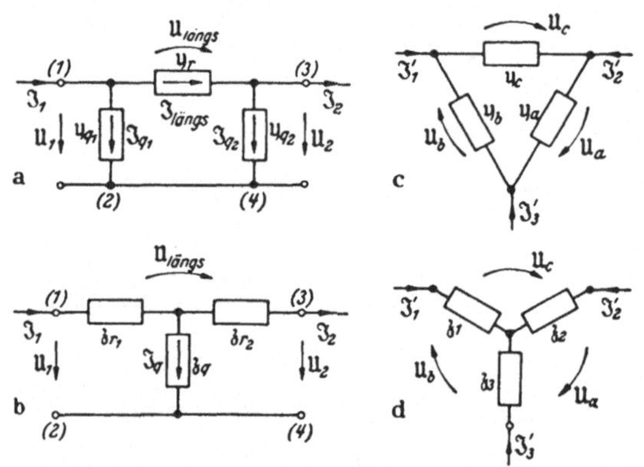

Abb. 249. Grundschaltungen von Vierpolen und ihre Verwandlung ineinander durch Stern-Dreiecktransfiguration. a Vierpol erster Art (π-Schaltung). b Vierpol zweiter Art (T-Schaltung). c Sternschaltung. d Dreieckschaltung.

In der Tat unterscheiden sich die beiden Schaltungen nur durch andere Bezeichnungen der einzelnen Größen, die wir nebenstehend zusammenstellen. Dabei ist die Zeichenumkehr bei einzelnen Größen ebenso bedeutungslos wie die Bezeichnung mit anderen Buchstaben, weil ja auch die Wahl der Zählpfeile willkürlich ist und nur durch die Zweckmäßigkeit für die jeweils vorliegende Aufgabe bestimmt wird. Wesentlich ist nur, daß die Beziehungen untereinander die gleichen sind. Und davon kann man sich einfach überzeugen, indem man beliebige Umlaufgleichungen nach Gl. (3) oder Knotenpunktsgleichungen nach Gl. (2) in beiden Schaltbildern

Tabelle 13.

	Vierpolschaltung	Drehstromschaltung
Klemmen	1	U
	2	V
	3	W
	4 = 2	V
Ströme	$\mathfrak{J}_1$	$\mathfrak{J}_1'$
	$-\mathfrak{J}_2$	$\mathfrak{J}_2'$
	$-\mathfrak{J}_q$	$\mathfrak{J}_3'$
	$\mathfrak{J}_{längs}$	$\mathfrak{J}_c$
	$+\mathfrak{J}_{q2}$	$\mathfrak{J}_a$
	$-\mathfrak{J}_{q1}$	$\mathfrak{J}_b$
Spannungen	$\mathfrak{U}_{längs}$	$\mathfrak{U}_c$
	$\mathfrak{U}_2$	$\mathfrak{U}_a$
	$-\mathfrak{U}_1$	$\mathfrak{U}_b$

aufstellt, wobei man Sätze von Gleichungen erhalten muß, die sich nach Austausch der Bezeichnungen der obigen Tabelle decken. Wir können nun unsere Tafel auch für die Widerstände, bzw. Leitwerte, fortsetzen:

	Vierpolschaltung	Drehstromschaltung
Sternschaltung, bzw. Vierpol zweiter Art . . .	$\mathfrak{z}_{r1}$	$\mathfrak{z}_1$
	$\mathfrak{z}_{r2}$	$\mathfrak{z}_2$
(*T*-Schaltung) .	$\mathfrak{z}_q$	$\mathfrak{z}_3$
Dreieckschaltung, bzw. Vierpol erster Art . . .	$\mathfrak{y}_r$	$\mathfrak{y}_c$
(*π*-Schaltung) .	$\mathfrak{y}_{q2}$	$\mathfrak{y}_a$
	$\mathfrak{y}_{q1}$	$\mathfrak{y}_b$

Genauso wie sich die Dreieckschaltung in eine Sternschaltung mit freiem Sternpunkt umwandeln ließ, und wie eine Sternschaltung mit freiem Sternpunkt — also mit nur drei von außen gespeisten Punkten — in eine Dreieckschaltung umwandelbar ist, müssen sich auch die beiden Grundschaltungen der Vierpoltechnik ineinander überführen lassen. Es gelten also für die Überführung der Elemente der einen Schaltung in die andere einfach die Transfigurationsgleichungen (511/512) u. (514/515), S. 234/235, wenn wir nur die Bezeichnungen von dort gegen die jetzt angeschriebenen nach der Tabelle 13 austauschen.

Der Vierpol erster Art (die Dreieck- oder π-Schaltung) verwandelt sich in die Schaltung zweiter Art (die Stern- oder T-Schaltung) durch das Gleichungstripel:

$$\left.\begin{aligned} 1/\mathfrak{z}_{r_1} &= \mathfrak{y}_{r1} = \mathfrak{y}_{q1} + \mathfrak{y}_r + \frac{\mathfrak{y}_{q1}\cdot\mathfrak{y}_r}{\mathfrak{y}_{q2}} \\ 1/\mathfrak{z}_{r_2} &= \mathfrak{y}_{r_2} = \mathfrak{y}_r + \mathfrak{y}_{q_2} + \frac{\mathfrak{y}_{q2}\cdot\mathfrak{y}_r}{\mathfrak{y}_{q1}} \\ 1/\mathfrak{z}_q &= \mathfrak{y}_q = \mathfrak{y}_{q1} + \mathfrak{y}_{q2} + \frac{\mathfrak{y}_{q1}\cdot\mathfrak{y}_{q2}}{\mathfrak{y}_r}. \end{aligned}\right\} \quad (553)$$

Umgekehrt wird die Schaltung eines Vierpols zweiter Art in die eines solchen erster Art umgewandelt durch Benutzung des Gleichungstripels:

$$\left.\begin{aligned} 1/\mathfrak{y}_{q2} &= \mathfrak{z}_{q2} = \mathfrak{z}_{r2} + \mathfrak{z}_q + \frac{\mathfrak{z}_{r2}\cdot\mathfrak{z}_q}{\mathfrak{z}_{r1}} \\ 1/\mathfrak{y}_{q1} &= \mathfrak{z}_{q1} = \mathfrak{z}_{r1} + \mathfrak{z}_q + \frac{\mathfrak{z}_{r1}\cdot\mathfrak{z}_q}{\mathfrak{z}_{r2}} \\ 1/\mathfrak{y}_r &= \mathfrak{z}_r = \mathfrak{z}_{r1} + \mathfrak{z}_{r2} + \frac{\mathfrak{z}_{r1}\cdot\mathfrak{z}_{r2}}{\mathfrak{z}_q}. \end{aligned}\right\} \quad (554)$$

Ebenso wie die Dreieck- und die Sternschaltung der Drehstromtechnik oben als zueinander dual erkannt wurden, sind also auch die beiden Vierpolschaltungen zueinander dual in dem Sinne, daß für den einen im Leitwert und im Strom gilt, was für den anderen im Widerstand und der Spannung abgeleitet und bewiesen ist. Die Anwendung im einzelnen behandeln wir beim Abschnitt über die Eigenschaften der Vierpole im zweiten Band.

4. Anwendung auf Wechselstrombrücken.

Auch bei Wechselstrombrücken kann das Transfigurationsproblem wertvolle Hilfe leisten, wenn es sich um kompliziertere Brückenanordnungen handelt. In der Frage der nicht abgeglichenen Brücken unterscheidet sich seine Anwendung nur dadurch von dem im Abschn. VE1, S. 236, behandelten Beispiel einer Gleichstrombrücke mit Brückenstrom, als die Rechnung im Komplexen durchzuführen ist. Aber auch bei abgeglichenen Brücken kann die Transfiguration dazu dienen, die Abgleichbedingungen leichter aufzustellen. Wir geben als Beispiel dafür eine Brücke mit 2 zusätzlichen Brückenzweigen, wie sie allgemein von Orlich behandelt, und in der speziellen Schaltung der Abb. 250 von ANDERSON zum Vergleich einer Induktivität mit einer Kapazität vorgeschlagen ist.

Die aus 3 rein OHMschen Widerständen $\mathfrak{z}_2$, $\mathfrak{z}_3$ und $\mathfrak{z}_4$ und einem induktiven Zweig $\mathfrak{z}_1$ mit der zu bestimmenden Induktivität L und dem Widerstand R_1, der sich aus dem der Induktivität und einem regelbaren Abgleichwiderstand zusammensetzt, bestehende Grundbrücke ist nicht abgleichbar, weil die Erfüllung der Phasenbedingung Gl. (104b) unmöglich ist (S. 61). Sie wird dadurch ermöglicht, daß die am Brückenwiderstand $\mathfrak{z}_4$ abfallende Spannung durch die Zweige $\mathfrak{z}_5$ und $\mathfrak{z}_6$ so geteilt wird, daß die beiden Anteile gegeneinander phasenverschoben sind. Im praktischen Fall der ANDERSON-Brücke ist der Zweig 5 ein OHMscher Widerstand R_5, der Zweig 6 ein Kondensator C.

Wenden wir nun auf das aus den Zweigen $\mathfrak{z}_4$, $\mathfrak{z}_5$ und $\mathfrak{z}_6$ bestehende Dreieck die Umwandlung in einen Stern an, den wir zur Vermeidung von Verwechslungen mit den Indizes der Hauptbrücke mit römischen Indizes versehen wollen, so entsteht das Ersatzschema der Brücke nach Abb. 250b, in dem die Widerstandsoperatoren $\mathfrak{z}_I$, $\mathfrak{z}_{II}$ und $\mathfrak{z}_{III}$ durch die Transfigurationsformeln Gl. (514) bestimmt werden, die im Abschn. VE1, S. 235, hergeleitet wurden. Da $\mathfrak{z}_I$ als Vorwiderstand zum stromlosen Nullzweig der entstandenen neuen Brückenschaltung ohne Einfluß auf die Abgleichbedingung und damit auch auf die Abgleichbarkeit der Brücke ist (vgl. Abschn. III C7, S. 129), — es käme nur bei Betrachtungen über die Abgleichempfindlichkeit in Frage —, schreiben wir nur die Formeln für die beiden restlichen Ersatzzweige an:

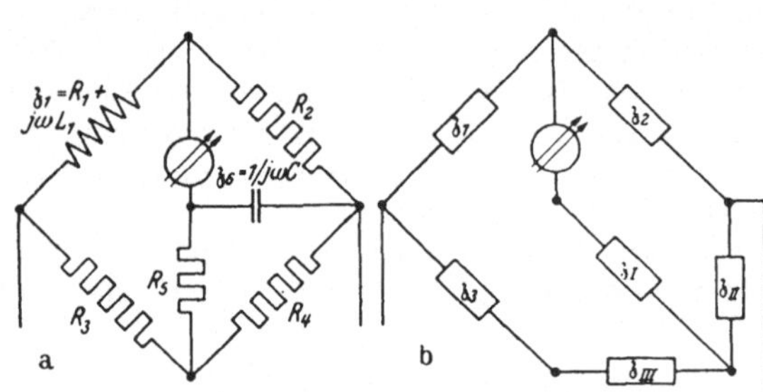

Abb. 250. ANDERSONmeßbrücke für Induktivitäten. a Schaltbild b Nach Dreieck-Stern-Umwandlung.

$$\mathfrak{z}_{II} = \frac{\mathfrak{z}_4 \cdot \mathfrak{z}_6}{\mathfrak{z}_4 + \mathfrak{z}_5 + \mathfrak{z}_6} \qquad \mathfrak{z}_{III} = \frac{\mathfrak{z}_4 \cdot \mathfrak{z}_5}{\mathfrak{z}_4 + \mathfrak{z}_5 + \mathfrak{z}_6} \tag{555}$$

Die neu entstandene Brückenschaltung ist eine gewöhnliche WHEATSTONE-Brücke mit der üblichen Abgleichbedingung Gl. (103), S. 60, die mit den hier verwendeten Buchstaben lautet:

$$\mathfrak{z}_1 \cdot \mathfrak{z}_{II} = \mathfrak{z}_2 \cdot (\mathfrak{z}_3 + \mathfrak{z}_{III})$$

und sich nach Einsetzen der umgewandelten Zweige schreiben läßt:

$$\mathfrak{z}_1 \cdot \mathfrak{z}_4 \cdot \mathfrak{z}_6 = \mathfrak{z}_2 \cdot \mathfrak{z}_3 \cdot (\mathfrak{z}_4 + \mathfrak{z}_5 + \mathfrak{z}_6) + \mathfrak{z}_4 \cdot \mathfrak{z}_5 \cdot \mathfrak{z}_2 \,. \tag{556}$$

Einsetzen der wahren Operatoren an Stelle der Buchstabensymbole ergibt schließlich die komplexe Abgleichbedingung:

$$-j\,\frac{R_1\,R_4}{\omega\,C} + \frac{L}{C} \cdot R_4 = -j\,\frac{R_2 R_3}{\omega\,C} + R_2 \cdot [R_3 \cdot (R_4 + R_5) + R_4 R_5]\,, \tag{557}$$

die in die beiden Komponentengleichungen als reelle Abgleichbedingungen aufgespalten werden kann:

$$R_1\,R_4 = R_2\,R_3\,; \qquad L/C = R_2 \cdot \left[R_3 + R_5 + \frac{R_3\,R_5}{R_4}\right]. \tag{558}$$

Aus der komplexen Abgleichbedingung Gl. (557) ersehen wir nach den Überlegungen des Abschn. III S. 124, daß die Brücke ausgezeichnet abgleichbar wird, wenn wir als Abgleichgrößen den Widerstand R_1 und den Widerstand R_5 benutzen. Mit diesen

Werten wird der Abgleichoperator (Gl. (264)):

$$\mathfrak{v} = \frac{R_4}{j\omega C R_2 (R_3 + R_4)}$$

rein imaginär, der Brückenwinkel also unabhängig von allen sonstigen Daten der Brücke immer 90°, das erreichbare Optimum.

Werden die Brückenschaltungen noch komplizierter, so reicht es oft nicht mehr aus, die Transfiguration einmal auszuführen. So fordert z. B. eine Brücke vom WIRK-Typ mit insgesamt 8 Zweigen nach Abb. 251 mindestens 2 Transformationen, ehe sie auf das einfachste Schema zurückgeführt ist, in dem es nur noch einfache Reihen- und Parallelschaltungen gibt. Man hat dabei vor allem zu beachten, daß man immer nur solche Sterne transfigurieren darf, die nur an 3 Punkten gespeist sind. Man darf keinen gespeisten Sternpunkt „wegtransfigurieren". Wir können also weder einen der beiden gespeisten Eckpunkte der Brücke wegtransfigurieren, obwohl von hier ein Widerstandsstern ausgeht, weil dieser Stern nämlich keinen isolierten Sternpunkt hat; ihm fließt ja von außen der Brückenstrom zu. Auch dürfen wir nicht einen der vom Mittelpunkt ausgehenden Sterne transfigurieren, weil hier das gleiche gilt. Dagegen gelingt die Rückführung auf ein einfaches Schema sofort, wenn wir die von der oberen und unteren Ecke ausgehenden Sterne umwandeln, die in der Abbildung durch verschiedene Schraffur gekennzeichnet sind. Die ihnen entsprechenden Widerstandsdreiecke sind in der Abb. 251b durch die gleichen Schraffuren hervorgehoben. Hier gibt es nur noch einfache Reihen und Parallelschaltungen, die unmittelbar übersehbar sind. Der Mittelpunkt der Ausgangsbrücke ist erhalten geblieben; sein Potential in der Ersatzschaltung und in der wahren Schaltung ist das gleiche, in der Ersatzschaltung aber nun direkt aus dem Spannungsteilerverhältnis der links und rechts liegenden Widerstandsoperatoren errechenbar. Als Anwendungsbeispiel denke man sich die 8 Widerstandsoperatoren als die Teilkapazitäten eines Kabelvierers gegeneinander und gegen Erde, die praktisch als Kabelmantel ausgeführt hier durch den Mittelpunkt dargestellt ist. Die aus Unsymmetrieen der Kapazitätsverteilung resultierende Erdunsymmetrie des Systems ist durch die Schaltung Abb. 251b unmittelbar anschaulich berechenbar. Bei reinen Kapazitäten bleibt dabei die Rechnung elementar; hat einer der Leiter einen Erdschluß über Widerstand, so ist sie zwar prinzipiell formal genau so durchführbar, erfordert aber den größeren Rechenaufwand des komplexen Rechnens.

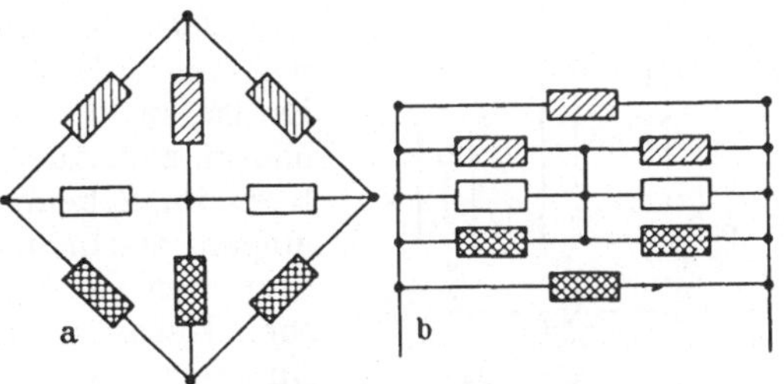

Abb. 251. Brücke vom WIRKYP. a Schaltbild. b Nach doppelter Stern-Dreieckumwandlung.

F. Mehrphasentransformatoren.

Wir haben schon eingangs unserer Betrachtungen über allgemeine Mehrphasensysteme darauf hingewiesen, daß man die Spannungen für ein mehrsträngiges System aus denen eines Systems geringerer Strangzahl durch Kupplung verschiedener Transformatoren herstellen kann (vgl. Abb. 204). Wir wollen diese Frage jetzt allgemeiner so stellen, daß wir untersuchen, welche Möglichkeiten sich für die Umwandlung der Strangzahl, der Phasenlage, der Verkettungsart und der Phasenfolge durch die Anwendung von Transformatoren ergeben, wobei wir der Einfachheit halber voraussetzen wollen, daß das Übersetzungsverhältnis für die Strangspannungen 1:1 sein möge. Die Umrechnung auf andere Grundübersetzungsverhältnisse ist dabei ohne besondere Schwierigkeiten möglich. Wir wollen ferner die Aufteilung der Ströme und Leistungen in solchen Fällen näher untersuchen.

Alle die Verfeinerungen der Aufgabe, die durch die Fragen entstehen, die wir im Abschn. III C 6 auf S. 71 und folgende für den einsträngigen Transformator behandelt haben — Berücksichtigung des OHMschen Widerstandes der Wicklungen, der Streuflüsse und des Magnetisierungsstromes, der für die Erzeugung des Hauptflusses benötigt wird —, wollen wir als unwesentlich auslassen. Ihre Hinzufügung wird im Einzelfalle keine unüberwindliche Schwierigkeit bei der Kombination bilden. Auf Einzelfragen, die mit der Frage der Nichtlinearität des Zusammenhanges von Fluß und Strom des Eisenkerns gerade bei mehrphasigen Systemen verknüpft sind, werden wir noch im Abschn. VI, S. 286, näher eingehen. Hier stellt sich uns also der Transformator als ein Gebilde dar, das nach dem Schema Abb. 252 aus einem Kern und Wicklungen besteht. Der Kern als Träger des Flusses besitze eine so hohe Permeabilität, daß er keinen Magnetisierungsstrombedarf hat; die 2 oder mehr Wicklungen umschlingen diesen Kernfluß streuungsfrei und ohne anderweitige Verkettung miteinander. Im Einzelfall werden wir angeben, ob jeder Kern für sich einen geschlossenen Eisenweg besitzt, wie das der angelsächsischen Praxis allgemein entspricht, oder ob mehrere Kerne unter Fortlassung des gemeinsamen Rückschlußweges miteinander vereinigt sind in der Annahme, daß sich die Summe der Flüsse eines mehrsträngigen Systems zu Null ergänze; das ist die europäische Praxis. Es ist nicht üblich diesen Unterschied in den Schaltbildern zum Ausdruck zu bringen, wie wir überhaupt den Kern im Schema weglassen und nur die beiden Wicklungen zeichnen (vgl. Abb. 94). Bei mehrsträngigen Systemen ist es dabei üblich, die Wicklungen des gleichen Kerns nicht nach dem Schaltbild Abb. 94 nebeneinander, sondern nach Abb. 252b gleichachsig darzustellen und dabei anzunehmen, daß sie in diesem Sinne gleichlaufend vom Fluß durchsetzt werden, und daß sie gleichen Wicklungssinn haben. Dann werden auch die in ihnen induzierten elektromotorischen Kräfte gleichen zeitlichen Verlauf haben — im Zeigerdiagramm also durch parallele Zeiger symbolisiert —, wenn man die Zählpfeile nach der Abbildung wählt.

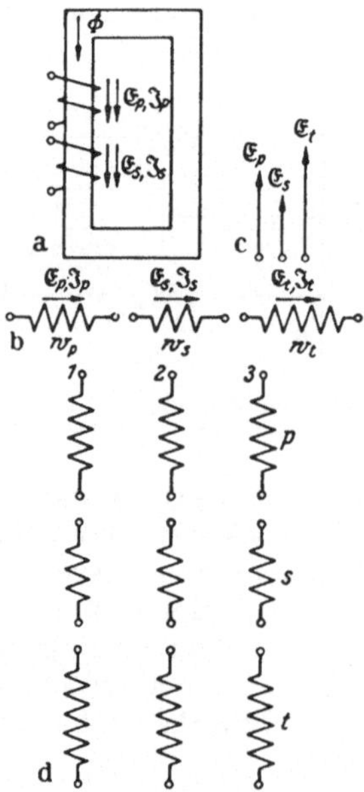

Abb. 252. Mehrphasentransformatoren im Schaltschema. a Anordnung eines Teilkerns. b Ersatzschema. c Zeigerdiagramm eines Kerns. d Schema eines Mehrphasen-Transformators (Drehstrom-Dreiwicklungsumspanner) mit Indizes für Wicklungen (Buchstaben) und Stränge (Zahlen).

Über die Zählpfeile der Ströme können wir Allgemeines hier nicht festlegen, weil durch die Verkettung der einzelnen Wicklungen untereinander hier u. U. Abweichungen von der allgemeinen Empfehlung nötig werden, sie so zu wählen, daß sie mit der gemeinsamen Flußrichtung zusammenfallen.

Die einzelnen Wicklungen auf dem Kern unterscheiden wir mit den Indizes $p =$ primär, $s =$ sekundär, $t =$ tertiär, $q =$ quartär, während wir die Zahlenindizes den Strangbezeichnungen vorbehalten wollen.

Auch von der Festlegung allgemeiner Regeln für die Zählrichtung der Klemmenspannungen der einzelnen Wicklungen wollen wir absehen, weil sie zweckmäßig verschieden ausfallen wird, je nachdem, welche Wicklung als gespeist — Verbrauchersystem — oder speisend — Generatorsystem — angesehen wird. Bei Bezugnahme auf die elektromotorischen Kräfte erübrigt sich diese Festlegung weitgehend, da sich die Klemmenspannungen unter unseren

Voraussetzungen des verlustlosen und streuungsfreien Umspanners von den elektromotorischen Kräften höchstens hinsichtlich des Vorzeichens unterscheiden.

Bei der Darstellung von mehrsträngigen Transformatoren im Schaltbild ist es auch nicht üblich, die Wicklungen so, wie wir das bisher bei der Betrachtung von Generatoren taten, in der Achse darzustellen, die sie in einem zweipoligen Generator hätten, und die also dann zugleich auch ein Bild von der Lage des zugehörigen Spannungszeigers im Zeigerdiagramm gibt. Wir zeichnen vielmehr alle Wicklungen untereinander gleichachsig, wie wir das gelegentlich bei der Abb. 238 bei einem Generator schon gemacht haben. Über die Lage der Phasen sagt dann also nur noch das zugehörige Zeigerdiagramm etwas aus. In diesem Sinne stellt also das Schema der Abb. 252d z. B. einen dreisträngigen (Drehstrom-)Dreiwicklungstransformator in offener Schaltung dar, weil noch keine Verkettungsverbindungen zwischen den einzelnen Strängen hergestellt sind.

Die drei Spannungen $\mathfrak{E}_p$, $\mathfrak{E}_s$ und $\mathfrak{E}_t$ des gleichen Kerns sind gleichphasig (Abb. 252c) und stehen, weil vom gleichen Fluß induziert, nach dem Effektivwert zueinander im Verhältnis der Windungszahlen jeder Wicklung:

$$E_p : E_s : E_t = w_p : w_s : w_t \,. \tag{559}$$

Die Spannungen der gleichen Stranggruppe, die zusammen z. B. die „Primärwicklung" bilden, sind bei symmetrischen Systemen untereinander gleich groß, aber gegeneinander in der Phase verschoben. Bei unsymmetrischen Systemen bestimmen die Leiterspannungen des zugeführten Systems je nach der Verkettungsart die gegenseitige Lage und Größe der Spannungen einer Stranggruppe, damit deren Flüsse und somit schließlich auch die Lage aller übrigen Spannungen.

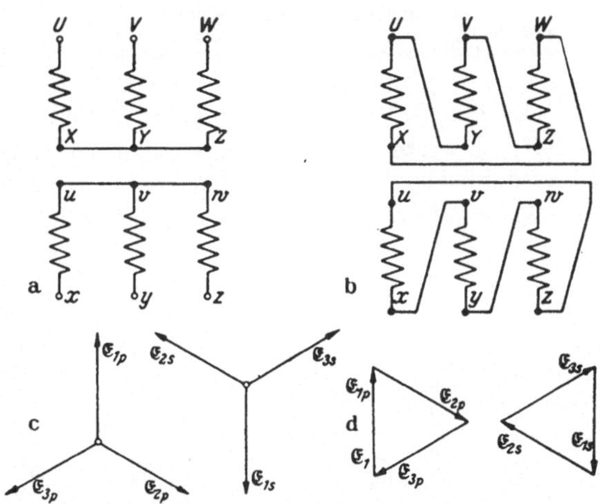

Abb. 253. Systemdrehung um 180° durch sekundäre Vertauschung von Wicklungsanfang und -ende. a Bei Sternschaltung. b Bei Dreieckschaltung. c Zeigerdiagramm zu (a). d Zeigerdiagramm zu (b).

Unabhängig von der Verkettungsart der speisenden Wicklung — meist ist das die als primär bezeichnete — sind wir völlig frei in der Wahl der Verkettungsart der übrigen Stranggruppen oder Wicklungen. Man kann also bei in Stern verketteter Primärwicklung, die Sekundärwicklung in Dreieck verketten und die tertiäre in offener Schaltung betreiben oder umgekehrt. Durch die Anwendung des Transformators ist also die Verkettungsart der miteinander gekuppelten Systeme in keiner Weise präjudiziert. Man kann auf jeder Seite willkürlich in Stern oder Polygon verketten oder auf jede Verkettung verzichten.

Was die Phasenlage der Systeme anlangt, so können wir zunächst in einfacher Weise die Phasenlage des Systems um 180° ändern, indem wir auf der sekundären Seite die Klemmen der Stränge vertauschen, bei Sternverkettung der Wicklung also den Sternpunkt der sekundären Wicklung nicht an den Klemmen uvw, sondern an den Klemmen xyz herstellen, oder entsprechend bei der Herstellung einer Dreieckschaltung nicht u mit y, v mit z und w mit x verbinden, sondern statt dessen x mit v, y mit w und z mit u. Die beiden Möglichkeiten sind in den Schaltbildern der Abb. 253a und b und den zugehörigen Zeigerdiagrammen c und d dargestellt, (Schaltungen B_2 und B_1 nach VDE 0532.)

Nimmt man diese Umpolungsmöglichkeit mit der Tatsache zusammen, daß man natürlich durch Umbezeichnung der Stränge auf der Sekundärseite in zyklischer Folge auch Drehungen des Systems um beliebige Vielfache des Grundwinkels $2\pi/p$ bewirken kann, so erhalten wir also $2p$ Möglichkeiten der relativen Lage des sekundären Diagramms zum primären, wobei sich allerdings die meisten nur durch Umbezeichnung voneinander unterscheiden.

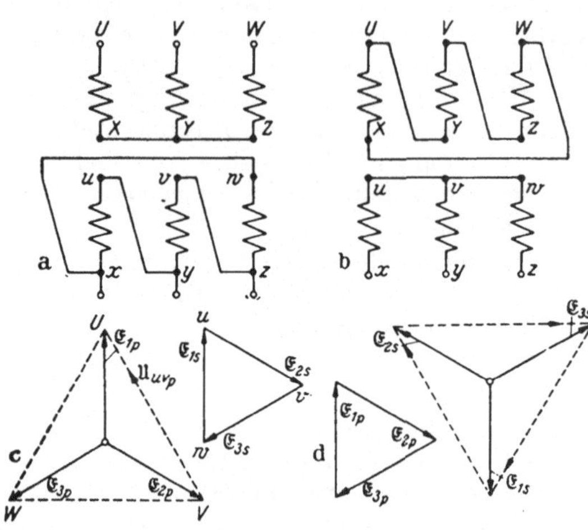

Abb. 254. Systemdrehung um 90° durch a Stern-Dreieckschaltung, b Dreieck-Sternschaltung. c Zeigerdiagramm zu (a), d Zeigerdiagramm zu (b).

Verkettet man auf der einen Seite in Stern, auf der anderen Seite in Dreieck oder umgekehrt, so erhält man die Schaltbilder Abb. 254a und b und die zugehörigen Zeigerdiagramme der Spannungen Abb. 254c und d. (Schaltungen D_2 und C_1 nach VDE 0532.) Betrachten wir für diesen Fall die Leiterspannungen beiderseits des Umspanners unter der Annahme gleicher Strangspannungen in der primären und sekundären Wicklung, so finden wir, daß die beiden Dreiecke der Leiterspannungen gegeneinander um 90° verschoben sind, und daß die Effektivwerte der Spannungen zueinander im Verhältnis $\sqrt{3}:1$ stehen. Wollen wir also gleiche Leiterspannungen haben, so müssen wir die Windungszahl der dreieckgeschalteten Wicklung bei dieser Schaltart $\sqrt{3}$ mal so groß machen wie die der sterngeschalteten Wicklung. Übrigens kann man die Verschiebung der Diagrammseiten um 90° auch als eine solche um 30° auffassen, wenn man eine Umbezeichnung der Stränge mit in Rechnung stellt. Sie kann willkürlich vor- oder nacheilend gemacht werden, wenn man noch zusätzlich von der Möglichkeit der Vertauschung von Wicklungsanfang und -ende Gebrauch macht. (Schaltungen C_2 und D_1 nach VDE 0532.)

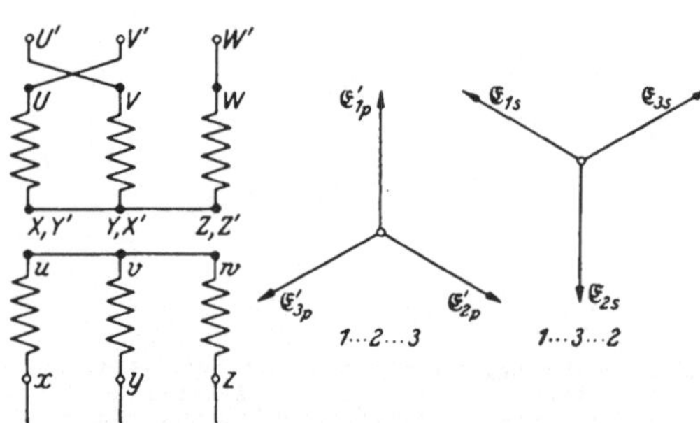

Abb. 255. Umkehr der Phasenfolge durch azyklisches Vertauschen zweier Anschlüsse auf einer Seite. a Schaltbild. b Zeigerdiagramm.

Damit sind aber die Möglichkeiten der Herstellung phasenverschobener Systeme bei weitem nicht erschöpft. Wir werden sie noch erheblich erweitern müssen, gehen aber zunächst noch kurz auf die Möglichkeit der Änderung der Phasenfolge ein, die einfach durch azyklische Vertauschung der Strangbezeichnung resultiert. Bei Schaltung in Stern-Stern ist das in der Abb. 255 dargestellt. Die Umbezeichnung der dem Kern U zugehörigen Wicklung in V' dadurch, daß wir hier schematisch die Klemmen vertauscht herausgeführt haben, ergibt auf der primären Seite umgekehrte Phasenfolge der Strangspannungen wie auf der sekundären.

Nachdem wir schon in Abb. 203c gezeigt haben, wie aus einem dreisträngigen System ein sechssträngiges abgeleitet werden kann, indem man von der Möglichkeit der Vertauschung von Anfang und Ende einiger Wicklungen Gebrauch macht, ist also auch schon ein Beispiel für eine Möglichkeit des Übergangs auf Systeme höherer Strangzahl gegeben, das man natürlich auch umgekehrt als Beispiel für die Möglichkeit des Übergangs auf ein System kleinerer Strangzahl ansehen kann, wenn man die Rollen von primärer und sekundärer Wicklung vertauscht.

In der Tat kann man aber bereits aus einem zweiphasigen System alle beliebigen symmetrischen oder unsymmetrischen Systeme ableiten, wenn man die entsprechende Anzahl von Umspannern oder Umspannerwicklungen dafür aufwendet. Voraussetzung ist nur, daß das zweiphasige System nicht seinerseits symmetrisch sein darf. Die beiden Spannungen müssen gegeneinander um einen von 180° oder Null abweichenden Winkel verschoben sein. Das zeigt die Abb. 256. Wir brauchen nur in der Zeigergleichung:

$$\mathfrak{E} = a \cdot \mathfrak{E}_a + b \cdot \mathfrak{E}_b \,, \tag{560}$$

die Vorzahlen a und b als die Übersetzungsverhältnisse von Transformatoren zu deuten und negative Werte dieser Übersetzungsverhältnisse — wie in der Abbildung, wo $b < 0$ ist, — durch Umpolung der Wicklungen = Vertauschung von Anfang und Ende der Wicklung zu verwirklichen, um jede gewünschte Spannung nach Größe und Phase aus den beiden vorgegebenen Strangspannungen eines unsymmetrischen Zweiphasensystems herzustellen. Dem entspricht das Schaltbild (Abb. 256b).

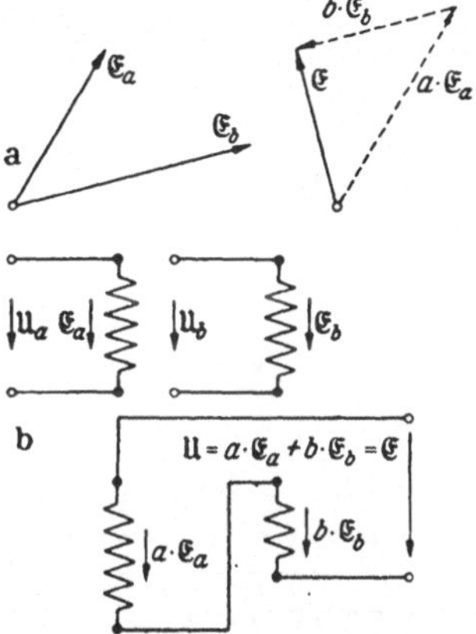

Abb. 256. Herstellung einer gewünschten Spannung aus zwei beliebig vorgegebenen Komponenten. a Zeigerdiagramm. b Ausgeführte Schaltung.

$$\text{Dabei ist } a = \frac{w_{sa}}{w_{pa}} \quad \text{und} \quad b = -\frac{w_{sb}}{w_{pb}} \,.$$

So können wir also auch unter Verwendung eines Zweiphasensystems mit zwei gleichen um 90° verschobenen Spannungen die Strangspannungen eines Drehstromsystems herstellen. Die gegebenen und gewünschten Spannungen sind im Zeigerdiagramm der Abb. 257a gezeigt, wobei die des zweiphasigen Systems mit römischen Indizes, die des dreiphasigen mit arabischen Indizes gekennzeichnet sind. Für gleiche Strangspannungen sind die Beziehungen für die Herstellung der Drehstromstrangspannungen sofort abzulesen:

$$\mathfrak{E}_1 = \mathfrak{E}_I \,; \quad \mathfrak{E}_2 = -0{,}5 \cdot \mathfrak{E}_I + 0{,}866\, \mathfrak{E}_{II} \,; \quad \mathfrak{E}_3 = -0{,}5\, \mathfrak{E}_I - 0{,}866\, \mathfrak{E}_{II} \,. \tag{561}$$

Wir benötigen also vier Übersetzungsverhältnisse, d. h. vier Wicklungsstränge, um sie zum Drehstromsystem zusammenschalten zu können. Wenn wir allerdings die Stränge des Drehstromsystems in offener Schaltung betreiben wollen, so werden fünf Wicklungen gebraucht, weil die gemeinsame Benutzung der gleichen Stränge für die verschiedenen Strangspannungen des Drehstromsystems eine Verkettung bedeutet. In offener Schaltung ergäbe sich dann das Schaltbild (Abb. 257b). Die sekundäre Strangspannung wird aus einem Umspanner 1:1 am primären Strang I entnommen. Die sekundäre Strangspannung 2 wird zusammengesetzt aus: einem Anteil, der mit dem „Untersetzungs“ verhältnis $w_p : w_s = 1 : 0{,}5$ aus einer Tertiärwicklung des Kerns I entnommen wird, die umzupolen ist, und einem Anteil aus der Sekundärwicklung des Kerns II, der primär der Spannung II zugeordnet ist, mit dem Übersetzungsverhältnis $w_s/w_p = 0{,}866 : 1$ ohne Umpolung. Die dritte schließlich stammt aus einer der Tertiärwicklung gleichen Quartärwicklung des Kernes I und einer — bis auf die notwendige Umpolung — der Sekundärwicklung des zweiten Kerns gleichen Tertiärwicklung des Kernes *II*. Verzichten wir auf die vollständige Trennung der Wicklungen des Drehstromnetzes, so können wir die beiden Drehstromstrangspannungen 2 und 3 gemeinsame Spannung — 0,5 $\mathfrak{E}_{II}$ aus der gleichen Wicklung entnehmen, müssen dann aber in Kauf nehmen, daß mit der Verbindung der Anfangspunkte dieser beiden Stränge nur noch die Sternschaltung des ganzen Systems in Frage kommen kann. Die dritte — erste — Strangspannung muß dann mit ihrem Wicklungsanfang an dieselbe Verbindungsstelle angeschlossen werden. Der Kern *I* erhält also insgesamt eine Sekundärwicklung mit der relativen Windungszahl von 1,5, die bei 1 zur Herausführung des Sternpunktes angezapft ist,. Der Kern *II* erhält eine durchlaufende Wicklung mit der relativen Windungszahl 1,732, deren Mittelanzapfung mit dem Anfangspunkt der ersten Wicklung verkettet wird.

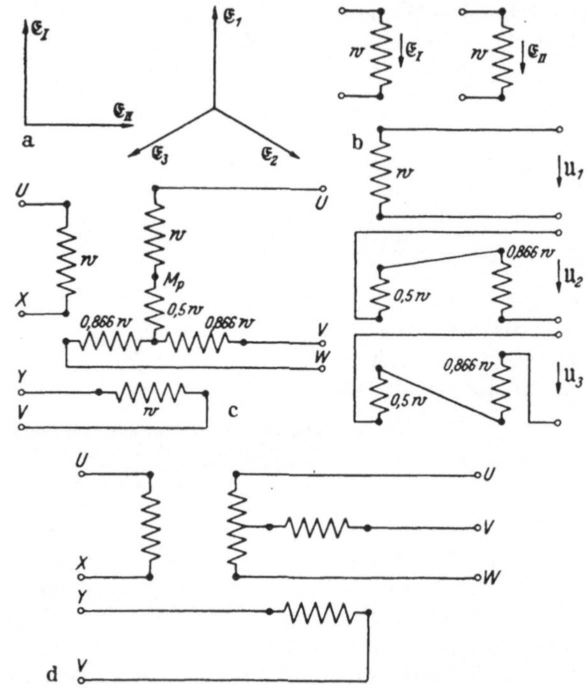

Abb. 257. Herstellung eines Drehstromsystems aus einem unsymmetrischen Zweiphasensystem. a Zeigerdiagramm, b Schaltschema des zweikernigen Umspanners zur Verwirklichung der Aufgabe in offener Schaltung für das Drehstromsystem. c. Zusammenlegung gemeinsam benutzbarer Wicklungen zur SCOTTschaltung. Leiterspannung der Drehstromseite = $\sqrt{3}\cdot$Strangspannung der Zweiphasenseite. d Wie (c), aber Leiterspannung der Drehstromseite = Strangspannung der Zweiphasenseite.

Zeichnen wir ausnahmsweise doch noch einmal die Wicklungen mit ihren Achsen entsprechend den Zeigerlagen der in ihnen induzierten Spannungen und ordnen auch die primären und sekundären Wicklungen noch einmal nebeneinander an, so kommen wir zur sogenannten SCOTT-Schaltung, die früher eine bedeutende Rolle spielte, als das unsymmetrische Zweiphasensystem noch neben dem Drehstromnetz verbreitet war und man Leistungsaustausch zwischen beiden anstrebte (Abb. 257c). Dabei ist nun aber das Wicklungskupfer schlecht ausgenutzt, denn bei den Strängen 2 und 3 des Drehstromnetzes sind ja zur Erzeugung der Strangspannung vom Relativwert 1 Windungszahlen im Relativwert $(0,5+0,866)=1,366$ verwendet worden. Es entsteht also dort 36,6 % mehr Kupferbedarf als im normalen Drehstromumspanner bei gleicher Scheinleistung. Hat also der Drehstromumspanner die Konstruktionsleistung $3\,EI$, so ist sie hier $(1+2\cdot 1,366)\,EI$, also um rd. 25 % größer.

Genau die gleiche Vergrößerung der Typenleistung bekommen wir auch, wenn wir uns zur Verkettung der Sekundärspannungen in Dreieck entschließen, womit dann die Sekundärwicklung und die Tertiärwicklung des Kerns *II* zusammengelegt werden können. Das entstehende Schaltbild (Abb. 257d) zeigt die zugehörige Schaltung. Die Strangspannungen E sind hier die Leiterspannungen des abgehenden Netzes, während diese vorher $E\sqrt{3}$ waren. Insofern ist denn auch die scheinbare

Einsparung an Windungszahl kein Gewinn, denn um auf gleiche Leistung zu kommen, müßte man ja die Windungszahl auch auf das $\sqrt{3}$-fache erhöhen und kommt damit abgesehen von der Drehung der Phasenlage wieder auf das vorige Beispiel mit allen Einzelheiten zurück.

Selbstverständlich ist dieser Vorgang auch umkehrbar. Genau so, wie man aus einem Zweiphasensystem hier die Spannungen eines Drehstromnetzes herausholen konnte, kann man umgekehrt bei Anlegen der Drehstromspannungen aus dem SCOTT-Transformator die Zweiphasenordnung herausholen. Für diese Aufgabe spielt der SCOTT-Transformator auch heute noch für bestimmte Aufgaben, besonders auch in der Meß- und Regeltechnik, noch eine Rolle.

Wir wollen sofort hier die Behandlung der Frage anschließen, wie sich die Ströme in einem solchen Umspanner von der Belastungsseite auf die primäre Seite übertragen, und wie sich die Stränge des primären Teils in die Leistung des sekundären Teils teilen. Dabei wird dieser ganze Vorgang von der Bedingung des *AW*-Gleichgewichts auf den Kernen beherrscht. Solange wir den Magnetisierungsstrom auf den Schenkeln vernachlässigen können — eine unserer Voraussetzungen für diese Rechnung —, gilt ja für jeden Kern einzeln: $\Sigma w\mathfrak{J} = 0$.

Betrachten wir also den Zweiphasen-Drehstromtransformator nach diesem Prinzip, so bekommen wir aus dem *AW*-Gleichgewicht nach Abb. 257c (Zählrichtungen der Ströme gleich denen der Spannungen.):

$$\left.\begin{aligned} \text{auf Kern } I\colon\quad & w\mathfrak{J}_{pI} + w\mathfrak{J}_{s1} - 0{,}5\, w\mathfrak{J}_{s2} - 0{,}5\, w\mathfrak{J}_{s3} = 0 \\ \text{oder:}\quad & -\mathfrak{J}_{pI} = \mathfrak{J}_{s1} - 0{,}5\,(\mathfrak{J}_{s2} + \mathfrak{J}_{s3})\,, \\ \text{auf Kern } II\colon\quad & w\mathfrak{J}_{pII} + 0{,}866\, w\mathfrak{J}_{s2} - 0{,}866\, w\mathfrak{J}_{s3} = 0 \\ \text{oder:}\quad & -\mathfrak{J}_{pII} = 0{,}866\,(\mathfrak{J}_{s2} - \mathfrak{J}_{s3})\,. \end{aligned}\right\} \qquad (562)$$

In den nun folgenden Diagrammen sind, um die Übersicht zu erleichtern, an Stelle der Ströme $\mathfrak{J}_p$ Ströme $\mathfrak{J}_p'$ mit umgekehrter Zählrichtung eingetragen, damit die Phasenbeziehungen dieser Ströme zu zugehörigen Spannungen ebenso leicht über-

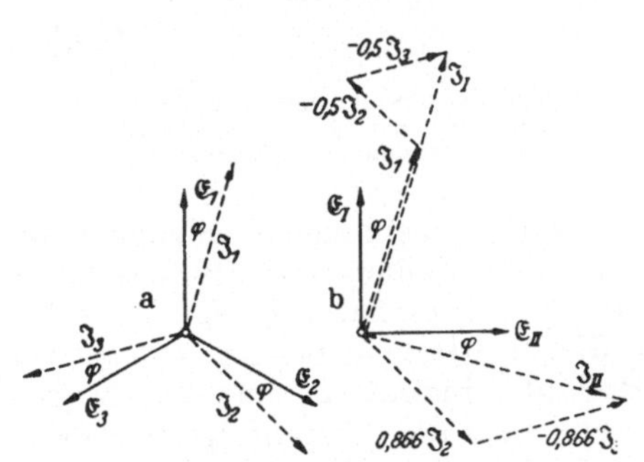

Abb. 258. Diagramm der Spannungen und Ströme bei symmetrischer Belastung der Drehstromseite des SCOTT-Transformators. a Drehstromseitig, b Zweiphasenseitig.

Abb. 259 a u. b. Spannungen, Ströme und Leistungen bei einsträngiger Dreiecklast auf der Drehstromseite eines SCOTT-Transformators. a Zeigerdiagramm auf der Drehstromseite. b Zeigerdiagramm auf der Zweiphasenseite.

sehen werden können wie auf der sekundären Seite, die — als Generator wirkend — Phasenverschiebungen kleiner als 90° zwischen den Strangspannungen und Strömen hat.

Für symmetrische Belastung mit dem beliebigen, aber für alle Stränge des Drehstromnetzes gleichen Phasenwinkel φ sind die Verhältnisse in Abb. 258a und b gezeigt. Die symmetrischen Ströme des Drehstromsystems setzen sich zu eben so symmetrischen Strömen des Zweiphasensystems mit den gleichen Phasenverschiebungen in bezug auf die zugehörigen Spannungen um. Jeder Strang des Zweiphasensystems übernimmt je die Hälfte von der Gesamtsumme der drei unter sich gleichen Strangleistungen des Drehstromsystems.

Beim unsymmetrisch belasteten Drehstromsystem (Abb. 259a und b) — als extremer Sonderfall ist die Belastung zwischen zwei Leitern angenommen, d. h. ein Strang (c) einer in Dreieck verketteten Last — wird das ganz anders. Es wird nach Gl. (562) mit

$$\mathfrak{J}_{s2} = -\mathfrak{J}_{s1} \quad \text{und} \quad \mathfrak{J}_{s3} = 0:$$
$$\mathfrak{J}'_{pI} = 1{,}5\,\mathfrak{J}_{s1} \quad \text{und} \quad \mathfrak{J}'_{pII} = -0{,}866\,\mathfrak{J}_{s1},$$

wobei auch noch die Phasenwinkel gegen die zugehörigen Strangspannungen verschieden sind:

$$\varphi_I = (30^\circ - \varphi_c);\ \varphi_{II} = (60^\circ + \varphi_c)\,.$$

Ähnlich wie sich schon im Drehstromsystem die Last verschieden auf die beiden Stränge aufteilt, teilt sie sich auch auf die beiden Stränge des Zweiphasensystems verschieden auf. Selbst in dem Fall der induktionsfreien Last, wo die beiden beteiligten Drehstromstränge zu gleichen Teilen die Leistung übernehmen, ist die Belastung im Zweiphasensystem schon unsymmetrisch. Diese Ungleichheit verstärkt sich

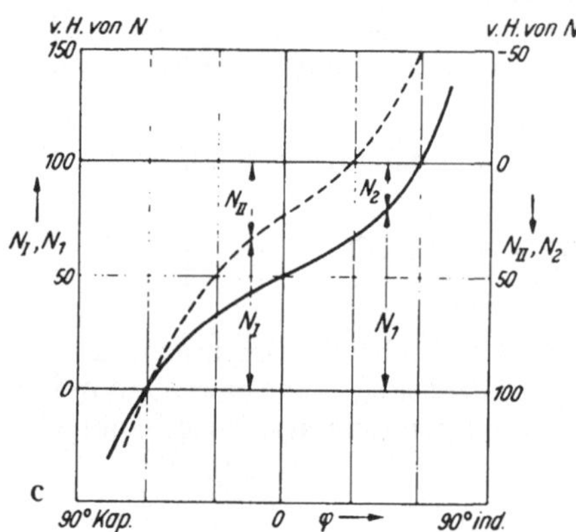

Abb. 259 c. Leistungsdiagramm der Verteilung auf die Stränge der Drehstrom- und Zweiphasenseite.

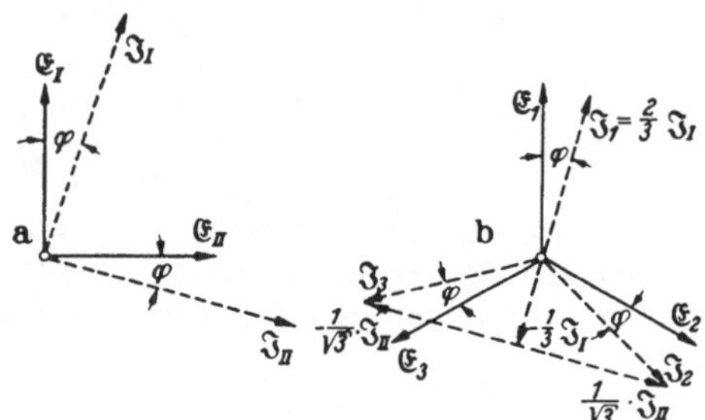

Abb. 260. Symmetrische Belastung des SCOTT-Transformators auf der Zweiphasenseite. a Zweiphasenseite. b Drehstromseite.

mit zunehmender induktiver Phasenverschiebung, während bei zunehmend kapazitiver Phasenverschiebung, wo die Unsymmetrie der Lastaufteilung auf die beteiligten Stränge des Drehstromsystems wächst, sich die des Zweiphasensystems zunächst vermindert und erst bei Überschreitung der Gleichverteilung bei 30° kapazitiver Phasenverschiebung wieder zunimmt. Die Rolle der induktiven und kapazitiven Phasenverschiebung kehrt sich hierbei um, wenn man die Phasenfolge des Zweiphasensystems vertauscht. Abb. 259c zeigt die Aufteilung in Funktion des Phasenwinkels für eine solche stark unsymmetrische Last.

Die umgekehrte Frage nach der Verteilung einer zweisträngig eingebrachten Last auf die drehstromseitige Speisung ist anscheinend nicht so leicht zu beantworten. Denn das *AW*-Gleichgewicht ergibt ja bei nur zwei Kernen auch nur 2 Gleichungen, aus denen wir nicht drei Ströme bestimmen können.

Allerdings erhalten wir die dritte benötigte Gleichung sofort, wenn es sich um ein Drehstromsystem ohne Mittelleiter handelt. Dann muß zwangsweise die Summe der drei Leiterströme Null sein; es sind also damit die drei Ströme auf nur zwei Unbekannte reduziert, die sich bestimmen lassen. Die Umkehrung der oben angeschriebenen Gleichungen für den Fall der umgekehrten Speisung ergibt die Lösungen:

$$\mathfrak{J}_{p1} = 0{,}666\,\mathfrak{J}_{sI}\,;\ \mathfrak{J}_{p2} = -0{,}333\,\mathfrak{J}_{sI} + 0{,}576\,\mathfrak{J}_{sII}\,;\ \mathfrak{J}_{p3} = -0{,}333\,\mathfrak{J}_{sI} - 0{,}576\cdot\mathfrak{J}_{sII}\,. \quad (563)$$

Sie sind für den Fall einer symmetrischen Last der beiden Zweiphasenstränge in Abb. 260 und den stark unsymmetrischen Fall einer nur zwischen die beiden Außenleiter geschalteten Einzellast der Zweiphasenseite in Abb. 261 dargestellt. Während sich die symmetrische Last der Zweiphasenseite auch wieder in eine symmetrische Last der Drehstromseite verteilt — jeder Strang übernimmt unabhängig von der Phasenverschiebung je 1/3 der Gesamtleistung der beiden Stränge des Zweiphasensystems —, ergibt die unsymmetrische Zweiphasenlast auch ein stark unsymmetrisches Bild der Drehstromlastverteilung. Die in der Abbildung als schwach induktiv angenommene Last zwischen den Außenleitern des Zweiphasensystems erscheint an dem Strang 1 der Drehstromseite als schwach kapazitive Last. Im Strang 2 haben wir stark induktive Last und im Strang 3 endlich ist die Leistung sogar negativ. Dieser Strang nimmt im Mittel keine Last aus dem Generator auf, sondern speist in ihn zurück. Natürlich nehmen die beiden anderen Stränge entsprechend mehr Leistung auf.

Wie steht es aber, wenn diese Zusatzbedingung der Stromsumme Null nicht existiert, der

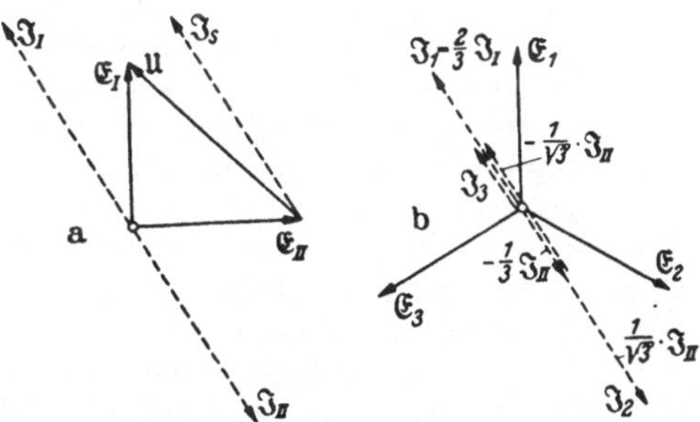

Abb. 261. Unsymmetrische Belastung der Zweiphasenseite eines SCOTT-Transformators.

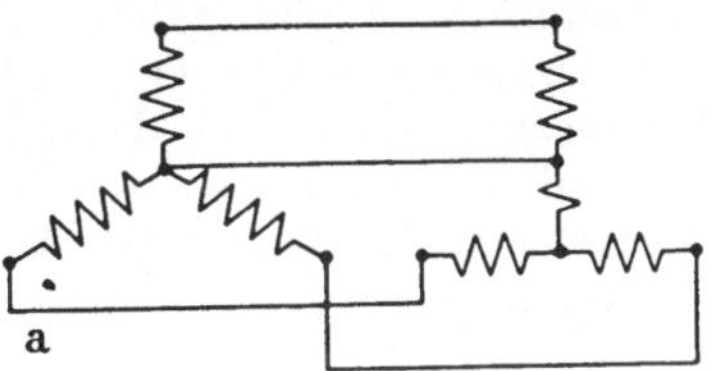

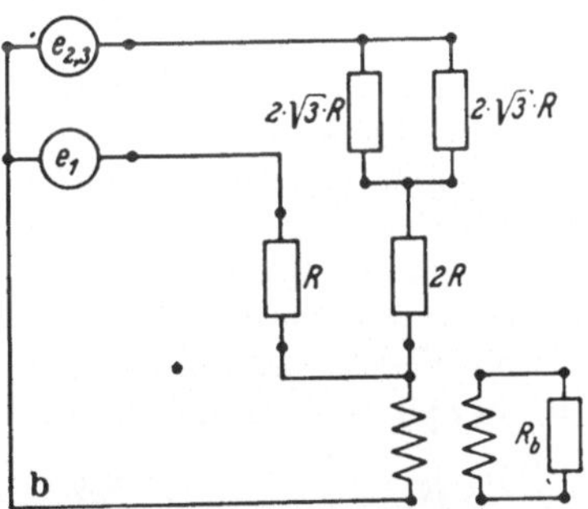

Abb. 262. SCOTT-Transformator drehstromseitig gespeist aus einem sterngeschalteten Generator. Mit Sternpunktleitung. a Schaltung b Ersatzschaltbild.

Umspanner also drehstromseitig mit einem Sternpunktleiter versehen ist (Abb. 262)? Dann allerdings reichen unsere Bedingungen in der Tat nicht aus. Das Problem liegt dann ähnlich wie das S. 221 behandelte der Aufteilung der drei Leiterströme eines Drehstromnetzes auf die drei unbekannten Strangströme eines Generators in Dreieckschaltung. In der Mechanik würde man das System als statisch unbestimmt bezeichnen. Nur die inneren Widerstände bestimmen dann hier die Stromverteilung, so wie dort nur die Verformungen die Stabkräfte festlegen. Genau so wie in den Ausführungen zu Abschn. V C 3, S. 220, betrachten wir als Beispiel die Windungszahlen der in Betracht kommenden Wicklungen als den Widerständen proportional und somit repräsentativ für die Stromverteilung und sehen dabei von den inneren Widerständen im Generator ab, dessen Leistung weit größer sei als die des Umspanners.

Wir betrachten nun als Beispiele die Verhältnisse für zwei Zustände getrennt, aus deren Überlagerung stets die gesamte Verteilung zusammengesetzt werden kann. Führe zunächst nur die Strangwicklung *I* Laststrom, so wird dieser von der Wicklung des Stranges 1 und dem gemeinsamen Wicklungsteil der beiden Stränge 2 und 3 des Drehstromteils im Gleichgewicht gehalten werden müssen. Wie sich die *AW* auf die beiden Wicklungen verteilen, hängt nur von den Widerständen beider Teile ab, wenn der Generator exakt symmetrische Spannungen liefert und die Windungszahlen der beiden Wicklungen sich genau wie 1:2 verhalten. Wir können unter Umrechnung des Widerstandes entsprechend dem Übersetzungsverhältnis (vgl. S. 101) ein Ersatzschaltbild für die Speisung durch die parallel liegenden Kreise aufzeichnen, wie es die Abb. 262b gibt. Dabei sind die gleich großen eingeprägten Spannungen und die transformatorisch angekoppelte Last R_b zusammen hintereinander geschaltet mit den Widerständen der drei Generatorkreise und den zugehörigen Transformatorinnenwiderständen. Sind die Widerstände den Windungszahlen proportional, so ist der Widerstand des Summenzweiges aus den Strängen 2 und 3 $(2+\sqrt{3})=3{,}73$ mal so groß wie der Widerstand des Hauptstranges 1. Der Strom wird sich also umgekehrt wie die Widerstände auf diese Zweige aufteilen. Im Zweig 1 fließen dann vom Gesamtstrom wenig unter 80%, während jeder der anderen Stränge wenig über 10% übernimmt. Da diese Ströme in den Wicklungen des Kerns *II* gegenphasig fließen, stören sie das *AW*-Gleichgewicht auf diesem Schenkel nicht. Dagegen würde es zu erheblichen Unsymmetrien und Änderungen dieses Stromverhältnisses auch dann kommen, wenn etwa die Spannungen der einzelnen Kreise nicht exakt gleich sind, wenn also sozusagen „innere Spannungen" zusätzlich vorhanden sind. Diese rufen Ausgleichströme im System hervor, die sich zusätzlich überlagern, ohne das *AW*-Gleichgewicht zu stören. Ebenso können ja auch beim dreieckgeschalteten Generator, dem äquivalenten Problem, sich Kreisströme der natürlichen Verteilung überlagern, wenn die Summe der drei elektromotorischen Kräfte nicht Null ist.

Nehmen wir nun allein die Wicklung des Stranges *II* als stromführend an, so liegt zunächst keine Veranlassung dafür vor, daß sich die Wicklung des Kernes *I* auf der Primärseite irgendwie daran beteiligte. Erst wenn wieder Unsymmetriespannungen mitwirken, kommt es auch in der Wicklung des Sternpunktabzweiges zu Ausgleichströmen, die nun wegen des *AW*-Gleichgewichts notwendig auch zu Strömen im Strang 1 führen müssen, wobei wieder die Größe der inneren Widerstände die wahren Werte bestimmt. Das Problem ist damit ausführlich genug behandelt, um bei späteren ähnlichen Fällen nur hierauf verweisen zu können.

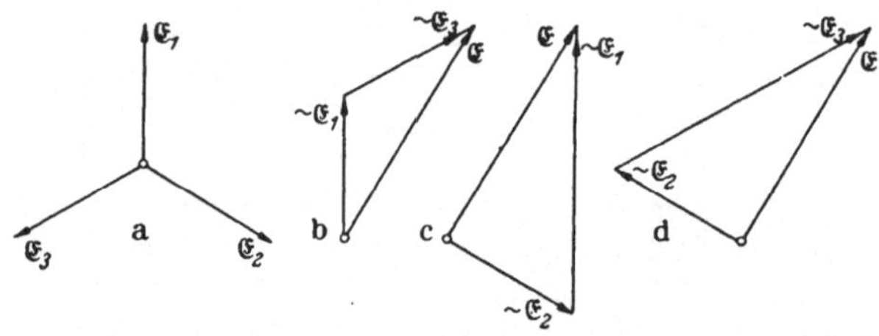

Abb. 263. Herstellung einer Spannung unter Verwendung verschiedener Spannungen eines Drehstromsystems a. b aus $\mathfrak{E}_1$ und $\mathfrak{E}_3$, c aus $\mathfrak{E}_2$ und $\mathfrak{E}_1$ d aus $\mathfrak{E}_3$ und $\mathfrak{E}_2$.

Nehmen wir nun als Ausgangspunkt für die Entwicklung von Mehrphasensystemen nicht ein Zweiphasensystem, sondern das überall vorhandene Drehstromnetz an, so steigt mit dem Vorhandensein von 3 Grundspannungen auch die Zahl der Möglichkeiten, eine beliebige Spannung für ein neu zu schaffendes System herzustellen. Nach Abb. 263 kann man z. B. die gewünschte Spannung eines Systems, die um 30° gegen die des erzeugenden Drehstromsystems nacheilen soll, auf die drei dargestellten Arten mit je 2 der Grundspannungen herstellen. Man sieht sofort ein, daß davon praktisch nur die eine in Frage kommt, bei der die Spannungen 1 und 3 zur Herstellung benutzt werden. Leitschnur für die Auswahl günstiger Spannungen wird dabei immer sein, den „*Umwegfaktor*":

$$k_u = \frac{\Sigma U}{|\Sigma \mathfrak{U}|}$$

so klein wie möglich zu halten. Er ist für die Zusammensetzung der oben verlangten Spannung, wie man aus geometrischen Beziehungen leicht ableitet,

bei Bildung aus $\mathfrak{E}_1$ und $\mathfrak{E}_3$	$2/\sqrt{3} = 1{,}15$
bei Bildung aus $\mathfrak{E}_2$ und $\mathfrak{E}_3$	$\sqrt{3} = 1{,}73$
bei Bildung aus $\mathfrak{E}_3$ und $\mathfrak{E}_1$	$\sqrt{3} = 1{,}73$.

Die Konstruktionsleistung eines solchen Umspanners wird hinsichtlich der Sekundärwicklung also im günstigsten Fall um 15 %, bei den abzulehnenden ungünstigeren Fällen um 73 % höher als die eines Umspanners ohne solche Kunstschaltungen.

Will man also ein Drehstromsystem mit 30° Phasenverschiebung gegen das erzeugende System herstellen, so wird man für jeden Strang des neuen Systems andere Wicklungen des erzeugenden Systems verwenden und erhält so die in der Abb. 264 dargestellte Schaltung, die man wegen des Aussehens des resultierenden Spannungszeigerdiagramms (Abb. 264b) als Zickzackschaltung bezeichnet. Man kann sie so ausführen, daß das neue System voreilt, wie in der Abbildung angenommen ist, oder nacheilt, wenn man andere Strangwicklungen miteinander kombiniert.

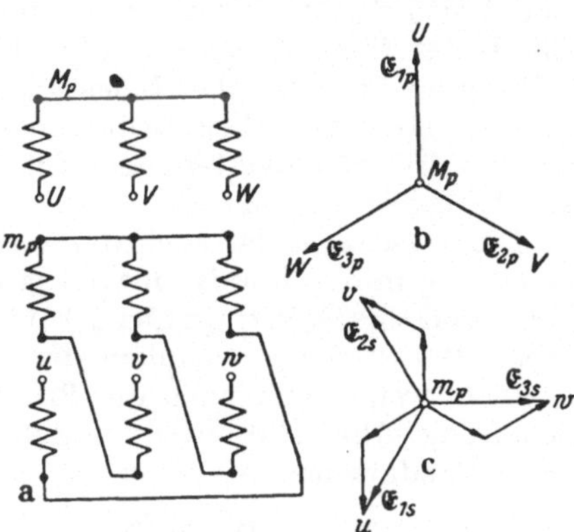

Abb. 264. Drehstromtransformator in Sternzickzackschaltung. a Schaltbild. b Zeigerdiagramm primär (Stern). c Zeigerdiagramm sekundär (Zickzack).

Wird ein derartiger Umspanner auf der Zickzackseite in allen Strängen symmetrisch belastet, so ergeben sich für die Ströme die in Abb. 265a und b dargestellten Verhältnisse. Die Sekundärströme sind durch die Belastung und die Strangspannungen vorgeschrieben. Für die Belastung auf der Primärseite folgt aus dem AW-Gleichgewicht z. B. für den Kern U:

$$w\mathfrak{J}_{1_p} + 0{,}576\, w\mathfrak{J}_{2_s} - 0{,}576\, w\mathfrak{J}_{1_s} = 0 \quad \text{oder:} \quad \mathfrak{J}'_{1_p} = 0{,}576\,(\mathfrak{J}_{2_s} - \mathfrak{J}_{1_s}) \tag{565}$$

und für die anderen Stränge zyklisch vertauscht dasselbe. Bei Stromsymmetrie ergibt das nach Abb. 265b für die Primärseite ebenfalls ein symmetrisches System, das gegen die zugehörigen Spannungen um den gleichen Winkel φ nacheilt, um den das System der sekundären Ströme gegen seine Spannungen nacheilt.

Ist die Last der Sekundärseite nach Abb. 266a einsträngig derart, daß die Last zwischen dem einen Außenleiter und dem Sternpunkt angeschlossen ist, so bleiben natürlich die obigen Gleichungen bestehen, die vom AW-Gleichgewicht gefordert

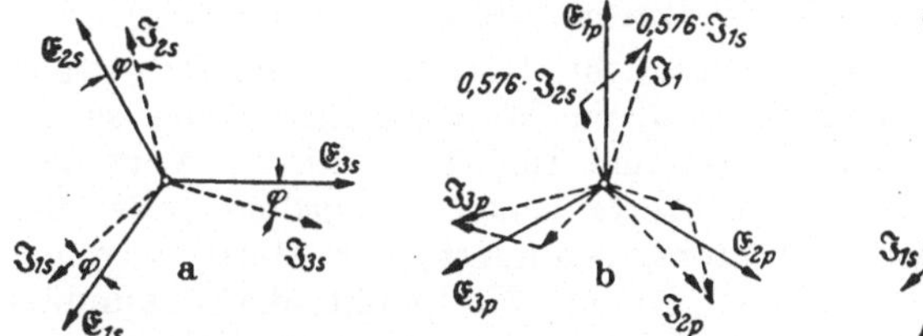

Abb. 265. Symmetrische Belastung der Zickzackseite eines Stern-Zickzack-geschalteten Transformators. a Sekundärseite (Zickzack). b Primärseite (Stern).

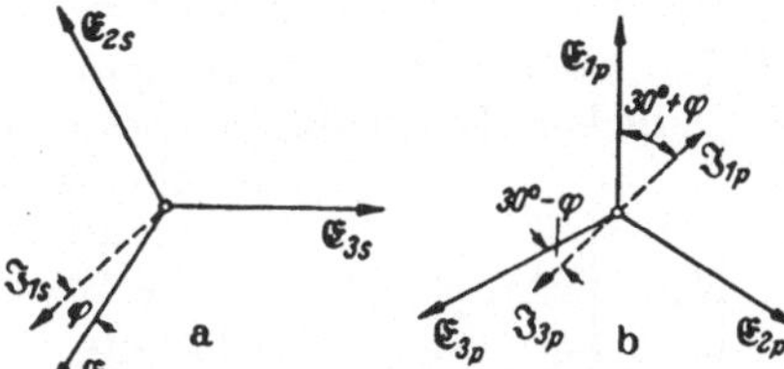

Abb. 266. Einsträngige Belastung der Zickzackseite eines Stern-Zickzack-geschalteten Transformators. a Sekundärseite (Zickzack). c Primärseite (Stern).

werden. Somit ergibt sich für die primäre Wicklung die notwendige Stromverteilung nach Abb. 266b mit zwei gleich hoch an der Stromführung beteiligten Strängen. Strang 1 und 3 führen je das 0,576fache des Laststromes. Bei den dargestellten Verhältnissen für den Lastphasenwinkel ergibt sich bei induktiver Last im Strang 1 der Primärwicklung ein erheblich vergrößerter induktiver Phasenwinkel, im Strang 3 dagegen ein kapazitiver Strom, während der Strang 2 unbeteiligt bleibt. Dieser Zustand ist mit dem Zustand der Primärwicklung in jedem Fall verträglich. Auch wenn die Primärseite keinen Sternpunktleiter hat, so addieren sich doch die von der Last herrührenden Anteile des primären Stromes in den drei Strängen automatisch zu Null; sein Vorhandensein würde nichts ändern. Ist die Wicklung in Dreieck geschaltet, so würde auch das nichts ändern, soweit die inneren Verhältnisse des Transformators betroffen sind. Nur müssen jetzt noch nach dem Schaltbild Abb. 266c die Leiterströme aus der Differenz der Strangströme gebildet werden, womit sich ergibt, daß nunmehr die Primärseite in allen drei Leitern Strom führt. Ein Leiter führt dabei den doppelten Strom wie die beiden anderen. Auch bei beliebig unsymmetrischer Belastung der sekundären Wicklungsstränge bleibt dieser Zustand stets mit allen Bedingungen der primären Seite verträglich, da man ja nur die drei Stromverteilungen für jeden Sekundärstrom einzeln zu ermitteln und zu überlagern braucht.

Diese Tatsache ist auch der wahre Grund für die häufige Anwendung dieser Schaltung in der Praxis, obwohl ja der Kupferaufwand im Umspanner wegen des Umwegfaktors (k_u beträgt hier 1,15) höher ist als bei der einfachen Stern/Stern-Schaltung. Bei dieser ist nämlich die einsträngige Belastung des Umspanners nicht möglich, wenn nicht auch die Primärseite einen Sternpunktleiter hat. Für diese Schaltung (Abb. 253) fordert ja das AW-Gleichgewicht bei einsträngiger Belastung der Sekundärseite:

$$\mathfrak{J}'_{1_p} = \mathfrak{J}_{1_s}; \qquad \mathfrak{J}'_{2_p} = 0; \qquad \mathfrak{J}'_{3_p} = 0\,, \tag{566}$$

was aber bei fehlender Sternpunktverbindung des primären Wicklungssystems nicht mit der Bedingung (2) am Sternpunkt M_p verträglich ist:

$$\mathfrak{J}'_{1_p} + \mathfrak{J}'_{2_p} + \mathfrak{J}'_{3_p} = 0\,.$$

Ströme in den Strängen 2 und 3 der Primärwicklung, die den Strangstrom 1 zu Null ergänzen, könnten nur fließen, wenn sie durch Sekundärströme in den anderen Strängen der Sekundärwicklungen in AW-Gleichgewicht gehalten werden. Auf diesen Wegen steht dem dann aber der auf die Primärseite transformierte Widerstand der Laststränge entgegen, deren Größe einerseits die Verteilung von $\mathfrak{J}'_{1_p}$ auf diese beiden Stränge bestimmt, andererseits aber auch in Parallelschaltung als Vorwiderstand für die transformierte Last des Stranges 1 wirkt. Die Ausbildung dieses Stromes wird also behindert, und zwar um so stärker, je höher die Widerstände in den anderen Lastzweigen sind. Bei absolutem Leerlauf würde der Strom $\mathfrak{J}'_{1_p}$ also auch auf Null gedrosselt werden. Praktisch erfolgt die Drosselung nicht auf Null, weil die Querinduktivität des Stranges nicht Unendlich ist, sondern wegen der endlichen Permeabilität des Eisenweges endliche Werte annimmt und so als parallel zur Last liegende Impedanz diesen Vorwiderstand auf endliche Werte senkt. In jedem Falle aber ist die Stromausbildung behindert; der Stern-Stern geschaltete Umspanner ist im Nullpunkt der Sekundärseite nicht belastbar, wenn der Sternpunktleiter der primären Seite fehlt.

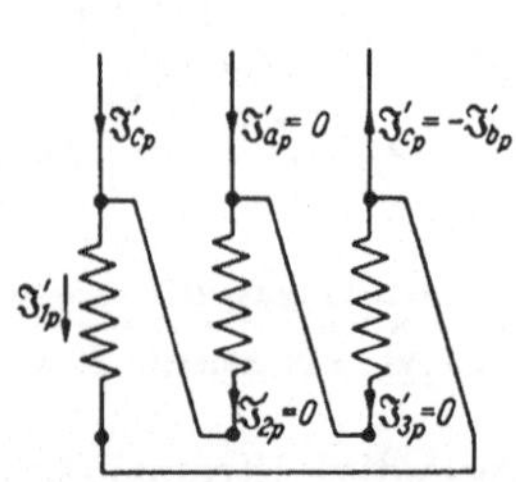

Abb. 267. Verteilung der Ströme in den Strängen und Leitern eines sekundärseitig bei Sternschaltung einsträngig belasteten Transformators auf der in Dreieck geschalteten Primärseite.

Diesen Nachteil weist die Stern/Dreieck-Schaltung nach Abb. 254b nicht auf. Ihre Primärseite ist in Abb. 267 noch einmal dargestellt zusammen mit den Außenleitern, über die die Speisung erfolgt. Die im Strang 1 der Wicklung durch das AW-Gleichgewicht geforderte Stromstärke kann auch dann fließen, wenn fehlende Last in den Strängen 2 und 3 die Stromlosigkeit dieser Stränge fordert. Er fließt in dem einen Außenleiter zu, im anderen ab; der dritte am Verkettungspunkt der beiden stromlosen Stränge bleibt stromlos. Ein solcher Umspanner ist also „*sternpunktsbelastbar*" ganz analog zum Umspanner in Stern-Zickzack-Schaltung.

Man kann aber auch den Stern-Stern geschalteten Umspanner dadurch sternpunktsbelastbar machen, daß man ihm eine in Dreieck geschaltete Tertiärwicklung nach Abb. 268 gibt. Nunmehr lauten mit den Bezeichnungen dieser Abbildung die sämtlichen Bedingungen für die Ströme:

$$\left.\begin{array}{ll} AW\text{-Gleichgewicht:} & \text{Primärer Sternpunkt:} \\ \mathfrak{J}_{1_s} + \mathfrak{J}_{1_p} + \mathfrak{J}_{1_t} = 0 & \mathfrak{J}_{1_p} + \mathfrak{J}_{2_p} + \mathfrak{J}_{3_p} = 0 \\ \mathfrak{J}_{2_p} + \mathfrak{J}_{2_t} = 0 & \text{Kirchhoffsches Gesetz (2) in der} \\ \mathfrak{J}_{3_p} + \mathfrak{J}_{3_t} = 0 & \text{Tertiärwicklung:} \\ & \mathfrak{J}_{1_t} = \mathfrak{J}_{2_t} = \mathfrak{J}_{3_t} (= \mathfrak{J}_t) . \end{array}\right\} \quad (567)$$

Setzen wir wieder die primären Größen mit gestrichenen Werten entsprechend umgekehrter Zählrichtung ein, so ergibt sich als stets mögliche Lösung dieses Gleichungssystem aus 6 Gleichungen für 6 Ströme:

$$\mathfrak{J}_t = -\mathfrak{J}_{1_s}/3 ; \quad \mathfrak{J}'_{1_p} = 2/3\, \mathfrak{J}_{1_s} ; \quad \mathfrak{J}'_{2_p} = \mathfrak{J}'_{3_p} = -\, 1/3\, \mathfrak{J}_{1_s} . \qquad (568)$$

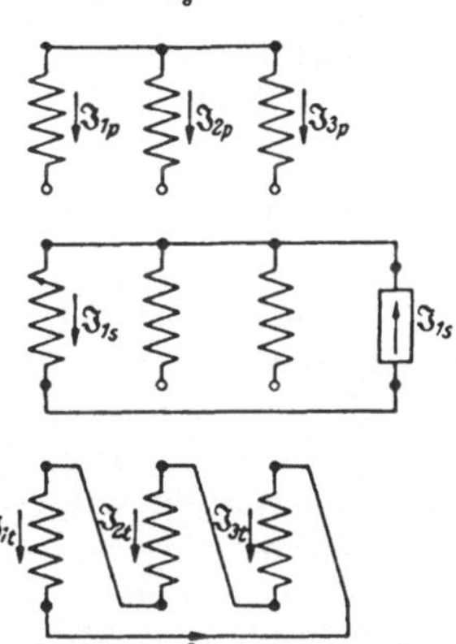

Abb. 268. Stern-Stern-geschalteter Transformator mit Tertiärwicklung bei sekundärseitig einsträngiger Belastung.

Durch die ausgleichende Wirkung der Tertiärwicklung, die es gestattet, AW vom einen Kern auf den anderen zu übertragen, wird also diese Schaltung des Drehstromumspanners auch beliebig unsymmetrisch belastbar. Die Verteilung der Primärströme auf die Außenleiter ist dabei die gleiche, die sich auch bei der Stern-Zickzack-Schaltung ergibt.

Man macht von der Maßnahme der Einführung einer weiteren Tertiärwicklung bei Stern-Stern-geschalteten Umspannern besonders bei Großtransformatoren der Energiewirtschaft Gebrauch, wenn man Sternpunktsbelastbarkeit für eine oder beide Hauptwicklungen, z. B. für den Anschluß der induktiven Erdschlußlöschung (vgl. S. 252), benötigt. Die Stern-Zickzack-Schaltung dagegen ist das bevorzugte Hilfsmittel für diesen Zweck bei Versorgungs-(Netz-)Transformatoren. Selbstverständlich ist es nicht nötig, die Tertiärwicklung thermisch für den vollen Strom der Primärwicklung auszulegen; sie führt ja nur Ausgleichsströme, die bei größter Unsymmetrie — rein einsträngige Last — 1/3 der Ströme der Hauptwicklung betragen (Übersetzung 1:1). Es steht aber nichts im Wege, dieser Wicklung außerdem auch noch zusätzlich Leistung symmetrisch oder unsymmetrisch zu entnehmen, wenn man sie thermisch für diese Zusatzlast bemißt. Sie dient in Hochspannungsnetzen häufig in diesem Sinne noch zum Anschluß der Kompensationsdrosseln für den Ladestrom der Hochspannungsleitungen (vgl. Bd. 2).

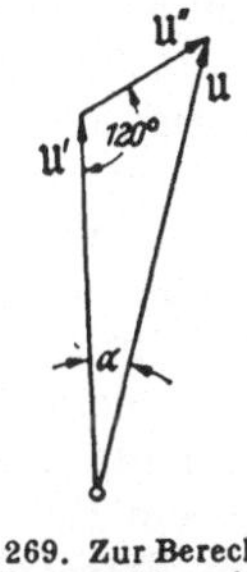

Abb. 269. Zur Berechnung des Umwegfaktors für Zusammensetzung der Spannung für einen mehrsträngigen Transformator mit Verschiebungswinkel.

Daß auch die Erzeugung von Systemen mit mehr als drei Strängen aus einem Drehstromsystem mit den gleichen Mitteln möglich ist, die wir hier für die Stern-Zickzack-Schaltung ausführlich behandelt haben, geht schon aus unseren früheren Ausführungen hervor (vgl. Abb. 203 u. 204). Am einfachsten ist dabei die Erzeugung des symmetrischen Sechsphasensystems durch Kombination zweier Drehstromsysteme mit entgegengesetzter Phasenlage der Grundspannungen. Systeme mit höherer Strangzahl werden allgemein nach dem Verfahren der Abb. 204 geschaltet, wobei jeweils die Erzeugung der Spannung mit 30° Phasenverschiebung den größten Umwegfaktor bedingt. Aus geometrischen Beziehungen zwischen den Zeigerlängen des Diagramms nach Abb. 269 ergibt sich einfach folgende Formel für den Umwegfaktor dieser Anordnung in Abhängigkeit vom Verschiebungswinkel α:

$$k_u = \frac{U' + U''}{U} = \cos\alpha + \sin\alpha/\sqrt{3}\,. \tag{569}$$

Die nachstehende Tabelle 14 gibt den Wert dieses für die Konstruktionsleistung wesentlichen Faktors für die verschiedenen Strangzahlen, die praktisch vorkommen, wobei jedoch hinsichtlich der Typenleistung auf die Tatsache hinzuweisen ist, daß es sich dabei stets um Gleichrichtertransformatoren handelt, die wegen der nichtsinusförmigen Ströme nicht so zu behandeln sind, daß man Typenleistung und Konstruktionsleistung gleichsetzen kann. Auch kommen ja bei ihnen stets alle möglichen Spannungen außer denen mit dem kleinsten Winkel vor, die vor allem in die Tabelle aufgenommen sind.

Tabelle 14.

Strangzahl	48	36	24	18	48	12
Winkel	7,5°	10°	15°	20°	22,5°	30°
Umwegfaktor . . .	1,076	1,087	1,115	1,137	1,144	1,156

G. Symmetrische Komponenten unsymmetrischer Systeme.

Sowohl im Abschnitt über Mehrphasentransformatoren (VF), wie auch schon früher bei der Betrachtung über das allgemeine Belastungssystem mit widerstandsbehaftetem Sternpunktleiter (Abschn. V E 2, S. 237) haben wir mehrfach festgestellt, daß sich die Anlagen auch bei symmetrischer Verteilung der Laststränge gegen am Sternpunkt eingeführte Größen — Spannungen oder Ströme — völlig anders verhalten wie gegen ein symmetrisches Drehstromsystem von Spannungen oder Strömen. Für das im Sternpunkt angreifende System verhält sich die Anlage so, als ob ihre Leitwerte in den einzelnen Strängen parallel geschaltet sind. Für das symmetrische Drehspannungssystem gilt das nicht; hier wirkt sozusagen jede Strangspannung auf ihren Widerstand einzeln. Wir werden später im Abschnitt über die Energieübertragung im Drehfeld (Abschn. VIII, S. 459) sehen, daß die dafür in Betracht kommenden Widerstandsoperatoren oder Leitwerte stark abhängig sind von der Phasenfolge des symmetrischen Spannungs- oder Stromsystems.

Es hat sich deshalb im Anschluß an eine Anregung von FORTESCUE als vorteilhaft erwiesen, in solchen Fällen nicht mit den allgemeinen unsymmetrischen Spannungs- und Stromverteilungen zu rechnen, denen man in solchen Fällen keine definierten Widerstandsoperatoren oder Leitwertoperatoren zuordnen kann, sondern die unsymmetrischen Systeme erst in ihre „*symmetrischen Komponenten*" aufzulösen, die Rechnung für diese mit definierten und der Messung und Berechnung zugänglichen charakteristischen Daten der Belastung durchzuführen und dann am Ende der Rechnung die symmetrischen Komponenten wieder zur wirklichen — nun ihrerseits wieder experimenteller Nachprüfung zugänglichen — unsymmetrischen Verteilung der gesuchten Größen zusammenzusetzen. Die Auflösung eines unsymmetrischen Spannungs-, Strom-, Durchflutungs- oder Flußsystems soll uns in diesem Kapitel beschäftigen.

Im Prinzip lassen sich unsere Betrachtungen auf ein beliebiges System mit n Strängen anwenden. Um seine n Spannungen gegen einen beliebigen Bezugspunkt — den Sternpunkt oder die Erde — oder auch seine n Ströme in den Außenleitern, die sich gegebenenfalls zu einem Sternpunktsstrom vereinigen, durch symmetrische Mehrphasensysteme bei beliebig unsymmetrischen Einzelgrößen darstellen zu können, benötigen wir immer n derartige Systeme oder „symmetrische Komponenten". Bei einem n-strängigen System gibt es nun aber in der Tat immer auch n solche symmetrischen Anordnungen der Wicklungsstränge, wenn wir nämlich die Reihenfolge der Numerierung der Stränge so vornehmen, daß aufeinanderfolgende Stränge jeweils um $k \cdot \frac{2\pi}{n}$ im Phasenwinkel voneinander getrennt sind, wo k eine ganze Zahl zwischen 0 und $n-1$ oder zwischen 1 und n ist.

Ist also bei einem 5-strängigen System der Grundwinkel $72° = \frac{2\pi}{5}$, so haben die Größen der 1. symmetrischen Komponente gegeneinander diesen Phasenwinkel, die der zweiten $2 \cdot 72°$, die der dritten $3 \cdot 72°$ und so fort, bis zur fünften oder nullten, bei der die Verschiebung $5 \cdot 72° = 360° = 0$ beträgt; hier entartet also die symmetrische Komponente in ein System von $n\,(=5)$ gleichphasigen Größen. Numeriert man die Stränge in der Reihenfolge der „natürlichen" ersten Komponente mit

1	2	3	4	5	1. Komponente

so ist die Phasenfolge der anderen:

2	4	1	3	5	2. „
3	1	4	2	5	3. „
4	3	2	1	5	4. „
5	5	5	5	5	0. „

„Einfache" Folgen sind dabei die der ersten Komponente, die die „natürliche" Reihenfolge angibt, die $(n-1)$te = vierte, die die inverse Folge hat, und schließlich die nullte ohne zeitliche Differenz überhaupt. Das gilt offensichtlich für alle solchen Systeme. Alle übrigen sind zwar mathematisch gesetzmäßig, aber nicht ohne weiteres so anschaulich mit dem Geschehen in den Maschinen und Apparaten verknüpft, wie das die „*mitläufige*", „*gegenläufige*" und „*Null*"-Komponente sind. Diese bleiben aber beim Drehstromsystem allein übrig. Da es technisch das wichtigste Mehrphasensystem ist, so beschränken wir unsere Ausführungen im folgenden fast ausschließlich auf das Drehstromsystem mit seinen drei symmetrischen Komponenten.

Die drei Komponenten eines unsymmetrischen Drehstromsystems sind dann also etwa durch die drei Zeigerdiagramme der Abb. 270 darzustellen. Jede Komponente besteht aus drei Zeigern, die die zugehörige Wechselgröße symbolisieren, gilt also nur für sinusförmige Größen. Sind die Ausgangsgrößen nicht-sinusförmig, so muß man das Verfahren gegebenenfalls so oft getrennt durchführen, wie Oberwellen vorhanden sind. Für diese ergibt sich ja im Drehstromsystem stets wieder eine Verteilung, wie wir sie in Abb. 270 für die Zeigerdiagramme der Grundwelle gezeichnet haben. Nur die Größen der dritten und aller anderen dreizähligen Oberwellen lassen sich prinzipiell nur in das dritte der gezeigten Schemen einpassen.

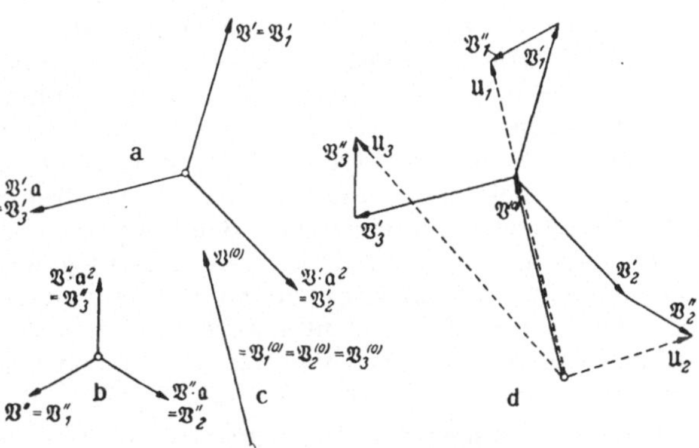

Abb. 270. Aufbau eines unsymmetrischen Drehstromsystems aus einer mitläufigen Komponente (a), einer gegenläufigen Komponente (b) und einer Nullkomponente, (c) Zusammensetzung (d).

Die drei Komponenten, von denen wir jeweils einen Zeiger, bzw. die ihm zugeordnete Größe als „*Grund*"*zeiger* bezeichnen und durch den Index 1 charakterisieren wollen, unterscheiden sich:

1. generell unabhängig von Zahlenwerten durch ihren Charakter hinsichtlich der zeitlichen Folge der drei Zeigergrößen einer Komponente,

2. untereinander hinsichtlich der Grundgrößen durch:

a) den Effektivwert der Grundgröße, bzw. den Betrag des ihn symbolisierenden Zeigers,

b) die gegenseitige Phasenverschiebung der Grundgrößen, bzw. die Winkellage der Zeiger dieser Grundgrößen zueinander.

Nach dem Unterscheidungsmerkmal zu 1. erhalten die drei Komponenten ihren Namen. Bei der ersten (Teilbild a) in Abb. 270, eilt die Teilgröße 2 der Grundgröße 1 um 120° nach, 3 wiederum um 120° gegen 2. Die Phasenfolge ist also: 1—2—3. Wir wollen diese Komponente als die „*mitläufige*“, „*rechtsläufige*“ oder „*rechtläufige*“ bezeichnen. Bei den Teilgrößen der 2. Komponente, die im Teilbild b) der Abb. 270 dargestellt ist, ist das genau umgekehrt, hier eilt die Teilgröße 2 der Grundgröße 1 um 120° vor und ebenso die in der Numerierung folgende 3 gegen 2 wiederum um 120°. Wir wollen diese Komponente als die „*gegenläufige*“, „*linksläufige*“ oder „*inverse*“ bezeichnen. Diese Bezeichnungen hängen damit zusammen, daß die durch sie charakterisierten Durchflutungen in einer Maschinenwicklung Drehfelder in diesem Sinne erzeugen, wobei wir üblicherweise das „rechtsläufige“, im Sinne des Uhrzeigers laufende (s. Abb. 196) als das gewünschte — deswegen „mitläufige“ — ansehen. Das andere ist dann eben das „gegenläufige“ Feld. Die dritte Komponente ist ohne jede Phasenfolge. Ihre drei untereinander gleichen Größen haben alle die Phasenlage der Grundgröße 1. Ihr kommt also die Phasenfolge 0 zu. Wir bezeichnen sie deshalb als die „*Null-Komponente*“. Der Ausdruck Null bezieht sich dabei nur auf die Phasenfolge, nicht etwa darauf, daß sie etwa immer oder auch nur meistens Null wäre.

Jede Komponente ist charakterisiert durch die Angaben über den zweiten Punkt der oben gegebenen Aufstellung der Unterscheidungsmerkmale: Effektivwert (bzw. Betrag) und Phasenlage. Man wird immer oder meist die Zeitrechnung so einrichten können, daß wenigstens einer der drei Grundzeiger gegen sie keine Phasenverschiebung aufweist. Dann genügt also zur Charakterisierung der Phasenlage die Angabe der beiden Winkel, die die Grundgrößen der gegenläufigen und Nullkomponente mit der der mitläufigen bilden. In voller Allgemeinheit aber müssen wir natürlich die drei Winkel gegen eine Zeitachse in allgemeiner Lage angeben.

Die Abb. 270d zeigt, wie nun in der Tat sich aus drei derartigen Komponenten ein unsymmetrisches System von 3 Drehstromgrößen ergibt. Wir wollen nun sofort die Aufgabe in Angriff nehmen, die drei Komponenten zu einem vorgegebenen System von beliebig angegebenen Drehstromgrößen zu ermitteln. Wie schon oben erwähnt, sind im Drehstromfall die mitläufige, die gegenläufige und die Nullkomponente notwendig und hinreichend, um drei beliebig unsymmetrische Ströme oder Spannungen zu ersetzen. Beim n-phasigen System müßten es n solcher Komponenten sein, von denen nur drei in gleicher Weise physikalischen Sinn hätten. Beim unsymmetrischen Zweiphasensystem dagegen sind für zwei Systemgrößen auch zwei Komponenten ausreichend, wofür man meist die mit- und gegenläufige Komponente wählt mit Rücksicht auf die Anwendungen im zweisträngigen Induktionsmotor (vgl. Abschn. VIII, S. 479).

Um nicht immer den Dreh-Operator $e^{j\,120^\circ}$ und seine Vielfachen ausschreiben zu müssen, führen wir für ihn die Abkürzung $\mathfrak{a}$ ein. $\mathfrak{a}$ ist also ein Operator, der eine Drehung um 120° nach vorwärts bewirkt, ohne den Betrag des Zeigers zu ändern, auf den er angewendet wird. Da eine Drehung um 240° nach vorwärts sowohl durch zweimalige Drehung um 120° nach vorwärts, als auch durch einmalige Drehung um 120° nach rückwärts bewirkt werden kann, so erhalten wir als Rechenregeln für die Potenzierung des Operators $\mathfrak{a}$:

$$\mathfrak{a}^2 = 1/\mathfrak{a}\,; \qquad \mathfrak{a}^3 = 1\,. \qquad \mathfrak{a} = 1/\mathfrak{a}^2\,; \qquad 1 + \mathfrak{a} + \mathfrak{a}^2 = 0\,. \tag{571}$$

Der Operator $\mathfrak{a}$ stellt ein Analogon zum üblichen Operator j dar, der eine Drehung um 90° nach vorwärts bewirkt. Während die Potenzen von j nacheinander die vier komplexen Wurzeln der Gleichung:

$$j^4 = +1$$

darstellen (j, -1, $-j$, $+1$), stellen die Potenzen des Operators $\mathfrak{a}$ die Lösungen der komplexen Gleichung:

$$\mathfrak{a}^3 = 1 \text{ dar. } (\cos 120° + j \sin 120°\,; \quad \cos 120° - j \sin 120°\,; \quad +1)\,.$$

Bezeichnen wir wie in Abb. 270 die Zeiger der Grundgrößen $\mathfrak{V}$ durch die Zufügung des einfachen Beistrichs (′) für die mitläufige, des doppelten Beistrichs (″) für die gegenläufige und des in Klammern gesetzten hochgestellten Indexes ($^{(0)}$) für die Nullkomponente, so lautet die Aufgabe, die wir vorhin für die Synthese des unsymmetrischen Systems geleistet haben (Abb. 270):

$$\left.\begin{aligned} \mathfrak{U}_1 &= \mathfrak{V}^{(0)} + \mathfrak{V}' + \mathfrak{V}'' \\ \mathfrak{U}_2 &= \mathfrak{V}^{(0)} + \mathfrak{V}' \cdot \mathfrak{a}^2 + \mathfrak{V}'' \cdot \mathfrak{a} \\ \mathfrak{U}_3 &= \mathfrak{V}^{(0)} + \mathfrak{V}' \cdot \mathfrak{a} + \mathfrak{V}'' \cdot \mathfrak{a}^2\,. \end{aligned}\right\} \tag{572}$$

Jetzt haben wir die umgekehrte Aufgabe, in diesem Gleichungssystem die Größen $\mathfrak{V}'$, $\mathfrak{V}''$ und $\mathfrak{V}^{(0)}$ als Unbekannte zu betrachten und aus gegebenen Werten von $\mathfrak{U}_1$, $\mathfrak{U}_2$ und $\mathfrak{U}_3$ zu bestimmen. Zu diesem Zweck addieren wir zunächst alle drei Gleichungen und erhalten unter Berücksichtigung der Tatsache, daß nach Gl. (571) $1 + \mathfrak{a} + \mathfrak{a}^2 = 0$ ist, sofort:

$$3\,\mathfrak{V}^{(0)} = \mathfrak{U}_1 + \mathfrak{U}_2 + \mathfrak{U}_3$$

also:

$$\mathfrak{V}^{(0)} = \frac{1}{3}(\mathfrak{U}_1 + \mathfrak{U}_2 + \mathfrak{U}_3)\,. \tag{573}$$

Multiplizieren wir andererseits die zweite Gleichung mit $\mathfrak{a}$, die dritte mit $\mathfrak{a}^2$ und berücksichtigen unsere oben angegebenen Potenzregeln (Gl. (571)) für das Rechnen mit dem Operator $\mathfrak{a}$, so entsteht ein für die Bestimmung von $\mathfrak{V}'$ geeignetes Gleichungssystem:

$$\left.\begin{aligned} \mathfrak{U}_1 &= \mathfrak{V}^{(0)} + \mathfrak{V}' + \mathfrak{V}'' \\ \mathfrak{a} \cdot \mathfrak{U}_2 &= \mathfrak{V}^{(0)}\mathfrak{a} + \mathfrak{V}' + \mathfrak{V}'' \cdot \mathfrak{a}^2 \\ \mathfrak{a}^2 \cdot \mathfrak{U}_3 &= \mathfrak{V}^{(0)} \cdot \mathfrak{a}^2 + \mathfrak{V}' + \mathfrak{V}'' \cdot \mathfrak{a}\,. \end{aligned}\right\} \tag{574}$$

Diesmal liefert die Addition:

$$3\,\mathfrak{V}' = \mathfrak{U}_1 + \mathfrak{a} \cdot \mathfrak{U}_2 + \mathfrak{a}^2 \cdot \mathfrak{U}_3$$

also:

$$\mathfrak{V}' = \frac{1}{3}(\mathfrak{U}_1 + \mathfrak{a}\,\mathfrak{U}_2 + \mathfrak{a}^2\,\mathfrak{U}_3)\,. \tag{575}$$

Multipliziert man umgekehrt die zweite Gleichung mit $\mathfrak{a}^2$, die dritte mit $\mathfrak{a}$, so erhält man wiederum durch Addition:

$$\mathfrak{V}'' = \frac{1}{3}(\mathfrak{U}_1 + \mathfrak{a}^2\,\mathfrak{U}_2 + \mathfrak{a}\,\mathfrak{U}_3)\,, \tag{576}$$

womit unsere Aufgabe gelöst und zugleich ihre allgemeine Lösbarkeit erwiesen ist. Sind die drei Systemgrößen $\mathfrak{U}_1$, $\mathfrak{U}_2$ und $\mathfrak{U}_3$ symbolisch gegeben, so ist rechnerisch die Aufgabe auf eine kurze komplexe Rechnung reduziert.

Andrerseits kann man die Lösungen (Gl. (573, 575, 576)), die wir gefunden haben, auch als Anweisung zur graphischen Lösung auffassen. Die Aneinanderreihung der drei Systemgrößen liefert als Zeigersumme den dreifachen Betrag der Nullkomponente nach Größe und Phase. Hieraus folgt sofort, daß 3 Drehstromsystemgrößen, die sich zu Null ergänzen, deren Zeigersumme also ein geschlossenes Dreieck bildet, keine Nullkomponente haben. Weder die drei Leiterspannungen eines Drehstromsystems, noch die drei Strangströme bei Sternverkettung ohne Sternpunktleiter haben also eine Nullkomponente. Die Spannungen der drei Leiter gegen Erde aber haben eine Nullkomponente, die nach unserer Gl. (573) das (Zeiger-)Mittel zwischen ihren Wechselpotentialen ist. Die Nullkomponente ist dann also die Spannung eines gedachten Sternpunktes einer symmetrischen Last gegen Erde, die allerdings mit dem Sternpunkt häufig identisch sein wird, aber bei unsymmetrischer Maschine nicht zu sein braucht. Die Zeiger der Spannungen, die nach Abzug der Nullkomponente von unseren unsymmetrischen 3 Ausgangsgrößen allgemeinster Art übrig bleiben:

$$\mathfrak{U}_1 - \mathfrak{B}^{(0)}\,; \quad \mathfrak{U}_2 - \mathfrak{B}^{(0)}\,; \quad \mathfrak{U}_3 - \mathfrak{B}^{(0)}$$

beginnen natürlich im Schwerpunkt der Zeigerenden, weil ja der Schwerpunkt für jedes symmetrische System im Anfangspunkt der drei Zeiger liegt und die beiden jetzt noch verbliebenen Komponenten solche symmetrischen Systeme bilden.

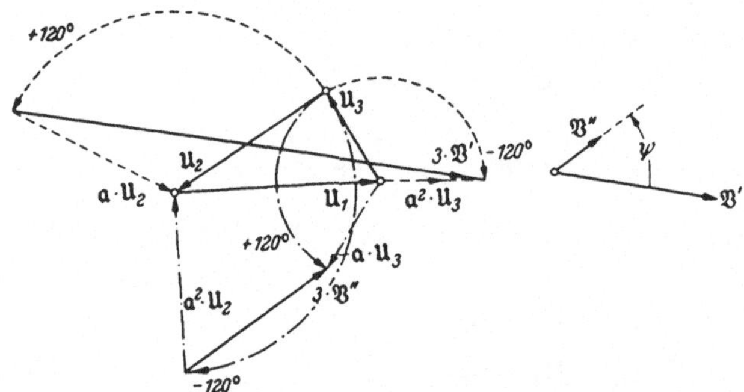

Abb. 271. Konstruktion der mit- und gegenläufigen Komponenten eines unsymmetrischen Drehstromsystems ohne Nullkomponente.

Für das sternpunktunsymmetrische System und das ohne Nullkomponente sind die beiden anderen Komponenten dieselben. Wir können also unsere übrigen Betrachtungen ebensowohl auf das völlig unsymmetrische System einstellen oder uns auf ein System beschränken, dessen Zeiger ein ungleichseitiges Dreieck bilden. Auch die Konstruktion der beiden anderen Komponenten ist nun einfach möglich. Man drehe den Zeiger der Systemgröße 2 um 120°, den der Größe 3 um 240° nach vorwärts — bzw. den letzteren um 120° nach rückwärts —, dann erhält man nach Gl. (575) bei Addition dieser beiden Zeiger zu der Systemgröße 1 den dreifachen Wert der mitläufigen Komponente (Abb. 271). Dreht man 2 um 120° nach und 3 um 120° vor und addiert diese beiden Zeiger zu dem von 1, so ergibt sich nach Gl. (576) genau so der dreifache Wert des Grundzeigers des gegenläufigen Systems (Abb. 271).

Da ja aber von drei sich zu Null ergänzenden Zeigern stets der eine durch die beiden anderen schon mitgegeben ist, so müssen wir das auch dadurch zum Ausdruck bringen können, daß wir nur zwei Zeiger für die Konstruktion zur Bestimmung der symmetrischen Komponenten heranziehen. Setzen wir also:

$$\mathfrak{U}_1 = -\,\mathfrak{U}_2 - \mathfrak{U}_3\,,$$

so formt sich die Bestimmungsgleichung (575) für $\mathfrak{B}'$ um in:

$$3\,\mathfrak{B}' = \mathfrak{U}_2\,(\mathfrak{a} - 1) + \mathfrak{U}_3\,(\mathfrak{a}^2 - 1)\,. \qquad (577)$$

Setzen wir $\mathfrak{a}$ und $\mathfrak{a}^2$ ein, so ergibt sich nach Zusammenfassen:

$$3\,\mathfrak{B}' = -\frac{3}{2}\cdot(\mathfrak{U}_2 + \mathfrak{U}_3) + \frac{j}{2}\cdot\sqrt{3}\cdot(\mathfrak{U}_2 - \mathfrak{U}_3)$$

und, wenn wir nun wieder $-(\mathfrak{U}_2 + \mathfrak{U}_3) = +\,\mathfrak{U}_1$ setzen, schließlich:

$$\mathfrak{B}' = \frac{1}{2}\,\mathfrak{U}_1 + \frac{j}{\sqrt{3}}\cdot\frac{\mathfrak{U}_2 - \mathfrak{U}_3}{2}\,. \qquad (578)$$

Auf dieser Gleichung basiert die Konstruktion der symmetrischen Komponenten nach der Abb. 272. BD ist hier die Spannung $\mathfrak{U}_1/2$. $(\mathfrak{U}_2 - \mathfrak{U}_3)/2$ ist die Strecke AD, die die Spitze des Dreiecks ABC mit der Grundlinienmitte D verbindet. Drehung dieses Zeigers um 90° nach vorwärts, wie es die Multiplikation mit j in unserer Gleichung vorschreibt, ergibt die Richtung DE, auf der der Punkt E abgeschnitten wird durch den Strahl des Winkels 30°, der in A an AD angetragen wird. Dann ist $DE = AD \operatorname{tg} 30° = |(\mathfrak{U}_2 - \mathfrak{U}_3)/2| \cdot 1/\sqrt{3}$. Die Zeigersumme von $\dot{BD}$ und DE, also BE, ist dann $\mathfrak{V}'$. Die entsprechende Rechnung für die Komponente $\mathfrak{V}''$ liefert:

$$\mathfrak{V}'' = \frac{1}{2}\,\mathfrak{U}_1 - \frac{j}{\sqrt{3}} \cdot \frac{\mathfrak{U}_2 - \mathfrak{U}_3}{2}\,. \tag{579}$$

Das ist unmittelbar aus der gleichen Figur zu entnehmen als die Aneinanderreihung der Zeiger ED und DC, also als Zeiger EC. Die Konstruktion liefert nicht nur die Effektivwerte der symmetrischen Komponenten, sondern auch ihren gegenseitigen Winkel ψ als den Winkel zwischen EC und der Verlängerung von BE über E hinaus.

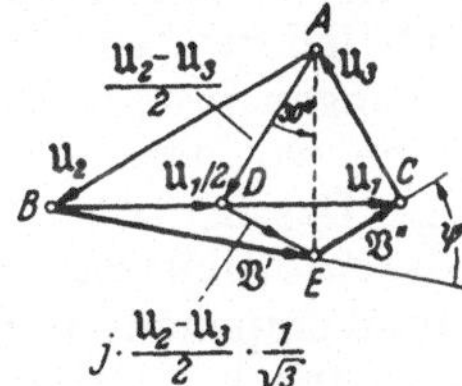

Abb. 272. Andere Konstruktion der Grundzeiger der mit- und gegenläufigen Komponenten eines unsymmetrischen Drehstromsystems ohne Nullkomponente.

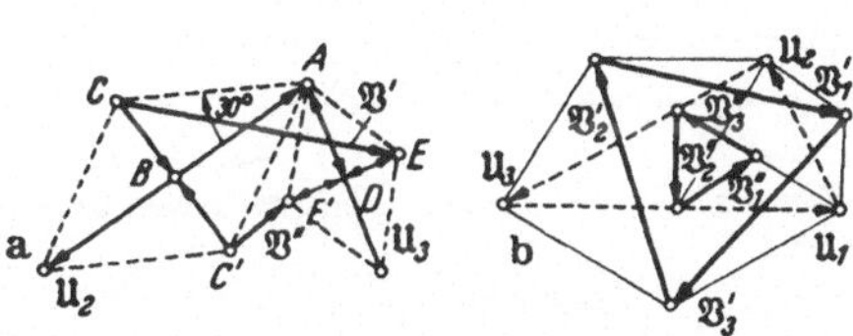

Abb. 273. Dritte Konstruktion der Grundzeiger des mit- und gegenläufigen Komponenten eines unsymmetrischen Drehstromsystems ohne Nullkomponente. a Prinzip der Konstruktion gezeigt am Grundzeiger. b Ermittlung der symmetrischen Systeme der Komponenten.

Auf die gleiche Rechnung können wir noch eine dritte Konstruktion gründen. Fassen wir in der obigen Rechnung in Gl. (577) anders zusammen, so können wir die Lösung auch schreiben:

$$\mathfrak{V}' = \frac{\mathfrak{U}_2}{2} \cdot \left(-1 + \frac{j}{\sqrt{3}}\right) + \frac{\mathfrak{U}_3}{2} \cdot \left(-1 - \frac{j}{\sqrt{3}}\right). \tag{580}$$

Das liegt der Konstruktion nach Abb. 273 zugrunde. Bildet AC mit der Richtung des Zeigers $\mathfrak{U}_2$ einen Winkel von 30°, so schneidet es auf der Mittelsenkrechten von $\mathfrak{U}_2$ die Strecke CB ab, die von C nach B gerichtet nach Größe und Richtung den Anteil $+\frac{j}{\sqrt{3}} \cdot \frac{\mathfrak{U}_2}{2}$ des obigen Ausdrucks darstellt. In gleicher Weise ist der Zeiger DE der Ausdruck: $-\frac{j}{\sqrt{3}} \cdot \frac{\mathfrak{U}_3}{2}$. Die Zeigersumme $CA + AE$ ergibt also die vollständige Addition aller Terme unseres Ausdrucks (Gl. (580)) für $\mathfrak{V}'$. Für die Ermittlung von $\mathfrak{V}''$ kehren sich nur die Vorzeichen der imaginären Anteile in der Gleichung für $\mathfrak{V}'$ um:

$$\mathfrak{V}'' = \frac{\mathfrak{U}_2}{2} \cdot \left(-1 - \frac{j}{\sqrt{3}}\right) + \frac{\mathfrak{U}_3}{2} \cdot \left(-1 + \frac{j}{\sqrt{3}}\right). \tag{581}$$

Benutzen wir also an Stelle der äußeren Winkelschenkel AC und AE die inneren Schenkel AC' und AE' mit den Winkeln 30°, so ist die Verbindungsgerade $C'E'$ nach Größe und Richtung die gegenläufige Komponente. Ergänzt man diese Konstruktion, die eigentlich hiermit schon beendet ist, dadurch, daß man die gleiche Konstruktion für alle Ecken des Zeigerdreiecks durchführt, so ergibt sich als Verbindungsfigur zwischen den äußeren Schnittpunkten das Dreieck der drei Größen der symmetrischen mitläufigen Komponente und als Verbindungsfigur der inneren

Schnittpunkte das gesamte System der gegenläufigen Komponente ebenso in Form eines gleichseitigen Dreiecks (Abb. 273b).

Diese mathematische Auflösung des unsymmetrischen Systems in seine 3 symmetrischen Komponenten entspricht physikalisch etwa dem Ersatzschaltbild der Abb. 274, wenn die Drehstromgrößen, um die es sich handelt, z. B. die elektromotorischen Kräfte eines Drehstromsystems sind. Im Ersatzschaltbild sind dabei die Wicklungen ohne Bezug auf die Phasenlage der in ihnen erzeugten Spannungen alle mit gleicher Achse gezeichnet. Über die Phasenlage und Phasenfolge der in den verschiedenen Wicklungen induzierten Spannungen informiert erst das jeweils beizugebende Zeigerdiagramm der in der betreffenden Teilmaschine induzierten Spannungen.

Das allgemeine Superpositionsprinzip der Wechselstromlehre berechtigt uns nun, jeweils alle elektromotorischen Kräfte bis auf die einer Komponente — hier also eines Generators — Null zu setzen und eine Stromverteilung für die eine verbleibende Maschine zu errechnen, die hier die drei symmetrischen Spannungen einer Komponente liefert. Aus der Superposition der Lösungen für alle Komponenten bekommen wir dann die wahre Stromverteilung. Das bei so symmetrischer Last aus der Addition von drei symmetrischen Stromkomponenten hervorgehende unsymmetrische Stromsystem ist der Ausdruck dieser mathematischen Überlagerung. Selbstverständlich kann man an Stelle der Addition der eingeprägten Spannungen aus einer „*Sternpunktspannung*" und der mit- und gegenläufigen Komponente nach dem Ersatzschaltbild von Abb. 274 auch ein dazu duales Ersatzschaltbild erfinden, bei dem ein eingeprägter *Sternpunktstrom* in Parallelschaltung mit zwei symmetrischen Erzeugern von eingeprägten Strömen auf das Netzwerk der Drehstromschaltung arbeitet. Da wir aber praktisch immer eingeprägte Spannungen vorliegen haben, so ist das erste Ersatzschaltbild das üblichere. Dabei kann man bei Sternschaltung die drei Stränge der Ersatzmaschine für das System der Nullkomponente in einen Strang zusammenziehen, wie das in Abb. 274b gezeigt ist.

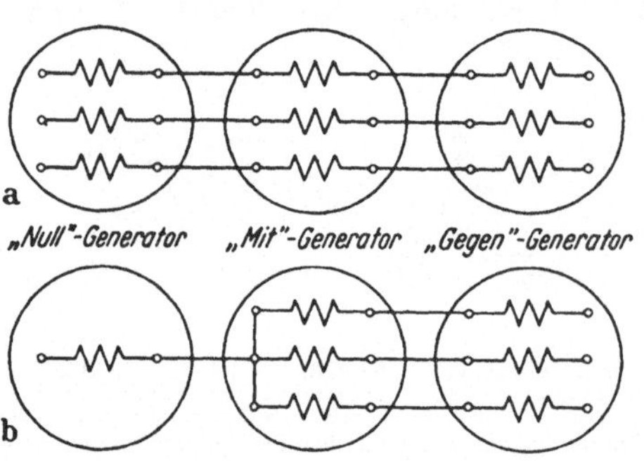

Abb. 274. Auflösung eines unsymmetrischen Generators in drei symmetrische Generatoren für die symmetrischen Komponenten. a Offene Schaltung. b Sternschaltung.

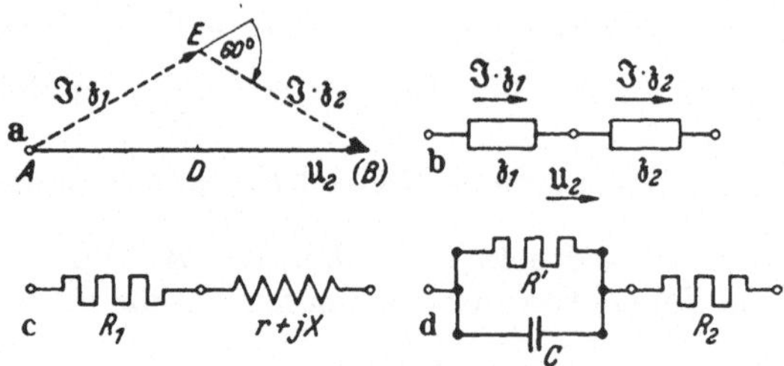

Abb. 275. Spannungsteiler zum Komponentenscheider. a Zur Aufgabenstellung. b Grundschaltbild. c und d Zwei Möglichkeiten.

Auf der mathematischen Konstruktion der Abb. 273 beruht auch eine Möglichkeit zur experimentellen Messung der Unsymmetrie, d. h. des Gehaltes eines Systems an mit- und gegenläufiger Komponente. Stellt in Abb. 275 die Strecke AB den Zeiger $\mathfrak{U}_2$ aus der Abb. 273a dar, so besteht die Aufgabe, diese Spannung durch einen Punkt E so zu teilen, daß die beiden Teilspannungen AE und EB gleich, aber gegeneinander um 60° verschoben sind, daß also die beiden Widerstandsoperatoren des Spannungsteilers sich nicht im Betrage, sondern nur in der Phase (um 60°) unterscheiden. Dabei muß der der Teilspannung EB entsprechende Operator einen voreilenden Charakter gegen den zu AE gehörigen haben. Nehmen wir also in Abb. 275b die beiden Operatoren als $\mathfrak{z}_1$ und $\mathfrak{z}_2$ an, so muß gelten:

$$\mathfrak{z}_2 = \mathfrak{z}_1 e^{j60°}. \tag{582}$$

Wählen wir also $\mathfrak{z}_1 = R_1$ rein OHMsch, so muß $\mathfrak{z}_2$ eine widerstandsbehaftete Spule sein: $\mathfrak{z}_2 = r + jX$. Gleichsetzung mit der Bedingung (Gl. (582)) liefert für die Größen dieses Zweiges:

$$r = R_1/2 \quad \text{und} \quad X = \sqrt{3}\, R_1/2. \tag{583}$$

Wählt man umgekehrt $\mathfrak{z}_2 = R_2$ rein OHMsch, so muß der Zweig 1 kapazitiven Charakter bekommen und kann also z. B. aus der Parallelschaltung eines verlustlosen Kondensators und eines OHMschen Widerstandes bestehen. Die Daten des entsprechenden Schaltbildes nach Abb. 275d werden durch die Gleichungen verknüpft:

$$R' = 2R_2; \qquad \omega C R' = \sqrt{3}. \tag{584}$$

Schaltet man also zwischen die Leiter eines Drehstromsystems nach Abb. 276 drei derartige Spannungsteiler, so kann man zwischen den Teilpunkten die Spannungen des symmetrischen Systems der mitläufigen Komponente messen. Die Messung der gegenläufigen Komponente kann in derselben Weise erfolgen, wenn man nur die Reihenfolge der Elemente des Spannungsteilers vertauscht, was man in einfachster Weise dadurch erreichen kann, daß man die äußeren Anschlüsse mit den Meßanschlüssen vertauscht.

Selbstverständlich erhalten wir auf diese Weise nur dann die echten Werte der Komponenten, wenn wir die Spannungsmessung verlustlos vornehmen, bzw. näherungsweise, wenn der Widerstand des Voltmeters, mit dem wir messen, groß ist gegen die Widerstände des Spannungsteilers. Unabhängig davon aber bleibt natürlich die Tatsache bestehen, daß der Strom, den wir zwischen diesen Klemmen herausziehen können, bei einmal gegebener Schaltung zu der Spannung der gewünschten Komponente in einem vorausbestimmbaren Verhältnis nach Größe und

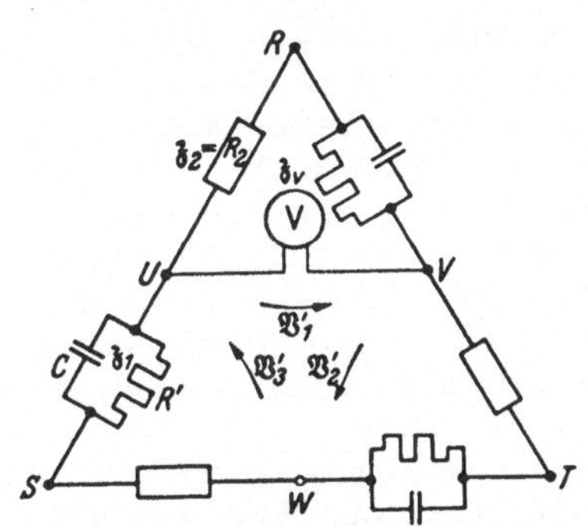

Abb. 276a. Vollständige Schaltung des Komponentenscheiders für die Mitkomponente. *RST*: Netzklemmen. *UVW*: Meßklemmen für die 3 Größen der Mitkomponente.

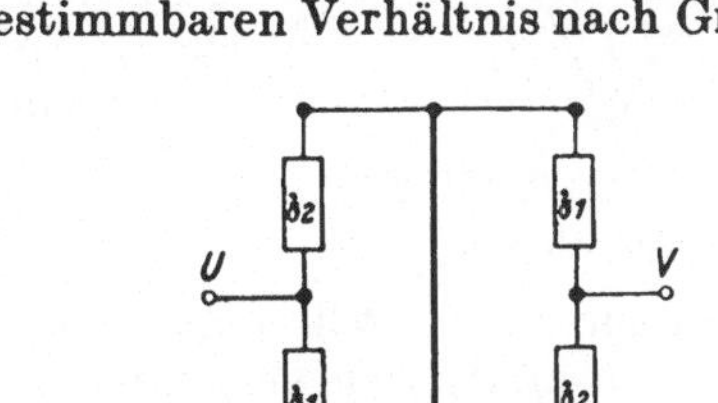

Abb. 276b. Schaltbild zur Ermittlung des inneren Widerstandes der Ersatzstromquelle des Komponentenscheiders nach (a).

Phase steht. Der Satz von der Ersatzstromquelle gibt auch hier Auskunft (vgl. S. 147). Die Leerlaufspannung, die an den Meßklemmen ansteht, ist ja echt die Spannung der symmetrischen Komponente. Der von den Meßklemmen aus gesehene „innere Widerstand" bestimmt dann den Strom zusammen mit dem „äußeren Widerstand" des Meßinstrumentes. Außer den Widerständen der Meßschaltung gehen dabei die Belastungswiderstände des Netzes ein, die aber so klein gegen die des Meßspannungsteilers sein werden, daß wir sie als Kurzschlüsse ansehen können. Ist das der Fall, so ergibt sich für die Bestimmung des inneren Widerstandes von den Meßklemmen aus gesehen, an die das Meßinstrument angeschlossen ist, das Ersatzschaltbild nach der Abb. 276b. Der innere Widerstand der Ersatzstromquelle ist also:

$$\mathfrak{z}_i = \frac{2 \cdot \mathfrak{z}_1 \cdot \mathfrak{z}_2}{\mathfrak{z}_1 + \mathfrak{z}_2}. \tag{585}$$

Der wirklich fließende Strom im Meßinstrument ist dann:

$$\mathfrak{J}_v = \frac{\mathfrak{V}'}{\mathfrak{z}_i + \mathfrak{z}_v}$$

und die gemessene Spannung:

$$\mathfrak{V}'_v = \mathfrak{V}' \cdot \frac{\mathfrak{z}_v}{\mathfrak{z}_i + \mathfrak{z}_v} = \frac{\mathfrak{V}'}{1 + \mathfrak{z}_i/\mathfrak{z}_v}. \tag{586}$$

Da sich nach Gl. (584) $\mathfrak{z}_i = R_2\,(1 - j/\sqrt{3})$ errechnet und man wohl R_v leicht 20 mal so hoch machen kann wie R_2, so ergibt sich der Fehler im gemessenen Effektivwert zu rd. 5 % und im Winkel zu 1,5° aus der Zeigergleichung:

$$\mathfrak{V}'_v = \mathfrak{V}' \cdot \frac{1}{1 + \frac{1}{20} - j\,\frac{1}{20 \cdot \sqrt{3}}} = \frac{\mathfrak{V}'}{1{,}05 - j\,0{,}028}.$$

Nehmen wir aber an, daß auch zwischen V und W und zwischen W und U noch je ein Spannungsmesser mit gleichem Widerstand eingeschaltet ist, so können wir diesen Zustand durch ein Ersatzschaltbild nach Abb. 276c beschreiben, bei dem die Widerstände des Drehfeldscheiders drei symmetrisch in Stern geschaltete Widerstände einer Drehstromquelle bilden, die mit den drei Volmetern in Dreieckschaltung belastet ist. Unter sonst gleichen Bedingungen ergibt sich dann der Fehler im Betrag zu rd. 7,5 % und in der Phase zu 2,3° für jede der drei Spannungen.

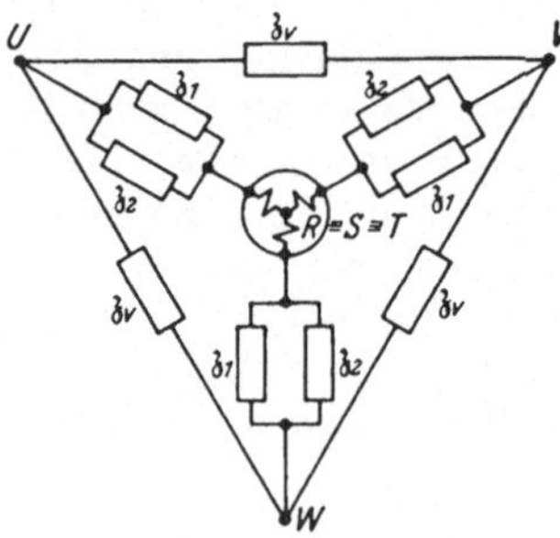

Abb. 276c. Ersatzschaltbild des symmetrisch belasteten Drehfeldscheiders.

Ist man vor die Aufgabe gestellt, aus den gemessenen Effektivwerten der drei Systemgrößen, also z. B. den drei gemessenen Leiterspannungen eines Drehstromnetzes, die symmetrischen Komponenten zu bestimmen, so ist diese Aufgabe leicht auf die vorige zurückzuführen, weil sich ja aus den drei Spannungen sofort das Dreieck der Zeiger konstruieren läßt, dessen Seiten den Effektivwerten maßstäblich entsprechen. Will man keine Zeichenarbeit zwischenschieben, so kann man auch rein analytisch vorgehen.

Nach dem Vorgang von Kennelly berechnet man hierzu zunächst die Summe der Quadrate der Effektivwerte der Spannungen: Ist ψ der Winkel zwischen den Grundgrößen der symmetrischen Komponenten, so ist ja der Winkel zwischen den beiden Zeigern für die erste Systemgröße diesem Winkel gleich, bei der zweiten Größe beträgt er $120° - \psi$. Aus den Dreiecken für jede dieser Spannungen ergibt sich also nach dem Cosinussatz:

$$\left.\begin{aligned} U_1^2 &= V'^2 + V''^2 + 2\,V' \cdot V'' \cdot \cos\psi \\ U_2^2 &= V'^2 + V''^2 + 2\,V' \cdot V'' \cdot \cos(120 - \psi) \\ U_3^2 &= V'^2 + V''^2 + 2 \cdot V' \cdot V'' \cdot \cos(240 - \psi). \end{aligned}\right\} \tag{587}$$

Da die Summe der cos-Ausdrücke bei den doppelten Produkten unabhängig von ψ zu Null wird (vgl. z. B. Abschn. IV D 4 b u. S. 174) so ergibt die Addition:

$$U_1^2 + U_2^2 + U_3^2 = 3 \cdot V'^2 + 3 \cdot V''^2. \tag{587a}$$

Die Summe der Quadrate der Effektivwerte der unsymmetrischen Systemgrößen ist gleich der Summe der Quadrate der Effektivwerte der Systemgrößen der beiden symmetrischen Komponenten. (Jede symmetrische Komponente hat ja drei symmetrische Systemgrößen.)

Eine zweite Beziehung zwischen V' und V'' bekommen wir aus einer Betrachtung über die Fläche des aus den drei Spannungszeigern gebildeten Spannungsdreiecks. Sie ist nach einer bekannten Formel der Geometrie aus dem halben Umfang des Dreiecks $S = (U_1 + U_2 + U_3)/2$ und den einzelnen Seiten zu ermitteln nach:

$$F = \sqrt{S\,(S - U_1)\,(S - U_2)\,(S - U_3)} \tag{588}$$

und kann am bequemsten durch die Seite V_g eines flächengleichen gleichseitigen Dreiecks repräsentiert werden. Da diese den Flächeninhalt ihres Dreiecks bestimmt nach:

$$F = \frac{1}{4} V_g^2 \cdot \sqrt{3} \tag{589}$$

so erhalten wir sie also aus den Spannungen nach:

$$V_g^2 = \frac{4}{\sqrt{3}} \sqrt{S\,(S - U_1)\,(S - U_2)\,(S - U_3)}\,. \tag{590}$$

Andererseits können wir den Inhalt des Dreiecks der unsymmetrischen Systemgrößen auch aus den Seiten berechnen. Als halbes Parallelogramm zwischen zwei Zeigern, die seine Seiten bilden, hat es den Inhalt:

$$F = \frac{1}{2}\, U_1 U_2 \sin\beta = \frac{1}{2}\, U_1 U_2 \cos(\beta - 90^\circ) \tag{591}$$

Die Dreiecksfläche entspricht also dem „Leistungsprodukt" aus dem Zeiger $\mathfrak{U}_1$ und einem Zeiger $j\,\mathfrak{U}_2$, der gegen $\mathfrak{U}_2$ um 90° verschoben ist.

Sind nun $\mathfrak{V}'$ und $\mathfrak{V}''$ die Grundzeiger der symmetrischen Komponenten und ist ψ der Winkel zwischen ihnen, so können wir $\mathfrak{U}_1$ und $\mathfrak{U}_2$ durch sie nach Gl. (572) darstellen:

$$\mathfrak{U}_1 = \mathfrak{V}' + \mathfrak{V}''\,; \qquad \mathfrak{U}_2 = \mathfrak{V}' \cdot \mathfrak{a}^2 + \mathfrak{V}''\mathfrak{a}$$

und, wenn wir willkürlich $\mathfrak{V}'$ mit der reellen Achse zusammenfallend annehmen, auch schreiben:

$$\left.\begin{aligned} \mathfrak{U}_1 &= V' + V'' \cdot (\cos\psi + j\sin\psi), \\ \mathfrak{U}_2 &= V' \cdot (\cos 120^\circ - j\sin 120^\circ) + V''\big(\cos(120^\circ + \psi) + j\sin(120^\circ + \psi)\big) \end{aligned}\right\} \tag{592}$$

bzw.:

$$j \cdot \mathfrak{U}_2 = V' \cdot \sin 120^\circ - V'' \cdot \sin(120^\circ + \psi) + j \cdot [V' \cdot \cos 120^\circ + V'' \cos(120^\circ + \psi)]$$

Da zur Wirkleistung stets nur die Produkte der gleichphasigen Anteile beitragen können (vgl. Gl. (290)), so erhalten wir das gewünschte „Leistungsprodukt" für die Dreiecksfläche, indem wir die reellen Anteile beider Faktoren multiplizieren und dazu das Produkt der imaginären Anteile addieren:

$$\begin{aligned} F = \frac{1}{2}\Big[&(V' + V'' \cdot \cos\psi)\,\big(V' \cdot \sin 120^\circ) - V'' \cdot \sin(120^\circ + \psi)\big) \\ &+ V'' \cdot \sin\psi \cdot \big(V' \cdot \cos 120^\circ + V'' \cdot \cos(120^\circ + \psi)\big)\Big] \end{aligned}$$

Beim Ausmultiplizieren ergeben sich Glieder mit V'^2, V''^2 und mit $V'V''$. Die letzteren addieren sich zu Null. Die verbleibenden quadratischen Glieder bestimmen die Dreiecksfläche:

$$\begin{aligned} F &= \frac{1}{2} \cdot \big[V'^2 \cdot \sin 120^\circ + V''^2 \cdot (-\sin(120^\circ + \psi) \cdot \cos\psi + \cos(120^\circ + \psi) \cdot \sin\psi)\big] \\ &= \frac{1}{2} \cdot (V'^2 - V''^2) \cdot \sin 120^\circ = \frac{\sqrt{3}}{4} \cdot (V'^2 - V''^2) \end{aligned} \tag{593}$$

Sie ist somit unabhängig vom Winkel ψ nur bestimmt durch die Beträge der symmetrischen Komponenten und gleich der Differenz zwischen den Flächen aus den gleichseitigen Dreiecken, die man aus den je drei Zeigern der beiden Komponenten bilden kann. Wir fanden sie in der Abb. 273b unmittelbar. Unter Benutzung der Seite V_g des flächengleichen gleichseitigen Dreiecks nach Gl. (589) und mit Gl. (587a) erhalten wir nun die beiden symmetrischen Komponenten aus:

$$\left.\begin{aligned} V'^2 + V''^2 &= \frac{U_1^2 + U_2^2 + U_3^2}{3} \\ V'^2 - V''^2 &= V_g^2 \end{aligned}\right| \qquad (594)$$

durch Summen- und Differenzbildung:

$$V'^2 = \frac{1}{2}\left[\frac{U_1^2 + U_2^2 + U_3^2}{3} + V_g^2\right]; \; V''^2 = \frac{1}{2}\left[\frac{U_1^2 + U_2^2 + U_3^2}{3} - V_g^2\right]. \qquad (595)$$

Allerdings entscheidet das Ergebnis dieser Rechnung nicht darüber, welche Phasenfolge V' und V'' denn nun tatsächlich zukommt. Sie ergibt stets die größere Komponente als V', weil bei der rein geometrischen Betrachtung, die zugrunde liegt, kein Unterschied zwischen einem rechts und einem links umlaufenen Dreieck zutage tritt. Man kann trotzdem stets eine eindeutige Zuordnung treffen, weil die Phasenfolge des unsymmetrischen Systems stets mit der der größeren symmetrischen Komponente übereinstimmt. Aus der Gl. (587) für U_1^2 können wir nun nach der Bestimmung von V' und V'' auch den Winkel ψ berechnen, den die Grundzeiger der beiden Komponenten miteinander bilden:

$$\cos\psi = \frac{U_1^2 - V'^2 - V''^2}{2\,V'V''}. \qquad (596)$$

Unter Benutzung der Seite des flächengleichen Dreiecks und mit der Abkürzung $M(U^2)$ für $(U_1^2 + U_2^2 + U_3^2)/3$ können wir das auch umschreiben in:

$$\psi = \operatorname{arc\,cos}\frac{U_1^2 - M(U^2)}{\sqrt{(M(U^2))^2 - V_g^4}}.$$

Das Verhältnis der beiden Komponenten V' und V'' zueinander können wir sinnvoll als den *Unsymmetriegrad* eines Systems bezeichnen. Behalten wir dabei stets das rechtläufige System als Bezugssystem im Nenner stehen, so kann es durchaus vorkommen, daß bei geeigneten Eigenschaften der Schaltung den Komponenten gegenüber diese Unsymmetrie für irgend eine Größe über 1, also über 100 % beträgt. Das bedeutet, daß dann in diesem System die gegenläufige Komponente die mitläufige überwiegt. In der Mehrzahl der Fälle allerdings wird es sich um kleine Unsymmetrien handeln, wenn wir von dem häufigen Spezialfall mit der Unsymmetrie 100 %, also gleicher Größe der mit- und gegenläufigen Komponente absehen, die immer dann vorliegt, wenn das Dreieck der drei Leiterspannungen verschwindet, d. h. ein Einphasensystem mit nur einer Phase der Spannungen vorliegt. Solche 100 % unsymmetrischen Stromsysteme lagen z. B. für den Fall der einsträngigen Belastung als Stromsysteme auf der primären Seite bei der Abb. 261 und 266 vor.

Sind die Unsymmetrieen klein, so können wir den Unsymmetriegrad ausrechnen unter Verwendung der bezogenen Abweichungen der Spannungen von ihrem Mittelwert U, die wir mit a, b und c bezeichnen wollen. Es ist also:

$$U_1 = U(1+a); \quad U_2 = U(1+b); \quad U_3 = U(1+c) \text{ mit } a+b+c = 0. \qquad (597)$$

Dann ist das Mittel aus den Quadraten der Effektivwerte:

$$\frac{U_1^2 + U_2^2 + U_3^2}{3} = U^2\left(1 + \frac{a^2+b^2+c^2}{3}\right). \qquad (598)$$

Die Fläche des Spannungszeigerdreiecks ausgedrückt durch die Seite des gleichgroßen gleichseitigen Dreiecks V_g ist nach Gl. (588/589):

$$V_g^2 = U^2\sqrt{1 + 4(ab + bc + ac - 2abc)}, \qquad (599)$$

was bis auf Größen höherer Ordnung gleichgesetzt werden kann:

$$V_g^2 = U^2 \left(1 + 2\,(ab + bc + ac - 2\,abc)\right).$$

Bilden wir nun als halbe Summe und Differenz aus diesen beiden Arten von Mittelwerten die symmetrischen Komponenten nach Gl. (595) so ergibt sich:

$$V'^2 = U^2 \left(1 - \frac{a^2 + b^2 + c^2}{3} - 4\,abc\right) \tag{600}$$

was bei den technisch erlaubten Werten des Unsymmetriegrades von 5% (s. VDE 0530 § 15) bis auf wenig mehr als ein Promille mit U^2 übereinstimmt, so daß man also bei kleinen Unsymmetrien die mitlaufende Komponente einfach gleich dem Mittelwert der gemessenen Effektivwerte setzen kann. Für die gegenläufige Komponente erhalten wir:

$$V''^2 = U^2 \left(\frac{2}{3}\,(a^2 + b^2 + c^2) - 2\,abc\right) \tag{601}$$

und also schließlich den Unsymmetriegrad:

$$\varepsilon = \sqrt{2\left(\frac{a^2 + b^2 + c^2}{3} - abc\right)}, \tag{602}$$

was sich mit $a + b + c = 0$ noch so umschreiben läßt, daß der Charakter des Korrekturterms abc als additiv deutlich wird:

$$\varepsilon = \sqrt{\frac{4}{3}\,(a^2 + b^2) + 2ab\left(\frac{2}{3} + a + b\right)}. \tag{603}$$

Oft kann man $b = 0$ antreffen — eine Spannung liegt ebenso hoch über dem Mittel wie die zweite darunter, die dritte kommt ihm gerade gleich — dann wird im einfachsten Fall:

$$\varepsilon = a \cdot 2/\sqrt{3} = 1{,}156\,a \tag{604}$$

Die VDE-Bestimmung über den Unsymmetriegrad ($\varepsilon \leq 5\%$) ist also fast gleichbedeutend damit, daß die Unsymmetrie der Effektivwerte nicht mehr als etwa 4,3 % betragen soll. Die Nachkontrolle des Wertes der mitlaufenden Komponente mit dem Mittelwert der Effektivwerte für diesen Fall zeigt Übereinstimmung bis auf 0,6 Promille (!).

Bei der oben angegebenen Ersatzschaltung für die Auflösung eines unsymmetrischen Drehstromsystems in seine drei Komponenten, die in getrennten Generatoren erzeugt werden, kann noch die Frage von Interesse sein, in welchem Ausmaß diese drei Generatoren zur gesamten abgegebenen Leistung beitragen. Die Ströme aller drei Komponenten fließen in jedem Generator, jeder hat aber nur eine Spannungskomponente, so daß sich die Leistung in den 9 Strängen der 3 Ersatzgeneratoren aus 27 Anteilen zusammensetzt. Bezeichnen wir die Augenblickswerte der Komponenten des Strom-, bzw. Spannungssystems, mit i, bzw. e, und dem zusätzlichen Strangindex r ($r = 1, 2, 3$), so ergibt sich die gesamte Leistung des Systems aus der Summe:

$$n = \sum_1^3 \left[e_r^{(0)} \cdot (i_r^{(0)} + i_r' + i_r'') + e_r'\,(i_r^{(0)} + i_r' + i_r'') + e_r''\,(i_r^{(0)} + i_r' + i_r'')\right]. \tag{605}$$

Bei der Auswertung zeigt sich nun aber, daß nur wenige dieser Summenglieder tatsächlich zum Mittel der Gesamtleistung beitragen:

Betrachten wir zuerst einmal die Leistung der Nullkomponenten des Stromes mit den Nullkomponenten der Spannung. In jedem Strang des Nullkomponentengenerators ist dann die Phasenverschiebung gleich groß, z. B. $\varphi^{(0)}$, und damit, da auch die Effektivwerte definitionsgemäß für die symmetrischen Komponenten gleich sind:

$$N^{(0)} = 3\,E^{(0)}\,I^{(0)} \cos \varphi^{(0)}\,. \tag{606}$$

Dagegen sind die Phasenverschiebungen zwischen den Strömen der Mitkomponente und den Spannungen der Nullkomponente nacheinander in den 3 Strängen, wenn $\psi^{(0)\prime}$ die Phasenverschiebung zwischen den Grundzeigern der Nullkomponente und der Mitkomponente darstellt:

$$\psi^{(0)\prime}; \quad -120^\circ + \psi^{(0)\prime}; \quad \text{und} \quad +120^\circ + \psi^{(0)\prime}\,.$$

Die gesamte Leistung aus diesen drei Produkten ist also:

$$N = 3\,E^\circ\,I' \left(\cos \psi^{(0)\prime} + \cos\left(-120^\circ + \psi^{(0)\prime}\right) + \cos\left(+120^\circ + \psi^{(0)\prime}\right)\right). \tag{607}$$

Die Klammersumme ist aber Null (vgl. S. 174), so daß die Mitkomponente des Stromes mit der Nullkomponente der Spannung keine Leistung liefert. Das gleiche gilt natürlich auch für die Nullkomponente des Stromes mit der Mitkomponente der Spannung im Mit-Generator. Aber es gilt auch für die Produkte aus Gegenkomponente der Spannung und Mitkomponente des Stromes und umgekehrt. Zwar schreiten hier die gegenseitigen Phasenwinkel zwischen den Spannungen und Strömen für je drei zusammengehörige Strangleistungen um je 240° vor; aber auch dafür ist die Cosinussumme wieder Null, weil die Strahldarstellung der Winkelfunktionen immer zu einem geschlossenen Dreieck führt. Übrig bleiben aber außer der bereits errechneten Leistung der drei Stränge der Nullkomponente noch die Leistungen der Mitkomponente des Stromes mit der Mitkomponente der Spannung:

$$3\,E'\,I' \cos \varphi' \tag{608}$$

und die Leistungen der Gegenkomponente der Spannung mit der Gegenkomponente des Stromes:

$$3\,E''\,I'' \cos \varphi''\,. \tag{609}$$

Wir stellen also fest, daß eine symmetrische Komponente von Spannung oder Strom stets nur mit der entsprechenden Komponente der Gegengröße eine Leistung liefert, und daß sich die Wirkleistung des Drehstromsystems als Summe der Wirkleistungen seiner symmetrischen Komponenten ergibt.

VI. Einfluß der Nichtlinearität der Eisenmagnetisierung.

A. Grundsätzliche Betrachtungen.

Bisher haben wir bei allen Untersuchungen stillschweigend so gehandelt, als ob die Existenz des Eisens im Weg der magnetischen Flüsse nichts Wesentliches an den Vorgängen ändere. Wir haben z. B. beim Eisentransformator uns von der Veränderlichkeit der Eisenpermeabilität mit der Höhe der Induktion dadurch frei gemacht, daß wir die Induktion als in ihren Scheitelwerten wesentlich stets gleich groß ansahen (vgl. S. 92) oder die Veränderlichkeit der Eisenmagnetisierung pauschal durch Einführung eines nichtlinear amplitudenabhängigen, aber einwelligen Magnetisierungsstromes abgegolten haben (z. B. beim Stromwandler, vgl. S. 110). Wir wollen in diesem Abschnitt begründen, welche Ersatzwerte in die dort gegebenen Untersuchungen tatsächlich mit Berechtigung einzusetzen sind, und alle sonst mit der Veränderlichkeit der Eiseneigenschaften und der dadurch bedingten Nichtlinearitäten in den Stromkreisen geschaffenen Probleme näher untersuchen.

Wir stellen zunächst fest, daß auch beim Vorhandensein von Eisen im Weg des magnetischen Flusses das Induktionsgesetz (8)

$$e = -\frac{\partial \Phi}{\partial t} \tag{610}$$

in der gleichen Form erhalten bleibt, im Sinne unserer Begriffsbestimmungen über Linearität (s. S. 144) also noch einen linearen Zusammenhang zwischen Spannung — elektromotorischer Kraft — und Fluß schafft. Die Nichtlinearität offenbart sich erst, wenn wir nach den Zusammenhängen zwischen dem für den Fluß ursächlichen Strom oder der ihm proportionalen — also mit ihm wieder linear verknüpften Durchflutung — fragen.

1. Formen der Magnetisierungskurve.

Ist eine Durchflutung eines magnetischen Kreises gegeben — oder der Teil der magnetischen Spannung bekannt, der an einem Teil des Flußweges abfällt, — so erhalten wir durch Division durch die Länge des Kreises — bzw. Länge des Teilweges — eine Feldstärke definiert:

$$H = \frac{w\,i}{l_m} \text{ oder differentiell } \mathfrak{H} = \left(\frac{\Delta v}{\Delta l_m}\right)_{\Delta l_m \to 0} \tag{611}$$

Während bei voller Linearität des Vorgangs nun diese Feldstärke eine ihr proportionale Flußdichte hervorrufen müßte, ist das tatsächlich nicht der Fall. An Stelle der bei nicht-ferromagnetischen Medien linearen Verknüpfung:

$$B = \mu H \tag{612}$$

bekommen wir bei Eisen einen Zusammenhang, der sich bisher allen Bemühungen zum Trotz nicht in einer allgemein mathematisch formulierbaren Form hat darstellen lassen, sondern nur durch die Angabe einer „*Magnetisierungskurve*", die experimentell aufgenommen und graphisch für irgendein Material dargestellt werden kann.

$$B = f(H)\,. \tag{613}$$

Wenn wir diesen Zusammenhang dadurch umschreiben, daß wir auch jetzt noch analog Gl. (612) schreiben: $B = \mu \cdot H$, so ist das in der Tat nur eine Verschleierung des wahren Sachverhalts, denn nunmehr ist eben die „Konstante" μ nicht mehr eine Materialkonstante, sondern ihrerseits eine Funktion von H. Beim Ferromagnetikum können wir also ohne Änderung der Tatsache der Nichtlinearität auch schreiben: $B = \mu H$ mit

$$\mu = g(H), \tag{614}$$

worin $g(H)$ eine andere Funktion von H ist als die Funktion (Gl. (613)) $f(H)$, die H und B miteinander verknüpft, obwohl beide natürlich gesetzmäßig zusammenhängen. Es ist bekannt, daß diese funktionale Zuordnung von B und H — und damit auch die von μ und H — nicht einmal eindeutig ist, sondern zum gleichen Wert der magnetischen Feldstärke je nach der magnetischen Vorgeschichte sehr verschiedene Induktionswerte gehören können. So können u. a. auch zu negativen Werten der Feldstärke positive Werte der Flußdichte gehören, wobei sich dann die Permeabilität als Quotient aus beiden formal als ein negativer Wert ergibt; ja es kann auch ein Induktionswert bei Fortfall der äußeren Feldstärke bestehen bleiben (Remanenz), was für den Quotienten B/H zum Wert unendlich führt. In Abb. 277 sind für einen Magnetisierungszyklus zwischen gleichen positiven und negativen

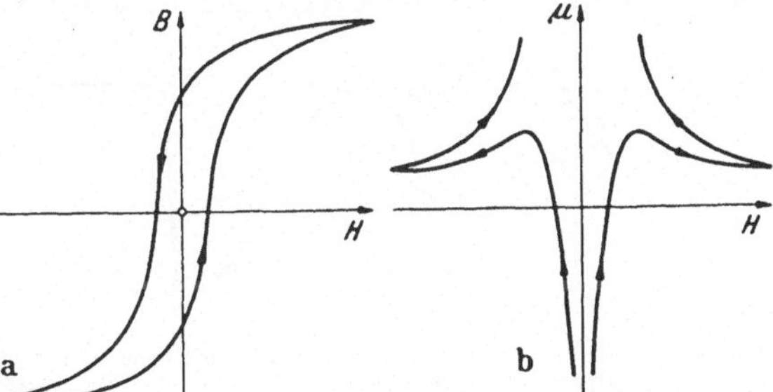

Abb. 277. Induktion und Permeabilität als Funktionen der magnetischen Feldstärke. a Induktion. b Permeabilität B/H.

Werten der Feldstärke die Funktionen $B = f(H)$ und $\mu = g(H)$ dargestellt. Es ist offenkundig, daß man hiermit nur graphisch umgehen kann.

Besser definierte Werte bekommt man, wenn man sich auf den Zusammenhang der Werte von B und H beschränkt, die man bei Messungen aus dem unmagnetischen Zustand heraus mit nur einsinnig und monoton steigender Feldstärke erhält (KÖPSEL-apparat, Schlußjoch) (Abb. 278). Diese Kurve heißt „*Neukurve*“ oder wohl auch „*Gleichstrommagnetisierungskurve*“. Wir können auf ihr vier wesentlich verschiedene Bereiche unterscheiden. Im untersten Bereich bei kleinen Feldstärken steigt die Induktion zunächst linear, dann etwas schneller als linear etwa nach einem Gesetz der Form

$$B = aH + bH^2 \tag{615}$$

an (Gebiet der — allerdings nicht verlustlos — reversiblen *Wandverschiebungen*), in dem wir a als die *Anfangspermeabilität* deuten können. Daran schließt sich bei mittleren Werten der Feldstärke ein steiler Anstieg der allerdings nur makroskopisch stetig aussieht, in Wahrheit aber sprungweise erfolgt (BARKHAUSENsprünge) (Abb. 278 b). Wir befinden uns im Gebiet der irreversiblen „*Umklappungen*“. Sind in allen *WEISSschen Bezirken* die Magnetisierungsvektoren in die der Feldrichtung nächstbenachbarte, kristallographisch bedingte Vorzugsrichtung umgeklappt, so gelangen wir in das dritte Gebiet, in dem durch die Feldstärke elastisch der Vektor der Magnetisierung aus der Vorzugsrichtung in die Feldrichtung *eingedreht* wird, ein wiederum bedingt reversibler Vorgang. In diesem Gebiet liegt das sogenannte „*Knie*“ der Magnetisierungskurve, bei dem der Fahrstrahl vom Ursprung zu einem Kurvenpunkt, dessen Neigung die Permeabilität bestimmt, die Kurve berührt, die Permeabilität also ein Maximum erreicht. Steigern wir die Feldstärke noch sehr viel weiter, so steigt schließlich die Induktion nur noch im gleichen Maße weiter, wie sie auch bei einem unmagnetischen Medium weitersteigen würde. Eine Parallele zur Magnetisierungskurve von „Luft“ ist also schließlich die Asymptote der Neukurve. In diesem Gebiet bleibt das bis zur „Sättigung“ aufmagnetisierte Eisen von allen Änderungen der magnetischen Feldstärke unberührt, alle Vorgänge sind also im reinen Sättigungsgebiet voll reversibel und ebenso verlustlos wie bei Luft als magnetischem Medium. Selbstverständlich stoßen diese Gebiete nicht mit scharfen Grenzen aneinander, sondern gehen mit weiten Überlappungen ineinander über, wo mehrere Mechanismen der Magnetisierung gleichzeitig die Zusammenhänge bestimmen.

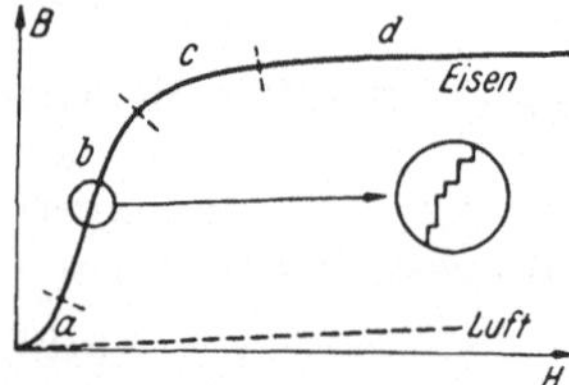

Abb. 278. Bereicheinteilung der Gleichstrommagnetisierungskurve. *a* Wandverschiebungsgebiet. *b* Umklappungsgebiet (mit vergrößerter Darstellung der BARKHAUSEN-sprünge). *c* Eindrehungsgebiet. *d* Sättigungsgebiet.

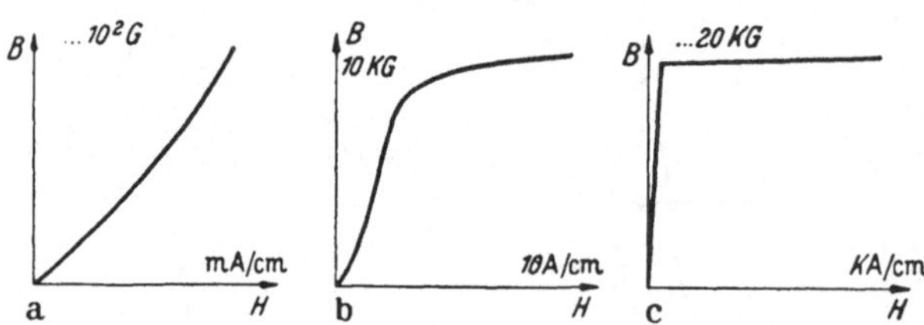

Abb. 279. Verschiedene Typen von Gleichstrommagnetisierungskurven. a RAYLEIGH-Gebiet. (Nachrichtentechnik.) b normale Ausnutzung (Starkstromtechnik). c Übersteuerung (Sonderzwecke).

Im untersten Gebiet der kleinen und kleinsten Feldstärken arbeitet meist die Nachrichtentechnik. Für die Transformatoren und Spulen der Starkstromtechnik wird der Bereich von kleinen Werten bis zu solchen in der Umgebung des Knies durchfahren. Für Sonderzwecke der Nachrichtentechnik, der Steuerungstechnik und bei manchen Problemen der Meßtechnik gelangt man bis weit in das Sättigungsgebiet hinauf. Eine einheitliche Darstellung der Verhältnisse aller Gebiete unter einem Gesetz ist somit praktisch ausgeschlossen. Abb. 279 zeigt die typischen Formen der Magnetisierungskurve für die drei Fälle, wobei die Maßstäbe jeweils so abgeändert sind, daß die Maximalwerte von B und H gleich erscheinen. Die an die einzelnen Kurven angeschriebenen Maßstäbe sollen nur Größenordnungen angeben.

Da nun aber in der Tat diese Kurven in der Wechselstromlehre stets zyklisch durchfahren werden, darf man nur gelegentlich die Kurven der Abb. 279 als Grundlage einer Untersuchung anwenden. Man wird häufig auch die Abhängigkeit von der magnetischen Vorgeschichte in Rechnung zu stellen haben. Die für solche genaueren Untersuchungen notwendigen *Ummagnetisierungskurven* oder *Hysteresis-Schleifen* sind in der Abb. 280 wieder für den Fall der drei Sonderaufgabengebiete zusammengestellt. Hinzugefügt ist noch eine vierte Kurve, bei der der Vorgang nicht symmetrisch zwischen gleichen positiven und negativen Maximalwerten verläuft, sondern unsymmetrisch zwischen einem hohen und einem niedrigeren Wert im mittleren Gebiet (Abb. 280b, gestrichelte Kurve).

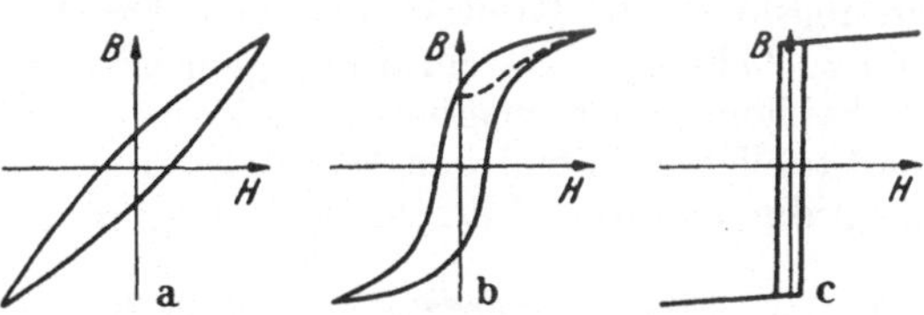

Abb. 280. Verschiedene Formen der Hysteresisschleife für die gleichen Gebiete wie in Abb. 279.

Analytisch faßbar sind nur die Vorgänge im untersten Bereich, der für die Nachrichtentechnik interessant ist. Dort ist von RAYLEIGH als Gesetz für die nach ihm später sogenannte RAYLEIGH-Schleife (Abb. 280a) angegeben worden:

$$B = (\mu_a + 2\,\nu H_m)\,H \pm \nu\,(H^2 - H_m^2)\,, \tag{616}$$

wobei das doppelte Vorzeichen für die beiden Äste der Kurve gilt. Hierin sind μ_a und ν materialabhängige Kennwerte: μ_a die Anfangspermeabilität $\left(\text{für } H_m \ll \frac{\mu_a}{2\nu}\right)$ und ν eine Konstante, die die „Völligkeit" der Hysteresisschleife und damit die Verluste bestimmt (vgl. Gl. (646) auf S. 303). Die beiden Kurvenformen der Hysteresisschleife für die Starkstromtechnik sind durch einfache Funktionen überhaupt nicht wiederzugeben. Im obersten Gebiet der Übermagnetisierung kann man zwar kein geschlossenes Gesetz aufstellen, trotzdem aber noch manche allgemeinen Feststellungen treffen, wenn man die Hysteresisschleife für diesen Fall durch Knickgeraden annähert (s. Abb. 280c).

Bei kleinen Änderungen der magnetischen Feldstärke, die u. U. einem großen Grundwert überlagert sein können, der als Gleichstromwert für eine Wechselstromlehre uninteressant ist, sind für die Änderungen der Induktion mit der Feldstärke nicht die Quotienten aus den Absolutwerten der beiden Größen maßgebend, also die Werte, die wir bisher als Permeabilität schlechthin bezeichneten. Dagegen bekommen die Quotienten aus der Induktionsschwankung und der sie verursachenden Feldstärkenschwankung Bedeutung. Wir wollen diesen Quotienten ebenfalls als Permeabilität bezeichnen, aber durch den Zusatz „*differentiell*" oder „*Wechselstrom-*" kennzeichnen. Es ist also:

$$\mu_{diff} = \mu_{\sim} = \frac{dB}{dH}\,. \tag{617}$$

Alle diese Überlegungen können wir nun im Prinzip noch einmal wiederholen, wenn wir nicht auf den Zusammenhang von B und H schauen, sondern integral die Frage nach den Zusammenhängen von Fluß und Strom oder Durchflutung stellen. Aus der Integration aller „magnetischen Spannungsabfälle" $H\,dl$ über den ganzen magnetischen Kreis einer elektrischen Maschine oder eines Geräts erhalten wir die Gesamtdurchflutung, deren der Kreis bedarf, wenn ein bestimmter Fluß in ihm auftreten soll, wobei für jeden Teilweg unter Umständen eine andere Magnetisierungskurve zugrunde zu legen ist. Wegen der Nichtlinearität dieses

Zusammenhanges ist es dabei zwar einfach, die Aufgabe graphisch zu lösen, welcher gesamte AW-Bedarf für einen geforderten Fluß nötig ist, es ist aber nicht ohne weiteres in einem Schritt möglich, den zu einer gegebenen Durchflutung gehörigen Gesamtfluß zu errechnen, weil die Aufteilung der Gesamtdurchflutung auf die einzelnen magnetischen Spannungsabfälle nicht vorhergesagt werden kann. Erst wenn man aus den für mehrere Flußwerte errechneten Durchflutungen die ,,Magnetisierungskurve des Kreises“ bestimmt hat, kann man rückwärts aus ihr einfach auch den zu beliebiger Durchflutung gehörigen Fluß ablesen.

Bei homogenem magnetischen Kreis — Toroidspule — würde diese Kurve nur ein maßstäbliches Abbild der Magnetisierungskurve nach Abb. 278/280 sein, bei dem die Ordinate durch Multiplikation mit dem Flußquerschnitt = Kernquerschnitt, die Abszisse durch Multiplikation mit der Länge des magnetischen Weges (Weglänge = Kernlänge) umgerechnet ist. Bei zusammengesetzten magnetischen Kreisen, wie sie in der Elektrotechnik die Regel sind, sind sie meist Mischkurven aus echten Magnetisierungskurven mit meist linearen Zusätzen, die z. B. durch den in den meisten Maschinen unentbehrlichen Luftspalt bedingt sind. Die Kurven verlaufen dann gestreckter, bis sie im Grenzfall bei hohem Anteil des Luftspaltes wieder linear werden. Das zeigt die Abb. 281 für ein System bestehend aus einem Eisenkern mit Luftspalt, dessen Länge mehr und mehr zunimmt, wobei wir aber, um die Linearisierung deutlicher werden zu lassen, die Maximalwerte der Durchflutung durch geeignete Maßstabswahl immer auf den gleichen Ordinatenwert gebracht haben. Durch geeignete Wahl mehrerer verschiedener Eisensorten für Teile des Weges kann man auch eine Linearisierung der Kurve in gewissen Bereichen der Durchflutung erzielen, ohne dafür den hohen Magnetisierungsbedarf des Luftspaltes in Kauf nehmen zu müssen.

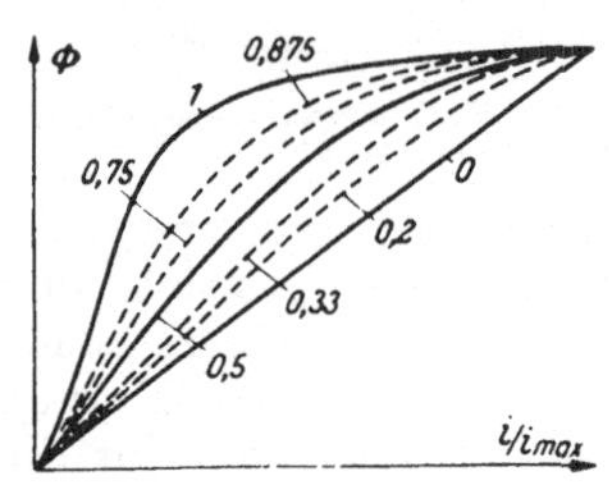

Abb. 281. Einfluß des magnetischen Widerstandes eines Luftspaltes auf die Linearität einer Magnetisierungskurve. Kurvenparameter: $\frac{AW_{Fe}}{AW_{Luft} + AW_{Fe}}$

Wegen der Nichtlinearität der Magnetisierungskurve auch für den gesamten Kreis besteht zwischen der induzierten elektromotorischen Kraft in einer Spule und dem in ihr fließenden Strom nicht mehr die einfache Verknüpfung Gl. (44/45):

$$e = -L\frac{di}{dt}\,.$$

Sie ist vielmehr nun nach Gl. (610) zu ersetzen durch:

$$e = -\frac{d\Phi}{dt}w \qquad \text{und} \qquad \Phi = f(i)\,, \tag{618}$$

wobei wir natürlich umschreiben können:

$$e = -w\frac{d\Phi}{dt} = -w\frac{d\Phi}{di}\frac{di}{dt} = -L\frac{di}{dt}\,, \tag{619}$$

womit formal der alte Zusammenhang wiederhergestellt ist, indem wir eben als Induktivität definiert haben:

$$L = w\frac{d\Phi}{di} \quad (620) \qquad \text{an Stelle von} \quad L = \frac{w\Phi}{i}\,. \quad \text{nach Gl. (45)}$$

Allerdings ist diese Rettung rein formal, denn L ist nun eben nach dieser Definition keine Konstante mehr, sondern eine von Punkt zu Punkt der Magnetisierungskurve, d. h. von Zeitpunkt zu Zeitpunkt des Geschehens, veränderliche Größe. Nur für den Fall sehr kleiner überlagerter Wechselgrößen kann es wieder als Konstante angesehen werden, wobei dann aber auch wieder in Analogie zur Permeabilität nicht mehr die Neigung der Geraden durch den Nullpunkt, sondern die Neigung der Tangente an die Magnetisierungskurve maßgebend für die *Wechselstrom-Induktivität* oder „*differentielle Induktivität*" wird (s. Abb. 282).

Für größere Schwankungen der Stromstärke und entsprechend größere Bereiche der Magnetisierungskurve aber müssen wir nun eben die Tatsache in Rechnung stellen, daß eine sinusförmige Stromstärke einen nicht-sinusförmigen Fluß zur Folge hat und damit auch eine nicht-sinusförmige, mehrwellige elektromotorische Kraft. Ist dagegen der zeitliche Flußverlauf durch Gl. (610) sinusförmig vorgeschrieben, weil an eine Spule ohne merklichen Ohmschen Widerstand eine feste sinusförmige Klemmenspannung angeschlossen ist, so fordert diese einen nicht-sinusförmigen Verlauf der Durchflutung, also auch einen mehrwelligen Magnetisierungsstrom. Von technischem Interesse können nun sowohl die Effektivwerte von Strom und Spannung als der Messung am einfachsten zugängliche Werte, als auch die Grundwellenanteile der Spannungen und Ströme sein, die man z. B. bei Brückenmessungen findet. Man kann aus ihnen „Mittelwerte der Induktivität" definieren und mit ihnen dann so rechnen, als ob die Formeln des linearen Netzwerkes anwendbar wären, wird aber nicht erwarten dürfen, daß dieses Bild über seinen begrenzten Rahmen der Verknüpfung gewisser Mittelwerte hinaus Gültigkeit besitzt oder exakte Übereinstimmung von Rechnung und Versuch über eine gewisse qualitative Übereinstimmung hinaus erwarten läßt. Wir werden auf diese Fragen noch bei der Besprechung der verschiedenen Beispiele eingehen.

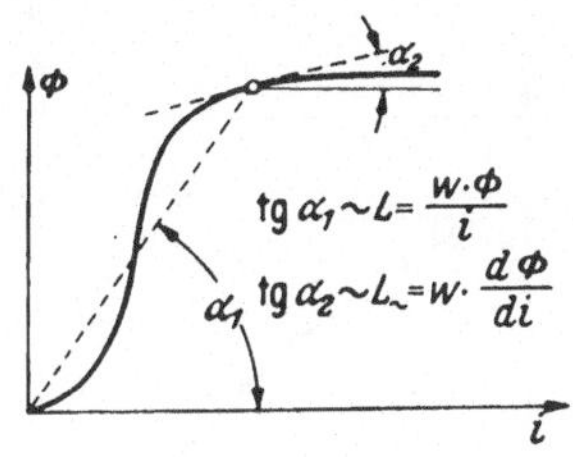

Abb. 282. Zur Definition der Gleichstrom- und Wechselstrom- oder differentiellen Induktivität.

2. Das Verhalten bei zeitlich vorgeschriebener Durchflutung.

Der technisch einfachste Fall liegt vor, wenn eine sinusförmige Durchflutung, ein einwelliger Magnetisierungsstrom, als Urstrom gegeben ist. Wir haben ihn praktisch dann, wenn z.B. ein sekundär offener Stromwandler, vgl. S. 110, primär von einem Strom durchflossen wird. In einer Hochspannungsanlage wird der Spannungsabfall am Wandler dann keine Rolle gegen die EMK des Netzes spielen, die also den sinusförmigen Verlauf des Stromes allein bestimmt. Wir bekommen den in der Abb. 283 dargestellten Zusammenhang. Zu jedem Wert von i, der sinusförmig über einer nach unten gerichteten Zeitachse aufgetragen ist, erhalten wir aus der Magnetisierungskurve den eingestrichelten Kurven folgend im Teilbild rechts oben über einer Achse mit der gleichen Zeitteilung den zeitlichen Verlauf des Flusses. Auf der gleichen Achse ist noch einmal auch der zeitliche Verlauf des Stromes aufgetragen, um ihn bequemer vergleichen zu können. Der Verlauf des Flusses ist schon hier bei nicht sehr hoher Sättigung sehr stark nicht-sinusförmig. Er ist fast trapezförmig mit sehr steilem Anstieg unmittelbar nach dem Nulldurchgang, ändert sich dann aber im Verlauf des größten Teils der Halbwelle kaum mehr,

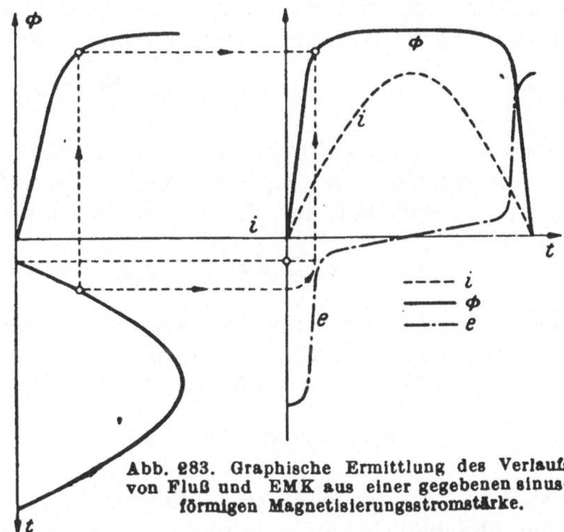

Abb. 283. Graphische Ermittlung des Verlaufs von Fluß und EMK aus einer gegebenen sinusförmigen Magnetisierungsstromstärke.

um schließlich bei Annäherung an den zweiten Nulldurchgang eben so schnell wieder abzufallen, wonach sich der gleiche Ablauf in der negativen Halbwelle spiegelbildlich wiederholt. Da die Kurve des zeitlichen Verlaufs der EMK aus dem Flußverlauf durch Differentiation nach Gl. (610) entsteht, treten in ihr die Oberwellen noch viel stärker hervor (vgl. S. 152). Sie beginnt mit hohen negativen Spitzenwerten im Nulldurchgang des Flusses und Stromes entsprechend 90° Phasenverschiebung in den Grundwellen von Spannung und Strom, um dann sehr schnell auf kleine Werte abzusinken; während des Hauptteils der Periode ist dann die Spannung nahezu Null, um erst gegen den zweiten Nulldurchgang zu einer hohen positiven Spitze aufzusteigen.

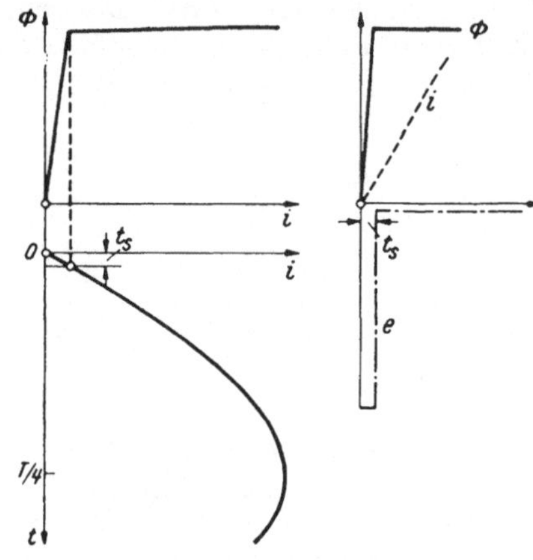

Abb. 284. Zur überschlägigen Berechnung der Stoßspannung bei sinusförmiger Erregung einer Eisenkernspule bei höherer Übersättigung.

Wir können diese Zusammenhänge gut analytisch fassen, wenn wir bei hohen Werten der Übersättigung nach der Abb. 279c die Magnetisierungskurve durch zwei mit einem Knick ineinander übergehende Gerade ersetzen, von der wir die flach verlaufende als im wesentlichen parallel zur Abszissenachse verlaufend annehmen können. Dann ist die Kurve des Flußverlaufs ein richtiges Trapez und die des Verlaufs der EMK besteht aus je einem positiven und negativen Rechteckimpuls während der Zeitdauer des Flußanstieges $2\,t_s$. Diese errechnet sich aus dem Verhältnis vom Scheitelwert des Wechselstromes i_{max} zu dem Wert i_s, bei dem die Sättigungsmagnetisierung erreicht wird (Abb. 284):

$$i_s = i_{max} \cdot \sin \omega t_s; \quad t_s \approx \frac{1}{\omega} \cdot \frac{i_s}{i_{max}}. \tag{621}$$

Während dieser Zeit ist die Änderungsgeschwindigkeit des Flusses konstant; er steigt in dieser Zeit vom Wert Null bis auf den Betrag, der sich aus Sättigungsinduktion B_s und Kernquerschnitt S errechnet, so daß wir also für die während dieser Zeit auftretende Impulsspannung bekommen:

$$e_{max} = w \cdot \frac{\Delta\Phi}{t_s} = w \cdot \frac{i_{max}}{i_s} \cdot \omega \cdot B_s \cdot S. \tag{622}$$

Wir erhalten also Proportionalität zwischen *EMK* und Strom, d. h. zwischen ihren Scheitelwerten. Analog zur üblichen Beziehung, Gl. (44/45) zwischen *EMK* und Strom hinsichtlich der Effektivwerte könnten wir also nun schreiben:

$$e_{max} = \omega L_w \cdot i_{max} \quad \text{mit} \quad L_w = w \cdot \frac{B_s \cdot S}{i_s}, \tag{623}$$

worin L_w eine wirksame Induktivität für diesen Fall ist, für die jedoch keine der von uns bisher erwähnten Definitionen (Gl. (45) oder (620)) zutrifft. Für ihre Berechnung können wir umformen:

$$L_w = w \cdot \frac{B_s \cdot S}{H_s \cdot l/w} = w^2 \cdot \frac{B_s}{H_s} \cdot \frac{S}{l} = w^2 \cdot \mu_{max} \cdot \frac{S}{l} = w^2/R_m, \tag{624}$$

erhalten also als Endformel für diese wirksame Induktivität eine ganz analog zu den üblichen Formeln aufgebaute Form, die jedoch keine über die Gesamtzeit konstante Permeabilität, auch keinen Mittelwert über die Periode als bestimmend enthält, sondern den Größtwert μ_{max} der Gleichstrompermeabilität in der Umgebung des Knies der Magnetisierungskurve.

Wir können aber hier ohne eine solche Definition die interessierende Höhe der Stoßspannung einfach aus der Ausgangsformel Gl. (622) ausrechnen oder wenigstens abschätzen. Bei üblichen Stromwandlern liegt die Sättigungsstromstärke des Kerns weit unterhalb des Nennstroms, meist unter 1/20 dieses Wertes. Die Sättigungsinduktion fast aller Eisensorten liegt übereinstimmend bei 15...20 kG. Bei 50 Hz und einem Eisenquerschnitt des Wandelkerns von 25 qcm ergibt sich dann eine Windungsspannung:

$$e/w = \frac{i_{max}}{i_s} \cdot \omega \cdot B_s S \approx 25 \text{ V/Wdg} . \tag{625}$$

Bei den üblichen Sekundärwindungszahlen von 100...200 (500...1000 AW) ergibt das an der offenen Sekundärwicklung schon bei normalem Strom Spannungen von der Größenordnung 5 kV. Abgesehen von der damit verbundenen Gefährdung des menschlichen Lebens ist diese Spannung auch für die Isolation der Wicklungen gefährlich und hat schon oft zu Schäden geführt. Ist dabei die Primärstromstärke des Wandlers hoch, seine Windungszahl also klein, so ist die oben als erforderlich aufgestellte Bedingung, daß der an ihr auftretende Spannungsabfall klein sein solle gegen die Netzspannung, leicht erfüllt. Die Sekundärspannung eines leerlaufenden Stromwandlers zeigt in der Tat meist sehr weitgehend den dargestellten Verlauf.

Solche Spannungen können aber nicht nur als Störspannungen auftreten, sondern auch vielfach in der Technik nutzbar gemacht werden. Man kann auf diese Weise im Nulldurchgang eines Stromes die Zündspannungsspitze für die Einleitung des Stromflusses in einem Gleichrichter erzeugen, wobei die Phasenverschiebung des Stromes mit irgendeinem der besprochenen Phasenschieber (vgl. S. 61) oder einem Drehtransformator (vgl. S. 487) eingestellt wird und damit den Zündzeitpunkt festlegt. Auch in der Impulstechnik des Fernsehens und Funkmessens werden auf diese Weise oft rechteckige Spannungsstöße — *Impulse* — von kurzer Dauer und definiertem Einsatzzeitpunkt aus sinusförmigen Strömen abgeleitet.

Wenn wir oben darauf hinwiesen, daß die Bedingung leicht sei, daß die Rückwirkung der EMK auf den speisenden Kreis klein sein solle gegen die sonst in ihr wirkende Spannung, so haben wir uns dabei allerdings die Aufgabe zu leicht gemacht, wenn wir in Gedanken die Scheitelwerte der Betriebsspannung mit denen der Stoßspannung verglichen. Denn wenn wir einmal einen OHMschen Widerstand im Kreis der Primärwicklung annehmen — oder der Spule überhaupt nur *eine* Wicklung geben, so fällt das Auftreten der Spannungsspitze in der EMK ja gerade mit dem Nulldurchgang des Stromes und damit auch der Spannung zusammen. Verglichen mit den hier auftretenden Augenblickswerten der Spannung kann dann die Stoßspannung durchaus beträchtlich sein und wird es bei mittleren Spannungen bis zu etwa 1000 Volt sogar in der Regel sein. Dann ergibt sich aber eine Rückwirkung auf den Stromverlauf.

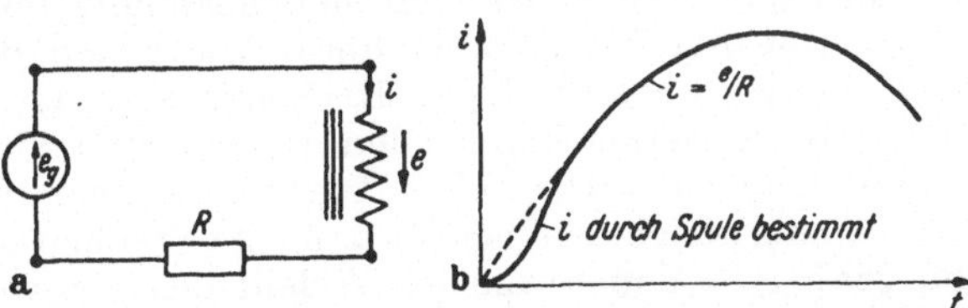

Abb. 285. Stufenbildung im Strom einer Eisendrossel bei eingeprägter Spannung statt eines eingeprägten Stromes. a Schaltbild. b Kurvenverlauf des Stromes.

Wir können sie am einfachsten dadurch nachprüfen, daß wir für den Augenblick des Nulldurchganges selbst die Gleichung zwischen den Augenblickswerten des Stromes und der Spannung aufstellen (Abb. 285). Da während der betrachteten Zeit der magnetische Zustand noch durch den steil ansteigenden Ast der Magnetisierungskurve gekennzeichnet ist, so können wir an Stelle des Flusses als kennzeichnende Größe wieder den Strom in Verbindung mit der oben angegebenen wirksamen Induktivität (Gl. (624)) ansetzen und erhalten also:

$$i \cdot R = e_g + e = e_g - w \cdot \frac{d\Phi}{dt} = e_g - L_w \cdot \frac{di}{dt}. \qquad (626)$$

In der Umgebung des Nulldurchganges ist nun aber $i = 0$, also bestimmt zunächst die Induktivität allein den Stromanstieg:

$$\left(\frac{di}{dt}\right)_0 = e_g \cdot \frac{1}{L_w}. \qquad (627)$$

Hier ist nun wiederum in der Umgebung des Nulldurchganges, den wir ja betrachten, die Spannung des Generators noch der Zeit proportional

$$e_g = e_{g_{max}} \cdot \omega t, \qquad (628)$$

so daß wir als zeitlichen Verlauf des Stromes in der Umgebung des Nullpunktes durch eine gewöhnliche Integration bekommen:

$$e = \frac{e_{g_{max}}}{L_w} \cdot \frac{t^2}{2} \omega. \qquad (629)$$

Der Strom bleibt also sehr klein und steigt erst allmählich beschleunigt an. Mit seinem Ansteigen macht sich natürlich dann auch der Ohmsche Widerstand in steigendem Maße bemerkbar, der schließlich nach Überschreiten des Sättigungspunktes und entsprechender Absenkung des induktiven Spannungsabfalles allein für den Stromverlauf bestimmend wird. In dem ohne die Sättigungsspule rein sinusförmigen Stromverlauf tritt durch ihre Anwesenheit beim Nulldurchgang eine Verzögerung des Stromanstieges — eine Strom*stufe* — auf, die man beim Kontaktumformer z. B. künstlich erzeugt, um gerade die Unterbrechung zu erleichtern. Erst nach Überwindung der Stufe stellt sich der Strom schnell auf den Ohmschen Wert ein. Auch wenn bei Phasenverschiebung zwischen Spannung und Strom e_g im Nulldurchgang des Stromes nicht Null ist, sondern bereits einen endlichen Wert hat, so stellt sich doch die Verlangsamung des Stromanstieges ein, die jetzt allerdings in der Form erscheint, daß Augenblickswert der Spannung im Nulldurchgang und wirksame Induktivität den Stromanstieg linear bestimmen, dem sich dann noch der quadratische Anstieg unserer obigen Rechnung sozusagen überlagert. Aber die Herabsetzung der Stromwerte unter den Augenblickswert, der sich bei rein sinusförmigem Verlauf einstellen würde, bleibt sogar dann noch, wenn wir rein induktive Phasenverschiebung annehmen, bei der dann die Steilheit der Stromstufe am größten wird. Abb. 285b gibt den zeitlichen Verlauf des Stromes bei sinusförmiger Spannung wieder, wenn man rein Ohmsche Last hat. Über diese mehr qualitative Berechnung der Haupttatsachen wollen wir hier nicht hinaus gehen.

3. Das Verhalten bei vorgegebenem Flußverlauf.

a) Formfaktor und Induktionsgesetz.

Nicht so ganz einfach liegen die Verhältnisse, wenn an Stelle des Stromverlaufes der Flußverlauf gegeben ist. Das ist praktisch immer dann der Fall, wenn an der Wicklung des Eisenkerns eine fest vorgegebene Spannung — Urspannung aus einem Generator ohne inneren Widerstand = Klemmenspannung aus einem leistungsstarken und infolgedessen spannungstarren Netz — liegt, und man den Ohmschen Widerstand der Wicklung vernachlässigen kann.

Dann gilt ja wieder ähnlich wie im vorigen Abschnitt nach Abb. 286:

$$i R - u = e = - w \frac{d\Phi}{dt}. \qquad (630)$$

Bei Vernachlässigung des OHMschen Spannungsabfalles ($iR = 0$) legt somit der zeitliche Verlauf der Klemmenspannung nach:

$$\Phi = \int d\Phi = \frac{1}{w}\int u\,dt \tag{631}$$

den zeitlichen Verlauf des Flusses bis auf eine unbestimmte Konstante fest, die sich aus der Integration nicht ohne weiteres ergibt. Zunächst können wir jedenfalls nur aussagen, daß durch das Induktionsgesetz die *Flußschwankung* bestimmt wird. Integrieren wir nämlich auf der linken Seite unserer Gleichung zwischen dem Höchstwert Φ_{max} und dem Mindestwert Φ_{min}, als deren Differenz sich die Flußschwankung $\Delta\Phi$ ergibt, so haben wir rechts als Integrationsgrenzen die beiden Nulldurchgänge einer Halbwelle der Spannung einzusetzen, weil ja beim Maximum oder Minimum des Flusses mit $\frac{d\Phi}{dt} = 0$ auch $u = 0$ wird. Es ist also:

$$\int\limits_{\Phi_{min}}^{\Phi_{max}} d\Phi = \Phi_{max} - \Phi_{min} = \Delta\,\Phi = \frac{1}{w}\int\limits_0^{T/2} u\,d\,t = \frac{T}{2w}\cdot M(u)\,. \tag{632}$$

Dabei haben wir in der letzten Umformung das Integral durch den arithmetischen Mittelwert der Spannungskurve ersetzt (vgl. S. 15), den wir andererseits wieder mit dem Effektivwert der Spannungskurve verknüpfen können durch den Formfaktor k (Gl. (23)) gemäß: $U = k\cdot M(u)$, so daß wir als Bedingung für die Flußschwankung erhalten:

$$\Delta\,\Phi = \frac{T}{2\,w}\cdot\frac{1}{k}\cdot U\,. \tag{633}$$

In der Mehrzahl der Fälle wird die Flußschwankung sich zwischen einem gleich großen positiven Maximal- und negativen Minimalwert abspielen. Ausnahmen behandeln wir unter Abschn. VI C. Dann ist $\Delta\Phi = 2\Phi_{max}$ und wir erhalten schließlich nach Ersatz von T durch $1/f$:

$$\Phi_{max} = \frac{1}{4\,k\,w\,f}\cdot U \tag{634}$$

als den von der angelegten Spannung U und ihrer Kurvenform (durch k) bestimmten Scheitelwert des Flusses. Umgekehrt können wir auf diese Weise, wenn U ge-

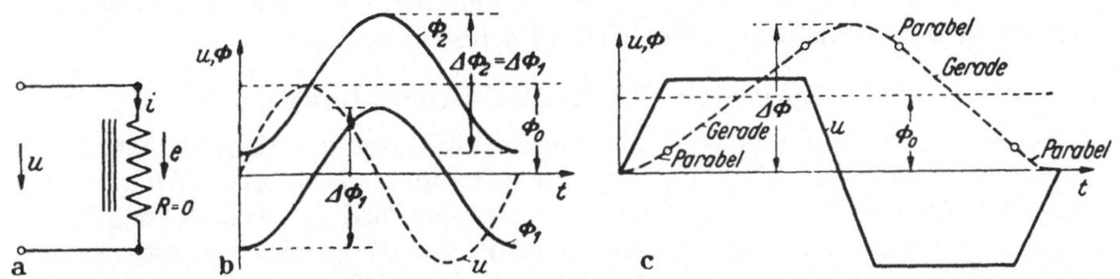

Abb. 286. Bestimmung des zeitlichen Flußverlaufes und der Flußschwankung durch die angelegte Spannung bei einer Eisendrosselspule ohne OHMschen Widerstand. a Schaltbild. b Flußverlauf bei sinusförmiger Spannung. c Flußverlauf bei trapezförmiger Spannung.

messen wird und seine Kurvenform bekannt ist, eine Bestimmung von Φ_{max} unter Benutzung des zu messenden Effektivwertes U vornehmen. Für den Regelfall der sinusförmigen Spannung wird $k = 1{,}11$ und damit das Induktionsgesetz für den Fall der Spule mit Eisenkern:

$$U = 4{,}44\,wf\Phi_{max}\,. \tag{635}$$

Wie wir aber bereits feststellten, bestimmt die angelegte Spannung nicht nur durch ihren arithmetischen Mittelwert — der Effektivwert ist ja nur wegen seiner bequemeren Meßbarkeit auf dem Umweg über den Formfaktor eingeführt worden, was zur Folge hat, daß sich für solche Messungen Gleichrichtermeßinstrumente besonders eignen, die auf Effektivwerte für sinusförmigen Verlauf geeicht sind und sonst bei anderen Kurvenformen falsche Werte anzeigen, nämlich gerade den hier benötigten Wert $kU/1{,}11$ — die Flußschwankung im ganzen, sondern auch ihren genauen zeitlichen Verlauf durch die Ausführung der Integration für jeden beliebigen Zeitpunkt. So wird z. B. eine zeitliche sinusförmige Spannung:

$$u = u_{max} \sin \omega t = U\sqrt{2} \sin \omega t\,, \tag{636}$$

einen Flußverlauf zur Folge haben:

$$\Phi = \frac{1}{w}\int u\,dt = \frac{U\sqrt{2}}{w}\int \sin \omega t\,dt = -\frac{U}{4wkf}\cos \omega t + \Phi_0\,. \tag{637}$$

Sehen wir von dem überlagerten Gleichfluß Φ_0 ab, so ist also der Wechselfluß jedenfalls zeitlich ebenso sinusförmig wie die Spannung entsprechend der Tatsache, daß ja hier noch lineare Zusammenhänge bestehen (Abb. 236b zeigt diesen Wechselfluß einmal mit $\Phi_0 = 0$ aufgetragen, zum anderen Mal über einem größeren Gleichfluß). In beiden Fällen sind sowohl die Flußschwankung, wie auch der zeitliche Verlauf des Wechselflusses genau gleich.

Das gilt ebenso für nicht-sinusförmigen Verlauf der angelegten Spannung. Ist diese z. B. trapezförmig, so können wir hierzu, wie zu jedem anderen Kurvenverlauf auch, den Verlauf des Flusses als Integralkurve aufzeichnen (Abb. 286c). Dabei steht es uns frei, mit irgendeinem Augenblickswert des Flusses zu beginnen. In der Abbildung beginnen wir so willkürlich bei Null im Nulldurchgang der Spannung. Von dort aus steigt der Fluß zunächst quadratisch als Integral des linearen Stromanstieges, setzt sich dann von dem Zeitpunkt an, wo die Spannung in der positiven Halbwelle konstant bleibt, linear fort und steigt schließlich nur noch verzögert in dem Maß immer langsamer, wie sich die Spannung dem Wert 0 nähert. Von dort aus wiederholen sich dann fallend während der negativen Halbwelle die gleichen Vorgänge, bis wir am Ende der Periode wieder beim Ausgangswert des Flusses angekommen sind. Der gesamte Flußverlauf besteht aus einer Wechselkomponente und einem Gleichfluß Φ_0 dessen Wert nicht durch die Größe der Wechselspannung bestimmt wird, sondern durch andere Betriebsbedingungen wie etwa das Vorhandensein einer weiteren von Gleichstrom durchflossenen ,,*Vor*“-*Magnetisierungs*spule auf dem Kern. Fehlt diese, so wird Φ_0 meist gleich Null sein, der Fluß also einfach um den Mittelwert 0 als reiner Wechselfluß schwanken.

b) Kurvenform des Magnetisierungsstromes.

Nun gehört aber zu jedem Wert des Flusses ein durch die Magnetisierungskurve gegebener Wert der Durchflutung, bzw. des Stromes. Nach Abb. 287 können wir also für *jede* Kurvenform, sowie *hier* am *speziellen* Fall der sinusförmigen Spannungskurve gezeigt, den zugehörigen Verlauf des Magnetisierungsstromes konstruieren, indem wir Punkt für Punkt auf dem für *einen* Zeitpunkt gestrichelten Weg die zu *jedem* Zeitpunkt gehörenden Augenblickswerte des Magnetisierungsstromes ermitteln. Das ist in der Abbildung für zwei Fälle durchgeführt. Im Teilbild a) ist angenommen, daß sich der Wechselfluß dem Gleichfluß Null überlagert, im Teilbild b) dagegen ist die gleiche Konstruktion ausgeführt für den Fall, daß ein überlagerter Gleichfluß von der Größe Φ_0 vorhanden war. Als Magnetisierungskurve ist in beiden Fällen die idealisierte Gleichstromkurve zugrunde gelegt worden, von der Einwirkung der Hysteresis also abgesehen worden.

Die ausgeführte Konstruktion zeigt eine für den Verlauf des Magnetisierungsstromes typische Kurvenform mit flachem Anstieg im ersten Teil der Halbwelle, einer anschließenden steil ansteigenden Stromspitze und symmetrisch abfallendem zweiten Teil der Halbwelle. Im Falle des reinen Wechselflusses verlaufen positive und negative Halbwelle völlig gleich, bzw. spiegelbildlich. Aus den Symmetrieeigenschaften der Kurvenform lesen wir nach Abschn. IV A, S. 133, heraus, daß die Kurve des Magnetisierungsstroms keine geradzahligen Oberwellen enthält, und daß die ungeradzahligen nur mit cos-Gliedern vertreten sind, wenn man den Nullpunkt der Analyse so wählt, daß er mit dem Nulldurchgang der Spannung zusammenfällt. Leistung wird dabei also als Mittelwert nicht verbraucht.

Betrachten wir aber den Verlauf des Magnetisierungsstromes für den Fall der vormagnetisierten Spule, so ergibt sich ein anderes Bild (Abb. 287b). Die beiden Stromspitzen sind nunmehr stark verschieden, obwohl nur ein verhältnismäßig kleiner Gleichfluß angenommen wurde. Die Kurvenform des Magnetisierungsstromes enthält jetzt also nach S. 133 außer den ungeradzahligen auch geradzahlige Oberwellen mit erheblichen Beträgen. Wegen der Symmetrie gegen den Kurvenscheitel sind alle Oberwellenanteile in der Kurvenform reine cos-Glieder bezogen auf den Kurvenscheitel als Symmetriepunkt. Er ist zugleich der Nulldurchgang der sinusförmigen Spannung. Auch die Grundwelle des Stromes liefert also keine Leistung. Das ist zu erwarten, weil wir ja keinen Hysteresisverlust annahmen. Die stark unsymmetrische Kurve enthält auch ein Gleichstromglied, das aber nicht von einer Wechselstrommaschine geliefert werden kann. Eine ihm entsprechende Durchflutung muß aus einer Gleichstromquelle entnommen werden und entweder einer besonderen Vormagnetisierungsspule zugeleitet werden oder aber über entsprechende Verriegelungsglieder vor der Spannungsquelle (Sperrdrossel) (vgl. auch Abschn. VI C, S. 331) der Hauptwicklung zugeführt werden und gegen Kurzschluß über den Wechselstromgenerator z. B. durch einen Kondensator in dessen Kreis abgeriegelt werden. Es ist offenkundig, daß der hohe positive Stromstoß mehr Ladung additiv hinzukommen läßt, als in der negativen Halbwelle durch den Fortfall der Stromspitze eingespart wird. Der Gleichstromanteil wird also größer als der Gleichstrom, der statisch erforderlich wäre, um den entsprechenden Gleichfluß zu erzeugen. Durch den Einfluß der zusätzlichen Wechselstrom-

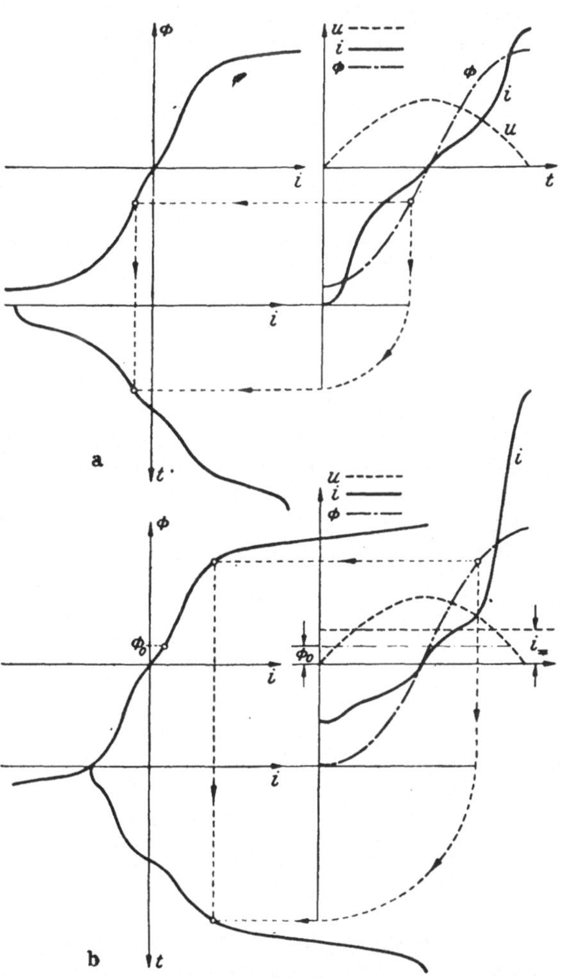

Abb. 287. Konstruktion des Magnetisierungsstromes bei sinusförmiger Klemmenspannung (a) ohne und (b) mit Vormagnetisierung des Eisenkerns.

magnetisierung ändert sich also die Gleichstrommagnetisierungskurve eines solchen Eisenkerns, wovon man vielfältig in der Technik Gebrauch macht. Es ist das eine der wesentlichen Folgen der Tatsache, daß das Superpositionsgesetz nun nicht mehr gilt, weil es eben an die Existenz rein linearer Verknüpfungen gebunden war.

Wir können uns nunmehr leicht überlegen, daß die Kurvenform des Magnetisierungsstromes in sehr verschiedener Weise verzerrt werden wird, je nachdem, welche Bereiche der Magnetisierungskurve dabei durchfahren werden. Bewegen wir uns bei sehr kleinen Magnetisierungen im Bereich der RAYLEIGH-Schleife, so werden die Verzerrungen um so kleiner werden, je mehr wir uns der höchsten Feldstärke [H_m in Gl. (616)] Null nähern. Umso stärker überwiegt in dem Hauptglied dieser Formel — das mit dem doppelten Vorzeichen vernachlässigen wir ja hier sowieso, weil es nur den Ummagnetisierungsverlust in Rechnung stellt, — das erste Glied, die konstante Gleichstromanfangspermeabilität, um so mehr wird die wirksame Magnetisierungskurve eine Gerade, an der sich die sinusförmige Flußkurve als sinusförmige Kurve des Magnetisierungsstromverlaufs spiegelt. Sie ist auch bei mittleren Induktionen in diesem Bereich nur wenig gegen die Sinuskurve abgeflacht (Abb. 288a). Mit steigender Aussteuerung der Magnetisierungskurve in den in der Starkstromtechnik interessanten Bereich beginnen sich dann nach Überschreiten des steilsten Teils der Magnetisierungskurve, besonders aber nach Überschreiten des Knies der Kurve, die schmalen hohen Stromspitzen abzuzeichnen, die wir in Abb. 287 fanden und hier noch einmal als Abb. 288b in einem solchen Maßstab wiederholen, daß die Kurvenform ohne Rücksicht auf den Absolutwert mit der im unteren Bereich vergleichbar wird. Mit noch weiter steigender Aussteuerung der Kurve bis weit über die Sättigung hinaus aber werden die Spitzen der Magnetisierungskurve dann immer breiter und beherrschen schließlich bei ganz hohen Übersteuerungen das Bild so sehr, daß die steilen Anstiege der Magnetisierungskurve in der Nähe des Magnetisierungsstromes Null fast ganz verschwinden. Sie schrumpfen nach Abb. 288c, die wieder im veränderten Maßstab so aufgetragen ist, daß die Kurvenformen unmittelbar vergleichbar werden, in die Strompause oder Stromstufe zusammen, die wir bereits am Ende des vorigen Abschnitts fanden, der einen Zwischenfall zwischen der rein-sinusförmigen Erregung und dem rein-sinusförmigen Fluß darstellte. Diese Kurvenform ist nun aber offenbar wieder um so oberwellenärmer, je kleiner die Stufendauer im Vergleich zur Dauer der Halbwelle ist. Die Verzerrung nimmt also nun mit steigender Magnetisierung wieder ab.

Abb. 288. Verzerrung der Kurvenform des Magnetisierungsstromes bei verschiedener Sättigung. a Ganz kleine Sättigung = RAYLEIGH-Gebiet. b Normale Ausnutzung bei Starkstromanlagen. c Hohe Übersättigung.

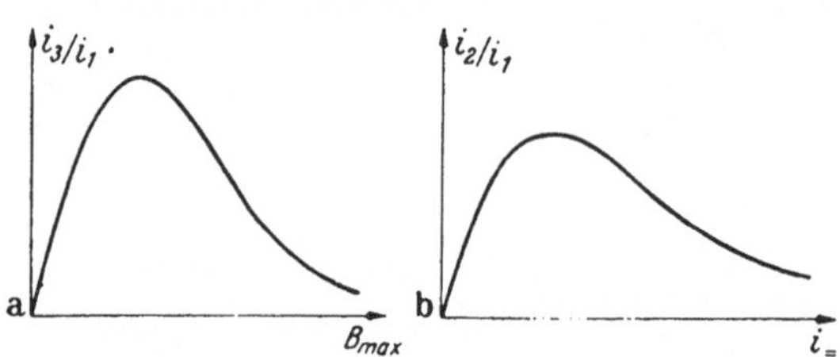

Abb. 289a. Prozentualer Anteil an dritter Oberwelle im Magnetisierungsstrom in Funktion der Maximalinduktion.

Abb. 289b. Prozentualer Anteil der zweiten Oberwelle im Magnetisierungsstrom in Funktion der Vormagnetisierungsstromstärke.

In Abhängigkeit vom erreichten Maximalwert der Flußdichte erhalten wir also für alle Eisensorten prinzipiell eine Abhängigkeit des prozentualen Gehaltes des Magnetisierungsstromes an Oberwellen, wie das in Abb. 289a für den Gehalt an 3. Oberwelle schematisch dargestellt ist, mit einem ausgesprochenem Maximum der

Oberwellenverzerrungen in der Gegend der technisch häufigsten Induktionen. Wir wollen auch darauf hinweisen, daß sich prinzipiell der gleiche Verlauf für den Gehalt des Magnetisierungsstromes an zweiter Oberwelle in Abhängigkeit von der Höhe der Vormagnetisierung ergibt. Will man also absichtlich etwa eine zweite Oberwelle künstlich auf diese Weise hervorrufen, so muß man sich auf dieses Optimum der Vormagnetisierungsstromstärke einstellen (Abb. 289b).

4. Die Eisenverluste.

Die bisherige Darstellung kann die wahren Verhältnisse an einer Eisenkernspule nur mangelhaft wiedergeben, denn es hat sich ja gezeigt, daß der Magnetisierungsstrom nur einen Grundwellenanteil enthält, der um 90° gegen die rein sinusförmige angelegte Spannung phasenverschoben ist, also mit ihm keine Leistung ergibt. Die Oberwellen dagegen können sowieso keine Leistung liefern, weil sie ja in der angelegten Spannung fehlen und jede Oberwelle im Strom nur mit einer Spannung der gleichen Ordnungszahl zusammen eine Leistung ergibt (vgl. Abschn. IV, S. 137). Tatsächlich fordert aber die Ummagnetisierung des Eisens einen Energiebedarf, wenn man die Hysteresis berücksichtigt. Zu dem Zweck machen wir uns an Hand der Abb. 290 klar, daß jeder Flächenstreifen in diesem Diagramm eine Arbeit bedeutet. Um nämlich bei konstantem Strom i, entsprechend einer konstanten Durchflutung $w\,i$, den Fluß von Φ auf $\Phi + d\Phi$ zu erhöhen, ist im Zeitelement dt eine Spannung $u = w\,\frac{d\Phi}{dt}$ an der Spule erforderlich, die zusammen mit dem in diesem Augenblick fließenden Strom eine Leistung $u i = w i\,\frac{d\Phi}{dt}$ erfordert, die der Spule als Verbraucher zufließt und z. T. in ihrem magnetischen Feld gespeichert wird. Durch Multiplikation mit dem Zeitelement dt erhalten wir dann die zur Flußsteigerung von Φ auf $\Phi + d\Phi$ erforderliche Arbeit, die unabhängig davon aufzuwenden ist, ob der Vorgang sich schnell oder langsam abspielt: $dW_m = u i dt = w i d\Phi$. Das ist aber nichts anderes als der schraffierte Flächenstreifen „hinter" der Magnetisierungskurve. Vollziehen wir einen vollständigen Ummagnetisierungszyklus, so werden beim Abmagnetisieren nicht alle die Arbeitsbeträge zurückgewonnen, die beim Aufmagnetisieren jeweils aufgewandt werden. Die Differenz der Arbeitsbeträge = der Differenz der positiven und negativen Flächen im Diagramm der Hysteresisschleife ist gerade deren Fläche. Da die Abzissen der Hysteresisschleife in A, die Ordinaten in Vs gemessen werden, ergibt sich aus der Fläche in Abb. 290 die Hysteresisarbeit für einen Ummagnetisierungszyklus in A·Vs = Ws. Bei einer „reinen" Hysteresisschleife, die über der Feldstärke H als Abszisse (in A/cm) die Induktion B als Ordinate (in Vs/cm²) gibt, also ohne Bezugnahme auf konstruktive Abmessungen (Länge und Querschnitt des magnetischen Weges) rein materialbedingt ist, würde sich die spezifische Hysteresisarbeit in Ws/cm³ ergeben. In beiden Fällen können wir von der Ummagnetisierungsarbeit zur Verlustleistung übergehen, wenn wir die Zahl der Ummagnetisierungen in der Zeiteinheit, die Frequenz, in Betracht ziehen. Wird die Schleife f mal in der Zeiteinheit durchlaufen, so beträgt die dafür aufzuwendende Leistung, der sogenannte Hysteresisverlust:

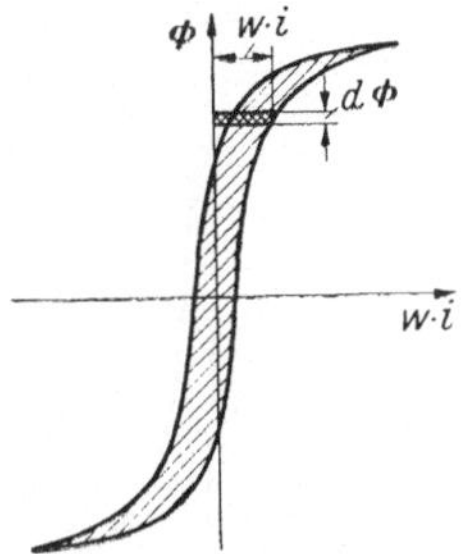

Abb. 290. Die Fläche der Hysteresisschleife als Energieverlust der zyklischen Ummagnetisierung.

$$N_h = f F_h\,, \tag{638}$$

wenn wir unter F_h die Fläche der Hysteresisschleife unter Berücksichtigung der Maßstäbe verstehen. Sie muß aus dem äußeren Stromkreis gedeckt werden, wenn eine an der Eisenkernspule liegende Wechselspannung eine zyklische Ummagnetisierung erzwingt.

Wenn wir nun an Stelle der Gleichstrommagnetisierungskurve die Hysteresisschleife als den wahren Zusammenhang zwischen B und H, bzw. zwischen Φ und i, der Konstruktion zugrunde legen, die wir bereits in Abb. 287 ohne Berücksichtigung der Hysteresis ausführten, so entsteht nach Abb. 291 eine etwas veränderte Kurvenform des Magnetisierungsstromes. Der Zeitpunkt des maximalen Flusses fällt natürlich noch zusammen mit dem Auftreten des Stromscheitelwertes, der somit im Augenblick des Nulldurchganges der Spannung auftritt, wie das auch in Abb. 287 war. Dort war aber dieser Zeitpunkt ein Symmetriepunkt für die Kurvenform des Stromes. Das ist nun nicht mehr der Fall. Der Nulldurchgang des Stromes fällt nicht mehr mit dem Scheitelwert der Spannung zusammen, sondern ist zeitlich auf einen früheren Punkt verschoben. Natürlich wäre es falsch, aus der zeitlichen Verschiebung auf einen Phasenwinkel schließen zu wollen, indem man die Verschiebungszeit mit ω multipliziert. Das ist nur bei einwelligen Größen möglich. Sie ist aber das Anzeichen für das Auftreten eines Wirkstromanteiles der Grundwelle, der mit seinem Scheitelwert beim Nulldurchgang des „verlustlosen" Magnetisierungsstromes diesen hebt und damit die Vorverschiebung des Nulldurchganges bewirkt, dessen wahre Lage dann aber ebenso von der Größe des Verluststromes abhängt wie von der Höhe der verschiedenen Oberwellenanteile. Der gleiche Wirkstromanteil der Grundwelle bewirkt auch die Unsymmetrie der Stromspitze, die in Abb. 287 symmetrisch war. Hier geht der Wirkstromanteil i_w gerade durch Null. Er addiert sich also vor dem Scheitel der Spitze und verlangsamt so den Stromanstieg zur Spitze, die sich jetzt gewissermaßen aus einer Stufe heraus erhebt. Nach Überschreiten des Scheitelwertes fällt der Strom um so schneller ab, weil jetzt auch noch der negative Anteil des Wirkstromes stromsenkend wirkt. Da die positive und negative Halbwelle in Abb. 291 gleich verlaufen, so ist aber eine Eigenschaft des verlustlosen Magnetisierungsstromes erhalten geblieben: er enthält nur ungeradzahlige Oberwellen. Das Auftreten geradzahliger Oberwellen im Magnetisierungsstrom ist immer an das Vorhandensein einer Vormagnetisierung gebunden. Sie treten auch hier bei Einführung einer solchen Vormagnetisierung wieder ebenso auf wie in Abb. 287b. Näheres darüber findet sich im Absch. VI C, S. 325...336.

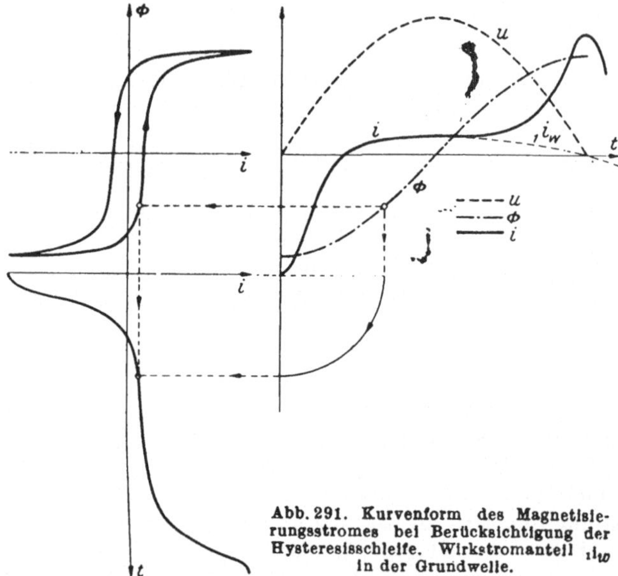

Abb. 291. Kurvenform des Magnetisierungsstromes bei Berücksichtigung der Hysteresisschleife. Wirkstromanteil i_w in der Grundwelle.

Für die Grundwellenanteile im Magnetisierungsstrom und die zugehörige Grundwellenspannung an der Spule, die ja nach unserer Voraussetzung die Gesamtspannung ist, können wir ein Zeigerdiagramm zeichnen. Zur Blindkomponente $\mathfrak{J}_\mu$ des Magnetisierungsstromes, die gegen die angelegte Spannung um 90° nacheilt und auch ohne Berücksichtigung der Hysteresisverluste vorhanden ist, addiert sich bei ihrer Berücksichtigung ein Wirkstromanteil $\mathfrak{J}_h$, sodaß der gesamte Grundwellenmagnetisierungsstrom $\mathfrak{J}_m$ um weniger als 90° nacheilt und sich eine Leistungszufuhr aus dem Netz zur Deckung der Eisenverluste ergibt (Abb. 292). Die Größe des Hysteresisverlustes können wir aus der erforderlichen Verlustleistung nach Gl. (638) leicht errechnen. Es muß sein:

$$U I_h = f F_h \qquad \text{also:} \qquad I_h = \frac{f F_h}{U}. \tag{639}$$

Ist die Hysteresisschleife, deren Fläche F_h hier eingeht, nicht für den ganzen Kreis als $\Phi = f(i)$ wie in Abb. 290 gegeben, sondern als $B = f(H)$ für das einzelne Volumelement, so kann man, wenn die Flußverteilung im Eisen homogen ist, die Verlustleistung auch dadurch errechnen, daß man die Fläche dieser auf die Volumeinheit bezogenen Elementarschleife mit dem Gesamtvolumen des Eisens multipliziert, das vom Fluß durchsetzt wird. Bedeutet also f_h die Fläche der $B = f(H)$-Schleife, so ist:

$$I_h = \frac{f \cdot f_h \cdot \mathrm{Vol}}{U}. \tag{640}$$

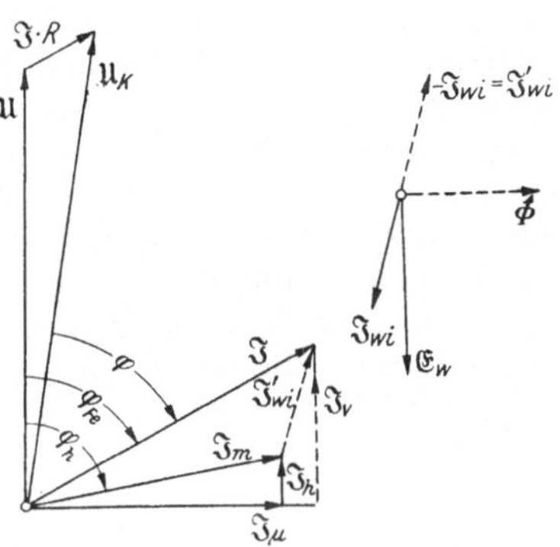

Abb. 292. Vollständiges Zeigerdiagramm der Grundwellenvorgänge in einer Drosselspule mit Eisenkern.

Jedoch sind damit noch nicht alle Verluste erfaßt, die im Eisenkern auftreten. Selbst wenn wir den Eisenkern aus lamellierten Blechen in der Richtung des Flusses aufbauen, so bildet doch noch nach Abb. 293 jedes dieser Bleche einen geschlossenen Stromkreis, der von einem magnetischen Wechselfluß durchsetzt wird, in dem also eine EMK induziert wird, und in dem somit auch ein geschlossener Strom fließt, der im Widerstand dieser *Wirbelstrombahn* Verluste hervorruft. Auch sie müssen natürlich aus dem Netz gedeckt werden. Wir erhalten ihre Berücksichtigung aus der Überlegung, daß die Gesamtheit aller dieser Wirbelstrombahnen nichts anderes bildet als eine mit dem Widerstand der Wirbelstrombahn belastete Sekundärwicklung eines Transformators. In Abb. 292 sind die Verhältnisse in dieser Sekundärwicklung im Zeigerdiagramm dargestellt. Die EMK der Wirbelstrombahn $\mathfrak{E}_w$ eilt dem sie erzeugenden Fluß Φ um 90° nach. Der von ihr erzeugte Strom $\mathfrak{J}_{wi}$ wird durch Widerstand und Induktivität der Wirbelstrombahn in seiner Phasenlage nacheilend gegen die EMK bestimmt. Um das *AW*-Gleichgewicht aufrecht zu erhalten (vgl. S. 94), muß die Primärwicklung zusätzlich zum Magnetisierungsstrom einen Strom $\mathfrak{J}'_{wi}$ aufnehmen, der mit $\mathfrak{J}_{wi}$ in Gegenphase liegt und in seinem wahren Wert natürlich noch durch das Übersetzungsverhältnis von der primären Windungszahl der Wicklung auf die sekundäre Windungszahl 1 der Wirbelstrombahnen mitbestimmt wird. Addieren wir nun auch diesen Strom noch zum Magnetisierungsstrom $\mathfrak{J}_m$, so erhalten wir als Zeigersumme den gesamten Grundwellenstrombedarf einer Spule mit Eisenkern unter Berücksichtigung der Hysteresis- und *Wirbelstromverluste* im Eisen. Durch den Einfluß der Wirbelstromverluste im Eisen erhöht sich erstens, wie man aus der Abb. 292 entnimmt, der Wirkstromanteil der Stromaufnahme zur Deckung der erhöhten Verluste; zweitens aber erhöht sich auch der Blindstrombedarf, d. h. die Induktivität der Spule nimmt ab. Die Wirbelstromverluste wirken wie eine Verminderung der Permeabilität des Spulenkerns. Die Wirbelströme schirmen sozusagen einen Teil des Eisens gegen den magnetischen

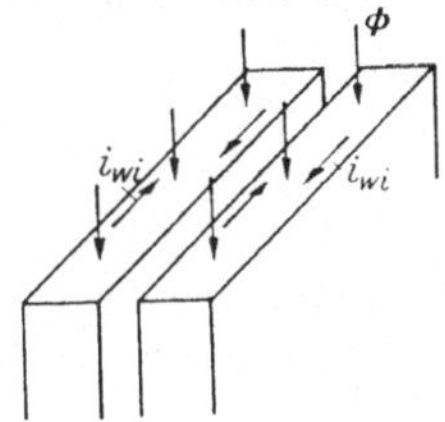

Abb. 293. Die Wirbelstrombahnen als sekundäre Wicklung der Spule mit Eisenkern.

Fluß ab. Wir können auch sagen, daß nicht die Permeabilität verringert ist, sondern der aktive Querschnitt des Eisens. Selbstverständlich werden beide Einflüsse um so geringer, je feiner das Eisen unterteilt, *lamelliert*, ist, wobei das Bedürfnis nach einer solchen Unterteilung mit steigender Frequenz wächst, weil mit ihr ja ceteris paribus die EMK der Wirbelstrombahnen und damit erst recht ihr Strom wächst. Während man in der Starkstromtechnik mit Frequenzen unter 100 Hz noch mit Blechunterteilungen auf 0,5...0,35 mm Dicke sein Auslangen findet, fordern die höheren Frequenzen der Nachrichtentechnik und besonders der HF-Technik Unterteilungen, die mit steigender Frequenz von Blechen mit 0,1 mm Dicke über Drähte und Körner bis zu Staub übergehen.

Für den Entwurf und die Untersuchung elektrischer Geräte ist die Einzelunterteilung der Verluste auf die verschiedenen Verlustquellen im Eisen wohl meist uninteressant. Es genügt oft vollständig, zu wissen, welche Verluste im Eisenkern aus dem Wirkstrom oder Verluststrom der Spule insgesamt zu decken sind. Zu seiner Berechnung bedient man sich der sogenannten *Verlustziffer* V des Eisenmaterials, die angibt, wieviel Verlustleistung ein kg des betreffenden Materials in der betreffenden Unterteilung (Lamellierung) bei der Normfrequenz benötigt, wenn es homogen von einem Fluß mit *der* Flußdichte durchsetzt wird, die man in kG als Index dem Buchstaben V anhängt. Für die Verlustziffer bei einer Induktion von 10 kG = 100 Mikrovoltsekunden/cm² schreibt man also $V_{10} = \ldots$ W/kg. Durch Verbesserung der Blechqualität, z.B. durch Erhöhung des spezifischen Widerstands des Materials, ist es gelungen, diese Verlustziffer für hohe Ansprüche unter 1 W/kg bei 10 kG herunterzudrücken. Meist wird die Verlustziffer für eine Induktion von 10 und 15 kG angegeben. Ihre Abhängigkeit von B wird heute fast ausschließlich von den Wirbelstromverlusten bestimmt. Diese steigen mit B^2, während der von der Hysteresis herrührende Anteil keinem einfachen Gesetz gehorcht. Im RAYLEIGH-Gebiet steigt er mit der Potenz 1,5 von B_{max}, im technisch wichtigsten Gebiet mittlerer Induktionen zwischen 8 und 12 kG dagegen etwa mit der Potenz 1,6, während er sich bei hohen Übersättigungen einem konstanten, von der Höhe von B_{max} unabhängigen Wert der größten Hysteresisschleife nähert. Nachdem die Potenzexponenten im technisch wichtigsten Bereich dem Wert 2, mit dem die überwiegend beteiligten Wirbelstromverluste wachsen, sehr nahe kommen, ist es praktisch üblich, für die Umrechnung auf andere Induktionswerte als dem dem Verlustzifferindex zugeordneten von der nächstgelegenen Verlustziffer aus quadratisch umzurechnen. Wir erhalten dann mit G = Kerngewicht als Wert für den Verluststrom der Spule:

$$I_v = \frac{V_{10} \cdot \left(\frac{B_{max}}{10\,\text{kG}}\right)^2 \cdot G}{U} \quad \text{bzw.} \quad \frac{V_{15}\left(\frac{B_{max}}{15\,\text{kG}}\right)^2 \cdot G}{U}\,. \tag{641}$$

Will man die Verlustziffer auf andere Frequenzen als 50 Hz übertragen, so ist allerdings eine Trennung der Verluste in Hysteresis- und Wirbelstromverluste nicht vermeidlich. Die Hysteresisverluste steigen ja nach unseren obigen Feststellungen mit der Frequenz proportional, die Wirbelstromverluste dagegen für den hier interessierenden Fall kleiner Flußverdrängung (vgl. aber Bd. 2.), wo die Eindringtiefe groß ist gegen die Blechstärke, proportional dem Quadrat der Frequenz. Es ist also:

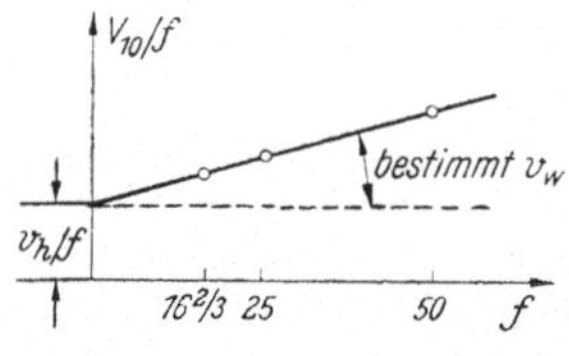

Abb. 294. Trennung des Anteils der Hysteresis- und Wirbelstromverluste an der Verlustziffer.

$$V = v_h f + v_w f^2\,. \tag{642}$$

Trägt man also in einem Koordinatensystem V/f über f auf, so muß sich nach Gl. (642) aus:

$$V/f = v_h + v_w f\,, \tag{643}$$

nach Abb. 294 eine Gerade ergeben, deren Abschnitt auf der Ordinatenachse allein durch die Hysteresisverluste, und deren Neigung allein durch die Wirbelstromverluste bestimmt wird. Hat man auf diese Weise die Verlustanteile getrennt, so kann man nunmehr für jede Frequenz rechnen.

Diese Darstellung der Eisenverluste durch eine Verlustziffer und einen Verluststrom ist in der Hochfrequenztechnik und z. T. auch in der Tonfrequenztechnik nicht üblich, weil man hier nicht mit Leistungen, sondern mit Güteziffern und Dämpfungen zu rechnen pflegt. Dabei befinden wir uns zum Unterschied von der Starkstromtechnik stets im Bereich der RAYLEIGH-Schleife. Die Fläche der Hysteresisschleife ist dann nach Abb. 295 unter Verwendung der Gl. (616) für die beiden Parabeläste, aus denen die lanzettähnliche Hysteresisschleife hier besteht:

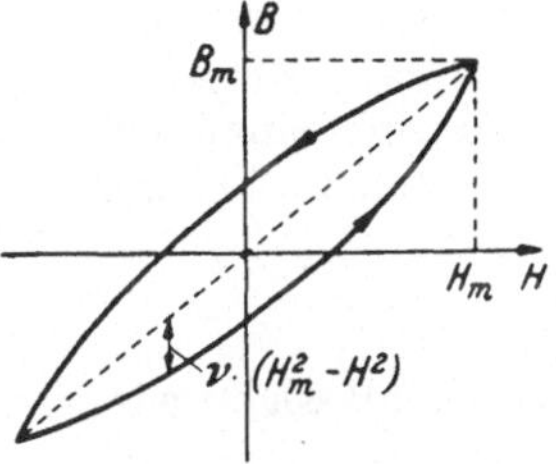

Abb. 295. RAYLEIGH-Schleife aus 2 Parabelästen. Flächeninhalt = Hysteresisverlust.

$$B = (\mu_a + 2\,\nu\,H_m)\,H \pm \nu\,(H_m^2 - H^2)$$

$$F_h = 2\,\nu\cdot\int\limits_{-H_m}^{+H_m}(H_m^2 - H^2)\,dH = \frac{8}{3}\,(\nu\,H_m^3)\,. \qquad (644)$$

Somit ist der Hysteresisverlust in einem Ringkern mit der Länge l und dem Querschnitt S bei einer Windungszahl w der Spule:

$$N_h = \frac{8\,\nu}{3}\,f\,H_m^3\,l\,S = I^2 R_h\,, \qquad (645)$$

worin R_h einen Ersatzverlustwiderstand darstellt, den man sich der verlustfrei zu denkenden Spule vorgeschaltet denken kann. Er ist:

$$R_h = \frac{16\,\nu}{3}\,f\,H_m\,\frac{w^2\cdot S}{l}\,. \qquad (646)$$

Nun ist andererseits die Induktivität einer solchen Spule aus den Eigenschaften und Abmessungen des Eisenkerns berechenbar:

$$L = w^2\,\frac{S\,\mu}{l} = w^2\,\frac{S\,(\mu_a + 2\nu\,H_m)}{l} \qquad (647)$$

Dividieren wir nun zur Ermittlung der „*Hysteresisdämpfung*" den Verlustwiderstand nach Gl. (646) durch den Blindwiderstand ωL, so erhalten wir nach Wegkürzung der Abmessungen und der Windungszahl:

$$d_h = \frac{R_h}{\omega\,L} = \frac{8}{3\,\pi}\cdot\frac{\nu}{\mu_a + 2\,\nu\,H_m}\,H_m \qquad (648)$$

was sich unter den meist vorliegenden Bedingungen kleinen Wertes von H_m, bzw. der Möglichkeit, $2\,\nu H_m$ gegen μ_a zu vernachlässigen, reduziert auf:

$$d_h = \frac{8\cdot\nu}{3\,\pi\cdot\mu_a}\,H_m = k_h\cdot H_m\,. \qquad (649)$$

In ähnlicher Weise berechnen wir die *Wirbelstromdämpfung*. Außer von Materialkonstanten und den Abmessungen des Spulenkerns hängen die Verluste auf jeden Fall quadratisch von der Induktion ab, die ihrerseits mit ihrem Maximalwert B_m bestimmt wird durch den Maximalwert der Feldstärke H_m mit der mittleren Permeabilität $\mu = (\mu_a + 2\,\nu H_m)$. Ihre Frequenzabhängigkeit ist nur dann quadratisch, wenn wir uns noch im Gebiet der kleinen Stromverdrängung befinden (s. Abschn. XIII C in Bd. 2). Sind wir aber schon im Übergangsgebiet zu den hohen Frequenzen, bei denen die Verluste schließlich nur noch mit der Wurzel aus der Frequenz steigen, was noch nicht einmal überall, sondern nur an wenigen Stellen des Feldes der Fall zu sein braucht, so können wir die Frequenzabhängigkeit sicher besser durch eine Addition aus einem quadratisch und einem linear frequenzabhängigen Glied ausdrücken. Wir setzen also an:

$$N_w = l\,S\,B_m^2\,(v_{w_1} f^2 + v_{w_2} f) = I^2 R_w\,. \tag{650}$$

Dividieren wir wieder durch den Blindwiderstand nach Gl. (647), so erhalten wir wiederum einen von den Abmessungen des Kerns und der Windungszahl unabhängigen Dämpfungsbeitrag der Wirbelstromverluste:

$$d_w = \frac{v_{w1}\cdot(\mu_a + 2\nu H_m)}{2\pi} f + \frac{v_{w2}\,(\mu_a + 2\nu H_m)}{2\pi}\,. \tag{651}$$

Vernachlässigen wir wie in Gl. (648) $2\,\nu\,H_m$ gegen μ_a, so können wir schreiben:

$$\begin{aligned} d_w &= \frac{v_{w1}\cdot\mu_a}{2\pi} f + \frac{v_{w2}\cdot\mu_a}{2\pi} \\ &= k_w f \qquad + d_n\,. \end{aligned} \tag{652}$$

Es ist zwar nicht korrekt, den Anteil der Wirbelstromdämpfung d_n, der von Frequenz und Feldstärke unabhängig ist, weil er solchen Wirbelstromverlusten zugeordnet ist, die großen Abmessungen der Wirbelstrombahnen entsprechen (vgl. 2. Band) als *Nachwirkungsdämpfung* zu bezeichnen. Man kann aber diesen Anteil technisch von echten Nachwirkungsverlusten nicht trennen. Vielleicht darf man sogar vermuten, daß oft nur durch einen solchen Anteil die Nachwirkung als vorhanden vorgetäuscht wird, die sonst wohl manchmal unmerklich bliebe. So ist denn also der Index n als Zeichen für Nachwirkung als technische Vereinfachung eines komplizierter zusammengesetzten Dämpfungsanteil doch gerechtfertigt.

Experimentell trennt man die drei Teile der Dämpfung, indem man von dem verschiedenen Frequenzgang der Anteile Gebrauch macht. Man mißt bei verschiedenen Frequenzen $f_1, f_2 \ldots$ die Stromabhängigkeit der Dämpfung und trägt sie dann über I mit f als Parameter auf (Abb. 296a). Es ergeben sich innerhalb des Geltungsbereiches unserer Annahmen (kleines H_m) Gerade, deren Ordinatenabschnitte die Wirbelstromdämpfung allein darstellen. In einem zweiten Diagramm (Abb. 296b) tragen wir nun diese Ordinatenabschnitte über f auf und erhalten wieder eine Gerade, die wir bis zum Schnittpunkt mit der Ordinatenachse verlängern, wo wir dann die sogenannte „*Nachwirkungsdämpfung*" ablesen können. Der Beitrag des Eisens zur Dämpfung einer Spule kann dann also dargestellt werden als:

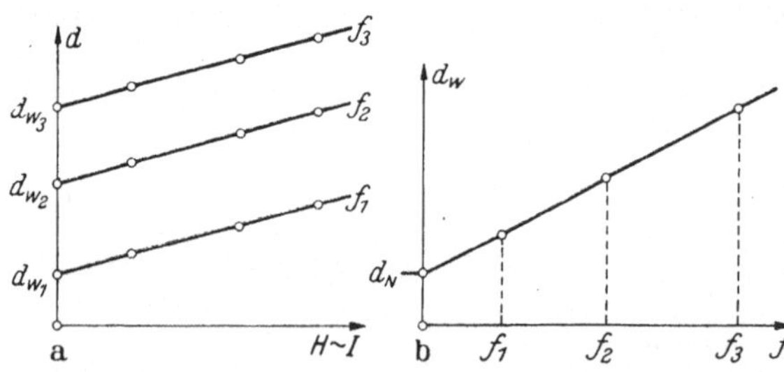

Abb. 296. Trennung der Verlustanteile in Hochfrequenzspulen. a Abhängigkeit von der Feldstärke. b Abhängigkeit von der Frequenz.

$$d_{Fe} = d_h + d_w = d_h + d_w' + d_n = k_h H_m + k_w f + d_n\,. \tag{653}$$

Zur Gesamtdämpfung der Spule trägt natürlich noch ihr Ohmscher Widerstand als Widerstandsdämpfung $R/\omega_0 L$ additiv bei, ebenso wie man auch dielektrische Verluste im Isoliermaterial der Spule noch zu den Verlusten addieren kann.

Die Starkstromtechnik zieht es dagegen vor, die Verluste eines Eisenkerns nicht durch einen Reihenwiderstand zum Ausdruck zu bringen, obwohl auch das ein zulässiges Ersatzschaltbild ergäbe. Sie setzt vielmehr den Verlust dadurch in Rechnung, daß sie, wie wir oben zeigten, einen Wirkstromanteil des Spulenstromes einsetzt. Das entspricht dem Ersatzschaltbild, bei dem parallel zur dann verlustlos zu denkenden Spule ein Widerstand zur Abgeltung der Eisenverluste liegt. Das ist sinnvoller als die Einsetzung eines Reihenwiderstandes als Ersatzwiderstand für die Verluste, weil dieser stark von der Höhe der Spannung abhängen würde, da eben Strom und Spannung nicht proportional sind. Der Parallelwiderstand bestimmt Verluste, die in gleicher Weise von den Betriebszuständen abhängen wie die echten Eisenverluste (bis auf die Hysteresisverluste, die nur mit der 1,6. Potenz von B und damit auch von U gehen). Er ist also eine wirkliche Konstante, mit der man bequem arbeiten kann. Der Reihenwiderstand müßte bei großen Strömen klein, bei kleinen groß sein, um die wahren Verhältnisse immer richtig wiederzugeben. In der Hochfrequenztechnik stellt die Konstanz von μ im betrachteten Flußdichtebereich die Möglichkeit her, einen Reihenersatzwiderstand für die Verluste sinnvoller zu definieren; auch hier muß man aber, wie ja das Glied d_h zeigt, eine gewisse Abhängigkeit vom Strom hinnehmen.

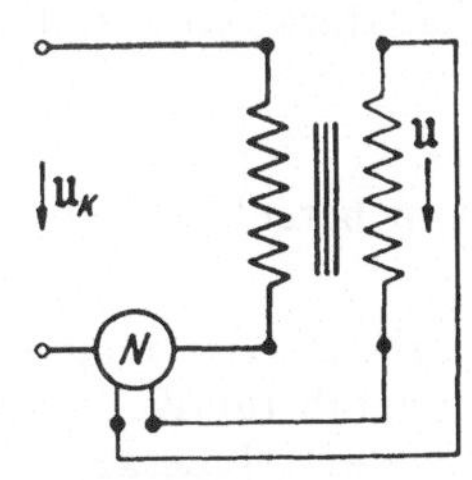

Abb. 297. Messung der Eisenverluste mit dem EPSTEIN-apparat.

Auch die Starkstromtechnik muß natürlich außer den Eisenverlusten die Kupferverluste in der Wicklung in Rechnung setzen. In ihrem Widerstand R ruft ja der gesamte Magnetisierungsstrom $\mathfrak{J}$ der Abb. 292 einen Spannungsabfall hervor, so daß die wirkliche Klemmenspannung der widerstandsbehafteten Spule sich noch ein wenig von der der widerstandslosen Spule unterscheidet. Dabei tritt noch eine weitere Verkleinerung des Phasenwinkels unter 90° ein, die für die Deckung der Mehrverluste erforderlich ist. Diese Tatsache ist wichtig bei der Messung von Eisenverlusten mit Hilfe eines Wattmeters z. B. im EPSTEIN-Apparat. Würde man einfach die aufgenommene Leistung aus Klemmenspannung und Strom messen, so müßte man von den gemessenen Verlusten erst noch die Kupferverluste in der Magnetisierungsspule abziehen, was eine Strommessung und die Kenntnis des temperatur-, also auch lastabhängigen Widerstandes der Wicklung voraussetzt. Bequemer mißt man nach der Abb. 297, die die übliche Schaltung für die EPSTEIN-Messung zeigt. Dem Wattmeter wird der primäre Strom und eine von einer Sekundärwicklung abgenommene Spannung zugeführt, deren Widerstand nur klein zu sein braucht gegen den Widerstand des Wattmeter-Spannungspfades. Diese Sekundärwicklung macht sozusagen die Spannung $\mathfrak{U}$ im Ersatzschaltbild (Abb. 298) der Eisendrossel mit Wicklungswiderstand getrennt zugänglich, wenn man das Übersetzungsverhältnis der beiden Wicklungen 1:1 macht. Andernfalls ist die gemessene Leistung mit dem Übersetzungsverhältnis zu reduzieren. Auch jetzt ist aber noch nicht jede Korrektur entbehrlich. Die Anordnung stellt ja nun einen Transformator dar, der sekundär mit dem Spannungspfad belastet ist. Der Eigenverbrauch dieses Spannungspfades ist also genau so von der gemessenen Gesamtleistung abzuziehen, wie das bei primärem Anschluß der Fall wäre.

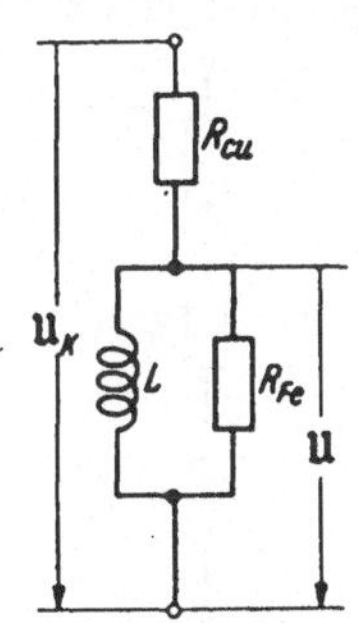

Abb. 298. Ersatzschaltbild einer Spule mit Eisenkern mit Parallelwiderstand zur Darstellung der Eisenverluste.

Da mit wachsender Sättigung die Eisenverluste nach den obigen Ausführungen höchstens quadratisch mit der Induktion steigen, in der Leistung $U I \cos\varphi$ U linear, I aber sehr viel stärker als linear mit der Induktion wächst, so nimmt dabei der $\cos\varphi$ mit wachsender Sättigung sehr schnell ab. Winkelfehler des Wattmeters beeinträchtigen dann also die Meßunsicherheit der EPSTEIN-Verlustmessung sehr. Moderne verlustarme Bleche haben bei hoher Sättigung mit $\cos\varphi = 0{,}02$ und darunter nur einen Fehlwinkel von etwa 1°, so daß also die üblichen Winkelfehler von Präzisionswattmetern mit 10′ unerträgliche Fehler der Messung verursachen.

5. Die komplexe Permeabilität.

Unsere Betrachtungen haben uns gezeigt, daß eine Spule mit einem Eisenkern auch dann nicht einen reinen Blindwiderstand darstellt, wenn man von ihrem OHMschen Widerstand absieht. Sie wird zwar zweckmäßig für viele Zwecke durch das Ersatzschaltbild der Abb. 298 dargestellt, kann aber natürlich auch bei entsprechend anderer Wahl der Ersatzelemente durch das der Abb. 299, ein Reihenersatzschaltbild, dargestellt werden. An Stelle des gewünschten Widerstandsoperators: $j\omega L$ tritt ein Operator mit weniger als 90° Phasenverschiebung:

$$\mathfrak{z}_L = R_r + j\omega L_r = j\omega L_r\left(1 - j\frac{R_r}{\omega L_r}\right). \tag{654}$$

Nun berechnen wir ja die Induktivität einer Spule nach der Beziehung:

$$L = w^2/R_m = w^2 A_L, \tag{655}$$

worin R_m der magnetische Widerstand des Eisenweges, A_L sein oft als Kenngröße eingeführter Kehrwert, der sogenannte *Induktivitätsfaktor*, ist. Er bestimmt sich aus den Abmessungen und Materialeigenschaften des magnetischen Weges und ist im einfachsten Falle eines homogenen Feldes (praktisch etwa in einer Ringspule) mit der Länge l und dem Querschnitt S:

$$A_L = \mu S/l, \tag{656}$$

worin μ die wirksame Permeabilität des Eisenkerns ist. Setzen wir nun aber einmal diese Permeabilität als komplex an:

$$\mu' = \mu_L - j\mu_R, \tag{657}$$

so können wir aus dieser Permeabilität die Elemente der Ersatzschaltung, also den ganzen Widerstandsoperator der verlustbehafteten Spule genau so errechnen, wie wir sonst den einer reinen Spule ohne Eisenverluste errechnen:

$$\mathfrak{z} = j\omega w^2 A'_L. \tag{658}$$

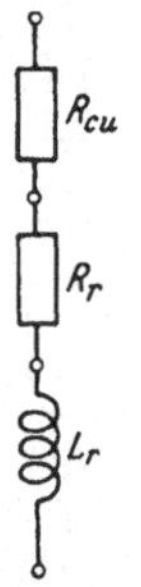

Abb. 299. Reihenersatzschaltbild für eine Spule mit Eisenkern.

Die komplexe Permeabilität gibt zugleich durch ihre beiden Komponenten an, wie groß der Fehlwinkel einer Spule ist, die mit einem derartigen Eisenkern versehen ist. Der tg dieses Winkels ist der „*magnetische Verlustfaktor*" der Spule:

$$\operatorname{tg}\,\delta_m = \mu_R/\mu_L = R_r/\omega L_r. \tag{659}$$

Diese Darstellung ist besonders bequem, wenn man Messungen interpretieren will, bei denen man nach dem Reihenersatzschaltbild gemessen hat. Die Ergebnisse solcher Messungen können dann umgekehrt wieder Unterlagen für den Entwurf von Spulen bilden, bei dem man dann auch wieder das Ersatzschaltbild der Abb. 299 benutzen muß, um sinnvoll die komplexe Permeabilität anwenden zu können.

Den Ersatz der Permeabilität im gewöhnlichen Sinne durch die komplexe Permeabilität (Gl. (654)) können wir uns nun aber auch folgendermaßen deuten. Sie schafft zwischen den Zeigern der Feldstärke und der Induktion einen Zusammenhang nach:

$$\left.\begin{aligned}\mathfrak{B} &= \mathfrak{H}\cdot(\mu_L - j\cdot\mu_r) = \mathfrak{B}' + \mathfrak{B}''\\ \text{mit } \mathfrak{B}' &= \mathfrak{H}\cdot\mu_L;\quad \mathfrak{B}'' = -j\mu_R\cdot\mathfrak{H},\end{aligned}\right\} \tag{660}$$

was in Augenblickswerten ausgeschrieben bedeutet:

$$H = H_{max}\cdot\cos\omega t;\qquad B = B' + B'' = B'_{max}\cdot\cos\omega t + B''_{max}\cdot\sin\omega t. \tag{661}$$

Nutzen wir einmal das Zeigerdiagramm aus, um die Augenblickswerte daraus zu entnehmen, so erhalten wir die Abb. 300. Dabei ist die Zeitlinie für die Ablesung der Feldstärkenaugenblickswerte und die Induktionswerte um 90° verschoben dargestellt, weil wir ja im Zuordnungsdiagramm, der Magnetisierungskennlinie, die Feldstärke als Abszisse, die Induktion als Ordinate auftragen wollen. Zusammengehörige Werte von B' und H gehören also immer zu Winkellagen der beiden Zeiger, die um den gleichen Winkel gegen die Ausgangslage gedreht sind, z. B. zu dem willkürlich herausgegriffenen Wertepaar für den Zeitpunkt $t = \alpha/\omega$, dem die Projektionspunkte A und C zugeordnet sind. Sie ergeben einen Punkt P der Magnetisierungskennlinie, die für diesen Teil der Gesamtinduktion (B') eine Gerade ist, entsprechend einer konstanten Permeabilität. Das zweite Glied B'' in der Induktion ist um 90° phasenverschoben, ist also nacheilend aufzutragen und fällt so in eine Richtung mit $\mathfrak{H}$, ist aber natürlich auf die Zeitlinie für die B-Werte zu projizieren, so daß sich sein Augenblickswert im dargestellten Zeitpunkt zu OD ergibt. Seine Addition zu dem gleichzeitig vorhandenen Augenblickswert von B' vollziehen wir durch Ziehen der Parallele DE zu der Magnetisierungsgeraden OP und erhalten senkrecht unter P den Punkt E der neuen Magnetisierungslinie. Es ist sofort ersichtlich, daß auf diese Weise eine Ellipse entsteht als zweite Näherung an die Hysteresisschleife. Gegenüber der Geraden bildet sie die wahren Zustände schon deshalb besser ab, weil sie die Verluste im Eisen wiedergibt. Von einer echten Hysteresisschleife unterscheidet sie aber der Wegfall der charakteristischen Spitzen.

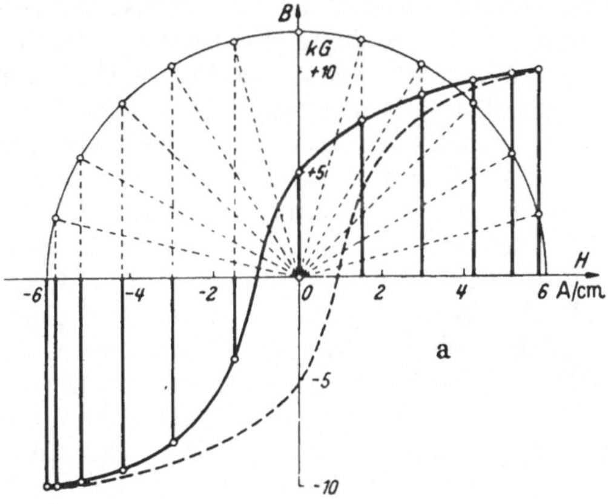

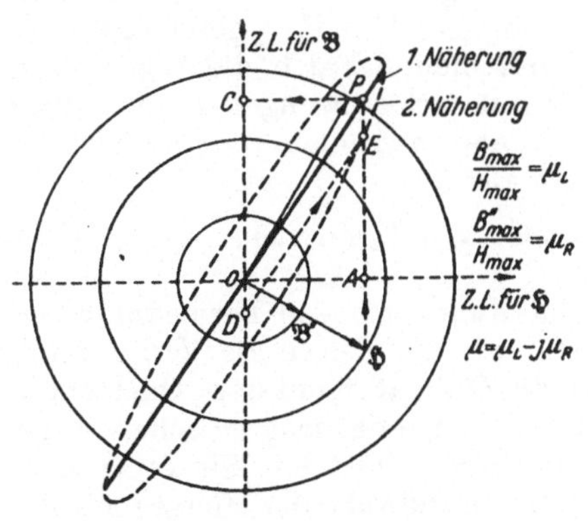

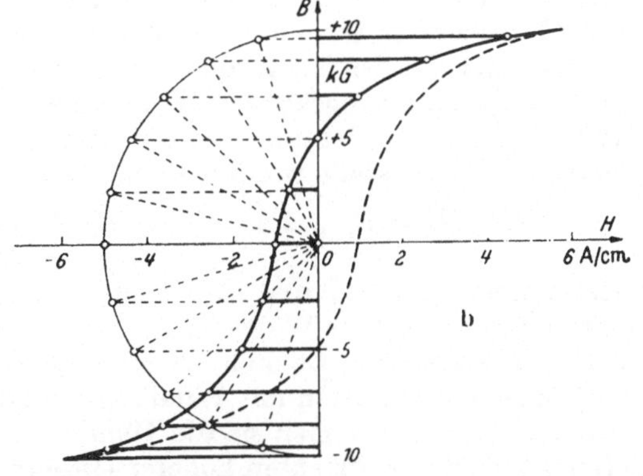

Abb. 300. Annäherung der Hysteresisschleife durch eine Gerade (1. Näherung) und durch eine Ellipse (2. Näherung). Darstellung der Eisenverluste durch die komplexe Permeabilität.

Abb. 301. Harmonische Analyse der Hysteresisschleife zur Parameterdarstellung durch eine FOURIERreihe nach dem Parameter x für die Induktion oder nach einem Parameter y für die Feldstärke. a Parameterdarstellung nach x. Induktion als FOURIERreihe. b Parameterdarstellung nach y Feldstärke als FOURIERreihe.

Wir können nun aber das so einmal begonnene Verfahren beliebig fortsetzen und auch die wahre Form der Hysteresisschleife immer besser annähern, wenn wir in unserer Parameterdarstellung der Schleife, wie sie die komplexe Permeabilität letzten Endes ist:

$$H = H_m \cos x\,; \qquad B = B'_{max} \cos x + B''_{max} \sin x = \mu_L H_m \cos x + \mu_R H_m \sin x$$

noch weitere Kreisfunktionen des Parameters x, der bei uns ja eigentlich ωt heißt, hinzunehmen, also schreiben:

$$\left.\begin{aligned} H &= H_m \cos x \\ B &= \sum_n H_m (a_n \cos n x + b_n \sin n x) , \end{aligned}\right\} \tag{662}$$

worin die Koeffizienten a_n und b_n der FOURIER-Reihe dimensionsmäßig Permeabilitäten sind und angeben, wie der Scheitelwert der Induktion der n-ten Oberwelle mit dem Scheitelwert der in der Feldstärke allein vorhandenen Grundwelle zusammenhängt. Elektrotechnisch ist das nur die Aufgabe, zu einer sinusförmigen Durchflutung die FOURIER-Reihe des dann nicht-sinusförmigen Flusses zu ermitteln. Man kann das unmittelbar aus der Hysteresisschleife heraus machen, ohne erst die Stromkurve in ihrem zeitlichen Verlauf selbst hinzuzeichnen, wie das in Abb. 301a dargestellt ist. Dabei ist nur ein Ast der Schleife benutzt worden, weil wegen der Symmetrie der Schleife die negative Halbwelle keine Änderung des Ergebnisses mehr ergibt. Über den Maximalwerten der einwelligen Feldstärke oder Durchflutung schlagen wir einen Halbkreis und teilen seinen Umfang in soviel Teile, wie der Zahl der zu ermittelnden „Oberwellenparameter der Hysteresisschleife", nämlich der in diesem Falle auftretenden Oberwellen der Induktion, entspricht. Die Projektion jedes Teilpunktes auf die H-Achse gibt dann den Augenblickswert der Feldstärke an, zu dem wir die etwa für das RUNGE-Verfahren (s. S. 169) benötigte Ordinate unmittelbar an der Schleife ablesen können. (Das Verfahren ist natürlich in gleicher Weise benutzbar, wenn z. B. auf dem Schirm einer BRAUNschen Röhre ein periodischer Vorgang als LISSAJOUS-Figur über einer einwelligen Zeitbasis geschrieben ist.) Diese Ordinaten analysieren wir.

Es ist nun allerdings nicht einzusehen, warum man dieses Verfahren nicht ebensogut umgekehrt anwenden sollte, also sinusförmigen Verlauf des Flusses voraussetzen und dann die dazu gehörige mehrwellige Durchflutung analysieren. Das ist in der Abb. 301 b noch einmal für die gleiche Schleife geschehen. Der Halbkreis ist dieses Mal über der Ordinatenachse zwischen $+ B_{max}$ und $- B_{max}$ geschlagen; gemessen werden die Abszissen in der eingetragenen Reihenfolge, d. h. die Augenblickswerte der Durchflutungskurve, die sich bei einem derart erzwungenen einwelligen Flußverlauf ergeben, der durch eine einwellige Spannung aus einem widerstandslosen Generator sichergestellt werden kann. Jetzt ist also:

$$B = B_m \cos x \qquad H = B_m \sum_n (a'_n \cos n x + b'_n \sin n x) , \tag{663}$$

worin nunmehr die a'_n und b'_n dimensionsmäßig Kehrwerte von Permeabilitäten, spezifische magnetische Widerstände, sind, wenn wir die Kurve als Verknüpfung von B und H ansehen. Denken wir uns dagegen die Ordinaten mit dem Querschnitt des Flusses, die Abszissen mit Windungszahl durch Länge des magnetischen Weges multipliziert, so bekommen sie die Dimension von Induktivitäten. Sie verknüpfen als Induktivitätskoeffizienten höherer Ordnung die Grundwelle des Flusses mit den Oberwellen der Durchflutung.

In der nachstehenden Tabelle 15 sind die Ergebnisse beider Analysen zusammengestellt. In der ersten Zeile ist jeweils angegeben, welche Größe einwellig vorausgesetzt war, und wie hoch ihr Scheitelwert war. Darunter folgen drei Spalten mit den Koeffizienten der Oberwellen der anderen Größe, wobei die dritte die gesamte Oberwelle zusammenfaßt. Darunter ist diese gesamte Amplitude der Oberwelle in v. H. der Grundwellenamplitude und schließlich in der letzten Zeile in v. H. des Scheitelwertes angegeben.

Das Resultat ist überraschend und für die Praxis wichtig zugleich. Zunächst ergibt sich, daß nicht nur der Grundwellenanteil des Magnetisierungsstromes ganz verschieden ist, je nachdem man die gleiche Maximalinduktion bei sinusförmiger

Tabelle 15. *Feldstärke einwellig mit $b'_1 = 6$ A/cm.*

Induktion:

Ordnungszahl	1	3	5	7	9	11	
b	118,6	−24,6	+ 8,0	−2,4	+1,0	−0,2	Vs/cm²
a	15,8	−12,8	+ 9,0	−5,8	+4,4	−3,4	Vs/cm²
c	119,6	27,8	12,0	6,2	4,6	3,4	Vs/cm²
c_n/c_1	100	23	10	5	4	3	%
c_n/B_m	120	28	12	6	5	3	%

Induktion einwellig mit $b_1 = 100$ Vs/cm².

Feldstärke:

Ordnungszahl	1	3	5	7	9	11	
b'	4,03	1,33	0,34	0,12	0,11	0,07	A/cm
a'	−0,95	+0,08	+0,07	+0,05	+0,02	+0,03	A/cm
c'	4,14	1,33	0,35	0,13	0,11	0,08	A/cm
c'_n/c'_1	100	32	8,5	3	2,5	2	%
c'_n/H_m	69	22	6	2	2	1,5	%

Durchflutung oder bei sinusförmigen Fluß einstellt, — 6 A/cm Scheitelwert gegen 4,14 A/cm Scheitelwert —, sondern daß sich das auch noch im Effektivwert stark ausgeprägt findet, weil nämlich die Oberwellen zum Effektivwert wenig, zum Scheitelwert aber viel beitragen. So ist hier der Effektivwert des sinusförmigen Magnetisierungsstromes 4,25 A, der des nicht-sinusförmigen, der sich bei Anlegen einer sinusförmigen Spannung einstellt, 3,1 A, also beinahe 30 % kleiner. Das zeigt, wie sorgfältig man bei Messungen des Magnetisierungsstromes auf die Kurvenform der angelegten Spannung achten muß. In der Technik ist der Fall mit vorgeschriebenem Flußverlauf der wichtigere; er ergibt den kleineren Magnetisierungsstrom. Regelt man aber die Spannung an einer Eisenkernspule mit Hilfe eines Vorwiderstandes auf gewünschte Werte herunter, so bekommt man bei sehr großen Widerständen praktisch den Fall der einwellig erzwungenen Durchflutung und damit, auch wenn man auf den Formfaktor der sich einstellenden Spannung korrigiert, eine Fehlmessung des Magnetisierungsstromes, der viel zu groß gemessen wird. Man vermeide also bei der Messung von Magnetisierungsströmen die Verwendung von Vorwiderständen. Wegen ihrer Eigenschaft der Oberwellenbeschneidung wirken dabei induktive Vorwiderstände in diesem Sinne noch schädlicher als Ohmsche Widerstände. Auch zur Spannungsregelung verwendete Drehtransformatoren, Stufentransformatoren od. dgl. sollten also ausreichend kleine innere Widerstände haben, um diesen Fehler zu vermeiden. Unter ungünstigen Umständen machen sich schon kleinere Widerstände, wie die Einschaltung von Strommessern und Leistungsmessern einschließlich der zugehörigen Wandler, unangenehm bemerkbar. Wenn die betrieblich gemessenen Leerlaufströme eines Transformators, der ja eine solche Spule mit Eisenkern darstellt, schlecht mit der Vorausberechnung übereinstimmen, so kann oft hier die Ursache für die Abweichungen liegen — sowohl bei der Betriebsmessung, wie auch bei der vorangegangenen Messung der Magnetisierungskennlinie des Materials, die man keinesfalls als „Materialkonstante" ansehen kann. Sie liegt also technisch zwischen den beiden Grenzkurven, die in

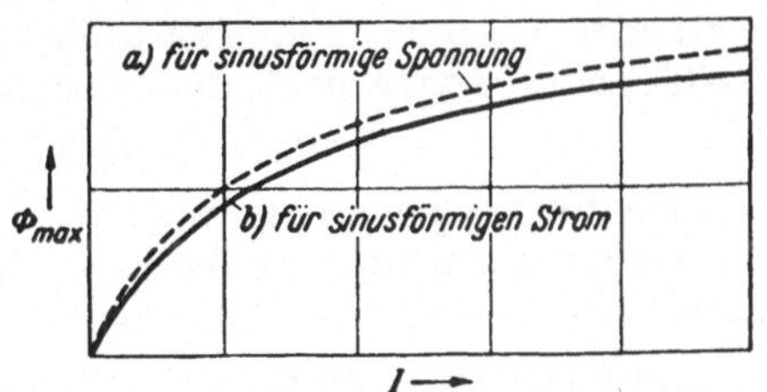

Abb. 302. Technische oder dynamische Magnetisierungskurve — Flußscheitelwert als Funktion des Effektivwertes des Magnetisierungsstromes.

Abb. 302 so aufgetragen sind, wie man die „*technische* oder *dynamische* Magnetisierungskurve“ als Scheitelwert Φ_{max} des Flusses über dem Effektivwert I_μ des Magnetisierungsstromes aufzutragen pflegt.

Zweitens: Es liegt nahe, aus den Grundwellenanteilen von Feldstärke und Induktion eine Grundwellenpermeabilität abzuleiten, indem man ihre Scheitelwerte durcheinander dividiert. Wegen des geringen Unterschiedes der phasengleichen Komponente und der Gesamtgrundwelle ist es dabei unerheblich, ob wir die c- oder die b-Werte für diesen Zweck benutzen. Es ergeben sich aber ganz verschiedene Grundwellenpermeabilitäten, je nachdem, ob wir sinusförmigen Fluß oder sinusförmige Durchflutung vorschreiben. Beide unterscheiden sich erheblich von der Permeabilität, die wir aus den Maximalwerten von Induktion und Feldstärke errechnen, aber auch von dem Maximalwert der Permeabilität aus der größten Steilheit der Magnetisierungskurve. So betragen für unser Beispiel die relativen Permeabilitäten:

aus Maximalwert der Induktion und der Feldstärke	1330
aus den Grundwellenanteilen bei einwelliger Feldstärke	1580
aus den Grundwellenanteilen bei einwelliger Induktion	1970
als größte Steilheit der Magnetisierungskurve	5300

Ebenso wie der Effektivwert des Magnetisierungsstromes hängt also auch sein Grundwellenanteil und damit die als „mittlere“ Permeabilität zu betrachtende Grundwellenpermeabilität sehr stark davon ab, mit welcher Kurvenform die Spule erregt wird. Der in der Grundwelle aufgenommene Strom ist nicht unabhängig davon, welche Oberwellen in der Spannung noch vorhanden sind. Diese rufen gewissermaßen ebenso einen Grundwellenmagnetisierungsstrom hervor, wie eine Grundwellenspannung Oberwellenanteile des Magnetisierungsstromes hervorruft. Hierin kommt die Nichtlinearität des Systems klar zum Ausdruck.

Wir dürfen bei dieser Gelegenheit nun noch einmal auf das Ergebnis der Abb. 287b zurückgreifen, wo sich ganz analog zeigte, daß nach Anlegen der Wechselstrommagnetisierung der zur Erzeugung der Vormagnetisierung erforderliche Strom i keineswegs mehr identisch war mit dem Strom, der den gleichen Fluß bei Fehlen der Wechselerregung hervorgerufen hätte. Diese gegenseitigen Rückwirkungen der verschiedenen Ordnungen aufeinander sind bei der starken Krümmung der Magnetisierungskennlinie sehr beträchtlich.

Drittens: Auch der Phasenwinkel zwischen Spannung und Strom in der Grundwelle fällt ganz verschieden aus je nach der Erregungsform. Wir erhalten ihn aus den Grundwellen des Stromes, der der Feldstärke proportional ist, und der Spannung, die aus den Flußkomponenten durch Phasenverschiebung um 90° hervorgeht. Dabei werden dann aus den cos-Gliedern von b_n der Reihe Gl. (662) für B negative sin-Glieder a_n'' einer FOURIER-Reihe für u und aus den sin-Gliedern a_n von B cos-Glieder b_n'' von u nach dem Schema:

$$a_n'' = -n\omega b_n; \qquad b_n'' = +n\omega a_n. \tag{664}$$

Für die Grundwellen erhalten wir also in komplexer Schreibweise (vgl. Abschn. IV D 4 e), wenn wir, um einfache Zahlenverhältnisse zu bekommen, wählen: $S = 31{,}6\,\text{cm}^2$, nämlich $\omega S = 10^4\,\text{cm}^2/\text{s}$ und $w = 1000$ bei $l = 100$ cm, nämlich $w/l = 10\,\text{cm}^{-1}$:

bei sinusförmiger Durchflutung (Strom):

$${}_1\mathfrak{J} = 0{,}6\,j\ \text{A}; \qquad {}_1\mathfrak{U} = (-1186 + 158\,j)\ \text{V}$$
$${}_1\varphi = \operatorname{arc\,tg} 0{,}133 = 7{,}6°,$$

bei sinusförmiger Spannung (Fluß):

$${}_1\mathfrak{J} = (-0{,}095 + j\,0{,}403)\ \text{A}; \qquad {}_1\mathfrak{U} = -1000\ \text{V}$$
$${}_1\varphi = \operatorname{arc\,tg} 0{,}236 = 13{,}3°.$$

Trotzdem bleibt natürlich die aufgenommene Verlustleistung in beiden Fällen die gleiche, denn es wird ja die gleiche Hysteresisschleife umfahren, wenn auch mit örtlich verschiedener Geschwindigkeit; es ist also:

$$0{,}6\,\text{A} \cdot 158\,\text{V} = 0{,}095\,\text{A} \cdot 1000\,\text{V} = 95\,\text{W}\,.$$

Diese Gleichheit der Verluste gilt natürlich, worauf ausdrücklich hingewiesen sei, nur für die Hysteresisverluste.

Die Wirbelstromverluste hängen von dem Oberwellengehalt in erheblichem Umfange ab, wenn der Fluß mehrwellig ist. Es macht sich hierbei zwar die Abhängigkeit vom Quadrat der Flußoberwelle mildernd bemerkbar, — schon bei der dritten Oberwelle werden dadurch die Verluste im Verhältnis $1:(c_3/c_1)^2$ kleiner, hier also rd. 1:20 —, aber dem steht andererseits gegenüber, daß sie mit dem Quadrat der Frequenz steigen, bei der dritten Oberwelle also schon auf das Neunfache, so daß die Wirbelstromverluste hier auf fast das 0,5fache der Grundwellenverluste allein für die 3. Oberwelle kommen. Die Grundwelle selbst ist außerdem noch 1,2 mal so groß wie der Wert bei einwelligem Fluß; die durch sie bedingten Verluste steigen also auch um 44 %, so daß auch bei der Messung von Eisenverlusten die Beachtung der Kurvenform sehr wichtig ist. Die einwellige Spannung ergibt die kleinsten Wirbelstromverluste.

Abb. 303. Grundwellenwiderstandsoperatoren einer Drosselspule mit Eisenkern ohne Wicklungswiderstand.
a Für sinusförmige Spannung.
b Für sinusförmigen Strom.

Die oben angegebenen Zeigerdarstellungen der Grundwellenspannungen und -ströme zeigen auch, daß bei der Eisenkernspule kein definierter und für alle Fälle gültiger Grundwellenwiderstandsoperator vorhanden ist. Auch er hängt wegen der Nichtlinearität der Eiseneigenschaften vom Vorhandensein oder Fehlen der Oberwellen in der Spannung ab. Er ist hier:

für sinusförmigen Strom, also mehrwellige Spannung: $(260 + j1980)$ Ohm,
für sinusförmige Spannung, also mehrwelligen Strom: $(550 + j2360)$ Ohm.

Die beiden Operatoren sind in der Abb. 303 zusammen in der komplexen Ebene dargestellt. Es gibt also keinen mittleren Wert der Permeabilität, der Induktivität oder des Verlustwiderstandes, der für alle Fälle gültig oder auch nur eine zutreffende Näherung wäre.

Viertens: Es gibt zwar Faktoren, die unter gewissen Annahmen gestatten, die Höhe der entstehenden Oberwellen mit der Größe einer Grundwellenamplitude zu verknüpfen. Es sind dies die höheren Harmonischen der komplexen Permeabilität, die sich oben aus unserer Analyse als Vorzahlen der Fourier-Reihe für die Feldstärke fanden. Auch sie sind aber in starkem Umfang davon abhängig, ob außer der Grundwelle noch Oberwellen vorhanden sind, da im Grunde jede Oberwelle mit jeder anderen durch einen Gegenseitigkeitsfaktor der Permeabilität verknüpft ist, sich diese Faktoren aber dazu noch als nicht konstant erweisen. So nehmen denn auch die prozentualen Anteile der Oberwellen nicht etwa in gleichem Maße im Fluß ab, wenn der Strom einwellig ist, wie sie bei einwelligem Fluß im Strom mit steigender Ordnungszahl abnehmen. Das zeigt ein Vergleich der beiden vorletzten Zeilen der Tabelle 15. Abgesehen von der dritten Oberwelle, die bei sinusförmigem Fluß am größten ist, sind sonst stets die Oberwellen in der Kurve des Flußverlaufs stärker, wenn die Stromstärke einwellig ist.

Das macht sich in Wirklichkeit noch stärker bemerkbar, weil man es dort niemals mit dem zeitlichen Verlauf des Flusses zu tun hat, sondern mit dem Verlauf der zugehörigen Spannung. In dieser sind aber die Oberwellen stets so vielfach höher anzutreffen als im Fluß, wie ihre Ordnungszahl angibt. Man müßte also miteinander die Oberwellen im Strom und in der Spannung vergleichen:

Tabelle 16.

Ordnung	1	3	5	7	9	11
Im Strom (Spannung einwellig)	100	32	8,5	3	2,5	2
In der Spannung (Strom einwellig) . . .	100	69	50	35	36	33
Im Fluß (Strom einwellig)	100	23	10	5	4	3

Durch die Nichtlinearität der Eisenmagnetisierungskurve wird also die Spannung bei sinusförmigem Strom bedeutend stärker verzerrt als umgekehrt der Strom bei sinusförmiger Spannung. Wir hatten das bereits qualitativ bei der Untersuchung über die Übersättigung festgestellt, wo sich die hohen Spannungsspitzen beim Umschlagen der Induktion vom positiven auf den negativen Sättigungswert ergaben (vgl. S. 292, Abb. 284). Die zu der dort angegebenen Impulsspannung gehörende hohe Zahl von Oberwellen nahezu konstanter Amplitude (vgl. S. 185, Abb. 180) beginnt sich schon bei den verhältnismäßigen kleinen Durchflutungen, die wir hier zugrunde legen, darin abzuzeichnen, daß die Oberwellenamplituden von der 5. . . . 11. nahezu konstant sind.

Qualitativ können wir auch die Vorzeichen und die Zusammensetzung der Oberwellen verstehen. Bei der verzerrten Stromkurve, die zu sinusförmiger Spannung gehört, muß sich im Zeitpunkt des Flußmaximums, also um $T/4$ nacheilend gegen u, eine hohe Stromspitze bilden. Auf diesen Punkt als Nullpunkt haben wir analysiert. Alle Oberwellen sind in bezug auf diesen Zeitpunkt fast reine cos-Wellen und haben alle gleiches Vorzeichen, addieren sich also zu der erwarteten hohen Spitze in diesem Zeitpunkt, während sie sich im übrigen Teil der Periode teilweise auslöschen; dort werden die Augenblickswerte des Stromes klein. Im Nullpunkt selbst müssen sie sich zu dem Augenblickswert addieren, der zum Maximalwert der Induktion gehört, den die angelegte Spannung vorschreibt. Auch das hat wichtige technische Konsequenzen. Nehmen wir eine dieser Oberwellen künstlich weg, z. B. dadurch, daß wir ihr einen unendlich hohen Widerstand vorschalten — d. h. z. B. drei Spulen, die von den Strangspannungen eines Drehstromsystems erregt werden, in Stern schalten, so daß die dritten Oberwellen nicht fließen können —, so müssen die Grundwelle und die übrigen Oberwellen den starken Ausfall durch das Fehlen der dritten Oberwelle wieder wettmachen und entsprechend ansteigen. Das macht im Effektivwert sehr viel aus, weil sich ja die dritte Oberwelle nur quadratisch addierte, der Zusatz an Grundwelle aber linear dazukommen muß. Ein in Stern geschalteter Drehstromtransformator mit Sternpunktverbindung wird also einen kleineren Bedarf an Effektivwert des Magnetisierungsstromes haben, als er im Zustand des unterbrochenen Sternpunktleiters hat.

Zum Ausgleich für den Fortfall der dritten Oberwelle im Strom kann nun natürlich die Spannung nicht mehr sinusförmig verlaufen. In jeder Strangspannung des ohne Sternpunktverbindung sterngeschalteten Drehstromtransformators entsteht also eine dritte Oberwelle. Alle drei sind untereinander gleichphasig, so daß sie sich in den Leiterspannungen wieder herausheben. Sie treten nur am Sternpunkt als Spannung zwischen den Sternpunkten des Transformators und des Generators auf, wenn dessen Strangspannungen einwellig sind. Die dort anstehende Spannung ist die dritte Oberwelle der drei für sie parallel geschalteten Wicklungen der drei Stränge. Versieht man dagegen den Transformator mit einer in Dreieck geschalteten Tertiärwicklung, so wirken die drei Spannungen in Hintereinanderschaltung auf diese Wicklung und können in ihr den Magnetisierungsstrom dritter Ordnung fließen assen, der die ungestörte Ausbildung des sinusförmigen Flußverlaufs gestattet.

Lassen wir aber den Strom der dritten Oberwelle nicht zu, indem wir ohne Sternpunktverbindung und ohne Tertiärwicklung in Stern schalten, so müssen, wie wir soeben schon feststellten, dritte Oberwellen in der Kurve des Flußverlaufs entstehen. Das ist ohne besondere Bedingungen möglich, wenn es sich um drei getrennte Einphasentransformatoren handelt, die zu einem Drehstromsatz durch äußere Verkettung zusammengeschlossen sind (Angelsächsische Praxis). Hat man dagegen die drei Kerne der Wicklungsstränge in einem Kasten vereinigt und durch ein gemeinsames Joch miteinander verbunden (vgl. Abb. 7), an dem sie sich voraussetzungsgemäß zu Null addieren sollen, so ist das für die Flüsse der dritten Oberwelle nicht möglich, weil sie gleichphasig sind. Dieser Fluß der dritten Oberwelle muß sich von Joch zu Joch schließen, also durch einen erhöhten magnetischen Widerstand und über Wege, auf denen er z. B. in den Eisenteilen des Kastens Zusatzverluste hervorrufen kann. Man kann diese unerwünschte Flußverteilung vermeiden, wenn man dem Transformatorkern einen unbewickelten 4. oder je einen 4. und 5. Schenkel gibt, der für den Rückschluß solcher Flüsse sorgt.

Auf weitere mit der Oberwellenerzeugung im Eisenkern verbundene Fragen kommen wir noch in den nächsten Abschnitten zurück.

6. Der Einfluß des OHMschen Widerstandes auf den Magnetisierungsstrom.

Wir haben bisher immer den OHMschen Widerstand der Spule mit Eisenkern in seiner Wirkung auf den Kurvenverlauf des Stromes vernachlässigt und ihn überhaupt nur bei der Betrachtung über die Grundwellenanteile von Spannung und Strom in Abschn. VI A 4 (S. 299···305) gelegentlich berücksichtigt. In Wahrheit kompliziert er die Aufgabe des Abschnittes erheblich, weil ja infolge des in ihm auftretenden Spannungsabfalles die von außen zugeführte Klemmenspannung nicht mehr zugleich den Verlauf der *EMK* in der Spule gibt, den wir nötig haben, um aus ihm den Flußverlauf und durch Spiegelung an der Magnetisierungskurve den Stromverlauf erst zu gewinnen, den wir schon kennen müßten, wenn wir den Spannungsabfall ermitteln wollen. Wir können bei kleinen Spannungsabfällen diesen circulus vitiosus leicht durchbrechen, indem wir unter Vernachlässigung des Spannungsabfalles zunächst den Magnetisierungsstrom nach dem Verfahren der Abb. 287 bestimmen. Dann errechnen wir daraus den Spannungsabfall, den dieser Strom hervorrufen würde, ziehen ihn von der Klemmenspannung ab und erhalten so eine neue Spannung an der Spule, die durch das Gleichgewicht mit der *EMK* den Flußverlauf bestimmt. Mit diesem neuen Flußverlauf können wir nun einen korrigierten Stromverlauf bestimmen, wobei es aber immer vorkommen wird, daß zu diesem zweiten Verfahren auch eine neue Hysteresisschleife gehört, weil sich ja der Effektivwert und der Formfaktor der Spannung ändern, die für Flußverlauf und Flußschwankung maßgebend ist. Immerhin kann man dies Verfahren solange fortsetzen, bis genügende Übereinstimmung zwischen den in 2 aufeinander folgenden Annäherungsstufen ermittelten Verläufen des Magnetisierungsstromes erzielt ist. Meist werden zwei Schritte genügen. Man kann dabei aber nicht, wie das bei linearen Netzwerken genügen würde, die überlagerten Korrekturgrößen für sich allein bestimmen und additiv zur Ausgangslösung hinzufügen, sondern muß jedes Mal von vorn anfangen, indem man die allgemeine Gleichung auswertet:

$$u_k - iR = u = -e = w\frac{d\Phi}{dt} \quad \text{mit} \quad \Phi = f(i)\,. \tag{665}$$

Hieraus geht aber schon eindeutig hervor, daß wenn u einwellig sein soll, die angelegte Klemmenspannung u_k nicht einwellig sein dürfte, oder richtiger gesagt, da wir ja eine solche planmäßig verzerrte Kurvenform nicht herstellen können, daß bei angelegter einwelliger Spannung der induktive Spannungsabfall an der Spule, der den Flußverlauf bestimmt, nicht sinusförmig sein kann. Das ist natürlich unabhängig davon richtig, ob wir den Widerstand als inneren Widerstand der Spule betrachten oder als einen der Spule vorgeschalteten Widerstand. In diesem Falle würde also bei einwelliger Generatorspannung an der Spule ebenso wie am Vorwiderstand eine nicht-sinusförmige mehrwellige Spannung vorliegen, die — in der Spule von dem durchfließenden Magnetisierungsstrom erzeugt — am äußeren Widerstand abfällt. Die Spule wirkt als *Oberwellengenerator*.

Solange wir uns auf kleine Vorwiderstände beschränken, können wir diesem Problem noch näher kommen, wenn wir folgendermaßen vorgehen. Wir wollen für diese Betrachtung von dem Hysteresisverlust absehen, die Schleife also als so schmal ansehen, daß wir sie durch eine mittlere Linie, die statische Magnetisierungskennlinie, ersetzen können. Dann tritt keine Wirkkomponente im Grundwellenstrom auf und wegen der Symmetrie zum Scheitelwert der Stromkurve kann auch diese ohne OHMschen Widerstand im Kreis nur cos-Glieder der ungeradzahligen Oberwellen enthalten. Auch die von einem solchen Strom in einem kleinen Vorwiderstand hervorgerufenen Spannungsabfälle enthalten also nur cos-Glieder der Grundwellen und Oberwellen. Da deren Mittelwert über eine Halbwelle der Spulenspannung, die um 90° gegen den Strom phasenverschoben ist, aber stets Null ergibt, so ändert sich wohl die Kurvenform der Spannung an der Spule aber nicht ihr arithmetischer Mittelwert, der ja nach unseren obigen Feststellungen die Flußschwankung bestimmt.

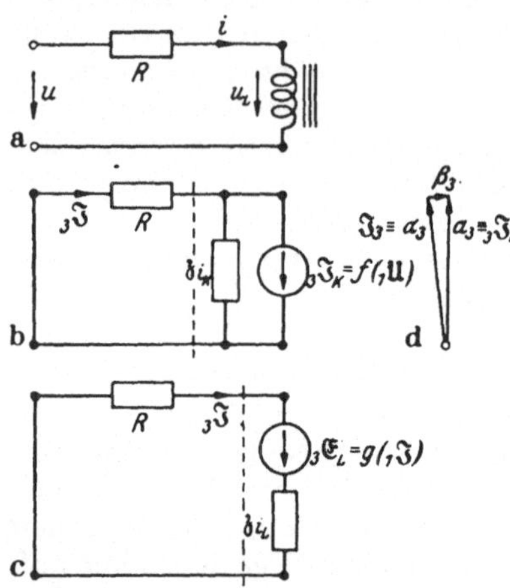

Abb. 304. Die Eisenkernspule als fastlineares Netzwerk. a Grundschaltbild. b Kurzschlußersatzschaltbild. c Leerlaufersatzschaltbild. d Zeigerdiagramm zu (b).

Der durchlaufene Teil der Magnetisierungskurve bleibt also in erster Näherung erhalten und wir können somit mit und ohne Vorwiderstand die Magnetisierungskurve durch die gleiche Parameterdarstellung wiedergeben:

$$\Phi = \Phi_m \cdot \cos x \,; \quad i = \frac{w \cdot \Phi_m}{L_1}\left[\cos x + a_3 \cdot \cos 3x + a_5 \cos 5x + \cdots\right]. \tag{666}$$

Wir setzen nun an, daß die Stromkurve nach Einfügung des Vorwiderstandes derart verändert sei, daß ihre FOURIER-Reihe lautet:

$$i = i_1 \cdot (\alpha_1 \cdot \cos \omega t - \beta_1 \sin \omega t + \alpha_3 \cos 3\,\omega t - \beta_3 \cdot \sin 3\,\omega t + \ldots - \ldots)\,. \tag{667}$$

Diese brechen wir hier nach den Gliedern der 3. Oberwelle ab, um an Rechenaufwand zu sparen, ohne damit am Grundsätzlichen des Verfahrens etwas zu ändern, das auf beliebig viele Glieder ausgedehnt werden kann. Ein solcher Strom würde in dem Vorwiderstand R (s. Abb. 304a) einen Spannungsabfall iR hervorrufen, so daß nach dem KIRCHHOFFschen Gesetz (Gl. (3)) von der sinusförmigen Spannung u, die wir mit dem Zeitgesetz ($-\sin \omega t$) an die Eingangsklemmen angelegt denken, eine Teilspannung u_L nach Gl. (665) an der Spule übrigbleibt:

$$\begin{aligned} u_L &= u - i_1 R\,(\alpha_1 \cos \omega t - \beta_1 \sin \omega t + \alpha_3 \cos 3\,\omega t - \beta_3 \cdot \sin 3\,\omega t) \\ &= -\,w \cdot \Phi_{max} \cdot \omega \cdot \sin \omega t - i_1 \cdot R \cdot (\ldots)\,, \end{aligned} \tag{668}$$

die über das Induktionsgesetz:

$$u_L = +\,w\,\frac{d\Phi}{dt}\,,$$

den zeitlichen Verlauf des Flusses im Eisenkern der Spule bestimmt:

$$\Phi = \left(\Phi_m - \beta_1 \cdot \frac{i_1 R}{w \cdot \omega}\right) \cdot \cos \omega t - \alpha_1 \cdot \frac{i_1 R}{w \cdot \omega} \cdot \sin \omega t$$

$$- \frac{\alpha_3}{3} \cdot \frac{i_1 R}{w \cdot \omega} \cdot \sin 3\,\omega t - \frac{\beta_3}{3} \cdot \frac{i_1 R}{w \cdot \omega} \cdot \cos 3\,\omega t\,. \tag{669}$$

Er bestimmt über den Verlauf der Magnetisierungskurve den wahren Verlauf des Magnetisierungsstromes, wenn wir dies Zeitgesetz für den Fluß einführen und aus der Parameterdarstellung (666) x eliminieren. Wir müssen also zu jedem Wert von t, bzw. $\cos \omega t$, den zugehörigen Wert von $\cos x$ bestimmen, daraus die Werte $\cos 3x$, $\cos 5x$ usw. bestimmen und sie dann in die FOURIER-Reihe Gl. (667) in x für i einsetzen, wobei wir uns aber ebenso wie oben auf die Mitnahme des Gliedes mit $3x$ beschränken, um den Rechenaufwand klein zu halten. Allgemein läuft das also darauf hinaus, die Gleichung

$$\cos x = (1 - \beta_1 \varepsilon) \cdot \cos \omega t - \alpha_1 \cdot \varepsilon \cdot \sin \omega t - \frac{\alpha_3}{3} \cdot \varepsilon \cdot \sin 3\,\omega t - \frac{\beta_3}{3} \cdot \varepsilon \cdot \cos 3\,\omega t\,, \tag{670}$$

worin wir den Quotienten $R/\omega L_1 = \varepsilon$ gesetzt haben mit L_1 als der Grundwelleninduktivität der Spule bei rein einwelligem Fluß, nach $\cos 3x = 4\cos^3 x - 3\cos x$ aufzulösen. Entwickeln wir die in dieser Gleichung vorkommenden Potenzen von $\cos \omega t$, $\sin \omega t$, $\cos 3\,\omega t$ und $\sin 3\,\omega t$ und die Potenzprodukte aus ihnen wieder nach Winkelfunktionen der Vielfachen der Argumente, so kommen automatisch nur ungeradzahlige Oberwellen vor. Bei der teehnisch meist zutreffenden Annahme, die wir oben vorausschickten, daß der OHMsche Widerstand klein sein solle gegen den induktiven Widerstand der Grundwelle, ist ε so klein, daß wir bei der Ausrechnung auf alle die Produkte verzichten können, die ε in höheren Potenzen als der ersten als Faktor enthalten. Mit dieser Vereinfachung erhalten wir nach Zusammenfassung aller Glieder der gleichen Ordnung und der gleichen Phase als die nach der Magnetisierungskurve zu der verzerrten Kurvenform des Flusses zugehörige FOURIER-Reihe des Magnetisierungsstromes:

$$i = i_1 \cdot \left(\cos \omega t - \varepsilon \cdot (1 + a_3^2) \cdot \sin \omega t + a_3 \cdot \cos 3\,\omega t - \varepsilon \cdot \frac{a_3}{3} \cdot \sin 3\,\omega t\right). \tag{671}$$

Sollen die Annahmen über die Kurvenform, von denen wir ausgingen, richtig sein, so müssen die jetzt gefundenen Koeffizienten mit den dort angenommenen Koeffizienten übereinstimmen, woraus wir durch den Koeffizienten-Vergleich mit Gl. (667) vier Gleichungen für die vier wahren Koeffizienten des Magnetisierungsstromes bei Berücksichtigung eines kleinen Widerstandes bekommen:

$$\left.\begin{aligned} \alpha_1 &= 1 & \beta_1 &= \varepsilon \cdot (1 + a_3^2) \\ \alpha_3 &= a_3 & \beta_3 &= \varepsilon \cdot \frac{a_3}{3}\,(10 + a_3)\,. \end{aligned}\right\} \tag{672}$$

Man sieht, daß dabei β_3 und β_1 von der Größenordnung ε werden. Auf Produkte, die diese Größen mit als zusätzlichen Faktor enthalten, ist deshalb auch schon bei der Rechnung verzichtet worden.

Wir können nun daran gehen, dieses Ergebnis auszudeuten. Zunächst stellen wir fest, daß sowohl der Grundwellenstrom der Blindkomponente, wie auch die zu ihm phasengleiche Komponente des Stromes der dritten Oberwelle bis auf Größen zweiter Ordnung ebenso groß bleiben, als ob der Vorwiderstand nicht vorhanden wäre. Außer ihnen treten nun aber Wirkkomponenten sowohl in der Grundwelle, wie auch in der dritten Oberwelle auf. In der Wirkkomponente der Grundwelle kommt zunächst durch das Glied mit ε die Tatsache zum Ausdruck, daß in dem Widerstand R Verluste auftreten, die von der Spannungsquelle gedeckt werden müssen, soweit sie von der Grundwelle des Stromes herrühren. Die Spannungsquelle führt aber der Spule mehr Wirkleistung der Grundwelle zu als diesem Leistungsbedarf entspricht, nämlich den Anteil $\varepsilon \cdot a_3^2$. Er dient zur Deckung der Verluste der 3. Oberwelle im Vorwiderstand, den der Generator unmittelbar nicht übernehmen kann, weil seine einwellige Spannung nur mit der Grundwelle des Stromes eine Wirkleistung ergibt. Diese Leistung wird also zunächst mit der Grundwelle der Spule zugeführt und nun erst in ihr an der Nichtlinearität in Oberwellenleistung umgesetzt, für die also die Eisenkernspule als Generator wirkt, der aus der ihm im Takt der doppelten Grundfrequenz zugeführten Leistung zur Deckung der Oberwellenverluste im Takt der 6fachen Grundfrequenz die benötigte Leistung jeweils aus der im Feld gespeicherten Energie entnimmt. Wir können also nach Abb. 304b die Spule hinsichtlich der dritten Oberwelle als einen Generator mit einem eingeprägten Urstrom auffassen, ohne uns noch im Einzelnen darum zu kümmern, daß der Antrieb dieses Oberwellengenerators aus dem Grundwellennetzwerk stammt.

Daß wir diesem Oberwellengenerator so wie jedem Generator einen inneren Widerstand zuzuordnen haben, zeigt der Wirkstromanteil β_3 in seinem nach außen abgegebenen Strom. Er stellt einen Anteil des Stromes dar, der in einen inneren Blindleitwert abfließt, ohne noch im äußeren Stromkreis in Erscheinung zu treten. Er verschwindet nur, wenn wir den äußeren Stromkreis im Kurzschluß betreiben, d. h. eben ε gleich Null machen. Wir würden dabei vielleicht zunächst erwarten, daß der innere Widerstand des Generators gleich dem dreifachen Blindwiderstand für die Grundfrequenz wäre. Die Rechnung zeigt, daß dem nicht so ist. Aus β_3/α_3 ergibt sich der Phasenwinkel des aus innerem und äußerem Leitwert resultierenden Leitwertoperators als von der Größenordnung 10/3, woraus sich für den inneren Blindwiderstand, da der äußere Widerstand als R bekannt ist, rd. 0,3 ωL_1 ergibt, wobei noch eine Modifikation durch die die Form der Magnetisierungskennlinie kennzeichnende Parametergröße a_3 der Kennlinie eintritt.

Durch den Kunstgriff der Einführung eines Oberwellengenerators in der Spule sind wir nun in die Lage versetzt, im Grunde wieder nach unseren normalen Verfahren zu arbeiten und für jede Oberwelle einzeln zu rechnen. Wir machen damit von der sogenannten *Theorie der fast-linearen Netzwerke* Gebrauch, deren Gültigkeit sich aber, wie wir schon hier sehen, auf die unmittelbare Nachbarschaft des Kurzschlußpunktes des Oberwellengenerators bezieht. Nach dieser Theorie berechnen wir den Urstrom des Ersatzgenerators der Oberwelle aus den Grundwellendaten des Stromkreises und der Magnetisierungskurve so, als ob die Grundwellenanteile durch die Anwesenheit der Oberwellen überhaupt nicht beeinflußt würden. Umgekehrt errechnen wir dann die Verhältnisse im äußeren Stromkreis des in der Spule zu denkenden Generators für die Oberwelle so, als ob die Grundwelle nicht außer ihr vorhanden wäre. Wir müssen aber nachdrücklich davor warnen, dies Verfahren auf beliebig weite Abweichungen vom Kurzschlußpunkt des Generators zu erweitern. Würden wir unter der Annahme des inneren Widerstandes des Ersatzgenerators versuchen, die äußere Klemmenspannung bei völliger Unterbrechung des Stromkreises für diese Oberwelle zu berechnen, so erhielten wir gänzlich falsche Ergebnisse. Für die dann auftretende Spannung ist nicht der in der Nähe des Kurzschlußpunktes gültige innere Widerstand des Generators in Kurzschlußersatzschaltung maßgebend, sondern der Wert, der sich aus der umgekehrten harmonischen Analyse der Magnetisierungskennlinie ergibt. Der Quotient dieser Leerlaufspannung und des Kurzschlußstromes definiert einen völlig anderen „inneren Widerstand" als den soeben gefundenen Wert. Aus den Quotienten der Zahlenangaben aus Tab. 16 ergibt er sich z. B. für die dritte Oberwelle mit etwa dem 2,2-fachen Wert des Grundwellenblindwiderstandes, für die fünfte zu etwa dem 5,9-fachen dieses Wertes. Dabei sind die aus diesen Quotienten definierten Widerstände keinesfalls reine Blindwiderstände, sie wechseln sogar von Oberwelle zu Oberwelle ihr Vorzeichen, so daß es also absolut falsch wäre, willkürlich diesen Wert als inneren Widerstand des Oberwellen-Ersatzgenerators zugrunde zu legen.

In der Tat ergibt sich wieder ein von beiden Werten verschiedener innerer Widerstand, wenn wir etwa einen Punkt in der Nähe des Leerlaufpunktes des Ersatzgenerators untersuchen, für den wir dann besser das Leerlaufersatzschaltbild nach Abb. 304c wählen und ihm also eine eingeprägte Urspannung als Leerlaufspannung nach den Koeffizienten der Analyse für einwelligen Strom zuerteilen mit einem in Reihe geschalteten inneren Widerstand, der sich dann rechnerisch allerdings nahe bei $3\,\omega L_1$ ergibt.

Wir müssen also von Fall zu Fall das eine oder andere Ersatzschaltbild verwenden, je nachdem, welchem Zustand wir uns annähern. Bei mittleren Widerstandswerten, die dem Zustand entsprechen, den wir als Anpassung bezeichnen, gilt keines der beiden Ersatzschaltbilder; wir sind dann immer auf vollständige Untersuchung des Problems nach einem der gezeigten Verfahren angewiesen, also die graphische Lösung oder die Auflösung des Gleichungssystems unter Mitnahme höherer Potenzen von ε und Berücksichtigung auch höherer Oberwellen, womit dann der Rechenaufwand so erheblich steigt, daß das graphische Verfahren meist praktisch vorzuziehen ist.

Trotzdem liefert uns das Kurzschlußersatzschaltbild (Abb. 304b) wesentliche Züge des wirklichen Verhaltens der Spule mit Eisenkern, alias des leerlaufenden Transformators im Netz. Dessen innerer Widerstand ist gering. Wir können also das Ersatzschaltbild der Abb. 304b mit Aussicht auf Erfolg anwenden. Die Eisenkernspule repräsentiert einen Oberwellengenerator, der Spannung ins Netz gibt. Sie ist unmittelbar an seinen Klemmen am größten und fällt an den Widerständen des Netzes in umgekehrter Richtung ab wie die Spannung der Grundwelle. Sie verschwindet an den Klemmen des Generators, bzw. richtiger erst in seiner EMK. Die größten Verzerrungen der Kurvenform der Spannung finden wir also an den Klemmen des die Oberwellen erzeugenden Objektes. Der Oberwellengehalt der Spannung an verschiedenen Netzpunkten gestattet also einen Rückschluß darauf, wo der betreffende Oberwellenerzeuger sitzt. Dabei kann es nun aber durchaus vorkommen, daß das Netz für eine bestimmte Oberwellenordnung einen sehr hohen Widerstand aufweist, wenn etwa die Induktivität (Streuinduktivität) eines im Speisungsweg liegenden Umspanners mit der parallelliegenden Leitungskapazität einen auf diese Oberwelle abgestimmten Schwingungskreis bildet. Dann ist für diese Oberwelle der Leerlauffall gegeben und wir entnehmen dann die Verhältnisse besser dem Leerlaufersatzschaltbild nach Abb. 304c.

Dabei darf aber nie vergessen werden, daß in Wahrheit sich alle Oberwellen gegenseitig beeinflussen. Selbst in unserem Fall, bei dem wir von der Annahme ausgingen, daß keine Oberwellen höherer Ordnung als der dritten in der Magnetisierungskennlinie primär vorkommen, ergibt die Durchführung der Rechnung, daß sich bei Reihenschaltung eines Widerstandes fünfte und höhere Oberwellen notwendig ergeben müssen. Ihr Wert ergibt sich aus der Rechnung für die fünfte Oberwelle von der Größenordnung $\varepsilon \cdot a_3^2$, also durchaus noch in der gleichen Größenordnung wie die β-Koeffizienten der Grundwelle und der dritten Oberwelle, aus deren Existenz wir so wichtige Schlußfolgerungen ziehen konnten. Entfernen wir uns weiter vom Kurzschlußzustand, so würde ihr Einfluß durch Rückwirkung so bestimmend, daß wir sie nicht mehr vernachlässigen könnten.

Diese Wechselwirkungen, die wir in der Theorie der fastlinearen Netzwerke vernachlässigen, nehmen aber auch mit der Größe der Oberwellenkoeffizienten selbst ab, wie sich ja aus unseren Ergebnissen zeigt. Diese Theorie wird also um so brauchbarer, je geringer die Verzerrungen an sich sind. Befinden wir uns also im Gebiet der RAYLEIGH-Schleife, mit der es die Nachrichtentechnik weitgehend zu tun hat, so können wir die dort ja gesetzmäßig festliegende Hysteresisschleife mathematisch allgemein in eine FOURIER-Reihe verwandeln und daraus dann unsere Schlußfolgerungen für alle die Fälle ziehen, wo wir uns in der Nähe des Leerlaufzustandes, d. h. großen Vorwiderstandes vor der Spule und nahezu einwelligen Stromes befinden.

Ist die Hysteresisschleife in ihrem aufsteigenden Ast durch:

$$B = (\mu_a + 2\,\nu H_m)\,H - \nu\,(H^2 - H_m^2) \qquad (673)$$

gegeben, so genügt es bei Annahme sinusförmigen Verlaufs von H, den Kurvenast für diese eine Halbwelle nach ihren Oberwellen zu analysieren, weil die andere Halbwelle ja sowieso symmetrisch verlaufen muß. Es ergeben sich dann also die Oberwellen der Spannung an der Spule nach Gl. (347), (S. 158), aus der Auswertung der Integrale:

$$a_k = \frac{4}{T}\int\limits_0^{T/2} B \sin k\omega t\, dt\,, \qquad (674)$$

worin B aus der Formel (673) mit sinusförmigem Verlauf für $H = H_m \cos\omega t$ einzusetzen, und die Integration vom Wert $\omega t = 0$ bis zu $\omega t = +\pi$ zu erstrecken ist. Auf die Ermittlung der Grundwelle des cos-Anteiles können wir verzichten, weil sie schon im ersten linearen Glied allein zum Ausdruck kommt, das wir also bei der Ermittlung der Oberwellen-Koeffizienten weglassen können. Es ist also auszurechnen:

$$a_k = \frac{4}{T}\int\limits_0^{T/2} (1 - \cos^2\omega t)\,\nu H_m^2 \cdot \sin k\omega t\, dt = \frac{4}{T}\,\nu H_m^2 \int\limits_0^{T/2} \sin^2\omega t \sin k\omega t\, dt\,. \qquad (675)$$

Mit $\sin^2\omega t = \frac{1}{2}(1 - \cos 2\,\omega t)$ und

$$2\cos 2\,\omega t \sin k w t = (\sin(k+2)\,\omega t + \sin(k-2)\,\omega t)$$

geht das nach Integration über in:

$$a_k = \frac{1}{\omega T} H_m^2 \cdot \nu \cdot \left(2\,\frac{-\cos k\omega t}{k} + \frac{\cos(k+2)\,\omega t}{k+2} + \frac{\cos(k-2)\,\omega t}{k-2}\right). \qquad (676)$$

Die Einsetzung der Grenzen liefert für alle ungeraden k den Wert π für die Argumente der Kreisfunktionen, so daß wir alle Werte auf einen gemeinsamen Bruchstrich mit dem Nenner $(k-2)\,k\,(k+2)$ bringen können, in dessen Zähler dann nur der Wert 8 übrigbleibt, weil:

$$-2\,(k+2)\,(k-2) + (k-2)\,k + (k+2)\,k = -8\,.$$

Somit ergibt sich dann für alle ungeradzahligen k der Anteil der Oberwellen zu:

$$a_k = \frac{-8}{\pi}\,\nu H_m^2 \cdot \frac{1}{(k-2)\,k\,(k+2)}\,. \qquad (677)$$

Der Grundwellenanteil bekommt dabei wegen $k - 2 = -1$ ein umgekehrtes Vorzeichen wie alle anderen Anteile, die nachstehend noch einmal nach dem obigen allgemeinen Bildungsgesetz zusammengestellt sind:

$$\left.\begin{aligned} a_1 &= +\frac{8}{3\pi}\,\nu H_m^2\,.\\ a_3 &= -\frac{8}{\pi}\,\nu H_m^2\,\frac{1}{1\cdot 3\cdot 5}\,.\\ a_5 &= -\frac{8}{\pi}\,\nu H_m^2\,\frac{1}{3\cdot 5\cdot 7}\,.\\ a_7 &= -\frac{8}{\pi}\,\nu H_m^2\,\frac{1}{5\cdot 7\cdot 9}\,.\end{aligned}\right\} \qquad (677\text{a})$$

Man sieht, daß die Oberwellen in der Amplitude schnell abnehmen. Ihr Verhältnis bezogen auf die dritte Oberwelle wird:

$$a_3 : a_5 : a_7 = 1 : 1/7 : 1/21\,.$$

Schon die siebente Oberwelle beträgt nur noch weniger als 5% der höchsten, dritten Oberwelle. Diese selbst ist aber klein, wenn man sich auf nicht allzugroße Feldstärken beschränkt. Man geht praktisch selten über die als *Verdopplungsfeldstärke* bezeichnete Feldstärke hinaus, bei der die *Grundwellenpermeabilität* ($\mu_a + 2\nu \cdot H_m$) auf das Doppelte der *Anfangspermeabilität* μ_a angestiegen ist. Hier wird dann also der relative Betrag der dritten Oberwelle bezogen auf die Grundwelle:

$$a_3/b_1 = \frac{8\nu \cdot H_m^2}{15\pi} \cdot \frac{1}{(\mu_a + 2\nu \cdot H_m) H_m} = \frac{2}{15\pi} = 4{,}25\,\%\,.$$

Da das der Oberwellenanteil im Fluß ist, so ist der damit verbundene Anteil der Oberwellen in der Spulenspannung allerdings doch schon erheblich. Er beträgt $3 \cdot 4{,}25\% = \text{rd.}\ 12{,}5\%$. Das ist die Leerlaufspannung unseres Oberwellenersatzgenerators, wenn wir auf eine solche Spule die Theorie der fast-linearen Netzwerke anwenden. Sie ist hier besser gerechtfertigt als bei den Beispielen der Starkstromtechnik, wo schon unser Beispiel unter sehr geringen Sättigungsverhältnissen ein Verhältnis der dritten Oberwelle zur Grundwelle von fast 70% geliefert hatte.

Es soll schließlich nicht unerwähnt bleiben, daß unsere Betrachtung in dem Glied a_1, das um 90° gegen den Hauptfluß der Grundwelle verschoben ist, den Teil des Flusses ergeben hat, für den die zugehörige Spannung als Wirkspannung in Phase mit dem Strom die Hysteresisarbeit liefert. Da sowohl der Wirkstromanteil der Grundwelle, wie auch der Anteil der Oberwellenspannung im Verhältnis zur Grundwelle — der Klirrfaktor — von den gleichen Faktoren abhängen, so bestehen zwischen diesen beiden Kenngrößen der Nachrichtentechnik für eine Spule im Rayleigh-Gebiet feste Beziehungen. Bezeichnen wir das Verhältnis des Hystereseverlustwiderstandes zum induktiven Blindwiderstand für die Grundwelle als Hysteresedämpfung d_h, und nennen den Quotienten der dritten Oberwelle der Spulenspannung zur Grundwelle den Klirrfaktor k_3, so gilt:

$$d_h = a_1/b_1\,; \quad k_3 = 3a_3/b_1\,. \qquad \text{Somit:} \qquad k_3 = d_h \cdot \frac{3a_3}{a_1} = \frac{3}{5}\,d_h\,. \tag{678}$$

Dieser Zusammenhang kann sowohl zur Bestimmung des Klirrfaktors aus der gemessenen Dämpfung, als auch zur Bestimmung der Hysteresedämpfung aus der Klirrfaktormessung dienen.

B. Eisenkernspulen in Schwingungskreisen.

Nachdem wir im vorigen Kapitel ausführlich die Oberwellenverhältnisse in Eisenkernspulen untersucht haben, wollen wir uns nunmehr der Betrachtung einiger Phänomene zuwenden, die hinsichtlich der Grundwellenanteile der Ströme und Spannungen auftreten können, wenn wir in Schwingungskreisen eisenhaltige Spulen verwenden. Der Zusammenhang zwischen den an ihnen auftretenden Spannungen und Strömen ist dabei unter bewußtem Verzicht auf alle Oberwellenanteile für die Grundwellenanteile durch die dynamische Charakteristik oder Wechselstrommagnetisierungskennlinie nach Abb. 302 gegeben.

1. Der Reihenschwingkreis.

Eine Spule mit einer Kennlinie nach der Abb. 305a, in der wir jetzt an Stelle des Flusses als Ordinate die Effektivwerte der Grundwellenspannung aufgetragen haben, sei nunmehr nach Abb. 305b in Reihe geschaltet mit einem Kondensator. Da die Spulenspannung um 90° gegen den Strom vorauseilt, die Kondensatorspannung aber um 90° dagegen zurückbleibt, erwarten wir Resonanzerscheinungen bei Gleichheit der beiden Spannungen in ähnlicher Weise, wie wir das bei eisenlosen — linearen — Spulen im Abschn. III C 2/3 (S. 50) behandelt haben. Tragen wir die Kennlinie eines Kondensators, an dem als linearem Glied Strom und Spannung einander proportional sind, ebenfalls in das Diagramm Abb. 305a ein, so stellen wir allerdings fest, daß es die Möglichkeit gibt, daß Spulenspannung und Kondensatorspannung gleich groß sind, daß dieser Zustand aber nicht allein durch die Frequenz und die Kapazität nach Gl. (86) gegeben sind wie beim gewöhnlichen Schwingungskreis, sondern daß es auch bei fest vorgegebenen Werten von C und f und bei einer gegebenen Spule möglich ist, diesen Zustand der Resonanz durch Wahl einer bestimmten Spannung für die Durchführung des Versuches sicherzustellen. Von der Wahl von C und f hängt sozusagen nur noch die Höhe der Spannung ab, bei der sich die beiden Kennlinien schneiden, wo also Spulenspannung und Kondensatorspannung gleich sind, während beim Schwingkreis mit einer eisenkernlosen Spule diese Bedingung, wenn sie einmal für *eine* Spannung erfüllt ist, auch für *alle* Spannungen erfüllt ist. Die beiden Geraden für Spulenspannung und Kondensatorspannung kämen dann zur Deckung.

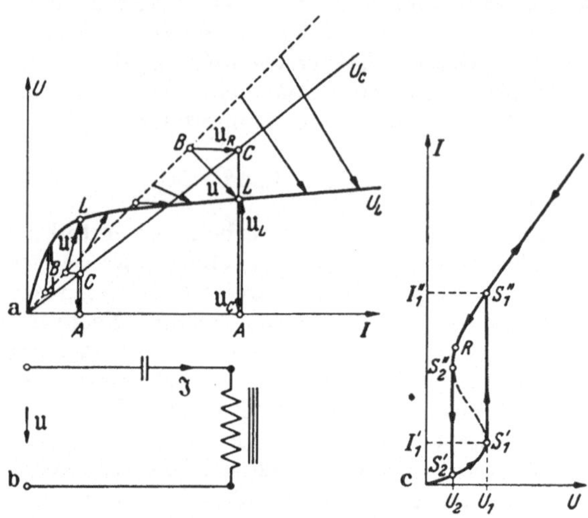

Abb. 305. Reihenresonanzkreis mit Eisenkernspule. a Kennlinien der Spule, des Kondensators und des Widerstandes. Zeigerdiagramm. b Allgemeines Schaltbild für die Grundwelle. c Strom in Funktion der Spannung nach (*a*).

Diese Spannungsabhängigkeit liefert nun interessante und wichtige Erscheinungen, die wir gleich unter Einbeziehung des Ohmschen Widerstandes der Wicklung oder eines Verlustwiderstandes der Spule, der ihm zugeschlagen wird, untersuchen wollen. Die Gesamtspannung am Kreis muß sich offenbar aus drei Teilspannungen zusammensetzen, einem Ohmschen, einem induktiven und einem kapazitiven Spannungsabfall. Die als Ordinaten über dem Abszissenwert des Stromes I abzulesenden Spannungen AL an der Spule und AC am Kondensator liegen also in Gegenphase. Nehmen wir die Abszissenachse als Richtung des Zeigers $\mathfrak{J}$ für den Strom, so ist $\overrightarrow{CA} + \overrightarrow{AL} = (\mathfrak{U}_C + \mathfrak{U}_L)$ die Zeigersumme der Blindspannungen im Kreis, zu der wir noch den Ohmschen Spannungsabfall $\mathfrak{J} \cdot R$ phasenrichtig addieren können, wenn wir nach C hin den Zeiger BC parallel zur Abszissenachse als $\mathfrak{U}_R$ zufügen. Da er stromproportional ist, liegen alle Punkte B auf der Geraden OB. Sollte der Spulenwiderstand mit Einschluß der Eisenverluste keine Konstante sein, sondern sich mit verändertem Strom ändern, so würde auch das keine Erschwerung der Auftragung sein. Die Linie, an der wir als jeweiligen Abstand $\overrightarrow{BC}$ von der Kondensatorgeraden die Widerstandsspannung ablesen, würde dann eine Kurve sein, während sie bei konstantem Widerstand, wie in der Abb. 305a angenommen, ein Strahl OB vom Nullpunkt aus ist.

Die Gesamtspannung $\mathfrak{U}$ am Kreis, die für jeden Strom einzustellen ist, erhalten wir dann durch Aneinanderreihung der drei Zeiger für die Widerstandsspannung BC, die Kondensatorspannung CA und die Spulenspannung AL. Es ist also die

Verbindungsgerade vom Anfangspunkt B dieses Zeigerzuges zu seinem Endpunkt L der Zeiger der Gesamtspannung nach Größe und Phase. Die Konstruktion ist im Diagramm für eine Reihe verschiedener Spulenströme durchgeführt und eingetragen. Bei kleinen Strömen in der Reihenschaltung überwiegt die Spulenspannung. Der Phasenwinkel zwischen Spannung und Strom ist induktiv. Zur Erzielung kleiner Ströme sind relativ hohe Spannungen erforderlich. Bei Steigerung des Stromes nimmt dann schließlich die Spannung am ganzen Kreis ab und wird sehr klein, wenn am Schnittpunkt der Spulenkennlinie mit der Kennlinie des Kondensators Spannung und Strom in Phase sind und somit Resonanz herrscht. Steigern wir den Strom weiter, so nimmt die erforderliche Spannung schnell wieder zu; der Resonanzpunkt ist überschritten. Bei Überwiegen der Kondensatorspannung wirkt nun der ganze Kreis als kapazitiver Widerstand mit entsprechendem Phasenwinkel zwischen Spannung und Strom. Wir könnten diesen ganzen Verlauf des Zusammenhangs zwischen Strom und Spannung realisieren, wenn wir die experimentelle Anordnung so treffen, daß wir die Schaltung nach Abb. 305b aus einem großen Generator sehr hoher Spannung (im Vergleich zur benötigten Gesamtspannung) speisen und die Regelung auf die gewünschte Stromstärke durch einen sehr großen vorgeschalteten Widerstand bewirken. Praktisch wird man es aber meist mit Spannungsquellen zu tun haben, die bei kleinem Widerstand die zugeführte Spannung regeln und es dem Strom überlassen, wie er sich einstellen will. Tragen wir nun aus Abb. 305a den Effektivwert des Stromes OA als Ordinate über dem Effektivwert der Spannung BL als Abszisse in das Diagramm der Abb. 305c ein, so erhalten wir ein Diagramm, das uns gestattet festzustellen, wie sich die Stromstärke ändert, wenn die Spannung von kleinen Werten aus beginnend gesteigert wird.

Unter diesen Umständen steigt zunächst der Strom etwa linear mit der Spannung an. Dann kündigt sich die Annäherung an den Resonanzpunkt durch stark steigende Stromaufnahme, d.h. stark fallenden Scheinwiderstand des Kreises an. Steigern wir nun aber die Spannung über den Wert U_1 hinaus, so gibt es keine Möglichkeit mehr, den Kurvenast $S_1' R S_1''$ zu durchlaufen, auf dem der Resonanzpunkt R liegt, weil zu allen Punkten dieses Astes ja kleinere Spannungen gehören, als wir bereits anlegen; unter Überspringung dieses Gebietes steigt nunmehr der Strom sprunghaft vom Wert I_1' auf dem unteren Ast auf I_1'' auf dem oberen Ast unter gleichzeitigem Umschlag der Phasenlage um fast 180° gegen die vorherige Lage, den die Spulenspannung und Kondensatorspannung natürlich mitmachen. Man sagt, der Schwingungskreis sei „*gekippt*". Steigert man die Spannung noch weiter, so nimmt I stetig weiter zu ohne besondere Vorkommnisse.

Kehren wir nun den Vorgang um und lassen die Spannung von großen Werten beginnend wieder abnehmen, so ist keine Veranlassung vorhanden, daß sich am Punkt S_1'' irgend etwas Grundsätzliches ändern sollte. Der Strom nimmt entlang dem oberen Ast der Kennlinie stetig weiter ab und bleibt dabei noch immer kapazitiv verschoben. Die Abnahme wird nun aber mit Annäherung an den Resonanzpunkt immer steiler, bis es schließlich beim Punkte S_2'' keine Möglichkeit mehr gibt, bei weiterer Abnahme der Spannung noch Punkte auf dem oberen Kurvenast einzustellen. Der Strom nimmt mit einem Sprung vom Wert I_2'' auf den Wert I_2' ab; mit ihm werden Kondensatorspannung und Spulenspannung plötzlich wieder klein. Alle drei Größen schlagen wieder um fast 180° in der Phase um, wobei der Strom in induktive Phasenlage zurückkehrt und die Spulenspannung wieder etwas mehr als die Gesamtspannung ausmacht und mit ihr in Phase liegt, während sie auf dem oberen Ast ein hohes Vielfaches der Gesamtspannung betragen konnte und mit der Gesamtspannung etwa in Gegenphase lag. Der Kreis ist „*zurückgekippt*". Verkleinern wir die Spannung noch weiter, so folgt der Zusammenhang zwischen Strom und Spannung wieder dem unteren Ast von S_2' nach O. Aber auch wenn wir sie nun wieder steigern würden, so würde keine Veranlassung zu einem neuen Kippvorgang vor Erreichen des Wertes U_1 vorliegen, ebensowenig wie vor Unterschreitung des Wertes U_2 Grund zum Rückkippen vorlag. (Dabei sei allerdings darauf hingewiesen, daß durch Schaltvorgänge beim Anlegen einer Spannung im Bereich zwischen U_1 und U_2 oder bei sprunghafter Änderung der Spannung in diesem Bereich vorübergehend Zustände eintreten können (vgl. S. 323), die eine willkürliche Einleitung des Kippvorgangs schon vor Erreichen der Grenzspannungen zur Folge haben. Zu jeder Spannung im Bereich $U_1 \ldots U_2$ gibt es jedenfalls zwei stabile Stromwerte und zwei stabile Spannungsaufteilungen und Phasenlagen, die mit den Gleichungen des Stromkreises vereinbar sind. Welcher der beiden Zustände sich einstellt, hängt von der jeweiligen Vorgeschichte ab.

Der eigentliche Resonanzpunkt mit der Phasenverschiebung Null zwischen Spannung und Strom liegt auf dem oberen Kurvenast und kann also von kleineren Spannungen aus überhaupt nicht erreicht werden. Erst nach dem Auslösen des Kippvorgangs durch genügend große Spannungen ist es möglich, bei anschließender Erniedrigung der Spannung kurz vor dem Rückkippen den Resonanzpunkt einzustellen.

Im gekippten Zustand ist nicht nur der Strom stark vergrößert, sondern auch die ihm proportionale Kondensatorspannung und in ähnlichem Maße auch die Spulenspannung. Da im gekippten Zustand die Kondensatorspannung überwiegt, — der

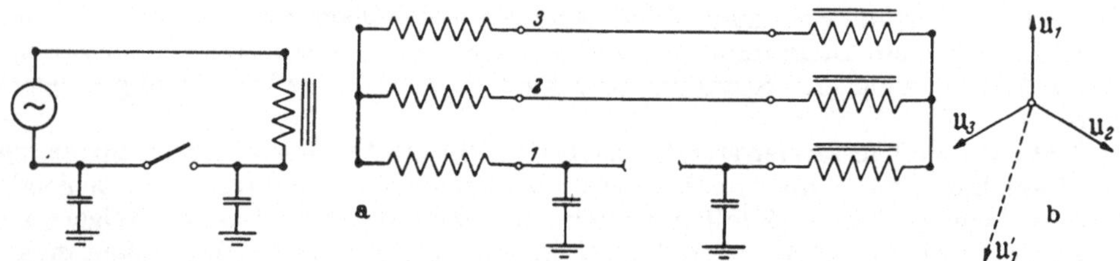

Abb. 306. Kippen einer Eisendrossel (= leerlaufender Transformator) bei einpoligem Abschalten.

Abb. 307. Kippen eines dreiphasigen Umspanners bei einpoligem Leiterbruch. Umkehr der Phasenfolge am Umspanner. a Schaltbild; b Zeigerdiagramm.

Kreis wirkt kapazitiv —, ist an der Kapazität auch die größere Überspannung vorhanden. Die erhöhte Spulenspannung aber hat wegen der eintretenden hohen zugehörigen Sättigungswerte des Eisens zusätzlich noch beträchtliche Oberwellenbildung zur Folge.

Eine derartige Reihenresonanz kann sich in einer Hochspannungsanlage leicht einstellen, wenn nach Abb. 306 ein leerlaufender Transformator einpolig abgeschaltet wird, z. B. ein Spannungswandler, der ja praktisch nichts weiter ist als eine Drosselspule mit einem Eisenkern. Durch die Reihenschaltung der Erdkapazität der Zuleitung bis zum Schalter mit der Klemmenkapazität des Transformators gegen Erde einschließlich seiner Zuleitungskapazität ergibt sich eine Schaltung mit Reihenresonanz von Eisenkernspule und Kondensator. Bei ungünstigen Verhältnissen kann dabei der Kippvorgang eintreten, der zu hohen Überspannungen am abgetrennten Pol gegen Erde und an der Spule führen kann und dann meist Schäden durch Überschlag gegen Erde herbeiführt. Dabei sind in Hochspannungsanlagen schon sehr kleine Kapazitäten ausreichend, um das Kippen einzuleiten, weil der Magnetisierungsstrom des Wandlers von der Oberspannungsseite aus außerordentlich klein ist.

Auch wenn es bei diesem Vorgang nicht zu Schäden kommt, ist er schon sehr unangenehm dadurch, daß ja beim Kippvorgang sich die Phase der Spulenspannung um fast 180° umkehrt. Das gilt dann natürlich auch für die Sekundärspannung, so daß etwa angeschlossene Wattmeter negative Leistungen anzeigen und

Zähler rückwärts laufen. Tritt der gleiche Vorgang an einem größeren Umspanner auf, so sind zwar größere Kapazitäten notwendig, um die erforderlichen Ladeströme zu erhalten, die etwa dem Magnetisierungsstrom entsprechen. Bei Unterbrechung längerer Zuleitungen in Leitungsmitte kann aber auch dieser Zustand sich einstellen. Erfolgt das im Drehstromsystem, so klappt beim Kippen eines Stranges die Sekundärspannung dieses Stranges um nahezu 180° um, und wir erhalten ein stark unsymmetrisches System mit Umkehrung der ursprünglichen Phasenfolge, wie das in der Abb. 307 durch das zugehörige Zeigerdiagramm gezeigt ist.

Besonders eigenartige Erscheinungen dieser Art können sich einstellen, wenn zu der Kapazität noch eine weitere Eisenkernspule nach Abb. 308 parallel geschaltet ist. Nehmen wir an, daß diese Spule noch weit unter der normalen Sättigung arbeite, so ist ihr normaler Magnetisierungsstrom bei kleiner Spannung klein und kann gegen den Ladestrom der Kapazität vernachlässigt werden. Diese bildet dann aber mit der in Reihe liegenden Eisenkernspule einen Reihenresonanzkreis, der zum Kippen kommen kann, wenn eine bestimmte Grenzspannung überschritten wird. Damit erhöht sich nun die Spannung am Kondensator erheblich. Entsprechend wird die Parallelspule mit Eisenkern hoch gesättigt, ihr Magnetisierungsstrom steigt erheblich, so daß der Kondensatorstrom dagegen vernachlässigbar wird. Die Gesamtspannung muß sich nun in einem induktiven Spannungsteiler in zwei gleichphasige kleinere Teilspannungen an den beiden Spulen aufteilen; damit verschwindet aber die Übersättigung der Parallelspule, ihr Magnetisierungsstrom wird wieder klein und vernachlässigbar gegen den Ladestrom, so daß sich neuerdings der Kippvorgang vollzieht und damit das Spiel von neuem beginnt. Da die jeweilige Einstellung des angestrebten Zustandes nicht ohne Ausgleichsvorgänge erfolgen kann, die Zeit beanspruchen (s. S. 348), so kommt es nicht zu einem Gleichgewichtszustand, sondern bei geeigneten Bedingungen zu quasiperiodisch wiederholten Ausgleichsvorgängen zur Überführung aus dem einen in den anderen Zustand, die sich als Schwankung der Spannungen an den Spulen, d. h. praktisch der Sekundärspannungen der Spannungswandler, die diese Spulen darstellen, bemerkbar machen. Ihre Frequenz ist nicht an die Netzfrequenz gebunden, sondern wird durch die Ausgleichsvorgänge und ihre Dämpfung bestimmt. Da die annähernde Gleichheit, bzw. Vergleichbarkeit, der Magnetisierungsströme der Wandler und des Kondensatorstromes Voraussetzung für das Zustandekommen der Erscheinung ist und die Wandlermagnetisierungsströme sehr klein sind, so treten die Erscheinungen praktisch nur dann auf, wenn es sich um kleine Kapazitäten, z. B. die isoliert betriebener Sammelschienensysteme handelt, und können bereits durch Zuschaltung weiterer Sammelschienenabschnitte aufgehoben oder eingeleitet werden. Auch geringe Schwankungen der Betriebsspannung um wenige v. H. können den Zustand herbeiführen oder vernichten. Auch bei der Sternschaltung von drei einpoligen Wandlern an ein Sammelschienensystem mit kleiner Gesamtkapazität können ähnliche Erscheinungen auftreten.

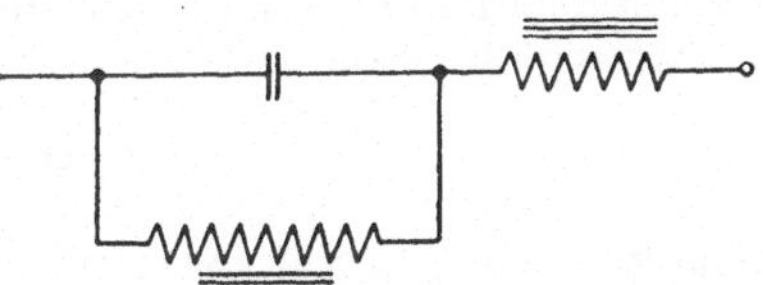

Abb. 308. Serien-Parallelschaltung von Eisendrosseln mit einem Kondensator als Ursache von sich periodisch wiederholenden Kippvorgängen.

2. Der Parallelresonanzkreis.

Auch der reinen Parallelschaltung aus Kondensator und Eisenkernspule kommt technische Bedeutung zu. Wir wollen in der Schaltung der Abb. 309a zur Vereinfachung der Betrachtung die Spule als verlustlos ansehen. Sie hat als Folge ihres Eisenkerns eine Magnetisierungskennlinie nach der Abb. 309b, wobei wir den Strom als nach Größe und Phase aufgetragen denken können, wenn wir die Ordinatenachse zugleich als die Richtung des Spannungszeigers ansehen. Der Ladestrom des an der gleichen Spannung liegenden Kondensators ist dann durch die nach links ansteigende Gerade ebenfalls nach Größe und Phase gegeben. Die Addition der beiden zur gleichen Spannung gehörenden Ströme ergibt dann die Kennlinie für die Parallelschaltung beider Objekte. Bei kleinen Spannungen verhält sich die Anordnung wie ein Kondensator. Der Ladestrom des Kondensators überwiegt bei weitem. Erst wenn wir in die Nähe des Sättigungsknies der Magnetisierungskurve kommen, steigt der Magnetisierungsstrom als nacheilender Strom so stark an, daß bei der Spannung U_r, der Resonanzspannung, Gleichheit zwischen vor- und nacheilenden Stromkomponenten vorliegt. Der gesamte aufgenommene Strom wird Null, bzw. beschränkt sich auf den zur Deckung der Spulenverluste erforderlichen Wirkstrom in Phase mit der Spannung. Überschreiten wir die Resonanzspannung, so nimmt schnell der nacheilende Strombedarf der Kombination zu. In der Umgebung des Resonanzpunktes können wir die Charakteristik der Parallelschaltung durch die Gleichung darstellen:

$$\mathfrak{J} = -j\,\mathfrak{U}\,Y_p\,\frac{U-U_r}{U}\,. \tag{679}$$

Schalten wir nun vor die Parallelschaltung noch einen Blindwiderstand nach der Abb. 309c, den wir mit X_r bezeichnen wollen, so folgt mit den hier eingetragenen Bezeichnungen für die primäre Spannung der ganzen Anordnung:

$$\mathfrak{U}_1 = \mathfrak{U} + \mathfrak{J}\,j\,X_r = \mathfrak{U} + \mathfrak{U}\,X_r\,Y_p\,\frac{U-U_r}{U}\,. \tag{680}$$

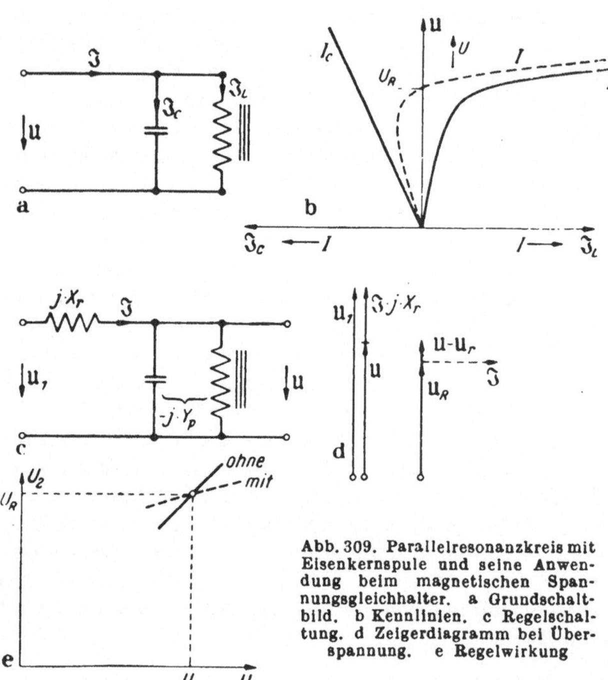

Abb. 309. Parallelresonanzkreis mit Eisenkernspule und seine Anwendung beim magnetischen Spannungsgleichhalter. a Grundschaltbild. b Kennlinien. c Regelschaltung. d Zeigerdiagramm bei Überspannung. e Regelwirkung

Sowohl aus der Gl. (680), wie auch aus dem zugehörigen Zeigerdiagramm Abb. 309d geht hervor, daß alle Spannungen untereinander gleiche Phasenlage haben. Es ist also:

$$U_1 = U + (U - U_r)\,X_r\,Y_p \tag{681}$$

oder nach Abzug von U_r auf beiden Seiten:

$$U_1 - U_r = (U - U_r)(1 + X_r\,Y_p). \tag{682}$$

Die Abweichung von der als Bezugsnorm anzusehenden Resonanzspannung ist also auf der speisenden Seite $(1 + X_r\,Y_p)$ mal so groß wie auf der gespeisten Seite. Die Anordnung wirkt als *Spannungsgleichhalter*. Auch bei stark schwankender Netzspannung ist die Spannungsschwankung an den Sekundärklemmen parallel zum Parallelresonanzkreis nur gering, wenn die Elemente der Schaltung so bemessen sind, daß $X_r Y_p$ groß genug gegen 1 ist. Ohne Verwendung dieses sogenannten magnetischen Spannungsgleichhalters würde in Abb. 309e die Spannung nach der ausgezogenen Linie primär und sekundär gleich schwanken, bei seiner Verwendung ergibt sich bei nicht zu großen Abweichungen von der Resonanzspannung die gestrichelte Regelkennlinie mit erheblich geringerer Neigung.

Es ist selbstverständlich zu beachten, daß die als Normspannung einzustellende Resonanzspannung bei gegebenem Spannungsgleichhalter frequenzabhängig ist. Eine Frequenzerhöhung vergrößert ja den Ladestrom des Kondensators, neigt also seine Kenngerade mehr nach links. Zugleich sinkt der Magnetisierungsstrom der Paralleldrossel. Der Resonanzzustand tritt also erst bei höherer Spannung auf. Die Sekundärspannung von Spannungsgleichhaltern dieser Art wird also zwar von der Höhe der Primärspannung fast unabhängig, unterliegt aber zusätzlichen Schwankungen, wenn die Netzfrequenz schwankt. Ihre Verwendbarkeit ist also auf gut frequenzgeregelte Netze beschränkt. Da die Höhe der Resonanzspannung von der gegenseitigen Lage der beiden Kennlinien in der Abb. 309b abhängt, kann man auch die einzuregelnde Spannung wählbar machen, indem man entweder einen veränderlichen Kondensator vorsieht oder die Eisendrossel mit Wicklungsanzapfungen ausrüstet, um die Lage des Sättigungsknicks in diesem Diagramm wählen zu können.

C. Oberwellenerzeugung durch Eisenkernspulen.

Wir haben bereits im Abschn. VI A 5, S. 316 gelernt, daß die Eisenkernspule die Fähigkeit besitzt, aus aufgenommener Leistung der Grundfrequenz Leistung im Takt einer Oberwelle abzugeben, also als Frequenztransformator zu dienen. Diese ihre Eigenschaft kommt im Ersatzschaltbild der fast-linearen Betrachtung nach den Abb. 304b und 304c zum Ausdruck. Nachdem wir im vorigen Abschnitt die Grundwellenphänomene etwas näher betrachtet haben, wollen wir nunmehr auch die reine Oberwellenerzeugung unabhängig von den Grundwellenvorgängen betrachten, die damit unabdingbar immer verbunden sein müssen (vgl. S. 311).

1. Der Drehstromtransformator.

Unter Rückverweisung auf die Seiten 294 ··· 319 wiederholen wir, daß die Anlegung einer einwelligen Spannung an die Primärwicklung eines Transformators einen mehrwelligen Magnetisierungsstrom fordert. Setzen wir für die Spannung den zeitlichen Verlauf nach einem cos-Gesetz an, so ergibt sich für die Grundwelle des Magnetisierungsstromes ein fast um 90° nacheilender Strom, der also einem sinus-Gesetz gehorcht. Die uns hier interessierenden Oberwellen haben alternierende Vorzeichen der Koeffizienten, so daß sie sich beim Nulldurchgang der Spannung im Maximalwert des Flusses zu der erforderlichen Spitze des Magnetisierungsstromes aufaddieren können. Wenn wir die Eisenverluste durch Analyse der Hysteresisschleife mitberücksichtigen, so können sie gegen diese Phasenlage noch mehr oder weniger verschoben sein, was wir durch die Zufügung je eines Oberwellenwinkels ψ berücksichtigen. Der Oberwellenmagnetisierungsstrom ist also darstellbar als:

$$i_{Ow} = -i_3 \sin(3\,\omega t + \psi_3) + i_5 \sin(5\,\omega t + \psi_5) - i_7 \sin(7\,\omega t + \psi_7) \cdots \quad (683)$$

Betrachten wir nun einen Drehstromtransformator, dessen drei Strangspannungen um 120° der Grundwelle gegeneinander phasenverschoben sind, d. h. um je $T/3$, und setzen die Eiseneigenschaften und die Wicklungsdaten in allen drei Kernen als gleich an, so erhalten wir in allen drei Strängen einen solchen Oberwellenmagnetisierungsstrom, bei dem die Amplituden in allen drei Strängen gleich, aber die Phasen entsprechend der zeitlichen Verschiebung um je $T/3$ verschieden sind und zwar um $3 \cdot 120° = 0°$ in der dritten Oberwelle, um $5 \cdot 120° = (-120°)$ in der fünften, $7 \cdot 120° = 120°$ in der siebenten Oberwelle usw. Für die einzelnen Oberwellen ergeben sich also Zeigerdiagramme wie in der Abb. 310 aufgezeichnet, denen der

Vollständigkeit halber das Zeigerdiagramm der Grundwelle beigegeben ist. Das Zeigerverteilungsdiagramm bestimmt die Kurvenform des Magnetisierungsstromes des Stranges und damit aller drei untereinander ja gleichen Ströme.

Die Ströme aller nicht-dreizähligen Oberwellen können sich dabei genau so wie die der Grundwelle am Sternpunkt der drei Stränge zu Null addieren, können also mit und ohne Sternpunktverbindung und unabhängig von deren Widerstand stets unbehindert fließen. Alle dreizähligen Oberwellen aber, die unter sich jeweils in allen drei Strängen gleiche Phasenlage haben, sind auf das Vorhandensein des Sternpunktleiters für ihren Rückstrom angewiesen und in ihrer unbehinderten Ausbildung vom Widerstand des Sternpunktleiters abhängig. Ist er vorhanden, hat aber kleinen Widerstand, so können wir die Schaltung als fast-lineares Netzwerk auffassen, bei dem drei Oberwellengeneratoren gleicher eingeprägter Urstromstärke in den drei Strängen wirken und auf den äußeren Widerstand arbeiten, der sich aus dem des Sternpunktleiters und in Reihe damit der Parallelschaltung der drei Leitwerte der drei Strangwiderstände zusammensetzt. Fehlt er dagegen ganz, so müssen wir statt dessen besser auf das Leerlaufersatzschaltbild übergehen, bei dem in jedem Strang ein Oberwellengenerator mit einer Urspannung gleicher Höhe und gleichem inneren Widerstand vorzusehen ist. Die Höhe der eingeprägten Spannung dieser Ersatzgeneratoren ist dabei der harmonischen Analyse des Flusses — und damit auch der Spannung — bei aufgedrücktem einwelligen Strom zu entnehmen. Das ist im Schaltbild Abb. 311 gezeigt. Zwischen den Sternpunkten von Generator, — der als oberwellenfrei angesehen wird, — und Transformator steht die aus den drei parallelgeschalteten Oberwellengeneratoren stammende Spannung der dritten Oberwelle im gleichen Betrage an, wie sie in einem Strang auftritt. Dagegen machen sich die in den Transformatorsträngen wirksamen Spannungen der dritten Oberwelle, die in den Strangspannungen $u_1 \ldots u_3$ gemessen werden können, nicht in den Leiterspannungen bemerkbar, weil diese als Differenzen zwischen je zwei Strangspannungen entstehen, wobei durch die Differenzbildung die dritten Oberwellen wieder herausfallen.

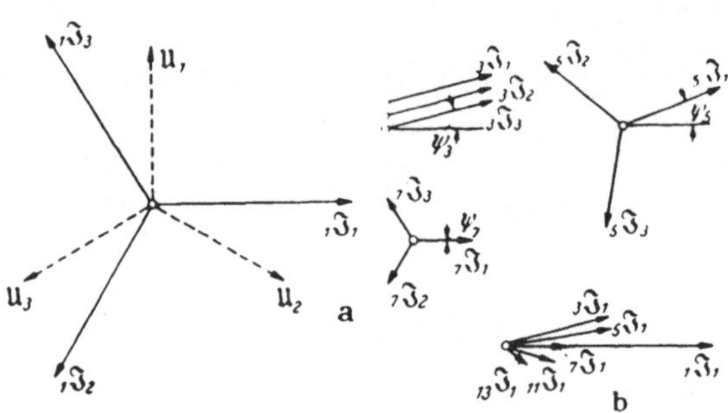

Abb. 310. Zeigerdiagramme der Harmonischen der Magnetisierungsströme eines Drehstromtransformators. a Zeigerdiagramme für je eine Oberwelle. b Zeigerverteilungsdiagramm für einen Strang.

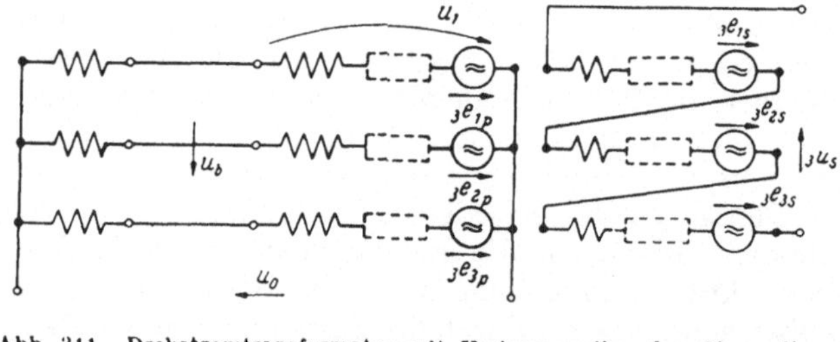

Abb. 311. Drehstromtransformator mit Urstromquellen der Oberwellen dritter und dreizähliger Ordnung. Statischer Frequenztransformator von f auf $3f$.

Versehen wir nun, wie in Abb. 311 ganz rechts dargestellt, den Transformator mit einer Sekundärwicklung — hier mit gleicher Windungszahl angenommen —, so wirken auch in ihren Strängen die gleichen Flüsse der dritten Oberwelle induzierend und erzeugen elektromotorische Kräfte entsprechender Ordnungszahl. (Diese ist wieder als Vorindex vorgehängt, der Nachindex bezeichnet den Strang, die primäre und sekundäre Seite werden durch Zusatzindex p und s gegeben.) Schalten wir nun diese drei Sekundärwicklungen in offenes Dreieck, so erhalten wir an den Klemmen dieser Dreieckschaltung eine abnehmbare und meßbare Spannung ${}_3u_s = 3\,{}_3e_s$ in dreifacher Höhe wegen der Hintereinanderschaltung. Belasten wir diesen Generator dreifacher Frequenz, so macht sich natürlich die Wirkung des dreifachen inneren Widerstandes bemerkbar; die Spannung sinkt ab, weil durch den Strom der dritten Oberwelle eine Magnetisierung in der dritten Oberwelle geliefert wird, bis bei völlig widerstandslosem, äußeren Kurzschluß diese „*Tertiärwicklung*" den Magnetisierungsstrombedarf völlig deckt und kein Fluß der dritten Oberwelle mehr zu entstehen braucht. Der primäre Magnetisierungsstrom des Umspanners ist dann frei von dritten Oberwellen; trotzdem bleibt die Spannung an jedem Strang sinusförmig.

Wir gehen zur Betrachtung der nicht-dreizähligen Oberwellen über. Für einen in Sterngeschalteten Transformator ist über die Feststellungen in Abb. 310 hinaus nichts mehr zu sagen. Betrachten wir darum einmal den in Dreieck geschalteten Transformator der Abb. 312. Wir wollen dabei annehmen, daß er in gleicher Weise gesättigt ist wie der in Stern geschaltete Transformator der Abb. 310 und überhaupt den gleichen Kern habe. Da aber an den Wicklungen des dreieckgeschalteten Umspanners die Leiterspannung liegt, die $\sqrt{3}$ mal so hoch ist wie die zugehörige Strangspannung (die Spannung ist einwellig vorausgesetzt!), so müssen wir, um die gleiche Sättigung zu erhalten, auch die Windungszahl jeder Wicklung auf das $\sqrt{3}$-fache erhöhen.

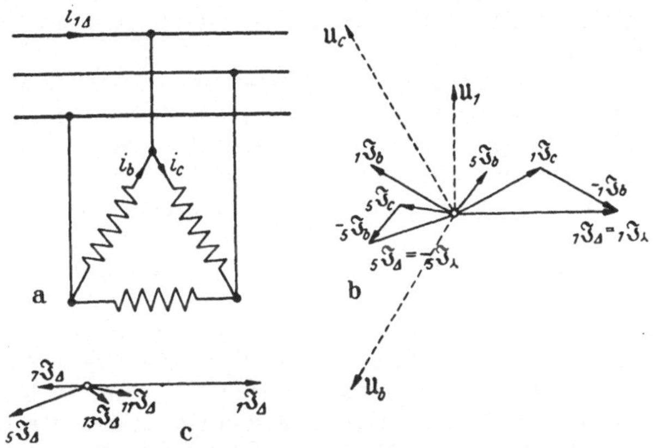

Abb. 312. Der Magnetisierungsstrom des in Dreieck geschalteten Drehstromtransformators bei gleicher Sättigung wie in Abb. 310. a Schaltbild; b Zeigerdiagramme für die Grundwelle und die fünfte Oberwelle im Leiter 1; c Zeigerverteilungsdiagramm für den Strom im Leiter 1 (zum Vergleich mit 310b).

$$w_\Delta = w_\lambda \cdot \sqrt{3}\,. \tag{684}$$

Der Magnetisierungsstrom in einer Wicklung wird nun aber auch im Verhältnis $\sqrt{3}:1$ reduziert, weil ja der Durchflutungsbedarf der gleiche, aber die Windungszahl größer ist. Hinsichtlich der Amplituden der Oberwellen gelten also die Relativwerte der Abb. 310; für absolute Werte sind die dortigen Werte durch $\sqrt{3}$ zu dividieren. Die Phasenlage jeder einzelnen Oberwellenkomponente des Magnetisierungsstromes wird nun durch die Phasenlage der zugehörigen Spannung bestimmt. Z. B. wird also der Grundwellenanteil im Strang c um 30° gegen den im Strang 1 der Abb. 310 voreilen, weil $\mathfrak{U}_c$ um 30° gegen $\mathfrak{U}_1$ voreilt. In der fünften Oberwelle dagegen wird der Strangstrom ${}_5\mathfrak{J}_c$ um $5\cdot 30°$ aus dem gleichen Grunde voreilen gegen die Lage des entsprechenden Stromes ${}_5\mathfrak{J}_1$ aus Abb. 310. Da $\mathfrak{U}_b$ um 150° gegen $\mathfrak{U}_1$ voreilt, wird der Magnetisierungsstrom der Grundwelle ${}_1\mathfrak{J}_b$ ebenfalls um 150° voreilen gegen ${}_1\mathfrak{J}_1$, der der 5. Oberwelle ${}_5\mathfrak{J}_b$ aber um $5\cdot 150° = 30°$ gegen ${}_5\mathfrak{J}_1$. Die Lage der beiden Ströme ist in das Diagramm eingetragen (Abb. 312b). Nun ergibt sich der Leiterstrom der Dreieckschaltung aus der Differenz der beiden Strangströme:

$$i_1 = i_c - i_b\,. \tag{685}$$

Für jede Oberwelle können wir diese Subtraktion getrennt zeigermäßig durchführen. Für den Grundwellenstrom ergibt sich dann als ${}_1\mathfrak{J}_\Delta$ ein Strom, der mit dem Strom ${}_1\mathfrak{J}_\lambda$ der Sternschaltung nach Abb. 310a nach Größe und Phase genau übereinstimmt. Es ist also für den Grundwellenmagnetisierungsstrom gleichgültig, ob ein gleich hoch gesättigter Umspanner in Stern oder Dreieck geschaltet ist. Nicht so für die Oberwellen. Die Subtraktion der beiden Strangströme ${}_5i_c$ und ${}_5i_b$ der fünften Oberwelle aus Strang c und b ergibt für den Zuleitungsstrom ${}_5i_1$ im Leiter 1 einen Strom, der zwar der Amplitude nach genau mit dem der Sternschaltung übereinstimmt, aber mit ihm in Gegenphase liegt. Das gleiche gilt auch für die 7. Oberwelle mit relativen Phasenverschiebungen von $7 \cdot 30° = 210°$, bzw. $7 \cdot 150° = 90°$, während die 11. und 13. Oberwelle ebenso wie die Grundwelle sich zu Strömen zusammensetzen, die mit denen der Sternschaltung nach Größe und Phase übereinstimmen.

Vergleichen wir nun das Zeigerverteilungsdiagramm der Magnetisierungsströme in Stern- und Dreieckschaltung nach Abb. 310b und nach Abb. 312c, so müssen wir feststellen, daß ein Umspanner in Dreieckschaltung bei Verwendung des gleichen Eisenkerns und gleichen Sättigungsverhältnissen eine andere Kurvenform des Magnetisierungsstromes hat als bei Sternschaltung.

Schaltet man nun in der gleichen Anlage einen Umspanner in primärer Sternschaltung und einen der gleichen Type in primärer Dreieckschaltung parallel an die gleichen Außenleiter, so erhalten wir als Summe der Magnetisierungsströme beider Umspanner den doppelten Grundwellenmagnetisierungsstrom, aber keinen Strom der fünften und siebenten Oberwelle. Diese Ströme fließen nur auf den kurzen Verbindungsleitungen zwischen den Umspannern bis zum gemeinsamen Anschlußpunkt an das Netz. Sie rufen also auch im äußeren Netz und seinen Widerständen keine Spannungsabfälle hervor, und die Netzspannung bleibt also wesentlich besser sinusförmig. Nur noch die Oberwellen der Ordnungen $12x \pm 1$ $(x = 1, 2, 3 \cdots)$ sind vom Generator aus zu liefern, bzw. werden von den als Oberwellengeneratoren aufzufassenden Transformatoren ins Netz geliefert.

Um Netzspannungsverzerrungen durch Spannungsabfälle der Oberwellenmagnetisierungsströme zu vermeiden, kann man deshalb so vorgehen, daß man in Versorgungsnetzen, wo der hohe Anteil der Oberwellenströme der leerlaufenden Transformatoren starke Verzerrungen der Netzspannung hervorruft, in ungefähr gleicher Gesamtleistung Transformatoren mit primärer Sternschaltung und solche mit primärer Dreieckschaltung, z. B. solche der Schaltgruppen C_1 und C_3 nach VDE 0532, durcheinandermischt, so daß die Ströme sich in kurzen Abständen immer wieder ausgleichen können.

Man kann diesen Oberwellenausgleich auch in jedem Umspanner selbst vornehmen, wenn man die Wicklungen so verteilt, daß ein Teil der Wicklung einer Sternerregung, ein anderer gleichwertiger Teil der Dreieckerregung entspricht. Die damit verbundene Komplikation des Wicklungsaufbaus ist aber nur bei Großtransformatoren sinnvoll. Hier aber macht der Magnetisierungsstrom auf den Verlauf der Netzspannungskurve nicht allzuviel aus, weil erstens der relative Magnetisierungsstrom großer Umspanner klein ist und zweitens solche Umspanner großer Leistung näher den Kraftwerken stehen, die als Kurzschlüsse für die Oberwellengeneratoren anzusehen sind, so daß also auch keine großen Spannungsverzerrungen durch sie eintreten können.

Von den Möglichkeiten der Erzeugung höherer Frequenzen durch die Sternschaltung dreier höher gesättigter Drosselspulen mit Eisenkern macht man gelegentlich bei Erzeugung der dritten Oberwelle für Meßzwecke Gebrauch. Die an sich reizvolle Wiederholung des Verfahrens zur Erzeugung der 3^m. Oberwelle in m Stufen verbietet sich deshalb, weil man dafür Generatoren mit 3^m Strängen herstellen müßte, um auch in der letzten Stufe eines solchen Frequenztransformators noch die drei um 120° ihrer Frequenz verschobenen Strangspannungen zur Verfügung zu haben. Das Prinzipschaltbild einer solchen Anlage für eine Verneunfachung der Grundfrequenz zeigt die Abb. 313. Ein symmetrischer neunsträngiger Generator, der natürlich auch durch einen Umspanner zur Erzeugung der benötigten symmetrischen Spannungen ersetzt werden kann (vgl. S. 207), speist drei Drehstromtransformatoren ohne Sternpunktsverbindung. Die in offenem Dreieck geschalteten Sekundärwicklungen sind ihrerseits in Stern verkettet und speisen einen weiteren Umspanner, der nun bereits mit einem Drehstromsystem dreifacher Frequenz betrieben wird und deshalb kleine Typenleistung bekommt. Seiner in offener Dreieckschaltung verketteten Sekundärwicklung kann dann die Spannung der Frequenz $9f$ entnommen werden.

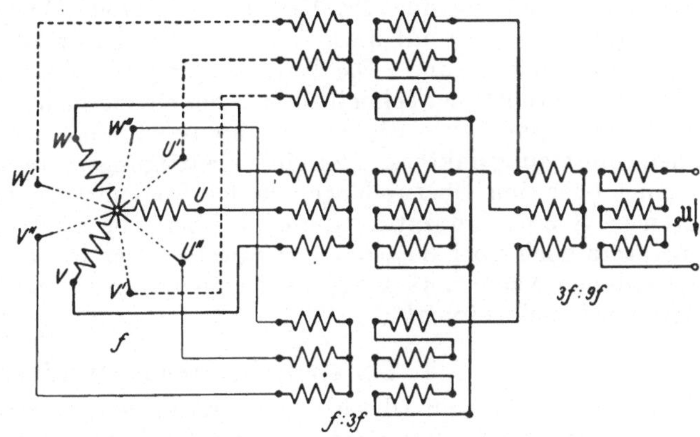

Abb. 313. Schaltbild zu einem statischen Frequenzvervielfacher mit zwei aufeinanderfolgenden Verdreifachungsstufen.

2. Der statische Frequenzvervielfacher.

Man kann diese Frequenzvervielfachung auch in einer einzigen Stufe an einer Eisenkernspule vollziehen, wenn man nach Schaltbild 314 einer Eisenkernspule, die aus einem Netz mit sinusförmiger Spannung erregt wird, also einen nichtsinusförmigen Magnetisierungsstrombedarf hat, einen Sperrkreis für eine der im Magnetisierungsstrom enthaltenen Oberwellen vorschaltet.

Nach dem Ersatzschaltbild der Abb. 314b können wir uns für das Oberwellenverhalten (vgl. S. 314) die Spule mit Eisenkern ersetzt denken durch einen Oberwellengenerator für die n-te Oberwelle, dessen Urspannung aus der Analyse der zu einwelligem Strom gehörenden Kurve des Flußverlaufes zu bestimmen ist. Die Grundwellenspannungsquelle stellt einen vernachlässigbaren Widerstand dar, ist also durch einen Kurzschluß zu ersetzen. Fast die volle Spannung des Oberwellengenerators fällt dann am Sperrkreis ab, dessen Widerstand für die Resonanzfrequenz nf, auf die er abgestimmt wird, sehr hoch wird (vgl. S. 59). Man kann nun diesen Sperrkreis so ausbilden, daß man seiner Induktivität eine Sekundärwicklung gibt, an der dann ebenfalls die Spannung der n.-ten Oberwelle entsteht und entnommen werden kann. Belastet man diese Sekundärwicklung, so nimmt damit der Resonanzwiderstand des Kreises ab, die Spannung sinkt also in dem Maße ab, wie das der innere Widerstand des Ersatzgenerators für die Oberwelle bestimmt. Die an der Sekundärwicklung noch auftretenden Spannungen anderer Frequenzen sind klein und können außerdem noch durch Saugkreise für solche störenden Frequenzen

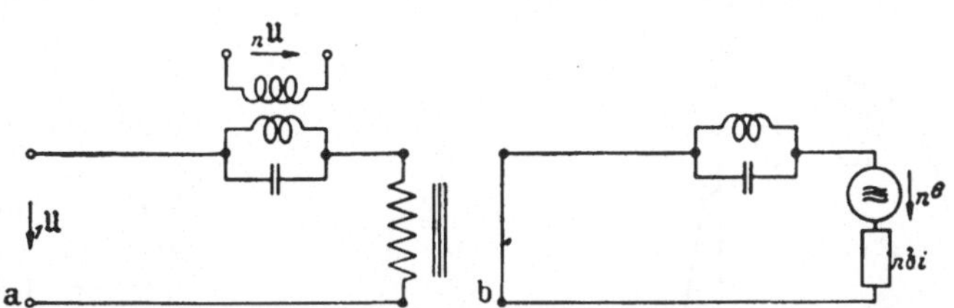

Abb. 314. Statischer Frequenzvervielfacher mit Sperrkreis für die n.-te Oberwelle. a Schaltbild; b Ersatzschaltbild für die Spannung der n.-ten Oberwelle.

parallel zur Eisenkernspule vermindert oder durch Sperrkreise für die Störfrequenzen in Reihe zu den Ausgangsklemmen in ihrer Auswirkung auf den sekundären Kreis herabgesetzt werden. Das Verfahren findet vor allem in der Nachrichtentechnik Anwendung, wo man auf diese Weise exakte ganzzahlige Vielfache einer Grundfrequenz herstellen kann. Die Wiederholung des Verfahrens in einer zweiten oder dritten Stufe führt hier schnell zu sehr hohen Vielfachen der Grundfrequenz. Auch die Spannungsausbeute dieses Verfahrens ist nicht einmal so schlecht trotz des hohen Umsetzungsfaktors. Bei einem Sättigungszustand, wie wir ihn der Untersuchung über den Oberwellengehalt der Spulenspannung beispielsweise zugrunde legten (s. S. 307), beträgt z. B. die 11. Oberwelle als Leerlaufspannung des Ersatzgenerators noch über 30% der Grundwelle. Der in der Nachrichtentechnik meist vorhandenen Nachverstärkung der frequenztransformierten Spannung bedürfte es dann meist nicht einmal.

3. Der statische Frequenzverdoppler.

Bei allen bisherigen Überlegungen hatten wir vorausgesetzt, daß die Magnetisierungskurve so benutzt wird, daß die Flußschwankung, die den Mittelwert der erzeugten Spannung bestimmt, zwischen $-\Phi_{max}$ und $+\Phi_{max}$ symmetrisch verläuft. Bei dieser Voraussetzung ergeben sich gleichverlaufende positive und negative Halbwellen, also nur ungeradzahlige Oberwellen. Wir wollen nun an Hand der Abb. 315 einmal den Fall untersuchen, wo eine stark unsymmetrische Ausnutzung der Magnetisierungskennlinie stattfindet. Wir können dabei wieder davon absehen, daß die Magnetisierungskennlinie in Wahrheit eine Hysteresisschleife ist, die in verschiedenen Formen für verschieden hohe Unsymmetrie der Ausnutzung die Abb. 316 zeigt, wobei die Breite der Schleife überall stark übertrieben ist gegenüber den Werten, die wir bei technisch für Wechselstromzwecke nutzbarem Eisen finden würden. Bei diesem schrumpfen die Magnetisierungsschleifen praktisch auf die Magnetisierungskennlinien zusammen, aus der die Abb. 315 als Beispiel den Ausschnitt zwischen 0 und 2 Φ_{max} zeigt, mit dem sich der gleiche Mittelwert der EMK erreichen läßt wie mit der Flußschwankung $-\Phi_{max} \ldots +\Phi_{max}$. Nach dem gleichen Verfahren wie in Abb. 287 konstruieren wir nun zu einem gegebenen sinusförmigen Spannungsverlauf und daraus resultierenden cos-förmigen Flußverlauf punktweise die Kurve des Magnetisierungsstromes. Der in die Abbildung oben rechts rückübertragene Verlauf der Stromkurve zeigt im Vergleich zur Spannungskurve den überwiegenden Anteil einer Grundwellenkomponente des Stromes, die gegen die Spannung um 90° nacheilt, und die eine Grundwelleninduktivität definiert. Bei Vernachlässigung der Hysteresisverluste gibt es keine Wirkkomponente der Grundwelle. Wegen der Symmetrie zum Scheitelpunkt, den wir als

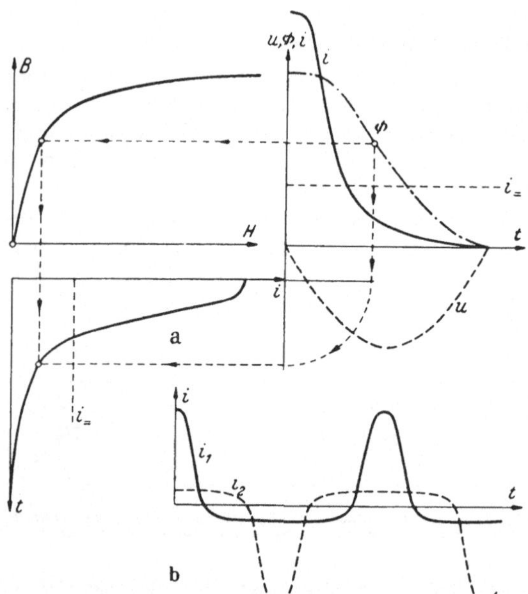

Abb. 315. Kurvenform des Magnetisierungsstromes bei einwelliger Spulenspannung und Vormagnetisierung. a Konstruktion des Stromverlaufs. b Magnetisierungsströme zweier entgegengesetzt vormagnetisierter Spulen.

Nullpunkt einer evtl. Analyse zugrunde legen könnten, enthält die Kurve auch von allen anderen Oberwellen nur die cos-Anteile, von diesen aber auch geradzahlige, weil positive und negative Halbwelle verschieden verlaufen.

Zunächst aber hat der Strom überhaupt keine negativen Augenblickswerte. Er enthält also eine Gleichstromkomponente, die wir aus $i = \frac{1}{T}\int_0^T i\,dt$ ermitteln können. Sie ist in die Abbildung miteingetragen und, wie man sieht, keineswegs identisch mit dem Strom, der bei nicht vorhandenem Wechselfluß den zeitlichen Mittelwert des Flusses einstellen würde. Da die Wechselspannungsquelle diesen Strom nicht liefern könnte, so müssen wir ihn auf andere Weise bereitstellen, wenn wir einen derart unsymmetrischen Flußverlauf zu erhalten wünschen. Entweder können wir der gleichen Magnetisierungswicklung, in der auch der Magnetisierungswechselstrom fließen soll, über eine Drossel zur Abriegelung des Wechselstromes von der Gleichstromquelle diesen Gleichstrom zuführen, müssen dann aber auch dafür sorgen, daß die Wechselstromgeneratorseite gegen Gleichstromkurzschluß durch einen Kondensator abgeriegelt wird, oder wir können die Trennung von Gleich- und reinem Wechselstrom dadurch einfacher machen, daß wir für den Gleichstrom eine besondere *Vormagnetisierungs*wicklung vorsehen. Dann genügt es, diese gegen Kurzschluß der Wechselspannung über die Gleichstromquelle zu verdrosseln, während auf der Wechselstromseite keine besonderen Maßnahmen nötig sind.

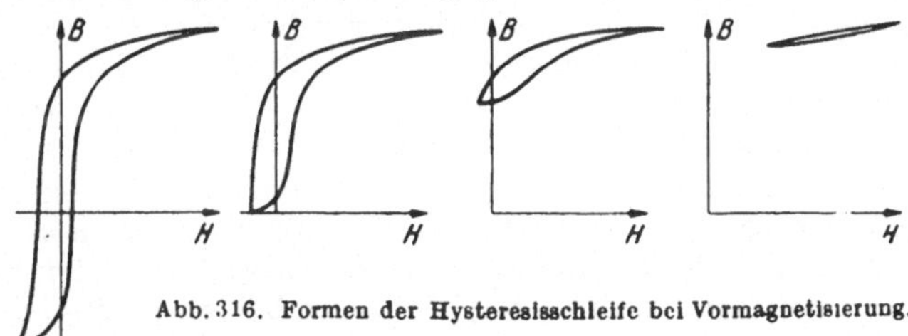

Abb. 316. Formen der Hystereseschleife bei Vormagnetisierung.

Würden wir eine zweite gleiche Spule in entgegengesetzter Richtung vormagnetisieren, so würde ihre Kurvenform in der umgekehrten Form verzerrt sein, so wie das die Abb. 315b in Gegenüberstellung mit dem Magnetisierungsstrom der ersten Spule zeigt. Die Grundwellenanteile beider Spulen und ihre ungeradzahligen Oberwellen sind in Phase, die geradzahligen Oberwellen aber in Gegenphase.

Schalten wir also zwei derartig entgegengesetzt vormagnetisierte Spulen in Reihe (Abb. 317), so kann der Generator wohl die ungeradzahligen Harmonischen des Magnetisierungsstromes liefern, nicht aber die geradzahligen, die in beiden in entgegengesetzter Richtung verlangt würden. Der Weg für die nötige 2., 4. und 6. Oberwelle usw. ist also gesperrt. Sie muß im Magnetisierungsstrom fehlen, an dem sie bei den Verhältnissen der Abb. 315a mit fast 60% der Grundwelle beteiligt sein müßte, die ihrerseits nur etwa 37 % des Scheitelwertes des gesamten Magnetisierungsstromes liefert. (Der Vormagnetisierungsgleichstrom beträgt rd. $^2/_3$ des Grundwellenscheitelwertes.)

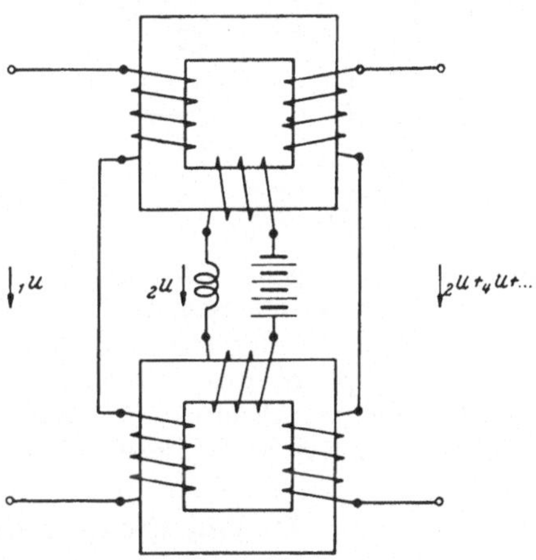

Abb. 317. Statischer Frequenzverdoppler mit zwei entgegengesetzt vormagnetisierten getrennten Kernen.

Die Folge des Fortfalls der geradzahligen Oberwellen im Magnetisierungsstrom ist ihr Erscheinen in dem Fluß der Spule und also auch in der Spulenspannung.

Im äußeren Kreis der Wechselstromquelle wird davon wieder nichts merkbar, weil die beiden Wechselspannungen doppelter Frequenz sich in Gegenphase befinden und also nach außen hin als Summe Null nicht in Erscheinung treten. In den für die Vormagnetisierung gegensinnig in Reihe geschalteten Wicklungen dagegen addieren sich diese beiden elektromotorischen Kräfte algebraisch, so daß an den Klemmen der reihegeschalteten Gleichstromwicklung nun auch eine Spannung der doppelten Frequenz erscheint. Wäre der Gleichstromkreis nicht durch die eingezeichnete Drossel gegen den Austritt dieser Spannung nach der Batterie zu verriegelt, so würde nun in dieser Wicklung ein Strom fließen, der gerade so groß ist, daß er die fehlenden geradzahligen Durchflutungskomponenten liefern würde. Behindern wir seine Entwicklung durch die Verriegelung im Idealfall vollkommen, so können wir an seinen Klemmen vor der Verdrosselung eine Spannung doppelter Frequenz abnehmen und belasten, müssen aber natürlich wieder dafür sorgen, daß die Gleichstromquelle nicht über die Last für die zweite Oberwelle kurzgeschlossen wird, z. B. durch einen entsprechend bemessenen Blockkondensator. Einfacher können wir stattdessen noch eine dritte Wicklung anbringen, deren Teile genau im selben Wickelsinne hintereinander geschaltet werden wie die der Vormagnetisierungsspulen. Auch in dieser Wicklung induziert der Fluß der zweiten Oberwelle die entsprechende Spannung, die hier beiläufig mit den Werten der Abb. 315 näherungsweise 50% der Grundwellenspannung ausmachen würde, wenn wir näherungsweise dafür den Spannungsanteil einsetzen, der sich bei rein einwelligem Magnetisierungsstrom ergeben würde. Weder an der Gleichstromwicklung, noch an der Oberwellenwicklung treten dabei die Spannungen der Grundwelle und der ungeradzahligen Oberwellen resultierend in Erscheinung, weil sie in beiden Hälften der Wicklung in Gegenphase induziert werden und sich also nach außen aufheben.

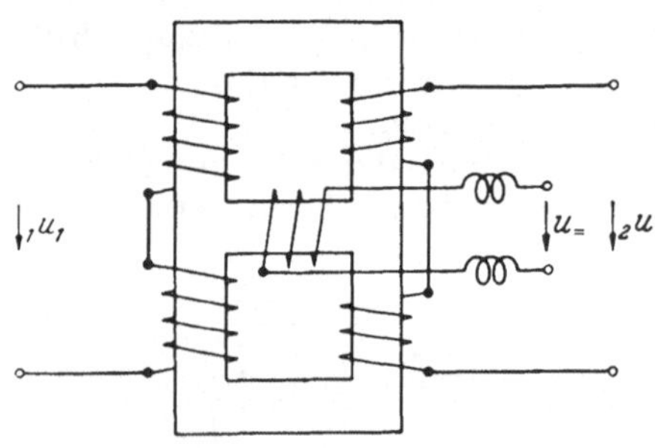

Abb. 318. Statischer Frequenzverdoppler mit Dreischenkelkern.

Da die Mittelschenkel vom Gleichfluß in gleicher Richtung durchsetzt werden, kann man auch nach der Abb. 318 die beiden Gleichflußschenkel vereinigen und mit einer gemeinsamen Gleichstromwicklung versehen. In diesem Schenkel bildet sich dann kein Wechselfluß der Grundwelle aus. Er schließt sich über die beiden äußeren Schenkel; der Mittelschenkel bildet für ihn magnetisch das, was in der Schaltungstechnik der Nullzweig einer Brückenschaltung ist. Dagegen verläuft der Wechselfluß der geradzahligen Oberwellen durch diesen Schenkel gleichsinnig von beiden in Parallelschaltung auf ihn arbeitenden äußeren Schenkeln her. Er muß also ebenso lamelliert sein wie das übrige Blechpaket des Aufbaus. An der Notwendigkeit der Verdrosselung des Gleichstromerregerkreises für die als Nutzspannung zu betrachtende zweite Oberwelle ändert auch diese Schaltung nichts im Vergleich zu der der Abb. 317.

D. Die Eisenkernspule bei Hochfrequenz.

Wie wir bereits erwähnt haben, fordert die Anwendung des Eisens als Kern für Hochfrequenzspulen eine immer feinere Unterteilung, je höher die Frequenz wird, um zu erreichen, daß der Eisenkern oder seine Bestandteile auch noch im ganzen am Fluß beteiligt sind, ohne daß eine weitergehende Flußverdrängung auftritt (s. 2. Band). Nehmen wir an, daß diese Bedingung durch Zerteilung des Eisens in kleinste Teilquerschnitte (Pulverkern mit isolierender Bindung) erfüllt sei, so können wir den Vorteil der Verwendung des Eisens abschätzen, wenn wir die Erhöhung der Güte einer Spule bei sonst konstanten Abmessungen durch die Einfügung des Eisens untersuchen. Die Spulengüte hatten wir nach Gl. (88) im Abschn. III S. 52 definiert als:

$$g = \frac{\omega L}{R}. \tag{686}$$

Durch Erweiterung mit I^2 können wir das in eine für unsere jetzige Betrachtung geeignetere Form überführen:

$$g = \frac{I^2 \omega L}{I^2 R}, \tag{687}$$

weil nunmehr im Nenner einfach die Spulenverluste stehen, zu denen man bei Verwendung eines Eisenkerns eben noch die Verlustanteile des Eisenvolumens zuzuschlagen hat. Bei konstanten Abmessungen der Spule und gleichem Strom ändert sich durch die Zufügung des Eisenkerns nichts an den Kupferverlusten der Spule. Veränderung der Permeabilität des Eisenkerns ändert auch nichts an den *Hystereseverlusten*, die zwar mit der Frequenz wachsen, nicht aber mit der Permeabilität, weil wegen der gleichen Abmessungen und Strombelastung die Feldstärke, von der sie stark abhängen, sich nicht ändert. Ebenso werden die „*Nachwirkungsverluste*", s. S. 304, unabhängig von der Permeabilität bleiben und ebenso frequenzproportional steigen. Dagegen steigen die *Wirbelstromverluste* mit der Permeabilität quadratisch, weil sie ja von B^2 abhängen, und außerdem mit dem Quadrat der Frequenz, solange wir genügend fein unterteilt haben. Der Nenner enthält also, wenn wir auch noch die Veränderlichkeit des Ohmschen Widerstandes mit der Frequenz (s. Band 2) durch Proportionalität mit $\sqrt{\omega}$ berücksichtigen eine Funktion folgender Form:

Kupferverluste + (Hysterese- + Nachwirkungsverlust) + Wirbelstromverlust

$$a\sqrt{\omega} \quad + \quad b \cdot \omega \quad \quad c\,\omega^2\mu^2$$

Der Zähler dagegen enthält in L eine einfache lineare Abhängigkeit von μ, wenn die Spulenabmessungen konstant bleiben. Der Zähler ist also von der Form:

$$k\,\omega \cdot \mu.$$

Der Quotient (Gl. (687)) bestimmt die Güte:

$$g = \frac{k \cdot \omega \cdot \mu}{a \cdot \sqrt{\omega} + b \cdot \omega + c \cdot \omega^2 \mu^2}. \tag{688}$$

Wegen der verschiedenen Potenzabhängigkeit von μ im Zähler und Nenner gibt es offenbar eine Permeabilität, bei der die Güte einen ausgezeichneten (Maximal-)Wert hat, also eine optimale Permeabilität. Die Ausführung der Differentiation von Gl. (688) nach μ liefert nach elementarer Zwischenrechnung:

$$\mu_{opt} = \sqrt{\frac{a \cdot \sqrt{\omega} + b \cdot \omega}{c \cdot \omega^2}} \tag{689}$$

Die in dieser Formel zum Ausdruck kommende Frequenzabhängigkeit zeigt klar an, daß die optimale Permeabilität des Eisenkerns für die Hochfrequenztechnik um so tiefer liegt, je höher die Frequenz ist. Sinkt sie unter einen Relativwert von der Größenordnung 5, so wird die Anwendung des Eisens überhaupt problematisch, weil es dann durchaus vorkommen kann, daß der Fortfall aller Eisenverluste die Spulengüte genügend erhöht, um die Anwendung des Eisens aus diesem Grunde nicht mehr ratsam erscheinen zu lassen. Auch dann können aber gegebenenfalls noch Gründe der bequemeren Abschirmung u. dgl. für die Anwendung des Eisens sprechen, sowie besonders die Möglichkeit der Veränderung der Permeabilität durch Vormagnetisierung.

In der Praxis wird man selten von dieser Möglichkeit der Verbesserung der Spulengüte bei konstanten Abmessungen Gebrauch machen, sondern bei konstanter Spulengüte die Spulenabmessungen der Eisenkernspule soweit verringern, bis sie die gleiche Güte wie die Luftspule hat. Sie nimmt dann weniger Raum ein und ist auch noch aus diesem Grunde leichter abschirmbar als die Luftspule.

Nun haben wir ja aber festgestellt, daß die Wechselstromeigenschaften einer Eisenkernspule von der Gleichstrommagnetisierung in gleicher Weise abhängen, wie umgekehrt die Gleichstrommagnetisierung verschiedene Wirkungen hervorruft, wenn verschiedene Wechselstrommagnetisierungen zusätzlich vorhanden sind. Man kann von dieser Eigenschaft gerade im Bereich der Hochfrequenz mit Vorteil Gebrauch machen, wo die überlagerten Wechselamplituden der Durchflutungen und Flüsse sehr klein sind, so daß man praktisch damit rechnen kann, daß sich die Vorgänge auf reversiblen kleinen Hysteresisschleifen abspielen, die — der Gleichstrommagnetisierungskurve eng benachbart — ähnlich verlaufen wie RAYLEIGH-Schleifen im Gebiet kleiner Feldstärken ohne Vormagnetisierung. Die Abb. 319 zeigt schematisch solche kleinen Hysteresisschleifen mit gleicher Flußschwankung an einer Vormagnetisierungskurve. Man erkennt sofort, daß die durch die mittlere Neigung der Schleife an jedem Punkt gegebene Wechselpermeabilität für die Grundwelle, die *reversible Permeabilität*, sehr stark von der Vormagnetisierung abhängt und zwar mit steigender Vormagnetisierung stark abnimmt. Je nach der Materialsorte kann diese Permeabilitäts- und damit Induktivitätsabnahme den Faktor 4...5, u. U. aber auch einige Zehnerpotenzen ausmachen. Es ergibt sich dadurch die Möglichkeit, die Induktivität von Spulen stetig veränderlich zu gestalten, ohne in ihren mechanischen Aufbau eingreifen zu müssen. Bei der sogenannten „*Permeabilitätsabstimmung*" von Hochfrequenzschwingungskreisen kann man zwar nicht sehr hohe Veränderungen der Induktivität erzielen, weil sich ja bereits oben gezeigt hat, daß dort die optimale Permeabilität selbst nur niedrig liegt. Immerhin reichen die Veränderungen für viele Anforderungen aus, besonders wenn es sich darum handelt, mit einer aus der Frequenzabweichung der Abstimmung hergeleiteten Spannung eine Nachregelung auf die richtige Frequenz herzustellen, die Aufgabe der automatischen Scharfabstimmung. Hier ist naturgemäß eine solche Möglichkeit, auf rein elektrischem Wege ohne mechanische Verstellglieder die Induktivität zu verändern, besonders wertvoll.

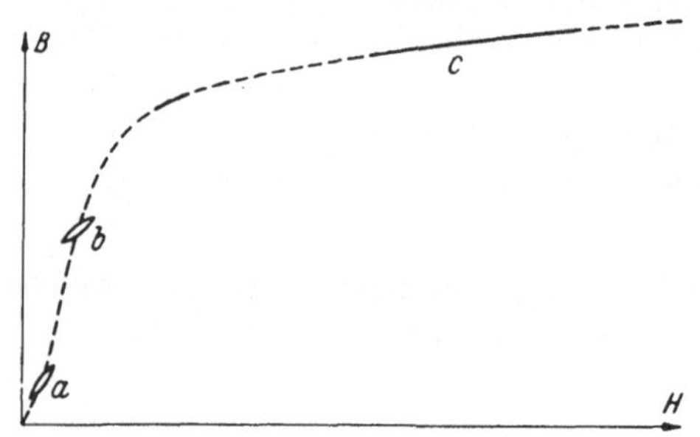

Abb. 319. Schleifen der reversiblen Permeabilität bei Überlagerung kleiner Wechselflüsse gleicher Amplitude über eine sehr viel größere Vormagnetisierung.

In der Mehrzahl der Fälle dagegen wird die Veränderung der Wechselstrompermeabilität mit einer Vormagnetisierung, die stets im Sinne einer Induktivitätsabnahme wirkt, wenn die Vormagnetisierung nennenswert ist, als störend empfunden. Will man sie vermeiden, was z.B. bei der PUPINspule unbedingt erforderlich ist (vgl. Bd. 2.), so muß man entweder Eisen als Kernmaterial auswählen, das keine Veränderung der Permeabilität mit der Vormagnetisierung zeigt (Isoperme), oder aber durch Einfügung eines Luftspaltes in den Weg des magnetischen Flusses die Magnetisierungskennlinie so weit begradigen (vgl. Abb. 281), wie das die Umstände erfordern. Diese Aufgabe liegt z. B. bei der Bemessung von Glättungsdrosselspulen vor, die bei Gleichrichtern in der Kathodenleitung oder in der „*Siebkette*" der Netzanschlußgeräte der Fernmeldetechnik üblich sind, um einen in der Hauptsache als Gleichstromkomponente vorhandenen Strom von überlagerten kleinen Wechselstromkomponenten zu befreien.

In Abb. 320 ist als Abszisse wieder die Durchflutung einer solchen Spule aufgetragen, als Ordinate der Fluß in ihrem Kern. Das Kernmaterial *ohne* Luftspalt möge die Kennlinie K_0 haben. Ein Luftspalt hat einen zusätzlichen Durchflutungsbedarf nach der Kenngeraden K_L, die um so stärker geneigt ist, je weiter der Luftspalt ist. Die aus der Summation der Durchflutungen für gleichen Fluß hervorgehende Kennlinie K_m gilt dann für den Eisenkern *mit* Luftspalt. Aus der Grundgleichung der Spule mit Eisenkern:

$$u = i\,R + w\frac{d\Phi}{dt} = i\,R + w\frac{d\Phi}{di}\,\frac{di}{dt} \tag{690}$$

folgt, daß für die Induktivität im Falle kleiner überlagerter Wechselströme — die Schwankung $2\,i_{max\sim}$ ist im Diagramm im Vergleich zu den wirklichen Verhältnissen gegen die Gleichstromkomponente $i_=$ weit übertrieben —

$$L_\sim = w\frac{d\Phi}{di}, \tag{691}$$

also für die Neigung der Tangente an die Magnetisierungskennlinie, sich bei der Kennlinie mit Luftspalt ein fast konstanter Wert im betrachteten Bereich ergibt, während die Kennlinie ohne Luftspalt stärkste Veränderungen aufweist. Der durch die Buchstaben $A\,B$ gekennzeichnete Ordinatenabschnitt ist ja ein Maß für die beim jeweiligen Gleichstromwert herrschende Induktivität für die überlagerte Wechselstromkomponente. Zwar ist bei der Gleichstromvorbelastung Null — in der Abbildung die gestrichenen Größen — L_0': $L_m' = A'B_0' : A'B_m'$ groß, dafür aber veränderlich, während bei der meist interessanteren Vormagnetisierung mit $i_= : L_0 : L_m = A_0 B_0 : A_m B_m$ klein, aber $L_m' : L_m = A'B_m' : A_m B_m \approx 1$, die Induktivität gegen den Wellenstrom also konstant ist. Es ist besonders zu beachten, daß die Einfügung des Luftspaltes die Induktivität im Betriebszustand, d. h. mit Vormagnetisierung steigert ($A_m B_m > A_0 B_0$).

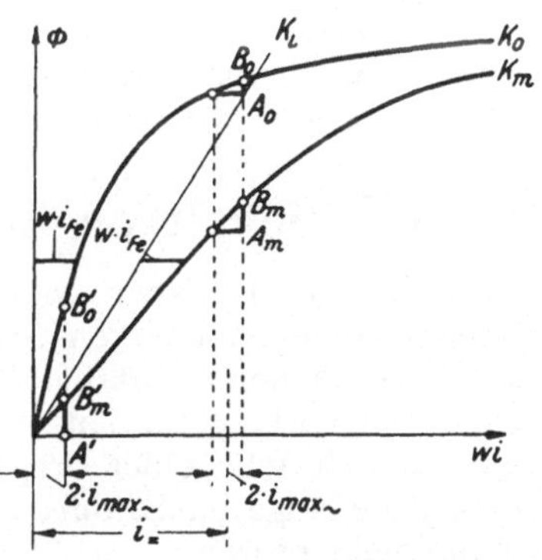

Abb. 320. Wirksame Induktivität einer Drosselspule mit (K_m) und ohne (K_0) Luftspalt im Eisenkern bei Mitwirken einer Vormagnetisierung durch überlagerten Gleichstrom $i_=$.

Bei einer Veränderung der Vormagnetisierung ändert sich aber nicht nur die Permeabilität, also die Induktivität einer Eisenkernspule, sondern auch die Form der Hysteresisschleife und damit auch ihr Inhalt, d. h. die aufzubringende Verlustleistung für die Hysteresisverluste. Bei gleicher Flußschwankung bleiben natürlich die Wirbelstromverluste konstant; bei gleicher Durchflutungsschwankung nehmen sie quadratisch in dem Maße ab, wie die Permeabilität gegen den Wechselvorgang abnimmt, weil sie ja proportional B^2 sind. Die Abnahme auch der Hysteresisverluste wird verständlich aus der Tatsache, daß bei Aufmagnetisierung durch den Vormagnetisierungsstrom bis zur physikalisch idealen Sättigung das Eisen bei kleinen Stromschwankungen überhaupt unberührt bleibt, also auch keine Hysteresisverluste mehr auftreten können. In jedem Falle wird der Reihenersatzwiderstand für die Spulenverluste als Quotient aus den Eisenverlusten und dem Quadrat des Stromes mit steigender Vormagnetisierung abnehmen. Beides — die Abnahme der Induktivität und die des Verlustwiderstandes — spielt bei der *Modulationsdrossel*, einer früher häufiger gebrauchten Anordnung zur Modulation des Antennenstromes nach PUNGS, gleicherweise eine Rolle. Über den Verstärker V nach Abb. 321 wird der aus dem Mikrophon M stammende Sprechstrom, der tonfrequent schwankt, soweit verstärkt, daß er zur Vormagnetisierung der Eisenkerne beider Drosseln

D_1 und D_2 dienen kann. Bei beiden erfolgt die Vormagnetisierung im entgegengesetzten Sinne hinsichtlich der gleichsinnig aufgebrachten Wicklungen für hochfrequenten Antennenstrom aus dem Sender S, der über eine induktive Übertragung am Fußpunkt der Antenne eingekoppelt ist. Die Gegenschaltung der beiden tonfrequenten Wicklungen vermeidet die induktive Übertragung von Hochfrequenzspannungen in den Modulationskreis. Der Antennenstrom wird so im Takte der tonfrequenten Schwankungen des Mikrophonstromes in seinem Wirkstromanteil, — Veränderung des Spulenverlustwiderstandes —, aber auch in seinem Blindstromanteil — Veränderung der Abstimmung durch Änderung der Spuleninduktivität — geändert. Die Antennenstromstärke erfährt also gleichzeitig eine Änderung der Amplitude — *Amplitudenmodulation* — und eine Veränderung der Phasenlage — *Phasenmodulation* oder *Frequenzmodulation*. Eine Veränderung der Phase eines Wechselstromes kann ja nur durch vorübergehende Frequenzänderung erfolgen, dauernde Phasenschwankung also nur durch dauernde Frequenzschwankungen.

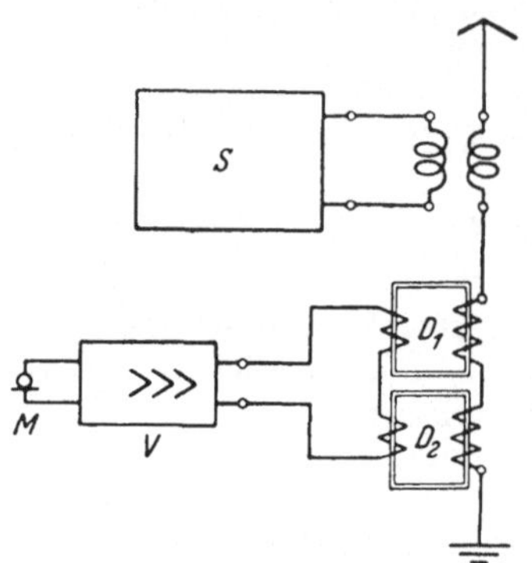

Abb. 321. Drosselmodulation nach PUNGS mit durch den verstärkten Sprechstrom vormagnetisierten Drosselspulen D_1 und D_2 mit Eisenkern im Antennenkreis.

VII. Schaltvorgänge in quasistationären Kreisen.

Wir haben uns bisher stets auf Vorgänge in den Stromkreisen beschränkt, die Wechselströme im engeren Sinne, nämlich periodisch wiederkehrende Vorgänge waren. Wir haben uns dabei darauf verlassen, daß sich nach einiger Zeit — wenn auch u. U. nach längerer Zeit — stets ein Zustand einstellt, bei dem einer periodischen treibenden Ursache, einer Urspannung oder einem Urstrom —, auch eine periodisch verlaufende Folge, ein Strom oder eine Spannung, entspricht. Diese Annahme wollen wir nunmehr prüfen.

Daß dieser Zustand nicht vom ersten Augenblick nach der Einschaltung eines Stromkreises oder einer Änderung seiner Konstanten bestehen kann, erhellt aus folgender Überlegung. Vor dem Einbringen der Ursache, dem Anlegen der Spannung oder, wie wir jetzt sagen wollen, dem *Schaltvorgang*, waren entweder gar keine Spannungen und Ströme im Netzwerk vorhanden oder andere als die im stationären Zustand erwarteten. Die Energiespeicher im Stromkreis — Induktivitäten und Kapazitäten — befanden sich also im Schaltzeitpunkt nicht in dem Ladungszustand ihres energiespeichernden Feldes, den sie eigentlich haben sollten, wenn sich der stationäre Zustand sofort einstellen würde. Die sofortige Herstellung dieses energetisch richtigen Zustandes ist aber unmöglich, weil dazu ein unendlich großer Leistungszustrom erforderlich wäre, dessen die Generatoren selbst nicht fähig sind, und der außerdem durch die zwischengeschalteten Widerstände im Stromkreis behindert wird. Es muß also zu einem Übergangszustand kommen, in dem sich die *Ausgleichsvorgänge* zur Einstellung auf den Endzustand abspielen. Für ihn müssen somit die im Kreis vorhandenen Energiespeicher und die ihnen vorgeschalteten Widerstände qualitativ verantwortlich und quantitativ bestimmend sein. Nur in einem Kreis ohne jeden Energiespeicher, d. h. ohne jedes magnetische und elektrische Feld, praktisch also niemals, ist ein Schaltvorgang ohne einen vermittelnden Ausgleichsvorgang, einen Übergangszustand, möglich.

Für die Betrachtungen in diesem Abschnitt wollen wir dabei annehmen, daß die Energiespeicher räumlich abgegrenzt und in ihrer Ausdehnung so klein sind, daß wir von der Zeit absehen können, die nötig ist, um elektromagnetische Energie durch den Raum mit Lichtgeschwindigkeit zu transportieren. Wir betrachten also nur Vorgänge, deren Ablauf Zeiten beansprucht, die groß sind gegen die Zeit, die elektromagnetische Energie gebraucht, um zum entferntesten Punkt des für den Vorgang in Betracht kommenden Raumes zu gelangen. Ist l_{max} die größte derart in Frage stehende mechanische Abmessung, so lautet also unsere Vorbedingung für die folgenden Betrachtungen:

$$t_{min} \gg l_{max}/v\,, \tag{692}$$

worin v die Ausbreitungsgeschwindigkeit elektromagnetischer Wellen ist (vgl. Band 2). Ist sie erfüllt, so nennen wir den Stromkreis *quasi-stationär*.

Wie wir sehen, kann man diese Eigenschaft nicht einem Stromkreis allein zuschreiben. Ob er quasi-stationär ist oder nicht, hängt auch von der Zeitdauer der Vorgänge ab, die untersucht werden sollen. So kann also eine 100 m lange Leitung bei einer Betrachtung über einen Vorgang mit 50 Hz durchaus als quasistationär gelten, ist es aber keineswegs für die Untersuchung der sich auf ihr abspielenden Vorgänge bei einer Frequenz von 50 MHz, die einer Luftwellenlänge von 6 m entspricht. Wir können offenbar unsere Ungleichung für die Abgrenzung des quasistationären Gebietes auch dadurch umschreiben, daß wir die Wellenlänge λ des zu untersuchenden Vorgangs zu der Länge l_{max} des Stromkreisgebildes in Beziehung setzen:

$$\lambda \gg l_{max}\,. \tag{693}$$

Die nicht-quasistationären Vorgänge behandeln wir in Band 2.

A. Der stationäre Endzustand und die freien Größen.

Um die verwendeten Begriffe klar herauszustellen, ist es zweckmäßig, von einem einfachen Beispiel auszugehen. Auf den zu untersuchenden Stromkreis, der hier (Abb. 322) im einfachsten Fall aus einer Reihenschaltung eines Widerstandes R mit einer als Energiespeicher wirkenden reinen Induktivität L besteht, — praktisch können R und L die Kenngrößen einer Spule sein, — wirken mehrere Spannungsquellen. Bei geöffnetem Schalter S wirkt die EMK e_a — der Index a soll den *Anfangszustand* kennzeichnen — über ihren inneren Widerstand R_{i_a} auf den Kreis, und es hat sich dabei ein Strom i_a des Anfangszustandes eingespielt, den wir nach den Regeln der vorausgegangenen Abschnitte in jedem Falle errechnen können. Er könnte also z. B., wenn e_a mehrwellig wäre, so verlaufen, wie das in Abb. 323 vor dem Zeitpunkt $t = 0$ dargestellt ist.

Im Zeitpunkt $t = 0$ werde nun der Schaltvorgang durch Schließen des Schalters S (Abb. 322) bewirkt, wobei wir zur Vereinfachung der Darstellung annehmen, daß

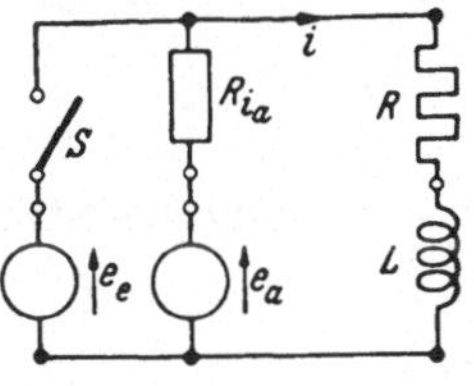

Abb. 322. Schaltvorgang mit Übergang von e_a auf e_e am Kreis beim Einlegen von S.

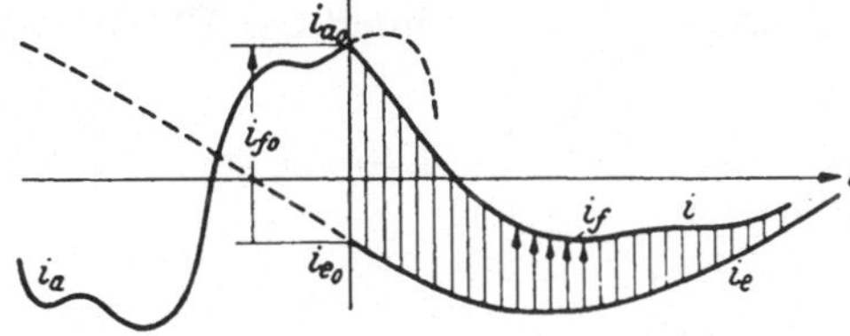

Abb. 323. Zur Definition der Anfangsgrößen, des eingeschwungenen Zustandes und der „freien" Größen.

der damit eingeschaltete Generator mit der EMK e_e — der Index e soll den *Endzustand* andeuten — einen so kleinen inneren Widerstand habe, daß 1. mit der Einschaltung zugleich diese EMK an den Klemmen der äußeren Schaltung liegt, ohne daß irgend welche Spannungsabfälle durch den Belastungsstrom eintreten, und daß 2. diese Einschaltung den Generator a so vollständig über sich kurzschließt, daß er im äußeren Kreis überhaupt nicht mehr in Erscheinung tritt. Praktisch ist also damit e_a durch e_e ersetzt, soweit dadurch der äußere Stromkreis betroffen wird.

Wäre die Einlegung des Schalters S schon sehr lange vor dem Zeitpunkt $t = 0$ erfolgt, so hätte sich ein *stationärer Endzustand* eingestellt, der abhängig von der Kurvenform, Phasenlage und Amplitude der Spannung e_e wäre und etwa bei einer einwelligen Spannung anderer Grundfrequenz, als sie e_a hatte, durch den Stromverlauf i_e der Abb. 323 gegeben wäre. Wir nennen ihn den „*Strom des stationären Endzustandes*" oder den „*eingeschwungenen Strom*" oder wohl auch kurz den „*Endstrom*". Selbstverständlich befriedigt er die Gleichung des Stromkreises:

$$e_e = i_e R + L \frac{d i_e}{dt}. \tag{694}$$

Im Schaltzeitpunkt $t = 0$ müßte er den Wert i_{e_0} haben, der aus der Figur entnommen oder natürlich auch aus seinem Zeitgesetz errechnet werden kann, das wir nach der symbolischen Methode (er ist ja einwellig angenommen) oder nach dem Zeigerverfahren ermittelt haben, das wir aber auch bei mehrwelligen Spannungen ebenso durch mehrfache Anwendung dieser Verfahren hätten ermitteln können. Tatsächlich floß aber in diesem Zeitpunkt ein durch das Zeitgesetz des Anfangsstromes i_a bestimmter Augenblickswert des Stromes i_{a_0}, der in der Abbildung ebenfalls gekennzeichnet ist. Beide werden fast immer voneinander verschieden sein. Das magnetische Feld der Spule muß nun von dem dem Wert i_{a_0} entsprechenden Anfangswert aus auf den Verlauf des Endstromes i_e gebracht werden. Das kann sicher nicht durch einen plötzlichen Stromsprung von i_{a_0} auf i_{e_0} erfolgen. Ein solcher Sprung würde nicht nur unendliche Leistungszufuhr bedingen, sondern auch nach dem Gesetz für den Stromkreis eine unendlich hohe Spannung, weil der induktive Spannungsabfall an der Spule ja $\sim \frac{di}{dt}$ ist. Es muß also einen Übergangszustand geben, der eine stetige Überführung des Anfangszustandes in den Endzustand vermittelt, ohne daß dabei das allgemeine Gesetz des Stromkreises:

$$e_e = i R + L \frac{d i}{d t} \tag{695}$$

in der Form verletzt wird, wie es nach der Einlegung des Schalters gilt. Der Strom i während dieser Übergangszeit, der als ausgezogene Linie in die Abb. 323 eingetragen ist, unterscheidet sich also vom Strom i_e des Endzustandes. Er beginnt stetig anschließend an den Augenblickswert i_{a_0} des Anfangszustandes im Schaltmoment und nähert sich mit fortschreitender Zeit dem Verlauf von i_e.

Setzen wir nun während des Übergangszustandes:

$$i = i_e + i_f, \tag{696}$$

so muß also durch diese Summe von zwei Strömen, die Gleichung des Stromkreises erfüllt sein:

$$e_e = (i_e + i_f) R + L \frac{d}{dt} (i_e + i_f) \tag{697}$$

Voraussetzungsgemäß haben wir aber aus Gl. (694) den Strom i_e so bestimmt, daß er für sich allein der Gleichung genügt:

$$e_e = i_e R + L \frac{d i_e}{dt} \tag{694}$$

Die Subtraktion der Gl. (694) und (697) liefert also eine Beziehung, der der Strom i_f gehorchen muß. Sind dabei alle Konstanten der Gleichung (R und L) wirkliche

Konstanten, also nicht Funktionen von u und i, was wir also wiederum ausdrücklich voraussetzen müssen, so ergibt die Subtraktion:

$$0 = i_f R + L\frac{di_f}{dt} \tag{698}$$

i_f gehorcht also einer homogenen Differentialgleichung und wird in seinem Zeitgesetz in keiner Weise von e_e bestimmt, das sich aus seiner Bestimmungsgleichung (698) als eine Größe *beliebigen* zeitlichen Verlaufs, aber in beiden Gleichungen *gleichen* Verlaufs, herausgehoben hat. Wohl bestimmt e_e, wie wir später sehen werden, den Anfangswert des Stromwertes i_f, nicht aber sein Zeitgesetz. In dieses können nur die Konstanten des Stromkreises eingehen, hier also R und L.

Wegen dieser Unabhängigkeit von der eingeprägten geschalteten Größe nennen wir i_f, den Strom, der den Übergang vom Anfangszustand in den stationären Zustand vermittelt, und den wir in der Abb. 323 durch vertikale Schraffur in seinen Augenblickswerten noch einmal betont haben, den „*freien*" Strom. Frei ist er nämlich von dem zeitlichen Verlauf der geschalteten Größe. Seine vermittelnde Tätigkeit im Übergang von i_{a_0} auf den Verlauf von i_e läßt auch den häufig benutzten Namen „*Ausgleichsstrom*" gerechtfertigt erscheinen. Daneben kommt auch noch der Name „*Extrastrom*" vor.

Diese Überlegungen gelten natürlich genau so wie für die Stromstärke im Kreis für jede andere elektrische Wechselgröße im Netzwerk einer beliebig komplizierten Schaltung. Jede Größe kann in die beiden Anteile zerlegt werden:

eine Größe des stationären Endzustandes (Index e), die nach den Gesetzen eingeschwungener Vorgänge berechnet werden kann, so als ob kein Schaltvorgang stattfinden würde, und

eine „freie" Größe, „Ausgleichgröße" oder „Extragröße", deren zeitlicher Verlauf unabhängig vom Verlauf des stationären Endzustandes ist und allein durch die Konstanten des Stromkreises (R, L und C) bestimmt wird. Ihr Anfangswert führt die zur Zeit des Schaltmomentes herrschenden Augenblickswerte stetig und ohne Verletzung der Stromkreisgesetze in den stationären Endzustand über.

1. Schaltvorgänge an der Reihenschaltung von Spule und Widerstand.

Nach diesen allgemeinen Vorbemerkungen können wir uns nun der Lösung der speziellen Aufgabe zuwenden, die wir bereits an Hand der Abb. 322 formuliert hatten. Für den freien Strom hatten wir im vorigen Abschnitt die Differentialgleichung (698) gefunden:

$$i_f R + L\frac{di_f}{dt} = 0\,, \tag{698}$$

die wir ohne Schwierigkeit entweder durch den allgemeinen Ansatz für homogene lineare Differentialgleichungen $i_f = K e^{pt}$ oder hier noch einfacher durch Trennung der Variabeln lösen:

$$i_f R = -L\frac{di_f}{dt}$$

$$R\,dt = -L\frac{di_f}{i_f} \tag{699}$$

und integriert: $R\,t = -L(\ln i_f - \ln i_{f_0}) = -L\ln\left(\frac{i_f}{i_{f_0}}\right)$, wobei wir sinnvoll die auftretende allgemeine Integrationskonstante gleich als $\ln i_{f_0}$ geschrieben haben, um so umschreiben zu können, daß wir unter dem Logarithmus, der ja nur von einer unbenannten Zahl gebildet werden kann, einen Quotienten aus zwei Stromwerten anstatt eines Stromes haben. Wir werden sofort sehen, daß dem über die mathematische Notwendigkeit hinaus auch ein physikalischer Sinn innewohnt. Die Umkehrung der Gleichung und Auflösung nach i_f liefert das Zeitgesetz für den freien Strom:

$$i_f = i_{f_0} e^{-\frac{R}{L} \cdot t} \tag{700}$$

Sein Zeitgesetz wird, wie erwartet, nur von den Stromkreiskonstanten R und L bestimmt.

Es zeigt sich, daß für diesen Fall in der Tat i_f für große Zeiten nach dem Schaltvorgang verschwindet, weil ja die Exponentialfunktion mit dem negativen Exponenten schnell sehr kleine Werte annimmt. Es stellt sich also wirklich nach einiger Zeit der stationäre Endzustand ein, bei dem der Strom des stationären Endzustandes allein noch vorhanden ist. Der freie Strom, der anfangs überlagert war, ist *abgeklungen*. Der stationäre Zustand hat sich *eingeschwungen*.

Setzen wir für den Schaltzeitpunkt $t = 0$ ein, so finden wir, daß hier die Exponentialfunktion den Wert 1 annimmt, daß also i_{f_0} der Anfangswert des freien Stromes ist, der im ersten Augenblick gerade so groß sein muß, daß er den Strom des Anfangszustandes auf den des stationären Zustandes im gleichen Augenblick ergänzt.

Allgemein nach Gl. (696): $i = i_e + i_f$,

im Schaltzeitpunkt: $i_{a_0} = i_{e_0} + i_{f_0}$.

Also: $i_{f_0} = i_{a_0} - i_{e_0} = -\Delta i$. (701)

Der Anfangswert des freien Stromes muß so groß sein, daß er dem Stromsprung Δi vom Anfangswert auf den Endwert gleichkommt, aber entgegengesetztes Vorzeichen haben. Insofern dieser Stromwert von der Größe, Phasenlage und Kurvenform der eingeschalteten Spannung abhängt, wird also auch der Anfangswert des freien Stromes — aber auch nur dieser, nicht sein weiterer zeitlicher Verlauf —, von der Spannung des stationären Endzustandes bestimmt, ebenso wie hier auch der vorher bestehende Zustand mit *einem* Augenblickswert eingeht, dem im Schaltmoment. Alle anderen Augenblickswerte sind belanglos.

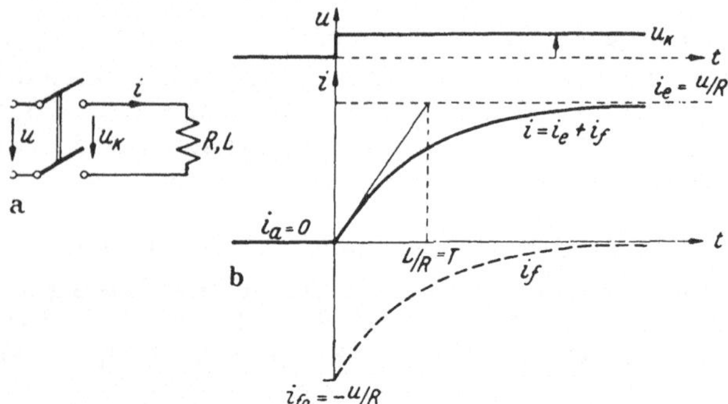

Abb. 324. Einschalten einer Spule mit Gleichstrom. a Schaltbild. b Verlauf von Spannung (oben) und Strom (unten).

Wir können unsere ersten allgemeinen Betrachtungen über den freien Strom und die Eigenschaften seines zeitlichen Verlaufs an einem einfach zu übersehenden Beispiel ausführen, der Einschaltung einer Gleichspannung auf den Kreis aus Spule und Widerstand. Nach Abb. 324 liege also an dem Kreis der Abb. 322 bestehend aus der Reihenschaltung von Widerstand R und Induktivität L vor dem Schaltzeitpunkt $t = 0$ keine Spannung. Der Strom des Anfangszustandes ist somit 0. In unserer Gleichung ist also auch $i_{a_0} = 0$. Im Schaltzeitpunkt wird der Schalter eingelegt und die Anordnung damit an eine starre Netzspannung u gelegt, die zeitlich konstant und unabhängig von jeder Stromentnahme, eben *starr*, ist. Zu dieser Spannung gehört als Strom des stationären Endzustandes ein Gleichstrom, dessen Wert sich aus der allgemeinen Gleichung:

$$u = i_e R + L \frac{d i_e}{dt} \qquad \text{mit} \qquad \frac{d i_e}{dt} = 0 \text{ (Gleichstrom!)}$$

zu
$$i_e = u/R \tag{702}$$
zeitlich konstant ergibt, also auch im Schaltzeitpunkt $i_{e_0} = u/R$. Somit ist der Anfangswert des freien Stromes gegeben:
$$i_{f0} = i_{a_0} - i_{e_0} = 0 - u/R = -u/R\,. \tag{703}$$
Dieser Anfangswert des freien Stromes klingt nun im zeitlichen Verlauf exponentiell ab, so daß sich die im negativen Strombereich liegende Kurve für seinen Stromverlauf ergibt. Durch Addition zu dem Strom des stationären Endzustandes i_e, der oberen Horizontalen in der Abbildung ergibt sich der wahre gesamte Strom nach der Einschaltung als stark ausgezogene Linie mit dem Zeitgesetz:
$$i = i_e + i_f = u/R - u/R\,[\exp((-R/L)t)] = u/R\,[1 - \exp((-R/L)t)]\,. \tag{704}$$
Er setzt den Stromverlauf des Anfangszustandes (Stromlosigkeit) stetig fort und leitet allmählich in den des stationären Endzustandes (Gleichstrom u/R) nach Gl. (702) über. Selbstverständlich befriedigt er in jedem Zeitpunkt die Gleichung des Kreises für den Gesamtstrom:
$$u = iR + L\frac{di}{dt}\,; \tag{705}$$
so z. B. im Zeitpunkt $t = 0$, wo $i = 0$ ist und infolgedessen die Steilheit des Stromanstiegs durch:
$$\left(\frac{di}{dt}\right)_0 = u/L \tag{706}$$
bestimmt wird. Diesen Wert liefert selbstverständlich die Differentiation des allgemeinen Zeitgesetzes, wenn man darin $t = 0$ einsetzt. Würde der Strom mit dieser Steilheit unverändert weiter steigen, so würde der Strom des Endzustandes nach der Zeit:
$$T = i_e\Big/\left(\frac{di}{dt}\right)_0 = \frac{u/R}{u/L} = L/R\,, \tag{707}$$
erreicht werden. Diese offenbar für den Vorgang charakteristische Zeit nennt man die „*Zeitkonstante*“ des freien Stromes oder auch des Stromkreises, denn sie hängt ja in keiner Weise von der geschalteten Spannung, sondern nur von den Konstanten des Stromkreises ab. Sie ist nicht etwa die Zeit, nach der der Schaltvorgang, bzw. der durch ihn ausgelöste Übergangszustand, beendet *ist;* sie gibt nur die Zeit an, nach der er beendet *wäre*, wenn sich die Stromänderung unverändert so fortsetzen würde, wie sie im Augenblick der Schaltung war.

In Wahrheit dauert der Schaltvorgang und das Abklingen des durch ihn verursachten freien Stromes unendlich lange. Wenigstens in der Theorie, denn die Exponentialfunktion verschwindet ja auch für beliebig große Zeiten niemals völlig. Man kann aber den Schaltvorgang als „praktisch abgeschlossen“ ansehen, wenn sich der Gesamtstrom dem des Endzustandes bis auf einen genügend kleinen Restwert, z. B. bis auf 1 % oder bis auf 1‰ genähert hat, d. h. wenn der freie Strom auf einen Bruchteil 10^{-n} seines Anfangswertes mit $n = 2\ldots3$ abgeklungen ist. Für diese praktische Dauer des Ausgleichsvorganges t_e ergibt sich also als Bestimmungsgleichung:
$$i_f/i_{f_0} = 10^{-n} = [\exp((-R/L)t_e)]\,.$$
Hieraus folgt durch Logarithmieren und Auflösen nach t_e:
$$t_e = \frac{L}{R}\ln 10^n = T\,(2{,}302\,\lg 10^n) = 2{,}3\,n\,T\,. \tag{708}$$
Praktisch ist also der Vorgang mit $n = 2\ldots3$ nach $5\ldots7\,T$ als beendet zu betrachten, so daß die charakteristische Zeit T doch auch hierfür bestimmend ist. Es

dauert eben etwa 5...7 Zeitkonstanten bis zur praktischen Beendigung des Schaltvorganges, um so länger, je genauer wir den Wert der Annäherung an den Endzustand nehmen. Da weder mit einem Strommesser, noch mit einem Oszillographen Messungen genauer als auf 1 v.T. ausführbar sind, so können wir wohl mit einigem Recht $7\,T$ als die praktisch äußerste Grenze angeben.

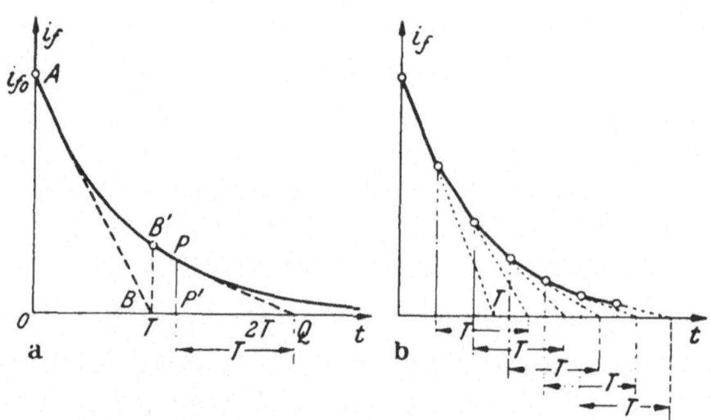

Abb. 325. Verlauf des freien Stromes (a) und seine Konstruktion aus der Zeitkonstanten als konstanter Subtangente (b).

Mit der Abkürzung $L/R = T$ können wir nun auch das Zeitgesetz des Stromes bei der Einschaltung einfacher schreiben:

$$i = u/R\left(1 - \exp\left(-t/T\right)\right), \quad (709)$$

um daran noch einige kennzeichnende Eigenschaften des Verlaufs zu untersuchen. Hierin sind als Summanden enthalten:

$$i_e = u/R; \qquad i_f = -u/R\left(\exp\left(-t/T\right)\right) = i_{f_0}\, e^{-t/T}. \quad (710)$$

Den zeitlichen Verlauf von i_f allein haben wir mit positivem i_{f_0}, was ja am grundsätzlichen Verlauf nichts ändert, in Abb. 325 noch einmal aufgetragen. Die Anfangssteilheit des Stromes ist dabei, wie bereits festgestellt, so groß, daß eine Tangente an die Kurve des Stromverlaufs auf der Abszissenachse — in Abb. 324 dagegen auf der Waagerechten, die für diesen Fall den Endzustand darstellt — im Punkt B die Zeitkonstante abschneidet. In diesem Zeitpunkt ist der Strom auf einen Wert abgesunken, der durch die Strecke BB' gegeben ist. Durch Einsetzen von $t = T$ in unsere Gleichung (710) finden wir für diesen Zeitpunkt:

$$i_{f_T} = i_{f_0}\, e^{-1} = i_{f_0}/2{,}718 = 0{,}368\, i_{f_0}. \quad (711)$$

Nach je einer weiteren Zeitkonstante sinkt der Strom jeweils auf $1/e$ des letzten Wertes, so daß sich

für die Zeitpunkte	T	$2\,T$	$3\,T$	$4\,T$	$5\,T$	$6\,T$	$7\,T$
der Rest des freien Stromes zu	36,8	13,5	5,0	1,8	0,7	0,25	0,1

v. H. seines Anfangswertes ergibt.

Dabei nimmt nicht nur der Absolutwert des Stromes stetig ab, sondern auch seine Änderungsgeschwindigkeit, seine Steilheit. Für einen beliebigen Zeitpunkt erhalten wir durch Differenzieren seines zeitlichen Verlaufs nach Gl. (710)

$$\frac{d i_f}{d t} = -\frac{1}{T}\, i_{f_0} e^{-t/T} = -\, i_f/T. \quad (712)$$

Betrachten wir also das für einen beliebigen Zeitpunkt in Abb. 325 gezeichnete Dreieck PQP', das aus der Ordinate PP', d. h. dem Augenblickswert i_f des freien Stromes in diesem Zeitpunkt, der Tangente PQ an die Stromkurve, deren Neigung also durch die Steilheit $\frac{d i_f}{d t}$ der Stromänderung in diesem Zeitpunkt bestimmt wird, und der Subtangente $P'Q$ gebildet wird, so zeigt der Vergleich mit Gl. (712)

$$\frac{d i_f}{d t} = -\frac{P P'}{P' Q} = -\frac{i_f}{P' Q} = -\, i_f/T,$$

daß die Subtangente $P'Q$ die Zeitkonstante T sein muß, wo wir auch immer den Zeitpunkt P' wählen. Nach dem Verfahren der konstanten Subtangente läßt sich der Verlauf des freien Stromes aus Geradenabschnitten mit einer Genauigkeit unter 1 % zusammensetzen, wenn man die Zeitabschnitte für eine Gerade nicht größer wählt als $T/10$. Die Konstruktion ist aus der Abb. 325b klar erkennbar, wo allerdings wesentlich größere Zeitabschnitte gewählt sind, um das Verfahren deutlich zu machen. Die Fehler sind dabei natürlich entsprechend wesentlich größer.

Wir gehen nun zu einer anderen Aufgabe über. Der Anfangszustand sei jetzt der, daß die Spule bei geschlossenem Schalter S_1 aus der Gleichstromquelle des Netzes einen Gleichstrom u/R aufnimmt, der jetzt also $i_a = i_{a_0}$ darstellt. Wir wollen nun den Strom in der Spule auf den Endzustand Null bringen. Allerdings nicht durch Abschalten des Schalters S_1 — das würde noch nicht in unser Schema des Schaltvorgangs passen —, sondern dadurch, daß wir in den Kreis parallel zu den Klemmen der Spule die EMK Null einfügen durch Einlegen des Schalters S_2. Wenn er widerstandslos ist, so sinkt der Strom in der Spule jedenfalls im stationären Endzustand auf Null. Was dabei im Stromkreis der Spannungsquelle vor dem Schalter S_1 geschieht, interessiert uns hier nicht. Der Strom des stationären Endzustandes in der Spule ist nun 0. Nach Abb. 326 und der allgemeinen Gl. (701) finden wir:

$$i_{f_0} = i_{a_0} - i_{e_0} = u/R - 0 = u/R \tag{713}$$

und den Stromverlauf nach dem Einlegen des Schalters zur Zeit $t = 0$:

$$i_f = \frac{u}{R} \exp(-t/T)\,. \tag{714}$$

Da der Strom des stationären Endzustandes Null ist, so ist auch der Gesamtstrom gleich dem freien Strom und unsere Aufgabe vollständig gelöst. Wie wir sehen, läuft sie, nachdem einmal das Zeitgesetz des freien Stromes ermittelt wurde, nur noch darauf hinaus, den Anfangswert aus den beiden Zuständen vor und lange nach der Schaltung zu bestimmen und damit die unbestimmte Konstante der allgemeinen Lösung der Differentialgleichung, die für alle Fälle gleich lautet, den Anfangsbedingungen entsprechend zu wählen, bzw. zu bestimmen.

Es bereitet uns nun also auch keinerlei Schwierigkeit mehr, den Verlauf des Spulenstromes etwa für den Fall zu ermitteln, daß wir in Abb. 326 den Schalter S_1

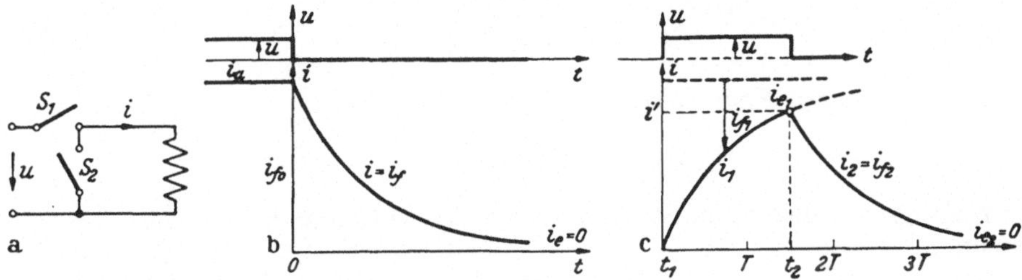

Abb. 326. Kurzschließen und Öffnen einer Spule durch einen Parallelschalter. a Schaltbild. b Vorgänge beim Kurzschließen durch Einlegen von S_2. c Vorgänge beim Öffnen (Zeitpunkt t_1) und anschließendem Schließen (Zeitpunkt t_2) von Schalter S_2.

bei geöffnetem Schalter S_2 einlegen — oder, was sachlich dasselbe ist, bei geschlossenem Schalter S_1 den Schalter S_2 öffnen — und dann vor Erreichen des Endzustandes für diese Schaltung — etwa schon nach der Zeit 1,5 T — S_2 schließen, bzw. wieder schließen. Dann ist der in diesem Zeitpunkt erreichte Stromwert i' in der Abb. 326c der Anfangswert, von dem aus der freie Strom des zweiten Schaltvorgangs den Übergang zum Endzustand (Strom Null) vermitteln muß. Vom ersten

Schaltvorgang mit dem freien Strom i_{f_1} und dem Gesamtstrom i_1 interessiert nach dem zweiten Schaltvorgang nur noch der eine Augenblickswert im Zeitpunkt des zweiten Schaltvorgangs, der den Anfangswert des zweiten freien Stroms i_{f_2} bestimmt, eben der erwähnte Strom i'.

Auch eine plötzliche Spannungsänderung des speisenden Netzes bietet nichts grundsätzlich Neues mehr. Der Anfangswert im Augenblick der Spannungsänderung wird durch die vorher herrschende Spannung u_1 bestimmt und ist $u_1/R = i_a$. Der Strom des stationären Endzustandes ist der Gleichstrom (Abb. 327) $u_2/R = i_e$. Die Differenz aus beiden im Schaltmoment ist:

$$i_{f_0} = u_1/R - u_2/R = \frac{u_1 - u_2}{R}. \tag{715}$$

Somit ergibt sich der Gesamtstrom nach der Spannungsänderung:

$$i = i_e + i_f = u_2/R + \frac{u_1 - u_2}{R} e^{-t/T}, \tag{716}$$

was ordnungsgemäß für $t = 0$ mit dem Wert 1 für die Exponentialfunktion u_1/R, für einen unendlich fernen Zeitpunkt nach der Schaltung mit dem Wert 0 für den Exponentialterm u_2/R ergibt, also den erwarteten stetigen Übergang vom Anfangszustand auf den Endzustand.

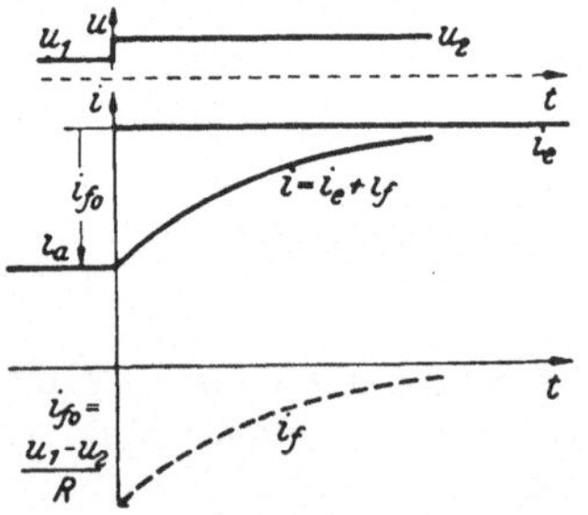

Abb. 327. Vorgänge bei plötzlicher Spannungssteigerung an der Spule von u_1 auf u_2 bei $t = 0$.

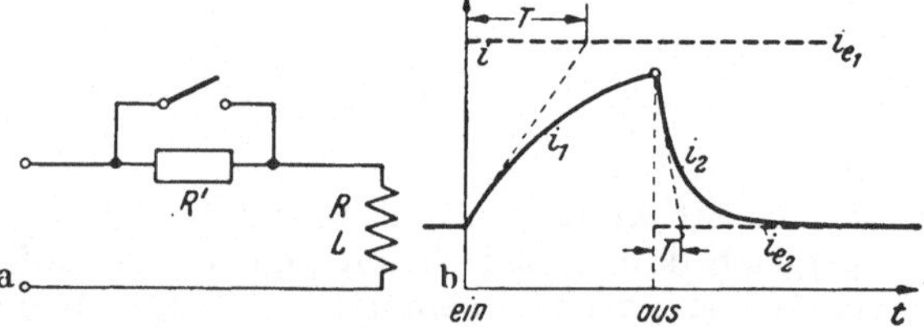

Abb. 328. Vorgänge beim Schließen und Öffnen eines dem Vorwiderstand zur Spule parallelgeschalteten Schalters. ($R' = 3\,R$). a Schaltbild. b Stromverlauf.

Ein wenig geändert erscheint das Bild nur, wenn wir einen weiter abgeänderten Schaltvorgang betrachten. Nach Abb. 328a soll im Zeitpunkt $t = 0$ der Schalter S eingelegt werden, der einen Vorwiderstand R' zu unserer Spule überbrückt. Damit steigt der anfangs vorhandene Strom

$$i_a = \frac{u}{R + R'}, \tag{717}$$

auf den stationären Endstrom:

$$i_e = \frac{u}{R}. \tag{718}$$

Der Anfangswert des freien Stromes ist also als Differenz beider Werte im Schaltmoment:

$$i_{f_0} = \frac{u}{R + R'} - \frac{u}{R} = -u \frac{R'}{R(R + R')}, \tag{719}$$

und der Strom im Übergang nach dem Einlegen des Schalters:

$$i = \frac{u}{R} - \frac{u R'}{R(R + R')} e^{-t/T} = \frac{u}{R}\left((1 - \frac{R'}{R + R'} e^{-t/T}\right). \tag{720}$$

Wenn wir jetzt aber den Schalter wieder öffnen, so kehrt sich nicht etwa einfach das Vorzeichen des freien Stromes um. Der Stromkreis, mit dem wir es nunmehr nach dem neuen Schaltvorgang zu tun haben, besteht nämlich nicht mehr aus

R und L, sondern aus $(R + R')$ und L. Nur auf diesen Kreis kommt es aber bei der Bestimmung des zeitlichen Ablaufs an. Der Strom ändert sich jetzt mit der Zeitkonstanten:

$$T' = \frac{L}{R + R'} \qquad (721)$$

Außerdem kehrt sich die Rolle von Anfangszustand und Endzustand um. Es ist für den neuen Schaltvorgang der Schalteröffnung:

$$i_a = \frac{u}{R}\,; \qquad i_e = \frac{u}{R + R'}\,, \qquad (722)$$

und also:

$$i_{f0} = u/R - u/(R + R') = + u \frac{R'}{R\,(R + R')}\,. \qquad (723)$$

Der Strom folgt also als Summe von Strom des stationären Endzustandes und freiem Strom dem Gesetz:

$$i = \frac{u}{R + R'}\left(1 + \frac{R'}{R}\, e^{-t/T'}\right). \qquad (724)$$

Im zeitlichen Verlauf der beiden Ströme, wie er in der Abb. 328b dargestellt ist, sind die unterschiedlichen Zeitkonstanten beider Ausgleichsvorgänge betont durch die unterschiedlichen Subtangenten der beiden Kurven des Ausgleichsstromes hervorgehoben.

Schließlich ändert sich wieder nichts Wesentliches, wenn die Spannung, die wir mit dem Schalter nach Abb. 324a anlegen, nicht mehr eine Gleichspannung, sondern eine Wechselspannung beliebiger Kurvenform ist. Sei sie z. B. sinusförmig, einwellig, mit dem Zeitgesetz:

$$u = u_{max} \sin(\omega t + \alpha)\,, \qquad (725)$$

worin α die „*Schaltphase*" kennzeichnen soll, d. h. den Zeitpunkt, um den der (positiv gerichtete) Nulldurchgang der Schaltspannung gegen den Schaltzeitpunkt voreilt, so wissen wir, daß das Zeitgesetz (Gl. (710)) des freien Stromes völlig unverändert bleibt:

$$i_f = i_{f_0} e^{-t/T} \qquad (726)$$

Nur der Anfangswert des freien Stromes wird durch den Wert des eingeschwungenen Stromes bestimmt, der im Schaltaugenblick eigentlich bereits fließen müßte. Dieser „Endstrom" kann nach den Verfahren früherer Kapitel berechnet werden (Abschn. III B oder C). Er ist durch die Beziehung (vgl. Gl. (46)) gegeben:

$$i_e = i_{max} \sin(\omega t + \alpha - \varphi) \text{ mit } \begin{cases} \operatorname{tg} \varphi = \omega L/R \\ i_{max} = \dfrac{u_{max}}{\sqrt{R^2 + \omega^2 L^2}} \end{cases} \qquad (727)$$

War die Spule vor dem Schaltvorgang stromlos, so ist also der Anfangswert des freien Stromes gegeben durch:

$$i_{f_0} = - i_{e_0} = - i_{max} \sin(\alpha - \varphi) = - \frac{u_{max}}{\sqrt{R^2 + \omega^2 L^2}} \sin(\alpha - \operatorname{arc\,tg} \omega L/R)\,, \qquad (728)$$

was zwar kompliziert aussieht, aber im zeitlichen Ablauf des Stromes nach der Abb. 329 nichts anderes ist als eben der Augenblickswert des Stromes im Schaltaugenblick mit negativem Vorzeichen. Er klingt nach dem gleichen Zeitgesetz ab, das wir bereits kennen: der Exponentialfunktion mit der Zeitkonstanten $T = L/R$. Die Überlagerung mit dem Strom des stationären Endzustandes ergibt den Gesamtstrom, der von Null beginnend sich allmählich dem stationären Endzustand, der eingeschwungenen Sinuswelle, nähert. Da sich dabei der Augenblickswert des eingeschwungenen Stromes im Vorzeichen ändert, der freie Strom aber nicht, so wird dieser sich zeitweilig zu den Augenblickswerten des Endzustandes addieren. Es treten *Überströme* auf. Andererseits kann es auch vorkommen, daß der Schaltvorgang ohne jeden Ausgleichsvorgang unmittelbar auf den Strom des stationären Endzustandes führt.

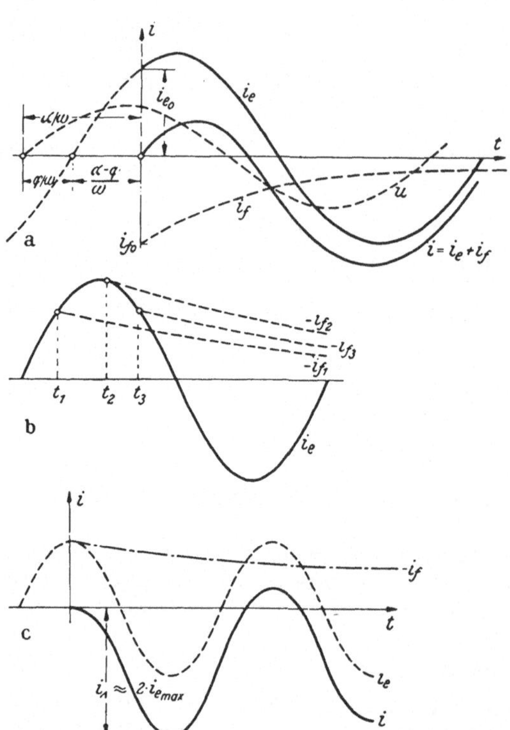

Abb. 329. Einschaltung einer Spule mit Widerstand an eine einwellige Wechselspannung. a Spannungsverlauf und Verlauf der Ströme nach dem Schaltvorgang. b Verschiedene Anfangswerte des freien Stromes abhängig vom Schaltzeitpunkt. c Gleichstromglied des Stromes nach dem Schaltvorgang verdoppelt praktisch die Stromspitze.

Wird nämlich in der Gl. (728) für den freien Strom $\sin(\alpha - \varphi)$ zu Null, so gibt es ja keinen freien Strom und der Strom des eingeschwungenen Zustandes stellt sich unmittelbar in seinem natürlichen Verlauf ein. Das ist der Fall, wenn wir mit $\alpha = \varphi$ in dem Augenblick schalten, in dem der Strom des Endzustandes ohnehin durch Null gehen würde. Dann tritt eben keine Änderung des Energieladungszustandes der Spule ein; nur eine solche Änderung aber würde einen Ausgleichvorgang bedingen.

Den größten Ausgleichsvorgang, den größten freien Strom und damit zugleich auch den größten Überstrom, aber bekommen wir, wie man aus der Abb. 329b ersieht, wo für verschiedene Schaltzeitpunkte die negativen freien Ströme eingetragen sind, für den Fall, daß der freie Strom gerade Tangente an die Kurve des Stromverlaufs für den eingeschwungenen Strom ist. Wir können diesen Schaltzeitpunkt also bestimmen aus der Gleichung:

$$\left(\frac{d\,i_e}{d\,t}\right)_0 = -\left(\frac{d\,i_f}{d\,t}\right)_0$$

Die Differentiation der Ausdrücke (Gl. (726) und (728)) für i_e und i_f und Gleichsetzung liefert die Bestimmungsgleichung für den Schaltwinkel:

$$i_{max}\cos(\alpha - \varphi) = -\left(-i_{max}\cdot\sin(\alpha - \varphi)\cdot(-1/T)\right)$$

oder umgeformt:

$$\operatorname{tg}(\alpha - \varphi) = -\frac{\omega L}{R} = -\operatorname{tg}\varphi \tag{729}$$

$$\alpha = 0\,. \tag{730}$$

Dieser Zustand tritt also dann ein, wenn wir bei der Schaltphase Null schalten, d. h. beim Nulldurchgang der Spannung. Der Zeitpunkt (t') des Maximums selbst ergibt sich aus der Bedingung, daß zu diesem Zeitpunkt $\frac{d\,i}{d\,t} = 0$ sein muß, als Lösung der transzendenten Gleichung:

$$\cos(\omega t' - \varphi) = \cos\varphi\cdot e^{-t'/T}\,. \tag{731}$$

Da große freie Ströme überhaupt nur eintreten, wenn φ in die Nähe von 90° kommt, können wir abschätzen, daß das Maximum in der Nähe von

$$\omega t' = 90° + \varphi = 180° \tag{731a}$$

liegen muß. Es tritt rd. eine halbe Periode nach der Einschaltung auf und beträgt:

$$i' \approx i_{max} \cdot \left(1 + e^{-\frac{T_{\sim}}{2T}}\right), \tag{732}$$

worin wir die Periodendauer des Wechselstromes mit $T_{\sim}$ bezeichnet haben, um sie deutlich von der Zeitkonstanten T zu unterscheiden. Ist die Periodendauer klein gegen die Zeitkonstante der geschalteten Anordnung, so erhalten wir also im Scheitelwert des wahren Stromes nach dem Schaltvorgang höchstens den doppelten Scheitelwert des stationären Stromes. Der Stromverlauf für einen solchen Fall ist in der Abb. 329c gezeigt.

Dennoch können bei Wechselstromschaltvorgängen auch in linearen Gebilden erheblich größere Überströme und freie Ströme auftreten. Wir geben als Beispiel den Vorgang nach der Abb. 330a. Der der Spule vorgeschaltete Kondensator C kann durch einen Schalter überbrückt werden. Nur diesen *Ein*schaltvorgang können wir vorerst untersuchen, denn bei seiner Öffnung würde sich ein Stromkreis mit wesentlich anderen Eigenschaften (2 Energiespeicher) ergeben, und für den Ausgleichsvorgang kommt es ja nur auf den Zustand des Kreises nach dem Schalten an. Vor dem Schalten bewirkt die Anwesenheit des Kondensators einen Strom im Kreis (vgl. S. 50)

$$i_a = \frac{u_{max}}{z_a} \cdot \sin(\omega t + \alpha - \varphi_a), \tag{733}$$

worin $z_a = \sqrt{R^2 + (\omega L - 1/\omega C)^2}$ und $\operatorname{tg} \varphi_a = \frac{\omega L - 1/\omega C}{R}$

ist. Nach dem Schalten haben wir einen Strom des eingeschwungenen Zustandes mit:

$$i_e = \frac{u_{max}}{z_e} \sin(\omega t + \alpha - \varphi_e) \tag{734}$$

mit $z_e = \sqrt{R^2 + (\omega L)^2}$ und $\operatorname{tg} \varphi_e = \frac{\omega L}{R}$.

Wir wollen für unsere Betrachtung einmal den Fall herausgreifen, bei dem mit $1/\omega C = 2\,\omega L$: $z_a = z_e$ und somit gerade $\varphi_a = -\varphi_e$ ist. Der Effektivwert des Ausgangs- und des Endzustandes sind also mit dem Amperemeter gemessen gleich. Sie unterscheiden sich nur in der Phasenlage, die beim Schaltvorgang von Voreilung um φ auf ebenso große Nacheilung wechseln muß. Der freie Strom muß

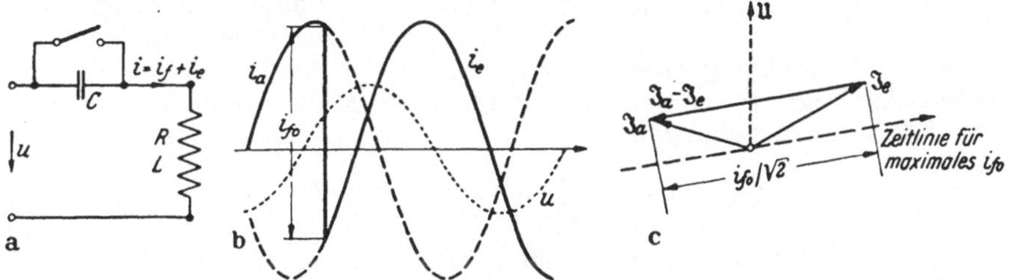

Abb. 330. Umschaltung im Stromkreis einer Spule bei Wechselstrom. a Schaltbild. b Verlauf der Ströme der stationären Zustände vor und nach dem Schalten und Anfangswert des freien Stromes. c Zeigerdiagramm zur Bestimmung des Anfangswertes des freien Stromes.

nun den Übergang zwischen den *Augenblicks*werten der Anfangs- und Endströme im Schaltmoment vermitteln, nicht zwischen ihren *Effektiv*werten. Infolgedessen können erhebliche freie Ströme nötig werden, wenn wir dann einschalten, wenn diese beiden Kurven weit voneinander entfernt liegen (Abb. 330b). Sind wie in der Abbildung angenommen, beide Phasenwinkel nahe an 90° so kann der größte freie Strom fast $2\,i_{max}$ betragen und bei kleiner Dämpfung, d. h. großer Zeitkonstante des freien Stromes, kann der Strom des Übergangszustandes bis fast auf das Dreifache des Scheitelwertes des stationären Endzustandes anwachsen.

Allgemein können wir für einen solchen Fall den Anfangswert des freien Stromes am einfachsten aus einem Zeigerdiagramm entnehmen. Sind $\mathfrak{J}_a$ und $\mathfrak{J}_e$ in Abb. 330c die Zeiger der Ströme des Anfangs- und des Endzustandes, so ist der Augenblickswert ihrer Differenz zugleich auch die Differenz der Augenblickswerte. Wenn also die Zeitlinie gerade parallel zu der Verbindungslinie der Zeigerspitzen liegt, so ist die Projektion dieser Verbindungsgeraden, d. h. des Zeigers $(\mathfrak{J}_a - \mathfrak{J}_e)$ am größten. Die Länge dieser Projektion — multipliziert mit $\sqrt{2}$, weil wir ja die Zeigerlängen gleich den Effektivwerten und nicht gleich den Scheitelwerten machen (s. S. 26), — ist dann der Größtwert des freien Stromes.

2. Schaltvorgänge an Drosselspulen mit Eisenkern.

Wenn die Drosselspule, deren Einschaltung wir im vorigen Abschnitt für verschiedene Schaltspannungen und Schaltzustände untersucht haben, einen Eisenkern hat, so können wir unsere Betrachtungen nicht mehr auf die Gleichung:

$$u = iR + L\frac{di}{dt} \tag{735}$$

aufbauen, weil ja der Zusammenhang zwischen Fluß und Strom nicht mehr linear ist, unsere Induktivität L also keine Konstante mehr ist. Der Zusammenhang zwischen Strom und Fluß wird vielmehr durch eine Magnetisierungskurve praktisch immer experimentell gegeben. Sie ist als Beispiel in Abb. 331a gezeichnet, wobei wir zur Vereinfachung der zeichnerischen Darstellung wieder auf die Unterschiede zwischen Aufmagnetisierung und Abmagnetisierung — die Hysteresisschleife — verzichtet haben und sie durch eine mittlere Magnetisierungskurve ersetzt haben.

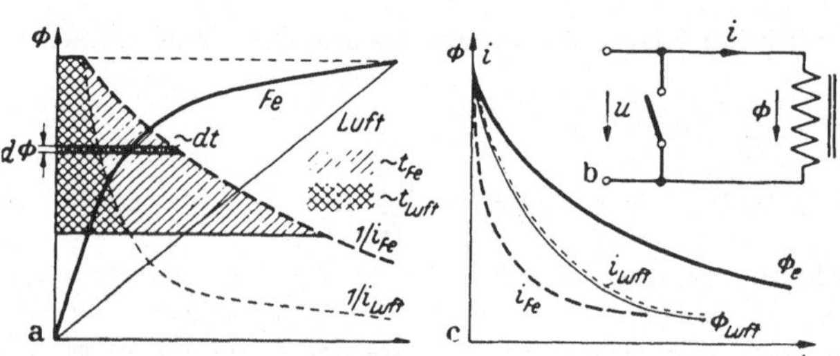

Abb. 331. Zur Ermittlung des zeitlichen Verlaufs des Flusses und Stromes bei einer Eisenkernspule. Luftspule zum Vergleich. a Magnetisierungskurven und Hilfskurven zur Ermittlung der Dauer des Abklingens. b Schaltbild. c Zeitlicher Verlauf von Fluß und Strom für eine Spule mit und ohne Eisenkern.

Schließen wir nun nach dem Schaltbild der Abb. 331b die Wicklung einer solchen Spule, beispielsweise die Erregerwicklung eines Generators, in sich kurz (Kurzschlußklemme q am Nebenschlußregler), so wird der Vorgang im Kreis nach der Schaltung beherrscht durch die Beziehungen:

$$0 = iR + w\frac{d\Phi}{dt} \qquad \Phi = f(i)\,. \tag{736}$$

Wenn wir auch sagen können, daß sich weder Fluß, noch Strom plötzlich ändern können, daß also ein „freier Fluß" und ein „freier Strom" den Übergang von dem anfangs vorhandenen Fluß und Strom auf den Endzustand vermitteln müssen, so können wir doch jetzt nicht eine einfache additive Aufspaltung in eine Gleichung für die freien Größen und eine für den stationären Endzustand vornehmen, weil ja der funktionelle Zusammenhang zwischen freiem Fluß und freiem Strom wegen der nichtlinearen Kennlinie stets vom gleichzeitig vorhandenen Wert der stationären Größen abhängt.

Wir können aber ohne eine solche Trennung sofort unsere Aufgabe ebensogut für die wahren Strom- und Flußwerte in Angriff nehmen. Die formale Lösung unserer

Differentialgleichung Gl. (736) durch Auflösung nach dt zeigt uns die Möglichkeit zu einer graphischen Lösung:

$$dt = -\frac{w}{R}\frac{d\Phi}{i}\,; \qquad t = \frac{w}{R}\cdot\int\limits_{\Phi_a}^{\Phi_e} (1/i)\cdot(-d\Phi)\,. \tag{737}$$

Tragen wir, wie das in der Abb. 331a geschehen ist, nach rechts über den Werten des Flusses außer i auch noch den jeweiligen Kehrwert von i in geeignetem Maßstab auf, so stellt jeder Flächenstreifen mit der Höhe $d\Phi$ und der Breite $(1/i)$ nach Multiplikation mit der Konstanten w/R, die ein für allemal zu ermitteln ist, ein Zeitelement dt dar, nämlich das Zeitelement, das der Fluß benötigt, um gerade um diesen Betrag $d\Phi$ abzunehmen. Die Integration aller dieser Flächenstreifen ergibt dann die Gesamtzeit für die Abnahme des Flusses um endliche Werte von irgend einem Anfangswert Φ_a aus bis auf irgend einen Endwert Φ_e. Dabei wird ebenso wie bei der Luftspule die Zeit bis zur Erreichung des stationären Endzustandes stets Unendlich. Denn zu $i = 0$ gehört stets $1/i$ gleich Unendlich, unabhängig davon, ob wir als Endzustand den betrachten, wo Φ auf Null absinkt, oder den, wo Φ auf seinen Remanenzwert absinkt, dem ja auch der Stromwert Null zugeordnet ist.

Den Vergleich mit der Luftspule finden wir am einfachsten, wenn wir in die gleiche Abbildung noch den Zusammenhang zwischen dem Fluß, dem Strom und dem Kehrwert des Stromes für eine solche Spule eintragen. Die Magnetisierungskennlinie ist eine Gerade, die wir im höchsten Punkt der Kennlinie mit der der Eisenkernspule zusammenfallen lassen wollen. Die $1/i$-Linie ist dann eine Hyperbel. Die links neben ihr und der Flußachse liegende Fläche stellt ebenso die Zeit für den Ausgleichsvorgang dar wie bei der nichtlinearen Kennlinie. Da jedoch für diese $1/i$ mit abnehmendem Fluß sehr viel schneller ansteigt, — i nimmt sehr viel schneller ab —, so dauert der Entmagnetisierungsvorgang bei der Eisenspule offenbar sehr viel länger.

Das erscheint etwas merkwürdig, weil doch der Energieinhalt des Feldes im Eisenkern viel kleiner ist als der in der Spule ohne Eisenkern. Die Fläche hinter der Magnetisierungskennlinie ist ja ein Maß für den freiwerdenden Energiebetrag. Es erklärt sich aber daraus, daß diese Energie nur in Form von Wärme als Verlust i^2R im Ohmschen Widerstand der Spule vernichtet werden kann. i^2 nimmt aber sehr viel schneller ab als i, das den Energieinhalt bestimmt. Bei der Eisenkernspule mit ihrem im Mittel sehr viel kleineren Strombedarf für die Magnetisierungskennlinie ist also die Möglichkeit zur Umsetzung von Energie des magnetischen Feldes in Wärme beträchtlich geringer; der Vorgang dauert länger.

Haben wir aus der Integration der Flächen den zeitlichen Verlauf der Flußabnahme (Abb. 331c) gefunden, so ist es ein Leichtes, aus der Verknüpfung von Fluß und Strom durch die Magnetisierungskurve nun auch die zeitliche Abnahme des Stromes zu ermitteln. Das ist im Teilbild Abb. 331c durch „Spiegelung" der Flußkurve an der Magnetisierungskurve sowohl für die Eisenkernspule, als auch für die Luftspule geschehen. Wie man sieht, nimmt zwar der Fluß der Eisenkernspule langsamer ab als bei der gleichwertigen Luftspule, der Strom dagegen schneller. Leider kommt es beim Entregungsvorgang eines großen Generators nicht auf den Erregerstrom, sondern auf den „schleichend" abnehmenden Fluß an, weil von diesem ja die induzierte EMK abhängt.

Noch anschaulicher wird das graphische Lösungsverfahren, wenn man die Ausgangsgleichung $iR + w\frac{d\Phi}{dt} = 0$ nicht nach dt, sondern nach $d\Phi$ auflöst:

$$-d\Phi = \frac{iR}{w}\,dt \tag{738}$$

und diese Gleichung näherungsweise statt zwischen den Differentialen von Fluß und Zeit zwischen endlichen Differenzen anschreibt:

$$-\Delta\Phi = \frac{i \cdot R}{w} \cdot \Delta t \tag{739}$$

und als Anweisung zur graphischen Lösung auffaßt. Wir nehmen einen geeigneten Zeitwert Δt als festes Intervall an und tragen für dies Intervall in der Abb. 332a die Gerade R als Widerstandskennlinie auf. Durch die Multiplikation mit $\frac{R}{w} \cdot \Delta t$ ist diese Kennlinie eine Flußkennlinie. Durch Subtraktion der Ordinaten AB dieser Kennlinie von den zu gleichem Strom gehörigen Flußwerten F erhalten wir eine neue Kennlinie, auf der die Punkte P liegen. Der Ordinatenabstand FP zwischen den beiden Flußkennlinien gibt nun nach der Gl. (739) jeweils den Flußbetrag an, um den sich der Fluß in dem Zeitintervall Δt vermindert. Wir erhalten also sehr einfach die zu je im Abstand Δt aufeinanderfolgenden Zeitpunkten gehörenden Flußwerte, indem wir vom Anfangswert F_a aus senkrecht herunter bis auf die untere Kennlinie gehen, von dort aus waagerecht nach F', dem Flußwert, auf den der Fluß nach Δt abgeklungen sein muß; dann wieder senkrecht herunter nach P' und waagerecht auf den neuen Flußwert F'' und den zugehörigen Stromwert i'' usw. Aus der Zahl der Schritte können wir unmittelbar die Zeit ablesen, die zum Abklingen des Flusses und Stromes auf einen bestimmten Endwert benötigt werden. Wir sehen sofort die schnelle Abnahme des Stromes in den ersten Zeitintervallen bei mäßiger Abnahme des Flusses und das spätere Kriechen von Fluß und Strom bei Annäherung an den Strom Null bei noch recht erheblichen Flüssen.

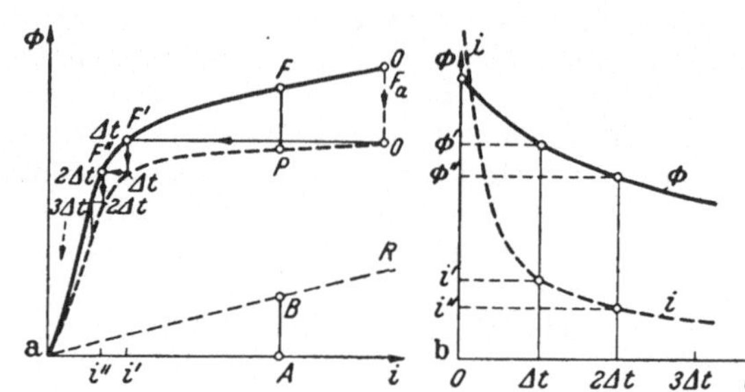

Abb. 332. Schrittweise Integration der Flußänderungen in festen Zeitintervallen (Δt in der Abbildung übertrieben). a Hilfskonstruktion. b Ergebnis für Fluß und Strom.

Den Charakter des Vorgangs können wir auch stark übertrieben verdeutlichen, wenn wir einmal die Kennlinie des Eisens wie bei starker Übersättigung durch eine Knickgerade (Abb. 333a) ersetzen. Jedem Teil der Kennlinie können wir dann eine Ersatzinduktivität $\frac{d\Phi}{d\,i}$ zuordnen, die im Gebiet oberhalb des Knies klein, darunter groß ist. In jedem Gebiet sind nun die Zusammenhänge linear. Der Strom nimmt aus hoher Übersättigung heraus zunächst mit einer kleinen Zeitkonstanten — L ist hier klein — schnell ab, bis die Sättigungsstromstärke erreicht ist (Abb. 333b). Dann tritt die höhere Induktivität in Kraft und damit eine wesentlich größere Zeitkonstante. Die exponentielle Abnahme mit der ersten Zeitkonstanten bricht in diesem Zeitpunkt ab. Vom Punkte S aus, der der Sättigungsstromstärke zugeordnet ist, beginnt ein wesent-

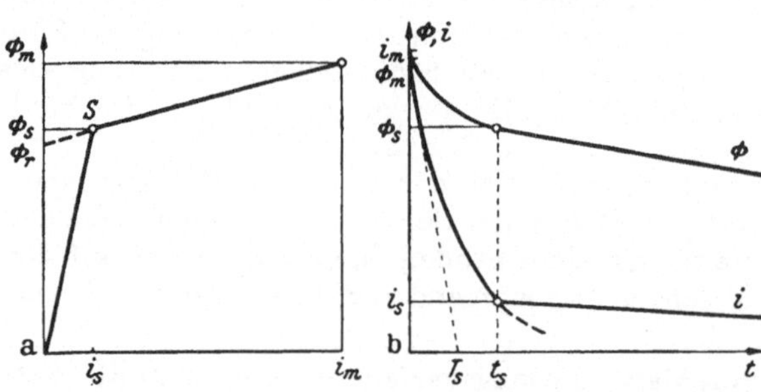

Abb. 333. Abklingen des Flusses und Stromes in einer hochübersättigten Eisenkernspule. Ersatz der Magnetisierungskurve durch Knickgerade.

lich langsamerer neuer exponentieller Abfall mit einer Zeitkonstanten, die u. U. um Zehnerpotenzen größer sein kann. So entsteht ein Knick in der Stromkurve. Der stationäre Endzustand, dem der Fluß im ersten Abschnitt zustrebt, ist, die „scheinbare Remanenz" bei der der obere Ast der Magnetisierungskennlinie die Ordinatenachse schneiden würde; im zweiten Abschnitt dagegen ist dann der Fluß des stationären Endzustandes Null, aber die Zeitkonstante wesentlich höher. Die Endneigung des Flusses bei Erreichen des Sättigungspunktes vom oberen Ast her ist, wenn wir dessen Zeitkonstante mit T_s bezeichnen:

$$\left(\frac{d\Phi}{dt}\right)_e = \frac{\Phi_s - \Phi_r}{T_s} \tag{740}$$

worin $T_s = \frac{w\,d\Phi}{R\,di} = \frac{w}{R}\,\frac{\Phi_s - \Phi_r}{i_s}$ ist, also:

$$\left(\frac{d\Phi}{dt}\right)_e = \frac{R i_s}{w} \tag{741}$$

Nachher unter dem Sättigungsknick ergibt sich entsprechend für den Anfangswert der Steilheit der Flußänderung:

$$\left(\frac{d\Phi}{dt}\right)_{a'} = \frac{\Phi_s}{T_u} \tag{742}$$

mit T_u als Zeitkonstante des Bereiches unterhalb der Sättigung. Diese ist nun definiert als:

$$T_u = \frac{w\,d\Phi}{R\,di} = \frac{w}{R}\,\frac{\Phi_s}{i_s}\,. \tag{743}$$

Einsetzen dieses Wertes in Gl. (742) ergibt, daß sich die beiden Äste des Flußverlaufes ohne Knick aneinander schließen. Der schleichende Charakter der Flußabnahme wird hier besonders deutlich.

Der Ersatz der Magnetisierungskennlinie durch die Knickgerade (Abb. 333a) gestattet uns nun auch in einfacher Weise den Vorgang der Einschaltung einer solchen Spule zu übersehen. Die beiden Zeitkonstanten folgen jetzt in umgekehrter Reihenfolge aufeinander. Der Strom strebt zunächst unmittelbar nach dem Einschalten einem Endwert zu, der allein durch den Ohmschen Widerstand der Wicklung begrenzt ist, so als ob der Fluß sehr hoch über den tatsächlich erreichbaren Wert steigen möchte. Da die zugehörige Induktivität entsprechend hoch ist, so geschieht dieser Stromanstieg langsam. Wird nun der Sättigungspunkt erreicht, so ändert sich sprunghaft die Induktivität; die Zeitkonstante wird ebenfalls stark verkleinert. Die weitere Annäherung an den Endwert i_m erfolgt nunmehr mit einer wesentlich kleineren Zeitkonstanten. Der Strom steigt sprunghaft schneller an und erreicht nun nach verhältnismäßig kurzer Zeit seinen stationären Endwert bis auf die kleine Abweichung, die, praktisch bedeutungslos, theoretisch erst im Unendlichen verschwindet. Es entsteht also im Stromanstieg eine Stufe, wie sie das Bild Abb. 334 schematisch zeigt. (vgl. S. 293).

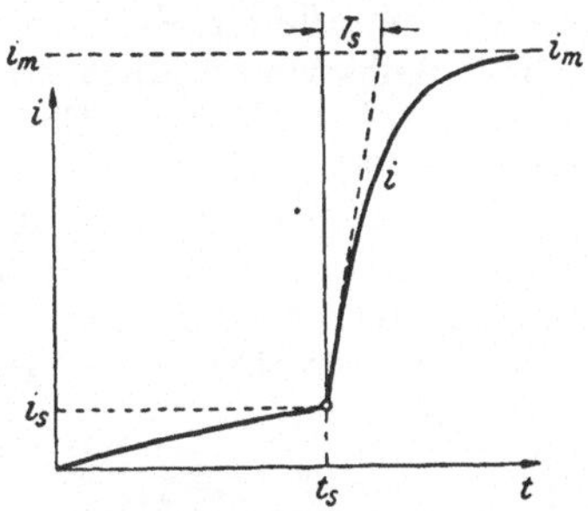

Abb. 334. Ansteigen des Stromes in einer hochübersättigten Eisenkernspule bei Einschaltung an eine Gleichspannung. Stromstufe beim Durchschreiten des Sättigungsknies.

Aber auch die Verfahren zur graphischen Lösung bei beliebig vorgegebener Magnetisierungskennlinie lassen sich nach kleiner Abänderung ebenso anwenden wie bei der Untersuchung des Kurzschlußvorganges. Die Ausgangsgleichung lautet ja jetzt:

$$u - iR = w\,\frac{d\Phi}{dt}\,. \tag{744}$$

Lösen wir nach dt auf, so erhalten wir:

$$dt = \frac{w}{u - iR} \cdot d\Phi = \frac{w}{R} \frac{1}{u/R - i} d\Phi . \tag{745}$$

Wir können die zur Erreichung eines bestimmten Flußwertes nötige Zeit wieder als Fläche darstellen, wenn wir als Funktion von Φ, das in dem Diagramm der Abb. 335a als Ordinate aufgetragen ist, als Abszisse an Stelle von i den Bruch $\frac{1}{u/R - i}$ auftragen, eine Hyperbelkurve, deren Asymptote horizontal beim Höchstwert des Flusses liegt, und die bei $\Phi = 0$ ihren Kleinstwert R/u hat. Jeder Flächenstreifen „hinter" dieser Kurve stellt nach Multiplikation mit w/R das Zeitelement dar, das zur Flußänderung um $d\Phi$ gehört, die gesamte Fläche hinter der Kurve also die Gesamtzeit als Summe aller dt, die für eine endliche Änderung des Flusses benötigt wird. Die Spiegelung der so durch graphische Integration gewonnenen Kurve des Flußverlaufes an der Magnetisierungskennlinie ergibt dann auch auf elementare Weise die Kurve des Stromverlaufes (Abb. 335b) mit der für die Einschaltung der Eisenkernspule charakteristischen Stufe, die wir im Prinzip schon aus der Untersuchung der Knickgeraden kennen, und die hier zwar verschliffen, weil ja kein Knick, sondern ein allmählicher Übergang vorliegt, aber doch deutlich erkennbar wiederkehrt. Selbstverständlich ergibt sich auch hier, daß es bis zur theoretischen Einstellung des stationären Endzustandes unendlich lange dauert, weil ja die letzten Flächenstreifen unendlich weit nach rechts reichen. Praktisch ist aber natürlich auch hier wieder der Vorgang nach einer endlichen Zeit beendet. Von einer einheitlichen Zeitkonstanten können wir aber nicht reden; eher sogar von zwei solchen Werten, die verschiedenen Teilen der Magnetisierungskennlinie zugeordnet sind, obwohl T in Wahrheit von Punkt zu Punkt der Kennlinie veränderlich ist.

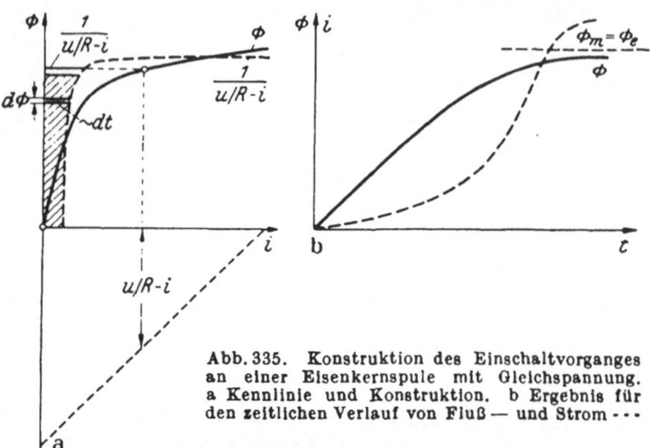

Abb. 335. Konstruktion des Einschaltvorganges an einer Eisenkernspule mit Gleichspannung. a Kennlinie und Konstruktion. b Ergebnis für den zeitlichen Verlauf von Fluß — und Strom - - -

Ganz analog können wir auch das andere Verfahren anwenden, das der Abb. 332 entsprechend in der Abb. 336 dargestellt ist und auf der Ausdeutung der Gleichung beruht, die bei Auflösung von Gl. (745) nach $d\Phi$ entsteht und auf endliche Flußänderungen umgeschrieben wird:

$$d\Phi = \frac{u - iR}{w} dt; \qquad \Delta\Phi = \frac{u - iR}{w} \Delta t . \tag{746}$$

Wir wählen einen geeigneten Zeitschritt Δt, tragen als zusätzliche Gerade in unserem Diagramm im Flußmaßstab die Werte $\frac{u - iR}{w} \Delta t$ als Ordinaten über i auf und addieren sie zum jeweiligen zugehörigen Wert des Flusses nach der Magnetisierungskennlinie. (Dabei muß man sinnvoll den Zeitabschnitt Δt so kurz wählen, daß die Neigung der neuen Kennlinie immer noch positiv bleibt. Andernfalls wäre die Näherung zu

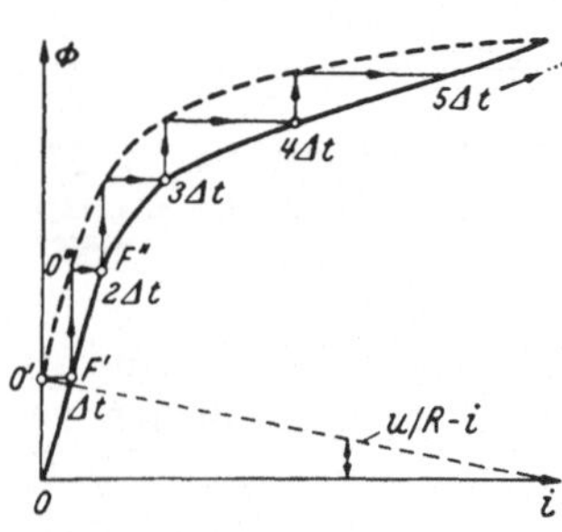

Abb. 336. Stufenweise Integration der Flußänderungen in gleichen Zeitintervallen beim Einschaltvorgang mit Gleichstrom.

weit getrieben.) Dann geht man genau so vor wie oben. Vom Punkt O aus gehen wir senkrecht nach oben auf den Punkt O' der neuen Kennlinie, dessen Höhenlage den Fluß nach dem ersten Zeitintervall Δt angibt, dem über die Waagerechte nach F' ein Magnetisierungsstrom i' zugehört. Von dort fahren wir fort und gehen senkrecht nach oben zum Punkt O'' und waagerecht nach rechts nach F'' mit dem zugehörigen Flußwert Φ'' und Stromwert i''. Das Ergebnis ist naturgemäß in um so besserer Übereinstimmung mit dem vorigen, je kleiner die Zeitintervalle Δt gewählt werden. Dabei erweist es sich oft als vorteilhaft, verschiedene Teile der Fluß- oder Stromkurve mit verschiedenen Intervallen zu rechnen, um einerseits nicht unnötig viele Einzelschritte zu machen, andrerseits nicht dort, wo eine feinere Unterteilung höhere Genauigkeit der Ergebnisse bringen kann, auf diesen Vorteil zu verzichten.

Das Ergebnis zeigt bei der nicht-linearen Eisenkernspule genau so wie bei der eisenfreien die Möglichkeit, die Zeitkonstante durch Erhöhung des Widerstandes abzukürzen, den Vorgang also schneller verlaufen zu lassen. In den Auflösungen (Gl. (737, 745)) nach dt, auf denen sich die graphischen Verfahren nach Abb. 331 und 335 aufbauten, kommt R im Nenner vor. Die Zeiten, innerhalb derer ein bestimmter Fluß erreicht wird, sind also dem Widerstand umgekehrt proportional bei jeder beliebigen Krümmung der Kennlinie. Allerdings wird diese Verkürzung des Ausgleichsvorgangs durch hohen Aufwand an Leistung erkauft, wenn der Widerstand dauernd im Stromkreis liegt. Denn an ihm tritt ja dauernder Ohmscher Spannungsabfall auf. Die Netzspannung, aus der der Magnetisierungsstrom der Spule entnommen werden soll, muß also entsprechend hoch sein. Wo man aber kürzeste Zeiten für die Feldregelung einer elektrischen Maschine verlangt, da muß man diesen Weg der *Stoßerregung* beschreiten und eine hohe Spannungsreserve der Erregerspannung in einem Vorwiderstand vernichten.

Auch für die Entregung wirkt sich in gleicher Weise ein hoher Widerstand im Kreis günstig auf kurze Entregungszeiten aus. Genau so wie bei der Auferregung (Gl. (745)) steht auch dort (Gl. (737)) bei der Ermittlung der Regelzeiten dt der Widerstand im Nenner, bzw. bei der Ermittlung der möglichen Flußänderungen in einem gegebenen Zeitintervall nach Gl. (739), bzw. (746), im Zähler. Auch für die Schnellentregung elektrischer Generatoren ist die Einschaltung von Widerstand in den Kurzschlußkreis der Erregerwicklung sinnvoll für eine Verkürzung der Entregungszeiten und damit eine Begrenzung des Energienachschubs aus der Maschine selbst in einen etwa vorhandenen inneren Fehler nach der Abschaltung vom Netz durch den Fehlerschutz.

Die stärksten Unterschiede gegenüber der eisenfreien Spule zeigt die Eisenkernspule aber bei der Einschaltung mit Wechselstrom.

Schalten wir z. B. einen leerlaufenden Transformator an eine Wechselspannung an, so können wir vorerst einmal von dem Vorhandensein eines Ohmschen Widerstandes der Wicklung absehen, da wir ja stets bemüht sind, ihn klein zu halten. Die Gleichung für den primären Stromkreis, vgl. Gl. (182), reduziert sich dann auf:

$$u = w\,\frac{d\Phi}{dt}\,, \tag{747}$$

worin wir unabhängig von der Tatsache, daß der Eisenkern nicht-lineare Verknüpfungen zwischen Fluß und Strom ergibt, den Fluß in einen Fluß des stationären Zustandes Φ_e und einen freien Fluß Φ_f zerlegen können, weil ja die Verknüpfung zwischen u und Φ stets linear ist. Für den Fluß des stationären Endzustandes gilt:

$$u = w\,\frac{d\Phi_e}{dt}\,, \tag{748}$$

für den freien Fluß also nach Subtraktion beider Gleichungen:

$$0 = w\,\frac{d\Phi_f}{dt}\,, \tag{749}$$

woraus als mathematische Konsequenz folgt:

$$\Phi_f = \text{Konst.}$$

Der freie Fluß, der den Übergang zwischen Anfangszustand und Endzustand vom Schaltaugenblick an während des Ausgleichsvorgangs vermitteln muß, bleibt also dauernd bestehen.

Schalten wir also nach Abb. 337 im Nulldurchgang der Spannung bei maximalem Fluß, so ist auch der freie Fluß gleich dem Scheitelwert des Flußverlaufs. Es ergeben sich Flußüberhöhungen bis zum Doppelten des Normalwertes der Induktion, die sich, weil wir auf den dämpfenden OHMschen Widerstand in unserer Betrachtung verzichtet haben, unvermindert alle Periode einmal wiederholen. Die Flußschwankung des Umspanners verläuft dann nicht mehr wie normal zwischen $-\Phi_{max}$ und $+\Phi_{max}$, sondern zwischen 0 und $2\,\Phi_{max}$. Die zugehörigen Magnetisierungsströme können wir dann aus der nicht-linearen Kennlinie entnehmen. Dabei gehört nun aber zu einer maximalen Induktion, die bei üblicher Sättigung des Eisens im Normalbetrieb von 130...150 μVs/cm² = 13...15 kG auf bis zu 300 μVs/cm² = 30 kG ansteigen kann, ein sehr erheblicher Magnetisierungsstrom, der ein hohes Vielfaches des

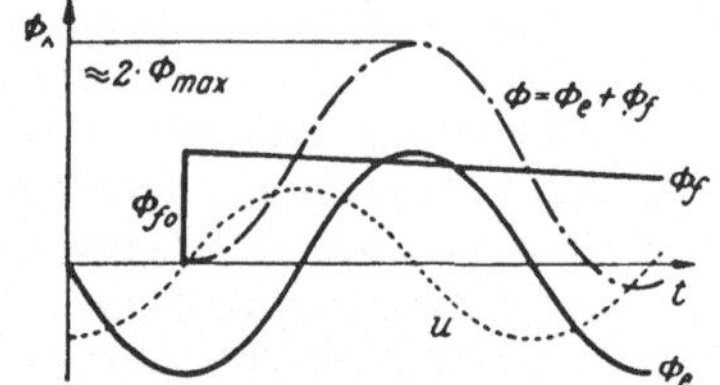

Abb. 337. Spannung, Fluß und freier Fluß bei Einschaltung einer Eisenkernspule bei Wechselstrom.

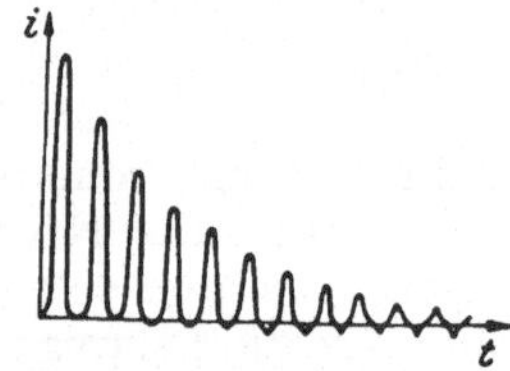

Abb. 338. Zeitlicher Verlauf der Stromaufnahme eines leerlaufenden Transformators bei Einschaltung mit Wechselstrom.

normalen Leerlaufstromes des Umspanners ausmachen kann, ja sogar in vielen Fällen den Vollast- oder Nennstrom übersteigt. Die Überströme sind nun nicht mehr wie bei der eisenkernfreien Spule auf das Doppelte des Leerlaufwertes beschränkt und nähern sich damit den im Kurzschluß auftretenden Stromwerten. Praktisch bleibt die Stromstärke nicht unbegrenzt in gleicher Höhe bestehen, weil eben doch der Widerstand der Wicklung eine Dämpfung darstellt, die nach einer Anzahl von Halbwellen des Wechselstroms den freien Fluß genügend herabsetzt, um den hohen Überstrom zum Verschwinden zu bringen. Der Flußverlauf nähert sich dabei mehr und mehr dem symmetrischen Verlauf; die Stromspitzen verschwinden sehr schnell. Aber während einiger Perioden des Wechselstroms können doch erhebliche Stromspitzen auftreten. Abb. 338 zeigt die Aufnahme eines solchen Schaltüberstromes während der ersten Halbwellen nach der Einschaltung.

An sich sind diese Überströme wohl hoch und für die Wirkungsweise von Schutzeinrichtungen und Relais sehr störend, aber doch nicht für den Bestand der Wicklung oder der Anlage gefährlich, denn sie bleiben ja noch immer weit unter den im Kurzschlußzustand möglichen Strömen. Dennoch hat man sich bemüht, diese Stoßströme möglichst klein zu halten. Da es aus wirtschaftlichen Gründen nicht diskutabel ist, die Sättigung so niedrig zu halten, daß auch bei Verdoppelung durch den freien Fluß noch nicht das Knie der Magnetisierungskurve überschritten wird, hat man dabei am Schalter sogenannte Vorkontakte vorgesehen, die den Umspanner zunächst über einen Vorwiderstand an die Netzspannung anlegen (Abb. 339). Die Funktion dieses Vorwiderstandes besteht dabei weniger darin, die Spannung, auf die im „stationären Endzustand" dieses Zwischenzustandes zugeschaltet wird, abzusenken, weil der an ihm auftretende Spannungsabfall ja um 90° nacheilend gegen die Spannung am leerlaufenden Umspanner phasenverschoben ist, der eine fast reine Induktivität hoher Gütezahl darstellt. Infolgedessen würde selbst bei beträchtlichen Werten des an ihm auftretenden Spannungsabfalles die Spannung an den Umspannerklemmen nicht wesentlich sinken, wie das Zeigerdiagramm der Abb. 339b zeigt. Er soll vielmehr dafür sorgen, daß der freie Fluß in der Zeit bis zur möglichen Addition mit dem Scheitelwert des stationären Endflusses auf einen genügend kleinen Wert abgesunken ist, um die Summe aus beiden nicht mehr allzuhoch über dem normalen Scheitelwert liegen zu lassen.

Den dafür erforderlichen Wert können wir abschätzen, wenn wir etwa annehmen, daß der freie Fluß in der kritischen Zeit, d. h. in einer halben Periode $T/2$ auf das p-fache seines Anfangswertes von 100% des normalen Flusses abgeklungen sein soll. Das bedeutet nach S. 341:

$$p = e^{-t/T} = e^{-(T_\sim/2\,T)},$$

und nach T aufgelöst:

$$T = \frac{T_\sim}{2 \ln (1/p)}. \tag{750}$$

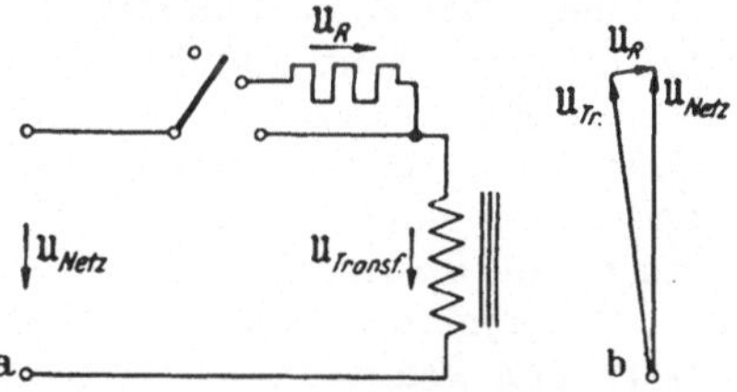

Abb. 339. Vorkontaktschalter für Transformatoren. a Schaltbild. b Zeigerdiagramm bei eingeschaltetem Vorkontakt.

Nun ist aber die Zeitkonstante einer Spule nach unseren Feststellungen Gl. (707) $T = L/R$, so daß wir für den gesuchten Widerstand finden:

$$R = L \cdot \big(2 \ln (1/p)\big)/T_\sim,$$

was nach Erweitern mit ω wegen $\omega T_\sim = 2\,\pi$ übergeht in

$$R = \omega\, L \frac{\ln (1/p)}{\pi}. \tag{751}$$

Hierin ist L die für den Zustand der Übersättigung gültige Induktivität, die erheblich kleiner ist als die normale Leerlaufinduktivität. Setzen wir also etwa an, daß im Zustand der Übersättigung der Strom bis auf den Nennstrom ansteigen kann, der das $x$fache des normalen Leerlaufstromes betrage, so können wir die letzte Gleichung nach Erweitern mit I_0, dem normalen Leerlaufstrom, noch einmal umschreiben und erhalten:

$$I_0 R = I_0\, \omega\, L_0 \frac{\ln (1/p)}{\pi\, x} = U \frac{\ln (1/p)}{\pi\, x}. \tag{752}$$

Sei $p = 0{,}2$, d. h. verlangen wir, daß der freie Fluß nach einer Halbperiode nur noch 20% seines Anfangswertes betrage, daß also nicht mehr als 20% Übersättigung vorkommen sollen, so ist mit genügender Genauigkeit $(\ln 5)/\pi = 1/2$ und damit sehr einfach:

$$I_0 R = \frac{U}{2\,x}. \tag{753}$$

Da x bei den technisch gebräuchlichen Sättigungswerten von Transformatoren in der Gegend von mindestens 5...10 liegt, so ist der Vorwiderstand eines Vorkontaktschalters also für einen Spannungsabfall von 5...10% der Nennspannung unter dem Einfluß des normalen Leerlaufstromes auszulegen und beträgt damit größenordnungsmäßig etwa das Hundertfache des Widerstandes der Transformatorwicklung bei mittleren Verhältnissen.

Wenn man von den Vorkontaktschaltern nach diesem Prinzip in vielen Fällen wieder abgegangen ist, so liegt das nicht daran, daß das hier beschriebene Prinzip etwa nicht so wie beschrieben gewirkt hätte, sondern daran, daß man Überströme dieser Größenordnung doch nicht mehr für so gefährlich erachtet und mehr die Komplikationen fürchtet, die auftreten, wenn aus konstruktiven Fehlern der Vorwiderstand, der ja nur für Kurzzeitbeanspruchung bemessen ist, doch einmal längere Zeit Strom führt und dann zu thermischen Schäden Anlaß gibt.

3. Schaltvorgänge an Kreisen mit Kondensatoren.

Wir betrachten auch hier zunächst nicht die Vorgänge bei der Stromunterbrechung, die erst im Abschn. VII C 3 (S. 434) behandelt werden, sondern nur die Einschaltvorgänge in ähnlicher Weise wie im Abschn. VII A 1 (S. 339) für die Spule als Speicher für magnetische Energie, wenn nunmehr der Kreis einen Kondensator in Kombination mit einem Widerstand enthält. Als einfachstes Beispiel betrachten wir nach Abb. 340 die Reihenschaltung eines Kondensators mit der Kapazität C mit einem Ohmschen Widerstand R und nehmen davon Abstand, hier schon die an sich unvermeidliche Induktivität des Kreises mit in Rechnung zu stellen (vgl. hierzu Abschn. VII A 4). Bei der Spule ließ der Energieinhalt des magnetischen Feldes keine sprunghaften Änderungen des Stromes und des Flusses zu. Beim Kondensator sind die entsprechenden Größen, die sich nicht sprunghaft ändern können, die Spannung am Kondensator und die Ladung auf seinen Belegungen, die der Spannung proportional ist und mit ihr zusammen den Energieinhalt des elektrischen Feldes im Dielektrikum bestimmt. Der Ausgleichsvorgang, den wir somit bei Schaltvorgängen zu erwarten haben, muß dazu dienen, Spannung und Ladung des Kondensators stetig vom Anfangszustand im Schaltaugenblick auf den zeitlichen Verlauf überzuleiten, der sich im stationären Endzustand ergibt. Da der Kondensator ein in unserem Sinne lineares Gebilde ist — ähnliche Nichtlinearitäten, wie wir sie bei der Spule mit Eisenkern besonders behandeln mußten, gibt es im elektrischen Fall nicht — so können wir in gleicher Weise wie dort, die Stromkreisgleichungen zweimal aufstellen: einmal für den wahren Strom, die wahre Ladung, die wahren Spannungen, zum anderen Mal: für die Ladungen, Ströme und Spannungen des stationären Endzustandes. In beiden Fällen ist dieselbe Spannung treibende Ursache, die wir durch den Schaltvorgang mit beliebigem bekannten und fest gegebenen Verlauf auf den Stromkreis aufschalten. Nur nebenbei sei erwähnt, daß es uns natürlich auch freistehen würde, einen Vorgang zu untersuchen, bei dem nicht eine Spannung von außen eingeprägt wird, sondern ein Strom, der von einer Urstromquelle herrührt.

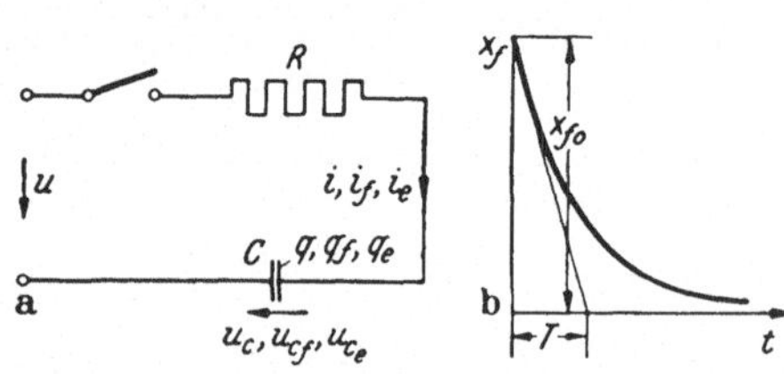

Abb. 340. Einschaltung der Reihenschaltung von Kondensator und Widerstand. a Schaltbild mit Zählpfeilen. b Zeitlicher Verlauf der freien Größen.

Die beiden Gleichungen lauten:

$$u = iR + u_c = iR + \frac{1}{C} q = i\, R + \frac{1}{C} \int i\, dt \tag{754}$$

und

$$u = i_e R + u_{c_e} = i_e R + \frac{1}{C} q_e = i_e\, R + \frac{1}{C} \int i_e\, dt\,, \tag{755}$$

worin die wahren Größen ohne Index, die des stationären Endzustandes mit dem Index e gekennzeichnet sind und u die „geschaltete" Spannung ist.

Die Subtraktion beider Gleichungen liefert wegen der in beiden gleichen Spannung u die Beziehung:

$$0 = (i - i_e)\, R + u_c - u_{c_e} = (i - i_e)\, R + \frac{1}{C}\,(q - q_e) = (i - i_e)\, R + \frac{1}{C} \int (i - i_e)\, dt\,, \tag{756}$$

worin wir nun wieder die Differenz aus den nach dem Schaltvorgang wirklich vorhandenen Größen und denen des stationären Endzustandes als die *freien* Größen mit dem Index f bezeichnen wollen:

$$i = i_e + i_f; \qquad q = q_e + q_f; \qquad u_c = u_{c_e} + u_{c_f} \tag{757}$$

Zwischen den freien Größen besteht also wieder eine von der Art und dem Verlauf der geschalteten Spannung unabhängige Beziehung:

$$0 = i_f R + u_{c_f} = i_f R + \frac{1}{C} q_f = i_f R + \frac{1}{C} \int i_f dt\,, \tag{758}$$

wobei in diesen Gleichungen die freien Größen in der gleichen Weise miteinander verknüpft sind wie die wahren Größen untereinander mit dem einzigen Unterschied, daß für die freien Größen die äußere Spannung u wegfällt. Es ist also auch:

$$u_{c_f} = \frac{1}{C} q_f; \quad i_f = \frac{d q_f}{dt}\,.$$

Wir können unsere Ausgangsgleichungen für die freien Größen auf irgend eine dieser Größen zuschneiden und also zum Ausgangspunkt der Lösung z. B. jede der beiden nachstehend aufgeführten Gleichungen nehmen.

$$i_f R + \frac{1}{C} q_f = 0 \quad \text{bzw.} \quad R \frac{d q_f}{d t} + \frac{1}{C} q_f = 0 \tag{759}$$

oder

$$i_f R + \frac{1}{C} \int i_f\, d t = 0 \;\text{bzw.}\; R \frac{d i_f}{d t} + \frac{1}{C} i_f = 0\,. \tag{760}$$

Auch für die freie Spannung u_{c_f} am Kondensator und für die freie Spannung u_{r_f} am Widerstand würden wir die gleiche Gleichung erhalten, bis auf die Tatsache daß die gesuchte Größe jeweils mit einem anderen Buchstaben bezeichnet ist. Alle freien Größen in der Schaltung gehorchen also dem gleichen allgemeinen Zusammenhang und befolgen also auch das gleiche Zeitgesetz als allgemeine Lösung der ihnen allen gemeinsamen Differentialgleichung. Sie unterscheiden sich dann nur durch die verschiedene Größe der in der allgemeinen Lösung unbestimmten Integrationskonstanten, die auf den jeweiligen Zustand der Bedingungen im Zeitpunkt des Schaltvorgangs zugeschnitten werden muß, d. h. so zu bestimmen ist, daß der sprungfreie Übergang *der* Größen gesichert ist, die sich nicht unstetig ändern dürfen.

Da es sich wieder um die gleiche Differentialgleichung 1. Ordnung mit konstanten Koeffizienten handelt, die wir schon bei der Spule, vgl. Gl. (698), lösen mußten, — nur haben die Koeffizienten andere Buchstabenbezeichnungen und anderen physikalischen Sinn, — so muß sich nach Vertauschung der Buchstaben auch die gleiche Lösung ergeben. Wir leiten sie hier noch einmal her, indem wir diesmal den Ansatz:

$$q_f = q_{f_0} e^{pt} \qquad \text{machen.} \tag{761}$$

Mit ihm ist:

$$\frac{d q_f}{dt} = p q_{f_0} e^{pt}\,,$$

und nach Einführung beider Ausdrücke in die Differentialgleichung für q_f folgt:

$$0 = p R q_{f_0} e^{pt} + \frac{1}{C} q_f \; e^{pt}\,, \tag{762}$$

worin die Gleichheit der Abhängigkeit beider Größen von der Zeit, die es gestattet, diese Funktion herauszukürzen, die Richtigkeit des Funktionsansatzes erweist, wenn die Restbedingung erfüllt ist:

$$-pR\, q_{f_0} = \frac{1}{C} q_{f_0}\,, \tag{763}$$

die — wiederum für jeden beliebigen Wert von q_{f_0} erfüllt — diesen „Anfangswert" der freien Größe q_f als die auf anderem Weg zu bestimmende Integrationskonstante zeigt und schließlich für p den Wert liefert:

$$p = -\frac{1}{RC} = -1/T\,. \tag{764}$$

p ist der Kehrwert einer Zeit, der Zeitkonstanten, die allein von den Stromkreiselementen, nicht aber von der geschalteten Spannung abhängt. Der Verlauf aller freien Größen der Schaltung wird also durch eine funktionale Zeitabhängigkeit nach der Abb. 340b gegeben, die für alle gleich ist, weshalb hier die Ordinate einfach als x_f bezeichnet ist.

Es ist derselbe zeitliche Verlauf, den wir bereits bei der Behandlung der Schaltvorgänge an der Spule ausgiebig diskutiert haben (vgl. S. 342, besonders Abb. 325). Er hat die konstante Subtangente, die gleich der Zeitkonstanten ist, sinkt nach einer Zeitkonstante auf rd. 37 %, nach 2 Zeitkonstanten auf rd. 13,5 % und ist nach 5...7 Zeitkonstanten praktisch auf Null abgeklungen, theoretisch aber auch nach unendlich langer Zeit noch vorhanden. T ist dabei der Wert, nach dem die anfangs vorhandenen Werte auf Null zurückgehen würden, wenn ihre Änderungsgeschwindigkeit unverändert den Anfangswert beibehalten würde.

So bleibt also nur noch die Bestimmung der Integrationskonstanten aus den Anfangsbedingungen, die den Anschluß des im Schaltzeitpunkt herrschenden Ladungszustandes des Kondensators an den später sich einstellenden Endzustand vermitteln muß. Bei der Spule fragten wir dabei nach dem Strom, der stetig übergehen mußte. Ihm sind hier keine solchen Bedingungen auferlegt. Dagegen darf sich hier die Ladung nicht unstetig sprunghaft ändern. Um die Konstante bestimmen zu können, müssen wir nun bestimmte Annahmen über die Schaltspannung und den vorangegangenen Zustand machen, denn es muß ja allgemein nach Gl. (757) gelten:

$$q_f = q - q_e ,$$

also auch im Zeitpunkt $t = 0$:

$$q_{f_0} = q_{a_0} - q_{e_0} , \tag{765}$$

weil ja für $t = 0$ die Exponentialfunktion den Wert 1 bekommt und somit q_{f_0} eben den Anfangswert der freien Ladung darstellt.

Wir betrachten als ersten Sonderfall den nach der Abb. 341a. Der Kondensator sei aus irgend einer Ursache heraus auf eine Ladung q_0 aufgeladen, z. B. dadurch, daß er vorher an einem Gleichstromnetz auf die Spannung u_0 aufgeladen wurde. Im Zeitpunkt $t = 0$ schließen wir den Kondensator über den Schalter S an den äußeren Klemmen kurz. Der Widerstand im Kreis ist der innere Widerstand der Belegungen und der Zuleitungen einschließlich des Widerstandes des Schalters und seiner Zuleitungen. Dann ist also $q_{a_0} = q_0$. Andererseits ist der Endzustand, dem die Kondensatorladung stationär zustrebt: $q_e = 0$, womit auch $q_{e_0} = 0$ gegeben ist.

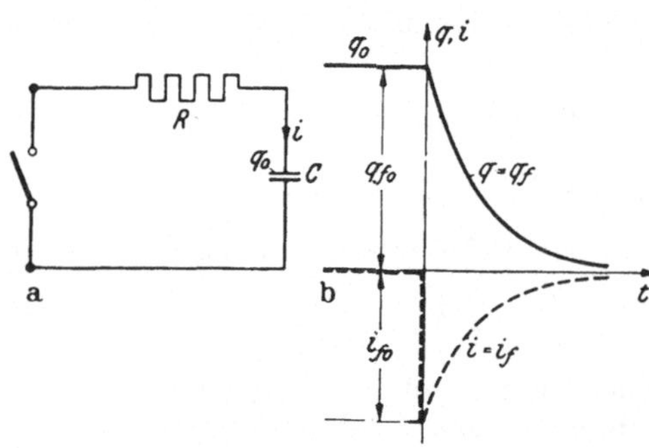

Abb. 341. Entladevorgang eines Kondensators. a Schaltung. b Zeitlicher Verlauf von Ladung und Strom.

Es ist also:

$$q_{f_0} = q_{a_0} - q_{e_0} = q_0 - 0 = q_0 , \tag{766}$$

und somit also der Verlauf der freien Ladung und der wahren Ladung — wegen $q_e = 0$ und Gl. (757) ist ja $q = q_f$ —:

$$q = q_f = q_0 \, e^{-t/T} . \tag{767}$$

Hieraus ergibt sich durch Division durch die Größe des Kondensators auch der zeitliche Verlauf der Kondensatorspannung:

$$u_c = u_{cf} = \frac{q_f}{C} = \frac{q_0}{C} e^{-t/T} \tag{768}$$

und ebenso schließlich auch der Ladestrom, der hier besser ein Entladestrom heißt, weil er sich negativ ergibt und den Kondensator ja tatsächlich entlädt:

$$i_f = i = \frac{d q_f}{dt} = -\frac{q_0}{T} e^{-t/T}. \tag{769}$$

Setzen wir hierin $q_0 = u_0 C$ und $T = RC$ ein, so können wir dafür auch schreiben:

$$i = i_f = -\frac{u_0}{R} e^{-t/CR}. \tag{770}$$

Diese Ergebnisse sind in der Abb. 341 b im Zusammenhang dargestellt. Während die Ladung sich stetig ohne Sprung an den vor dem Schaltzeitpunkt vorhandenen Wert q_0 anschließt, springt der Strom im Augenblick $t=0$, in dem der Schalter eingelegt wird, auf einen hohen Anfangswert $\frac{u}{R}$ in negativer Richtung, — Entladung (!) — von dem aus er exponentiell auf Null abklingt. Gegen die sprunghafte Änderung des Stromes brauchen wir keine Bedenken zu haben; ihr steht unter den gemachten Annahmen, daß nur der Kondensator als Energiespeicher im Kreis vorhanden ist, nichts entgegen. i darf springen. Die Anfangsbedingung wird nur durch die Stetigkeit der Kondensatorladung, bzw. des Energieinhaltes des Kondensators, geschaffen.

Die bei einem solchen Entladungsvorgang auftretenden Ströme und Leistungen können sehr beträchtliche Werte annehmen. Ist z. B. ein Kondensator von 10 μF mit einem inneren Widerstand von 0,1 Ω auf eine Anfangsspannung von 500 V aufgeladen, so beträgt der Anfangswert des Entladestromes nach Gl. (770):

$$i_{f0} = -\frac{u_0}{R} = -5000 \text{ A}.$$

Die im ersten Augenblick umgesetzte Leistung ist:

entweder $i_0^2 R = 2500$ kW oder übereinstimmend $u_0 i_0 = 2500$ kW.

Zwar dauern diese Strom- und Leistungsspitzen nur sehr kurze Zeit. Die Zeitkonstante wird mit den hier gemachten Annahmen ja $T = RC = 10^{-6}$ sec, sodaß also der ganze Vorgang bis auf 1/1000 seines Stromanfangswertes bereits nach 7 μs abgeklungen ist. Diese Zeit reicht aber doch aus, um unter ungünstigen Umständen Schäden an den Kondensatoren durch dynamische Kräfte auf die Belegungen hervorzurufen. Es empfiehlt sich deshalb, beim Kurzschließen von Kondensatoren zwecks Entladung Vorwiderstände vorzusehen.

Als zweites Zahlenbeispiel nehmen wir einen ganz entgegengesetzten Fall. Ein kleiner Kondensator habe einen zu messenden sehr hohen Isolationswiderstand. Man lädt ihn auf eine hohe Spannung und beobachtet die fortschreitende Entladung mit einem selbst stromlos arbeitenden Spannungsmesser, z. B. einem Elektrometer, dessen Isolationswiderstand entweder erheblich besser sein muß oder getrennt nach dem gleichen Verfahren gemessen wird. Die Zeit, während der die Spannung am Kondensator vom Wert u_1 auf den Wert u_2 fällt, wird als Δt gemessen. Dann ist wegen der Proportionalität von q und u_c nach Gl. (768):

$$u_2/u_1 = e^{-\Delta t/T}.$$

Nach $T = RC$ aufgelöst erhalten wir daraus:

$$R = \frac{\Delta t}{C \ln (u_1/u_2)}, \tag{771}$$

als Bestimmungsgleichung für R. Da bei Kondensatoren gleicher Bauart R und C gegenläufig veränderlich sind — bei verlustbehaftetem Dielektrikum ist das Produkt aus beiden eine Werkstoffkonstante, nämlich gleich dem Produkt aus spezifischem Isolationswiderstand und Dielektrizitätskonstante — hat es sich eingebürgert, die Zeitkonstante der Entladung unmittelbar als Kennzeichen der Qualität eines Kondensators anzugeben.

Als nächsten Sonderfall behandeln wir die Aufladung eines Kondensators aus einer Gleichspannungsquelle, einem starren Gleichspannungsnetz, nach der Abb. 342a. Da ja der zeitliche Verlauf aller freien Größen genau wie zuvor durch das Zeitgesetz aus Gl. (768):

$$e^{-t/T} \text{ mit } T = RC\,,$$

gegeben ist, so ist nur die Bestimmung des stationären Endzustandes und des Anfangwertes der freien Größen neu vorzunehmen. Im stationären Endzustand ist

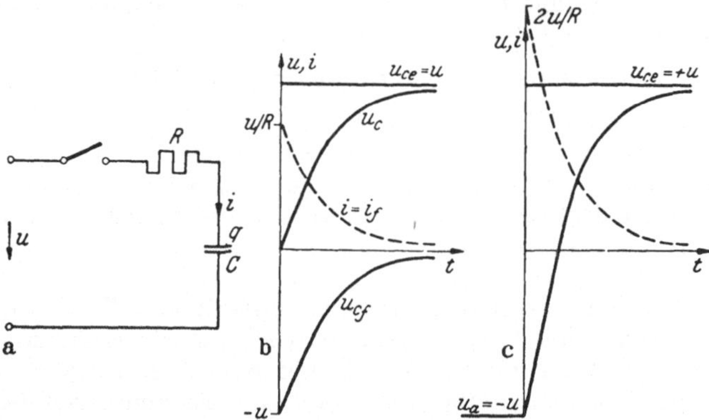

Abb. 342. Schaltvorgänge mit Gleichstrom beim Aufladen eines Kondensators. a Schaltbild. b Spannung und Strom beim Aufladen des ungeladenen Kondensators. c Spannung und Strom beim Umladen des Kondensators von $-u$ auf $+u$.

der Kondensator auf die Spannung u aufgeladen, und auf seinen Belegungen finden wir dann die Ladung

$$q_e = C\,u\,. \qquad \text{Somit auch: } q_{e_0} = C\,u\,. \tag{772}$$

Über den Anfangszustand müssen wir getrennte Annahmen machen. Der Kondensator könnte ja von einem früheren Betriebszustand her noch irgend eine Restladung tragen, die wir dann als Anfangsladung zu berücksichtigen hätten. Nehmen wir erst einmal an: er sei ungeladen gewesen. Dann ist $q_{a_0} = 0$, womit auch der Anfangswert der freien Ladung festliegt:

$$q_{f_0} = q_{a_0} - q_{e_0} = 0 - C\,u = -C\,u\,. \tag{773}$$

Damit ist die Aufgabe für die Ladung auf dem Kondensator gelöst:

$$q = q_f + q_e = C\,u\,(1 - e^{-t/T})\,, \tag{774}$$

woraus sich durch Division durch C auch der Verlauf der Spannung am Kondensator während des Ladevorgangs findet:

$$u_c = q/C = u\,(1 - e^{-t/T})\,. \tag{775}$$

Die in Abb. 342b gezeichnete Kurve des Spannungsverlaufes am Kondensator ist also zugleich in anderem Maßstab eine Kurve des Ladungsverlaufes.

Andrerseits finden wir durch Differentiation des Ladungsverlaufes (Gl. (774)) nach der Zeit auch den Verlauf des freien Stromes, der zugleich der gesamte Ladestrom ist, weil ja im stationären Endzustand kein Strom fließt:

$$i = i_f = \frac{d q_f}{d t} = C u\,(1/T)\, e^{-t/T} \tag{776}$$

selbstverständlich mit dem gleichen Gesetz wie alle freien Größen dieses Kreises, nur mit einem anderen Anfangswert:

$$i_{f_0} = \frac{C u}{T} = \frac{u}{R}. \tag{777}$$

Anfangs bestimmt bei ungeladenem Kondensator der Widerstand allein die Größe des Stromes. Mit zunehmender Aufladung begrenzt die steigende Spannung am Kondensator die als Spannungsabfall am Widerstand noch zur Verfügung stehende Spannung mehr und mehr; der Strom sinkt schließlich bei voller Aufladung auf Null ab. Bis auf das Vorzeichen ist dabei der Stromverlauf genau der gleiche, den wir im vorigen Abschnitt für die Entladung des auf die Spannung u aufgeladenen Kondensators fanden. Während jetzt u und i während des Ausgleichvorganges gleiches Vorzeichen haben, der Kondensator also als Verbraucher Leistung aufnimmt, um sie in seinem Feld als elektrische Energie zu speichern, war beim vorigen Beispiel das Produkt aus Spannung und Strom negativ, — u positiv, i negativ — d. h. der Kondensator gab Leistung nach außen ab. Er baute seinen Energieinhalt aus dem Feld ab und schickte ihn in den Widerstand, wo er in Wärme umgewandelt wurde. In Übereinstimmung damit wird die Gesamtwärmeentwicklung im Widerstand für den Entladefall nach Gl. (770):

$$\int_0^\infty i^2 R\, d t = \frac{u^2}{R} \int_0^\infty e^{-2t/T}\, d t = \frac{u^2}{R}\,\frac{T}{2} = \frac{1}{2} C u^2 \tag{778}$$

genau so groß wie der Energieinhalt des sich entladenden Kondensators.

Nun ist aber hier der zeitliche Verlauf des Ladestroms genau der gleiche. Die Vorzeichenumkehr macht ja auf die Wärmeentwicklung nichts aus. Auch bei der Ladung wird also im Ladewiderstand ebensoviel Energie in Wärme verwandelt, wie dem Energieinhalt des Kondensators entspricht. Das Netz hat also den doppelten Energiebetrag zu liefern, den wir im geladenen Kondensator nach Ablauf des Ladevorganges gespeichert finden. Der Wirkungsgrad beträgt genau 50 % und zwar unabhängig davon, ob der Ladewiderstand groß oder klein ist, selbst wenn es sich nur um den Zuleitungswiderstand handelt. Geändert werden durch die Größe des Vorwiderstandes nur die Zeiten, in denen sich diese Vorgänge abspielen.

Hätte der Kondensator zu Anfang des Ladevorganges noch eine Restladung von einem früheren Betriebszustand her getragen, so müssen wir das bei der Berechnung des Anfangswertes der freien Ladung in Rechnung stellen. Trug der Kondensator im Schaltaugenblick eine Restladung q_a bei einer Restspannung u_a, so wird der Anfangswert der freien Ladung bei unveränderter Ladung des stationären Endzustandes:

$$q_{f_0} = q_{a_0} - q_{e_0} = C\,(u_a - u) \tag{779}$$

und somit der Verlauf der Spannung am Kondensator während der Aufladung:

$$u_c = q/C = u + (u_a - u)\, e^{-t/T} \tag{780}$$

mit dem Anfangswert ($t = 0$) u_a und dem Endwert ($t = \infty$) u. Für den Fall einer Umladung des Kondensators von $-u$ auf $+u$, wie er praktisch häufig eine Rolle spielt, ist der zeitliche Verlauf der Kondensatorspannung und des Ladestromes in Abb. 342c dargestellt. Der Ladestrom beginnt nun natürlich mit dem Anfangswert $2u/R$. Der Energieumsatz im Ladewiderstand ist 4 mal so groß wie bei der einfachen Ladung. Das ist genau der Betrag, den das Netz zu liefern hat, denn der Kondensator hat in diesem Spezialfall am Anfang und Ende des Vorgangs den gleichen Energieinhalt. Sein anfänglicher Energieinhalt wird in der ersten Phase der Umladung, solange u_c und i noch entgegengesetztes Vorzeichen haben, nach außen abgegeben. Das endet in dem Augenblick, wo die freie Kondensatorspannung von $2u$ auf u abgeklungen ist, womit sich die wahre Kondensatorspannung im Vorzeichen umkehrt. Das geschieht nach der Zeit t_0, bestimmt durch:

$$\frac{u}{2u} = e^{-t_0/T}; \qquad t_0 = (\ln 2)\, T \approx 0{,}7\, T\,. \tag{781}$$

Von da an ist die Leistungsaufnahme des Kondensators positiv. Er nimmt Energie aus dem Netz auf, das außerdem noch während des ganzen Vorgangs Wärme an den Ladewiderstand zu liefern hat.

Wird der Kondensator an eine Wechselspannung gelegt, so ändert auch das wieder nur den stationären Endzustand und legt über den Ladungszustand, der im Schaltaugenblick eigentlich hätte herrschen müssen, den Anfangswert der freien Ladung fest. Für das Beispiel der Abb. 343 haben wir angenommen, daß es sich um eine einwellige Spannung handelt, die dem Zeitgesetz:

$$u = u_{max} \sin(\omega t + \alpha) \tag{782}$$

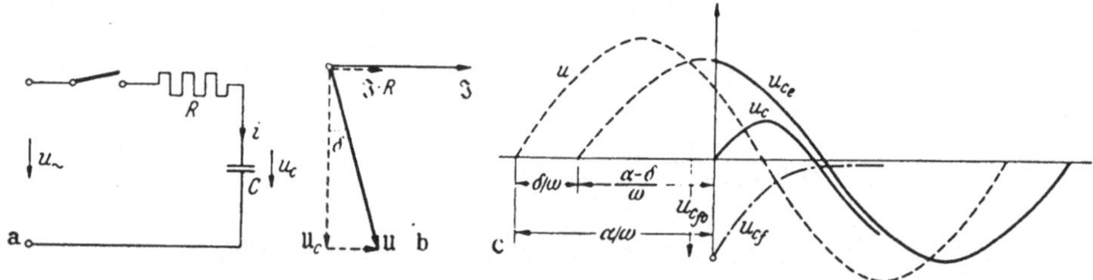

Abb. 343. Schaltvorgang beim Anschließen eines Kondensators an eine Wechselspannung. a Schaltbild. b Zeigerdiagramm des stationären Endzustandes. c Verlauf der Schaltspannung u und der Kondensatorspannung u_c beim Einschalten einer Wechselspannung auf einen Kreis mit Widerstand und Kondensator in Reihenschaltung.

gehorcht, worin α wieder die Schaltphase bedeutet, also den Zeitpunkt innerhalb des Spannungsverlaufs festlegt, in dem der Schaltvorgang beginnt. Nach den Gesetzen über die stationäre Stromverteilung in linearen Gebilden (vgl. Abschn. III, S. 35 u. 46) finden wir z. B. aus dem Zeigerdiagramm der Abb. 343b für den zeitlichen Verlauf der Kondensatorspannung im stationären Endzustand:

$$u_{c_e} = \frac{u_{max}}{\sqrt{1 + (\omega R C)^2}} \sin(\omega t + \alpha - \delta)\,, \tag{783}$$

mit $\operatorname{tg} \delta = \omega R C$. Diese Spannung am Kondensator muß beim Schaltvorgang stetig ohne Sprung erhalten bleiben. Bei vorher ungeladenem Kondensator erhalten wir also als Bedingung für den Anfangswert der freien Kondensatorspannung — bei Multiplikation mit der Kapazität C ist das die gleiche Betrachtung, die wir bisher immer für die freie Ladung anstellten, —

$$u_{c_{f_0}} = u_{c_{a_0}} - u_{c_{e_0}} = 0 - u_{c_{max}} \sin(\alpha - \delta)\,, \tag{784}$$

somit also schließlich für den zeitlichen Verlauf der ganzen Spannung nach dem Schaltvorgang:

$$u_c = u_{c_{max}} \left(\sin(\omega t + \alpha - \delta) - \sin(\alpha - \delta)\, e^{-t/T} \right). \tag{785}$$

Bei geeigneter Lage der Schaltphase kann es wieder genau so wie bei der Spule zu einem Einschaltvorgang kommen, der unmittelbar ohne Ausgleichsvorgang ($u_{c_f} = 0$) in den stationären Endzustand mündet. Das ist der Fall für $\sin(\alpha - \delta) = 0$, also für $\alpha = \delta$, d. h. für eine Einschaltung in dem Augenblick, wo die Kondensatorspannung des stationären Endzustandes gerade durch Null gehen müßte. Dann stellt sich sofort der eingeschwungene Zustand ein.

Dagegen bekommen wir besonders hohe Ausgleichsspannungen für eine Schaltung in Zeitpunkten, die in der Nähe des stationären Spannungsmaximums liegen. Dann wird die freie Spannung annähernd gleich dem Scheitelwert der stationären Endspannung und kann sich bei genügend hohem Wert von RC so langsam verringern, daß sich nach einer Halbwelle des stationären Wechselstroms eine Überlagerung mit der Spannung des stationären Endzustands zum doppelten Wert dieser Spannung einstellen könnte. Das bedeutet aber noch nicht etwa das Auftreten einer echten Überspannung, denn als solche würde man wohl erst eine Spannung am Kondensator bezeichnen, die die Netzspannung merklich übersteigt. Große Werte von RC, die die Vorbedingung zur Ausbildung der Überlagerung nach einer Halbwelle bilden, bedeuten aber zugleich wegen

$$u_{c_{max}} : u_{max} = 1/\sqrt{1 + (\omega R C)^2}\,, \tag{786}$$

von vornherein niedrige Teilspannungen am Kondensator. Die höchste Spannung am Kondensator kann also folgenden Wert nicht übersteigen:

$$u_c = u_{max} \frac{1 + e^{-T_\sim/2RC}}{1 + (\omega R C)^2} = u_{max} \frac{1 + e^{-\pi/\omega R C}}{1 + (\omega R C)^2}\,, \tag{787}$$

der aber bei beliebigen Werten von RC nie über u_{max} wächst. Entweder (bei großen RC) begrenzt also der Vorwiderstand die Kondensatorspannung auf Werte, die niedrig genug liegen, daß auch die Überhöhung auf den doppelten Wert noch nicht über die Netzspannung hinausführt, oder aber (bei kleinen RC) ist die Zeitkonstante so kurz, daß in der Zeit einer Halbwelle der Ladestoß bereits soweit abgeklungen ist, daß keine Überspannung mehr auftritt.

Auch für diesen Fall kann es natürlich vorkommen, daß beim Einschalten noch eine Restladung auf dem Kondensator liegt. Sie ist in gleicher Weise zu berücksichtigen, wie wir das bei der Einschaltung mit Gleichstrom taten, und erhöht den Einschaltstrom erheblich, wenn die Polarität des vorgeladenen Kondensators entgegengesetzt ist wie die der Schaltspannung im Schaltaugenblick.

4. Schaltvorgänge an Schwingungskreisen.

Ehe wir in späteren Abschnitten noch andere Stromkreise mit gleichartigen Energiespeichern behandeln, wollen wir uns nun dem Fall zuwenden, daß ein solcher Kreis zwei verschiedenartige Energiespeicher enthält: eine Spule und einen Kondensator. Wir betrachten einen Reihenresonanzkreis nach der Abb. 344, an den über den Schalter S eine beliebige Spannung u angelegt wird. Nach bekannten Regeln (vgl. S. 50) stellen wir die Gleichung für den stationären Endzustand des Kreises auf:

$$u = i_e R + L \frac{d i_e}{dt} + \frac{1}{C} \int i_e \, dt\,. \tag{788}$$

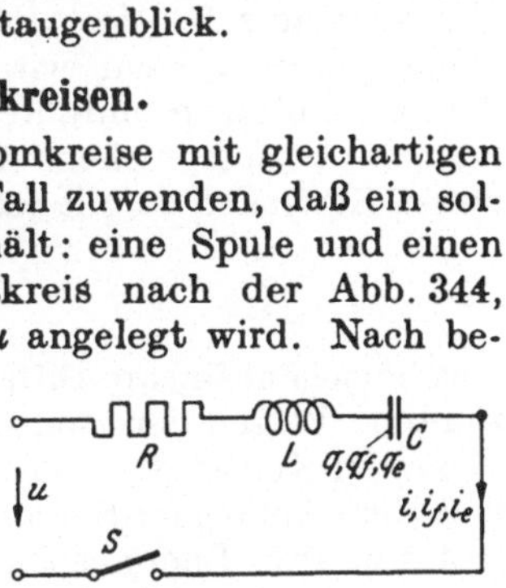

Abb. 344a. Schaltbild.

Selbstverständlich muß dieselbe Gleichung auch für den tatsächlichen Vorgang gelten, der sich nach dem Schaltvorgang abspielt; unter Weglassung der Indizes e erhalten wir also für diesen Strom die Bestimmungsgleichung:

$$u = i R + L \frac{d i}{dt} + \frac{1}{C} \int i \, dt\,. \tag{789}$$

Als Differenz aus diesen beiden Gleichungen bekommen wir eine Gleichung:

$$0 = (i - i_e) R + L \frac{d}{dt} (i - i_e) + \frac{1}{C} \int (i - i_e) \, dt \tag{790}$$

für den Differenzstrom aus dem tatsächlich fließenden Strom und dem des stationären Endzustandes, den wir wieder als den *freien* Strom $i_f = i - i_e$ bezeichnen, weil er in seinem zeitlichen Verlauf nicht von der geschalteten Spannung, sondern nur von den Konstanten des Stromkreises, hier also von R, L und C abhängt.

$$0 = i_f R + L \frac{d i_f}{dt} + \frac{1}{C} \int i_f \, dt \tag{791}$$

Diesem freien Strom entsprechend definieren wir auch für alle anderen Größen, die im Kreis auftreten, zugehörige freie Größen als Differenzen zwischen den tatsächlichen Werten nach dem Schaltvorgang und denen des stationären Endzustandes.

$$\text{Z. B.} \quad q_f = q - q_e; \qquad u_{c_f} = u_c - u_{c_e}; \qquad u_{L_f} = u_L - u_{L_e} \dots \tag{792}$$

Die Gesamtheit der freien Größen hat die Aufgabe zu erfüllen, diejenigen Größen, die aus physikalischen Gründen sich nicht sprunghaft ändern können, stetig von den im Schaltaugenblick herrschenden Werten auf die des stationären Endzustandes überzuleiten, die sich im allgemeinen davon unterscheiden. Solche Größen, die mit Rücksicht auf den mit ihnen verknüpften Energieinhalt von Energiespeichern sprungfrei veränderlich sein müssen, sind hier:

1. der Spulenstrom, bzw. der Spulenfluß, die den Energieinhalt des magnetischen Feldes der Spule bestimmen, und

2. die Kondensatorspannung, bzw. die Kondensatorladung, die für den Energieinhalt des elektrischen Feldes des Kondensators verantwortlich sind.

Mit den Größen zu 1. ist dann z. B. auch keine sprunghafte Änderung der Spannung am Widerstand mehr erlaubt, die an sich primär keiner solchen Beschränkung unterworfen ist. Ebenso darf sich nunmehr auch der Strom des Kondensators, der an sich keinen Beschränkungen hinsichtlich Sprungfreiheit unterliegt (vgl. S. 359), nicht mehr sprunghaft ändern, weil er wegen der Gültigkeit des 1. Kirchhoffschen Satzes auch für beliebig veränderliche Ströme hier zugleich der an Stetigkeit gebundene Spulenstrom ist.

Wir lösen zuerst die Differentialgleichung (791) des freien Stromes, um sein allgemeines Zeitgesetz zu finden, das zugleich auch das aller anderen freien Größen ist. Wir sehen ja z. B. sofort, daß auch die Ladung der genau identischen Differentialgleichung gehorcht, wenn wir in der Differentialgleichung für i_f an Stelle von $\int i_f \, dt$ die freie Ladung q_f einführen, $i_f = dq_f/dt$ setzen usw. Für alle anderen freien Größen können wir entsprechend vorgehen. Nennen wir also irgend eine der freien Größen dieses Kreises x, so gilt für sie:

$$\frac{1}{C} x + R \frac{dx}{dt} + L \frac{d^2 x}{dt^2} = 0 \,, \tag{793}$$

eine homogene lineare Differentialgleichung zweiter Ordnung mit konstanten Koeffizienten. Wegen der zweiten Ordnung erwarten wir das Auftreten von zwei unbestimmten Konstanten der mathematischen Lösung, die es uns gestatten, die physikalischen Anfangsbedingungen für zwei Größen zu erfüllen, die durch die Anwesenheit von zwei Energiespeichern gegeben sind. Der Charakter der Gleichung verlangt mathematisch als Lösungsansatz die Exponentialfunktion entsprechend den uns bereits bekannten Lösungen der Differentialgleichung erster Ordnung: Wir setzen an:

$$x = K e^{pt}; \qquad \text{also:} \quad \frac{dx}{dt} = K p \, e^{pt}; \qquad \frac{d^2 x}{d t^2} = p^2 K e^{pt} \,, \tag{794}$$

und führen diesen Lösungsansatz in die Differentialgleichung ein:

$$\frac{K}{C} e^{pt} + K p R e^{pt} + K p^2 L e^{pt} = 0 \,. \tag{795}$$

was für alle beliebigen Werte von K — die mathematisch unbestimmte Konstante — und für beliebige t — wegen des richtig gewählten Zeitgesetzes — erfüllt ist, wenn p die „charakteristische" Gleichung befriedigt:

$$\frac{1}{C} + pR + p^2 L = 0 \; . \tag{796}$$

Diese in p quadratische Gleichung:

$$p^2 + p\frac{R}{L} + \frac{1}{LC} = 0$$

hat die beiden Lösungen:

$$p_{1,2} = -\frac{R}{2L} \pm \sqrt{\frac{R^2}{4L^2} - \frac{1}{LC}} \; . \tag{797}$$

Jeder dieser beiden Werte für p befriedigt die Differentialgleichung, also auch eine Summe aus zwei Exponentialfunktionen jeweils mit dem Exponentenbeiwert p_1 und p_2. Sei jetzt also die gesuchte Größe der freie Strom i_f, so haben wir als Lösung für ihn:

$$i_f = K_1 e^{p_1 t} + K_2 e^{p_2 t} \; . \tag{798}$$

Aus ihm geht sofort auch die zugehörige Lösung für die freie Ladung q_f durch allgemeine Integration nach der Zeit hervor, wobei wir auf eine unbestimmte Konstante verzichten können, weil die freien Größen keine zeitunabhängigen Glieder mehr enthalten können, da sie ja im Unendlichen verschwinden müssen.

$$q_f = K_1 \frac{1}{p_1} \cdot e^{p_1 t} + K_2 \frac{1}{p_2} \cdot e^{p_2 t} \; . \tag{799}$$

Die Gleichung hat also in der Tat auch für q_f die gleiche Zeitfunktion ergeben, aber andere Konstanten, die jedoch gesetzmäßig mit denen für den freien Strom zusammenhängen. Das gleiche würden wir auch für alle anderen Größen finden. Die beiden Größen i_f und q_f genügen uns aber, um aus den Anfangsbedingungen alle Werte genau festzulegen. Es sind dies ja die beiden Größen, die den Übergang von i und q aus dem Zustand vor der Schaltung in den stationären Endzustand nach der Schaltung ohne Sprung vermitteln müssen. Für $t = 0$ sind beide Exponentialfunktionen gleich 1 und es sind also die Anfangswerte des freien Stromes und der freien Ladung:

$$\left.\begin{aligned} i_{f_0} &= K_1 + K_2; & q_{f_0} &= \frac{K_1}{p_1} + \frac{K_2}{p_2} \\ &= i_{a_0} - i_{e_0} & &= q_{a_0} - q_{e_0} \; . \end{aligned}\right\} \tag{800}$$

Für jeden Spezialfall sind die Differenzen zwischen den Endwerten des Anfangszustandes (im Schaltaugenblick) und den Anfangswerten des stationären Endzustandes (im Schaltaugenblick) gegebene Festwerte, so daß dies Gleichungspaar zwei Gleichungen für die beiden Unbekannten K_1 und K_2 darstellt, die daraus bestimmt werden können. Ist z. B. der untersuchte Vorgang die Einschaltung einer Gleichspannung, d. h. der stationäre Endzustand des Stromes 0, der der Ladung $q_e = Cu$, und war die Spule vorher stromlos und der Kondensator ungeladen, so heißt das:

$$\begin{aligned} i_{f_0} &= i_{a_0} - i_{e_0} = 0 - 0 = 0 = K_1 + K_2 \\ q_{f_0} &= q_{a_0} - q_{e_0} = 0 - Cu = -Cu = \frac{K_1}{p_1} + \frac{K_2}{p_2} \; . \end{aligned}$$

Aus der ersten dieser beiden Gleichungen wird dann speziell:

$$K_2 = -K_1 \tag{801}$$

und damit aus der zweiten:

$$K_1 \frac{p_2 - p_1}{p_1 p_2} = -Cu \qquad \text{also:} \qquad K_1 = Cu \frac{p_1 p_2}{p_1 - p_2}, \tag{802}$$

womit alle unbestimmten Konstanten aus den Anfangsbedingungen nun bestimmte Werte zuerteilt bekommen haben und der zeitliche Verlauf von i_f und q_f einschließlich des Maßstabes festliegt. Hier sind beide einander nicht etwa mehr proportional, wie das beim Kondensator allein der Fall war. Denn die verschiedene Größe der Konstanten bei den beiden Exponentialfunktionen kann bei der einen Größe die eine, bei der anderen die andere Exponentialfunktion stärker in den Vordergrund treten lassen, so daß sich trotz gleicher beteiligter Funktionen ein ganz verschiedenartiges Bild ergeben kann.

a) Die aperiodische Lösung.

Ehe wir das aber im Einzelnen diskutieren können, müssen wir zunächst den Typus der Lösung als solchen noch etwas näher prüfen. Wir haben bisher dem äußeren Anschein nach von Exponentialfunktionen gesprochen, stellen aber bei näherem Zusehen fest, daß je nach dem gegenseitigen Verhältnis von R, L und C diese Annahme zutreffen kann oder nicht. Die Werte von p sind nämlich nicht unbedingt reelle Zahlenwerte, weil der Radikand der in Gl. (797) auftretenden Wurzel eine Differenz enthält. Nur wenn er positiv ist, handelt es sich wirklich um Exponentialfunktionen im engeren Sinne. Das ist der Fall für $R^2/4L^2 > 1/LC$ also für:

$$R > 2\sqrt{\frac{L}{C}} = 2Z, \tag{803}$$

wenn wir wieder, wie bei der Betrachtung des Schwingungskreises im stationären Fall (vgl. S. 52) für die Wurzel aus dem Quotienten von Induktivität und Kapazität, die dimensionsmäßig ein Widerstand ist, den Begriff des Schwingungswiderstandes Z einführen. Wir wollen diesen Fall großen Widerstandes ($R > 2Z$) den Fall des *aperiodischen Kreises* nennen.

Im aperiodischen Fall ist also der Radikand in $p_{1.2}$ positiv und beide Werte von p sind reell und negativ, was wir am einfachsten erkennen, wenn wir $R^2/4L^2$ aus der Wurzel herausnehmen:

$$p_{1.2} = -R/2L\left(1 \pm \sqrt{1 - \frac{4Z^2}{R^2}}\right). \tag{804}$$

Es handelt sich also bei den beiden Anteilen, aus denen sich der freie Strom zusammensetzt, um zwei exponentiell abklingende Komponenten, deren Zeitkonstanten verschieden sind. Der Kehrwert jedes p-Wertes bezeichnet ja eine Zeitkonstante für den zugehörigen Abklingvorgang. Da die Wurzel stets kleiner ist als 1, so liegt stets die eine dieser beiden Zeitkonstanten über, die andere unter dem Wert $2L/R$. Im Grenzfall mit sehr großem R (gegen Z) wird die eine $T_2 = -1/p_2 = L/R$, die andere nähert sich dem Wert Null, wobei wir als Näherungswert für diesen Zustand durch Reihenentwicklung der Wurzel:

$$\sqrt{1 - \frac{4Z^2}{R^2}} \approx 1 - \frac{2Z^2}{R^2}$$

als zweite Zeitkonstante den Wert $T_1 = -1/p_1 \approx RC$ finden. Mit diesen beiden Zeitkonstanten dokumentiert sich die Verwandtschaft des Falles mit den beiden vorher behandelten, bei denen sich diese gleichen Zeitkonstanten für den Vorgang mit je einem Energiespeicher fanden. (s. Gl. (707) und (764)).

Den zugehörigen Verlauf des freien Stromes wollen wir nun für den Fall des Einschaltens auf eine Gleichspannung u untersuchen für den bereits oben erwähnten Fall, daß beide Energiespeicher beim Schaltvorgang leer sind: die Spule stromlos, der Kondensator entladen. Die allgemeine Gleichung (802) für die Bestimmung von K_1 — und damit nach Gl. (801) auch von K_2 — für diesen Fall wollen wir noch ein wenig weiter umrechnen durch Einsetzen der p-Werte aus Gl. (797):

$$K_1 = u\,C\,\frac{p_1\,p_2}{p_1 - p_2} = +u\,C\,\frac{\frac{1}{LC}}{2\cdot\sqrt{\frac{R^2}{4\,L^2} - \frac{1}{LC}}} = \frac{+u}{\sqrt{R^2 - 4\,Z^2}} = +\frac{u}{R}\cdot\frac{1}{\sqrt{1 - 4\,Z^2/R^2}}. \tag{805}$$

Beim aperiodischen Fall, den wir z. Zt. betrachten, ist nun diese Wurzel reell. Die Wurzel entschied ja gerade über die Eingrenzung des betrachteten aperiodischen Falls. Mit steigendem R nähert sich K_1 mehr und mehr dem Wert u/R, dem Gleichstromwert, der sich im Widerstand einstellen würde, wenn weder Induktivität, noch Kondensator vorhanden wären. Allgemein ist:

$$i_f = \frac{u}{\sqrt{R^2 - 4\,Z^2}}\,(+e^{p_1 t} - e^{p_2 t}) = i_{f_1} + i_{f_2}, \tag{806}$$

wobei wir nie vergessen dürfen, daß p_1 und p_2 negative Werte sind. Der Stromverlauf nach Abb. 344 b setzt sich aus zwei Teilströmen zusammen. Beide haben gleichgroße Anfangswerte mit entgegengesetztem Vorzeichen. Jeder beginnt mit dem Absolutwert

$$u/\sqrt{R^2 - 4\,Z^2}.$$

Der zweite mit dem negativen Vorzeichen klingt mit der Zeitkonstanten ab, die dem Wert p_2 zugeordnet ist (negatives Vorzeichen vor der Wurzel), die also klein ist und sich mit wachsendem R dem Wert L/R nähert. Der erste mit positivem Vorzeichen klingt mit der zu p_1, dem im Absolutbetrag kleineren der p-Werte, gehörenden großen Zeitkonstanten, also langsam ab, wobei sich diese Zeitkonstante dem Wert RC nähert, wenn R groß wird.

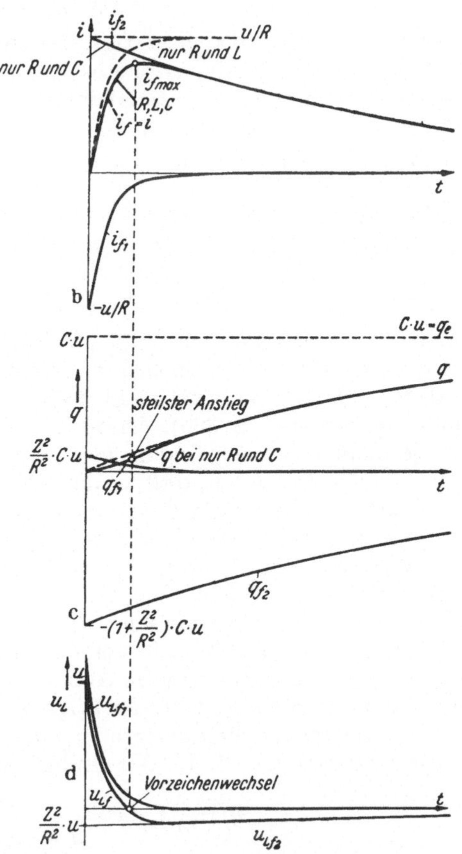

Abb. 344 b—d. Vorgänge beim Einschalten einer Gleichspannung auf einen Reihenschwingkreis. b Strom in Kondensator, Spule und Widerstand. (Bei anderem Maßstab auch: Spannung am Widerstand.) c Ladung im Kondensator. (Bei anderem Maßstab auch: Kondensatorspannung.) d Spannung an der Spule.

Der resultierende Stromverlauf ist ein steil ansteigender Stromstoß mit langsam abfallendem Rücken. Der Stromanstieg schmiegt sich weitgehend dem Verlauf an, den wir finden würden, wenn nur Spule und Widerstand im Kreise lägen und der Kondensator fehlte. Er ist bedeutungslos, weil er anfänglich ungeladen war und seine Ladung durch den Stromstoß noch nicht genügend weit fortgeschritten ist, um die an ihm auftretende Spannung stromhindernd wirken zu lassen. Spule und Widerstand allein würden nach Abschn. VII A 1, S. 341 einen Strom fließen lassen nach dem Gesetz Gl. (709):

$$i = \frac{u}{R}\,(1 - e^{-t/T}) \text{ mit } T = L/R.$$

Nunmehr fließt mit Vorhandensein des Kondensators:

$$i = \frac{u}{R}\left(1 - e^{-t/T_2}\right), \tag{807}$$

wenn wir uns auf Werte von t beschränken, die genügend klein sind, um $e^{p_1 t}$ noch auf dem Wert 1 zu lassen, und R genügend groß oder L/C genügend klein annehmen, daß $1/p_2$ noch mit L/R übereinstimmt.

Wenn wir die Anfangssteilheit des Stromstoßes, die größte Stirnsteilheit, nachrechnen:

$$\begin{aligned} \frac{di}{dt} &= \frac{u}{\sqrt{R^2 - 4Z^2}}\left(p_1 e^{p_1 t} - p_2 e^{p_2 t}\right) \\ \left(\frac{di}{dt}\right)_0 &= \frac{u}{\sqrt{R^2 - 4Z^2}}\left(p_1 - p_2\right) \\ &= \frac{u}{R \cdot \sqrt{1 - 4Z^2/R^2}}\, 2 \cdot \sqrt{\frac{R^2}{4Z^2} - \frac{1}{LC}} = \frac{u}{L}, \end{aligned} \tag{808}$$

so finden wir in der Tat bestätigt, daß der erste Anstieg des Stromes genau so verläuft, als ob der Kondensator überhaupt nicht vorhanden wäre, was wir auch unmittelbar aus der Differentialgleichung (788) für den Anfangszustand hätten entnehmen können, weil für $t = 0$ $i = 0$ und $q = 0$ vorausgesetzt war und also in diesem Augenblick nur die Beziehung $u = L\left(\frac{di}{dt}\right)_0$ übrigbleibt. Nach wenigen Zeitkonstanten von T_2 aber ist der zugehörige Stromanteil i_{f_2} des freien Stromes verschwunden, und es bleibt nur noch der zweite Anteil übrig, dessen Zeitgesetz nach Gl. (806) lautet:

$$i_{f_1} = \frac{u}{R \cdot \sqrt{1 - 4Z^2/R^2}}\, e^{p_1 t}, \tag{809}$$

worin wir oben schon für $-p_1$ als Näherungswert den Wert $1/RC$ bestimmten. Bis auf kleine Korrekturen stimmt der Stromverlauf jetzt mit dem überein, den die Aufladung eines Kondensators über einen Widerstand ohne eine zwischengeschaltete Spule bedingt (vgl. S. 360). Diese Korrekturen werden um so kleiner, je größer R oder je kleiner der Schwingungswiderstand Z ist. Die Strom*änderungen* sind nunmehr so klein geworden, daß an der Induktivität kein merklicher Spannungsabfall mehr auftritt und R und C zusammen allein den abfallenden Rücken des Stromes bestimmen. Die Induktivität dagegen bestimmt die Stirn. Sie verhindert, daß der Ladestrom auf den Anfangswert u/R springt, wie er das ohne Induktivität nach Abschn. VII A 3 (S. 360) tat.

Der Verlauf des Stromes bei alleinigem Vorhandensein des Widerstandes, bei gleichzeitigem Vorhandensein von nur R und L und bei gleichzeitigem Vorhandensein von nur R und C ist in die Abbildung miteingetragen und zeigt beim Vergleich mit dem wahren Verlauf die Richtigkeit dieser Überlegungen.

Obwohl dem gleichen Zeitgesetz unterworfen, zeigt der Verlauf der Ladung ein wesentliches anderes Bild. Wir finden für die freie Ladung aus Gl. (799, 801, 802):

$$q_f = \int i_f\, dt = \frac{u}{\sqrt{R^2 - 4Z^2}}\left(\frac{1}{p_1} e^{p_1 t} - \frac{1}{p_2} e^{p_2 t}\right). \tag{810}$$

Nehmen wir $p_1 p_2$ vor die Klammer und berücksichtigen, daß es nach der obigen allgemeinen Lösung (797) $= 1/LC$ ist, so können wir dafür schreiben:

$$q_f = \frac{Cu}{\frac{R}{L}\sqrt{1 - 4Z^2/R^2}}\left(p_2 e^{p_1 t} - p_1 e^{p_2 t}\right). \tag{811}$$

Um die Lösung anschaulicher zu gestalten, nehmen wir sofort den Fall großen Wertes von R/Z an, für den wir bereits ermittelten:

$$T_2 = -1/p_2 \approx L/R \qquad T_1 = -1/p_1 \approx RC.$$

Dann erhalten wir nach elementaren Umformungen und Reihenentwicklungen der Wurzeln:

$$q_f = C u \left[-\left(1 + \frac{Z^2}{R^2}\right) e^{-t/T_1} + \left(\frac{Z}{R}\right)^2 e^{-t/T_2} \right]. \tag{812}$$

Addieren wir zu diesem Verlauf der freien Ladung noch die Ladung des stationären Endzustandes, so ergibt sich für die Kondensatorladung und die ihr proportionale Kondensatorspannung:

$$q = C u_c = C u \left[1 - \left(1 + \frac{Z^2}{R^2}\right) e^{-t/T_1} + \left(\frac{Z}{R}\right)^2 e^{-t/T_2} \right]. \tag{813}$$

Der Verlauf ist in der Abb. 344c wiedergegeben. Das Glied mit der Zeitkonstanten $T_1 \approx RC$ würde für sich allein zusammen mit dem stationären Endzustand etwa den gleichen Verlauf der Aufladung ergeben, als ob der Kondensator ohne Induktivität im Stromkreis über den Widerstand R aufgeladen wird. Das Korrekturglied mit $(Z/R)^2$ und der Zeitkonstanten $T_2 \approx L/R$, das schnell abklingt, läßt den ersten Anstieg langsamer werden, weil die Spule keinen plötzlichen Stromanstieg duldet. Allmählich setzt sich dann der gleiche Ladungsanstieg durch, den wir auch ohne Drossel finden würden. Er ist in die Abbildung gestrichelt eingetragen. Der steilste Ladungsanstieg fällt natürlich zeitlich zusammen mit dem Strommaximum der Abb. 344b, das ja dem Wert u/R um so näher kam, je größer R gegen Z war. Für die steilste Spannungsänderung am Kondensator finden wir also näherungsweise:

$$\left(\frac{d u_c}{d t}\right)_{max} = \frac{1}{C} i_{f\,max} = \frac{u}{CR} = \frac{u}{T_1}. \tag{814}$$

Sie tritt ein, wenn die Spule ihre Rolle bereits ausgespielt hat und nur noch Widerstand und Kondensator den Ladevorgang mit der Zeitkonstanten $T_1 = RC$ bestimmen.

Fragen wir schließlich der Vollständigkeit halber auch noch nach der dritten Teilspannung, (an der Spule), — die am Widerstand ist ja durch eine reine Maßstabsänderung an dem zeitlichen Verlauf von i mit abzulesen —, so erhalten wir auch dafür natürlich die gleichen Zeitfunktionen, aber wieder eine andere Zusammensetzung mit anderen „unbestimmten“ Konstanten.

$$u_L = L \frac{d i}{d t} = \frac{u L}{R \cdot \sqrt{1 - 4 Z^2/R^2}} \left(p_1 e^{p_1 t} - p_2 e^{p_2 t}\right). \tag{815}$$

Mit den gleichen Näherungen, die wir in Gl. (812) für die Kondensatorspannung anwandten, um schnell übersichtliche Formeln zu bekommen, erhalten wir dann für die Spulenspannung:

$$u_L = u \left\{ -\left(\frac{Z}{R}\right)^2 e^{-t/T_1} + \left[1 + \left(\frac{Z}{R}\right)^2\right] e^{-t/T_2} \right\}. \tag{816}$$

Ihr zeitlicher Verlauf ist in der Abb. 344d dargestellt. Die freie Spulenspannung ist ja zugleich auch die gesamte Spulenspannung, weil eine Spannung im stationären Endzustand an der Spule nicht liegt. Die Spule nimmt im ersten Augenblick die gesamte Spannung u auf. Diese klingt aber sehr schnell mit der kleinen Zeitkonstanten L/R ab, um im Augenblick des Strommaximums der Abb. 344b durch Null zu gehen und sich dann einem kleinen langsam abklingenden Anteil mit negativem Vorzeichen anzuschmiegen, das dem nun wieder langsam abfallenden Strom in der Anordnung zugeordnet ist.

Große technische Bedeutung kommt diesem aperiodischen Kreis für die Erzeugung von Stoßspannungen nach der Abb. 345a zu. Hier wird der Kondensator C aus einer Spannungsquelle aufgeladen, die — als Gleichrichter dargestellt — durch einen so hohen Vorwiderstand R' abgeriegelt ist, daß der aus ihr fließende Stromnachschub für den eigentlichen Entladevorgang des Kondensators keine Rolle spielt. Nach Erreichen einer bestimmten Grenzspannung in einem relativ großen Zeitraum (großes R' bedeutet große Zeitkonstante $R'C$ für den Aufladevorgang aus der Spannungsquelle, die entsprechend kleine Leistung zu haben braucht) wird die Funkenstrecke F durchschlagen und leitet damit den zu untersuchenden Entladevorgang in dem eigentlichen „Stoßkreis" des *Stoßgenerators* ein, der aus einem Widerstand R und einer unvermeidlichen Induktivität L besteht, die, wenn nicht ausdrücklich vorgesehen, durch die Induktivität der Leitungen des Stoßkreises bedingt ist. Solange wir dabei von der Kapazität C_p absehen können, die als Kapazität des parallel zu R angeschlossenen „Prüflings" in der Abbildung angedeutet ist, haben wir das Schema des Kreises mit 2 Energiespeichern, den wir hier untersuchen. Die Berücksichtigung der Hinzufügung des dritten Energiespeichers, der Prüflingskapazität, würde dagegen eine neue Untersuchung mit geänderten Ausgangsgleichungen nötig machen.

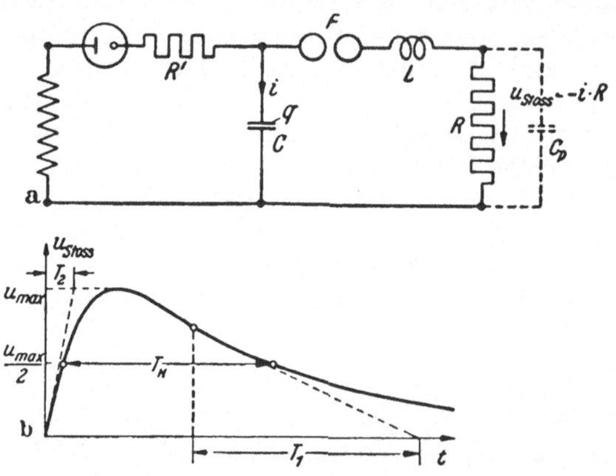

Abb. 345. Schaltbild und Wellenform eines idealen Stoßgenerators. a Schaltbild. b Stoßwelle.

Da der Stromkreis mit den angegebenen Vernachlässigungen der gleiche ist, wie in Abb. 344, so gelten auch die gleichen allgemeinen Lösungen, (Gl. 798, 799); nur die mathematisch unbestimmten Konstanten erhalten neue Werte entsprechend den geänderten Anfangsbedingungen. Zwar ist auch hier die Spule im Ausgangszustand stromlos, bei der Kapazität ist aber jetzt der Anfangszustand $q_a = Cu$ und der Endzustand $q_e = 0$. Die Bestimmungsgleichungen (801, 802) von S. 365 für die beiden Konstanten K_1 und K_2 der allgemeinen Lösung für i_f lauten nunmehr also:

$$i_{f_0} = K_1 + K_2 = 0 - 0 = 0 \quad \text{wie zuvor.}$$

Aber

$$q_{f_0} = K_1/p_1 + K_2/p_2 = Cu - 0 = +Cu\,.$$

Es hat sich als einziger Unterschied das Vorzeichen von q_{f_0} herumgedreht; bis auf das Vorzeichen bleiben also alle unsere Ergebnisse der letzten Seiten voll gültig. Der Stromstoß ist jetzt für den Kondensator kein Ladestoß, sondern ein Entladestoß. Nur bei der Kondensatorspannung finden wir noch den analogen Unterschied, daß sie nicht von 0 auf u als stationären Endwert ansteigt, sondern umgekehrt nach dem gleichen Zeitgesetz von u auf 0 abfällt.

In der Abb. 345 b ist noch einmal die Kurve des Stromverlaufes für den Kreis aufgetragen, aber nun als Spannungsstoß und mit positiver Polarität, obwohl ja eigentlich bei gleicher Wahl der Zählpfeile nun diese Spannung negativ aufzutragen wäre. Ebenso wie in Abb. 344b wird die größte Stirnsteilheit ausschließlich durch die Induktivität und den Widerstand bestimmt, nämlich durch die Zeitkonstante $L/R = T_2$. Änderungen der gewünschten Stirnsteilheit können also durch geeignete Wahl der Induktivität des Stoßkreises vorgenommen werden, ohne daß dadurch die zweite für den Stoßkreis wichtige Größe, die Halbwertszeit des Rückens der Stoßwelle, beeinflußt wird, solange beide Werte genügend weit auseinander liegen. Die Vorgänge im abfallenden Rücken der Stoßwelle unterliegen ja, wie wir fanden, praktisch nur noch dem zweiten Exponentialgesetz mit der Zeitkonstanten $T_1 = RC$, auf die L keinen Einfluß mehr hat. Würde man dagegen mit Änderung von R die Stirnsteilheit einzustellen wünschen, so beeinflußt das auch die Halbwertszeit des Rückens. Mit großer Annäherung können wir sie aus der Differenz der Zeiten berechnen, in der die Spannung in der Stirn auf den halben Wert der höchsten Spannung — praktisch u — angestiegen und in der sie vom vollen Wert mit der Zeitkonstanten T_1 wieder auf den halben Höchstwert abgefallen ist. Der Anstieg oder Abfall auf den halben Endwert erfolgt aber bei einer Exponentialfunktion wegen:

$$1/2 = e^{-t_h/T},$$

stets in der Zeit $t_h = T \ln 2$, so daß wir für die Halbwertszeit der Stoßspannungswelle bekommen:

$$t_H = 0{,}69\,(T_1 - T_2) = 0{,}69\,(R\,C - L/R)\,. \qquad (817)$$

Bei den üblichen Formen der Stoßwelle, bei denen der Rücken etwa 100mal so flach ist wie die Stirn, kann man dabei das zweite Glied gegen das erste vernachlässigen und erhält mit genügend großer Genauigkeit:

$$t_H \approx 0{,}69\,R\,C. \qquad (818)$$

Für einen Stoßgenerator, der an einem Widerstand von 500 Ohm eine normale Stoßwelle von 0,5 Mikrosekunden Stirndauer, d. h. praktisch von 0,5 Mikrosekunden Zeitkonstante des Spannungsanstieges in der Wellenstirn, und einer Halbwertdauer von 50 Mikrosekunden nach VDE 0450 § 7 erzeugen soll (Welle o,5/50), benötigt man daher:

$$C = \frac{T_1/R}{0{,}69} = \frac{50 \cdot 10^{-6}\,\text{sec}/500\,\text{Ohm}}{0{,}69} = 0{,}14\,\mu\,\text{F}$$

und eine Induktivität von:

$$L = T_2 R = 0{,}5 \cdot 10^{-6}\,\text{sec}\;500\,\text{Ohm} = 0{,}25\,\text{mH}.$$

Mit diesen Werten wird dann der Schwingungswiderstand 40 Ohm und damit die Bedingung (Gl. (803)) für aperiodischen Verlauf der Spannung reichlich erfüllt, weil $R/2Z \approx 6$ ist.

Bei so hohen Stoßkapazitäten wird man auch die Prüflingskapazität meist vernachlässigen können. Geht man dagegen mit dem Widerstand hinauf, an dem die Stoßspannung anfällt, um an der teuren Kapazität C zu sparen, so kann man schließlich diese Vernachlässigung nicht mehr machen. Man kann diese Kapazität dann in erster Näherung dadurch berücksichtigen, daß man sich überlegt, daß bei Unterbrechung des Widerstandes die Spannung, auf die sich der Prüfling mit seiner Kapazität auflädt, nicht mehr den Wert u erreicht, sondern wegen der Parallelschaltung der Prüflingskapazität zu der des Generators nur noch den Wert: $u\,\frac{C}{C+C_p}$, und daß C und C_p sich dann über den Parallelwiderstand entladen. Die Halbwertdauer des Rückens wird dann also nach Gl. (818) $t_H = 0{,}69\,(C + C_p)\,R$. Die Bedingung für den aperiodischen Zustand bleibt dabei immer in gleicher Weise erfüllt, weil durch die Wahl der richtigen Normwerte für t_H und T_2 auch R/Z festliegt. Aus den obigen Formeln für L und C ergibt sich ja generell:

$$R/Z = R/\sqrt{L/C} = \sqrt{\frac{t_H}{0{,}69\,T_2}} = \text{rd.}\ 12\,.$$

b) Die periodische Lösung.

Wir gehen nunmehr zu dem zweiten Fall über, dessen die allgemeine Lösung (Gl. (797/798)) der Differentialgleichung (793) für die Ausgleichsvorgänge in einem Schwingkreis nach Abb. 344a fähig ist. Ist der Ohmsche Widerstand kleiner als der doppelte Schwingungswiderstand $R < 2Z$, so ist der Radikand der Wurzel in der Gl. (797) für die Parameter $p_{1,2}$ und ebenso für die Wurzel im Nenner des Koeffizienten K_1 (Gl. (805)) negativ; beide Wurzeln werden also imaginär, die

p-Werte also komplex mit negativem reellen Anteil ($-R/2L$) und die Konstante K_1 rein imaginär. Was bedeutet das?

Wir betrachten zunächst die Vorgänge allgemein ohne auf die Koeffizienten einzugehen, die den mathematisch unbestimmten Konstanten entsprechen. Wir erhalten also eine Lösung von der Form:

$$i_f = K_1 \exp\left(-\frac{R}{2L} + j\sqrt{\frac{1}{LC} - \frac{R^2}{4L^2}}\right)t + K_2 \exp\left(-\frac{R}{2L} - j\sqrt{\frac{1}{LC} - \frac{R^2}{4L^2}}\right)t. \quad (819)$$

Um an Schreibarbeit zu sparen, wollen wir folgende Abkürzungen einführen:

$$R/2L = \beta; \qquad \frac{1}{LC} - \frac{R^2}{4L^2} = \omega^2 = \omega_0^2 - \beta^2, \quad (820)$$

worin der Bezeichnung $\omega_0 = 1/\sqrt{LC}$ bereits ein physikalischer Sinn zukommt. Nach unseren Feststellungen, S. 50, (Gl. (86)) ist es die Kreisfrequenz der Phasenresonanz dieses Kreises gegen aufgedrückte äußere einwellige Spannungen. Mit Auflösung der Exponentialfunktionen, deren Exponenten Summen sind, in Produkte von solchen Funktionen können wir dann (Gl. (819)) einfach schreiben:

$$i_f = e^{-\beta t}\left(K_1 e^{+j\omega t} + K_2 e^{-j\omega t}\right), \quad (821)$$

oder nach Auflösung der Exponentialfunktionen mit imaginärem Exponenten nach der Eulerschen Formel:

$$i_f = e^{-\beta t} K_1 (\cos\omega t + j\sin\omega t) + K_2 (\cos\omega t - j\sin\omega t), \quad (822)$$

bzw. geordnet:

$$i_f = e^{-\beta t} \cdot \{\cos\omega t \cdot (K_1 + K_2) + \sin\omega t \cdot (jK_1 - jK_2)\}. \quad (823)$$

Da K_1 und K_2 willkürliche Konstanten sind, so stände es uns nun durchaus frei, diese Konstanten, die hier bei einem durchaus reellen Vorgang mit dem Faktor j behaftet vorkommen und auch in unserer allgemeinen Koeffizientenbestimmung imaginär wurden, wie wir eingangs dieses Abschnitts bereits bemerkten, dadurch zu entfernen, daß wir neue willkürliche Konstanten definieren, A und B etwa, die mit den K_1 und K_2-Werten durch die Beziehungen verknüpft sind:

$$A = K_1 + K_2; \qquad B = j(K_1 - K_2), \quad (824)$$

was uns aber durchaus nicht interessiert, da wir ja sowieso noch die Aufgabe haben, diese willkürlichen Koeffizienten den Anfangsbedingungen des Schaltvorgangs und seiner freien Größen anzupassen. Mindestens für den Fall, daß zu Anfang des Schaltvorgangs beide Energiespeicher leer sind, den wir auf S. 365 der Berechnung von K_1 und K_2 zugrunde legten, haben wir das aber gar nicht nötig, denn es ist zwar nach unseren allgemeinen Formeln (Gl. (801/805) dann (S. 367):

$$K_1 = -K_2 = \frac{u}{\sqrt{R^2 - 4Z^2}} = -j\frac{u}{\sqrt{4Z^2 - R^2}}$$
$$= -j\frac{u}{2Z\sqrt{1 - R^2/4Z^2}} \quad (825)$$

rein imaginär. Aber die Größen, (Gl. (824)) die in unseren Lösungsgleichungen tatsächlich vorkommen, sind durchaus reell. Es ist nämlich:

$$K_1 + K_2 = 0 \text{ und } j(K_1 - K_2) = 2jK_1 = \frac{u}{Z \cdot \sqrt{1 - R^2/4Z^2}}, \quad (826)$$

so daß unsere Lösung für die Differentialgleichung einschließlich der Bestimmung der Konstanten aus den Anfangsbedingungen nun lautet:

$$i = i_f = \frac{u}{Z \cdot \sqrt{1 - R^2/4Z^2}} e^{-\beta t} (\sin\omega t). \quad (827)$$

Der Strom ist also periodisch veränderlich mit einer Kreisfrequenz ω, die kleiner ist als die Kreisfrequenz ω_0 der Phasenresonanz, aber von ihr um so weniger abweicht, je kleiner der OHMsche Widerstand im Vergleich zum Schwingungswiderstand ist, denn $\beta \ll \omega_0$ ist ja identisch mit $(R/2L)^2 \ll 1/LC$ oder $R \ll 2Z$. Diese periodische Veränderlichkeit ist aber kein echt periodischer Vorgang; denn außerdem tritt im Zeitgesetz noch die Exponentialfunktion $e^{-\beta t}$ mit reellem negativen Argument auf, die eine dauernde Abnahme der Schwingungsamplitude bewirkt. Nennen wir die Periodendauer des Schwingungsvorganges mit der Kreisfrequenz ω mit dem Buchstaben τ, so ist nach einer Zeit τ der Schwingungsvorgang wiedergekehrt bis auf den Faktor $e^{-\beta t}$, der sich auf $e^{-\beta(t+\tau)}$ geändert hat. Alle Werte haben sich also in dieser Zeit um den Faktor $e^{-\beta\tau} = e^{-2\pi\beta/\omega}$ geändert. Hierin pflegt man besonders in der Lehre von den gedämpften mechanischen Schwingungen, die wir hier mitumfassen können, den Exponenten $\Lambda = 2\pi\beta/\omega$ als das „*logarithmische Dekrement*" zu bezeichnen. Es ist mit unseren in der Elektrotechnik üblichen Dämpfungsmaßen durch die folgende Beziehung verknüpft:

$$\begin{aligned} \Lambda = 2\pi\beta/\omega &= \frac{2\pi\beta}{\omega_0}\cdot\frac{\omega_0}{\omega} = \frac{2\pi\cdot R/2L}{1/\sqrt{LC}}\cdot\frac{\omega_0}{\sqrt{\omega_0^2-\beta^2}} \\ &= \pi\frac{R}{Z}\cdot\frac{1}{\sqrt{1-R^2/4Z^2}} = \pi d\,\frac{1}{\sqrt{1-d^2/4}} \approx \pi d \end{aligned} \tag{828}$$

und gibt an, in welchem Verhältnis sich die Werte der schwingenden Größe in gleicher Phasenlage in einer Periode der Schwingung verringern, also auch, in welchem Verhältnis aufeinanderfolgende Scheitelwerte der Schwingung zueinander stehen, deren Frequenz ja während des ganzen Ausgleichsvorgangs gleich bleibt und ein wenig geringer ist als die Frequenz der Phasenresonanz:

$$\omega = \omega_0\sqrt{1-\beta^2/\omega_0^2} = \omega_0\sqrt{1-d^2/4} \approx \omega_0(1-d^2/8)\,. \tag{829}$$

Das Verhältnis der Scheitelwerte ist im logarithmischen Maß:

$$\ln(i_{max_n} : i_{max_{n+1}}) = \ln e^{\Lambda} = \Lambda\,. \tag{830}$$

Der so gefundene zeitliche Verlauf des freien Stromes, der bei der Einschaltung auf eine Gleichspannung zugleich auch der Gesamtstrom ist — der eingeschwungene Strom ist dann ja Null —, ist in der Abb. 346a dargestellt. Wir erkennen nachträglich, wie sehr es berechtigt ist, diesen Zustand des Kreises mit gegen den Schwingungswiderstand kleinem OHMschen (Verlust-)Widerstand als den „*periodischen Fall*" zu bezeichnen oder ihm auch den Namen der „*oszillatorischen Lösung*" beizulegen.

Bei kleiner Dämpfung ($\beta/\omega_0 \ll 1$) ist dabei der Größtwert des Ausgleichsstromes in der ersten Halbwelle praktisch:

$$i_{f_{max}} = u/Z, \tag{831}$$

weil wir $e^{-\beta\tau/4} \approx 1$ und $\sin(\omega\tau/4) = 1$ setzen können. Entwickeln wir für eine zweite Näherung sowohl die Wurzel im Nenner von Gl. (827) in eine nach dem ersten Glied abgebrochene Reihe, als auch die Exponentialfunktion für den Zeitpunkt $t = \tau/4$:

$$e^{-\beta\tau/4} = e^{-d\pi/4} = 1 - \frac{\pi}{4}d + \frac{\pi^2}{16}d^2\,,$$

so wird unter Vernachlässigung aller Glieder höherer Ordnung und mit der Annäherung $\pi^2 = 10$, die in der Korrektur selbstverständlich zulässig ist:

$$i_{f_{max}} = u/Z\,(1 - \frac{\pi}{4}d + \frac{3}{4}d^2 - \ldots)\,, \tag{832}$$

wovon praktisch bei den üblichen Dämpfungen unter 10% überhaupt nur das erste Glied eine Rolle spielt. Aus Gl. (831, 832) wird nun aber auch deutlich, mit welchem Recht der Ausdruck Z den Namen „*Schwingungswiderstand*" trägt, den wir ihm bisher nur aus Gründen der dimensionsmäßigen Zugehörigkeit gaben. Er bestimmt hier wirklich die Größe eines Stromes, der bei einer bestimmten Spannung fließt, wie das bei Gleichstrom der OHMsche Widerstand tut. Hier bei der Lehre von den Ausgleichsschwingungen ist er sogar leistungsbestimmend genau wie ein OHMscher Widerstand; im Augenblick des Strommaximums ist die der Schaltspannung entnommene Leistung: $n = u\, i_{max} = u^2/Z = i_{max}^2 \cdot Z$, wovon allerdings im Widerstand R der Schaltung nur der sehr viel kleinere Anteil $i_{max}^2 \cdot R$ in Wärme verwandelt wird. Der übrige Hauptteil dient zur Aufladung der Energiespeicher des Stromkreises, wobei in diesem Augenblick des Strommaximums die Spule keine Leistung mehr aufnimmt, aber der Kondensator seinen größten Energiezuwachs erfährt.

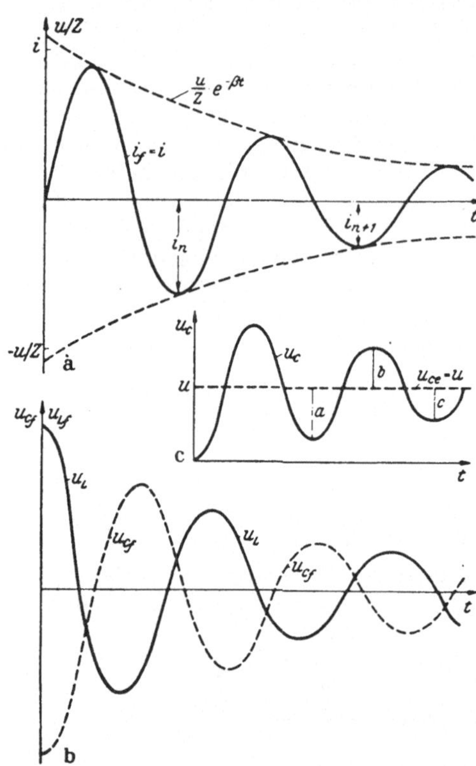

Abb. 346. Verlauf der freien Größen bei der Gleichstromschaltung eines Reihenschwingungskreises bei periodisch verlaufenden Größen. a Der Ladestrom. b Spulenspannung und freie Kondensatorspannung. c Kondensatorspannung und -ladung (anderer Maßstab als a und b).

Wir fragen nun weiter nach den anderen Größen des Kreises, z. B. nach den Spannungen an den einzelnen Schaltelementen. Die Spannung am Widerstand ist natürlich dem Strom proportional und hat also den gleichen zeitlichen Verlauf. Nur der Maßstab ist um den Faktor R zu ändern: dann ist Abb. 346a auch eine Darstellung des zeitlichen Verlaufs der Widerstandsspannung. Ihr Maximum ist

$$u_{R_{max}} = i_{max} \cdot R \approx u \cdot R/Z = u\, d\,. \tag{833}$$

Auch die Spannung an der Spule kann einfach aus dem zeitlichen Verlauf des freien Stromes abgeleitet werden, weil es an der Spule ja auch keine „eingeschwungene Spannung" gibt, der tatsächliche Spannungsverlauf also identisch ist mit dem der freien Spulenspannung. Durch Differentiation von i_f nach der Zeit erhalten wir für die Spulenspannung:

$$u_L = L\frac{di_f}{dt} = \frac{u\,L}{Z\sqrt{1 - R^2/4Z^2}}\left(-\beta\, e^{-\beta t}\sin\omega t + \omega e^{-\beta t}\cos\omega t\right)$$

$$= \frac{u\,L}{Z\sqrt{1 - d^2/4}}\, e^{-\beta t}\left(-\beta\sin\omega t + \omega\cos\omega t\right). \tag{834}$$

Auch die Spulenspannung hat also zeitlich sinusförmigen Verlauf mit überlagerter Dämpfung. Das Dämpfungsglied tritt mit der gleichen Dämpfungskonstanten auf wie beim Strom, die Schwingung erfolgt mit der gleichen Frequenz. Das ist nur natürlich, denn wir stellten ja schon allgemein fest, daß alle freien Größen eines Kreises der gleichen Differentialgleichung genügen müssen, daß sie also alle grundsätzlich gleichen Verlauf haben, hier also gleiche Kreisfrequenz und gleiche Dämpfung dieser Schwingung.

Sehen wir erst einmal von der überlagerten Dämpfung ab, so können wir den Scheitelwert der Schwingung daraus bestimmen, daß wir die Scheitelwerte des sin- und des cos-Anteiles quadratisch überlagern (Abschn. II, S. 19):

$$u_{L_{max}} = \frac{u\,L}{Z\sqrt{1-d^2/4}}\sqrt{\beta^2+\omega^2} = \frac{u\cdot\omega_0 L}{Z\cdot\sqrt{1-d^2/4}}\,, \tag{835}$$

wobei wir die Beziehung zwischen der Dämpfungskonstanten β, der Kreisfrequenz ω der Schwingung und der Kreisfrequenz $\omega_0 = 1/\sqrt{LC}$ der Phasenresonanz nach Gl. (820) eingesetzt haben. Setzen wir auch noch $Z = \sqrt{L/C}$ und ω_0 ein, so erhalten wir schließlich:

$$u_{L_{max}} = \frac{u}{\sqrt{1-d^2/4}} \approx u\,, \tag{836}$$

wobei die letzte Näherung für kleine d mit hoher Annäherung gilt.

Die Spulenspannung schwingt also gedämpft mit einer anfänglichen Amplitude vom gleichen Betrag wie die angelegte Gleichspannung. Das logarithmische Dekrement dieser Schwingung ist wieder wie beim Strom $\Lambda = \beta\cdot\tau = \pi d$. Zwischen den Scheitelwerten von Spannung und Strom — oder, wenn wir so wollen, auch zwischen ihren Effektivwerten — besteht während des Ausgleichsvorgangs eine feste Beziehung, aus der sich die Dämpfungskonstante heraushebt:

$$u_{L_{max}}/i_{max} = Z = \sqrt{L/C} = \omega_0 L\,, \tag{837}$$

ganz so als ob die Spule von einem stationären Wechselstrom der Frequenz ω_0 durchflossen wäre. Der Ausgleichsstrom hat aber die Frequenz $\omega < \omega_0$.

Der Unterschied gegen den stationären Fall wird noch deutlicher, wenn wir die Phasenbeziehung zwischen der Schwingung für die Spulenspannung und der für den Spulenstrom betrachten. Der Spulenstrom gehorcht einem Sinusgesetz in Funktion von der Zeit. Der Hauptteil der Spulenspannung — wohlgemerkt einer als widerstandslos angenommenen Spule — folgt zeitlich einem cos-Gesetz, eilt also gegen den Strom um 90° voraus, wie wir das bei stationären Vorgängen gewohnt sind. Außerdem ist aber noch ein zweiter Anteil da, der wesentlich kleiner ist, aber mit dem Strom in Gegenphase schwingt und einem minus-Sinus-Gesetz gehorcht. Die Summe aus beiden Teilschwingungen eilt also gegen den Strom um mehr als 90° voraus. Nennen wir den zusätzlichen Voreilwinkel δ, so erhalten wir für ihn aus dem Verhältnis der gegenphasigen und der querphasigen Komponente:

$$\operatorname{tg}\delta = \beta/\omega = \frac{R}{2Z}\cdot\frac{1}{\sqrt{1-R^2/4^2 Z}} = \frac{d}{2}\,\frac{1}{\sqrt{1-d^2/4}}\,, \tag{838}$$

oder einfacher aus dem Verhältnis der gegenphasigen Komponente zur Gesamtamplitude:

$$\sin\delta = \frac{d}{2} = \beta/\omega_0\,.$$

Bei den Schwingungen der Spannungen und Ströme des Ausgleichsvorgangs ist die Spannung an einer Spule gegen den zugehörigen Strom in der — widerstandslosen (!) — Spule um mehr als 90° voreilend phasenverschoben. Bei kleiner Dämpfung ist dieser Unterschied belanglos, bei zunehmender Dämpfung kann er so erhebliche Werte annehmen, daß wir in der Nähe des für den periodischen Fall gerade noch zulässigen Grenzwertes für $R/2Z \to 1$, d. h. $d \to 1$, Phasenverschiebungen von fast 180° voreilend für die Spulenspannung bekommen.

Würden wir also die Spulenspannung und den Spulenstrom einmal ohne Rücksicht auf die exponentielle Abnahme ihrer Amplituden in einem Zeigerdiagramm auftragen, so sieht das für einen Ausgleichsvorgang mit der Kreisfrequenz ω anders aus als für die stationäre Verknüpfung unter der Wirkung eines von außen aufgeprägten Stromes der Frequenz ω. Abb. 347 zeigt ein solches Zeigerdiagramm, aus dem wir auch den wahren Verlauf von Spannung und Strom während des Ausgleichsvorganges entnehmen können, wenn wir uns daran erinnern, daß es als symbolische Darstellung für die Augenblickswerte nur insofern Realität besitzt, als die Projektionen der umlaufenden Zeiger auf die festliegende Zeitlinie in jedem Augenblick den Zeitwerten der durch die Zeiger symbolisierten Größen maßstäblich entsprechen. Für die Ausgleichsschwingungen müssen wir aber, um den wahren Verlauf der Größen zu erhalten, noch die exponentielle Abnahme der Größen mit $e^{-\beta t}$ in Rechnung stellen, die für alle diese Zeiger in gleicher Weise gilt. Entweder müssen wir also den Maßstab auf der Zeitlinie in jedem Augenblick veränderlich machen oder aber uns vorstellen, daß die Zeiger bei der Rotation mit der Winkelgeschwindigkeit ω nach dem Zeitgesetz $e^{-\beta t}$ einschrumpfen. Ihre Spitzen beschreiben dann also keine Kreise mehr, sondern logarithmische Spiralen, die allmählich auf den Ursprung zusammensinken.

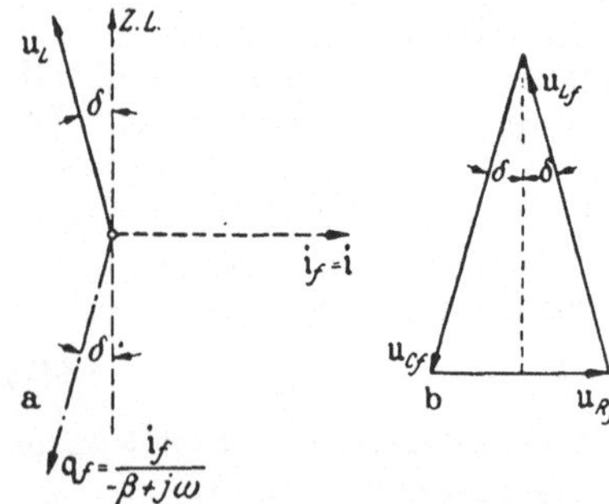

Abb. 347. Diagramm mit Dämpfungszeigern des Einschaltvorganges eines Reihenschwingkreises. a Freie Größen in gegenseitiger Phasenlage. b Diagramm der freien Spannungen.

Solche „*Dämpfungszeiger*" sind ein bequemes Mittel, um den relativen Verlauf von Spannung und Strom darzustellen und sinnfälllig zu machen, den wir sonst in der Form der Abb. 346a (Strom) und Abb. 346b (Spulenspannung) recht mühsam aufzeichnen müssen, ohne dabei die wesentlichen Unterschiede, wie etwa die Phasenverschiebung um mehr als 90° so deutlich kenntlich machen zu können, wie im Zeigerdiagramm nach Abb. 347. Beim Arbeiten mit solchen Dämpfungszeigerdiagrammen müssen wir aber immer daran denken, daß nunmehr auch die Widerstandsoperatoren andere sind als bei stationären Vorgängen.

Stellen wir uns nämlich die Differentiation eines solchen Dämpfungszeigers, den wir von nun an mit kleinem deutschen Buchstaben bezeichnen wollen, nach Abb. 348 in analoger Weise vor wie die Differentiation eines gewöhnlichen Zeigers nach Abb. 40, so erhalten wir das Differential $d\mathfrak{i}$ des Dämpfungszeigers, das nun nicht mehr in Richtung der Kreistangente zeigt, sondern in die Richtung der Tangente an die logarithmische Spirale weist, um mehr als 90° gegen den Zeiger $\mathfrak{i}$ selbst nach vorwärts verschoben und im Betrage nicht mehr ω mal so groß, sondern $\sqrt{\beta^2 + \omega^2}$ mal so groß wie der Zeiger selbst. Schreiben wir ihn unter Verwendung der Darstellung mit Hilfe des Operators j, der eine Drehung um 90° nach vorwärts bedeutet, so erhalten wir für das Differential des Zeigers:

$$d\mathfrak{i} = (-\beta + j\omega) \cdot \mathfrak{i}\, dt, \tag{839}$$

und also für die Differentiation selbst:

$$\frac{d\mathfrak{i}}{dt} = (-\beta + j\omega)\, \mathfrak{i}. \tag{840}$$

Beim Dämpfungszeiger führt man eine Differentiation nach der Zeit nicht wie beim gewöhnlichen Zeiger durch Multiplikation mit $j\omega$ aus, sondern durch Multiplikation mit dem etwas komplizierteren Operator $-\beta + j\omega$. Der Widerstandsoperator einer Spule ist also

für Dämpfungszeiger	für gewöhnliche Zeiger
$-\beta L + j\omega L$	$j\omega L$

Mit verschwindender Dämpfung ($\beta = 0$) gehen beide Arten von Zeigern ineinander über. Die bisher von uns verwendeten Operatoren der stationären einwelligen Größen sind sozusagen nur ein Sonderfall der allgemeineren Widerstandsoperatoren, die wir jetzt zur Darstellung von Ausgleichsschwingungen benutzen, eine triviale Entartung.

Selbstverständlich gilt für die Integration das Umgekehrte wie für die Differentiation. Wird durch die Multiplikation mit $(-\beta + j\omega)$ differenziert, so haben wir zu integrieren durch die Division durch $(-\beta + j\omega)$. Genau so wie die Differentiation um mehr als 90° voreilend dreht, so dreht nun die Integration um mehr als 90° nacheilend. Wir benutzen das sofort, um in Abb. 347 auch den Verlauf der freien Ladung durch einen Dämpfungszeiger $\mathfrak{q}_f$ darzustellen, der um $90° + \delta$ nacheilend gegen die Stromstärke liegt und bei Multiplikation mit dem Wert von C auch den Verlauf der Spannung am Kondensator charakterisiert, die in der Phase ja mit der Ladung gleich verläuft. Ordnungsgemäß ergibt sich beim Vergleich der drei Spannungen, daß sich entsprechend der Beziehung zwischen den Augenblickswerten der drei Spannungen des freien Zustandes:

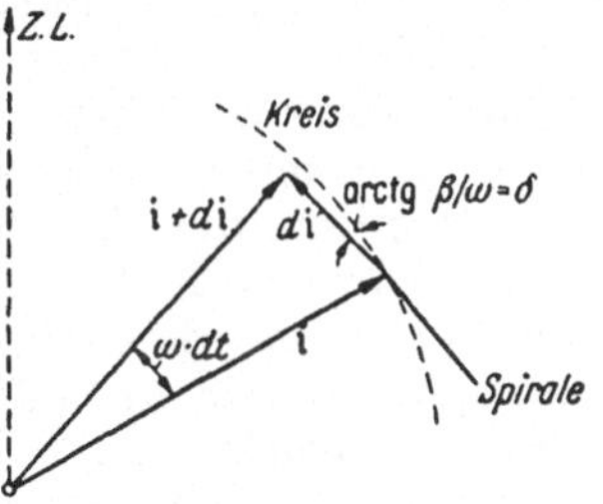

Abb. 348. Zur Frage der Differentiation von Dämpfungszeigern.

$$u_{R_f} + u_{L_f} + u_{C_f} = 0$$

auch das Zeigerdiagramm (Abb. 347b) der drei Zeiger, die diese drei Spannungen symbolisieren, schließt:

$$\mathfrak{u}_{R_f} + \mathfrak{u}_{L_f} + \mathfrak{u}_{C_f} = 0\,. \tag{841}$$

Die drei Spannungszeiger bilden wegen der Gleichheit der beiden Winkel, die die Spulenspannung und die Kondensatorenspannung mit der Widerstandsspannung bilden — jeweils $90° + \delta$, einmal voreilend, einmal nacheilend — ein gleichschenkliges Dreieck. Spulenspannung und Spannung am Kondensator sind dem Scheitelwert nach genau gleich groß; doch fallen diese Scheitelwerte nicht zeitlich zusammen; beide sind nur beinahe gegenphasig. Es stellt sich sozusagen freiwillig bei der Einschaltung gerade die Frequenz als die des Ausgleichvorgangs ein, bei der Resonanz zwischen L und C herrscht. Die Beziehung der Größen der Scheitelwerte zueinander ist also schon durch unsere obige Feststellung geklärt, daß die Spulenspannung $\omega_0 L/R$ mal so groß ist wie die Widerstandsspannung. Wir können das auch schreiben:

$$u_{L_{max}}/u_{R_{max}} = Z/R = g \tag{842}$$

oder unter Benutzung der für Dämpfungszeiger gültigen Widerstandsoperatoren:

$$u_{L_{max}}/u_{R_{max}} = \left|\left(-\frac{R}{2L} + j\,\omega\right)L/R\right| = \sqrt{\left(\frac{\omega L}{R}\right)^2 + 1/4} \approx \frac{\omega L}{R}\,. \tag{843}$$

Die Höhe im gleichschenkligen Dreieck entspricht also dem induktiven Widerstand, der bei stationärem einwelligem Wechselstrom gleicher Frequenz auftreten würde, die Seite dagegen dem Widerstandsoperator der für die Ausgleichsvorgänge maßgebend ist.

Ebenso wie die Spulenspannung praktisch die Gleichspannung, mit der eingeschaltet wird, als Amplitude hatte, so ist also auch die freie Kondensatorspannung durch eine Schwingung mit der gleichen Amplitude gekennzeichnet. Nur beginnt sie mit dem Augenblickswert des negativen Maximums ($-u$). Um die Gesamtspannung am Kondensator und damit auch den Verlauf seiner wahren Ladung zu erhalten, müssen wir aber zur freien Größe noch den Verlauf der Ladung und der

Spannung des stationären Endzustandes addieren, der als Gleichvorgang (Gleichspannung oder Gleichladung) natürlich nicht mit im Zeigerdiagramm zum Ausdruck kommen kann. Auch nicht im Dämpfungszeigerdiagramm. Da die Kondensatorspannung des Endzustandes eine Gleichspannung mit dem Wert u ist, so besteht die gesamte Kondensatorspannung aus dieser Gleichspannung mit der überlagerten allmählich abklingenden Ausgleichsschwingung der freien Spannung mit der Amplitude u. Nach einer Halbperiode der Schwingung, die ja mit $-u$ für die freie Kondensatorspannung beginnt, ist die freie Kondensatorspannung ebenfalls positiv und bei kleiner Dämpfung nur wenig kleiner als u. Die wahre Kondensatorspannung beträgt dann also nahezu $2u$ (Abb. 346c). Es tritt beim Einschalten eines Schwingungskreises mit Gleichspannung am Kondensator eine Überspannung auf, die bis zum Doppelten der Schaltspannung betragen kann.

Gleichartig verläuft auch die wahre Ladung des Kondensators. Auch sie beginnt ohne Sprung mit dem Wert Null. Etwa nach einer Viertelperiode der Ausgleichsschwingung hat sie die Ladung Cu erreicht, die stationär zur Schaltspannung gehört. Nun aber schießt sie noch über den Endzustand hinaus, bis eine weitere Viertelperiode später auch sie auf den doppelten Wert des Endzustandes angewachsen ist. Diese Überladung ist die Folge des Vorhandenseins der Induktivität, die nicht gestattet, daß der bis zum ersten Erreichen der Schaltspannung am Kondensator ständig gestiegene Strom plötzlich aufhört. Er kann sich nicht sprunghaft ändern. So nimmt er denn stetig so ab, wie das die Stromkreiskonstanten ermöglichen, lädt aber inzwischen den Kondensator weiter auf Werte der Spannung und Ladung, die über den stationär möglichen liegen. Ist der Strom endlich zu Null geworden (beim Ende der ersten Halbperiode des Schwingstromes), so sitzt im Kondensator die doppelte Ladung und an seinen Klemmen herrscht die doppelte Spannung. Er beginnt nunmehr sich ins Netz zurück zu entladen, es entsteht ein immer mehr anwachsender negativer — Entlade- — Strom, der nun aber wieder beim Erreichen des eigentlich richtigen Ladezustandes nicht plötzlich aufhören kann, weil das wieder die Spule nicht gestattet. Die Entladung schießt auch wieder über das Ziel hinaus. Der Kondensator wird fast vollständig wieder entladen. Das Spiel beginnt von neuem. Nur durch die Wirkung des Ohmschen Widerstandes nehmen die Schwingungen ab; es bildet sich dann nach einer genügend großen Zahl von Ladungs- und Entladungsspielen schließlich doch noch der stationäre Endzustand heraus, dem das Ganze zustrebt, wobei die Zahl der Spiele bis zur Erreichung des stationären Endzustandes theoretisch stets Unendlich ist, während praktisch der Vorgang als beendet angesehen werden kann, wenn die Amplituden der Schwingung unter einen bestimmten Bruchteil des Anfangswertes abgeklungen sind. Da die Zeitkonstante des Abklingvorgangs $2\,L/R$ ist, so können wir feststellen, daß ein derartiger periodischer Einschaltvorgang praktisch nach einer Zeit von $(10\ldots14)L/R$ als beendet angesehen werden kann (vgl. S. 341).

Genau die gleichen Überlegungen gelten entsprechend für den Fall der Entladung eines Kondensators über eine Induktivität. Auch hierbei treten die gleichen Ausgleichsvorgänge nur mit wenig veränderten Anfangsbedingungen auf (vgl. S. 360). Es kehrt sich nur das Vorzeichen der Konstanten für den Strom im Kreis um. Der Kondensator wird nicht aufgeladen, sondern entladen. Da im stationären Endzustand auch keine Kondensatorspannung und keine Ladung im Kondensator vorhanden sind, so stellen auch bei diesen Größen nunmehr die freien Größen den vollständigen Verlauf der wahren Größen dar. Da in diesem Falle die gesamte ursprünglich im Kondensator gespeicherte Energie schließlich im Widerstand als Wärme umgesetzt sein muß, so können wir umgekehrt schließen, daß auch beim Ladevorgang wiederum bei gleichem Stromverlauf der gleiche Energiebetrag im Widerstand in Wärme umgesetzt wird, daß also auch bei periodischem Verlauf des Ladevorganges genau wie beim aperiodischem Fall der gleiche Energiebetrag im

Widerstand nutzlos verloren geht, der sich am Ende im Kondensator gespeichert findet, daß also auch hier der Wirkungsgrad der Kondensatoraufladung genau 50% beträgt.

Schließlich aber gestattet uns die Verwendung der Dämpfungszeiger auch in übersichtlicher Weise die Darstellung der Verhältnisse beim Einschalten einer Wechselspannung beliebiger Frequenz auf einen Schwingungskreis. Der tatsächliche Vorgang setzt sich nun aus den Spannungen und Strömen des stationären Endzustandes, die jetzt nicht mehr wie beim Gleichstromschaltvorgang verschwinden, und den freien Spannungen und Strömen zusammen, die den gleichen Zeitgesetzen gehorchen, die wir oben ermittelten. Die Größen des stationären Endzustandes können aus einem gewöhnlichen Zeigerdiagramm (Abb. 349a) entnommen oder symbolisch errechnet und dann im Zeigerdiagramm dargestellt werden, dessen Zeiger mit der Kreisfrequenz ω' umlaufen und konstante Länge haben. $\omega' = 2\pi f'$ sei die Kreisfrequenz der Schaltspannung.

Aus diesem Zeigerdiagramm können wir außer den Spannungen und Strömen des stationären Endzustandes aber auch die Anfangswerte der freien Größen entnehmen, wenn wir die Lage der Zeitlinie in dem Augenblick eintragen, in dem der Schaltvorgang erfolgt, wie das für das Beispiel in der Abb. 349a für die willkürliche Schaltphase α der Spannung am gesamten Kreis geschehen ist. Die Projektionen des Zeigers der Widerstandsspannung $\mathfrak{J}R$ und des Zeigers der Kondensatorspannung $\mathfrak{J}/j\,\omega C$ auf die Zeitlinie (Z.L.), die Abschnitte OA und OB, sind die Augenblickswerte der betreffenden Spannungen im Schaltzeitpunkt. Sie müssen im Schaltzeitpunkt durch die freien Größen zu Null ergänzt werden, denn die Widerstandsspannung darf — weil dem Spulenstrom proportional, der nicht springen darf — nur ohne Sprung beginnen und ebenso darf die der Ladung des Kondensators proportionale Kondensatorspannung ebenso wie die Ladung sich nur ohne Sprung ändern.

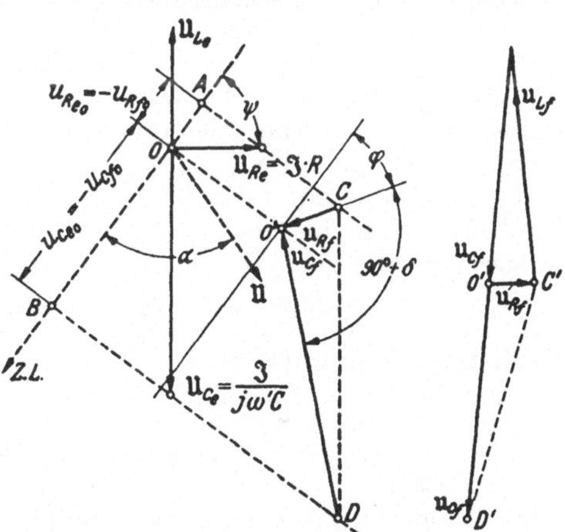

Abb. 349. Bestimmung der freien Größen aus dem Dämpfungszeigerdiagramm und einem normalen Zeigerdiagramm bei Einschaltung mit Wechselstrom.

Nun kennen wir aber andererseits das Zeigerdiagramm der Dämpfungszeiger der freien Größen, das als Abb. 349b — entsprechend der Abb. 347 — hier noch einmal dargestellt ist. Es läuft mit der Kreisfrequenz $\omega = \sqrt{\omega_0^2 - \beta^2}$ um, die nur durch die Kreisdaten bestimmt ist und mit der Kreisfrequenz ω' der Schaltspannung nichts zu tun hat, ihr höchstens zufällig gleich oder benachbart sein könnte. Seine Zeiger haben nur im Schaltzeitpunkt die volle dargestellte Länge, dann nehmen sie exponentiell ab. Für den Schaltzeitpunkt aber können wir durch die Projektion seiner Zeiger auf die Zeitlinie ebenfalls unmittelbar die Augenblickswerte entnehmen. Hier aber ist die Aufgabe umgekehrt. Gegeben sind als die negativen Werte der Abschnitte OA und OB, die Projektionen, die $\mathfrak{u}_{R_f}$ und $\mathfrak{u}_{C_f}$ auf die Zeitlinie haben müßten, wenn unser Diagramm richtig sein soll. Damit sie diesen Wert bekommen, müssen wir das Diagramm der beiden gebundenen Größen zeitlich durch Drehung in eine entsprechende Lage und der Größe nach durch ähnliche Veränderung seiner Zeigerlängen so hinschieben, daß die Projektionen die gewünschten Längen bekommen. D. h. wir müssen ein dem Dreieck $O'C'D'$ ähnliches Dreieck OCD so in die Abb. 349a „hineinkomponieren", daß seine Eckpunkte auf die Lote in O, A und B fallen. Dann haben wir die Anfangslage des Dämpfungszeigerdiagramms gefunden, wenn wir nur noch die Vorzeichen der Dämpfungszeiger umkehren, weil sie ja in diesem Zeitpunkt die des stationären Endzustandes zu Null ergänzen sollen.

Das kann man z. B. analytisch auf folgende Weise tun: Ist der Winkel, den $\mathfrak{J}R$ mit OA bildet, ψ und der Winkel, den der gesuchte Dämpfungszeiger mit der Zeitlinie bildet, φ, so muß die Gleichung bestehen:

$$u_{r_{max}} \cdot \cos\psi = u_{r_{f_{max}}} \cdot \cos\varphi \,. \tag{844}$$

Die Zeiger der Kondensatorspannungen bilden dann mit der Zeitlinie die Winkel $90° - \psi$ (bei der eingeschwungenen Spannung), bzw. $90° - (\varphi + \delta)$ (bei der freien Spannung). Auch hier muß Gleichheit bestehen:

$$u_{c_{max}} \sin\psi = u_{c_{f_{max}}} \sin(\varphi + \delta) \,. \tag{845}$$

Zwischen den Scheitelwerten der Größen bestehen außerdem noch Beziehungen, die durch die Widerstandsoperatoren gegeben sind. Beim Zeigerdiagramm der Schaltspannung, des stationären Endzustandes, ist das nach Abschn. III B/C:

$$u_{r_{max}}/u_{c_{max}} = R\omega' C \,. \tag{846}$$

Bei dem Diagramm der Dämpfungszeiger sind die dort gültigen Widerstandsoperatoren einzusetzen, die mit Hilfe der Differentialoperatoren $(-\beta + j\omega)\ L$ für die Spule usw. gebildet werden, für die wir auch kurz pL schreiben könnten, denn $(-\beta + j\omega)$ ist ja nur unser Parameter p als Lösung der charakteristischen Gl. (796). Wir haben oben bereits gezeigt, daß für das Verhältnis der beiden Spannungen zueinander gilt:

$$u_{r_{f_{max}}}/u_{c_{f_{max}}} = R/Z = d = R\,\omega_0 C \,. \tag{847}$$

Dividieren wir nun die beiden Gleichungen (844/845) durcheinander, so bekommen wir eine Gleichung für den Winkel φ als einzige Unbekannte:

$$\frac{1}{\omega' R C}\,\mathrm{tg}\,\psi = \frac{1}{\omega_0 R C}\,\frac{\sin\varphi\cos\delta + \cos\varphi\sin\delta}{\cos\varphi}\,, \tag{848}$$

woraus nach Auflösen nach $\mathrm{tg}\,\varphi$ folgt:

$$\mathrm{tg}\,\varphi = \frac{\omega_0}{\omega'} \cdot \frac{\mathrm{tg}\,\psi}{\cos\delta} - \mathrm{tg}\,\delta \,. \tag{849}$$

Setzen wir hierin noch die Werte für $\mathrm{tg}\,\delta$ und $\cos\delta$ ein, so wie sie aus Gl. (838) auf S. 375 hervorgehen, so erhalten wir:

$$\mathrm{tg}\,\varphi = \frac{(\omega_0/\omega')\cdot\mathrm{tg}\,\psi - d/2}{\sqrt{1 - d^2/4}} \,. \tag{850}$$

Mit dem so gefundenen Winkel liegt nunmehr das ganze Diagramm der Dämpfungszeiger fest und damit auch der ganze weitere Verlauf der freien Größen und nach Addition der Werte des stationären Endzustandes auch der Verlauf der wahren Ströme und Spannungen nach dem Schaltvorgang.

Geometrisch kann man die Aufgabe noch einfacher lösen. Man trage an AB in A den Winkel $O'C'D'$, in B den Winkel $O'D'C'$ an und bringe die freien Schenkel zum Schnitt. Jedes Lot auf dem Strahl von diesem Schnittpunkt zum Punkte O auf AB schneidet dann auf den in A und B errichteten Loten auf AB die gesuchten Punkte C und D des Dämpfungszeigerdreiecks aus.

Wir überzeugen uns ohne weiteres davon, daß es nun überhaupt nicht mehr möglich ist, einen Schaltvorgang durchzuführen, bei dem es keine freien Größen gibt, wie das beim Wechselstromschaltvorgang im Kreis mit nur einem Energiespeicher möglich war. Hier kann man wohl den Zeitpunkt so wählen, daß die Bedingung für eine der beiden Größen sprungfrei erfüllt ist, dann ist sie aber niemals für die andere erfüllt, jedenfalls nicht für eine einwellige Spannung. Denn die beiden stetig übergehenden Größen Strom und Spannung am Kondensator sind gegeneinander um 90° verschoben. Wohl kann es je nach der Lage des Schaltzeitpunktes größere und kleinere Werte der freien Größen geben, aber vorhanden bleiben sie immer. Auch wenn jetzt der Schaltzeitpunkt etwa so ausgewählt wird, daß er mit dem Nulldurchgang des stationären Endstromes zusammenfällt, so bedeutet das wohl, daß nun auch der freie Strom im Schaltmoment Null sein muß, nicht aber, daß er auch im weiteren Verlauf Null bleiben müßte. Nur der Augenblickswert ist in diesem Moment Null. Unmittelbar darauf kann der Strom mit erheblichen Amplituden in Erscheinung treten.

Je nachdem nun der Schaltvorgang mit einer Frequenz erfolgt, die unter oder über der Frequenz der Phasenresonanz liegt, kommen verschiedene Bilder des Vorgangs zustande. Ist die Frequenz des Ausgleichsvorgangs langsam, so erscheint der stationäre Zustand über eine langsame Grundschwingung mit abnehmender Amplitude abwechselnd positiv und negativ überlagert (Abb. 350a), ist sie dagegen wesentlich schneller als die Frequenz des stationären Zustandes, so erscheinen die hohen Frequenzen des Ausgleichsvorgangs als abklingende Schwingung über diesen stationären Endzustand überlagert und können sich je nach der Dämpfung über einen Teil einer Periode (Abb. 350b) oder über mehrere Perioden (Abb. 350c) hin-

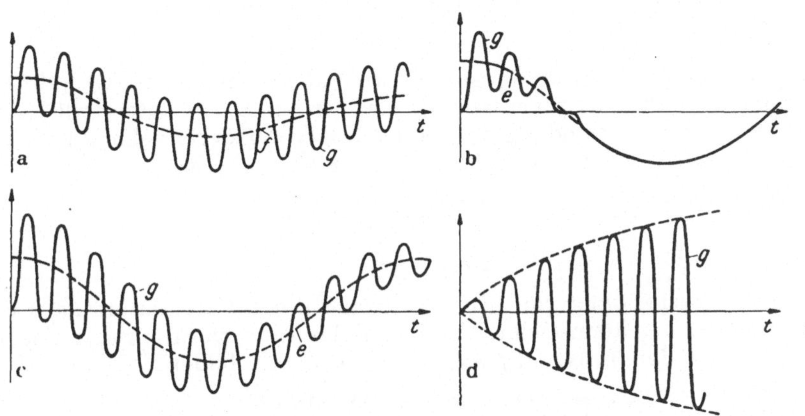

Abb. 350. Ausgleichsvorgänge bei Einschaltung eines Reihenschwingkreises an eine Wechselspannung. a Frequenz der erzwungenen Schwingung viel höher als die der abklingenden freien Schwingung. b Frequenz der erzwungenen Schwingung kleiner als die der stark gedämpft abklingenden freien Schwingung. c Wie (b) aber mit schwacher Dämpfung der freien Schwingung. d Einschaltung bei Übereinstimmung von Frequenz der erzwungenen und der freien Schwingung. Aufschaukelung auf den hohen Endwert der erzwungenen Schwingung. e = erzwungen f = frei g = Gesamt-.

ziehen. Besonders interessant werden die Verhältnisse, wenn wir einen Kreis nahezu mit seiner Eigenfrequenz einschalten. Dann laufen beide Zeigerdiagramme, das des stationären Endzustandes und das der Ausgleichsvorgänge, nahezu gleichschnell um, und die Differenz ihrer Projektionen auf die gemeinsame Zeitachse kann sich bei abwechselnder Addition und Subtraktion bei Phasengleichheit und Phasenopposition bei genügend kleiner Dämpfung des freien Anteiles in Form von Schwebungen in dem wirklich auftretenden Vorgang auswirken. Stimmt die Frequenz des aufgedrückten Vorgangs genau mit der Eigenfrequenz der freien Schwingungen überein, — also $\omega = \omega'$ — nicht mit der Kreisfrequenz der Phasenresonanz ω_0, so laufen beide Zeigerdiagramme gleich schnell um. Da das Diagramm der freien Schwingungen dabei allmählich mit der Zeitkonstante $2L/R$ verschwindet, werden dann die

Amplituden der Stromstärke im Kreis allmählich immer größer, bis sie den stationären Endzustand nach etwa 5...7 Zeitkonstanten praktisch bis auf 1%...1‰ erreicht haben. Das ist in Abb. 350 d dargestellt.

c) Der aperiodische Grenzzustand.

Eine besondere Behandlung verlangt noch der Zustand; in dem der aperiodische Fall $R > 2\,Z$ und der periodische Zustand $R < 2\,Z$ aneinander grenzen. Ist nämlich im sogenannten „*aperiodischen Grenzzustand*" gerade $R = 2\,Z$, so versagen beide Lösungswege. Die Wurzel unserer allgemeinen Lösung (Gl. (797)) verschwindet. Wir erhalten an Stelle der beiden getrennten Werte von $p_{1,2}$ nur noch einen. Es wird

$$p = -R/2\,L\,. \tag{851}$$

Wir verlieren hierdurch offenbar die Möglichkeit, durch zwei mathematisch unbestimmte Konstante die beiden Anfangsbedingungen für die sprungfrei zu überführenden Größen gleichzeitig zu befriedigen. Das kommt auch darin zum Ausdruck, daß nunmehr in der ja in beiden Fällen gültigen Formel (Gl. (802)) für die Bestimmung der Konstanten K_1 und K_2 (vgl. S. 366) der Nenner $(p_1 - p_2)$ zu Null wird, ein mathematisch unzulässiger Zustand, der uns vor der Benutzung dieser Lösung im Grenzfall warnt.

Die Mathematik lehrt uns, für solche Fälle die Lösung durch die sogenannte Variation der Konstanten zu versuchen, also anzusetzen:

$$x = f(t)\, e^{pt}\,. \tag{852}$$

Um das hier durchzuführen, greifen wir auf die allgemeine Gl. (793) für die Bestimmung aller freien Größen zurück, die wir auf S. 364 aufgestellt haben, und schreiben sie unter Verwendung der jetzt gültigen Sonderbeziehung zwischen den Konstanten $p = -R/2\,L$ und $1/L\,C = R^2/4\,L^2 = p^2$ um:

$$x'' + \frac{R}{L}\,x' + \frac{1}{L\,C}\,x = 0\,,$$

$$x'' - 2\,p x' + p^2 x = 0\,, \tag{853}$$

wobei wir zur Vermeidung von Schreibaufwand die Differentiation nach der Zeit jeweils durch den $'$ gekennzeichnet haben. Führen wir hierin unseren allgemeinen Ansatz (852) mit der Funktion f ein, so haben wir zu bilden:

$$\left.\begin{aligned} x &= f\,e^{pt}; \quad x' = f' e^{pt} + f\,p\,e^{pt}; \\ x'' &= f'' e^{pt} + f' p\,e^{pt} + f' p\,e^{pt} + f\,p^2\,e^{pt}. \end{aligned}\right\} \tag{854}$$

Das kann beim Einsetzen sofort durch e^{pt} gekürzt werden und liefert eine Gleichung für die Bestimmung von f:

$$\begin{aligned} &f'' + 2\,f' p + f p^2 - 2\,p\,(f' + f p) + p^2 f = 0 \\ &f'' = 0\,. \end{aligned} \tag{855}$$

Die Integration dieser Differentialgleichung ist aber durch zwei aufeinander folgende Quadraturen sofort auszuführen, und liefert nacheinander:

$$\begin{aligned} f' &= \int f''\,dt = K_1 \\ f &= \int f'\,dt = \int K_1\,dt = K_1 + K_2 t\,, \end{aligned} \tag{856}$$

so daß wir nunmehr wieder über zwei unbestimmte Konstanten verfügen, mit denen wir zwei Anfangsbedingungen willkürlich vorgeben können. Wenn wir also für die freie Ladung ansetzen:

$$q_f = (K_1 + K_2\,t)\,e^{pt}$$

und somit für

$$\left.\begin{aligned} q_f &= (K_1 + K_2\,t)\,e^{pt} \\ i_f &= q_f' = \big((p K_1 + K_2) + p K_2\,t\big)\,e^{pt}\,, \end{aligned}\right\} \tag{857}$$

also mit dem erwarteten gleichartigen Zeitgesetz, nur mit anderen Koeffizienten, so liefern unsere Bestimmungsgleichungen für diese Konstanten aus den Anfangsbedingungen für $t = 0$ bei der Gleichspannungseinschaltung (vgl. S. 365):

$$\left.\begin{aligned} q_{f_0} &= -Cu = K_1 \\ \text{und}\quad i_{f_0} &= 0:\ pK_1 + K_2 = 0;\ K_2 = -pK_1 = \frac{R}{2L}\cdot(-Cu) = -\frac{u}{Z}, \end{aligned}\right\} \qquad (858)$$

so daß der Verlauf der freien Größen gegeben ist durch die beiden Gleichungen:

$$\left.\begin{aligned} q_f &= -u\left(C + \frac{2t}{R}\right)e^{pt}, \\ i_f &= \frac{u}{L}\,t\,e^{pt}, \end{aligned}\right\} \qquad (859)$$

worin $p = -R/2L$ das Abklingen der freien Größen auf Null sicher stellt, weil ja die Exponentialfunktion viel schneller verschwindet, als der lineare Anstieg mit t in der damit multiplizierten Funktion. Für den Strom stellt das wieder zugleich den wahren Strom dar, weil der Strom des stationären Endzustandes Null ist; für die Ladung muß zur Feststellung des Verlaufs der Aufladung noch der stationäre Ladungszustand mit $+Cu$ addiert werden. Der zeitliche Verlauf von Fluß und Ladung ist in der Abb. 351 graphisch dargestellt. Durch Differentiation der Stromkurve nach der Zeit können wir einerseits die Kurve der Spulenspannung erhalten, die ebenfalls wieder einem Gesetz der gleichen Form gehorcht, andererseits aber auch durch Nullsetzen dieser Spannung den Zeitpunkt des Strommaximums finden, der sich bei $t_{max} = \frac{2L}{R}$ ermittelt. Einsetzen dieser Zeit liefert für das zu erwartende Strommaximum:

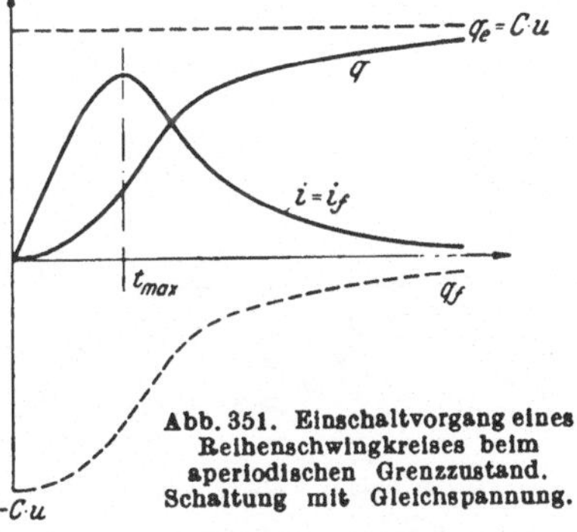

Abb. 351. Einschaltvorgang eines Reihenschwingkreises beim aperiodischen Grenzzustand. Schaltung mit Gleichspannung.

$$i_{max} = \frac{u}{L}\cdot\frac{2L}{R}e^{-1} = \frac{2u}{eR} = 0{,}735\,\frac{u}{R}. \qquad (860)$$

5. Schaltvorgänge an gekoppelten Kreisen.

Differentialgleichungen zweiter Ordnung ergeben sich nicht nur bei Kreisen mit zwei Energiespeichern ungleicher Art wie beim Schwingungskreis, sondern auch, wenn eine Schaltung zwei Energiespeicher gleicher Art enthält, die voneinander unabhängig die Bedingung auferlegen, daß ihr Energieinhalt sprungfrei veränderlich sein muß, wenn die Schaltung erfolgt. Wir betrachten als Beispiel für einen solchen Fall die Einschaltung — oder allgemeiner gesagt — Schaltvorgänge an einem Transformator, dessen Sekundärwicklung über einen Widerstand geschlossen ist. Nach der Abb. 352 ist die Schaltung durch die Angabe folgender Daten gekennzeichnet:

R_1, den gesamten Widerstand des primären Kreises von der starr gedachten Schaltspannung u_1 aus gerechnet, u. U. also unter Einschluß eines etwaigen inneren Widerstandes des Netzes oder Generators.

R_2, den gesamten Widerstand im sekundären Kreis, d. h. den Belastungswiderstand zuzüglich des inneren Widerstandes der sekundären Wicklung.

L_1, die primäre Selbstinduktivität des Transformators, die ebenfalls alle etwaigen sonstigen Induktivitäten im primären Kreise mitenthalten kann, wie etwa die Induktivität einer Zuleitung.

L_2, die gesamte Selbstinduktivität des sekundären Kreises, in der Hauptsache also die Selbstinduktivität der Sekundärwicklung selbst, aber auch etwaige Selbstinduktivität der sekundären Belastung. Schließlich

M, den Koeffizienten der gegenseitigen Induktion zwischen beiden Wicklungen durch die innere Verkettung beider Wicklungen mit dem gleichen Fluß (vgl. hierzu Abschn. III, S. 75).

Den Primärklemmen wird als geschaltete Spannung die Spannung u_1 mit beliebigem zeitlichen Verlauf zugeführt. Da R_2 den Belastungswiderstand mit einschließen soll, so wird außer im Kurzschlußzustand des Transformators meist R_2 sehr viel größer sein als R_1, wenn wir uns vorstellen, daß der Transformator das Übersetzungsverhältnis 1:1 hat. Ist das nicht der Fall, so verwandeln wir ihn durch die Umrechnung nach Abschn. III, S. 99 in einen solchen.

Die Gleichungen, die die Ströme und Spannungen in einem solchen Transformator miteinander verknüpfen, lauten (vgl. auch Abschn. III, S. 75, Gl. (135)):

$$\left.\begin{aligned} u_1 &= i_1 R_1 + L_1 \frac{d i_1}{d t} + M \frac{d i_2}{d t} \\ 0 &= i_2 R_2 + L_2 \frac{d i_2}{d t} + M \frac{d i_1}{d t}\,. \end{aligned}\right\} \qquad (861)$$

Sie müssen in dieser Form stets erfüllt sein, sowohl für die tatsächlichen Ströme, die sich nach dem Schalten im Übergangsstadium einstellen, wie auch für die erzwungenen Ströme des stationären Endzustandes, die wir mit dem Zusatzindex e von diesen unterscheiden wollen. Schreiben wir zur Abkürzung des Schreibaufwandes die Ableitung eines Stromes i als i', so können wir für die erzwungenen Ströme des Endzustandes auch schreiben:

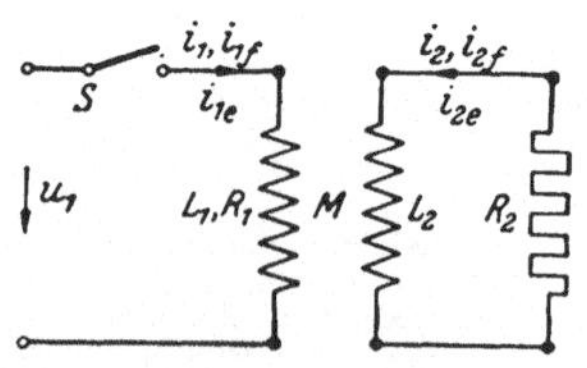

Abb. 352. Schaltbild zur Behandlung der Schaltvorgänge am belasteten Transformator.

$$\left.\begin{aligned} u_1 &= i_{1_e} R_1 + L_1 i'_{1_e} + M i'_{2_e} \\ 0 &= i_{2_e} R_2 + L_2 i'_{2_e} + M i'_{1_e}\,. \end{aligned}\right\} \qquad (862)$$

Subtrahieren wir beide gleichzeitig gültigen Gleichungspaare (861/862) voneinander, so erhalten wir ein neues Gleichungssystem, in dem wegen der Linearität aller Zusammenhänge, die wir voraussetzen, nur noch die Stromdifferenzen $i_1 - i_{1_e}$ und $i_2 - i_{2_e}$ und ihre Ableitungen nach der Zeit vorkommen, das aber die Schaltspannung u_1 nicht mehr enthält:

$$\left.\begin{aligned} 0 &= (i_1 - i_{1_e})\, R_1 + L_1 (i_1 - i_{1_e})' + M\, (i_2 - i_{2_e}') \\ 0 &= (i_2 - i_{2_e})\, R_2 + L_2 (i_2 - i_{2_e})' + M\, (i_1 - i_{1_e})'\,. \end{aligned}\right\} \qquad (863)$$

Mit dem gleichen Recht wie bisher, können wir wegen des Fehlens von u_1 in diesem Gleichungspaar die hierin vorkommenden Stromdifferenzen als freie Ströme i_{1_f}, bzw. i_{2_f}, bezeichnen, die wir zur Vermeidung von zu vielen Indizes, die durch alle Gleichungen unverändert mitgeschleppt werden müßten, als x und y bezeichnen wollen. Mit dieser Vereinfachung der Schreibweise erhalten wir somit:

$$\left.\begin{aligned} 0 &= R_1 x + L_1 x' + M y' \\ 0 &= R_2 y + L_2 y' + M x'\,. \end{aligned}\right\} \qquad (864)$$

Zu ihrer Auflösung müssen wir zunächst aus diesen beiden gekoppelten Differentialgleichungen (864) für zwei unbekannte Ströme den einen eliminieren, was wir z. B. dadurch tun können, daß wir aus der ersten Gleichung entnehmen:

$$y' = -\frac{1}{M}\,(R_1 x + L_1 x')\,, \qquad (865)$$

woraus durch Differentiation entsteht:

$$y'' = -\frac{1}{M}(R_1 x' + L_1 x''), \tag{866}$$

und diese Werte in die noch einmal differenzierte zweite Gleichung einführen:

$$\begin{aligned} 0 &= R_2 y' + L_2 y'' + M x'' \\ &= R_2\left(-\frac{1}{M}\right)(R_1 x + L_1 x') + L_2\left(-\frac{1}{M}\right)(R_1 x' + L_1 x'') + M x''. \end{aligned} \tag{867}$$

Nach Ordnungen der Differentialquotienten der nun noch allein verbliebenen Unbekannten x, des freien Primärstromes, zusammengefaßt erhalten wir dann, wenn wir zugleich noch mit M erweitern:

$$x''(L_1 L_2 - M^2) + x'(L_2 R_1 + L_1 R_2) + x R_1 R_2 = 0, \tag{868}$$

die erwartete lineare Differentialgleichung zweiter Ordnung mit konstanten Koeffizienten, für die wir wieder wie in Gl. (793) den Lösungsansatz:

$$x = K e^{pt}; \qquad x' = pK e^{pt}; \qquad x'' = p^2 K e^{pt} \tag{869}$$

machen. Nach Herausheben der Zeitfunktion (Beweis für die Richtigkeit des Ansatzes) und der Konstanten K (aus den Anfangsbedingungen zu bestimmen, mathematisch die unbestimmte Konstante) finden wir damit die charakteristische Gleichung für den, bzw. die Parameter p, die Exponenten der Zeitfunktionen:

$$p^2\left(1 - \frac{M^2}{L_1 L_2}\right) + \left(\frac{R_1}{L_1} + \frac{R_2}{L_2}\right)p + \frac{R_1 R_2}{L_1 L_2} = 0. \tag{870}$$

Ehe wir an ihre Lösung herangehen, überlegen wir, daß wir zu dieser Gleichung auch auf anderem Wege hätten kommen können, ohne uns überhaupt mit Differentiationen zu befassen, wenn wir von vornherein für die unbekannten Größen die Abhängigkeit nach e^{pt} angenommen hätten, was darauf hinausläuft, daß bei der Differentiation jede Größe in sich zurückkehrt, aber nach der Kettenregel mit p zu multiplizieren ist. Differentiationen werden also bei diesem Ansatz — oder, wenn wir das so nennen wollen, bei dieser *Symbolik* — durch Multiplikationen der zu differenzierenden Größen mit p ausgeführt, Integrationen durch Division durch p. Der Differentialoperator p leistet dann Ähnliches hinsichtlich der Algebraisierung der Differentialgleichungen wie der Operator j des symbolischen Rechenverfahrens für einwellige Ströme (vgl. S. 47).

Wir wiederholen hier diese Rechnung noch einmal, um ihren Weg und die Übereinstimmung im Ergebnis zu zeigen. Wir greifen also zurück auf das erste Gleichungspaar (864) für x und y und führen in ihm die Differentiationen durch Multiplikationen mit p aus:

$$\left.\begin{aligned} 0 &= R_1 x + pL_1 x + pMy \\ 0 &= R_2 y + pL_2 y + pMx. \end{aligned}\right\} \tag{871}$$

Aus diesen beiden Gleichungen (871) mit zwei Unbekannten folgt sofort, daß sie nur miteinander verträglich sind, also Lösungen für x und y liefern, wenn ihre Lösungsdeterminante verschwindet:

$$(R_1 + pL_1)(R_2 + pL_2) - p^2 M^2 = 0, \tag{872}$$

also unsere gesuchte charakteristische Gleichung (870) für die Bestimmung der p-Werte gilt.

Vor ihrer Lösung führen wir noch weitere abkürzende Bezeichnungen ein. In Anlehnung an die Festsetzungen des Abschn. III C 6 nennen wir den Faktor $(1 - M^2/L_1 L_2) = \sigma$ den Streukoeffizienten des Transformators. Er ist für technische Transformatoren von der Größenordnung 1% und darunter. Selbst wenn wir durch

Hinzunahme erheblicher Induktivitäten des äußeren Kreises L_1 und L_2 weit über ihre inneren Werte steigern, so ändert das noch nichts daran, daß allgemein σ klein gegen 1 ist, wovon wir später Gebrauch machen werden. Die R- und L-Werte beider Seiten des Transformators kommen nur in der Kombination $R_1/L_1 = a$ und $R_2/L_2 = b$ vor. Wir benutzen diese Abkürzungen in unseren Gleichungen und vermerken, daß sie die Kehrwerte der Zeitkonstanten L_1/R_1 und L_2/R_2 sind, die jedem Kreis allein zukämen, wenn der andere nicht mit ihm gekoppelt wäre. Damit vereinfacht sich die Gleichung (870) zur Bestimmung von p auf:

$$p^2 + \frac{a+b}{\sigma} p + \frac{ab}{\sigma} = 0\,, \tag{873}$$

mit den beiden Lösungen:

$$p_{1\cdot 2} = -\frac{a+b}{2\sigma} \pm \sqrt{\left(\frac{a+b}{2\sigma}\right)^2 - \frac{ab}{\sigma}} = \frac{a+b}{2\sigma}\left(-1 \pm \sqrt{1 - \frac{4\,\sigma a b}{(a+b)^2}}\right). \tag{874}$$

Nun kann der Bruch $\frac{4ab}{(a+b)^2}$ im ungünstigsten Fall mit $a = b$ höchstens den Wert 1 annehmen. Der Subtrahend im Radikanden ist also nicht nur immer kleiner als 1, die Wurzel also immer reell und kleiner als 1, sondern er ist sogar immer sehr klein gegen 1, was uns berechtigt, die Wurzel als Näherung durch eine Reihenentwicklung zu ersetzen, die nach dem zweiten Glied abgebrochen wird.

$$\sqrt{1 - \frac{4\,\sigma a b}{(a+b)^2}} \approx 1 - \frac{2\,ab\sigma}{(a+b)^2} + \dots \tag{875}$$

Dabei können wir sogar das in σ lineare Glied der Reihe bereits vernachlässigen, wenn es zum Vergleich steht mit (-2) bei der Lösung mit dem negativen Wurzelvorzeichen. Es sind dann also:

$$\left.\begin{aligned} p_1 &\approx -\frac{a+b}{2\sigma}\cdot\frac{2\,ab\sigma}{(a+b)^3} = -\frac{ab}{a+b}\,,\\ p_2 &\approx -\frac{a+b}{\sigma}\,. \end{aligned}\right| \tag{876}$$

Beide sind reell und negativ. Die freien Ströme klingen also ordnungsmäßig ab. Die Lösung ist vom aperiodischen Typus mit zwei Zeitkonstanten, die als Kehrwerte zu den p-Werten gehören:

$$\left.\begin{aligned} T_1 &= -1/p_1 = \frac{a+b}{ab} = 1/a + 1/b = L_1/R_1 + L_2/R_2\,,\\ T_2 &= -1/p_2 = \frac{\sigma}{a+b} = \frac{\sigma}{R_1/L_1 + R_2/L_2} = \frac{\sigma L_1}{R_1 + R_2 L_1/L_2}\,. \end{aligned}\right| \tag{877}$$

Während die erste der beiden Zeitkonstanten aus zwei je für sich großen Einzelwerten besteht — die Selbstinduktivitäten sind ja beide groß —, ist die zweite Zeitkonstante dagegen sehr klein. Im Nenner erscheint erstens die Summe der „auf den Primärkreis reduzierten" Widerstände (vgl. S. 81), vor allem aber ist zweitens im Zähler der Faktor σ sehr klein gegen eins und ein Anzeichen, daß es sich hier um das Streufeld und seine Zeitkonstante handelt. Sind L_1/R_1 und L_2/R_2 gleich, so stehen T_1 und T_2 zueinander im Verhältnis $2:\sigma/2$.

Im Prinzip ist damit unsere Aufgabe gelöst. Der Verlauf des Ausgleichsvorgangs ist vom aperiodischen Typ. Er hat zwei Konstanten, die die beiden verschieden schnell abklingenden Anteile in ihrem Absolutwert an die Anfangsbedingungen anzupassen gestatten. Der Verlauf muß in der einen oder anderen Form ähnlich werden wie die in Abb. 344b...d für einen allerdings ganz andersartigen Kreis gezeigten Vorgänge.

Erstaunlich ist dabei zunächst nur, daß wir zwar drei Energiespeicher im Stromkreis haben, nämlich L_1, L_2 und M, was noch deutlicher wird, wenn wir überlegen, daß es drei verschiedene magnetische Felder gibt, den mit beiden Wicklungen verketteten gemeinsamen Fluß, den nur mit der primären Wicklung verketteten primären Streufluß und den nur mit der sekundären Wicklung verketteten sekundären Streufluß, aber nur zwei willkürliche Konstanten. Das wird aber verständlich aus der Überlegung, daß, wenn wir die Bedingung für stetigen sprungfreien Anschluß zweier Felder an ihre Anfangswerte erfüllen, diese Bedingung automatisch bei der vorliegenden Schaltung auch für das dritte mit erfüllt ist. Gehen i_1 und i_2 durch entsprechende Wahl der Anfangswerte ihrer freien Komponenten $i_{1_{f_0}}$ und $i_{2_{f_0}}$ sprungfrei vom Anfangswert in den Ablauf nach dem Schaltvorgang über, so tut das wegen der Linearität aller Zusammenhänge auch i_1+i_2, der gesamte Magnetisierungsstrom für das Hauptfeld. Es kommt also nicht allein auf die Zahl der Energiespeicher an, wenn wir den Grad der Differentialgleichung und damit die Zahl der p-Werte und die Zahl der willkürlichen Konstanten betrachten, sondern auch auf ihre relative Lage im Schaltbild und ihre Verknüpfung durch die Gesetze der Strom- und Spannungsverteilung. So ist z. B. anschaulich sofort klar, daß zwei getrennte, aber in Reihe geschaltete Spulen zwar *zwei* Energiespeicher darstellen, aber nur *eine* Anfangsbedingung schaffen, weil sprungfreier Übergang des Stromes in der einen auch sprungfreien Übergang des Stromes in der anderen gewährleistet, denn es ist das ja schaltungstechnisch der gleiche Strom. Allgemeiner kann man diese Beziehung nach einem Satz von EULER so formulieren, daß aus topologischen Gründen in einer Schaltung von Z Zweigen mit K Knoten nur insgesamt: $N=Z-(K-1)$ unabhängige Verknüpfungen bestehen können. Im vorliegenden Fall haben wir drei Zweige — man erkennt das am besten am Ersatzschaltbild (vgl. Abb. 119) — und zwei Knoten, also zwei unabhängige Verknüpfungen und somit bei nur einer Art von Energiespeichern in den Zweigen zwei Lösungen der charakteristischen Gleichung.

Wir wollen nun aber auch noch die Bestimmung der Konstanten an einem Beispiel zeigen und uns dabei der neu gewonnenen Symbolik bedienen, nach der die Differentiation der Ausgleichsgrößen durch Multiplikation mit p ausgeführt wird. Die Anfangsbedingungen werden durch $i_{1_{f_0}}$ und $i_{2_{f_0}}$ bestimmt. Wir müssen also zunächst für beide die zusammengehörigen Zeitgesetze aufstellen. Unser Ergebnis lautete nach Gl. (869):

$$i_{1_f}=x=K_1\,e^{p_1 t}+K_2\,e^{p_2 t}=\sum_n K_n\,e^{p_n t}=x_1+x_2\,. \tag{878}$$

Nun ist i_{2_f} durch die Gesetze des Stromkreises mit i_{1_f} durch eine Differentialgleichung verknüpft (vgl. Gl. (865)):

$$i'_{2_f}=-\frac{1}{M}\left(R_1\,i_{1_f}+L_1\,i'_{1_f}\right), \tag{879}$$

die uns zeigt, daß wenn i_{1_f} — alias x — aus zwei Bestandteilen x_1 und x_2 besteht, — allgemein aus einer Summe $\sum x_n$, deren Gliederzahl so hoch ist, wie die Zahl der Lösungen p_n der charakteristischen Gleichung angibt — dann auch i_{2_f}, alias y, aus einer entsprechenden Anzahl von Lösungsanteilen zusammengesetzt sein wird, die jeder für sich mit dem entsprechenden Glied (x_n) von x die Gleichung für die Verknüpfung von x und y befriedigen müssen. Mit der Ausführung der Differentiationen in Gl. (879) durch Multiplikation mit p_n erhalten wir also den jeweiligen Anteil (y_n) von y aus:

$$p_n\,y_n=-\frac{1}{M}\left(R_1\,x_n+L_1\,p_n\,x_n\right), \tag{880}$$

womit unsere Aufgabe wieder algebraisiert ist zu:

$$y_n=-\frac{L_1}{M}\,x_n\left(1+a/p_n\right), \tag{881}$$

was nur unzulässig wäre für $p_n = 0$, einen hier nicht vorliegenden Sonderfall. Die gesamte Lösung für y erhalten wir dann durch Addition aller Teillösungen (881):

$$y = \sum y_n = \sum_n (-K_n) \frac{L_1}{M} (1 + a/p_n)\, e^{p_n t}\,, \tag{882}$$

allgemein:

$$= \sum K_n \frac{1}{F(p_n)}\, e^{p_n t}\,, \tag{883}$$

worin $F(p_n)$ eine rationale Funktion von p_n ist und sich in irgend einer Weise aus den Widerstandsoperatoren der Schaltung für die Ausgleichsgrößen zusammensetzt. Im vorliegenden Fall ist es ein Quotient aus dem Kopplungswiderstandsoperator pM und dem Widerstandsoperator des primären Kreises $(R_1 + pL_1)$, also eine Art Stromteilerverhältnis.

Wir kehren von der Abschweifung ins Allgemeine zum Spezialfall zurück: Hier gibt es nur zwei p-Werte, mithin also auch nur zwei Komponenten von $i_{2_f}: y_1$ und y_2.

Es ist also:

$$y = y_1 + y_2 = -\frac{L_1}{M}\left(K_1 (1 + a/p_1)\, e^{p_1 t} + K_2 (1 + a/p_2)\, e^{p_2 t}\right). \tag{884}$$

Nun ist nach Gl. (876)

$$\left.\begin{aligned} a/p_1 &= -a\,\frac{a+b}{a\,b} = -(1 + a/b)\,, \\ -a/p_2 &= \frac{\sigma\, a}{a+b} \ll 1\,, \end{aligned}\right\} \tag{885}$$

und

so daß wir schreiben können:

$$i_{2_f} = y = \frac{L_1}{M}\left(a/b\; K_1\, e^{p_1 t} - K_2\, e^{p_2 t}\right). \tag{886}$$

$a/b = \dfrac{R_1/L_1}{R_2/L_2}$ ist das Verhältnis der Zeitkonstanten beider Kreise.

Mit Ersatz der p-Werte im Exponenten durch die beiden Zeitkonstanten des Vorgangs, die wir in Gl. (877) errechneten — es sind das nicht die Zeitkonstanten der primären und sekundären Kreise allein —, erhalten wir nun die für die Bestimmung der freien Größen zuständigen Gleichungen aus Gl. (878) und (880):

$$\left.\begin{aligned} i_{1_f} &= K_1 e^{-t/T_1} + K_2 e^{-t/T_2} \\ \frac{M}{L_1} i_{2_f} &= \frac{a}{b} K_1 e^{-t/T_1} + (-K_2)\, e^{-t/T_2}\,. \end{aligned}\right\} \tag{887}$$

Setzen wir in ihnen $t = 0$, womit alle Exponentialfunktionen zu 1 werden, so erhalten wir die freien Größen des Schaltzeitpunktes:

$$\left.\begin{aligned} i_{1_{f_0}} &= K_1 + K_2 &&= i_{1_{a_0}} - i_{1_{e_0}} \\ \frac{M}{L_1} i_{2_{f_0}} &= \frac{a}{b} K_1 - K_2 &&= \left(i_{2_{a_0}} - i_{2_{e_0}}\right)\frac{M}{L_1}\,, \end{aligned}\right\} \tag{888}$$

aus denen wir nun in jedem Einzelfalle K_1 und K_2 bestimmen können.

Als praktisches Beispiel betrachten wir den Anstieg des Primärstromes und den Verlauf des Sekundärstromes in einem Transformator, dessen Primärwicklung an eine Gleichspannung u gelegt wird. Es ist das ein technisch häufig vorkommender Fall, wenn man ihn auch nur in der Impulstechnik unmittelbar als Transformator bezeichnet. In der Relaistechnik ist es der Relaiskern mit Kupfermantel, in der Starkstromtechnik die Dämpferwicklung eines Magnetkerns, als die auch das massive Eisen des Induktors einer Maschine wirken kann. Einheitlich ist für alle diese Fälle der stationäre Endzustand des primären Kreises gegeben durch den OHMschen

Widerstand des primären Kreises: $i_{1_e} = u/R_1$, während der sekundäre Kreis im eingeschwungenen Zustand keinen Strom führen kann: $i_{2_e} = 0$. Sind beide Kreise im Anfangszustand stromlos, so folgt damit:

$$i_{1_{f_0}} = -u/R_1 \qquad i_{2_{f_0}} = 0 . \tag{889}$$

Das ergibt für K_1 und K_2:

$$K_2 = \frac{a}{b} K_1; \quad K_1 = \frac{b}{a+b}(-u/R_1); \quad K_2 = \frac{a}{a+b}(-u/R_1) . \tag{890}$$

Führen wir noch für das Verhältnis a/b die Bezeichnung q ein — bei kurzgeschlossener Sekundärwicklung ist das, wenn wir auch keine äußeren Widerstände im primären Kreis in Rechnung zu stellen brauchen, das Verhältnis des sekundären Wickelraumes zum primären — so können wir also für die freien Größen anschreiben:

$$\left.\begin{aligned} i_{1_f} &= -\frac{u}{R_1}\left(\frac{1}{q+1} e^{-t/T_1} + \frac{q}{q+1} e^{-t/T_2}\right) \\ i_{2_f} &= +\frac{u}{R_1}\left(\frac{q}{q+1}\right)\frac{L_1}{M}\left(-e^{-t/T_1} + e^{-t/T_2}\right) . \end{aligned}\right\} \tag{891}$$

Der sekundäre Strom ist also ein Stoßstrom, dessen Anstieg durch die kleine Zeitkonstante T_2 bestimmt wird, die ihrerseits nach Gl. (877) von σL_1 und der auf den primären Kreis reduzierten Widerstandssumme beider Kreise $\left(R_1 + R_2 \frac{L_1}{L_2}\right)$ bestimmt wird. Sein abfallender Rücken wird dagegen durch die große Zeitkonstante T_1 bestimmt, die sich nach Gl. (877) als die Summe der Zeitkonstanten beider Kreise ergab (Abb. 353). Für den kurzgeschlossenen Transformator mit zwei gleichen Wicklungen ist der angestrebte und bei großem Unterschied beider Zeitkonstanten auch fast erreichte Wert des Strommaximums $u/2R$. Für den Sekundärkreis wirkt die Anordnung so, als ob die Wicklungen beider Seiten hintereinander geschaltet wären.

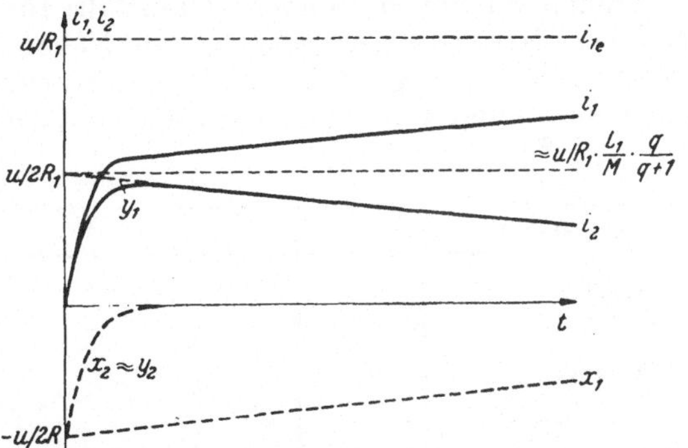

Abb. 353. Stromverlauf in der primären und sekundären Wicklung eines primär auf eine Gleichspannung geschalteten Transformators. x_1 und x_2 Komponenten des freien Primärstromes. y_1 und y_2 Komponenten des freien Sekundärstromes (vgl. Abb. 354).

Im primären Kreis dagegen haben beide Anteile in Gl. (801) gleiches negatives Vorzeichen und ergänzen gemeinsam den Strom des Endzustandes u/R im Schaltmoment zu Null (Abb. 353). Bei gleichen Wicklungen verschwindet dabei die Hälfte des freien Stromes schnell — mit der kleinen Zeitkonstanten T_2 —, die andere sehr langsam mit der großen Zeitkonstanten T_1. Im Stromanstieg bildet sich eine Art Knie aus, bis zu dem der Strom schnell ansteigt, um dann den vollen Endwert nur sehr langsam zu erreichen. Es ist nicht unwichtig, darauf hinzuweisen, daß dieser schnelle Anstieg nicht im Hauptfluß zum Ausdruck kommt. Um das zu erkennen, bilden wir die Summe $i_1 + i_2$, bzw. $(i_{1f} + i_{2f})$, die ja den gemeinsamen Fluß bestimmt. Vernachlässigen wir dabei genau so wie bisher die Streugrößen gegen die Hauptinduktivitäten, so ergibt sich einfach:

$$i_1 + i_2 = i_\mu = -u/R\, e^{-t/T_1} , \tag{892}$$

also einfacher exponentieller Anstieg der magnetisierenden Durchflutung und damit auch des Flusses auf den stationären Endwert mit der Zeitkonstanten $T_1 = L_1/R_1 + L_2/R_2$, was wir bei gleicher geometrischer Anordnung und gleicher Windungszahl der Wicklungen — wir denken ja den Transformator auf das Windungsverhältnis 1:1 reduziert — auch schreiben können als: L/R_p worin R_p die Parallelschaltung der Widerstände des primären und sekundären Kreises bildet. Der primäre und der sekundäre Kreis wirken also hinsichtlich der Lieferung des Magnetisierungsstromes (seines freien Anteiles!) so, als ob sie parallel geschaltet Strom liefern würden. Es sind das praktisch nur die beiden Anteile x_1 und y_1 unserer Lösung, die also den Anteil des Magnetisierungsstromes am Ausgleichsvorgang darstellen.

Die beiden anderen Anteile des Ausgleichsvorgangs x_2 und y_2, die mit der Zeitkonstanten T_2 sehr viel schneller abklingen, müßten demnach den Anteil des Belastungsstromes am Gesamtvorgang bedeuten. In der Tat sind sie bis auf die kleinen Korrekturen um die Glieder von der Größenordnung σ gleich groß, aber entgegengesetzt gerichtet, tragen also nichts zur Magnetisierung bei. Am deutlichsten sieht man das, wenn man den Transformator durch sein Ersatzschaltbild (vgl. Abschn. III, C 6 c) darstellt, das ja allgemein, also auch für Ausgleichsvorgänge gelten muß, wie das in der Abb. 354 geschehen ist. Hier sind die Zählrichtungen für die Ströme i_1 und i_2 eingetragen, die unserer Rechnung zugrunde lagen und gestrichelt die Richtungen der Anteile x_1, y_1, x_2 und y_2, wie sie sich aus der Rechnung ergeben haben. x_2 und y_2 laufen in gleicher Richtung durch die Gesamtheit der primären und sekundären Widerstände und die gesamte Streuinduktivität. Die Zeitkonstante, die ihnen zugeordnet ist, ist dementsprechend: $\sigma L/(R_1 + R_2)$. Korrekturen von der Größenordnung σ gegen den Hauptwert sind hier wieder vernachlässigt.

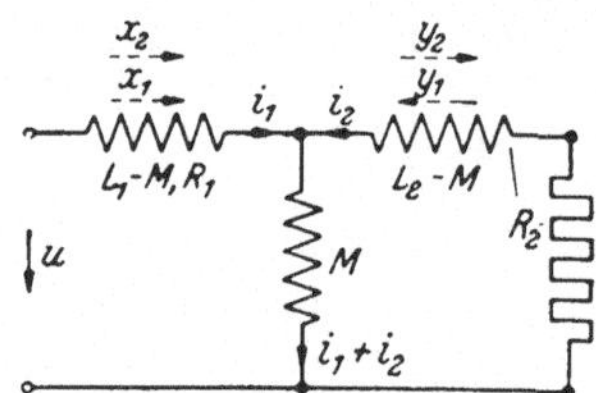

Abb. 354. Ersatzschaltbild des Transformators und tatsächliche Richtung der Komponenten der freien Ströme in beiden Wicklungen.

Stellen wir nun noch einige Grenzfälle für die Belastung mit dem allgemeinen Fall bei Verwendung entsprechender Näherungen zusammen, so ergibt sich folgendes Bild, das in der Darstellung des primären Stromes als Funktion der Zeit mit dem sekundären Widerstand als Parameter in Abb. 355 ausgewertet ist.

Tabelle 17.

Betriebsfall	R_2	T_1	T_2	x_1	x_2	y_1	y_2
Leerlauf	∞	L/R_1	0	1	0	0	0
Belastung	R_2	$L\frac{R_1+R_2}{R_1\cdot R_2}$	$\frac{L}{R_1+R_2}$	$\frac{R_2}{R_1+R_2}$	$\frac{R_1}{R_1+R_2}$	$\frac{R_1}{R_1+R_2}$	$\frac{R_1}{R_1+R_2}$
Kurzschluß . . .	R_1	$2\,L/R_1$	$\frac{L}{2\,R_1}$	1/2	1/2	1/2	1/2
Überdimensionierte Dämpferwicklung	0	L/R_2	$\frac{L}{R_1}$	0	1	1	1

Wir ersehen aus der Tabelle und aus der Abbildung, daß der Anstieg des primären Stromes um so schneller erfolgt, je kleiner der sekundäre Widerstand ist, daß aber ein mit zunehmendem R_2 abnehmender Anteil immer langsamer und langsamer verschwindet, weil ihm die mit abnehmendem R_2 zunehmende Zeitkonstante T_1 zugehört. Mit T_1 wächst zugleich die Aufbauzeit des Flusses, denn sie bestimmt nach unseren Feststellungen den zeitlichen Verlauf des Flusses allein. Er steigt bei gleichen Wicklungen halb so schnell an wie bei der Primärwicklung allein und kann bei überdämpfter Sekundärwicklung, d. h. wenn die Sekundärwicklung kleineren reduzierten Widerstand hat als die primäre, noch erheblich langsamer wachsen. Das ist z. B. dann von Wichtigkeit, wenn eine Relaiswicklung durch einen hohen Vorwiderstand großes R_1 aufweist. Die Dämpferwicklung wirkt also als Verzögerungswicklung.

Die sekundäre Stoßspannung würde den gleichen Verlauf haben wie der sekundäre Strom. Ihr Scheitelwert ergibt sich aus dem Scheitelwert dieses Stromes:

$$i_{max} \approx u/R_1 + R_2$$

durch Multiplikation mit dem sekundären Nutzwiderstand R_2' zu

$$u_{2max} = i_{2max} R_2' = u \frac{R_2'}{R_1 + R_2}.$$

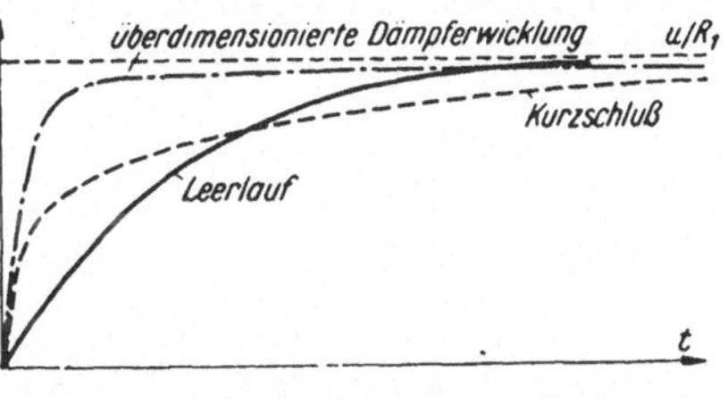

Abb. 355. Stromanstieg in der Primärwicklung einer Spule mit Dämpferwicklung bei verschiedenem Widerstand der Dämpferwicklung.

Hat der Transformator ein von 1:1 abweichendes Übersetzungsverhältnis, so kann der sekundäre Spannungsstoß entsprechend übersetzt sein. Man hat dann aber natürlich auch die reduzierten Widerstände in die Formel für den Spannungsscheitel einzusetzen.

Setzen wir einmal an, daß $L_1 = M$ wäre, nehmen also an, daß es keinen primären Streufluß gäbe, und daß auch keine sekundäre Streuinduktivität eine sprunghafte Änderung des sekundären Stromes behindere, so können wir auch die Wirkung einer Dämpferwicklung auf die Abschaltung einer solchen Spule untersuchen. Als einziger Energieträger ist dann das Hauptfeld da, dessen Durchflutung sich nicht sprunghaft ändern darf. $(i_1 + i_2)$ — und *nur* diese Summe — muß also sprungfrei verlaufen. Nach der Öffnung eines Schalters im primären Kreis ist aber dessen Widerstand unendlich. Da $i_1 + i_2$ sprungfrei bleiben muß, so wird, nachdem vor der Schaltung nur i_1 vorhanden und i_2 Null war, nunmehr i_1 Null werden und also i_2 an seine Stelle treten müssen, um im Endzustand auf den stationären Endwert Null abzufallen. Bei der Abschaltung des primären Kreises springt also der Strom in der Dämpferwicklung auf den Anfangswert des freien Stromes vom Betrage i_1 (Übersetzungsverhältnis der Windungszahlen 1:1, sonst $i_1 w_1/w_2$) und klingt nun mit der Zeitkonstanten des sekundären Kreises L_2/R_2 bzw. M/R_2, weil wir ja die Streuung vernachlässigen, auf Null aus. Diese Zeitkonstante ist groß, nämlich von der gleichen Größenordnung wie die Zeitkonstante für die Entstehung des Flusses bei primärer Einschaltung im sekundären Leerlauf. Auch hier wirkt also die Dämpferwicklung als Verzögerungswicklung; sie hält den Fluß auch nach der Unterbrechung des primären Stromes noch eine Zeitlang aufrecht und zwar um so länger, je kleiner ihr Ohmscher Widerstand ist.

6. Kompliziertere Schaltungen.

Wir haben uns bisher nur mit Anordnungen beschäftigt, bei denen verschiedene Schaltelemente in Reihe geschaltet sind. Allerdings führte uns die zuletzt behandelte Aufgabe des Transformators in seinem Ersatzschaltbild (Abb. 354) bereits auf eine Stromverzweigung, in der der Schaltvorgang genau so verlief wie am wirklichen Transformator. Auch bei beliebiger Wahl der Schaltelemente des Kreises könnten wir also die Gleichungen des letzten Abschnittes mit entsprechenden Abwandlungen für jede derartige Schaltung anwenden, müßten aber natürlich auf die gemachten Näherungen verzichten, die uns die Bezugnahme auf die kleinen Werte der Streuung für den technischen Transformator ermöglichte. Die Formeln für die Bestimmung der p-Werte und der Konstanten werden dadurch in allgemeiner Schreibweise unhandlicher, aber prinzipiell in keiner Weise geändert. Der Ansatz müßte selbstverständlich aus der Anwendung der Grundgesetze der elektrischen Stromkreise hervorgehen, wie wir das nun hier an einem anderen Beispiel noch einmal zeigen wollen, um daran einige weitere allgemeine Gedanken zu erläutern.

Wir wählen als Beispiel eine Brückenschaltung nach Abb. 356. In ihr seien die beiden Zweige 3 und 4 und der Batteriezweig 6 rein Ohmsch, die übrigen 3 enthalten Induktivitäten. Das ganze Netzwerk sei linear. An sich könnten wir in diesem Netzwerk 6 unbekannte Ströme suchen. Wir haben aber schon früher gezeigt, daß man die Frage dadurch vereinfachen kann, daß man nicht „Zweig"-Ströme, sondern „Maschen"-Ströme als Unbekannte einführt. Hier sind das die drei Maschenströme i_I, i_{II} und i_{III}, für die Zählpfeile in die Abb. 356b eingetragen sind. Auf sie lassen sich alle übrigen Zweig-Ströme durch Summen- oder Differenzenbildung zurückführen; ist ihr stetiger Übergang im Schaltmoment gewährleistet, so ist auch der stetige Übergang aller Ströme gesichert, wenn ihn die Schaltelemente verlangen sollten. Bei nur einer Art von Energiespeichern stimmt auch hier wie auf S. 387 die Ordnungszahl der Differentialgleichungen des Ausgleichvorgangs mit der Zahl der möglichen unabhängigen Verknüpfungen überein. Bei sechs Zweigen und vier Knoten ergibt sich diese Zahl als $N = 6 - (4 - 1) = 3$.

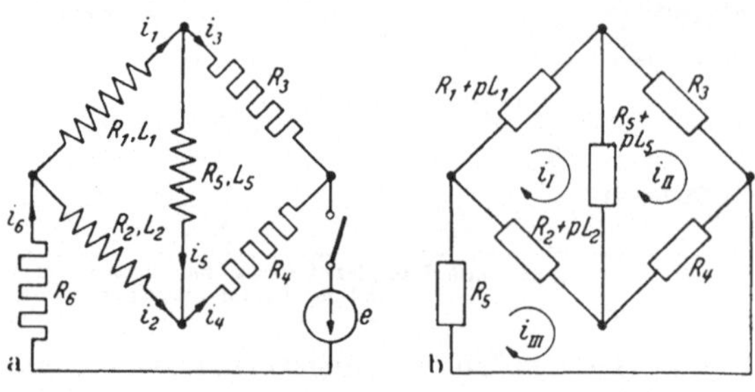

Abb. 356. Brückenschaltung a und ihre Ersatzschaltung b für die freien Ströme.

Da wir von vornherein wissen, daß nur eine Lösung mit dem Exponentialansatz e^{pt} für alle Größen in Frage kommen kann, so können wir uns durch die Einführung des Differential-Operators p die Benutzung von Differentialquotienten sparen und von vornherein mit den „*Ausgleichsoperatoren*" für die Widerstände der Zweige arbeiten. Der für den Zweig 1 lautet z. B. $R_1 + pL_1$ usw. Da für den Ausgleichsvorgang gerechnet wird, bei dem die freien Größen von der eingeprägten Spannung, der Schaltspannung, unabhängig sind, so wird die Spannungsquelle einschließlich des zu schließenden Schalters durch einen Kurzschluß ersetzt. Die Umlaufspannung in allen Maschen muß Null sein.

Nach den Strömen geordnet erhalten wir also:

$$\left.\begin{aligned} &i_I\,(R_1+R_5+R_2+p\,(L_1+L_5+L_2)) - i_{II}\,(R_5+pL_5) - i_{III}\,(R_2+pL_2) = 0\,,\\ &-i_I\,(R_5+pL_5) + i_{II}\,(R_3+R_4+R_5+pL_5) - i_{III}\,(R_4) = 0\,,\\ &-i_I\,(R_2+pL_2) - i_{II}\,(R_4) + i_{III}\,(R_2+R_4+R_6+pL_2) = 0\,. \end{aligned}\right\} \quad (893)$$

Diese drei homogenen Gleichungen sind miteinander nur verträglich, wenn ihre Lösungsdeterminante verschwindet, was die Bestimmungsgleichung für die möglichen Werte von p liefert. Sie lautet:

$$\begin{vmatrix} R_1+R_5+R_2+p\,(L_1+L_2+L_5) & -(R_5+pL_5) & -(R_2+pL_2)\\ -(R_5+pL_5) & R_3+R_4+R_5+pL_5 & -R_4\\ -(R_2+pL_2) & -R_4 & R_2+R_4+R_6+pL_2 \end{vmatrix} = 0\,. \quad (894)$$

Wie man sofort einsieht, entsteht beim Ausmultiplizieren dieser Determinante eine Gleichung dritten Grades in p. Wir bekommen also drei mögliche Exponentialfunktionen, — drei Eigenwerte, — nach denen die freien Größen verlaufen können. Jeder kommt eine willkürliche Konstante zu, die aus den Anfangsbedingungen bestimmt werden kann. Wir können also auch wirklich für die drei unabhängigen Ströme und damit die Felder in den drei Spulen L_1, L_2 und L_5 sprungfreien Übergang beim Schaltaugenblick sicherstellen. Aber auch wenn die Schaltung noch mehr Spulen enthalten hätte, so hätte das den Grad der Gleichung nicht erhöht. Nur die Koeffizienten der Potenzen von p wären dadurch anders geworden, nicht aber der Grad der Gleichung. Genau so wie wir mit nur 3 Strömen auskommen, um sprungfreien Übergang in allen 6 Zweigen zu erzielen, so liefert auch die Gleichung stets nur 3 p-Werte und damit 3 frei wählbare Konstanten. Hätten wir dagegen nur zwei Energiespeicher — oder gar nur einen — im Netzwerk gehabt, so hätte sich auch der Grad der Gleichung automatisch um einen oder zwei erniedrigt, was man am besten übersieht, wenn man die Maschen so legt, daß ein Maschenstrom nur in *den* Zweigen fließt, die solche Induktivitäten enthalten.

Dagegen erhöht sich der Grad der Gleichung jeweils mit der Zufügung eines weiteren Energiespeichers anderer Art, eines Kondensators, der auch eine neue Übergangsbedingung, die Kontinuität seiner Ladung, fordert. Daß dabei der Grad der Gleichung um 1 steigt, wenn wir einen Kondensator zufügen, zeigt sich klar, wenn wir ihn im Zweige 1 zufügen. Dann tritt zu den hier in der Klammer bei i_I stehenden Koeffizienten nur in der ersten Zeile und sonst nirgendwo in dem Gleichungstripel (893), bzw. seiner Determinante (Gl. (894)), außer den schon dastehenden Gliedern noch ein Glied mit der Kondensatorspannung an $C_1 : u_{c_1} = \frac{1}{C_1}\int i_I\,dt$ auf, das wir symbolisch als $\frac{1}{p_1 C_1}\, i_I$ schreiben. In den dreifachen Produkten der Determinante treten dann außer den schon vorhandenen Gliedern mit den Potenzen 0...3 von p auch solche mit $1/p$ auf, was eine Erhöhung des Grades der Gl. (894) um 1 bedeutet. Hätten wir den einen Kondensator im Zweig 2 angenommen, so wären zwar in mehreren Gliedern der Determinante solche zusätzlichen Ausdrücke mit $1/p$ aufgetreten; das ist aber keine echte Erhöhung des Grades um mehr als 1. Man sieht das ein, wenn man sich überlegt, daß man mit demselben Recht die Maschen anders wählen kann, nämlich so, daß dieser Zweig nur *einen* Maschenstrom führt, sein Zweigstrom also zugleich Maschenstrom ist. Dann wird in dem so aufzustellenden neuen Gleichungssystem wieder nur ein Glied mit $1/p$ als zusätzlichem Summanden auftreten und den Grad also auch nur um 1 erhöhen. Entsprechend erhöht, sich der Grad um 2, wenn zwei Kondensatoren zusätzlich in der Schaltung liegen wobei man wiederum die Gleichung so aufstellt, daß beide in Zweigen liegen, die nur je einen Maschenstrom führen. Da wir bei 6 Zweigen nur 3 Maschen haben, ist das immer möglich. Mehr als dreifache Erhöhung des Grades aber können wir auch bei mehr als 3 Kondensatoren nicht bekommen, weil dann sowieso alle Klammern Glieder mit $1/p$ erhalten und die Zufügung weiterer Kondensatoren nur noch zahlenmäßige Veränderungen, aber keine Graderhöhung mehr bringt.

Die Ordnungszahl der Differentialgleichung für die freien Größen, die sich im Grade der Gleichung für p äußert, auf die das System durch die Algebraisierung mit der p-Symbolik zurückgeführt wird, hängt also nur bedingt von der Zahl der Energiespeicher in der Schaltung ab; wesentlich mitbestimmend ist die Struktur des Netzwerks, die sich in der Möglichkeit der Auflösung in eine kleinere Anzahl von Maschen ausdrückt. Nähere Untersuchungen hierüber sind die Aufgabe der Topologie der elektrischen Netzwerke, auf die wir hier nicht weiter eingehen können.

Sind die p_n als Lösungen der Gleichungen $r$ten Grades bestimmt, $p_1 \ldots p_r$, so kann für eine der Größen der Ansatz gemacht werden:

$$x = \sum K_n\, e^{p_n t}\,, \tag{895}$$

worin die p_n sowohl reell, als auch komplex sein können, aber immer negative reelle Anteile haben, solange es sich nur um Energieverbraucher im Netzwerk handelt, die positive Wirkwiderstände haben. Denn in einem solchen Falle müssen natürlich alle Ausgleichsvorgänge abklingen, während im reellen Teil positive p-Werte ständig zunehmende Amplituden irgend einer Größe — tatsächlich aller — bedeuten würden, also ständig steigenden Energieverbrauch ohne Energiequelle, was nach dem ersten Hauptsatz ausgeschlossen ist. Das gilt unabhängig davon, ob die p_n sonst reell oder komplex sind. Im einen Fall klingen die Größen rein aperiodisch ab, im anderen Fall erfolgt der Übergang oszillatorisch mit soviel Frequenzen, wie imaginäre Anteile auftreten.

Aus dem Ansatz für die eine Größe können wir die Lösung für alle anderen aus den zwischen den Größen der Schaltung bestehenden Gleichungen unter Benutzung der p-Symbolik herleiten (vgl. die Durchführung dieses Verfahrens auf S. 387). Für ihre sprungfreie Überführung setzen wir dann in der Zeitfunktion $t=0$ und erhalten so viele Gleichungen für die Bestimmung der Konstanten, wie nötig sind. Damit ist die Aufgabe allgemein gelöst. Ein Schema, nachdem sich dieser Rechengang rezeptmäßig unter bestimmten Voraussetzungen durchführen läßt, werden wir im Abschn. VII B kennenlernen. Hier begnügen wir uns abschließend noch mit der Feststellung, daß besondere Maßnahmen in zwei Fällen erforderlich werden: 1.) Wenn einer der p-Werte Null wird, weil dann die Ermittlung der einen oder anderen Größe aus der ersten, die wir mit dem allgemeinen Lösungsansatz ermitteln, die Durchführung von Integrationen erfordert, — z. B. der Spannung aus dem Fluß oder der Ladung aus dem Strom, — die dafür notwendige Division durch p aber mathematisch unzulässig ist, wenn $p = 0$ ist. Wir erwähnten das bereits oben (S. 388) warnend, als wir die p-Symbolik auf den Transformator anwandten. 2.) Wenn die Lösung der charakteristischen Gleichung Doppelwurzeln liefert. Dann ergibt der einfache Ansatz mit e^{pt} nicht die nötige Anzahl von willkürlichen Konstanten zur Befriedigung der Kontinuitätsbedingungen und bedarf also auch der Abänderung. Wir haben auch das bereits erlebt, — wenn auch noch ohne die p-Symbolik in der ausgesprochenen Form —: beim Schwingungskreis im aperiodischen Grenzzustand (S. 382). Zu dem reinen Exponentialansatz war dann noch die Variation der Konstanten notwendig, die ein Polynom in t lieferte, mit dessen Hilfe wir auch dann die nötige Zahl von Konstanten wieder erhielten.

Auf beide Sonderfälle werden wir bei der Besprechung des „Rezeptverfahrens“, der HEAVISIDE Operatorenrechnung, noch zu sprechen kommen (vgl. Abschn. VII B, S. 404).

7. Elektromechanische Systeme und ihre Rückwirkung.

Bei allen elektromechanischen Energiewandlern, wie z. B. Telephonen, Lautsprechern, Mikrophonen, aber auch bei Motoren, Oszillographenschleifen, Galvanometern usw. treten mechanische Größen in Wechselwirkung mit den elektrischen Größen. Die Verknüpfung geht dabei einmal über ein Kraftwirkungsgesetz, durch das mechanische Kräfte mit elektrischen Größen (Spannung oder Strom) gekoppelt sind, andererseits aber auch untrennbar damit verbunden über ein Induktionsgesetz, das mechanische Größen (Geschwindigkeiten oder Wege) wiederum mit von ihnen ausgelösten elektrischen Größen verknüpft, wie elektromotorischen Kräften oder Ladungen. Die dadurch auftretenden Rückwirkungen der mechanischen Vorgänge auf den elektrischen Kreis sollen uns im folgenden beschäftigen.

a) Elektromagnetische Systeme.

Als erstes Beispiel benutzen wir modellmäßig als Vertreter der elektromagnetischen Verkopplung von elektrischer Schaltung und mechanischem System einen dynamischen Lautsprecher. Die an diesem Beispiel abgeleiteten Beziehungen gelten aber generell für jedes derartige System, wo die Rückwirkung der mechanischen Vorgänge durch das Induktionsgesetz (Gl. (8)) gegeben ist.

In Abb. 357a befindet sich im Felde eines Permanentmagneten eine Spule mit der Induktivität L und dem OHMschen Widerstand R. Sie habe die mechanische Masse m und sei an einer Feder mit der Federkonstanten — Steifigkeit — c aufgehängt. Bei Bewegungen der Spule treten mechanische Verluste durch Luftreibung — besser Luft*dämpfung* —, innere Reibung der Feder usw. auf, die wir durch einen Ansatz berücksichtigen wollen, bei dem die Kräfte proportional der Geschwindigkeit der Bewegung des Systems sein sollen, obwohl das z.B. bei der Luftdämpfung nicht notwendig der Fall sein wird. Da wir aber nur lineare Systeme betrachten wollen, muß dieser Ansatz näherungsweise genügen.

Mit den Zählpfeilen der Abbildung für die elektrischen und mechanischen Größen gilt rein mechanisch:

$$p = mb + cs + Dv\,, \tag{896}$$

worin p, b, s und v, als Augenblickswerte mit kleinen Buchstaben bezeichnet, der Reihe nach: die mechanische Kraft, die Beschleunigung, den Federweg und die Geschwindigkeit bedeuten. D ist die Dämpfungskonstante der mechanischen Bewegung.

Rein elektrisch gilt:

$$iR - u = e_{mech} + e_{el}\,, \tag{897}$$

worin i und u, wie üblich. die Spannung und den Strom bedeuten und die induzierte elektromotorische Kraft e in der Spule in zwei Teile aufgespalten ist. Der eine ist die EMK, die allein auf die Bewegung der Spule im magnetischen Feld des Magneten zurückzuführen ist und auch dann auftritt, wenn wir die Spule stromlos machen, also z. B. an den offenen Klemmen keine Spannung zuführen, sondern nur mit einem leistungslosen Meßinstrument die Klemmenspannung messen, die dann ja nach unserer Gleichung

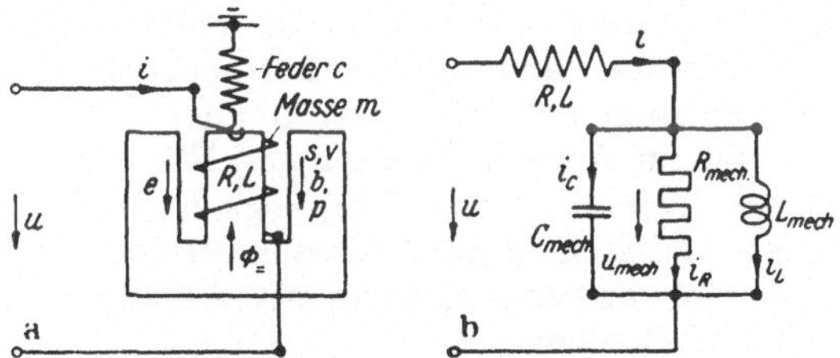

Abb. 357. Elektromagnetischer Energiewandler und sein Ersatzschaltbild.
a Tauchspulenlautsprecher. b Ersatzschaltbild.

$$u = -e_{mech}$$

würde. Wegen ihrer Herkunft aus dem mechanischen Vorgang haben wir ihr den Index „mech" gegeben. Der andere Anteil ist die elektrisch induzierte Spannung, die auch bei mechanisch festgesetzter Spule dadurch auftritt, daß der Strom in der Spule ein magnetisches Feld hervorruft, das bei Veränderungen des Stromes eich mitverändert und eine EMK hervorruft, die wir nach Gl. (30) durch den Kosffizienten der Selbstinduktivität der Spule L mit der Änderungsgeschwindigkeit des Stromes verknüpfen nach

$$e_{el} = -L\frac{di}{dt}\,. \tag{898}$$

Zwischen beiden Systemen gibt es nun die doppelte Verknüpfung durch das Grundgesetz der elektromagnetischen Induktion (Gl. (9)) und das energetisch mit ihm zusammenhängende Kraftgesetz (Gl. (10)) (vgl. S. 8):

$$\left.\begin{aligned} e_{mech} &= -Blv = -kv \\ \text{und:}\quad p &= Bli = ki\,. \end{aligned}\right\} \tag{899}$$

Die Gleichheit der beiden Verknüpfungskonstanten k, die hier augenfällig durch die gleichen Konstruktionsdaten B und l gegeben ist, gilt aber aus energetischen Gründen generell auch bei beliebig komplizierter Konstruktion und schwerer übersehbaren Verhältnissen, weil das Energieprinzip die Gleichheit von elektrischer und mechanischer Leistung fordert, die wir erhalten, wenn wir e_{mech} mit i und p mit v multiplizieren. Dann ist beide Male die Leistung kvi. Die Konstante k ist z. B. in der Einheit Gauß cm oder Vs/cm zu messen, kann aber auch in kp/A oder ähnlichen Einheiten angegeben werden.

Führen wir die beiden Verknüpfungen [Gl. (899)] in das Gleichungspaar (896/897) ein, das je für die elektrischen und mechanischen Größen allein gilt, und berücksichtigen, daß s das Integral der Geschwindigkeit, b ihr Differential nach der Zeit sind, so erhalten wir zwei gekoppelte Gleichungen für die mechanische Größe v und die elektrische Größe i:

$$\left.\begin{aligned} ki &= m\frac{dv}{dt} + Dv + c\int v\,dt && \text{mechanisch}\,,\\ u &= iR + L\frac{di}{dt} + kv && \text{elektrisch}\,. \end{aligned}\right\} \tag{900}$$

Wäre nun z. B. u eine zeitlich sinusförmige Größe, eine angelegte einwellige Spannung, so würden im stationären Endzustand auch i und v einwellige Größen sein, weil ja überall lineare Verknüpfungen bestehen. Wir könnten symbolisch unter Verwendung des Differentialoperators $j\omega$ rechnen und erhielten in Analogie zu den Strom- und Spannungszeigern der Wechselstromlehre nun auch Zeiger für Wechselgeschwindigkeiten, Wechselwege, Wechselbeschleunigungen, Wechselkräfte, bei denen wir genau so vorgehen könnten wie bei den elektrischen Größen, obwohl hier die Anwendung von Effektivwerten weniger sinnvoll ist als bei elektrischen Vorgängen und man sich meist mehr für die Scheitelwerte interessiert.

Wir wollen aber unsere Betrachtungen über den Bereich der einwelligen eingeschwungenen Zustände ausdehnen und betrachten das Verhalten des ganzen Systems für Ausgleichsvorgänge. Wir erwarten mit Recht, daß auch hier sich nun alle Größen des freien Vorgangs durch unseren Exponentialansatz wiedergeben lassen, und können infolgedessen für den freien Vorgang die p-Symbolik des vorigen Abschnitts anwenden, wenn wir die aufgeprägte Spannung u als Schaltspannung gleich Null setzen:

$$\left.\begin{aligned} ki &= mpv + Dv + \frac{c}{p}v = v\left(mp + D + \frac{c}{p}\right),\\ 0 &= i\,(R + pL) + kv\,. \end{aligned}\right| \tag{901}$$

Durch die Algebraisierung ist nun der Ersatz von v in der zweiten Gleichung aus der ersten einfach und liefert:

$$0 = i\,(R + pL) + ik^2\frac{1}{mp + D + c/p}\,, \tag{902}$$

womit wir bereits die charakteristische Gleichung gewonnen haben:

$$0 = R + pL + \frac{k^2}{mp + D + c/p} \tag{903}$$

Sie ist eine kubische Gleichung mit drei Lösungen für p.

Wenn damit auch das Problem formal gelöst ist, so wollen wir doch noch einen Augenblick bei der Ausdeutung verweilen. In der Spannungsgleichung (902) stellt ja der Term mit den mechanischen Größen ebenfalls eine Spannung dar, die Spannung der mechanischen Rückwirkung, $u_{mech} = -e_{mech}$, als den Teil einer äußeren Spannung oder der anderen elektrischen Spannungen, den wir aufbringen müssen, um die von der Rückwirkung induzierte EMK im Gleichgewicht zu halten. Der im zweiten Term von Gl. (902) bei i stehende Faktor ist also ein Widerstandsoperator, durch den die Rückwirkung des mechanischen Vorgangs auf den elektrischen zum Ausdruck kommt. Bei einwelligem Zustand hätten wir dann einfach p durch $j\,\omega$ zu ersetzen. Für diesen Rückwirkungswiderstandsoperator haben die Anglo-Amerikaner den treffenden Ausdruck der „*motional impedance*" geprägt, für den es ein ebenso kurzes und treffendes deutsches Äquivalent nicht gibt. Wir können seine Wirkkomponente und seine Blindkomponente ausrechnen, wenn wir den Nenner reell machen und dann in reellen und imaginären Anteil zerlegen. Dabei ergeben sich allerdings dann Ausdrücke für diese Komponenten, die in recht komplizierter Form frequenzabhängig und mit den Größen m, c und D nicht einfach verknüpft sind.

Dagegen ergibt sich ein wesentlicher einfacherer Zusammenhang, wenn man umgekehrt den Kehrwert dieses Operators als einen Leitwertoperator auffaßt, was wir nun wieder allgemein für den Ausgleichsvorgang und damit implicite auch für die $j\omega$-Symbolik mit tun wollen. Setzen wir also:

$$i = u_{mech}\left(p\,\frac{m}{k^2} + \frac{D}{k^2} + \frac{1}{p}\,\frac{c}{k^2}\right) \tag{904}$$

und verwandeln die p-Symbolik wieder in normale Differentiationen und Integrationen zurück, so heißt das:

$$\left.\begin{aligned} i &= \frac{m}{k^2}\,\frac{du_{mech}}{dt} + \frac{D}{k^2}\,u_{mech} + \frac{c}{k^2}\int u_{mech}\,dt \\ &= i_C \qquad\quad + i_R \qquad\;\; + i_L\,. \end{aligned}\right\} \tag{905}$$

Der Strom ist die Summe von drei Teilströmen, die jeder für sich in einfachster Weise mit nur einer mechanischen Größe zusammenhängen und mit der Spannung in der gleichen Weise verknüpft sind, als ob es sich dabei beim ersten Glied um einen Kondensator, — Strom proportional der zeitlichen Änderung der Spannung, — beim zweiten um einen OHMschen Leitwert, — Strom der Spannung proportional, — beim dritten um eine Induktivität handele — Strom dem Integral der Spannung, bzw. umgekehrt ausgedrückt: Spannung der zeitlichen Änderung des Stromes proportional. — Wir können uns also ein Ersatzschaltbild für die Rückwirkung des mechanischen Kreises auf den elektrischen machen, wenn wir als Ersatz für die mechanischen Größen die Parallelschaltung aus einem Kondensator, einem Widerstand und einer Spule in Reihe mit der als Ersatz für den elektrischen Kreis vorhandenen Reihenschaltung von R und L eingeschaltet denken. Das ist in der Abb. 357b geschehen. Die Größen des Ersatzschaltbildes sind dabei in folgender Weise mit den mechanischen Elementen verknüpft, die wir aus der Beziehung Gl. (905) für die Aufspaltung des Gesamtstromes herauslesen:

$$\left.\begin{aligned} C_{mech} &= \frac{m}{k^2}\,, \\ L_{mech} &= \frac{k^2}{c}\,, \\ R_{mech} &= \frac{k^2}{D}\,. \end{aligned}\right\} \tag{906}$$

Diese Ersatzgrößen gelten nun für alle Arten von Vorgängen. Ersetzen wir die p-Operatoren durch die $j\omega$-Operatoren, so gelten sie für Wechselvorgänge einwelliger Art für jede beliebige Frequenz, also auch in Überlagerung für beliebig mehrwellige Vorgänge. Daß sie auch für Ausgleichsvorgänge gültig sind, zeigt der Weg, auf dem wir sie fanden. Letzten Endes aber sind sie allgemein, denn wir benutzten die p-Symbolik nur vorübergehend, um im algebraischen „*Bildbereich*“ zu rechnen, und transformierten sie zum Schluß wieder in den wirklichen Bereich der Differentialgleichung des zeitlichen Geschehens zurück.

Es zeigt sich, daß es sinnvoll ist, davon zu sprechen, daß die Masse des mechanisch schwingenden Systems sich wie ein Kondensator auswirkt. Die Transformationskonstante $1/k^2$ bringt das auch dimensionsmäßig in Ordnung. In praktischen Einheiten messen wir Massen in $\mathrm{Ws/(cm/s)^2}$ — Arbeit durch Quadrat einer Geschwindigkeit —, die Konstante k wie oben festgestellt, in Vs/cm, also ergibt sich automatisch richtig C_{mech} in $\frac{\mathrm{Ws}}{\mathrm{V^2}} = \mathrm{s/Ohm} = \mathrm{Farad}$.

Dabei kann die mechanische Rückwirkungskapazität schon bei kleinen Massen sehr große Werte annehmen. Für eine Spule mit 20 Windungen von 1 qmm Querschnitt und 40 mm Durchmesser in einem Feld von 3 kG, die einschließlich aller mechanischen Teile, die mitschwingen, etwa 25 g Masse hat, errechnen wir den Wert der Ersatzkapazität zu rd. 2400 μF, ein elektrotechnisch unvorstellbarer Wert. Gerade hierin aber liegt, wie wir bald sehen werden, oft der Vorteil der Verwendung solcher mechanischer Schwinger in elektrischen Schaltungen. Sie gestatten die Verwirklichung von Schaltelementen, die sich elektrisch nicht darstellen lassen.

Die Federsteife bestimmt dagegen eine Induktivität, die um so größere Werte annimmt, je kleiner die Federsteife wird. Machen wir sie ganz zu Null, nehmen also die Rückstellkraft aus dem mechanischen System, — federungsfreie Spinne beim Lautsprecher, richtkraftfreies System beim Kriechgalvanometer — so wird die Induktivität unendlich. Die mechanische Anordnung wirkt nur noch als die Parallelschaltung des Kondensators mit dem Verlustwiderstand.

Entsprechen die beiden mechanischen Größen, die Energie speichern können, — die Masse in Form von kinetischer Energie, die Feder in Form von elastischer Formänderungsarbeit —, Ersatzgrößen, die auch Energiespeicher sind, so wirkt die mechanische Dämpfung — ausgedrückt durch die Konstante D — durchaus sinnvoll als Verlustwiderstand parallel zu dem durch die Ersatzinduktivität und die Ersatzkapazität gebildeten Parallelschwingkreis. Die mechanischen Verluste müssen also von der elektrischen Seite mitgedeckt werden.

Dem Ersatzgebilde — und damit auch den mechanischen Größen selbst — kommt als schwingungsfähiges Gebilde eine Eigenfrequenz zu, die wir aus dem Ersatzschaltbild nach der allgemeinen Schwingungsformel für die Phasenresonanz ohne Dämpfung errechnen:

$$\omega_0 = 1/\sqrt{C_{mech}\, L_{mech}} = \sqrt{c/m} \quad \text{wie in der Mechanik.} \tag{907}$$

Dagegen hat der Schwingungswiderstand des Ersatzkreises als rein elektrisch definierte Größe zwar engste Beziehung zu den mechanischen Größen:

$$Z = \sqrt{L_{mech}/C_{mech}} = \frac{k^2}{\sqrt{m\, c}}, \tag{908}$$

ist aber mit ihnen nur über den allgemeinen Umrechnungsfaktor k^2 zur Umwandlung mechanischer in elektrische Größen verbunden. Dagegen ist die Dämpfung (s. S. 52) als dimensionslose Größe wieder ohne Umrechnungskonstante zu ermitteln:

$$d = Z/R_p = \frac{D}{\sqrt{mc}}\,; \quad \text{bzw. die Güte:} \quad g = 1/d = \frac{\sqrt{mc}}{D}. \tag{909}$$

Die Güte des mechanischen Schwingkreises wächst also mit Masse und Federkonstante und nimmt ab mit wachsender Dämpfungskonstante.

Im Grunde genommen stellt die Umwandlung des mechanischen Schwingers mit seinen mechanisch-elektrischen Rückwirkungen auf den elektrischen Kreis nur eine Umschreibung des durch die Gleichungen ebenso vollständig wiedergegebenen Tatbestandes dar; sie ist aber oft nützlich, wenn man sich das Verhalten eines solchen gekoppelten Systems übersichtlich veranschaulichen will. Z. B. ist aus dem Ersatzschaltbild der Abb. 357b sofort klar, was aus der mechanischen Darstellung nicht ohne weiteres ersichtlich ist, daß der Zustand der Phasenresonanz, bei dem der Blindwiderstand der Spule L gleich dem kapazitiven Blindwiderstand des „Kreises" ist, erst dicht oberhalb seiner Eigenfrequenz ω_0 eintritt.

Die Anwendung des Ersatzbildes gerade für Ausgleichsvorgänge gestattet aber auch, nunmehr fast alle Untersuchungen über die Bewegungsvorgänge von Meßinstrumenten, z. B. des ballistischen Galvanometers, des Kriechgalvanometers, des

Vibrationsgalvanometers, der Oszillographenschleife usw. auf die Untersuchungen über elektrische Schwingungsvorgänge zurückzuführen, die im Abschn. VII A 4 behandelt wurden.

b) Elektrostatische Energiewandler.

Außer dem elektro-magnetischen Prinzip der Energiewandlung gibt es aber auch noch die Möglichkeit, über den piezo-elektrischen Effekt elektrostatisch Energiewandlungen vorzunehmen, d. h. einen elektrischen Kreis mit einem mechanischen Gebilde rückwirkend zu verkoppeln. Bei der Bedeutung, die der Schwingquarz für die Technik besitzt, soll diese zweite Möglichkeit ebenfalls noch untersucht werden, zumal sich dabei noch weitere Schlüsse von allgemeinerer Bedeutung ergeben.

Legt man an einen mit geeignetem Achsenverhältnis aus einem Kristall herausgeschnittenen Quarzstab oder eine entsprechend geschnittene Platte eine elektrische Spannung, so entsteht eine auf den Quarz, d. h. seine Masseteilchen wirkende Kraft, die der angelegten Spannung proportional ist. Wir verzichten darauf, die Zusammenhänge mit dem sogenannten piezo-elektrischen Modul und dem Elastizitätsmodul hier näher zu erläutern, und begnügen uns mit der Formulierung:

$$p = k'u\,, \tag{910}$$

worin k' eine durch Materialkonstanten und Abmessungen bestimmte Konstante ähnlich der Konstanten k des vorigen Abschnittes über elektromagnetische Wandler ist und daraus errechnet werden kann. Andererseits ruft jede Verkürzung oder Verlängerung eines solchen Kristalls Ladungen an seiner Oberfläche hervor, die den Dehnungen proportional sind. Eine Längen- oder Dicken-Änderung um den Betrag ds ist also mit einer Ladungsänderung um dq an den Oberflächen verknüpft durch:

$$dq = k'ds\,. \tag{911}$$

Wie beim elektromagnetischen Beispiel muß naturnotwendig die Konstante k' in beiden Gesetzen (Gl. (910/911)) die gleiche sein, weil das Energieprinzip fordert, daß die mechanische Arbeit $p\,ds$ bei einem solchen Vorgang genauso ebenso groß sein muß wie die elektrische $u\,dq$. Nun wirkt einerseits die mechanische Kraft auf den Quarz und läßt seine Teilchen sich bewegen gegen die Massenkräfte und gegen die elastischen Bindungskräfte innerhalb des Kristalls. Unter Einführung einer wirksamen Masse und einer wirksamen Federkonstanten oder Steifigkeit, die mit den wahren Größen durch Umrechnungsfaktoren verknüpft sind, die vom Schwingungszustand abhängen, der angeregt wird — der Quarz schwingt ja nicht als Ganzes gegen äußere Festpunkte, sondern in sich — gilt dann:

mechanisch: $$p = ms'' + Ds' + cs\,, \tag{912}$$

wenn wir auch hier wieder zur Berücksichtigung der Reibungsverluste oder richtiger Dämpfungsverluste einen geschwindigkeitsproportionalen Kraftanteil einführen, der diese Dämpfungsverluste berücksichtigt, die durch Energieabgabe an das umgebende Medium, an die Halterung und durch innere Reibung im Kristall verloren gehen und nur noch als Verlustwärme in Erscheinung treten. Führen wir in Gl. (912) die Gl. (910) ein und dividieren andererseits die Gl. (911) für die Verknüpfung von Ladungsänderung und Längenänderung durch das Zeitelement dt, in dem sich dieser Vorgang abspielt, so erhalten wir die beiden zusammengehörigen Gleichungen:

$$\left.\begin{aligned} k'u &= ms'' + Ds' + cs \\ \text{und}\qquad k's' &= q' = i\,. \end{aligned}\right\} \tag{913}$$

Mit der p-Symbolik schreibt sich das im Bildbereich:

$$\left.\begin{aligned} k'u &= s\,(mp^2 + Dp + c) \\ k'ps &= i\,, \end{aligned}\right\} \tag{914}$$

woraus wir $s = i/pk'$ eliminieren können und eine Beziehung zwischen Spannung und Strom bekommen:

$$u = \frac{1}{k'^2}\, i\,(mp + D + c/p)\,. \tag{915}$$

Verwandeln wir unsere Symbolik wieder zurück in die Differentialschreibweise, so lautet das:

$$\left.\begin{aligned} u &= \frac{m}{k'^2}\frac{di}{dt} + \frac{D}{k'^2}\, i + \frac{c}{k'^2}\int i\, dt \\ &= u_L \quad + u_R \quad + u_C\,. \end{aligned}\right\} \tag{916}$$

Die Spannung an dieser Anordnung setzt sich zusammen aus der Reihenschaltung von drei Spannungen, die mit dem Strom so verknüpft sind, als ob eine Reihenschaltung von Induktivität, Widerstand und Kapazität vorläge. Abb. 358 zeigt das Ersatzschaltbild des Schwingquarzes, das noch dadurch ergänzt ist, daß die „*Leerkapazität*" C_q des Kristalls mit eingezeichnet ist, d. h. die Kapazität, die dem Quarz dann zukäme, wenn er keine piezo-elektrischen Eigenschaften besäße; dem Ganzen ist dann noch die Luftspaltkapazität vorgeschaltet, die dann zu berücksichtigen ist, wenn der Quarz nicht aufgebrachte Elektrodenbeläge hat, sondern locker zwischen den Platten der Halterung liegt. Aus diesem Ersatzschaltbild wird u. a. sofort klar, was man wieder nicht ohne weiteres sieht, daß und wie eine Änderung des Luftspaltes die Eigenfrequenz des Quarzes ändert, der für sich auf Grund seiner mechanischen, piezoelektrisch angeregten Vorgänge einen Saugkreis, einen Reihenschwingkreis, darstellt.

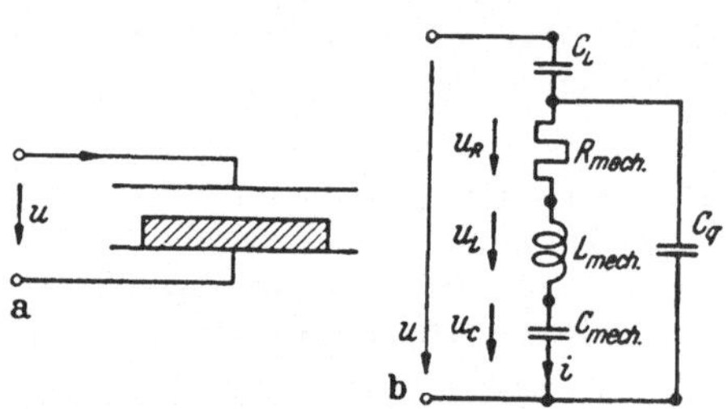

Abb. 358. Piezoelektrischer Kristall als elektrostatischer Energiewandler und sein Ersatzschaltbild. a Kristall mit Halterung. b Ersatzschaltbild.

Im Gegensatz zum elektromagnetischen Fall ist dieses Mal die Masse durch eine Induktivität, die Steifigkeit durch einen Kondensator repräsentiert. Nur die Dämpfung ist in beiden Fällen durch einen Verlustwiderstand dargestellt, hier allerdings durch einen Reihenwiderstand, vorher durch einen Parallelwiderstand. Die Anordnung ist sozusagen vollständig dual zu der vorigen Anordnung. Im einzelnen gelten für die Umrechnungen — aus der Ersatzgleichung ablesbar:

$$\left.\begin{aligned} L_{mech} &= \frac{m}{k'^2}\,, \\ C_{mech} &= \frac{k'^2}{c}\,, \\ R_{mech} &= \frac{D}{k'^2}\,. \end{aligned}\right| \tag{917}$$

Wieder ergibt die Nachprüfung über die Größenordnung der Ersatzgrößen überraschende Resultate. Für einen Quarz üblicher Sorte mit etwa 1 mm Dicke und 1 cm² Fläche liegt die Ersatzinduktivität in der Größenordnung von Henry, ein bei der hohen Resonanzfrequenz eines solchen Quarzes sonst überhaupt nicht darzustellender Wert, weil die Eigenkapazität die Herstellung einer solchen Spule illusorisch machen würde. Die Kapazität dagegen liegt in der Gegend von 10^{-3} pF, also auch wieder in unerreichbarer Größenordnung, wenn wir an rein elektrische Systeme denken. Besonders wertvoll erweist sich die Tatsache, daß der mechanische Verlust eines derartigen Schwingkristalls sehr gering gehalten werden kann, wenn man durch geschickte Halterung, Unterbringung im Vakuum und extreme Sauberkeit der Oberflächen alle Verlustquellen äußerer Art einschränkt. Dann bleiben praktisch nur noch die sehr niedrigen Verluste durch die innere Reibung des Kristalls, und der Kreis bekommt Gütezahlen, die um eine Zehnerpotenz und mehr über den Werten liegen, die sich elektrisch realisieren lassen, wenn man bei normalen Abmessungen bleibt. Auch hier können wir ja wieder einen Schwingungswiderstand errechnen, indem wir die elektrischen Ersatzgrößen und die Rückwirkungskonstante k' benutzen:

$$Z_{mech} = \frac{\sqrt{mc}}{k'^2} \tag{918}$$

und ohne die Rückwirkungskonstante auch die Eigenfrequenz:

$$\omega_0 = \sqrt{c/m} \tag{919}$$

und die Gütezahl als Kehrwert der Dämpfung:

$$g = 1/d = \frac{\sqrt{mc}}{D}\,. \tag{920}$$

Diese Kenngrößen des mechanischen Kreises in seiner Rückwirkung auf den elektrischen Kreis sind in beiden Fällen die gleichen, unabhängig davon, ob es sich um einen elektromagnetischen oder einen elektrostatischen Energiewandler handelt. In gleicher Weise ist es ja auch beim elektrischen Schwingkreis belanglos, ob wir seine Elemente in Reihe oder parallel schalten; die für seine Wirkung als schwingungsfähiges Gebilde entscheidenden Kenngrößen: Eigenfrequenz, Schwingungswiderstand und Dämpfung bleiben die gleichen.

Es ist interessant, festzustellen, daß die Zuordnung von Masse und Federsteifigkeit zu Induktivität und Kapazität in den beiden Fällen gerade umgekehrt ist. Nur bei der elektrostatischen Verknüpfung, also dem weitaus selteneren Fall, entspricht die Induktivität einer Masse, wie das den allgemeinen Erwartungen der Technik entspricht, die gern die Masse mit der Induktivität vergleicht und umgekehrt bei der Veranschaulichung elektrischer Vorgänge von der Massenwirkung einer Induktivität zu reden gewohnt ist. Auch pflegt man ja gemeinhin darauf hinzuweisen, daß es mathematisch belanglos sei, ob man der mechanischen Schwingungsgleichung:

$$p = c\int v\,dt + Dv + m\,\frac{dv}{dt}\,, \tag{897}$$

die elektrische:

$$u = \frac{1}{C}\int i\,dt + Ri + L\,\frac{di}{dt}\,, \tag{921}$$

oder die andere elektrische:

$$i = \frac{1}{L}\int u\,dt + \frac{1}{R}\,u + C\,\frac{du}{dt} \tag{922}$$

als korrespondierend gegenüberstelle, also die Entsprechungen so zuordne, wie das Schema 1 zeigt, oder nach dem Schema 2:

Schema 1:	p	v	s	c	D	m
entspricht:	u	i	q	$1/C$	R	L

Schema 2:	p	v	s	c	D	m
entspricht:	i	u	(Φ)	$1/L$	$1/R$	C

Meist gibt man dabei der ersten Zuordnung den gefühlsmäßig begründeten Vorzug.

Unsere Feststellungen aber zeigen, daß solche Willkür in der Zuordnung nicht mehr gestattet ist, wenn man verlangt, daß über eine formale Entsprechung im Sinne einer Buchstabenvertauschung in mathematischen Gleichungen hinaus dieser Entsprechung ein Sinn derart innewohnen solle, daß man ein elektrisches Schaltelement angeben soll, daß für alle Vorgänge — Gleichstrom, Wechselstrom und Ausgleichsvorgänge — das mechanische vollwertig abbildet. Dann ist nur mehr das ungebräuchliche Zuordnungsschema 2 zulässig, wenn es sich um den „normalen Fall“ der elektromagnetischen Verknüpfung von mechanischen und elektrischen Größen handelt. Das „übliche“ Schema dagegen paßt nur im weit selteneren Fall der elektrostatischen Verknüpfung durch den piezo-elektrischen Effekt. Die tiefere Ursache liegt in den physikalischen Verknüpfungsgesetzen, die im elektromagnetischen Fall die Kraft dem Strom und die Geschwindigkeit der Spannung proportional sein lassen, wie das nur im Schema 2 der Fall ist. Auf den elektrostatischen Fall dagegen paßt das Schema 1. Denn bei den piezo-elektrischen Verknüpfungsgesetzen ist die Geschwindigkeit der Stromstärke und die Kraft einer Spannung proportional. Damit ist Willkür in der Zuordnung ausgeschlossen, sobald es sich um Vorgänge handelt, die elektrische und mechanische Größen gemeinsam betreffen. Das Schema 1 ordnet nun, wie man am deutlichsten bei den verlustbestimmenden Größen sieht, den mechanischen Elementen c, D und m Größen mit Widerstandscharakter im elektrischen Ersatzschaltbild zu. Zu ihnen gehört die Reihenersatzschaltung, wie wir sie ja auch im elektrostatischen Fall fanden (vgl. Abb. 358). Beim Schema 2 der Zuordnung dagegen sind den mechanischen Größen elektrische mit Leitwertcharakter zugeordnet, denen die Parallelschaltung zugehört, wie wir sie beim Ersatzschema für elektromagnetische Verknüpfung nach Abb. 357 auch wirklich fanden.

Die gleichen Überlegungen muß man natürlich auch anstellen, wenn man umgekehrt im Mechanischen zu rechnen wünscht und nun die Rückwirkung elektrischer Vorgänge auf die mechanischen Vorgänge untersucht. Das wird fast nur bei elektromagnetischer Verknüpfung der Fall sein, für die man sich dann des Schemas 2 bedienen muß, wenn man sinnvolle Entsprechung erhalten will. Eine Kapazität im elektrischen Kreis wirkt dann wie eine Masse im mechanischen Ersatzbild.

c) Grobschaltung von Motoren.

Ein weiteres Beispiel für diese Entsprechung mechanischer und elektrischer Größen ist die Untersuchung der Anlaufvorgänge bei der Grobschaltung von Gleichstromnebenschlußmotoren mit konstantem Feld, das bereits vor der Einschaltung bestanden haben soll. Nach dem Schaltbild Abb. 359, in dem u eine starre Gleichspannung sei, auf die geschaltet wird, denken wir uns den Motoranker selbst völlig widerstandslos und ersetzen seine tatsächlich vorhandenen inneren Eigenschaften schaltbildmäßig durch den vorgeschalteten Widerstand R und die Induktivität L. Falls noch ein Anlaßwiderstand oder Widerstand der Zuleitung oder innerer Widerstand des Netzes vorhanden ist, so kann er zu diesen Größen zugeschlagen werden. Bei konstantem Feld — es liegt nach dem Schaltbild dauernd an der Spannung des Netzes, die starr sein soll — ist die EMK im Motoranker mit der Drehzahl proportional verknüpft:

$$e = -a\omega\,, \tag{923}$$

worin die Konstante a den Charakter eines magnetischen Flusses hat und in Vs zu messen ist. Für einen Motor für 220 Volt und 3000 U/min ist z. B. $a = e/\omega = 0{,}7\,\mathrm{Vs}$. Sie verändert sich mit der Erregung genau so wie der Fluß im Motorfeld. Andererseits wird durch die gleiche Konstante — gleich wegen des Energieprinzips, wie auch immer der Motor im einzelnen konstruiert ist, — der Ankerstrom mit dem Drehmoment verknüpft, das auf den Motoranker wirkt. D. h.:

$$M = a i. \tag{924}$$

Dieses Moment wirkt nach den Gesetzen der Mechanik auf den Motoranker, der außerdem durch ein mechanisches Moment M_0 drehzahlunabhängig gebremst wird, das z. T. von der Lagerreibung, z. T. auch von äußeren Nutzlasten herrühren möge. Das heißt also (mit J_m = Massenträgheitsmoment):

$$M = M_0 + J_m \frac{d\omega}{dt} = a i\,, \tag{925}$$

während elektrisch gilt:

$$u = i R + L\frac{di}{dt} - e = i R + L\,\frac{di}{dt} + a\cdot\omega\,. \tag{926}$$

Eliminieren wir aus diesen beiden Gleichungen eine der beiden Unbekannten unter Anwendung der p-Symbolik, bei der wir dann, weil es sich nur um die Ausgleichsvorgänge handelt, alle äußeren eingeprägten Gleichgrößen — die Netzspannung und das konstante Lastmoment — gleich Null setzen, so folgt:

$$\text{aus}\quad \left\{\begin{array}{c} J_m p\cdot\omega = a i \\ i\,(R + pL) + a\omega = 0 \end{array}\right\} \tag{927}$$

$$i\left(R + pL + a^2\frac{1}{pJ_m}\right) = 0 \tag{928}$$

als charakteristische Gleichung für die Bestimmung der möglichen p-Werte in den Exponenten der Zeitfunktionen für die freien Größen für den Ankerstrom und die Drehzahl, unsere beiden Veränderlichen. Ersetzen wir in dieser Gleichung J_m/a^2

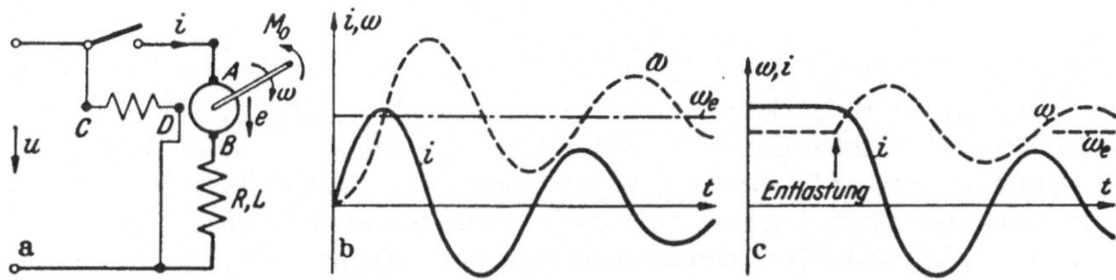

Abb. 359. Drehzahlschwingungen eines festerregten Gleichstrommotors. *a* Schaltbild. *b* Grobschaltung. *c* Plötzliche Entlastung.

durch den Buchstaben C, so ist das aber nichts anderes als die Gleichung für einen Reihenschwingkreis mit einer Kapazität, die durch das Massenträgheitsmoment des Motorankers repräsentiert wird. Das stimmt also wieder völlig überein mit unseren allgemeinen Feststellungen aus dem vorigen Kapitel, wo wir das Entsprechungsschema 2 für elektromagnetische Verknüpfung als allgemein verbindlich fanden. Der einzige Unterschied liegt hier darin, daß es sich nicht um Linearbewegungen, sondern um Drehbewegungen handelt. Die Ersatzkapazität ist also:

$$C_{mech} = J_m/a^2\,. \tag{929}$$

Alles übrige haben wir bereits im Abschn. VII, A 4, S. 363, untersucht. Es gibt zwei große Lösungsgruppen, die sich durch das Verhältnis von Schwingungswiderstand zu Verlustwiderstand unterscheiden. Ist R genügend klein, so daß $R < 2Z = 2\sqrt{L/C_{mech}}$ ist, so liegt die oszillatorische Lösung vor. Strom des Motorankers und Drehzahl können sich zeitlich periodisch ändern. Nach jeder Änderung der Betriebsbedingungen stellt sich der neue stationäre Endzustand mit abklingenden Schwingungen überlagert ein. Das gilt für die Einschaltung, bei der also sowohl der Strom um den stationären Endzustand — bei reibungsfreiem Motor Null — pendelt, wobei sein Maximum nicht mehr durch den Ohmschen Ankerwiderstand, sondern durch den Schwingungswiderstand begrenzt ist, als auch die Drehzahl, die über den stationären Endzustand hinaus schießen und maximal bei geringer Dämpfung der Schwingungen auf das Doppelte der normalen Drehzahl kommen kann. Dieser Zustand ist in der Abb. 359b dargestellt. Ganz entsprechend aber können diese Schwingungen auch eintreten, wenn wir nicht die Spannung sprunghaft ändern, sondern die Belastung, nämlich das Lastmoment M_0. Anschaulich verstehen wir das sofort: Wenn die Induktivität genügend groß ist, so verhindert sie eine sofortige sprunghafte Anpassung des Ankerstromes an den neuen Endzustand. Es fließt ein zu großer Motorstrom, der ein zu hohes Moment ergibt. Dies beschleunigt den Motor über seine normale Drehzahl hinaus. Die EMK im Motoranker wächst über die Netzspannung hinaus, der Motorankerstrom nimmt immer steiler ab, um negativen Werten zuzustreben (Abb. 359c), bei denen nun wiederum Bremsung stattfindet, die den Anker auf und unter seine normale Drehzahl herunterbringt. Auch dieses periodische Schwanken der Drehzahl wird durch die Wirkung des OHMschen Widerstandes gedämpft, der ja die Dämpfungskonstante des ganzen Vorgangs festlegt durch:

$$\beta = - R/2L\,, \tag{930}$$

wenn er nicht überhaupt so groß ist, daß diese Schwingungen nicht zustande kommen können, was meist der Fall ist.

Das liegt daran, daß der Schwingungswiderstand dieses Kreises klein ist wegen der hohen Kapazität, die der Anker mit seinem Massenträgheitsmoment repräsentiert. Hat beispielsweise ein Motor von 0,5 kW Leistung bei 3000 U/min und 220 V Nennspannung, also mit $a = 0{,}7$ Vs, ein Massenträgheitsmoment von 10^{-2} Ws^3 so hat er eine Ankerkapazität von:

$$C_{mech} = 2000\,\mu F\,.$$

Da seine Ankerinduktivität nicht sehr hoch ist — wir schätzen sie auf etwa 0,1 Henry —, so ergibt sich der Schwingungswiderstand: $Z = \sqrt{L/C_{mech}} = 7$ Ohm. Im aperiodischen Grenzzustand müßte der Widerstand des Ankers einschließlich aller Vorwiderstände also unter 3,5 Ohm liegen, was meist nicht der Fall ist. Es ergeben sich also normalerweise statt der gezeigten Schwingungen aperiodische Übergänge entsprechend der Abb. 344. Nur wenn zusätzlich eine Induktivität erheblicher Größe mit geringem Eigenwiderstand im Stromkreis liegt, so kann die Bedingung erfüllt werden. Bei 10 Henry Gesamtinduktivität können die Drehzahlschwingungen bei dem obigen Motor schon bei Widerständen unter 35 Ohm eintreten.

B. Die HEAVISIDE-Regel.

Unsere bisherigen Betrachtungen über Schaltvorgänge haben einen Weg aufgezeigt, der bei beliebigen Netzwerken und beliebigen Anfangs- und Endzuständen der in ihnen existierenden Spannungen und Ströme, bzw. beliebigen Werten der in ihren Energiespeichern im Schaltaugenblick enthaltenen Arbeitsbeträge, stets den ganzen Verlauf der gesuchten Spannungen und Ströme, Flüsse und Ladungen zu ermitteln gestattet, wenn er auch oft mit erheblichem Arbeitsaufwand verbunden ist. Wir wiederholen noch einmal den Gang der Rechnung in allgemeiner Form, nachdem Beispiele in VII A 2/3 zur Genüge vorhanden sind.

Wir stellen nach den KIRCHHOFFschen Gesetzen die Gleichungen auf, denen das System, der Stromkreis, genügen muß. Subtrahieren wir von diesem System von Gleichungen ein gleichartiges für die Ströme, Spannungen, Ladungen und Flüsse — aber auch Wege, Geschwindigkeiten, Drehzahlen, Kräfte usw. — des stationären Endzustandes, so erhalten wir ein neues Gleichungssystem, das bis auf die Tatsache, daß die geschaltete Spannung — allgemein die sprunghaft eingeführte Größe — nicht mehr darin vorkommt, genau mit dem ersten identisch ist. Es gilt für die Differenzen aus den wahren Größen und denen des stationären Endzustandes, die wir als „*freie Größen*“ bezeichnen. Bei linearen Netzwerken, d. h. bei linearen Verknüpfungen zwischen den Systemgrößen und ihren Ableitungen untereinander durch wirkliche Konstanten — Widerstände, Induktivitäten, Kapazitäten, aber auch Federkonstanten, Massen usw. —, ergeben sich dann für die freien Größen stets Lösungen von der Form e^{pt} als Zeitgesetz mit Beträgen, die mathematisch unbestimmte Konstanten sind.

Solche nach einem Exponentialgesetz veränderlichen Größen können wir in einfacher Weise symbolisch differenzieren und integrieren, weil die Exponentialfunktion stets in sich selbst zurückkehrt, wobei nur bei jeder Integration durch den Exponentenbeiwert p zu dividieren, bei jeder Differentiation mit ihm zu multiplizieren ist. Die *p-Symbolik* gestattet uns, die eigentlich als Differentialgleichungen auftretenden Beziehungen zwischen den Systemgrößen des Netzwerkes auf lineare Gleichungen zu reduzieren, sie zu algebraisieren. Auch ihre Aufstellung wird bereits stark vereinfacht, wenn wir uns dabei der „*Widerstandsoperatoren für Ausgleichsvorgänge*" bedienen, die hier die gleiche Rolle bei der Verknüpfung von Spannungen und Strömen spielen wie die Widerstandsoperatoren des normalen symbolischen Verfahrens für eingeschwungene einwellige Ströme und Spannungen in der $j\omega$-Symbolik Entsprechendes gilt für Leitwertoperatoren, Operatoren für Übersetzungsverhältnisse usw. Durch eine genügende Anzahl von algebraischen Operationen können wir aus dem entstehenden Gleichungssystem alle Unbekannten bis auf eine entfernen, für die wir natürlich die gesuchte auswählen. Für sie ergibt sich dann eine Gleichung von der Form:

$$i = u/Z(p); \qquad u = i \cdot Z(p)\,, \tag{931}$$

wobei wir stillschweigend annehmen, daß die „*geschaltete*" Größe eine Spannung, die gesuchte ein Strom sei. $Z(p)$ ist dann ein Widerstandsoperator für die freie Größe, in dem p noch unbekannt ist. Da aber für die freien Größen voraussetzungsgemäß die geschaltete Größe keine Rolle spielt — nur ihre Anfangswerte werden durch sie bestimmt —, so muß die Gleichung für $u = 0$ befriedigt sein, was nur dadurch möglich ist, daß

$$Z(p) = 0 \tag{932}$$

ist. Hieraus ergeben sich die zulässigen und richtigen Werte von p in der Zahl, die durch den Grad der Funktion $Z(p)$ festgelegt, ist, der mit dem Grad der aus ihr entstehenden charakteristischen Gleichung übereinstimmt. Wir nennen wegen der grundlegenden Bedeutung für das Schaltproblem diese Funktion die „*Stammfunktion*" für die gesuchte Systemgröße und die aus ihr durch Nullsetzen entstehende Gleichung $n$ten Grades Gl. (932) die „*Stammgleichung*".

Für verschiedene Größen des gleichen Systems sind zwar die Stammfunktionen verschieden, nicht aber die aus ihnen — nach gewissen kleinen Umformungen — hervorgehenden Stammgleichungen und also auch nicht ihre Wurzeln, die richtigen Werte: $p_1 \ldots p_n$. Der freie Anteil jeder Systemgröße x_m kann dann in der Form angeschrieben werden:

$$x_m = \sum_{r=1}^{n} K_{mr}\, e^{p_r t}\,, \tag{933}$$

worin die K_{mr} Konstanten sind, die für jede Ordnungszahl r der Lösung p_r unter sich durch die Gleichungen des Stromkreises verbunden sind.

Nun verlangen Energiespeicher, daß die ihren Energieinhalt bestimmenden Größen — Ströme bei der Spule, Spannungen oder Ladungen beim Kondensator, Geschwindigkeiten bei der Masse usw. — sich nicht sprunghaft ändern können. Die Ordnung der Differentialgleichung und der Grad der Stammgleichung sind nun aber stets so beschaffen, daß bei n derartigen zu erfüllenden Bedingungen stetigen Übergangs auch n Lösungen für p_r und somit n unabhängig voneinander frei wählbare Konstanten K_r vorliegen. Aus den n Gleichungen, die wir erhalten, wenn wir in den Gleichungen für die n sprungfrei zu überführenden Größen x die Zeit $t = 0$ setzen, also die Zeitfunktionen $= 1$, können wir immer diese mathematisch frei wählbaren Konstanten so berechnen, daß alle Übergangsbedingungen — die Anfangsbedingungen des Problems — erfüllt sind unabhängig davon, ob dabei die Energiespeicher zu Anfang aufgeladen waren oder nicht, und welcher Art der stationäre Endzustand war, dem das System zustrebt, d. h. welcher Art die geschaltete Spannung ist.

Als Abfallprodukt liefert die p-Symbolik dabei auch noch den stationären Endzustand mit für die einfachen Fälle einer Gleichspannung oder einer Wechselspannung mit einwelligem Verlauf, denn es genügt ja hierfür, entweder bei Gleichstrom in der Widerstandsfunktion — der Stammfunktion — $p = 0$ zu setzen, oder in ihr bei Wechselstrom der Kreisfrequenz $\omega = 2\pi f$ p durch $j\omega$ zu ersetzen und von dieser Funktion dann entsprechend der symbolischen Bedeutung des Zeigerverfahrens auf die Augenblickswerte der gesuchten Größe des stationären Endzustandes durch Projektion auf die Zeitlinie — Bestimmung des imaginären Anteiles — zu schließen.

1. Die Schaltung mit der Einheitsspannung.

In Anlehnung an diese p-Symbolik hat OLIVER HEAVISIDE als erster gezeigt, daß man unter gewissen Voraussetzungen diesen allgemeinen Lösungsweg noch weiter schematisieren kann und insbesondere unter Ausweitung der p-Symbolik auch die Konstanten der einzelnen Komponenten der freien Größen für den Ausgleichsvorgang bestimmen kann. Wir werden für diese Weiterführung im Abschn. VII D noch eine Begründung geben, wollen hier aber erst einmal die Regel angeben, nach der man nach HEAVISIDE zu verfahren hat, und schicken ihr die Voraussetzungen für ihre Anwendbarkeit voraus:

1. Es wird dem System eine Größe sprunghaft geändert zugeführt und bleibt auf diesem Wert konstant (Zuschaltung mit starrer Gleichspannung). Um uns von der speziellen Zuordnung zu einer geschalteten Spannung zu lösen, wollen wir die „*geschaltete*" Größe mit dem Buchstaben v bezeichnen.

2. Keiner der p-Werte aus der Stammgleichung ist Null. Ist das doch der Fall, so liegt eine Sonderlösung vor, die wir unter Abschn. VII B 3, S. 413, behandeln.

3. Die Stammgleichung hat keine Doppellösungen: $p_r = p_q$. Auch diesen Fall behandeln wir noch in Abschn. VII B 3, S. 414.

4. Generell wird vorausgesetzt, daß alle Energiespeicher im Augenblick der Zuschaltung entladen sein sollen. Eine solche Voraussetzung ist notwendig, denn ein Rezept kann die willkürlichen Konstanten natürlich nur unter *einer* definierten Voraussetzung über den Anfangszustand bestimmen, während unser allgemeines Verfahren an solche einschränkenden Bedingungen nicht gebunden ist.

Die *gesuchte* Systemgröße wollen wir auch allgemein mit einem Buchstaben bezeichnen, um uns von der bisherigen Bezugnahme auf einen Strom zu lösen. Sie heiße w. Ihr zeitlicher Verlauf ist gesucht. Sie setzt sich zusammen aus dem erzwungenen Verlauf des stationären Endzustandes w_e und dem Anteil der freien Komponente w_f:

$$w = w_e + w_f. \tag{934}$$

Nach den Regeln der Elektrotechnik, der Mechanik und den Gesetzen ihrer Verknüpfung stellen wir eine Beziehung zwischen der geschalteten Größe v und der gesuchten — auf sie folgenden — Größe w her unter Benutzung der p-Symbolik, die stets die Form annimmt:

$$v = w\,Z(p)\,, \tag{935}$$

und erhalten so die Stammfunktion $Z(p)$ und die Stammgleichung:

$$Z(p) = 0\,. \tag{936}$$

Ihre Wurzeln liefern die Exponentenbeiwerte der Zeitfunktionen e^{pt} als $p_1 \ldots p_r \ldots p_n$.

Für den stationären Endzustand erhalten wir:

$$w_e = \frac{v}{Z(0)}, \tag{937}$$

weil für Gleichvorgänge $p = 0$ zu setzen ist.

Die freien Größen erhalten wir einschließlich der Konstanten K_r aus der Beziehung:

$$w_f = \sum_1^n{}^r \frac{v}{p_r\,(dZ/dp)_r} e^{p_r t}, \tag{938}$$

worin $(dZ/dp)_r$ die Ableitung der Stammfunktion (Gl. (936)) nach p mit nachträglicher Einsetzung des Wertes p_r für die r-te Wurzel bedeutet. Den gesamten Verlauf der gesuchten Größe erhalten wir also aus der HEAVISIDE-Regel:

$$w = \frac{v}{Z(0)} + \sum_1^n{}^r \frac{v}{p_r(dZ/dp)_r} e^{p_r t} \tag{939}$$

Am deutlichsten wird dieses Verfahren bei Anwendung auf einen Spezialfall. Wir nehmen zunächst ein schon behandeltes Beispiel, um die Übereinstimmung mit dem früheren Ergebnis prüfen zu können: Die Anschaltung einer Gleichspannung an eine Spule mit Widerstand (S. 340). Hier ist dann also $v = u$; $w = i$. Sind R und L Widerstand und Induktivität der Spule, so gilt für die Beziehung zwischen ihnen unter Benutzung der p-Symbolik und des ihr entsprechenden Widerstandsoperators $(R + pL)$ als Gl. (935) die Beziehung:

$$u = i\,(R + pL). \tag{940}$$

Die Stammfunktion heißt also:

$$Z(p) = R + pL. \tag{940a}$$

Wir benötigen:

$$Z(0) = (R + 0 \cdot L) = R. \tag{941}$$

$$dZ/dp = L \tag{942}$$

und die Lösungen der Stammgleichung (936):

$$R + pL = 0, \tag{943}$$

die hier allerdings nur eine Wurzel liefert, weil die Stammgleichung in p linear ist. Es ist ja auch nur ein Energiespeicher vorhanden, der Anfangsbedingungen stellt.

$$p_1 = -R/L. \tag{944}$$

Somit ist

$$p_1\,(dZ/dp)_1 = (-R/L) \cdot L = -R. \tag{945}$$

Die fertige Lösung für den Strom lautet durch Einsetzen aller Werte (Gl. (941/945)) in das Rezept (Gl. (939)) der HEAVISIDE-Regel:

$$i = \frac{u}{R} + \frac{u}{-R} e^{-(R/L)t} = \frac{u}{R}\left(1 - e^{-t/T}\right) \tag{946}$$

mit $T = L/R$ in völliger Übereinstimmung mit dem Ergebnis (Gl. (709)) in Abschn. VII A 1. Wir erkennen unschwer im ersten Teil $\frac{u}{R}$ den Strom des stationären Endzustandes, den erzwungenen Strom, im zweiten Teil $\left(-\frac{u}{R} e^{-t/T}\right)$ den freien Strom mit dem Anfangswert $-\frac{u}{R}$, der exponentiell abklingt und für $t = 0$ zusammen mit dem erzwungenen Strom $\frac{u}{R}$ die Anfangsbedingung $i = 0$ erfüllt.

Wir verweilen noch etwas bei diesem Beispiel, um zu zeigen, daß es eben nicht auf die Beziehung zwischen Spannung und Strom beschränkt ist. So fragen wir als nächstes nach der Beziehung für den zeitlichen Verlauf der Spulenspannung nach der Einschaltung. Wir könnten sie natürlich einfach aus dem bereits gefundenen Verlauf des Stromes durch Differentiation nach der Zeit und Multiplikation mit L finden, wollen aber die Anwendung des HEAVISIDE-Verfahrens (Gl. (939)) auch einmal an einem andren Zusammenhang als dem zwischen Spannung und Strom zeigen.

Sei also nunmehr: $v = u$, die geschaltete Gleichspannung, $w = u_L$ die Spulenspannung als darauf folgende Größe, deren zeitlicher Verlauf nach der Schaltung uns interessiert. Wir stellen nach der p-Symbolik die Beziehungen auf:

$$u_L = p L i \quad \text{und} \quad u = i\,(R + p L)$$

und eliminieren i, um eine Beziehung (Gl. (935)) zwischen u und u_L (v und w) allein zu erhalten, aus der wir die Stammfunktion ablesen können:

$$u = u_L \frac{R + p L}{p L} = u_L \left(1 + \frac{1}{p} \cdot \frac{R}{L}\right). \tag{947}$$

Die Stammfunktion ist also dieses Mal kein Widerstandsoperator wie vorhin in Gl. (940), sondern ein Spannungsteileroperator.

$$Z(p) = 1 + \frac{R}{p L}. \tag{947a}$$

Sie ist von der für den in der gleichen Schaltung fließenden Strom verschieden; aber die Lösung der Stammgleichung:

$$Z(p) = 0 = 1 + \frac{R}{p L} \tag{948}$$

liefert den gleichen p-Wert Gl. (944) wie Gl. (943):

$$p_1 = -\frac{R}{L} = -\frac{1}{T}. \tag{949}$$

Wir benötigen weiter:

$$Z(0) = \infty \tag{950}$$

und $dZ/dp = -\frac{R}{L} \cdot \frac{1}{p^2}$ sowie: $p_1\,(dZ/dp)_1 = \left(-\frac{R}{L}\right) \cdot \left(\frac{L^2}{R^2}\right) \left(-\frac{R}{L}\right) = 1\,.$ (951)

Nunmehr ist mit Gl. (949/951) alles vorhanden zum Einsetzen in Gl. (939):

$$w = u_L = \frac{u}{\infty} + \frac{u}{1}\,e^{-t/T} = u\,e^{-t/T} \tag{952}$$

in richtiger Übereinstimmung mit dem Wert, den wir hier einfacher eben auch durch den oben angegebenen Weg hätten finden können.

Nach diesem „Kontrollbeispiel" zur Demonstration des Verfahrens gehen wir zu einer neuen Aufgabe über, die wir durch das Schaltbild der Abb. 360 definieren. Ein Parallelschwingkreis mit widerstandsloser Spule L und einem verlustfreien Kondensator C wird über einen rein OHMschen Widerstand R an eine Spannung u angeschlossen. Das entspricht also etwa dem Einschalten eines Anodenschwingkreises in einem Verstärker an die Anodenspannung über einen Widerstand, beispielsweise den Arbeitswiderstand im Anodenkreis. Wir fragen nach dem Spannungsverlauf am Schwingkreis nach dem Schaltvorgang. Es ist also:

$$v = u; \quad w = u_C.$$

Die Verluste in der Spule und im Kondensator wollen wir durch einen Verlustwiderstand parallel zum Schwingkreis berücksichtigen. Er sei R'. Unter Verwendung der p-Symbolik können wir dann für diesen Stromkreis anschreiben:

$$\begin{aligned} i &= i_{R'} + i_L + i_C = u_C\,(1/R' + 1/pL + pC) \\ u &= i R + u_C = u_C\,\bigl(1 + R\,(1/R' + 1/pL + pC)\bigr)\,. \end{aligned} \tag{953}$$

Damit ist die Stammfunktion gefunden:

$$Z(p) = 1 + R\,(1/R' + 1/pL + pC) = R(1/R'' + 1/pL + pC)\,, \tag{954}$$

worin wir zur Abkürzung für den Widerstand, der sich aus der Parallelschaltung von R und R' ergibt, R'' geschrieben haben.

$$R'' = \frac{R\,R'}{R + R'}\,.$$

Nullsetzung der Stammfunktion Gl. (954) liefert die Stammgleichung:

$$p^2 + \frac{p}{R''C} + 1/LC = 0 \tag{955}$$

mit den Lösungen:

$$p = -\frac{1}{2\,R''C} \pm j\,\frac{1}{\sqrt{LC}}\,\sqrt{1 - Z^2/4\,R''^2}\,, \tag{956}$$

wobei wir in der Formulierung bereits stillschweigend voraussetzen, daß wir es mit dem periodischen Fall der Lösung zu tun haben, der hier — Parallelschaltung (!) — dadurch gekennzeichnet ist, daß $R'' > Z/2$ ist. Es wird also, wenn diese Bedingung erfüllt ist, zu Schwingungen in der Kondensatorspannung kommen. Für die vollständige Lösung Gl. (939) benötigen wir noch:

$$Z(0) = \infty\,. \tag{957}$$

Im stationären Endzustand liegt also keine Spannung am Kreis. Die Spule schließt ihn ja für Gleichspannungen kurz. Die freien Spannungen — hier aus zwei Komponenten bestehend wegen der zwei p-Werte — bestimmen allein den Gesamtverlauf der Spannung. Um sie zu finden, müssen wir $p \cdot (dZ/dp)$ berechnen:

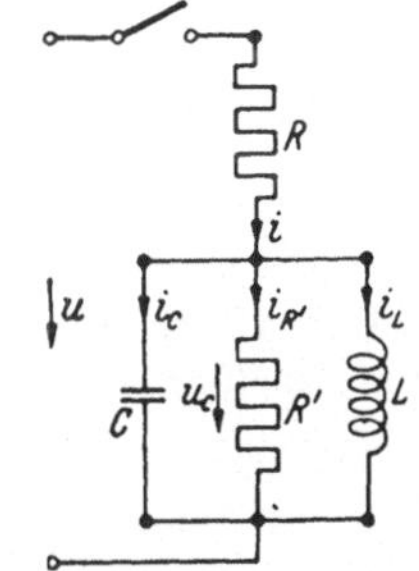

Abb. 360. Anschaltung eines Sperrkreises an eine Gleichspannung über einen Vorwiderstand.

$$p\,(dZ/dp) = p\,R\left(C - \frac{1}{p^2 L}\right) = R\left(p\,C - \frac{1}{pL}\right). \tag{958}$$

Nach der Stammgleichung (955) ist aber für jede Wurzel

$$-\,1/pL = pC + 1/R''$$

also:

$$p\,(dZ/dp) = R(2pC + 1/R'') = (R/R'')\,(2\,pCR'' + 1)\,. \tag{959}$$

Führen wir hierin den Wert für die beiden Wurzeln so ein, wie wir ihn oben fanden, so wird:

$$\big(p(dZ/dp)\big)_{1,2} = \frac{R}{R''}\left(1 - 1 \pm j\,\frac{2\,C\,R''}{\sqrt{LC}}\,\sqrt{1 - d^2/4}\right) = 2\,j\,\frac{R}{Z}\sqrt{1 - \frac{d^2}{4}} \tag{960}$$

mit der Abkürzung $d = Z/R''$ als Gesamtdämpfung des Kreises, zu der außer der eigenen Dämpfung auch die Bedämpfung durch den äußeren Widerstand R' beiträgt, der ja in R'' enthalten ist. Beide Werte von $p\,(dZ/dp)$ werden also gleich groß und rein imaginär und unterscheiden sich nur durch das Vorzeichen.

Nunmehr können wir die fertige Lösung nach Gl. (939) anschreiben:

$$u_C = \frac{u \cdot e^{-\beta t}}{2\,j\,\frac{R}{Z}\,\sqrt{1 - d^2/4}}\left(\frac{e^{+j\omega t}}{+1} + \frac{e^{-j\omega t}}{-1}\right). \tag{961}$$

Hierin haben wir für $\frac{1}{2\,R''\,C}$ und für $\frac{1}{\sqrt{LC}}\,\sqrt{1 - d^2/4}$ die Abkürzungen β und ω ebenso gebraucht, wie wir das früher, S. 372, bei der Untersuchung eines Reihenschwingungskreises im gleichen Sinne taten. β ist die Dämpfungskonstante der entstehenden

Schwingungen, ω ihre Kreisfrequenz, die um ein weniges niedriger ist als die Phasenresonanzkreisfrequenz ω_0 des aus L und C verlustlos gebildeten Kreises. Führen wir nun noch für $e^{+j\omega t} = \cos\omega t + j\sin\omega t$ und für $e^{-j\omega t} = \cos\omega t - j\sin\omega t$ ein, so erhalten wir schließlich die fertige, und nun auch trotz allen Durchgangs durch imaginäre Rechenbereiche reelle, Lösung für den Verlauf der Kondensatorspannung:

$$\left.\begin{aligned} u_C &= u\,\frac{Z}{R}\cdot\frac{1}{\sqrt{1-d^2/4}}\cdot e^{-\beta t}\sin\omega t \\ &\approx iZe^{-\beta t}\sin\omega t\,. \end{aligned}\right\} \tag{962}$$

Die Größe der Schwingspannung am Kreis hängt also von der Höhe des sich stationär einstellenden Stromes und vom Schwingungswiderstand ab, wobei man aber nicht durch zu kleinen Vorwiderstand R große Ströme einstellen darf, weil dann dieser Vorwiderstand den Kreis stark bedämpft und das Eintreten der Schwingung bei zu kleinen Werten überhaupt verhindert.

Wir rechnen zum Schluß noch den Verlauf des Stromes in der Spule des gleichen Beispiels aus. Für ihn lautet die Beziehung (Gl. (935)) zwischen der geschalteten Spannung und dem Strom als gesuchter Größe:

$$u = i_L R\left(1 + \frac{L}{R''}\,p + p^2 LC\right) \tag{963}$$

mit den gleichen Bezeichnungen wie bisher. Die Stammfunktion

$$Z\,(p) = R\left(1 + \frac{L}{R''}\,p + p^2 LC\right) \tag{964}$$

liefert als Stammgleichung (936) die gleichen Lösungen (Gl. (956)) für die p-Werte wie Gl. (955):

$$p_{1,2} = -\beta \pm j\omega$$

mit wie bisher:

$$\beta = \frac{1}{2\,R''C} \quad \text{und} \quad \omega^2 = \omega_0^2 - \beta^2; \quad \omega_0 = 1/\sqrt{LC}\,.$$

$Z(0)$ wird R. Der stationäre Endstrom in der Spule ist also der Ruhestrom, den die Spannung durch den Widerstand R treibt. Die Spule ist ja als widerstandslos kein Gleichstromwiderstand, übernimmt also im Endzustand den Gesamtstrom.

Zur Berechnung der überlagerten freien Ströme müssen wir die Ableitungen von Z nach p bilden:

$$p\,(dZ/dp) = pR\left(\frac{L}{R''} + 2\,pLC\right) = R\left(p\,\frac{L}{R''} + 2\,p^2LC\right). \tag{965}$$

Mit Benutzung der aus der Stammgleichung Gl. (964 ≡ 955) hergenommenen, für alle p-Werte gültigen Beziehung:

$$p\,\frac{L}{R''} = -1 - p^2LC$$

geht Gl. (965) über in:

$$\begin{aligned} p(dZ/dp) &= R\,(-1 + p^2\,LC) = R\left(-1 + (-\beta \pm j\omega)^2\,\frac{1}{\omega_0^2}\right) \\ &= R\left(-1 + \frac{\beta^2 - \omega^2 \mp 2\,j\,\omega\,\beta}{\omega_0^2}\right) \\ &= R\left(\frac{-2\omega^2 \mp 2\,j\,\omega\,\beta}{\omega_0^2}\right) = -2\,R\omega\,\frac{\omega \pm j\beta}{\omega^2+\beta^2}\,. \end{aligned} \tag{966}$$

In die HEAVISIDE-Regel Gl. (939) eingesetzt erhalten wir also den Spulenstrom:

$$i_L = i_{L_e} + i_{L_f} = \frac{u}{R} + \frac{u\,(\omega^2+\beta^2)\cdot e^{-\beta t}}{-2\,R\omega}\left(\frac{e^{+j\omega t}}{\omega + j\beta} + \frac{e^{-j\omega t}}{\omega - j\beta}\right), \tag{967}$$

bzw. nach Einsetzen von $e^{\pm j\omega t} = \cos\omega t \pm j\sin\omega t$ und Addition der Brüche auf einem gemeinsamen Nenner $(\omega^2 + \beta^2)$ schließlich:

$$i_L = \frac{u}{R}\left(1 - (\cos\omega t + \beta/\omega\sin\omega t)\,e^{-\beta t}\right) \tag{968}$$

Der Strom in der Spule schwingt also bei schwacher Dämpfung nach einer Halbperiode um 100% über seinen stationären Endwert hinaus. Ordnungsgemäß wird er für $t = 0$, im Schaltmoment, Null. Der freie Strom folgt mit seinem Hauptteil einer Minus-cos-Funktion, ist also gegen die Spulenspannung = Kondensatorspannung, die nach Gl. (962) einem Sinusgesetz gehorcht, im wesentlichen um 90° nacheilend verschoben. In Wahrheit ist wegen der zusätzlichen Minus-sin-Komponente die Phasenverschiebung etwas größer als 90°, nämlich um den Winkel $\delta = \operatorname{arc\,tg}\beta/\omega$, wie wir das von einer gedämpften Größe ja auch erwarten (vgl. S. 376). Bei der Darstellung im Diagramm der Dämpfungszeiger, S. 376, hätte sich das übrigens mühelos ergeben, ohne daß wir noch einmal die ganze Rechnung für den Spulenstrom hätten ausführen müssen. Es ist also durchaus sinnvoll, das HEAVISIDE-Verfahren bei periodischen Vorgängen mit dem Dämpfungszeigerdiagramm zu verbinden, das natürlich so oft aufzuzeichnen ist, wie schwingende Komponenten vorhanden sind, und das uns allerdings seinen Dienst verweigert, wenn es sich um zusätzliche aperiodische Anteile handelt, für die dann wiederum das HEAVISIDE-Verfahren schnell die Lösung liefert, weil kein „Umweg über das Komplexe“ mehr vorkommt.

2. Die HEAVISIDE-Regel für Wechselstromschaltungen.

Wir haben bereits darauf hingewiesen, daß der erste Anteil des wahren Verlaufs einer gesuchten Systemgröße, der stationäre Endwert, auch für Wechselstrom aus der gleichen Symbolik entnommen werden kann, wenn man für den Operator p den Operator $j\omega$ einsetzt und die „geschaltete Spannung“ als einwellige Größe durch einen Zeiger dargestellt in die Gleichung einführt. In gleicher Weise, wie dann die Länge der Projektion des Zeigers auf die Zeitlinie, d. h. sein imaginärer Anteil, den Augenblickswert der geschalteten Wechselgröße angibt, ergibt dann auch der imaginäre Anteil der gesuchten Größe deren Augenblickswert in jedem Augenblick, soweit das den stationären Endzustand betrifft.

Folgt die geschaltete Wechselgröße also einem Zeitgesetz:

$$v = v_{max}\sin(\omega t + \alpha)\,, \tag{969}$$

worin α der *Schaltphasenwinkel* ist, der festlegt, in welcher Phase der geschalteten Größe die Schaltung erfolgt, so können wir diese geschaltete Größe durch einen Zeiger $\mathfrak{V}$ nach Abb. 361 darstellen, dessen relative Lage zur Zeitlinie durch den Winkel α nach der Abbildung gegeben ist. Der rotierende Zeiger ist dann in der komplexen Ebene durch $v_{max}\,e^{j(\omega t + \alpha)}$ gegeben, d. h. durch

$$v_{max}\left\{\cos(\omega t + \alpha) + j\sin(\omega t + \alpha)\right\}\;; \tag{970}$$

sein imaginärer Anteil ergibt also den Augenblickswert der geschalteten Größe mit $v_{max}\cdot\sin(\omega t + \alpha)$, z. B. im Schaltmoment $v_{max}\cdot\sin\alpha$.

Den stationären Endzustand der gesuchten Größe w, die nun ebenfalls durch einen Zeiger $\mathfrak{W}$ dargestellt werden kann, weil ja auch sie zeitlich sinusförmig wie die geschaltete Größe verlaufen muß, finden wir nach den Ausführungen in den Abschn. II u. III, indem wir den Zeiger der geschalteten Größe $\mathfrak{V}$ durch den Wechselstromwiderstandsoperator der Schaltung dividieren, d. h. durch den Wert, den die Stammfunktion $Z(p)$, der Ausgleichswiderstandsoperator, annimmt, wenn man in ihm p durch $j\omega$ ersetzt. Sie wird dann komplex: $\mathfrak{z}(j\omega)$. Die gesuchte Größe wird also:

$$\mathfrak{W} = \frac{\mathfrak{V}}{\mathfrak{z}(j\omega)} \tag{971}$$

Phasenwinkel und Betrag des Operators $\mathfrak{z}(j\omega)$ bestimmen im Zeigerdiagramm der Abb. 361 die Größe und Phasenlage des Zeigers $\mathfrak{W}$ im Vergleich zu $\mathfrak{V}$. Sein Betrag kann als imaginärer Anteil von $\mathfrak{W}$ in gleicher Weise errechnet oder durch Projektion auf die Zeitlinie aus der Figur entnommen werden.

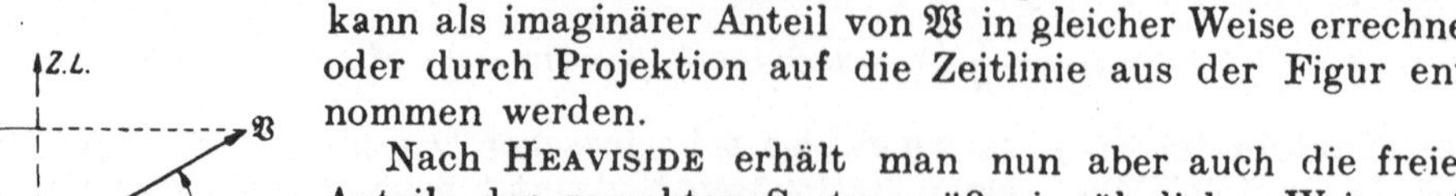

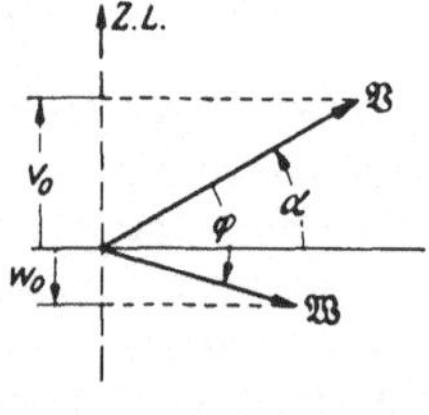

Abb. 361. Zeiger der geschalteten Größe und der gesuchten Größe bei Schaltvorgängen mit einwelliger Spannung.

Nach HEAVISIDE erhält man nun aber auch die freien Anteile der gesuchten Systemgröße in ähnlicher Weise wie bisher und unter den gleichen 4 Voraussetzungen, wie wir sie auf S. 406 für die Gleichstromschaltung formulierten, als imaginäre Anteile eines algebraischen Ausdrucks, den wir nun allerdings nicht mehr als Zeiger deuten können, weil er ja nicht mehr sinusförmig veränderlich ist, der aber bei periodisch veränderlichen Vorgängen die Projektion des Dämpfungszeigers auf die Zeitlinie bedeutet, den wir im Abschn. VII (S. 376) kennen lernten.

Die HEAVISIDE-Regel für diesen Fall lautet also:

$$w = \mathfrak{Im}\left(\frac{v_{max}\, e^{(j\omega t + \alpha)}}{Z(j\omega)} + v_{max} \sum_{1}^{n}{}_{r} \frac{e^{p_r t + j\alpha}}{(p_r - j\omega)(dZ/dp)_r}\right). \tag{972}$$

Daß die zweiten Anteile, die Augenblickswerte der freien Größen, die Projektionen der Dämpfungszeiger sind, zeigt sich klar am Zählerausdruck. Ist nämlich p_r komplex, so ist die Exponentialfunktion zusammengesetzt aus einem Anteil mit negativem reellen Exponenten, der die Dämpfung eines Zeigers bestimmt, der mit der Winkelgeschwindigkeit umläuft, die der imaginäre Anteil des Exponenten angibt. Es ist das nicht die Winkelgeschwindigkeit des stationären Endzustanddiagramms, sondern von Komponente zu Komponente des freien Stromes ein anderer Wert, der sich aus den Lösungen der Stammgleichung ergeben hat. Der Zusatz $+j\alpha$ trägt nur der Schaltphase Rechnung und legt also auch die Anfangsphase des Dämpfungszeigers mit fest. Der Nennerausdruck aber ist ein Ausgleichswiderstandsoperator für die betreffende Komponente, in die allerdings auch noch der Ausdruck $-j\omega$ eingeht, der nun nichts mit den Frequenzen der Ausgleichsvorgänge zu tun hat, sondern die Phasenlage der Ausgleichvorgänge im Vergleich zu den Vorgängen des stationären Endzustandes festlegt, damit im Schaltmoment diese, mit der Frequenz ω verlaufend, richtig zu Null ergänzt werden.

Wir geben als Muster für die Anwendung ein einfaches Beispiel, das wir wieder kontrollierbar wählen, die Einschaltung einer Spule mit R und L bei Wechselstrom entsprechend der Rechnung im Abschn. VII A 1 (S. 346) und der Abb. 329. Im Abschn. VII, B 1, bestimmten wir bereits, s. Gl. (940/945), für die Reihenschaltung von Spule und Widerstand (S. 407):

$$Z(p) = R + pL; \quad p = -R/L; \quad dZ/dp = L.$$

Hier benötigen wir zusätzlich:

$$Z(j\omega) = R + j\omega L. \tag{973}$$

Das ist erwartungsgemäß der Wechselstromwiderstandsoperator einer Spule. Der Anteil des eingeschwungenen Stromes kann nunmehr bereits bestimmt werden. Wenn wir es nicht vorziehen, ein Zeigerdiagramm aufzuzeichnen und die Augenblickswerte daraus zu entnehmen, oder symbolisch zu rechnen, was beides einfacher ist und schneller zum Ziel führt, so können wir uns streng nach der Anweisung des Verfahrens richten.

Der erste Term von Gl. (972) lautet ja:

$$i_e = \mathfrak{Im}\left\{u_{max}\frac{(\cos(\omega t + \alpha) + j\sin(\omega t + \alpha))}{R + j\omega L}\right\} \tag{974}$$

Wir erweitern mit $(R - j\omega L)$ und schreiben nur die imaginären Anteile des neuen Zählers mit dem nunmehr reellen Nenner an:

$$i_e = u_{max} \frac{R \sin(\omega t + \alpha) - \omega L \cos(\omega t + \alpha)}{R^2 + (\omega L)^2} \tag{975}$$

Spalten wir den Nenner auf in $(\sqrt{R^2 + (\omega L)^2})^2$ und nennen $R/\sqrt{R^2 + (\omega L)^2} = \cos\varphi$ und $\omega L/\sqrt{R^2 + (\omega L)^2} = \sin\varphi$, was wegen $\sin^2\varphi + \cos^2\varphi = 1$ stets richtig und zulässig ist, so erhalten wir als den imaginären Anteil des ersten Terms:

$$\begin{aligned} i_e &= \frac{u_{max}}{\sqrt{R^2 + (\omega L)^2}} (\cos\varphi \sin(\omega t + \alpha) - \sin\varphi \cos(\omega t + \alpha)) \\ &= \frac{u_{max}}{\sqrt{R^2 + (\omega L)^2}} \sin(\omega t + \alpha - \varphi); \text{ wie zu erwarten war.} \end{aligned} \tag{976}$$

Ebenso vollzieht sich die Auswertung des zweiten Terms von Gl. (972), für den wir uns hier weder eines Zeigerdiagramms, noch eines Dämpfungszeigerdiagramms bedienen können, weil ja der Ausgleichsstrom rein aperiodisch verläuft.
Im Zähler erhalten wir:

$$\begin{aligned} e^{pt + j\alpha} &= e^{-t R/L} \cdot e^{j\alpha} \\ &= e^{-t R/L} (\cos\alpha + j \sin\alpha) . \end{aligned}$$

Im Nenner wird:

$$(p - j\omega)(dZ/dp) = (-R/L - j\omega) L = -(R + j\omega L) . \tag{977}$$

Der ganze zweite Term lautet also, wenn wir wieder mit dem konjugierten Wert des Nenners erweitern und den neuen Nenner in das Produkt von zwei Wurzeln aufspalten, mit seinem imaginären Anteil:

$$\begin{aligned} i_f &= \frac{-e^{-t/T}(R \sin\alpha - L\cos\alpha)}{\sqrt{R^2 + (\omega L)^2}} \cdot \frac{u_{max}}{\sqrt{R^2 + (\omega L)^2}} = \\ &\qquad - \frac{u_{max} \cdot e^{-t/T}}{\sqrt{R^2 + \omega^2 L^2}} \cdot (\cos\varphi \sin\alpha - \sin\varphi \cos\alpha) . \end{aligned} \tag{978}$$

Der freie Strom ergibt sich also endlich nach Zusammenfassung der Kreisfunktionen:

$$i_f = - \frac{u_{max}\, e^{-t/T}}{\sqrt{R^2 + (\omega L)^2}} \sin(\alpha - \varphi) . \tag{979}$$

Für $t = 0$ ist das nichts andres als der negative Wert des Stromes des stationären Endzustandes nach Gl. (976), der dadurch zu Null ergänzt wird. Die HEAVISIDE-Regel hat also dasselbe Ergebnis geliefert, das wir im Abschn. VII A 1 (S. 345) fanden.

3. Verschwindende und Mehrfachwurzeln der Stammgleichung.

HEAVISIDE hat schließlich auch noch angegeben, wie man seine Regel auch in dem Fall anwenden kann, wo Doppel- oder Mehrfachwurzeln vorliegen, oder wo eine oder mehrere Wurzeln der Stammgleichung zu Null werden. Von den 4 auf S. 406 formulierten Voraussetzungen für das HEAVISIDE-Verfahren bleiben dann also nur noch 2 bestehen: Es wird eine Größe sprunghaft geändert und bleibt auf dem Wert v, nachdem sie vorher Null war; alle Energiespeicher sind vor der Einschaltung entladen.

Die Abänderungsvorschrift für die Sonderfälle der Wurzeln lautet: An den Stellen, wo Mehrfach- oder Null-Wurzeln p_r vorliegen, ersetze man den Ausdruck

$$\frac{1}{p_r (dZ/dp)_r} \quad \text{durch} \quad A_1 + A_2 t + \frac{A_3}{2!} t^2 + \ldots + \frac{A_k}{(k-1)!} t^{k-1} , \tag{980}$$

wenn es sich um eine k-fache Wurzel handelt. Darin sind die Konstanten $A_1 \ldots A_k$ unabhängig von p bestimmt durch eine Partialbruchzerlegung der Funktion $\frac{1}{p\,Z(p)}$ nach Potenzen von $(p - p_r)$

$$\frac{1}{p\,Z} = \frac{A_k}{(p-p_r)^k} + \frac{A_{k-1}}{(p-p_r)^{k-1}} + \cdots + \frac{A_2}{(p-p_r)^2} + \frac{A_1}{p-p_r} + F(p-p_r) \tag{981}$$

worin $F(p - p_r)$ eine ganze rationale Funktion ist.

Einige Beispiele werden das am schnellsten erläutern.

Wir untersuchen zuerst den Fall, daß einem verlustlosen Kondensator ein Gleichstrom plötzlich zugeführt wird. Gesucht ist der Verlauf der Spannung am Kondensator. Geschaltet wird also hier ein Strom, die gesuchte Größe ist eine Spannung. Die Stammfunktion stellt also einen Leitwertoperator für den Ausgleichsvorgang dar. Die Differentialgleichung des Vorgangs lautet:

$$i = C\frac{du}{dt} = p\,C\,u\,, \tag{982}$$

wenn wir uns wieder sofort der p-Symbolik bedienen. Sie gibt die Stammfunktion:

$$Z(p) = p\,C\,. \tag{983}$$

Die Stammgleichung $p\,C = 0$ liefert nur eine Wurzel: $p = 0$. Es liegt also der Sonderfall vor, der uns zwingt, die Partialbruchzerlegung (Gl. (981)) von $\frac{1}{p\,Z(p)}$ nach Potenzen von $p - p_r$, d. h. hier mit $p_r = 0$, nach Potenzen von $1/p$ vorzunehmen. Das ist sehr einfach, denn $1/p\,Z$ ist hier:

$$\frac{1}{p \cdot Z} = \frac{1}{p^2}\,\frac{1}{C}\,. \tag{984}$$

Es existiert also von dem Polynom in t nur das Glied mit der Ordnung t, das dem Koeffizienten der Partialbruchzerlegung für das Glied mit $(p - p_r)^2$ zugeordnet ist. Es ist also an Stelle von $\frac{1}{p(d\,Z/d\,p)}$ der normalen HEAVISIDE-Regel hier einzusetzen: $\frac{1}{C}\,t$, so daß die Lösung lautet:

$$u = i\,e^{0t}\,\frac{1}{C}\,t = \frac{i}{C}\,t\,, \tag{985}$$

wozu wir natürlich leichter durch unmittelbare Integration der Differentialgleichung hätten kommen können oder auch unmittelbar durch die Anschauung, daß ein Kondensator ohne Ladungsverlust durch einen zufließenden Gleichstrom zeitproportional aufgeladen wird.

Als zweites Beispiel behandeln wir nach diesem Verfahren den Schwingungskreis im aperiodischen Grenzzustand mit $R = 2\,Z$ (vgl. S. 382). Allgemein lautete die Stammfunktion für den Schwingkreisstrom bei geschalteter Spannung, vgl. Gl. (791):

$$Z(p) = R + pL + 1/pC\,. \tag{986}$$

Im Spezialfall des aperiodischen Grenzzustandes ist nun $R = 2\sqrt{L/C}$; also die Stammfunktion:

$$Z(p) = pL + 2\sqrt{\frac{L}{C}} + \frac{1}{pC} = \left(\sqrt{pL} + \sqrt{\frac{1}{pC}}\right)^2. \tag{987}$$

Die Stammgleichung hat also die Doppelwurzel: $p_d = -\sqrt{\frac{1}{LC}}$. Da der Sonderfall vorliegt, müssen wir $1/p\,Z$ nach reziproken Potenzen von $(p - p_d)$ zerlegen.

Es ist:

$$\frac{1}{pZ}=\frac{1}{p^2L+2p\sqrt{L/C}+1/C}=\frac{1}{L}\cdot\frac{1}{p^2+2p/\sqrt{LC}+1/LC}$$
$$=\frac{1}{L}\cdot\frac{1}{p^2-2pp_d+p_d^2}=\frac{1}{L}\cdot\frac{1}{(p-p_d)^2}. \tag{988}$$

Von der Reihe der Partialbrüche (Gl. (981)) existiert also auch hier nur das Glied mit $(p-p_r)^2$, von dem Polynom (Gl. (980)) in t also nur das zeitproportionale Glied vorhanden. Wir erhalten als Lösung — und diesmal schneller als nach der alten Methode der Variation der Konstanten und jenseits der Möglichkeit unmittelbarer Entnahme aus der Anschauung:

$$i=\frac{u}{Z(0)}+u\,e^{-t/\sqrt{LC}}\cdot\frac{t}{L}, \tag{989}$$

was mit der hier vorliegenden Bedingung: $1/\sqrt{LC}=R/2L$ das gleiche Ergebnis (Gl. (859)) darstellt, wie wir es im Abschn. VII A4c (S. 382) fanden:

$$i=\frac{u}{L}\,t\,e^{-\frac{R}{2L}t} \text{ (s. Abb. 351).} \tag{990}$$

C. Abschaltung von Stromkreisen.

Alle bisher behandelten Schaltvorgänge bezogen sich auf Fälle, in denen zwar eine Änderung des Schaltzustandes plötzlich herbeigeführt wurde, aber derart, daß keine Zwangseingriffe in die Bilanz der Energiespeicher gemacht wurden, deren Energiekontinuität im Gegenteil sogar die Grundlage der Ermittlung der Konstanten des Ausgleichsvorgangs bildete. Plötzliche Änderungen von Spannungen und Strömen hatten wir nur an Widerständen, solche von Strömen nur an Kondensatoren, solche von Spannungen nur an Spulen zugelassen. In dem Fall der plötzlichen Öffnung eines Schalters vor einer Spule aber erzwingen wir gewaltsam die Unterbrechung eines Stromes und fordern damit das plötzliche Verschwinden des Energieinhalts der Induktivität. Der korrespondierende Vorgang beim elektrischen Energiespeicher, dem Kondensator, sozusagen der duale Vorgang, wäre, daß wir das plötzliche Verschwinden der Spannung am Kondensator erzwingen, d. h. die widerstandslose Überbrückung des Kondensators. Diesen Korrespondenzfall haben wir zwar schon behandelt, aber doch nur für den Fall, daß sich der Kondensator nicht über einen widerstandslosen Weg ohne Induktivität entlädt, sondern nur für die beiden Fälle, die praktisch allein realisierbar sind, daß ein Restwiderstand im Kreis liegt oder der Kreis eine, wenn auch kleine Induktivität darstellt. Im ersten Falle (Abb. 362a) begrenzt der Widerstand des Kreises den maximalen Strom auf $i=u/R$, im zweiten Fall (Abb. 362b) ergibt der Schwingungswiderstand die Begrenzung des Scheitelwertes des auftretenden Entladestromes (vgl. S. 356 u. 373). Wären beide nicht vorhanden, so würde allerdings der Strom in unendlich kurzer Zeit auf unendlich große Werte ansteigen. Die erzwungene plötzliche Entladung des Energiespeichers würde einen Katastrophenfall darstellen. Daß er in Sonderfällen auch schon bei nicht „völlig idealen" Bedingungen zu Schäden führen kann, haben wir oben schon erwähnt. Der zu große Strom kann zu Zerstörungen in der Strombahn etwa an den mechanisch wenig widerstandsfähigen Belegungen des Kondensators führen, aber auch an den Kontakten des Schalters Verschweißungen ergeben, die auch bei kleiner Energie schon unangenehm werden können, wie wir von Kontakten an Meßinstrumenten und an Relais wissen, deren Rückstellkraft dann u. U. nicht mehr ausreicht, um die Wiederöffnung zu bewirken. Hätte irgendein Teil unzureichende Stromfestigkeit — Sicherungsdrähtchen —, so würde die „Abschaltung" überhaupt mißlingen: der Kondensator bliebe geladen.

Der duale Fall beim Abschalten eines magnetischen Feldes ist dem in den beiden Abb. 362c und 362d gegenübergestellt. Dabei entsprechen sich, wie immer bei dualen Verhältnissen: Parallelschaltung — Reihenschaltung; Induktivität — Kapazität; Widerstand — Ableitung; Strom — Spannung; Urspannung — Urstrom; Schalterschließung — Schalteröffnung. Gäbe es keinen Parallelwiderstand zum sich öffnenden Schalter (Abb. 362c) oder keine Parallelkapazität zu seinen Kontakten (Abb. 362d), so müßte, ebenso wie beim Kondensator der Strom ins Unendliche anwächst, bei der Abschaltung der Spule die Spannung ins Unendliche anwachsen. Ist dann irgend ein Teil nicht genügend spannungsfest, so kommt es im ,,Katastrophenfall'' unter der Wirkung dieser Überspannung zum Zusammenbruch der Isolation: die Abschaltung mißlingt. Tatsächlich begrenzen die Ableitungswiderstände parallel zur Spule und ihre Eigenkapazität die Höhe der auftretenden Überspannung genau so wie die Parallel-Schaltelemente zu den Schalterkontakten, weil bei einem widerstandslosen Netz oder Generator ohne Innenwiderstand diese einfach zueinander parallel geschaltet sind, ebenso wie in den dualen Bildern für den Kondensator in den begrenzend wirkenden Widerstand ebensowohl der des Schalters wie der eigene Reihenwiderstand des Kondensators und ebenso wie die äußere Induktivität auch seine eigene innere Induktivität eingeht. Der Untersuchung dieses Abschaltvorganges wollen wir uns nun noch ein wenig widmen.

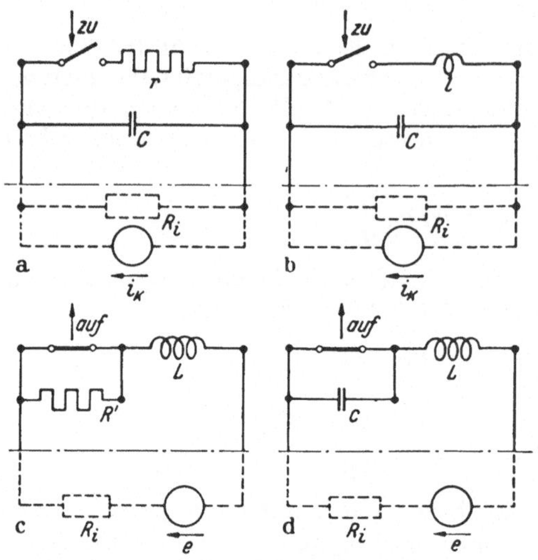

Abb. 362. Duale Entsprechung verschiedener Schaltvorgänge.
a Kondensatorentladung über Widerstand.
b Kondensatorentladung über Induktivität.
c Unterbrechung einer Spule mit Nebenwiderstand.
d Unterbrechung einer Spule mit Parallelkapazität.

1. Abschaltung von Induktivitäten.

Wir wollen der Reihe nach die Vorgänge in einzelne Elementarvorgänge aufspalten, obwohl praktisch stets mehrere dieser Vorgänge miteinander verknüpft sind. Zunächst wollen wir von der Wirkung der Eigenkapazitäten absehen und nur die Wirkung von Parallelwiderständen ins Auge fassen und auch hier wieder zuerst den Fall betrachten, daß wir einen idealen Schalter hätten, der im Zeitpunkt der Schaltung seinen Widerstand sprunghaft von Null auf Unendlich ändert und so isolationsfest ist, daß er auch unter der höchsten entstehenden Spannung seine isolierenden Eigenschaften nicht wieder verliert. Diese Verhältnisse liegen bei kleinen Spannungen und Strömen insbesondere an Kontakten in der Meß-, Steuer- und Regeltechnik oft vor, können aber auch in Starkstromanlagen gelegentlich verwirklicht sein, wie unsere Betrachtungen zeigen werden.

Nach Abb. 363 liege parallel zu der abzuschaltenden Spule ein Widerstand R. Die Spule selbst habe eine Induktivität L und einen Widerstand r. Wir interessieren uns zunächst nicht für die treibende Spannung vor dem Schalter, sondern fragen nur, was geschieht, wenn wir einen zufließenden Strom i mit dem Schalter S plötzlich unterbrechen. Der Strom setzt sich aus dem Anteil i_L in der Spule und dem Anteil i_R zusammen:

$$i = i_L + i_R \,. \tag{991}$$

Vom Schaltmoment an muß er zu Null werden, d. h. von hier an muß gelten:

$$i_R = -\,i_L\,. \qquad (992)$$

Nun gibt es keinen Grund, weshalb sich der Strom i_R in einem OHMschen Widerstand nicht plötzlich um beliebige Beträge ändern sollte, aber i_L muß als für den Energieinhalt des magnetischen Feldes verantwortliche Größe sprungfrei bleiben. Es ändert sich also im Schaltmoment sprunghaft i_R von dem Wert u/R, den es vor der Abschaltung hatte, auf den Wert $(-\,i_{L_0})$, den der Spulenstrom im Augenblick der Unterbrechung hatte. Für den verbleibenden Stromkreis müssen aber die normalen Gesetze des elektrischen Stromkreises gelten:

$$i_L r + L\frac{d i_L}{dt} = i_R \cdot R = -\,i_L R\,. \qquad (993)$$

Für den Strom nach der Abschaltung gilt also wenn wir gleich die p-Symbolik anwenden:

$$i_L\,(r + R + pL) = 0\,. \qquad (994)$$

Die Stammgleichung zu (994) hat nur eine Lösung: $p = -\,\frac{r+R}{L}$. Mit der Zeitkonstanten $L/(r+R)$ klingt der Strom von seinem Anfangswert i_{L_0} auf Null ab. Die dabei an der Spule auftretende Spannung ist leicht zu ermitteln. Sie ist:

$$u_L = i_L r + L\frac{d i_L}{dt} = i_{L_0}\left(r - L\,\frac{r+R}{L}\right) e^{-t/T} = -\,i_{L_0}\,R\,e^{-t/T}\,. \qquad (995)$$

Vor dem Schaltvorgang betrug sie:

$$u_L = i_{L_0}\cdot r + L\left(\frac{d i_L}{dt}\right)_0, \qquad (996)$$

also z. B. bei Gleichstrom:

$$u_L = i_{L_0}\cdot r = u\,. \qquad (997)$$

Sie hat also erstens im Schaltmoment ihr Vorzeichen umgekehrt, zweitens aber sich im Betrag erheblich verändert. Für $t = 0$ ist sie ja:

$$u_{L_0} = -\,i_{L_0}\,R\,. \qquad (998)$$

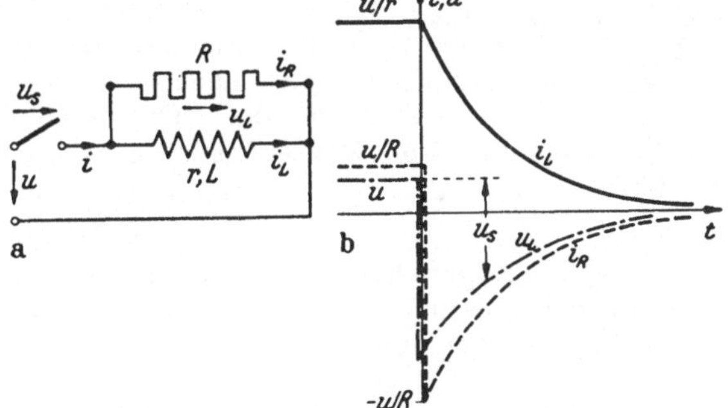

Abb. 363. Begrenzung der Überspannung beim Abschalten einer Spule durch Parallelwiderstand. a Schaltbild. b Verlauf der Spannung und der Ströme.

Dem Betrage nach ist sie also R/r mal so groß geworden wie die normale Betriebsspannung. Der Widerstand R begrenzt die Höhe der maximal auftretenden Überspannung. Er übernimmt im Schaltmoment den ganzen Spulenstrom, wodurch an ihm eine Spannung in entgegengesetzter Polarität vom Betrage $i_{L_0} R$ entsteht. In ihm und dem Eigenwiderstand r der Spule verwandelt sich schließlich die gesamte magnetische Energie in Wärme.

Der Einbau eines solchen Parallelwiderstandes würde es also gestatten, die Spannung bei der Abschaltung auf beliebig kleine Werte zu beschränken. Das ist aber praktisch untunlich, weil ein derartiger Widerstand ja auch betrieblich Strom verbraucht. Wenn wir die Spannung auf den Betriebswert beschränken wollen, so muß er — bei Gleichstrom — gleich dem Spulenwiderstand sein und würde also noch einmal den gleichen Leistungsbedarf haben wie die Spule selbst. Man kann das vermeiden, wenn man R nicht dauernd eingeschaltet läßt, sondern nur im Schaltmoment wirksam werden läßt. Z. B. kann man den Widerstand über eine Funkenstrecke, einen Überspannungsableiter oder ein Ventil anschließen, das erst bei

Überschreitung einer bestimmten Grenzspannung oder bei Polaritätswechsel anspricht und damit den Widerstand parallel legt. Solange er noch nicht angeschlossen ist, steigt ja die Spannung sehr schnell auf große Werte an, denn es begrenzt sie dann nur noch der Isolationswiderstand, was praktisch unbegrenztes Wachsen bedeutet. Tritt dann der Zusammenbruch der Strecke ein, so liegt R parallel und begrenzt den weiteren Anstieg auf kleine Werte. Je kleiner $R + r$ ist, um so länger dauert dann das Abklingen des Spulenstromes trotz Unterbrechung am Schalter, um so länger bleibt auch das Spulenfeld bestehen.

Als zweite Möglichkeit haben wir bei Gleichstrom nach den Ausführungen im Abschn. VII A5 (S. 391) die Anbringung einer Sekundärwicklung auf dem Kern, einer Dämpferwicklung. Das Weiterbestehen des Feldes als Energieträger verlangt ja nicht das Weiterbestehen eines bestimmten Stromes, sondern nur das Weiterbestehen einer Durchflutung. Es kann dann also i_1 sprunghaft auf Null abnehmen, die Sekundärwicklung übernimmt die Versorgung der Durchflutung, nach dem sie vorher stromlos war. Das Ausklingen erfolgt nach den gleichen Gesetzen. Hat die Sekundärwicklung den gleichen Widerstand bei gleicher Windungszahl, so tritt auch hier keine Spannungsüberhöhung auf. Die Schaltung erfolgt ohne Schwierigkeiten.

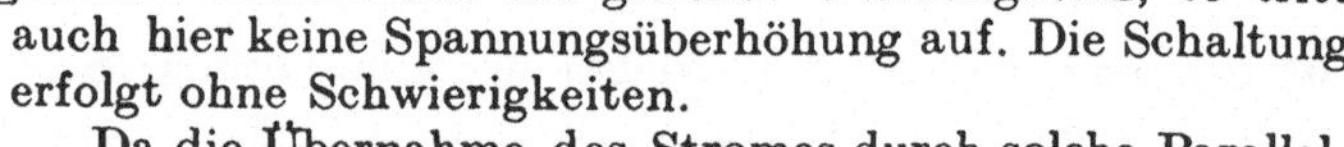

Abb. 364. Falsche Schaltung zur Messung des Widerstandes einer Spule aus Strom und Spannung gefährdet das Voltmeter.

Da die Übernahme des Stromes durch solche Parallelwiderstände notwendig erfolgen muß, wird ein Voltmeter zur Messung des Spulenwiderstandes aus Strom und Spannung nach Abb. 364 notwendig beschädigt, wenn man nach Beendigung der Messung den Schalter öffnet, ohne zuvor das Voltmeter abzuschalten.

Wir kehren noch einmal zur Abb. 363 zurück und fragen nach der Beanspruchung, die am Schalter nach der Öffnung der Kontakte spannungsmäßig auftritt. Aus der Abb. 363 entnehmen wir nach dem KIRCHHOFFschen Satz (Gl. (3)):

$$u_s = u - u_L\,. \tag{999}$$

Da sich u_L im Augenblick der Schaltung umkehrt, tritt am Schalter auch dann schon eine Überspannung ein, wenn an der Spule noch keine vorhanden ist. Ist nämlich bei Gleichspannung $u_{L_0} = -u R/r$ so ist die Schalterspannung:

$$u_{s_0} = u - (-u R/r) = u\,\frac{R+r}{r}\,, \tag{1000}$$

also schon bei $r = R$ ohne Überspannung an der Spule bereits $2u$.

Die nach der Öffnung am Schalter sich vorübergehend einstellende Spannung ist also höher als die im endgültigen stationären Ausschaltzustand „*wiederkehrende*" Spannung. Die Kontaktöffnungsstrecke ist also höher beansprucht als normal und als alle anderen Anlageteile. Da sie sich wegen der mechanischen Trägheit der bewegten Teile langsam vergrößert im Vergleich zum Ansteigen der Spannung, so wird es bei dem Wettrennen zwischen der Isolationsfestigkeit der Schaltstrecke und dem Ansteigen der Spannung an ihr stets dazu kommen, daß die Spannung gewinnt, solange wir an unseren Voraussetzungen festhalten, daß Kapazitäten keine Rolle spielen sollen. Denn unter diesen Umständen ändert sich die Spannung an den Schalterkontakten sprunghaft von Null auf den u. U. sehr hohen Wert $u\,\frac{R+r}{r}$, während die Spannungsfestigkeit der Schaltstrecke nur mit endlicher Geschwindigkeit zunehmen kann. Es kommt also mit Notwendigkeit zu einem Durchschlag der Strecke, wenn überhaupt die Bedingungen für das Eintreten eines Durchschlags hinsichtlich der Überschreitung gewisser Grenzspannungen und -ströme gegeben sind. Nur bei kleinsten Spannungen und Strömen erfolgt deshalb die Abschaltung ohne Entladung an den Kontakten. Bei größeren Leistungen führt der Durchschlag der Kontakttrennung zur Ausbildung eines Lichtbogens, der ein Weiterfließen des Stromes gestattet, ihn aber entsprechend der Vergrößerung des in ihm in den Hauptstromkreis geschalteten Vorwiderstandes allmählich verringert. Dabei spielt der Lichtbogenwiderstand nun durchaus die gleiche Rolle wie vorher der Widerstand, der parallel zur Spule selbst liegend angebracht war. Von der Spule aus gesehen bildet er genau so einen Parallelweg zur Spule, wenn wir den inneren Widerstand der Spannungsquelle vernachlässigen können, der zwischen den Netzklemmen zu denken ist. Er verhindert also genau so wie ein Parallelwiderstand zur Spule selbst ein zu hohes Ansteigen der Spulenspannung und damit auch der Überspannung am Schalter. Wird aber der Lichtbogenwiderstand schnell auf sehr hohe Werte gebracht, so können auch hier sehr hohe Überspannungen auftreten. Das ist z. B. der Fall, wenn in einem Gleichrichter die Zahl der zum Ladungstransport verfügbaren Ionen nicht mehr ausreicht, um den Strom aufrechtzuerhalten, diese also schnell abgesogen werden. Mit zunehmender Absaugung steigt dann der Widerstand noch schneller, sodaß Unterbrechungen des fließenden Stromes in Zeiten entstehen können, die wahrscheinlich klein gegen 1 Mikrosekunde sind. Dabei entstehen dann gewaltige Überspannungen, die in der Isolation schwere Schäden anrichten können.

Genau wie in diesem Spezialfall ist nun aber generell der Widerstand des Lichtbogens nicht wie bisher in den Fällen eines einfachen Parallelwiderstandes als konstant anzusehen. Er hängt schon bei konstanter Lichtbogenlänge von der Größe des Stromes stark ab; in vielen Fällen ist eher die Spannung am Lichtbogen als eine Konstante anzusehen als der Lichtbogenwiderstand. Dazu kommt noch, daß während des Schaltvorgangs im Schalter die Kontaktentfernung — außerdem aber bei vielen Schaltern noch die Lichtbogenlänge darüber hinaus — zunimmt, weil man dem Lichtbogen Gelegenheit gibt, sich unter der Wirkung des thermischen Auftriebs — Hörnerschalter — zu verlängern, oder ihn sogar noch künstlich durch elektromagnetische Kräfte auf den Bogen verlängert — Blasspule. Es ist also unmöglich, eine generelle Lösung für den Stromverlauf in einem solchen Schaltvorgang anzugeben. Man kann nur abschätzen, was geschieht, wenn man sich die Lichtbogenspannung als Funktion des Stromes gegeben denkt (Abb. 365).

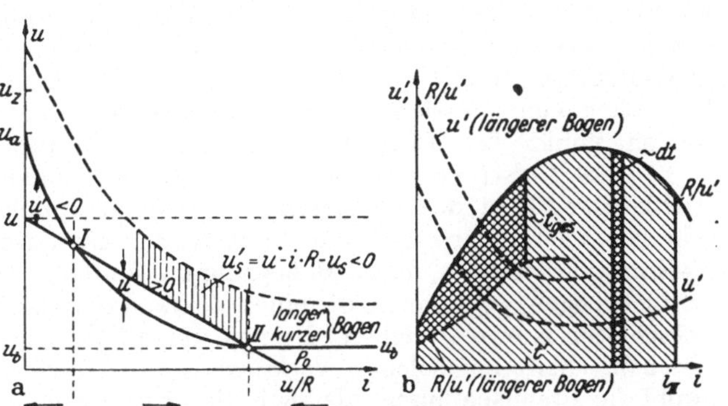

Abb. 365. Lichtbogencharakteristik und ihr Einfluß auf die Abschaltung einer Spule. a Kennlinien und Stabilitätsbetrachtung. b Bestimmung der Abschaltzeit als Fläche.

Wir beschränken uns bei dieser Betrachtung darauf, den Lichtbogen in seinem Verhalten durch drei Spannungswerte zu charakterisieren. Einmal ist bei einer bestimmten Schaltstrecke eine gewisse hohe Zündspannung u_z nötig, um eine Entladung überhaupt zu zünden. Bei der ersten Einleitung des Schaltvorgangs entfällt diese Spannung, weil die Kontakttrennung langsam erfolgt und die unmittelbare Bildung des Lichtbogens gestattet. Sein Spannungsabfall ist bei hohen Stromstärken praktisch konstant, die Brennspannung u_b. Mit abnehmendem Strom nimmt nach Unterschreitung gewisser Stromwerte die Bogenspannung schnell zu und steigt zu hohen Werten u_a, der Löschspannung, an. In die Abb. 365a mit dieser Charakteristik ist nun außerdem noch eine Gerade eingetragen, die das „Gleichstromverhalten“ des Stromkreises kennzeichnet: $u - iR$, wo R der Spulenwiderstand ist und also u/R der stationäre Gleichstrom bei eingeschaltetem, widerstandslosen Schalter. Nun gilt ja für den ganzen Stromkreis:

$$u = u_s + iR + L\frac{di}{dt}. \tag{1001}$$

Es ist also:

$$\frac{di}{dt} = \frac{1}{L}(u - iR - u_s). \tag{1002}$$

Für einen gegebenen Strom i gibt also der Abstand zwischen den beiden Kennlinien — der Stromkreisgeraden und der Lichtbogenkennlinie — Größe und Richtung der Änderungsgeschwindigkeit des Stromes an. Sie ist Null nur in zwei Punkten, bei I und II, den Schnittpunkten der Charakteristiken. Zwischen I und II liegt $u - iR$ über u_s, die Klammer ist also positiv; ebenso $\frac{di}{dt}$. In diesem Stromgebiet besteht also kein Gleichgewicht, der Strom muß zunehmen, um die Gleichungen des Kreises zu erfüllen. Links von I und rechts von II dagegen ist umgekehrt die Bogenspannung größer als die Spannung der Stromkreislinie; um die Gleichung des Kreises zu erfüllen, muß di/dt negativ sein, i muß abnehmen, wie das durch die Pfeile unter der i-Achse angedeutet ist. Wir ersehen, daß der Gleichgewichtspunkt I labil ist; bei kleinen Entfernungen des Stromes vom richtigen Wert wird die Abweichung verstärkt. Hat er einmal unter den zu I gehörigen Wert abgenommen, so verschwindet er auch gänzlich. Ist er einmal ein wenig größer geworden, so steigt er weiter bis zum stabilen Schnittpunkt II, wo kleine Abweichungen stets wieder auf den Anfangspunkt zurückführen. Nach Öffnung des Schalters gelangen wir also sicher vom Betriebspunkt P_0, der sich vorher eingestellt hatte, auf den stabilen Punkt II. Eine Abschaltung käme in diesem Zustand nicht zustande.

Sie erfolgt erst, wenn man durch geeignete Maßnahmen die Lichtbogencharakteristik so weit hebt, daß sie keinen stabilen Schnittpunkt mit der Stromkreisgeraden mehr hat. Verlängern wir also durch thermischen Auftrieb, durch Vergrößerung des Kontaktabstandes, durch Beblasung mit Luft, Öl oder auf magnetischem Wege den Lichtbogen, so können wir einen Zustand der Charakteristik nach der zweiten gestrichelten Kurve erreichen. Nun ist überall di/dt negativ. Der Lichtbogen muß erlöschen. Bei einer solchen Verlängerung des Lichtbogens wird im allgemeinen sowohl die Brennspannung, als auch die Löschspannung steigen. Steigt diese etwa über die Zündspannung, so würde sich ein neuer Vorgang einstellen. Es würde sich an der engsten Stelle zwischen den Kontakten ein neuer Durchschlag ausbilden, zu dem wieder die alte Kennlinie gehören würde. Liegt der Strom in diesem Augenblick noch über dem Wert, der zu dem labilen Betriebspunkt I gehört, so würde sich eine Rückkehr zum Betriebspunkt II einstellen mit evtl. anschließender Wiederholung des Vorgangs in periodischer Folge. Wir hätten einen *Schalterversager*. Liegt er schon unter diesem Wert, so erlischt der Strom nach der alten Kennlinie anstatt nach der neuen, was zu niedrigeren Löschspitzen der Spannung führen kann, also gerade günstig wäre. Man bemüht sich aber meist, durch konstruktive Maßnahmen die Wiederzündung zu verhindern, um keinesfalls in das Gebiet der wiederholten Zündung zu kommen, die nur bei der Anregung von Schwingungen durch den elektrischen Lichtbogen erwünscht ist.

Für den Fall des ordnungsgemäßen Verlaufs kann man nun, wenn die Kennlinie bekannt ist, auch die Ausschaltzeit und den zeitlichen Verlauf von Strom und Spannung ermitteln. Aus der Gleichung (1002) für die Stromänderungsgeschwindigkeit entnehmen wir durch Auflösung nach dt:

$$dt = \frac{L\,di}{u - iR - u_s} = \frac{L\,di}{u'}, \tag{1003}$$

wenn wir den Abstand der Kennlinien voneinander mit u' bezeichnen. Hieraus erhalten wir durch Integration:

$$t = L\int \frac{di}{u'} = T\int \frac{di}{u'/R}, \tag{1004}$$

wenn wir durch Erweitern der Gleichung mit R die Zeitkonstante der Spule selbst eingeführt haben. Die Schaltzeiten werden also unmittelbar maßstäblich durch die Zeitkonstante der Spule bestimmt. Die Auswertung dieses Integrals ist nur graphisch möglich. Wir haben (Abb. 365b) über der Abszisse i den Strom u'/R als Kehrwert aufzutragen, wobei wir u' als Abstand der beiden Kennlinien aus der Abb. 365a übernehmen können. Die Fläche unter dieser Kurve ergibt für die Abnahme des Stromes von irgendeinem Anfangswert an bis auf den Endwert Null als Vielfaches der Zeitkonstanten — oder Bruchteil davon — die Ausschaltzeit. Dabei können wir auch noch der Tatsache Rechnung tragen, daß sich während der Ausschaltzeit die Kennlinie noch ändern kann. Wir können ja diese Kurve der R/u' für jeden Zustand des Lichtbogens zeichnen und während der zeichnerischen Integration nach Bedarf von der einen auf die andere Kurve übergehen, wie das im Beispiel für eine Veränderung der Kennlinie angedeutet ist. Die dort angegebene weitere Verlängerung des Bogens verkürzt die Schaltzeit um den doppelt schraffierten Teil der Fläche.

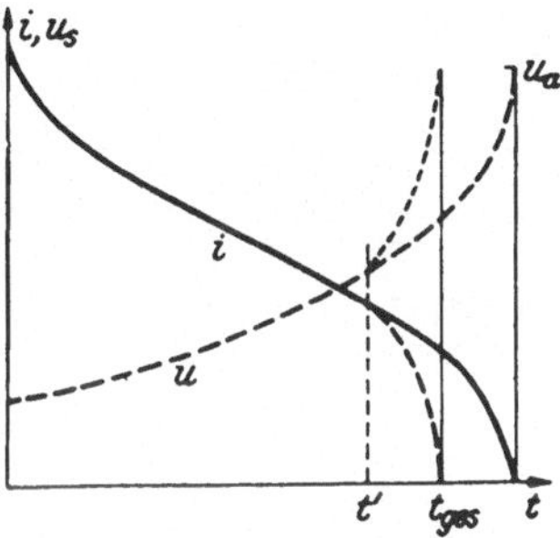

Abb. 366. Verlauf von Spannung und Strom an der Spule bei zwei verschiedenen Schaltvorgängen.

Trägt man nun über den aus diesem Diagramm ermittelten Teilzeiten jeweils die zugehörigen Ströme und Spannungen auf, so erhält man in Abb. 366 ein theoretisches Bild des Abschaltvorgangs, das einige Kennzeichen mit der Wirklichkeit gemein hat. So z. B. den schleichenden Verlauf der Abschaltung bei mittleren Stromstärken, der sich immer dann zeigt, wenn der Schalter an der Grenze seiner Abschaltleistung angekommen ist und die Schaltung kaum noch bewältigt. Die hohen Schaltzeiten können in solchen Fällen zum Umsatz großer Leistung im Schaltlichtbogen führen, die als Zeitintegral weit größere Schaltarbeit ergeben können, als die magnetische Energie der Spule insgesamt beträgt. Andererseits ist das Maximum der Schaltspannung am Ende des Schaltvorgangs nicht immer so charakteristisch in Oszillogrammen vorhanden, wie es dies Schema zeigt, weil offenbar die einfache statische Lichtbogencharakteristik doch nicht für schnell veränderliche Vorgänge gilt, wie wir sie bei einem Abschaltvorgang haben. Theoretisch sollte diese höchste am Ende der Abschaltung auftretende Spannung allein durch die Löschspannung des Lichtbogens, also eine Schalterkonstante, bestimmt sein. Praktisch ist sie das nicht. Auch tritt die höchste Spannung meist vor dem Ende des Schaltvorgangs auf, was nun wiederum mit der Vernachlässigung der kapazitiven Einflüsse in dieser vereinfachten Theorie zusammenhängt. Wir kommen darauf in einem späteren Teil dieses Abschnitts zurück.

Man kann diesen Abschaltvorgang noch günstiger und schneller gestalten, wenn man dem Schalter einen Parallelwiderstand gibt, der sich u. U. erst durch den Lichtbogen selbst einschaltet, bzw. zu einem Teil des Lichtbogens durch Hilfskontakte im Lichtbogenweg parallel geschaltet wird. Die prinzipielle Wirkung eines solchen Bogens kann aus der Abb. 367 verstanden werden. Ist nach Abb. 367a ein Festwiderstand R' parallel zum Lichtbogen geschaltet, so verändert dessen Stromaufnahme i' die Gesamtcharakteristik (Abb. 367b) erheblich. Erstens liegt sie für die Kombination höher als die des Lichtbogens allein. Die u'-Werte werden also größer, ihre für die Ermittlung der Abschaltzeit wesentlichen Kehrwerte also kleiner. Vor allem aber erreichen wir jetzt schnell einen Punkt, wo es keinen stabilen Wert für das Nebeneinanderbestehen des Lichtbogens und des Überbrückungswiderstandes mehr gibt. Hier erlischt der Lichtbogen und der Strom wird voll von dem Widerstand R' übernommen, allerdings unter erheblicher Erhöhung der Spannung an der Kontaktstrecke. Jetzt ist nur noch eine reine Reihenschaltung von Widerständen und einer Induktivität da. Der Strom klingt nun nach einer Exponentialfunktion mit der Zeitkonstante $L/(r+R')$ auf den Endwert $i_{ü}$ ab, der nur durch die Widerstände und die treibende Spannung u bestimmt wird. Eine vollständige Abschaltung ist damit noch nicht erreicht.

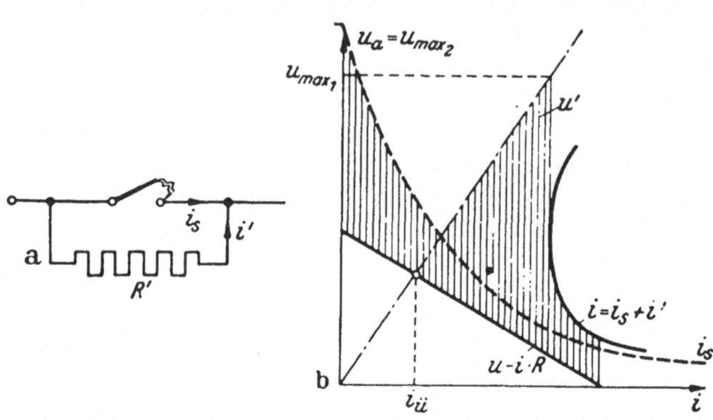

Abb. 367. Erleichterung der Lichtbogenlöschung bei Gleichstrom durch Parallelwiderstand zum Schalter. a Schaltbild. b Kennlinien.

Liegt nun aber in Reihe mit dieser Kombination ein zweiter Schalter, bzw. ein zweiter Teil des Lichtbogens, so schaltet dieser nunmehr den kleinen Strom wiederum mit großer Geschwindigkeit ab, weil seine Kennlinie nun ebenfalls hoch über der Widerstandskennlinie in diesem Bereich liegt. Man vermeidet hierdurch das vorhin erwähnte Schleichen der Stromstärke bei mittleren Werten und erhöht somit die Schaltleistung des Schalters beträchtlich. Die höchste Spannungsspitze kann nun sowohl die beim Erlöschen des ersten Lichtbogens sein, als auch die beim Erlöschen des zweiten. Das hängt von der Bemessung des Widerstandes und der Konstruktion ab, die die Löschspannung des zweiten Lichtbogens festlegt.

Da in jedem Fall die höchste Löschspannung des Lichtbogens den maximalen Wert der Überspannung festlegt, der im Verlauf des Abschaltvorgangs auftreten kann, so darf diese für solche Gleichstromschalter nicht zu hoch gelegt werden. Man kann aus diesem Grunde für Gleichspannung keine Ölschalter mit intensiver Kühlung des Lichtbogens und hoher Löschspannung verwenden.

Beim Abschalten eines Wechselstromes liegen die Verhältnisse in vieler Hinsicht anders. Ehe wir sie aber besprechen, wollen wir vorbereitend die andere Form der Begrenzung der bei einer Spulenabschaltung auftretenden Überspannung behandeln. Wir wiesen oben bereits darauf hin, daß auch bei völligem Fehlen eines Parallelwiderstandes eine Parallelkapazität das beliebige Ansteigen der Spannung verhindern würde, ja sogar eine sprunghafte Änderung der Spannung an diesem Kondensator überhaupt verbietet. Abb. 368a zeigt das Grundschaltbild hierzu. Parallel zu der abzuschaltenden Spule mit den Kenngrößen r und L liegt ein Kondensator C, mindestens dargestellt durch ihre Eigenkapazität, die als Ersatz für das in ihrer Umgebung verteilte elektrische Feld mit seinem Energieinhalt diesen als $\frac{1}{2} C U^2$ schematisch zusammenfaßt. Vor dem Schalten war:

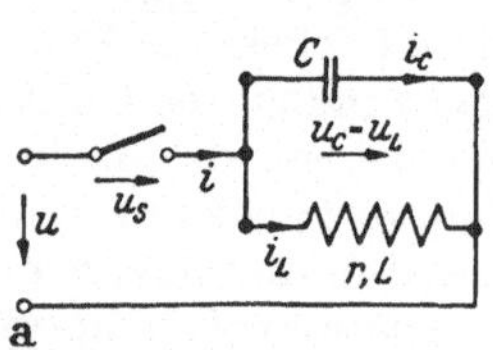

Abb. 368. Begrenzung der Überspannungen beim Abschalten einer Spule mit Gleichstrom durch die Parallelkapazität. a Schaltbild.

$$i = i_L + i_C = i_L\,, \tag{1005}$$

wenn wir Gleichstrom annehmen, weil dann kein Strom in der verlustlosen Kapazität fließt. Auch praktisch würde bei verlustbehaftetem Dielektrikum dieser Strom gegen den der Spule keine Rolle spielen. Der Strom der Spule wird $i_L = u/r$ und ist im stationären Zustand *vor* der Abschaltung nur durch den OHMschen Widerstand bestimmt. *Nach* der Abschaltung fordert das gleiche Gesetz der Stromverteilung bei einem idealen Schalter mit plötzlichem Übergang des Widerstandes von Null auf Unendlich, d. h. bei Nullwerden des äußeren Stromes:

$$0 = i_L + i_C \quad \text{also} \quad i_C = -i_L\,. \tag{1006}$$

Die Kapazität muß wegen der Kontinuität des Energieinhaltes der Spule deren ganzen Strom im ersten Augenblick als Ladestrom übernehmen und wird dadurch selbst aufgeladen. Auch ohne eine nähere Untersuchung über den Vorgang selbst können wir angeben, wie hoch sich der Kondensator näherungsweise unter dieser Beanspruchung aufladen wird. Ist nämlich der Strom in der Spule auf Null abgesunken, so muß sich die magnetische Energie im Kondensator finden bis auf den kleinen Fehlbetrag, der bei diesem Ausgleich als Stromwärme im Widerstand der Spule verloren gegangen ist. Wäre die Spule widerstandslos, so müßte jedenfalls genau, sonst aber näherungsweise gelten:

$$\frac{1}{2}\,L i_{L_0}^2 = \frac{1}{2}\,C u_{max}^2\,,$$

woraus folgt:

$$u_{max} = i_{L_0}\sqrt{\frac{L}{C}} = i_{L_0}\,Z\,. \tag{1007}$$

Jetzt begrenzt der Schwingungswiderstand Z (vgl. Gl. (86)) des aus der Spule und ihrer Kapazität gebildeten Schwingungskreises die maximale Spannung genau so wie im Falle eines Parallelwiderstandes der OHMsche Widerstand. Ist nun aber diese Aufladung des Kondensators erfolgt, so kann sie natürlich nicht bestehen bleiben. Es schließt sich eine Entladung mit Stromumkehr an, die nun wieder Strom in die Spule treibt und deren magnetisches Feld aufbaut. Es kommt bei periodischer Wiederholung dieses Vorganges zu Schwingungen des Stromes und der Spannung. Genauer können wir diesen Vorgang verfolgen, wenn wir die Gleichungen für den Ausgleichsvorgang nach KIRCHHOFF unter Verwendung der p-Symbolik anschreiben:

$$u_C = \frac{1}{C}\int i_C\,dt = \frac{1}{pC}\,i_C \tag{1008}$$

$$u_L = i_L r + L\,\frac{d i_L}{dt} = i_L\,(r + pL)\,. \tag{1009}$$

Beide Spannungen sind gleich, wie das Schaltbild zeigt; die Ströme müssen entgegengesetzt gleich sein, wie oben gezeigt:

$$i_L\,(r + pL) = i_C\,\frac{1}{pC} = -\,i_L\,\frac{1}{p\,C}\,. \tag{1010}$$

Wir erhalten also für den freien Strom des Ausgleichsvorganges die charakteristische Gleichung (Stammgleichung) (vgl. Gl. (932):

$$r + p\,L + \frac{1}{p\,C} = 0\,, \tag{1011}$$

die wir bereits ausführlich im Abschn. VII, A 4, S. 364, behandelt haben. Sie hat grundsätzlich zwei Typen von Lösungen: den periodischen Fall, wenn nämlich $r < 2\,Z$ (mit $Z = \sqrt{L/C}$) ist. Er wird hier bei kleinem r und großem Wert von L, bzw. erst recht von Z, weil ja auch die Eigenkapazität klein ist, regelmäßig vorliegen. Und den aperiodischen Fall, den wir auch bekommen können, wenn nämlich ein zum Schwingungskreis parallelliegender Widerstand diesen zusätzlich dämpft, womit wir bei Vernachlässigung des Widerstandes der Spule zu der Untersuchung des reinen Parallelschwingkreises nach der Abb. 360 und den Untersuchungen im Beispiel des Abschn. VII, B 1 kommen würden. Bei kleinen Parallelwiderständen würden wir dann zu dem aperiodischen Fall kommen, weil für einen solchen Parallelwiderstand die Bedingung für den periodischen Zustand lautet: $R > 2\,Z$. Ist der Parallelwiderstand genügend groß, um seinerseits den periodischen Fall sicherzustellen, so können wir in erster Näherung die Dämpfung — Dämpfung bedeutet Verluste, die algebraisch addierbar sind, — des entstehenden Kreises additiv aus den beiden Einzeldämpfungen zusammensetzen und als Dämpfung der auftretenden Schwingung anschreiben:

$$\beta = \frac{r}{2\,L} + \frac{1}{2\,R\,C} \tag{1012}$$

während die Kreisfrequenz bei kleiner Dämpfung ausschließlich durch L und C bestimmt wird. Die nur quadratisch eingehende Korrektur mit der Dämpfung können wir dann vernachlässigen:

$$\omega = \omega_0 \sqrt{1 - (\beta/\omega_0)^2} \approx \omega_0 = 1/\sqrt{LC}\,. \tag{1013}$$

Allerdings können wir die HEAVISIDE-Regel hier nicht anwenden, um die Anfangszustände der freien Größen mit zu erhalten, denn im vorliegenden Fall ist bei Beginn des Vorgangs weder der Kondensator ungeladen, noch die Spule stromlos. Wir müßten also, wenn wir ganz genaue Resultate haben wollten, nunmehr aus dem allgemeinen Lösungsansatz für $i_{L_f} = (K_1 \cos \omega t + K_2 \sin \omega t)\, e^{-\beta t}$ und dem dazu korrespondierenden Ansatz für q_f die Anfangswerte so bestimmen, daß $i_{L_{f_0}}$ den Anschluß des stationären Endzustandes (Strom $i_{L_e} = 0$) an den Anfangswert u/r sicherstellt, d. h. also

$$i_{L_{f_0}} = +\,u/r \tag{1014}$$

und andererseits auch die freie Ladung den Anschluß an ihren Endzustand (Ladung Null) vom Anfangswert $q_0 = Cu$ vermittelt. Es müßte also sein:

$$q_{f_0} = +\,C\,u\,. \tag{1015}$$

Nun haben wir aber oben bereits näherungsweise festgestellt, daß $u_{max} = i_0 Z = u\,Z/r$ sehr hoch ist. Wir werden also keinen großen Fehler begehen, wenn wir u gegen u_{max} vernachlässigen und doch $q_0 = 0$ setzen. Dann können wir aussagen, daß in der Gleichung für q_f der Koeffizient des cos-Gliedes der Zeitfunktion Null werden muß. Sie muß praktisch rein sinusförmig verlaufen bis auf Korrekturen von der Größenordnung r/Z, bzw. β/ω_0. Damit ist dann aber auch der zeitliche Verlauf des Stromes als fast reine cos-Funktion gegeben, weil sich ja bei der Differentiation des sin-Gesetzes in der Ladungsfunktion für den Strom ein cos-Gesetz im Wesentlichen ergeben muß. Nur im wesentlichen, denn für Dämpfungszeiger ergibt ja die Differentiation eine Drehung um mehr als 90°, nämlich um den Zusatzwinkel $\delta = \operatorname{arc\,tg} \beta/\omega_0$. Auch diese Korrektur ist aber wieder von der gleichen Größenordnung, die zuvor bei der Ermittlung von q_f vernachlässigt wurde. Somit ergibt sich der Verlauf von u und i in der ganzen Anordnung nach der Abb. 368b.

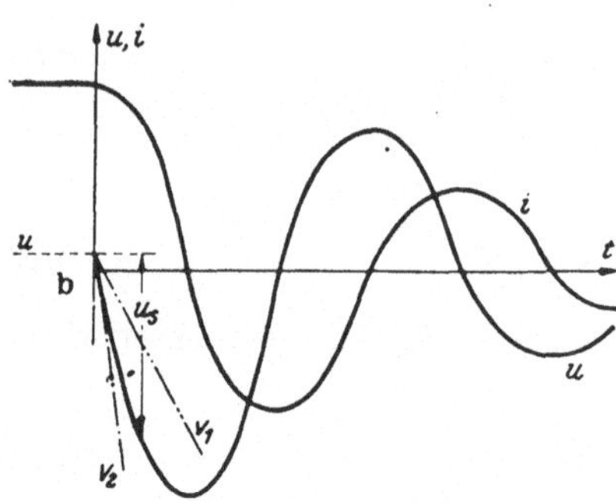

Abb. 368b. Abschaltung einer gleichstromdurchflossenen Spule mit Parallelkapazität. Verlauf der Spannung und des Stromes.

Wir ersehen aus ihr, daß nunmehr auch der vorhin erwähnte Wettlauf zwischen der Erhöhung der Durchschlagfestigkeit der Schaltstrecke nach der Abschaltung und der Geschwindigkeit des Spannungsanstiegs nicht mehr aussichtslos für die Schaltstrecke ist. Jetzt steigt nämlich die Spannung mit einer endlichen Geschwindigkeit an und kann also vom Anstieg der Festigkeit der Isolierstrecke überholt werden.

Diese muß schneller erfolgen als die steilste Spannungsänderung, die im Abschaltzeitpunkt selbst vorliegt und sich errechnet zu:

$$\left(\frac{d u}{d t}\right)_{max} = \frac{1}{C}\, i_{max} = \frac{u}{r\, C} \tag{1016}$$

Die in die Abb. 368b eingetragenen Geraden für die Geschwindigkeit des Anstiegs der Spannungsfestigkeit der Schaltstrecke charakterisieren zwei Fälle, bei denen es das eine Mal (v_1) mit Sicherheit zu einer Zündung der Entladung kommen muß, während das andere Mal (v_2) keine Entladung stattfinden kann, weil die Festigkeit der Isolierstrecke schneller ansteigt als die Spannung am Schalter.

Verschiedene Aufgaben stellen nun verschiedene Anforderungen an die Bemessung der Schaltelemente. Will man z. B. in der Meß- und Steuertechnik kleinste Ströme in große Spannungsspitzen für die Entriegelung des Gitters eines Gasentladungsgefäßes umsetzen, also aus Gleichstrom kleinster Leistung große Steuerimpulse ableiten, so muß man die Eigenkapazität der Spule klein und ihre Selbstinduktion großmachen (Abb. 369). Bei Unterbrechung des Schalters im Kreis eines Meßfühlers, z. B. eines Thermoelementes, entstehen an der Spule, deren magnetisches Feld durch den fließenden Gleichstrom aufgeladen wurde, hohe Spannungsspitzen, die bei entsprechender Polarität die Entladung in der gasgefüllten Dreipolröhre zünden. Man erreicht auf diese Weise mit Strömen von der Größenordnung Mikroampere bei Leistungen von der Größenordnung 10^{-11} W Spannungsspitzen von der Größenordnung Zehntel Volt, wenn man die Kapazität der Spule klein hält und ihre Induktivität genügend groß macht (praktisches Spulengewicht in der Größenordnung 200 g).

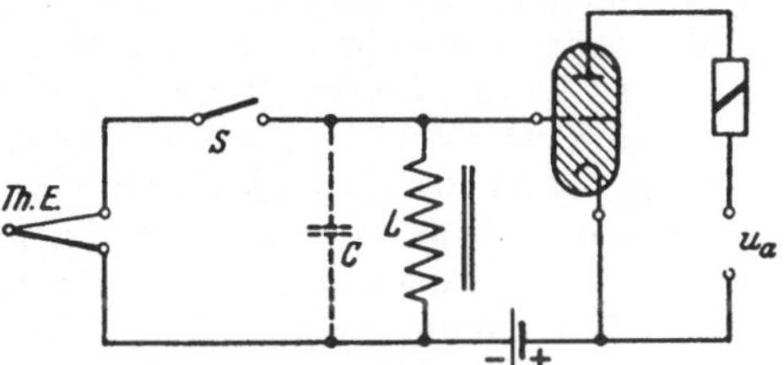

Abb. 369. Erzeugung von Steuerimpulsen aus kleinen Gleichstromleistungen durch Speicherung im magnetischen Feld und Überschwingen ins elektrische Feld der Eigenkapazität bei Unterbrechung. (Steuerumformer.)

Will man dagegen eine große Induktivität, die mit Gleichstrom höherer Betriebsspannung betrieben wird, gegen das Auftreten höherer Überspannungen beim Abschalten schützen, so muß man entsprechend hohe Kapazitäten vorsehen. Bei der Abschaltung einer Induktivität von 15 H — Feldwicklung eines größeren Generators mit etwa 15 A Erregerstrom bei 220 V Erregerspannung — müßte man, um eine Begrenzung der Abschaltüberspannung auf den zehnfachen Wert der Betriebsspannung zu erhalten, mindestens $C = \frac{L}{100\, R^2}$ vorsehen, also eine Kapazität von mindestens 600 μF. Dieser Wert erscheint aussichtlos hoch, zumal er für die Spannung von 2200 V zu isolieren wäre. Man kann aber diese Schwierigkeit umgehen, wenn man sich daran erinnert, daß man sehr große Kapazitäten realisieren kann, wenn man Massen als Ersatz dafür in den elektrischen Stromkreis einführt, indem man sie über das Induktionsgesetz und das Kraftgesetz mit dem Kreis koppelt. Wir zeigten, daß der rotierende Anker einer kleinen Gleichstrommaschine (S. 403), dessen Feld an konstanter Erregung liegt, sich auf den Stromkreis, in dem der Anker liegt, ebenso auswirkt wie eine Kapazität von einigen 1000 μF. Durch

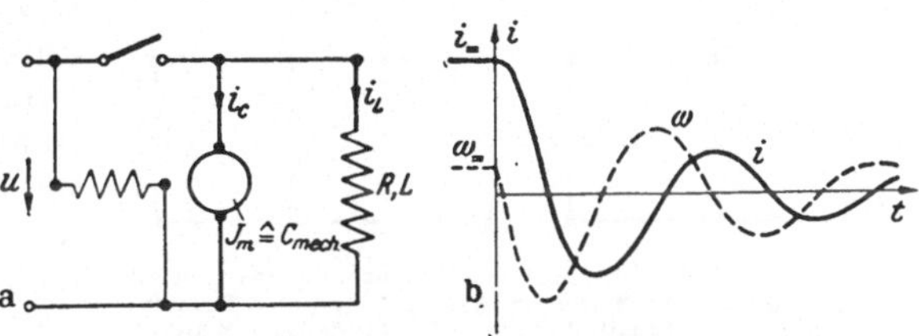

Abb. 370. Kinetischer Kondensator als Begrenzung der Überspannungen beim Abschalten einer großen Spule. a Schaltbild. b Verlauf von Strom und Drehzahl beim Abschalten.

Einfügung einer solchen „*kinetischen Kapazität*" kann man also nicht nur die oben geforderte Kapazität, sondern auch noch viel größere gleichwertig ersetzen und damit die Abschaltüberspannung noch viel weiter senken. Der aus der Induktivität der Spule und dem Massenträgheitsmoment des Ankers gebildete Schwingungskreis wird nun auch in den meisten Fällen periodische Schwingungen zulassen, weil der OHMsche Widerstand der Spule gering und ihre Induktivität hoch ist. Nur in solchem Falle ist ja die Begrenzung der Ausschaltüberspannung überhaupt erforderlich. Beim Abschaltvorgang spielt sich dann also ein periodischer Austausch von magnetischer Energie des Spulenfeldes und kinetischer Energie des rotierenden Ankers ab, der sich in Drehzahlschwingungen des Motorankers und periodischem Verlauf seines Ankerstromes äußert, der zugleich Spulenstrom ist (Abb. 370a u. b). Beim Abschalten bremst der Motor von seiner normalen Drehzahl aus sofort ab, weil sich sein Strom umkehrt. Er wird ja nicht mehr aus dem Netz gespeist, sondern muß seinerseits den gesamten Strom für die Spule liefern, der sich nicht plötzlich ändern kann. Dieser Strom fließt wenig vermindert auch dann noch weiter, wenn er zum Stillstand gekommen ist, und beschleunigt ihn nun in entgegengesetzter Richtung. Jetzt wird die magnetische Energie des Feldes an den Anker unter Umwandlung in kinetische Energie abgegeben. Die dabei im Motoranker induzierte EMK — die Ladespannung des kinetischen Kondensators — läßt den Strom mehr und mehr abnehmen. Ist er auf Null abgesunken, so findet sich bis auf den Energieverlust im OHMschen Widerstand des Kreises die gesamte Feldenergie $\frac{1}{2} L i^2$ als kinetische Energie $\frac{1}{2} J_m \cdot \omega^2$ im rotierenden Anker, der damit seine höchste Drehzahl erreicht hat. Wir können sie also überschlägig — ohne Berücksichtigung der Verluste, in die ebenso wie die JOULE-Wärme auch die Reibung des Motors eingeht, — berechnen als:

$$\omega_{max} = \sqrt{\frac{L}{J_m}}\, i_L \,. \tag{1017}$$

Die auf ihren Höchstwert gestiegene EMK im Motoranker — der kinetische Kondensator ist jetzt vollgeladen — erzwingt nun den Anstieg eines Stromes in umgekehrter Richtung durch das Feld und baut es dabei auf Kosten seiner eigenen kinetischen Energie wieder auf. Das Spiel kann sich so oft wiederholen, bis die Vorratsenergie als Wärme verbraucht ist.

Wir wollen hier schließlich abschließend noch eine Frage anschneiden, die uns später (S. 434) noch ausführlicher beschäftigen muß, wenn wir sie für den Wechselstromkreis untersuchen: was geschieht bei der Abschaltung eines Kondensators nach der Abb. 371a. Ist der vorangegangene Ladevorgang des Kondensators abgeklungen, so ist der Strom im Kreis Null. Der Schalter ist also bei der Öffnung sowieso stromlos. Es ist keine Veranlassung zur Bildung einer Entladung gegeben. Aber auch die Spannung am Schalter u_s bleibt auch nach der Abschaltung Null, denn die auf dem Kondensator liegenbleibende Ladung erhält ja dessen Spannung, so daß $u_s = u - u_C = 0$ bleibt, wenn nicht der Kondensator sich über seinen eigenen Isolationswiderstand entlädt, was zu einem entsprechend exponentiell verlaufenden Anstieg der Schalterspannung führt. Es ist das der duale Vorgang zu dem in Abb. 371b dargestellten Fall des Kurzschlusses einer idealen Spule durch einen Schalter. An diesem liegt vor der Einschaltung keine Spannung, weil ja die Spule widerstandslos ist. Aber auch nach der Einschaltung wird kein Strom fließen, weil

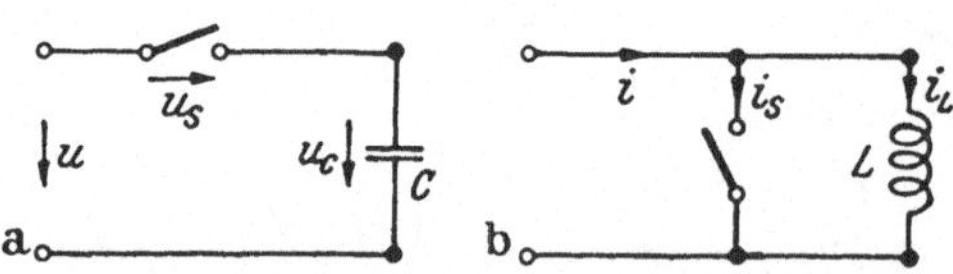

Abb. 371. Duale Entsprechung bei Schaltvorgängen an Kondensator und Spule. a Abschaltung eines Kondensators. b Kurzschluß einer widerstandslosen Spule.

keine Veranlassung dazu da ist, daß sich der Spulenstrom vermindern sollte unter Verminderung seiner magnetischen Feldenergie. Der Generator aber kann auch keinen Strom durch den Schalter schicken, denn er führt ja bereits wegen des Kurzschlusses über die Spule seinen Kurzschlußstrom und kann ohnehin nicht mehr liefern.

2. Schaltvorgänge mit Wechselstrom bei induktiver Phasenverschiebung.

Das Schaltproblem bei Wechselstrom wird in erster Linie durch die Tatsache bestimmt, daß in jeder Periode zwei natürliche Nulldurchgänge des Stromes auftreten, bei denen der zu öffnende oder sich öffnende Schalter an sich stromlos ist, also anscheinend keine Ursache zur Bildung einer Entladung gegeben ist. In der Tat erleichtert diese Erscheinung die Abschaltung bei Wechselstrom ungemein, wenn es sich um Stromkreise mit rein Ohmscher Belastung handelt, bei denen Strom und Spannung in Phase sind und also beim Nulldurchgang der Stromstärke und dem damit verbundenen natürlichen Erlöschen einer vorher etwa gebildeten Entladung auch die Spannung im ganzen Kreis und somit auch am Schalter Null ist. Deshalb ist die Schaltleistung eines gegebenen Schalters, z. B. eines Installationsschalters, bei Wechselstrom so unvergleichlich viel höher als die Gleichstromschaltleistung.

Das gilt auch noch, wenn der Kreis, der abgeschaltet wird, ein in Phasenresonanz befindlicher Sperrkreis nach der Abb. 372a ist. Unterbrochen wird hier nur der Verluststrom, der mit der Spannung in Phase liegt und keine schweren Bedingungen an den Schalter stellt. Beim Nulldurchgang dieses Stromes ist auch die Spannung an R, L und C Null, somit auch am Schalter. i_L und i_C sind zwar im gleichen Augenblick groß, aber gegenphasig. In den aus L und C gebildeten *Kreis* greift der Schaltvorgang überhaupt nicht ein. Der Schwingstrom fließt als freier Strom weiter und klingt als solcher allmählich nach der durch den Widerstand gegebenen Dämpfung ab. Die dabei an L und C gemeinsam auftretende Spannung hat den gleichen zeitlichen Verlauf wie die treibende Netzspannung vor dem Schalter. Die Differenz aus beiden ist die Schalterspannung, die somit auch völlig Null bliebe, wenn nicht die Dämpfung des im Kreis schwingenden Vorgangs sie allmählich ansteigen ließe.

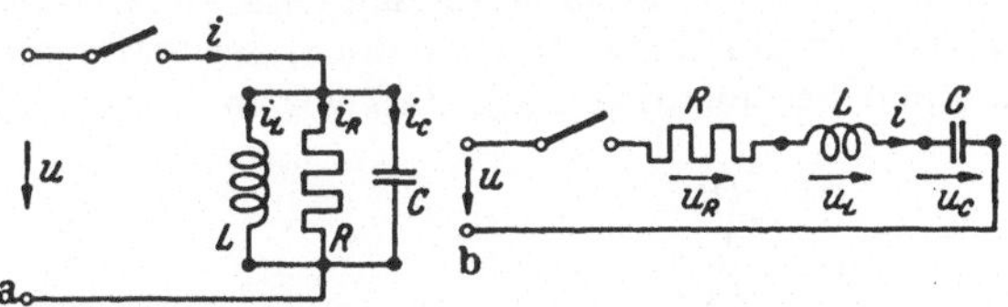

Abb. 372. Schaltvorgänge beim Abschalten von Schwingkreisen bei Wechselstrom. a Parallelresonanzkreis. b Reihenresonanzkreis.

Dieser Vorgang ist von höchster technischer Bedeutung bei der Unterbrechung eines Erdschlußlichtbogens in einer Hochspannungsanlage mit induktiver Erdschlußlöschung. Wie wir oben gezeigt haben (vgl. S. 58 u. 252), stellt die Erdkapazität des Netzes und die Induktivität der Erdschlußspule einen Sperrkreis für die Netzfrequenz dar, der über den Erdschlußlichtbogen gespeist wird; unterbricht dieser nun im Nulldurchgang des „Reststromes", der ein reiner Wirkstrom ist, so schwingen Netzkapazität und Löschspuleninduktivität in einer freien Schwingung mit der gleichen Netzfrequenz derart weiter, daß sich eine Spannung an der Fehlerstelle nur sehr langsam nach Maßgabe der Dämpfung nach vielen Perioden wiederaufbaut.

Es gilt aber nicht bei Unterbrechung eines Spannungsresonanzkreises nach der Abb. 372b. Auch hier sind zwar Spannung und Strom am Schalter in Phase, wenn auf Resonanz abgestimmt ist. Im Augenblick des Erlöschens des Lichtbogens am Schalter beim Nulldurchgang des Stromes aber haben Spannung und Ladung des Kondensators ihren Höchstwert. Zwar wird die Spannung am Kondensator im Gleichgewicht gehalten durch die Spannung an der Spule, diese entfällt aber sprunghaft in dem Augenblick, wo der Strom nach dem Nulldurchgang nicht mehr wiederkommt. Einer sprunghaften Änderung der Spulenspannung stehen ja keine Bedenken im Wege; höchstens würde die Eigenkapazität der Spule die Geschwindigkeit der Spannungsänderung herabsetzen. Die von der Netzspannungsseite wirkende Spannung ist im Nulldurchgang des Stromes auch Null, weil ja Resonanz herrschen sollte. Die Spulenspannung ist weggefallen, die Kondensatorspannung aber mit ihrem Höchstwert geblieben, der $Z/R = g$ mal so groß ist wie der Höchstwert der Netzspannung. Diese Spannung tritt nunmehr sprunghaft — begrenzt nur durch die Eigenkapazität der Spule — am Schalter auf und führt natürlich zu sofortiger Neuzündung der eben erloschenen Lichtbogenstrecke. Wir haben es trotz der Phasenverschiebung Null mit dem schwierigsten Fall der Abschaltung überhaupt zu tun.

Schon die Abschaltung eines rein induktiven Kreises aber, oder auch nur eines Kreises mit gemischt Ohmscher und induktiver Last bereitet erhebliche Schwierigkeiten. Zu ihrer Untersuchung haben wir einige Vorbemerkungen über das Verhalten der Lichtbogenkennlinie bei Wechselstrom zu machen, wobei wir uns auf den Fall der Hochleistung beschränken. Wir sehen also in unserer Darstellung der Kennlinien von *den* Zuständen der Entladungsstrecke ab, die nicht als Lichtbogen zu bezeichnen sind. Sie fallen für uns mit dem Gebiet des Stromes Null zusammen, bei dem dann die Lichtbogenspannung sprunghaft von positiven Werten zu negativen Werten umspringt, wenn die Stromstärke ihre Richtung ändert. Sogar der Abfall von der Zündspannung u_z zur nahezu stromunabhängigen Brennspannung u_b des Bogens, die wesentlich von seiner Länge und seiner Kühlung bestimmt wird, bei steigenden Stromstärken und der Wiederanstieg zur Löschspannung u_a, bei der der Bogen bei abnehmender Stromstärke wieder abreißt, spielt sich bei so kleinen Stromstärken ab, daß wir in erster Annäherung die Lichtbogenkennlinie der Abb. 373a idealisieren können als nach Abb. 373b aus zwei stromunabhängigen Brennspannungen bestehend mit bei verschwindendem Strom überlagerten Spitzen für Zündspannung und Löschspannung. Während des wesentlichen Teils einer Periode ist also die Lichtbogenspannung einfach konstant und wirkt wie eine im Nulldurchgang des Stromes plötzlich umgeschaltete Gleichspannung vom Betrage u_b, der von der Lichtbogenlänge abhängt, sich also im Laufe einer Abschaltung verändert und bei Schaltungen, die mehrere Halbwellen in Anspruch nehmen, stets in den letzten Halbwellen höher ist als in den ersten. Das gleiche gilt auch von den Zünd- und Löschspitzen. Auch sie werden mit steigender Lichtbogenlänge höher. Dabei müssen wir aber darauf hinweisen, daß diese Betrachtung rein schematisch ist und eine sehr grobe Annäherung an die Wirklichkeit darstellt. Es ist sicher genau genommen unzulässig, bei schnell veränderlichen Vorgängen mit der statischen Kennlinie eines Lichtbogens zu rechnen, dessen Leitfähigkeit ja auf der Zahl der vorhandenen Träger beruht. Diese hängt zwar im Gleichgewichtszustand einer Gleichstromentladung von der Stromstärke ab, wird sich aber bei Wechselstrom wegen des Zeitbedarfes für die Trägererzeugung beim Entstehen der Entladung und die Trägervernichtung durch Rekombination, Absorption an den Wänden usw. beim Erlöschen nicht ohne Verzögerung auf den Gleichgewichtswert einstellen,

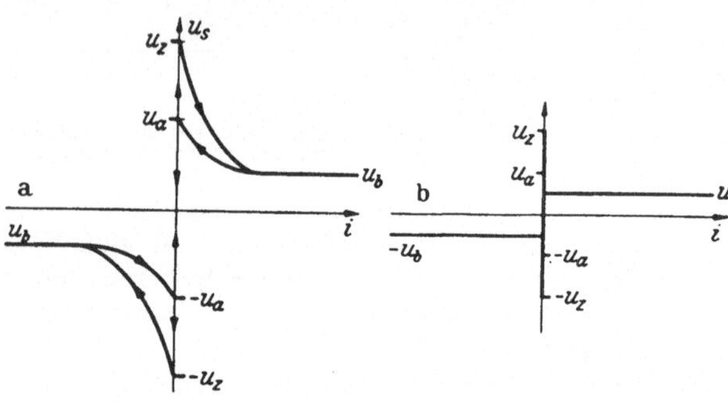

Abb. 373. Lichtbogenkennlinien bei Wechselstromschaltvorgängen. a Kennlinien. b Idealisierte Kennlinien.

sondern durch den voraufgegangenen Zustand mitbestimmt und wesentlich mitbedingt sein durch den Zeitfaktor, d. h. die Frequenz, mit der sich der Vorgang abspielt. In der Tat stellt man bei Oszillogrammen von Schaltvorgängen fest, daß Ströme höherer Frequenz — Oberwellenanteile höherer Amplitude — durch Null so schwingen, als ob der Lichtbogen überhaupt keine Zünd- und Löschspitze hätte. Hier gilt dann also unsere Ersatzkennlinie um so besser, je höher die Frequenz ist. Der Spannungsabfall am Lichtbogen wird dann nicht mehr von einem Augenblickswert der Stromstärke bestimmt, sondern von ihrem zeitlichen Mittelwert.

Liegt nun nach Abb. 374a im Stromkreis einer einwelligen EMK — bei mehrwelliger ändert sich im Prinzip nichts, nur wird die Rechnung komplizierter — $e = e_{max} \sin(\omega t + \alpha)$, die einen Stromkreis mit einer Spule der Induktivität L und einem Widerstand R speist, ein Lichtbogen, so können wir nach dem KIRCHHOFFschen Gesetz anschreiben:

$$e - u_s = iR + L\frac{di}{dt} \quad \text{mit} \quad u_s = \pm u_b . \tag{1018}$$

Hierin hängt das Vorzeichen von u_s von der Stromrichtung i ab. Mathematisch könnten wir das also ausdrücken: $u_s = u_b \cdot \operatorname{sign}(i)$. Fassen wir u_s als eine Gleichspannung auf, die der Wechselspannung überlagert ist, so erhalten wir nach dem Superpositionsprinzip als angestrebten Strom des stationären Endzustandes:

$$i_e = i_w + i_g = \frac{e_{max}}{z} \sin(\omega t + \alpha - \varphi) - \frac{u_s}{R}, \tag{1019}$$

worin wir zur Abkürzung $z = \sqrt{R^2 + (\omega L)^2}$ und $\varphi = \operatorname{arc\,tg} \omega L/R$ geschrieben haben (vgl. S. 32).

Nun erfolgt aber in jeder Periode zweimal ein Schaltvorgang, nämlich in jedem Nulldurchgang des Stromes, im gegenseitigen Abstand $T/2$. Es wird also im Stromverlauf jeder Halbwelle noch ein freier Strom auftreten, der nach den Ermittlungen des Abschn. VII A 1, s. S. 340, gegeben ist durch:

$$i_f = i_{f_0} e^{-t/T'}$$

$$\text{mit} \quad T' = L/R, \tag{1020}$$

wenn $t = 0$ den Schaltmoment kennzeichnet, dessen Lage innerhalb der Periode wir noch nicht kennen. D. h. die Schaltphase ist bisher noch unbekannt, ebenso wie i_{f_0}, das den sprungfreien Übergang im Schaltmoment zu gewährleisten hat. Für diese beiden Unbekannten gibt es aber auch zwei Bestimmungsgleichungen. Die Schaltvorgänge erfolgen ja aus Symmetriegründen im Abstand $T/2$. Bei beiden muß der Strom Null sein. Es muß also für $t = 0$ und für $t = T/2$ gelten: $i = i_e + i_f = 0$, d. h.

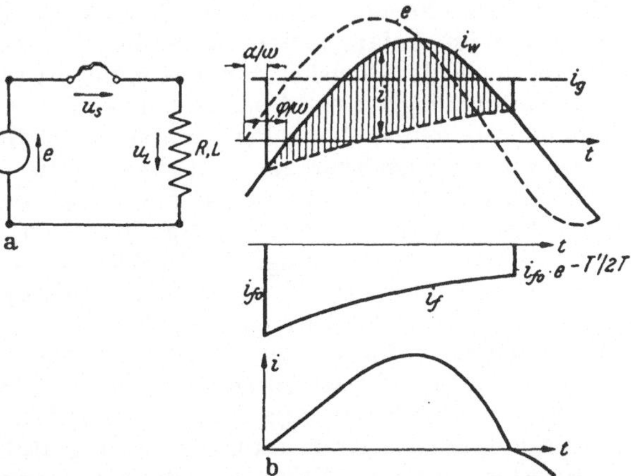

Abb. 374. Abschaltung einer Induktivität über einen Lichtbogen bei Wechselstrom. a Schaltbild. b Zusammensetzung des Stromes der positiven Halbwelle aus den stationären Anteilen und dem freien Strom. Zündspitze vernachlässigt.

$$t = 0 \qquad\qquad t = T/2$$

$$\frac{e_{max}}{z}\sin(\alpha - \varphi) - \frac{u_b}{R} + i_{f_0} = 0; \quad -\frac{e_{max}}{z}\sin(\alpha - \varphi) - \frac{u_b}{R} + i_{f_0} e^{-T/2T'} = 0. \tag{1021}$$

Addieren wir beide Gleichungen (1021), so ergibt sich sofort eine Bestimmungsgleichung für i_{f_0}, in die wir zur Abkürzung der Schreibweise für

$$e^{-T/2\,T'} = \exp\left(-\pi R/\omega L\right) = m \text{ einführen wollen:}$$

$$-2\frac{u_b}{R} = -i_{f_0}(1+m); \qquad i_{f_0} = 2\frac{u_b}{R}\frac{1}{1+m}. \tag{1022}$$

Subtraktion dagegen liefert:

$$\sin(\alpha-\varphi) = \frac{u_b}{e_{max}} \cdot \frac{z}{R} \cdot \frac{1-m}{1+m}. \tag{1023}$$

Zur Ermittlung des wahren Stromverlaufs verfährt man nun am besten so, daß man nach:

$$i = i_w + i_g + i_f$$

sich nach Abb. 374b zuerst die Summe von $i_w + i_g$ aufzeichnet und nach Errechnung von i_{f_0} die Exponentialfunktion mit ihrem Anfangswert, der ja nun bekannt ist, so einpaßt, daß sich die drei Ströme zu Null ergänzen. Das ist dann der richtige Schaltmoment, durch den $\alpha - \varphi$ festgelegt ist, also auch die Schaltphase α. Wir sehen, daß die zeitliche Verschiebung des Nulldurchganges nicht mehr wie bei reinem Wechselstrom durch den Winkel φ gegeben ist, sondern durch den Winkel α, der sich von ihm um so mehr unterscheidet, je größer u_b im Vergleich zu e_{max} wird. Unsere Idealisierung des Bogens mit der Kennzeichnung durch zwei konstante Bogenspannungen wird aber dann auch um so schlechter, weil ja nun bei wachsender Brennspannung auch die Zündspannung immer größer wird, so daß es schließlich sogar zu stromlosen Pausen kommen kann, ehe die Schalterspannung die Zündspannung erreicht hat.

Der kennzeichnende Verlauf der Stromkurve mit dem verzögerten Anstieg der Stromkurve im Anfang jeder Halbwelle, die dann im weiteren Verlauf wieder mehr und mehr der Sinuskurve nahekommt, ist aber in der Tat ein auch praktisch bei Abschaltoszillogrammen festzustellendes Merkmal, besonders bei höheren Brennspannungen in den späteren Perioden eines Schaltvorgangs.

Ehe wir den Schaltvorgang weiter verfolgen, sei eine Zwischenbemerkung über die Bedeutung dieser Lösung für andere Aufgaben erlaubt. Haben wir ein mechanisches System, das schwingend von einer Kraft angeregt wird, und das außer Dämpfungskräften, die geschwindigkeitsproportional sind, auch Reibungskräften unterworfen ist, die nur vom Vorzeichen der Geschwindigkeit abhängen, sonst aber konstant sind, so ist die Differentialgleichung dieses Vorgangs ebenfalls nur absatzweise integrierbar. Da sie aber identisch ist mit unserem obigen Beispiel, so können wir auch die Lösung für sie übernehmen. Unter einer periodisch angreifenden Kraft wird also eine durch Reibungskräfte festgehaltene Masse solange in Ruhe bleiben, wie die Amplitude der Kraft unter der Reibungskraft bleibt. Bei Überschreiten dieses Grundwertes führt die Masse periodische Bewegungen aus, die dem oben festgestellten Zeitgesetz gehorchen, solange beim „Überschalten" der Bewegungsrichtung die Augenblickswerte der Kraft noch die Reibung überwinden können. Sonst entstehen bewegungslose Ruhepausen, für die ein anderer Rechnungsgang notwendig ist.

Die oben erwähnte Veränderung der zeitlichen Verschiebung der Nulldurchgänge von Spannung und Strom ist dabei nicht allein durch die Oberwellen bedingt, die in dem nicht-sinusförmigen Verlauf des Stromes drinstecken und durch harmonische Analyse allgemein gefunden werden können, — ein Lichtbogen wirkt also als nicht-lineares Glied im Stromkreis als Oberwellengenerator, — sondern auch von einer echten Phasenverschiebungsänderung der Grundwelle begleitet. Diese muß auftreten, weil das Produkt aus Lichtbogenspannung und Lichtbogenstrom eine Leistung ergibt, die als Wirkleistung in Erscheinung treten muß und zeitlich über die Dauer des Schaltvorganges integriert die „Schalterarbeit" liefert.

Für den vollständigen Verlauf des Abschaltvorgangs können wir nun aber die Zündspitzen der Spannung am Lichtbogen, d. h. an der Schaltstrecke, nicht übersehen. Sie haben wegen ihrer kurzen Dauer praktisch keinen Einfluß auf den Stromverlauf, der so bleibt, wie wir ihn eben errechnet hatten. Sie treten aber im Spannungsverlauf an der Schaltstrecke natürlich auf, so daß das Oszillogramm einer Halbwelle eines Abschaltvorganges für die Lichtbogenspannung nicht eine Gerade ist, sondern von den Zünd- und Löschspitzen im Augenblick des Nulldurchganges überlagert ist. Dabei ist natürlich auch die Brennspannung keine Konstante, sondern abgesehen von dem ständigen Anstieg, der durch größere Kontaktentfernung entsteht, wenn die Kontakte entweder mechanisch bewegt oder der Lichtbogen auf andere Weise verlängert wird (Druckluft), noch unregelmäßigen Schwankungen unterworfen, die durch die Turbulenz der Vorgänge in der Umgebung des Lichtbogens gegeben sind (Ölverdampfung und Ölströmung). In die Abb. 375, die das zeigt, ist dabei noch die Kurve des Spannungsverlaufes an der Spannungsquelle — in unserer Rechnung der EMK e, in der Praxis etwa der starren Spannung eines Netzes — aufgetragen.

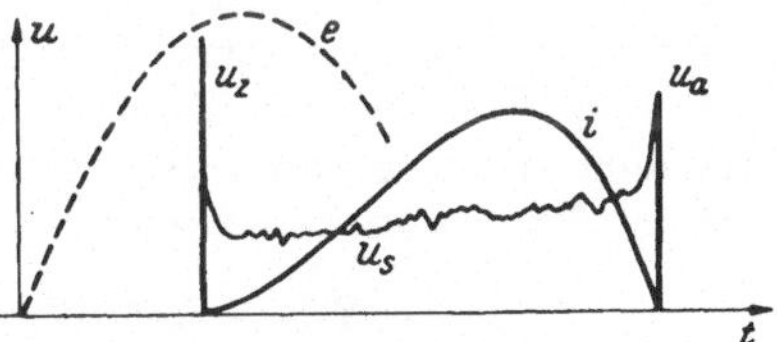

Abb. 375. Prinzip eines Oszillogramms von einer Halbwelle eines Abschaltvorgangs mit Zünd- und Löschspitze.

Ist nun im Nulldurchgang des Stromes auf einen kurzen Augenblick der Lichtbogen erloschen, so fordert das KIRCHHOFFsche Gesetz für den Kreis:

$$u_s = e - iR - L\frac{di}{dt} = e\,, \tag{1024}$$

denn mit dem Fortfall des Lichtbogens wird sowohl i, als auch di/dt Null. Da i in diesem Augenblick sowieso Null war, ist das energetisch möglich. di/dt kann sich aber, wie verlangt, sprunghaft ändern, solange wir von der Wirkung etwa parallel geschalteter Kapazitäten absehen. Die Spannung an der Schaltstrecke erhöht sich also sprunghaft auf den Wert der wiederkehrenden Spannung e_0, den der Generator, bzw. das Netz, bereitstellt. Da die Spannungsfestigkeit der Schaltstrecke jedenfalls nicht sprunghaft ansteigen kann, sondern endliche Zeit benötigt, so müßte es in jedem Falle zu einer Wiederzündung kommen. Schon die Existenz der Zündspitze im Oszillogramm beweist also, daß die Spannung nicht sprunghaft wiederkehrt. Wir haben wieder das Wettrennen zwischen wiederkehrender Spannung und wiederkehrender Isolationsfestigkeit der soeben noch leitenden Lichtbogenstrecke. Ausschlaggebend für die Frage, ob eine Neuzündung stattfindet oder nicht, ist der zeitliche Verlauf der beiden Größen. Liegt die Netzspannung höher als die größte Zündspannung, die die Strecke zwischen den Kontakten erreichen kann, so kommt es stets zu einer Neuzündung, aber nicht sofort, sondern erst nach einer stromlosen Pause, deren Dauer durch den Verlauf der wiederkehrenden Spannung bestimmt wird, d. h. aber durch die parallel zur Induktivität liegende Kapazität, die man also hier keinesfalls vernachlässigen darf. Liegt sie aber niedriger, so ist damit noch nicht gesagt, daß es nicht zu einer Zündung käme. Nur wenn während des ganzen Anstiegs der wiederkehrenden Spannung — und auch hier ist nun wieder der bisher vernachlässigte parallelliegende Kondensator das entscheidende Element — diese unter der Kurve der wiederkehrenden Spannungsfestigkeit bleibt, unterbleibt die Zündung.

Wir müssen also diese Spannungswiederkehr untersuchen. Das Schema der Anordnung zeigt nun in Erweiterung von Abb. 374a die Abb. 376a. Bei der vorübergehenden Löschung des Lichtbogens im Nulldurchgang des gesamten Stromes — einschließlich des evtl. zu berücksichtigenden Ladestromes der Kapazität — liegt auf dieser Kapazität eine Ladung, die der Höhe der augenblicklichen Spannung entspricht, die am Schalter wiederkehren möchte. Da sich aber der Energieinhalt des Kondensators nicht plötzlich ändern kann, so bleibt diese Spannung auch auf der abgeschalteten Seite noch einen Augenblick erhalten. Die wiederkehrende Spannung ist im ersten Augenblick Null. Nun aber entlädt sich die Kapazität über die Spule mit der Induktivität L, was bei genügend kleinem R — d. h. besonders bei Kurzschlußabschaltungen — periodisch erfolgen kann und wird. Die Frequenz dieser Schwingungen wird aus $\omega' = 1/\sqrt{LC}$ bestimmt, solange die Dämpfung vernachlässigbar ist (vgl. Abschn. VII A 4 b S. 372), was hierbei wegen des nur quadratischen Einflusses der Dämpfung auf die Eigenfrequenz meist möglich ist. Nach den früheren Ergebnissen (S. 424) müssen nun die freie Ladung und der freie Strom in erster Näherung den Gleichungen folgen:

$$\left.\begin{aligned} q &= C u_c = (q_1 \cos\omega' t + q_2 \sin\omega' t)\, e^{-\beta t} \\ i &= (-\,\omega' q_1 \sin\omega' t + \omega' q_2 \cos\omega' t)\, e^{-\beta t}, \end{aligned}\right\} \tag{1025}$$

wenn wir wegen $\beta \ll \omega_0$ auf die Anteile bei der Differentiation von q verzichten die mit β als Faktor auftreten. Ladung q und Strom i sind hierbei ohne Index f geschrieben, weil ja q_e und i_e — Ladung und Strom des stationären Endzustandes — Null sind; die freien Größen sind somit zugleich auch die wahren Größen, Gesamtladung und Gesamtstrom. Diese Größen müssen sich also sprungfrei an die des Anfangszustandes anschließen, die wir am einfachsten aus dem zu Abb. 376 gehörigen Zeigerdiagramm entnehmen. Die Stromunterbrechung erfolgt bei Stromlosigkeit der Lichtbogenstrecke, also in dem Augenblick, wo die Zeitlinie dieses sich mit der Kreisfrequenz des Netzwechselstromes drehenden Diagramms senkrecht zum Zeiger des Gesamtstromes $\mathfrak{J} = \mathfrak{J}_L + \mathfrak{J}_C$ liegt. In diesem Augenblick hat die Netzspannung den Augenblickswert e_0 und der Spulenstrom den Wert i_0 als Projektionen auf die Zeitlinie. Es muß also nach den obigen Gleichungen (1025) für $t = 0$ sein:

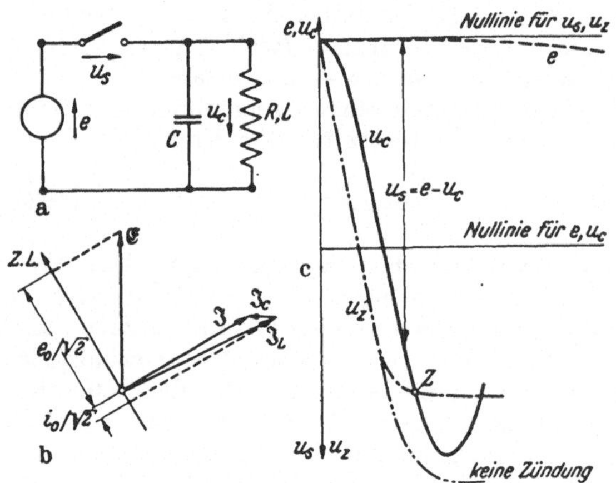

Abb. 376. Einfluß einer Parallelkapazität auf den Abschaltvorgang. a Schaltbild. b Zeigerdiagramm. c Verlauf der Spannung an der Last und an der Entladungsstrecke. Wettlauf mit der wiederkehrenden Spannungsfestigkeit u_z.

$$q_1 = C e_0 \qquad \text{und} \qquad q_2 = i_0/\omega'. \tag{1026}$$

Damit ist der zeitliche Verlauf der Spannung am Kondensator vollständig gegeben:

$$u_c = q/C = \left(e_0 \cos\omega' t + \frac{i_0}{\omega' C} \sin\omega' t\right) e^{-\beta t}. \tag{1027}$$

Nehmen wir einmal den ungünstigsten Fall an, daß ein rein induktiver Kreis geschaltet wird, so geht mit i auch i_L durch Null. Es ist also u_c dann eine reine cos-Schwingung, weil $i_0 = 0$ und keine Dämpfung vorhanden ist. Die Spannung am abgeschalteten Teil schwingt also mit ω' nach einem cos-Gesetz zwischen den Werten $+\,e_{max}$ und $-\,e_{max}$, denn jetzt ist ja der Augenblickswert der Kondensatorspannung bei der Abschaltung e_{max}. Liegt ω' genügend hoch über der Netzfrequenz, so ändert sich während dieses Vorganges die treibende Spannung noch nicht, wie das die Abb. 376c mit stark gegen die Abb. 375 gedehntem Zeitmaßstab zeigt. Der Unterschied zwischen beiden $e - u_c = u_s$ ist aber die „*wiederkehrende Spannung*“ an der Lichtbogenstrecke. Wir erkennen, wie der Einfluß der Kapazität ihre augenblickliche Wiederkehr verhindert und verlangsamt, aber auch ihren Höchstwert verdoppelt.

Er gibt also Zeit für den Wiederaufbau der Spannungsfestigkeit der Schaltstrecke, der etwa nach der strichpunktierten Linie von der oben liegenden Nulllinie für u_z aus gemessen von Null anfangend erfolgen möge. Da sie zuerst schneller steigt als die wiederkehrende Spannung, so bleibt die Strecke ungezündet; im Strom entsteht so lange eine Pause. Überschneidet aber diese Kennlinie der Erholung der Schaltstrecke den Wiederanstieg der Spannung, der nun, wie wir ebenfalls sehen, über den einfachen Wert der Netzspannung um praktisch 100% hinausschießen kann, so erfolgt verspätet doch noch eine Zündung. Im Punkte Z, dessen Lage unter der Nullinie für u_z und u_s die Höhe der Zündspitze festlegt, die wir oszillographieren (Abb. 375), setzt sich also der Verlauf von u_s und von u_c nicht mehr fort. u_s bricht auf die Lichtbogenspannung zusammen (s. Abb. 375); u_c wird bis auf die Brennspannung des Lichtbogens wieder identisch mit e. Die Löschung ist noch nicht erfolgt. Erst wenn die wiederkehrende Festigkeit der Schaltstrecke genügend schnell — nämlich innerhalb einer Halbperiode der Schwingung der wiederkehrenden Spannung — über den doppelten Scheitelwert der Betriebsspannung steigt, erfolgt die endgültige Unterbrechung. Einen beispielsweisen Verlauf für den Anstieg der Zündspannungsfestigkeit der Schaltstrecke zeigt Abb. 376c in der strich-doppelpunktierten Linie.

Die Schaltung wird offenbar um so leichter, je langsamer die Schwingung der wiederkehrenden Spannung erfolgt, d. h. je größer der parallel zur abzuschaltenden Lastinduktivität liegende Kondensator ist. Die Abschaltleistung eines Schalters als Maß für die von ihm höchstens zu bewältigende Schaltleistung — Produkt aus Abschaltstrom und wiederkehrender Spannung — ist also in hohem Maße abhängig von der Frequenz der wiederkehrenden Spannung. Die gleiche Abschaltleistung, die ein Schalter in einem Netz mühelos bewältigt, bei dem die abzuschaltende Induktivität über ein großes Kabelnetz gespeist wird oder mit ihm parallel liegt, führt zu einem Schaltversager bei der Abschaltung eines Kurzschlusses, bei dem auf der abzuschaltenden Seite nur noch die Kapazität eines Abzweiges parallel liegt. Erhöhen wir die Kapazität immer weiter und weiter, so kommen wir schließlich zu dem bereits besprochenen Fall, daß die Frequenz der wiederkehrenden Spannung mit der Netzfrequenz übereinstimmt; die wiederkehrende Spannung an der Schaltstrecke bleibt dauernd Null. Die Schaltung ist extrem einfach.

Es ist aber nicht gesagt, daß der bisher beschriebene Zustand den gefährlichsten Schaltvorgang darstellt. Erzwingt nämlich der Schaltvorgang die Unterbrechung des Stromes bereits vor dem Nulldurchgang, so wird in unserer obigen Betrachtung i_0 nicht mehr gleich Null. Der Verlauf der wiederkehrenden Spannung erhält dann noch eine Sinuskomponente, deren Amplitude $i_0/(\omega' C) = i_0/\sqrt{L/C} = i_0 Z$ ist. Sie kann beträchtlich höher sein als die zuvor besprochene Spannung. Wir kommen zu einer Abschätzung ihres Höchstwertes auf folgende Weise:

$$\left.\begin{aligned} u_{c_{max}} &= i_0/(\omega' C) = i_0\,\omega' L \\ e_{max} &= i_{max}\,\omega L\,. \end{aligned}\right\} \qquad (1028)$$

Division liefert die Spannungsüberhöhung:

$$u_{c_{max}} = e_{max}\,\frac{i_0}{i_{max}}\cdot\frac{\omega'}{\omega}\,. \qquad (1029)$$

Da in den meisten Fällen ω' erheblich größer ist als die Kreisfrequenz ω des Netzes, so hängt die Höhe der möglichen Überspannung im wesentlichen davon ab, bei welchem Stromwert im Vergleich zum Scheitelwert des gerade abzuschaltenden

Stromes der Schalter auf Grund seiner Konstruktion die Unterbrechung des Lichtbogens gewaltsam erzwingt. Da diese Überspannung sich natürlich auch in der Beanspruchung der Schaltstrecke bei der Wiederzündung auswirkt, so kann es auch hier zu Schalterversagern kommen, besonders, wenn die Wiederzündung nicht auf der vorgesehenen Schaltstrecke erfolgt. Häufig aber treten als Folge solcher Erscheinungen Überschläge nur auf dem abgeschalteten Anlageteil auf, die dann oft sogar unbemerkt bleiben, weil ihnen ja keine Netzenergie nachfolgen kann, wenn der Schalter nicht wieder zündet. Wir haben dann das gleiche Problem, das wir schon bei der Gleichstromschaltung besprachen (Abschn. VII C 1 S. 416).

3. Schaltungen in wesentlich kapazitiven Kreisen.

Bei Gleichstrom hatten wir bereits im vorletzten Abschnitt darauf hingewiesen, daß die Abschaltung einer Kapazität keine besondere Schwierigkeiten bereite, weil ja kein Ladestrom fließt und auch keine Spannung an den sich öffnenden Schalterkontakten erscheint, da die Kondensatorspannung ihren Wert beibehält.

Diese für Gleichstrom gültige Feststellung muß bei Wechselstrom nun dahin modifiziert werden, daß bei Unterbrechung eines Stromkreises nach der Abb. 377 ja die Unterbrechung bei Nulldurchgang des Stromes erfolgt, in diesem Augenblick aber die maximale Spannung einer Halbwelle am Kondensator lag und ihn entsprechend aufgeladen zurückläßt. Seine Spannung ändert sich nun nicht, wohl aber die des Netzes, so daß nach einer Halbwelle der Netzfrequenz als „*wiedergekehrte*" Spannung der doppelte Scheitelwert der Netzspannung an der Schaltstrecke liegt. Für diesen doppelten Scheitelwert der Netzspannung = Ladespannung des Kondensators müssen also auch die Schaltstrecken aller Gleichrichter bemessen sein, die zur Kondensatorladung dienen sollen. Die Gleichrichterröhren oder Sperrschichtelemente sind dann die „Entladungsstrecken" unserer Betrachtung. Beim Hochspannungsschalter ist die Frequenz der wiederkehrenden Spannung aber so gering, — es ist ja die Netzfrequenz und nicht die weit höhere Eigenfrequenz irgend eines Schwingungskreises wie im vorigen Abschnitt, — daß der Schalter die Abschaltung in der Regel einwandfrei bewältigen wird, wenn er sich der Abschaltung einer induktiven Last gewachsen zeigt. Trotzdem können bei der Schaltung von kapazitiven Stromkreisen besonders unangenehme Erscheinungen auftreten, die z. T. mit Abschaltvorgängen, z. T. aber auch mit Einschaltvorgängen zusammenhängen, die wegen der Dualität der Schaltvorgänge nach Abb. 362 ja die unangenehmeren Erscheinungen erwarten lassen, wenn bei der Spule die Ausschaltung gefährlicher war.

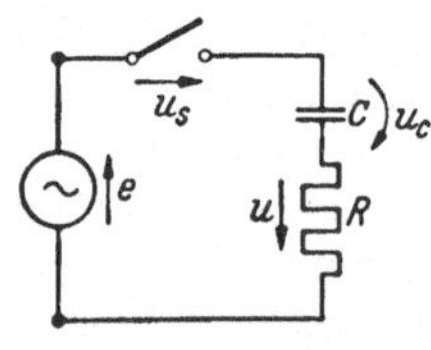

Abb. 377. Zur Schaltung von Kapazitäten.

Wir wollen deshalb im folgenden mit der Untersuchung des Ladevorganges eines Kondensators über eine Entladungsstrecke beginnen. Für die Anordnung nach der Abb. 378a, bei der die Entladungsstrecke auf beliebige Weise gezündet sei, z. B. durch einen kurzzeitigen Spannungsstoß auf die Elektroden der Entladungsstrecke, gilt für die Beziehung zwischen der Generatorspannung e, der Spannung an dem Lichtbogen u_s und der Kondensatorspannung u_c:

$$e = u_s + u_c + iR\,, \tag{1030}$$

worin iR der Ohmsche Spannungsabfall an allen Widerständen im Kreis ist. Zwischen der Spannung am Lichtbogen u_s und dem Strom i in ihm besteht ein Zusammenhang über die Kennlinie, die in Abb. 378b vereinfacht dargestellt ist. Addieren wir für jeden Stromwert zu der nach dieser Kennlinie gehörenden Lichtbogenspannung den Ohmschen Spannungsabfall, so erhalten wir die stark ausgezogene Kennlinie der Spannungsabfälle, und der Abstand zwischen dieser Kennlinie und der Generatorspannung e ist die für den Kondensator übrig bleibende

Spannung u_c, deren zeitliche Änderung nach:

$$i = C\frac{du_c}{dt} \tag{1031}$$

den Strom bestimmt. Den zeitlichen Verlauf des Ladevorgangs können wir nun wieder bei beliebiger Form der Kennlinie graphisch bestimmen. Nach der letzten Formel ist ja:

$$dt = \frac{C}{i}\,d(u_c) = \frac{T}{iR}\,d(u_c) \text{ mit } T = RC\,, \tag{1032}$$

und die Zeit, um von einer bestimmten Spannung aus auf eine andere zu kommen, ergibt sich durch Integration dieses Ausdrucks. Tragen wir also über u_c (Abb. 378c) $1/(iR)$ auf — in der Abbildung ist i selbst noch einmal aus Abb. 378b als gestrichelte Linie übernommen —, so ist jeder Flächenstreifen links von dieser Kurve ein Maß für die Zeit dt, die benötigt wird, um den Kondensator von u_c auf $u_c + du_c$ aufzuladen. Der Maßstab wird dabei außer von den gewählten Zeichenmaßstäben vor allem physikalisch bestimmt durch die Zeitkonstante T, mit der sich der Kondensator ohne den Lichtbogen aufladen würde, wie ja einleuchtend ist. Die Spannung steigt also von dem Anfangswert Null bei der Zündung, nach der der Strom auf den Wert $i_{max} = \frac{e - u_b}{R}$ springt, — eine Induktivität, die solchen Sprung verhindern

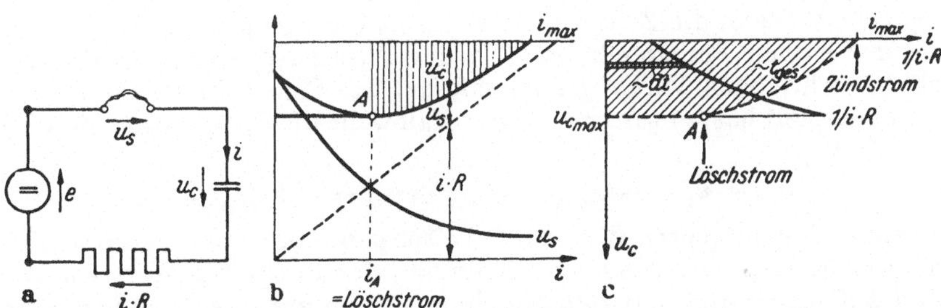

Abb. 378. a Einschaltung eines Kondensators über einen Lichtbogen. b Kennlinien der Einschaltung eines Kondensators über einen Lichtbogen. c Ermittlung der Ladezeit und der höchsten Ladespannung.

würde, soll es ja im Kreis nicht geben —, zuerst schnell — kleine Breiten der t-Fläche —, dann immer langsamer — große Breiten der t-Fläche — an. Wenn nun im Laufe dieses Vorgangs nach einer endlichen Zeit der Punkt A erreicht ist, wo bei weiteren Abnehmen des Stromes der Spannungsabfall am Bogen schneller zunimmt als der am Ohmschen Widerstand abnimmt, so müßte die Kondensatorspannung wieder abnehmen, damit wir der Kennlinie weiter folgen können. Das ist unmöglich. Der Strom reißt also in diesem Augenblick plötzlich wieder bei endlichen Werten ab — eine Induktivität, die auch diesen Sprung verhindern würde, gibt es laut Voraussetzung nicht. Die Ladung ist in endlicher Zeit beendet, hat aber nicht auf den Wert der Generatorspannung e, ja nicht einmal auf den Wert der Differenz von Generatorspannung und Brennspannung des Bogens geführt, sondern bleibt noch um einen Mehrbetrag darunter, der durch den Spannungsabfall des Abreißstromes bestimmt wird.

Wenn wir zur Vereinfachung wieder die Kennlinie des Bogens nach der Abb. 373b durch eine konstante Brennspannung mit je einer Zünd- und Löschspitze bei verschwindend kleinen Strömen ersetzen, so können wir diesen Vorgang auch mathematisch erfassen, weil dann ja die Gleichung des Vorgangs lautet:

$$dt = \frac{i}{C}\,d(u_c) = \frac{CR}{e - u_b}\,d\,(e - u_b) = T d\,(ln\,(e - u_b))\,. \tag{1033}$$

Der Vorgang dauert also nunmehr unendlich lange — das Abreißen findet jetzt erst bei unendlich kleinen Strömen statt, was praktisch natürlich nicht stimmt — und folgt dem üblichen Gesetz für eine Kondensatorladung über einen Widerstand mit dem einzigen Unterschiede, daß die angestrebte Endspannung um den Brennspannungsabfall im Bogen kleiner ist als die treibende Spannung:

$$u_c = (e - u_b)\,(1 - e^{-t/T})\,. \tag{1034}$$

Der Strom ist ein Stoßstrom, der ebenfalls exponentiell abklingt mit der gleichen Zeitkonstante T vom Anfangswert $i_0 = \frac{e - u_b}{R}$ aus. Damit ist der Vorgang bei Gleichstrom beendet. Der Kondensator ist bis auf einen Differenzbetrag, der durch die Brennspannung des Bogens gegeben ist, auf die Generatorspannung aufgeladen; die Lichtbogenstrecke ist nichtleitend geworden und hat getrennt. Die an ihr liegende und konstante Differenz von Generatorspannung und Kondensatorspannung ist u_b und reicht für eine Neuzündung nicht aus.

Anders aber, wenn die Spannung des Generators ihre Polarität anschließend umkehrt, wie das bei Wechselstrom ja geschieht. Wir stellten oben bereits fest, daß dann nach einer Halbwelle am Kondensator die Spannung noch praktisch die gleiche ist, wenn kein Entladewiderstand zu ihm parallel liegt, die Spannung an der Entladungsstrecke aber nunmehr als Differenz zwischen der Generatorspannung und der Kondensatorspannung beträchtlich größer geworden ist als die Generatorspannung selbst. Wenn die Zeitkonstante des Ladevorganges sehr kurz ist im Vergleich zu der halben Periodendauer $T'/2$ der Wechselspannung, so daß sich also der vorher beschriebene Vorgang nur während des Scheitelwertes der Generatorspannung abgespielt hat, so wird nach einer Halbwelle die Spannung an den Schalterkontakten auf

$$u_s = e - u_c = -e_{max} - (e_{max} - u_b) = -2e_{max} + u_b\,, \tag{1035}$$

also auf nahezu den doppelten Wert der Scheitelspannung angewachsen sein. Erfolgt nun eine Neuzündung, so springt der Strom auf den doppelten Wert wie zuvor bei der ersten Aufladung und lädt den Kondensator um auf $-e_{max} + u_b$ mit der gleichen Zeitkonstanten $T = RC$ wie zuvor. Dieses Spiel könnte sich nun in jeder Periode zweimal wiederholen, wenn die Durchschlagspannung der Entladungsstrecke unter dem doppelten Scheitelwert der Betriebsspannung liegt. Die Kurve des entstehenden Stromes besteht aus kurzzeitigen exponentiell abklingenden Stromstößen wechselnder Polarität mit je dem Anfangswert $2\,\frac{e_{max} - u_b}{R}$, die mit der Zeitkonstante RC ausklingen. Während die Netzspannung sinusförmig ist, ist die Spannung u_c praktisch rechteckig und springt bei jedem Ladestoß von $+e_{max}$ auf $-e_{max}$, wenn die Zündspannung gerade gleich dem doppelten Scheitelwert der Betriebsspannung ist (Abb. 379a). Andernfalls wird bei einer niedrigeren Zündspannung die Zündung schon vorher auftreten; mit einem entsprechend kleineren Anfangsstrom wird der Kondensator auf den dieser noch kleineren Spannung entsprechenden Wert der Ladung umgeladen und anschließend durch den normalen sinusförmigen Ladestrom weitergeladen. Die Vorverschiebung der Schaltphase können wir mit den gleichen Annahmen wie bisher berechnen und wollen darin gleich den Fall einschließen, daß der Vorgang nicht so sehr schnell abklingt, wie wir bisher annahmen.

Der Vorgang spielt sich dann so ab, wie das in der Abb. 379b dargestellt ist. Die Netzspannung folgt dem Gesetz:

$$e = e_{max} \sin(\omega' t + \alpha)\,. \tag{1036}$$

Außer ihr wirkt auf den Stromkreis in dem betrachteten Zeitabschnitt nach der Zündung noch die konstante Lichtbogenspannung $(-u_b)$ als Gleichspannung. Die Spannung, die sich im stationären Endzustand am Kondensator einstellen würde, ist, wenn wir mit $\delta = \text{arc tg } \omega' RC$ den „Fehlwinkel" des Kreises bezeichnen (s. Zeigerdiagramm der Abb. 43b), zusammengesetzt aus dem Wechselspannungsanteil des stationären Endzustandes:

$$u_{c_w} = e_{max} \cos \delta \sin (\omega' t + \alpha - \delta) \tag{1037}$$

und dem Gleichspannungsanteil des stationären Endzustandes ($-u_b$). Dazu tritt ein freier Anteil, der für einen Stromkreis mit Widerstand und Kapazität nach Abschn. VII, A 3, S. 357 durch eine abklingende Exponentialfunktion mit der Zeit-

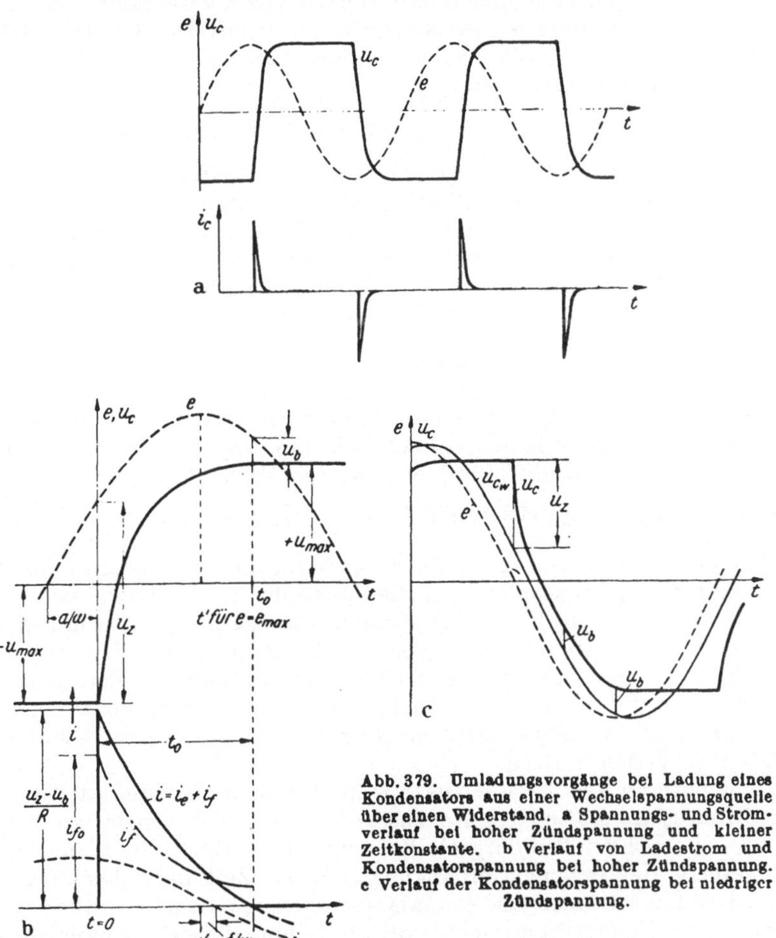

Abb. 379. Umladungsvorgänge bei Ladung eines Kondensators aus einer Wechselspannungsquelle über einen Widerstand. a Spannungs- und Stromverlauf bei hoher Zündspannung und kleiner Zeitkonstante. b Verlauf von Ladestrom und Kondensatorspannung bei hoher Zündspannung. c Verlauf der Kondensatorspannung bei niedriger Zündspannung.

konstante $T = RC$ beschrieben wird, so daß der gesamte Verlauf der Spannung am Kondensator für eine Halbwelle beschrieben wird durch:

$$\begin{aligned} u_c &= u_w + u_g + u_f \\ &= e_{max} \cos \delta \sin (\omega' t + \alpha - \delta) - u_b + u_{c_{f_0}} e^{-t/T} \end{aligned} \tag{1038}$$

Gültig ist diese Funktion natürlich nur, solange der Strom, der aus ihr resultiert, positiv ist, denn beim Stromnulldurchgang erlischt er ja, wenn keine genügend große wiederkehrende Spannung ihn neu zündet. Für diesen Strom erhalten wir durch Differentiation:

$$i_c = C \frac{d}{dt} (u_c) = \omega' C e_{max} \cos \delta \cos (\omega' t + \alpha - \delta) - \frac{C}{RC} u_{c_{f_0}} e^{-t/T}. \tag{1039}$$

Sein Anfangswert wird, wovon man sich durch elementare mathematische Umformungen leicht überzeugt, in Übereinstimmung mit der Anschauung:

$$i_0 = \frac{e_{max}}{R} \sin \delta \cos (\alpha - \delta) - u_{c_{f_0}}/R = (u_z - u_b)/R\,. \tag{1040}$$

Auf ihn springt der Strom im Augenblick der Zündung. Obwohl u_z und u_b bekannt sind, können wir daraus leider nicht die Konstante $u_{c_{f_0}}$ bestimmen, weil in dieser Beziehung außer ihr noch die unbekannte Schaltphase α vorkommt. Nun muß natürlich für $t = 0$ die Spannung am Kondensator sich sprungfrei an die vorher bestehende, nämlich den negativen Scheitelwert der Kondensatorspannung, anschließen. Nennen wir diesen u_{max}, so muß also sein:

$$- u_{max} = e_{max} \cos \delta \sin (\alpha - \delta) - u_b + u_{c_{f_0}}, \tag{1041}$$

womit wir zwar eine neue Gleichung, aber auch eine weitere Unbekannte gewonnen haben, denn auch u_{max} ist ja vorläufig noch unbekannt.

Die gleiche Spannung, nur mit positivem Vorzeichen muß die Kondensatorspannung aber annehmen, wenn der Strom zur Zeit seines Nulldurchganges t_0 abreißt und den Kondensator auf diesen nunmehr konstanten Scheitelwert geladen zurückläßt. Die Zeit t_0 als weitere Unbekannte erhalten wir aus $i_c = 0$ für $t = t_0$:

$$0 = \omega' C e_{max} \cos \delta \cos (\omega' t_0 + \alpha - \delta) - \frac{1}{R} u_{c_{f_0}} e^{-t_0/T}, \tag{1042}$$

die aber wiederum noch die übrigen Unbekannten mitenthält, und außerdem die neue Unbekannte t_0. Der Kreis schließt sich nun aber mit der vierten Gleichung für diese 4 Unbekannten, daß für $t = t_0$ u_c den Wert $+ u_{max}$ annehmen muß:

$$+ u_{max} = e_{max} \cos \delta \sin (\omega' t_0 + \alpha - \delta) - u_b + u_{c_{f_0}} e^{-t_0/T}. \tag{1043}$$

Damit sind vier Gleichungen (1040/43) vorhanden, und man könnte aus ihnen alle vier Unbekannten — die Schaltphase, die Löschphase, den Anfangswert des freien Stromes und den Scheitelwert der Kondensatorspannung bestimmen, die sich als Funktionen der Generatorspannung, der Zündspannung, der Brennspannung des Bogens, der Kreisfrequenz des Wechselstromes und der Zeitkonstanten des Kreises ergeben würden. Da die Gleichungen aber transzendent sind, ist eine Lösung in geschlossener Form nicht möglich, so daß wir unsere Diskussion an die Abb. 379b anschließen müssen.

In ihrem unteren Teil ist die Zusammensetzung des Kondensatorladestromes i aus dem Strom i_e des stationären Endzustandes, der um δ weniger als 90° gegen die Spannung — im oberen Teil dargestellt — des Generators voreilt, und dem freien Strom i_f gezeigt, der exponentiell abklingt. Kurze Zeit nach dem Nulldurchgang des stationären Ladestromes, also etwas länger nach dem Scheitelwert der Generator-Spannung, ist der Zeitpunkt erreicht, wo i_c als Summe der beiden nunmehr ungleichsinnig fließenden Ströme Null wird. Die Kurve der Kondensatorspannung, die ja zugleich die der Kondensatorladung ist, verläuft waagerecht und hat, wenn wir richtig aufgelöst haben, von der Generatorspannung gerade noch den Abstand u_b, die Brennspannung des Bogens. Nun erlischt i_c, und die Spannung am Kondensator bleibt liegen bis zur nächsten Umladung bei der negativen Halbwelle, wenn sich die Generatorspannung von der konstant bleibenden Netzspannung wieder um den Betrag u_z entfernt hat, bei dem bei $t = 0$ und der Schaltphase α der Vorgang durch die Zündung in der positiven Halbwelle für diese eingeleitet wurde. Man kann die Lösung des Vorgangs auch durch die Kombination von analytischer und graphischer Behandlung in der gleichen Weise schrittweise entstehen lassen, wie sich der stationäre Schwingungszustand zwischen zwei entgegengesetzt gleichen Ladungszuständen des Kondensators auch in der Tat einspielt, wenn man ihn bei einem willkürlichen Anfangszustand einleitet. Man nimmt u_{max} willkürlich — möglichst natürlich in der Nähe des zu vermutenden Wertes — an. u_z legt damit den Zündzeitpunkt fest. In ihm springt der Ladestrom auf $(u_z - u_b)/R$, eine für diesen Stromkreis festliegende Konstante. Subtrahieren wir davon den stationären Anteil des Ladestromes, der durch die Daten des Stromkreises auch ein für allemal fest gegeben ist, so erhalten wir den Anfangswert des freien Stromes, der mit der Zeitkonstanten $T = RC$ ausklingt. Er legt — negativ aufgetragen — durch seinen Schnittpunkt mit der Kurve des stationären Ladestromes den Löschzeitpunkt t_0 fest, den wir in die obere Kurve übernehmen, in ihm u_b von der Kurve der Generatorspannung abziehen und damit einen neuen Wert für u_{max} gewonnen haben, mit dem wir das Verfahren solange fortsetzen, bis die Werte von u_{max} konstant bleiben.

Als allgemein verbindlich stellen wir fest, daß die Löschung nicht im Scheitel der Generatorspannung erfolgt, sondern später. Sie rückt um so näher an ihn heran, je kleiner der Ohmsche Widerstand im Kreis ist, einmal, weil damit der Winkel δ kleiner wird, zweitens, weil bei kleinem R der freie Strom schnell abklingt und der Schnittpunkt der Exponentialfunktion mit der Kurve des einwelligen Stromes immer näher an den Nulldurchgang des stationären Stromes heranrückt. Der Scheitelwert der Kondensatorspannung wird dann immer näher an $e_{max} - u_b$ heranrücken. Die Kurvenform der Kondensatorspannung wird immer rechteckiger, wenn die Zündspannung groß ist. Ist sie aber klein, so nimmt der Verlauf der Kondensatorspannung ganz andere Form an. Dann erfolgt nach der Abb. 379c die Neuzündung bereits im abfallenden Ast der positiven Spannungshalbwelle. Der freie Strom wird sehr früh gezündet und ist lange vor Ablauf der Halbwelle soweit abgeklungen, daß die Löschung erst beim Nulldurchgang des stationären Ladestromes erfolgt. Die Kurve der Kondensatorspannung folgt also während der ganzen Zeit bis auf einen kleinen Ausgleichsvorgang am Anfang nach der Abb. 379c im Abstand u_b der stationären Kondensatorspannung, die gegen die Generatorspannung ein wenig (δ) nacheilt und in der Größe kaum von ihr verschieden ist. Die Kurvenform der Kondensatorspannung ist dann wieder nahezu sinusförmig mit einer kleinen Stufe und anschließendem steilen Abfall.

Bei allen diesen Vorgängen hatten wir immer wieder angenommen, daß die Induktivität des Kreises keine Rolle spiele. Wir haben stets festgestellt, daß sich der Strom sprunghaft ändert. Die unvermeidlichen Induktivitäten gestatten aber eine solche Änderung nicht. Wir müssen also, um das Bild genauer zu gestalten, auch die Induktivität des Kreises noch berücksichtigen, ebenso wie wir bei der Abschaltung der Induktivität auch die Kapazität nicht vernachlässigen konnten. Diese Induktivität spielt schon bei der Aufladung oder Entladung eines Kondensators über eine Entladungsstrecke eine entscheidende Rolle. Entlädt sich nach der Abb. 380 ein Kondensator, der im Anfangszustand auf eine Spannung u_{c_0} aufgeladen war, über eine Entladungsstrecke, die Induktivität L und den Widerstand R — R kann beispielsweise der Nutzwiderstand eines Stoßgenerators sein, die Entladungsstrecke seine Funkenstrecke —, so gelten für den Vorgang die Gleichungen:

$$u_L + u_C + u_R + u_s = 0\,, \tag{1044}$$

worin u_L, u_C und u_R in der üblichen Weise mit i durch die linearen Beziehungen über R, L und C verknüpft sind und u_s wieder wie in Gl. (1018) als eine Konstante mit von der Stromrichtung abhängigem Vorzeichen betrachtet werden soll:

$$u_s = u_b \operatorname{sign}(i)\,. \tag{1045}$$

Wir erhalten also als Grundgleichung:

$$i R + L\frac{di}{dt} + \frac{1}{C}\int i\,dt = -u_b \operatorname{sign}(i) \tag{1046}$$

als Differentialgleichung, die innerhalb jeder Halbwelle eine gewöhnliche Differentialgleichung für die Einschaltung eines aus der Hintereinanderschaltung von Widerstand, Induktivität und Kapazität bestehenden Reihenresonanzkreises ist. Die Lösung ist aus dem Abschn. VII A 4 (S. 372) bekannt, wobei wir uns hier nur für den periodischen Fall interessieren wollen, sogar darüber hinaus annehmen wollen, daß er nur sehr schwach gedämpft sein soll. ($R \ll 2Z$). Die allgemeine Lösung für die Stromstärke im Kreis ist dann gegeben durch:

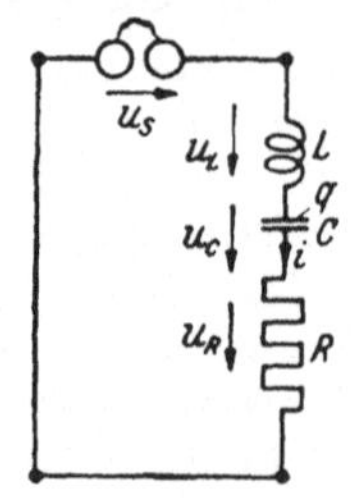

Abb. 380. Entladung eines Kondensators über eine Entladungsstrecke mit Induktivität und Widerstand im Kreis.

$$i = i_0 e^{\beta t} (\sin \omega t + x \cos \omega t)\,, \tag{1047}$$

worin $\beta = R/2L$ und $\omega = \sqrt{1/LC - R^2/4L^2} \approx 1/\sqrt{LC}$ nur von den Konstanten des Kreises bestimmt sind, während i_0 und x die willkürlichen Konstanten sind, die den Anfangsbedingungen anzupassen sind. Nun soll zu Anfang $i = 0$ sein; daraus folgt sofort, daß $x = 0$ sein muß. Es bleibt von Gl. (1047) nur:

$$i = i_f = i_0\, e^{-\beta t} \sin \omega t\,. \tag{1048}$$

Die hierin noch vorkommende Konstante ist zu bestimmen aus der Bedingung des sprungfreien Übergangs der Ladung des Kondensators, die im Anfang $C u_{c_0}$ beträgt und im stationären Endzustand sich auf den Wert $C u_b$ einstellen würde. So erhalten wir einerseits aus der Integration der Gleichung (1048) für $\int i_f\, dt = q_f$:

$$q_f = -\, i_0 \frac{1}{\omega} e^{-\beta t} (\cos \omega t + \beta/\omega \sin \omega t) \tag{1049}$$

für $t = 0$

$$q_{f_0} = -\frac{i_0}{\omega}\,, \tag{1050}$$

andererseits aus der physikalischen Anfangsbedingung:

$$q_{f_0} = q_0 - q_{e_0} = C\,(u_{c_0} - u_b) \tag{1051}$$

und somit:

$$i_0 = -\, C\omega\,(u_{c_0} - u_b)\,. \tag{1052}$$

In der ersten Halbwelle ist i also negativ — ein Entladestrom — wie erwartet, so daß sich auch die Vorzeichenwahl von u_b bei der Festsetzung der Ladung des stationären Endzustandes rechtfertigt. Dem Zeitgesetz:

$$u_c = u_{c_e} + u_{c_f} = u_b + (u_c - u_b)\,(\cos \omega t + \beta/\omega \sin \omega\, t)\, e^{-\beta t} \tag{1053}$$

kann allerdings die Kondensatorspannung nur solange gehorchen, wie der Strom sein Vorzeichen nicht gewechselt hat. Das erfolgt nach einer Halbperiode des Stromes, wenn der sin in der Zeitfunktion sein Vorzeichen wechselt, also für $t = T/2$, wenn wir die Periodendauer des Schwingungsvorganges mit T bezeichnen. In diesem Zeitpunkt ist die Kondensatorspannung geändert auf:

$$u_{c(T/2)} = u_b + (u_{c_0} - u_b)\,(-1 + \beta/\omega \cdot 0)\, e^{-\beta T/2} = -\left((u_{c_0} - u_b)\, e^{-\beta T/2} - u_b\right). \tag{1054}$$

Nun ist $e^{-\beta T/2} = e^{-\pi \beta/\omega} = e^{-\pi\, R/2Z} = e^{-\Lambda/2}$, worin Λ das logarithmische Dekrement nach Gl. (830) ist, und kann bei kleiner Dämpfung, die wir voraussetzten, in eine Reihe entwickelt werden, die wir nach dem zweiten Glied abbrechen:

$$e^{-\beta T/2} = e^{-\Lambda/2} = 1 - \Lambda/2\,, \tag{1055}$$

womit wir dann die Spannung des umgeladenen Kondensators am Ende der ersten Halbwelle des Entladungsvorganges schreiben können als:

$$\left|u_{c(T/2)}\right| = u_{c_0}\,(1 - \Lambda/2) - u_b\,(2 - \Lambda/2)\,. \tag{1056}$$

Die Lichtbogenspannung wirkt wie eine Vergrößerung der Dämpfung denn mit $u_b/u_{c_0} = m$ können wir (Gl. (1056)) auch schreiben:

$$|u_{c(T/2)}| = u_{c_0}\left(1 - (\Lambda/2 + 2m)\right), \tag{1057}$$

wenn wir bei kleinem m und Λ das Produkt aus beiden vernachlässigen. Diese Dämpfungsvergrößerung ist aber nicht konstant, sondern von der Amplitude der Ladespannung abhängig, die im Nenner von m steht. Die Dämpfung wird also bei großen Spannungen weniger vergrößert als bei kleinen. Mit diesem Anfangswert beginnt nun eine neue Halbwelle des Entladevorgangs mit umgekehrtem Vorzeichen des Stromes und damit auch der Bogenspannung. Nach einer weiteren Halbwelle ist der Anfangsspannung dieser Halbwelle das gleiche widerfahren; sie ist abgesunken auf:

$$|u_{c(2\,T/2)}| = u_{c(T/2)}\,(1 - \Lambda/2) - u_b\,(2 - \Lambda/2)\,. \tag{1058}$$

Ist $\Lambda/2$ klein, so nimmt bei jeder Halbschwingung die Amplitude der Kondensatorspannung um $2u_b$ ab. Ist sie nach x Halbschwingungen kleiner als u_b geworden, so reißen die Entladungen ab und es bleibt eine Restladung auf dem Kondensator liegen. Die Amplituden klingen nicht mehr exponentiell ab, wie wir es sonst gewöhnt sind, sondern linear (s. Abb. 381). Ist die wirkliche Dämpfung, ausgedrückt durch das logarithmische Dekrement, dagegen nicht zu vernachlässigen, so ergeben sich Abklingkurven, die sich um so stärker der reinen Exponentialkurve nähern, je stärker der Dämpfungsanteil gegen den Lichtbogenspannungsanteil ist.

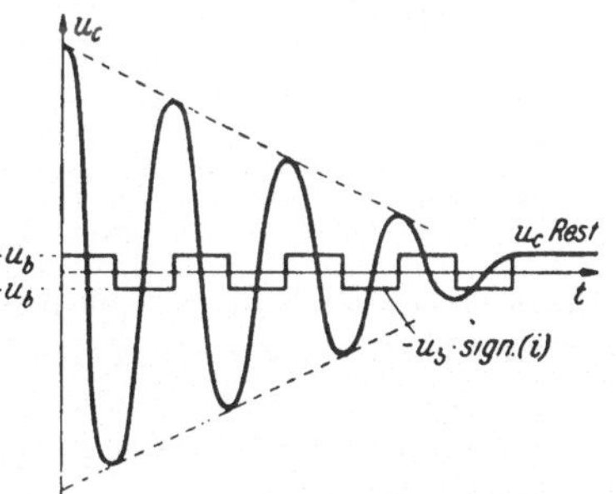

Abb. 381. Verlauf der Kondensatorspannung bei überwiegendem Einfluß der Lichtbogenspannung.

Dies Problem ist in der Mechanik von großer Bedeutung, wo es die zusätzliche Beeinflussung eines geschwindigkeitsproportional gedämpften Systems durch die Reibung beschreibt, z. B. die Bewegung eines Meßinstrumentenzeigers unter dem Einfluß der Lagerreibung. Bei großen Abweichungen vom Gleichgewichtszustand spielt dann zwar bei guten Instrumenten allein die Dämpfung eine Rolle, mit wachsender Annäherung an den Endwert wird die Reibung immer wichtiger, weil ja ihr Verhältnis zur Kraftamplitude ebenso eingeht wie in unserer oben durchgeführten Rechnung das Verhältnis der Lichtbogenspannung zur Kondensatorspannung. Die anfangs exponentielle Abnahme der Amplituden linearisiert sich mehr und mehr und schließlich bleibt das Instrument innerhalb der durch den Reibungsfehler gesteckten Grenzen durch Reibungskräfte festgehalten stehen, ebenso wie unser Kondensator eine Restladung behält, deren Höhe die Lichtbogenspannung bestimmt. Bei Fortfall jeder Dämpfung würde die linear wirkende Reibung oder Lichtbogenspannung den Vorgang nach einer endlichen Anzahl x von Halbwellen zur Beendigung bringen, wenn $u_{c_0} - 2x\,u_b = u_b$ geworden ist, also für:

$$x = \frac{1}{2}\left(\frac{u_{c_0}}{u_b} - 1\right). \tag{1059}$$

Fragen wir nun nach dem Vorgang bei der Aufladung eines Kondensators aus einer Gleichspannungsquelle nach Abb. 382, so hat sich an dem Stromkreis nichts geändert. Die Gleichungen für den freien Strom sind die gleichen. Geändert sind nur die Spannungen des stationären Endzustandes und damit auch die Anfangswerte des freien Stromes und der freien Ladung. Für einen anfangs ungeladenen Kondensator muß also die nach dem cos-Gesetz veränderliche Ladung — die Anfangsbedingung für den Strom ist die gleiche geblieben $i_f = 0$ — den erstrebten

Endwert: $(u - u_b)C$ zu Null ergänzen. Die Amplitude dieses Vorganges ist also die gleiche wie bei der Entladeschwingung, nur das Vorzeichen ist umgekehrt. Die erste Halbwelle des Stromes ist kein Entladestrom, sondern positiv, ein Ladestrom. Da sich die freie Spannung der des erstrebten Endzustandes überlagert, so ist nach einer Halbwelle die gesamte Spannung auf die der Kondensator aufgeladen ist:

$$\begin{aligned} u_{c(T/2)} &= (u - u_b) + (u - u_b)\,(1 - \Lambda/2) \\ &= (u - u_b)\,(2 - \Lambda/2)\,. \end{aligned} \tag{1060}$$

Der Kondensator ist in diesem Zustand auf fast die doppelte Netzspannung überladen, und es schließt sich eine Entladeschwingung an, die nun ebenso um den Endwert der Ladung pendelt wie vorher beim Entladevorgang um den Endwert Null. Die Abnahme der Abweichung der Amplituden von dem Wert der Netzspannung nimmt genau so linear ab wie zuvor, wenn die Dämpfung klein ist. Sonst mischen sich ebenso wie zuvor lineare und exponentielle Dämpfung derart, daß im Anfang der exponentielle Charakter vorwiegt, wenn die Lichtbogenspannung klein ist, und später der lineare Charakter, wenn sie in die Größenordnung der Restspannungsabweichungen gekommen ist. Die Abb. 382b zeigt den Spannungsverlauf am Kondensator und bedarf keiner weiteren Erläuterung. Wichtig ist aber die Tatsache, daß die Netzspannung bei diesem Vorgang um fast 100% überschossen wird. Es tritt als Folge der Ladeschwingung eine Überspannung auf, die zwar etwas niedriger ist als bei Aufladung über Widerstand und Induktivität ohne Lichtbogen, aber doch um $2u_b$ nur unwesentlich darunterbleibt.

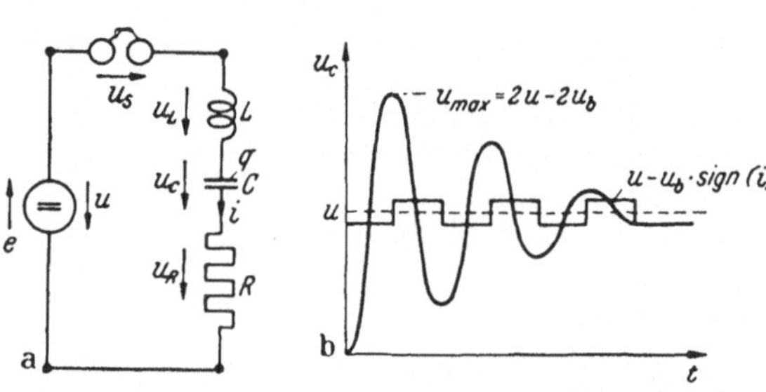

Abb. 382. Schwingende Aufladung eines Kondensators aus einer Gleichspannungsquelle über einen Lichtbogen. a Schaltbild. b Verlauf der Kondensatorspannung bei Umladung.

Ersetzen wir nun die Gleichspannungsquelle der Abb. 382a nach Abb. 383a durch eine Wechselspannungsquelle, deren Frequenz niedrig sein möge gegen die Eigenfrequenz des Schwingungsvorgangs, mit dem der Kreis auf Zustandsänderungen reagiert. Diese bleiben wiederum die gleichen wie bisher. Nur die Anfangsbedingungen sind neuerdings geändert. Liegt nach Abb. 383b auf dem Kondensator von einer vorangegangenen Ladung her irgend eine negative Anfangsladung, die der Kondensatorspannung u_{c_0} entspricht, so erfolgt der Ausgleichsvorgang, wenn er im ungünstigsten Falle gerade im Scheitelwert der Netzspannung stattfindet, so, daß dieser Scheitelwert entsprechend überschossen wird wie nach unseren bisherigen Rechnungen. Die Spannungsspitze bei der Überladung wird dann:

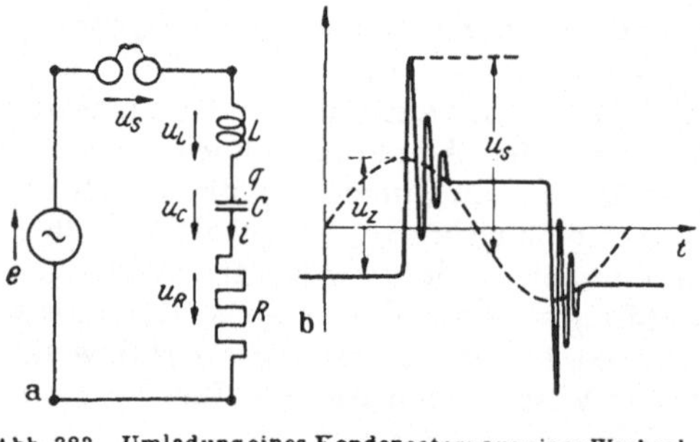

Abb. 383. Umladung eines Kondensators aus einer Wechselspannungsquelle über einen Lichtbogen mit Berücksichtigung von Induktivität und Kapazität des Kreises. a Schaltbild. b Verlauf der Kondensatorspannung bei der Aufladung.

$$u_{c_{max}} = (e_{max} - u_b) + (u_0 + e_{max} - u_b)\,(1 - \Lambda/2) \tag{1061}$$

$= \text{stationärer Anteil} + \text{Scheitelwert der freien Spannung nach einer Halbwelle}$

$$= (e_{max} - u_b)\,(2 - \Lambda/2) + u_0\,(1 - \Lambda/2)\,. \tag{1062}$$

Abgesehen von dem Faktor $(1 - \Lambda/2)$, der dicht an 1 ist, ist sie also um fast den doppelten Scheitelwert der Netzspannung höher als die vorher vorhandene Restladungsspannung. Wenn sie nach Abb. 383b periodisch ausklingt, ohne daß es zu einem Abreißen des Lichtbogens während dieser schnellen Schwingung kommt, so bleibt etwa der Scheitelwert der Wechselspannung auf dem Kondensator als Anfangszustand für eine neue Umladung bestehen; mit diesem Anfangswert kann sich das Spiel nun wiederholen, wobei zeitweilig während des Überschießens Überspannungen bis zur fast dreifachen Höhe der Netzspannung entstehen. Ist nämlich $u_0 \approx e_{max}$, so wird die höchste Kondensatorspannung:

$$u_{c_{max}} \approx e_{max}(3 - \Lambda) - u_b(2 - \Lambda/2) \approx 3e_{max} - 2u_b \approx 3e_{max}. \qquad (1063)$$

Noch unangenehmer wird die Erscheinung, wenn der Strom des schnellschwingenden Ladevorgangs nicht „durchschwingt", sondern bei seinem Nulldurchgang abreißt. Der Strom des stationären Endzustandes ist ja in diesem Zeitpunkt sehr klein, weil wir uns in der Nähe des Spannungsmaximums befinden, bei dem du/dt klein ist. Dann bleibt die Ladung auf dem Kondensator liegen, die dem Wert von annähernd $3e_{max}$ für die Kondensatorspannung entspricht. Die für eine neue Zündung verfügbare Spannung als Abstand zwischen der Kurve der Netzspannung und der Kurve der Kondensatorspannung wächst weit über die Werte hinaus, die vorher zur Verfügung standen. Ist die Zündspannung der Entladungsstrecke unverändert geblieben, so würde das nur zum Wiedereinsetzen einer Entladung bereits auf dem abfallenden Ast der Netzspannungskurve führen und u. U. einen Stromfluß der Netzfrequenz zünden, der die Kondensatorspannung bis zum nächsten Spannungsmaximum in der Nähe der Netzspannung halten würde. Unangenehmer wird die Erscheinung aber dann, wenn sich inzwischen die Zündspannung, d. h. die Spannungsfestigkeit der Entladungsstrecke, weiter erhöht hat. Das ist z. B. dann planmäßig der Fall, wenn es sich bei der Entladungsstrecke um die Kontaktstrecke eines sich öffnenden Schalters handelt. Im ungünstigsten Falle kann diese so ansteigen, daß sie in der nächsten Halbwelle bis auf angenähert $4e_{max}$ gekommen ist. Dann wird erst im Maximum dieser Spannung ein neuer Durchschlag der Schaltstrecke, eine „*Rückzündung*" des Lichtbogens, auftreten, der erneut zum Überschießen der Kondensatorspannung — dieses Mal auf nahezu $5e_{max}$ — führt. Steigt die Spannungsfestigkeit der Rückzündstrecke weiter, so kann dieser neue höhere Wert wieder beim Maximum der Beanspruchung der Schaltstrecke mit $6e_{max}$ zu einer Rückzündung führen und damit zu erneuter, noch höherer Aufladung auf fast $7e_{max}$. Das ständige Anwachsen dieser Spannungen wird nur durch den Einfluß der Brennspannung des Bogens und die Dämpfung behindert. Denn bei entsprechendem Anstieg der Spannungsfestigkeit der zu zündenden Strecke derart, daß jedesmal die Spannung auf das höchsterreichbare Maximum führt, wird die Spannung des folgenden Vorgangs sich von der des vorangegangenen ebenso unterscheiden, wie wir das in Gl. (1062) für den ersten Vorgang errechneten:

$$u_{c_{max_n}} = (e_{max} - u_b)(2 - \Lambda/2) + u_{c_{max_{n-1}}}(1 - \Lambda/2). \qquad (1064)$$

Diese Spannung steigt nicht mehr weiter, wenn die Spannung mit dem Index n ebenso groß ist wie die mit dem Index $(n-1)$. Der absolute Höchstwert U der Rückzündüberspannungen liegt also bei:

$$U(1 - 1 + \Lambda/2) = (e_{max} - u_b)(2 - \Lambda/2)$$

$$U = (e_{max} - u_b)\frac{2 - \Lambda/2}{\Lambda/2} \approx (e_{max} - u_b)\,4/\Lambda. \qquad (1065)$$

Für $\Lambda = 0{,}1$, einen durchaus möglichen Wert, und eine Lichtbogenspannung von 25% des Scheitelwertes der Netzspannung wird damit die höchste mögliche Überspannung das 30fache der Netzspannung. Meist wird aber bei so hohen Überspannungen, die ja die Existenz entsprechend hoher Spannungsfestigkeit in der Schaltstrecke voraussetzen, auch die Brennspannung sehr hoch werden, was auf die Höhe der Überspannungen begrenzend einwirkt. Überspannungen vom 5...10fachen Wert der Netzspannung sind aber bereits beobachtet worden.

Die Abb. 384 zeigt für einen Fall, bei dem $u_b = e_{max}/2$ und $\Lambda = 0{,}25$ angenommen wurde, das Ansteigen der Überspannungen in den ersten Wellen und den dazugehörigen Strom, der aus kurzen, immer höher ansteigenden Stoßentladungen besteht, während die Spannung an der Kapazität praktisch rechteckigen Verlauf hat. Die cos-förmigen Anstiege der Spannung als Übergänge von einem Zustand in den anderen sind bei diesem Zeitmaßstab nicht mehr sichtbar.

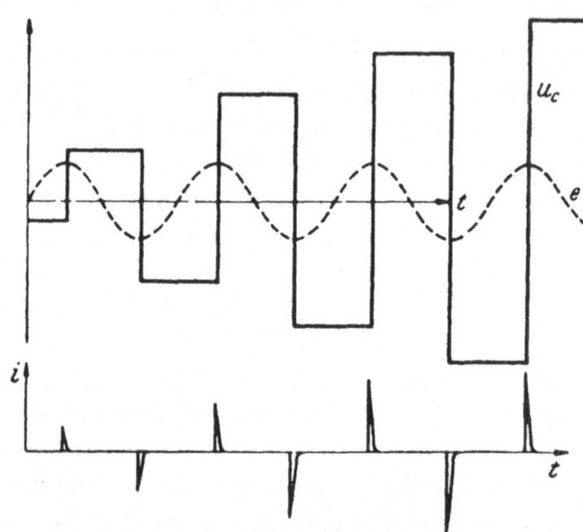

Abb. 384. Rückzündungen bei der Abschlatung von rein kapazitiven Lasten mit Induktivität, Widerstand und Lichtbogen im Stromkreis. Oben: Verlauf der Kondensatorspannung. Unten: Ladestromspitzen.

Das starke Ansteigen der Rückzündüberspannungen setzt natürlich voraus, daß eine genügende Anzahl von Zündungen zustande kommt. Am ehesten wird es stattfinden, wenn die Spannungsfestigkeit der Zündstrecke langsam steigt, so daß sich die Spannung allmählich hochschaukeln kann. Schalter, die den ganzen Schaltvorgang in wenigen Halbwellen bewältigen, sind nicht in gleichem Maße anfällig. Jede Dämpfung des Schwingungskreises wirkt ebenso günstig, weil ja die Dämpfung über Λ eingeht. Bei genügend hoher Dämpfung kommt es schließlich überhaupt nicht mehr zu einer periodischen Ladeschwingung, so daß jede Möglichkeit des Aufschaukelns entfällt. Parallel geschaltete Wirklasten, die gleichzeitig mit dem Kondensator abgeschaltet werden, erleichtern also den Schaltvorgang, der in voller Schärfe nur bei reinen Kondensatoren eintritt, wenn der Schaltkreis noch Induktivitäten enthält, die in Reihenschaltung den Schwingkreis vervollständigen. Das sind z. B. in Hochspannungsnetzen Drosseln vor Kabeln oder Transformatoren mit ihrer Streuinduktivität vor leerlaufenden Freileitungs- oder Kabelnetzen. Man kann die Dämpfung auch vorübergehend nur während des Schaltvorganges erhöhen, indem man den Schalter mit einem Vorkontaktwiderstand versieht, der zunächst bei der Abschaltung in den Stromkreis eingeschaltet wird und dämpfend wirkt und damit den eigentlichen Abschaltvorgang erheblich erleichtert. Er muß so bemessen sein, daß, wenn möglich, der Schwingungskreis aus L und C nicht mehr oszillatorisch bei Ausgleichsvorgängen reagieren kann, d. h. $R \geqq 2\,Z = 2\sqrt{L/C}$.

Wir betrachten zum Schluß noch einen Vorgang, bei dem mehrere derartige Schaltvorgänge im Zusammenwirken von Induktivität und Kapazität eine Rolle spielen, um daran zu zeigen, wie die Kenntnis der wenigen Regeln über die Ausgleichsvorgänge in einfachen Systemen ausreichen, um alle Teilphasen solcher kompliziert erscheinenden Vorgänge zu analysieren. Bei einem Lichtbogenerdschluß in einer Hochspannungsanlage sei ein gegen Erde völlig isoliertes System gegeben, das aus einer Spannungsquelle mit der Urspannung $e = e_{max} \cos \omega t$ gespeist werde. Der Generator habe als inneren Widerstand einen Ohmschen Widerstand R und eine Streuinduktivität L. Die beiden Leiter haben gegen Erde die Teilkapazitäten C_1 und C_2. Die Teilkapazität C_{12} zwischen den Leitern ist, weil am zu untersuchenden Vorgang nicht beteiligt, nur angedeutet. Am Leiter 2 tritt, z. B. durch einen Isolatorüberschlag oder durch einen Kabelfehler, ein Lichtbogenerdschluß auf, den wir im Schema der Abb. 385b durch einen Schalter ersetzt denken, dessen Schaltstrecke wieder in irgend einer Form der idealisierten Kennlinie genüge, die wir bisher immer annahmen. Die Anfangsbedingungen für einen Ausgleichsvorgang seien dadurch gegeben, daß sich auf dem ganzen System eine Gleichladung befinde, die von einem früheren Ausgleichsvorgang herrühren möge, so daß also:

$$-q_1 + q_2 = q_0 \neq 0 \tag{1066}$$

sei. Die Spannungsverteilung ist dann durch eine Verteilung des Wechselspannungsanteiles im umgekehrten Verhältnis der Kapazitäten gegeben; die Gleichladung hat eine überlagerte Gleichspannungsverteilung derart zur Folge, daß $u_{1_g} = -u_{2_g}$ ist, woraus sich wegen der Proportionalität der Ladungen mit den Spannungen für diese auf beiden gegensinnig überlagerte Gleichspannung der Wert u_0 nach:

$$u_2 = -u_1 = u_0 = q_0/(C_1 + C_2) \tag{1067}$$

ergibt. Die Spannungsverteilung im ungestörten Zustand — Schalter offen, d. h. Anlage ohne Erdschluß — ergibt:

$$\left.\begin{aligned} u_1 &= \frac{C_2}{C_1 + C_2}\, e_{max} \cos \omega t - u_0\,, \\ u_2 &= \frac{C_1}{C_1 + C_2}\, e_{max} \cos \omega t + u_0\,. \end{aligned}\right\} \tag{1068}$$

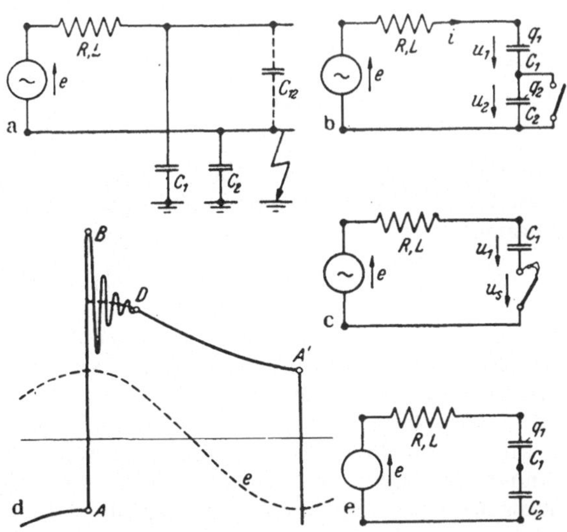

Abb. 385. Schwingungsanregung durch einen Erdschlußlichtbogen. a Schaltbild. b Ersatzschaltbild für einsetzenden Erdschluß. c Ersatzschaltbild für die Zündschwingung: Aufladung von C_1. d Zünd- und Löschschwingung im Erdschlußlichtbogen. Verlauf der Spannung an der gesunden Leitung. e Ersatzschaltbild für die Löschschwingung.

Im Augenblick des Maximums der Spannung u_2, also für $t = 0$, erfolge eine Zündung der Entladungsstrecke an der Fehlerstelle, d. h. am Schalter eine Einschaltung über den Lichtbogen.

Nun ergeben sich zwei Entladungskreise, die wir bei geringem Schalterwiderstand getrennt behandeln können. Sie sind durch den Schalterwiderstand Null entkoppelt, woran ein Lichtbogenwiderstand nichts ändert, weil er keine vom Entladungsstrom des einen Kreises abhängigen Spannungsabfälle in die andere Masche liefert. Der Entladekreis des Kondensators C_2 enthält nur den Lichtbogenwiderstand, seine kleine Eigeninduktivität und seinen kleinen Innenwiderstand. Die Vorgänge in ihm spielen sich also sehr schnell ab. Wenn es sich um Kabel oder Freileitungen als Kondensatoren handelt, so wird man diesen Vorgang sogar als nicht-quasistationär ansehen und auf ihn die Rechenverfahren über Wanderwellen auf Leitungen anwenden müssen (Bd. 2, Abschn. XII). Auf jeden Fall klingt er schnell ab und beeinflußt auch aus diesem Grund den Hauptvorgang nicht, der sich im Kreise C_1, R, L abspielt, den wir nun noch einmal in Abb. 385c herausgezeichnet haben, um die *Zündschwingung* untersuchen zu können. Wir haben die Reihenschaltung von Induktivität, Kapazität und Widerstand, die periodisch reagieren kann, wenn R genügend klein ist. Sie hat die Kreisfrequenz $\omega' = 1/\sqrt{LC_1}$ und eine durch $R/2L$ bestimmte Dämpfung β, bzw. ein logarithmisches Dekrement

β/ω'. Nach der Abb. 385d schwingt nun also die Spannung am Kondensator C_1 von ihrem aus Gl. (1068) zu entnehmenden Anfangswert:

$$U = \frac{C_2}{C_1 + C_2} e_{max} - u_0 \tag{1069}$$

unter Berücksichtigung des Lichtbogenspannungsabfalles u_b über den Spannungswert des erstrebten Endzustandes:

$$u_{c_{1e_0}} = e_{max} - u_b \tag{1070}$$

um die Amplitude der freien Spannung hinaus, die nur um den Dämpfungsanteil vermindert nach der ersten Halbwelle der Zündschwingung sich positiv über den Endzustand überlagert. Aus der Differenz der Augenblickswerte der Spannung des Anfangs- und Endzustandes der Spannung u_1 finden wir diese Amplitude:

$$u_{1f_0} = U - u_{1e_0} = \frac{C_2}{C_1 + C_2} e_{max} - u_0 - (e_{max} - u_b) = \frac{-C_1}{C_1 + C_2} e_{max} - u_0 + u_b\,. \tag{1071}$$

Nach einer Halbperiode des Ausgleichsvorgangs mit der Frequenz ω', die meist sehr viel höher ist als die Netzfrequenz, hat sich die stationäre Spannung noch nicht merklich vom Scheitelwert e_{max} entfernt, so daß wir unter Berücksichtigung der Dämpfung als Höchstwert der Kondensatorspannung $u_{1_{max}}$ finden:

$$\begin{aligned} u_{1_{max}} &= e_{max} - u_b - \left(\frac{-C_1}{C_1 + C_2} e_{max} - u_0 + u_b\right)(1 - \Lambda'/2) \\ &= e_{max} \frac{C_1}{C_1 + C_2}\left(\frac{2\,C_1 + C_2}{C_1} - \Lambda'/2\right) + u_0 (1 - \Lambda'/2) - u_b (2 - \Lambda'/2) \end{aligned} \tag{1072}$$

in völliger Analogie zu Gl. (1063), wenn auch mit ein wenig mehr Buchstabenaufwand. Wenn wir einmal in Gl. (1072) $C_1 = C_2$ machen, also eine erdsymmetrische Anlage annehmen, so wird das noch deutlicher, weil dann wird:

$$u_{1_{max}} = \frac{e_{max}}{2} (3 - \Lambda'/2) + u_0 (1 - \Lambda'/2) - u_b (2 - \Lambda'/2)\,. \tag{1073}$$

Bei diesem Scheitelwert der Spannung der Zündschwingung kann es nun zum Erlöschen der Zündschwingung kommen, wenn sich die Entladungsstrecke genügend schnell entionisiert, denn der stationäre Ladestrom ist ja beim Maximum sowieso Null. Dann bleibt eine entsprechende Ladung auf dem System liegen; der Schalter des Bildes Abb. 385c wird geöffnet. In der Abb. 385d ist das die erste Phase des Spannungsverlaufs, den wir als steil ansteigende halbe cos-Welle zwischen dem Anfangswert der Spannung im Negativen und ihrem überschießenden positiven Maximalwert erkennen ($A \ldots B$).

Nun verwandelt sich aber durch die Schalteröffnung das Schaltbild von neuem. Es tritt an die Stelle des Bildes Abb. 385c das der Abb. 385e mit der Reihenschaltung von zwei Kondensatoren, der Induktivität und dem Widerstand. Alle Vorgänge in diesem Kreis, die nun als Ausgleichsvorgänge sich bei der „*Löschschwingung*" abspielen werden, sind durch die Daten dieses Schwingungskreises gekennzeichnet. Sie spielen sich also mit der Eigenfrequenz:

$$\omega'' = 1/\sqrt{LC_r} \text{ ab, wo } C_r = \frac{C_1 C_2}{C_1 + C_2} \tag{1074}$$

die aus der Reihenschaltung von C_1 und C_2 gebildete resultierende Kapazität ist. Sie liegt also noch höher als die der Zündschwingung. Auch ihre Dämpfung ist geändert, wenn wir nicht auf β sehen, sondern auf das logarithmische Dekrement Λ''. $R/2L$ bleibt natürlich ungeändert. Die Amplitude dieser Schwingung bestimmen wir wieder aus dem Unterschied der Spannungen im Anfangszustand und im erstrebten neuen stationären Endzustand. Der Anfangszustand ist gekennzeichnet durch die Spannung $u_{1_{max}}$ am Kondensator C_1, die wir in Gl. (1072/73) berechneten. Der stationäre Endzustand, der angestrebt wird, enthält einen Wechselspannungsanteil:

$$u_{1_w} = e_{max} \cdot \frac{C_2}{C_1 + C_2} \cdot \cos \omega t \tag{1075}$$

und einen Gleichspannungsanteil, der durch die Verteilung der neuen Ladung auf dem Kondensator C_1 auf beide Kondensatoren gegeben ist, denn der Kondensator C_2 war ja, wie wir gleich eingangs feststellten, durch den Erdschlußlichtbogen entladen. Auf ihm könnte höchstens noch eine Restladung von der Größenordnung der Lichtbogenspannung zurückgeblieben sein. Da der Kondensator C_1 am Ende der Zündschwingung die Ladung $C_1\, u_{1_{max}}$ trug, so ist der Gleichspannungsanteil der stationären Endspannung:

$$u_{1_g} = u_{1_{max}} \frac{C_1}{C_1 + C_2}\,. \tag{1076}$$

Damit ergibt sich der gesamte stationäre Endzustand für u_1:

$$u_{1_e} = u_{1_w} + u_{1_g} = e_{max} \frac{C_2}{C_1 + C_2} \cos \omega t + u_{1_{max}} \frac{C_1}{C_1 + C_2}\,, \tag{1077}$$

und aus der Differenz des Anfangswertes $u_{1_{max}}$ und dieses Wertes für $t = 0$ — wir haben uns noch immer nicht merklich von dem Scheitelwert der Netzspannung entfernt — die Amplitude der Löschschwingung am Kondensator C_1:

$$u_{1_{f_0}} = u_{1_{max}} - u_{1_{e_0}} = (u_{1_{max}} - e_{max}) \frac{C_2}{C_1 + C_2}\,. \tag{1078}$$

Sie überlagert sich nach der Abb. 385d nach dem Zeitpunkt B im Anschluß an die abgerissene Zündschwingung dem neuen stationären Endzustand, der gestrichelt eingetragen ist, nach Ausklingen der freien Löschschwingung allein weiterbesteht und von diesem Zeitpunkt D ab ausgezogen dargestellt ist.

Wenn wir wünschen, daß dieser gleiche Vorgang sich nun nach einer Halbwelle des Netzes wieder genau so abspielt, daß wir also den sich schließlich nach vielen solcher Umladungsspiele einstellenden Endzustand berechnet haben, so muß die neue stationäre Endspannung nach einer Halbwelle zu der gleichen Zündspannung als Abstand zwischen der Kurve des Verlaufs der Kondensatorspannung und des Verlaufs der Netzspannung führen wie zuvor. Es muß also die größte Überspannung, die bei einem solchen Vorgang eintreten kann, sich berechnen lassen, wenn man die Ladung, die jetzt auf dem System als überlagerte Gleichladung liegt, dem Betrage nach gleich, aber entgegengesetzt im Vorzeichen macht, wie die Ladung q_0, von der wir ausgingen:

$$C_1\, u_{1_{max}} = -\, C_1\, u_1 = (C_1 + C_2)\, u_0\,. \tag{1079}$$

Durch Einsetzen von $u_{1_{max}}$ aus Gl. (1072) finden wir so eine Bestimmungsgleichung für den größten Wert von u_0, der sich im Verlauf eines solchen Vorgangs schließlich einstellen kann:

$$\frac{e_{max}}{2} (3 - \Lambda'/2) + u_0\, (1 - \Lambda'/2) - u_b\, (2 - \Lambda'/2) = (1 + C_2/C_1)\, u_0$$

$$u_0 = \frac{\frac{e_{max}}{2}\,(3 - \Lambda'/2) - u_b\,(2 - \Lambda'/2)}{C_2/C_1 + \Lambda'/2}$$

Oder allgemeiner mit beliebigen Werten von C_1 und C_2:

$$u_0 = \frac{e_{max} \frac{C_1}{C_1 + C_2} \left(\frac{2\, C_1 + C_2}{C_1} - \Lambda'/2\right) - u_b\,(2 - \Lambda'/2)}{C_2/C_1 + \Lambda'/2} \tag{1080}$$

Für $C_2 = C_1$ und kleines u_b ergibt das als Grenzwert:

$$u_0 \approx \frac{3}{2} e_{max} - 2 u_b, \tag{1081}$$

und somit für kleines u_b 1,5 e_{max} als äußerster Wert von u_0. Den Wert für u_{1max}, die größte in der gesunden Leitung gegen Erde auftretende Spannung bei dieser Erdschlußbeanspruchung durch „*aussetzenden Erdschluß*" — Abreißen der Zündschwingung — schreiben wir ohne Ableitung an und benutzen dabei für C_2/C_1 die Abkürzung k:

$$u_{1max} = e_{max}\left(\frac{2 + k - \Lambda'/2}{k + \Lambda'/2}\right) - u_b\left(\frac{3 + k - \Lambda'/2}{k + \Lambda'/2}\right). \tag{1082}$$

Für $k = 1$ und $\Lambda'/2 = 0$ ergibt das als Höchstwert:

$$u_{1max} \approx 3\, e_{max} - 4\, u_b. \tag{1083}$$

Die Lichtbogenspannung wirkt also bei entsprechend hohen Werten stark begrenzend ein, wenn auch keine sonstige Dämpfung vorhanden ist. Infolgedessen ist die Erscheinung in Freileitungsnetzen weniger gefährlich, wo lange Lichtbögen hohe Brennspannungen fordern, als in Kabelnetzen bei kurzen Entladungsstrecken oder bei Isolatordurchschlägen. Der absolute Höchstwert, der sich einstellen kann, ist der dreifache Scheitelwert der Generatorspannung, also das Sechsfache der betriebsmäßigen Scheitelspannung der betroffenen Leitung.

Für die praktisch wichtigere Drehstromanlage werden die Formeln sehr unübersichtlich, wenn man Unsymmetrieen zwischen den drei Erdkapazitäten mit in die Rechnung einbezieht. Da sie aber nur quantitative Veränderungen bedingen, können wir uns mit der Betrachtung des symmetrischen Falls nach der Abb. 386 begnügen. Alle Erdkapazitäten sind hier gleich C gesetzt. Die Strangspannung habe den Scheitelwert e_{max}. Bei Symmetrie stellt sie zugleich den Scheitelwert der Spannung jedes Kondensators, jeder Leitung, gegen Erde dar. Das vollständige Schaltbild der Abb. 386a verwandelt sich für die von uns zu betrachtenden Ausgleichsvorgänge in die Schaltung der Abb. 386b, in der dem geschalteten Strom im Erdschlußlichtbogen, den wir wieder durch einen Schalter gekennzeichnet haben, auf einem großen Teil seines Weges die Parallelschaltung von 2 gleichen Wegen mit gleichen Widerstandsoperatoren zur Verfügung steht. Das Bild kann also weiter auf das der Abb. 386c reduziert werden und ist damit auf das Schema der Abb. 385c zurückgeführt. Die Ausgleichschwingung bei der Zündung wird also in ihrer Frequenz bestimmt durch die Kapazität $2C$ und die Induktivität $3/2\,L$. Zusammen mit $3/2\,R$ als dem Ohmschen Widerstand des Ersatzkreises bestimmen diese Größen auch die Dämpfung, bzw. das logarithmische Dekrement der Zündschwingung.

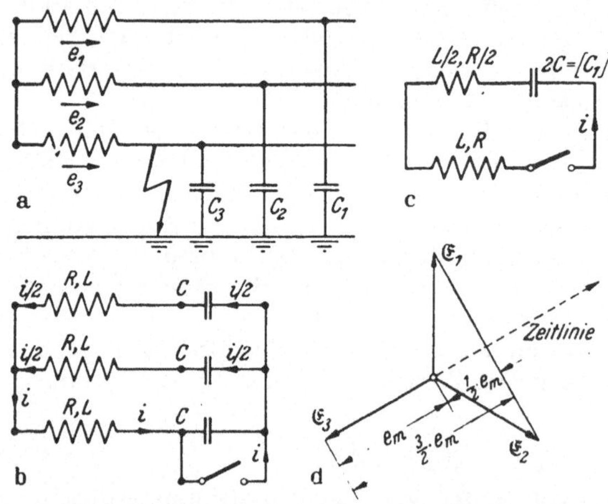

Abb. 386. Aussetzender Erdschluß in einem Drehstromnetz. a Schaltbild. b Vereinfachtes Schaltbild. c Ersatzschaltbild für die Zündschwingung. d Zeigerdiagramm für den Zündzeitpunkt.

Wesentlich unterschiedlich ist nur der Anfangszustand und der Endzustand der Spannung an den gesunden Leitungen, der die Amplitude der freien Schwingung dieser Spannung bei der Zündung bestimmt und damit das Überschwingen. Nach dem Zeigerdiagramm der Abb. 386d möge der Fehler gerade in dem Augenblick gezündet werden, wo die Spannung an der fehlerbehafteten Leitung (2) durch ihr negatives Maximum geht. In diesem Augenblick sind die beiden anderen Leitungen auf $+e_{max}/2$ aufgeladen, wie man aus der Projektion ihrer Zeiger auf die Zeitlinie im Diagramm sofort ersieht. Durch diese Angaben ist der Wechselstromanteil des Anfangszustandes charakterisiert. Außerdem liege von einem früheren Schaltvorgang auf dem System eine Gleichladung vom Betrage $-q_0$, aus der eine Gleichspannung auf allen drei Leitern vom Betrage $-u_0$ resultiert. Dann ist der Anfangszustand der Spannung am umzuladenden Kondensator $C_1 = 2C$:

$$u_{1_a} = -u_0 + \frac{1}{2} e_{max}. \tag{1084}$$

Nach der Zündung liegen die beiden gesunden Leitungen, der Kondensator C_1, an der Leiterspannung gegen Erde. Der erstrebte Endzustand ist also in diesem Augenblick für beide übereinstimmend: $+\frac{3}{2} e_{max}$. Damit ergibt sich als Differenz aus Anfangszustand und Endzustand der Anfangswert der freien Größe:

$$u_{1_{f_0}} = -u_0 + \frac{1}{2} e_{max} - \left(+\frac{3}{2} e_{max}\right) = -u_0 - e_{max}. \tag{1085}$$

Unter Berücksichtigung der konstanten Lichtbogenbrennspannung u_b ergibt sich daraus der Höchstwert der Ladung des Kondensators C_1 nach einer Halbschwingung der Zündschwingung:

$$\begin{aligned} u_{1_{max}} &= \left(\frac{3}{2} e_{max} - u_b\right) + (u_0 + e_{max} - u_b)(1 - \Lambda'/2) \\ &= e_{max}\left(\frac{5}{2} - \Lambda'/2\right) + u_0 (1 - \Lambda'/2) - u_b (2 - \Lambda'/2). \end{aligned} \tag{1086}$$

In diesem Augenblick kann die Zündschwingung abreißen. Die entsprechende Ladung bleibt auf dem System liegen und bildet den Ausgangspunkt für die nächste Zündung. Soll es sich um einen stationären Endzustand der Umladungsspiele handeln, so muß sie ebenso groß sein wie die Ladung q_0 des ersten Spieles, woraus wir finden:

$$u_{1_{max}} = \frac{3C}{2C} u_0 = \frac{3}{2} u_0, \tag{1087}$$

und somit als Bedingungsgleichung für maximales u_0:

$$e_{max}\left(\frac{5}{2} - \Lambda'/2\right) + u_0 (1 - \Lambda'/2) - u_b (2 - \Lambda'/2) = \frac{3}{2} u_0$$

mit der Lösung:

$$u_0 = e_{max} \frac{\frac{5}{2} - \frac{\Lambda'}{2}}{\frac{1}{2} + \frac{\Lambda'}{2}} - u_b \frac{2 - \frac{\Lambda'}{2}}{\frac{1}{2} + \frac{\Lambda'}{2}}, \tag{1088}$$

woraus nun wiederum folgt — durch Einsetzen in die Gleichung (1087) für u_{max} —:

$$u_{1_{max}} = \frac{3}{2} e_{max} \frac{5 - \Lambda'}{1 + \Lambda'} - \frac{3}{2} u_b \frac{4 - \Lambda'}{1 + \Lambda'}. \tag{1089}$$

Bei kleinem logarithmischem Dekrement der Zündschwingung ergibt sich als Höchstwert:

$$u_{1_{max}} \approx \frac{15}{2} e_{max} - 6 u_b, \tag{1090}$$

bei kleiner Lichtbogenspannung also das 7,5fache der betriebsmäßigen Scheitelspannung auf der Leitung, bzw. ausgedrückt durch den Leiterspannungsscheitelwert, das $\frac{5}{2}\sqrt{3}$ fache = 4,3fache.

Dabei ist dieser Wert jetzt noch nicht einmal der absolut höchste Wert an einem der Leiter. Die Spannung steigt ja betriebsmäßig an einem der Leiter nach der Zündung noch von 1,5 e_{max} auf den Scheitelwert 1,73 e_{max}. Wenn in der Zwischenzeit die Löschschwingung noch nicht abgeklungen sein sollte, was aber meist der Fall sein wird, so würde sich diese Steigerung um das 0,23fache der Strangspannung = 0,13fache des Leiterspannungsscheitelwertes noch dazu addieren, so daß dann fast das 4,5fache der Leiterspannung als Überspannung erreicht werden könnte.

Ganz abgesehen von der Gefahr, die das Auftreten derartig hoher Überspannungen dadurch mit sich bringt, daß nunmehr auch in den gesunden Leitern Überschläge nach Erde auftreten können, wodurch sich dann der Erdschluß in einen *Erdkurzschluß* verwandelt, ist es dabei besonders gefährlich, daß diese hohen Überspannungen in jeder Periode des Netzwechselstromes zweimal zünden und entsprechende Stoßbeanspruchungen und Wanderwellen in der Anlage hervorrufen (vgl. Bd. 2), durch die Schäden nicht nur an der Isolation gegen Erde, sondern auch in der Windungsisolation elektrischer Maschinen und Apparate hervorgerufen werden können. Sie können auch die Ursache zu Schäden an Überspannungsableitern werden, deren thermisches Speichervermögen für Verlustenergie begrenzt ist. Die lange Dauer dieser Rückzündungsspiele, die ja keinen Überstromschutz zur Auslösung bringen, führt dann leicht zur Überschreitung dieser thermischen Grenzlast.

Will man ihr Auftreten verhindern, so muß man dafür sorgen, daß jeweils innerhalb einer Halbwelle des Netzwechselstromes die von der vorangegangenen Zündung geschaffene Ladung abklingen kann. Man kann das durch Widerstände tun, die betriebsmäßig keinen Strom zu führen brauchen, wenn man sie zwischen den Sternpunkt des Systems und Erde schaltet, wo betriebsmäßig keine Spannung besteht.

Im Erdschlußfalle liegt aber auch dieser Widerstand an Spannung und ist also thermisch bei langer Dauer des Erdschlusses hoch beansprucht, wenn er nicht so niedrig bemessen wird, daß jeder Erdschluß zur Auslösung des Überstromschutzes führt.

Die Abführung der Überschußladung kann aber auch durch induktive Erdung des Nullpunktes erreicht werden, die wir bereits mehrfach besprachen (vgl. Abschn. III, S. 58, und die Einleitung dieses Abschnittes, S. 427). Sie erleichtert erstens durch die Herabsetzung des Stromes in der Fehlerstelle die Löschung des Lichtbogens, erhöht durch die schwächere Strombelastung des Bogens seine Brennspannung und setzt schon dadurch die Überspannungen herab, führt zweitens die bei einer abreißenden Zündschwingung liegenbleibenden Restladungen nach Erde ab und kann das drittens derart besorgen, daß am Erdschlußlichtbogen keine wiederkehrende Spannung im ersten Abschnitt der Löschung erscheint, so daß die Wiederzündung eines erlöschenden Bogens sehr unwahrscheinlich wird.

D. Beziehungen zwischen LAPLACE-Transformation, symbolischem Verfahren und harmonischer Analyse.

Die HEAVISIDE-Regel ist nur ein Sonderfall der mathematischen Behandlung von Ausgleichsvorgängen, die heute als mathematisch zum Gebiete der LAPLACE-Transformation gehörig eine stets wachsende Rolle in der Technik spielt. Ohne auf diese Transformation und ihre Begründung einzugehen, die in ausführlichen Darstellungen in der Literatur vorliegt, sei hier das Prinzip der LAPLACE-Transformation in einer für den Elektrotechniker anschaulichen Form dargestellt, die sich nicht an die klassische exakte Behandlung des Problems anschließt.

Man könnte doch offenbar einen Schaltvorgang auch dadurch rechnerisch untersuchen, daß man ihn regelmäßig wiederholt, den ganzen Vorgang also damit zu einem periodischen Geschehen sowohl hinsichtlich der eingeprägten — geschalteten — Größe, als auch hinsichtlich der unter ihrem Einfluß entstehenden Größen, der gesuchten Größen, macht. Wenn man die Periode der Wiederholung nur hoch genug wählt, — mathematisch nach Unendlich gehen läßt, — so daß innerhalb einer Periode des Geschehens alle freien Vorgänge abgeklungen sind, so kann sich der periodische Vorgang in seinem zeitlichen Ablauf nicht vom einmaligen unterscheiden.

Für den periodisch wiederholten Fall aber haben wir alle Mittel zur Lösung der Bestimmung des Geschehens bereits an der Hand. Sie sind im Abschn. IV dargestellt. Auch bei beliebiger Form der geschalteten Größe ist diese ja, wenn sie periodisch veränderlich ist, durch eine Reihe von einwelligen zeitlichen Abläufen zu ersetzen, ihre Harmonischen, die mathematisch als FOURIER-Reihe erscheinen. Jede dieser Harmonischen aber kann nach den einfachen Verfahren der symbolischen Methode (Abschn. III, S. 42) als stationärer einwelliger Vorgang behandelt werden, bei dem an Stelle von Differentialgleichungen gewöhnliche Gleichungen treten, wenn man die komplexen Widerstandsoperatoren, Leitwertoperatoren usw. benutzt, deren Wert man nun natürlich für alle Frequenzen kennen muß, die im Vorgang enthalten sind. Wir erhalten dann auch für den gesuchten Vorgang eine — durch die frequenzabhängigen Widerstandsoperatoren — abgewandelte FOURIER-Reihe, die den Vorgang der gesuchten Größe dadurch beschreibt, daß sie die Vorzahlen angibt, aus denen wir seinen zeitlichen Verlauf synthetisieren können.

Die Behandlung eines Schaltvorgangs nach diesem Verfahren löst sich also in die folgenden Schritte auf:

A. Harmonische Analyse des Vorgangs der geschalteten Größe nach einer genügend langen Periodendauer. Wir wählen, um sicher zu gehen, diese für die mathematische Behandlung gleich Unendlich.

B. Ermittlung des Operators, der die gesuchte und die geschaltete Größe miteinander verknüpft, als Funktion der Frequenz.

C. Ermittlung der Harmonischen des gesuchten Vorgangs durch Multiplikation — oder Division, je nach der Art des Operators — der Harmonischen der geschalteten Größe mit dem Operator der gleichen Frequenz nach dem symbolischen Rechenverfahren.

D. Harmonische Synthese des zeitlichen Verlaufs der gesuchten Größe aus ihren Oberwellen-Koeffizienten.

Von diesen 4 Operationen spielen sich, wie man sieht, die beiden mittleren in einem „Bereich" ab, in dem die Zeitabhängigkeit der behandelten Größen nicht offen in Erscheinung tritt. Sie ist durch die Anwendung der symbolischen Schreibweise verdeckt. In den Gleichungen dieser Operationen kommen explizit nur Frequenzen vor, niemals Zeiten. Wir könnten ihn den $j\omega$-Bereich nennen, weil in den Funktionen für den Operator stets dieser Ausdruck auftritt. Es steht uns aber auch frei, für Rechenzwecke $j\omega$ durch den — allgemeineren — Operator p zu ersetzen und dann diesen Bereich als den *p-Bereich* zu bezeichnen, wie das die Lehrbücher der LAPLACE-Transformation tun. Weil wir in diesem Bereich das zeitliche Geschehen durch eine Frequenzdarstellung bildlich dargestellt haben, ist es aber auch sinnvoll, von diesem Bereich als vom „*Bildbereich*" zu reden.

In diesen „Bildbereich" übersetzt der erste Schritt (A) der harmonischen Analyse den zeitlichen Ablauf der geschalteten Größe. Die harmonische Analyse stellt eine Transformation aus dem Bereich des tatsächlichen zeitlichen Geschehens, dem „*Oberbereich*" oder „*t-Bereich*", in den Bildbereich dar. Der vierte Schritt ist eine Rücktransformation aus dem „Bildbereich" in den „Oberbereich", aus der Versinnbildlichung des zeitlichen Geschehens durch eine symbolische Darstellung in Funktion von Frequenzen oder eines Parameters p in den wirklichen funktionalen Zusammenhang mit der Zeit t selbst.

Unsere oben gegebene Darstellung der aufeinanderfolgenden Schritte der Rechnung läßt sich nun also kurz fassen:

I. Transformation der geschalteten Größe aus dem Oberbereich in den Bildbereich.

II. Ermittlung der Widerstandsfunktion im Bildbereich und Errechnung der Funktion der gesuchten Größe im Bildbereich.

III. Rücktransformation der gesuchten Größe aus dem Bildbereich in den Oberbereich.

Wie wir bereits wissen, erlaubt uns dabei die Symbolik des Bildbereiches mit rationalen Funktionen von $j\omega$ zu rechnen, die an die Stelle von Differentialgleichungen im Oberbereich treten. Hier liegt also eine erhebliche Vereinfachung der Berechnung vor. Dafür kommen die Aufgaben der Transformation und Rücktransformation hinzu, die prinzipiell immer lösbar, praktisch nicht immer einfach ausführbar und durchaus nicht immer in geschlossener Form darstellbar sind. Die Schwierigkeit des wirklichen Problems ist damit also sozusagen aus dem Rechnungsgang in den Transformationsvorgang verschoben. Liegen aber die Zusammenhänge von gewissen Funktionen im Oberbereich und Bildbereich fest, so kann man mit entsprechenden Tafeln die Lösung der Transformationsaufgabe ebenso einfach machen wie die Aufsuchung eines Integrals aus einer Tafel der Normalintegrale. Ebenso wie hier noch gewisse Kenntnisse erforderlich sind, um die oft recht komplizierten Funktionen für die Benutzung der Normalintegrale zuzurichten, muß man nun die Gesetze kennenlernen, nach denen das bei „Normaltransformationen" geschehen kann.

Für die Lösung der ersten Teilaufgabe (I), die *Transformation aus dem Oberbereich in den Bildbereich*, haben wir im Abschn. IV (S. 157) alles Erforderliche bereit gestellt. Wir haben uns jetzt nur noch mit den geringen Modifikationen zu befassen, die dadurch entstehen, daß die Periodendauer der Wiederholung gegen Unendlich geht, die Frequenz der „Grundwelle" also nach Null, bzw. nach einer Frequenz: $d\omega = 2\pi/T$. Die Koeffizienten der „Harmonischen" werden nun nicht mehr eine Funktion einer Ordnungszahl k, sondern Funktionen der von $0 \ldots \infty$ laufenden, stetig veränderlichen Größe ω. Bei endlichem zeitlichen Abstand der Impulse erhalten wir eine FOURIER-*Reihe* mit diskreten Teilfrequenzen $(k\omega_1)$, über die zu summieren ist, um die wahre Funktion $f(t)$ zu gewinnen, der eine gegebene Systemgröße v gehorcht:

$$v = f(t) = \sum_{k=0}^{\infty} (a_k \cdot \sin k\,\omega_1 t + b_k \cdot \cos k\,\omega_1 t) \tag{1091}$$

Wir können sie auch als:

$$v = f(t) = \mathfrak{Im}\left(\sum_{0}^{\infty}{}^{k} (a_k + j b_k)\, e^{j k \omega_1 t}\right), \tag{1092}$$

schreiben, weil $e^{j k\omega_1 t} = \cos k\,\omega_1 t + j \sin k\,\omega_1 t$ ist, womit beim Ausmultiplizieren und Aussortieren der imaginären Anteile sich wieder der vorhergehende Ausdruck einstellt. Anschaulich bedeutet das: $a_k + j b_k$ ist die Ausgangslage (für $t = 0$) des Zeigers ${}_k\mathfrak{J}$ in der komplexen Ebene, in der die Zeitlinie die positive imaginäre Achse ist (s. S. 44). Multiplizieren wir diesen Ausdruck mit $e^{jk\omega t}$ so erhalten wir die Lage des Zeigers ${}_k\mathfrak{J}$ im beliebigen Zeitpunkt t. Die Projektion auf die Zeitachse, aus der wir definitionsgemäß (s. S. 26) den Betrag der durch den Zeiger symbolisierten Größe erhalten, ist gleichbedeutend mit der Bildung des imaginären Anteils der komplexen Darstellung des Zeigers.

Bei unendlich großem Zeitabstand zwischen zwei Impulsen, also praktisch gesprochen, beim Einzelstoß, verwandelt sich die Reihe (1091) in ein FOURIER-*Integral* über alle Frequenzen von 0 ... ∞ in der Form:

$$v = f(t) = \int \left(a(\omega) \sin \omega t + b(\omega) \cos \omega t\right) d\omega\,, \tag{1093}$$

das wir entsprechend auch komplex darstellen können als:

$$v = f(t) = \mathfrak{Im} \left\{\int (a + j b)\, e^{j\omega t}\, d\omega\right\}. \tag{1094}$$

Hierin sind $a = a(\omega)$ und $b = b(\omega)$ Funktionen von ω, und die Koeffizienten $a\,d\omega$ und $b\,d\omega$ dieses FOURIERschen Integrals sind die der jeweiligen Teilfrequenz ω zugeordneten unendlich vielen und jede für sich verschwindenden Teilamplituden. Während diese wegen der dichten Folge der Teilfrequenzen verschwinden, sind die Koeffizientenfunktionen a und b oder ihre komplexe Zusammenfassung endlich und in Diagrammen nach Art der Frequenzspektren (Abb. 180 und 184) oder der entsprechenden Zeigerverteilungsdiagramme darstellbar.

Ermittelte man die Koeffizienten a_k und b_k der FOURIER-Reihe als Amplituden diskreter „Linien eines Frequenzspektrums" nach den Formeln (Gl. (342)):

$$a_k = \frac{2}{T} \int_0^T v \sin k\,\omega_1 t\, dt; \qquad b_k = \frac{2}{T} \int_0^T v \cos k\,\omega_1 t\, dt\,, \tag{1095}$$

(vgl. Abschn. IV D 1), was man auch komplex zusammenfassen kann (vgl. Abschn. IV D 4 e):

$$b_k + j a_k = \frac{2}{T} \int v\, e^{j k \omega_1 t}\, dt\,, \quad \text{(s. S. 196)} \tag{1096}$$

so haben wir nunmehr die Intensitätsverteilung des kontinuierlichen Spektrums zu bestimmen aus:

$$a = \frac{a \cdot d\omega}{d\omega} = \frac{1}{\pi} \int_0^T v \sin \omega t\, dt$$

$$b = \frac{b \cdot d\omega}{d\omega} = \frac{1}{\pi} \int_0^T v \cos \omega t\, dt \qquad \text{mit } T = \frac{2\pi}{d\omega} \to \infty \tag{1097}$$

mit der komplexen Zusammenfassung:

$$b + j a = \frac{1}{\pi} \int_0^\infty v\, e^{j\omega t}\, dt \tag{1098}$$

Die Nützlichkeit dieser Darstellung haben wir an einem Beispiel auf S. 196 im Abschn. IV D 4 e bereits kennengelernt, wo wir zeigten, daß für die Funktion (Gl. (430)) des Oberbereiches:

$$i = A\, t^2\, e^{-Bt}\,, \tag{430}$$

bei periodischer Wiederholung mit der Periode $T = 2\pi/\omega_1$ die Koeffizienten der FOURIER-Reihe die Werte erhalten:

$$b_k + j a_k = \frac{-4A}{T} \cdot \frac{1}{(-B + j\,\omega_1 k)^3} \quad \text{(für großes } T\text{)}\,. \tag{435}$$

Setzen wir hierin $T = 2\pi/d\omega$ und ersetzen $k\omega_1$, die unstetig veränderliche Frequenz der Oberwelle, durch die stetige Veränderliche ω, so erhalten wir für die ω-Funktion des FOURIER-Integrals:

$$b + j a = \frac{\lim\,(b_k + j a_k)}{d\omega} = \frac{-2A}{\pi} \frac{1}{(-B + j\omega)^3} \tag{1099}$$

In dieser Darstellung kommt explizit die Zeit t nicht mehr vor. Sie ist verdeckt aber noch vorhanden durch die Tatsache, daß die Summe der $(a + bj)$ eine unendliche Folge von Zeigern verschiedener Frequenz darstellt, von denen jedem nur insofern eine Bedeutung zukommt, als seine Projektion auf eine feststehende Zeitlinie seinen Anteil am wahren zeitlichen Verlauf im Oberbereich angibt. Analog zu unserem Vorgehen im Abschn. IV D 4 e können wir den Vorgang selbst dann also symbolisch durch eine Zeigersumme von Zeigern verschiedener Umlauffrequenz anschreiben, die natürlich nicht wie die Zeiger gleicher Frequenz wie Vektoren zu addieren sind, sondern eben durch die Summe ihrer Projektionen auf die Zeitlinie, d. h. durch Betrachtung des imaginären Anteils der rotierenden Zeiger (Faktor $e^{j\omega t}$) in dem betrachteten Augenblick. In diesem Sinne ist also mit:

$$\mathfrak{B}(\omega) = a + bj \tag{1100}$$

der Vorgang $v = f(t)$ im Bildbereich beschrieben durch:

$$v = \mathfrak{Im}\int_0^\infty \mathfrak{B}(\omega)\, d\omega = \mathfrak{Im}\int_0^\infty (a + jb)\, d\omega\,, \tag{1101}$$

was wir nunmehr symbolisch, sozusagen in einer für diesen Fall speziell geeigneten Stenographie, schreiben können als:

$$\textcircled{v} = (a + bj) \text{ hier } = \frac{2\,jA/\pi}{(B + j\omega)^3}\,. \tag{1102}$$

Die „Einrahmung" von $\textcircled{v}$, das hier eigentlich $\textcircled{i}$ heißen müßte, weil es sich im Spezialfall um einen Strom handelte, soll dabei darauf hinweisen, daß es sich hier um den „Bild"-Bereich handelt, daß diese Darstellung also *symbolisch* ist.

Was wir soeben durchgeführt haben, ist die Ermittlung einer Entsprechung in der Tabelle der Normaltransformationen:

Tabelle 18. 1.

Oberbereich	Bildbereich	
$A\,t^2\,e^{-Bt}$	$\frac{2}{\pi}\cdot\frac{jA}{(B+j\omega)^3}$	$=\frac{2}{\pi}\cdot\frac{jA}{(B+p)^3}$
Zeitfunktion	Frequenzfunktion	
	$j\omega$ - Schreibweise	p - Schreibweise

Natürlich ist die Entsprechung umkehrbar. Haben wir bei einer Rechnung für die Frequenzfunktion im Bildbereich die rechts in der Tafel stehende Funktion gefunden, so gehört zu ihr nach der Rücktransformation im Oberbereich die Zeitfunktion, die links steht. Diese Rechnung war ohne mathematische Kautelen und Fallstricke.

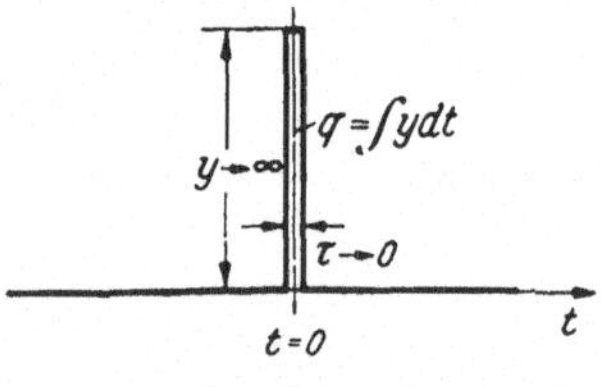

Abb. 387. Der „Kurzstoß" mit endlichem Zeitintegral.

Wir wollen unserer Tabelle 18 noch einige weitere Zeilen zufügen, für die die Unterlagen schon im Abschn. IV, S. 184ff, vorbereitet wurden.

Als erste Zeitfunktion für die Umtransformation in den Bildbereich wählen wir einen sehr kurzen Rechteckstoß mit der Gesamtfläche q, aber verschwindend kleiner Fußbreite τ nach Abb. 387. Wir greifen auf Abb. 180 und die zugehörige Rechnung auf S. 184 zurück. Liegt dieser „*Kurzstoß*" im Augenblick $t = 0$, so fanden wir für seine periodische Wiederholung mit der Periode T nur cos-Glieder der FOURIER-Reihe nach wachsenden Ordnungen von $k\omega_1$ (s. Gl. (416)):

$$b_k = \frac{2\,q}{k\pi\tau}\sin(k\,\omega_1\tau/2) = \frac{q}{\pi}\cdot\frac{\sin(k\omega_1\tau/2)}{k\,\omega_1\,\tau/2}\cdot\omega_1\,. \tag{1103}$$

Gehen wir zur Grenze eines nur in unendlichem Abstand, d. h. mit der Frequenz $(d\,\omega)$ wiederholten Stoßes über, so erhalten wir an Stelle der Folge von b_k als Funktion von k eine Funktion $b(\omega)$, die den Kurzstoß im Bildbereich darstellt; bei diesem Grenzübergang gehen Zähler und Nenner des Bruchs gegen Null, ihr Quotient aber geht gegen 1, so daß die Bildfunktion besonders einfach wird:

$$b(\omega) = \frac{\lim b_k}{d\omega} = \frac{q}{\pi}, \tag{1104}$$

also:

$$a + bj = j\,\frac{q}{\pi}\,. \tag{1105}$$

Im Bildbereich wird der Kurzstoß im Zeitnullpunkt mit verschwindender Impulsbreite, aber endlichem Integralwert über die Zeit als Funktion von $j\omega$ oder p durch eine Konstante dargestellt. Wir haben eine weitere Zeile (s. nebenst. Tab.): Die im t-Bereich recht komplizierte Darstellung eines solchen Impulses ist im p-Bereich ausnehmend einfach, eine Erscheinung, der wir oft begegnen, und die das Rechnen im p-Bereich so einfach macht.

Tabelle 18. 2.

Oberbereich	Bildbereich
$h = \infty$ für $t = 0$ $h = 0$ füt $t \neq 0$ $\int_{-T/2}^{+T/2} v\,dt = q$	$j\,\frac{q}{\pi}$

Vom Kurzstoß kommen wir sehr leicht zu einer weiteren sehr wichtigen Zeitfunktion. Die Integration des Kurzstoßes nach der Zeit liefert einen zeitlichen Verlauf für das Integral nach der Abb. 388. Es ist das der „*Einheitssprung*“, wenn wir die Größe q des Kurzstoßes $= 1$ wählen. Für negative Zeiten vor dem Stoß ist die Sprungfunktion Null. Bei $t = 0$ springt sie auf die Höhe 1 bzw. q, die sie dann unverändert beibehält. Das ist die Zeitfunktion, die HEAVISIDE seiner Regel zugrunde legt: plötzliche sprunghafte Änderung der „geschalteten“ Systemgröße von 0 auf den Wert 1 (bzw. q), der dann am System liegen bleibt.

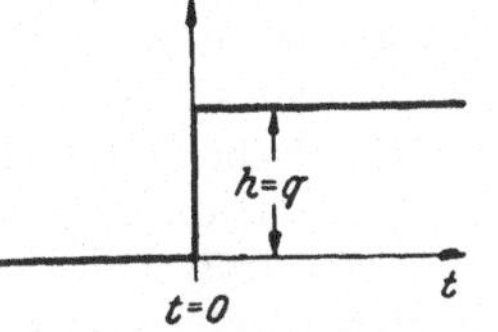

Abb. 388. Die „Sprungfunktion“ als Integral des „Kurzstoßes“. HEAVISIDE-Sprung.

Die Mathematik beweist uns die gliedweise Integrierbarkeit einer FOURIER-Reihe, die wir also auch hier unterstellen, wo es sich nicht mehr um eine FOURIER-Reihe, sondern um ein FOURIER-Integral handelt. Alle Glieder unserer Reihe für den Kurzstoß sind Glieder mit der Zeitfunktion $\cos\omega t$, die sich beim Integrieren in sin-Funktionen der Zeit verwandeln, d. h. also positive b-Koeffizienten werden positive a-Koeffizienten. Außerdem bedeutet die Integration eine Division durch ω, weil wir ja nicht nach ωt, sondern nach t integrieren. Für jede Frequenz — gliedweise Integration — wird also nun aus dem b-Koeffizienten des Kurzstoßes mit dem Betrage $\frac{q}{\pi}$ ein a-Koeffizient der Sprungfunktion vom Betrage $\frac{q}{\pi\omega}$, so daß das allgemeine Glied des FOURIER-Integrales für die *Sprungfunktion* lautet:

$$a = \frac{q}{\pi\,\omega} \qquad b = 0\,, \tag{1106}$$

$$a + j\,b = \frac{q}{\pi\cdot\omega}\,. \tag{1107}$$

Wiederum haben wir eine Zeile (s. nebenst. Transformationstabelle), ermittelt:

Tabelle 18. 3.

Oberbereich	Bildbereich
$h = 0$ für $t < 0$ $h = q$ für $t > 0$	$\frac{q}{\pi\omega} = \frac{jq}{\pi p}$

Wir hätten auch ohne eine Umwegüberlegung über den Oberbereich unmittelbar im Bildbereich zu demselben Ergebnis kommen können. Die Integration nach der Zeit wird im Bildbereich, der ja ein $j\omega$-Bereich oder p-Bereich ist, nach unseren früheren Feststellungen durch eine Division durch $j\omega$ bzw. p bewirkt. Gerade in dieser Rückführung der Differentiations- und Integrationsvorgänge auf algebraische Operationen liegt eben der Vorteil des Rechnens im Bildbereich.

Allerdings können wir nicht umhin festzustellen, daß nunmehr unsere Symbolik zur Vorsicht mahnt: Bei $j\omega = 0$, bzw. $p = 0$, hat die Funktion einen Pol. Ob unter diesen Umständen die Funktion noch integrierbar ist, bedarf jeweils einer besonderen Untersuchung. Nur wenn wir nachweisen, daß bei der Ausführung der Integration bis auf beliebig kleine Annäherung an die Frequenz 0 sich unser Integral einem endlichen Grenzwert nähert, ist die allgemeine Benutzung statthaft. Die Beschäftigung mit diesen Fragen ist die Aufgabe der Theorie der Funktionen einer komplexen Veränderlichen ($j\omega$ ist ja ein Sonderfall einer komplexen Veränderlichen), auf die wir hier nicht weiter eingehen.

Nachdem wir nunmehr an einigen Beispielen gezeigt haben, wie man den zeitlichen Verlauf der „geschalteten" Größe in den Bildbereich transformiert, wo sein Frequenzspektrum ebenso kennzeichnend für seinen zeitlichen Verlauf ist wie die Zeitfunktion im Oberbereich selbst, und nachdem wir insbesondere das spezielle Frequenzspektrum des HEAVISIDE-Sprunges, der Sprungfunktion, ermittelt haben, vollziehen sich die nächsten Schritte der Rechnung im Bildbereich allein.

Nach dem allgemeinen Superpositionsprinzip, das für unsere ausdrücklich als linear angenommenen Systeme gilt, können wir den Verlauf einer beliebigen Systemgröße unter dem Einfluß einer geschalteten Größe dadurch ermitteln, daß wir die geschaltete Größe in linear superponierte Komponenten zerlegen, für jede einzeln rechnen und dann die Ergebnisse wieder linear superponieren. Das tun wir nunmehr für jede der unendlich vielen Frequenzen, die in der geschalteten Größe mit einem gewissen Anteil enthalten sind, den das Frequenzspektrum, die p-Funktion, im Bildbereich angibt. Es ist das nichts weiter als eine Verallgemeinerung des Verfahrens, das wir bei den mehrwelligen Strömen für eine diskrete endliche Anzahl von Harmonischen anwandten (vgl. Abschn. IV, S. 148).

Wir haben also die Gleichungen des Stromkreises aufzustellen, in ihnen die Differentiationen nach der Zeit durch Multiplikationen mit $(j\omega = p)$, die Integrationen durch Divisionen durch $(j\omega = p)$ zu ersetzen, da wir ja nicht im Zeitbereich, sondern im Bildbereich rechnen wollen, aus diesen Gleichungen alle Systemgrößen zu eliminieren bis auf die eine, für die wir uns interessieren, und die andere, die geschaltet wird, und erhalten dann zwischen ihnen stets eine Beziehung der Form:

$$\textcircled{v} = \textcircled{w}\, Z(j\omega) = \textcircled{w}\, Z(p)\,, \tag{1108}$$

je nachdem wir uns dabei des Ersatzes von $j\omega$ durch p bedienen oder nicht, also die $j\omega$- oder die p-Schreibweise der symbolischen Rechnung des Bildbereiches anwenden. In dieser Beziehung ist $Z(p) = Z(j\omega)$ eine rationale Funktion von $(j\omega)$ oder (p). Sie ist identisch mit der *Stammfunktion* der HEAVISIDE-Regel und verknüpft ebenso wie dort die geschaltete Systemgröße v mit der gesuchten Systemgröße w, die wir hier nur noch ausdrücklich als im Bildbereich dargestellt eingerahmt bezeichnet haben. Es dürfte sich erübrigen, noch Beispiele für die Ermittlung dieser Funktion ausführlich zu wiederholen, nachdem in den vorangegangenen Abschnitten solche schon in großer Zahl gegeben sind. Wir erwähnen nur in tabellarischer Form einige dieser bereits ausführlich besprochenen Fälle für die Stammfunktionen (s. nachst. Tab. 19).

Der nächste Schritt ist die Vereinigung der Stammfunktion mit der p-Funktion der geschalteten Größe. Das ist eine rein algebraische Operation, die uns als Endergebnis die Bildfunktion der gesuchten Größe liefert. Schalten wir z. B. den „Kurzstoß" nach Gl. (1105) als einen Stromimpuls mit der Ladung q auf einen

Tabelle 19.

Schaltung	geschaltet	gesucht	Stammfunktion	Gl. Nr.
Reihenschaltung von R und L . .	u	i	$R+pL$	(940)
	u	u_L	$(R+pL)/pL$	(947)
Reihenschwingkreis aus R, L und C	u	i	$R+pL+\frac{1}{pC}$	
	u	q	$pR+p^2L+1/C$	(796)
	u	u_L	$1+\frac{R}{pL}+\frac{1}{p^2LC}$	
Parallelschwingkreis aus R, L, C .	i	u	$pC+\frac{1}{R}+\frac{1}{pL}$	
Transformator	u_1	i_2	$pM-\frac{(R_1+pL_1)(R_2+pL_2)}{pM}$	(861/871)

Parallelschwingkreis (s. Tabelle 19), und fragen nach der Spannung am Kreis, so sieht das im Bildbereich folgendermaßen aus:

$$\textcircled{i}=j\frac{q}{\pi} \tag{1109}$$

$$Z(j\omega)=j\omega C+1/R+1/j\omega L=Z(p)=pC+1/R+1/pL \tag{1110}$$

$$\textcircled{u}=\textcircled{i}/Z(p)=\frac{jq/\pi}{j\omega C+1/R+1/j\omega L}=\frac{jq/\pi}{pC+1/R+1/pL}\,. \tag{1111}$$

Ändern wir dagegen die Spannung an einer Reihenschaltung von Widerstand und Induktivität sprunghaft von Null auf u nach der HEAVISIDE-Sprungfunktion (Gl. (1107)) und fragen nach dem Strom in der Spule, (Tab. 19), so sieht das folgendermaßen aus:

$$\textcircled{u}=\frac{q}{\pi\cdot\omega}=\frac{jq}{\pi p} \tag{1112}$$

$$Z(j\omega)=R+j\omega L=Z(p)=R+pL \tag{1113}$$

$$\textcircled{i}=\textcircled{u}/Z(j\omega)=\frac{q}{\pi\cdot\omega(R+j\omega L)}=\frac{jq}{\pi p\cdot(R+pL)} \tag{1114}$$

Lassen wir endlich den Impuls $u=At^2e^{-Bt}$ (Gl. (1102)) auf den Primärkreis eines Transformators als Spannung einwirken — A hat dann die Einheit V/s^2 — und fragen nach der Wirkung auf den Strom im sekundären Kreis (Tab. 19), so erhalten wir:

$$\textcircled{u_1}=\frac{2}{\pi}\cdot\frac{jA}{(B+p)^3} \tag{1115}$$

$$Z(p)=pM-\frac{(R_1+pL_1)(R_2+pL_2)}{pM} \tag{1116}$$

$$\textcircled{i_2}=\textcircled{u_1}/Z(p)=\frac{2}{\pi}\cdot\frac{jA}{(B+p)^3\left(pM-\frac{(R_1+pL_1)(R_2+pL_2)}{pM}\right)} \tag{1117}$$

Mit diesen algebraischen Operationen ist die Arbeit im Bildbereich abgeschlossen. Die den zeitlichen Verlauf der gesuchten Größe kennzeichnende Frequenzfunktion, sein Frequenzspektrum, ist gefunden.

Für manche Aufgaben ist damit auch die wesentliche Arbeit bereits geleistet, nämlich immer dann, wenn gerade dies Frequenzspektrum die gesuchte Größe ist. Will man z. B. wissen, welche gesamte Leistung eine Stoßspannung At^2e^{-Bt} im Sekundärkreis eines Transformators an den dort eingebauten Widerstand in einem bestimmten Frequenzband zwischen ω_1 und ω_2 abgibt, welche Störleistung er dort zur Verfügung stellt, so genügt es aus den Wirk- und Blindanteilen des Frequenzspektrums durch quadratische Addition der reellen und imaginären Anteile das Quadrat der Gesamtamplitude für diese Frequenzen festzustellen und dann dieses Quadrat einer Stromamplitude nach Multiplikation mit dem Wirkwiderstand im sekundären Kreis, der betrachtet wird, über die Bandbreite $\omega_1 \ldots \omega_2$ zu integrieren, was, wenn nicht in geschlossener Form, so doch graphisch nach Aufzeichnen der Kurve der $a^2 + b^2$ stets möglich ist.

Interessiert man sich aber für den zeitlichen Verlauf selbst, z. B. bei der Telegraphie für die Verformung eines Zeichens, beim Funkmessen für die von einer Empfangseinrichtung verzerrte Impulsform usw., so genügt das nicht. Man muß nun die Rücktransformation aus dem Bildbereich in den Oberbereich vollziehen. Hier aber beginnen nun die eigentlichen Schwierigkeiten. Formal ist zwar auch hier alles sehr einfach: Nach S. 452 ist es „nur" erforderlich, folgende Integration auszuführen:

$$w = w(t) \doteq \mathfrak{Im}\left(\int \textcircled{w}\, e^{j\omega t} d\omega\right). \tag{1118}$$

Das ist aber schon bei den wenigen einfachen Fällen, die wir oben als Musterbeispiele gaben, ein sehr kompliziertes Unterfangen und häufig mathematisch nicht unbedenklich, weil in diesem Integral eine Funktion im Nenner vorkommt, die Nullstellen haben kann und wird.

Hier ist das Betätigungsfeld für den Funktionstheoretiker, der die Existenz der Integrale trotz dieser Nullstellen nachzuweisen hat. Er lehrt sogar, daß gerade diese Nullstellen des Nenners eine entscheidende Rolle spielen und sich die unendlichen Summen unserer allgemeinen Anweisungsformel auf die Auswertung des Integrals an diesen Nullstellen und damit auf eine endliche Summe von p-abhängigen Zeitfunktionen im Oberbereich zurückführen läßt. Diese endliche Summe diskreter Zeitfunktionen für die Nullstellen-p = Lösungen der Stammgleichung stellen im Falle des HEAVISIDE-Sprunges als Schaltfunktion die Glieder der Summe der HEAVISIDE-Regel dar.

In der Funktionenlehre wird nachgewiesen, daß bei Ausführung des Integrales Gl. (1118) für die Rücktransformation, wenn für die geschaltete Größe die HEAVISIDE-Sprungfunktion eingesetzt ist, sich eben die HEAVISIDE-Regel Gl. (939) (s. Abschnitt VII S. 407):

$$w = \frac{v}{Z(0)} + \sum_r \frac{v \cdot e^{p_r t}}{p_r (dZ/dp)_r} \tag{1119}$$

ergibt, in der v der Sprung der geschalteten Größe, $Z(p)$ die Stammfunktion und p_r die r Nullstellen dieser Stammfunktion sind, an denen also die Bildfunktion $\textcircled{w}$ Nullstellen besitzt und somit der Nenner des Rücktransformations-Integrals Gl. (1118) Pole.

Da der Einheitssprung nach HEAVISIDE die meist angewandte Schaltfunktion ist, so sind sogar in den Tabellen für die Transformation nicht, wie wir das oben taten, die Bildfunktion $\textcircled{w}$ und die zugehörige Zeitfunktion tabuliert, sondern die Stammfunktionen, die nach Abspaltung des Faktors p im Nenner, — der bei der Anwendung des Einheitssprunges immer von selbst erscheint, — als Nennerfaktor in der Bildfunktion $\textcircled{w}$ auftreten, zusammen mit der Zeitfunktion der Systemgröße w selbst im Oberbereich. Die einzelnen Autoren der Lehrbücher und Tabellenwerke über dieses Gebiet bedienen sich dabei teils der p-Symbolik, teils der $j\omega$-Symbolik, so daß ihre Ergebnisse bei gleichem Sinngehalt formal verschieden aussehen; man muß deshalb bei der Übernahme von Ergebnissen aus solchen Tabellen die nötige Vorsicht walten lassen.

Auch ohne Anwendung der Funktionentheorie können wir einige solche Funktionenpaare angeben, die wir aus unseren Ergebnissen über die Einschaltvorgänge kennen:

Vorgang	Vgl. S.	Stammfunktion	Zeitfunktion
Aufladung eines idealen Kondensators mit Gleichstrom	414	p	t
Anlegen von R und L in Reihe an Gleichspannung . .	342	$a + p$	$\frac{1}{a}(1 - e^{-at})$
Einschaltung eines aperiodischen Grenzschwingungskreises.	383	$p + 2a + \frac{a^2}{p}$	$t\,e^{-at}$

Für eine eingehendere Einführung in diese Fragen muß auf die einschlägige mathematische und elektrotechnische Fachliteratur verwiesen werden. Hier sollte nur der Versuch gemacht werden, mit elektrotechnischen Mitteln die Aufgabenstellung der Heaviside-Operatoren-Rechnung und der Laplace-Transformation zu veranschaulichen, in dem ihre Operationen auf technisch bekannte Schritte wie die harmonische Analyse, die symbolischen Rechenverfahren und die harmonische Synthese zurückgeführt werden. Die Heaviside-Regel stellt sich dabei als der Sonderfall einer allgemeineren Methode heraus, bei dem die geschaltete Größe sich nach einer speziellen Funktion, der Sprungfunktion, zeitlich ändert. In der Tat ist das Verfahren der Laplace-Transformation aber auch fähig, beliebig andere Schaltfunktionen zu erfassen und dabei die Mehrzahl der Arbeitsgänge für die Berechnung durch die Ausführung im Bildbereich stark zu vereinfachen, in dem Differentialgleichungen algebraisiert erscheinen. Für die schwierigste Aufgabe der Rücktransformation der Ergebnisse aus dem Bildbereich in den Oberbereich stellt die Mathematik in der Funktionentheorie Hilfsmittel bereit, sofern nicht für den normalen Fall die Tabellenwerke für die Transformierungen ausreichen. Nur am Rande sei noch vermerkt, daß diese Art der Algebraisierung gewöhnlicher Differentialgleichungen durch Transformationen es gestattet, durch die prinzipiell gleichen Mittel auch partielle Differentialgleichungen von zwei Veränderlichen in gewöhnliche Differentialgleichungen einer Veränderlichen umzuwandeln und damit den Schwierigkeitsgrad der Lösung ebenfalls zu vermindern.

VIII. Die Energieübertragung im Drehfeld.

Wir haben bisher als Repräsentanten von elektrischen Maschinen außer den Generatoren (Abschn. V) nur den Transformator mit ruhenden Wicklungen (Abschn. III, S. 71 und VI, S. 325) kennengelernt. Neben ihnen verwendet die Technik in großem Umfange einen anderen Maschinentyp, mit dem wir uns nunmehr eingehender befassen wollen. Als typischer Vertreter dieser Maschinengattung kann der Asynchronmotor, gelten, obwohl, wie wir sehen werden, diese Art von Maschinen auch bei stillstehendem Rotor wichtige Funktionen erfüllen kann. Ihr wesentliches Element ist nicht das Vorhandensein mechanischer Bewegung, sondern die Existenz eines im Raum umlaufenden magnetischen Feldes, eines *Drehfeldes*. Wir wollen deshalb diese Maschinen zusammenfassend als *Drehfeldmaschinen* bezeichnen.

A. Allgemeines Modell der Drehfeldmaschinen.

Im äußeren Aufbau bestehen die Drehfeldmaschinen aus zwei Eisenkörpern. Der ringförmige äußere mit einer zylindrischen Bohrung umschließt den kreiszylindrischen inneren konzentrisch. Beide sind durch einen Luftspalt gleicher Weite getrennt. Da speziell beim Asynchronmotor als dem Hauptvertreter dieser Gattung der äußere Teil festzustehen pflegt und der innere umläuft, wollen wir zur einfacheren Unterscheidung beider Eisenkörper, die in Ebenen senkrecht zu ihrer gemeinsamen Achse aus Blechen geschichtet, lamelliert, sind, von jetzt an den inneren Körper stets als „*Läufer*" oder „*Rotor*" bezeichnen, auch dann, wenn er stillsteht oder es auf seinen Bewegungszustand nicht ankommt; den äußeren nennen wir dann entsprechend „*Ständer*" oder „*Stator*".

Ständer und Läufer tragen Wicklungen, die in Nuten an der dem Luftspalt zugewandten Oberfläche eingelegt sind. Bei unseren Untersuchungen wollen wir in den meisten Fällen von der durch die Nutung geschaffenen Unregelmäßigkeit der Luftspaltweite absehen, was praktisch in vielen Fällen zulässig ist, besonders wenn die Nuten durch Verschlußkeile aus magnetischen Material geschlossen oder halbgeschlossen sind. Die im Ständer liegende Wicklung heißt mit der Gesamtheit ihrer Stränge oder Einzelwicklungen die *Ständerwicklung*, die im Läufer liegende die *Läuferwicklung*. Beide können sich sowohl in der Zahl der Nuten, in denen sie liegen, als auch in der Zahl der Windungen je Strang und auch in der Zahl der Stränge unterscheiden. Wir werden hierüber von Fall zu Fall Festsetzungen treffen. Jeder Teilwicklung, d. h. jedem Strang ordnen wir eine „*Wicklungsebene*" zu, die durch die Lage ihrer mittelsten Windung auf dem Maschinenumfang — oder bei geradzahliger Anzahl der Windungen das Mittel zwischen den beiden mittelsten Windungen — gegeben ist, und die natürlich durch die Maschinenachse läuft. Senkrecht zu ihr und damit auch senkrecht zur Maschinenachse liegt die „*Wicklungsachse*" oder „*Polachse*" des betreffenden Stranges. Da sich die Läuferstränge mit dem Läufer bewegen, so sind ihre Wicklungsachsen nicht raumfest, sondern läuferfest. Das gleiche gilt vom Ständer, wenn dieser sich ausnahmsweise auch einmal bewegen sollte.

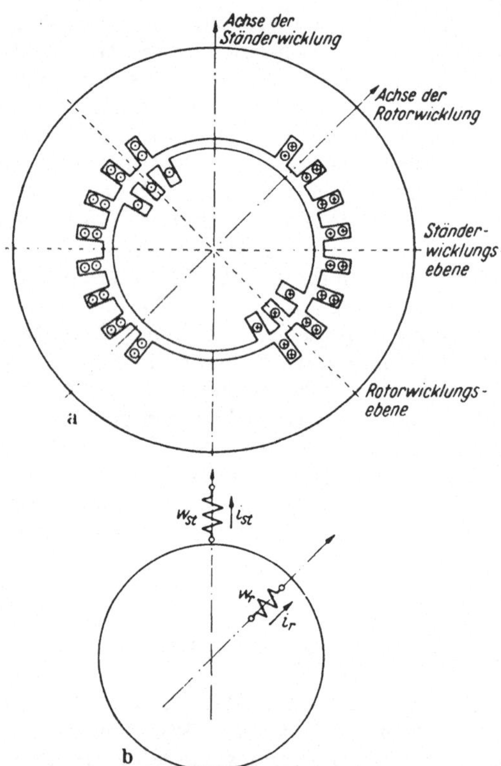

Abb. 389. Die Drehfeldmaschine. a Maschinenquerschnitt. b Schematische Darstellung durch Luftspaltkreis und Wicklungen in winkeltreuer Achsenlage.

Abb. 389 zeigt einen Querschnitt durch eine solche Maschine mit je einem Strang einer Läuferwicklung und einer Ständerwicklung. In sie sind die Lage der Wicklungsebenen und der Wicklungsachsen für diese Stränge eingetragen. Für eine schematischere Darstellung der Maschine benutzen wir an Stelle der vollständigen Querschnittszeichnung mit den Details der Nutenanordnung und den Umrissen von Ständer und Läufer eine Darstellung nach Abb. 389b, in der der Luftspalt durch einen Kreis und die Wicklungen durch Wicklungssymbole dargestellt sind, deren Achse mit der Wicklungsachse übereinstimmt. Sie liegen jeweils innerhalb oder außerhalb des Luftspaltkreises, je nachdem sie zum Läufer oder Ständer gehören. Wir verabreden, daß wir sie so einzeichnen wollen, daß die Zählrichtung des sie durchfließenden Stromes mit der Zählrichtung des magnetischen Flusses im Luftspalt übereinstimmt.

Unser Maschinenmodell ist zweipolig, d. h. der Fluß tritt an zwei gegenüberliegenden Durchstoßpunkten der Wicklungsachse aus dem Läufer ein und aus. Dazwischen liegen auf dem Luftspaltumfang nur je eine Nullstelle der magnetischen Induktion, d. h. je ein Vorzeichenwechsel in der Richtung des magnetischen Flusses. Die Überlegungen gelten aber in analoger Form auch für mehrpolige Maschinen, bei denen die Drehfelder dann besser als *Wanderfelder* bezeichnet würden, die sich am Umfang des Luftspaltes entlang bewegen. Für unsere allgemeinen Untersuchungen genügt zur Feststellung des prinzipiellen Verhaltens das zweipolige Modell, da sie ohne weiteres auf mehrpolige Maschinen übertragbar sind.

Vorerst aber müssen wir uns noch einmal mit dem vollständigen Querschnitt befassen, um etwas über die Flußverteilung im Luftspalt festzustellen. Wir nehmen dazu nur die Existenz einer einzelnen Ständerwicklung nach der Abb. 390a an. In $2n_1$ Nuten des Ständers liegen je z_1 Leiter, die vom Strom i_1 durchflossen werden, dessen positive Zählrichtung durch die Kreuze und Punkte in den Leitern angegeben ist. Die gesamte Windungszahl des Stranges ist also $w_1 = n_1 z_1$. Als Folge der von der Ständerwicklung herrührenden Durchflutung $n_1 z_1 i_1$ entsteht dann ein magnetischer Fluß in Ständer- und Läufer, dessen Verlauf wir durch die Einzeichnung von zwei Feldlinien und einer Flußröhre angedeutet haben. Seine Richtung fällt am Durchstoßpunkt der Maschinenachse durch die Zeichenebene mit der „Wicklungsachse" zusammen. Die positive Flußrichtung ist der positiven Stromrichtung nach der Korkenzieherregel zugeordnet. Für jede einzelne Flußröhre, von denen nur eine eingezeichnet ist, gilt das Durchflutungsgesetz als OHMsches Gesetz des magnetischen Kreises (vgl. S. 5, Gl. (5)):

$$v = wi = \Delta\Phi\, R_m\,, \tag{1120}$$

worin wi die Durchflutung dieser Röhre, $\Delta\Phi$ den in dieser Röhre vorhandenen Teilfluß und R_m den magnetischen Widerstand dieser Röhre bedeutet. Er setzt sich aus 4 Widerständen von Teilabschnitten zusammen: Dem des Teilweges im Läufereisen, dem des Teilweges im Ständereisen und dem von zwei gleichen Teilwegen im Luftspalt. Die magnetischen Widerstände sind zwar im Eisen durch viel längere Wege, bei etwa gleichem Querschnitt bestimmt, sind aber andererseits doch wegen der hohen Permeabilität des Eisens sehr niedrig. Unterstellen wir, daß das Eisen die Permeabilität Unendlich habe, so verschwinden sie gänzlich. Das Eisen ist dann nur noch eine Art magnetischer Zuleitung zum Luftspalt, die widerstandslos ist. Diese Vereinfachung enthebt uns zugleich der Notwendigkeit, hier noch einmal von vornherein die Nichtlinearität des Eisens berücksichtigen zu müssen, wie wir sie im Abschn. VI behandelten. Wir betrachten also die Drehfeldmaschine als lineares Gebilde.

Bezeichnet l die „*aktive Länge*" der Maschine, d. h. die Länge ihres Eisenblechpaketes, δ die Dicke oder Weite des Luftspaltes und b die Breite der Flußröhre im Luftspalt, z. B. eine Zahnbreite, so ist mit μ_0 als der Permeabilität des Raumes der magnetische Widerstand für die ganze Flußröhre:

$$R_m = \frac{2\,\delta}{\mu_0\, l\, b}\,, \tag{1121}$$

der Teilfluß durch die Röhre also:

$$\Delta\Phi = wi/R_m = \frac{w\,i\,l\,b}{2\,\delta}\,\mu_0\,, \tag{1122}$$

und hieraus die Flußdichte im Luftspalt über diesem Zahn:

$$B = \frac{\Delta\Phi}{b\,l} = \frac{w\,i}{2\,\delta}\,\mu_0\,. \tag{1123}$$

Wir beachten, daß in diesem Ausdruck wi von Punkt zu Punkt eine andere Bedeutung hat. Es ist die jedem Punkt des Luftspaltes, nämlich der an diesem Punkt den Luftspalt durchstoßenden Flußröhre zugeordnete Teildurchflutung. Nur an den unbewickelten Teilen des Umfangs in der Nähe der Durchstoßpunkte der Wicklungsachse ist diese Durchflutung identisch mit der Gesamtdurchflutung $w_1 i_1$ der Wicklung, also dem möglichen Größtwert. Hier haben wir also den Größtwert der Induktion auf dem Umfang — einen „*Pol*". An der Stelle der Wicklungsmitte, also in der Wicklungsebene, ist die Durchflutung Null, also auch die Induktion Null.

Wir übersehen den Verlauf der Induktion B auf dem Umfang am besten, wenn wir uns den Umfang des Luftspaltes einmal abgewickelt aufzeichnen, wie das in der Abb. 390b für die Anordnung der Abb. 390a geschehen ist. In dieser Abbildung ist die Abszisse also eine auf dem Luftspaltumfang gemessenen Länge. $x = 0$, der Anfangspunkt unserer Längenzählung, ist der Durchstoßpunkt der Wicklungsebene durch den Luftspalt in der Querschnittszeichnung und als solcher in Abb. 390a korrespondierend mit 0 bezeichnet. Hier ist nach unseren Feststellungen die Luft-

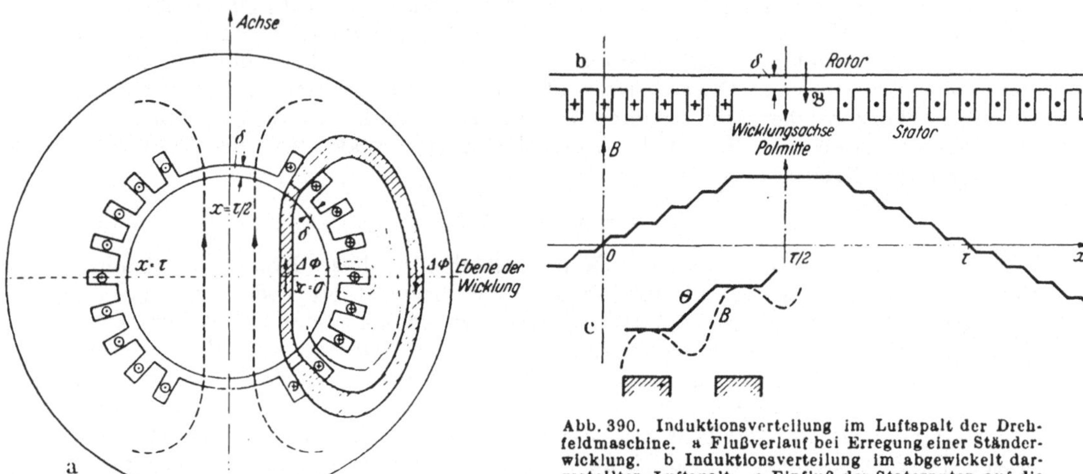

Abb. 390. Induktionsverteilung im Luftspalt der Drehfeldmaschine. a Flußverlauf bei Erregung einer Ständerwicklung. b Induktionsverteilung im abgewickelt dargestellten Luftspalt. c Einfluß der Statornuten auf die Induktionsverteilung. Vergrößerter Ausschnitt aus (b).

spaltinduktion Null. Der Durchstoßpunkt der Wicklungsachse liegt bei $^1/_4$ des Umfanges, wo wir also nach unseren Feststellungen die „*Polmitte*" haben. Nach einem halben Luftspaltumfang ist die Luftspaltinduktion wieder Null. Wir bezeichnen diese Länge des halben Umfangs als die *Polteilung* τ. Mit Anwendung dieses Begriffs werden unsere Feststellungen auch auf mehrpolige Maschinen sinngemäß übertragbar.

In der Abb. 390b ist nun unter dem Bild der Ständernuten mit den Strömen darin zunächst ein Diagramm der Verteilung der Durchflutung gegeben. Sie ist in der Polmitte am größten $= w_1 i_1$ und nimmt bis zu den Durchstoßpunkten der Wicklungsebene nach beiden Seiten zu auf Null ab, nämlich an jeder stromdurchflossenen Nut um den gesamten „*Nutstrom*" $z_1 i_1$. Da die Nuten endliche Breite haben, — tatsächlich sind ja Nut und Zahn etwa gleich breit, — so springt die Durchflutung nicht um jeweils $z_1 i_1$, sondern nimmt über der stromdurchflossenen Nut stetig um diesen Betrag insgesamt ab. Die räumliche Verteilung der Durchflutung ist also ein an den Flanken abgetrepptes Trapez.

B. Verteilung der Induktion im Luftspalt.

Zu dieser Verteilung gehört eine ihr entsprechende Verteilung der Induktion, wenn der Luftspalt konstant ist. Bei offenen Nuten wäre das nicht der Fall. Zwar würde auch hier nicht der Unterschied in den Induktionen vor dem Zahnkopf und vor dem Nutgrund dem Luftspaltunterschied gleichkommen, weil sprunghafte räumliche Veränderungen von H und damit in Räumen gleicher Permeabilität auch von B durch die MAXWELLschen Gleichungen ausgeschlossen werden. Es würde aber in diesem Falle doch einem Durchflutungsverlauf nach Abb. 390b ein Induktionsverlauf nach dem Ausschnitt der Abb. 390c zugehören können. Auch die Läufernutung würde noch einmal einen gleichartigen Einfluß ausüben, so daß sich bei Relativbewegung von Ständer und Läufer keine stationäre Verteilung des Flusses auf dem Ständerumfang ergibt. Bei Gleichstromdurchflutung der Ständerwicklung und unbewickeltem, aber genutetem Läufer würden wir also dauernde Pulsationen der Luftspaltinduktion bei bewegtem Läufer bekommen, die wir als „*Zahnkopfpulsationen*" kennen. Sehen wir von diesen Feinheiten der Flußverteilung ab, stellen uns also die Maschine mit geschlossenen Nuten oder mit magnetischen Nutenkeilen versehen vor, so wird aber der Verlauf der Induktion mit dem der Durchflutung übereinstimmen, mit dem auch die *mittlere* Flußverteilung übereinstimmt, wenn der Läufer sich bewegt.

Über dem Umfang der Maschine ist die Induktion also ebenso wie die Durchflutung räumlich periodisch verteilt, aber nicht einwellig, wenn wir diesen von uns bisher immer nur zeitlich gebrauchten Begriff nun auch einmal räumlich anwenden. Doch können wir genau so wie bei zeitlichen Abläufen auch hier den räumlich nichtsinusförmigen Verlauf durch eine Summe von Sinusfunktionen, deren Periodenlänge mit steigender Ordnungszahl abnimmt, auf dem Umfang darstellen, also durch eine FOURIER-Reihe. Wir haben nur nach den gleichen Verfahren, die wir in Abschn. IV (S. 157) auf Zeitfunktionen — Spannungen, Ströme, Flüsse, Ladungen, Wege, Geschwindigkeiten, Kräfte ... — anwandten, nun hier eine Raumfunktion als FOURIER-Reihe darzustellen und zu analysieren. Dabei ist die Grundwelle des Flusses so beschaffen, daß ihre Periodenlänge gerade der Maschinenumfang, die doppelte Polteilung, ist. Sie wird also darstellbar als (vorgestellter Index = Ordnungszahl):

$$ {}_1B = {}_1B_{max} \sin(2\pi x/U) = {}_1B_{max} \sin\left(\frac{\pi}{\tau}x\right). \tag{1124} $$

Wegen der doppelten Symmetrie zum Nulldurchgang kann die Kurve nur sin-Wellen und von diesen nur die ungeradzahligen Ordnungen enthalten (vgl. S. 133). Es wird also allgemein:

$$ \begin{aligned} B &= {}_1B + {}_3B + {}_5B + \ldots + {}_{2k-1}B + \ldots \qquad (k = 1, 2, 3, \ldots) \\ &= {}_1B_{max} \sin\left(\frac{\pi}{\tau}x\right) + {}_3B_{max} \sin\left(3\frac{\pi}{\tau}x\right) + {}_5B_{max} \sin\left(5\frac{\pi}{\tau}x\right) \\ &\quad \ldots + {}_{2k-1}B_{max} \sin\left((2k-1)\frac{\pi}{\tau}x\right). \end{aligned} \tag{1125} $$

Die Periodenlängen der einzelnen Anteile nehmen hierin wie die Reihe der ungeraden Zahlen ab und betragen also der Reihe nach:

$$ 2\tau; \quad 2\frac{\tau}{3}; \quad 2\frac{\tau}{5}; \quad \ldots\ldots \quad 2\frac{\tau}{2k-1}. $$

Es leuchtet unmittelbar ein, daß in dieser FOURIER-Reihe von den höheren Ordnungszahlen besonders die hervortreten wird, für die die Periodenlänge mit der Entfernung von Zahnkopf zu Zahnkopf, der Strecke: Zahnbreite + Nutbreite = Umfang durch Nutenzahl = U/z, übereinstimmt, wobei z die Gesamtzahl der bewickelten und unbewickelten Nuten bedeutet. Das ist also die räumliche Oberwelle mit der Ordnungszahl: $(2k_0-1)$, die sich aus:

$$U/(z) = 2\frac{\tau}{2\,k_0-1} \quad \text{zu} \quad 2\,k_0 - 1 = z$$

ergibt. Zum mindesten muß sie in ihrer Nähe liegen. Ist also z gerade, was sehr oft der Fall sein wird, so werden bevorzugt die beiden Oberwellen mit der Ordnungszahl $(z \pm 1)$ vertreten sein.

Wir werden aber meist einen möglichst einfachen, einwelligen Verlauf anstreben und müssen uns dann also bemühen, die Oberwellen recht klein zu halten, besonders diejenigen niedriger Ordnungszahl, da die der höheren Ordnungszahlen sowieso schwächer vertreten sind. Nach Vernachlässigung der Nutenoberwellen ist die Feldverteilungskurve eine Trapezkurve. Für ein solches Trapez ist nun aber, wie wir im Abschn. IV (S. 189) gezeigt haben, die dritte Oberwelle Null, wenn wir nur zwei Drittel der gesamten Nutenzahl bewickeln. Es ist dann, wenn $w_1 i_1$ die gesamte Durchflutung der Wicklung und B_0 der entsprechende Höchstwert der Induktion ist, der Scheitelwert der Grundwelle nach Gl. (423):

$$_1B_{max} = \frac{6\cdot\sqrt{3}}{\pi^2}\cdot B_0 = 1{,}052\cdot B_0\,. \tag{1126}$$

Die erste von Null verschiedene Oberwelle, die fünfte, beträgt nur noch 4% davon. Der Gesamtfluß der wahren Trapezverteilung

$$\Phi_{Tr} = B_0\tau\cdot\frac{2}{3} \tag{1127}$$

unterscheidet sich von dem der Grundwelle:

$$_1\Phi = {}_1B_{max}\cdot\tau\cdot\frac{2}{\pi} = \cdot\frac{18\sqrt{3}}{\pi^3} = 1{,}005\,\Phi_{Tr} \tag{1128}$$

nur um weniger als 1%. Wir begehen also keinen entscheidenden Fehler, wenn wir von diesen Unterschieden überhaupt absehen, und für allgemeinere Betrachtungen, wie wir sie hier vorhaben, nur mit dem Grundwellenanteil des Flusses und der Durchflutung rechnen. Wer in Sonderfällen auch das Verhalten der Oberwellen berücksichtigen muß, hat in den obigen Ausführungen auch den Schlüssel zu ihrer Ermittlung. Wir setzen also statt Gl. (1125):

$$B = B_{max}\sin\frac{\pi}{\tau}x \tag{1129}$$

als vollständiges Verteilungsgesetz für die Flußdichte über den Umfang an, worin sich die maximale Flußdichte bei richtiger Ausführung der Wicklung für Wegfall der dritten Oberwelle aus:

$$B_{max} = 1{,}052\frac{w_1 i_1}{2\,\delta}\mu_0 \tag{1130}$$

und bei anderer Bemessung und Verteilung der Wicklung aus der harmonischen Analyse der Flußverteilung etwas anders im Zahlenfaktor der Formel Gl. (1130) ergibt.

Hätten wir nicht nur eine Wicklung, sondern weitere mit den Windungszahlen $w_2, w_3, \ldots$ und den Strömen $i_2, i_3, \ldots$, so erzeugen auch diese Durchflutungen und Luftspaltinduktionen nach dem gleichen Gesetz, aber je nach der Lage ihrer Wicklungsebenen oder -achsen mit verschiedenem Anfangspunkt der sinusförmigen räumlichen Verteilung. Alle diese Verteilungen addieren sich zu einer resultierenden Durchflutung und zu einem resultierenden Flußdiagramm, indem sie sich linear superponieren, da wir ja Linearität voraussetzten. Falls das Eisen berücksichtigt werden muß, gilt das Superpositionsgesetz natürlich nur für die Durchflutungsverteilung, aber nicht für die Flußverteilung. Ist aber der Höchstwert des Flusses konstant, so gilt es auch dann noch in begrenzter Weise ähnlich unseren Überlegungen beim Eisentransformator auf S. 92.

1. Darstellung durch Flußpfeile.

Tragen wir nach Abb. 391 in der Wicklungsachse eine Strecke CD auf und machen sie in einem passend gewählten Maßstab gleich dem Größtwert der räumlichen Induktionsverteilung B_{max}, so können wir in sehr einfacher Weise den Wert der Induktion finden, der irgend einem Punkt auf dem Umfang des Luftspaltes im Abstand x vom Anfangspunkt $x = 0$ aus, der beliebig wählbar ist, zugeordnet ist. Bei der in Abb. 391 durchgeführten Wahl des Anfangspunktes ist $x = 0$ der gleiche Punkt wie im Beispiel der Abb. 390, so daß die Induktionsverteilung nach Gl. (1129) gegeben ist durch:

$$B = B_{max} \sin\left(\frac{\pi}{\tau}\, x\right). \tag{1129}$$

Ziehen wir nun vom Mittelpunkt der Maschine einen Strahl Cx zum betrachteten Punkt x des Luftspaltkreises, so ist der Winkel $OCx = \frac{\pi}{\tau}\, x$, so daß die Projektion CD' von CD auf die Richtung Ox die Länge $CD \cdot \sin\left(\frac{\pi}{\tau}\, x\right)$ hat und somit gleich dem Induktionswert B an der Stelle x ist im gleichen Maßstab, wie CD der Größtwert B_{max} der Induktion ist, den wir in Polmitte bekommen, wenn wir den Punkt x auf $\tau/2$ schieben. In gleicher Weise, wie ein Zeiger durch Projektion auf die „Zeitlinie" den zeitlichen sinusförmigen Verlauf eines Stromes oder einer Spannung nach Abschn. III symbolisiert, symbolisiert nun der „*Flußpfeil*" CD die räumliche Verteilung der Induktion durch seine Projektion auf die „*Ortslinie*", die natürlich nicht umläuft, aber je nach der Lage des betrachteten Punktes jede beliebige Lage im Raum einnehmen kann.

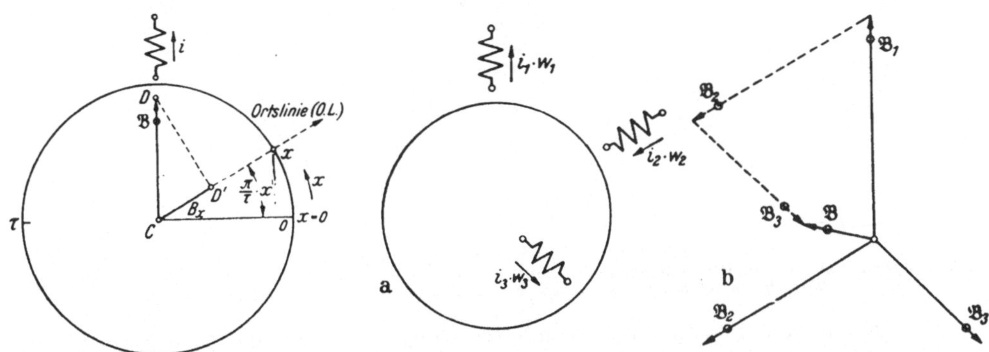

Abb. 391. Darstellung einer räumlich sinusförmigen Verteilung durch einen Flußpfeil. Projektion auf die Ortslinie.

Abb. 392. Addition von einwelligen Flußverteilungen im Diagramm der Flußpfeile. a Maschinenschema. b Diagramm der Flußpfeile.

Haben wir nun nach Abb. 392 mehrere Wicklungen, wobei es gleichgültig ist, ob diese im Ständer oder Läufer untergebracht sind, — beide wirken ja in gleicher Weise auf den Luftspalt —, die mit der zu $x = 0$ senkrechten Achse die Winkel β und γ bilden und deren Durchflutungen $w_2 i_2$ und $w_3 i_3$ sind, so können auch die von diesen Wicklungen hervorgerufenen Induktionsverteilungen durch entsprechende Flußpfeile symbolisiert werden, deren Länge jeweils gleich dem Größtwert der von der betreffenden Wicklung hervorgerufenen Flußverteilung zu machen ist, und deren Richtung mit der Achse der betreffenden Wicklung zusammenfällt und im Richtungssinn durch den Richtungssinn (Zählpfeil) des Stromes in der Wicklung festgelegt ist. Ihre Projektion auf die zu einem Punkt des Umfangs gezogene Ortslinie gibt den Beitrag der betreffenden Wicklung zur Gesamtinduktion an der betreffenden Stelle an:

$$B_x = B_{x_1} + B_{x_2} + B_{x_3} = B_{max_1} \sin\left(\frac{\pi}{\tau} x\right) + B_{max_2} \sin\left(\frac{\pi}{\tau} x + \beta\right) + B_{max_3} \sin\left(\frac{\pi}{\tau} x + \gamma\right). \quad (1131)$$

Da nun die Sinusfunktion die Eigenschaft besitzt, daß die Summe von zwei Sinusfunktionen — hier des Ortes — stets wieder eine Sinusfunktion — natürlich ebenso des Ortes — ergibt, was wir im Abschn. II für zeitlich sinusförmige Zusammenhänge ausführlich dargelegt haben, so gilt, daß auch die resultierende Flußverteilung wieder räumlich sinusförmig ist und durch einen Flußpfeil dargestellt werden kann. Wir finden ihn nach den analogen Überlegungen, wie wir sie im Abschn. II für Zeiger anstellten, durch Aneinanderreihung der einzelnen Flußpfeile. Flußpfeile werden also ebenso wie Zeiger so addiert wie Vektoren in der Mechanik, obwohl sie weder Vektoren, noch Zeiger sind, sondern Symbole für räumlich sinusförmige Verteilungen der Durchflutung oder des Flusses. Um sie von Zeigern zu unterscheiden, wollen wir sie durch einen Kreis vor dem Pfeilende kennzeichnen (Andeutung von Φ), wie das in den Abb. 391 und 392 bereits geschehen ist. In der Abb. 392b ist die Addition der drei Induktionsverteilungen aus der Abb. 392a durch Addition der drei Flußpfeile durchgeführt, um ein Beispiel zu zeigen.

Sind die in unserer Darstellung vorkommenden Ströme zeitlich konstant, — Gleichströme, — so ist unser Maschinenmodell bereits das Abbild eines technisch benutzten Gerätes, eines Zeigertelegraphen. Bei mindestens zwei in der räumlichen

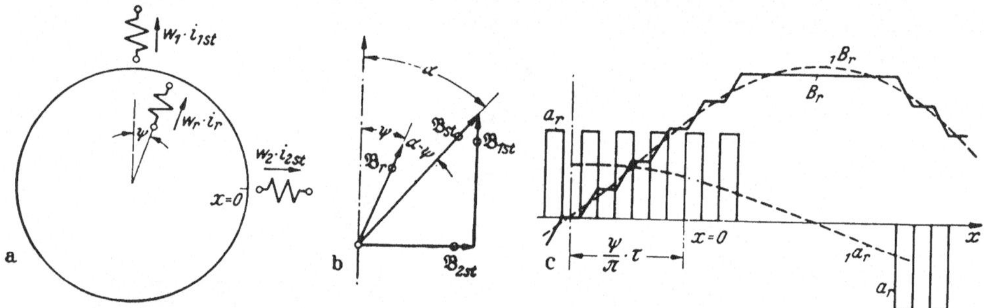

Abb. 393. Drehmoment im Zeigertelegraphen.
a Maschinenschema. b Flußpfeildiagramm für die Grundwellenanteile. c Verteilung von Luftspaltinduktion und Strombelag der Rotorwicklung und die darin enthaltenen Grundwellenanteile.

Lage gegeneinander verschobenen Ständerwicklungen — sinnvoll natürlich um räumlich 90° gegeneinander verdreht, — haben wir ja die Möglichkeit, eine resultierende Verteilung des Ständerflusses durch geeignete Wahl der Stromstärken und ihrer Vorzeichen in den beiden Wicklungen so einzustellen, daß die Richtung des resultierenden Ständerflußpfeiles jede beliebige Lage im Raum einnimmt. Die Induktionsverteilung im Luftspalt als Folge der Ständerdurchflutung ist also gegeben durch einen Flußpfeil nach Abb. 393 oder durch den entsprechenden analytischen Ausdruck:

$$B_{st} = B_{max_{st}} \sin\left(\frac{\pi}{\tau} x + \alpha\right). \quad (1132)$$

Steht die Läuferwicklung, die ebenfalls von einem Gleichstrom durchflossen wird, den wir mit i_r bezeichnen wollen, so, daß sie mit der Hauptwicklungsachse den Winkel ψ bildet (s. Abb. 393a), so ruft auch sie eine Flußverteilung hervor, die durch den Flußpfeil B_r dargestellt werden kann und analytisch also dem Ausdruck entspricht:

$$B_r = B_{max_r} \sin\left(\frac{\pi}{\tau} x + \psi\right). \quad (1133)$$

Die Lage des resultierenden Flußpfeiles, d. h. die Lage des sich tatsächlich einstellenden Poles im Flußverlauf, wird dabei im allgemeinen weder mit der von B_r, noch der von B_{st} übereinstimmen.

2. Das Triebmoment.

Nun liegen aber in diesem räumlich verteilten Fluß die stromdurchflossenen Leiter der Ständerwicklung und der Läuferwicklung. Es werden also auf jeden einzelnen von ihnen mechanische Kräfte ausgeübt nach dem allgemeinen Kraftgesetz (Gl. (10)) der Elektrotechnik unter Berücksichtigung der gewählten Zählrichtungen:

$$-P = B\,l\,i = (B_{st} + B_r)\,l\,i\,, \tag{1134}$$

auf den ganzen Umfang also ein Drehmoment als die Summe der aus Kraft × Hebelarm für jeden einzelnen Stab zu berechnenden Momente:

$$-M = \sum B \cdot r \cdot l \cdot i = \sum (B_{st} + B_r) \cdot r \cdot l \cdot i\,. \tag{1135}$$

Dabei ist r der Radius des Luftspaltes. Wir können und müssen ihn hier ohne Bedenken an Stelle des im Ständer und Läufer verschiedenen Wicklungsdurchmessers einsetzen, weil aus Gründen der Quellenfreiheit des magnetischen Flusses (2. Kirchhoffscher Satz für den magnetischen Kreis nach S. 5) das Produkt Br konstant sein muß. An einem Stab der Ständerwicklung ist zwar r größer als der Luftspaltradius, dafür aber auch wegen der damit gegebenen Vergrößerung des Querschnitts für den magnetischen Weg B entsprechend kleiner, das Produkt aus Induktion und Radius somit das gleiche wie unter Benutzung der Luftspaltdaten. Das gleiche gilt umgekehrt beim Läufer mit kleinerem Wicklungsradius und dafür größerer Induktion.

Allerdings müssen wir bei näherer Betrachtung unsere Summe durch ein Integral ersetzen, weil ja B von Punkt zu Punkt veränderlich ist, also auch nicht über die Breite eines Stabes = Breite einer Nut konstant bleibt. Wir müssen also jedem Längenelement dx des Umfangs den Stromanteil zuordnen, der in ihm fließt. Es ist das die in A/cm zu messende Größe, die der Elektromaschinenbauer als den *Strombelag* zu bezeichnen pflegt. Abb. 393c zeigt die Verteilung des Strombelags a_r über den Rotorumfang; für den Stator würde sich sinngemäß eine ähnliche Kurve ergeben. Ihre Integralkurve über den Umfang ist die Kurve der für die einzelnen magnetischen Teilwege maßgebenden Durchflutungen, wie die mitgezeichnete Kurve der Durchflutungsverteilung zeigt, bzw. die ihr proportionale Kurve der Induktionsverteilung. Der Strombelag ist also das Differential der Durchflutung: $a = d(wi)/dx$ und kann ebenso in eine Fourier-Reihe des Umfangs entwickelt werden wie die Induktionsverteilung.

Ist also:

$$B = {}_1B_{max}\left\{\sin\left(\frac{\pi}{\tau}x + \alpha_1\right) + \beta_3 \sin\left[3\left(\frac{\pi}{\tau}x + \alpha_3\right)\right] + \beta_5 \sin\left[5\left(\frac{\pi}{\tau}x + \alpha_5\right)\right] + \cdots\right\} \tag{1136}$$

mit einer dazugehörigen Reihe des Durchflutungsanteils für *einen* Luftspalt — unsere einleitenden Betrachtungen für die Flußverteilungen rechneten stets über beide Luftspalte —:

$$\Theta = \frac{{}_1B_{max}\cdot\delta}{\mu_0}\left\{\sin\left(\frac{\pi}{\tau}x + \alpha_1\right) + \beta_3 \sin\left[3\left(\frac{\pi}{\tau}x + \alpha_3\right)\right] + \beta_5 \sin\left[5\left(\frac{\pi}{\tau}x + \alpha_5\right)\right] + \cdots\right\}, \tag{1137}$$

so ist der Strombelag durch die Differentialkurve dieses Ausdrucks ohne neue harmonische Analyse darstellbar:

$$a = \frac{{}_1B_{max} \cdot \delta}{\mu_0} \cdot \frac{\pi}{\tau} \Big\{ \cos\left(\frac{\pi}{\tau} x + \alpha_1\right) + 3\ \beta_3 \cos\left[3\left(\frac{\pi}{\tau} x + \alpha_3\right)\right]$$
$$+ 5\ \beta_5 \cos\left[5\left(\frac{\pi}{\tau} x + \alpha_5\right)\right] + \ldots \Big\}. \quad (1138)$$

In dieser Kurve sind naturgemäß die Oberwellen prozentual stärker vertreten als in der der Flußverteilung (vgl. Abschn. IV, S. 152), wie man ja auch anschaulich sofort an der weit unregelmäßigeren Kurvenform des Strombelages in der Abb. 393c gegen die Kurve der Induktionsverteilung sieht. Bei „oberwellenarmer" Verteilung der Wicklung auf nur $1/3$ des Umfangs fehlt zwar auch in dieser Verteilung des Strombelags die dritte Oberwelle, die fünfte aber beträgt nicht mehr nur 4%, sondern 20%.

Nachdem wir so die Verteilung des Strombelags über den Umfang ermittelt haben, können wir nun die richtige Formel für die Bildung eines Drehmomentes entwickeln. An der Stelle x des Umfangs herrscht eine Induktion:

$$B = B_r + B_{st}, \quad (1139)$$

worin B_r und B_{st} durch FOURIER-Reihen nach Gl. (1125) gegeben sind. An der gleichen Stelle fließt ein Strom im Umfangselement dx vom Betrage:

$$a_r\, dx \text{ im Rotor,} \qquad a_{st}\, dx \text{ im Stator.}$$

Beide sind durch entsprechende FOURIER-Reihen gegeben. Auf jede Stelle wirkt also eine Kraft:

$$\left.\begin{aligned} -dP_r &= Bl\,di_r = (B_r + B_{st})\, l\, a_r\, dx \\ \text{bzw.} \quad -dP_{st} &= Bl\,di_{st} = (B_r + B_{st})\, l\, a_{st} dx \end{aligned}\right\} \quad (1140)$$

und als Integral der aus all diesen Teilkräften über den Umfang gebildeten Momente auf den gesamten Läufer, bzw. Ständer, schließlich ein Moment:

$$\left.\begin{aligned} -M_r &= \int_0^{2\tau} (B_r + B_{st})\, r\ l\, a_r\, dx; \\ -M_{st} &= \int_0^{2\tau} (B_r + B_{st})\, r\, l\, a_{st}\, dx. \end{aligned}\right\} \quad (1141)$$

Es genügt natürlich, eines dieser beiden Momente auszurechnen, weil wegen der notwendigen Gleichheit von actio und reactio sich beide gleichgroß, wenn auch im Vorzeichen entgegengesetzt ergeben müssen. Wir wollen die Berechnung für den Rotor durchführen und uns dabei zuerst auf die Drehmomentenanteile beschränken, die durch die Grundwellenanteile von Strombelags- (Gl. (1138)) und Induktionsverteilung (Gl. (1136)) bedingt sind. Hierfür gilt dann also:

$$-M_r = r l \frac{\delta \pi}{\mu_0 \tau} B_{max_r} \left[\int_0^{2\tau} \cos\left(\frac{\pi}{\tau} x + \psi\right) B_{max_r} \sin\left(\frac{\pi}{\tau} x + \psi\right) dx \right.$$
$$\left. + \int_0^{2\tau} \cos\left(\frac{\pi}{\tau} x + \psi\right) B_{max_{st}} \sin\left(\frac{\pi}{\tau} x + \alpha\right) dx \right]. \quad (1142)$$

Denken wir uns einen Augenblick ωt an Stelle von $\frac{\pi}{\tau} x$ geschrieben, an Stelle von 2τ also T, so stellen die Produkte unter den Integralen nichts anderes dar als die Leistung aus zwei einwelligen Größen, und wir können infolgedessen die Werte der Integrale sofort angeben. Das erste ist Null, weil der Mittelwert der Leistung über eine Periode Null ist, wenn die „Spannung" und der „Strom", aus denen sie gebildet ist, um 90° gegeneinander phasenverschoben sind. Das ist hier aber der Fall. Das zeigt zugleich die natürliche Tatsache, daß ein nur unter dem Einfluß seines Eigenflusses stehender Rotor in einem homogenen Luftspalt keine Kraftwirkungen erfährt. Auf die einzelnen Stäbe werden zwar Kräfte ausgeübt, aber über den ganzen Umfang integriert geben diese kein Moment, weil ihre Richtung schon über den halben Umfang zweimal das Vorzeichen wechselt, ebenso wie das die Leistung zweimal in einer Halbperiode des zeitlichen Verlaufs tut (vgl. S. 23).

Dagegen liefert das zweite Integral einen endlichen Wert; obwohl auch hier die Kräfte nach Größe und Richtung einen über den Umfang mit der Periode τ veränderlichen Verlauf haben, der aber einem Mittelwert überlagert ist. An Stelle des $\cos\varphi$ tritt hier, weil die beiden Funktionen sin und cos heißen, der sin der Argumentendifferenz, so daß mit

$$-\frac{1}{2} B_{max_{st}}\, 2\,\tau \sin(\psi - \alpha) \tag{1143}$$

als Wert des zweiten Integrals sich das resultierende Moment ergibt zu:

$$M_r = (2\,\pi\, r\, l\, \delta)\, \frac{1}{2\,\mu_0}\, B_{max_r}\, B_{max_{st}} \sin(\psi - \alpha)\,. \tag{1144}$$

Hierin ist der erste Faktor eine Maschinenkonstante, nämlich das Luftspaltvolumen V_δ. Außer von ihm hängen die auftretenden Momente also nur noch von den räumlichen Größtwerten der Induktion des Stators und des Rotors ab und können aus dem Bild der Flußpfeile für den Statorfluß und den Rotorfluß in einfacher Weise nach Abb. 393b abgeleitet werden als das halbe Produkt der beiden Flußpfeile mit dem sinus des eingeschlossenen Winkels. Das Moment wird Null, wenn der Differenzwinkel zwischen den beiden Polachsen verschwindet, wenn also resultierender Statorfluß und Rotorfluß in die gleiche Richtung weisen. In diese Stellung wird sich ein Rotor einstellen, der keinen Kräften unterworfen ist außer den magnetischen Feldkräften. Das ist das Arbeitsprinzip des Zeigertelegraphen. Die Einstellsicherheit des Gerätes wird dann nur durch das Reibungsmoment des Läufers begrenzt, das nach Abb. 394a einen Unsicherheitsbereich der Einstellung beiderseits der echten Nullage ergibt, der um so kleiner wird, je kleiner das Reibungsmoment verglichen mit dem Nutzmoment der Anordnung ist, das die Steilheit der Triebmomentenkennlinie im Nullpunkt bestimmt. Aus ihr:

$$d\,M_r/d\,(\psi - \alpha) = V_\delta\, \frac{1}{2\,\mu_0}\, B_{max_r}\, B_{max_{st}} \cos(\psi - \alpha) \tag{1145}$$

und dem Reibungsmoment m_r ergibt sich für die Umgebung der wahren Einstellung $(\psi - \alpha) = 0$ die Einstellunsicherheit:

$$\Delta\,(\psi - \alpha) = \frac{2\,\mu_0 \cdot m_r}{V_\delta \cdot B_{max_r} \cdot B_{max_{st}}}\,. \tag{1146}$$

Mit steigendem Differenzwinkel wächst das Moment zunächst annähernd linear, in Wahrheit aber nach einer sin-Funktion. Für kleine Differenzwinkel wirkt diese elektromagnetische Kraft genau so winkelproportional wie eine mechanische Feder mit der Federkonstanten:

$$c_{magn} = \frac{V_\delta}{2\,\mu_0} \cdot B_{max_r} \cdot B_{max_{st}}\,. \tag{1147}$$

Diese elektromagnetische Feder macht den Läufer zusammen mit seinem Massenträgheitsmoment zu einem mechanisch schwingungsfähigen Gebilde, bei dem der elastische Energiespeicher einer Feder ersetzt ist durch den magnetischen Energiespeicher im Luftspalt. Diese Betrachtung ist nicht nur wichtig für den Zeigertelegrafen selbst, sondern auch für die Schwingungen kleiner Amplitude, die der Induktor einer Synchronmaschine um seine — rotierende — Ruhelage ausführen kann, und ihre Frequenz, kann aber auch auf scheinbar so weit abliegende Gegenstände übertragen werden wie das Vibrationsgalvanometer, das einen solchen Zeigertelegraphen mit stark vergrößertem Luftspalt und permanent erregtem Rotor darstellt, der angeregt durch kleine Winkelschwankungen des Statorfeldes erzwungene Schwingungen ausführt.

Bei größeren Abweichungen von der Nullage gilt die Linearität nicht mehr; mit solchen größeren Amplituden führt das System dann auch keine *harmonischen* Schwingungen mehr aus.

Das Federgesetz ist dann durch die „*Triebmomentenkennlinie*" der Abb. 394b gegeben mit einem Maximum des Momentes bei 90° Winkel zwischen Stator- und Rotorfluß. Es beträgt:

$$M_{max} = \frac{V_\delta}{2\,\mu_0} \cdot B_{max_r} \cdot B_{max_{st}} \,. \tag{1148}$$

Solange dies Moment nicht überschritten wird, stellt ein äußeres Drehmoment stets eine stabile Ruhelage des Systems ein; überschreitet das äußere Moment diesen Wert, so ist kein Gleichgewicht mehr möglich, weil über einen Verdrehungswinkel von 90° hinaus das Feldmoment wieder abnimmt. Bei 180° Winkeldifferenz wird das Moment wieder Null. Ohne äußeres Moment ist hier also eine zweite Gleichgewichtslage, die aber labil ist, weil bei kleinen Abweichungen von dieser Lage keine Rückführung in sie, sondern ein Umschlag in die Lage beim Differenzwinkel Null eingeleitet wird.

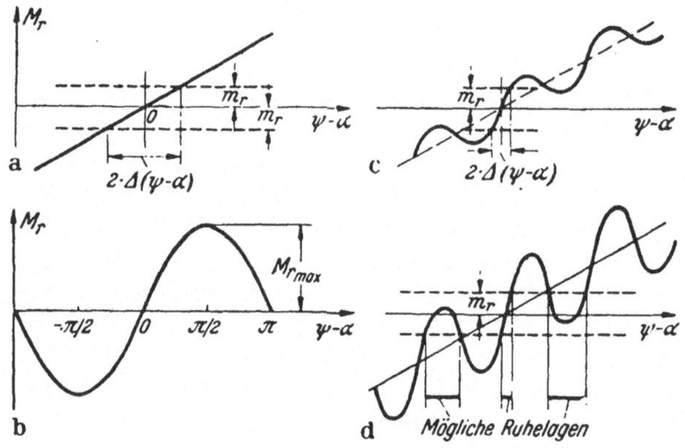

Abb. 394. Drehmomentverlauf im Zeigertelegraphen. a Unsicherheit der Nullstellung bei Reibungseinfluß. b Verlauf bei größeren Verdrehungswinkeln für das Grundwellenmoment allein. c Verschärfung der Nullstellung durch Oberwellenmomente. d Mehrdeutigkeit der Nullstellung bei zu hohem Oberwellenmoment.

Nach diesen Feststellungen für die Grundwelle ist nun aber auch der Einfluß der Oberwellen auf die Momentenbildung sehr leicht zu übersehen. Ebenso wie zur Leistungsbildung im zeitlichen Ablauf aus Strom und Spannung nach S. 135 stets nur Oberwellen gleicher Ordnungszahl beitragen, so tragen auch hier nur Anteile gleicher Ordnungszahl in Ständer- und Läuferfeld zur Momentenbildung bei, während die Produkte aus den Anteilen verschiedener Ordnungszahl über den vollen Umfang der Maschine stets im Mittel Null geben. Für das Moment der n. Ordnung aber können wir dann sofort das Verhältnis seines Höchstwertes zu dem des Hauptmomentes 1. Ordnung angeben. Ist der Gehalt an n. Ordnung in der Statorflußverteilung ${}_n\beta_{st}$, in der Rotorflußverteilung ${}_n\beta_r$, so ist er in der Rotorstrombelagsverteilung $n \cdot {}_n\beta_r$. Der prozentuale Anteil des Moments der n. Ordnung ergibt sich dann aus dem Produkt beider zu:

$${}_nM_r : {}_1M_r = n\, {}_n\beta_{st}\, {}_n\beta_r : 1 \,. \tag{1149}$$

Bei „*oberwellenarmer*" Wicklung ist das Moment der dritten Ordnung sowieso Null. Das der fünften wird $5 \cdot 4\% \cdot 4\% = 0{,}8\%$ und somit vernachlässigbar klein. Für alle höheren Ordnungen gilt das erst recht. Mit einer Ausnahme allerdings. Sind Stator und Rotor mit gleicher Nutenzahl genutet, so wird schon im Fluß, besonders aber natürlich im Strombelag, der der Nutzahl entsprechende Oberwellenanteil in der räumlichen Verteilung stark hervortreten. Es kann sich also u. U. ein relativ kräftiges Moment dieser Ordnung ausbilden. Auch sein Größtwert wird noch weit unter dem der Grundwellenverteilung bleiben. Mit seiner Winkelabhängigkeit nach:

$$_nM_r = \frac{V_\delta}{2\mu_0} B_{max_r} \cdot B_{max_{st}} n \cdot {}_n\beta_r \cdot {}_n\beta_{st} \cdot \sin n(\psi - \alpha) \tag{1150}$$

kann es sich im Nulldurchgang des Grundwellenanteils aber doch schon erheblich bemerkbar machen, wie die Abb. 394c zeigt.

Einerseits verschärft dieses Zusatzmoment höherer Ordnung die Steilheit der Momentenkennlinie im Nulldurchgang, wenn es sich in der richtigen „Phasenlage" — räumlich gesehen — zu dem Grundwellenmoment addiert, nämlich dann, wenn die gewünschte Einstellung gerade mit der Stellung: Statorzahn vor Rotorzahn übereinstimmt. Es verflacht sie aber, wenn das Gegenteil der Fall ist, und kann bei genügender Amplitude sogar dazu führen, daß die Einstellung mehrere stabile Gleichgewichtspunkte bekommt, wenn die Summe aus Grundwellenmoment und Moment höherer Ordnungszahl die Nullinie mehrmals schneidet (Abb. 394d). Durch Reibungskräfte können dann sogar labile Gleichgewichtspunkte stabilisiert werden.

Ist die Anlage für einen Zeigertelegraphen gedacht, so kann man von diesen Eigenschaften mit Vorteil Gebrauch machen, indem man ohne zu hohe Bemessung des Moments der höheren Ordnung die Zähnezahl von Stator und Rotor gerade so bemißt, daß sich in der begrenzten Zahl von Stellungen, die den zu übermittelnden Signalen entsprechen, eine Verschärfung der Einstellung ergibt, ohne daß dadurch die Gefahr von Fehleinstellungen entsteht. Will man andererseits die Möglichkeit der Einstellung auf beliebige Winkel schaffen, so wird man diese Oberwellen-Momente weitgehend unterdrücken müssen. Das kann einerseits durch magnetische Verschlußkeile der Nuten geschehen, andererseits auch durch Schrägstellung der Läufernuten gegen die Längsachse der Maschine und damit auch gegen die Statornuten. Damit werden die scharfen Oberwellen der Flußverteilung unterdrückt und es bleibt dann praktisch das Moment der Grundwelle allein übrig.

Es ist hier auf diese Frage noch einmal etwas ausführlicher eingegangen worden, weil sie die Bedeutung der Oberwellen der Flußverteilung für Spezialfragen zeigt. Ähnliche Überlegungen spielen bei den sogenannten „*Schleichdrehzahlen*" der Drehfeldmaschinen eine Rolle. Von jetzt an werden wir nun aber unsere Betrachtungen ausschließlich auf die Grundwellenverteilung des räumlichen Verlaufs beschränken.

C. Wechselstromgespeiste Wicklungen.

In unseren Betrachtungen haben wir immer nur von einem Strom in der gerade betrachteten Wicklung des Drehfeldmaschinenmodells gesprochen, ohne speziell auf den zeitlichen Verlauf der Stromstärke zu achten. Die in den Formeln vorkommenden Stromwerte waren eben einfach *Augenblickswerte*, ebenso wie die von ihnen erzeugten Induktionsverteilungen. Deren zeitliche Veränderlichkeit soll das Thema der nachstehenden Untersuchungen sein.

1. Die Zerlegung eines Wechselfeldes in Drehfelder.

Ist auf einer Drehfeldmaschine eine wechselstromgespeiste Wicklung vorhanden, deren Wicklungsebene nach der Abb. 395a, (s. S. 474), mit der Ebene des Beginns der Zählung der Ortskoordinate den Winkel α bildet — bei der gewählten Darstellung ist der Winkel α positiv, wenn er im Bereich negativer x liegt —, und fließt in ihr ein Wechselstrom i mit dem Scheitelwert i_{max}, der gegen den Nullpunkt einer willkürlichen Zeitrechnung um den Phasenwinkel φ voreilend verschoben ist, so ist die Induktionsverteilung im Luftspalt gegeben durch:

$$B = B_{max} \sin(\omega t + \varphi) \sin\left(\frac{\pi}{\tau} x + \alpha\right) \tag{1151}$$

als Funktion der zwei unabhängigen Variablen x und t. An einem beliebigen Ort x ist die Induktion $B_{max} \sin\left(\frac{\pi}{\tau} x + \alpha\right)$ eine Konstante, die den Scheitelwert der Induktion angibt, bis zu dem hier die Flußschwankung zeitlich mit der Frequenz ω stattfindet. Alle diese Schwankungen an verschiedenen Stellen des Luftspaltes unterscheiden sich nur im Scheitelwert, nicht in der Phasenlage, die für alle einheitlich voreilend φ beträgt. Wir können aber auch umgekehrt diese Formel so deuten, daß wir zu einem festen Zeitpunkt t nach der räumlichen Flußverteilung fragen. Sie ist sozusagen als Momentphotographie des magnetischen Feldes in jedem Augenblick durch eine räumlich sinusförmige Verteilung gegeben, deren Größtwert durch $B_{max} \sin(\omega t + \varphi)$ bestimmt wird. Alle derartigen Momentphotographien des Feldbildes aber würden die Achse des Feldbildes in der gleichen Lage zeigen, die allein durch den Winkel α der Wicklungsachse mit der Hauptachse der Maschine bestimmt wird, also im Grunde einfach in Richtung der Spulenachse liegt. Wir nennen ein solches in seiner räumlichen Lage festes und dabei an jedem Ort zeitlich einwellig pulsierendes magnetisches Feld im Luftspalt einer Drehfeldmaschine ein „*Wechselfeld*“, ein Begriff, der also hier einen sehr eingeengten Sinn gegenüber seiner allgemeinen Bedeutung hat.

Um die Zusammensetzung zweier derartiger Wechselfelder in beliebiger gegenseitiger räumlicher Lage und beliebiger zeitlicher Phasenverschiebung vorzubereiten, nehmen wir eine mathematische Operation an der allgemeinen Gleichung (1151) für das Wechselfeld vor: Nach den allgemeinen Regeln der Trigonometrie ist das Produkt aus zwei sin-Funktionen in eine Summe auflösbar:

$$B = \frac{1}{2} B_{max} \left[\cos\left(\omega t - \frac{\pi}{\tau} x + \varphi - \alpha\right) - \cos\left(\omega t + \frac{\pi}{\tau} x + \varphi + \alpha\right)\right]. \tag{1152}$$

Was bedeuten die Glieder dieser Summe von zwei Raum-Zeitfunktionen, in die wir das eine Wechselfeld zerlegt haben? Wir betrachten den ersten Anteil in der Klammer von Gl. (1152) allein, der durch den Faktor $B_{max}/2$ vor der Klammer zu einer Flußverteilung B_g wird:

$$B_g = \frac{B_{max}}{2} \cos\left(\omega t - \frac{\pi}{\tau} x + \varphi - \alpha\right). \tag{1153}$$

Erteilen wir t einen festen Wert — Momentphotographie —, so beschreibt das eine räumlich sinusförmige Verteilung, die also durch einen Flußpfeil dargestellt werden könnte, der die Länge $B_{max}/2$ haben müßte, und dessen räumliche Lage durch das Argument unter dem cos bestimmt ist. Sein Maximum, seine *Polachse*, liegt dort, wo das Argument Null ist, also bei:

$$\frac{\pi}{\tau} x = \omega t + \varphi - \alpha; \qquad x = \frac{\tau}{\pi} \cdot [\omega t + \varphi - \alpha]. \tag{1154}$$

Je nach dem Zeitpunkt t der Momentphotographie finden wir also das Maximum der Luftspaltinduktion an anderer Stelle, aber immer mit dem gleichen Scheitelwert. Die Flußverteilung, die durch diese Funktion beschrieben wird, bewegt sich also im Raum unter Erhaltung ihres Höchstwertes und ihrer sinusförmigen räumlichen Verteilung mit diesem Höchstwert. Die Geschwindigkeit, mit der der Höchstwert, die Polachse, damit aber auch jeder andere Wert der Induktion sich räumlich im Luftspalt bewegt, ist zu errechnen aus der Verschiebung dx im Zeitelement dt, also durch Differentiation des in Gl. (1154) gefundenen Wertes von x für die Lage der Polachse

$$dx/dt = v = \frac{\tau}{\pi} \cdot \omega = r \cdot \omega . \tag{1155}$$

Damit ist auch die Winkelgeschwindigkeit, mit der sich die ganze Flußverteilung im Raum dreht:

$$\omega_{mech} = v/r = \omega . \tag{1156}$$

Diese Winkelgeschwindigkeit ist also konstant und gleich der Kreisfrequenz des Wechselstromes, der zur Flußerzeugung diente. Wir wollen ein solches mit konstanter Winkelgeschwindigkeit unter Erhaltung von Form und Größe umlaufendes räumlich sinusförmig verteiltes Feld ein „*Drehfeld*" nennen und das hier betrachtete, das im Sinne positiver x — im mathematisch positiven Drehsinne — umläuft, als im Sinne unserer Überlegungen im Abschn. V (S. 275) ***gegenläufig*** = ***linksläufig*** bezeichnen. (Deshalb der Index g in (1153)).

Ganz entsprechend ergibt sich nun durch ähnliche Überlegung, daß der zweite Anteil B_m aus der Formel (Gl. (1152)):

$$B_m = \frac{1}{2} B_{max} \cos\left(\omega t + \frac{\pi}{\tau} x + \varphi + \alpha\right) \tag{1157}$$

ein ebenso solches Drehfeld darstellt mit gleicher Amplitude und gleicher Winkelgeschwindigkeit, aber mit entgegengesetztem Drehsinn. Es ist das ***mitläufige*** oder ***rechtsläufige*** Drehfeld.

Unsere mathematische Aufspaltung des Produktes aus den beiden Kreisfunktionen erweist sich als die physikalische Aufspaltung des Wechselfeldes in zwei Drehfelder gleicher Größe, aber entgegengesetzten Umlaufsinns, von denen jedes im Höchstwert halb so groß ist wie die Amplitude des Wechselfeldes.

2. Drehflußpfeile und die Zusammensetzung von Drehfeldern.

Jedes dieser Drehfelder, die je für sich ja in jedem beliebigen Zeitpunkt räumlich sinusförmig verteilt sind, kann durch einen Flußpfeil dargestellt werden, der aber nun zeitlich nicht mehr festliegt, sondern ebenso mit der Winkelgeschwindigkeit ω umlaufen muß, wie es das durch ihn darzustellende Drehfeld tut. Er rotiert also zeitlich ebenso wie ein Zeiger, abweichend von diesem aber nicht immer im gleichen Sinn, sondern für das mitläufige Drehfeld rechtsherum, für das gegenläufige Drehfeld linksherum. Seinen Sinn bekommt er aber nicht durch die Projektion auf eine *Zeit*linie, sondern durch die Projektion auf die *Orts*linie, den Radiusvektor zu einem Luftspaltpunkt, indem er durch diese die Induktion an dieser Stelle im betrachteten Zeitpunkt angibt. Um ihn zeichnerisch überhaupt darstellen zu können, müssen wir eine Verabredung darüber treffen, in welchem Zeitpunkt wir ihn darstellen wollen. Es liegt nichts näher, als dafür den Nullpunkt der Zeitrechnung zu wählen: $t = 0$. Den Flußpfeil für ein Drehfeld in diesem Zeitpunkt wollen wir als einen „*Drehflußpfeil*" bezeichnen und durch ein unterhalb der Spitze angebrachtes besonderes Symbol kennzeichnen und vom Zeiger unterscheiden. Wir geben ihm als Andeutung dafür, daß es sich um einen Flußpfeil handelt, ein Merkmal, das an den Buchstaben F erinnert, und lassen zur Andeutung des Drehsinnes, der nicht mehr wie beim Zeiger ein für allemal festgelegt werden kann, die Balken dieses Buchstabens in die Richtung des Umlaufs weisen.

Mit dieser Bezeichnungsweise können wir also die beiden Drehfelder, in die wir das Wechselfeld der Anordnung nach Abb. 395a aufgespalten haben, für den Fall, daß der Strom in der Wicklung durch das Zeigerdiagramm der Abb. 395b dargestellt werden kann — Phasenverschiebung um φ nach vorwärts gegen den Nullpunkt der Zeitrechnung —, durch die beiden Drehflußpfeile $\mathfrak{B}_m$ und $\mathfrak{B}_g$ darstellen, die die beiden Drehfelder symbolisieren. Die Lage jedes Drehflußpfeiles ergibt sich dabei nach der Formel Gl. (1154) für die Lage des Pols bei $t = 0$ zu:

$$\left.\begin{aligned} \frac{\pi}{\tau}\, x_{g_0} &= \varphi - \alpha && \text{für das gegenläufige Drehfeld}, \\ \frac{\pi}{\tau}\, x_{m_0} &= \pi - (\varphi + \alpha) && \text{für das mitläufige Drehfeld.} \end{aligned}\right\} \qquad (1158)$$

Die Zufügung des Winkels π zu dem Winkel $-(\varphi + \alpha)$ beim mitläufigen Feld haben wir dabei vorgenommen, um dem negativen Vorzeichen vor dem cos der Raum-Zeitfunktion Rechnung zu tragen und somit schreiben zu können:

$$\mathfrak{B} = \mathfrak{B}_m + \mathfrak{B}_g\,. \qquad (1159)$$

In jedem Augenblick erhalten wir nun also die wahre Flußverteilung durch Addition der beiden Drehflußpfeile zum Gesamtflußpfeil des betreffenden Augenblicks.

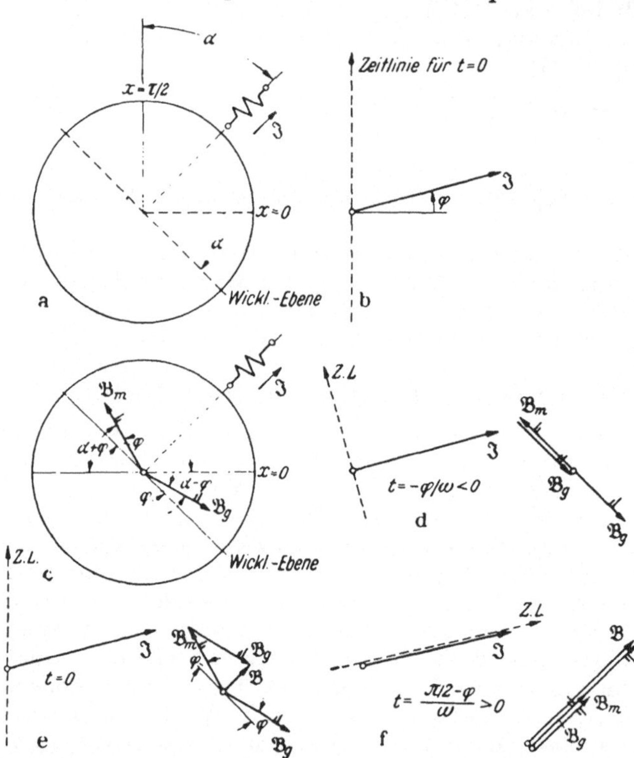

Abb. 395. Zur Aufspaltung eines Wechselfeldes in zwei Drehfelder. a Maschinenschema. b Zeigerdiagramm des Wicklungsstromes. c Lage der Drehflußpfeile (für $t = 0$). d Zusammensetzung der Drehflußpfeile für einen Augenblick mit $t < 0$. e wie (d) für $t = 0$. f wie (d) für $t > 0$.

Das zeigen die drei Abb. 395d...f für drei Zeitpunkte, die durch die Lage der Zeitlinie im Zeigerdiagramm gekennzeichnet sind. In Abb. 395d ist die Lage der Zeitlinie so gewählt, daß der Strom in der Wicklung gerade seinen Nulldurchgang hat. Die beiden Drehflußpfeile sind gegen ihre Grundlage im Zeitpunkt $t = 0$ (Abb. 395c) um je den Winkel φ gegen ihren Drehsinn zurückgedreht und liegen somit in Gegenphase. Ihre Summe ist in diesem Zeitpunkt Null. Es gibt überhaupt keinen resultierenden Flußpfeil; in diesem Augenblick ist der Luftspalt feldfrei, ganz wie das die Anschauung fordert. Bei $t = 0$ (Teilabb. e) addieren sich beide zu einem resultierenden Flußpfeil von der Länge: $B_{max} \sin\varphi$ in Richtung der Spulenachse, ebenfalls in Übereinstimmung mit der Erwartung. i ist ja inzwischen auf $i_{max} \sin\varphi$ gestiegen; die Flußachse muß mit der Spulenachse zusammenfallen. Im Zeitpunkt $(\pi/2 - \varphi)/\omega$, für den die dritte Teilabb. f gezeichnet ist, geht der Strom gerade durch den Scheitelwert, wie man an der Lage der Zeitlinie sieht. Nunmehr sind beide Drehflußpfeile um einen solchen Winkel weiter in ihrer Drehrichtung gedreht, daß ihre Richtungen zusammenfallen. Sie addieren sich algebraisch zu einem Flußpfeil der Länge B_{max} in Richtung der Spulenachse.

Der Drehflußpfeil ist also ein geeignetes Mittel zur Darstellung von Drehfeldern. Diese selbst sind eine andere Form der Darstellung von Wechselfeldern, deren Vorteil wir nun sofort an zwei Beispielen darstellen wollen.

Nehmen wir nach Abb. 396a einmal an, daß der Ständer mit einer Wicklung versehen sei, in der ein solcher Wechselstrom fließt. Das entstehende Wechselfeld in Richtung der Spulenachse können wir in zwei gegenläufige Drehfelder — ein rechtsläufiges und ein linksläufiges — zerlegen. Der Rotor trage eine Gleichstromwicklung und sei durch irgend eine geeignete Maßnahme, z. B. durch Anwerfen, auf eine mechanische Drehzahl gebracht, die mit der des rechtläufigen Feldes übereinstimmt. Dann ist bezogen auf die Koordinaten eines läuferfesten Koordinatensystems die Flußverteilung des Rotorfeldes gegeben durch:

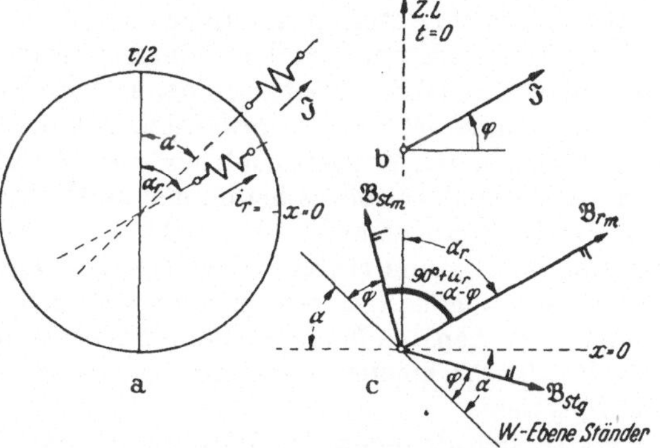

Abb. 396. Mitnahme eines gleichstromerregten Induktors durch das mitläufige Drehfeld eines wechselstromerregten Ständers. a Maschinenschema. b Zeigerdiagramm des Ständerstroms. c Die drehmomentbildenden Drehfelder und ihre Flußpfeile.

$$B = B_{max_r} \sin\left(\frac{\pi}{\tau} x_r + \alpha_r\right). \tag{1160}$$

Da nun aber nach Voraussetzung der Rotor mit der Winkelgeschwindigkeit ω umläuft, so sind die ständerfesten Koordinaten seines Feldes mit den rotorfesten verknüpft durch:

$$x = x_r - vt = x_r - \omega r t = x_r - \omega \frac{\tau}{\pi} t. \tag{1161}$$

Führen wir hieraus x_r in die Gleichung (1160) ein, so erhalten wir für den Läuferfluß im Raum mit feststehendem Koordinatensystem:

$$\begin{aligned} B_r &= B_{max_r} \sin\left[\frac{\pi}{\tau}\left(x + \omega \frac{\tau}{\pi} t\right) + \alpha_r\right] \\ &= B_{max_r} \sin\left(\omega t + \frac{\pi}{\tau} x + \alpha_r\right) \end{aligned} \tag{1162}$$

als ein mitläufiges Drehfeld, dessen Polachse im Zeitpunkt $t = 0$ die Lage

$$x_{max} = \frac{\tau}{\pi} (\pi/2 - \alpha_r) \tag{1163}$$

hat und somit in die Abb. 396c mit als Drehflußpfeil $\mathfrak{B}_{rm}$ eingetragen werden kann. Stator- und Rotorfluß aber üben aufeinander Kräfte aus, die wir nach der Gl. (1144) durch das Luftspaltvolumen und das Produkt der beiden Flußpfeile mit dem sin des eingeschlossenen Winkels ermittelten. Nun ist der Winkel zwischen dem Rotordrehfeld und dem mitläufigen Drehfeld der Ständerwicklung zeitlich fest, weil beide mit gleicher Drehzahl in gleicher Richtung umlaufen. Er beträgt, wie wir aus der Abb. 396c ablesen:

$$90° + \alpha_r - \varphi - \alpha, \tag{1164}$$

so daß das Moment zwischen diesen beiden Drehfeldern zeitlich konstant wird:

$$M_{synchr.} = V_\delta \frac{1}{2\mu_0} B_{max_r} B_{max_{st}} \cdot \frac{1}{2} \cos(\alpha + \varphi - \alpha_r). \tag{1165}$$

Man pflegt dies Moment als das *synchrone Moment* zu bezeichnen, weil es in einer mit einem gleichstromerregten Induktor versehenen Wechselstrommaschine bei Synchronismus auftritt. Es wird Null, wenn $\varphi + \alpha = 90° + \alpha_r$ wird, wenn also der Rotor sich so eingestellt hat, daß er im Zeitpunkt $t = 0$ mit der Lage des mitläufigen Feldes übereinstimmt. Soll es einen positiven, mitnehmenden Wert annehmen, also die mechanische Belastung eines solchen Motors mit einem abgegebenen Moment ermöglichen, so ist dazu erforderlich, daß α_r gegenüber diesem Wert zurückbleibt. Damit wächst das Moment nach einer sin-Funktion des Verdrillungswinkels zwischen den beiden Feldern, bis es bei immer weitersteigendem Lastmoment bei 90° schließlich ein Maximum erreicht, das nicht mehr überschritten werden kann (Abb. 394b). Es gibt dann keine stabile Gleichgewichtslage mehr, bei der das Lastmoment im Gleichgewicht gehalten werden kann. Es verzögert also den Induktor fortdauernd, der Winkel zwischen den Feldern nimmt dauernd zu, die Drehzahl des Induktors dauernd ab: der *Synchronmotor*, denn um einen solchen handelt es sich jetzt hier, ist *außer Tritt gefallen.*

Hätte sich dagegen der Induktor nicht in genauem Synchronismus befunden, als wir unsere Untersuchungen über das Moment anstellten, so würden wir feststellen, daß sich der Induktor langsam aus der „richtigen" räumlichen Lage zum mitläufigen Drehfeld entfernen möchte. Dabei entsteht nun aber ein Drehmoment, das den Induktor nach den Gesetzen der Mechanik beschleunigt, das Zurückbleiben also verringert und bei genügend trägheitsarmem Induktor schließlich aus einem dauernden Zurückbleiben in ein Nachziehen in den Synchronismus verwandeln kann. Der Motor *fängt* sich dann im Synchronismus, wenn die mitziehenden Momente genügend lange einwirken konnten, die Differenzdrehzahl also genügend klein war. Betrachten wir wieder wie auf S. 469 die Kennlinie des synchronierenden Moments als eine Gerade, so kann man aus der Forderung, daß die harmonischen Schwingungen des Induktors um seine Gleichgewichtslage eine Amplitude von 90° nicht überschreiten können, weil sich dann das beschleunigende Moment in ein verzögerndes verwandelt und zum Außertrittfallen führt, die Bedingung dafür ableiten, bei welcher Differenzdrehzahl beim Durchschreiten der richtigen räumlichen Lage von Feld und Induktor gerade noch ein Fangen des Induktors erfolgen wird. Sie ergibt sich bei Anwendung unserer Betrachtungen über Einschalt-, bzw. hier Einschwingvorgänge nach Abschn. VII um so höher, je höher die Eigenfrequenz aus Trägheitsmoment des Rotors und Federkonstante des Luftspaltfeldes nach Gl. (1147) ist.

Bei allen diesen Überlegungen müssen wir uns darüber klar sein, daß in diesen Fällen nur die Hälfte des Wechselfeldes, d. h. seiner Amplitude Nutzdrehmoment liefert; denn der Faktor $^1/_2$ in unserer obigen Gleichung rührt ja daher, daß das mitläufige Feld nur die halbe Größe hat wie die Amplitude des Wechselfeldes. Die andre Hälfte steckt im gegenläufigen Feld. Auch dies liefert natürlich als ein Statorfeldanteil in jedem Augenblick ein Drehmoment auf den Rotor. Der Winkel zwischen diesen beiden Feldern ist aber zeitlich nicht konstant, sondern durchläuft in schneller Folge periodisch die Werte von $0 \ldots 2\pi$, weil ja beide Felder gegeneinander eine relative Winkelgeschwindigkeit $2\,\omega$ haben. Diese Momente geben also wohl schnell wechselnde, verzögernde und beschleunigende Momente im Takt von 100 Hz, wenn es sich um 50 Hz-Maschinen handelt, aber kein „synchrones Moment". Diese überlagerte Drehmomentenschwingung hoher Amplitude — sie ist ebenso groß wie das Maximum des Nutzmomentes — kann aber zu unangenehmen Schwingungen und sogar mechanischen Schäden als Folge von Dauerbeanspruchung führen. Das ist ein schwerer Nachteil der Einphasen-Synchronmaschine.

Sie hat dafür aber den Vorteil, daß man willkürlich Nutzmomente bei Rechts- und Linkslauf aus dem gleichen Motor entnehmen kann, indem man ihn das eine Mal durch Anwerfen mit dem rechtsläufigen, das andere Mal mit dem linksläufigen Feld in Synchronismus bringt. Diese Möglichkeit einer solchen Benutzung ist zugleich ein evidenter Beweis dafür, daß der mathematischen Operation (Gl. (1152)) der Zerlegung des Produktes aus zwei Kreisfunktionen ein echter physikalischer Sinn innewohnt, daß die beiden rein formal entdeckten Drehfelder als solche wirklich existieren. Für einen solchen Nachweis genügt es natürlich, anstatt eines kompletten, mit Erregerwicklung versehenen Synchronmotors mit einphasiger Erregung des Ständers eine permanent magnetisierte Magnetnadel im Wechselfeld zu benutzen, deren kleine Masse das Fangen noch aus relativ hohen Differenzfrequenzen gestattet und also das Anwerfen leicht möglich macht.

Die weit wichtigere Anwendung finden wir nun in der Aufgabe, zwei Wechselfelder beliebiger räumlicher Lage gegeneinander und mit beliebiger zeitlicher Phasenverschiebung gegeneinander zu addieren. Da die Wahl von Anfangszeitpunkt der Zeitzählung und Anfangspunkt der Koordinatenzählung im Luftspalt willkürlich ist, steht es uns frei, sie so zu legen, daß für eines der beiden Wechselfelder die Polachse mit der Hauptachse senkrecht zu dem Radiusvektor nach $x = 0$ zusammenfällt, und daß für diese Wicklung dann zugleich der Strom zur Zeit $t = 0$ durch Null geht. Das möge nach Abb. 397a und b für die Wicklung 1 des Ständers einer Drehfeldmaschine zutreffen. Gegen sie ist die Wicklung 2 um den Winkel α versetzt angebracht; in ihr fließt ein Strom, der um den Winkel φ gegen den in der Wicklung 1 voreilt (Abb. 397b). Beide Wicklungen seien im übrigen gleich, was aber keine bedeutsame Einschränkung der allgemeinen Verwendbarkeit dieser Methode ist, sondern hier nur schon auf Anwendungen in bestimmter Richtung zielt. Den gleichen Strömen entsprechen also auch gleiche Flüsse. Nach unseren soeben mit Gl. (1158/1159) gewonnenen Erkenntnissen können wir nun jeden der beiden Wechselflüsse in je einen mitläufigen und gegenläufigen Drehfeldanteil zerlegen. Ihre Drehflußpfeile sind in der Abb. 397c aufgezeichnet, so wie sie nach unserer Verabredung für den Zeitpunkt $t = 0$ gezeichnet werden sollen. Nun steht aber offenbar nichts im Wege, die beiden Drehflußpfeile für die mitläufigen Felder, die zwar beide umlaufen, aber dabei gegenseitig ihre Lage nicht ändern, ein für allemal von vornherein zu addieren und so zu einem resultierenden „*Mitfeld*" zu gelangen, wie es in der Abb. 397c als $\mathfrak{B}_m$ eingezeichnet ist. Das gleiche können wir aber auch mit den beiden Drehflußpfeilen der gegenläufigen Felder tun und so zu einem resultierenden „*Gegenfeld*" kommen ($\mathfrak{B}_g$ in der Abb. 397c).

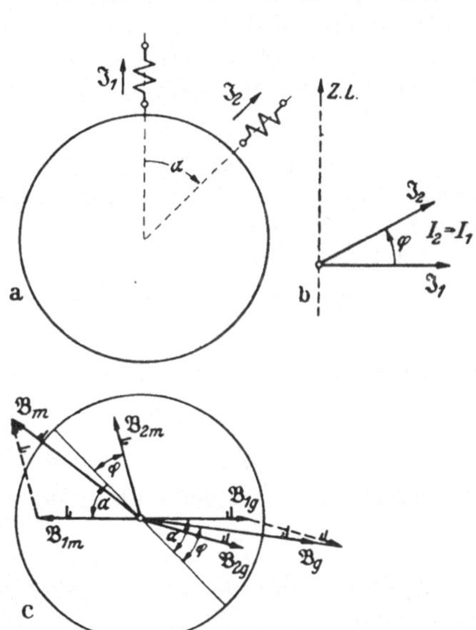

Abb. 397. Addition der Luftspaltfelder zweier wechselstromerregter Wicklungen durch Addition der Drehfelder. a Maschinenschema. b Zeigerdiagramm der Ständerströme. c Addition der Drehflußpfeile der Mit- und Gegenfelder.

Geometrische Überlegungen liefern sofort die Amplituden der beiden Felder, d. h. die Größtwerte der Induktion im mitläufigen und gegenläufigen Drehfeld. Da die Dreiecke gleichschenklig sind und $\mathfrak{B}_{1_m}$ und $\mathfrak{B}_{2_m}$ den Winkel $(\alpha + \varphi)$, $\mathfrak{B}_{1_g}$ und $\mathfrak{B}_{2_g}$ den Winkel $(\alpha - \varphi)$ miteinander bilden, so ist der Betrag des resultierenden Drehflußpfeiles:

$$\left.\begin{aligned} B_m &= B_{max} \cos\frac{\alpha+\varphi}{2} \text{ für das Mitfeld und} \\ B_g &= B_{max} \cos\frac{\alpha-\varphi}{2} \text{ für das Gegenfeld.} \end{aligned}\right\} \quad (1166)$$

Beide sind also im allgemeinen Falle verschieden groß, womit die Möglichkeit ausscheidet, sie etwa wieder zu einem resultierenden Wechselfeld zusammenzusetzen. Man kann also wohl jedes beliebige Wechselfeld in zwei gegenläufige Drehfelder eindeutig zerlegen, nicht aber zwei beliebige Drehfelder wieder in ein Wechselfeld vereinigen, somit aber auch nicht allgemein zwei Wechselfelder zu einem neuen reinen Wechselfeld vereinigen. Das wäre nur möglich, wenn:

endweder: $\alpha = 0$ ist, d. h. beide Wicklungen gleichachsig liegen, eine triviale und selbstverständliche Lösung, weil man dann ebensogut gleich den Summenstrom in einer Wicklung hätte fließen lassen können,

oder: $\varphi = 0$ ist, das heißt, die beiden Ströme bei verschiedener Achse beider Spulen gleichphasig sind. Auch das ist nicht zweifelhaft, weil dann beide Wechselfelder in jedem Augenblick einander proportional sind und also die im Augenblick des Strommaximums gefundene resultierende Polachse auch in allen anderen Phasen erhalten bleibt.

Wesentlich interessanter ist die andere Möglichkeit, nämlich nach der Möglichkeit zu fragen, eines der beiden gegeneinander umlaufenden Drehfelder zum Verschwinden zu bringen, so daß nur das andere allein übrig bleibt. Es verschwindet also nach Gl. (1166):

das Gegenfeld für: das Mitfeld für:

$$\alpha - \varphi = \pi \qquad \alpha + \varphi = \pi\,, \tag{1167}$$

und es wird unter diesen Bedingungen das verbleibende Drehfeld:

als Mitfeld: als Gegenfeld:

$$B_m = B_{max} \cos(\alpha - \pi/2) \qquad B_g = B_{max} \cos(\alpha - \pi/2)\,. \tag{1168}$$

Es hat also das verbleibende Feld übereinstimmend in beiden Fällen den Wert:

$$B_{max} \sin \alpha\,. \tag{1168a}$$

Es ergibt sich daraus, daß die Möglichkeit der Erzeugung eines reinen Drehfeldes einer Richtung durchaus nicht an einen bestimmten Winkel zwischen den Spulen gebunden ist, sondern auch bei kleinen Winkeln noch realisierbar ist, wenn nur der Phasenwinkel zwischen den Spulenströmen entsprechend der Bedingung (Gl. (1167)) gewählt ist. Bei kleinen Spulenwinkeln α wird dann aber das Verschwinden des einen Drehfeldes damit erkauft, daß auch das verbleibende sehr klein wird. Stellen wir die Zusatzbedingung, daß das verbleibende Feld möglichst groß sein solle, so ergibt sich als Bedingung dafür aus Gl. (1168a) sofort:

$$\alpha = \pm 90^\circ \text{ und damit nach Gl. (1167) auch } \varphi = \pm 90^\circ\,. \tag{1169}$$

Die beiden Wicklungsachsen der Ständerwicklung müssen also um 90° räumlich gegeneinander versetzt sein und mit Strömen gespeist werden, die gegeneinander um 90° zeitlich phasenverschoben sind. Es entsteht dann jedesmal ein reines Drehfeld, dessen Drehzahl mit der Frequenz des Wechselstromes übereinstimmt, und das sich aus der Lage der Polachse der mit dem voreilenden Strom beschickten Wicklung in die Lage der Polachse der mit dem nacheilenden Strom beschickten Wicklung dreht. Durch eine einfache Umpolung der Stromrichtung in einer der beiden Spulen wird also der Drehsinn des resultierenden, allein verbliebenen Drehfeldes umgekehrt.

Der Scheitelwert B_{max} des resultierenden Drehfeldes bleibt dabei ebenso groß wie der Scheitelwert B_{max} jedes der beiden Spulenwechselfelder. Die Wicklungsanordnung entspricht der unsymmetrischen Zweiphasenanordnung (nach Abschn. V A, S. 204). Machen wir in einer solchen Wicklungsanordnung die beiden Strangströme gleich groß, lassen aber ihre Phasenverschiebung alle möglichen Werte von Null bis zu -90° durchlaufen, so ergibt sich nach der Abb. 398a...c folgendes Bild. Das

Wechselfeld der 1. Wicklung mit dem Strom $\mathfrak{J}_1$, dessen Nulldurchgang den Zeitnullpunkt festlegen möge, und dessen Lage in Abb. 398b also die Lage der Zeitlinie markiert, wird in die beiden Drehfelder $\mathfrak{B}_{1_m}$ und $\mathfrak{B}_{1_g}$ zerlegt. Die Lage der Drehflußpfeile $\mathfrak{B}_{2_m}$ und $\mathfrak{B}_{2_g}$ für die entsprechende Zerlegung des Wechselfeldes der 2. Wicklung hängt von der Phasenverschiebung des Stromes ab; sie sind gegen die Spulenebene der Wicklung 2 um jeweils den Winkel φ im Sinne der ihnen zukommenden Drehrichtung verschoben (vgl. Abb. 395c). Die Spitzen der resultierenden Drehflußpfeile bewegen sich also auch auf Kreisen, wie in der Abb. 398a angegeben. Das Resultat in Abhängigkeit vom Phasenwinkel zeigt die Abb. 398c. Bei Phasengleichheit sind mitläufiges und gegenläufiges Drehfeld gleich groß. Ihr Größtwert ist 0,707 vom Größtwert des Wechselfeldes einer Wicklung. Sie könnten zu einem resultierenden Wechselfeld vereinigt werden. Mit wachsender nacheilender Phasenverschiebung von $\mathfrak{J}_2$ gegen $\mathfrak{J}_1$ nimmt das gegenläufige Drehfeld ab, das mitläufige zu. Eine Vereinigung zu einem Wechselfeld ist nun nicht mehr möglich. Man könnte nur einen Anteil des größeren mitläufigen Drehfeldes noch mit dem gegenläufigen zu einem Wechselfeld vereinigt denken, dessen Polachse dann aber auch nicht mehr unter 45° stände. Bei 90° nacheilender Phasenverschiebung schließlich ist das gegenläufige Feld gänzlich verschwunden; das allein verbleibende mitläufige Drehfeld hat den Größtwert B_{max}, den auch das Wechselfeld einer Spule hatte.

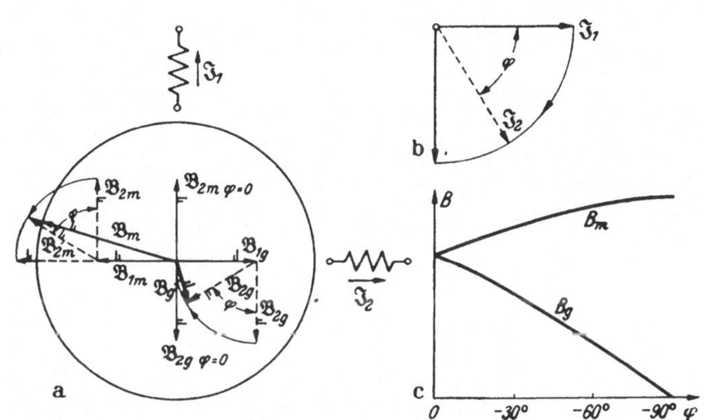

Abb. 398. Drehfelderzeugung mit einer Zweiphasenwicklung. a Maschinenmodell. b Zeigerdiagramm der Ströme. c Drehfelder als Funktion des Phasenwinkels zwischen den Strömen.

Die Drehflußpfeile sind nun auch ein einfaches Mittel, um die Frage nach dem Zusammenwirken dreier mit Wechselstrom beschickter Wicklungen in Drehstromanordnung zu beantworten. Abb. 399a gibt die Maschine mit ihren Wicklungen im Schema. Abb. 399b zeigt die Ströme in den drei Wicklungen bei Annahme der Speisung mit den Strömen eines symmetrischen Drehstromsystems. Abb. 399c zeigt die zu jeder Wicklung und ihrem Strom gehörenden Drehflußpfeile getrennt, Abb. 399d ihre Zusammensetzung zu einem resultierenden Drehflußpfeil des Mitfeldes und einem des Gegenfeldes. Die drei Drehflußpfeile der Mitfelder addieren sich algebraisch zum dreifachen Betrag der einzelnen Mitfelder, also zum 1,5fachen des Größtwertes, den das Wechselfeld einer Spule allein hätte. Die drei Drehflußpfeile der Gegenfelder dagegen bilden ein gleichseitiges Dreieck, das sich zur Summe Null schließt. Die von einem symmetrischen Stromsystem durchflossene Drehstromwicklung ergibt also ein reines rechtsläufiges Drehfeld. Dieser Tatsache verdankt das Drehstromsystem seinen Namen. Allerdings ist es nicht die einzige Wicklungsanordnung, die das leistet. Wir haben ja in Gl. (1167) die Bedingungen für eine Anordnung mit zwei Wicklungssträngen kennengelernt, die das auch tut.

Beschicken wir nun aber die drei Wicklungen des Maschinenschemas nach der Abb. 399a mit drei symmetrischen Strömen umgekehrter Phasenfolge nach dem Zeigerdiagramm Abb. 399e, so fällt auch die Zerlegung in die 6 Teildrehfelder anders aus, wie die Abb. 399f zeigt. Ihre Addition zu den resultierenden Drehflußpfeilen (Teilabb. 399g) ergibt diesmal ein reines Gegenfeld mit dem Größtwert 1,5 B_{max} ohne Mitfeld. Besteht also das System der drei Ströme nur aus der gegenläufigen Komponente (vgl. S. 275), so entsteht auch nur ein gegenläufiges Drehfeld.

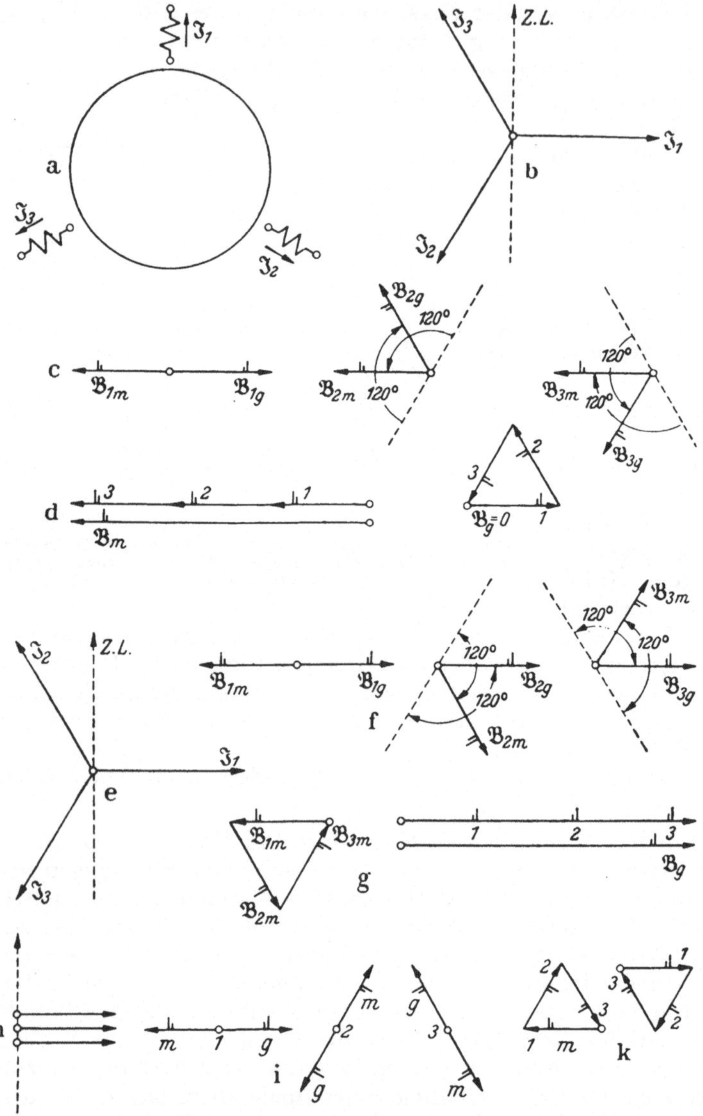

Abb. 399. Drehfelder in der Drehstrommaschine.
a Maschinenmodell. b Zeigerdiagramm der Mitströme. c Drehflußpfeile zu (b). d Zusammensetzung der Drehflußpfeile zu (b). e Zeigerdiagramm der Ströme des Gegensystems. f Drehflußpfeile zu (e). g Zusammensetzung der Drehflußpfeile zu (e). h Zeigerdiagramm der Ströme des Nullsystems. i Drehflußpfeile zu (h). k Zusammensetzung der Drehflußpfeile zu (h).

Bei Alleinvorhandensein der Mitkomponente im Stromsystem entsteht nur das mitläufige Drehfeld. Sind bei unsymmetrischen Strömen in den drei Wicklungen in diesen Mit- und Gegenkomponente enthalten, so entstehen in der Maschine auch beide Drehfelder. Jedes der beiden Drehfelder wird in seinem Größtwert durch die symmetrische Komponente mit gleichlautender Bezeichnung bestimmt. Von dieser Eigenschaft rühren die Bezeichnungen der beiden Komponenten eines unsymmetrischen Systems tatsächlich her.

Addieren sich die drei Ströme nicht zu Null, so enthält das System der drei Ströme nach den Ausführungen im Abschn. V G auch noch ein „*Nullsystem*" von drei gleichphasigen Strömen. Wie sieht das Luftspaltfeld aus, das zu diesem Nullsystem gehört? Wenn nach der Abb. 399h $\mathfrak{J}_1$, $\mathfrak{J}_2$ und $\mathfrak{J}_3$ gleichphasig sind, so sind die zu jeder Wicklung gehörenden beiden Drehfelder durch Drehflußpfeile nach Abb. 399i darstellbar und die Summe der Drehflußpfeile gibt nach Abb. 399k sowohl für das Mitfeld, wie auch für das Gegenfeld Null. Für die drei Ströme des Nullsystems ergibt sich also überhaupt kein resultierendes Feld im Luftspalt. Die Ströme des Nullsystems sind also nicht mit einem Luftspalt-Feld in ähnlicher Weise verkettet wie die der Mit- und Gegenkomponente. Ihnen bietet also die Wicklung einer Drehfeldmaschine keinen induktiven Widerstand, wenn wir natürlich vom Streufluß außerhalb des Luftspaltes absehen.

Erzeugt nun ein Mitkomponentensystem ein mitläufiges Drehfeld im Luftspalt der Drehfeldmaschine, ein Gegenkomponentensystem ein gegenläufiges Drehfeld, die wir beide eindeutig dem Stromsystem zuordnen können, so können wir umgekehrt auch aussagen, daß zu jedem mitläufigen Feld in einer solchen Maschine ein Magnetisierungsstrom in den drei Wicklungssträngen gehört, der ein Mitkomponentensystem darstellt und aus der Lage und Größe des Drehflußpfeiles eindeutig bestimmt werden kann, während ein gegenläufiges Drehfeld ebenso die Existenz eines Gegenkomponentensystems bestimmter Größe und Phasenlage in den Magnetisierungsströmen fordert. Die Existenz eines „*inversen*" Drehfeldes, wie man das gegenläufige Drehfeld auch oft bezeichnet, neben dem *Hauptdrehfeld* im mitläufigen Sinne, ergibt also stets die Notwendigkeit einer unsymmetrischen Durchflutung der drei Wicklungsstränge.

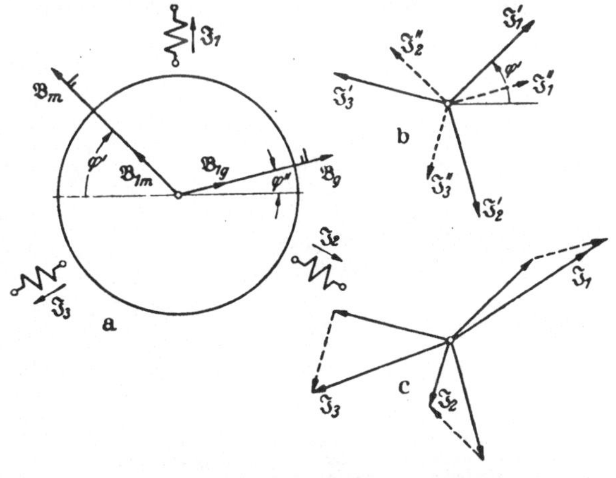

Abb. 400. Ermittlung der Wicklungsströme für vorgegebene Drehfelder. a Maschinenschema mit Drehfeldern. b Zeigerdiagramm der symetrischen Stromkomponenten. c Unsymmetrische Wicklungsströme.

Die Konstruktion dieser drei Ströme aus den gegebenen beiden Drehfeldern zeigt die Abb. 400. Teilabb. a zeigt die beiden Drehflußpfeile der gegenläufigen Felder. Zur räumlichen Lage des Drehflußpfeiles für den Anteil der Wicklung 1 am gesamten Mitfeld, der $^1/_3$ der Länge des gesamten Drehflußpfeiles für das Mitfeld hat, gehört die im Zeigerdiagramm der Teilabb. b angegebene Lage des Stromzeigers $\mathfrak{J}_1'$ für den Strom der Mitkomponente der Wicklung 1. Die beiden Ströme der Mitkomponente in den anderen Wicklungen bilden mit diesem ein symmetrisches System mit der Phasenfolge 1, 2, 3. Zum Drehflußpfeil des gegenläufigen Feldes gehört nach dem Zeigerdiagramm der Teilabb. b in entsprechender Phasenlage, die durch die räumliche Lage des Drehflußpfeiles bestimmt ist, der Zeiger $\mathfrak{J}_1''$ für den Strom der Gegenkomponente in der Wicklung 1. Mit ihm bilden die beiden Ströme der Gegenkomponente in den beiden anderen Wicklungen ein symmetrisches Stromsystem mit der Phasenfolge 1, 3, 2.

Die Zusammensetzung der Mit- und Gegenkomponenten für jeden Strang nach der Abb. 400c liefert die wirklichen Ströme des unsymmetrischen Systems, das zur Erzeugung der beiden Drehfelder notwendig ist und von außen zufließen muß.

Die relative Größe der beiden Komponenten bestimmt sich aus der relativen Größe der beiden Drehflußpfeile, die ja über die gleichen Konstanten mit den beiden Durchflutungen verknüpft sind, die wir aus den Ausführungen im Abschn. VIIIB, S. 464, kennen. Sie enthält nach Gl. (1123) außer der Windungszahl der Wicklung und der Dicke des Luftspaltes nur die Permeabilität des Luftspaltraumes und schließlich eine von der Wicklungsanordnung abhängige Zahlenkonstante, die durch die harmonische Analyse der Feldverteilung einer Wicklung über den Umfang als Periode gegeben ist und bei „oberwellenarmer" Wicklung den Wert 1,052 hat (vgl. Gl. (1126)).

D. Die Drehfeldmaschine mit stillstehendem Läufer.

1. Induzierte Spannungen.

Die Drehfelder bewegen sich gegenüber den als stillstehend angenommenen Wicklungen des Läufers, aber auch gegenüber den sowieso stillstehenden Wicklungen des Ständers mit der Winkelgeschwindigkeit ω in gleicher Weise, als ob im Innenraum der Drehfeldmaschine ein mit Gleichstrom erregtes Polrad mit 2 Polen umliefe.

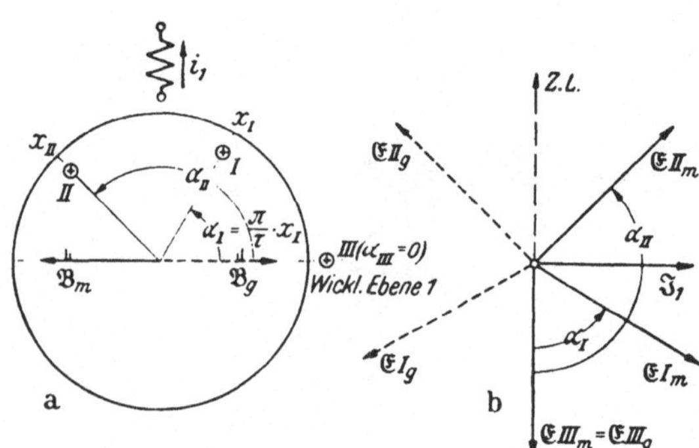

Abb. 401. Induzierte Stabspannungen des Mit- und Gegenfeldes. a Lage der Stäbe auf dem Umfang. b Zeigerdiagramm der induzierten elektromotorischen Kräfte.

In einem Stab in einer Ständer- oder Läufernut, der sich an irgend einer Stelle x des Umfangs befindet, wird dies Feld bei der Bewegung mit der Geschwindigkeit $v = r\omega$ nach Gl. (9) eine elektromotorische Kraft induzieren, deren Größe bei den gewählten Zählrichtungen von dem Augenblickswert des gerade vorbeilaufenden Induktionswertes abhängt nach:

$$e = Blv = Brl \cdot \omega\,. \tag{1170}$$

Wiederum können wir diese Betrachtung für Ständer und Läufer so durchführen, als ob beide Wicklungen im Luftspalt lägen, weil das Produkt aus B und r für jeden Radius den gleichen Wert haben muß wie im Luftspalt (vgl. S. 467). Hat also das mitläufige Drehfeld in Zeit und Raum das Gesetz:

$$B = -B_m \cos\left(\omega t + \frac{\pi}{\tau}\,x\right), \tag{1171}$$

so gehorcht die elektromotorische Kraft in einem Stab an der Stelle x des Umfangs dem Zeitgesetz:

$$e = -B_m r l \cdot \omega \cos\left(\omega t + \frac{\pi}{\tau}\,x\right). \tag{1172}$$

Sie ist eine einwellige Spannung, die durch einen Zeiger dargestellt werden kann. Bei Berücksichtigung der Oberwellen in der Induktionsverteilung würde sich aber eine mehrwellige Spannung ergeben, deren Oberwellengehalt zeitlich durch den Oberwellenanteil der räumlichen Analyse bestimmt würde. Wir begnügen uns hier mit dem Grundwellenanteil und stellen fest, daß er einem Minus-cos-Gesetz gehorcht, gegen dieses aber um einen zeitlichen Phasenwinkel $\frac{\pi}{\tau}x$ voreilend verschoben ist, der von der Lage des betrachteten Stabes auf dem Umfang abhängt. Stellen wir diese EMK im Zeigerdiagramm (Abb. 401b) zusammen mit dem Strom $\mathfrak{J}_1$ der Ständerwicklung einer Drehfeldmaschine nach Abb. 401a dar, die ja als Teil der von $\mathfrak{J}_1$ hervorgerufenen Induktionsverteilung im Luftspalt ein solches Drehfeld enthält, so ist dort ihre Phasenlage von der räumlichen Lage des Stabes auf dem Umfang abhängig. Sie eilt um $(90° - \alpha)$ nach (= um 90° nach, um α vor).

Wollen wir die gesamte in einer Wicklung auf dem Maschinenumfang induzierte Spannung als Folge eines Drehfeldes feststellen, so müssen wir die verschiedenen Spannungen der einzelnen Stäbe addieren, die zusammen eine Wicklung bilden. Dabei können wir wegen der Symmetrie der Wicklung, deren Windungen stets aus einem „*Hinleitungsstab*" und einem „*Rückleitungsstab*" in symmetrischer Lage bestehen, diese beiden stets zusammenfassen und die Summierung nur über eine Spulenseite erstrecken, wobei es gleichgültig ist, ob die Stäbe durch die Wickelkopfverbindungen zu *Durchmesserspulen* nach dem Schema der Abb. 402a oder zu *Sehnenspulen* nach dem Schema der Abb. 402b verbunden sind.

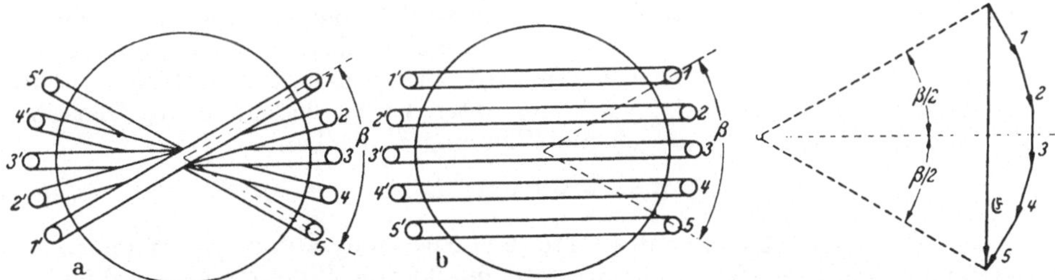

Abb. 402. Wickelkopfverbindungen mit gleichem Wicklungsfaktor. a Durchmesserspulen. b Sehnenspulen.

Abb. 403. Zur Berechnung des Wicklungsfaktors für die verteilte Wicklung.

Die Addition der Stabspannungen führt stets zu einem Zeigerdiagramm nach der Abb. 403, wo die Winkel zwischen den einzelnen Stabspannungen gleich den durch die Zahnteilung gegebenen Winkeln sind und die erste und letzte Teilspannung gegeneinander um den Winkel β verschoben sind, den die Wicklungsseite auf dem Umfang in Anspruch nimmt. Die resultierende Wicklungsspannung $\mathfrak{E}$ steht dann zu der Summe der einzelnen Stabsspannungen im Verhältnis von Sehne zu Bogen, wenn wir bei vielen Stäben, wie das ja praktisch meist der Fall ist, den Polygonzug der Zeiger der Stabspannungen durch die Bogenlänge ersetzen. Wir erhalten also als resultierenden Zeiger eine Spannung vom Effektivwert:

$$E_w = 2\,E_{stab}\,\frac{\sin\beta/2}{\beta/2}\cdot w\,, \tag{1173}$$

wenn β den Winkel einer Spulenseite und w die Windungszahl der Wicklung = Zahl der Stäbe einer Spulenseite ist. Ihre Phasenlage entspricht dabei immer der eines Stabes, der in der Wicklungsebene liegt. Setzen wir den in Gl. (1172) gewonnenen Wert für den Scheitelwert einer Stabspannung: $e_{stab_{max}} = B_m r l\cdot\omega$ ein und berücksichtigen, daß bei der einwelligen Spannung der Effektivwert und der Scheitelwert im Verhältnis $1:\sqrt{2}$ steht, so erhalten wir für die Spannung an einer solchen Wicklung:

$$E_w = w\,\frac{2\pi}{\sqrt{2}}\,f B_m\,2\,r\,l\,f_w \quad (1174) \qquad \text{mit} \quad f_w = \frac{\sin\beta/2}{\beta/2} \quad (1175)$$

als einem *Wicklungsfaktor*, der die Verteilung der Wicklung über einen größeren Teil des Umfangs berücksichtigt. Er ist für die oberwellenarme Ausführung einer

Wicklung nach S. 464 mit $\beta = 120^\circ : f_w = 0{,}83$, kann aber je nach Wicklungsausführung verschiedene Werte annehmen und insbesondere bei Ständer- und Läuferwicklung verschieden sein.

Bei einer von einem Wechselstrom durchflossenen Einzelwicklung, wie wir sie bisher annahmen, wäre das Mitfeld B_m halb so groß wie der zeitliche Größtwert des Wechselfeldes in der Spulenachse oder Polmitte. Genau so groß aber wäre das Gegenfeld, das bei stillstehendem Rotor in ihm und ebenso auch im Ständer eine gleichgroße und, wie sich bei der näheren Untersuchung zeigt, für die gleiche Wicklung phasengleiche Spannung gleicher Frequenz induziert. Für eine solche Einphasenwicklung induzieren also Mit- und Gegenfeld zusammen eine gegen den Erregerstrom der eigenen Wicklung um 90° nacheilende elektromotorische Kraft vom Betrage:

$$E = 4{,}44\, w f B_{max} \cdot 2\, l r \cdot f_w = 4{,}44\, w f \Phi_{max} \cdot f_w\,, \tag{1176}$$

also bis auf den Wicklungsfaktor identisch mit der allgemeinen Formel (Gl. (635)) für die induzierte elektromotorische Kraft in einem Transformator, denn $B_{max}\, 2rl$ ist ja in der Tat der gesamte Fluß, der durch eine Polteilung des Luftspaltes in den Ständer ein-, durch die andere wieder aus ihm austritt und somit als Fluß der Maschine sinnvoll bezeichnet werden kann. Diese elektromotorische Kraft ist gegen den Strom in der Wicklung nach Abb. 404 um 90° nacheilend. Aus dem KIRCHHOFFschen Satz (Gl. (3)) in Anwendung auf die Wicklung ergibt sich für die Klemmenspannung, die benötigt wird, um unter Vernachlässigung des OHMschen Widerstandes den Strom $\mathfrak{J}_1$ durch die Wicklung zu treiben:

$$\mathfrak{U} = -\,\mathfrak{E}\,(+\,\mathfrak{J}_1 \cdot R)\,, \tag{1177}$$

also eine bei Vernachlässigung des OHMschen Spannungsabfalls $\mathfrak{J}_1 \cdot R$ gegen den Strom um 90° voreilende Spannung, die vom induktivem Widerstand der Wicklung bedingte Spannung. Praktisch heißt das, daß eine von außen angelegte Spannung $\mathfrak{U}$ durch die Gleichgewichtsbedingung des KIRCHHOFFschen Satzes die Höhe und Phasenlage der elektromotorischen Kraft und damit auch die Größe des Flusses in dem Luftspalt der Drehfeldmaschine bestimmt, der seinerseits dann den Magnetisierungsstrom bestimmt, der ebenso wie beim gewöhnlichen Transformator oder jeder anderen Spule mit magnetischen Feld gegen die zugeordnete Klemmenspannung um 90° nacheilt, solange wir die Verluste im OHMschen Widerstand und im Eisenkern vernachlässigen. Berücksichtigen wir sie, so geschieht das nach den gleichen Verfahren, die wir auf S. 301 behandelten.

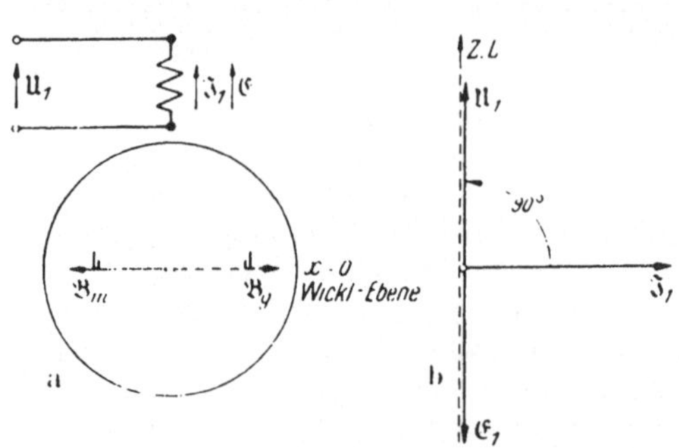

Abb. 404. Gleichgewicht zwischen Klemmenspannung und EMK an der Ständerwicklung. a Maschinenschema. b Zeigerdiagramm.

Haben wir durch eine Anordnung von mehreren Ständerwicklungen erreicht, daß nur ein Mitfeld vorhanden ist, so wirkt dies allein induzierend auf die vorhandenen Wicklungen ein. Bei der Maschinenanordnung nach dem Schema der Abb. 405a mit einer symmetrischen Drehstromanordnung und reiner Mitkomponente der drei Wicklungsströme ergibt sich nach unseren bisherigen Ausführungen ein reines Mitfeld, dessen Größtwert 1,5mal so groß ist wie das zeitliche Maximum des Flusses in Polmitte, das eine einzelne Wicklung hervorbringen würde: $B_m = 1{,}5\, B_{max_1}$. Es induziert in jeder der drei Wicklungen eine elektromotorische Kraft; da alle drei vom gleichen Fluß herrühren, sind sie im Effektivwert gleich, aber in der Phase um je 120° gegeneinander verschoben und liegen somit jeweils gegen den Strom der gleichen Wicklung um 90° nacheilend. Um sie im Gleichgewicht zu halten, müssen von außen drei ihnen gleiche Klemmenspannungen:

$$U = E = 4{,}44\, wf\,(1{,}5\, B_{max})\, 2rl \cdot f_w \qquad (1178)$$

in Gegenphase angelegt werden, also die drei Strangspannungen eines symmetrischen Drehstromsystems der Mitkomponente. Sie eilen gegen die zugehörigen Strangströme jeweils um 90° vor (Abb. 405b). Der Magnetisierungsstrom ist also, wie zu erwarten stand, auch hier in allen drei Wicklungen reiner Blindstrom. Wirkstromkomponenten würden nur durch die Berücksichtigung der Verluste in der Wicklung und im Eisenkern einzuführen sein. Wir verzichten hier auf eine Wiederholung der Ausführungen über die Verkettung der drei Wicklungsstränge, die wir im Abschn. V behandelten, und begnügen uns auch für die Berücksichtigung der Oberwellen im Magnetisierungsstrom wegen der gekrümmten Magnetisierungskurve nach Abschn. VI mit dem Hinweis, daß sie hier völlig vernachlässigt werden können, weil der Luftspalt mit seinem gegen den Eisenkern hohen magnetischen Widerstand die Kennlinie so weit linearisiert, daß sie keine wesentliche Rolle spielen. Da $1{,}5\, B_{max} = B_m$ der Größtwert der Luftspaltinduktion im allein vorhandenen Mitfeld ist, so kann auch er mit der Achsialschnittfläche $2\,rl$ der Maschine wieder zum Gesamtfluß Φ_{max} der Maschine erklärt werden, so daß auch hier also die allgemeine Formel (Gl. (635/1176)):

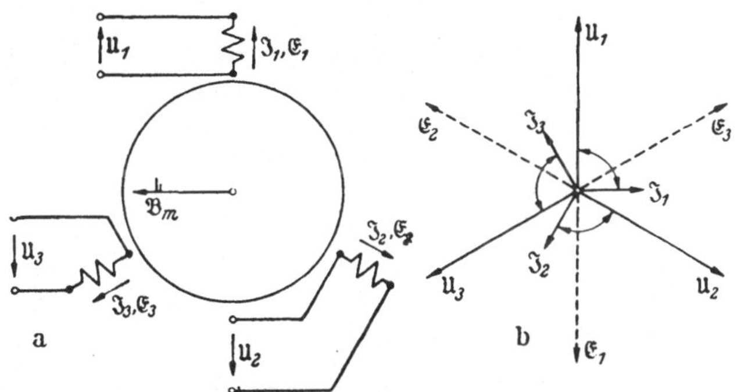

Abb. 405. Gleichgewicht zwischen Klemmenspannungen und elektromotorischen Kräften bei der Drehstromwicklung im Ständer. a Maschinenschema. b Zeigerdiagramm.

$$U = E = 4{,}44\, w f \Phi_{max} f_w \qquad (1176)$$

die ursächlichen Beziehungen zwischen einer angelegten Klemmenspannung, der zugehörigen elektromotorischen Kraft und dem Fluß schafft, der dann seinerseits den Magnetisierungsstrom als reinen Blindstrom bestimmt.

Ist außer einem Mitfeld auch ein Gegenfeld vorhanden, so induziert auch dieses elektromotorische Kräfte, die zu einem symmetrischen Gegensystem der Spannungen führen, das sich mit der symmetrischen Komponente des Mitfeldes zu drei unsymmetrischen Klemmenspannungen addiert, ebenso wie ja auch die drei Ströme in diesem Falle ein unsymmetrisches Drehstromsystem bilden. Umgekehrt bestimmt die Zuführung von drei unsymmetrischen Spannungen zu den drei Wicklungssträngen die Notwendigkeit von zwei genau definierten, im entgegengesetzten Sinne umlaufenden Drehfeldern, die dann ihrerseits wieder ein unsymmetrisches Stromsystem für den Magnetisierungsstrom — bestehend aus einer Mitkomponente und einer Gegenkomponente — bedingen. Jeder Strangstrom ist dann gegen die zugehörige Strangspannung wieder um 90° nacheilend verschoben, weil sich die Zusammensetzung der Ströme und Spannungen aus den gleichen Komponenten vollzieht.

2. Die Drehfeldmaschine als allgemeiner Transformator.

Wir wollen bei den jetzt folgenden Betrachtungen voraussetzen, daß die den Ständerwicklungen einer Drehfeldmaschine zugeführten Spannungen so beschaffen sind, daß ein reines Mitfeld durch sie entsteht. In jedem Strang der symmetrischen Ständerwicklung wird dann nach Gl. (1176) eine Spannung induziert:

$$E_{st} = 4{,}44\, w_{st}\, f\,(B_m\, 2\, r\, l)\, f_{w_{st}}\,. \tag{1179}$$

Ist auch der Läufer mit symmetrischen Strängen bewickelt und hat jeder dieser Stränge die Windungszahl w_r und den Wicklungsfaktor f_{w_r}, so wird in jeder dieser Wicklungen eine Spannung induziert:

$$E_r = 4{,}44\, w_r\, f\,(B_m\, 2\, r\, l)\, f_{w_r}\,. \tag{1180}$$

Das Verhältnis der Effektivwerte von Strangspannung des Läufers und Ständers zueinander wird also bestimmt durch:

$$E_{st} : E_r = w_{st}\, f_{w_{st}} : w_r\, f_{w_r}\,, \tag{1181}$$

d. h. im wesentlichen durch das Übersetzungsverhältnis der Windungszahlen. Nur bei verschiedenem Wicklungsfaktor, also bei verschiedenem Spulenwinkel im Ständer und Läufer tritt das Verhältnis der Wicklungsfaktoren als Korrektur auf. Im übrigen ist hinsichtlich des Übersetzungsverhältnisses der elektromotorischen Kräfte die Drehfeldmaschine einem Transformator üblicher Bauart durchaus gleichwertig, wie wir ihn im Abschn. III C (S. 71), V (S. 261) und VI A (S. 299) untersuchten.

Sie ist ihm aber darin überlegen, daß:

1. die Zahl der Wicklungsstränge der Primärseite und der Sekundärseite in keiner Weise aneinander gebunden ist, und

2. auch bei gleicher Strangzahl die Phasenlage der Sekundärspannungen in keiner Weise an die der primären Spannungen gebunden, sondern frei wählbar ist.

Außer dem durch die Windungszahl der Wicklungen sowieso frei wählbaren Übersetzungsverhältnis der Spannungen können wir also ohne irgendwelche Kunstschaltungen, wie wir sie im Abschn. V F besprachen, den Ständer einer stillstehenden Drehfeldmaschine mit einer symmetrischen Dreiphasenwicklung, einer Drehstromwicklung, versehen, den Läufer aber mit einer Zweiphasenwicklung, einer reinen Wechselstromwicklung oder einer symmetrischen Fünfphasenwicklung, wenn sich das je als notwendig erweisen sollte. Die Abb. 406 zeigt das am Beispiel einer Drehstrom-Zweiphasentransformation, wobei darüber hinaus nun auch noch die Phasenlage des Zweiphasensystems gegenüber der des Drehstromsystems völlig frei einstellbar ist, wenn wir nur den Läufer mit seinen Wicklungen gegen die des Ständers entsprechend einstellen. Selbstverständlich sind dabei die Rollen von Ständer und Läufer absolut vertauschbar, wie überhaupt diese Unterscheidung nur zur

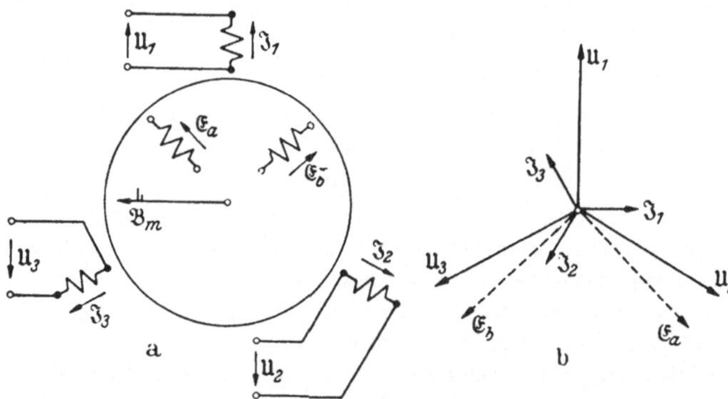

Abb. 406. Vom Ständerdrehfeld induzierte elektromotorische Kräfte in den Läufersträngen (Strangzahlwandler). a Maschinenschema. b Zeigerdiagramm.

Verständigung dient, ohne besondere Unterschiede sachlicher Art zu begründen, worauf wir schon eingangs hinwiesen. Wir werden im nächsten Abschnitt noch auf die Belastungsfragen für einen solchen allgemeinen Transformator zu sprechen kommen.

Praktisch findet die stillstehende Drehfeldmaschine häufig allein Anwendung, um bei Erhaltung der Strangzahl eines Systems nur die eben bereits erwähnte zusätzliche Möglichkeit der beliebigen Phasendrehung zu schaffen. Ordnen wir nach Abb. 407a in Ständer und Läufer je eine symmetrische Drehstromwicklung an, so werden in ihnen auch symmetrische Drehstromspannungen induziert, wie sie das Zeigerdiagramm Abb. 407b zeigt, in dem wir die Ständerspannungen mit Zahlenindizes, die Läuferspannungen mit Buchstabenindizes unterschieden haben. Der Winkel, um den die beiden Systeme gegeneinander als Ganzes phasenverschoben sind, bestimmt sich dabei durch den mechanischen Verdrehungswinkel der Ständerwicklungen gegen die Läuferwicklungen, oder — mit anderen Worten — des Läufers

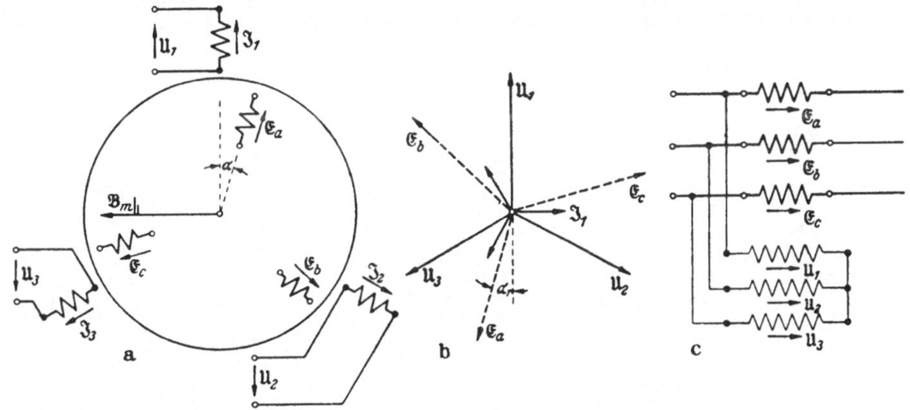

Abb 407. Die Drehfeldmaschine als Drehtransformator. (Phasenwandler.)
a Maschinenschema. b Zeigerdiagramm. c Schaltbild als Drehregler.

gegen den Ständer, weil ja die Wicklungen mit den Eisenkernen fest verbunden sind. Man nennt eine solche Einrichtung einen *Drehtransformator* und schaltet ihn nach der Prinzipskizze Abb. 407c, wenn man ihn zur Regelung einer Spannung durch Addition einer in der Phasenlage veränderlichen Zusatzspannung als „*Drehregler*" verwenden will (vgl. hierzu S. 38, Abb. 48 und 49). Besondere Bedeutung haben solche Drehtransformatoren in der Technik der gittergesteuerten Gleichrichter, weil man durch Phasenverschiebung der Gitterspannung gegenüber der Anodenspannung den Einsatzpunkt der Entladung zur Anode bestimmen und damit die vom Gleichrichter abgegebene Spannung steuern kann. Im Gegensatz zur Anwendung als Drehregler sind dabei die Wicklungen des Läufers praktisch unbelastet, weil die Gitterleistungen sehr gering sind.

3. Das Durchflutungsgleichgewicht.

Die Einflüsse des in der Läuferwicklung als Sekundärwicklung eines solchen allgemeinen Transformators fließenden Stromes bei Belastung wollen wir jetzt untersuchen. Unsere Betrachtungen gelten dabei allgemein für den Strangzahlumformer ebenso wie für den Drehtransformator. Wir wollen nur zunächst noch voraussetzen, daß der Läufer mit seiner Wicklung stillsteht. Da uns das allgemeine Superpositionsprinzip gestattet, die Verhältnisse bei mehrsträngiger Sekundärwicklung durch Addition der Ströme und Spannungen bei jeweils einsträngiger Belastung zu ermitteln, beginnen wir mit der Untersuchung für den Fall nur einer belasteten Sekundärwicklung in beliebiger Lage im Läufer nach der Abb. 408a. An die Drehstromwicklung des Ständers mit den drei Strängen 1, 2 und 3 seien in beliebiger Verkettung die drei Strangspannungen $\mathfrak{U}_1$, $\mathfrak{U}_2$ und $\mathfrak{U}_3$ angelegt, die nur die symmetrische Mitkomponente enthalten, also ein reines mitläufiges Drehfeld erzeugen, das in einer im Läufer liegenden Sekundärwicklung a, deren Polachse gegen die der Ständerwicklung 1 um den Winkel α_a verschoben ist, eine Spannung $\mathfrak{E}_a$ induziert; diese liegt zugleich als Klemmenspannung $\mathfrak{U}_a$ an einem die Wicklung belastenden Widerstandsoperator $\mathfrak{z}_a$, wenn wir den Spannungsabfall im OHMschen Widerstand der Wicklung und die Streuspannung vernachlässigen oder sie als in $\mathfrak{z}_a$ mitenthalten berücksichtigen. Entsprechend $\mathfrak{J}_a = \mathfrak{U}_a/\mathfrak{z}_a$ fließt dann in der Wicklung des Läufers ein Strom, dessen Phasenlage und Größe durch Phasenwinkel und Betrag des Operators $\mathfrak{z}_a$ gegeben sind. $\mathfrak{J}_a$ ist in der Abb. 408b um den Winkel φ_a nacheilend gegen $\mathfrak{E}_a$ in das Zeigerdiagramm eingetragen. Dieser Strom bedeutet eine zusätzliche Durchflutung für den Luftspalt der Drehfeldmaschine in Form von zwei gleich großen Durchflutungsdrehfeldern mit entgegengesetzter Drehrichtung, die eigentlich ein mitläufiges und ein gegenläufiges Drehfeld hervorrufen müßten. Ein solches Zusatzdrehfeld kann aber in der Maschine nicht bestehen, weil ja durch die primären Spannungen die elektromotorischen Kräfte in den primären Wicklungen und damit auch der gesamte mitläufige Drehfluß der Maschine festgelegt sind, der zu seiner Erzeugung die primäre „Leerlaufdurchflutung" mit den Strangströmen $\mathfrak{J}_{1_0}$, $\mathfrak{J}_{2_0}$ und $\mathfrak{J}_{3_0}$ verlangt, wie sie in der Abb. 408b ohne Index gezeigt sind. Das Gleichgewicht zwischen elektromotorischer Kraft und Klemmenspannung verlangt nun also, daß jetzt bei belasteter Sekundärwicklung auch die primäre Wicklung eine Zusatzdurchflutung aufnehme, die so beschaffen sein muß, daß sie die sekundäre Durchflutung gerade wieder zur Leerlaufdurchflutung ergänzt. Ganz analog zum gewöhnlichen Transformator muß Durchflutungsgleichgewicht bestehen:

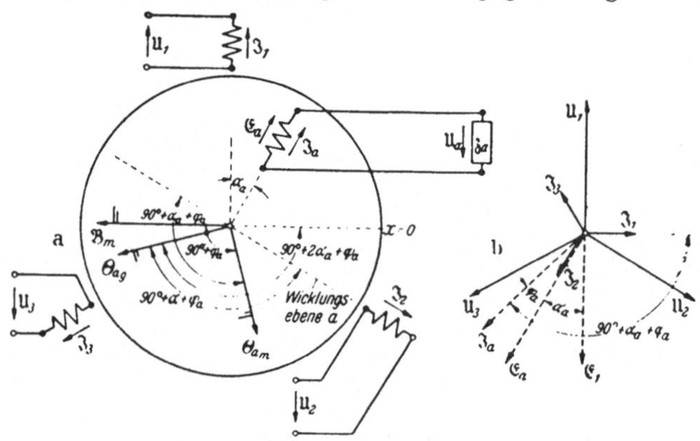

Abb. 408. Durchflutungsgleichgewicht bei der Drehfeldmaschine. a Maschinenschema und Diagramm der Drehflußpfeile b Zeigerdiagramm.

$$\Theta_{st} + \Theta_r = \Theta_{st_0}, \tag{1182}$$

eine Gleichung, die sich jetzt aber allgemein auf die *Dreh*durchflutungen der Maschine bezieht. Nach:

$$\Theta_{st} = \Theta_{st_0} + (-\Theta_r) \tag{1183}$$

müssen wir zum System Θ_{st_0} der drei Wicklungsströme für den Leerlaufzustand im vorliegenden Fall noch zwei Systeme addieren, die den negativen Drehdurchflutungen Θ_r des Mit- und Gegenfeldes Index $_m$ und $_g$) der sekundären Belastung entsprechen:

$$\Theta_{st} = \Theta_{st_0} - (\Theta_{r_m} + \Theta_{r_g}). \tag{1184}$$

Für jeden einzelnen Strang der Ständerwicklung bedeutet das die Zusammensetzung des gesamten Stromes bei Belastung aus dem Leerlaufstrom $\mathfrak{J}_0$, einer Mitkomponente

$\mathfrak{J}'$ und einer Gegenkomponente $\mathfrak{J}''$, die den Mit- und Gegenkomponenten des sekundären Systems voll entsprechen, aber um 180° gegen sie verschoben sind und außerdem von der räumlichen Lage der sekundären Wicklung abhängen. Abb. 408c zeigt das Mit- und Gegensystem der sekundären Ströme, das bei der Belastung der Läuferwicklung nach der Abb. 408a die Läuferdurchflutung darstellt. In ihr sind diese beiden Stromsysteme mit dem Leerlaufstromsystem zum resultierenden — unsymmetrischen — Stromsystem $\mathfrak{J}_1$, $\mathfrak{J}_2$, $\mathfrak{J}_3$ in der Ständerwicklung zusammengesetzt.

Aus der Lage der Drehdurchflutungen für die Sekundärwicklung in Abb. 408a ergibt sich dabei, daß die Mitkomponente des primären Stromsystems in ihrer relativen Lage zum primären Leerlaufsystem und damit auch zum System der primären Spannungen allein durch den Phasenwinkel der sekundären Belastung bestimmt ist, also unabhängig von der räumlichen Lage der Sekundärwicklung ist. Sie ist um den gleichen Winkel φ_a gegen die jeweils zugehörige Spannung verschoben wie die

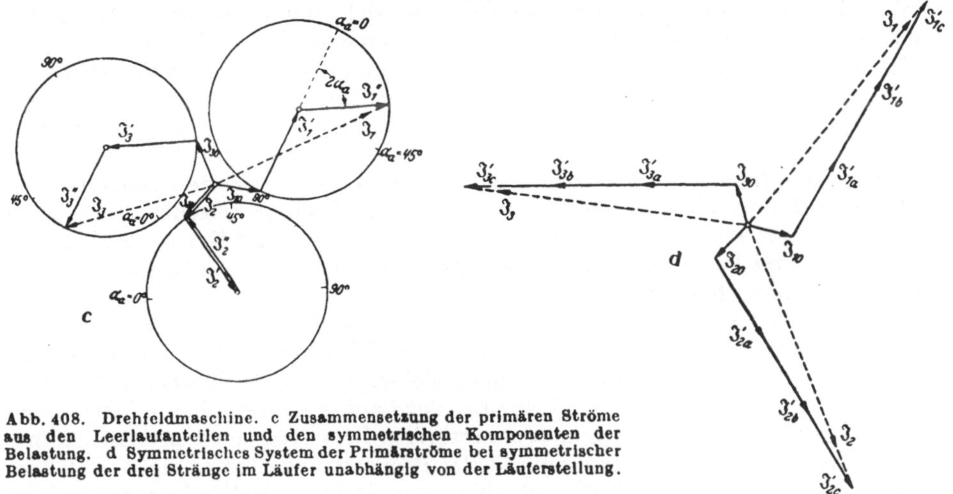

Abb. 408. Drehfeldmaschine. c Zusammensetzung der primären Ströme aus den Leerlaufanteilen und den symmetrischen Komponenten der Belastung. d Symmetrisches System der Primärströme bei symmetrischer Belastung der drei Stränge im Läufer unabhängig von der Läuferstellung.

sekundäre Stromstärke gegen die sekundäre Spannung. Die gegenläufige Komponente dagegen hängt außer von diesem gleichen Winkel auch noch vom Verdrehungswinkel der Sekundärwicklung gegen die primäre ab. Diese zusätzliche Verschiebung beträgt nach Abb. 408a $2\,\alpha_a$.

Abhängig von der Läuferstellung ergibt sich damit für den primären Strom ein Kreisdiagramm, bei dem die Spitze des Zeigers jedes primären Gesamtstromes bei einer solchen einsträngigen Belastung auf dem Kreis um den Endpunkt des Mitkomponentenzeigers mit der — gleichgroßen — Länge des Gegenkomponentenzeigers liegt. Liegt die Achse der Sekundärwicklung dabei in Richtung einer der drei Achsen der Primärwicklungsstränge, so addieren sich dabei in diesem Strang die Ströme des Mit- und Gegensystems algebraisch. Dieser Strang trägt dann — anschaulich gesprochen — die Hauptlast der sekundären Belastung. Nach der an den Kreisen angeschriebenen Bezifferung für den Läuferverdrehungswinkel α_a ist dagegen ein solcher primärer Wicklungsstrang jeweils überhaupt nicht an der sekundären Belastung beteiligt, wenn seine Achse senkrecht zur Achse des belasteten Sekundärstranges steht. Bei dieser Konstellation führt dann der betreffende Primärstrang nur den Leerlaufstrom. Der Laststrom teilt sich auf die beiden anderen Stränge auf. Die Unsymmetrie der primären Ströme bei einer solchen einsträngigen Läuferbelastung verschiebt sich also von Strang zu Strang, wenn der Läufer verschiedene Stellungen zum Ständer einnimmt, ohne daß sich dabei der Unsymmetriegrad (vgl. S. 284) irgendwie ändert.

Sind mehrere Läuferstränge vorhanden, so ist die entsprechende Konstruktion für jeden Strang einzeln durchführbar. Da es aber nur darauf ankommt, daß die Drehdurchflutung erhalten bleibt, die durch die primären Klemmenspannungen vorgeschrieben ist, so können wir an Stelle der mehrfachen Zufügung primärer symmetrischer Komponenten auch von vornherein die resultierenden Drehdurchflutungen — mitläufig und gegenläufig — ermitteln und dann die einem solchen System zugehörigen symmetrischen Komponenten der Primärströme als Summe dem Leerlaufsystem zufügen. Wir wollen das hier nur am Beispiel einer symmetrischen Belastung des Läufers aufzeigen.

Hat der Läufer seinerseits eine Drehstromwicklung und ist diese symmetrisch belastet, so verschwindet die Drehdurchflutung in gegenläufiger Richtung, wie wir aus Abschn. VIII C wissen. Die drei Mitfelder der Durchflutung dagegen addieren sich algebraisch. Da die Mitfelder nicht von der Lage des Läufers zum Ständer abhängen, — s. Abb. 408a — so ergibt sich damit für jeden Strang der Ständerwicklung einheitlich ein Diagramm der Ströme in genauer Übereinstimmung mit dem des gewöhnlichen Transformators mit einem allein durch den Phasenwinkel der sekundären Last bestimmten Winkel zwischen Leerlaufstrom und Lastzusatzstrom. Auch auf der primären Seite ergibt sich dann völlige Symmetrie. Das Drehfeld ersetzt den gemeinsamen Fluß des gewöhnlichen Transformators nach den Betrachtungen aus dem Abschn. III C6b, womit nun alle Feststellungen dieses Abschnitts auf den allgemeinen Transformator der Drehfeldmaschine, sowohl in seiner Eigenschaft als Strangzahlumformer, wie auch in seiner Funktion als Drehtransformator und Drehregler übertragen werden können, wenn es sich um symmetrische Belastungen handelt.

Das gilt auch noch genau so, wenn die Sekundärwicklung im Läufer nicht eine Drehstromwicklung, sondern eine beliebig andere Wicklungsanordnung ist, sofern nur die Symmetrie der Wicklung und ihrer Belastung das Auslöschen des gegenläufigen Drehfeldes gewährleistet. Trägt also der Läufer ein Zweiphasen-Wicklungssystem, so ergeben sich bei dessen symmetrischer Belastung auch primär symmetrische Belastungen. Infolgedessen muß jeder Primärstrang Ströme nicht nach dem Übersetzungsverhältnis der Windungszahlen von Primär- und Sekundärwicklung führen, sondern es geht außerdem die Strangzahl ein. Ist die Strangleistung im Läufer N_r und die Strangzahl n_r, so muß für den Stator mit einer Strangzahl n_{st} gelten:

$$N_{st} = \frac{n_r}{n_{st}} N_r \,. \tag{1185}$$

Gleiches muß natürlich auch für die Blindkomponenten der Ströme, also für die Blindleistung gelten und somit auch für die aus beiden zusammengesetzte Scheinleistung. Setzen wir in:

$$n_{st}\, U_{st}\, I_{st} = n_r\, U_r\, I_r \,, \tag{1186}$$

die vom gleichen Drehfeld erzeugten Spannungen proportional der Windungszahl und dem jeweiligen Wicklungsfaktor gemäß Gl. (1175) ein, so erhalten wir nach Wegkürzen aller auf beiden Seiten gleichen Faktoren:

$$n_{st}\, w_{st}\, f_{w_{st}}\, I_{st} = n_r\, w_r\, f_{w_r}\, I_r \tag{1187}$$

und damit das Übersetzungsverhältnis der Ströme des allgemeinen Transformators — ohne Einfluß von Streuflüssen, Widerständen und Leerlaufstrom —

$$I_{st} : I_r = \frac{n_r \cdot w_r \cdot f_{w_r}}{n_{st} \cdot w_{st} \cdot f_{w_{st}}} \,. \tag{1188}$$

Oberhalb der Mindestzahl 2 für die Läuferstrangzahl, die wir für den Aufbau einer symmetrischen Wicklung zur Auslöschung des Gegenfeldes benötigen, steht es uns dabei völlig frei, die Strangzahl des Läufers nach Belieben zu wählen, z. B. auch jede Nut oder eine jede einzelne Windung des Läufers als einen Strang für sich zu behandeln und zu belasten. Zu diesen Belastungszuständen gehört dann als Sonderfall auch der sekundäre Kurzschluß. In ihm bleibt keine äußere Sekundärspannung. Die elektromotorische Kraft jedes derartigen Stranges dient allein zur Überwindung des Ohmschen und Streublind-Widerstandes der Strangwicklung selbst. Im Extrem kommen wir damit zu einem Läufer mit unendlich vielen Strängen, einem über das Läufereisen gezogenen leitenden Mantel aus Kupferblech oder einem Massivläufer aus Eisen, bei dem nicht die Lamellierung das Fließen von Strömen in Achsrichtung verhindert. Alle diese in achsialer Richtung im Luftspalt fließenden Ströme addieren sich im Knotenpunkt — dem Mittelpunkt der Stirnfläche des Läufers — zu Null. Wir finden diese Idealanordnung des unendlichsträngigen Läufers praktisch in den Triebtrommeln der Drehfeldmeßinstrumente und den Triebscheiben der Induktionszähler, die eine Abbildung des konzentrischen Systems des Drehfeldmaschine auf die Ebene darstellen.

4. Das mechanische Drehmoment.

Während das Drehfeld, das durch die primären Klemmenspannungen vorgegeben ist, auf den unbelasteten Läufer und seine Wicklungen keine ponderomotorischen Wirkungen ausübt, solange der Läufer wirklich kreiszylindrisch ist, müssen auf die Wicklungsstäbe des stromdurchflossenen Läufers Kräfte und auf die Wicklungen und den Rotor als Ganzes mechanische Momente ausgeübt werden. Zu ihrer Berechnung greifen wir auf die Formel (Gl. (1165)) zurück, die wir auf S. 475 für das Moment entwickelten, das zwei durch Flußpfeile dargestellte Induktionsverteilungen im Luftspalt aufeinander ausübten. Wir bereiten sie für den jetzt vorliegenden Fall dadurch auf, daß wir an Stelle des Läuferflusses die Läuferdurchflutung einführen, indem wir uns daran erinnern, daß Durchflutung und Induktion nach Gl. (1123) nur durch einen aus Luftspaltweite und Permeabilität gebildeten Faktor zusammenhängen:

$$\Theta_{max} = B_{max} \cdot \frac{\delta}{\mu_0} \,. \tag{1189}$$

Schreiben wir an Stelle von V/δ die Luftspaltfläche S, die wir auch als Ankeroberfläche bezeichnen könnten, so ist das Moment:

$$M_r = \frac{1}{2} S \;\; \Theta_{r\,max} \cdot B_{max_{st}} \sin (\sphericalangle\, \Theta, \mathfrak{B}) \,. \tag{1190}$$

Hat der Ständer ein reines Mitfeld, so kann doch bei einsträngiger Belastung des Läufers dessen Durchflutung, wie wir soeben ermittelten, einen mitläufigen und einen gegenläufigen Anteil haben. Zwischen dem Mitfeld des Ständers und dem Gegenfeld der Läuferdurchflutung besteht aber eine Relativgeschwindigkeit von 2ω, so daß der Winkel zwischen diesen beiden Größen periodisch alle Winkel von $0 \ldots 2\pi$ durchläuft und sich im Mittel über eine Periode kein Drehmoment ergeben kann. Nur die gleichläufigen Mitfelder von Statorfluß und Rotordurchflutung ergeben ein Moment, das zeitlich konstant ist, weil, wie wir soeben feststellten, die Lage der Läuferdrehdurchflutung im Diagramm der Drehpfeile nicht von der jeweiligen Rotorstellung (α_a), sondern nur vom Phasenwinkel φ_a der sekundären elektrischen Belastung abhängt. Ist nun aber nach Abb. 408a dieser Winkel $(90° + \varphi_a)$, so ergibt sich also das Drehmoment auf den Läufer:

$$M_r = \frac{1}{2} S \;\; \Theta_{max_{r_m}} B_{max_{st}} \cos \varphi_a \tag{1191}$$

bei gegebenem Rotorstrom und Statorfluß = wirklichem Luftspaltfluß herrührend von der Leerlaufdurchflutung des Ständers nur abhängig vom Phasenwinkel der sekundären elektrischen Belastung. Bei rein induktiver Last ergibt sich kein Drehmoment auf den Läufer, ebensowenig natürlich bei rein kapazitiver Last; bei rein OHMscher Last aber wird dies Moment ein Maximum. Dabei wirkt das Moment immer in der Richtung des Drehfeldes und versucht also, den Läufer in der Richtung des Drehfeldes zu beschleunigen, ihn mitzunehmen. Zum Unterschied von dem in Abschn. VIII C 2, S. 476, behandelten „*synchronen*" Moment auf den gleichstromerregten Läufer wirkt aber dies „*asynchrone*" Moment auch im Stillstand der Maschine, weil die Läuferwechselströme eine Drehdurchflutung auch bei stillstehendem Rotor hervorbringen. Auf den Läufer des belasteten allgemeinen Transformators, wie z. B. des Drehtransformators und des Strangzahlumformers, des Drehfeldmeßinstruments und des Induktionszählers, wirkt also auch im Stillstand ein Moment. Beim Drehfeldmeßinstrument beobachten wir die Gleichgewichtsstellung des Läufers bei winkelproportionalem Richtmoment als Maß für die dem Ständerfluß und der Läuferdurchflutung proportionale Erregung der Primärwicklung, beim Zähler halten wir das Triebmoment im Gleichgewicht durch das drehzahlproportionale Bremsmoment eines Permanentmagneten auf die Triebscheibe. Beim Drehtransformator zwingt uns dies Moment, den Läufer mechanisch zu arretieren, also entweder die Verstellvorrichtung für den Läufer selbsthemmend zu machen oder eine besondere Festhaltevorrichtung vorzusehen oder zwei Läufer mit entgegengesetztem Drehsinn des Feldes auf eine gemeinsame Achse zu setzen, um das Moment auszukompensieren. Nur im letzten Falle kann die Verstellung des Drehtransformators mit geringem mechanischen Aufwand in beiden Richtungen erfolgen, weil sonst außer dem mechanischen Reibungsmoment auch stets noch das „asynchrone" Feldmoment in der einen Drehrichtung aufzubringen ist, bei der anderen allerdings unterstützend mithilft.

Wollen wir dagegen das entstehende Drehmoment dazu benutzen, den Läufer zu beschleunigen, mit anderen Worten, die Drehfeldmaschine als Motor *anzulassen*, so müssen wir dafür sorgen, daß der Phasenwinkel der Läuferstromkreise möglichst rein OHMsch ist, also Null wird. Einen Läufer mit widerstandsloser Wicklung und somit rein induktivem Widerstand könnte man nicht anlassen, weil er kein Drehmoment im Stillstand liefern würde, wenn man nicht einen besonderen Widerstand in den Läuferkreis als „*Anlaßwiderstand*" einbaut.

Sind die drei den Primärklemmen im Ständer zugeführten Spannungen unsymmetrisch, so bestimmen ihre symmetrischen Komponenten je ein mitläufiges und ein gegenläufiges Drehfeld des Stators. Unsere am Beispiel des Mitfeldes durchgeführten Untersuchungen gelten aber genau so auch für das Gegenfeld mit dem einzigen Unterschied, daß dessen Moment naturgemäß in der umgekehrten Richtung wirkt. Das resultierende Moment auf den Läufer im Stillstand ergibt sich dann:

$$M = M_{r_m} - M_{r_g}$$

(Indizes m und g für „mit" und „gegen") und somit: (1192)

$$M = \frac{S}{2}\left(\Theta_{max\,r_m} \cdot B_{max\,st_m} - \Theta_{max\,r_g}\, B_{max\,st_g}\right) \cos\varphi_a$$

$$= \frac{S}{2}\left(\Theta_{max\,r_m}\, B_{max\,st_m} \cos\varphi_a\right) \cdot \left(1 - \frac{\Theta_{max\,r_g} B_{max\,st_g}}{\Theta_{max\,r_m} B_{max\,st_m}}\right). \qquad (1193)$$

Bezeichnen wir nach dem Abschn. V G das Verhältnis der gegenläufigen zur mitläufigen Komponente als den Unsymmetriegrad ε des Systems und überlegen, daß sowohl der Quotient der Flüsse, wie auch der von ihnen über die elektromotorischen

Kräfte ursächlich bestimmten Durchflutungen dieser Unsymmetriegrad ist, so erhalten wir für das resultierende Moment im allgemeinen Fall:

$$M = \frac{S}{2}\, \Theta_{max_{r_m}} \cdot B_{max_{st_m}} \cos\varphi_a \left(1 - \varepsilon^2\right). \tag{1194}$$

Auch bei schon ziemlich erheblichen Unsymmetrien, z. B. $\varepsilon = 10\%$, stimmt das praktisch mit dem Moment des Mitfeldes allein überein. Der Unterschied würde bei $\varepsilon = 0{,}1$ erst 1% betragen. Sind aber Mitfeld und Gegenfeld gleich groß, was bei einsträngiger Erregung des Ständers der Fall ist, so sind auch die beiden Momente gleich. Ein resultierendes Moment auf den Läufer gibt es dann niemals mehr. Der einsträngig erregte Drehfeldmotor zeigt kein Anlaufmoment. Das ist sinnvoll, da ja keine Entscheidung gegeben werden könnte, welchem der beiden gleichen Drehfelder der Läufer nun folgen sollte.

E. Der Asynchronmotor.

Nachdem wir soeben zum Schluß des vorigen Abschnitts festgestellt haben, daß auf den Läufer einer Drehfeldmaschine bei einem Wirkanteil der Belastung im Läufer ein Drehmoment einwirkt, das beim alleinigen Vorhandensein der Mitkomponente in den primären Spannungen vom Mitfeld allein, sonst von Mitfeld und Gegenfeld gemeinsam, aber bei kleinen Unsymmetrien fast ausschließlich vom Mitfeld bestimmt wird, wollen wir uns nun mit der Frage beschäftigen, welche Folgen dieses Moment für die Maschine hat, wenn wir es nicht durch Festbremsen oder Auswägung daran hindern, nach den Gesetzen der Mechanik den Läufer zu beschleunigen und ihm so eine Drehzahl im Sinne des Mitfeldes zu verleihen.

1. Die Drehfeldmaschine als Frequenzwandler.

Wir denken uns für unsere Überlegungen den Läufer von außen her durch einen geeigneten mechanischen Abtrieb derart belastet, daß er stationär mit einer gewissen Drehzahl ω_r umläuft. Wir wollen dabei diese Winkelgeschwindigkeit positiv rechnen, wenn sie im Sinne eines Mitfeldes erfolgt. Die läuferfesten Koordinaten x_r sind dann also räumlich veränderlich nach dem Gesetz:

$$x = x_r - \omega_r \cdot t \cdot r\,, \tag{1195}$$

wenn wir zwar willkürlich, aber ohne Beschränkung der Allgemeinheit unserer Betrachtungen, die Läuferkoordinaten oder den Anfangszeitpunkt der Zeitrechnung so festlegen, daß zur Zeit $t = 0$ die Stellung des Läufers so ist, daß $x_r = 0$ gerade mit $x = 0$ zusammenfällt. Gehorcht also ein mitläufiges Drehfeld in raumfesten Ständerkoordinaten in Abhängigkeit von der Zeit dem Gesetz:

$$B_m = B_{m_{max}} \cos\left(\omega t + \frac{\pi}{\tau}\, x\right), \tag{1196}$$

so erhalten wir durch die Koordinatentransformation auf den Läufer bezogen das Raum-Zeitgesetz:

$$B_m = B_{m_{max}} \cos\left[\omega t + \frac{\pi}{\tau}\left(x_r - \omega_r \cdot t\, \frac{\tau}{\pi}\right)\right] = B_{m_{max}} \cos\left((\omega - \omega_r)\, t + \frac{\pi}{\tau}\, x_r\right). \tag{1197}$$

Relativ zum Läufer haben wir also auch ein Drehfeld, dessen relative Winkelgeschwindigkeit zwar nur noch den Wert $\omega - \omega_r$) hat, dessen Größtwert aber ebenso hoch ist wie der des Ständerfeldes. Es ist ja eben auch das gleiche Feld. Da die Relativgeschwindigkeit des Feldes zum Läufer und seinen Wicklungen aber nicht mehr wie bei stillstehendem Läufer $v = \omega r$, sondern nur noch $v_r = (\omega - \omega_r) r$ ist,

so ändern sich auch die in einem Läuferstab induzierten elektromotorischen Kräfte (vgl. Gl. (1172)):

$$e_r = B\,l\,v_r = -B_{m_{max}}\cos\left((\omega-\omega_r)t+\frac{\pi}{\tau}x_r\right)l\,(\omega-\omega_r)r\,. \tag{1198}$$

Die im Läufer induzierte Spannung ist also erstens in der Amplitude im Verhältnis $(\omega-\omega_r)/\omega$ vermindert gegenüber der im gleichen Stab bei stillstehendem Läufer induzierten Spannung (Gl. (1172)) und hat auch zweitens eine veränderte Frequenz, wenn sie auch einwellig geblieben ist. Ihre Kreisfrequenz ist nicht mehr ω, sondern $(\omega-\omega_r)=\omega_s$. Wir wollen diese Differenzfrequenz die *Schlupffrequenz* f_s nennen, die ihr gleiche Differenzdrehzahl die *Schlupfdrehzahl* n_s. Es ist also:

$$f_s = n_s = n - n_r = \frac{\omega-\omega_r}{2\pi}\,. \tag{1199}$$

Wir können nun zwar wohl diese Spannung in einem Zeigerdiagramm darstellen, da sie ja einwellig ist, aber nicht mehr in einem Diagramm zusammen mit den Ständerspannungen und -strömen, denn sie hat ja abweichende Frequenz. Eine an die sekundären (Rotor-)klemmen, die nun natürlich nur noch über Schleifringe zugänglich sind, wenn wir die Belastungswiderstände raumfest aufstellen wollen, angeschlossene Induktivität L hat für diese Spannung einen anderen Blindwiderstand als für die Ständerfrequenz, nämlich $\omega_s L$ anstatt ωL. Ihr Scheinwiderstand in Reihenschaltung mit einem Widerstand R ist $\sqrt{R^2+(\omega_s L)^2}$ und der Phasenwinkel der sekundären Belastung wird nunmehr aus der Formel bestimmt:

$$\operatorname{tg}\varphi_r = \frac{\omega_s L}{R} < \frac{\omega L}{R} \quad \text{für } \omega_r > 0\,. \tag{1200}$$

Versehen wir den Läufer mit mehreren Wicklungen, so werden in ihnen allen Spannungen der gleichen Frequenz, der Schlupffrequenz, induziert, und bei Belastung fließen in ihnen und in angeschlossenen äußeren Stromkreisen Ströme von Schlupffrequenz. Die Drehfeldmaschine mit umlaufendem Läufer stellt also einen echten Frequenzwandler dar, dessen Ständerklemmen wir ein Drehstromsystem mit einer Frequenz f zuführen, während wir aus den Schleifringen des Läufers ein Mehrphasensystem beliebiger Strangzahl, z. B. auch wieder ein Drehstromsystem, mit der Frequenz f_s entnehmen können. Sie besitzt also außer der Eigenschaft der Frequenzwandlung auch noch ihre schon früher besprochene Funktionsmöglichkeit als Strangzahlwandler.

Die Frequenzwandlung ist dabei nicht auf den Bereich von der Primärfrequenz = Ständerfrequenz abwärts bis auf Null bei synchronem Umlauf des Läufers mit dem Mitdrehfeld beschränkt, sondern kann beliebig höhere Werte annehmen, wenn wir auch negative Werte von ω_r zulassen, also Antrieb des Läufers *gegen* das Mitfeld. Treiben wir ihn mit synchroner Drehzahl, d. h. der Umlaufzahl des Mitfeldes, gegen dessen Drehrichtung an, so wird die Läuferspannung = Schleifringspannung die Läuferfrequenz $2f$ haben. Betrachten wir schließlich noch den allgemeineren Fall, daß die Ständerwicklung kein reines Mitfeld, sondern daneben auch noch ein gegenläufiges Drehfeld erzeugt, so hat auch dieses noch induzierte Spannungen zur Folge, deren Frequenz aber von der der vom mitläufigen Feld induzierten Spannungen verschieden ist, die also weder algebraisch, noch im gleichen Zeigerdiagramm zusammengefaßt werden können. Ihre Frequenz ist $2f-f_s$ wegen der Differenzdrehzahl zwischen Läufer und gegenläufigem Drehfeld: $n+n_r=2n-n_s$. In außen angeschlossenen Belastungen fließen entsprechend auch Ströme dieser Frequenz außer denen mit der Frequenz f_s. Sie durchfließen ebenso wie diese auch die Wicklungen des Läufers.

2. Die Rückwirkung des bewegten Läufersystems.

Die Durchflutung der Läuferwicklungen mit Strömen der Frequenz f_s — und bei Berücksichtigung des Gegenfeldes auch mit Strömen der Frequenz $2f - f_s$ — kann nun wieder für jede einzelne Läuferwicklung aufgespalten werden in eine rechtsläufige und eine linksläufige Drehdurchflutung ganz entsprechend unseren Betrachtungen im Abschn. VIII C 1 (S. 472). Diese Drehfelder laufen natürlich gegen die sie erzeugenden Läuferwicklungen mit der eigenen Frequenz, also der Schlupffrequenz um. Sie können also als Drehflußpfeile nach Abschn. VIII C 2 (S. 474) dargestellt werden, deren Drehzahl gegen ein läuferfestes Koordinatensystem durch diese Schlupffrequenz bestimmt wird. Da der Läufer selbst mit der Drehzahl n_r umläuft, so laufen diese beiden Läuferfelder oder ihre Drehflußpfeile oder Drehdurchflutungspfeile im Raum um mit den Winkelgeschwindigkeiten:

$$\left.\begin{aligned} \omega_r + \omega_s &= \omega_r + \omega - \omega_r = \omega \text{ für das Läufermitfeld,} \\ \omega_r - \omega_s &= \omega_r - \omega + \omega_r = 2\,\omega_r - \omega \text{ für das Läufergegenfeld.} \end{aligned}\right\} \quad (1201)$$

Der einfachste Fall liegt dann vor, wenn durch eine symmetrische Läuferbelastung mit mindestens zwei Strängen oder auch durch das unendlich-strängige System des „*Kurzschlußläufers*" nach S. 491 aus einem leitfähigen Mantel oder einem Massivläufer, das Gegenfeld des Läufers auskompensiert wird und nur ein Läufermitfeld übrigbleibt. Dies reine Mitfeld läuft dann gegen das ständerfeste Koordinatensystem mit der Drehzahl n genau so um wie das Mitfeld des Stators. Es kann mit diesem also im Diagramm der Drehflußpfeile nach den Additionsregeln für Drehflußpfeile durch einfache vektorielle Addition zusammengefaßt werden und fordert wegen des notwendigen Durchflutungsgleichgewichts genau so das zusätzliche Auftreten eines primären Strom-Mitsystems zur Erhaltung der Leerlaufdurchflutung als Gesamtdurchflutung wie beim stillstehenden Rotor.

Trotz der abweichenden Läuferfrequenz können also die Läuferströme — mit dem aus früheren Betrachtungen ermittelten Übersetzungsverhältnis (s. S. 490) auf die Ständerwicklung reduziert — in das primäre Zeigerdiagramm übernommen werden. Ihre Phasenlage in diesem Zeigerdiagramm bestimmt sich dabei allein durch die Lage des Drehflußpfeiles für die Läuferdurchflutung, die, wie wir auf S. 490 feststellten, nicht von der räumlichen Lage der Läuferwicklungen abhängt, also auch jetzt bei bewegtem Läufer nicht davon abhängen kann, sondern allein von der Phasenverschiebung zwischen Sekundärspannung (= Schleifringspannung) und Sekundärstrom = Läuferstrom. Das Diagramm der umlaufenden Drehfeldmaschine ist mit dieser Maßgabe wieder auf das normale Zeigerdiagramm eines einfachen Transformators zurückgeführt.

Ehe wir auf dies Diagramm noch etwas näher eingehen, wollen wir noch fragen, welche Zusatzwirkungen die gegenläufigen Felder mit sich bringen. Zuerst das gegenläufige Läuferfeld, wenn durch eine reine Mitkomponente in den angelegten Spannungen ein reines Mitfeld des Ständers gegeben ist. Das Gegenfeld des Läufers läuft im Raum, d. h. gegen den Ständer, mit der Drehzahl $2\,\omega_r - \omega$ um, s. Gl. (1201). Sein Drehflußpfeil setzt sich also in jedem Augenblick anders mit dem des Ständerflußpfeiles zusammen. Das tat zwar das gegenläufige System des Läufers auch bei stillstehendem Läufer. Die ihm zugehörende Komponente der Ständerströme hatte aber die gleiche Frequenz wie die Ständerströme der Mitkomponente und konnte damals mit den Strömen der Mitkomponente der Last und des Leerlaufsystems zu einem Zeigerdiagramm fest vereinigt werden (Abb. 408c). Nun aber sind die Zeiger der dem Gegensystem des Läufers zugehörenden Ströme von anderer Drehzahl als die der Mitkomponente. Bei kleinem ω_s — fast synchron mitlaufendem Rotor — wird das am deutlichsten. Die Zeiger des Gegensystems liegen nicht mehr fest, sondern beschreiben mit der doppelten Schlupfdrehzahl entsprechend $2\,\omega_s$ (s. oben) die im Diagramm der Abb. 408c dargestellten Kreise; die primären Ströme in der Ständerwicklung werden nicht mehr konstant nach Größe und Phase, sondern ändern sich fortdauernd zwischen Größtwerten und Kleinstwerten in der gleichen Folge wie die Achse des einsträngig bewickelten Läufers bald mit der einen, bald mit der anderen Wicklungsachse des Ständers zusammenfällt oder senkrecht zu ihr liegt (vgl. S. 489). Bei größerem Schlupf des Läufers wird das Bild unübersichtlicher, weil dann die Ströme innerhalb einer Periode auch nicht mehr annähernd sinusförmig bleiben, wie wir das noch annehmen können, wenn der Läufer nur langsam schlüpft. Mit Hilfe der Projektion der mit verschiedener Winkelgeschwindigkeit umlaufenden Zeiger der Mitsysteme und Gegensysteme kann man aber auch dann noch den Stromverlauf dieser nicht-sinusförmigen Primärströme Punkt für Punkt konstruieren. Tatsächlich setzt sich dann der Strom der Primärwicklung aus zwei Anteilen verschiedener Frequenz zusammen. Das wirkt sich so aus, daß etwa bei 10 U/s Rotordrehzahl die Differenzdrehzahl der beiden Zeigerdiagramme 20 U/s beträgt. Während sich also die Zeitlinie des Diagramms der Grundwelle um 180° weitergedreht hat entsprechend einer Halbwelle des zugehörigen Stromes, hat sich der Zeiger der gegenläufigen Komponente des Läufers um 2/5 (180°) = 72° gedreht und addiert seine Augenblickswerte mit ganz anderer Phasenlage wie zu Anfang einer solchen Halbwelle.

Enthält auch das Ständerfeld bereits ein Gegenfeld, so kann man für dieses die gesamten Überlegungen wiederholen. Auch zu ihm gehören bei unsymmetrischem, z. B. im Extrem einsträngig bewickeltem Läufer, ein gegenläufiges und ein mitläufiges System der Durchflutung mit Läuferfrequenz $(2f - f_s)$, von denen das eine im Raum mit der gleichen Frequenz umläuft wie das Hauptfeld. Das ist dann das gegenläufige Drehfeld. Es läßt sich nun mit dem Drehfeld des Ständers fest zusammensetzen. Das andere aber, diesmal das Mitfeld, läuft mit ständerfremder Frequenz um und addiert sich in ständig wechselnder Phasenlage je nach der augenblicklichen Lage von Ständer und Läufer. Der primäre Strom wird wiederum nicht-sinusförmig in gleicher Form wie soeben besprochen. Ist aber der Läufer symmetrisch gewickelt und belastet, so addieren sich auch bei Existenz eines Gegenfeldes aus der Ständererregung die Ströme alle einfach im Zeigerdiagramm nach der Regel der Abb. 408d getrennt nach Mit- und Gegensystem der Primärdurchflutung, d. h. nach Mit- und Gegenkomponente der primären Klemmenspannungen.

Wir kommen nun noch einmal auf den wichtigsten Fall der symmetrischen Läuferbelastung für ein reines Ständermitfeld zurück, den wir in allen Anwendungen erstreben. Für ihn wollen wir unsere Betrachtungen ausdehnen auf die Berücksichtigung der OHMschen Widerstände und der Streuflüsse. Wir können uns dabei aber auf die Betrachtung je eines Stranges der Ständer- und Läuferwicklung beschränken, weil ja die Verhältnisse in allen Strängen symmetrisch wiederkehren. Als Zeigergleichung gilt dann für einen Strang der Ständerwicklung:

$$\mathfrak{U}_1 = \mathfrak{J}_1 (R_1 + j\omega L_{1_s}) - \mathfrak{E}_{1_{dr}}\,. \tag{1202}$$

Hierin ist R_1 der Widerstand der Primärwicklung, L_{1_s} die ihrem eigenen Streufluß zugeordnete Streuinduktivität. Von der Streuverkettung mit den magnetischen Streuflüssen anderer Stränge aus Ständer und Läufer sehen wir ab. $\mathfrak{E}_{1_{dr}}$ ist die vom Drehfeld in einem Strang der Primärwicklung induzierte elektromotorische Kraft und als solche dem Drehfeld, seiner Umlauffrequenz und dem Produkt aus Windungszahl und Wicklungsfaktor der Primärwicklung proportional. Auch den Drehfluß können wir ins Zeigerdiagramm übernehmen, weil er in bezug auf einen Wicklungsstrang ja zeitlich sinusförmig veränderlich ist. Nach S. 484 ist mit

$$\Phi_{max}/\sqrt{2} = \Phi_{dr} \quad \text{und} \quad 2\pi f = \omega$$

diese EMK der primären Wicklung:

$$\mathfrak{E}_{1_{dr}} = -j\omega w_1 \Phi_{dr} f_{w_1}\,. \tag{1203}$$

Da der Drehfluß Φ_{dr} der Durchflutung und damit dem aus Primär- und Sekundärstrom zusammengesetzten Magnetisierungsstrom proportional ist, so können wir dafür auch schreiben:

$$\mathfrak{E}_{1_{dr}} = -j\omega M\, \mathfrak{J}_{1_{magn}}\,, \tag{1204}$$

womit eine *Hauptinduktivität* oder auf die Primärwicklung bezogene Gegeninduktivität definiert ist aus:

$$w_1 f_{w_1} \Phi_{dr} = M\, \mathfrak{J}_{1_{magn}}\,. \tag{1205}$$

Bei Vernachlässigung des magnetischen Widerstandes des Eisens ist der Zusammenhang zwischen Fluß und Durchflutung nach Abschn. VIII B aber gegeben durch (alle Größen als Effektivwerte):

$$\Phi = B\, 2rl = \frac{\mu_0}{2\delta} w_1 I_{1magn} n_1 \cdot \frac{4}{\pi} \cdot \frac{\sin \beta/2}{\beta/2} 2rl\,, \tag{1206}$$

worin der Faktor $\frac{4 \cdot \sin \beta/2}{\pi\ \beta/2} = \frac{4}{\pi} f_{w_1}$ den Grundwellenanteil des Induktionstrapezes für einen Spulenwinkel β berücksichtigt nach der harmonischen Analyse des Trapezes (vgl. S. 189, wo aber der Winkel β nicht mit dem hier benötigten Spulenwinkel β identisch ist). Hieraus ergibt sich die Konstante M als eine nur von den Abmessungen der Maschine und ihrer Wicklung abhängige Größe:

$$M = w_1^2 f_{w1}^2 \mu_0 \frac{4rl}{\pi \cdot \delta} n_1\,, \tag{1207}$$

in die abweichend von einer gewöhnlichen Induktivität noch die Strangzahl n_1 eingeht — weil eben alle Stränge zum Drehfeld magnetisierend beitragen — und an Stelle der einfachen Windungszahl das Produkt aus Windungszahl und Wicklungsfaktor wegen der verteilten Wicklung eingeführt werden muß.

Hinsichtlich der magnetisierenden Wirkung des Sekundärstromes als Beitrag zum primären Strom haben wir in Gl. (1188) schon festgestellt, daß er mit dem Faktor: $\frac{n_2 w_2 f_{w_2}}{n_1 w_1 f_{w_1}}$ eingeht. Auch hier geht bei der Reduktion des Sekundärstromes auf die Primärseite außer der Windungszahl w der Wicklungsfaktor f_w und die Strangzahl n ein, weil die Drehfeldmaschine ein allgemeinerer Transformator ist als der gewöhnliche Transformator der S. 71. Reduzieren wir aber den Strom $\mathfrak{J}_2$ mit diesem Reduktionsfaktor auf die Primärseite als $\mathfrak{J}_{2_{red}}$, so können wir, weil die Zusammensetzung im Drehfeld erfolgt, die Gleichung eines Primärstranges schreiben:

$$\mathfrak{U}_1 = \mathfrak{J}_1 (R_1 + j\omega L_{1_s}) + (\mathfrak{J}_1 + \mathfrak{J}_{2_{red}})\, j\omega M_{red} \tag{1208}$$

in völliger Übereinstimmung mit einer gewöhnlichen Transformatorgleichung, obwohl der Läuferstrom eigentlich eine völlig andere Frequenz hat als der Ständerstrom.

Auch für einen, — d. h. aber wegen der Symmetrie für jeden, — Strang der Läuferwicklung können wir eine entsprechende Gleichung anschreiben. Bezeichnen R_2 und L_{s_2} den gesamten Widerstand und die gesamte Induktivität im sekundären Kreis eines Stranges, bei kurzgeschlossenem Läufer also nur seinen eigenen Widerstand und die Streuinduktivität der Wicklung, so lautet für einen Läuferstrang der zweite Kirchhoffsche Satz (Gl. (3)):

$$0 = \mathfrak{J}_2 (R_2 + j\omega_s L_{2_s}) - \mathfrak{E}_{2_{dr}}\,, \tag{1209}$$

worin ω_s die von der Ständerfrequenz wegen der Rotation des Läufers abweichende Schlupffrequenz bedeutet. Auch die in der Wicklung vom Drehfeld induzierte elektromotorische Kraft hängt von dieser Schlupffrequenz ab und hat diese Frequenz:

$$\mathfrak{E}_{2_{dr}} = -j\omega_s \Phi_{dr} w_2 f_{w_2} \tag{1210}$$

oder unter Benutzung der oben hergestellten Beziehung Gl. 1205 zwischen Fluß und Gesamtdurchflutung:

$$\mathfrak{E}_{2dr} = -j\omega\, M_{red}\,(\mathfrak{J}_1 + \mathfrak{J}_{2red})\,\frac{w_2 f_{w_2}}{w_1 f_{w_1}}\,. \tag{1211}$$

Reduzieren wir sie mit den effektiven Windungszahlen $(w \cdot f_w)$, so lautet die Gleichung des sekundären Kreises für die reduzierten Größen:

$$0 = \mathfrak{J}_{2red}\,(R_2 + j\omega_s L_{s_2})_{red} + (\mathfrak{J}_1 + \mathfrak{J}_{2red})\, j\omega_s M_{red}\,. \tag{1212}$$

Dabei müssen wir ebenso wie bei der Reduktion des gewöhnlichen Transformators (vgl. S. 99) auf das Übersetzungsverhältnis 1:1 auch hier an Stelle der wahren Widerstände und Induktivitäten des sekundären Kreises reduzierte Größen einführen, die mit den wahren durch Reduktionsfaktoren zusammenhängen. Beim gewöhnlichen Transformator diente dazu einfach die Übersetzung im Quadrat. Hier ist es das Quadrat des Übersetzungsverhältnisses der effektiven Windungszahlen (wf_w), das aber noch mit dem Verhältnis der Strangzahlen zu multiplizieren ist. Die rein sekundären Widerstandsgrößen sind also zu reduzieren mit:

$$\left(\frac{w_1 f_{w_1}}{w_2 f_{w_2}}\right)^2 \cdot \frac{n_1}{n_2}\,. \tag{1213}$$

Der einzige Unterschied zwischen den Gleichungen eines gewöhnlichen Transformators und denen eines *Asynchronmotors*, — nämlich einer Drehfeldmaschine mit bewegtem Läufer, — besteht nun darin, daß die sekundäre Gleichung für eine andere Frequenz, die Schlupffrequenz, gilt. Das wahre Zeigerdiagramm des sekundären Kreises läuft also langsamer um als das des primären. Wir können, wenn wir uns für Augenblickswerte interessieren, nicht auf die gleiche Zeitlinie in jedem Augenblick projizieren. Da aber, wie wir oben gezeigt haben, die Winkelbeziehungen zwischen den primären Strömen und den auf die Primärseite reduzierten sekundären Strömen die gleichen bleiben, so steht im Grunde nichts im Wege, auch das sekundäre Zeigerdiagramm mit dem primären zusammen zu zeichnen.

Rein formal können wir sogar auch diesen Unterschied noch dadurch beseitigen, daß wir die zweite Gleichung mit dem Faktor $\omega/\omega_s = 1/s$ durchmultiplizieren und sie dadurch zu einer Gleichung mit Ständerfrequenz machen. Das Drehzahl- oder Frequenzverhältnis $s = \omega_s/\omega$ wollen wir dabei die „*Schlüpfung*" nennen. Es gibt an, um wieviel % der Läufer langsamer umläuft als das Drehfeld. Nach dieser Operation lautet die sekundäre Gleichung:

$$0 = \mathfrak{J}_{2red}\,(R_2/s + j\omega L_{s_2})_{red} + (\mathfrak{J}_1 + \mathfrak{J}_{2red})\, j\omega M_{red}\,.$$

Zusammen mit der primären Gleichung: (1214)

$$\mathfrak{U}_1 = \mathfrak{J}_1\,(R_1 + j\omega L_{s_1}) + (\mathfrak{J}_1 + \mathfrak{J}_{2red})\, j\omega M_{red}$$

sind das nun die gewöhnlichen Gleichungen (193) eines kurzgeschlossenen Transformators, dessen Daten mit denen der Drehfeldmaschine so übereinstimmen, daß M_{red} seine Gegeninduktivität (Hauptinduktivität) ist, und der auf das Windungsverhältnis 1:1 reduziert ist. Somit hat auch die Drehfeldmaschine mit bewegtem Läufer das Zeigerdiagramm des gewöhnlichen Transformators, wenn wir uns auf rein symmetrische Anordnung und symmetrische Primärspannungen beschränken. Er muß damit auch sein Kreisdiagramm haben.

3. Drehmoment und mechanische Leistung.

Um das im letzten Abschnitt zum Schluß erarbeitete Ersatzschaltbild durchsichtiger zu machen, wollen wir uns einen Augenblick lang vorstellen, daß Ständer und Läufer gleiche Strangzahl, gleiche Windungszahl je Strang und gleichen Spulenwinkel, also gleichen Wicklungsfaktor hätten. Dann fallen alle Reduktionen, weil der Reduktionsfaktor überall den Zahlenwert 1 bekommt. Trotzdem aber sind die Gleichungen des Asynchronmotors bei bewegtem Läufer nicht identisch mit denen eines gewöhnlichen Transformators, weil nämlich in der sekundären Gleichung (1214) an Stelle des wahren Widerstandes R_2 ein veränderter Widerstand R_2/s auftritt. Da im Bereich zwischen Stillstand und synchronem Lauf $s=0\ldots 1$ ist, so bedeutet das, daß wir im Ersatzschaltbild des Asynchronmotors einen Zusatzwiderstand R_{2_z} im sekundären Kreis einzubauen haben (Abb. 409), der dem OHMschen Widerstand des sekundären Kreises proportional, aber drehzahlabhängig ist:

$$R_{2_z} = R_2/s - R_2 = R_2 \frac{1-s}{s} . \tag{1215}$$

Nach unseren Überlegungen im vorigen Abschnitt verhält sich der Asynchronmotor hinsichtlich seiner primären Stromaufnahme und damit natürlich auch Leistungsaufnahme so, als ob ein solcher Widerstand im sekundären Kreis eingebaut wäre. Die primäre Leistungsaufnahme erfolgt also so, als ob im sekundären Kreis die Leistung $I_2^2 \cdot R_2/s$ verbraucht würde. Die primäre Leistungsaufnahme entspricht diesem Wert vermehrt um die primären Wicklungsverluste und, wenn wir sie auch mit berücksichtigen wollen, die Verluste im Eisenkern, die durch eine Verlustkomponente im Leerlaufstrom nach Abschn. VI A 4 zu berücksichtigen wären. Tatsächlich aber ist doch als fühlbare Wärme nur die im wirklichen Widerstand R_2 vom Strom I_2 entwickelte JOULEsche Leistung vorhanden. Da die Differenz zwischen der zugeführten und der abgeführten Leistung nicht verschwinden kann, so schließen wir, daß sie die mechanische Leistung darstellt, die der Läufer an ein widerstehendes mechanisches Lastmoment bei der betreffenden Drehzahl, bzw. dem betreffenden Schlupf, abzugeben in der Lage ist. Stimmt dabei ein vorgegebenes Lastmoment nicht mit diesem Wert überein, so wird die überschießende Leistung zur weiteren Beschleunigung des Läufers benutzt; die Drehzahl steigt. Ist zu wenig Leistung vorhanden, so wird umgekehrt die benötigte Mehrleistung aus der Energie der umlaufenden Massen des Läufers — und gegebenenfalls der angetriebenen Maschine — entnommen; die Drehzahl sinkt.

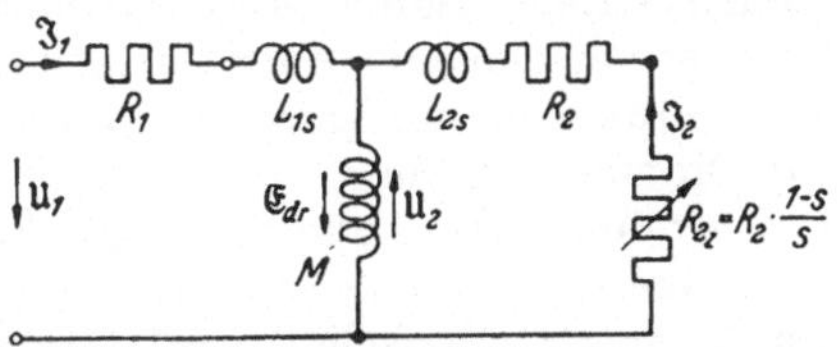

Abb. 409. Ersatzschaltbild des Asynchronmotors.

Stets aber besteht eine feste Beziehung zwischen der mechanischen Leistung und der sekundären elektrischen Leistung:

$$N_{2_{el}} : N_{2_{mech}} = I_2^2 R_2 : I_2^2 R_{2z} = R_2 : R_{2_z} = 1 : \frac{1-s}{s} = s : (1-s) . \tag{1216}$$

Diese beiden Leistungen werden durch das Drehfeld übertragen; wir nennen sie zusammenfassend die *Drehfeldleistung* N_{dr}. Für sie gilt:

$$N_{dr} = N_{2_{el}} + N_{2_{mech}} \quad \text{und} \quad N_{dr} : N_{2_{el}} : N_{2_{mech}} = 1 : s : (1-s) . \tag{1217}$$

Aus der mechanischen Leistung erhalten wir aber auch sofort das mechanische Drehmoment:

$$M_r = N_{2_{mech}}/\omega_r = \frac{N_{2mech}}{\omega(1-s)} = \frac{N_{dr}}{\omega} . \tag{1218}$$

Damit liefert uns das Ersatzschaltbild auch einen Überblick über das gesamte mechanische Verhalten des Motors.

Wir betrachten das mechanische Verhalten für Werte der Schlüpfung zwischen 1 und 0, d. h. zwischen Stillstand und synchronem Lauf.

Bei Stillstand ist $s = 1$. Der Zusatzwiderstand für die mechanische Last ist also Null, damit auch die mechanisch abgegebene Leistung, wie es nicht anders sein kann, weil ja die Läuferdrehzahl Null keine Leistungsabgabe bewirken kann. Der Motor wirkt wie ein sekundär über seinen Widerstand und seine Streuinduktivität kurzgeschlossener Transformator. Er hat jedoch ein Drehmoment, denn seine Drehfeldleistung ist ja solange nicht Null, als er OHMschen Widerstand besitzt. Damit liefert aber die Gleichung für das Läufermoment ein *Stillstandsmoment*:

$$M_{r_k} = I_{2k}^2 \, R_2/\omega \, , \qquad (1219)$$

worin wir den Index k benutzen, weil eben dieser Zustand dem einfach sekundär kurzgeschlossenen Transformator entspricht. Wir erkennen sofort, daß innerhalb gewisser Grenzen eine Vergrößerung von R_2 die Drehfeldleistung und damit auch das Stillstandsmoment vergrößert. Solange die Größe des induktiven Widerstandes — Streublindwiderstandes — im Läufer die Größe von I_{2k} wesentlich bestimmt, was im Stillstand weitgehend der Fall ist, weil ja jetzt die Läuferfrequenz gleich der Ständerfrequenz, die Phasenverschiebung also groß ist, wächst das Anlaufmoment direkt proportional dem Läuferwiderstand. Wir machen davon Gebrauch, indem wir das Anlassen solcher Motoren über Läuferwiderstände vornehmen, die das *Anlaufdrehmoment* zu heben gestatten, und damit auch dann schon den Anlaufvorgang erleichtern, wenn sie nicht so groß bemessen werden, daß sie den Kurzschlußstrom I_{2k} selbst merklich begrenzen. Ein völlig widerstandsloser Läufer würde — in Übereinstimmung mit unseren Feststellungen auf S. 492 — überhaupt kein Anlaufmoment haben. Seine Läuferspannung und sein Läuferstrom wären um 90° gegeneinander verschoben. Auch der primäre Strom wäre ein reiner Blindstrom. Die für das Drehmoment maßgebende Phasenverschiebung im Läufer nach Gl. (1191) würde kein Moment ergeben.

Übersteigt das Anlaufmoment das widerstehende Moment, so läuft der Motor an, wobei die Geschwindigkeit der Drehzahlzunahme, die Winkelbeschleunigung, vom Momentenüberschuß und dem Massenträgheitsmoment J_{mech} des Läufers und der mit ihm mechanisch gekuppelten Teile bestimmt wird nach:

$$M_r - M_{außen} = J_{mech} \, d\,\omega_r/dt \, . \qquad (1220)$$

Nunmehr ist nach Erreichen einer bestimmten Läuferdrehzahl $s < 1$. Im Läuferkreis tritt ein Zusatzwiderstand für die mechanisch abgegebene Leistung auf. Bei kleinen Drehzahlen wächst damit das Drehmoment erheblich. Die sekundäre Spannung wird noch nicht merklich kleiner; somit nimmt auch der Läuferstrom noch nicht merklich ab, zumal die Widerstandszunahme im Läufer teilweise sogar noch dadurch wettgemacht wird, daß der Streublindwiderstand wegen der Abnahme der Schlupffrequenz = Frequenz der Läuferströme abnimmt. Der Anlaufvorgang setzt sich also beschleunigt fort, es sei denn, daß das Lastmoment der äußeren Last mit der Drehzahl schneller zunimmt als das Nutzmoment.

Wir gehen sofort zum anderen Extrem: Der Läufer habe die synchrone Drehzahl erreicht: $s = 0$. Damit wird der Zusatzwiderstand für die mechanische Last unendlich groß und bestimmt nun natürlich ausschlaggebend den sekundären Strom, der auf Null zurückgehen muß. Synchroner Lauf des Läufers entspricht dem Leerlaufzustand des Transformators und muß die gleichen Verhältnisse ergeben, wie wenn der sekundäre Stromkreis geöffnet wird. (Das stimmt nur nicht für die Eisenverluste im Rotor, die bei Stillstand vorhanden sind, wenn die Rotorwicklung offen ist, während sie bei synchronem Lauf verschwinden, weil dann im Läufer weder Ummagnetisierungsverluste, noch Wirbelstromverluste möglich sind. Auf die Erweiterung unserer Betrachtungen für diesen Fall verzichten wir.) Die Ständerwicklung nimmt also primär nur den Magnetisierungsstrom zur Erzeugung des Drehfeldes auf. Da kein Läuferstrom fließt, erhalten wir nach den obigen Beziehungen auch keine sekundäre elektrische Leistung, damit aber auch keine mechanische Leistung. Die Drehfeldleistung wird Null und mit ihr das mechanische Moment. Auch in diesem Zustand kann der Motor keine Nutzleistung mechanisch abgeben. Auch das ist anschaulich klar: In dem synchron mit dem Ständerdrehfeld umlaufenden Läufer kann das Drehfeld keine Spannungen induzieren, weil es ja relativ zu ihm ruht. Ist aber die Läufer-EMK Null, so gibt es auch keinen Läuferstrom und kein Moment. Dieser Zustand kann vom Motor niemals erreicht werden, wenn man ihm nicht mindestens ein zur Überwindung des mechanischen Momentes der Lagerreibung ausreichendes Antriebsmoment von außen zuführt.

Tun wir das nicht, so muß die Drehzahl unter den synchronen Wert abnehmen; der Motor wird *asynchron*. Nun werden mit der Schlupffrequenz — wir betrachten jetzt kleine Werte von s — kleine Spannungen in den Läufersträngen induziert. Diese haben aber nun sofort große Ströme in den Läufersträngen zur Folge, weil bei diesen kleinen Frequenzen der Streublindwiderstand keine Rolle mehr spielt gegen den OHMschen Widerstand, wenn wir im wirklichen Geschehen denken, bzw. weil im Ersatzschaltbild der Abb. 409 der Zusatzwiderstand im Läuferkreis groß ist und allein die Stromstärke bestimmt. Es ergibt sich in jedem Fall ein sehr günstiger Phasenwinkel zwischen Läufer-EMK und Läuferstrom mit großem Drehmoment.

Es genügt also, wenn der Motor ein wenig unter die synchrone Drehzahl abfällt, damit er in die Lage versetzt wird, mechanische Leistung abzugeben. Da die induzierten Spannungen proportional der Schlüpfung wachsen und damit auch der Läuferstrom proportional zunimmt, ohne zunächst seine Phasenlage gegenüber der Läuferspannung bei kleinen Schlupffrequenzen wesentlich zu verändern, so wächst das Moment praktisch proportional der Schlüpfung. Zum gleichen Ergebnis kommen wir unter Verwendung des Ersatzbildes (Abb. 409), in dem die sekundäre induzierte Spannung konstant gleich der Leerlaufspannung ist und somit die Drehfeldleistung besser durch Bezugnahme auf die Spannung als durch das Stromquadrat ausgedrückt wird:

$$N_{dr} = E_{dr}^2/(R_2/s) \qquad \text{also:} \qquad M_r = \frac{N_{dr}}{\omega} = \frac{E_{dr}^2}{\omega R_2} \cdot s\,. \tag{1221}$$

Im ganzen Bereich zwischen Stillstand und synchronem Lauf gibt der Asynchronmotor als allgemeiner Transformator sekundärseitig elektrische und mechanische Leistung ab, wobei die Aufteilung und der Absolutbetrag beider Leistungen drehzahlabhängig sind und aus den Gleichungen des Transformators errechnet werden können, wenn seine Eigenschaften (M, R_1, R_2, L_{s_1} und L_{s_2}) bekannt sind. Wir können nun aber unsere Betrachtungen auch über diesen Bereich hinaus ausdehnen, sowohl auf den Bereich des übersynchronen Laufs, d. h. auf Werte negativer Schlüpfung ($s < 0$), als auch auf das Gebiet des Umlaufs gegen das Ständerdrehfeld ($s > 1$).

Da auch bei negativer Schlüpfung der Verlust im Läuferwiderstand Verlust bleibt, also das positive Zeichen behält, so müssen wegen Gl. (1217):

$$N_{dr} : N_{2el} : N_{2mech} = 1 : s : (1 - s) \tag{1217}$$

N_{dr} und N_{2mech} ihr Vorzeichen umkehren. Es wird keine mechanische Leistung abgegeben, sondern sie muß zugeführt werden. Der nach Abzug der elektrischen Verlustleistung im Rotor verbleibende Hauptteil — bei negativem s ist $1 < (1 - s)$ — wird als Drehfeldleistung in den primären Kreis abgegeben. Aus dem Asynchronmotor ist ein *Asynchrongenerator* geworden. Der Zusatzwiderstand ist negativ; der Verbraucher ist Generator. Der übersynchron angetriebene Läufer gibt also Leistung in das an die Ständerklemmen angeschlossene Netz ab, das aber seinerseits den Magnetisierungsstrom für das Drehfeld als Blindstrom zu liefern hat, den wir mechanisch von der Läuferseite aus nicht liefern können. Seine Kompensation auf der Ständerseite durch Kondensatoren kann zwar diese Rolle des anderweitig gespeisten Netzes überflüssig erscheinen lassen, tut es aber praktisch doch nicht, denn die sich bei einer solchen „*Selbsterregung*" einstellende Spannungshöhe ist nur durch die wegen des Luftspaltes geringe Krümmung der Magnetisierungskennlinie begrenzt und kann zu unangenehmen Überspannungen führen.

Auch für das Gebiet von mehr als 100% Schlüpfung, den Lauf des Rotors gegen das rechtsläufige Drehfeld, benötigen wir natürlich einen äußeren Antrieb. Auch hier ist der Zusatzwiderstand negativ. Die Sekundärseite gibt also keine mechanische Leistung auf Kosten elektrischer Leistung ab, sondern verwandelt umgekehrt als Generator mechanische Leistung in elektrische. Diese gelangt aber nicht über die Drehfeldleistung ins primäre Netz, sondern geht mit dieser zusammen, die nach Gl. (1217):

$$N_{dr} : N_{2_{el}} : N_{2_{mech}} = 1 : s : (1 - s) \tag{1217}$$

positiv bleibt, als sekundäre elektrische Leistung in den Widerstand R_2 des sekundären Kreises. In diesem Bereich arbeitet also die Drehfeldmaschine als Transformator und Generator, der aber seine Leistung in den Läuferkreis abgibt mit einer Frequenz, die wegen $s > 1$ über der Netzfrequenz liegt. Steigern wir die Schlüpfung immer weiter bis auf $s = \infty$, so erreichen wir bei sehr hoher Frequenz des sekundären Kreises einen Zustand, bei dem der Zusatzwiderstand gerade ebenso groß wird wie der Ohmsche Widerstand der Wicklung, aber negativ ist. Der Gesamtwiderstand des Läufers ist dann rein induktiv; das Drehmoment verschwindet vollständig. Auf den primären Kreis wirkt der Läufer so zurück, als ob er nur aus einer Induktivität bestände. Ein stabiler Betrieb mit einem äußeren konstanten Moment ist aber in diesem Bereich nicht möglich, weil mit steigender Drehzahl das Feldmoment abnimmt.

Diese letzten Betrachtungen sind von besonderer Wichtigkeit für die Vorgänge im Wechselstrommotor mit einsträngiger Erregung im Ständer oder den Betrieb des Drehstrommotors mit Unterbrechung einer Ständerzuleitung, die dann ebenfalls zu einer einachsigen Erregung mit einem reinen Wechselfeld führt, das zwei gegenläufige Drehfelder gleicher Größe enthält. Im Stillstand sind beide Drehfelder mit gleichem Moment wirksam, aber in entgegengesetzter Richtung. Ein *Anfahrmoment* ist also nicht vorhanden. Werfen wir aber den Motor in beliebiger Richtung an, so wächst damit das Moment *des* Drehfeldes, in dessen Richtung der Anwurf erfolgte, und für das also die Schlüpfung nunmehr kleiner als 1 ist. Das Moment des in der anderen Richtung umlaufenden Drehfeldes aber sinkt, weil hier $s > 1$ ist. Wir können das auch so ausdrücken: Für das mitlaufende Feld wird der Phasenwinkel zwischen Läuferspannung und Läuferstrom kleiner, also günstiger für die Momentenbildung, weil die Frequenz und mit ihr die Wirkung der induktiven Blindwiderstände im Läuferkreis sinkt. Für das gegenlaufende Feld aber steigt die Frequenz und damit der Blindwiderstand des Läufers. Der Phasenwinkel zwischen Spannung und Strom wächst und nähert sich noch mehr 90°, dem Wert, bei dem kein Moment mehr zustande kommt. In der Nähe der synchronen Drehzahl, dem eigentlichen Arbeitsbereich des Asynchronmotors mit kleinem positivem s, arbeitet das mitläufige Drehfeld auf den Läufer mit sehr kleiner Frequenz und entsprechend fast rein Ohmschem Widerstand bei verschwindendem Blindwiderstand, das gegenläufige, inverse Feld aber arbeitet im Läufer nahezu mit der doppelten Netzfrequenz bei gleichem Ohmschen Widerstand auf sehr hohen Blindwiderstand und mit entsprechend ungünstiger Momentenbildung.

In der Nähe der synchronen Drehzahl spielt also im praktischen Arbeitsbereich des Einphasenwechselstrommotors das inverse Moment fast keine Rolle mehr, das Moment des Mitfeldes ist allein bestimmend. Beim Anlauf aber überlagern sich die beiden Momente gegensinnig und erschweren somit den Anlauf des Einphasenmotors, der deswegen aus dem Stillstand überhaupt nicht anlaufen kann und auch sonst während des Anlaufs stets kleineren Momentenüberschuß hat als ein Motor mit reinem Mitfeld (Abb. 410). Der laufende Drehstrommotor läuft also bei Unterbrechung einer Leitung mit fast gleicher Drehzahl weiter, wenn er mit dem gleichen Moment weiter belastet wird, nimmt dabei aber natürlich primär zwar die gleiche elektrische Leistung, aber nun bei höherem Strom auf den nicht unterbrochenen Leitungen auf; er kann aber nach einer Stillsetzung nicht wieder anlaufen. Bei speziell als Wechselstrommotoren gebauten Asynchronmotoren kann man durch die Richtung des Anwerfens mit mechanischen Mitteln die Drehrichtung willkürlich bestimmen, oder auch — durch eine kurzzeitig belastete Hilfswicklung mit phasenverschobenem Strom und achsenverschobener Anordnung zur Unterstützung eines der beiden Drehfelder und Unterdrückung des anderen — die spätere Drehrichtung im Betrieb bei abgeschalteter Hilfswicklung bestimmen.

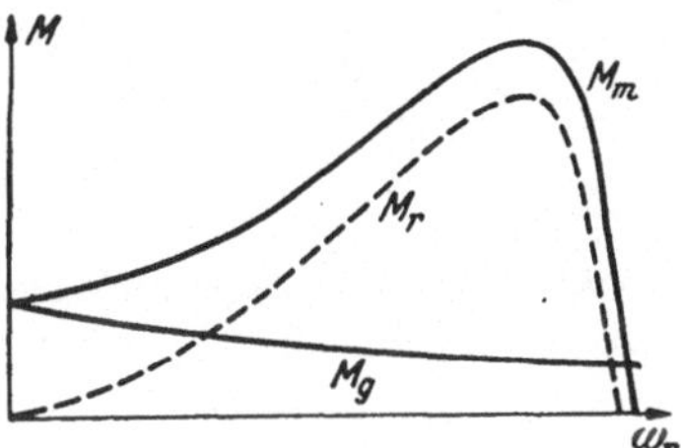

Abb. 410. Drehmomentenverlauf des mit- und gegenläufigen Drehfeldes beim Wechselstrom-Asynchronmotor.

Wir haben bei unseren ganzen Überlegungen über die Momente und Leistungen des Asynchronmotors in keiner Weise von den Formeln der früheren Abschnitte über die Momentenbildung Gebrauch gemacht, weil uns die Einführung des mechanischen Zusatzwiderstandes im Ersatzschaltbild gestattete, alle wichtigen Erscheinungen allgemein zu untersuchen, ohne auf die Drehmomentenbildung im einzelnen einzugehen. Selbstverständlich müßte eine Berechnung auf dem Wege über die Wechselwirkungen des Ständerdrehfeldes mit der Läuferdurchflutung oder dem Läuferstrombelag das gleiche Ergebnis liefern, wie wir nun zur Vervollständigung auch noch zeigen wollen.

Die beliebig geschaltete und beschaffene Ständerwicklung erzeuge ein reines Mitfeld mit dem räumlichen Höchstwert B_m, das im Raum mit der Winkelgeschwindigkeit ω rechtslaufend umläuft. Seine Relativwinkelgeschwindigkeit gegen den mit der Winkelgeschwindigkeit ω_r umlaufenden Läufer ist also: $\omega - \omega_r = \omega_s$ und die in einem von n_2 Rotorsträngen mit der Windungszahl w_2 und dem Wicklungsfaktor f_{w_2} induzierte Spannung wird dann mit den gleichen Bezeichnungen für die Maschinenabmessungen wie bisher:

$$U_2 = B_m\, w_2 f_{w_2} \omega_s\, 2\, r\, l/\sqrt{2}\,. \tag{1222}$$

Sie erzeugt im Läufer mit dem Widerstand R_2 und der Streuinduktivität L_{s_2} einen Strom vom Betrage:

$$\left.\begin{aligned} &I_2 = U_2/\sqrt{R_2^2 + (\omega_s L_{s_2})^2} \text{ mit der Phasenverschiebung } \varphi_2 \\ \text{nach:}\quad &\operatorname{tg}\varphi_2 = \frac{\omega_s L_{s_2}}{R_2} \quad \text{oder} \quad \cos\varphi_2 = R_2/\sqrt{R_2^2 + (\omega_s L_{s_2})^2}\,. \end{aligned}\right\} \tag{1223}$$

Nach unseren Feststellungen in den vorangegangenen Abschnitten enthält dieser Strom einen Grundwellenanteil der Durchflutung, der sich für das Mitfeld zum n_2-fachen der halben Durchflutung eines Stranges algebraisch addiert, bei den gegenläufigen Durchflutungen aber auslöscht. Die harmonische Analyse der Trapezverteilung ergibt für die Grundwelle der Durchflutung nach Gl. (422).:

$$\Theta_{max_r} = \frac{4}{\pi}\, n_2\, \frac{w_2}{2}\, I_2 \sqrt{2}\, f_{w_2} \frac{1}{2}\,. \tag{1224}$$

Damit ergibt sich für das Drehmoment nach Gl. (1190) (Abschn. VIII D 4, S. 491):

$$M_r = \frac{1}{2} S\, \Theta_{max_r} B_m \sin(\sphericalangle\, \Theta,\, B) = 2\, r^2\, l^2\, n_2\, (w_2 f_{w_2})^2\, B_m^2 \frac{R_2}{R_2^2 + (\omega_s L_{s_2})^2}\, \omega_s = K \omega_s \tag{1225}$$

und für die mechanische Leistung:

$$N_{mech} = M_r \cdot \omega_r = K \cdot \omega_r \cdot \omega_s\,. \tag{1226}$$

Bei der Einsetzung der Einzelwerte zur Schlußformel (Gl. (1225)) haben wir dabei die Tatsache benutzt, daß wegen der Beziehungen zwischen Zeigerdiagramm und Flußpfeildiagramm der räumliche Verdrehungswinkel zwischen Drehdurchflutung des Läufers und Drehfluß des Ständers sich um 90° von der elektrischen Phasenverschiebung zwischen $\mathfrak{U}_2$ und $\mathfrak{J}_2$ unterscheidet, sein sin also gleich dem cos von φ_2 nach Gl. (1223) ist.

Andererseits erlauben uns die gleichen Formeln auch die Ermittlung der sekundären elektrischen Leistung in n_2 Strängen mit je $I_2^2 R_2$ als Verlustleistung. Sie beträgt also insgesamt:

$$N_{2_{el}} = n_2 I_2^2 R_2 = n_2 U_2^2 \frac{R_2}{R_2^2 + (\omega_s L_{s_2})^2}$$

$$= 2 r^2 l^2 n_2 (w_2 f_{w_2})^2 B_m^2 \frac{R_2}{R_2^2 + (\omega_s L_{s_2})^2} \omega_s^2 = K \omega_s^2, \tag{1227}$$

so daß auch auf diesem Wege für beliebige Maschinenausführung sich die gleiche Beziehung (Gl. (1217)) zwischen mechanischer Leistung und elektrischer Leistung im Läuferkreis ergibt wie oben (S. 502):

$$N_{2_{el}} : N_{2mech} = \omega_s : \omega_r = s : (1 - s) \tag{1217}$$

mit all den Schlußfolgerungen wie bisher.

4. Das Kreisdiagramm.

Nachdem wir im vorigen Abschnitt ermittelt haben, daß es stets ein Ersatzschaltbild gibt, das den Asynchronmotor als einen Transformator darstellt, in dem die abgegebene mechanische Belastung durch einen Ersatzwiderstand im sekundären Kreis repräsentiert wird, kann es keinem Zweifel unterliegen, daß auch für den Asynchronmotor ein Kreisdiagramm gelten muß, wenn wir als Veränderliche die Drehzahl des Läufers oder die Schlüpfung betrachten, denn von diesen Größen hängt ja die Größe des Zusatzwiderstandes im Läuferkreis ab. Ohne auf Einzelheiten einzugehen, die aus der Spezialliteratur des Elektromaschinenbaus entnommen werden können, wollen wir dies Kreisdiagramm des Asynchronmotors an einem vereinfachten Beispiel besprechen, nachdem wir zunächst seine allgemeine Gültigkeit aufzeigen.

Die Gleichungen des Asynchronmotors nach dem Ersatzschaltbild der Abb. 409 lauten:

$$\left.\begin{aligned} \mathfrak{U}_1 &= \mathfrak{J}_1 (R_1 + j X_1) + (\mathfrak{J}_1 + \mathfrak{J}_2) j X \\ 0 &= \mathfrak{J}_2 (R_2/s + j X_2) + (\mathfrak{J}_1 + \mathfrak{J}_2) j X\,, \end{aligned}\right\} \tag{1228}$$

wenn wir zur Ersparung von Indizes unter den Spannungen und Strömen die nach S. 497 reduzierten Größen verstehen und aus dem gleichen Grunde die Streublindwiderstände der Wicklungen bei Ständerfrequenz mit X_1 und X_2 abkürzen. $X = \omega M$ ist die Abkürzung für den Blindwiderstand der Drehfeldinduktivität = Hauptinduktivität nach Gl. (1205). Kürzen wir die Schreibweise noch weiter durch Verwendung von $\mathfrak{z}_1 = (R_1 + j X_1)$, so erhalten wir bei Auflösung der beiden Gleichungen nach $\mathfrak{J}_1$ durch Elimination mittels Umformung der zweiten Gleichung (1228):

$$\mathfrak{J}_2 = -\mathfrak{J}_1 \frac{j X}{j (X + X_2) + R_2/s} \tag{1229}$$

die Gleichung eines Kreisdiagramms, vgl. Gl. (112), für $\mathfrak{J}_1$ als Funktion von R_2/s, d. h. also von der Schlüpfung:

$$\mathfrak{J}_1 = \mathfrak{U}_1 \frac{j (X + X_2) \qquad + \qquad R_2/s}{\mathfrak{z}_1 j (X + X_2) - X X_2 + (\mathfrak{z}_1 + j X)\; R_2/s}\,. \tag{1230}$$

Diese für jeden Betriebsfall gültige Gleichung liefert uns als Sonderfälle:

für $s=0$, d. h. synchronen Lauf des Rotors = Leerlauf ohne jedes mechanische Moment:

$$\mathfrak{J}_{1_0} = \mathfrak{U}_1/(\mathfrak{z}_1 + jX) \text{ als meßbaren Leerlaufstrom;} \tag{1231}$$

für $s=1$, d. h. stillstehenden Läufer = Kurzschlußzustand:

$$\mathfrak{J}_{1_k} = \mathfrak{U}_1 \frac{j(X+X_2) + R_2}{\mathfrak{z}_1 j(X+X_2) - XX_2 + (\mathfrak{z}_1 + jX)R_2} \tag{1232}$$

als bei festgebremstem Läufer meßbaren Kurzschlußstrom;

für $s=\infty$, d. h. gegen das Drehfeld unendlich schnell angetriebenen Läufer = ideellen Kurzschluß:

$$\mathfrak{J}_{1_\infty} = \mathfrak{U}_1 \frac{jX + X_2}{\mathfrak{z}_1 j(X+X_2) - XX_2}, \tag{1233}$$

den ideellen Kurzschlußstrom, der experimentell nicht meßbar ist, weil der zugehörige Betriebszustand nicht verwirklicht werden kann. Alle drei Punkte liegen auf dem Kreis, dessen Peripheriewinkel α in üblicher Weise (vgl. Abschn. III S. 66) durch die Phasenwinkel der Nennerterme in der allgemeinen Gleichung (1230) für $\mathfrak{J}_1$ bestimmt wird und für praktische Verhältnisse wenig über 90° beträgt, denn der Phasenwinkel von $\mathfrak{z}_1 j(X+X_2) - XX_2$ liegt mit $(180° - \varepsilon_\infty)$ dicht bei 180°, der von $\mathfrak{z}_1 + jX$ mit $(90° - \varepsilon_0)$ noch dichter bei 90°. Es wird also:

$$\alpha = 180° + (90° - \varepsilon_0) - (180° - \varepsilon_\infty) + 0 = 90° + \varepsilon_\infty - \varepsilon_0 > 90°. \tag{1234}$$

Jedem Kreispunkt P gehört dann ein Wert von s zu, wobei der Kreisbogen zwischen P_k (vgl. Abb. 411) und P_0 den normalen Betriebszuständen vom Stillstand ($s=1$) bis zum synchronen Lauf mit dem Drehfeld ($s=0$) entspricht. Der Bogen zwischen P_k und P_∞ unterhalb P_k gehört den Betriebszuständen mit Antrieb des Läufers gegen das Drehfeld zu ($s>1 \ldots \infty$). Der Betrieb als asynchroner Generator mit negativem s führt auf die unterhalb von P_0 liegenden Kreisteile, bei denen schließlich der Winkel zwischen $\mathfrak{J}_1$ und $\mathfrak{U}_1$ größer als 90° wird und somit Leistungsabgabe an das Netz erfolgt, während bei dem ebenfalls generatorischen Gebiet zwischen P_k und P_∞ noch immer Leistungsaufnahme aus dem Netz, wenn auch in vermindertem Umfang erfolgt. Das alles ist in bester Übereinstimmung mit den Feststellungen des vorigen Abschnitts.

Ebenso wie der primäre Strom beschreiben aber auch alle anderen Größen des Asynchronmotors Kreisdiagramme in Funktion der Schlüpfung. So erhalten wir unter Benutzung von Gl. (1229) aus Gl. (1230) sofort:

$$\mathfrak{J}_2 = -\mathfrak{U}_1 \frac{jX}{\mathfrak{z}_1 j(X+X_2) - XX_2 + (\mathfrak{z}_1 + jX)R_2/s} \tag{1235}$$

als Kreisdiagramm für den sekundären Strom in Funktion von R_2/s oder bei gegebenem R_2 von der Schlüpfung s allein, dessen Peripheriewinkel α zwischen anderen Anfangspunkten und Endpunkten der gleiche ist wie der des $\mathfrak{J}_1$-Diagramms. Wir können statt dessen aber auch auf die allgemeinen Untersuchungen des Abschn. III S. 89 über das Transformatorkreisdiagramm zurückgreifen und uns erinnern, daß mit einem durch die Gleichungen gegebenen Maßstabsverhältnis der Differenzzeiger zwischen primärem Laststrom und Leerlaufstrom stets den sekundären Strom angibt (PP_0 in der Abb. 411).

Auch die Läuferspannung können wir natürlich dem Kreisdiagramm entnehmen, worüber nähere Einzelheiten wieder im Abschn. III S. 87 zu finden sind. Hier wäre interessanter die Drehfeld-EMK der Maschine, weil sie zusammen mit dem primären Strom die Drehfeldleistung bestimmt, die ihrerseits für das Drehmoment des Läufers bestimmend ist. Aus der zweiten Hauptgleichung (1228) des Asynchronmotors erhalten wir diese Haupt-EMK des Drehfeldes:

$$\mathfrak{E}_{dr} = -(\mathfrak{J}_1 + \mathfrak{J}_2)\, jX = \mathfrak{J}_2\,(jX_2 + R_2/s) \tag{1236}$$

und durch Einsetzen von $\mathfrak{J}_2$ die Gleichung des Kreisdiagramms für die EMK des Drehfeldes:

$$\mathfrak{E}_{dr} = -\,\mathfrak{U}_1 \frac{-XX_2 + jXR_2/s}{\mathfrak{z}_1 j(X+X_2) - XX_2 + (\mathfrak{z}_1 + jX)R_2/s} \tag{1237}$$

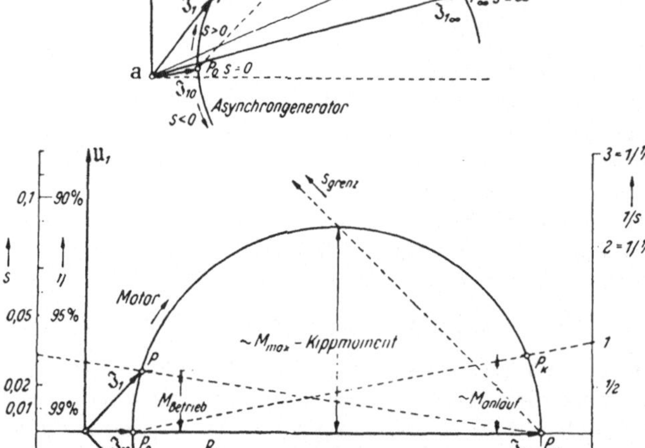

Abb. 411. Kreisdiagramm des Asynchronmotors. a Allgemeines Diagramm (schematisch). b Diagramm bei Vernachlässigung der Streuinduktivität und des Widerstandes des Ständers.

mit wieder dem gleichen Peripheriewinkel α, aber natürlich wieder anderem Anfangs- und Endpunkt des Diagramms. Für den Leerlauf liegt $\mathfrak{E}_{dr}$ praktisch in Gegenphase mit $\mathfrak{U}_1$ und ist nahezu ebenso groß, wenn $\mathfrak{z}_1 \ll X$ ist. Im Kurzschluß ist sehr nahezu wieder Gegenphasigkeit vorhanden, die Spannung aber nur noch ein Bruchteil der Primärspannung entsprechend einer Spannungsteilung $X_2/(X_1+X_2)$, wie man aus dem Ersatzschaltbild (Abb. 409) auch bequem ablesen kann.

Wir wollen nun an einem vereinfachten Beispiel noch die Maßbeziehungen ein wenig näher aufzeigen. Wir wollen dafür annehmen, daß die Ständerwicklung weder OHMschen Widerstand, noch Streublindwiderstand habe. $\mathfrak{z}_1 = (R_1 + jX_1) = 0$. Damit wird die primäre Klemmenspannung nach der letzten Gleichung zugleich auch die negative Drehfeldspannung und somit die primäre Leistung identisch mit der Drehfeldleistung. Aus den Gleichungen (1231/33) für die charakteristischen Betriebspunkte nach S. 505 folgen für diesen Sonderfall:

$$\mathfrak{J}_{1_0} = \mathfrak{U}_1/jX \quad \text{und} \quad \mathfrak{J}_{1_\infty} = \mathfrak{U}_1 \frac{X + X_2}{jXX_2}\,. \tag{1238}$$

Beide sind reine Blindströme (Abb. 411b). Das Verhältnis der Sehne $P_0 P_\infty$ des Kreisdiagramms $(I_{1_\infty} - I_{1_0})$ zum ideellen Kurzschlußstrom I_{1_∞} ist die Streuung σ nach unseren früheren Definitionen (vgl. Abb. 96, Abschn. III C 6 a).

Der Peripheriewinkel des Kreises für $\mathfrak{J}_1$ ist 90°. Er ist also der Halbkreis über $P_0 P_\infty$. Auf ihm liegt der Betriebspunkt für stillstehenden Läufer, der Kurzschlußpunkt P_k. Seine Lage wird im einzelnen dadurch bestimmt, wie groß R_2 im Verhältnis zu X_2 ist. Machen wir nämlich $1/s = 1$, das Kennzeichen für den praktischen Kurzschlußpunkt bei stillstehendem Rotor, so finden wir den zugehörigen Kreispunkt wie auf S. 68 dadurch, daß wir auf der Richtung $P_0 P_\infty$ von P_0 aus in einem frei zu wählenden Maßstab die Größe p/q auftragen und auf dem im Endpunkt errichteten Lot (Peripheriewinkel 90°) im gleichen Maßstab eine Skala für $1/s$

auftragen. Die Verbindungslinie vom Punkt P_0 zum Punkt 1 auf dieser Skala ergibt als Schnittpunkt mit dem Kreis den Kurzschlußpunkt. Nun ist hier mit den Bezeichnungen aus Gl. (112) und (1230):

$$\mathfrak{p} = - X X_2; \quad \mathfrak{q} = j X R_2 \text{ (für } 1/s \text{ als Variable)}, \tag{1239}$$

also ist $p/q = X_2/R_2$. P_k liegt also hoch auf dem Kreis, wenn R_2 groß ist und rückt näher an P_∞ heran, wenn R_2 kleiner wird. Für $R_2 = X_2$ würde P_k auf dem Scheitel des Halbkreises liegen.

Nach Abschn. III S. 68 können wir umgekehrt auch eine lineare Skala für s auftragen, wenn wir von P_∞ aus in Richtung $P P_0$ den Abschnitt $R_2/X_2 = q/p$ in frei wählbarem Maßstab auftragen und den gleichen Maßstab dann auf dem im Endpunkt dieser Strecke errichteten Lot auftragen. Das ist in der Abb. 411 geschehen. Machen wir $R_2 \ll X_2$, so ist der Maßstab für s auf dieser Skala sehr weit; schon bei kleiner Schlüpfung nimmt der Asynchronmotor erhebliche Leistung aus dem Netz auf und verwandelt sie zum wesentlichen Teil in mechanische Leistung, nämlich hier bei Fortfall der primären Verluste im Verhältnis $1 : (1 - s)$, d. h. bei kleinem s fast vollständig. Kleines R_2 rückt allerdings den Kurzschlußpunkt P_k weit nach unten, was betriebliche Nachteile hat (s. unten).

Nach unseren Feststellungen im vorigen Abschnitt ist ja die Drehfeldleistung unmittelbar ein Maß für das mechanische Moment des Motors. Wir berechneten in Gl. (1218):

$$M_r = N_{dr}/\omega \, . \tag{1240}$$

Nun ist hier die primäre Spannung gleich der Drehfeld-EMK und also auch die primäre Leistung gleich der Drehfeldleistung. Die primäre Leistung aber ist maßstäblich gleich der Wirkkomponente des primären Stromes, d. h. gleich der Höhe eines Kreispunktes über der Achse $P_0 P_\infty$, die ja senkrecht auf $\mathfrak{U}_1$ liegt. Wir können also zu jedem Wert von s — einstellbar auf einer der beiden Skalen für s oder $1/s$ — am Schnittpunkt der Geraden von P_∞, bzw. P_0, nach dem Skalenpunkt mit dem Kreis das zugehörige Drehmoment als Ordinate des Kreispunktes ablesen.

Diese Darstellung des Drehmomentes gibt uns einen weiteren wichtigen Einblick in die Arbeitsweise des Asynchronmotors. Die Höhe des Punktes P_k über der „Stromachse" gibt uns das *Anlaufmoment*. Bei kleinem R_2, also kleiner Schlüpfung beim Normalbetrieb mit Nennlast, ist dies Anlaufmoment nun gering, steigert sich dann aber während des Anlaufvorgangs bis zu einem Maximalmoment, das beim Scheitel des Kreises erreicht wird. Ihm gehört ein bestimmter *Grenzschlupf* zu $s_{grenz} = R_2/X_2$. Wird betriebsmäßig dieser Schlupf, bzw. das ihm zugehörige höchste Moment, überschritten, das der Motor abgeben kann, so gibt es keinen stabilen Schnittpunkt seines Lastmomentes mit dem Triebmoment mehr; der Motor läßt in der Drehzahl immer weiter nach und bleibt schließlich stehen. Wir nennen deshalb dieses Moment das „*Kippmoment*" des Motors; ihm gehört eine *Kippdrehzahl* zu, unterhalb derer kein Betrieb mehr stabil möglich ist.

Wohl kann man den Punkt P_k, der ja zum stillstehenden Läufer gehört, so hoch legen, daß er mit dem Scheitel zusammenfällt, daß also das Anlaufmoment zugleich das Kippmoment des Motors ist. Das kann aber nur erkauft werden mit großer Schlüpfung auch bei kleineren Belastungen. Der Maßstab für s hängt ja von der gleichen Größe R_2/X_2 ab, die wir für diesen Fall gleich 1 machen müßten. Große Schlüpfung ist aber gleichbedeutend mit kleinem Wirkungsgrad. Auch diesen können wir aus dem Diagramm entnehmen. Da nämlich keine Primärverluste auftreten, so ist der Wirkungsgrad einfach das Verhältnis:

$$\eta = \frac{N_{mech}}{N_{dr}} = \frac{1 - s}{1} = 1 - s \, .$$

Die lineare Skala für s ist also zugleich eine Wirkungsgradskala mit umgekehrter Bezifferung. Wenn hier der Wirkungsgrad bei Leerlauf 100% ist und mit steigender Last nur abfällt, so liegt das natürlich daran, daß wir weder die Ständerverluste berücksichtigt haben, noch die mechanischen Reibungsverluste. Setzt man sie mit ein, so ergibt sich selbstverständlich eine übliche Wirkungsgradkurve mit einem Maximum bei mittleren Belastungsverhältnissen. Hier sollte nur im Prinzip gezeigt werden, daß ein hoher Widerstand im Läuferkreis zwar günstig für die Erhöhung des Anlaufmoments, aber ungünstig für Schlüpfung und Wirkungsgrad bei normaler Belastung ist.

Ein Ausweg aus diesem Dilemma bietet sich darin an, daß man R_2 nur für den Anlaufvorgang groß macht, mit fortschreitender Drehzahl des Läufers dann aber auf die kleinen Werte senkt, die im Normalbetrieb kleine Schlüpfung und hohen Wirkungsgrad gewährleisten. Das geschieht beim *Schleifringanlasser*, wo der Läuferkreis zunächst über Widerstände geschlossen wird. Unter Umständen sind diese

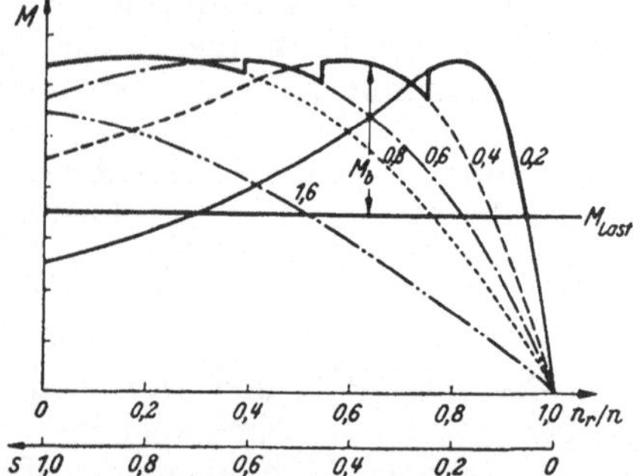

Abb. 412. Drehmoment und Drehzahl für verschiedene Werte des Läuferwiderstandes im Verhältnis zum Streublindwiderstand des Läufers (als Parameter). Ausgezogen: Anlaufvorgang für Schwerlastanlauf mit Schleifringanlasser. M_b = Restmoment zur Läuferbeschleunigung.

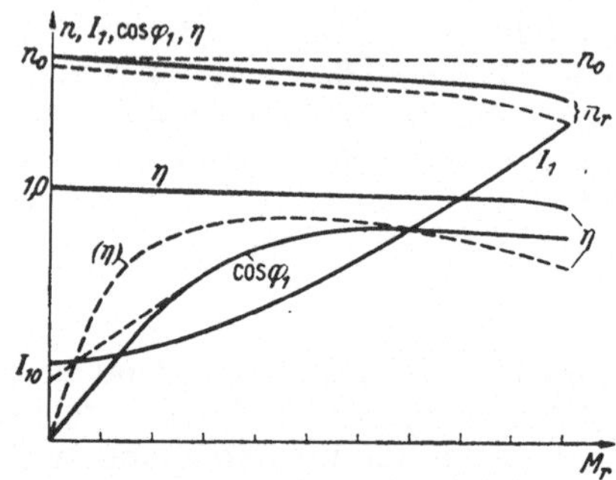

Abb. 413. Stromaufnahme, Drehzahl, Leistungsfaktor und Wirkungsgrad eines Asynchronmotors nach Abb. 411 b in Abhängigkeit vom Lastmoment im normalen Betriebsbereich. Ausgezogene Kurven: Ohne primäre Widerstände und Lagerreibung. Gestrichelte Kurven: Mit Berücksichtigung der primären Widerstände und der Lagerreibung.

aus Gründen der Begrenzung des Anlaufstromstoßes so hoch, daß das zugehörige Anlaufmoment schon wieder kleiner ist als das mögliche höchste Kippmoment des Motors. Während des Anlaufvorgangs geht man dann stufenweise auf kleinere Widerstände über, schaltet also von einer der Kennlinien der Abb. 412, die als Auszug aus der Abb. 411 den Zusammenhang zwischen Drehmoment und Drehzahl angeben, auf die andere über, wie das in der Abbildung durch den starken Kurvenzug dargestellt ist.

Eine andere Möglichkeit liegt darin, von der Möglichkeit der Veränderung des Wirkwiderstandes mit der Frequenz Gebrauch zu machen. Das geschieht beim *Wirbelstromläufer*, bei dem die Ankerstäbe absichtlich so ausgebildet sind, daß der Strom bei den hohen Frequenzen im Läufer beim Stillstand nur einen kleinen Teil des Querschnitts ausnutzen kann, bei betriebsmäßiger Belastung mit kleinen Schlupffrequenzen aber den ganzen Stabquerschnitt erfüllt. Mit R_2 ändert sich dann also die Lage des Punktes P_k und die Maßstäbe der s und $1/s$ Skalen des Diagramms, das in Wahrheit dann aber überhaupt nur noch als eine sehr grobe Näherung angesehen werden kann, weil zugleich mit R_2 sich auch die Streuinduktivität des Läufers ändert, die bei hoher Frequenz klein, bei kleiner Frequenz aber größer wird. Die Annäherung, mit der wir das Kreisdiagramm dann noch benutzen können, hängt vom Ausmaß dieser Änderung ab.

Unser vereinfachter Asynchronmotor hat so schon eine ganze Reihe der Eigenschaften gezeigt, die solche Motoren im Betriebe haben. Wir können andeutungsweise noch einige weitere am Diagramm unmittelbar ablesen. In der Nähe der Normalbelastungen fällt die Drehzahl, die bei Leerlauf wegen des Moments der Lagerreibung nur wenig hinter der des Drehfeldes zurückbleibt, annähernd proportional mit dem Lastmoment schwach ab. Der Asynchronmotor hat also bis zu einem gewissen Grade eine „*Nebenschlußcharakteristik*".

Mit steigendem Drehmoment steigt die Stromaufnahme des Ständers. Zuerst nimmt zwar nur der Wirkstrom zu, später aber auch in erheblichem Maße die Blindkomponente. Der bei Leerlauf sehr kleine Leistungsfaktor des Motors — bei unserem primär verlustlosen Motor ist der Leerlauf-cos φ sogar Null — steigt bei geringen und mittleren Lastmomenten erheblich an, nimmt aber bei Überschreitung eines gewissen recht hohen Lastmomentes wieder ab.

Die Abb. 413 gibt für einen solchen Motor die Abhängigkeit der Drehzahl, des Primärstromes, des Leistungsfaktors und des Wirkungsgrades vom mechanischen Belastungsmoment, wobei durch gestrichelte Kurven die Änderungen angedeutet sind, die durch Berücksichtigung der Ständerverluste und der Lagerreibung bedingt sind.

Daß die Einbeziehung aller dieser Größen das Kreisdiagramm zwar in den Details ändert, aber stets wieder zu einem Kreisdiagramm führen muß, haben wir bereits oben gezeigt. Seine geschickte Auswertung zur unmittelbaren Ablesung aller interessierenden Größen in analoger Weise wie oben, ist eine Spezialaufgabe des Elektromaschinenbaus, die über den Rahmen der allgemeinen Wechselstromlehre hinausgeht.

Anhang.

A. Richtungsregeln für elektrotechnische Rechnungen.

Vorbemerkungen.

Spannungen und Durchflutungen sind als Linienintegrale von Feldstärken, Ströme, Flüsse und Ladungen als Flächenintegrale von Flußvektoren skalare Größen, haben also keine Richtung im Raum. Sie können aber längs eines definierten Weges in der einen oder anderen Richtung wirken oder durch eine definierte Fläche im einen oder anderen Sinne durchtreten. Sie haben also mathematisch verschiedene *Vorzeichen*, je nachdem ihr physikalisch zu definierender *Richtungssinn* mit dem mathematisch für Rechenzwecke zu wählenden *Zählsinn* übereinstimmt oder nicht. In der Bedeutung „*Richtungssinn*" haben also auch diese skalaren Größen eine „*Richtung*".

Es ist streng zu unterscheiden zwischen der allgemein verbindlichen physikalischen *Definition der tatsächlichen Richtung* des Augenblickswertes eines Stromes, einer Spannung oder eines Flusses und der für mathematische Rechnungen von Fall zu Fall willkürlich erfolgenden Festlegung der *Richtung*, in der Strom, Spannung oder Fluß für eine Rechnung *positiv* gezählt werden sollen (*Zählrichtung*).

Zur Unterscheidung im Schaltbild wird empfohlen:

Zählrichtungen für Spannungen, Ströme, Flüsse durch ausgezogene Pfeile,

Augenblicksrichtungen für Spannungen, Ströme, Flüsse durch gestrichelte Pfeile darzustellen, bzw. entsprechend zu umrahmen.

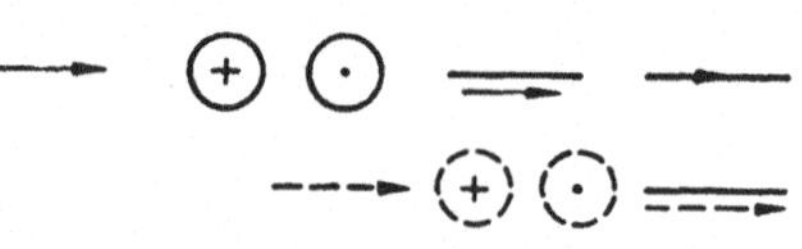

Definition der Strom-, Spannungs- und Flußrichtungen.

Leiter mit (Elektronenmangel / Elektronenüberschuß) sind (positiv / negativ) geladen, sind (Pluspol / Minuspol).

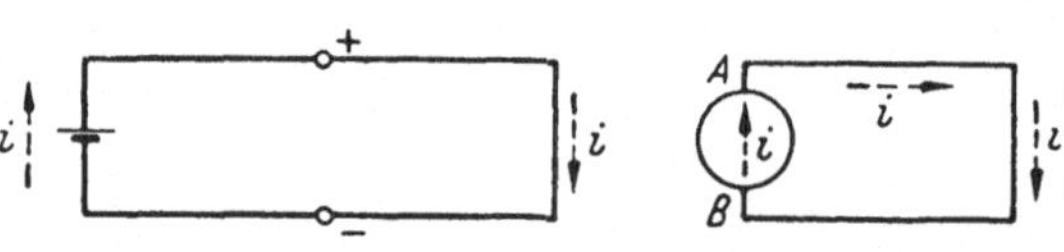

Der Strom fließt gegen die Bewegungsrichtung der Elektronen, d. h. im äußeren Stromkreis vom Pluspol zum Minuspol, in der Spannungsquelle vom Minuspol zum Pluspol.

Die EMK im Innern einer Spannungsquelle ist vom Minuspol zum Pluspol gerichtet.

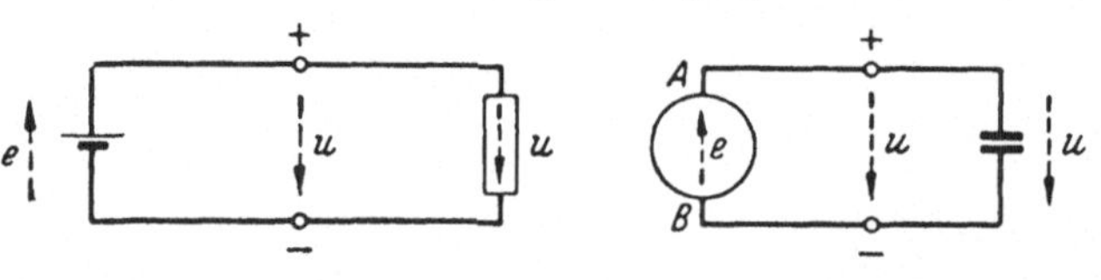

Die Spannung als Linienintegral der Feldstärke im elektrischen Strömungsfeld oder im dielektrischen Feld zeigt vom Pluspol zum Minuspol.

Der magnetische Fluß eines permanenten Magneten ist außerhalb des Eisens im Luftraum vom Nordpol zum Südpol gerichtet. Der magnetische Nordpol des Erdfeldes liegt beim geographischen Südpol.

Der magnetische Fluß umschlingt den ihn erzeugenden Strom, die Durchflutung, im Sinne einer Rechtsschraube.

Die induzierte EMK umschlingt den sie erzeugenden Fluß im Sinne der Rechtsschraube, wenn der Fluß abnimmt.

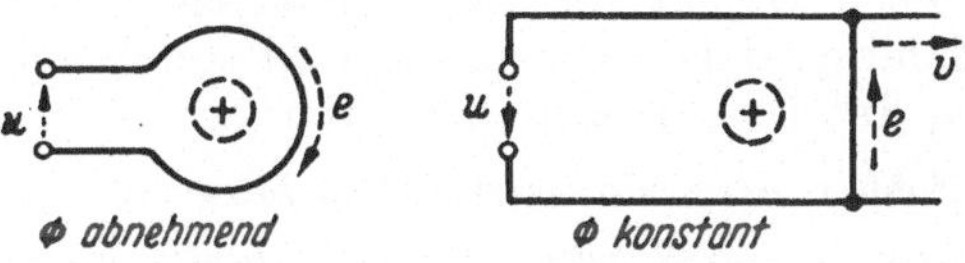

Handregel für die Richtung der Kraft auf stromführenden Leiter und der EMK der Bewegung.

Hält man die flache ⟨linke / rechte⟩ Hand mit in der Handebene liegendem, abgespreizten Daumen so, daß der magnetische Fluß in die Innenfläche der Hand eintritt, und zeigt

der Zeigefinger in Richtung der elektrischen Größe ⟨Strom i / EMK e⟩,

so zeigt der Daumen in Richtung der mechanischen Größe ⟨Kraft P / Bewegung v⟩.

Merke: *L* inks *K* raft *Fl* äche ←→ *Fl* uß
R echts *S* pannung *Z ei* gefinger ←→ *e i*

Zählrichtungen.

Zählrichtungen sind unabhängig vom tatsächlichen Richtungssinn der physikalischen Größen frei wählbar. Ebenso ist die Umlaufrichtung zur Aufstellung von Gleichungen aus den elektromagnetischen Grundgesetzen willkürlich.

Die Wahl der Umlaufrichtung legt jedoch fest, daß

a) in der KIRCHHOFFschen Maschengleichung $\sum e = \sum u$ alle Größen auf dem Umlaufweg, deren Zählrichtungen ⟨mit der / gegen die⟩ Umlaufrichtung zeigen, ⟨positiv / negativ⟩ in die Gleichung einzuführen sind.

b) im Durchflutungsgesetz $\Phi = \frac{w\,i}{R_m}$, bzw. $\oint \mathfrak{H}\,dl = \Sigma i + \frac{\partial \Phi_e}{\partial t}$, und im Induktionsgesetz $\oint \mathfrak{E}\,dl = e = -\frac{d\Phi_m}{dt}$ die umlaufene Größe i, bzw. Φ, selbst mit ⟨positivem / negativem⟩ Vorzeichen einzusetzen ist, wenn ihre Zählrichtung ⟨in / gegen⟩ die der Umlaufrichtung im Sinne der Rechtsschraube zugeordnete Richtung zeigt.

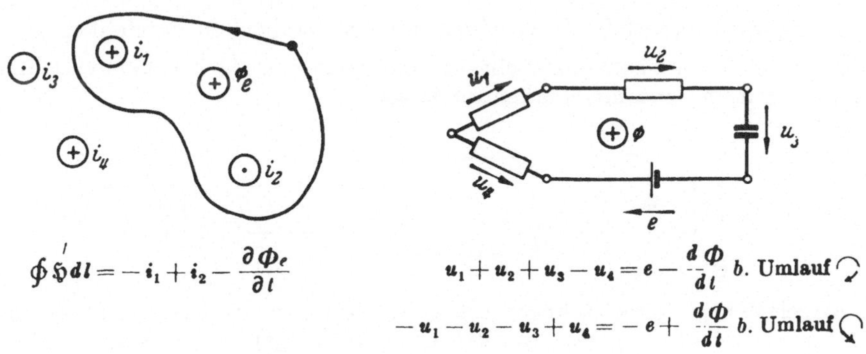

$$\oint \mathfrak{H}\,dl = -i_1 + i_2 - \frac{\partial \Phi_e}{\partial t}$$

$$u_1 + u_2 + u_3 - u_4 = e - \frac{d\Phi}{dt} \quad b.\ \text{Umlauf} ↻$$

$$-u_1 - u_2 - u_3 + u_4 = -e + \frac{d\Phi}{dt} \quad b.\ \text{Umlauf} ↺$$

Empfehlungen.

I. Unbeschadet der grundsätzlich freien Wählbarkeit der Zählrichtungen ist es *zweckmäßig*, am gleichen Objekt für die magnetischen und elektrischen Größen bestimmte relative Zählrichtungen zu wählen, weil von deren Wahl das Vorzeichen bei der Formulierung der Grundgleichungen abhängt.

Deshalb wird empfohlen, die (relativen) Zählrichtungen

a) für $\mathfrak{E}$ und $\mathfrak{G}$, bzw. $\mathfrak{D}$ und $\mathfrak{E}$, bzw. $\mathfrak{B}$ und $\mathfrak{H}$, gleich zu wählen, damit sich die üblichen Schreibweisen

$$\mathfrak{E} = \varrho \cdot \mathfrak{G}; \quad \mathfrak{D} = \varepsilon \cdot \mathfrak{E}; \quad \mathfrak{B} = \mu \cdot \mathfrak{H}$$

ergeben;

b) für Strom und EMK eines Zweipoles gleich zu wählen:

d. h. bei	im Schaltbild nach Skizze festzulegen,	wobei sich ergibt
c) einer Energiequelle, d. h. bei Erzeugern und bei Verbrauchern, die auch als Erzeuger arbeiten können (Generator, Motor, Akkumulator usw.)	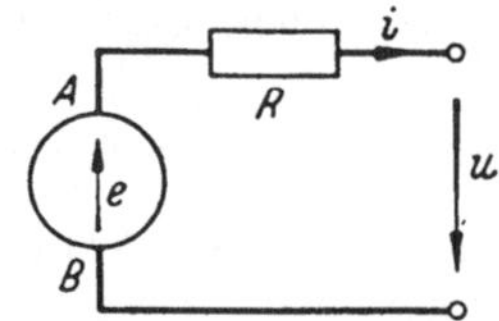	$u = +e - iR$
d) einem Widerstand als Verbraucher	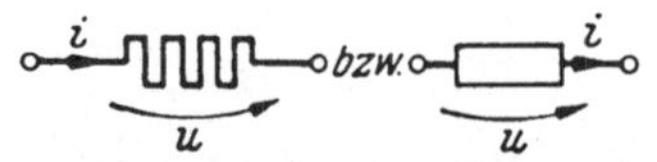	$u = +i \cdot R$
e) einer Spule als Verbraucher		$\Phi = +\frac{w \cdot i}{R_m}$; $w\Phi = +L \cdot i$ $u = L\frac{di}{dt}$; $e = -L\frac{di}{dt}$

also eine Spule, deren Wickelsinn in der Schaltskizze nicht gekennzeichnet ist, als rechtssinnig gewickelt anzunehmen.

f) einem Kondensator als Verbraucher	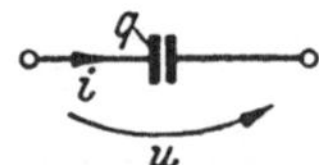	$q = C \cdot u$; $q = \int i\,dt$	$i = C\frac{du}{dt}$

also als Träger der Ladung q diejenige Platte anzusehen, auf die der Zählpfeil des Stromes hinzeigt.

Bei Einhaltung dieser Regeln genügt oft ein gemeinsamer Bezugspfeil für alle Größen.

II. Es wird fernerhin aus Gründen der Anschaulichkeit empfohlen:

a) soweit die tatsächliche Richtung eingeprägter Größen bekannt ist, die Zählrichtung mit ihr zusammenfallen zu lassen;

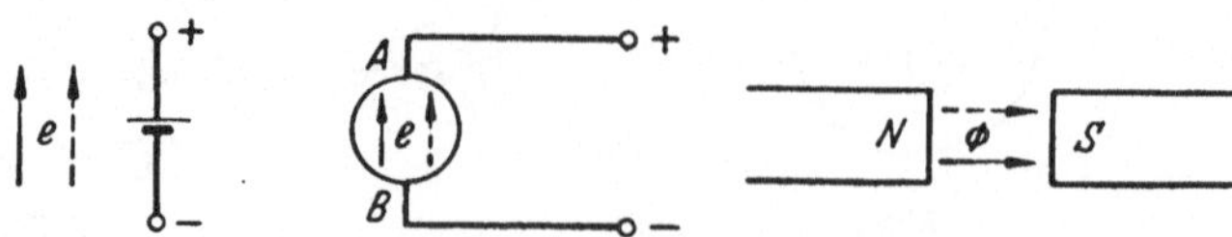

b) bei Mehrphasenwicklungen die Zählrichtungen der Stränge gleich in bezug auf den Sternpunkt (⅄), bzw. auf den Umlaufsinn (△), zu wählen;

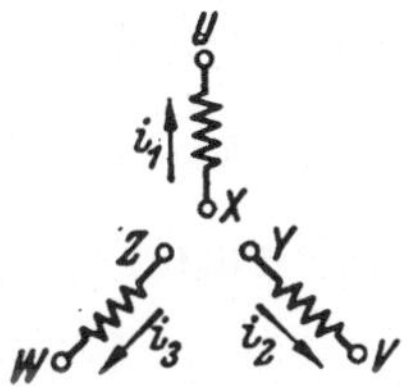

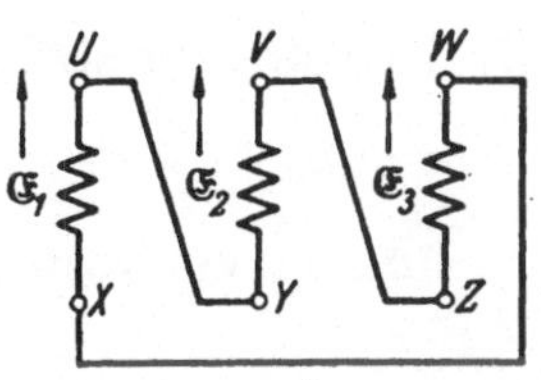

c) bei miteinander verketteten Spulen, die im Schaltbild gleichachsig ohne Kennzeichnung des Wickelsinnes und der gegenseitigen räumlichen Lage gezeichnet sind, anzunehmen, daß sie von einem Fluß in dieser Achse gleichsinnig durchsetzt werden, sowie die Zählrichtungen in beiden Spulen gleichsinnig und mit den obigen Festlegungen übereinstimmend zu wählen, so daß Spulenströme gleichen Vorzeichens fiktive Flüsse gleicher Richtung erzeugen;

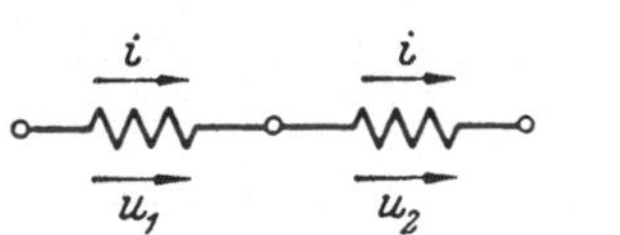

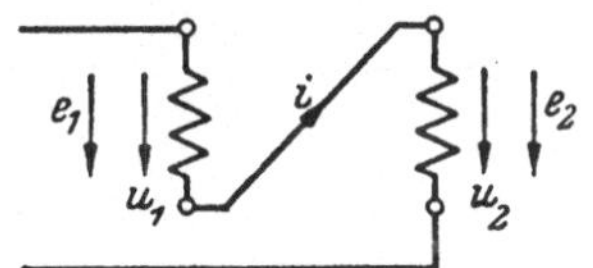

d) für die Wicklungen des Einphasentransformators und für auf dem gleichen Kern liegende Wicklungen des Mehrphasentransformators die gleichen Annahmen über Wickelsinn und gegenseitige Lage zu machen, jedoch nur die primäre Spule als Verbraucher (nach Empfehlung Ie), die sekundäre als Erzeuger aufzufassen. Für die relativen Zählrichtungen der auf verschiedenen Kernen liegenden Wicklungen des Mehrphasentransformators gilt nur Empfehlung IIb, nicht aber IIc, auch wenn die Achsen dieser Wicklungen parallel gezeichnet sind!

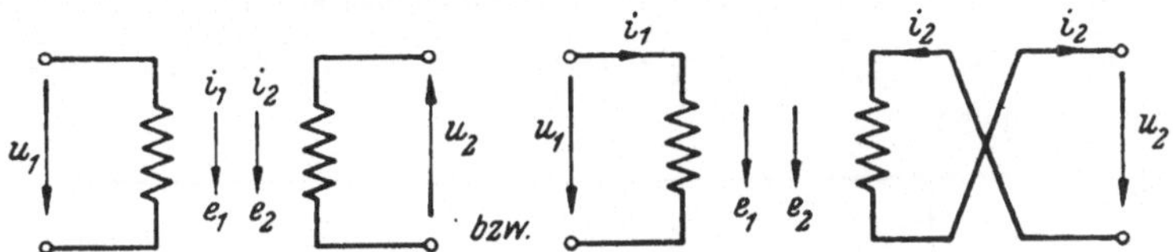

e) alle Schaltbilder möglichst so zu zeichnen, daß der Fluß der hauptsächlich interessierenden Größe (Energie oder Nachricht) von links nach rechts geht.

Vorzeichen der Leistung.

Bei Einhaltung dieser Regeln bedeutet:

positives Produkt von $e \cdot i$ stets Energieabgabe,
negatives Produkt von $e \cdot i$ stets Energieaufnahme;
positives Produkt von $u \cdot i$ bei Zweipolen, deren Zählpfeile nach der Empfehlung

$$\text{für}\left\langle\begin{matrix}\text{Energiequellen (Empf. Ic)}\\ \text{Verbraucher (Empf. Id} \cdots \text{If)}\end{matrix}\right\rangle\text{gewählt sind,}\left\langle\begin{matrix}\text{Energieabgabe}\\ \text{Energieaufnahme}\end{matrix}\right\rangle,$$

negatives Produkt von $u \cdot i$ bei Zweipolen, die als

$$\left\langle\begin{matrix}\text{Energiequellen (Empf. Ic)}\\ \text{Verbraucher (Empf. Id} \ldots \text{If)}\end{matrix}\right\rangle\text{dargestellt sind,}\left\langle\begin{matrix}\text{Energieaufnahme}\\ \text{Energieabgabe}\end{matrix}\right\rangle.$$

B. Zusammenstellung der FOURIER-Reihen

$$i = b_0 + \sum^k (a_k \cdot \sin k\omega t + b_k \cdot \cos k\omega t)$$

häufig vorkommender Kurvenformen[1].

1. Rechteck (Abb. 414.)

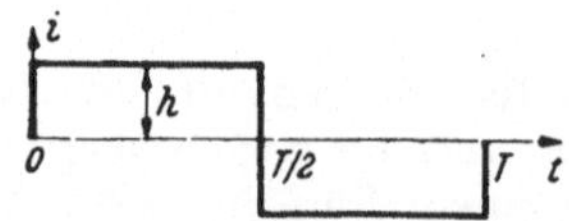

Abb. 414. Kurvenform: Rechteck.

$a_k = c_k = \frac{4}{\pi k} h;$ $b_k = 0;$ $k = 2n + 1 = 1, 3, 5 \ldots$

$a_1 = 1{,}275\,h$

$k =$	3	5	7	9	11
$\frac{a_k}{a_1} =$	0,333	0,200	0,143	0,111	0,091

Vgl. S. 159, Gl. (353/354).

2. Gleichschenkliges Dreieck (Abb. 415.)

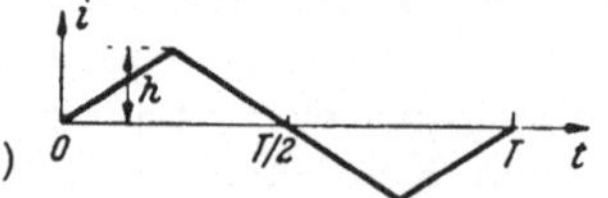

Abb. 415. Kurvenform: Gleichschenkliges Dreieck.

$a_k = (-1)^n \cdot \frac{8}{\pi^2 k^2} \cdot h;$ $b_k = 0;$ $c_k = |a_k|;$ $k = 2n + 1 = 1, 3, 5 \ldots$

$a_1 = 0{,}806\,h$

$k =$	3	5	7	9	11
$\frac{a_k}{a_1} =$	−0,111	0,040	−0,020	0,012	−0,008

Vgl. S. 161, Gl. (358/359).

3. Stumpfe Parabelbögen. (Abb. 416.)

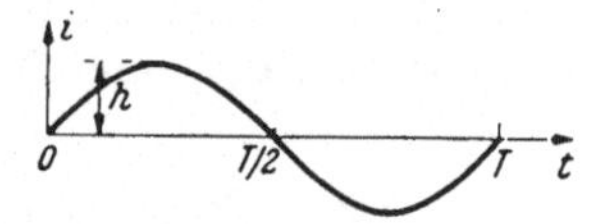

Abb. 416. Kurvenform: Stumpfe Parabelbögen.

$a_k = c_k = \frac{32}{\pi^3 \cdot k^3} \cdot h;$ $b_k = 0;$ $k = 2n + 1 = 1, 3, 5 \ldots$

$a_1 = 1{,}030\,h$

$k =$	3	5	7	9	11
$\frac{a_k}{a_1} =$	0,037	0,008	0,003	0,001	0,001

Vgl. S. 162, Gl. (362/363).

[1] Alle Zahlenangaben in diesem Anhang sind mit Rechenschiebergenauigkeit errechnet.

4. Spitze Parabelbögen. (Abb. 417.)

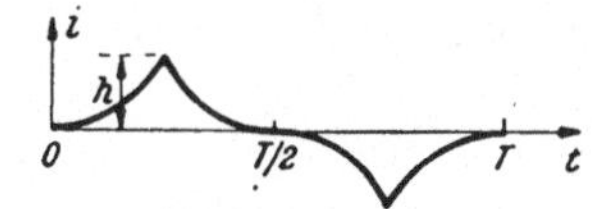

Abb. 417. Kurvenform: Spitze Parabelbögen.

$$a_k = \frac{16}{\pi^3 k^3} \cdot h \cdot [(-1)^n \cdot k \cdot \pi - 2]; \qquad k = 2n + 1 = 1, 3, 5 \ldots$$

$b_k = 0$; $c_k = |a_k|$

$a_1 = 0{,}588\, h.$

$k =$	3	5	7	9	11
$\frac{a_k}{a_1} =$	$-0{,}371$	$0{,}096$	$-0{,}061$	$0{,}032$	$-0{,}024$

Vgl. S. 163, Gl. (364).

5. Spitze Parabelbögen höherer Ordnung. (Abb. 418.)

Abb. 418. Kurvenform: Spitze Parabelbögen höherer Ordnung.

α) Exponent $p = 2q$ geradzahlig. $q = 1, 2, 3.$

mit $x = k \cdot \frac{\pi}{2}$; $k = 2n + 1$; $n = 0, 1, 2, 3\ldots.$

$$a_k = 2\, p\left(\frac{1}{x}\right)^{p+1} \cdot h \cdot \Big[(-1)^{p/2} \cdot (p-1)! + (-1)^n \Big\{ x^{p-1} - (p-1)(p-2) \cdot x^{p-3} + (p-1)(p-2)(p-3)(p-4) \cdot x^{p-5} - \ldots + \ldots \pm (p-1)! \cdot x \Big\}\Big]$$

$b_k = 0$; $c_k = |a_k|$

$p = 2$: $a_1 = 0{,}588\, h$ (s. unter 4.)

$p = 4$: $a_1 = 0{,}377\, h$

$p = 6$: $a_1 = 0{,}276\, h$

k		3	5	7	9	11
$\frac{a_k}{a_1}$	$p = 4$	$-0{,}643$	$+0{,}314$	$-0{,}131$	$+0{,}083$	$-0{,}059$
$\frac{a_k}{a_1}$	$p = 6$	$-0{,}770$	$+0{,}495$	$-0{,}305$	$+0{,}203$	$-0{,}136$

Für sehr große Werte von p und kleine k gehen alle $\frac{a_k}{a_1}$ gegen $\pm$ 1.

Für sehr große Werte von k nehmen die $\frac{a_k}{a_1}$ mit $\frac{1}{k^2}$ ab.

Die a_k-Werte werden dann: $a_k \approx (-1)^n \cdot \frac{8p}{\pi^2 k^2} \cdot h$.

In den allgemeinen Formeln sind die spitzen Parabelbögen nach 4. als Sonderfall ($p = 2$) enthalten.

β) Exponent $p = 2q + 1$ (ungeradzahlig) $= 1, 3, 5, \ldots$

mit $x = k \cdot \frac{\pi}{2}$; $k = 2n + 1$; $n = 0, 1, 2, 3$

$$a_k = (-1)^n \cdot 2\,p \cdot \left(\frac{1}{x}\right)^{p+1} \cdot h\left[x^{p-1} - (p-1)(p-2)\cdot x^{p-3} + \ldots - \ldots \pm (p-1)!\right]$$

$b_k = 0$; $\quad c_k = |a_k|$

$p = 1$: $\quad a_1 = 0{,}806\,h \quad$ (s. unter **2.**)
$p = 3$: $\quad a_1 = 0{,}46\,h$
$p = 5$: $\quad a_1 = 0{,}32\,h$

	k	3	5	7	9	11
$\frac{a_k}{a_1}$	$p = 3$	−0,535	+0,204	−0,106	+0,065	−0,043
	$p = 5$	−0,715	+0,413	−0,234	+0,146	−0,104

Für sehr große Werte von p und kleine k gehen alle $\frac{a_k}{a_1}$ gegen ± 1.

Für sehr große Werte von k nehmen die $\frac{a_k}{a_1}$ mit $\frac{1}{k^2}$ ab.

Die a_k-Werte werden dann: $a_k \approx (-1)^n \cdot \frac{8\,p}{\pi^2 k^2} \cdot h$ (vgl. α).

In den allgemeinen Formeln ist das gleichschenklige Dreieck als Sonderfall ($p = 1$) mitenthalten (vgl. **2**).

6. Rechteckwelle mit Pausen. (Abb. 419.)

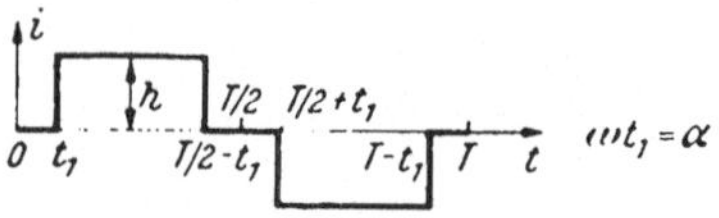

Abb. 419. Kurvenform: Rechteckwelle mit Pausen.

$$a_k = \frac{4}{\pi} \cdot h \cdot \frac{\cos k\,\alpha}{k} \quad \text{(vgl. S. 186)}; \quad \alpha = \omega\, t_1$$

$b_k = 0$; $\quad c_k = |a_k|$; $\quad k = 2\,n + 1 = 1, 3, 5, \ldots$

Enthält als Sonderfall für $\alpha = 0$ das Rechteck nach **1**.

Für $\alpha = \frac{\pi}{2} - \delta$ und $\delta \ll \frac{\pi}{2}$ (rechteckiger Wechselstoß) ergibt sich

$$a_k = \frac{4}{\pi} \cdot h \cdot \frac{\sin\, k\,\delta}{k} \cdot (-1)^n$$

und dabei für kleine $k \cdot \delta$: $\quad a_k \approx \frac{4\,\delta}{\pi} \cdot h \cdot (-1)^n$.

Zahlentafel für $a_k / a_1 = f(k, \alpha)$.

α \ k	3	5	7	9	11	$\frac{a_1}{h}$
0°	0,333	0,200	0,143	0,111	0,091	1,273
15°	0,244	0,054	−0,038	−0,081	−0,091	1,231
30°	0	−0,200	−0,143	0	0,091	1,106
45°	−0,333	−0,200	0,143	0,111	−0,091	0,900
60°	−0,666	0,200	0,143	−0,222	0,091	0,637
75°	−0,909	0,745	−0,553	0,303	−0,091	0,330
$\pi/2 - \delta$ $\approx 90°$	−1	+1	−1	+1	−1	$1{,}275 \cdot \delta$

7. Gleichschenkliges Trapez. (Abb. 420.) (vgl. S. 189)

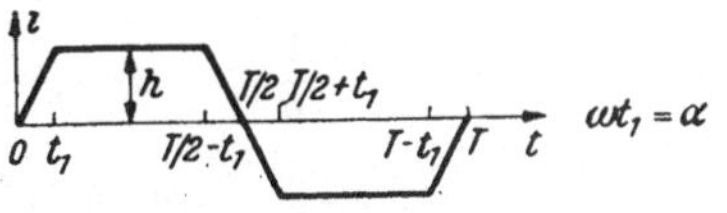

Abb. 420. Kurvenform: Gleichschenkliges Trapez.

$$a_k = \frac{4}{\pi} \cdot h \cdot \frac{\sin k\alpha}{k^2 \cdot \alpha} \text{ (vgl. Gl. (422))} \qquad \omega t_1 = \alpha.$$

$$b_k = 0; \qquad c_k = |a_k|; \qquad k = 2n + 1 = 1, 3, 5, \ldots$$

Enthält als Sonderfälle: für $\alpha = 0°$ das Rechteck nach **1**
für $\alpha = 90°$ das Dreieck nach **2**
für $\alpha = 60°$ das oberwellenarme Trapez nach Gl. (423) mit

$$a_{6r \pm 1} = \pm \frac{6 \cdot \sqrt{3}}{\pi^2} \cdot h \cdot \frac{1}{k^2}; \qquad r = 0, 1, 2, \ldots$$

Zahlentafel für $a_k/a_1 = f(k, \alpha)$.

α \ k	3	5	7	9	11	$\frac{a_1}{h}$	Bemerkungen
0°	0,333	0,200	0,143	0,111	0,091	1,273	Rechteck
15°	0,304	0,149	0,076	0,034	0,008	1,262	
30°	0,222	0,040	−0,020	−0,025	−0,008	1,218	
45°	0,111	−0,040	−0,020	0,012	0,008	1,148	
60°	0	−0,040	0,020	0	−0,008	1,052	oberwellenarmes Trapez
75°	−0,081	0,017	0,005	−0,009	0,008	0,942	
90°	−0,111	0,040	−0,020	0,012	−0,008	0,810	gleichschenkliges Dreieck

8. Linear veränderlicher Stromblock. (Abb. 421.)

Abb. 421. Kurvenform: Linear veränderlicher Stromblock.

$$\omega t_1 = \alpha; \qquad \omega t_2 = \beta \qquad \text{(nach Gl. (412), S. 184).}$$

$$a_k = \frac{1}{\pi} \cdot h_1 \cdot \left[\frac{\cos k\alpha - \frac{h_2}{h_1} \cdot \cos k\beta}{k} - \left(1 - \frac{h_2}{h_1}\right) \cdot \frac{\sin k\alpha - \sin k\beta}{k^2 (\alpha - \beta)} \right];$$

$$b_0 = \frac{\beta - \alpha}{4\pi} \cdot h_1 \cdot \left(1 + \frac{h_2}{h_1}\right);$$

$$b_k = \frac{1}{\pi} \cdot h_1 \cdot \left[- \frac{\sin k\alpha - \frac{h_2}{h_1} \cdot \sin k\beta}{k} - \left(1 - \frac{h_2}{h_1}\right) \cdot \frac{\cos k\alpha - \cos k\beta}{k^2 \cdot (\alpha - \beta)} \right].$$

$$c_k = \sqrt{a_k^2 + b_k^2}$$

$$= \frac{h_1}{\pi \cdot k} \cdot \sqrt{1 + \left(\frac{h_2}{h_1}\right)^2 - 2\frac{h_2}{h_1} \cdot \cos 2k\alpha + \left(1 - \frac{h_2}{h_1}\right)^2 \cdot \left\{ -2 \frac{\sin k(\beta - \alpha)}{k(\beta - \alpha)} \ldots \right.}$$

$$\ldots \overline{\left. + 2 \frac{1 - \cos k(\beta - \alpha)}{k^2 \cdot (\beta - \alpha)^2} \right\}}$$

Enthält als Sonderfälle:
bei $h_2 = h_1$; $\quad \beta = -\alpha$: den Rechteckstoß (vgl. **13**, S. 520);
bei $h_1 = 0$; $\quad h_2 = h$; (oder umgekehrt): den Sägezahn (vgl. **9**).

9. Senkrechter Sägezahn. (Abb. 422.)

α) Steigend (Abb. 422a).

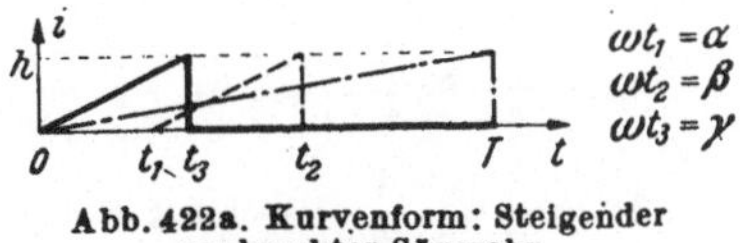

Abb. 422a. Kurvenform: Steigender senkrechter Sägezahn.

Mit $\omega t_1 = \alpha$, $\quad \omega t_2 = \beta$ ergibt sich als Sonderfall aus 8.
für $h_1 = 0$, $\quad h_2 = h$: (In Abb. 422a gestrichelt)

$$a_k = \frac{1}{\pi} \cdot h \cdot \frac{1}{k} \cdot \left[-\cos k\beta + \frac{\sin k\beta - \sin k\alpha}{k(\beta - \alpha)} \right]$$

$$b_k = \frac{1}{\pi} \cdot h \cdot \frac{1}{k} \cdot \left[\sin k\beta + \frac{\cos k\beta - \cos k\alpha}{k \cdot (\beta - \alpha)} \right]$$

$$b_0 = \frac{h}{4\pi} \cdot (\beta - \alpha)$$

Ist speziell $\alpha = 0$; $\omega t_2 = \beta = \omega t_3 = \gamma$; wie in Abb. 422a ausgezogen, so wird:

$$a_k = \frac{1}{\pi} \cdot h \cdot \frac{1}{k} \cdot \left[-\cos k\gamma + \frac{\sin k\gamma}{k\gamma} \right]$$

$$b_k = \frac{1}{\pi} \cdot h \cdot \frac{1}{k} \cdot \left[\sin k\gamma - \frac{1 - \cos k\gamma}{k\gamma} \right].$$

$$b_0 = \frac{1}{4\pi} \cdot h \cdot \gamma .$$

Schließlich wird für den wichtigsten Fall pausenlos aufeinanderfolgender Sägezähne (Abb. 422a, strichpunktiert) $\gamma = 2\pi$ und somit:

$$a_k = -\frac{h}{\pi \cdot k}\,; \qquad b_k = 0\,; \qquad b_0 = \frac{h}{2}\,.$$

Zahlentafel für a_k/b_0, b_k/b_0, c_k/c_0 abhängig von γ und k.

γ	k	1	2	3	4	5	6	7	8	b_0
$\varepsilon \ll 1$	$1 \ldots k \ll \frac{1}{\varepsilon}$	$a_k \approx 2\,b_0 \cdot k \cdot \varepsilon \ll b_k \approx 2\,b_0$								$\frac{h \cdot \varepsilon}{4\pi}$
$\frac{\pi}{2}$	a_k/b_0	1,625	1,273	−0,180	−0,636	0,065	0,424	−0,033	−0,318	$\frac{h}{8}$
	b_k/b_0	0,924	−0,811	−1,030	0	0,444	−0,090	−0,395	0	
	c_k/c_0	1,87	1,51	1,045	0,636	0,448	0,433	0,397	0,318	
π	a_k/b_0	1,273	−0,637	0,424	−0,318	0,255	−0,212	0,182	−0,159	$\frac{h}{4}$
	b_k/b_0	−0,810	0	−0,090	0	−0,032	0	−0,017	0	
	c_k/c_0	1,52	0,637	0,434	0,318	0,260	0,212	0,182	0,159	
$3\frac{\pi}{2}$	a_k/b_0	−0,180	0,425	0,020	−0,212	−0,007	0,162	0,004	−0,106	$\frac{3h}{8}$
	b_k/b_0	−1,060	−0,060	0,197	0	−0,177	−0,010	0,118	0	
	c_k/c_0	1,07	0,430	0,197	0,212	0,177	0,162	0,118	0,106	
2π	a_k/b_0	−0,637	−0,318	−0,212	−0,159	−0,127	−0,106	−0,091	−0,080	$\frac{h}{2}$
	c_k/c_0	0,637	0,318	0,212	0,159	0,127	0,106	0,091	0,080	

β) Fallend. (Abb. 422b.)

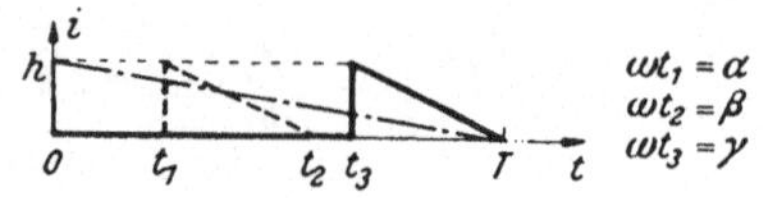

Abb. 422b. Kurvenform: Fallender senkrechter Sägezahn.

Mit $\omega t_1 = \alpha$, $\omega t_2 = \beta$ ergibt sich als Sonderfall aus 8. für $h_1 = h$, $h_2 = 0$ (in Abb. 422b gestrichelt):

$$a_k = \frac{1}{\pi} \cdot h \cdot \frac{1}{k} \cdot \left[\cos k\alpha - \frac{\sin k\beta - \sin k\alpha}{k \cdot (\beta - \alpha)} \right]$$

$$b_k = \frac{1}{\pi} \cdot h \cdot \frac{1}{k} \cdot \left[-\sin k\alpha - \frac{\cos k\beta - \cos k\alpha}{k(\beta - \alpha)} \right]$$

$$b_0 = \frac{h}{4\pi} \cdot (\beta - \alpha)$$

Ist speziell, wie in Abb. 422b ausgezogen, $\omega t_1 = \alpha = \omega t_3 = 2\pi - \gamma$ und $\omega t_2 = 2\pi$, so wird:

$$a_k = \frac{1}{\pi} \cdot h \cdot \frac{1}{k} \cdot \left[\cos k\gamma - \frac{\sin k\gamma}{k\gamma}\right]$$

$$b_k = \frac{1}{\pi} \cdot h \cdot \frac{1}{k} \cdot \left[\sin k\gamma - \frac{1 - \cos k\gamma}{k\gamma}\right]$$

$$b_0 = \frac{h}{4\pi} \cdot \gamma .$$

Schließlich wird für pausenlos aufeinanderfolgende Sägezähne (in Abb. 422b strichpunktiert) mit $\gamma = 2\pi$:

$$a_k = + \frac{h}{\pi k}; \qquad b_k = 0; \qquad b_0 = \frac{h}{2}.$$

Die Zahlenwerte der Koeffizienten können aus der Tabelle unter (9α) entnommen werden, wobei folgende Vorzeichenregeln zu beachten sind:

$$a_{k\,\text{fallend}} = -a_{k\,\text{steigend}}; \qquad b_{k\,\text{fallend}} = b_{k\,\text{steigend}};$$

$$c_{k\,\text{fallend}} = c_{k\,\text{steigend}}; \qquad b_{0\,\text{fallend}} = b_{0\,\text{steigend}}.$$

10. Schiefer Sägezahn. (Abb. 423.)

$$a_k = \frac{2}{\alpha \cdot (2\pi - \alpha)} \cdot h \cdot \frac{\sin k\alpha}{k^2}$$

$$b_0 = \frac{h}{2}$$

$$b_k = -\frac{2}{\alpha (2\pi - \alpha)} \cdot h \cdot \frac{1 - \cos k\alpha}{k^2}$$

$$c_k = \frac{2 \cdot \sqrt{2}}{\alpha (2\pi - \alpha)} \cdot h \cdot \sqrt{1 - \cos k\alpha}.$$

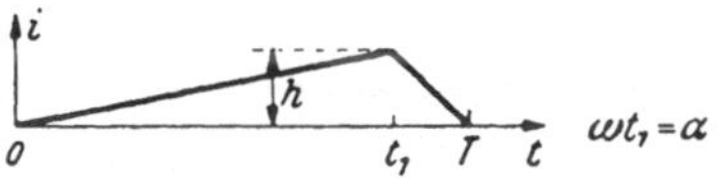

Abb. 423. Kurvenform: Schiefer Sägezahn.

Zahlentafel für $\frac{a_k}{h}$, $\frac{b_k}{h}$, $\frac{c_k}{h}$ abhängig von α und k.

α	k	1	2	3	4	5	6	7	8	Bemerkungen
0	a_k/h	0,318	0,159	0,106	0,080	0,063	0,053	0,046	0,040	Fallender Sägezahn nach 9 β
$\frac{\pi}{32}$	a_k/h	0,324	0,161	0,106	0,079	0,062	0,051	0,043	0,036	
	b_k/h	−0,016	−0,016	−0,016	−0,016	−0,016	−0,016	−0,015	−0,015	
	c_k/h	0,324	0,162	0,107	0,081	0,064	0,054	0,046	0,039	
$\frac{\pi}{16}$	a_k/h	0,326	0,160	0,103	0,074	0,055	0,043	0,033	0,026	
	b_k/h	−0,032	−0,032	−0,031	−0,030	−0,030	−0,029	−0,027	−0,026	
	c_k/h	0,327	0,162	0,107	0,080	0,063	0,052	0,043	0,037	
$\frac{\pi}{8}$	a_k/h	0,332	0,153	0,088	0,054	0,032	0,017	0,007	0	
	b_k/h	−0,066	−0,063	−0,059	−0,054	−0,048	−0,041	−0,034	−0,027	
	c_k/h	0,337	0,166	0,106	0,076	0,058	0,044	0,035	0,027	
$\frac{\pi}{4}$	a_k/h	0,326	0,116	0,036	0	−0,013	−0,013	−0,007	0	
	b_k/h	−0,136	−0,116	−0,088	−0,058	−0,032	−0,013	−0,003	0	
	c_k/h	0,354	0,164	0,095	0,058	0,035	0,018	0,008	0	
$\frac{\pi}{2}$	a_k/h	0,270	0	−0,030	0	0,011	0	−0,006	0	
	b_k/h	−0,270	−0,135	−0,030	0	−0,011	−0,015	−0,006	0	
	c_k/h	0,381	0,135	0,052	0	0,016	0,015	0,008	0	
π	b_k/h	+0,406	0	−0,045	0	−0,016	0	−0,008	0	Gleichschenkliges Dreieck nach 2

11. Kurzzeitiger Stoß. (Abb. 424.) $\omega t_1 = \alpha$

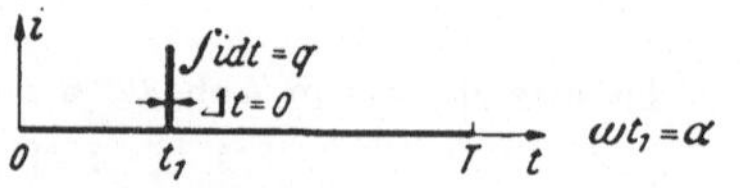

Abb. 424. Kurvenform: Kurzzeitiger Stoß.

$\Delta t = 0$; $\int i\,dt = q$ vgl. (412), S. 184.

$$a_k = \frac{2}{T} \cdot q \cdot \sin k\alpha\,, \qquad b_0 = \frac{q}{T}\,,$$

$$b_k = \frac{2}{T} \cdot q \cdot \cos k\alpha\,, \qquad c_k = \frac{2q}{T} = 2\,b_0\,.$$

Für den Sonderfall $\omega t_1 = \alpha = 0$ wird: $a_k = 0$; $b_k = c_k = \frac{2q}{T} = 2\,b_0$.

12. Impulsfolge. (Abb. 425.) $\omega t_r = \alpha_r$

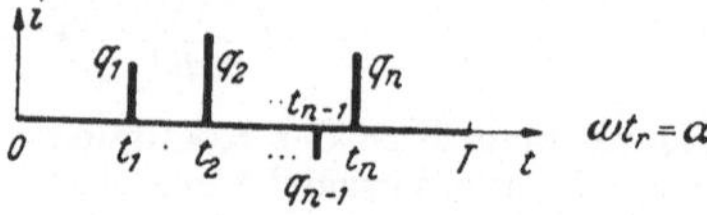

Abb. 425. Impulsfolge mit periodischer Wiederholung.

$\int i_r\,dt = q_r$; $\Delta t_r = 0$ [vgl. (412), S. 184.].

$$a_k = \frac{2}{T} \cdot \sum_1^n{}^r q_r \cdot \sin k\alpha_r\,; \qquad b_0 = \frac{1}{T} \cdot \sum_1^n{}^r q_r\,,$$

$$b_k = \frac{2}{T} \cdot \sum_1^n{}^r q_r \cdot \cos k\alpha_r\,, \qquad c_k = \sqrt{a_k^2 + b_k^2}$$

Hierin ist **11** als Sonderfall enthalten.

13. Rechteckstoß endlicher Dauer. (Abb. 426.)

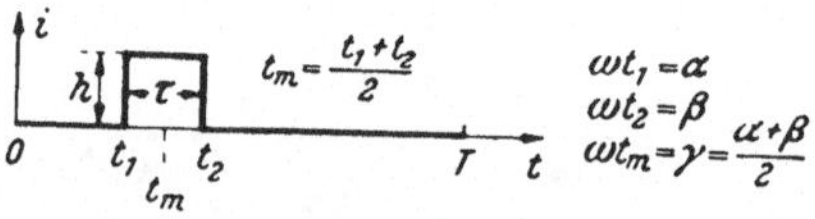

Abb. 426. Periodisch wiederholter Rechteckstoß endlicher Dauer.

$$\omega t_1 = \alpha\,; \quad \omega t_2 = \beta\,; \quad \omega t_m = \gamma\,; \quad \frac{\omega\tau}{2} = x\,; \quad h \cdot \tau = q\,.$$

$$\left.\begin{aligned} a_k &= \frac{1}{\pi} \cdot h \cdot \frac{\cos k\alpha - \cos k\beta}{k} = \frac{2}{\pi} \cdot h \cdot \frac{\sin kx \cdot \sin k\gamma}{k} \\ b_k &= \frac{1}{\pi} \cdot h \cdot \frac{-\sin k\alpha + \sin k\beta}{k} = \frac{2}{\pi} \cdot h \cdot \frac{\sin kx \cdot \cos k\gamma}{k} \end{aligned}\right\} \quad \text{[vgl. Gl. (414), S. 184].}$$

$$b_0 = h \cdot \frac{\tau}{T} = h \cdot \frac{2x}{2\pi} \qquad \text{[vgl. Gl. (413), S. 184].}$$

$$c_k = \frac{2}{\pi} \cdot h \cdot \frac{\sin kx}{k} = 2\,b_0 \cdot \frac{\sin kx}{kx} \qquad \text{[vgl. Gl. (416), S. 185].}$$

Wird speziell $t_m = 0$; $\gamma = 0$, so wird:

$$a_k = 0\,; \quad b_k = c_k = 2\,b_0 \cdot \frac{\sin kx}{kx} \qquad \text{[vgl. Gl. 416)].}$$

14. Blockschema, Treppenkurve. (Abb. 427.)

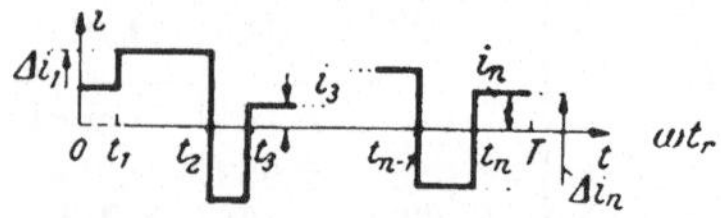

Abb. 427. Blockschema, Treppenkurve.

$$\omega t_r = \alpha_r\,; \quad t_{r+1} - t_r = \Delta t_r\,; \quad i_r - i_{r-1} = \Delta i_r\,.$$

$$\left.\begin{aligned} a_k &= \frac{1}{k\pi} \sum_1^n{}^r \Delta i_r \cdot \cos k\alpha_r\,, \\ b_k &= -\frac{1}{k\pi} \cdot \sum_1^n{}^r \Delta i_r \cdot \sin k\alpha_r\,, \end{aligned}\right\} \quad \text{[vgl. Gl. (412), S 184];}$$

$$b_0 = \frac{1}{T} \cdot \sum_1^n{}^r i_r \cdot \Delta t_r \qquad c_k = \sqrt{a_k^2 + b_k^2}\,.$$

Hierin ist Kurvenform **1**, **6**, **13** und **27** als Sonderfall enthalten.

15. Geradenzug, Sehnenschema. (Abb. 428.)

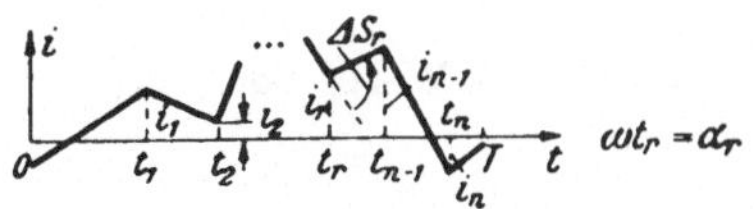

Abb. 428. Geradenzug, Sehnenschema.

$$\omega t_r = \alpha_r; \quad S_r = \frac{i_{r+1} - i_r}{t_{r+1} - t_r}; \quad \Delta S_r = S_r - S_{r-1}; \quad \Delta t_r = t_{r+1} - t_r.$$

$$\Delta S_r = \frac{i_{r+1} - i_r}{t_{r+1} - t_r} - \frac{i_r - i_{r-1}}{t_r - t_{r-1}}; \quad \frac{\Delta S_r}{\omega} = \frac{\Delta i_r}{\Delta \alpha_r} - \frac{\Delta i_{r-1}}{\Delta \alpha_{r-1}}.$$

$$\left.\begin{aligned} a_k &= -\frac{1}{\pi k^2} \cdot \sum_1^n{}_r \frac{\Delta S_r}{\omega} \cdot \sin k\alpha_r, \\ b_k &= -\frac{1}{\pi k^2} \cdot \sum_1^n{}_r \frac{\Delta S_r}{\omega} \cdot \cos k\alpha_r, \end{aligned}\right\} \quad \text{[vgl. Gl. (412), S. 184];}$$

$$b_0 = \frac{1}{T} \cdot \sum_1^n{}_r \frac{i_{r+1} + i_r}{2} \cdot \Delta t_r.$$

Hierin ist Kurvenform 2, 7, 10 und 28 als Sonderfall enthalten.

16. Exponentialgesetz. (Symmetrischer, reiner Wechselstrom) steigend (Abb. 429a) und fallend (Abb. 429b).

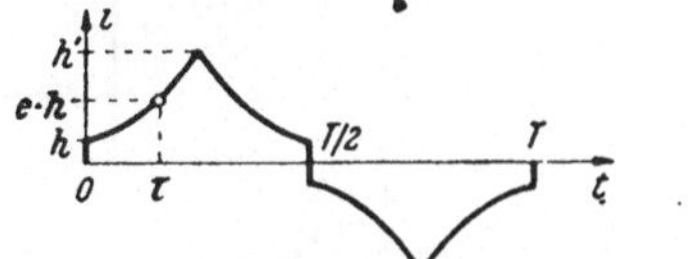

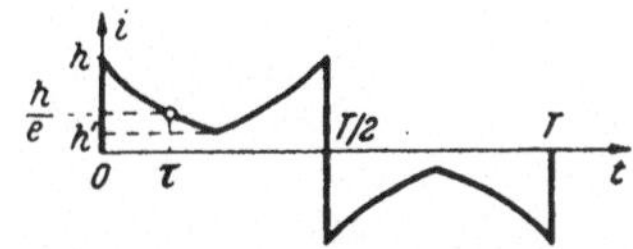

Abb. 429. Aus Exponentialkurven zusammengesetzte Kurvenform.
a) Steigend: positiver Exponent. b) Fallend: negativer Exponent.

Für $0 < t < \frac{T}{4}$ gilt: $i = h \cdot e^{\pm \frac{t}{\tau}} = h \cdot e^{\pm x}$ mit $\frac{t}{\tau} = x$; $\tau = \frac{T}{p}$; also: $h' = h \cdot e^{\pm \frac{p}{4}}$,

$$a_k = 8h \cdot \frac{2\pi k \pm (-1)^n \cdot p \cdot h'/h}{4\pi^2 k^2 + p^2}; \qquad k = 2n + 1 = 1, 3, 5, \ldots$$

$$b_k = 0.$$

Geht hierin p gegen 0, also h' gegen h, so ergibt sich im Grenzfall jedesmal das Rechteck (1) mit $a_k = \frac{4}{\pi k} \cdot h$.

17. Hyperbelsinusgesetz. (Symmetrischer, reiner Wechselstrom) (Abb. 430)

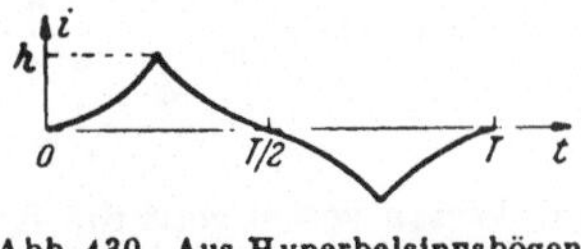

Abb. 430. Aus Hyperbelsinusbögen zusammengesetzte Kurvenform.

Für $0 < t < \frac{\pi}{4}$ gilt: $i = h \cdot \dfrac{\mathfrak{Sin}\,\frac{t}{\tau}}{\mathfrak{Sin}\,\frac{T}{4\tau}} = h \cdot \dfrac{\mathfrak{Sin}\,x}{\mathfrak{Sin}\,\frac{p}{4}}$ mit $\frac{t}{\tau} = x$; $\tau = \frac{T}{p}$.

$$a_k = (-1)^n \cdot \frac{2}{\pi^2} \cdot \frac{p}{\mathfrak{Tg}\,\frac{p}{4}} \cdot h \cdot \frac{1}{k^2 + \left(\frac{p}{2\pi}\right)^2}; \qquad k = 2n + 1 = 1, 3, 5, \ldots,$$

$$b_k = 0.$$

Für kleine Werte von p wird $\frac{p}{2\pi} \ll k$ und $\mathfrak{Tg}\,\frac{p}{4} \approx \frac{p}{4}$. In diesem Bereich ist

$$a_k = (-1)^n \cdot \frac{8}{\pi^2} \cdot h \cdot \frac{1}{k^2},$$

da die Kurve ein gleichschenkliges Dreieck nach (2) wird.

Zahlentafel für a_1/h und a_k/a_1.

k	1	3	5	7	9	11	Bemerkungen
p	a_1/h	a_3/a_1	a_5/a_1	a_7/a_1	a_9/a_1	a_{11}/a_1	
$0 \cdots \frac{1}{4}$	0,810	−0,111	0,040	−0,020	0,012	−0,008	Dreieck nach 2
$\frac{1}{2}$	0,810	−0,112	0,040	−0,020	0,012	−0,008	
1	0,808	−0,114	0,041	−0,021	0,013	−0,008	
2	0,795	−0,121	0,044	−0,022	0,014	−0,009	
4	0,757	−0,149	0,055	−0,028	0,017	−0,012	
8	0,642	−0,246	0,099	−0,052	0,032	−0,021	
16	0,435	−0,455	0,237	−0,135	0,086	−0,059	
32	0,231	−0,742	0,510	−0,336	0,242	−0,177	
∞	$\frac{8}{p}$	−1	1	−1	1	−1	Wechselstoß

18. Umgekehrte Kettenlinie. (Reiner Wechselstrom.) (Abb. 431.)

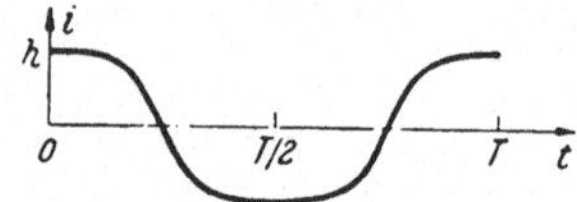

Abb. 431. Aus Hyperbelcosinusbögen zusammengesetzte Kurvenform

Für $-\frac{T}{2} < t < +\frac{T}{2}$ gilt: $i = h \cdot \dfrac{\mathfrak{Cof}\,\frac{T}{4\tau} - \mathfrak{Cof}\,\frac{t}{\tau}}{\mathfrak{Cof}\,\frac{T}{4\tau} - 1} = h \cdot \dfrac{\mathfrak{Cof}\,\frac{p}{4} - \mathfrak{Cof}\,x}{\mathfrak{Cof}\,\frac{p}{4} - 1}$.

$$\text{mit}\quad \frac{t}{\tau} = x; \quad \tau = \frac{T}{p},$$

$$a_k = 0,$$

$$b_k = (-1)^n \cdot \frac{4}{\pi} \cdot \frac{\mathfrak{Cof}\,\frac{p}{4}}{\mathfrak{Cof}\,\frac{p}{4} - 1} \cdot h \left(\frac{p}{2\pi}\right)^2 \cdot \frac{1}{k \cdot \left(k^2 + \left(\frac{p}{2\pi}\right)^2\right)}; \quad k = 2n+1 = 1, 3, 5, \ldots$$

Für kleine Werte von p geht die Kurvenform in die stumpfe Parabel nach **3** über. Mit $\mathfrak{Cof}\,\frac{p}{4} \approx 1 + \frac{p^2}{32}$ und $\mathfrak{Cof}\,x \approx 1 + \frac{x^2}{2}$ wird dann entsprechend den Angaben in **3**,

$$\text{weil } k^2 \gg \left(\frac{p}{2\pi}\right)^2, \qquad b_k = (-1)^n \cdot \frac{32}{\pi^3 k^3} \cdot h.$$

Für große Werte von p geht die Kurvenform in ein Rechteck über. Da dann $\mathfrak{Cof}\,\frac{p}{4} \gg 1$ und $k^2 \ll \left(\frac{p}{2\pi}\right)^2$ ist, werden die Koeffizienten entsprechend dem Ergebnis unter **1**:

$$b_k = (-1)^n \cdot \frac{4h}{\pi k}.$$

Zahlentafel für a_1/h und a_k/a_1.

k	1	3	5	7	9	11	Bemerkungen
p	a_1/h	a_3/a_1	a_5/a_1	a_7/a_1	a_9/a_1	a_{11}/a_1	
0	1,034	−0,037	0,008	−0,003	0,001	−0,001	stumpfe Parabelbögen nach **3**
$\frac{1}{2}$	1,034	−0,037	0,008	−0,003	0,001	−0,001	
1	1,035	−0,038	0,008	−0,003	0,001	−0,001	
2	1,041	−0,040	0,009	−0,003	0,002	−0,001	
4	1,049	−0,050	0,011	−0,004	0,002	−0,001	
8	1,072	−0,082	0,020	−0,007	0,004	−0,002	
16	1,146	−0,152	0,047	−0,019	0,010	−0,005	
32	1,225	−0,247	0,102	−0,048	0,027	−0,016	
∞	1,272	−0,333	0,200	−0,143	0,111	−0,091	Rechteck nach **1**

19. Periodisch wiederholter Exponentialstoß. (Abb. 432.)

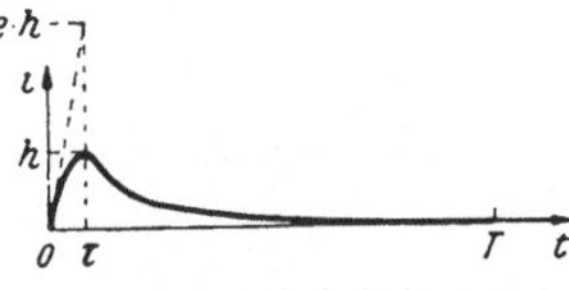

Abb. 432. Periodisch wiederholter Exponentialstoß. (Linearer Anstieg der Front.)

Für $0 < t < T$ sei:

$$i = a \cdot t \cdot e^{-\frac{t}{\tau}} = h \cdot x \cdot e^{1-x} \text{ mit } x = \frac{t}{\tau}$$

und dem Stromscheitelwert h bei $t = \tau$, bzw. $x = 1$. Nach dem Verfahren von S. 196 ergibt sich analog wie dort:

$$b_k + j a_k = 2 \cdot h \cdot e \cdot \frac{p \cdot [1 - (1+p) \cdot e^{-p} + j \cdot 2\pi k \cdot e^{-p}]}{(-p + j \cdot 2\pi k)^2},$$

$$b_0 = \frac{h \cdot e}{p} \cdot \left(1 - (1+p) \cdot e^{-p}\right)$$

Für sehr kleine Werte von p entartet die Kurve in den steigenden Sägezahn nach (**9** α) mit den gleichen Werten für die Koeffizienten wie dort:

$$b_k = 0; \qquad a_k = -\frac{H}{\pi \cdot k}; \qquad b_0 = \frac{H}{2}; \qquad \text{mit } H = a \cdot T = i_T$$

Für große Werte von $p (p > 8)$ ist dagegen bei $t = T$ der Stoß praktisch abgeklungen und $e^{-p} \approx 0$. Dann wird:

$$b_k + j a_k = \frac{2 \cdot e \cdot p \cdot h}{(-p + j\, 2\pi k)^2}; \quad b_0 = \frac{h \cdot e}{p};$$

$$c_k = \frac{2\, e \cdot p}{p^2 + 4\pi^2 k^2} \cdot h = \frac{2\, b_0}{1 + \left(\frac{2\pi k}{p}\right)^2}.$$

20. Periodisch wiederholter Exponentialstoß. (Abb. 433.)

Abb. 433. Periodisch wiederholter Exponentialstoß. (Quadratischer Anstieg der Front.)

Für $0 < t < T$ sei:

$$i = a \cdot t^2 \cdot e^{-bt} = \frac{h}{4} \cdot x^2 \cdot e^{2-x}$$

mit $x = \frac{t}{\tau}$ und dem Stromscheitelwert h bei $t = 2\tau$, bzw. $x = 2$. Nach Gl. (433) ist:

$$b_k + j a_k = h \cdot \frac{e^2}{2} \cdot \frac{p^2 \cdot \{[(-p + j 2\pi k)^2 - (-p + j 2\pi k) + 2] \cdot e^{-p} - 2\}}{(-p + j 2\pi k)^3}$$

$$b_0 = \frac{h \cdot e^2}{4p} \cdot [2 - e^{-p}(p^2 + 2p + 2)] .$$

Für sehr kleine Werte von p entartet mit $e^{-p} = 1$ und $p \ll 2\pi k$ die Kurve in einen parabolisch von $0 \ldots T$ ansteigenden Sägezahn mit den Koeffizienten:

$$a_k = -\frac{H}{\pi \cdot k}\,; \qquad b_k = \frac{H}{2\pi^2 k^2}\,; \qquad b_0 = \frac{H}{3}\,; \qquad H = a \cdot T^2 = i_T .$$

Für große Werte von p ($p > 10$) ist dagegen bei $t = T$ der Stoß praktisch abgeklungen und $e^{-p} \approx 0$. Dann wird:

$$b_k + j a_k = -\frac{h \cdot e^2 p^2}{(-p + j 2\pi k)^3}\,; \qquad b_0 = h \cdot \frac{e^2}{2p}\,;$$

$$c_k = \frac{e^2 \cdot p^2}{\sqrt{(p^2 + 4\pi^2 k^2)^3}} \cdot h = \frac{2 b_0}{\sqrt{\left(1 + \left(\frac{2\pi k}{p}\right)^2\right)^3}} .$$

21. Ausschnitt aus einer Sinuskurve. (Abb. 434.)

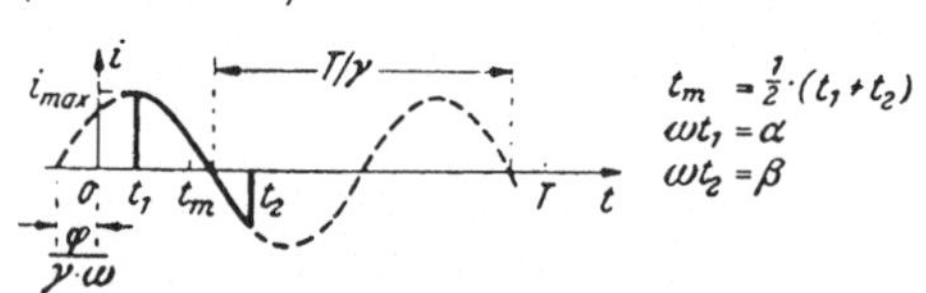

Abb. 434. Ausschnitt aus einer Sinuskurve in periodischer Wiederholung.

Für $t_1 < t < t_2$ sei: $i = i_{max} \cdot \sin(\gamma\omega t + \varphi)$.

Mit $\omega t_1 = \alpha$, $\omega t_2 = \beta$ wird dann allgemein:

$$a_k = \frac{i_m}{\pi(k^2 - \gamma^2)} \cdot \{k \cdot [\cos k\beta \cdot \sin(\gamma\beta + \varphi) - \cos k\alpha \cdot \sin(\gamma\alpha + \varphi)] - \gamma [\sin k\beta \cdot \cos(\gamma\beta + \varphi) - \sin k\alpha \cdot \cos(\gamma\alpha + \varphi)]\},$$

$$b_k = \frac{i_m}{\pi(k^2 - \gamma^2)} \cdot \{k \cdot [\sin k\beta \cdot \sin(\gamma\beta + \varphi) - \sin k\alpha \cdot \sin(\gamma\alpha + \varphi)] + \gamma \cdot [\cos k\beta \cdot \cos(\gamma\beta + \varphi) - \cos k\alpha \cdot \cos(\gamma\alpha + \varphi)]\}.$$

$$b_0 = \frac{i_m}{\pi \cdot \gamma} \cdot \sin\left(\gamma \cdot \frac{\alpha + \beta}{2} + \varphi\right) \cdot \sin \gamma \cdot \frac{\beta - \alpha}{2},$$

Für $k = \gamma$ werden diese Formen für a_k und b_k unbestimmt, dann gilt:

$$a_k = \frac{i_m}{2\pi k} \cdot [k(\beta - \alpha)\cos\varphi - \cos[k(\alpha + \beta) + \varphi] \cdot \sin[k(\beta - \alpha)]] ,$$

$$b_k = \frac{i_m}{2\pi k} \cdot [k(\beta - \alpha)\sin\varphi + \sin[k(\alpha + \beta) + \varphi] \cdot \sin[k(\beta - \alpha)]] .$$

22. Halbwellen-(Einweg-)Gleichrichtung. (Abb. 435.)

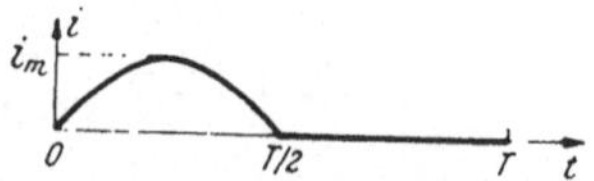

Abb. 435. Stromverlauf bei Halbwellengleichrichtung.

Spezialfall zu **21** mit: $\gamma = 1$; $\varphi = 0$; $\alpha = 0$; $\beta = \pi$.

$$a_1 = \frac{i_m}{2}\,; \qquad a_k = 0\,; \quad k \neq 1.$$

$$b_1 = 0\,; \qquad b_k = -\frac{2}{\pi(k^2 - 1)} \cdot i_m\,; \qquad k = 2n = 2, 4, 6 \ldots,$$

$$b_0 = \frac{i_m}{\pi} .$$

k	0	1	2	4	6	8	10	12
	b_0/i_m	a_1/b_0	b_k/b_0					
	0,318	1,571	−0,667	−0,133	−0,057	−0,032	−0,020	−0,014

Siehe auch Tabelle 11, S. 200.

23. Vollweg-Gleichrichtung; kommutierter Sinus. (Abb. 436).

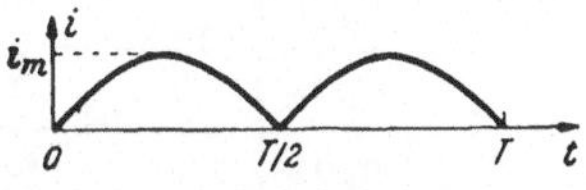

Abb. 436. Stromverlauf bei Vollwellengleichrichtung. Kommutierter Sinusstrom.

Entsteht aus (22) durch Addition der Koeffizienten für den Spezialfall zu **21** mit:
$\gamma = 1;\quad \varphi = \pi;\quad \alpha = \pi;\quad \beta = 2\pi.$

$$a_k = 0,$$

$$b_k = -\frac{4}{\pi\,(k^2-1)}\cdot i_m;\qquad k = 2n = 2,\ 4,\ 6,\ \ldots,$$

$$b_0 = \frac{2}{\pi}\cdot i_m = 0{,}636\cdot i_m\,.$$

k	2	4	6	8	10	12	14	16
	b_2/b_0	b_k/b_2						
	−0,667	0,200	0,086	0,048	0,030	0,021	0,015	0,012

Vgl. auch Gl. (367), S. 164.

24. Gesteuerte Halbwellengleichrichtung. (Abb. 437.)

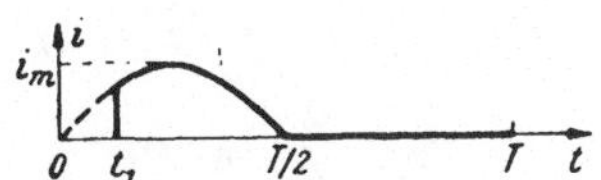

Abb. 437. Kurvenform beigesteuerter Halbwellengleichrichtung.

Zündwinkel α; Spezialfall zu **21** mit: $\gamma = 1;\ \varphi = 0;\ \beta = \pi.$

$$a_1 = \frac{i_m}{2\pi}\cdot\left[\pi - \alpha + \frac{1}{2}\cdot\sin 2\alpha\right],$$

$$b_1 = -\frac{i_m}{2\pi}\cdot\sin^2\alpha\,,$$

$$a_k = \frac{i_m}{\pi\cdot(k^2-1)}\cdot[-k\cdot\sin\alpha\cdot\cos k\alpha + \cos\alpha\cdot\sin k\alpha],$$

$$b_k = \frac{i_m}{\pi\,(k^2-1)}\cdot\left[-k\cdot\sin\alpha\cdot\sin k\alpha - ((-1)^k + \cos\alpha\,\cos k\alpha)\right],$$

$$b_0 = \frac{i_m}{\pi}\cdot\cos^2\frac{\alpha}{2},$$

Zahlentafel für a_k/i_m, b_k/i_m und c_k/i_m in Abhängigkeit von k und α.

α	k	0	1	2	3	4	5	6	7	8
	a_k/i_m		0,500	0	0	0	0	0	0	0
0°	b_k/i_m	0,318	0	−0,212	0	−0,042	0	−0,018	0	−0,010
	c_k/i_m		0,500	0,212	0	0,042	0	0,018	0	0,010
	a_k/i_m		0,633	0,027	0,035	0,037	0,034	0,027	0,017	0,006
30°	b_k/i_m	0,297	−0,040	−0,138	−0,020	−0,049	0,007	−0,001	0,023	0,015
	c_k/i_m		0,635	0,140	0,040	0,062	0,035	0,027	0,029	0,016
	a_k/i_m		0,550	0,138	0,104	0,028	−0,035	−0,047	−0,017	0,020
60°	b_k/i_m	0,238	−0,119	0,240	−0,060	−0,048	−0,060	0,014	0,029	0,034
	c_k/i_m		0,562	0,276	0,120	0,055	0,069	0,048	0,034	0,040
	a_k/i_m		0,250	−0,636	0	0,085	0	−0,055	0	0,040
90°	b_k/i_m	0,159	−0,159	−0,106	0,159	−0,021	−0,053	−0,009	0,053	−0,005
	c_k/i_m		0,296	0,646	0,159	0,088	0,053	0,056	0,053	0,040
	a_k/i_m		−0,050	0,138	−0,103	0,028	0,035	−0,047	0,017	0,020
120°	b_k/i_m	0,080	−0,119	0,027	0,060	−0,090	0,060	−0,005	−0,029	0,024
	c_k/i_m		0,129	0,140	0,119	0,094	0,069	0,047	0,035	0,031
	a_k/i_m		−0,133	0,027	−0,035	0,037	−0,034	0,027	−0,017	0,006
150°	b_k/i_m	0,021	−0,040	0,032	−0,020	0,006	0,007	−0,017	0,023	−0,016
	c_k/i_m		0,139	0,042	0,040	0,037	0,035	0,032	0,029	0,017
180°	c_k/i_m	0	0	0	0	0	0	0	0	0

25. Gesteuerte Vollwellengleichrichtung.

(Abb. 438.)

Abb. 438. Kurvenform bei gesteuerter Vollwellengleichrichtung.

Zündwinkel α. Entsteht aus **24** analog wie **23** aus **22**.

$$a_{2n} = \frac{2}{\pi\,(k^2-1)} \cdot i_m \cdot [-k \cdot \sin\alpha \cdot \cos k\alpha + \cos\alpha \cdot \sin k\alpha] \qquad n = 1,\ 2,\ 3,\ ..$$

$$b_{2n} = -\frac{2}{\pi \cdot (k^2-1)} \cdot i_m \cdot [k \sin\alpha \cdot \sin k\alpha + 1 + \cos\alpha \cos k\alpha],$$

$$b_0 = \frac{2}{\pi} \cdot i_m \cdot \cos^2\frac{\alpha}{2}.$$

Die Koeffizienten — nur geradzahlige — können aus der Zahlentafel unter **24** durch Verdoppelung der Tafelwerte entnommen werden.

26. m-phasige Gleichrichtung. (Abb. 439.)

Abb. 439a. Kurvenform bei ungesteuerter m-phasiger Gleichrichtung. (hier 4-phasig).

α) ungesteuert (Abb. 439a).

$$a_k = 0,$$

$$b_k = -2 \cdot \frac{\sin \pi/m}{\pi/m} \cdot i_{max} \cdot \frac{1}{k^2-1} \qquad k = n \cdot m;\quad n = 1,\ 2,\ 3,\ \ldots,$$

$$c_k = |b_k|,$$

$$b_0 = \frac{\sin \pi/m}{\pi/m} \cdot i_{max}$$

Zahlentafel für b_0/i_m und $-\frac{b_k}{b_0}$ für verschiedene m und k.

m	b_0/i_m		$-b_k/b_0$							
2	0,636	$k=$	2 0,667	4 0,133	6 0,057	8 0,032	10 0,020	12 0,014	14 0,010	16 0,008
3	0,826	$k=$	3 0,250	6 0,057	9 0,025	12 0,014	15 0,009	18 0,006	21 0,004	24 0,003
4	0,900	$k=$	4 0,133	8 0,032	12 0,014	16 0,008	20 0,005	24 0,003	28 0,0025	32 0,0020
6	0,953	$k=$	6 0,057	12 0,0140	18 0,0062	24 0,0035	30 0,0022	36 0,0015	42 0,0011	48 0,0009
12	0,988	$k=$	12 0,0140	24 0,0035	36 0,0015	48 0,0009	60 0,0006	72 0,0004		
24	0,997	$k=$	24 0,0035	48 0,0009	72 0,0004	96 0,0002				
36	0,9998	$k=$	36 0,0015	72 0,0004	108 0,0002	144 0,0001				

$-\frac{b_k}{b_0}$ ist unabhängig von m nur durch k bestimmt.

β) gesteuert (Abb. 439b).

Setzt man den Steuerwinkel $\beta = \varphi - \pi/2 + \pi/m$, so wird:

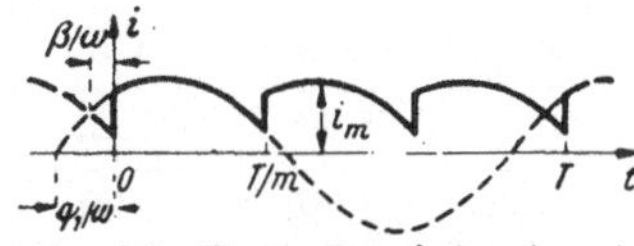

Abb. 439b. Kurvenform bei gesteuerter m-phasiger Gleichrichtung. (hier 3-phasig).

$$a_{2n} = + \frac{2k}{k^2-1} \cdot \frac{\sin \pi/m}{\pi/m} \cdot i_{max} \cdot \cos(\varphi + \pi/m),$$

$$= - \frac{2k}{k^2-1} \cdot \frac{\sin \pi/m}{\pi/m} \cdot i_{max} \cdot \sin\beta, \qquad k = m \cdot n; \quad n = 1, 2, \ldots$$

$$b_{2n} = - \frac{2}{k^2-1} \cdot \frac{\sin \pi/m}{\pi/m} \cdot i_m \cdot \sin(\varphi + \pi/m),$$

$$= - \frac{2}{k^2-1} \cdot \frac{\sin \pi/m}{\pi/m} \cdot i_m \cdot \cos\beta,$$

$$c_{2n} = \frac{2}{k^2-1} \cdot \frac{\sin \pi/m}{\pi/m} \cdot i_m \cdot \sqrt{1 + (k^2-1)\cdot \sin^2\beta},$$

$$b_0 = i_m \cdot \frac{\sin \pi/m}{\pi/m} \cdot \sin(\varphi + \pi/m) = i_m \cdot \frac{\sin \pi/m}{\pi/m} \cdot \cos\beta$$

gültig, solange: $\pi/2 - \pi/m < \varphi < \pi - 2\pi/m$ bzw. $0 < \beta < \pi/2 - \pi/m$ ist, die Kurve des Stromverlaufes also pausenlos ist.

Bezeichnen wir die Koeffizienten aus (26 α) mit dem Zusatzindex $_0$, — der Steuerwinkel β ist für diesen Spezialfall 0 —, so wird einfach:

$$b_0/b_{00} = \cos\beta,$$

$$a_k/b_{k0} = k \cdot \sin\beta, \qquad b_k/b_{k0} = \cos\beta,$$

$$c_k/b_{k0} = c_k/c_{k0} = \sqrt{1 + (k^2-1)\cdot\sin^2\beta}.$$

Zahlentafel für b_0/b_{00} in Funktion des Steuerwinkels β.

β	0°	15°	30°	45°	60°	75°	82,5°	85°
b_0/b_{00}	1,00	0,966	0,866	0,707	0,500	0,259	0,131	0,087

Größte Steuerwinkel β_{max} für pausenlose Gleichrichtung:

m	2	3	4	6	12	24	36
β_{max}	0°	30°	45°	60°	75°	82.5°	85°

Zahlentafel für c_k/c_{k_0} in Funktion von k und β.

β / m	0°	15°	30°	45°	60°	75°	82,5°	85°
3	1,00	1,24	1,73					
4	1,00	1,42	2,18	2,92				
6	1,00	1,83	3,12	4,30	5,22			
8	1,00	2,29	4,09	5,70				
9	1,00	2,52	4,58					
12	1,00	3,27	6,07	8,51	10,4	11,6		
15	1,00	4,00	7,55					
16	1,00	4,25	8,05	11,35				
18	1,00	4,75	9,05	12,8	15,9			
21	1,00	5,52	10,6					
24	1,00	6,30	12,1	17,0	20,8	23,2	23,8	
28	1,00	7,35	14,0	19,8				
30	1,00	7,85	15,0	21,2	26,0			
32	1,00	8,34	16,0	22,6				
36	1,00	9,38	18,0	25,5	31,2	34,8	35,6	35,8
42	1,00	10,9	21,0	29,7	36,4			
48	1,00	12,5	24,0	34,0	41,5	46,5	47,6	
60	1,00	15,6	30,0	42,4	52,0	58,2		
72	1,00	18,7	36,0	50,8	62,5	69,8	70,9	71
96	1,00	24,8	48,0	67,8	84,2	93,0	94,6	
108	1,00	28,0	54,0	76,3	93,5	105	106	107
144	1,00	37,4	72,0	102	125	140	142	143

Die nicht ausgefüllten Felder kommen bei pausenloser Gleichrichtung nicht vor.

Für $\beta > \pi/2 - \pi/m$ entstehen Strompausen (vgl. **25**).

27. Rechteckimpuls. (Abb. 440.)

Sonderfall zu **13**; vgl. auch Gl. (415) auf S. 184.

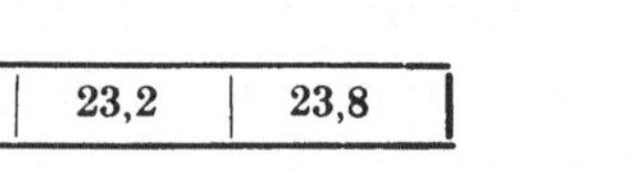

Abb. 440. Periodisch wiederholter Rechteckimpuls.

$$a_k = 0\,,$$

$$b_k = \frac{2}{\pi} \cdot h \cdot \frac{\sin \frac{k\omega}{2}\tau}{k} = 2 \cdot b_0 \cdot \frac{\sin x}{x}\,; \qquad x = \frac{k\omega\tau}{2}$$

$$c_k = |b_k|\,,$$

$$b_0 = \frac{\tau}{T} \cdot h\,.$$

28. Dreieckimpuls. (Abb. 441.)

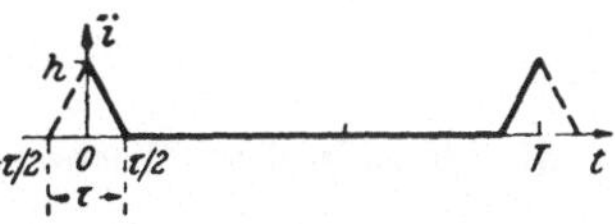

Abb. 441. Periodisch wiederholter Dreieckimpuls.

Sonderfall zu **15**; vgl. auch Gl. (419) auf S. 187.

$$a_k = 0\,.$$

$$b_k = \frac{2}{\pi^2}\cdot\frac{T}{\tau}\cdot h\cdot\frac{1-\cos\frac{k\omega\tau}{2}}{k^2} = 2\,b_0\cdot\left(\frac{\sin\frac{x}{2}}{\frac{x}{2}}\right)^2; \qquad x = \frac{k\omega\tau}{2}\,.$$

$$c_k = |b_k|,$$

$$b_0 = \frac{\tau}{2T}\cdot h\,.$$

29. Sinushalbwellenimpuls. (Abb. 442.)

Abb. 442. Periodisch wiederholter Sinushalbwellenimpuls.

Sonderfall zu **21**; $-\alpha = \beta = \frac{\tau}{2}\,\omega;\qquad \varphi = \frac{\pi}{2}\,;\qquad \gamma = \frac{T}{2\tau}\,.$

$$a_k = 0,$$

$$\left.\begin{aligned} b_k &= \frac{2}{\pi}\cdot h\cdot\frac{\gamma}{\gamma^2-k^2}\cdot\cos\frac{k\omega\tau}{2} = 2\,b_0 : \frac{\cos x}{1-\left(\frac{2}{\pi}\cdot x\right)^2}; && (k \neq \gamma)\\ b_k &= -\frac{h}{2k}, && (k = \gamma)\end{aligned}\right\}\; x = \frac{k\omega\tau}{2}\,.$$

$$c_k = |b_k|,$$

$$b_0 = \frac{2}{\pi}\cdot h\cdot\frac{\tau}{T} = \frac{h}{\pi\cdot\gamma}\,.$$

30. Sinusquadrat-(Glocken-)Impuls. (Abb. 443.)

Abb. 443. Periodisch wiederholter Glockenimpuls (Sinusquadrat).

Sonderfall zu **21**: $-\alpha = \beta = \frac{\tau}{2}\cdot\omega;\qquad \varphi = \frac{\pi}{2}\,;\qquad \gamma = \frac{T}{\tau}$

überlagert mit **27** zu: $i = \frac{h}{2}\cdot(1+\cos\gamma\omega t)\,.$

$$a_k = 0, \qquad\qquad x = \frac{k\omega\tau}{2}\,,$$

$$\left.\begin{aligned} b_k &= \frac{1}{\pi}\cdot h\cdot\frac{\gamma^2}{\gamma^2-k^2}\cdot\frac{1}{k}\cdot\sin\frac{k\omega\tau}{2} = 2\,b_0\cdot\frac{\sin x}{x}\cdot\frac{1}{1-\left(\frac{x}{\pi}\right)^2}, && k \neq \gamma\\ b_k &= -\frac{h}{2k}, && k = \gamma\end{aligned}\right\}$$

$$c_k = |b_k|,$$

$$b_0 = \frac{\tau}{2T}\cdot h = \frac{h}{2\gamma}\,.$$

Exponential-Impulse s. unter **19** und **20**.

31. Sinusförmiger Wechselimpuls. (Abb. 444.)

Abb. 444. Periodisch wiederholter Sinuswellenimpuls.

Sonderfall zu **21**: $-\alpha = \beta = \frac{\tau}{2} \cdot \omega\,; \quad \varphi = 0\,; \quad \gamma = \frac{T}{\tau}\,,$

$$a_k = \frac{2}{\pi} \cdot h \cdot \frac{\gamma}{\gamma^2 - k^2} \cdot \sin \frac{k\omega\tau}{2} = 2\,h \cdot \frac{\left(\frac{x}{\pi}\right)^2 \cdot \frac{1}{k}}{\left(\frac{x}{\pi}\right)^2 - 1} \cdot \frac{\sin x}{x}\,; \qquad (k \neq \gamma),$$

$$a_k = \frac{h}{k} \qquad (k = \gamma),$$

$$b_k = 0, \qquad x = \frac{k\omega\tau}{2}$$

$$c_k = |a_k|,$$
$$b_0 = 0\,.$$

32. Rechteckiger Wechselimpuls. (Abb. 445.)

Abb. 445. Periodisch wiederholter Rechteckvollwellenimpuls.

Sonderfall zu **13**.

$$a_k = \frac{2}{\pi} \cdot \frac{h}{k} \cdot \left(1 - \cos \frac{k\omega\tau}{2}\right) = 2\,h \cdot \frac{1}{\pi k} \cdot (1 - \cos x)\,,$$

$$b_k = 0\,, \qquad x = \frac{k\omega\tau}{2}$$

$$c_k = |a_k|\,,$$
$$b_0 = 0\,.$$

C. Verzeichnis der benutzten Buchstaben.

Vorbemerkung.

Nach Möglichkeit ist bereits durch die Art der gewählten Lettern eindeutig darauf hingewiesen, in welcher Weise der Buchstabe die physikalische Größe in den Gleichungen und Rechnungen vertritt. Allgemein bedeuten so:

a) bei zeitlich veränderlichen Größen:
kleine Druckbuchstaben: Augenblickswerte u, i, e;
große Druckbuchstaben: Effektivwerte U, I, E;
große Frakturbuchstaben: Zeiger bei sinusförmigem Zeitgesetz $\mathfrak{U}$, $\mathfrak{I}$, $\mathfrak{E}$;
kleine Frakturbuchstaben: Zeiger bei gedämpft sinusförmigem Zeitgesetz $\mathfrak{u}$, $\mathfrak{i}$, $\mathfrak{e}$;

umrahmte Kleinbuchstaben: Größen im Bildbereich $\textcircled{u}$, $\textcircled{i}$, $\textcircled{e}$

b) bei Konstanten der Stromkreise:
große lateinische Buchstaben: Beträge der Komponenten R, L, X;
kleine Frakturbuchstaben: Operatoren: $\mathfrak{z}$, $\mathfrak{y}$, $\mathfrak{ü}$;
kleine Druckbuchstaben: Beträge der Operatoren: z, y, $ü$.

Sind bei griechischen Buchstaben die Unterscheidungsmerkmale nach a) nicht anwendbar, so sind Spezialtypen verwendet; es bedeuten:

beim Fluß:	bei der Durchflutung:	
$\mathit{\Phi}$	$\mathit{\Theta}$	Augenblickswerte,
$\boldsymbol{\Phi}$	$\boldsymbol{\Theta}$	Effektivwerte
ϕ	Θ	Zeiger

Abweichend von der allgemeinen Regel bedeutet bei der Leistung der große Buchstabe N nicht den „Effektivwert", der hier keinen Sinn hat, sondern den arithmetischen Mittelwert der Leistung.

Häufig benutzte Buchstaben.

a	Zahlenfaktor, Konstante. Sinuskomponente, nullphasige Komponente. Sinuskoeffizient der FOURIER-Reihe. Strombelag. Sehnenverhältnis im Kreisdiagramm.
a'	wahrer Sinuskoeffizient der FOURIER-Reihe.
A	Festwert, Zahlenkonstante. Ordinatensumme.
A_L	Induktivitätsfaktor.
$\mathfrak{a}$	Drehoperator um 120°. Kennoperator des Kreisdiagramms.
$\mathfrak{A}$	Zeiger, fester Zeiger, Zeigerkonstante.
α	Winkel, Winkelweg. Pheripheriewinkel des Kreisdiagramms. Abgleichwinkel d. Wechselstrombrücke. Bruchteil, Zahlenverhältnis. FOURIER-Koeffizient beim Sinusglied.
b	Zahlenfaktor, Konstante. Cosinusglied, querphasigeKomponente. Cosinuskoeffizient der FOURIER-Reihe. Dämpfung. mechanische Beschleunigung. Breite.
b_0	Gleichstromglied.
b'	wahrer Cosinuskoeffizient der FOURIER-Reihe.
B	Festwert, Zahlenkonstante. Ordinatensumme. magnetische Induktion. Bandbreite.
B_n	Bandbreite in der Höhe $1/n$ des Scheitelwertes.
$\mathfrak{B}$	Zeiger, fester Zeiger, Zeigerkonstante. magnetische Induktion als Vektor.

β Winkel, Phasenwinkel, Bürdenwinkel.
negativer Realteil des HEAVISIDE-Operators, Dämpfungsbeiwert.
FOURIER-Koeffizient beim Cosinusglied.

c Zahlenfaktor, Konstante.
Scheitelwert einer Harmonischen.
Federkonstante, Federsteifigkeit.

C Festwert, Zahlenkonstante.
Kapazität, Teilkapazität; Teilkapazität gegen Erde.

C_B Betriebskapazität.

$\mathfrak{C}$ Zeiger, fester Zeiger, Zeigerkonstante.

d Differential.
Dämpfung.
Differenz, Ordinatendifferenz.

D Durchgriff.
Dämpfungskonstante des mechanischen Schwingers.

$\mathfrak{D}$ Vektor der dielektrischen Verschiebung.

∂ partielles Differential.

δ Fehlwinkel, Verlustwinkel, Winkelfehler.
Spannungsunsymmetrie.
Weite des Luftspaltes.

Δ endliche Änderung.

Θ Durchflutung.

e elektromotorische Kraft, EMK, eingeprägte Spannung, Urspannung.
Basis der natürlichen Logarithmen.

e_{mech} EMK der Bewegung.

e_{el} EMK der Selbst- oder Gegeninduktion.

ε Phasenwinkel (vor allem kleiner Phasenwinkel).
Verhältniszahl; Kapazitätsunsymmetrie.
Unsymmetriegrad.
Dielektrizitätskonstante.

ε_0 Dielektrizitätskonstante des Vakuums.

η Wirkungsgrad.

$\mathfrak{E}$ Zeiger der EMK.
Vektor der elektrischen Feldstärke.

f Frequenz.
Funktion von ...

f_i Stromfehler.

f_u Spannungsfehler.

f_w Wicklungsfaktor.

F Flächeninhalt.
Nachrichtenfrequenz.

φ Phasenwinkel, Nullphasenwinkel, Phasenverschiebungswinkel.
Drehwinkel.

Φ Augenblickswert des magnetischen Flusses.

Φ Effektivwert des magnetischen Flusses.
fiktiver Phasenwinkel bei Mehrwelligkeit.

$\boldsymbol{\Phi}$ Zeiger des magnetischen Flusses.

g Güte, Gütezahl.
Funktion von ...

G Wirkleitwert.

$\mathfrak{G}$ Vektor der Stromdichte.

γ Impulsverhältnis.
Phasenwinkel im Erdschlußkreis.

h Höhe, Größtwert.

H magnetische Feldstärke.

$\mathfrak{H}$ Vektor der magnetischen Feldstärke.

i Stromstärke.

I Effektivwert der Stromstärke.

$\mathfrak{I}$ Zeiger der Stromstärke.

$\mathfrak{Im}$ Imaginärteil von ...

j $\sqrt{-1}$; imaginäre Einheit, Operator der Drehung um 90°.

J_m Massenträgheitsmoment.

k Formfaktor.
Kopplungsfaktor; Verknüpfungskonstante.
ganzzahlige Laufzahl.
Klirrfaktor.

k_g kritische Kopplung, Grenzkopplung.

k_u Umwegfaktor.

K Konstante, Integrationskonstante.
Teilkapazität zwischen zwei Leitern.

$\mathfrak{K}$ Zeiger einer Wechselgröße, der ein Kreisdiagramm beschreibt.

l Länge.

L Induktivität.

λ Wellenlänge.
Leistungsfaktor bei Mehrwelligkeit.

Λ logarithmisches Dekrement.

m dimensionsloser Zahlenfaktor; ganzzahlige Laufzahl.
magnetomotorische Kraft, MMK.
Modulationsgrad.
Masse, Ersatzmasse.
Abklingkonstante.
Moment, Reibungsmoment.

M Mittelwert aus ...
Gegeninduktivität.
Drehmoment.

μ Permeabilität.

μ_a Anfangspermeabilität.

μ_0 Permeabilität des leeren Raumes.

n Augenblickswert der Leistung.
Drehzahl.
dimensionsloser Zahlenfaktor, ganzzahlige Laufzahl.
Masse, Ersatzmasse.

n_g Generatorleistung, erzeugte Leistung.

n_v Verbraucherleistung, verbrauchte Leistung.

N Mittelwert der Leistung.

ν Verlustbeiwert der RAYLEIGH-Schleife.

ω Kreisfrequenz.
Winkelgeschwindigkeit.

ω' Augenblickswert der Kreisfrequenz.

ω_0 Kreisfrequenz der Phasenresonanz, Eigenfrequenz des verlustfreien Schwingungskreises.

Ω Kreisfrequenz, Kreisfrequenz der Nachricht.

p Wurzel der Stammgleichung,
HEAVISIDE-Operator.
Gehalt an ..., Teilwert von ...
Strangzahl.

P Kraft.

$\mathfrak{p}$ Operator, Festwert eines Operators.

π $= 3{,}14159\ldots$

ψ Phasenwinkel, Phasenverschiebungswinkel.

q elektrische Ladung.

$\mathfrak{q}$ Operator, Festwert eines Operators.

ganzzahlige Laufzahl.
Luftspaltradius.
Widerstand (besonders: kleiner Widerstand).

R (OHMscher)Widerstand, Wirkwiderstand
R_a äußerer Widerstand.
R_i innerer Widerstand.
R_k SCHÖNBACHER-Korrekturfaktor.
R_m magnetischer Widerstand.
R_t auf die Primärseite reduzierter Gesamtwiderstand des Transformators.
R_v Verlustwiderstand.
$\mathfrak{Re}$ Realteil von ...
s Summe, Ordinatensumme.
Weg.
Schattenlänge, Projektion.
Schlüpfung.
S Fläche, Querschnitt.
Steilheit.
Dreiecksumfang.
$\mathfrak{S}$ Differenzzeiger.
σ Scheitelfaktor.
Streufaktor.
t Zeit.
t_H Halbwertszeit.
T Periodendauer.
Zeitkonstante.
$T_{\sim}$ Periodendauer eines Wechselvorgangs.
τ Zeitabschnitt.
Stoßdauer.
Periodendauer.
Polteilung.
u Spannung.
$\ddot{u}$ Übersetzungsverhältnis.
$\ddot{u}_w$ Windungsverhältnis (w_1/w_2).
ü Übersetzungsoperator, komplexes Übersetzungsverhältnis.

v magnetische Spannung.
elektrisches Potential.
Geschwindigkeit.
geschaltete Größe.
V Volumen.
V_g Ersatzspannung des symmetrischen Systems.
V_{10} Verlustziffer für 10 kG.
V_δ Luftspaltvolumen.
$\mathfrak{v}$ Abgleichoperator.
w Windungszahl.
gesuchte Systemgröße beim Schaltvorgang.
W Wärmemenge.
x Unbekannte; Variable.
Weg, Ortskoordinate; Umfangskoordinate der Drehfeldmaschine.
Wirkanteil eines Operators.
ganzzahlige Laufzahl.
Vielfaches, Faktor.
Polpaarzahl.
bezogene Frequenz (f/f_0).
gesuchte Systemgröße im Schaltvorgang.
X Blindwiderstand; Reaktanz.
X_s Streublindwiderstand.
X_C kapazitiver Blindwiderstand.
y Unbekannte.
Blindanteil eines Operators.
bezogener Strom (i/i_0).
Y Blindleitwert.
$\mathfrak{y}$ Leitwertoperator.
z Scheinwiderstand, Betrag eines Widerstandsoperators.
ganzzahlige Laufzahl.
Z Schwingungswiderstand.
$Z(p)$ Stammfunktion, allgemeiner Widerstandsoperator.
$\mathfrak{z}$ Widerstandsoperator.

Häufig benutzte Indizes.

Ziffern sind als Ordnungszahlen verwendet, vor allem bei:
der Kennzeichnung der Stranggrößen der Mehrphasensysteme,
der Kennzeichnung der Oberwellenordnung.

Wo beide Ordnungsprinzipien zusammenstoßen, ist die Oberwellenordnungszahl als Vorindex gesetzt. So bedeutet:

${}_3e_2$ den Augenblickswert der dritten Oberwelle der EMK im Strang 2 eines Drehstromsystems.

Römische Ziffern sind als Ordnungszahlen verwendet, wo Verwechslungen mit einer anderen Ordnung möglich sind.

Buchstaben sind ebenfalls als Ordnungsprinzip verwendet, vor allem zur Kennzeichnung der verketteten Größen im Drehstromsystem (a, b, c) und zur Kennzeichnung der Wicklungsnummer in Transformatoren mit mehr als zwei Wicklungen:

$(p =$ primär, $s =$ sekundär, $t =$ tertiär).

Beistriche dienen als Unterscheidungsmerkmal zwischen gleichartigen, durch Nebenbedingungen veränderten Größen:

$(a;\ a';\ a'')$.

Sie dienen gelegentlich auch zur abgekürzten Schreibweise der Ableitungen einer Größe nach der Zeit.

Sie werden außerdem zur Unterscheidung der symmetrischen Komponenten im Drehstromsystem benutzt:

$\mathfrak{U}^{(0)}$ Nullsystem; $\mathfrak{U}'$ mitläufiges System; $\mathfrak{U}''$ gegenläufiges System.

Doppelindizes weisen auf eine Richtungsbeziehung hin:

z. B.: u_{VW} Spannung von Klemme V nach Klemme W.
M_{12} Gegeninduktivität von Wicklung 1 gegen 2.

Zahlenindizes bedeuten:

0 Anfangs- ..., Ausgangs- ...
Kurzschluß- ...
Resonanz- ...
Sternpunkts- ..., Sternpunktsleiter- ....
Gleichstrom- ...

1 primär.
Strang 1.
Grundwelle (oft als Vorindex).

2 sekundär.
Strang 2.
zweite Oberwelle (oft als Vorindex).

Buchstabenindizes bedeuten:

a	Anfangs- . . . äußere . . . Lösch- . . .
anp	Anpassungs- . . .
ar	arithmetischer Mittelwert.
b	Blind- . . . Brenn- . . .
c	Kapazitäts- . . .
Cu	Kupfer- . . .
$diff$	differentiell.
dr	Drehfeld- . . .
e	End- . . ., Endzustands- . . . Erdschluß- . . .
e_0	. . . des Endzustands im Schaltmoment
f	frei.
f_0	frei . . . im Schaltmoment.
Fe	Eisen- . . .
g	Gegen- . . ., gegenläufig. Generator- . . ., erzeugt. Gitter- . . . Gleich- . . .
ges	Gesamt- . . .
h	Hysteresis- . . .
i	Strom- . . .
k	Klemmen- . . . Kurzschluß- . . .
l	Längs- . . ., längsgeschaltet. Leerlauf- . . .
L	Induktivitäts- . . ., Spulen- . . . Leiter- . . ., Leitungs- . . .
m	magnetisch. maximal, Scheitel- . . . Mit- . . ., mitläufig, rechtsläufig.
$magn$	magnetisch, Magnetisierungs- . . .
max	maximal, Scheitelwert.
$mech$	mechanisch. durch mechanische Rückwirkung erzeugt.
min	minimal, Tiefst- . . ., Mindest- . . .
m_p	Sternpunkts- . . .
μ	Magnetisierungs- . . .
n	Nachwirkungs- . . . Nenn- . . ., Normal- . . .
o	obere, oben.
opt	optimal, günstigst.
p	Parallel- . . ., Neben- . . . primär.
q	Quer- . . ., quergeschaltet.
r	Reihen- . . ., Serien- . . . Rotor- . . ., Läufer- . . .
res	resultierend.
R	OHMsch, . . . am Widerstand, Widerstands- . . .
s	Sättigungs- . . . sekundär. Serien- . . ., Reihen- . . . Schalter- . . . Schlupf- . . . Streu- . . ., Streublind- . . .
sch	Schein- . . .
st	Stator- . . ., Ständer- . . .
t	tertiär, Tertiär- . . .
Tr	Trapez- . . .
u	Spannungs- . . . unter, untere Grenz- . . .
v	Verbraucher, verbraucht. Verlust- . . . Voltmeter- . . .
$verz$	Verzerrungs- . . .
w	Wechselstrom- . . ., Wechsel- . . . Wirk- . . . wirksam. Wirbelstrom- . . .
wi	Wirbelstrom.
X	Blindwiderstands- . . ., Blind- . . .
z	auf die veränderliche Größe im Kreisdiagramm hinweisend. zum Scheinwiderstand gehörig, Schein- . . . Zünd- . . .

Symbolindizes bedeuten:

⅄	Stern- . . .
△	Dreieck- . . .
∼	Wechsel- . . ., Wechselstrom- . . .
∞	Leerlauf- . . .
′	auf die Windungszahl w_1 reduziert.

D. Sachverzeichnis.

Die *kursiv* gesetzten Seitenzahlen geben die Anfänge der Kapitel an, in denen der betreffende Gegenstand ausführlich behandelt ist; die übrigen Seitenzahlen beziehen sich auf kürzere Erwähnungen.

L/V/12/7 4,2 (721/74/50)